T0255611

Mathematik für die Informatik

Rudolf Berghammer

Mathematik für die Informatik

Grundlegende Begriffe, Strukturen und ihre Anwendung

4., erweiterte und verbesserte Auflage

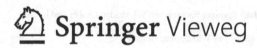 Springer Vieweg

Rudolf Berghammer
Institut für Informatik
Universität Kiel
Kiel, Deutschland

Die erste Auflage erschien unter dem Titel „Mathematik für Informatiker".

ISBN 978-3-658-33303-4   ISBN 978-3-658-33304-1   (eBook)
https://doi.org/10.1007/978-3-658-33304-1

Die Deutsche Nationalbibliothek verzeichnet diese Publikation in der Deutschen Nationalbibliografie; detaillierte bibliografische Daten sind im Internet über http://dnb.d-nb.de abrufbar.

Planung: Sybille Thelen
Springer Vieweg ist ein Imprint der eingetragenen Gesellschaft Springer Fachmedien Wiesbaden GmbH und ist ein Teil von Springer Nature.
Die Anschrift der Gesellschaft ist: Abraham-Lincoln-Str. 46, 65189 Wiesbaden, Germany

Einleitung zur ersten Auflage

Viele der modernen Wissenschaften sind ohne die Verwendung mathematischer Methoden und Techniken nicht mehr denkbar. Dies trifft auch auf die Informatik zu. Insbesondere gilt dies natürlich für ihr Teilgebiet „theoretische Informatik". Eine Reihe von Themen der theoretischen Informatik sind so mathematisch, dass es oft sehr schwer fällt, eine klare Trennlinie zwischen der Mathematik und der theoretischen Informatik zu ziehen. Aber auch die sogenannte praktische oder angewandte Informatik benutzt sehr häufig Mathematik als Hilfsmittel, etwa bei der Speicherung von Daten, wo modulares Rechnen oft hilfreich ist, oder bei der Datenverschlüsselung, die wesentlich auf Ergebnissen aus der Algebra und der Zahlentheorie aufbaut, oder der Computergrafik, die viel mit Geometrie zu tun hat, oder den logischen Schaltungen, deren mathematische Grundlage die Theorie der sogenannten Booleschen Algebren ist.

Noch vor ungefähr zehn Jahren war die Informatikausbildung in Bezug auf Mathematik-Vorlesungen oft sehr ähnlich oder sogar identisch zur Ausbildung von Studierenden der Mathematik. Auf die höhere Schule (etwa ein Gymnasium) aufbauend wurde damals im Rahmen von Vorlesungen von den Lehrenden demonstriert, wie man in der Mathematik vorgeht, insbesondere Begriffe einführt, Aussagen (als Lemmata, Sätze, Theoreme usw.) formuliert und diese dann beweist. Die Techniken des Beweisens und die ihnen zugrundeliegenden logischen Gesetze wurden jedoch in der Regel nur knapp diskutiert. Man glaubte, auf eine gewisse Schulvorbildung aufbauend, dass sich durch das Demonstrieren von Beweisen in Vorlesungen und das Selberfinden solcher in Übungen und im Rahmen von Hausaufgaben mit der Zeit ein Gefühl dafür entwickelt, was ein mathematischer Beweis ist und wie man ihn zusammen mit der zu beweisenden Aussage so aufschreibt, dass beides zusammen als bewiesener Satz der Mathematik akzeptiert wird. Auch wurde nur sehr wenig auf das konkrete Aufschreiben von Aussagen eingegangen, d.h. auf all die notationellen Besonderheiten und Abkürzungen, die von Mathematik betreibenden Personen zu Vereinfachungszwecken normalerweise verwendet werden, sich aber von Person zu Person und von Fach zu Fach manchmal deutlich unterscheiden können.

Diese traditionelle Vorgehensweise führte an der Christian-Albrechts-Universität zu Kiel bei den Informatikstudierenden zu immer größeren Problemen. Deshalb wurde vor einigen Jahren im Kieler Institut für Informatik in Zusammenarbeit mit dem Mathematischen Seminar ein neuer drei-semestriger Zyklus von Einführungs-Vorlesungen in die Mathematik für Informatikstudierende entworfen. Er soll den Übergang von der höheren Schule zum Studium an einer wissenschaftlichen Hochschule sanfter gestalten. Dieser Text basiert auf der ersten Vorlesung des Zyklus. In ihm wird sehr viel Wert auf die grundlegenden Begriffe der Mathematik gelegt, sowie auf ihre Techniken und Vorgehensweisen und auch auf ihre Sprache – und dies alles in möglichst verständlicher aber auch präziser Weise und mit detaillierten Beweisen. Es muss an dieser Stelle aber unbedingt darauf hingewiesen werden, dass vieles, was in Vorlesungen an mündlichen Hinweisen, an Bildern, an erläuternden zusätzlichen Rechnungen, an Fragen und sonstigen Interaktionen geschieht, nicht durch einen Text in Buchform darstellbar ist. Ein begleitendes Lehrbuch ersetzt also in der Regel nicht den Besuch einer Vorlesung. Es unterstützt ihn nur; der Besuch einer Vorlesung ist insbesondere am Anfang des Studiums immer noch sehr wesentlich für das Verstehen dessen, was unterrichtet wird. Gleiches gilt auch für die normalerweise Vorlesungen begleitenden Übungen. Ihre Präsenzaufgaben dienen hier dazu, unter Anleitung eines Tutors zu lernen, wie man mathematische Probleme löst. Darauf aufbauende Hausaufgaben geben der Studentin oder dem Studenten die Möglichkeit zu zeigen, was sie bzw. er ohne Anleitung zu leisten im Stande ist. Dem Lehrenden (also in der Regel der Professorin oder dem Professor) geben sie die Möglichkeit, die Leistungsfähigkeit und den Lernerfolg der Studierenden zu kontrollieren.

Hier ist eine kurze Zusammenfassung des Inhaltes. Im ersten Kapitel wird die Sprache der Mengenlehre eingeführt. Alle Beweise werden hier noch in der Umgangssprache geführt, wobei als Logik „der gesunde Menschenverstand" benutzt wird. Diese Art der Beweisführung in einer natürlichen Sprache und mit nur wenigen logischen Symbolen (wie Quantoren und Implikationspfeilen) war früher durchaus üblich. Die Logik als ein Mittel zum Formulieren und Beweisen von mathematischen Aussagen ist der Inhalt von Kapitel 2. Bevor auf das Beweisen selber im Detail in Kapitel 4 eingegangen wird, werden in Kapitel 3 noch allgemeine Produkte behandelt, sowie, darauf aufbauend, Konstruktionen von Informatik-Datenstrukturen. Dieses Kapitel wurde eingeschoben, damit Mathematik auch mit Hilfe von anderen Objekten als den von der Schule her bekannten Zahlen betrieben werden kann. Bei der Vorstellung der Beweistechniken in Kapitel 4 wird das zugrundeliegende Prinzip jeweils erklärt. Dann werden einige Anwendungen demonstriert. Dabei wird auch erklärt, wie man formal und logisch korrekt vorzugehen hat, wenn man nicht geübt ist, und welche Formulierungen „altgedienter und erfahrener Mathematiker" genau genommen welchen logischen Formeln entsprechen. Insbesondere die oft unterdrückten Allquantoren sorgen hier bei einer Anfängerin oder einem Anfänger oft für Schwierigkeiten. Die beiden zentralen Konzepte der Funktionen und Relationen werden schon im ersten Kapitel eingeführt. Dies geschieht aber sehr knapp. Der einzige Zweck, sie so früh einzuführen, ist, sie für Beispiele in den folgenden drei Kapiteln bereitzustellen. In den beiden Kapiteln 5 und 6 werden diese Begriffe nun im Detail behandelt. Kapitel 5 ist den Funktionen gewidmet und Kapitel 6 den Relationen. Von den Relationen ist es nur ein kleiner Schritt zu den gerichteten Graphen. Der ungerichteten Variante dieser mathematischen Struktur ist das vorletzte Kapitel 7 des Texts zugeordnet. Da ungerichtete Graphen oft auch benutzt werden können, um kombinatorische Fragestellungen zu verdeutlichen, etwa die Anzahl von Zugmöglichkeiten bei Spielen, geschieht die Einführung in die Theorie der ungerichteten Graphen zusammen mit der Einführung in die elementare Kombinatorik. Das letzte Kapitel 8 stellt schließlich einen Einstieg in die grundlegendsten mathematischen Strukturen der Algebra dar. Dies geschieht aber unter einem sehr allgemeinen Blickwinkel. Ich hoffe, dass dadurch die Verwendung allgemeiner mathematischer Strukturen gut vorbereitet wird.

Ich habe mich in diesem Text dazu entschieden, Mengen vor der formalen mathematischen Logik zu behandeln. Dies hat den Vorteil, dass dadurch die in der Mathematik immer wieder verwendeten logischen Verknüpfungen und deren Grundeigenschaften gut herausgearbeitet werden können. Weiterhin kann man durch das Vorgehen demonstrieren, dass durchaus auch in der Umgangssprache logisch argumentiert werden kann, vorausgesetzt man drückt sich präzise aus. Schließlich stehen durch die Mengen bei der Einführung einer formalen logischen Sprache genügend viele mathematische Objekte zur Formulierung von Beispielen zur Verfügung, und man kann auch sofort die in der mathematischen Praxis normalerweise verwendeten Kurzschreibweisen erklären. Nachteilig an der Vorgehensweise ist, dass die Logik des gesunden Menschenverstandes vielleicht doch nicht von allen Menschen in derjenigen Präzision verstanden und angewendet wird, wie es für Mathematik notwendig ist. Auch lassen umgangssprachliche Argumentationen die verwendeten Schlüsse oft nicht so deutlich erkennen wie Regelanwendungen in der formalen logischen Sprache. Deswegen gibt es viele Mathematikbücher, in denen die Sprache der Logik vor der Sprache der Mengenlehre behandelt wird. Teilweise werden diese beiden Grundpfeiler der Mathematik auch verschränkt eingeführt.

Mit Ausnahme von Kapitel 4 endet jedes Kapitel mit einem kurzen Abschnitt und schließlich einer Reihe von Übungsaufgaben. Diese speziellen Abschnitte vor den Übungsaufgaben sind für das weitere Vorgehen im Stoff nicht wesentlich, aber hoffentlich hilfreich. Sie runden nämlich unter bestimmten Blickwinkeln die einzelnen Themen in informeller Weise ab und zeigen auch auf, wo und wie die Themen in späteren Studienabschnitten wieder aufgegriffen werden. Der entsprechende Abschnitt von Kapitel 4 ist dem Finden von Beweisen gewidmet. Dies geschieht durch das Aufzeigen von Vorgehensweisen, die helfen können, einen Beweis zu finden. Sie werden mittels vieler Beispiele verdeutlicht, und das macht den Abschnitt im Vergleich zu den anderen ergänzenden Abschnitten wesentlich umfangreicher.

Der vorliegende Text basiert auf einem handschriftlichem Manuskript von mir, das von E. Lurz im Wintersemester 2010/2011 in LaTeX gesetzt wurde und das ich anschließend weiter entwickelte. Die Gliederung und Stoffauswahl zur Vorlesung erfolgte in enger Zusammenarbeit mit Kollegen des Instituts für Informatik, insbesondere mit Herrn A. Srivastav. Bei der Weiterentwicklung des Texts wurde ich von Frau B. Langfeld, Frau I. Stucke und den Herren N. Danilenko und L. Kliemann unterstützt, bei denen ich mich, wie auch bei Herrn Srivastav, sehr herzlich bedanke. Auch bedanken möchte ich mich bei C. Giessen, L. Kuhlmann, S. Reif, C. Robenek, C. Roschat und G. Schmidt für das Lesen von Vorversionen und Verbesserungshinweise. Ich bedanke mich schließlich noch sehr herzlich beim Verlag Springer Vieweg, insbesondere bei Frau Sybille Thelen, für die sehr angenehme Zusammenarbeit, sowie bei meiner Frau Sibylle für ihre Unterstützung und Hilfe.

Kiel, im Juli 2014   Rudolf Berghammer.

Vorwort zur zweiten Auflage

Die zweite Auflage dieses Buchs baut auf den gleichen Leitgedanken auf, die schon in der Einleitung zur ersten Auflage formuliert wurden. Einer davon ist, den Studierenden die Bedeutung der Mathematikausbildung im Rahmen eines Studiums der Informatik aufzuzeigen und sie auf spätere mathematische Begriffe und Anwendungen gut vorzubereiten. Zu diesem Zweck wurde in der ersten Auflage dieses Buchs an vielen Stellen angemerkt, wo und wie entsprechende mathematische Themen in späteren Studienabschnitten wieder aufgegriffen werden. Aufgrund von zahlreichen Diskussionen sowohl mit Studierenden als auch mit Kollegen an der Christian-Albrechts-Universität zu Kiel geht diese zweite Auflage einen Schritt weiter. Zusätzlich zu den bisherigen Anmerkungen enthält sie zwei neue Kapitel, in denen anhand von konkreten Problemstellungen Anwendungen von mathematischen Konzepten und Methoden in der Informatik demonstriert werden. Damit verändert sich auch die Zählung; die Kapitel 5 bis 8 der ersten Auflage werden nun zu den Kapiteln 6 bis 9.

Kapitel 5 ist das erste der zwei zusätzlichen Kapitel. Es behandelt eine der Hauptaufgaben der Informatik, nämlich die Programmierung von Algorithmen. Die entscheidende Eigenschaft, welche Programme zu erfüllen haben, ist ihre Korrektheit, also, dass sie die Probleme, zu deren Lösung sie entworfen wurden, auch wirklich lösen. Letzteres beinhaltet insbesondere, dass sie weder falsche Resultate produzieren noch durch einen Fehler „abstürzen" oder nicht terminieren. In Kapitel 5 wird eine einfache Programmiersprache eingeführt und es wird demonstriert, wie man mit mathematischen Mitteln beweisen kann, dass ein Programm korrekt im Hinblick auf eine mathematisch beschriebene Problemstellung ist. Auch wird eine Technik vorgestellt, die es ermöglicht, von einer solchen Problemstellung durch mathematische Überlegungen zu einem – per Konstruktion – korrekten Programm zu gelangen.

In Kapitel 10, dem zweiten neuen Kapitel, wird eine weitere Anwendung von Konzepten und Methoden der Mathematik in der Informatik vorgestellt. Als Weiterführung von Kapitel 5 werden zwei Beispiele von generischen Programmen behandelt, also von Programmen, die einen sehr hohen Grad an Wiederverwendbarkeit besitzen. Sie werden durch graphentheoretische Probleme motiviert und auch auf solche Probleme angewandt. Dadurch wird das in Abschnitten der (nach neuer Zählung) Kapitel 8 und 11 behandelte Gebiet der Graphen, welches sowohl in der Mathematik als auch in der Informatik eine wichtige Rolle spielt, im Hinblick auf praktische Anwendungen vertieft.

Gleich im ersten Kapitel dieses Texts werden die von der Schule her bekannten Zahlenbereiche (natürliche Zahlen, ganze Zahlen, rationale Zahlen und reelle Zahlen) eingeführt. Um den Zugang nicht unnötig zu erschweren, geschieht dies sehr knapp und in sehr informeller und intuitiver Weise. Die natürlichen Zahlen bilden für die Informatik den wohl weitaus wichtigsten Zahlenbereich und dieser ist eigentlich auch der einzige, von dem in diesem Buch wesentliche (und in der Schule wahrscheinlich nicht explizit so angesprochene) Eigenschaften verwendet werden. Aus diesem Grund enthält diese zweite Auflage, neben den oben angesprochenen neuen Kapiteln 5 und 10, als dritte Erweiterung einen Anhang. In ihm wird gezeigt, wie man die natürlichen Zahlen und die elementaren Operationen auf ihnen formal in der Sprache der Mengenlehre erklären kann.

Durch diesen Anhang verändert sich die Ordnungszahl der Literaturhinweise von 9 zu 11. Als eine weitere Folge der eben beschriebenen Erweiterungen wurden in dieser zweiten Auflage einige Passagen der ersten Auflage abgeändert bzw. ergänzt. Weiterhin wurden alle gefundenen Tippfehler beseitigt und einige unschöne und missverständliche Formulierungen verbessert.

Auch bei der Erstellung dieser zweiten Auflage habe ich wertvolle Hinweise von Studierenden und Kollegen erhalten, insbesondere von Frau I. Stucke und den Herren D. Boysen, N. Danilenko und G. Schmidt, bei denen ich mich sehr herzlich bedanke. Mit meinen Kollegen S. Börm und B. Thalheim habe ich in der letzten Zeit zahlreiche Diskussionen über die Rolle und Bedeutung der Mathematik in der Informatik geführt, die immer ein Gewinn für mich waren. Dafür sei ihnen herzlich gedankt. Dem Verlag Springer Vieweg und Frau

Sybille Thelen danke ich schließlich noch für die wiederum sehr angenehme Zusammenarbeit bei der Drucklegung dieses Buchs.

Kiel, im November 2016   Rudolf Berghammer.

Vorwort zur dritten Auflage

In der vorliegenden dritten Auflage dieses Buchs wurden alle mathematischen Fehler und Ungenauigkeiten verbessert, auf welche ich von Kolleginnen und Kollegen und von Studierenden der gleichnamigen Vorlesungen an der Christian-Albrechts-Universität zu Kiel in den Wintersemestern 2016/17 und 2017/18 hingewiesen wurde. Ich habe diese Überarbeitung auch dazu benutzt, um eine Reihe von unschönen und missverständlichen Formulierungen zu verbessern und einige Beweise zu vereinfachen. Die Kapitel 7 und der bisherige erste Anhang wurden etwas erweitert. Letzterer wird nun als reguläres Kapitel 12 geführt.

Seit dem Erscheinen der ersten Auflage dieses Buchs vor fünf Jahren wurde ich immer wieder von Studierenden meiner Vorlesungen gebeten, zu den zahlreichen Übungsaufgaben ausgearbeitete Lösungsvorschläge zur Verfügung zu stellen, mit denen man das eigene Vorgehen beim Lösen der Übungsaufgaben vergleichen und dessen Richtigkeit gegebenenfalls überprüfen kann. Diesen Wünschen habe ich in dieser Auflage durch die Hinzunahme eines neuen Anhangs Rechnung getragen, welcher nach Kapitel 12 eingefügt wurde. Dieser Anhang mit der Ordnungszahl 12 enthält zu Übungsaufgaben der vorhergehenden Kapitel Lösungsvorschläge. Durch diesen Anhang verändert sich die Ordnungszahl der Literaturhinweise von 12 zu 13.

Die Angabe von Lösungsvorschlägen für alle 142 Übungsaufgaben der zweiten Auflage hätte den Umfang dieser Auflage zu sehr vergrößert. Deshalb habe ich mich dazu entschieden, die teils sehr umfangreichen Lösungsvorschläge zu den Übungsaufgaben der zwei Anwendungskapitel „Spezifikation und Programmverifikation" (Kapitel 5) und „Generische Programmierung" (Kapitel 10) nicht mit aufzunehmen. Sie werden über die Webseite springer.com vom Springer-Verlag zur Verfügung gestellt. Beim sorgfältigen Aufschreiben der Lösungsvorschläge ist mir aufgefallen, dass bei einigen von ihnen einfachere und einsichtigere Lösungen erzielt werden können, wenn die Aufgabenstellung verändert wird. Deshalb entsprechen die Übungsaufgaben am Ende der einzelnen Kapitel dieser Auflage nicht mehr genau denen der zweiten Auflage.

Damit sich die Studierenden insbesondere im Rahmen von Klausurvorbereitungen an den Lösungsvorschlägen orientieren können, habe ich in ihnen auf die Angabe von Satznummern und Marken von Eigenschaften aus den vorhergehenden Kapiteln bei den Begründungen vollständig verzichtet. Diese stehen den Studierenden bei Klausuren in der Regel auch nicht zur Verfügung. Ich verwende stattdessen in den Begründungen Schlagworte (wie etwa „Beschreibung der Inklusion mittels Vereinigung" oder „Eigenschaft der Rechtsinversen") oder gebe die verwendeten Regeln explizit an (wie etwa $A \wedge \mathbf{wahr} \Longleftrightarrow A$ oder $f \circ id_M = f$), was ich bei Klausuren immer akzeptiert habe.

Bei der Formulierung von mathematischen Beweisen ist es insbesondere am Anfang für

Studierende sehr hilfreich, wenn sie sich an gewissen Textmustern orientieren können, die in der Mathematik immer wieder auftauchen. Ist etwa im Laufe eines Beweises eine Teilaussage zu zeigen, welche, als Formel hingeschrieben, die Gestalt $\forall x \in M : A(x)$ hat, so beginnt deren Beweis normalerweise mit einem Satz ähnlich zu „Zum Beweis von ... sei $x \in M$ beliebig vorgegeben". Ein weiteres typisches Textmuster ist der Anfang eines Beweises durch Widerspruch. Hier beginnt man in der Regel mit einem Satz ähnlich zu „Angenommen, es gelte ... nicht". Auch das Hinschreiben von Induktionsbeweisen folgt starren Mustern. Beispielsweise beginnt jeder Induktionsschluss eines Beweises durch vollständige Induktion mit „Zum Induktionsschluss sei $n \in \mathbb{N}$ beliebig vorgegeben, so dass die Induktionshypothese ... gilt" oder einer ähnlichen Formulierung. In den Kapiteln 1 bis 12 habe ich die Textmuster sprachlich immer wieder etwas variiert, damit die Beweise nicht zu eintönig werden. Um die Textmuster deutlich hervorzuheben, verzichte ich bei den Lösungsvorschlägen zu den Übungsaufgaben weitgehend auf sprachliche Variationen.

Ich bedanke mich herzlich bei allen Kolleginnen und Kollegen und allen Studierenden für ihre wertvollen Hinweise. Insbesondere danke ich Frau B. Langfeld für die zahlreichen Anregungen und Diskussionen. Ihre Vorschläge haben mir sehr geholfen, sowohl die Genauigkeit als auch die Verständlichkeit des Texts so zu erhöhen, dass das Eine nicht zu Lasten des Anderen geschah. Ihr, Herrn B. Berghammer und Herrn M. Kliemann danke ich auch für die Durchsicht der Lösungsvorschläge zu den Übungsaufgaben. Mit den Herren S. Börm und B. Thalheim habe ich auch in den letzten zwei Jahren wiederum zahlreiche mathematische Diskussionen geführt, welche ich sehr genossen habe und welche dieses Buch positiv beeinflusst haben. Dem Verlag Springer Vieweg und Frau Sybille Thelen danke ich schließlich wiederum für die sehr angenehme Zusammenarbeit bei der Drucklegung dieser Auflage.

Kiel, im Februar 2019   Rudolf Berghammer.

Vorwort zur vierten Auflage

Wahrscheinlichkeiten und statistische Methoden spielen seit vielen Jahren in der Informatik eine immer größere Rolle. Sie sind deshalb oft schon Teil der einführenden Mathematik-Vorlesungen für die Informatik geworden. Aus diesem Grund wurde diese Neuauflage des Buchs durch ein Kapitel erweitert, welches die Grundlagen der Wahrscheinlichkeitstheorie vorstellt. Weil die Hilfsmittel aus der Analysis und der mathematischen Maß- und Integrationstheorie nicht zur Verfügung stehen, beschränken wir uns auf die sogenannte diskrete Wahrscheinlichkeitstheorie. Diese reicht für die meisten Anwendungen in der Informatik vollkommen aus. Im Großteil des neuen Kapitels setzen wir sogar nur endliche Mengen von elementaren Ereignissen voraus. Bei wichtigen diskreten Wahrscheinlichkeitsverteilungen treten in der Tat nur endlich viele zufällige Ergebnisse auf. In allen diesen Fällen kommen wir mit gewöhnlichen und endlichen Summenbildungen aus. Wir beschreiben aber auch, wie man abzählbare Mengen von elementaren Ereignissen mittels Reihen und deren Konvergenz formal behandeln kann.

Das neue Kapitel wurde unmittelbar nach dem Kapitel über elementare Kombinatorik und ungerichtete Graphen eingeführt, denn Begriffe und Techniken der Kombinatorik werden bei der Berechnung von Wahrscheinlichkeiten oftmals eingesetzt. Weiterhin wurde die Reihenfolge der bisherigen Kapitel 9 und 10 vertauscht. Damit erhöhen sich in dieser Auflage die Ordnungszahlen der bisherigen Kapitel 9 und 11 zu 11 und 12.

Eine zweite, wesentlich geringere Erweiterung betrifft das neue Kapitel 12. Es enthält einen neuen Abschnitt, in dem skizziert wird, wie man aus dem mengentheoretischen Modell der natürlichen Zahlen schrittweise mengentheoretische Modelle der ganzen Zahlen, der rationalen Zahlen und der reellen Zahlen gewinnen kann.

In dieser vierten Auflage habe ich alle mathematischen Fehler und Ungenauigkeiten verbessert, welche in der dritten Auflage entdeckt wurden. Auch habe ich einige Beweise vereinfacht und zusätzliche Erklärungen eingefügt, wo immer ich diese als hilfreich ansah. Ich bedanke mich insbesondere bei Frau B. Langfeld, Frau C. Berghammer und Herrn K. Lindenmayer für ihre wertvollen Hinweise, sowie bei Frau Sybille Thelen vom Verlag Springer Vieweg für die wiederum sehr angenehme Zusammenarbeit.

Kiel, im Februar 2021   Rudolf Berghammer.

Inhalt

1 Mengentheoretische Grundlagen

Die Mengenlehre ist ein Teilgebiet der Mathematik. Sie wurde vom deutschen Mathematiker Georg Cantor (1845-1918) etwa zwischen 1870 und 1900 begründet. Heutzutage baut die gesamte moderne und wissenschaftliche Mathematik, wenn sie formal axiomatisch betrieben wird, auf der axiomatischen Mengenlehre auf. Für Anfänger in der Mathematik ist ein **axiomatischer** Mengenbegriff sehr schwer zu verstehen. Deshalb wählen wir in diesem Kapitel einen, wie man sagt, **naiven** Zugang zu Mengen. Man spricht in diesem Zusammenhang auch von naiver Mengenlehre.

1.1 Der Cantorsche Mengenbegriff

Im Jahre 1885 formulierte Georg Cantor die folgende Definition einer Menge, die immer noch als Grundlage für eine naive Mengenlehre verwendet werden kann. Dabei verwenden wir erstmals das Zeichen „□", um das Ende eines nummerierten Textstücks anzuzeigen, das durch ein Schlüsselwort (wie „Definition", „Beispiel" oder „Satz") eingeleitet wird.

1.1.1 Definition: Menge (G. Cantor)

Unter einer **Menge** verstehen wir jede Zusammenfassung M von bestimmten wohlunterschiedenen Objekten m unserer Anschauung oder unseres Denkens (welche die „Elemente" von M genannt werden) zu einem Ganzen. □

Aus dieser Definition ergeben sich unmittelbar die folgenden drei Forderungen.

(1) Wir müssen eine Schreibweise dafür festlegen, wie Objekte zu einer Menge zusammengefasst werden.

(2) Wir müssen eine Notation festlegen, die besagt, ob ein Element zu einer Menge gehört oder nicht.

(3) Da alle Objekte wohlunterschieden sein sollen, ist für alle Objekte festzulegen, wann sie gleich sind und wann sie nicht gleich sind.

Beginnen wir mit dem ersten der obigen drei Punkte. Dies führt zur Festlegung, wie Mengen dargestellt werden. Wir starten mit der einfachsten Darstellung.

1.1.2 Definition: explizite Darstellung

Die **explizite Darstellung** (oder **Aufzählungsform**) einer Menge ist dadurch gegeben, dass man ihre Elemente durch Kommata getrennt in Form einer Liste aufschreibt und diese dann mit den geschweiften Mengenklammern „{" und „}" einklammert. Jedes Element tritt in der Liste genau einmal auf, d.h. mehrfaches Vorkommen ist nicht erlaubt. □

Die Reihenfolge des Auftretens der Elemente bei einer expliziten Darstellung einer Menge ist irrelevant. Etwa stellen $\{1, 2, 3\}$ und $\{2, 1, 3\}$ die gleiche Menge dar, nämlich diejenige, welche genau aus den drei Elementen 1, 2 und 3 besteht. In diesem Text fassen wir also Konstruktionen wie $\{1, 1, 2, 3\}$ und $\{2, 1, 1, 3\}$ nicht als Mengen auf. Explizit kann man nur Mengen mit endlich vielen Elementen darstellen. Ist die Elementanzahl zu groß, so

© Springer Fachmedien Wiesbaden GmbH, ein Teil von Springer Nature 2021
R. Berghammer, *Mathematik für die Informatik*,
https://doi.org/10.1007/978-3-658-33304-1_1

verwendet man oft drei Punkte „..." als Abkürzung, wenn die Gesetzmäßigkeit, die sie abkürzen, klar ist. Zu Vereinfachungszwecken werden die drei Punkte auch verwendet, um Mengen mit nicht endlich vielen Elementen explizit darzustellen. Dies ist mathematisch aber nur dann zulässig, wenn man diese Mengen auch anders darstellen könnte und die drei Punkte wirklich nur der Abkürzung und der Verbesserung der Lesbarkeit dienen. Beispielsweise bezeichnet so $\{0, 2, 4, 6, \ldots, 48, 50\}$ die Menge der geraden natürlichen Zahlen, welche kleiner oder gleich 50 sind, $\{0, 2, 4, 6, \ldots\}$ die Menge aller geraden natürlichen Zahlen und $\{1, 3, 5, 7, \ldots\}$ die Menge aller ungeraden natürlichen Zahlen.

1.1.3 Beispiele: explizite Darstellungen

Hier sind einige weitere Beispiele für explizite Darstellungen von Mengen Die Menge $\{1, 2, 3, 4\}$ besteht aus den vier Elementen 1, 2, 3 und 4, die Menge $\{0, 2, 4, 6, \ldots, 98, 100\}$ besitzt, wie man leicht nachzählt, genau 51 Elemente, nämlich die geraden natürlichen Zahlen von 0 bis 100, und die Menge $\{\heartsuit, \{\blacklozenge\}, \{\heartsuit, \dagger\}\}$ besitzt drei Elemente, von denen wiederum zwei Mengen sind, nämlich $\{\blacklozenge\}$ und $\{\heartsuit, \dagger\}$. $\qquad\square$

Es gibt auch Mathematikbücher, welche in expliziten Mengendarstellungen erlauben, dass Objekte mehrfach vorkommen. Bei diesem Ansatz ist etwa $\{1, 1, 2, 2\}$ eine Menge, was sie bei uns nicht ist. Unser Ansatz wird es später erlauben, Kardinalitäten von Mengen sehr einfach und intuitiv festzulegen, was im anderen Ansatz nicht so einfach möglich ist. Er erfordert aber manchmal Nebenbedingungen, etwa $y \neq 0$ bei $\{x + y, x - y\}$. Um die zweite in der Mathematik gebräuchliche Darstellung von Mengen festlegen zu können, brauchen wir den folgenden Begriff einer (logischen) Aussage, der auf den antiken griechischen Philosophen Aristoteles (384-323 v. Chr.) zurückgeht.

1.1.4 Definition: Aussage (Aristoteles)

Eine **Aussage** ist ein sprachliches Gebilde, von dem es sinnvoll ist, zu sagen, es sei wahr oder falsch. Ist sie wahr, so sagt man auch, dass sie gilt, ist sie falsch, so sagt man auch, dass sie nicht gilt. $\qquad\square$

Etwa ist „Am 1. November 2018 regnet es in Kiel" eine Aussage in der deutschen Sprache, und „Oxford is a town in the UK" ist eine Aussage in der englischen Sprache. Manchmal kommen in Aussagen auch Platzhalter für Objekte vor, etwa „Person x studiert Informatik". In diesem Zusammenhang spricht man dann oft präziser von **Aussageformen**. Im Weiteren werden wir uns auf Aussagen beschränken, die mit Mathematik zu tun haben, wie $5 < 6$ (diese Aussage ist wahr) oder „8 ist eine Primzahl" (diese Aussage ist falsch) oder $x < 5$ (die Wahrheit dieser Aussage hängt davon ab, was man für den Platzhalter x setzt). Am letzten Beispiel sieht man, dass es bei einer Aussageform keinen Sinn ergibt, davon zu sprechen, sie sei wahr oder falsch. Vielmehr müssen alle darin vorkommenden Platzhalter entweder durch konkrete Objekte ersetzt werden oder durch Konzepte wie „für alle ..." und „es gibt ..." gebunden werden.

Neben den Mengen bilden Aussagen und das Argumentieren mit ihnen, also die Logik, das zweite Fundament der Mathematik. Dies behandeln wir im zweiten Kapitel genauer. Wir werden im Folgenden Aussagen verwenden, von denen aus der Umgangssprache heraus nicht unbedingt sofort klar ist, wie sie gemeint sind. Daher müssen wir uns auf eine

Lesart einigen (die Formalia dazu werden in Kapitel 2 nachgereicht). Bei Aussagen mit „oder", etwa „Anna oder Martin studieren Informatik" meinen wir immer das sogenannte „einschließende oder" und nicht das „entweder ... oder". Der Satz von eben ist damit wahr, wenn nur Anna oder nur Martin oder beide Informatik studieren, und er ist falsch, wenn sowohl Anna als auch Martin nicht Informatik studieren. Ebenfalls uneindeutig sind Aussagen mit „wenn ... dann ..." bzw. „aus ... folgt ...", etwa „wenn Anna Informatik studiert, dann hat sie Physik als Nebenfach". Wenn Anna tatsächlich Informatik studiert, dann entscheidet sich die Wahrheit der Aussage ganz klar daran, welches Nebenfach sie gewählt hat. Aber wie sieht es mit dem Wahrheitswert der Aussage aus, wenn Anna gar nicht Informatik studiert? Hier müssen wir uns wieder auf eine einheitliche Lesart einigen. Wir werden solche Aussagen wie ein Versprechen oder eine Wette interpretieren, die genau dann falsch wird, wenn wir das Versprechen gebrochen haben oder die Wette verloren haben. Liest man die Aussage oben nochmal so: „Ich verspreche Dir (Ich wette mit Dir): Wenn Anna Informatik studiert, dann hat sie Physik als Nebenfach". Sollte Anna gar keine Informatikstudentin sein, dann haben wir das Versprechen nicht gebrochen (bzw. die Wette nicht verloren), in diesem Fall ist die Aussage also wahr (und zwar ganz unabhängig davon, ob Anna Physik als Nebenfach studiert oder nicht). Eine besondere Situation liegt vor, wenn für zwei Aussagen A_1 und A_2 die Wahrheitswerte gleich sind, also beide wahr oder beide falsch sind und nicht A_1 wahr und A_2 falsch oder A_1 falsch und A_2 wahr ist. Dann sagt man, dass A_1 genau dann gilt, wenn A_2 gilt, oder, dass A_1 und A_2 äquivalent (oder gleichwertig) sind.

1.1.5 Definition: deskriptive Mengenbeschreibung

Es sei $A(x)$ eine Aussage, in der die **Variable** (d.h. Platzhalter für Objekte) x vorkommen kann, und für jedes Objekt a sei $A(a)$ die Aussage, die aus $A(x)$ entsteht, indem x durch a textuell ersetzt wird. Dann bezeichnet $\{x \mid A(x)\}$ die Menge, welche genau die Objekte a enthält, für die die Aussage $A(a)$ wahr ist. Das Gebilde $\{x \mid A(x)\}$ nennt man **deskriptive Darstellung** oder **deskriptive Mengenbeschreibung** oder **Beschreibungsform**. □

Es ist allgemein üblich, durch Schreibweisen wie $A(x)$, $A(x,y)$ usw. anzuzeigen, dass in einer Aussage Variablen vorkommen können. Mit den deskriptiven Darstellungen kann man, im Gegensatz zu den expliziten Darstellungen, auch ohne die (informellen) drei Punkte Mengen mit nicht endlich vielen Elementen formal durch endlich viele Zeichen angeben. Wir wollen dies nun an einem Beispiel zeigen.

1.1.6 Beispiele: deskriptive Mengenbeschreibungen

Es sei x eine Variable, die für irgendwelche natürliche Zahlen Platzhalter sei. Dann ist beispielsweise eine Aussage $A(x)$ gegeben durch die Formel $x^2 \leq 100$. Es gilt $0^2 \leq 100$, also $A(0)$, auch $1^2 \leq 100$ gilt, also $A(1)$, usw. bis $10^2 \leq 100$, also $A(10)$. Hingegen sind die Aussagen $A(11)$, $A(12)$, $A(13)$ usw. alle falsch. Also beschreibt die Mengendarstellung $\{x \mid x$ ist natürliche Zahl und $x^2 \leq 100\}$ die Menge der natürlichen Zahlen von 0 bis 10. Man beachte, dass aufgrund der zusätzlichen Forderung in dieser deskriptiven Mengenbeschreibung nun x für beliebige Objekte steht.

Wieder sei nun x eine Variable, aber jetzt Platzhalter für alle ab dem Jahr 1000 lebenden Personen. Trifft die durch

„x studierte Informatik oder x studiert derzeit Informatik"

beschriebene Aussage $A(x)$ auf Sie oder Ihre Eltern zu? Jedenfalls ist A(Cantor) falsch, denn zu Cantors Lebzeiten gab es dieses Studienfach noch nicht. $\qquad\square$

Aufgrund der eben geschilderten Einschränkungen des Platzhaltens ist es üblich, die Variablen zu typisieren, also zu sagen, für welche spezielleren Objekte sie Platzhalter sind. Wir kommen auf diesen Punkt später noch einmal zurück. Nachdem wir den obigen Punkt (1) zufriedenstellend geklärt haben, wenden wir uns nun der Lösung von Punkt (2) zu, dem Enthaltensein in einer Menge.

1.1.7 Definition: Enthaltenseinsrelation

Es seien M eine Menge und a ein Objekt. Wir schreiben

(1) $a \in M$, falls a zu M gehört, also ein Element von M ist.

(2) $a \notin M$, falls a nicht zu M gehört, also kein Element von M ist.

Das Symbol „$\in$" wird auch **Enthaltenseinssymbol** genannt und das Symbol „$\notin$" seine Negation oder das **Nichtenthaltenseinssymbol**. $\qquad\square$

Es gilt also nach Definition der beiden Darstellungsformen für Mengen für alle Objekte a, dass die Aussage $a \in \{a_1, \ldots, a_n\}$ genau dann wahr ist, wenn es eine natürliche Zahl i mit $a = a_i$ gibt, und die Aussage $a \in \{x \mid A(x)\}$ genau dann wahr ist, wenn die Aussage $A(a)$ wahr ist. Wann $a = a_i$ im Fall von Mengen wahr ist, bleibt noch zu klären (siehe unten). Damit wir uns im Folgenden mit den Beispielen leichter tun, erklären wir nun einige Mengen von Zahlen, die man von der weiterbildenden Schule her sicher schon kennt.

1.1.8 Definition: Zahlenmengen $\mathbb{N}, \mathbb{Z}, \mathbb{Q}, \mathbb{R}$

Die vier Symbole für Mengen $\mathbb{N}$, $\mathbb{Z}$, $\mathbb{Q}$ und $\mathbb{R}$ werden wie folgt festgelegt:

(1) $\mathbb{N}$ bezeichnet die Menge der natürlichen Zahlen, also die Menge $\{0, 1, 2, \ldots\}$. Man beachte, dass in diesem Text (wie fast immer in der Informatik-Literatur) die Null per Definition in $\mathbb{N}$ enthalten ist.

(2) $\mathbb{Z}$ bezeichnet die Menge der ganzen Zahlen, also die Menge $\{0, 1, -1, 2, -2, \ldots\}$ bestehend aus den natürlichen Zahlen und ihren Negationen.

(3) $\mathbb{Q}$ bezeichnet die Menge der rationalen Zahlen (der Bruchzahlen mit ganzzahligen Zählern und Nennern), also, in deskriptiver Darstellung, die Menge

$$\{x \mid \text{Es gibt } y, z \text{ mit } y \in \mathbb{Z} \text{ und } z \in \mathbb{Z} \text{ und } z \neq 0 \text{ und } x = \frac{y}{z}\}.$$

(4) $\mathbb{R}$ bezeichnet die Menge der reellen Zahlen. $\qquad\square$

Die Menge der reellen Zahlen kann man nicht mehr so einfach spezifizieren wie die drei vorhergehenden Mengen von Zahlen. Wir verweisen hier auf Analysis-Bücher, in welchen die reellen Zahlen mathematisch formal eingeführt werden, beispielsweise durch die Forderung von geeigneten Eigenschaften oder durch ein konstruktives Vorgehen. Trotzdem werden wir die Menge $\mathbb{R}$ im Folgenden bei Beispielen immer wieder verwenden und setzen dabei ein intuitives Verständnis reeller Zahlen voraus, wie es in der weiterbildenden Schule gelehrt wird. Wie man formal Zahlen einführen kann, zeigen wir in Kapitel 12.

Durch das Symbol „$\in$" kann man bei der deskriptiven Darstellung von Mengen auch die Beschränktheit bei den zur Aussonderung zugelassenen Objekte durch das Enthaltensein in einer anderen Menge beschreiben. In Beispiel 1.1.6 können wir nun einfacher $\{x \mid x \in \mathbb{N} \text{ und } x^2 \leq 100\}$ schreiben. Dies kürzt man normalerweise zu $\{x \in \mathbb{N} \mid x^2 \leq 100\}$ ab. Damit wird x eine typisierte Variable in dem schon früher erwähnten Sinn. Als Verallgemeinerung des Beispiels legen wir folgendes fest.

1.1.9 Festlegung: deskriptive Darstellung mit Typisierung

Für alle Mengen M und alle Aussagen $A(x)$, in denen x eine Variable ist, stellt die deskriptive Darstellung $\{x \in M \mid A(x)\}$ eine Abkürzung für $\{x \mid x \in M \text{ und } A(x)\}$ dar. $\square$

Eine Voraussetzung der Mengenlehre ist, dass alle Objekte wohlunterschieden sind. Wir schreiben $a = b$, falls die Objekte a und b gleich sind, und $a \neq b$, falls sie verschieden sind. Bei Zahlen wissen wir, was $a = b$ und $a \neq b$ bedeuten. Da wir nun Mengen als neue Objekte hinzubekommen haben, denn sie dürfen ja wieder in Mengen als Elemente vorkommen, müssen wir, man vergleiche mit Punkt (3) nach der Definition von Mengen, als Nächstes festlegen, was die Aussage $M = N$ für zwei Mengen bedeutet, also wann sie wahr und wann sie falsch ist. In der folgenden Definition führen wir, neben $M = N$, für Mengen noch drei weitere Aussagen $M \subseteq N$, $M \neq N$ und $M \subset N$ ein.

1.1.10 Definition: Inklusion, echte Inklusion, Gleichheit

Es seien M und N zwei Mengen. Dann gilt

(1) $M \subseteq N$ genau dann, wenn für alle Objekte a aus $a \in M$ folgt $a \in N$ (M heißt dann eine **Teilmenge** von N),

(2) $M = N$ genau dann, wenn $M \subseteq N$ und $N \subseteq M$ gelten, also für alle Objekte a die Aussage $a \in M$ genau dann gilt, wenn $a \in N$ gilt (M und N heißen dann **gleich**),

(3) $M \neq N$ genau dann, wenn $M = N$ nicht gilt (M und N heißen dann **ungleich**),

(4) $M \subset N$ genau dann, wenn $M \subseteq N$ und $M \neq N$ gelten (M heißt dann eine **echte Teilmenge** von N). $\square$

Ist die Menge M eine (echte) Teilmenge der Menge N, so sagt man auch, dass M in N (echt) enthalten ist. Das Symbol „$\subseteq$" heißt auch **Mengeninklusion**. Es ist, wie das Gleichheitssymbol „$=$", das Ungleichsymbol „$\neq$" und die **echte Mengeninklusion** „$\subset$" eine Testoperation auf Mengen, da die Konstruktionen $M \subseteq N, M = N, M \neq N$ und $M \subset N$ alle Aussagen im früher eingeführten Sinn darstellen, also entweder wahr oder falsch sind. Statt $M \subseteq N$ schreibt man auch $N \supseteq M$, wenn etwa bei einer Rechnung die Mengen in der „falschen" Reihenfolge auftauchen. Analog schreibt man statt $M \subset N$ auch $N \supset M$. Wir zeigen nun wichtige Eigenschaften der Mengeninklusion.

1.1.11 Satz: Reflexivität, Antisymmetrie, Transitivität

Für alle Mengen M, N und P gelten die folgenden Aussagen:

(1) $M \subseteq M$ (Reflexivität)

(2) Aus $M \subseteq N$ und $N \subseteq M$ folgt $M = N$ (Antisymmetrie)

(3) Aus $M \subseteq N$ und $N \subseteq P$ folgt $M \subseteq P$ (Transitivität)

Beweis: (1) Die Aussage $M \subseteq M$ gilt genau dann, wenn für alle Objekte a aus $a \in M$ folgt $a \in M$. Letzteres ist wahr, also ist auch $M \subseteq M$ wahr.

(2) Hier verwenden wir, dass die Gültigkeit der zwei Aussagen $M \subseteq N$ und $N \subseteq M$ per Definition sogar zur Gültigkeit der Aussage $M = N$ äquivalent (d.h. logisch gleichwertig) ist. Also folgt insbesondere $M = N$ aus $M \subseteq N$ und $N \subseteq M$.

(3) Es gelte $M \subseteq N$ und auch $N \subseteq P$. Dann trifft für alle Objekte a das Folgende zu: Aus $a \in M$ folgt $a \in N$, weil $M \subseteq N$ wahr ist, also auch $a \in P$, weil $N \subseteq P$ wahr ist. Dies zeigt $M \subseteq P$. $\square$

Dieses ist der erste Beweis des vorliegenden Texts. Es werden noch viele weitere folgen. Durch die Markierungen (1) bis (3) im Beweis von Satz 1.1.11 ist angezeigt, welche der Behauptungen gerade bewiesen wird. Solche selbsterklärenden Markierungen werden wir später ohne weitere Kommentare immer wieder verwenden.

Per Definition gibt es eine Menge, die keine Elemente enthält. Diese wird nun eingeführt und mit einem speziellen Symbol bezeichnet.

1.1.12 Definition: leere Menge

Mit $\emptyset$ wird die **leere Menge** bezeichnet. Sie ist eine Menge, die keine Elemente enthält. Also gilt, per Definition, die Aussage $a \notin \emptyset$ für alle Objekte a. $\square$

Aus der Festlegung der Mengengleichheit und $a \notin \emptyset$ für alle Objekte a folgt für alle Mengen M die Gleichheit $M = \emptyset$, falls $a \notin M$ für alle Objekte a gilt. Bei der expliziten Darstellung von Mengen haben wir die Elemente aufgezählt und mit den Mengenklammern geklammert. Wenn man diese Darstellung auf die leere Menge überträgt, dann stehen zwischen den Mengenklammern gar keine Elemente. Deshalb wird in der Literatur auch oft „{}" als Symbol für die leere Menge verwendet. Man beachte, dass $\{\emptyset\}$ nicht die leere Menge ist, sondern diejenige Menge, welche die leere Menge als ihr einziges Element enthält.

Bei Aussagen ist es sehr nützlich, eine Aussage zur Verfügung zu haben, welche immer falsch ist. Im Folgenden sei diese mit **falsch** bezeichnet. Beispielsweise könnte man **falsch** als Abkürzung (oder andere Schreibweise) für $1 \neq 1$ auffassen. Mit dieser Festlegung gilt $\emptyset = \{x \mid \textbf{falsch}\}$. Weiterhin gilt $\emptyset \subseteq M$ für alle Mengen M, denn für alle Objekte a ist $a \in \emptyset$ falsch und aus einer falschen Aussage kann man alle Aussagen folgern (wurde schon angemerkt und wird in Kapitel 2 bei der formalen Definition der Implikation explizit gezeigt), also auch $a \in M$. Weil wir sie später auch brauchen, definieren wir mit

wahr die immer wahre Aussage. Sie ist die Negation der Aussage **falsch**. Wir beschließen diesen Abschnitt mit einem Beispiel zu den Begriffen aus Definition 1.1.10 und einigen Folgerungen.

1.1.13 Beispiele: Inklusionen, Gleichheiten

Wir betrachten die beiden Mengen $\{1, 2, 3\}$ und $\{1, 2, 3, 4\}$ mit den drei Elementen $1, 2$ und 3 bzw. den vier Elementen $1, 2, 3$ und 4. Es gelten dann sowohl die Inklusion

$$\{1, 2, 3\} \subseteq \{1, 2, 3, 4\}$$

als auch die echte Inklusion

$$\{1, 2, 3\} \subset \{1, 2, 3, 4\}$$

als auch die Ungleichung (oder Ungleichheit)

$$\{1, 2, 3\} \neq \{1, 2, 3, 4\}.$$

Die Gleichung (oder Gleichheit) dieser Mengen gilt hingegen nicht. Weiterhin gilt etwa die Inklusions-Eigenschaft

$$\{x \in \mathbb{N} \mid x \neq 2 \text{ und } x \text{ Primzahl}\} \subseteq \{x \in \mathbb{N} \mid x \text{ ungerade}\},$$

weil alle Primzahlen ungleich 2 ungerade natürliche Zahlen sind. Auch hier liegt eine echte Inklusion vor. $\qquad\qquad\square$

Allgemein gelten die folgenden zwei wichtigen Eigenschaften, die wir immer wieder verwenden werden: Folgt für alle Objekte a die Aussage $A_2(a)$ aus der Aussage $A_1(a)$, so gilt $\{x \mid A_1(x)\} \subseteq \{x \mid A_2(x)\}$, und gilt für alle Objekte a die Aussage $A_1(a)$ genau dann, wenn die Aussage $A_2(a)$ gilt, so gilt $\{x \mid A_1(x)\} = \{x \mid A_2(x)\}$. Die Leserin oder der Leser überlege sich, wie man in analoger Weise zeigen kann, dass die Ungleichheit $\{x \mid A_1(x)\} \neq \{x \mid A_2(x)\}$ von Mengen gilt.

1.2 Einige Konstruktionen auf Mengen

Bisher können wir nur Mengen definieren – explizit oder deskriptiv – und sie dann vergleichen oder, allgemeiner, logische Aussagen über Mengen formulieren. Nun führen wir gewisse Konstruktionen (auch Operationen genannt) auf Mengen ein, die es erlauben, aus gegebenen Mengen neue zu erzeugen. Dies führt zu einer weiteren Darstellung von Mengen, nämlich durch sogenannte Mengenausdrücke, in denen diese Konstruktionen auf vorgegebene Mengen angewendet werden.

1.2.1 Definition: binäre Vereinigung, binärer Durchschnitt, Differenz

Es seien M und N Mengen. Dann definieren wir die folgenden Mengen:

(1) $M \cup N := \{x \mid x \in M \text{ oder } x \in N\}$

(2) $M \cap N := \{x \mid x \in M \text{ und } x \in N\}$

(3) $M \setminus N := \{x \mid x \in M \text{ und } x \notin N\}$

Die Konstruktion $M \cup N$ heißt **Vereinigung** von M und N, bei $M \cap N$ spricht man vom **Durchschnitt** von M und N und $M \setminus N$ ist die **Differenz** von M und N. $\qquad\square$

In der obigen Definition bezeichnet das spezielle Symbol „$:=$" die **definierende Gleichheit**. Durch deren Verwendung wird ausgedrückt, dass – per Definition – die linke Seite der entsprechenden Gleichung gleich der rechten Seite ist. Definierende Gleichheiten werden in der Mathematik insbesondere dazu benutzt, neue Konstruktionen, neue Symbole, Abkürzungen oder Namen für gewisse Dinge einzuführen.

Setzt man die in der obigen Definition eingeführten Konstruktionen auf Mengen (bzw. die sie realisierenden Operationen „$\cup$", „$\cap$" und „$\setminus$" auf Mengen) mit dem Enthaltenseinssymbol „$\in$" in Beziehung, so gilt offensichtlich $x \in M \cup N$ genau dann, wenn $x \in M$ gilt oder $x \in N$ gilt, es gilt $x \in M \cap N$ genau dann, wenn $x \in M$ und $x \in N$ gelten, und es gilt $x \in M \setminus N$ genau dann, wenn $x \in M$ gilt und $x \in N$ nicht gilt. Für die deskriptiven Darstellungen von Mengen mittels Aussagen $A_1(x)$ und $A_2(x)$ hat man die Gleichung

$$\{x \mid A_1(x)\} \cup \{x \mid A_2(x)\} = \{x \mid A_1(x) \text{ oder } A_2(x)\}$$

für die Vereinigung solcher Mengen,

$$\{x \mid A_1(x)\} \cap \{x \mid A_2(x)\} = \{x \mid A_1(x) \text{ und } A_2(x)\}$$

für den Durchschnitt solcher Mengen und

$$\{x \mid A_1(x)\} \setminus \{x \mid A_2(x)\} = \{x \mid A_1(x) \text{ und nicht } A_2(x)\}$$

für die Differenz solcher Mengen. In der letzten Darstellung besagt die Notation der rechten Seite, dass die Aussage $A_1(x)$ gilt und die Aussage $A_2(x)$ nicht gilt.

Die eben eingeführten drei Konstruktionen auf Mengen kann man anschaulich sehr gut mit eingefärbten oder schraffierten Bereichen in der Zeichenebene darstellen. Diese Zeichnungen nennt man auch **Venn**-Diagramme. Der Name geht auf den englischen Mathematiker John Venn (1834-1923) zurück. In solchen Venn-Diagrammen sind die Mengen durch umrandete Flächen dargestellt, in der Regel sind die Umrandungen dabei Kreise oder Ellipsen. Bei vielen Mengen sind aber auch beliebige geschlossene Kurven als Umrandungen vorteilhaft. Das folgende Bild zeigt das Venn-Diagramm des Durchschnitts $M \cap N$ zweier Mengen M und N. Hier werden M und N durch Kreisflächen dargestellt und ihr Durchschnitt durch die eingefärbte Fläche.

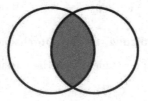

Analog kann man auch $M \cup N$ mittels Kreisflächen darstellen, wo die gesamte Fläche eingefärbt ist, und auch $M \setminus N$, wo der Teil der M darstellenden Kreisfläche eingefärbt ist, der nicht zu der N darstellenden Kreisfläche gehört. Solche anschaulichen Bilder sind natürlich nicht als Beweise erlaubt. Sie sind jedoch sehr hilfreich, wenn es darum geht, Sachverhalte zu visualisieren und neue Eigenschaften zu entdecken. Diese Bemerkung gilt im Allgemeinen für die Verwendung von Bildern in der Mathematik.

Statt $M \setminus N$ wird manchmal auch $\mathbf{C}_M N$ geschrieben und man sagt dann auch „(relatives) Komplement von N bezüglich M“. Es gibt viele Situationen, wo die Menge M fixiert ist, sich alle Überlegungen also in ihr abspielen. Man nennt M dann auch das (in einem gewissen Zusammenhang verwendete) **Universum**. Ist N dann eine Teilmenge des Universums M, so spricht man bei $M \setminus N$ auch vom (**absoluten**) **Komplement** von N und schreibt dafür in der Regel $\overline{N}$ (oder manchmal auch N^c).

1.2.2 Beispiele: Vereinigungen, Durchschnitte, Differenzen

Wir betrachten die folgenden Mengen

$$M := \{0, 2, 4\} \qquad N := \{x \in \mathbb{N} \mid x \leq 10\}$$

Dann gelten offensichtlich die folgenden Gleichungen.

(1) $M \cup N = \{0, 1, 2, 3, 4, 5, 6, 7, 8, 9, 10\} = N$

(2) $M \cap N = \{0, 2, 4\} = M$

(3) $N \setminus M = \{1, 3, 5, 6, 7, 8, 9, 10\}$

(4) $M \setminus N = \emptyset$

Um die explizite Darstellung von $M \cup N$ für kleine Mengen „auszurechnen“, schreibt man erst die Elemente von M als Liste hin. Dann geht man N Element für Element durch und fügt jene Elemente an die Liste an, die nicht in M vorkommen. Analoge Verfahrensweisen überlege sich die Leserin oder der Leser auch für den Durchschnitt und die Differenz. $\square$

Zwischen Inklusion, Vereinigung und Durchschnitt von Mengen besteht ein enger Zusammenhang. Er war schon im letzten Beispiel ersichtlich und wird im folgenden Satz explizit angegeben.

1.2.3 Satz: Inklusion, Vereinigung, Durchschnitt

Für alle Mengen M und N sind die folgenden drei Aussagen äquivalent:

(1) $M \subseteq N$

(2) $M \cap N = M$

(3) $M \cup N = N$

Beweis: Wir beweisen zuerst, dass aus der Aussage (1) die Aussage (2) folgt. Dazu haben wir die beiden Inklusionen $M \cap N \subseteq M$ und $M \subseteq M \cap N$ zu zeigen.

Beweis von $M \cap N \subseteq M$: Es sei a ein beliebiges Objekt. Gilt $a \in M \cap N$, so gilt dies genau dann, wenn $a \in M$ und $a \in N$ gelten. Also gilt insbesondere $a \in M$.

Beweis von $M \subseteq M \cap N$: Es sei wiederum a ein beliebiges Objekt. Gilt $a \in M$, so gilt auch $a \in N$ wegen der Voraussetzung $M \subseteq N$. Also gelten die beiden Aussagen $a \in M$ und $a \in N$ und dies ist gleichwertig zur Gültigkeit von $a \in M \cap N$.

Nun zeigen wir die Umkehrung, also wie (1) aus (2) folgt. Es sei a ein beliebiges Objekt. Gilt $a \in M$, so ist dies äquivalent zu $a \in M \cap N$, da wir $M = M \cap N$ voraussetzen. Aus $a \in M \cap N$ folgt insbesondere $a \in N$.

Die Aussagen „aus (1) folgt (3)" und „aus (3) folgt (1)" zeigt man vollkommen analog. Damit sind auch (1) und (3) äquivalent und die Äquivalenz von (1) und (2) und von (1) und (3) zeigt die Äquivalenz von (2) und (3). $\qquad\square$

Bei diesem Beweis haben wir schon etwas an logischen Schlüssen verwendet, nämlich, dass für beliebige Aussagen A_1, A_2, A_3 die folgenden Eigenschaften gelten:

(1) Folgt A_2 aus A_1 und A_1 aus A_2, so sind A_1 und A_2 äquivalent.

(2) Sind A_1 und A_2 äquivalent und A_2 und A_3 äquivalent, so sind auch A_1 und A_3 äquivalent.

(3) Aus A_1 und A_2 folgt A_1.

Dass diese logischen Schlüsse korrekt sind, werden wir im nächsten Kapitel zeigen. Der Beweis von Satz 1.2.3 wurde, wie auch der von Satz 1.1.11, im Hinblick auf die logischen Zusammenhänge und Folgerungen noch in normaler Umgangssprache abgefasst. Wenn wir im zweiten Kapitel die formale Sprache der mathematischen Logik eingeführt haben, dann werden die Beweise diese mathematische „Kunstsprache" mit verwenden, um Teile der Umgangssprache zu ersetzen. Solche Beweise werden dann in der Regel wesentlich knapper und prägnanter und verwenden die logischen Regeln auch besser erkennbar. Im folgenden Satz stellen wir einige weitere wichtige Regeln für die Vereinigung und den Durchschnitt von Mengen vor. Die Eigenschaften in (1) nennt man Kommutativität, die in (2) Assoziativität, die in (3) Distributivität und die in (5) Monotonie. Weil in (4) eine Menge im Sinne des Enthaltenseins zwischen zwei Mengen liegt, nennt man dies auch oft eine Einschließungseigenschaft.

1.2.4 Satz: Kommutativität, Assoziativität, Distributivität

Für alle Mengen M, N und P gelten die folgenden Aussagen:

(1) $M \cup N = N \cup M$ und $M \cap N = N \cap M$

(2) $M \cup (N \cup P) = (M \cup N) \cup P$ und $M \cap (N \cap P) = (M \cap N) \cap P$

(3) $M \cup (N \cap P) = (M \cup N) \cap (M \cup P)$ und $M \cap (N \cup P) = (M \cap N) \cup (M \cap P)$

(4) $M \cap N \subseteq M \subseteq M \cup N$

(5) $M \subseteq N$ impliziert $M \cup P \subseteq N \cup P$ und $M \cap P \subseteq N \cap P$

Beweis: (1) Es gilt

$$M \cup N = \{x \mid x \in M \text{ oder } x \in N\} \qquad \text{Definition } \cup$$
$$= \{x \mid x \in N \text{ oder } x \in M\} \qquad \text{Eigenschaft „oder"}$$
$$= N \cup M \qquad \text{Definition } \cup$$

und analog zeigt man auch die Aussage $M \cap N = N \cap M$.

(2) Hier bekommen wir die erste Gleichung durch die Rechnung

$$M \cup (N \cup P) = \{x \mid x \in M \text{ oder } x \in N \cup P\} \qquad \text{Definition } \cup$$
$$= \{x \mid x \in M \text{ oder } x \in N \text{ oder } x \in P\} \qquad \text{Definition } \cup$$
$$= \{x \mid x \in M \cup N \text{ oder } x \in P\} \qquad \text{Definition } \cup$$
$$= (M \cup N) \cup P \qquad \text{Definition } \cup$$

und die zweite Gleichung beweist sich ebenfalls analog.

Die verbleibenden Aussagen (3) bis (5) beweist man ebenfalls, indem man einige sehr einfache logische Eigenschaften von „und" und „oder" verwendet. $\qquad \Box$

Beim Beweis von (1) haben wir benutzt, dass „oder" kommutativ ist, und beim Beweis von (2) haben wir verwendet, dass „oder" assoziativ ist. Die Kommutativität bedeutet, dass „A_1 oder A_2" und „A_2 oder A_1" äquivalent sind. Die Assoziativität bedeutet, dass es im Fall einer Aussage „A_1 oder A_2 oder A_3" egal ist, ob man zuerst „A_1 oder A_2" zu einer Aussage B zusammenfasst und dann „B oder A_3" betrachtet, oder zuerst „A_2 oder A_3" zu einer Aussage B zusammenfasst und dann „A_1 oder B" betrachtet. Beides führt zum selben Resultat. Auch „und" ist kommutativ und assoziativ. Dies folgt alles sofort aus unserem naiven Verständnis dieser logischen Verknüpfungen.

Wegen der Gleichungen aus Teil (2) dieses Satzes kommt es bei der Vereinigung und dem Durchschnitt von mehr als zwei Mengen nicht darauf an, in welcher Art man diese „aufbaut". Etwa kann man M_1, M_2, M_3, M_4 durch $M_1 \cup (M_2 \cup (M_3 \cup M_4))$ als auch durch $(M_1 \cup M_2) \cup (M_3 \cup M_4)$ vereinigen. Beides liefert die gleiche Menge. Deshalb lässt man die Klammerung weg, schreibt also $M_1 \cup M_2 \cup M_3 \cup M_4$. Dies ist die gleiche Menge wie etwa $M_4 \cup M_2 \cup M_3 \cup M_1$, denn Teil (1) des obigen Satzes sagt aus, dass die Reihenfolge keine Rolle spielt.

Bisher können wir nur endlich viele Mengen vereinigen und deren Durchschnitte bilden (man sagt hier auch kurz „schneiden"), indem wir alles auf die Vereinigung und den Durchschnitt von zwei Mengen zurückführen. Nun erweitern wir dieses auf beliebig viele Mengen, d.h. auf Mengen von Mengen.

1.2.5 Definition: beliebige Vereinigung und beliebiger Durchschnitt

Es sei $\mathcal{M}$ eine Menge von Mengen. Wir definieren zwei Mengen $\bigcup \mathcal{M}$ und $\bigcap \mathcal{M}$ durch die Festlegungen

(1) $\bigcup \mathcal{M} := \{x \mid \text{Es gibt } X \in \mathcal{M} \text{ mit } x \in X\}$

(2) $\bigcap \mathcal{M} := \{x \mid \text{Für alle } X \in \mathcal{M} \text{ gilt } x \in X\}$

und nennen die Konstruktionen $\bigcup \mathcal{M}$ und $\bigcap \mathcal{M}$ die **Vereinigung** bzw. den **Durchschnitt** aller Mengen von $\mathcal{M}$ (oder kürzer: beliebige Vereinigung und beliebigen Durchschnitt). $\square$

Manchmal schreibt man auch $\bigcup_{X \in \mathcal{M}} X$ und $\bigcap_{X \in \mathcal{M}} X$ für $\bigcup \mathcal{M}$ bzw. $\bigcap \mathcal{M}$. Wir bleiben aber bei den kürzeren Schreibweisen der obigen Definition. Offensichtlich gelten die Gleichungen $\bigcup \{M, N\} = M \cup N$ und $\bigcap \{M, N\} = M \cap N$ im Fall von $\mathcal{M} = \{M, N\}$, und damit ist die neue Definition der beliebigen Vereinigungen und Durchschnitte eine Erweiterung der ursprünglichen nur binären (bzw. endlichen) Vereinigungen und Durchschnitte.

Für diese neuen beliebigen Vereinigungen und Durchschnitte übertragen sich alle Eigenschaften von Satz 1.2.4 (3) bis (5), wenn man die Notation entsprechend anpasst. Wir zeigen dies am Beispiel von Punkt (4).

1.2.6 Satz: Einschließungseigenschaft

Es sei $\mathcal{M}$ eine Menge von Mengen mit $\mathcal{M} \neq \emptyset$. Dann gilt für alle $M \in \mathcal{M}$ die Einschließungseigenschaft $\bigcap \mathcal{M} \subseteq M \subseteq \bigcup \mathcal{M}$.

Beweis: Erste Inklusion: Es sei a ein beliebiges Objekt. Gilt $a \in \bigcap \mathcal{M}$, so gilt $a \in X$ für alle $X \in \mathcal{M}$. Folglich gilt auch $a \in M$, da $M \in \mathcal{M}$ vorausgesetzt ist.

Zweite Inklusion: Wiederum sei a beliebig vorgegeben. Gilt $a \in M$, so gibt es ein $X \in \mathcal{M}$, nämlich $X := M$, mit $a \in X$. Also gilt per Definition $a \in \bigcup \mathcal{M}$.

Später werden wir noch lernen, dass eine Aussage der Form „für alle $a \in \emptyset$ gilt ..." immer wahr ist. Damit gilt die Einschließungseigenschaft auch für $\mathcal{M}$ als die leere Menge (von Mengen). Man kann beliebige Vereinigungen und Durchschnitte in einer speziellen Weise beschreiben. Dies wird nun gezeigt.

1.2.7 Satz: rekursives Vereinigen und Schneiden

Es sei $\mathcal{M}$ eine Menge von Mengen mit $\mathcal{M} \neq \emptyset$. Dann gelten für alle Mengen $M \in \mathcal{M}$ die folgenden Gleichungen:

(1) $\bigcup \mathcal{M} = M \cup \bigcup(\mathcal{M} \setminus \{M\})$

(2) $\bigcap \mathcal{M} = M \cap \bigcap(\mathcal{M} \setminus \{M\})$

Weiterhin gilt im Fall der leeren Menge von Mengen die Eigenschaft $\bigcup \emptyset = \emptyset$.

Beweis: Wir beginnen mit Aussage (1) und zeigen hier zuerst die Inklusion „$\subseteq$": Es sei a ein beliebiges Objekt mit $a \in \bigcup \mathcal{M}$. Dann gibt es $X_0 \in \mathcal{M}$ mit $a \in X_0$. Nun unterscheiden wir zwei Fälle:

(a) Es gilt $X_0 = M$. Dann gilt auch $a \in M$ und daraus folgt $a \in M \cup \bigcup(\mathcal{M} \setminus \{M\})$.

(b) Es gilt $X_0 \neq M$. Dann gilt $X_0 \in \mathcal{M} \setminus \{M\}$. Folglich gibt es eine Menge X mit $X \in \mathcal{M} \setminus \{M\}$, nämlich $X := X_0$, mit $a \in X$. Dies zeigt, dass $a \in \bigcup(\mathcal{M} \setminus \{M\})$ gilt und somit gilt auch die Aussage $a \in M \cup \bigcup(\mathcal{M} \setminus \{M\})$.

12

Wir kommen zum Beweis der verbleibenden Inklusion „$\supseteq$": Es sei ein beliebiges Objekt a mit $a \in M \cup \bigcup(\mathcal{M} \setminus \{M\})$ vorgegeben. Dann gilt $a \in M$ oder es gilt $a \in \bigcup(\mathcal{M} \setminus \{M\})$. Wir unterscheiden wiederum zwei Fälle:

(a) Es gilt $a \in M$. Da $M \in \mathcal{M}$ gilt, gibt es also ein $X \in \mathcal{M}$, nämlich $X := M$, mit $a \in X$. Dies zeigt $a \in \bigcup \mathcal{M}$.

(b) Es gilt $a \in \bigcup(\mathcal{M} \setminus \{M\})$. Dann gibt es ein $X \in \mathcal{M} \setminus \{M\}$ mit $a \in X$. Für dieses X gilt natürlich auch $X \in \mathcal{M}$. Folglich haben wir wiederum $a \in \bigcup \mathcal{M}$.

Die Gleichung (2) zeigt man analog zum Beweis von (1).

Die verbleibende Gleichung folgt aus der Tatsache, dass es kein $X \in \emptyset$ gibt, also auch kein $X \in \emptyset$ mit $x \in X$. Daraus folgt nämlich

$$\bigcup \emptyset = \{x \mid \text{Es gibt } X \in \emptyset \text{ mit } x \in X\} = \{x \mid \textbf{falsch}\} = \emptyset. \qquad \square$$

Um auch $\bigcap \emptyset$ bestimmen zu können, muss man annehmen, dass alle betrachteten Objekte aus einer festgelegten Menge M sind, also M ein Universum ist. Dann bekommt man die Eigenschaft $\bigcap \emptyset = M$. Genauer können wir auf dies aber hier noch nicht eingehen.

Es wurde schon bemerkt, dass man endliche Vereinigungen und Durchschnitte schrittweise auf die binären Vereinigungen und Durchschnitte zurückführen kann. Wir führen nun formal entsprechende Notationen ein, fassen dabei aber die endlichen Vereinigungen und Durchschnitte als Spezialfälle von beliebigen Vereinigungen und Durchschnitten auf.

1.2.8 Definition: indizierte Vereinigung und indizierter Durchschnitt

Es sei $n \in \mathbb{N}$. Für eine nichtleere Menge $\mathcal{M}$ von n (also endlich vielen) Mengen mit der expliziten Darstellung $\mathcal{M} = \{M_1, \ldots, M_n\}$ definieren wir:

(1) $\displaystyle\bigcup_{i=1}^{n} M_i := \bigcup\{M_1, \ldots, M_n\}$

(2) $\displaystyle\bigcap_{i=1}^{n} M_i := \bigcap\{M_1, \ldots, M_n\}$ $\qquad\qquad \square$

Aus der Definition 1.2.8 und Satz 1.2.7 folgen dann sofort die folgenden Eigenschaften:

(1) $\displaystyle\bigcup_{i=1}^{1} M_i = \bigcap_{i=1}^{1} M_i = M_1$

(2) $\displaystyle\bigcup_{i=1}^{n} M_i = M_n \cup \bigcup_{i=1}^{n-1} M_i$, falls $n > 1$.

(3) $\displaystyle\bigcap_{i=1}^{n} M_i = M_n \cap \bigcap_{i=1}^{n-1} M_i$, falls $n > 1$.

Mit diesen Gleichungen kann man, etwa durch ein entsprechendes Programm, sofort endliche Vereinigungen und Durchschnitte von Mengen berechnen.

Zum Schluss dieses Abschnitts betrachten wir nun noch Eigenschaften der Differenz von Mengen. Hier sind die drei wichtigsten Eigenschaften. Man verdeutliche sich diese auch anhand von Venn-Diagrammen.

1.2.9 Satz: Eigenschaften der Mengendifferenz

Für alle Mengen M, N und P gelten die folgenden Aussagen:

(1) $M \setminus (N \cup P) = (M \setminus N) \cap (M \setminus P)$

(2) $M \setminus (N \cap P) = (M \setminus N) \cup (M \setminus P)$

(3) $M \setminus (M \setminus N) = M \cap N$

Beweis: Die Gleichung (1) zeigt man wie folgt, wobei wir im zweiten Schritt als logische Eigenschaft verwenden, dass ein Objekt genau dann nicht ein Element einer Vereinigung ist, wenn es in keiner der beiden Mengen enthalten ist:

$$
\begin{aligned}
M \setminus (N \cup P) &= \{x \mid x \in M \text{ und } x \notin N \cup P\} \\
&= \{x \mid x \in M \text{ und } x \notin N \text{ und } x \notin P\} \\
&= \{x \mid x \in M \text{ und } x \notin N \text{ und } x \in M \text{ und } x \notin P\} \\
&= \{x \mid x \in M \text{ und } x \notin N\} \cap \{x \mid x \in M \text{ und } x \notin P\} \\
&= (M \setminus N) \cap (M \setminus P)
\end{aligned}
$$

Hier ist der Beweis von Gleichung (2), bei dem für das dritte Gleichheitszeichen eine weitere einfache logische Eigenschaft verwendet wird, die wir später in Kapitel 2 mittels Formeln genau beschreiben werden.

$$
\begin{aligned}
M \setminus (N \cap P) &= \{x \mid x \in M \text{ und } x \notin N \cap P\} \\
&= \{x \mid x \in M \text{ und } (x \notin N \text{ oder } x \notin P)\} \\
&= \{x \mid (x \in M \text{ und } x \notin N) \text{ oder } (x \in M \text{ und } x \notin P)\} \\
&= \{x \mid x \in M \text{ und } x \notin N\} \cup \{x \mid x \in M \text{ und } x \notin P\} \\
&= (M \setminus N) \cup (M \setminus P)
\end{aligned}
$$

Der verbleibende Beweis von Gleichung (3) ist von ähnlicher Schwierigkeit wie die bisher gezeigten zwei Beweise. Er sei deshalb der Leserin oder dem Leser als Übungsaufgabe gestellt. $\qquad\square$

Wir erinnern nun an das (absolute) Komplement $\overline{N}$ von N, wenn $N \subseteq M$ vorausgesetzt und M als Universum fixiert ist. Da in einer solchen Situation $\overline{N}$ als gleichwertig zu $M \setminus N$ erklärt ist, ergibt sich aus Satz 1.2.9 sofort der folgende Satz durch Umschreiben in die andere Notation. Bei Punkt (3) verwenden wir zusätzlich noch die Eigenschaft $M \cap N = N$.

1.2.10 Satz: Eigenschaften des Komplements

Es sei M eine fest gewählte Menge, d.h. also ein Universum. Dann gelten für die Komplementbildung bezüglich M die drei Gleichungen

(1) $\overline{N \cup P} = \overline{N} \cap \overline{P}$ $\hspace{4cm}$ (de Morgan)

(2) $\overline{N \cap P} = \overline{N} \cup \overline{P}$ $\hspace{4cm}$ (de Morgan)

(3) $\overline{\overline{N}} = N$

für alle Mengen N und P mit $N \subseteq M$ und $P \subseteq M$. $\qquad\qquad$ $\square$

Die Bezeichnung „Regeln von de Morgan" für die beiden Gleichungen (1) und (2) dieses Satzes nimmt Bezug auf den englischen Mathematiker Augustus de Morgan (1806-1871). Dieser kann als einer der Begründer der modernen mathematischen Logik angesehen werden. Neben den Eigenschaften der letzten zwei Sätze gelten noch viele weitere Eigenschaften für die Mengenoperationen, auch in Verbindung mit der leeren Menge und einem eventuellen Universum. Beispielsweise gelten $M \cup \emptyset = M$ und $M \cap \emptyset = \emptyset$ und es ist, bei M als dem angenommenen Universum, $X \subseteq Y$ äquivalent zu $X \cap \overline{Y} = \emptyset$ und auch zu $\overline{X} \cup Y = M$. Der abstrakte Hintergrund vieler dieser Gesetze ist die Boolesche Algebra, benannt nach dem englischen Mathematiker George Boole (1815-1864), ebenfalls einem der Begründer der modernen mathematischen Logik.

1.3 Potenzmengen und Kardinalitäten

Mengen dürfen, wie wir schon zeigten, auch Mengen als Elemente haben, was zu einer gewissen „Schachtelungstiefe" von Mengen führt. Man sieht dies etwa an den Mengen $\{1\}$ (mit 1 als Tiefe), $\{1, \{1\}\}$ (mit 2 als Tiefe) und $\{1, \{1\}, \{1, \{1\}\}\}$ (mit 3 als Tiefe), was man beliebig fortführen kann. Man kann die Schachtelungstiefe bei den expliziten Darstellungen aus der Klammerung bekommen. Die bisherigen Konstruktionen auf Mengen veränderten die Schachtelungstiefe in der Regel nicht, die folgende neue Konstruktion tut es hingegen immer, weil sie gegebene Mengen zu einer neuen Menge zusammenfasst. Wir betrachten sie auch in Verbindung mit einer Konstruktion, die Mengen die Anzahl der in ihnen vorkommenden Elemente zuordnet.

1.3.1 Definition: Potenzmenge

Zu einer Menge M definieren wir $\mathcal{P}(M) := \{X \mid X \subseteq M\}$ als Menge der Teilmengen von M und bezeichnen $\mathcal{P}(M)$ als die **Potenzmenge** der Menge M. $\qquad$ $\square$

Es sind also $X \in \mathcal{P}(M)$ und $X \subseteq M$ äquivalente Aussagen. Manchmal wird die Potenzmenge von M auch mit 2^M bezeichnet. Den Grund dafür lernen wir später kennen. Wir bleiben aber in diesem Text bei der Bezeichnung von Definition 1.3.1. Nachfolgend geben wir einige Beispiele für Potenzmengen an.

1.3.2 Beispiele: Potenzmengen

Hier sind vier einfache Beispiele für die Potenzmengenkonstruktion:

(1) $\mathcal{P}(\emptyset) = \{\emptyset\}$

(2) $\mathcal{P}(\{a\}) = \{\emptyset, \{a\}\}$

(3) $\mathcal{P}(\{1, 2\}) = \{\emptyset, \{1\}, \{2\}, \{1, 2\}\}$

(4) $\mathcal{P}(\mathcal{P}(\emptyset)) = \mathcal{P}(\{\emptyset\}) = \{\emptyset, \{\emptyset\}\}$

Insbesondere gilt für jede Menge M, dass $\emptyset \in \mathcal{P}(M)$ und auch $M \in \mathcal{P}(M)$. Man beachte noch einmal den Unterschied zwischen den beiden Mengen $\emptyset$ und $\{\emptyset\}$. $\qquad$ $\square$

Im Hinblick auf die Vereinigung und den Durchschnitt beliebiger Mengen gelten die beiden folgenden Gleichungen:

$$\bigcup \mathcal{P}(M) = M \qquad\qquad \bigcap \mathcal{P}(M) = \emptyset$$

Die Potenzmenge wird bei mengentheoretischen Untersuchungen gerne als Bezugsmenge genommen. Es gelten nämlich, falls $X, Y \in \mathcal{P}(M)$, die folgenden Eigenschaften:

$$X \cup Y \in \mathcal{P}(M) \qquad X \cap Y \in \mathcal{P}(M) \qquad X \setminus Y \in \mathcal{P}(M)$$

Spielen sich alle Untersuchungen in der Potenzmenge von M ab, dann ist M das Universum. Dies impliziert

$$\bigcap \emptyset = \{x \in M \mid \text{ für alle } X \in \emptyset \text{ gilt } x \in X\} = \{x \in M \mid \textbf{wahr}\} = M.$$

Potenzmengen werden sehr schnell sehr groß. Es ist sogar für kleine Mengen nicht einfach, die Potenzmenge explizit anzugeben. Oft werden Elemente beim Hinschreiben vergessen. Der folgende Satz zeigt, wie man die Potenzmenge schrittweise auf eine systematische Weise konstruieren kann. Er beschreibt quasi ein Berechnungsverfahren (einen Algorithmus) dafür.

1.3.3 Satz: Konstruktion der Potenzmenge

Es seien M eine Menge und a ein Objekt mit $a \notin M$. Dann sind für alle Mengen X die folgenden Aussagen äquivalent:

(1) $X \in \mathcal{P}(M \cup \{a\})$

(2) $X \in \mathcal{P}(M)$ oder es gibt eine Menge Y mit $Y \in \mathcal{P}(M)$ und $X = Y \cup \{a\}$

Insbesondere gilt $\mathcal{P}(M \cup \{a\}) = \mathcal{P}(M) \cup \{X \mid \text{Es gibt } Y \in \mathcal{P}(M) \text{ mit } X = Y \cup \{a\}\}$.

Beweis: Wir beginnen mit dem Beweis von (2) aus (1). Dazu sei $X \in \mathcal{P}(M \cup \{a\})$ beliebig vorgegeben. Wir unterscheiden zwei Fälle.

(a) Es gilt $a \notin X$. Dann gilt sogar $X \subseteq M$, also auch $X \in \mathcal{P}(M)$.

(b) Es gilt $a \in X$. Wir definieren die Menge Y durch $Y := X \setminus \{a\}$. Dann gilt $Y \subseteq M$, also genau $Y \in \mathcal{P}(M)$, und es gilt auch noch $X = (X \setminus \{a\}) \cup \{a\} = Y \cup \{a\}$.

Nun zeigen wir, dass (1) aus (2) folgt. Auch hier gibt es zwei Fälle:

(a) Es gilt $X \in \mathcal{P}(M)$. Dann haben wir $X \subseteq M$ und dies impliziert $X \subseteq M \cup \{a\}$, was genau der Aussage $X \in \mathcal{P}(M \cup \{a\})$ entspricht.

(b) Es gilt $X = Y \cup \{a\}$ mit einer Menge Y, für die $Y \subseteq M$ wahr ist. Dann bringt Satz 1.2.4, dass $X = Y \cup \{a\} \subseteq M \cup \{a\}$ gilt, und dies zeigt $X \in \mathcal{P}(M \cup \{a\})$. $\qquad\square$

Im nachfolgenden Beispiel zeigen wir, wie man mit Hilfe dieses Satzes Potenzmengen berechnen kann, indem man mit der leeren Menge startet und solange Elemente einfügt, bis die vorgegebene Menge erreicht ist. Parallel zu dieser Berechnung erzeugt man auch alle Potenzmengen.

1.3.4 Beispiel: Konstruktion der Potenzmenge

Wir bestimmen die Potenzmenge $\mathcal{P}(\{1,2,3\})$, indem wir die Menge $\{1,2,3\}$ schreiben als Vereinigung $\emptyset \cup \{1\} \cup \{2\} \cup \{3\}$ und, startend mit der leeren Menge, immer wieder Satz 1.3.3 verwenden. In Form einer Tabelle sieht dies wie folgt aus:

Menge M	Potenzmenge $\mathcal{P}(M)$
$\emptyset$	$\{\emptyset\}$
$\{1\}$	$\{\emptyset, \{1\}\}$
$\{1,2\}$	$\{\emptyset, \{1\}, \{2\}, \{1,2\}\}$
$\{1,2,3\}$	$\{\emptyset, \{1\}, \{2\}, \{1,2\}, \{3\}, \{1,3\}, \{2,3\}, \{1,2,3\}\}$

Es fällt auf, dass sich bei jedem Schritt die Anzahl der Elemente in der Potenzmenge genau verdoppelt. Wir kommen auf diese fundamentale Eigenschaft später noch zurück und werden sie auch formal beweisen. $\qquad\Box$

Um über Anzahlen von Elementen in Mengen auch formal reden und mit mathematischen Mitteln argumentieren zu können, brauchen wir neue Begriffe. Diese werden nun eingeführt. Wir können dies leider nicht in voller Strenge tun, da dies zum jetzigen Stand des Texts viel zu kompliziert wäre. Für das praktische mathematische Arbeiten genügen unsere Formalisierungen aber.

1.3.5 Definition: Endlichkeit einer Menge

Eine Menge M heißt **endlich**, falls $M = \emptyset$ gilt oder es ein $n \in \mathbb{N}$ mit $n \geq 1$ gibt und Objekte $a_1, \ldots, a_n$ so existieren, dass $M = \{a_1, \ldots, a_n\}$ zutrifft. $\qquad\Box$

Man kann die Endlichkeit einer Menge auch ohne Rückgriff auf natürliche Zahlen und die explizite Darstellung mittels der drei Punkte festlegen. Es ist nämlich M genau dann endlich, wenn für alle nichtleeren Teilmengen $\mathcal{M}$ der Potenzmenge $\mathcal{P}(M)$ die folgende Eigenschaft gilt: Es gibt eine Menge $X \in \mathcal{M}$ so, dass kein $Y \in \mathcal{M}$ mit $Y \subset X$ existiert. Aufgrund dieser Beschreibung ist beispielsweise die Menge $\mathbb{N}$ der natürlichen Zahlen nicht endlich; man nehme etwa die nichtleere Menge

$$\{\mathbb{N}, \mathbb{N} \setminus \{0\}, \mathbb{N} \setminus \{0,1\}, \ldots\} = \{\{x \in \mathbb{N} \mid x \geq n\} \mid n \in \mathbb{N}\}$$

als $\mathcal{M}$. In diesem Fall gibt es keine Menge X aus $\mathcal{M}$, in der keine echte Teilmenge mehr enthalten ist. Auch mit speziellen Funktionen kann man die Endlichkeit von Mengen ohne Benutzung von natürlichen Zahlen und expliziten Darstellungen spezifizieren. Wir kommen darauf in Kapitel 6 zurück. Für die folgenden Überlegungen nehmen wir aber die einfache Festlegung aus Definition 1.3.5 als Arbeitsgrundlage.

1.3.6 Definition: Kardinalität

Für eine endliche Menge M bezeichnet $|M|$ ihre **Kardinalität**. Sie ist definiert mittels

(1) $|M| = 0$, falls $M = \emptyset$, und

(2) $|M| = n$, falls M die explizite Darstellung $M = \{a_1, \ldots, a_n\}$ mit $n \geq 1$ Objekten a_1 bis a_n besitzt. $\qquad\Box$

Für den Punkt (2) dieser Festlegung ist wesentlich, dass, per Definition, in expliziten Darstellungen von Mengen Mehrfachauflistungen von Elementen verboten sind, also beispielsweise $\{1, 2, 2, 3, 3\}$ keine explizite Darstellung einer Menge ist. Die Kardinalität $|M|$ gibt also die Anzahl der Elemente an, die in der Menge M enthalten sind. Man beachte, dass die Notation $|M|$ nur für endliche Mengen erklärt ist. Somit sind etwa $|\mathbb{N}|$ und $|\mathbb{Z}|$ nicht zulässige Ausdrücke. Statt Kardinalität benutzt man manchmal auch die Bezeichnungen „Größe" oder „Betrag" oder „Mächtigkeit". Ist N eine Teilmenge der endlichen Menge M, so ist N auch endlich und es gilt $|N| \leq |M|$. Für die Kardinalität von Mengen gilt weiterhin die folgende wichtige Aussage.

1.3.7 Satz: Kardinalitätsformel

Für alle endlichen Mengen M und N gilt die folgende Kardinalitätsformel:

$$|M \cup N| = |M| + |N| - |M \cap N|$$

Im Spezialfall von $M \cap N = \emptyset$ (man sagt hier: M und N sind **disjunkt** oder haben leeren Schnitt) gilt also insbesondere die Gleichheit

$$|M \cup N| = |M| + |N|.$$

Beweis: Wir zeigen zuerst den Spezialfall (die zweite Gleichung) und unterscheiden zwei Fälle. Es sei im ersten Fall eine der beiden Mengen leer, etwa die Menge N. Dann gilt die Gleichung aufgrund der Rechnung

$$|M \cup N| = |M \cup \emptyset| = |M| = |M| + 0 = |M| + |\emptyset| = |M| + |N|.$$

Nun gelte im zweiten Fall $M \neq \emptyset$ und $N \neq \emptyset$ mit $M = \{a_1, \ldots, a_m\}$ und $N = \{b_1, \ldots, b_n\}$, wobei m und n natürliche Zahlen ungleich Null seien. Dann bekommen wir das gewünschte Ergebnis durch

$$
\begin{aligned}
|M \cup N| &= |\{a_1, \ldots, a_m, b_1, \ldots, b_n\}| && M \text{ und } N \text{ disjunkt} \\
&= m + n \\
&= |\{a_1, \ldots, a_m\}| + |\{b_1, \ldots, b_n\}| \\
&= |M| + |N|.
\end{aligned}
$$

Nach diesen Vorbereitungen beweisen wir jetzt den allgemeinen Fall (die erste Gleichung) und nehmen dazu M und N als beliebige endliche Mengen an. Wie man sehr leicht zeigt, gelten $M \cup N = M \cup (N \setminus M)$ und $M \cap (N \setminus M) = \emptyset$. Also gilt auch

$$|M \cup N| = |M \cup (N \setminus M)| = |M| + |N \setminus M|$$

wegen des schon bewiesenen Spezialfalls. Auch gelten, wie man ebenfalls sehr einfach zeigen kann, $N = (N \setminus M) \cup (M \cap N)$ und $(N \setminus M) \cap (M \cap N) = \emptyset$, was nun

$$|N| = |(N \setminus M) \cup (M \cap N)| = |N \setminus M| + |M \cap N|$$

mit Hilfe des Spezialfalls bringt. Stellt man dies um zu $|N \setminus M| = |N| - |M \cap N|$ und setzt dies in die vorletzte zentrierte Gleichung ein, so folgt die Behauptung. $\square$

Das nachfolgende kleine Beispiel demonstriert den eben gezeigten Sachverhalt der Kardinalitätsformel noch einmal.

1.3.8 Beispiel: Kardinalität

Wir betrachten die folgenden zwei Mengen:

$$M := \{1, 3, 5\} \qquad N := \{0, 3, 5, 6\}$$

Dann gelten $|M| = 3$ und $|N| = 4$ und $M \cap N = \{3, 5\}$, folglich $|M \cap N| = 2$. Weiterhin rechnet man schnell aus, dass $M \cup N = \{0, 1, 3, 5, 6\}$ gilt, also auch $|M \cup N| = 5$. Fassen wir alles zusammen, so erhalten wir

$$5 = |M \cup N| = |M| + |N| - |M \cap N| = 3 + 4 - 2. \qquad \square$$

Nach Satz 1.3.3 bekommt man die Potenzmenge $\mathcal{P}(M)$ von M aus der Potenzmenge von $\mathcal{P}(M \setminus \{a\})$, indem man die Potenzmenge $\mathcal{P}(M \setminus \{a\})$ nimmt und in diese alle Mengen der Form $X \cup \{a\}$ mit der Menge X aus $\mathcal{P}(M \setminus \{a\})$ einfügt. Also hat die Potenzmenge $\mathcal{P}(M)$ genau doppelt so viele Elemente wie die Potenzmenge $\mathcal{P}(M \setminus \{a\})$. Macht man nun mit $\mathcal{P}(M \setminus \{a\})$ weiter, so hat diese doppelt so viele Element wie $\mathcal{P}(M \setminus \{a, b\})$. Dies bringt schließlich das folgende Resultat:

1.3.9 Satz: Kardinalität der Potenzmenge

Für alle endlichen Mengen M gilt die Gleichung $|\mathcal{P}(M)| = 2^{|M|}$. $\qquad \square$

Mit den uns derzeit zur Verfügung stehenden logischen Mitteln können wir Satz 1.3.9 noch nicht streng formal beweisen. Wir verschieben deshalb den Beweis auf später. Seine Aussage ist der Grund dafür, dass auch 2^M als Bezeichnung für die Potenzmenge von M verwendet wird. Dann gilt nämlich die Gleichung $|2^M| = 2^{|M|}$.

Oft ist es sehr hilfreich, kleine Potenzmengen graphisch durch Diagramme darzustellen. Dazu zeichnet man die Elemente der Menge $\mathcal{P}(M)$ wohl separiert in der Zeichenebene und zeichnet dann einen Pfeil von einer Menge X nach einer Menge Y genau dann, wenn $X \subseteq Y$ gilt. Hier ein kleines Beispiel mit $\{1, 2\}$ als Menge M:

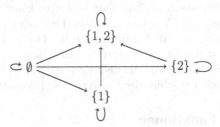

Solche bildliche Darstellungen von Potenzmengen und deren Inklusionsbeziehungen haben in der Regel schon bei kleinen Mengen sehr viele Pfeile und sind also sehr schnell unübersichtlich. Sie werden sehr viel übersichtlicher, wenn man nur die unbedingt notwendigen Pfeile zeichnet, also einen von der Menge X nach der Menge Y genau dann, wenn die echte Inklusion $X \subset Y$ gilt (damit fallen schon alle Schlingen weg) und es keine Menge Z gibt mit $X \subset Z$ und $Z \subset Y$, oder, in der gängigen kürzeren Schreibweise, mit $X \subset Z \subset Y$. Aus dem obigen Bild erhalten wir dann das folgende Bild, in dem alle überflüssigen Pfeile entfernt sind.

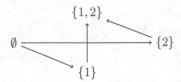

Nun ordnet man die Mengen in der Zeichenebene so an, dass alle Pfeile immer echt nach oben führen. Mit dieser Technik erhalten wir dann folgendes Bild.

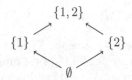

Nun kann man sogar noch die Pfeilspitzen weglassen, da man weiß, dass sie immer bei den oberen Mengen sind. Zur Demonstration, wie einfach und übersichtlich dann die Bilder werden, wenn man sie schön zeichnet, ist hier noch einmal die Darstellung für eine etwas größere Potenzmenge angegeben, nämlich die von $\{a, b, c\}$, welche acht Elemente besitzt.

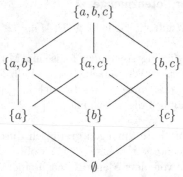

An diesem Bild sieht man sehr schön, wie die Mengen bezüglich der Mengeninklusion angeordnet sind. Auch Vereinigungen und Durchschnitte kann man bestimmen, indem man bestimmten Pfeilwegen folgt. Wir kommen darauf im Kapitel über Relationen zurück. Man bezeichnet solche Graphiken als **Ordnungs- oder Hasse-Diagramme**. Die zweite Bezeichnung erinnert an den deutschen Mathematiker Helmut Hasse (1898-1979). Das „schöne" Zeichnen solcher graphischen Darstellungen mittels geeigneter Verfahren ist seit Jahren ein intensives Forschungsgebiet der theoretischen Informatik.

1.4 Relationen und Funktionen

Mengen sind das erste fundamentale Prinzip, Objekte zu einer neuen mathematischen Struktur zusammenzufassen. Nachfolgend führen wir nun ein zweites solches Prinzip ein. Wir werden später angeben, wie man es auf das erste Prinzip zurückführen kann. Es ist ein allgemeines Bestreben der an den Grundlagen orientierten Teile der Mathematik, alles, was man konstruiert, auf Mengen zurückzuführen, also, wie man sagt, in der Sprache der Mengenlehre auszudrücken. In der Praxis geht man aber viel pragmatischer vor und verzichtet in der Regel auf eine mengentheoretische Modellierung der Konzepte, die man neu einführt.

1.4.1 Definition: Paar, binäres direktes Produkt

Es seien M und N beliebige Mengen.

(1) Zu Objekten a und b heißt die Konstruktion (a, b) ein (geordnetes) **Paar** mit **erster Komponente** a und **zweiter Komponente** b.

(2) Die Menge aller Paare (a, b) mit $a \in M$ und $b \in N$ heißt das (binäre) **direkte Produkt** oder **kartesische Produkt** (benannt nach dem französischen Mathematiker Réne Descartes (1596-1650)) der Mengen M und N und wird mit $M \times N$ bezeichnet. Es gilt also die definierende Gleichheit $M \times N := \{(a, b) \mid a \in M \text{ und } b \in N\}$. $\square$

Manchmal verwendet man auch $\langle a, b \rangle$ als Notation für Paare. Wie schon bemerkt, ist Mengenlehre ein Fundament der Mathematik und bei einem strengen Vorgehen wird versucht, wie oben bemerkt, alles auf sie zurückzuführen. Das gelingt bei Paaren einfach, wenn man (a, b) im Fall $a \neq b$ als Abkürzung für die Menge $\{a, \{a, b\}\}$ auffasst, wie vom polnischen Mathematiker Kazimierz Kuratowski (1896-1980) vorgeschlagen. Noch eleganter ist die Modellierung von (a, b) mittels $\{\{a\}, \{a, b\}\}$. Hier bekommt man nämlich die erste Komponente a als das einzige Element des Durchschnitts $\{a\} \cap \{a, b\}$ der beiden Mengen $\{a\}$ und $\{a, b\}$ und die zweite Komponente b als das einzige Element der sogenannten symmetrischen Differenz $(\{a\} \setminus \{a, b\}) \cup (\{a, b\} \setminus \{a\})$ der beiden Mengen $\{a\}$ und $\{a, b\}$. Weil in expliziten Darstellungen von Mengen jedes Element genau einmal auftritt, ergeben sich für das Paar (a, a) die Modellierungen $\{a, \{a\}\}$ bzw. $\{\{a\}\}$. Wir wollen dies aber nicht vertiefen. Hingegen ist die folgende Bemerkung wichtig, denn sicher hat sich manche Leserin oder mancher Leser an der Notation in Punkt (2) der obigen Definition gestört.

1.4.2 Bemerkung: Zermelo-Mengenkomprehension

In der obigen Definition 1.4.1 haben wir das Prinzip der deskriptiven Mengendarstellung streng genommen verletzt. Da diese die Form $\{x \mid A(x)\}$ hat, wobei x eine Variable ist und $A(x)$ eine Aussage sein muss, hätten wir eigentlich genau genommen

$$M \times N := \{x \mid \text{Es gibt } a \in M \text{ und } b \in N \text{ mit } x = (a, b)\}$$

(mit einer ziemlich komplizierten Aussage $A(x)$) schreiben müssen. Dies sieht wesentlich unnatürlicher aus und ist auch schwerer zu verstehen als die originale Schreibweise. Es ist deshalb ein allgemeiner Gebrauch der Mathematik, aus Gründen der Lesbarkeit die deskriptive Beschreibung einer Menge in der Gestalt

$$\{x \mid \text{Es gibt } y_1, \ldots, y_n \text{ mit } x = E(y_1, \ldots, y_n) \text{ und } A(y_1, \ldots, y_n)\},$$

wobei $E(y_1, \ldots, y_n)$ ein Ausdruck in den Variablen $y_1, \ldots, y_n$ ist, durch die Notation

$$\{E(y_1, \ldots, y_n) \mid A(y_1, \ldots, y_n)\}$$

abzukürzen. Letztere Form der deskriptiven Darstellung von Mengen nennt man die **Zermelo-Mengenkomprehension**, sie ist nach dem deutschen Mathematiker Ernst Zermelo (1871-1953) benannt, dem Begründer der axiomatischen Mengenlehre. Damit vereinfacht sich etwa die Gleichung von Satz 1.3.3 zu

$$\mathcal{P}(M \cup \{a\}) = \mathcal{P}(M) \cup \{Y \cup \{a\} \mid Y \in \mathcal{P}(M)\}. \qquad \square$$

Nach dieser Klärung der vereinfachenden Schreibweise bei direkten Produkten befassen wir uns nun mit der Kardinalität von direkten Produkten von endlichen Mengen. Wir erhalten durch relativ einfache Rechnungen das folgende Resultat (in dem wir explizit ein Multiplikationssymbol verwenden; normalerweise wird die Multiplikation durch Hintereinanderschreiben ihrer Argumente ausgedrückt).

1.4.3 Satz: Kardinalität von direkten Produkten

Für alle endlichen Mengen M und N gilt die Gleichung $|M \times N| = |M| \cdot |N|$.

Beweis: Wir unterscheiden zwei Fälle. Zuerst sei für die Menge M die explizite Darstellung $M := \{a_1, \ldots, a_m\}$ mit $m \geq 1$ Objekten angenommen. Dann rechnen wir die Behauptung unter mehrfacher Verwendung der Kardinalitätsformel wie folgt nach:

$$
\begin{aligned}
|M \times N| &= \left| \bigcup_{i=1}^{m} \{(a_i, b) \mid b \in N\} \right| \\
&= |\{(a_1, b) \mid b \in N\}| + \ldots + |\{(a_m, b) \mid b \in N\}| \\
&= |N| + \ldots + |N| \qquad \qquad (m\text{-mal}) \\
&= |M| \cdot |N|
\end{aligned}
$$

Wir haben im zweiten Schritt auch $(a_i, b) \neq (a_j, b)$ für $a_i \neq a_j$ verwendet. Gilt hingegen $M = \emptyset$, so folgt $M \times N = \emptyset$ (darauf werden wir später noch genau eingehen, wenn die entsprechenden logischen Grundlagen zur Verfügung stehen) und dies zeigt diesen Fall, da

$$
|M \times N| = |\emptyset| = 0 = 0 \cdot |N| = |M| \cdot |N|. \qquad \square
$$

Man beachte, dass $M \times (N \times P) \neq (M \times N) \times P$ gilt. Beispielsweise bekommen wir für die drei Mengen $M := \{1\}, N := \{a, b\}$ und $P := \{\blacklozenge, \heartsuit\}$ die Menge

$$
M \times (N \times P) = \{(1, (a, \heartsuit)), (1, (a, \blacklozenge)), (1, (b, \heartsuit)), (1, (b, \blacklozenge))\},
$$

also eine Menge von Paaren, deren zweite Komponenten wiederum Paare sind, während

$$
(M \times N) \times P = \{((1, a), \heartsuit), ((1, b), \heartsuit), ((1, a), \blacklozenge), ((1, b), \blacklozenge)\}
$$

bei der anderen Klammerung gilt. Hier sind die ersten Komponenten der Paare wieder Paare. Allerdings gilt die Gleichheit $|M \times (N \times P)| = |M| \cdot |N| \cdot |P| = |(M \times N) \times P|$ nach dem obigen Satz im Fall von endlichen Mengen.

Wir kommen nun zu den Relationen, einem der fundamentalsten Begriffe der Mathematik. Auf diesen Begriff stützt sich z.B., wie wir bald sehen werden, der Funktionsbegriff, also ein weiterer der fundamentalsten Begriffe der Mathematik. Das Wort „Relation" beschreibt in der Umgangssprache Beziehungen zwischen Objekten, wie etwa in der Aussage „die Zugspitze **ist höher** als der Watzmann", wo eine Beziehung zwischen zwei Objekten gleicher Art (hier Berge) beschrieben wird, oder in der Aussage „Kiel **liegt an** der Ostsee", wo eine Beziehung zwischen zwei Objekten verschiedener Arten (hier Städte und Gewässer) beschrieben wird, oder in der Aussage „die Nordsee **ist tiefer als** die Ostsee", wo wiederum eine Beziehung zwischen zwei Objekten gleicher Art (hier Gewässer) beschrieben wird. In der Mathematik führt man Relationen wie folgt ein.

1.4.4 Definition: Relation

Sind M und N Mengen, so heißt eine Teilmenge R von $M \times N$ eine **Relation von M nach N**. Es ist M die **Quelle** oder der **Vorbereich** von R und N das **Ziel** oder der **Nachbereich** von R. Im Fall $M = N$ nennt man R auch eine Relation auf M. Gilt $(a, b) \in R$, so sagt man, dass a und b **in Relation R stehen**. $\qquad\square$

Man beachte, dass Relationen Mengen sind. Folglich kann man sie vereinigen, schneiden, Differenzen und Komplemente bilden usw. Wegen der speziellen Struktur der Elemente von Relationen gibt es aber noch Operationen, die verwenden, dass die Elemente Paare sind. Darauf kommen wir in späteren Kapiteln noch zurück. Nachfolgend geben wir nun zuerst einige einfache Beispiele für Relationen an, die wohl schon bekannt sind.

1.4.5 Beispiele: Relationen

Die **übliche Ordnung** $\leq$ auf der Menge $\mathbb{N}$ der natürlichen Zahlen ist formal eine Relation von $\mathbb{N}$ nach $\mathbb{N}$, also auf der Menge $\mathbb{N}$, und z.B. mit Hilfe der Addition definierbar durch[1]

$$\leq \ := \{(x, y) \in \mathbb{N} \times \mathbb{N} \mid \text{Es gibt } z \in \mathbb{N} \text{ mit } x + z = y\}.$$

Daraus bekommt man die **strikte Ordnung** $<$ auf der Menge $\mathbb{N}$ als Relation durch die folgende Konstruktion:

$$< \ := \ \leq \cap \{(x, y) \in \mathbb{N} \times \mathbb{N} \mid x \neq y\}$$

Auch die **Teilbarkeitsrelation** $\mid$ ist eine Relation auf $\mathbb{N}$ und ist festgelegt durch

$$\mid \ := \{(x, y) \in \mathbb{N} \times \mathbb{N} \mid \text{Es gibt } z \in \mathbb{N} \text{ mit } xz = y\}.$$

Bei solchen bekannten Relationen verwendet man oft eine Infix-Notation und schreibt $x \leq y$ statt $(x, y) \in \leq$ und $x < y$ statt $(x, y) \in <$ und $x \mid y$ statt $(x, y) \in \mid$. Auch schreibt man beispielsweise $x \geq y$ statt $y \leq x$ wenn es in Berechnungen zweckmäßig ist. $\qquad\square$

Infix-Schreibweisen für Relationen sind viel gebräuchlicher als die mengentheoretische Schreibweise mit dem Symbol „$\in$". Sie sind auch viel besser lesbar und erleichtern auch das Spezifizieren von Relationen. Deshalb legen wir das Folgende fest.

1.4.6 Festlegung: Spezifikation von Relationen

Ist $R \subseteq M \times N$ eine Relation, so schreiben wir $a \, R \, b$ statt $(a, b) \in R$. Auch die Spezifikation verändern wir. Statt der definierenden Gleichung $R := \{(x, y) \in M \times N \mid A(x, y)\}$ führen wir R in der Regel wie folgt ein: Die Relation $R \subseteq M \times N$ ist für alle $x \in M$ und $y \in N$ erklärt durch $x \, R \, y$ genau dann, wenn $A(x, y)$ gilt. An Stelle von x und y sind natürlich auch andere Buchstaben bei so einer Definition von R möglich. $\qquad\square$

Eine Einführung der Ordnung auf der Menge $\mathbb{N}$ lautet nun etwa so: Die Relation $\leq$ von $\mathbb{N}$ nach $\mathbb{N}$ ist für alle $x, y \in \mathbb{N}$ definiert durch $x \leq y$ genau dann, wenn es ein $z \in \mathbb{N}$ gibt mit

---

[1]Zum Zweck der besseren Lesbarkeit erweitern wir Festlegung 1.1.9 auf Mengen von Paaren und schreiben in der Regel $\{(x, y) \in M \times N \mid A(x, y)\}$ statt $\{(x, y) \mid (x, y) \in M \times N \text{ und } A(x, y)\}$.

$x + z = y$. Wenn wir ab dem zweiten Kapitel die Sprache der Logik zur Verfügung haben werden, dann wird die obige Phrase „$x\,R\,y$ genau dann, wenn $A(x, y)$ gilt" zu einer **definierenden Äquivalenz** „$x\,R\,y :\Longleftrightarrow A(x, y)$" mit dem speziellen Zeichen „$:\Longleftrightarrow$" werden, was die Lesbarkeit nochmals verbessern wird.

Zwei sehr gebräuchliche Darstellungen von kleinen Relationen sind Pfeildiagramme und Kreuzchentabellen. Wir geben nachfolgend ein kleines Beispiel an, das selbsterklärend ist. Dazu sei $M := \{1, 2, 3, 4\}$ unterstellt.

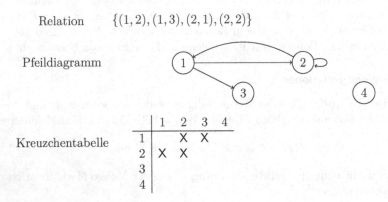

Relation $\{(1, 2), (1, 3), (2, 1), (2, 2)\}$

Pfeildiagramm

	1	2	3	4
1		X	X	
2	X	X		
3				
4				

Kreuzchentabelle

Die letzte Darstellung wird in der Informatik insbesondere im Rahmen von Booleschen Feldern verwendet, um Relationen in Programmiersprachen zu implementieren. Die Kreuzchentabelle wird dann zu einem zweidimensionalen Feld der entsprechenden Programmiersprache, jedes Kreuzchen zum Wert **true** (wahr) und jeder freie Platz zum Wert **false** (falsch). Pfeildiagramme und Kreuzchentabellen dienen oft dazu, sich Eigenschaften zu verdeutlichen. Bei solchen Vorgehensweisen sind sie sogar bei unendlichen Relationen anwendbar, wenn klar ist, wie sich die endliche Zeichnung auf das Unendliche fortsetzt. Wir kommen nun zu speziellen Relationen.

1.4.7 Definition: eindeutige und totale Relation

Es sei $R \subseteq M \times N$ eine Relation.

(1) R heißt **eindeutig**, falls für alle $x \in M$ und $y, z \in N$ gilt: Aus $x\,R\,y$ und $x\,R\,z$ folgt $y = z$.

(2) R heißt **total**, falls für alle $x \in M$ ein $y \in N$ mit $x\,R\,y$ existiert. $\square$

Beispielsweise ist die Nachfolger-Relation *nachf* auf der Menge $\mathbb{N}$, welche für alle $x, y \in \mathbb{N}$ festgelegt ist durch x *nachf* y genau dann, wenn $x + 1 = y$ gilt, eindeutig. Aus x *nachf* y und x *nachf* z bekommen wir nämlich $z = x + 1 = y$. Hier ist das Pfeildiagramm dieser Relation, wobei klar ist, wie es ins Unendliche fortzusetzen ist.

Im Pfeildiagramm bedeutet der Begriff „eindeutig": Jedes Objekt verlässt **höchstens** ein Pfeil. Die oben aufgeführten zwei Relationen $\leq$ und | sind nicht eindeutig. Weiterhin heißt im Pfeildiagramm „total": Jedes Objekt verlässt **mindestens** ein Pfeil. Also ist *nachf* auch total. Auch die Relationen $\leq$ und | sind total. Hingegen ist die Vorgänger-Relation *vorg* auf der Menge $\mathbb{N}$ nicht total, wenn man x *vorg* y mittels $y + 1 = x$ für alle $x, y \in \mathbb{N}$ festgelegt. Hier ist das Pfeildiagramm der Vorgänger-Relation:

Die Null verlässt kein Pfeil, denn sie hat ja keinen Vorgänger in der Menge der natürlichen Zahlen. Hingegen ist die Vorgänger-Relation *vorg* eindeutig. Bei den Kreuzchentabellen erkennt man die Eindeutigkeit einer Relation daran, dass in jeder Zeile sich höchstens ein Kreuzchen befindet, und die Totalität einer Relation daran, dass in jeder Zeile sich mindestens ein Kreuzchen befindet. Eindeutige und totale Relationen bekommen einen eigenen Namen, denn sie bilden, neben den Mengen, wahrscheinlich die fundamentalsten Objekte der Mathematik. Den folgenden Begriff und einige der nachfolgenden Notationen kennt man schon man von der weiterbildenden Schule her; ihre Einführung geschieht dort aber nicht in der formalen Weise über Relationen wie in diesem Text, sondern in der Regel intuitiv durch Ausdrücke oder Gleichungen mit „unabhängigen und abhängigen Variablen".

1.4.8 Definition: Funktion

Eine eindeutige und totale Relation $R \subseteq M \times N$ heißt eine **Funktion** (oder **Abbildung**) von M nach N. Das zu $x \in M$ eindeutig existierende Objekt $y \in N$ mit $x\,R\,y$ wird als $R(x)$ bezeichnet und heißt das **Bild** (oder **Bildelement**) von x unter R. $\qquad\Box$

Wesentlich bei Funktionen ist also die Gleichwertigkeit von $x\,R\,y$ und $y = R(x)$, welche wir später noch öfter verwenden werden. Der Ausdruck $R(x)$ heißt auch **Funktionsanwendung** (oder Funktionsapplikation) und x das Argument. Gilt $y = R(x)$, so heißt y das Resultat der Anwendung von R auf x. Bei Funktionen verwendet man normalerweise kleine Buchstaben zur Bezeichnung, etwa f oder g. Auch schreibt man dann nicht $f \subseteq M \times N$, sondern $f : M \to N$, und nennt $M \to N$ die **Funktionalität**, M die **Quelle** (oder **Argumentmenge**) und N das **Ziel** (oder **Resultatmenge**) von f. Ist die Quelle ein direktes Produkt, also $f : M \times N \to P$, so müsste man zu $(a, b) \in M \times N$ das Bild eigentlich mit $f((a, b))$ bezeichnen. Hier schreibt man vereinfachend nur $f(a, b)$. Funktionsanwendungen werden oftmals auch noch anders notiert. Bei zwei Argumenten ist eine Infix-Schreibweise vorherrschend, wie etwa bei der Addition, wo man $x + y$ statt $+(x, y)$ schreibt. Liegt nur ein Argument vor, so gibt es etwa Präfix-Schreibweisen $f\,x$ als auch Postfix-Schreibweisen $x\,f$. Bei manchen Funktionen wird sogar auf ein Symbol verzichtet, wie etwa bei der Multiplikation xy und der Potenzierung x^n von Zahlen. Solche speziellen Funktionen werden oft auch **Operationen** genannt.

1.4.9 Beispiele: Funktionen

Nachfolgend sind vier Definitionen von Funktionen angegeben. Man lässt bei solchen Spezifikationen normalerweise die Phrase „...ist für alle ...definiert durch ..." weg und verwendet auch das normale Gleichheitssymbol „=" statt des Symbols „:=" der definierenden Gleichheit. In (2) bestimmt die Wurzeloperation den nicht-negativen Wurzelwert des Arguments.

(1) $f_1 : \mathbb{N} \to \mathbb{N}$, wobei $f_1(x) = 3x^2 + 1$.

(2) $f_2 : \mathbb{R} \times \mathbb{R} \to \mathbb{R}$, wobei $f_2(x, y) = \sqrt{x^2 + y^2}$.

(3) $f_3 : \mathbb{N} \to \mathcal{P}(\mathbb{N})$, wobei $f_3(x) = \{x\}$.

(4) $f_4 : \mathbb{N} \to \mathbb{N} \times \mathbb{N}$, wobei $f_4(x) = (x, x^2)$.

Mit diesen Festlegungen gelten etwa $f_1(3) = 3 \cdot 3^2 + 1 = 28$, $f_2(3, 4) = \sqrt{3^2 + 4^2} = 5$ $f_3(1) = \{1\}$ und $f_4(5) = (5, 25)$. Das Anwenden einer Funktion auf Elemente heißt also das Ersetzen der Variablen im Ausdruck, der die Funktion definiert, durch das jeweilige Element und dann das Ausrechnen des neuen Ausdrucks. $\square$

Dies war eine knappe Einführung in Relationen und Funktionen. Wir werden das Thema später noch wesentlich vertiefen. Eines haben wir aber noch zu klären: Da Mengen Zusammenfassungen von wohlunterschiedenen Objekten sind, ist noch zu sagen, was die Gleichheit von Paaren, Relationen und Funktionen ist. Wenn man (a, b) im Fall $a \neq b$ als Abkürzung für $\{a, \{a, b\}\}$ oder $\{\{a\}, \{a, b\}\}$ auffasst und (a, a) als Abkürzung für $\{a, \{a\}\}$ oder $\{\{a\}\}$ auffasst, ist klar, wann zwei Paare gleich sind.

1.4.10 Definition: Gleichheit von Paaren

Für alle Paare (a, b) und (c, d) definieren wir die **Gleichheit** $(a, b) = (c, d)$ genau dann als gültig, wenn $a = c$ und $b = d$ gelten. $\square$

Also gilt $(a, b) \neq (c, d)$ genau dann, wenn $a \neq c$ oder $b \neq d$ gilt, und daraus folgt die im Beweis von Satz 1.4.3 verwendete Eigenschaft $(a_i, b) \neq (a_j, b)$ für $a_i \neq a_j$. Zwei Relationen sind (mengentheoretisch) gleich, wenn sie als Mengen gleich sind, sie also dieselben Paare enthalten. Wir werden in diesem Text **Relationen nur in Verbindung mit den Mengen betrachten, zwischen denen sie definiert sind**, was wir durch die Schreibweise $R \subseteq M \times N$ bei der Einführung einer Relation ausdrücken. Man nennt das Paar (M, N) auch den **Typ** von R und schreibt manchmal, angelehnt an die Schreibweise $f : M \to N$ bei Funktionen, $R : M \leftrightarrow N$ statt $R \subseteq M \times N$. Ist der Typ nach der Einführung nicht notwendig, so wird er auch weggelassen, also nur R geschrieben. In der Praxis kommt ein **Gleichheitstest von Relationen** $R = S$ eigentlich nur bei Relationen R und S gleichen Typs vor und ist dann als Gleichheit von Mengen definiert. Man kann ihn auch auf beliebige Relationen $R \subseteq M \times N$ und $S \subseteq O \times P$ erweitern, indem man in so einem Fall zum Gleichsein von R und S fordert, dass R und S als Mengen gleich sind und $M = O$ und $N = P$ gelten. Funktionen sind spezielle Relationen. Da $(x, y) \in f$ mit $f(x) = y$ per Definition gleichwertig ist, bekommen wir das folgende Resultat. Der darin formulierte Test auf Gleichheit ist ein wichtiges Hilfsmittel für das Arbeiten mit Funktionen.

1.4.11 Satz: Gleichheit von Funktionen

Für alle Funktionen $f, g : M \to N$ gilt $f = g$ genau dann, wenn $f(x) = g(x)$ für alle $x \in M$ gilt.

Beweis: Es gilt $f = g$ genau dann, wenn gilt

(a) für alle $(x,y) \in M \times N$ gilt $(x,y) \in f$ genau dann, wenn $(x,y) \in g$.

In der obigen Schreibweise wird die Aussage (a) zur Aussage

(b) für alle $x \in M, y \in N$ gilt $f(x) = y$ genau dann, wenn $g(x) = y$.

Die Aussage (b) ist nun äquivalent zu

(c) für alle $x \in M$ gilt $f(x) = g(x)$.

Wenn man in (b) nämlich y als das Bildelement $f(x)$ wählt, so bekommt man $f(x) = f(x)$. Diese Aussage ist wahr. Aus der vorausgesetzten logischen Gleichwertigkeit folgt nun auch, dass $g(x) = f(x)$ wahr ist. Gilt umgekehrt $f(x) = g(x)$, also (c), so ist offensichtlich für alle $y \in N$ die Aussage $f(x) = y$ genau dann wahr, wenn $g(x) = y$ wahr ist. $\square$

Man beachte, dass durch diesen Satz die Gleichheit von Funktionen nur dann durch die Gleichheit von allen Funktionsanwendungen auf die Elemente der gemeinsamen Quelle beschrieben werden kann, wenn die zu vergleichenden Funktionen die gleiche Funktionalität besitzen. Wenn man ganz korrekt ist, dann braucht dieser Satz eigentlich noch $M \neq \emptyset$ als weitere Voraussetzung, wobei dies aus logischen Gründen dann $N \neq \emptyset$ impliziert. Für $M = \emptyset$ ist der Ausdruck $f(x)$ nämlich für kein $x \in M$ definiert, weil es eben so ein x nicht gibt. Später werden wir zeigen, dass die leere Menge von Paaren mit der leeren Menge als Quelle eine Funktion ist. Bei Anwendungen von Funktionen in der Praxis sind Quelle und Ziel immer nichtleer und somit Satz 1.4.11 in seiner obigen Formulierung anwendbar.

Nach dem obigen Satz 1.4.11 gilt somit für die drei Funktionen $f_1 : \mathbb{R} \to \mathbb{R}$, $f_2 : \mathbb{R} \to \mathbb{R}$ und $f_3 : \mathbb{R} \to \mathbb{R}$ mit den Festlegungen

$$f_1(x) = x^2 - 1 \qquad f_2(x) = (x+1)(x-1) \qquad f_3(x) = x+1$$

die Gleichheit $f_1 = f_2$, da $f_2(x) = (x+1)(x-1) = x^2 - x + x - 1 = x^2 - 1 = f_1(x)$ für alle $x \in \mathbb{R}$ gilt, aber auch die Ungleichheit $f_1 \neq f_3$, da beispielsweise $f_1(1) = 1^2 - 1 = 0 \neq 2 = 1 + 1 = f_3(1)$ zutrifft.

1.5 Ergänzungen zum Funktionsbegriff

Wir wollen diese Einführung in die Mengen, Relationen und Funktionen mit einigen Bemerkungen zu den Funktionen abschließen. Diese betreffen insbesondere die Unterscheidung von verschiedenen Fällen bei der Festlegung von Funktionen, das Prinzip der Rekursion und die sogenannte implizite Definition von Funktionen. Fallunterscheidungen stellen nur spezielle Schreibweisen dar. Die beiden anderen Konzepte sind hingegen inhaltlicher Natur und tauchen insbesondere in der Informatik beim Arbeiten mit Funktionen oft auf.

Wir hatten im letzten Abschnitt angegeben, wie man Funktionen normalerweise in der Mathematik festlegt, nämlich in der Form

$$f : M \to N \qquad f(x) = E(x),$$

wobei $E(x)$ ein Ausdruck in der Variablen x ist, der festlegt, was zu x der Wert von f ist. Diese Art der Definition (Spezifikation, Angabe) von Funktionen wird auch **explizit** genannt. Nun kommt es vor, dass bei solchen Angaben auch verschiedene Fälle auftreten können. Ein Beispiel ist etwa der **Absolutbetrag** $|x|$ einer reellen Zahl x, welcher definiert ist durch $|x| = x$, falls $x \geq 0$, und durch $|x| = -x$, falls $x < 0$. Wenn man dies als Funktionsdefinition angibt, so verwendet man in der Regel eine geschweifte Klammer, um die verschiedenen Fälle auseinanderzuhalten, schreibt also

$$| \cdot | : \mathbb{R} \to \mathbb{R} \qquad |x| = \begin{cases} x & \text{falls } x \geq 0 \\ -x & \text{falls } x < 0, \end{cases}$$

wobei der Punkt in der Angabe der Bezeichnung der Funktion zeigt, wo bei Anwendungen die Argumente stehen, oder auch

$$| \cdot | : \mathbb{R} \to \mathbb{R} \qquad |x| = \begin{cases} x & \text{falls } x \geq 0 \\ -x & \text{sonst,} \end{cases}$$

wobei nun zusätzlich das Wort „sonst" den nicht durch „falls" abgedeckten Fall meint. Eine Verallgemeinerung dieser Schreibweisen auf mehr als zwei Fälle ist offensichtlich.

Fallunterscheidungen treten insbesondere in Definitionen von Funktionen auf, wenn das Prinzip der **Rekursion** verwendet wird. Rekursion heißt, dass bei einer Definition des Werts $f(x)$ andere Werte der Funktion f verwendet werden dürfen. Häufig sind die folgenden beiden Situationen:

(1) Eine Funktion, die explizit gegeben ist, wird in Form einer rekursiven Beschreibung angegeben; es wird also eine sogenannte rekursive Darstellung bewiesen.

(2) Es wird das Prinzip der Rekursion verwendet, um die Funktion explizit mittels $f(x) = E(f, x)$ zu spezifizieren.

Ein sehr bekanntes Beispiel für eine Rekursion ist die Berechnung des **größten gemeinsamen Teilers** von zwei natürlichen Zahlen x und y. Wir bezeichnen ihn mit $ggT(x, y)$ und erhalten entsprechend die explizit definierte Funktion

$$ggT : \mathbb{N} \times \mathbb{N} \to \mathbb{N} \qquad ggT(x, y) = \begin{cases} \max\{z \in \mathbb{N} \mid z \mid x \text{ und } z \mid y\} & \text{falls } x \neq 0 \text{ und } y \neq 0 \\ \max\{x, y\} & \text{sonst,} \end{cases}$$

in der die Operation $\max$ zu einer endlichen und nichtleeren Teilmenge von $\mathbb{N}$ deren größtes Element bestimmt[2]. Nach einigen Rechnungen kann man für alle $x, y \in \mathbb{N}$ die Geichung

$$ggT(x, y) = \begin{cases} x & \text{falls } y = 0 \\ ggT(y, mod(x, y)) & \text{sonst} \end{cases}$$

beweisen, wobei $mod(x, y)$ den Rest der ganzzahligen Division von x durch y bezeichnet (genauer werden wir diese Operation in Kapitel 7 behandeln). Dadurch kann man größte gemeinsame Teiler einfach bestimmen, etwa durch die Rechnung

$$ggT(6, 18) = ggT(18, 6) = ggT(6, 0) = 6$$

---

[2]Die Fallunterscheidung in der Festlegung von $ggT(x, y)$ ist notwendig, da $\{z \in \mathbb{N} \mid z \mid x \text{ und } z \mid y\} = \mathbb{N}$ im Fall $x = y = 0$ gilt, aber die Menge $\mathbb{N}$ kein größtes Element besitzt. Im Fall $x = 0$ und $y \neq 0$ gilt beispielsweise $\{z \in \mathbb{N} \mid z \mid x \text{ und } z \mid y\} = \{z \in \mathbb{N} \mid z \mid y\}$ und somit $ggT(x, y) = \max\{x, y\} = y$.

den von 6 und 18 oder durch die Rechnung

$$ggT(24, 4) = ggT(4, 0) = 4$$

den von 24 und 4. Das erste Vorgehen „Herleitung einer Rekursion" ist insbesondere in der Informatik von Bedeutung, wenn funktional programmiert wird. Letzteres heißt, dass im Prinzip mit Funktionen Berechnungsverfahren formuliert werden und diese in der verwendeten Programmiersprache nur in einer speziellen Schreibweise notiert sind. Man vergleiche etwa mit den Bemerkungen zu Satz 1.2.7.

Das zweite Vorgehen „Definition durch eine Rekursion" wird normalerweise verwendet, wenn Funktionen auf Mengen arbeiten, die durch irgendwelche Operationen aus gewissen Konstanten aufgebaut werden. Wir werden es im Laufe des Texts noch oft kennenlernen, neben den natürlichen Zahlen (fortwährend im Text) beispielsweise bei den linearen Listen und den Binärbäumen in Kapitel 3. Im letzten Abschnitt dieses Kapitels werden wir auch den theoretischen Hintergrund knapp skizzieren.

Wir wollen nun noch eine weitere Verwendung von Fallunterscheidungen erwähnen. Von der weiterbildenden Schule her bekannt sind sicher die sogenannten **rationalen Funktionen** als Brüche von sogenannten **ganzrationalen Funktionen** oder Polynomfunktionen. Hier ist ein Beispiel für eine rationale Funktion:

$$f : \mathbb{R} \to \mathbb{R} \qquad f(x) = \frac{3x^2 + 2x + 1}{x^2 - 1}$$

Im Sinne der ursprünglichen Definition handelt es sich bei f eigentlich um keine Funktion. Es ist nämlich die Totalitätsbedingung verletzt, denn zum Argument $x := 1$ bzw. $x := -1$ ist der $f(x)$ spezifizierende Ausdruck wegen einer Division durch Null nicht definiert. Man spricht in diesem Zusammenhang, wenn man es genau nimmt, dann von **partiellen Funktionen** und verwendet zu deren Festlegung Fallunterscheidungen. Die obige partielle Funktion wird bei so einer Vorgehensweise dann oft wie folgt angeben:

$$f : \mathbb{R} \to \mathbb{R} \qquad f(x) = \begin{cases} \frac{3x^2+2x+1}{x^2-1} & \text{falls } x \neq 1 \text{ und } x \neq -1 \\ \text{undefiniert} & \text{sonst} \end{cases}$$

Partielle Funktionen sind insbesondere in der Informatik häufig, etwa bei der mathematischen Beschreibung von Datenstrukturen (wie Listen und Bäumen, zu denen wir im dritten Kapitel kommen), wenn gewisse Operationen (Zugriffe auf Teilstrukturen usw.) nicht auf allen Objekten ausgeführt werden können.

Neben der expliziten Definition von Funktionen gibt es noch die **implizite Definition**. Hier wird zu einer Funktion $f : M \to N$ und für alle $x \in M$ und $y \in N$ durch eine Eigenschaft festgelegt, wann genau $f(x) = y$ gilt. Beispielsweise kann man den ganzzahligen Anteil des dualen Logarithmus als eine Funktion $glog_2 : \mathbb{N} \setminus \{0\} \to \mathbb{N}$ dadurch spezifizieren, dass man für alle $x \in \mathbb{N} \setminus \{0\}$ und $y \in \mathbb{N}$ fordert

$$glog_2(x) = y \text{ gilt genau dann, wenn } 2^y \leq x \text{ und } x < 2^{y+1}.$$

Es handelt sich hier also um die Übertragung der Festlegung 1.4.6 von den Relationen auf die Funktionen. Natürlich ist vorher explizit nachzuweisen, dass tatsächlich eine Funktion vorliegt, also im gegebenen Beispiel die Schreibweise $glog_2(x) = y$ sinnvoll ist. Denn zunächst könnte es mehrere y geben, welche die Bedingung erfüllen, und man wüsste nicht, welches davon mit $glog_2(x)$ bezeichnet wird. Man spricht beim Nachweis, dass eine implizit definierte Funktion f tatsächlich eine eindeutige und totale Relation ist, vom Beweis der **Wohldefiniertheit** von f.

Es gibt Situationen, wo eine implizite Angabe einer Funktion vorteilhaft ist. Dies ist auch im Fall des ganzzahligen Anteils des dualen Logarithmus so. Man kann nämlich aus der obigen impliziten Darstellung relativ leicht die Rekursion

$$glog_2(x) = \begin{cases} 0 & \text{falls } x = 1 \\ glog_2(\frac{x}{2}) + 1 & \text{falls } x \neq 1 \text{ und } x \text{ gerade} \\ glog_2(\frac{x-1}{2}) + 1 & \text{falls } x \neq 1 \text{ und } x \text{ ungerade} \end{cases}$$

zeigen, welche sofort zu einem funktionalen Programm führt. Aus der expliziten Definition

$$glog_2(x) = max\{y \in \mathbb{N} \mid 2^y \leq x\}$$

der Funktion $glog_2$, mit der Operation max wie oben eingeführt, bekommt man diese Rekursion nicht so leicht.

1.6 Übungsaufgaben

1.6.1 Aufgabe

Wir betrachten die folgenden zwei Mengen:

$$M := \{x \in \mathbb{N} \mid 2^x \leq 10\} \qquad N := \{y \in \mathbb{N} \mid \text{Es gibt } z \in \mathbb{N} \text{ mit } y = z^2 \text{ und } z \leq 5\}$$

Geben Sie die beiden Mengen M und N sowie $M \cup N$, $M \cap N$ und $M \setminus N$ explizit an, d.h. durch die in Mengenklammern eingeschlossene Aufzählung ihrer Elemente.

1.6.2 Aufgabe

Es seien X und Y zwei in der Menge M enthaltene Mengen. Formulieren Sie einen Ausdruck zur Beschreibung der Menge

$$\{x \in M \mid \text{Aus } x \in X \text{ folgt } x \in Y\},$$

in dem nur die Mengen X, Y, M und die Mengenoperationen von Kapitel 1 Verwendung finden.

1.6.3 Aufgabe

Eine Menge von Mengen $\mathcal{M}$ werde durch die nachfolgenden zwei Regeln (a) und (b) definiert:

    (a) Es gilt $\emptyset \in \mathcal{M}$.   (b) Für alle $X \in \mathcal{M}$ gilt auch $X \cup \{X\} \in \mathcal{M}$.

(1) Geben Sie die Liste der ersten fünf Mengen an, welche durch die Regeln (a) und (b) als in $\mathcal{M}$ enthalten definiert werden.

(2) In welchen Beziehungen stehen die fünf Mengen aus (1) untereinander hinsichtlich der Inklusion $\subseteq$ und des Enthaltenseins $\in$?

1.6.4 Aufgabe

Es seinen $\mathcal{M}$ und $\mathcal{N}$ Mengen von Mengen mit der Eigenschaft $\mathcal{M} \subseteq \mathcal{N}$. Beweisen Sie die folgenden Aussagen:

$$\bigcup \mathcal{M} \subseteq \bigcup \mathcal{N} \qquad \bigcap \mathcal{N} \subseteq \bigcap \mathcal{M}$$

1.6.5 Aufgabe

Es sei n eine natürliche Zahl.

(1) Spezifizieren Sie deskriptiv eine Menge T_n, die genau die positiven ganzzahligen Teiler von n enthält, d.h. jede Zahl $x \in \mathbb{N} \setminus \{0\}$, für die $\frac{n}{x} \in \mathbb{N}$ gilt.

(2) Geben Sie die Menge T_{15} explizit an.

(3) Definieren Sie, aufbauend auf (1), deskriptiv die Menge aller Primzahlen.

1.6.6 Aufgabe

Eine Menge M sei durch $M := \{a, b, c\}$ festgelegt.

(1) Zeichnen Sie das Hasse-Diagramm der Potenzmenge $\mathcal{P}(M)$.

(2) Wir betrachten die folgende Teilmenge $\mathcal{N}$ von $\mathcal{P}(M)$:

$$\mathcal{N} := \{\{a, b, c\}, \{a, b\}, \{a, c\}\}$$

Formulieren Sie, ohne die Elemente von $\mathcal{N}$ explizit zu verwenden, eine Eigenschaft $E(X)$ über den Elementen von $\mathcal{P}(M)$, so dass $E(X)$ und $X \in \mathcal{N}$ äquivalente Aussagen sind.

(3) Für welche Elemente (Mengen) X der Menge $\mathcal{N}$ gibt es ein Element (Menge) Y in $\mathcal{N}$ mit $Y \subseteq X$ und $c \notin Y$?

1.6.7 Aufgabe

Es sei M eine Menge. Zeigen Sie für alle Mengen $X, Y, Z \in \mathcal{P}(M)$ die folgenden zwei Eigenschaften:

(1) Aus $X \subseteq Y$ folgen $X \cup Z \subseteq Y \cup Z$ und $X \cap Z \subseteq Y \cap Z$.

(2) Die folgenden drei Aussagen sind äquivalent:

$$X \subseteq Y \qquad \overline{X} \cup Y = M \qquad X \cap \overline{Y} = \emptyset$$

Dabei wird in (2) das Komplement von X und von Y bezüglich der Menge M gebildet.

1.6.8 Aufgabe

Wie viele Elemente besitzt $\mathcal{P}(\{\emptyset, \{\emptyset, 1\}\})$? Geben Sie die Potenzmenge $\mathcal{P}(\{\emptyset, \{\emptyset, 1\}\})$ explizit an.

1.6.9 Aufgabe

Es seien definiert $X := \{1\}$, $Y := \{a, b\}$ und $Z := \{\emptyset, \{\emptyset\}\}$.

(1) Wie viele Elemente besitzt die Menge $X \times (Y \times \mathcal{P}(Z))$?

(2) Geben Sie die Menge $X \times (Y \times \mathcal{P}(Z))$ explizit an.

(3) Wie viele Teilmengen von $X \times (Y \times \mathcal{P}(Z))$ (d.h. Relationen von X nach $Y \times \mathcal{P}(Z)$) gibt es und wie viele davon sind eindeutig bzw. Funktionen (mit Begründungen)?

1.6.10 Aufgabe

Beweisen Sie für die durch

$$f(x) = x^2 + 3 \qquad g(x) = (x+1)(x-1) + 4$$

definierten Funktionen $f : \mathbb{N} \to \mathbb{N}$ und $g : \mathbb{N} \to \mathbb{N}$ die Eigenschaft $f = g$.

1.6.11 Aufgabe

Wir betrachten eine Menge M und eine Relation R auf M, welche definiert sind durch $M := \{-2, -1, 0, 1, 2\}$ und $R := \{(x, y) \in M \times M \mid x^2 + y^2 \le 2\}$.

(1) Geben Sie die Relation $R \subseteq M \times M$ in den folgenden Darstellungen an:

    (a) Explizite Darstellung als Menge.

    (b) Pfeildiagramm.

    (c) Kreuzchentabelle.

(2) Ist die Relation R eindeutig bzw. total?

1.6.12 Aufgabe

Zu einer Relation $R \subseteq M \times N$ ist die transponierte (oder konverse) Relation $R^{\mathsf{T}} \subseteq N \times M$ durch die folgende Gleichung definiert:

$$R^{\mathsf{T}} := \{(y, x) \in N \times M \mid x\,R\,y\}$$

Beweisen Sie für alle Relationen $R, S \subseteq M \times N$ die Gleichungen $(R^{\mathsf{T}})^{\mathsf{T}} = R$, $R^{\mathsf{T}} \cup S^{\mathsf{T}} = (R \cup S)^{\mathsf{T}}$ und $R^{\mathsf{T}} \cap S^{\mathsf{T}} = (R \cap S)^{\mathsf{T}}$.

1.6.13 Aufgabe

Es sei P eine Menge von Personen und die Relationen V und M auf P seien wie folgt für alle Personen x und y aus M festgelegt: $x\,V\,y$ gilt, falls x der Vater von y ist, und $x\,M\,y$ gilt, falls x die Mutter von y ist. Definieren Sie mit Hilfe von V und M und ohne auf einzelne Personen Bezug zu nehmen eine Relation K auf P so, dass für alle Personen x und y die Beziehung $x\,K\,y$ genau dann gilt, wenn x ein Kind von y ist.

2 Logische Grundlagen

Neben der Mengenlehre ist die Logik das zweite Fundament der Mathematik. Die Mengenlehre wird gebraucht, um die Objekte, für die man sich in der Mathematik interessiert, zu konstruieren, zu modellieren und zu manipulieren. Bisher kennen wir Paare, Relationen und Funktionen. Später werden z.B. noch Tupel, lineare Listen, Bäume und Graphen dazukommen. Die Logik wird gebraucht, wenn in der Mathematik Beweise geführt werden, also in einer gewissen (logischen) Art und Weise argumentiert wird, um zu zeigen, dass eine Aussage wahr ist. Im Folgenden gehen wir auf die logischen Grundlagen der Mathematik ein. Auch hier wählen wir wieder einen **naiven** Zugang. Für die formale mathematische Logik gibt es im Laufe des Informatik-Studiums eigene Vorlesungen.

2.1 Sprache und Ausdrucksweise der Mathematik

Das Hauptgeschäft der Mathematikerinnen und Mathematiker ist das Beweisen. Dies heißt, zu einer aufgestellten Behauptung – einer Aussage im Sinne von Definition 1.1.4, normalerweise Satz genannt (oder Lemma, Hauptsatz, Proposition, Theorem etc.) – eine Rechtfertigung zu liefern, bei der, neben den schon bewiesenen Aussagen und einigen Grundannahmen (den sogenannten **Axiomen**), nur Regeln des logischen Schließens verwendet werden.

Wir haben Beweise im ersten Kapitel des Texts bisher mit den Mitteln der Umgangssprache geführt. Dabei ist vielleicht vielen Leserinnen und Lesern aufgefallen, dass bei der Formulierung der zu beweisenden Aussagen (welche wir dort immer als Sätze bezeichneten) gewisse Konstruktionen (Redewendungen, Formulierungen) immer wieder verwendet wurden und bei den Beweisen der Sätze, d.h. den logischen Rechtfertigungen der entsprechenden Aussagen, ebenfalls gewisse Konstruktionen (logische Schlussweisen und Argumentationen) immer wieder verwendet wurden. Die immer wieder verwendeten Konstruktionen beim Aufbau von Aussagen sind die nachfolgend angegebenen, in denen A, A_1 und A_2 für Aussagen stehen, x für ein Objekt steht und $A(x)$ wiederum für eine Aussage, nun über das Objekt x, steht. In $A(x)$ kann also x textuell vorkommen.

(1) A gilt nicht, bzw. A ist falsch (**Negation** von A).

(2) A_1 gilt und A_2 gilt, bzw. A_1 und A_2 gelten (**Konjunktion** von A_1 und A_2).

(3) A_1 gilt oder A_2 gilt, bzw. A_1 oder A_2 gilt (**Disjunktion** von A_1 und A_2).

(4) Aus A_1 folgt A_2, bzw. A_1 impliziert A_2, bzw. wenn A_1 gilt, dann gilt auch A_2 (**Implikation** von A_2 aus A_1).

(5) A_1 und A_2 sind äquivalent, bzw. A_1 und A_2 sind gleichwertig, bzw. es gilt A_1 genau dann, wenn A_2 gilt (**Äquivalenz** von A_1 und A_2).

(6) Für alle x gilt $A(x)$ (**Allquantifizierung** mittels x).

(7) Es gibt ein x mit $A(x)$, bzw. es existiert ein x, so dass $A(x)$ gilt (**Existenzquantifizierung** mittels x).

Einige der bei den Beweisen von Kapitel 1 verwendeten umgangssprachlichen Schlussweisen sind etwa die nachfolgend aufgeführten, wobei wir auch jeweils eine Verwendungsstelle angeben.

© Springer Fachmedien Wiesbaden GmbH, ein Teil von Springer Nature 2021
R. Berghammer, *Mathematik für die Informatik*,
https://doi.org/10.1007/978-3-658-33304-1_2

(1) „A impliziert A" (Beweis von Satz 1.1.11, Teil (1)).

(2) Gelten „A_1 impliziert A_2" und „A_2 impliziert A_3", dann gilt auch „A_1 impliziert A_3" (Beweis von Satz 1.1.11, Teil (3)).

(3) „A_1 und A_2" ist äquivalent zu „A_2 und A_1" (Beweis von Satz 1.2.4, Teil (1)).

(4) Gilt $A(a)$, so gilt auch „es gibt ein x mit $A(x)$" (Beweis von Satz 1.2.6).

(5) Gilt „es gilt $A(x)$ für alle x", so gilt $A(a)$ (Beweis von Satz 1.4.11).

Dies alles wird, gegebenenfalls nach einer gewissen Eingewöhnung, wesentlich prägnanter, besser lesbar und auch besser manipulierbar, wenn man statt der Umgangssprache die Formelsprache der Mathematik verwendet. Ihre wichtigsten Symbole werden nachfolgend eingeführt. Sie entsprechen genau den obigen Konstruktionen (1) bis (7).

2.1.1 Definition: Konstruktionen der mathematischen Formelsprache

Die oben unter (1) bis (7) umgangssprachlich formulierten Aussagen werden in der Formelsprache der Mathematik wie folgt formuliert:

(1) $\neg A$

(2) $A_1 \wedge A_2$

(3) $A_1 \vee A_2$

(4) $A_1 \Rightarrow A_2$

(5) $A_1 \Leftrightarrow A_2$

(6) $\forall x : A(x)$ (x ist eine Variable; man nennt sie durch das Symbol „$\forall$" **gebunden**)

(7) $\exists x : A(x)$ (x ist eine Variable, man nennt sie durch das Symbol „$\exists$" **gebunden**)

Damit man beim Hinschreiben von Aussagen unter Verwendung der eben eingeführten Symbole Klammern sparen kann, wird angenommen, dass die Bindung der Symbole von oben nach unten in Gruppen abnimmt. Es bindet das Symbol „$\neg$" am stärksten, dann kommen die Symbole „$\wedge$" und „$\vee$", die gleich stark binden, dann kommen die Symbole „$\Rightarrow$" und „$\Leftrightarrow$", die ebenfalls gleich stark binden, und am schwächsten binden der **Allquantor** „$\forall$" und der **Existenzquantor** „$\exists$".   □

Statt $\forall x : ((\neg A_1(x) \wedge A_2(x)) \Rightarrow A_3(x))$ kann man also $\forall x : \neg A_1(x) \wedge A_2(x) \Rightarrow A_3(x)$ schreiben. Die obigen fünf umgangssprachlichen logischen Schlussweisen schreiben sich mit Hilfe der eben eingeführten Symbole wie folgt:

(1) $A \Rightarrow A$ (Reflexivität)

(2) $(A_1 \Rightarrow A_2) \wedge (A_2 \Rightarrow A_3) \Rightarrow (A_1 \Rightarrow A_3)$ (Transitivität)

(3) $(A_1 \wedge A_2) \Leftrightarrow (A_2 \wedge A_1)$ (Kommutativität)

(4) $A(a) \Rightarrow (\exists x : A(x))$ (Zeuge zeigt Existenzquantifizierung)

(5) $(\forall x : A(x)) \Rightarrow A(a)$ (Spezialisierung einer Allquantifizierung)

Solche in der Formelsprache hingeschriebenen Aussagen bezeichnen wir in Zukunft als **Formeln**. Allquantifizierungen und Existenzquantifizierungen kommen normalerweise nur in Verbindung mit Mengen vor, für deren Objekte die Variablen als Platzhalter stehen. Man kann dies auch als Typisierung von Variablen in Quantifizierungen oder als typisierte Quantifizierungen auffassen, wie wir es in Kapitel 1 schon einmal erwähnt haben. Für diese speziellen Konstruktionen werden Abkürzungen verwendet. Diese führen wir nun ein.

2.1.2 Festlegung: Quantoren mit typisierten Variablen

Es wird die Formel $\forall x : x \in M \Rightarrow A(x)$ abgekürzt zu $\forall x \in M : A(x)$, und es wird die Formel $\exists x : x \in M \wedge A(x)$ abgekürzt zu $\exists x \in M : A(x)$. □

Bis jetzt wissen wir nur, wie man Aussagen durch die Symbole von Definition 2.1.1 formal als Formeln hinschreibt. Was solche Formeln dann bedeuten, ist zumindest für die mittels der Konstruktionen (1), (2), (6) und (7) von Definition 2.1.1 aufgebauten intuitiv klar. Bei Formeln der Gestalt (3) kann man diskutieren, ob $A_1 \vee A_2$ ausschließend (genau eine der Formeln muss wahr sein) oder nicht ausschließend (mindestens eine der Formeln muss wahr sein) gemeint ist. Und bei (4) ist nicht sofort klar, was passiert, wenn A_1 nicht gilt. Wir werden uns bei den formalen Festlegungen von (3) und (4) später genau an das halten, was wir in Abschnitt 1.1 informell beschrieben haben. Die spezielle Interpretation von (4) hat natürlich auch Auswirkungen auf die Interpretation von (5), wenn man für die Implikation und die Äquivalenz die folgende „natürliche" Eigenschaft fordert, die wir in Kapitel 1 beim Beweis von Satz 1.3.3 auch schon umgangssprachlich verwendet haben.

$$(A_1 \leftrightarrow A_2) \Leftrightarrow (A_1 \Rightarrow A_2) \wedge (A_2 \Rightarrow A_1)$$

In der „klassischen" mathematischen Logik werden die obigen Konstruktionen normalerweise in zwei Gruppen aufgeteilt. Betrachtet man nur Formeln, die ohne Quantoren aufgebaut sind, so nennt man die entsprechende Logik Aussagenlogik. Diese wird im nächsten Abschnitt betrachtet. Kommen noch die beiden Quantoren hinzu, so spricht man von der Prädikatenlogik. Mit dieser Logik befassen wir uns im dritten Abschnitt dieses Kapitels.

2.2 Grundlagen der Aussagenlogik

Bei der Aussagenlogik beschäftigt man sich mit Formeln der Mathematik, in denen nur die Konstruktionen (1) bis (5) von Definition 2.1.1 vorkommen. Da man den Konstruktionsprozess ja mit irgendetwas beginnen muss, legt man eine Menge von sogenannten **atomaren Aussagen** oder **Aussagenvariablen** zugrunde, die Platzhalter für nicht weiter spezifizierte elementare und unzerteilbare Aussagen sind, etwa für $0 < 1$. Man nimmt dazu gewisse Symbole, wie a, b, a_1, a_2, ..., und fügt diese zu einer Menge zusammen.

2.2.1 Definition: Formeln der Aussagenlogik

Es sei X eine nichtleere Menge von atomaren Aussagen. Dann ist die Menge $\mathcal{A}$ der **aussagenlogischen Formeln** über X durch die folgenden Regeln definiert:

(1) Für alle $a \in X$ gilt $a \in \mathcal{A}$.

(2) Für alle $A \in \mathcal{A}$ gilt $\neg A \in \mathcal{A}$.

(3) Für alle $A_1, A_2 \in \mathcal{A}$ gelten auch $A_1 \wedge A_2 \in \mathcal{A}$, $A_1 \vee A_2 \in \mathcal{A}$, $A_1 \Rightarrow A_2 \in \mathcal{A}$ und $A_1 \Leftrightarrow A_2 \in \mathcal{A}$.

Damit man nicht noch zusätzliche Elemente in die Menge $\mathcal{A}$ bekommt, die man nicht als Formeln haben will, legt man noch fest:

(4) Es gibt keine Elemente in $\mathcal{A}$ außer denen, die durch die Regeln (1) bis (3) zugelassen werden.

Zu Strukturierungszwecken sind bei den Anwendungen von (2) und (3) noch die Klammern „(" und „)" erlaubt. Die Vorrangregeln der Formeln von $\mathcal{A}$ sind genau die, welche in Definition 2.1.1 festgelegt wurden. $\qquad\Box$

Man beachte, dass die Menge X der atomaren Aussagen endlich oder unendlich sein kann. Bei Anwendungen von aussagenlogischen Formeln in der Praxis ist X oft endlich. Nachfolgend geben wir einige Beispiele an.

2.2.2 Beispiele: aussagenlogische Formeln

Es seien a, b, c atomare Aussagen, d.h. $X := \{a, b, c\}$. Dann sind

$$a \wedge b \Rightarrow a \vee b \qquad \neg a \Rightarrow (b \Rightarrow a) \qquad a \wedge b \Rightarrow (a \wedge b) \vee c$$

drei aussagenlogische Formeln. Verwendet man überflüssige Klammern, so schreiben sich diese Formeln auch wie folgt:

$$(a \wedge b) \Rightarrow (a \vee b) \qquad (\neg a) \Rightarrow (b \Rightarrow a) \qquad (a \wedge b) \Rightarrow ((a \wedge b) \vee c)$$

Zusätzliche Klammern machen manchmal Zusammenhänge klarer. Zu viele Klammern können hingegen auch verwirren. Es ist deshalb sinnvoll, ein vernünftiges Mittelmaß zu finden. Hingegen sind die Gebilde

$$a \Rightarrow\Rightarrow \qquad \Rightarrow (a \wedge b) \qquad (a \Rightarrow b)) \Rightarrow a \vee b)$$

offensichtlich keine aussagenlogischen Formeln. $\qquad\Box$

Erinnern wir uns: Aussagen sind nach Aristoteles sprachliche Gebilde, von denen es Sinn macht, zu sagen, ob sie wahr oder falsch sind. Man ordnet ihnen also einen Wahrheitswert zu. Damit wir mit Wahrheitswerten formal argumentieren können, modellieren wir sie durch spezielle Objekte.

2.2.3 Definition: Wahrheitswerte

Die Menge $\mathbb{B} := \{\mathsf{W}, \mathsf{F}\}$ heißt Menge der **Wahrheitswerte**. Dabei steht W für „wahr" (oder gültig, richtig) und F für „falsch" (oder nicht gültig, nicht richtig). $\qquad\Box$

Manchmal werden auch andere Bezeichnungen für Wahrheitswerte verwendet, etwa L oder 1 statt W und O oder 0 statt F. Um den Wahrheitswert (kurz: den Wert) einer aussagenlogischen Formel bestimmen zu können, muss man nur wissen, welchen Wahrheitswert die jeweils darin vorkommenden atomaren Aussagen haben und wie diese Wahrheitswerte sich durch die sogenannten **Junktoren** „¬", „∧", „∨", „⇒" und „⇔" fortsetzen. Letzteres wird nachfolgend definiert. Die Wahrheitswerte der atomaren Aussagen werden normalerweise nicht spezifiziert. Sie ergeben sich jeweils aus den elementaren Aussagen, für die sie Platzhalter sind. Steht $a \in X$ etwa für die elementare Aussage $1 < 2$, so hat a den Wahrheitswert W, und steht a für die elementare Aussage $1 \in \{2,3\}$, so hat a den Wahrheitswert F. Wir fassen im Weiteren die zwei speziellen Aussagen **wahr** und **falsch** aus Kapitel 1 auch als atomare Aussagen auf, haben also **wahr** $\in \mathcal{A}$ und **falsch** $\in \mathcal{A}$. Wegen der ihnen dort zugeschriebenen festen Bedeutung legen wir weiterhin W als Wahrheitswert für **wahr** und F als Wahrheitswert für **falsch** fest. Man beachte, dass W und F keine Formeln sind!

2.2.4 Definition: Bedeutung der Junktoren

Die Wahrheitswerte der aussagenlogischen Formeln, welche in Definition 2.1.1 nach den Regeln (2) und (3) gebildet werden, sind durch die nachfolgenden Tafeln festgelegt:

(1) Negation

A	$\neg A$
W	F
F	W

(2) Konjunktion

A_1	A_2	$A_1 \wedge A_2$
W	W	W
W	F	F
F	W	F
F	F	F

(3) Disjunktion

A_1	A_2	$A_1 \vee A_2$
W	W	W
W	F	W
F	W	W
F	F	F

(4) Implikation

A_1	A_2	$A_1 \Rightarrow A_2$
W	W	W
W	F	F
F	W	W
F	F	W

(5) Äquivalenz

A_1	A_2	$A_1 \Leftrightarrow A_2$
W	W	W
W	F	F
F	W	F
F	F	W

Durch (3) wird die Disjunktion „nicht ausschließend" (vergl. mit Abschnitt 1.1). □

Man beachte, dass die Implikation durch die entsprechende Tafel von (4) so spezifiziert ist, dass im Sinne der Logik aus einer falschen Aussage alles gefolgert werden kann (vergl. nochmals mit Abschnitt 1.1). Die Zuordnung von Wahrheitswerten zu den atomaren Aussagen nennt man eine **Belegung**. Auch den zugeordneten Wahrheitswert nennt man dann so. Kennt man also die Belegung ihrer atomaren Aussagen, so kann man den Wahrheitswert einer jeden aussagenlogischen Formel gemäß den Tafeln von Definition 2.2.4 ausrechnen. Formal kann man den Wahrheitswert einer Formel zu einer Belegung definieren, indem man Belegungen als Funktionen spezifiziert und bei der Wertdefinition dem Aufbau der Formeln folgt. Wir bleiben hier aber informeller, da dies für alles Weitere genügt. Belegungen geben wir nachfolgend durch das Zeichen „$\overset{\wedge}{=}$" an.

2.2.5 Beispiel: Berechnung des Wahrheitswerts einer Formel

Es sei die Menge $X := \{a, b, c\}$ von drei atomaren Aussagen (Aussagenvariablen) gegeben. Wir berechnen den Wahrheitswert der aussagenlogischen Formel $\neg((a \Rightarrow (b \Rightarrow c)) \wedge (a \vee b))$ zur Belegung der atomaren Aussagen mittels $a \overset{\wedge}{=} W$, $b \overset{\wedge}{=} W$ und $c \overset{\wedge}{=} F$ und stellen die Berechnung als Folge von Schritten dar. Im ersten Schritt ersetzen wir jede atomare Aussage durch ihre Belegung und fassen dabei die vorkommenden zwei Junktoren als Funktionen $\neg : \mathbb{B} \rightarrow \mathbb{B}$ bzw. $\Rightarrow : \mathbb{B} \times \mathbb{B} \rightarrow \mathbb{B}$ auf der Menge $\mathbb{B}$ auf. Wir erhalten:

$$\neg((W \Rightarrow (W \Rightarrow F)) \wedge (W \vee W))$$

Dann werten wir dies, wie von der weiterbildenden Schule her bei arithmetischen Ausdrücken bekannt, von innen nach außen aus. Dies bringt zuerst

$$\neg((W \Rightarrow F) \wedge W),$$

indem die Tafeln für „$\Rightarrow$" und „$\vee$" angewendet werden, und dann

$$\neg(F \wedge W)$$

indem die Tafel für „$\Rightarrow$" angewendet wird, und dann

$$\neg F,$$

indem die Tafel für „$\wedge$" angewendet wird, und schließlich

$$W,$$

indem die Tafel für „$\neg$" angewendet wird. Also hat die Ausgangsformel zur Belegung $a \overset{\wedge}{=} W$, $b \overset{\wedge}{=} W$ und $c \overset{\wedge}{=} F$ den Wahrheitswert W; sie ist also wahr (oder gültig). $\square$

Eine oft vorkommende Aufgabe ist, zu zeigen, dass zwei Formeln A_1 und A_2 den gleichen Wahrheitswert haben, unabhängig davon, ob dieser W oder F ist. Wenn man dies als Beziehung zwischen Formeln definiert, dann erhält man die folgende Festlegung.

2.2.6 Definition: logische Äquivalenz

Zwei aussagenlogische Formeln heißen **logisch äquivalent**, wenn jede Belegung ihrer atomaren Aussagen durch jeweils gleiche Wahrheitswerte dazu führt, dass die beiden Formeln den gleichen Wahrheitswert besitzen. $\square$

Die logische Äquivalenz von aussagenlogischen Formeln bestimmt man oft dadurch, dass man zu einer angenommenen festen Belegung in Form einer Tabelle alle möglichen Wahrheitswerte gemäß dem Aufbau durchprobiert und die entstehenden Wahrheitswerte jeweils vergleicht. Wir demonstrieren dieses Vorgehen mittels Wahrheitstabellen, welches in seiner nun gebräuchlichen Form dem österreichischen Philosophen Ludwig Wittgenstein (1889-1951) und dem polnischen Logiker und Mathematiker Emil Post (1897-1954) zugeschrieben wird, im nächsten Satz anhand einiger bekannter Formeln.

2.2.7 Satz: grundlegende logische Äquivalenzen

Die nachfolgend angegebenen sieben Paare von aussagenlogischen Formeln sind jeweils logisch äquivalent.

(1) $\qquad\qquad A \qquad \neg\neg A$
(2) $\qquad A_1 \Leftrightarrow A_2 \qquad (A_1 \Rightarrow A_2) \wedge (A_2 \Rightarrow A_1)$
(3) $\qquad A_1 \Rightarrow A_2 \qquad \neg A_1 \vee A_2$
(4) $\qquad \neg(A_1 \wedge A_2) \qquad \neg A_1 \vee \neg A_2$
(5) $\qquad \neg(A_1 \vee A_2) \qquad \neg A_1 \wedge \neg A_2$
(6) $\quad A_1 \wedge (A_2 \vee A_3) \qquad (A_1 \wedge A_2) \vee (A_1 \wedge A_3)$
(7) $\quad A_1 \vee (A_2 \wedge A_3) \qquad (A_1 \vee A_2) \wedge (A_1 \vee A_3)$

Beweis: (1) Wir betrachten die folgende Tabelle aller möglicher Wahrheitswerte von A, $\neg A$ und $\neg\neg A$ zu einer beliebig vergebenen Belegung (die im Beweis nicht explizit gebraucht wird). Da die erste und die dritte Spalte identisch sind, ist die logische Äquivalenz gezeigt.

A	$\neg A$	$\neg\neg A$
W	F	W
F	W	Γ

(2) In diesem Fall ist die Tabelle aller möglichen Wahrheitswerte von A_1 und A_2 und die sich daraus ergebenden Wahrheitswerte von $A_1 \Leftrightarrow A_2$ und von $(A_1 \Rightarrow A_2) \wedge (A_2 \Rightarrow A_1)$ analog zum Beweis von (1) wie folgt gegeben. Ihre dritte und vierte Spalte sind wiederum identisch. Dadurch ist die Behauptung gezeigt.

A_1	A_2	$A_1 \Leftrightarrow A_2$	$(A_1 \Rightarrow A_2) \wedge (A_2 \Rightarrow A_1)$
W	W	W	W
W	F	F	F
F	W	F	F
F	F	W	W

(3) Und hier ist noch die Tabelle aller möglichen Wahrheitswerte von A_1 und A_2 und den sich daraus ergebenden Wahrheitswerten für $A_1 \Rightarrow A_2$, $\neg A_1$ und $\neg A_1 \vee A_2$ analog zum Beweis von (2), wobei die dritte und fünfte Spalte die behauptete logische Äquivalenz zeigen.

A_1	A_2	$A_1 \Rightarrow A_2$	$\neg A_1$	$\neg A_1 \vee A_2$
W	W	W	F	W
W	F	F	F	F
F	W	W	W	W
F	F	W	W	W

Die Behauptungen (4) bis (7) beweist man vollkommen analog. □

Man nennt die logischen Äquivalenzen (4) und (5) von Satz 2.2.7 wiederum **Regel von de Morgan** und die logischen Äquivalenzen (6) und (7) **Distributivgesetze**. Der folgende Satz setzt nun die logische Äquivalenz von Formeln, die ja eine Beziehung zwischen Formeln herstellt, also eine Relation auf der Menge $\mathcal{A}$ im Sinne von Kapitel 1 ist, mit dem Wahrheitswert (also der Gültigkeit) einer Formel in Beziehung. Das Resultat wird niemanden überraschen. Es zeigt aber sehr schön, dass man in der Mathematik oft auf verschiedenen Sprachebenen argumentiert. Es wird in ihm nämlich die Äquivalenz auf drei verschiedenen Ebenen angegeben, in (2) in Gestalt einer Formel, in (1) in Gestalt einer speziellen Beziehung zwischen Formeln und schließlich noch auf der umgangssprachlichen Metaebene.

2.2.8 Satz: logische Äquivalenz und Wahrheitswert

Für alle aussagenlogischen Formeln A_1 und A_2 sind die folgenden zwei Eigenschaften äquivalent.

(1) Die Formeln A_1 und A_2 sind logisch äquivalent.

(2) Die Formel $A_1 \Leftrightarrow A_2$ hat den Wahrheitswert W für alle Belegungen ihrer atomaren Aussagen.

Beweis: Wir zeigen zuerst, dass (2) aus (1) folgt. Es seien also A_1 und A_2 logisch äquivalent. Weiterhin sei eine beliebige Belegung der atomaren Aussagen gegeben. Wir unterscheiden zwei Fälle.

(a) Beide Formeln haben zu der gegebenen Belegung W als Wahrheitswert. Dann hat aufgrund von Definition 2.2.4, Punkt (5), auch die Formel $A_1 \Leftrightarrow A_2$ den Wahrheitswert W.

(b) Beide Formeln haben zu der Belegung F als Wahrheitswert. Dann hat aufgrund von Definition 2.2.4, Punkt (5), die Formel $A_1 \Leftrightarrow A_2$ ebenfalls den Wahrheitswert W.

Nun beweisen wir, dass (1) aus (2) folgt. Dazu sei eine beliebige Belegung der atomaren Aussagen vorgegeben. Hat die Formel $A_1 \Leftrightarrow A_2$ bezüglich ihr den Wahrheitswert W, dann müssen A_1 und A_2 bezüglich ihr beide den Wahrheitswert W oder beide den Wahrheitswert F haben. Dies sehen wir, indem wir in Definition 2.2.4 (5) alle Zeilen der Tabelle durchgehen. Die Formeln sind also per Definition logisch äquivalent. □

Satz 2.2.7 besagt insbesondere, dass die folgenden aussagenlogischen Formeln für alle Belegungen der atomaren Aussagen den Wahrheitswert W haben, also immer wahr sind:

$$
\begin{aligned}
A &\Leftrightarrow \neg\neg A \\
(A_1 \Leftrightarrow A_2) &\Leftrightarrow (A_1 \Rightarrow A_2) \wedge (A_2 \Rightarrow A_1) \\
(A_1 \Rightarrow A_2) &\Leftrightarrow \neg A_1 \vee A_2 \\
\neg(A_1 \wedge A_2) &\Leftrightarrow \neg A_1 \vee \neg A_2 \\
\neg(A_1 \vee A_2) &\Leftrightarrow \neg A_1 \wedge \neg A_2 \\
A_1 \wedge (A_2 \vee A_3) &\Leftrightarrow (A_1 \wedge A_2) \vee (A_1 \wedge A_3) \\
A_1 \vee (A_2 \wedge A_3) &\Leftrightarrow (A_1 \vee A_2) \wedge (A_1 \vee A_3)
\end{aligned}
$$

Neben diesen Formeln gibt es noch weitere wichtige Formeln der Aussagenlogik der Form $A_1 \Leftrightarrow A_2$, die immer gültig sind, also A_1 logisch äquivalent zu A_2 ist. Beispiele sind die offensichtliche Kommutativität und die auch offensichtliche Assoziativität der Konjunktion und der Disjunktion, welche erlauben, Klammern zu sparen. Auch ist klar, dass die Formel $A \vee \neg A \Leftrightarrow$ **wahr** immer den Wahrheitswert W liefert, also $A \vee \neg A$ und **wahr** logisch äquivalent sind, und dieses auch für die Formeln $A \wedge \neg A$ und **falsch** zutrifft. Wir wollen aber nicht näher auf weitere wichtige wahre Formeln der Aussagenlogik eingehen, sondern uns nun einem anderen Thema aus diesem Gebiet zuwenden.

Bisher stellt die tabellarische Methode die einzige Möglichkeit dar, zu zeigen, dass zwei Formeln logisch äquivalent sind. Bei großen Formeln stößt diese Methode bald an ihre Grenzen, da die Anzahl der Belegungen ihrer atomaren Formeln sehr groß wird. Hier ist es viel vorteilhafter, zu rechnen, wie man es von der weiterbildenden Schule her von den Zahlen und den arithmetischen Ausdrücken kennt. Diese zweite Möglichkeit, die logischen Äquivalenzen von aussagenlogischen Formeln zu beweisen, besteht in **logischen Umformungen** gemäß schon als richtig bewiesenen logischen Äquivalenzen (in diesem Zusammenhang auch **Regeln** genannt). Dem liegt zugrunde, dass

(1) die Formeln A_1 und A_3 logisch äquivalent sind, wenn es eine Formel A_2 so gibt, dass A_1 und A_2 logisch äquivalent sind und A_2 und A_3 logisch äquivalent sind und

(2) die Formeln A_1 und A_2 logisch äquivalent sind, wenn es in A_1 eine Teilformel gibt, deren Ersetzung durch eine logisch äquivalente Formel die Formel A_2 liefert.

Wegen (2) sind etwa die zwei Formeln $A_1 \wedge A_2$ und $A_1 \wedge A_3$ logisch äquivalent, wenn die Teilformel A_2 von $A_1 \wedge A_2$ und die Teilformel A_3 von $A_1 \wedge A_3$ logisch äquivalent sind, und $\neg(A_1 \Rightarrow A_2)$ und $\neg(A_1 \Rightarrow A_3)$ sind logisch äquivalent, wenn ihre Teilformeln A_2 und A_3 logisch äquivalent sind. Oft schreibt man solche Beweise durch logische Umformungen in Form von sogenannten **Äquivalenzketten** auf, wie etwa beim Beweis

$$
\begin{aligned}
A_1 &\iff A_2 && \text{Begründung des Schritts} \\
&\iff A_3 && \text{Begründung des Schritts} \\
&\iff A_4 && \\
&\iff A_5 && \text{Begründung des Schritts}
\end{aligned}
$$

der logischen Äquivalenz von A_1 und A_5 mittels der Zwischenformeln A_2, A_3 und A_4. In so einer **Rechnung** steht das Symbol „$\iff$" (man beachte den Unterschied zum Junktor „$\Leftrightarrow$") für die **Relation der logischen Äquivalenz** auf der Menge $\mathcal{A}$. Begründungen können in solchen Rechnungen weggelassen werden, wenn sie offensichtlich sind. Auch Angaben im umgebenden Text sind oft sinnvoll. Nachfolgend geben wir drei Beispiele an.

2.2.9 Satz: weitere logische Äquivalenzen

Für aussagenlogische Formeln gelten die folgenden logischen Äquivalenzen:

(1) $A_1 \Rightarrow (A_2 \Rightarrow A_3) \iff A_1 \wedge A_2 \Rightarrow A_3$

(2) $A_1 \Rightarrow A_2 \iff \neg A_2 \Rightarrow \neg A_1$

(3) $A_1 \Rightarrow A_2 \iff A_1 \Rightarrow A_1 \wedge A_2$ und $A_1 \Rightarrow A_2 \iff A_1 \vee A_2 \Rightarrow A_2$

Beweis: (1) Hier kommen wir mit der folgenden Äquivalenzkette zum Ziel.

$$
\begin{aligned}
A_1 \Rightarrow (A_2 \Rightarrow A_3) \;&\Longleftrightarrow\; \neg A_1 \vee (A_2 \Rightarrow A_3) && \text{Satz 2.2.7, (3)} \\
&\Longleftrightarrow\; \neg A_1 \vee (\neg A_2 \vee A_3) && \text{Satz 2.2.7, (3)} \\
&\Longleftrightarrow\; (\neg A_1 \vee \neg A_2) \vee A_3 && \text{Assoziativität} \\
&\Longleftrightarrow\; \neg(A_1 \wedge A_2) \vee A_3 && \text{de Morgan} \\
&\Longleftrightarrow\; A_1 \wedge A_2 \Rightarrow A_3 && \text{Satz 2.2.7, (3)}
\end{aligned}
$$

(2) Die Behauptung folgt aus der folgenden Rechnung.

$$
\begin{aligned}
A_1 \Rightarrow A_2 \;&\Longleftrightarrow\; \neg A_1 \vee A_2 && \text{Satz 2.2.7, (3)} \\
&\Longleftrightarrow\; A_2 \vee \neg A_1 && \text{Kommutativität} \\
&\Longleftrightarrow\; \neg\neg A_2 \vee \neg A_1 && \text{Satz 2.2.7, (1)} \\
&\Longleftrightarrow\; \neg A_2 \Rightarrow \neg A_1 && \text{Satz 2.2.7, (3)}
\end{aligned}
$$

(3) Die linke logische Äquivalenz folgt aus der Rechnung

$$
\begin{aligned}
A_1 \Rightarrow A_1 \wedge A_2 \;&\Longleftrightarrow\; \neg A_1 \vee (A_1 \wedge A_2) && \text{Satz 2.2.7, (3)} \\
&\Longleftrightarrow\; (\neg A_1 \vee A_1) \wedge (\neg A_1 \vee A_2) && \text{Distributivität} \\
&\Longleftrightarrow\; \textbf{wahr} \wedge (\neg A_1 \vee A_2) && \\
&\Longleftrightarrow\; \neg A_1 \vee A_2 && \\
&\Longleftrightarrow\; A_1 \Rightarrow A_2 && \text{Satz 2.2.7, (3)}
\end{aligned}
$$

(wobei die Schritte ohne Begründungen klar sind) und $A_1 \Rightarrow A_2 \Longleftrightarrow A_1 \vee A_2 \Rightarrow A_2$ zeigt man in einer ähnlichen Weise. $\qquad\square$

Mittels der bisherigen Formeln und Regeln (und noch vieler Regeln, die wir aus Platzgründen nicht betrachten) kann man nun die Beweise von Kapitel 1, in denen keine Quantoren auftauchen, wesentlich knapper und präziser formulieren. Wir wollen dies nun demonstrieren. Dabei greifen wir zwei Mengengleichheiten auf, von denen wir eine schon umgangssprachlich in Kapitel 1 bewiesen haben. Die folgenden Rechnungen sind sehr detailliert und deshalb etwas länglich; wer erfahrener in der Mathematik ist, wendet in einem Umformungsschritt oft mehrere Regeln gleichzeitig an. Dies macht die Ketten kürzer.

2.2.10 Beispiele: Beweise von Mengengleichheiten

Für alle Mengen M, N und P und alle Objekte x können wir wie folgt logisch umformen.

$$
\begin{aligned}
x \in M \setminus (N \cap P) \;&\Longleftrightarrow\; x \in M \wedge x \notin (N \cap P) \\
&\Longleftrightarrow\; x \in M \wedge \neg(x \in N \cap P) \\
&\Longleftrightarrow\; x \in M \wedge \neg(x \in N \wedge x \in P) \\
&\Longleftrightarrow\; x \in M \wedge (\neg(x \in N) \vee \neg(x \in P)) \\
&\Longleftrightarrow\; (x \in M \wedge \neg(x \in N)) \vee (x \in M \wedge \neg(x \in P)) \\
&\Longleftrightarrow\; (x \in M \wedge x \notin N) \vee (x \in M \wedge x \notin P) \\
&\Longleftrightarrow\; x \in M \setminus N \vee x \in M \setminus P \\
&\Longleftrightarrow\; x \in (M \setminus N) \cup (M \setminus P)
\end{aligned}
$$

Diese Rechnung zeigt die Mengengleichheit $M \setminus (N \cap P) = (M \setminus N) \cup (M \setminus P)$. Analog bekommen wir, indem wir wiederum das Symbol „$\notin$" durch das logische Negationssymbol „$\neg$" und das Enthaltenseinssymbol „$\in$" ausdrücken, die Rechnung

$$
\begin{aligned}
x \in M \setminus (M \setminus N) &\iff x \in M \wedge x \notin (M \setminus N) \\
&\iff x \in M \wedge \neg(x \in M \setminus N) \\
&\iff x \in M \wedge \neg(x \in M \wedge x \notin N) \\
&\iff x \in M \wedge \neg(x \in M \wedge \neg(x \in N)) \\
&\iff x \in M \wedge (\neg(x \in M) \vee \neg\neg(x \in N)) \\
&\iff x \in M \wedge (x \notin M \vee x \in N) \\
&\iff (x \in M \wedge x \notin M) \vee (x \in M \wedge x \in N) \\
&\iff \textbf{falsch} \vee (x \in M \wedge x \in N) \\
&\iff x \in M \wedge x \in N \\
&\iff x \in M \cap N,
\end{aligned}
$$

und diese zeigt $M \setminus (M \setminus N) = M \cap N$. Wir haben in diesen Rechnungen keine Begründungen angegeben und empfehlen der Leserin oder dem Leser zu Übungszwecken, diese zu ergänzen. □

Neben der Relation der logischen Äquivalenz auf $\mathcal{A}$ gibt es noch die Relation der logischen Implikation auf $\mathcal{A}$. Diese wird nun festgelegt.

2.2.11 Definition: logische Implikation

Eine aussagenlogische Formel A_1 **impliziert logisch** eine aussagenlogische Formel A_2, wenn für alle Belegungen ihrer atomaren Aussagen durch jeweils gleiche Wahrheitswerte gilt: Liefert A_1 den Wahrheitswert W, so liefert auch A_2 den Wahrheitswert W. □

Man kann zeigen, dass die Formel A_1 genau dann logisch die Formel A_2 impliziert, wenn der Wahrheitswert der Formel $A_1 \Rightarrow A_2$ für alle Belegungen der atomaren Aussagen immer gleich zu W ist. Logische Implikationen kann man ebenfalls tabellarisch oder durch Umformungen nachweisen. Wir wollen hier nicht auf alle Einzelheiten eingehen, da vieles analog zum Vorgehen bei logischen Äquivalenzen funktioniert, sondern nur ein schematisches Beispiel für die zweite Methode skizzieren. Eine Rechnung zum Beweis der logischen Implikation von A_6 aus A_1 mit Zwischenformeln A_2, A_3, A_4 und A_5 wäre etwa

$$
\begin{aligned}
A_1 &\iff A_2 \qquad \text{Begründung des Schritts} \\
&\implies A_3 \qquad \text{Begründung des Schritts} \\
&\implies A_4 \\
&\iff A_5 \qquad \text{Begründung des Schritts} \\
&\iff A_6.
\end{aligned}
$$

Hier stellt „$\implies$" die **Relation der logischen Implikation** auf der Menge $\mathcal{A}$ dar, der erste Schritt ist eine Äquivalenzumformung, dann kommen zwei Implikationsumformungen und am Schluss kommen noch einmal zwei Äquivalenzumformungen. Zwei der Schritte besitzen keine Begründung. Für solche Beweise wichtig ist, neben den obigen Eigenschaften (1) und (2) der logischen Äquivalenz, dass für alle Formeln A_1, A_2 und A_3

(1) aus $A_1 \Longrightarrow A_2$ und $A_2 \Longrightarrow A_3$ folgt $A_1 \Longrightarrow A_3$,

(2) aus $A_1 \Longrightarrow A_2$ und $A_2 \Longleftrightarrow A_3$ folgt $A_1 \Longrightarrow A_3$ und aus $A_1 \Longleftrightarrow A_2$ und $A_2 \Longrightarrow A_3$ folgt $A_1 \Longrightarrow A_3$.

Man beachte, dass die logische Implikation $A_1 \Longrightarrow A_2$ nicht immer gilt, wenn A_2 aus A_1 dadurch entsteht, dass eine Teilformel durch eine Formel ersetzt wird, die von der Teilformel logisch impliziert wird. Das Vorkommen von Negationen und Implikationen macht hier Schwierigkeiten. Ersetzt man etwa in der Formel ¬**false** die Teilformel **false** durch **true**, so entsteht die Formel ¬**true**. Zwar gilt die logische Implikation **false** $\Longrightarrow$ **true**, die logische Implikation ¬**false** $\Longrightarrow$ ¬**true** gilt jedoch nicht. Die wichtigste Verbindung zwischen der logischen Äquivalenz und der logischen Implikation ist im nachfolgenden Satz angegeben. Sie ist die Entsprechung der schon erwähnten und für jede Belegung W als Wahrheitswert liefernden Formel $(A_1 \Leftrightarrow A_2) \Leftrightarrow (A_1 \Rightarrow A_2) \wedge (A_2 \Rightarrow A_1)$ in der mathematischen Umgangssprache, indem die drei Junktoren „$\Leftrightarrow$", „$\Rightarrow$" und „$\wedge$" durch die zwei Relationen „$\Longleftrightarrow$" und „$\Longrightarrow$" und das umgangssprachliche „und" ersetzt werden. Deshalb verzichten wir auf einen Beweis. Der folgende Satz 2.2.12 wird vielfach beim Beweisen von logischen Äquivalenzen verwendet, indem man den Beweis von $A_1 \Longleftrightarrow A_2$ in die zwei Beweise von $A_1 \Longrightarrow A_2$ und $A_2 \Longrightarrow A_l$ von logischen Implikationen aufspaltet was die Beweisführung in der Regel vereinfacht.

2.2.12 Satz: logische Äquivalenz und logische Implikation

Für alle aussagenlogischen Formeln A_1 und A_2 gilt die logische Äquivalenz $A_1 \Longleftrightarrow A_2$ genau dann, wenn die logischen Implikationen $A_1 \Longrightarrow A_2$ und $A_2 \Longrightarrow A_1$ gelten. $\qquad \square$

An dieser Stelle ist noch eine Warnung angebracht. Die Erfahrung zeigt, dass bei Ketten logischer Umformungen besonders Anfängerinnen und Anfänger den Fehler machen, eine logische Äquivalenz zu behaupten, auch wenn sie nur eine logische Implikation überprüft haben (und möglicherweise auch nur eine solche gilt). Dies liegt oft daran, dass man für die andere logische Implikation von rechts nach links oder von unten nach oben denken muss, was nicht dem gewohnten Fluss entspricht. Es wird daher eindringlich empfohlen, bei einer behaupteten logischen Äquivalenz $A_1 \Longleftrightarrow A_2$ wirklich beide logischen Implikationen $A_1 \Longrightarrow A_2$ und $A_2 \Longrightarrow A_1$ zu prüfen.

Weitere wichtige Regeln beim Rechnen mit logischen Implikationen bzw. dem Beweisen sind $A_1 \wedge A_2 \Longrightarrow A_1$ und $A_1 \Longrightarrow A_1 \vee A_2$ (diese entsprechen der Einschließungseigenschaft bei Mengen), $A_1 \wedge (A_1 \Rightarrow A_2) \Longrightarrow A_2$, (diese Regel wird **Modus ponens** genannt) sowie **falsch** $\Longrightarrow A$ und $A \Longrightarrow$ **wahr**. Alle diese Eigenschaften sind wiederum Entsprechungen von aussagenlogischen Formeln, die immer der Wahrheitswert W liefern. Beispielsweise ist $A_1 \wedge (A_1 \Rightarrow A_2) \Rightarrow A_2$ die Entsprechung des Modus ponens.

2.3 Grundlagen der Prädikatenlogik

Die im letzten Abschnitt vorgestellte Aussagenlogik und deren Regeln zur logischen Äquivalenz und zur logischen Implikation auf ihren Formeln stellen einen Rahmen dar, in dem die meisten der einem mathematischen Beweis zugrundeliegenden logischen Schritte formalisiert werden können. Für die gesamte Mathematik ist ihre Ausdrucksstärke aber viel zu schwach. Mathematik will ja oft Aussagen über alle Objekte einer vorgegebenen Menge machen oder auch darüber, ob ein Objekt mit einer bestimmten Eigenschaft existiert. Dies ist in der Aussagenlogik nicht möglich. Man braucht dazu noch die Allquantoren und die Existenzquantoren in Formeln, also alle in Abschnitt 2.1 eingeführten Möglichkeiten (1) bis (7) zur Konstruktion von Formeln. Um ein Gefühl für solche Formeln mit Quantoren zu bekommen, geben wir zuerst einige Beispiele an, die Aussagen (Eigenschaften von Objekten) als Formeln beschreiben, bevor wir dann später näher auf die Festlegung der entsprechenden Logik eingehen. Wie schon bei der Aussagenlogik, so werden wir auch im Folgenden nicht in der formalen Strenge vorgehen, wie es üblicherweise in einer Logikvorlesung der Fall ist.

2.3.1 Beispiele: Formeln der Prädikatenlogik

Es sei n eine natürliche Zahl. Die Formel $A_1(n)$, welche definiert ist als

$$\exists x : x \in \mathbb{N} \land n = 2x,$$

beschreibt dann, dass n eine **gerade** natürliche Zahl ist. Ihre Kurzform gemäß der Festlegung 2.1.2, bei der der Existenzquantor direkt mit dem Enthaltenseinssymbol „$\in$" kombiniert wird, ist nachfolgend angegeben:

$$\exists x \in \mathbb{N} : n = 2x$$

Es muss also die Festlegung des Wahrheitswerts von Formeln so erfolgen, dass die Formel $A_1(n)$ den Wahrheitswert W genau dann hat, wenn n eine gerade Zahl ist. Die Gültigkeit von $n \in \mathbb{N}$ ist dabei explizit angenommen.

Es sei M eine Menge. Die Formel $A_2(M)$, nun definiert durch

$$\exists x : x \in M \land \forall y : y \in M \Rightarrow x = y,$$

beschreibt, dass die Menge M genau ein Element enthält. Sie muss also später W als Wahrheitswert zugeordnet bekommen genau für alle Mengen M der speziellen Gestalt $\{a\}$, d.h. alle einelementigen Mengen M. Die Kurzform

$$\exists x \in M : \forall y \in M : x = y$$

von $A_2(M)$ ergibt sich wieder aufgrund der Festlegung 2.1.2.

Will man mittels einer Formel festlegen, dass die Menge M genau zwei Elemente besitzt, so ist dies etwa möglich, indem man die obige Formel $A_2(M)$ zur folgenden Formel $A_3(M)$ abändert:

$$\exists x : x \in M \land \exists y : y \in M \land x \neq y \land \forall z : z \in M \Rightarrow z = x \lor z = y$$

Nach der Festlegung 2.1.2 ist $A_3(M)$ gleichbedeutend zur folgenden Formel:

$$\exists x \in M : \exists y \in M : x \neq y \land \forall z \in M : z = x \lor z = y$$

Sogenannte Blöcke gleicher Quantoren zieht man oft zu einem Quantor zusammen, schreibt also statt der letzten Formel auch

$$\exists x \in M, y \in M : x \neq y \land \forall z \in M : z = x \lor z = y$$

oder sogar, noch kürzer, auch

$$\exists x, y \in M : x \neq y \wedge \forall z \in M : z = x \vee z = y.$$

Auch Abkürzungen wie $a \leq x \leq b$ für $a \leq x \wedge x \leq b$ und $a \leq x < b$ für $a \leq x \wedge x < b$ sind in der Praxis üblich. Man sollte aber solche Vereinfachungen der Schreibweisen nicht übertreiben, insbesondere im Hinblick auf die Quantifizierungen. Beim formalen Arbeiten mit Formeln sind sie nämlich manchmal hinderlich und müssen in gewissen Situationen erst wieder rückgängig gemacht werden, damit man die gewünschten Rechnungen durchführen kann. ☐

Man beachte, dass man nicht durch $|M| = 1$ spezifizieren kann, dass M eine einelementige Menge ist, und auch nicht durch $|M| = 2$, dass M zweielementig ist. Der Ausdruck $|M|$ ist nämlich nur für endliche Mengen definiert und liefert nur für solche Mengen eine natürliche Zahl als Wert. Damit ist nicht klar, was die Wahrheitswerte der Formeln $|M| = 1$ und $|M| = 2$ für unendliche Mengen sind.

In den obigen Beispielen haben wir zu den Formeln auch jeweils in der (mathematischen) Umgangssprache angegeben, was sie besagen. Formeln sind ein wichtiges Hilfsmittel, wenn man Eigenschaften eindeutig beschreiben will. Eine Spezifikation in der Umgangssprache führt oft zu Mehrdeutigkeiten. Formeln und ihre mathematische Manipulation sind auch wichtig, wenn Beweise geführt werden.

2.3.2 Beispiel: Mehrdeutigkeit bei Umgangssprache

Es sei die Aufgabe gestellt, die Menge M der Quadrate der Vielfachen von 4 anzugeben, die kleiner als 18 sind. Was hat nun kleiner als 18 zu sein? Die obige umgangssprachliche Formulierung erlaubt zwei Interpretationen. Ist „kleiner als 18" eine Forderung an die Quadrate der Vielfachen von 4, so sind nur 0 und 16 die möglichen Objekte von M, also

$$M := \{x \in \mathbb{N} \mid \exists n \in \mathbb{N} : x = (4n)^2 \wedge x \leq 18\} = \{0, 16\},$$

da schon $8^2 > 18$ gilt. Haben jedoch die Vielfachen von 4 kleiner als 18 zu sein, so gilt

$$M := \{x \in \mathbb{N} \mid \exists n \in \mathbb{N} : x = (4n)^2 \wedge 4n \leq 18\} = \{0, 16, 64, 144, 256\}.$$

Durch die deskriptiven Mengenbeschreibungen mittels Formeln werden Mehrfachinterpretationen vermieden. ☐

Zu Mitteilungszwecken sind Formeln aber oft zu detailliert. Deshalb werden in der Mathematik entsprechende Begriffe für die Gültigkeiten von gewissen Formeln eingeführt, etwa „n ist eine Primzahl" für die Gültigkeit der Formel

$$n \in \mathbb{N} \wedge n \geq 2 \wedge \forall x \in \mathbb{N} : 2 \leq x \wedge x \leq n - 1 \Rightarrow \neg(x \mid n)$$

oder „m und n sind teilerfremd" für die Gültigkeit der Formel

$$m \in \mathbb{N} \wedge n \in \mathbb{N} \wedge \forall x \in \mathbb{N} : x \mid m \wedge x \mid n \Rightarrow x = 1.$$

Es ist wichtig für die Kommunikation, diese Begriffe und die sie spezifizierenden Formeln zu kennen. Für das formale mathematische Arbeiten ist ebenso wichtig, dass man in der Lage ist, umgangssprachliche Eigenschaften als Formeln zu spezifizieren, und man auch die wichtigsten logischen Regeln zur Manipulation von Formeln kennt.

2.3.3 Festlegung der Prädikatenlogik (Skizze)

Bei der genauen Definition der Formeln der Prädikatenlogik und ihrer Wahrheitswerte geht man grob wie folgt vor; wie man dies alles streng formal macht, lernt man in einer Vorlesung über mathematische Logik.

(1) Zuerst legt man diejenigen Objekte fest, die den Betrachtungen zugrunde gelegt werden, etwa Zahlen, Funktionen, Mengen usw. Man fixiert also das **Universum**, welches, per Definition, eine nichtleere Menge ist. Oft nimmt man $\mathbb{U}$ als Bezeichnung für das Universum.

(2) Dann führt man eine nichtleere **Menge von Variablen** ein. Jede Variable ist ein Platzhalter für ein Objekt aus dem Universum $\mathbb{U}$. Oft wird X als Bezeichnung für die Menge der Variablen genommen. Beliebige Variablen heißen dann typischerweise x und y. Stehen Variablen für natürliche Zahlen, so nennt man sie oft m oder n.

(3) Nun legt man die **atomaren Formeln**, auch **Primformeln** genannt, fest. Atomare Formeln sind normalerweise Relationsbeziehungen $E_1 \, R \, E_2$ zwischen Ausdrücken E_1 und E_2, wobei R ein Symbol für eine Relation ist und in den Ausdrücken E_1 und E_2 beim Aufbau, neben Symbolen für Objekte und Operationen (d.h. Funktionen, ggf. auch partiellen), auch Variablen verwendet werden dürfen. Beispiele sind $2 \leq x$, $x \leq n-1$, $x \mid (n+1)(n-1)$, $x \in M$, $y \in M \cap \{2,4\}$ und $x = y+1$, mit x, y, n und M als Variablen. Für alle Objekte aus dem Universum $\mathbb{U}$, die man für die Variablen einsetzen kann, muss der Wahrheitswert der atomaren Formeln festgelegt sein. Etwa liefert $2 \leq 5$ (hier ist 5 für x in $2 \leq x$ eingesetzt) den Wert W, es liefert $2 \leq 0$ (hier ist 0 für x in $2 \leq x$ eingesetzt) den Wert F und es liefert $1 \in \emptyset$ (hier sind 1 für x und $\emptyset$ für M in $x \in M$ eingesetzt) auch F. Ist einer der Ausdrücke E_1 und E_2 nach dem Einsetzen undefiniert, so liefert $E_1 \, R \, E_2$, per Definition, den Wert F. Dies ist etwa bei $4 = \frac{1}{y}$ der Fall, wenn 0 für y eingesetzt wird. Es ist $\mathbb{N}$ eine unendliche Menge. Weil damit $|\mathbb{N}|$ undefiniert ist, liefert auch $|\mathbb{N}| = n$ für alle $n \in \mathbb{N}$ den Wert F.

(4) Wie in Definition 2.2.1 für die Aussagenlogik wird nun in analoger Weise die Menge $\mathcal{F}$ aller **prädikatenlogischen Formeln** definiert:

   (a) Für alle atomaren Formeln P gilt $P \in \mathcal{F}$.

   (b) Für alle $A \in \mathcal{F}$ gilt auch $\neg A \in \mathcal{F}$.

   (c) Für alle $A_1, A_2 \in \mathcal{F}$ gelten auch $A_1 \wedge A_2 \in \mathcal{F}$, $A_1 \vee A_2 \in \mathcal{F}$, $A_1 \Rightarrow A_2 \in \mathcal{F}$ und $A_1 \Leftrightarrow A_2 \in \mathcal{F}$.

   (d) Für alle $x \in X$ und $A(x) \in \mathcal{F}$ gelten auch $\forall x : A(x) \in \mathcal{F}$ und $\exists x : A(x) \in \mathcal{F}$.

   (e) Es gibt keine Elemente in $\mathcal{F}$ außer denen, die durch die Regeln (a) bis (d) zugelassen werden.

   Die Vorrangregeln sind dabei wie früher schon eingeführt. In Regel (d) zeigt die Schreibweise $A(x)$ an, dass die Variable x in der Formel A vorkommen kann. Mit $A(a)$ bezeichnen wir dann die Formel, die aus $A(x)$ entsteht, wenn x durch das Objekt a aus dem Universum $\mathbb{U}$ ersetzt wird.

(5) Bei der Definition der Wahrheitswerte von prädikatenlogischen Formeln **nimmt man an, dass alle in der jeweiligen Formel vorkommenden Variablen durch**

einen Quantor gebunden sind. Dann werden die fünf Junktoren „¬", „∧", „∨", „⇒" und „⇔" wie in Abschnitt 2.2 behandelt. Also hat z.B. $A_1 \land A_2$ den Wahrheitswert W genau dann, wenn A_1 und A_2 beide den Wahrheitswert W haben. Die Wahrheitswerte der Quantoren werden wie folgt definiert:

(a) Die Formel $\forall x : A(x)$ besitzt den Wahrheitswert W genau dann, wenn die Formel $A(a)$ den Wahrheitswert W für alle Objekte a aus dem Universum $\mathbb{U}$ besitzt.

(b) Die Formel $\exists x : A(x)$ besitzt den Wahrheitswert W genau dann, wenn es ein Objekt a in dem Universum $\mathbb{U}$ gibt, so dass die Formel $A(a)$ den Wahrheitswert W besitzt. □

Somit hat, mit der oben getroffenen Annahme, dass keine Variablen in Formeln ungebunden vorkommen, also die Formel $\forall x : A(x)$ den Wahrheitswert W genau dann, wenn die Gleichung $\mathbb{U} = \{a \in \mathbb{U} \mid A(a)\}$ gilt, und es hat die Formel $\exists x : A(x)$ den Wahrheitswert W genau dann, wenn die Ungleichung $\{a \in \mathbb{U} \mid A(a)\} \neq \emptyset$ gilt. Wir wollen nun die eben skizzierte Vorgehensweise durch ein Beispiel erklären, in dem wir uns auf die drei bekannten Relationen „≥", „≤" und „|" und die Subtraktion auf den natürlichen Zahlen stützen.

2.3.4 Beispiele: Wahrheitswerte von Formeln

Wir betrachten über dem Universum $\mathbb{U}$, welches als Menge $\mathbb{N}$ definiert ist, die folgende prädikatenlogische Formel:

$$100 \geq 2 \land \forall x \in \mathbb{N} : 2 \leq x \land x \leq 100 - 1 \Rightarrow \neg(x \mid 100)$$

Nach der Definition des Wahrheitswerts für Formeln der Gestalt $A_1 \land A_2$ hat diese Formel genau dann den Wahrheitswert W, wenn gelten:

(1) Die Formel $100 \geq 2$ hat den Wahrheitswert W.

(2) Die Formel $\forall x \in \mathbb{N} : 2 \leq x \land x \leq 100 - 1 \Rightarrow \neg(x \mid 100)$ hat den Wahrheitswert W.

Die atomare Formel $100 \geq 2$ hat den Wahrheitswert W nach der Festlegung der Relation „≥". Nach den obigen Ausführungen und der Festlegung der Junktoren „∧" und „⇒" gilt (2) genau dann, wenn für alle $a \in \mathbb{N}$ gilt:

(3) Haben die atomaren Formeln $2 \leq a$ und $a \leq 99$ den Wahrheitswert W, so hat auch die atomare Formel $\neg(a \mid 100)$ den Wahrheitswert W.

Dies ist offensichtlich falsch, ein Gegenbeispiel ist $a := 50$. Also hat die Ausgangsformel den Wahrheitswert F, sie ist also nicht gültig (oder falsch). Dies ist auch klar, da sie die Primzahleigenschaft von 100 spezifiziert und 100 keine Primzahl ist.

Nun verallgemeinern wir die obige Formel wie folgt, indem wir die Zahl 100 durch eine Variable n ersetzen.

$$n \geq 2 \land \forall x \in \mathbb{N} : 2 \leq x \land x \leq n - 1 \Rightarrow \neg(x \mid n)$$

Wenn wir diese Formel mit $A(n)$ bezeichnen, so ist $A(100)$ genau die obige Ausgangsformel. Wir wissen schon, dass deren Wahrheitswert F ist. Für $A(17)$, also die Formel

$$17 \geq 2 \land \forall x \in \mathbb{N} : 2 \leq x \land x \leq 17 - 1 \Rightarrow \neg(x \mid 17),$$

in der die Variable n durch die Zahl 17 ersetzt ist, erhalten wir hingegen den Wahrheitswert W, denn 17 ist eine Primzahl. Es macht also keinen Sinn, $A(n)$ einen Wahrheitswert zuzuordnen. $\qquad\Box$

Die Relation der logischen Äquivalenz, die wir schon von der Aussagenlogik her kennen, kann auch für prädikatenlogische Formeln definiert werden. Die Rolle der Belegungen der atomaren Aussagen übernehmen nun die Objekte, welche man für die sogenannten freien Variablen einsetzen kann. Dies führt zu der folgenden Festlegung:

2.3.5 Definition: freie Variable, logische Äquivalenz

Eine in einer prädikatenlogischen Formel vorkommende Variable heißt **frei** in dieser Formel, wenn sie nicht durch einen Quantor gebunden ist. Zwei prädikatenlogische Formeln heißen **logisch äquivalent**, wenn für alle Ersetzungen ihrer freien Variablen durch jeweils gleiche Objekte die entstehenden zwei Formeln den gleichen Wahrheitswert besitzen. $\quad\Box$

Gebundene Variablen sind für die logische Äquivalenz von prädikatenlogischen Formeln ohne Bedeutung, da man sie jederzeit umbenennen kann. So ist etwa $\exists x \in \mathbb{N} : n = 2x$ logisch äquivalent zu $\exists y \in \mathbb{N} : n = 2y$ und auch logisch äquivalent zu $\exists z \in \mathbb{N} : n = 2z$. Alle drei Formeln gelten genau dann, wenn n das Doppelte einer natürlichen Zahl ist, also eine gerade natürliche Zahl ist. Wesentlich sind nur die **freien** (also: ungebundenen) Variablen. In den eben gezeigten Formeln ist dies die Variable n (von der man nur weiß, dass sie für Zahlen steht). Es kann analog zur Aussagenlogik der folgende Satz gezeigt werden.

2.3.6 Satz: logische Äquivalenz und Wahrheitswert

Für alle prädikatenlogischen Formeln A_1 und A_2 sind die folgenden zwei Eigenschaften äquivalent.

(1) Die Formeln A_1 und A_2 sind logisch äquivalent.

(2) Die Formel $A_1 \Leftrightarrow A_2$ hat den Wahrheitswert W für alle Ersetzungen ihrer freien Variablen durch Objekte. $\qquad\Box$

Eine Formel, die für alle Ersetzungen ihrer freien Variablen durch Objekte immer den Wahrheitswert W besitzt, nennt man eine **Tautologie**. Also sind nach dem obigen Satz die Formeln A_1 und A_2 logisch äquivalent genau dann, wenn $A_1 \Leftrightarrow A_2$ eine Tautologie ist. Eine zu einer Negation $\neg A$ einer Tautologie A logisch äquivalente Formel nennt man in der Logik eine **Kontradiktion**. Es ist also A eine Kontradiktion genau dann, wenn A den Wahrheitswert F für alle Ersetzungen der freien Variablen durch Objekte besitzt. Wir fassen im Weiteren die zwei speziellen Aussagen **wahr** und **falsch** auch als prädikatenlogische Formeln auf. Offensichtlich ist dann **wahr** eine Tautologie und es ist **falsch** eine Kontradiktion. Weiterhin gilt für jede Formel A, dass A eine Tautologie genau dann ist, wenn A und **wahr** logisch äquivalent sind, und dass A eine Kontradiktion genau dann ist, wenn A und **falsch** logisch äquivalent sind.

Nachfolgend geben wir einige weitere Beispiele von Formeln für die eben eingeführten zwei Begriffe an.

49

2.3.7 Beispiele: Tautologien und Kontradiktionen

Es sei x eine Variable für natürliche Zahlen. Dann ist die Formel

$$\forall\, y, z \in \mathbb{N} : x \le y \wedge y \le z \Rightarrow x \le z$$

(mit der freien Variablen x) eine Tautologie, denn ihr Wahrheitswert ist für alle Ersetzungen von x durch eine natürliche Zahl immer W. Im Gegensatz dazu ist, nun mit n als eine Variable für natürliche Zahlen, die Formel

$$\exists\, x \in \mathbb{N} : n = 2x$$

keine Tautologie, denn für die Ersetzung der freien Variablen n durch 2 hat sie den Wahrheitswert W und für die Ersetzung von n durch 3 hat sie den Wahrheitswert F.

Gerade wurde gezeigt, dass die Formel $\exists\, x \in \mathbb{N} : n = 2x$ auch keine Kontradiktion ist. Weil $\forall\, y, z \in \mathbb{N} : x \le y \wedge y \le z \Rightarrow x \le z$ eine Tautologie ist, ist ihre Negation

$$\neg \forall\, y, z \in \mathbb{N} : x \le y \wedge y \le z \Rightarrow x \le z$$

eine Kontradiktion.   □

Formeln stellen formalisierte Schreibweisen von mathematischen Aussagen dar. Wir haben im ersten Kapitel gezeigt, dass man Mathematik durchaus auch in der Umgangssprache betreiben kann. Wie weit man sie formalisiert oder formalisieren kann, hängt von einigen Faktoren ab, etwa vom zu behandelnden Stoff. An dieser Stelle ist deshalb noch eine Bemerkung angebracht.

2.3.8 Bemerkung: Sätze in der mathematischen Umgangssprache

Wenn man die in der mathematischen Umgangssprache formulierten Sätze (Lemmata, Theoreme usw.) formal als prädikatenlogische Formeln hinschreiben würde, so ist das Resultat immer eine Formel ohne freie Variablen. Deshalb bezeichnet man in der mathematischen Logik solche Formeln auch als Sätze. Ihr Wahrheitswert ist W oder F, unabhängig von Nebenbedingungen, die bei freien Variablen gegeben sind. Bewiesene mathematische Sätze haben (als Formeln hingeschrieben) immer den Wahrheitswert W, sind also als Formeln logisch äquivalent zu **wahr**, sind also Tautologien. Mathematische Sätze zu beweisen bedeutet im Prinzip also nichts anderes, als von gewissen Formeln nachzuweisen, dass sie Tautologien sind.

Die meisten sich aus der Umgangssprache ergebenden (Formel-)Sätze haben die folgende spezielle Gestalt:

(1) $\forall\, x_1, \ldots, x_n : A_1(x_1, \ldots, x_n) \Rightarrow A_2(x_1, \ldots, x_n)$

In der mathematischen Umgangssprache schreibt man dann statt (1) beispielsweise:

(2) „Für alle $x_1, \ldots, x_n$ mit der Eigenschaft $A_1(x_1, \ldots, x_n)$ gilt $A_2(x_1, \ldots, x_n)$.“

Aber auch Formulierungen der folgenden Art sind für (1) sehr häufig (und wurden auch in diesem Text schon benutzt):

(3) „Gegeben seien $x_1, \ldots, x_n$ so, dass $A_1(x_1, \ldots, x_n)$ gilt. Dann gilt $A_2(x_1, \ldots, x_n)$."

Formulierungen der Gestalt (3) (oder von ähnlicher Gestalt) unterstellen durch die Phrase „Gegeben seien (beliebige)" implizit eine Allquantifizierung. Sie werden gerne verwendet, wenn die Voraussetzungen $A_1(x_1, \ldots, x_n)$ eines Satzes umfangreich sind[3]. Das „Gegeben seien" wird dabei quasi als eine Deklaration der Objekte $x_1, \ldots, x_n$ aufgefasst, so dass man diese sofort und ohne weitere Einführung im Beweis verwenden kann. Man vergleiche mit den bisherigen Beweisen. Im Fall von Formulierungen der Gestalt (2) beginnen manchmal Beweise in einführenden Lehrbüchern mit Sätzen wie „Es seien also $x_1, \ldots, x_n$ beliebig vorgegeben", um nochmals zu betonen, dass man die (2) entsprechende Formel (1) dadurch beweist, dass die Implikation $A_1(x_1, \ldots, x_n) \Rightarrow A_2(x_1, \ldots, x_n)$ für beliebige Objekte als wahr nachgewiesen wird. In der Regel wird in (2) das „Für alle" aber auch implizit mit einer Deklaration der Objekte $x_1, \ldots, x_n$ verbunden und auf das „Es seien also $x_1, \ldots, x_n$ beliebig vorgegeben" am Beginn des Beweises verzichtet. Die bisherigen Beweise zeigen, dass wir in diesem Text dieser zweiten Vorgehensweise folgen. $\square$

Für eine Anfängerin oder einen Anfänger in Mathematik der Art, wie sie normalerweise an einer wissenschaftlichen Hochschule mit formalen Definitionen und streng geführten Beweisen unterrichtet wird (im Gegensatz zur Schulmathematik) birgt die Unterdrückung der Allquantifizierung in der umgangssprachlichen Formulierung von Sätzen die Gefahr, dass in Beweisen gewisse logische Zusammenhänge verschleiert werden, die bei dem expliziten Gebrauch der Allquantifizierung klar erkennbar sind. Wir werden darauf im weiteren Verlauf des Textes immer wieder zurückkommen, beispielsweise im vierten Kapitel bei der Vorstellung von Beweisprinzipien, die explizit darauf aufbauen, dass das zu beweisende Resultat umgangssprachlich in der Form (2) formuliert ist.

Aufgrund von eventuell vorkommenden Quantifizierungen über unendliche Mengen kann man für prädikatenlogische Formeln die logische Äquivalenz zweier Formeln nicht mehr dadurch feststellen, dass man tabellarisch alle Objekte des Universums überprüft. Hier ist man auf logische Umformungen und weitere Beweistechniken (die wir in Kapitel 4 behandeln werden) angewiesen. Für die fünf Junktoren der Aussagenlogik gelten natürlich die logischen Äquivalenzen des letzten Abschnitts. Die wichtigsten logischen Äquivalenzen („Regeln") für die beiden Quantoren sind nachfolgend angegeben. In diesem Satz bezeichnet, wie auch schon bei der Aussagenlogik, das Symbol „$\Longleftrightarrow$" die Relation der logischen Äquivalenz auf der Menge $\mathcal{F}$.

2.3.9 Satz: Regeln für Quantoren

Für prädikatenlogische Formeln gelten die folgenden logischen Äquivalenzen:

(1) $\neg \forall\, x : A(x) \iff \exists\, x : \neg A(x)$ \hfill (de Morgan)

(2) $\neg \exists\, x : A(x) \iff \forall\, x : \neg A(x)$ \hfill (de Morgan)

(3) $\forall\, x : (A_1(x) \wedge A_2(x)) \iff (\forall\, x : A_1(x)) \wedge (\forall\, x : A_2(x))$

---

[3] Bei sehr umfangreichen Voraussetzungen, welche Konjunktionen von einzelnen Aussagen darstellen, werden die einzelnen Teilaussagen oft markiert. Damit kann man sich im Beweis einfacher auf sie beziehen, was oft das Verstehen erleichtert.

(4) $\exists x : (A_1(x) \lor A_2(x)) \iff (\exists x : A_1(x)) \lor (\exists x : A_2(x))$

(5) $\forall x : \textbf{wahr} \iff \textbf{wahr}$

(6) $\exists x : \textbf{falsch} \iff \textbf{falsch}$

Weiterhin gilt noch die folgende logische Äquivalenz, falls die Formel B nicht von der Variablen x abhängt (d.h. x in ihr nicht frei vorkommt).

(7) $(\exists x : A(x)) \Rightarrow B \iff \forall x : (A(x) \Rightarrow B)$

Diese sieben logischen Äquivalenzen bleiben wahr, wenn man die Quantifizierungen „$\forall x$" und „$\exists x$" durch die typisierten Quantifizierungen „$\forall x \in M$" und „$\exists x \in M$" ersetzt.

Beweis: (1) Es sei $\mathbb{U}$ das Universum und es seien in $\neg \forall x : A(x)$ und $\exists x : \neg A(x)$ alle freien Variablen in einer beliebigen Weise durch jeweils gleiche Objekte ersetzt. Wir argumentieren mittels einer Folge von Äquivalenzumformungen auf der umgangssprachlichen Metaebene und betrachten dazu als Ausgangspunkt die folgende Aussage:

(a) $\neg \forall x : A(x)$ hat den Wahrheitswert W

Nach der Festlegung der Negation gilt (a) genau dann, wenn die Aussage

(b) $\forall x : A(x)$ hat den Wahrheitswert F

gilt. Nun wenden wir die Definition des Wahrheitswerts für allquantifizierte Formeln an. Nach ihr gilt (b) genau dann, wenn die Ungleichung

(c) $\{a \in \mathbb{U} \mid A(a)\} \neq \mathbb{U}$

gilt. Aufgrund der Definition der Gleichheit von Mengen ist (c) nun äquivalent zur Ungleichung

(d) $\{a \in \mathbb{U} \mid \neg A(a)\} \neq \emptyset$.

Nun wenden wir die Definition des Wahrheitswerts für existenzquantifizierte Formeln an. Sie zeigt, dass (d) genau dann gilt, wenn

(e) $\exists x : \neg A(x)$ hat den Wahrheitswert W

gilt. Folglich hat $\neg \forall x : A(x)$ auch den Wahrheitswert F genau dann, wenn $\exists x : \neg A(x)$ den Wahrheitswert F hat. Also sind beide Formeln logisch äquivalent.

Die Eigenschaften (2) bis (4) kann man auf die gleiche Art und Weise beweisen.

(5) Weil **wahr** den Wahrheitswert W hat, ist zu zeigen, dass auch $\forall x : \textbf{wahr}$ den Wahrheitswert W hat, also $\{a \in \mathbb{U} \mid \textbf{wahr}\} = \mathbb{U}$ gilt. Letzteres ist offensichtlich.

(6) Es hat **falsch** den Wahrheitswert F. Also ist zu zeigen, dass auch $\exists x : \textbf{falsch}$ den Wahrheitswert F hat, was genau dann gilt, wenn $\{a \in \mathbb{U} \mid \textbf{falsch}\} = \emptyset$ wahr ist. Dass die letzte Gleichung wahr ist, haben wir schon in Kapitel 1 bemerkt.

(7) Wieder sei angenommen, dass in den Formeln $(\exists x : A(x)) \Rightarrow B$ und $\forall x : (A(x) \Rightarrow B)$ alle freien Variablen in einer beliebigen Weise durch jeweils gleiche Objekte ersetzt seien. Wir unterscheiden zwei Fälle:

(a) Es sei B logisch äquivalent zu **wahr**. Dann können wir wie folgt rechnen:

$$
\begin{aligned}
(\exists\, x : A(x)) \Rightarrow B &\Longleftrightarrow (\exists\, x : A(x)) \Rightarrow \textbf{wahr} && \text{nach Annahme} \\
&\Longleftrightarrow \textbf{wahr} && \text{nach Aussagenlogik} \\
&\Longleftrightarrow \forall\, x : \textbf{wahr} && \text{nach (5)} \\
&\Longleftrightarrow \forall\, x : (A(x) \Rightarrow \textbf{wahr}) && \text{nach Aussagenlogik} \\
&\Longleftrightarrow \forall\, x : (A(x) \Rightarrow B) && \text{nach Annahme}
\end{aligned}
$$

(b) Es sei B logisch äquivalent zu **falsch**. Hier bekommen wir:

$$
\begin{aligned}
(\exists\, x : A(x)) \Rightarrow B &\Longleftrightarrow (\exists\, x : A(x)) \Rightarrow \textbf{falsch} && \text{nach Annahme} \\
&\Longleftrightarrow \neg \exists\, x : A(x) && \text{nach Aussagenlogik} \\
&\Longleftrightarrow \forall\, x : \neg A(x) && \text{nach (2)} \\
&\Longleftrightarrow \forall\, x : (A(x) \Rightarrow \textbf{falsch}) && \text{nach Aussagenlogik} \\
&\Longleftrightarrow \forall\, x : (A(x) \Rightarrow B) && \text{nach der Annahme}
\end{aligned}
$$

Folglich sind die Formeln $(\exists\, x : A(x)) \Rightarrow B$ und $\forall\, x : (A(x) \Rightarrow B)$ logisch äquivalent.

Wir zeigen durch die folgende Rechnung, wie man aus Regel (1) des Satzes zur Version von (1) kommt, in der nur über Elemente von M quantifiziert wird.

$$
\begin{aligned}
\neg \forall\, x \in M : A(x) &\Longleftrightarrow \neg \forall\, x : x \in M \Rightarrow A(x) && \text{Festlegung 2.1.2} \\
&\Longleftrightarrow \exists\, x : \neg (x \in M \Rightarrow A(x)) && \text{Satz 2.3.9 (1)} \\
&\Longleftrightarrow \exists\, x : \neg(\neg(x \in M) \vee A(x)) && \text{Satz 2.2.7 (3)} \\
&\Longleftrightarrow \exists\, x : \neg\neg(x \in M) \wedge \neg A(x) && \text{Satz 2.2.7 (5)} \\
&\Longleftrightarrow \exists\, x : x \in M \wedge \neg A(x) && \text{Satz 2.2.7 (1)} \\
&\Longleftrightarrow \exists\, x \in M : \neg A(x) && \text{Festlegung 2.1.2}
\end{aligned}
$$

Und hier ist noch die Rechnung, welche beweist, dass auch die Variante von Regel (5) des Satzes gilt, bei der man nur über die Elemente einer Menge M quantifiziert:

$$
\begin{aligned}
\forall\, x \in M : \textbf{wahr} &\Longleftrightarrow \forall\, x : x \in M \Rightarrow \textbf{wahr} \\
&\Longleftrightarrow \forall\, x : \textbf{wahr} \\
&\Longleftrightarrow \textbf{wahr}
\end{aligned}
$$

Die Leserin oder der Leser überlege sich zu Übungszwecken, was die Begründungen der einzelnen Schritte sind. In einer ähnlichen Weise kann man die restlichen Varianten als korrekt beweisen. $\square$

Wir kommen nun zu einigen weiteren Beispielen für logische Umformungen von prädikatenlogischen Formeln, welche mengentheoretische Begriffe nun formal-logisch behandeln.

2.3.10 Beispiele: Umformungen prädikatenlogischer Formeln

In Definition 1.1.10 haben wir die Mengengleichheit durch die Gleichwertigkeit von $M = N$ und der Konjunktion von $M \subseteq N$ und $N \subseteq M$ festgelegt und dann bemerkt, dass

$$
M = N \Longleftrightarrow \forall\, x : x \in M \Leftrightarrow x \in N
$$

gilt, wobei zur Vereinfachung hier die Umgangssprache schon durch logische Formeln ersetzt wurde. Die letzte logische Äquivalenz können wir nun durch die Rechnung

$$M = N \iff M \subseteq N \wedge N \subseteq M \qquad \text{Def. Gleichheit}$$
$$\iff (\forall x : x \in M \Rightarrow x \in N) \wedge (\forall x : x \in N \Rightarrow x \in M) \qquad \text{Def. Inklusion}$$
$$\iff \forall x : (x \in M \Rightarrow x \in N) \wedge (x \in N \Rightarrow x \in M) \qquad \text{Satz 2.3.9 (3)}$$
$$\iff \forall x : x \in M \Leftrightarrow x \in N \qquad \text{Satz 2.2.7 (2)}$$

auch formal logisch beweisen.

Hier ist ein weiteres Beispiel für eine Umformung mittels logischer Äquivalenzen: Es seien $\mathcal{M}$ und $\mathcal{N}$ Mengen von Mengen. Dann gilt für alle Objekte x die folgende logische Äquivalenz, wobei in der Rechnung, neben der Festlegung 2.1.2 und einigen logischen Regeln (welche, das mache man sich zu Übungszwecken noch einmal klar), nur die Definition der beliebigen Mengenvereinigung und die Definition der binären Mengenvereinigung verwendet werden, nun aber mittels Formeln spezifiziert:

$$x \in \bigcup(\mathcal{M} \cup \mathcal{N}) \iff \exists X \in \mathcal{M} \cup \mathcal{N} : x \in X$$
$$\iff \exists X : X \in \mathcal{M} \cup \mathcal{N} \wedge x \in X$$
$$\iff \exists X : (X \in \mathcal{M} \vee X \in \mathcal{N}) \wedge x \in X$$
$$\iff \exists X : (X \in \mathcal{M} \wedge x \in X) \vee (X \in \mathcal{N} \wedge x \in X)$$
$$\iff (\exists X : X \in \mathcal{M} \wedge x \in X) \vee (\exists X : X \in \mathcal{N} \wedge x \in X)$$
$$\iff (\exists X \in \mathcal{M} : x \in X) \vee (\exists X \in \mathcal{N} : x \in X)$$
$$\iff x \in \bigcup \mathcal{M} \vee x \in \bigcup \mathcal{N}$$
$$\iff x \in (\bigcup \mathcal{M}) \cup (\bigcup \mathcal{N})$$

Diese logische Äquivalenz zeigt, da sie für alle Objekte x gilt, die Mengengleichheit

$$\bigcup(\mathcal{M} \cup \mathcal{N}) = (\bigcup \mathcal{M}) \cup (\bigcup \mathcal{N}).$$

Auf die gleiche Art und Weise kann man durch die Rechnung

$$x \in \bigcap(\mathcal{M} \cup \mathcal{N}) \iff \forall X \in \mathcal{M} \cup \mathcal{N} : x \in X$$
$$\iff \forall X : X \in \mathcal{M} \cup \mathcal{N} \Rightarrow x \in X$$
$$\iff \forall X : (X \in \mathcal{M} \vee X \in \mathcal{N}) \Rightarrow x \in X$$
$$\iff \forall X : \neg(X \in \mathcal{M} \vee X \in \mathcal{N}) \vee x \in X$$
$$\iff \forall X : (X \notin \mathcal{M} \wedge X \notin \mathcal{N}) \vee x \in X$$
$$\iff \forall X : (X \notin \mathcal{M} \vee x \in X) \wedge (X \notin \mathcal{N} \vee x \in X)$$
$$\iff \forall X : (X \in \mathcal{M} \Rightarrow x \in X) \wedge (X \in \mathcal{N} \Rightarrow x \in X)$$
$$\iff (\forall X : X \in \mathcal{M} \Rightarrow x \in X) \wedge (\forall X : X \in \mathcal{N} \Rightarrow x \in X)$$
$$\iff x \in \bigcap \mathcal{M} \wedge x \in \bigcap \mathcal{N}$$
$$\iff x \in (\bigcap \mathcal{M}) \cap (\bigcap \mathcal{N})$$

für alle Objekte x auch die Mengengleichheit

$$\bigcap(\mathcal{M} \cup \mathcal{N}) = (\bigcap \mathcal{M}) \cap (\bigcap \mathcal{N})$$

verifizieren. Man beachte, dass es in den beiden eben durchgeführten Rechnungen entscheidend war, die durch die Festlegung 2.1.2 eingeführten abkürzenden Schreibweisen der Quantoren mit typisierten Variablen wieder rückgängig zu machen. Weiterhin beachte man, dass die Gleichung $\bigcap(\mathcal{M} \cap \mathcal{N}) = (\bigcap \mathcal{M}) \cap (\bigcap \mathcal{N})$ nicht gilt! Man mache sich dies an einem Beispiel klar.

Zwei Eigenschaften der Quantoren in Bezug auf die leere Menge, welche wir später immer wieder verwenden werden, sind die nachfolgend angegebenen:

$$\forall\, x \in \emptyset : A(x) \iff \textbf{wahr} \qquad \exists\, x \in \emptyset : A(x) \iff \textbf{falsch}$$

Im folgenden Beweis der linken Eigenschaft verwenden wir im ersten Schritt die Festlegung 2.1.2 und im letzten Schritt Satz 2.3.9 (5).

$$
\begin{aligned}
\forall\, x \in \emptyset : A(x) &\iff \forall\, x : x \in \emptyset \Rightarrow A(x) \\
&\iff \forall\, x : \textbf{falsch} \Rightarrow A(x) \\
&\iff \forall\, x : \textbf{wahr} \\
&\iff \textbf{wahr}
\end{aligned}
$$

Bei der rechten Eigenschaft kommt man wie folgt zum Ziel.

$$
\begin{aligned}
\exists\, x \in \emptyset : A(x) &\iff \exists\, x : x \in \emptyset \wedge A(x) \\
&\iff \exists\, x : \textbf{falsch} \wedge A(x) \\
&\iff \exists\, x : \textbf{falsch} \\
&\iff \textbf{falsch}
\end{aligned}
$$

Hier verwenden wir im ersten Schritt ebenfalls die Festlegung 2.1.2. Am Ende verwenden wir Regel (6) von Satz 2.3.9. ⊔

Analog zu den oben angegebenen logischen Äquivalenzketten kann man, wie bei der Aussagenlogik, auch **logische Implikationen** $A_1 \implies A_2$ durch Umformungsketten beweisen. Wir wollen auf den Begriff der logischen Implikation im Umfeld von prädikatenlogischen Formeln nicht weiter eingehen. Es ist aber für die interessierte Leserin oder den interessierten Leser sicher reizvoll, diesen Begriff durch einen Vergleich mit der Vorgehensweise bei der Aussagenlogik formal zu definieren[4]. Als wichtige Eigenschaften erwähnen wir nur, dass $A_1 \implies A_2$ genau dann gilt, wenn die Formel $A_1 \Rightarrow A_2$ für alle Ersetzungen ihrer freien Variablen durch Objekte immer den Wahrheitswert W hat (also eine Tautologie ist), und auch in der Prädikatenlogik die logische Äquivalenz $A_1 \iff A_2$ genau dann wahr ist, wenn die zwei logischen Implikationen $A_1 \implies A_2$ und $A_2 \implies A_1$ wahr sind. Dies wird wiederum oft dazu verwendet, zu zeigen, dass zwei mathematische Aussagen, welche prädikatenlogischen Formeln entsprechen, logisch äquivalent sind. Man vergleiche nochmals mit den Bemerkungen am Ende von Abschnitt 2.1 und auch mit dem Ende von Abschnitt 2.2.

---

[4] Vielleicht erinnert sich manche Leserin oder mancher Leser noch an das Lösen von Wurzelgleichungen. Entscheidend hierfür ist die Tautologie $\forall\, a, b \in \mathbb{R} : a = b \implies a^2 = b^2$, welche zur logischen Implikation $a = b \implies a^2 = b^2$ für alle $a, b \in \mathbb{R}$ führt, deren umgekehrte Implikation nicht gilt. Beispielsweise bekommt man im Fall $\sqrt{x+5} = x - 1$, dass diese Gleichung $x + 5 = (x-1)^2$ logisch impliziert. Nach der p-q-Formel ist diese quadratische Gleichung logisch äuivalent zu $x = 4 \vee x = -1$. Da man von $x = 4 \vee x = -1$ nicht auf $\sqrt{x+5} = x - 1$ schließen darf, muss man beide Werte einzeln überprüfen. Das ist die berühmte Probe bei den Wurzelgleichungen. Im Fall $\sqrt{x+5} = x - 1$ ist nur 4 eine Lösung.

Neben den von uns bisher vorgestellten logischen Äquivalenzen gibt es noch eine Fülle weiterer wichtiger logischer Äquivalenzen (und logischer Implikationen) auf den prädikatenlogischen Formeln. Aus Platzgründen können wir nicht in voller Tiefe auf dieses Thema eingehen. Einige der wichtigsten Regeln sollen aber doch erwähnt werden. Das **konsistente Umbenennen von gebundenen Variablen** in Quantifizierungen gehört zu ihnen, da es in der Praxis sehr oft notwendig ist, um Kollisionen von Bezeichnungen zu vermeiden. Es besagt, dass die logische Äquivalenz

$$\forall\, x : A(x) \iff \forall\, y : A(y)$$

und auch die logische Äquivalenz

$$\exists\, x : A(x) \iff \exists\, y : A(y)$$

gelten, wobei die Formel $A(y)$ aus der Formel $A(x)$ dadurch entsteht, dass jedes ungebundene Vorkommen der Variablen x durch die Variable y ersetzt wird. Üblicherweise ist dabei y eine „neue" oder „frische" Variable, also eine, die in $A(x)$ nicht vorkommt. Praktisch besagen diese zwei Regeln, dass bei Quantifizierungen die Bezeichnungen (Namen) der gebundenen Variablen nicht von Bedeutung sind. Sowohl die Formel $\exists\, x : x \in \mathbb{N} \wedge n = 2x$ als auch die Formel $\exists\, y : y \in \mathbb{N} \wedge n = 2y$ als auch die Formel $\exists\, z : z \in \mathbb{N} \wedge n = 2z$ beschreiben beispielsweise, dass n gerade ist, was wir früher in der Form von typisierten Quantifizierungen auch schon erwähnt haben. Man vergleiche das konsistente Umbenennen von gebundenen Variablen in der Logik mit der Definition von Funktionen in der Mengenlehre. Auch dort sind die Parameterbezeichnungen frei wählbar und damit legen etwa $f(x) = x^2$ und $f(y) = y^2$ dieselbe Funktion $f : \mathbb{R} \to \mathbb{R}$ fest.

Schließlich sollten noch die folgenden zwei Regeln erwähnt werden:

$$\forall\, x : A \iff A \qquad\qquad \exists\, x : A \iff A$$

Sie besagen, dass beide Quantifizierungen $\forall\, x : A$ und $\exists\, x : A$ logisch äquivalent zu A sind, wenn die Variable x in der Formel A nicht frei vorkommt (also A nicht von x abhängt, was wir durch die Schreibweise A statt $A(x)$ angezeigt haben). Unter der gleichen Voraussetzung gelten auch die folgenden zwei Regeln; die Regel

$$(\forall\, x : B(x)) \vee A \iff \forall\, x : (B(x) \vee A)$$

für Allquantifizierungen und Disjunktionen und die Regel

$$(\exists\, x : B(x)) \wedge A \iff \exists\, x : (B(x) \wedge A)$$

für Existenzquantifizierungen und Konjunktionen. Sie verallgemeinern die beiden Distributivgesetze (6) und (7) von Satz 2.2.7 von der Aussagenlogik auf die Prädikatenlogik.

Wahrscheinlich ist allen Leserinnen und Lesern schon aufgefallen, dass die beiden Quantoren „$\forall$" und „$\exists$" die aussagenlogischen Verknüpfungen „$\wedge$" und „$\vee$" verallgemeinern. Für endliche Mengen kann man damit die Quantoren auf Junktoren zurückführen. Hat die endliche Menge M nämlich die explizite Darstellung $M = \{a_1, a_2, \ldots, a_n\}$, so gilt für den Allquantor und die Konjunktion die logische Äquivalenz

$$\forall\, x \in M : A(x) \iff A(a_1) \wedge \ldots \wedge A(a_n)$$

und für den Existenzquantor und die Disjunktion gilt die logische Äquivalenz

$$\exists\, x \in M : A(x) \iff A(a_1) \vee \ldots \vee A(a_n).$$

Diese Eigenschaften sind sehr vorteilhaft, wenn beispielsweise im Rahmen einer Programmentwicklung die Gültigkeit der linken Seiten algorithmisch getestet werden muss.

Wir wollen diesen Abschnitt nun mit einer Bemerkung zur definierenden logischen Äquivalenz beenden. Bei der Gleichheit kennen wir den Gleichheitstest $E_1 = E_2$ und die definierende Gleichheit $x := E$. Erstere liefert einen Wahrheitswert, die zweite Art wird dazu verwendet, Symbole und Abkürzungen einzuführen. Analog dazu führt man, neben der üblichen logischen Äquivalenz zwischen (aussagenlogischen oder prädikatenlogischen) Formeln, noch die **definierende (logische) Äquivalenz** ein. Als Symbol verwendet man hier in der Regel „$:\iff$" und dessen Verwendung besagt, dass per Definition zwei Formeln als logisch gleichwertig zu betrachten sind.

Typischerweise werden definierende Äquivalenzen zur Spezifikation von Relationen gemäß der Festlegung 1.4.6 verwendet. Greifen wir die Beispiele von Abschnitt 1.4 noch einmal unter Benutzung des neuen Symbols auf, so ist durch

$$x \leq y \;:\iff\; \exists\, z \in \mathbb{N} : x + z = y$$

für alle $x, y \in \mathbb{N}$ die übliche Ordnung auf den natürlichen Zahlen spezifiziert und durch

$$x \mid y \;:\iff\; \exists\, z \in \mathbb{N} : x \cdot z = y$$

für alle $x, y \in \mathbb{N}$ die Teilbarkeitsrelation auf den natürlichen Zahlen. Das eben gezeigte Definitionsmuster mit einer Existenzquantifizierung wird auch bei vielen anderen Relationen angewendet.

2.4 Die Grenzen des naiven Mengenbegriffs

Durch das logische Rüstzeug der vergangenen Abschnitte sind wir nun in der Lage, viele der Umformungen und Argumentationen des ersten Kapitels formal nachzurechnen. Teilweise haben wir dies in diesem Kapitel auch demonstriert. Dieser ergänzende Abschnitt ist aber einem anderen Thema gewidmet. Wir wollen nachfolgend zeigen, wie man durch formales logisches Argumentieren relativ schnell an die Grenzen des naiven Mengenbegriffs von Kapitel 1 stößt, also Widersprüche erzeugt. Genau diese Widersprüche (auch Paradoxien der naiven Mengenlehre genannt) motivierten zu Beginn des 20. Jahrhunderts die Entwicklung der sogenannten axiomatischen Mengenlehre, bei der man versucht, Widersprüche beim Umgang mit Mengen zu vermeiden. Es gibt mehrere Ansätze, die Mengenlehre zu axiomatisieren. Das wohl bekannteste System besteht aus zehn Axiomen und geht auf den schon erwähnten Mathematiker E. Zermelo und den deutsch-israelischen Mathematiker Abraham Adolf Fraenkel (1891-1965) zurück, welche es etwa von 1907 bis 1930 entwickelten. Einige dieser zehn Axiome haben wir in Kapitel 1 schon implizit benutzt, beispielsweise das Extensionalitätsaxiom

$$\forall\, M, N : (M = N \Leftrightarrow \forall\, x : x \in M \Leftrightarrow x \in N)$$

bei der Definition der Mengengleichheit oder das Leermengenaxiom

$$\exists\, M : \forall\, x : \neg(x \in M)$$

bei der Einführung der leeren Menge. Zwei Axiome der Zermelo-Fraenkel-Mengenlehre werden wir später (in der üblichen mathematischen Umgangssprache) explizit erwähnen.

Um einen Widerspruch beim naiven Mengenansatz aufzuzeigen, betrachten wir noch einmal den beliebigen Durchschnitt $\bigcap \mathcal{M}$ von Mengen. Wenn wir die in Abschnitt 1.2 gegebene umgangssprachliche Definition mittels einer Formel ohne jede abkürzende Schreibweise angeben, so erhalten wir die folgende Festlegung:

$$\bigcap \mathcal{M} := \{x \mid \forall\, X : X \in \mathcal{M} \Rightarrow x \in X\}$$

Nun betrachten wir den Spezialfall von $\mathcal{M}$ als die leere Menge (von Mengen), welcher, wie schon in Abschnitt 1.2 angemerkt wurde, nicht so einfach zu behandeln ist, wie die beliebige Vereinigung $\bigcup \emptyset$. Wir erhalten zuerst durch Einsetzung

$$\bigcap \emptyset = \{x \mid \forall\, X : X \in \emptyset \Rightarrow x \in X\}$$

und nach den Gesetzen der Logik folgt daraus nach einigen Umformungen die Gleichung

$$\bigcap \emptyset = \{x \mid \textbf{wahr}\}.$$

Da die spezielle Aussage **wahr** per Definition immer gilt (also für alle Objekte wahr ist), ergibt sich als Menge $\bigcap \emptyset$ nach der Definition der deskriptiven Mengenbeschreibung die Menge aller Objekte. An dieser Stelle stellt sich nun die Frage nach der Sinnhaftigkeit dieses Resultats.

Bei einer mengentheoretischen Grundlegung der Mathematik werden alle Objekte grundsätzlich als Mengen aufgefasst. So sind also beispielsweise alle natürlichen Zahlen spezielle Mengen. Die Null entspricht der leeren Menge $\emptyset$, die Eins entspricht der Menge $\{\emptyset\}$, die Zwei entspricht der Menge $\{\emptyset, \{\emptyset\}\}$, die Drei entspricht der Menge $\{\emptyset, \{\emptyset\}, \{\emptyset, \{\emptyset\}\}\}$ und so weiter. Wir behandeln die formale Einführung der natürlichen Zahlen auf diese Weise genauer im ersten Anhang. Wie man Paare, Relationen und Funktionen durch Mengen beschreiben kann, haben wir im ersten Kapitel demonstriert. Weitere solche Beschreibungen, etwa von Tupeln, Folgen, Familien, linearen Listen und Binärbäumen, werden im Rest des Texts noch folgen. Wenn also jedes Objekt der Mathematik im Prinzip eine Menge ist, dann wird $\bigcap \emptyset$ zur Menge aller Mengen. Dies führt jedoch zu einem Widerspruch. Gäbe es nämlich die Menge aller Mengen, so kann man auch die folgende spezielle Menge betrachten:

$$M := \{X \mid X \notin X\}$$

Es stellt sich nun die Frage, ob M ein Element von M ist. Ist dies der Fall, so folgt daraus $M \notin M$ nach der Definition der deskriptiven Mengenbeschreibung und der Menge M, also gerade das Gegenteil der Annahme. Wenn $M \in M$ als falsch angenommen wird, so folgt daraus in analoger Weise, dass $M \notin M$ nicht gilt, also $M \in M$ gilt. Die Aufdeckung dieser sogenannten Antinomie geht auf den englischen Mathematiker und Philosophen Bertrand Russell (1872-1970) zurück. Er teilte sie dem deutschen Logiker, Mathematiker und Philosophen Gottlob Frege (1848-1925) im Jahr 1902 brieflich mit. Das war schlagartig das Ende der naiven Mengenlehre im Cantorschen Sinne. Wenn man also, wir bleiben trotzdem in der naiven Mengenlehre, ohne weitere Nebenbedingungen, einen beliebigen Durchschnitt $\bigcap \mathcal{M}$ betrachtet, so muss man eigentlich immer $\mathcal{M} \neq \emptyset$ voraussetzen. In der Regel unterdrückt man dies aber. Der Grund dafür ist, dass beim praktischen Arbeiten mit beliebigen Durchschnitten die Mengen aus der Menge $\mathcal{M}$ von Mengen immer aus einem Universum stammen. Es gilt also $\mathcal{M} \subseteq \mathcal{P}(\mathbb{U})$ für eine vorgegebene Menge $\mathbb{U}$, beispielsweise festgelegt durch $\mathbb{U} := \bigcup \mathcal{M}$. Bei einer solchen Auffassung wird auch die leere Menge (von Mengen) $\emptyset$ als zu $\mathcal{P}(\mathbb{U})$ gehörend betrachtet. Dies erlaubt dann die Festlegung $\bigcap \emptyset = \mathbb{U}$, die auch **Leere-Durchschnitte-Konvention** genannt wird. Aus ihr folgt $\bigcap \emptyset = \mathbb{U} = \bigcup \mathcal{P}(\mathbb{U})$. Auch die dazu „duale" Gleichung $\bigcup \emptyset = \emptyset = \bigcap \mathcal{P}(\mathbb{U})$ gilt. Unter Verwendung des Komplements bezüglich des Universums $\mathbb{U}$ bekommt man schließlich noch $\mathbb{U} = \overline{\emptyset}$ und $\overline{\mathbb{U}} = \overline{\overline{\emptyset}} = \emptyset$.

In Abschnitt 2.1 haben wir auch erwähnt, dass die Einschließungseigenschaft sogar für die leere Menge gilt. Dies wollen wir nun beweisen. Wenn wir die Einschließungseigenschaft in der allgemeineren Form als Formel hinschreiben, wiederum ohne jede Abkürzung, so lautet sie wie folgt:

$$\forall \mathcal{M} : \forall M : M \in \mathcal{M} \Rightarrow \left(\bigcap \mathcal{M} \subseteq M \land M \subseteq \bigcup \mathcal{M} \right)$$

Im Fall der leeren Menge für $\mathcal{M}$ ergibt sich also die folgende Formel durch die Spezialisierung der obigen Allquantifizierung:

$$\forall M : M \in \emptyset \Rightarrow \left(\bigcap \emptyset \subseteq M \land M \subseteq \bigcup \emptyset \right)$$

Diese ist, nach den obigen Ausführungen, logisch äquivalent zur Formel

$$\forall M : \mathbf{falsch} \Rightarrow (\mathbb{U} \subseteq M \land M \subseteq \emptyset),$$

wenn wir die Menge $\mathbb{U}$ als Universum annehmen. Weil die immer falsche Aussage **falsch** die linke Seite der Implikation dieser Formel darstellt, gilt die Implikation und die Formel ist somit logisch äquivalent zur Formel

$$\forall M : \mathbf{wahr}.$$

Diese Formel gilt. Also ist auch die Ausgangsformel

$$\forall M : M \in \emptyset \Rightarrow \left(\bigcap \emptyset \subseteq M \land M \subseteq \bigcup \emptyset \right),$$

welche die Einschließungseigenschaft für die leere Menge beschreibt, gültig.

2.5 Übungsaufgaben

2.5.1 Aufgabe

Zeigen Sie für beliebige atomare Aussagen a und b durch eine Überprüfung aller möglichen Wahrheitswerte die logische Äquivalenz der beiden Formeln $(a \land b) \lor a$ und a und, darauf aufbauend, für beliebige Mengen A und B die Gleichheit $(A \cap B) \cup A = A$.

2.5.2 Aufgabe

Neben der in Kapitel 2 vorgestellten Disjunktion $\vee$ wird noch eine Variante ∇ verwendet, bei der $a \nabla b$ genau dann wahr ist, wenn a wahr ist oder b wahr ist, aber nicht beide zugleich wahr sind. Definieren Sie die Verknüpfung ∇

(1) durch die Angabe einer Wahrheitstabelle

(2) mit Hilfe der Verknüpfungen $\vee, \wedge$ und $\neg$.

2.5.3 Aufgabe

Die Polizistin Beatrice hat drei Verdächtige in einem Kriminalfall festgenommen und folgende Informationen gesammelt:

(1) Wenn sich Bernhard oder Carsten als Täter herausstellen sollten, dann ist Anna unschuldig.

(2) Ist aber Anna oder Carsten unschuldig, dann muss Bernhard der Täter sein.

(3) Falls Carsten schuldig ist, wäre auch Anna als Täterin überführt.

Verwenden Sie eine aussagenlogische Modellierung der gegebenen Situation, um die folgende Frage der Polizistin zu beantworten: Wer von den drei Personen Anna, Bernhard und Carsten hat die Tat begangen?

2.5.4 Aufgabe

Es seien a, b und c atomare Aussagen. Der Wahrheitswert der Formel

$$c \Rightarrow \neg(\neg(a \wedge b) \Leftrightarrow (\neg b \vee \neg a))$$

hängt nur vom Wahrheitswert genau einer der atomaren Aussagen ab. Welche atomare Aussage ist dies und wie bestimmt ihr Wahrheitswert den Wahrheitswert der Formel (mit Begründung)?

2.5.5 Aufgabe

Es seien a, b und c beliebige atomare Aussagen.

(1) Beweisen Sie durch logische Umformungen, dass die drei Formeln

$$a \wedge b \Rightarrow c \qquad a \Rightarrow \neg b \vee c \qquad \neg(a \wedge b \wedge \neg c)$$

logisch äquivalent sind. Geben Sie dabei zu den einzelnen Umformungsschritten Begründungen an.

(2) Geben Sie Wahrheitswerte für die atomaren Aussagen a, b und c an, für welche die drei Formeln von (1) wahr werden.

(3) Geben Sie Wahrheitswerte für die atomaren Aussagen a, b und c an, für welche die drei Formeln von (1) falsch werden.

2.5.6 Aufgabe

Es seien a und b atomare Aussagen. Zeigen Sie, dass die Formel

$$a \wedge (a \Rightarrow b) \Rightarrow b$$

für alle Wahrheitswerte von a und b wahr ist, indem Sie die Formel durch logische Umformungen in die immer wahre Formel **wahr** transformieren. Geben Sie dabei zu den einzelnen Umformungsschritten die verwendeten Regeln entweder explizit oder in Form von Hinweisen (z.B. „Satz xxx", „de Morgan" oder „Distributivgesetz") an.

2.5.7 Aufgabe

Es seien M, N und P drei Mengen.

(1) Beweisen Sie die Gleichung $M \times (N \cup P) = (M \times N) \cup (M \times P)$, indem Sie durch logische Umformungen für alle Objekte x und y die logische Äquivalenz

$$(x, y) \in M \times (N \cup P) \iff (x, y) \in (M \times N) \cup (M \times P)$$

nachweisen. Geben Sie die Begründungen für die Umformungsschritte an.

(2) Beweisen Sie nun die Gleichung $M \times (N \cup P) = (M \times N) \cup (M \times P)$, indem Sie durch logische Umformungen die logische Äquivalenz

$$\forall x, y : (x, y) \in M \times (N \cup P) \Leftrightarrow (x, y) \in (M \times N) \cup (M \times P) \iff \textbf{wahr}$$

nachweisen. Geben Sie dabei ebenfalls Begründungen an.

2.5.8 Aufgabe

Die in Aufgabe 2.5.7 zu beweisende Gleichung besagt, dass die Produktbildung über die Mengenvereinigung distribuiert. Distribuiert sie auch über den Mengendurchschnitt und die Mengendifferenz (ggf. mit Beweis)?

2.5.9 Aufgabe

Es sei $R \subseteq M \times M$ eine Relation auf M. Dann heißt M R-dicht, falls die Formel

$$\forall x, y \in M : x\,R\,y \Rightarrow \exists z \in M : x\,R\,z \wedge z\,R\,y$$

gilt. Geben Sie ein Beispiel für eine R-dichte Menge an und auch ein Beispiel für eine Menge, die nicht R-dicht ist.

2.5.10 Aufgabe

Geben Sie zu den Formeln

(1) $\forall x \in \mathbb{N} : (2 \le x \le 7 \wedge x \neq 5) \Rightarrow P(x)$

(2) $\exists x \in \mathbb{N} : (\frac{1}{2}x^2 - 2x = -\frac{6}{4}) \wedge P(x)$

(3) $\forall x \in \mathbb{N} : (\exists y \in \mathbb{N} : xy = 21) \Rightarrow P(x)$

jeweils logisch äquivalente Formeln an, in denen (ausgenommen gegebenenfalls in der Teilformel $P(x)$) nicht mehr über die Variable x quantifiziert wird.

2.5.11 Aufgabe

Es sei n eine natürliche Zahl. Spezifizieren Sie die folgenden Eigenschaften formal durch Formeln mit Quantoren.

(1) Keine gerade natürliche Zahl teilt n.

(2) Alle natürlichen Zahlen, die von n geteilt werden, sind echt kleiner als 100.

(3) Multipliziert man die Zahl n mit $n + 2$, so ist das Resultat ein Vielfaches von 3.

(4) Es ist n keine Zweierpotenz, aber eine Potenz von 3.

2.5.12 Aufgabe

Was besagt die folgende Formel umgangssprachlich, wenn wir voraussetzen, dass durch die atomaren Formeln $primZahl(x)$ die Primzahl-Eigenschaft von x spezifiziert wird?

$$\forall n \in \mathbb{N} : \exists p, q \in \mathbb{N} : primZahl(p) \land primZahl(q) \land p + 2 = q \land p \geq n$$

2.5.13 Aufgabe

Betrachten Sie die folgende Formel:

(a) $\forall x : \forall y : \exists M : x \in M \land y \in M \land (\forall z : z \in M \Rightarrow z = x \lor z = y)$

(1) Was besagt die Formel (a) umgangssprachlich?

(2) Beweisen Sie durch logische Umformungen, dass die Formel (a) logisch äquivalent zur Formel

$$\forall x : \forall y : \exists M : x \in M \land y \in M \land \neg(\exists z : z \in M \land z \neq x \land z \neq y)$$

ist. Geben Sie dabei zu den einzelnen Umformungsschritten jeweils Begründungen an.

2.5.14 Aufgabe

Geben Sie ein System von Regeln an, das formal festlegt, ob eine Variable in einer Formel der Prädikatenlogik vorkommt. Die Regeln sollen sich dabei am Aufbau der Formeln der Prädikatenlogik orientieren.

2.5.15 Aufgabe

Zu Funktionen $f, g : \mathbb{N} \to \mathbb{R}$ definiert man $f \in o(g)$, wenn für alle $c \in \mathbb{R}$ mit $c > 0$ ein $n \in \mathbb{N}$ existiert, so dass $|f(m)| < c\,|g(m)|$ für alle $m \in \mathbb{N}$ mit $m > n$ gilt.

(1) Formalisieren Sie die $f \in o(g)$ definierende Eigenschaft durch eine Formel mit Quantoren.

(2) Weisen Sie nach, dass für die durch $f(x) = 8x$ und $g(x) = x^2$ definierten Funktionen $f, g : \mathbb{N} \to \mathbb{R}$ die Eigenschaft $f \in o(g)$ gilt.

2.5.16 Aufgabe

Beweisen Sie die logischen Äquivalenzen (2) bis (4) von Satz 2.3.9.

3 Allgemeine direkte Produkte und Datenstrukturen

In Abschnitt 1.4 haben wir direkte Produkte $M \times N$ als Mengen von Paaren (a, b) von Objekten eingeführt. Paare bestehen aus genau zwei Komponenten. In diesem Kapitel führen wir zuerst Tupel ein, die aus endlich vielen Komponenten bestehen, und, als deren Verallgemeinerungen, dann noch Folgen und Familien. Mengen von Tupeln nennt man allgemeine direkte Produkte. Schließlich zeigen wir noch, wie man mit Hilfe von direkten Produkten zwei in der Informatik sehr wichtige Datenstrukturen formal mathematisch erklären kann, nämlich lineare Listen und Binärbäume.

3.1 Tupel, Folgen und Familien

Eine offensichtliche Erweiterung der Definition von Paaren (a, b) und von (binären) direkten Produkten $M \times N$ als Mengen von Paaren führt zur folgenden Festlegung von Tupeln und allgemeinen direkten Produkten.

3.1.1 Definition: Tupel und allgemeines direktes Produkt

Es sei $n \in \mathbb{N}$ mit $1 \le n$ vorgegeben. Weiterhin seien Mengen $M_1, \dots, M_n$ gegeben.

(1) Zu beliebigen Objekten $a_i \in M_i$, mit $i \in \mathbb{N}$ und $1 \le i \le n$, heißt die Konstruktion $(a_1, \dots, a_n)$ ein n-**Tupel** (kurz auch Tupel) und a_i die i-te **Komponente** davon.

(2) Die Menge aller n-Tupel $(a_1, \dots, a_n)$, mit $a_i \in M_i$ für alle $i \in \mathbb{N}$ mit $1 \le i \le n$, heißt das n-**fache direkte oder** n-**fache kartesische Produkt** der Mengen $M_i, 1 \le i \le n$, und wird mit $\prod_{i=1}^{n} M_i$ bezeichnet. Es wird also die Menge $\prod_{i=1}^{n} M_i$ wie folgt festgelegt:

$$\prod_{i=1}^{n} M_i := \{ (x_1, \dots, x_n) \mid \forall i \in \mathbb{N} : 1 \le i \le n \Rightarrow x_i \in M_i \}$$

Falls $M_1 = M_2 = \dots = M_n = M$ zutrifft, so schreibt man M^n statt $\prod_{i=1}^{n} M_i$ und bezeichnet die Menge M^n als die n-**te Potenz** der Menge M. $\qquad \square$

In der Literatur ist auch die Schreibweise $M_1 \times \dots \times M_n$ statt $\prod_{i=1}^{n} M_i$ gebräuchlich. Dies ist insbesondere dann der Fall, wenn n eine konkrete kleine Zahl ist und so ein direktes Produkt von n konkreten Mengen bei der Definition von Funktionen Verwendung findet. Für $n = 3$ und beispielsweise $M_1 = M_2 = M_3 = \mathbb{R}$ sind also $\prod_{i=1}^{3} \mathbb{R}$, $\mathbb{R} \times \mathbb{R} \times \mathbb{R}$ und $\mathbb{R}^3$ drei verschiedene Bezeichnungen für die Menge aller 3-Tupel mit reellen Komponenten. Eine Funktion, bei der diese Menge verwendet wird, ist etwa die nachfolgend definierte:

$$f : \mathbb{R} \times \mathbb{R} \times \mathbb{R} \to \mathbb{R} \qquad f(x, y, z) = \sqrt{x^2 + y^2 + z^2}$$

Wie bei den Paaren, so verwendet man auch bei Funktionsanwendungen mit Tupeln als Argumenten nur ein Klammerpaar. Man beachte den Unterschied zwischen dem 3-fachen direkten Produkt $M_1 \times M_2 \times M_3$ und den geklammerten direkten Produkten (im bisherigen binären Sinn) $M_1 \times (M_2 \times M_3)$ bzw. $(M_1 \times M_2) \times M_3$. Die erste Menge besteht aus 3-Tupeln (auch Tripel genannt) (a, b, c), die zweite Menge aus Paaren $(a, (b, c))$ mit Paaren als zweiten Komponenten und die dritte aus Paaren $((a, b), c)$ mit Paaren als ersten Komponenten. Diese Aussage trifft in analoger Weise für allgemeine direkte Produkte von $n > 2$ Mengen und geklammerte $n - 1$ binäre direkte Produkte auf ihnen zu.

© Springer Fachmedien Wiesbaden GmbH, ein Teil von Springer Nature 2021
R. Berghammer, *Mathematik für die Informatik*,
https://doi.org/10.1007/978-3-658-33304-1_3

3.1.2 Bemerkung

Beim Arbeiten mit direkten Produkten kommen oftmals Quantifizierungen der speziellen Gestalt „$\forall i \in \mathbb{N} : 1 \leq i \leq n \Rightarrow A(i)$" vor. Aus Gründen der besseren Lesbarkeit und des besseren Verstehens schreibt man dafür oft „$\forall i \in \{1,\ldots,n\} : A(i)$" und unterstellt für $n = 0$, dass $\{1,\ldots,n\}$ gleich der leeren Menge ist. Analog kürzt man „$\exists i \in \mathbb{N} : 1 \leq i \leq n \wedge A(i)$" oft zu „$\exists i \in \{1,\ldots,n\} : A(i)$" ab. $\square$

Man beachte, dass für $n = 2$ bzw. $n = 1$ die folgenden Gleichungen gelten:

(1) $\prod_{i=1}^{2} M_i = \{(x_1, x_2) \mid x_1 \in M_1 \wedge x_2 \in M_2\} = M_1 \times M_2$

(2) $\prod_{i=1}^{1} M_i = \{(x_1) \mid x_1 \in M_1\}$

Es ist also für $n = 2$ das n-fache direkte Produkt gleich dem binären direkten Produkt, welches wir schon aus Kapitel 1 kennen. Für $n = 1$ besteht das n-fache direkte Produkt aus einer Menge von geklammerten Elementen. Man identifiziert deshalb manchmal, etwa in der Theorie der formalen Sprachen, die beiden Mengen $\prod_{i=1}^{1} M_i$ und M_1, unterscheidet also nicht zwischen den Objekten (x) und x. Als Verallgemeinerung von Satz 1.4.3 erhalten wir unmittelbar die folgende Eigenschaft (ein formaler Beweis erfordert aber Induktion, eine Beweistechnik, die wir erst später behandeln).

3.1.3 Satz: Kardinalität direkter Produkte

Für alle natürlichen Zahlen n mit $n \geq 1$ und alle endlichen Mengen $M_1,\ldots,M_n$ gilt die Gleichung $|\prod_{i=1}^{n} M_i| = |M_1| \cdot \ldots \cdot |M_n|$. $\square$

Üblicherweise wird das Produkt von $n \geq 1$ Zahlen $k_1,\ldots,k_n$ mit $\prod_{i=1}^{n} k_i$ bezeichnet. Eine rekursive Definition dieser Schreibweise ist durch die Gleichungen

$$\prod_{i=1}^{0} k_i := 1 \qquad \prod_{i=1}^{1} k_i := k_1 \qquad \prod_{i=1}^{n+1} k_i := k_{n+1} \cdot \prod_{i=1}^{n} k_i$$

gegeben. Man mache sich klar, dass auf diese Weise tatsächlich $\prod_{i=1}^{n} k_i$ für alle $n \in \mathbb{N} \setminus \{0\}$ und alle Zahlen $k_1,\ldots,k_n$ definiert wird und mit dem übereinstimmt, was man naiv und unter Verwendung von „$\ldots$" als $k_1 \cdot \ldots \cdot k_n$ schreiben würde. Wir werden auf Definitionen dieser Art später noch genauer eingehen. Mit der eben getroffenen Festlegung des allgemeinen Produkts von Zahlen bekommt man die Gleichung von Satz 3.1.3 in der Gestalt

$$\left| \prod_{i=1}^{n} M_i \right| = \prod_{i=1}^{n} |M_i|,$$

was die Verwendung des gleichen griechischen Buchstabens „$\prod$" für beide Produktbildungen rechtfertigt. Eine weitere Konsequenz von Satz 3.1.3 ist $|M^n| = |M|^n$. Die Kardinalität einer n-ten Potenz einer endlichen Menge M ist also genau die n-te Potenz (im Sinne von Zahlen) der Kardinalität von M.

In Abschnitt 1.4 haben wir festgelegt, das Bild eines Elements a unter einer Funktion f mit $f(a)$ zu bezeichnen. Weiterhin haben wir bemerkt, dass, wenn a ein Paar (a_1, a_2) ist, man $f(a_1, a_2)$ statt $f((a_1, a_2))$ schreibt. Wir verallgemeinern dies nun, wie oben schon erwähnt, auf Funktionen $f : \prod_{i=1}^{n} M_i \to N$ und schreiben auch hier $f(a_1, \ldots, a_n)$ statt $f((a_1, \ldots, a_n))$ für das Bild von $(a_1, \ldots, a_n)$ unter f. Bei Funktionen in Verbindung mit Tupeln haben sich spezielle Sprechweisen gebildet, die wir nachfolgend angeben.

3.1.4 Sprechweisen: Stelligkeit und Wertigkeit

Hat eine Funktion n-Tupel als Argumente, so heißt sie n-**stellig**, und liefert sie n-Tupel als Werte, so heißt sie n-**wertig**. $\qquad\qquad\square$

Bei diesen Sprechweisen wird nicht zwischen 1-Tupeln (a) und den sie bildenden Objekten a unterschieden, womit etwa $f : \mathbb{N} \to \mathbb{N}^2$ 1-stellig und 2-wertig ist und $g : \mathbb{N} \to \mathbb{N}$ 1-stellig und 1-wertig ist. Nachfolgend geben wir drei weitere Beispiele für mehrstellige und mehrwertige Funktionen an.

3.1.5 Beispiele: Stelligkeit und Wertigkeit von Funktionen

Zuerst betrachten wir $\mathbb{R}_{\geq 0} := \{x \in \mathbb{R} \mid x \geq 0\}$ und $\mathbb{R}_{> 0} := \{x \in \mathbb{R} \mid x > 0\}$, also die Mengen der nichtnegativen bzw. positiven reellen Zahlen. Dann ist die Funktion

$$f : \mathbb{R}_{>0} \times \mathbb{R}_{\geq 0} \to \mathbb{R} \times \mathbb{R} \qquad f(x,y) = (\sqrt{x^2 + y^2}, \arctan \frac{y}{x}),$$

welche kartesische Koordinaten im ersten Quadranten der Euklidischen Ebene (benannt nach dem griechischen Mathematiker Euklid von Alexandria (ca. 360-280 v. Chr.)) in ihre Polarkoordinaten, also das Paar („Länge",„Winkel"), umrechnet, 2-stellig und 2-wertig. Der aus dem Paar (x,y) berechnete Winkel φ der Polarkoordinaten ist hier im Bogenmaß angegeben, mit $0 \leq \varphi \leq \frac{\pi}{2}$.

Ein Tripel (x,y,z) von natürlichen Zahlen heißt **pythagoräisch**, falls $x^2 + y^2 = z^2$ gilt, also die Zahlen die Seitenlängen eines rechtwinkligen Dreiecks sind. Die Funktion

$$f : \mathbb{N}^3 \to \mathbb{B} \qquad f(x,y,z) = \begin{cases} \mathsf{W} & \text{falls } x^2 + y^2 = z^2 \\ \mathsf{F} & \text{falls } x^2 + y^2 \neq z^2 \end{cases}$$

zum Testen von pythagoräischen Tripeln ist 3-stellig und 1-wertig. Die pythagoräischen Tripel sind nach dem griechischen Philosophen Pythagoras von Samos (ca. 570-510 v. Chr.) benannt, dessen Satz über die Seitenlängen eines rechtwinkligen Dreiecks in jeder höheren Schule behandelt wird.

Wir betrachten schließlich noch die nachfolgend gegebene Funktion, wobei n als positive natürliche Zahl angenommen ist und die Teilmenge $\mathbb{N}^n_{\text{sort}}$ von $\mathbb{N}^n$ genau aus den n-Tupeln $(x_1, \ldots, x_n)$ besteht, für die $x_1 \leq x_2 \leq \ldots \leq x_n$ gilt[5].

$$f : \mathbb{N}^n_{\text{sort}} \to \mathbb{N} \qquad f(x_1, \ldots, x_n) = \begin{cases} x_{\frac{n}{2}} & \text{falls } n \text{ gerade} \\ x_{\frac{n+1}{2}} & \text{falls } n \text{ ungerade} \end{cases}$$

Diese Funktion ordnet dem sortierten n-Tupel $(x_1, \ldots, x_n)$ den sogenannten **Median** (oder **Zentralwert**) zu, also den Wert in der Mitte bei ungeradem n oder den in der abgerundeten Mitte bei geradem n. Diese Funktion ist n-stellig und 1-wertig. Sie spielt in der

---

[5]Man sagt auch, dass die Zahlen aufsteigend sortiert sind. Die Leserin oder der Leser mache sich klar, wie man diese Eigenschaft ohne die Verwendung von „..." durch eine Formel beschreiben kann.

mathematischen Statistik eine herausragende Rolle. $\qquad\Box$

Teilmengen von $\mathbb{R}^2$ stellen geometrische Figuren in der Euklidischen Ebene dar, etwa

(1) $\mathbb{N}^2$ die Punkte eines Gitternetzes im ersten Quadranten,

(2) $\{(x, y) \in \mathbb{N}^2 \mid y = ax + b\}$ Geradenpunkte auf diesem Gitter, wobei die Gerade durch die Zahlen a und b gegeben ist,

(3) $\{(x, y) \in \mathbb{R}^2 \mid x^2 + y^2 = r^2\}$ den Kreis (genauer: die Kreislinie) mit Radius r um den Punkt $(0, 0)$,

(4) $\{(x, y) \in \mathbb{R}^2 \mid x^2 + y^2 \leq r^2\}$ die Kreisfläche mit r als dem Radius des begrenzenden Kreises um den Punkt $(0, 0)$.

Teilmengen von $\mathbb{R}^3$ stellen geometrische Formen im Euklidischen Raum dar. Auch hier geben wir einige Beispiele an. Es ist etwa

(5) $\{(x, y, z) \in \mathbb{R}^3 \mid ax + by + cz = q\}$ die durch die Zahlen a, b, c und q bestimmte Ebene,

(6) $\{(x, y, z) \in \mathbb{R}^3 \mid ax + by + cz \leq q\}$ einer der beiden durch die Ebene aus Teil (5) bestimmten Halbräume,

(7) $\{(x, y, z) \in \mathbb{R}^3 \mid x^2 + y^2 + z^2 \leq r^2\}$ die Vollkugel mit Radius r um den Punkt $(0, 0, 0)$.

Dabei haben wir implizit angenommen, dass entartete Fälle nicht auftreten, also in (3), (4) und (7) der Radius r nichtnegativ ist und in (5) und (6) aus $a = b = c = 0$ folgt $q = 0$. Weiterhin haben wir, wie allgemein bei der deskriptiven Beschreibung von Teilmengen von direkten Produkten üblich, bei den Paaren und Tripeln gleich die Typisierung mit angegeben. So ist etwa $\{(x, y, z) \in \mathbb{R}^3 \mid ax + by + cz = q\}$ eine abkürzende Schreibweise für $\{(x, y, z) \mid (x, y, z) \in \mathbb{R}^3 \wedge ax + by + cz = q\}$ bzw. für $\{(x, y, z) \mid x \in \mathbb{R} \wedge y \in \mathbb{R} \wedge z \in \mathbb{R} \wedge ax + by + cz = q\}$. In der „reinen" Schreibweise als deskriptiv angegebene Menge wird Letzteres zu $\{u \mid \exists x, y, z : x \in \mathbb{R} \wedge y \in \mathbb{R} \wedge z \in \mathbb{R} \wedge ax + by + cz = q \wedge u = (x, y, z)\}$.

Wir haben alle unsere bisherigen mathematischen Konstruktionen immer auf Mengen zurückgeführt, also wollen wir dies auch für Tupel so halten. Es gibt hier unter anderem die folgende Möglichkeit: Man kann ein n-Tupel der Gestalt $(x_1, \ldots, x_n)$ auffassen als eine Funktion $f : \{1, \ldots, n\} \to \bigcup_{i=1}^n M_i$ mit $f(i) = x_i$ für alle i mit $1 \leq i \leq n$. Dann wird $(x_1, \ldots, x_n)$ nur eine spezielle Schreibweise zur Angabe dieser Funktion. Beispielsweise ist (a^0, a^1, a^2, a^3) (mit $a \in \mathbb{R}$ unterstellt) die Tupelschreibweise für die Funktion $f : \{1, 2, 3, 4\} \to \mathbb{R}$ mit der Definition $f(i) = a^{i-1}$. Da wir in Abschnitt 1.4 für Funktionen Relationen zur Definition herangezogen haben und jene Mengen von Paaren sind, also (wiederum nach Abschnitt 1.4) Mengen von Mengen der Form $\{a, \{a, b\}\}$ oder der Form $\{\{a\}, \{a, b\}\}$, haben wir auch Tupel auf Mengen reduziert. Beispielsweise wird das 4-Tupel (a, b, c, d), wenn wir die entsprechende Funktion als Relation auffassen, zur Menge

$$\{(1, a), (2, b), (3, c), (4, d)\}$$

und wenn wir die darin vorkommenden Paare gemäß der ersten Form als Mengen darstellen, so erhalten wir schließlich

$$\{\{1, \{1, a\}\}, \{2, \{2, b\}\}, \{3, \{3, c\}\}, \{4, \{4, d\}\}\}$$

als mengentheoretisches Modell von (a, b, c, d). Die in Abschnitt 1.4 gegebene Festlegung der Gleichheit von Funktionen f und g durch die Gleichheit der Bilder $f(x)$ und $g(x)$ für alle Elemente x der Quelle zeigt, dass die folgende Definition der Gleichheit von Tupeln bei einer Auffassung von Tupeln als spezielle Funktionen mit der Gleichheit von Funktionen in Einklang steht.

3.1.6 Definition: komponentenweise Gleichheit

Für n-Tupel $(x_1, \ldots, x_n)$ und $(y_1, \ldots, y_n)$ gilt die **Gleichheit** $(x_1, \ldots, x_n) = (y_1, \ldots, y_n)$ genau dann, wenn $x_i = y_i$ für alle $i \in \mathbb{N}$ mit $1 \leq i \leq n$ gilt. Es ist $(x_1, \ldots, x_m) = (y_1, \ldots, y_n)$ per Definition falsch, falls m und n verschieden sind. $\qquad\square$

Die Auffassung eines n-Tupels $(x_1, \ldots, x_n)$ als Funktion $f : \{1, \ldots, n\} \to \bigcup_{i=1}^{n} M_i$ erlaubt auch sofort, durch eine Verallgemeinerung der Quelle auf die Menge $\mathbb{N}$ aller natürlichen Zahlen unendliche Tupel einzuführen. Hier konzentriert man sich normalerweise auf Tupel mit Komponenten aus nur einer Menge. In der Analysis braucht man insbesondere solche mit Komponenten aus den reellen Zahlen $\mathbb{R}$ und nennt diese dann (reelle) Folgen.

3.1.7 Definition: Folge

Eine (unendliche) **Folge** in einer Menge M (oder: von Objekten aus M) ist eine Funktion $f : \mathbb{N} \to M$. Wir schreiben f_n statt $f(n)$ und nennen f_n das n-**te Folgenglied**. Im Fall $M = \mathbb{R}$ sprechen wir von reellen Folgen. $\qquad\square$

Beispielsweise ist die Funktion $f : \mathbb{N} \to \mathbb{R}$ mit der Definition $f(n) = \frac{1}{n+1}$ eine reelle Folge. In der Analysis gibt man Folgen auch in der Form $(f_n)_{n \in \mathbb{N}}$ oder der Form $(f_n)_{n > 0}$ an, also im vorliegenden Fall als $(\frac{1}{n+1})_{n \in \mathbb{N}}$ oder als $(\frac{1}{n+1})_{n \geq 0}$. Wegen des speziellen Nenners schreibt man, nach einer Indextransformation, für unser spezielles Beispiel auch $(\frac{1}{n})_{n \geq 1}$. Schließlich verwendet man zur Verbesserung der Lesbarkeit oft auch eine Notation mit drei Punkten, wenn das Bildungsgesetz klar ist. So schreibt man beispielsweise $(1, \frac{1}{2}, \frac{1}{3}, \ldots)$ statt $(\frac{1}{n+1})_{n \in \mathbb{N}}$ oder $(\frac{1}{n})_{n \geq 1}$, oder man gibt das Bildungsgesetz noch zusätzlich an, wie etwa in der Formulierung $(1, \frac{1}{2}, \frac{1}{3}, \ldots, \frac{1}{n}, \ldots)$. Lässt man in der Definition von Folgen in der Menge M statt $\mathbb{N}$ eine beliebige nichtleere sogenannte Indexmenge I zu, so heißt die Funktion $f : I \to M$ eine mit Elementen aus I indizierte **Familie** von Elementen in M. Man notiert Familien ebenfalls in der Regel in der Form $(f_i)_{i \in I}$, beispielsweise $(i^2)_{i \in \mathbb{R}}$ oder $(\sqrt{i})_{i \in \mathbb{R}_{\geq 0}}$.

Neben der oben gezeigten Darstellungsweise als Funktionen $f : \{1, \ldots, n\} \to \bigcup_{i=1}^{n} M_i$ gibt es noch eine zweite gängige Möglichkeit, allgemeine direkte Produkte auf die bisher vorgestellten mengentheoretischen Konstruktionen zurückzuführen. Dabei geht man wie folgt rekursiv vor, indem man sich auf das binäre direkte Produkt von Definition 1.4.1 stützt. Hierbei sind $n > 0$ und $k < n$ vorausgesetzt.

$$\prod_{i=n}^{n} M_i := M_n \qquad\qquad \prod_{i=k}^{n} M_i := M_k \times (\prod_{i=k+1}^{n} M_i)$$

Beispielsweise gilt also bei drei Mengen die Gleichung

$$\prod_{i=1}^{3} M_i = M_1 \times (\prod_{i=2}^{3} M_i) = M_1 \times (M_2 \times (\prod_{i=3}^{3} M_i)) = M_1 \times (M_2 \times M_3).$$

Bei dieser mengentheoretischen Modellierung hat allgemein jedes Element aus $\prod_{i=1}^{n} M_i$ die spezielle Form $(a_1, (a_2, (\ldots, (a_{n-1}, a_n) \ldots)))$. Man benutzt nun $(a_1, a_2, \ldots, a_{n-1}, a_n)$ als vereinfachende Schreibweise für diese rechtsgeklammerten Paare. Der Vorteil dieser Definitionsart von $\prod_{i=1}^{n} M_i$ ist, dass, wenn man sie zu linearen Listen verallgemeinert, man genau die Listen-Datenstruktur bekommt, wie sie in allen modernen funktionalen Programmiersprachen (wie Scheme, ML oder Haskell) vorhanden ist. Ihr Nachteil ist, dass sie nicht auf Folgen verallgemeinert werden kann.

3.2 Lineare Listen

Tupel aus einer Potenz M^n haben eine feste Anzahl von Komponenten. Hingegen können lineare Listen über der Menge M verschieden viele Komponenten haben. Listen sind eine der fundamentalsten mathematischen Strukturen in der Informatik. Sie werden z.B. in der **Programmierung** und beim Entwurf **effizienter Datenstrukturen und Algorithmen** eingesetzt. Auch Untersuchungen von **formalen Sprachen** bauen auf Listen auf. In diesem Zusammenhang nennt man sie Wörter. Ist nun M eine Menge und $n \in \mathbb{N}$ mit $n \geq 1$ vorgegeben, so bezeichnet M^n die Menge aller n-Tupel mit Elementen aus M. Im Fall, dass M endlich ist, haben wir $|M^n| = |M|^n$. Wir wollen nun M^n auch für $n = 0$ so festlegen, dass $|M^0| = |M|^0 = 1$ gilt. Also muss M^0 aus genau einem Element bestehen. Im Hinblick auf die bisherigen Darstellung von Tupeln legen wir fest:

3.2.1 Definition: leeres Tupel

Für alle Mengen M definieren wir $M^0 := \{()\}$ und nennen das spezielle Element () das **leere Tupel**. □

Man beachte, dass „()" ein Symbol darstellt und nicht ein Wort, welches aus zwei runden Klammern besteht. In der Literatur werden beispielsweise auch der Buchstabe ε oder das Symbol **nil** für das leere Tupel verwendet. Nun können wir die Menge aller beliebigen Tupel mit einer endlichen Zahl von Komponenten definieren. In der Informatik spricht man in diesem Zusammenhang oft von (endlichen) linearen Listen (oder Sequenzen oder Wörtern). Deswegen verwenden auch wir nachfolgend diese Terminologie.

3.2.2 Definition: lineare Liste, nichtleere und leere Liste

Zu einer Menge M definieren wir die Mengen M^+ und M^* wie folgt:

(1) $M^+ := \bigcup \{M^n \mid n \in \mathbb{N} \setminus \{0\}\}$

(2) $M^* := \{()\} \cup M^+ = \bigcup \{M^n \mid n \in \mathbb{N}\}$

Ein Element $s \in M^*$ heißt **lineare Liste** über M. Gilt $s \in M^+$, so heißt s **nichtleer**. Das leere Tupel $() \in M^*$ heißt im Kontext von linearen Listen auch **leere lineare Liste**. □

Es bezeichnet somit M^* die Menge aller linearen Listen über der Menge M und M^+ die Menge aller nichtleeren linearen Listen über der Menge M. Per Definition gibt es nur eine (mit dem Symbol „()" bezeichnete) leere lineare Liste, so wie es auch nur eine (mit dem Symbol „$\emptyset$" bezeichnete) leere Menge gibt. Wir haben in Definition 3.2.2 eine beliebige Menge M vorausgesetzt. Sinnvoll ist normalerweise nur $M \neq \emptyset$. Wir werden diese

Zusatzeigenschaft im weiteren Verlauf des Texts aber nur fordern, wenn wir sie explizit brauchen. Um mit linearen Listen umgehen zu können, etwa bei der Programmierung, benötigt man gewisse Operationen (Funktionen), wie etwa in analoger Weise bei den Zahlen beispielsweise die Addition und die Multiplikation zum Rechnen dienen. Es hat sich herausgestellt, dass man bei den linearen Listen mit genau einer Operation auskommt, bei der noch die Tupelstruktur der Listen wesentlich ist. Diese Operation fügt an lineare Listen von links (also von vorne) Elemente an. Wir notieren sie wie in der funktionalen Programmierung oft gebräuchlich.

3.2.3 Definition: Linksanfügen

Die Funktion „:" der Funktionalität[6] $M \times M^* \to M^*$ ist in Infix-Schreibweise für alle $a \in M$ und $s = (s_1, \ldots, s_n) \in M^*$ definiert durch $a : s = (a, s_1, \ldots, s_n)$. Man nennt „:" die Operation des **Linksanfügens** oder des Anfügens von vorne. $\quad\square$

In dieser Definition ist unterstellt, dass für $n = 0$ die lineare Liste $(s_1, \ldots, s_n)$ gleich zur leeren Liste () ist. Wir werden diese Gleichheit auch im Rest des Texts verwenden, um unnötige Fallunterscheidungen zu vermeiden. Die Gleichsetzung von $(s_1, \ldots, s_n)$ und () im Fall $n = 0$ entspricht genau der schon erwähnten Gleichsetzung der Mengen $\{a_1, \ldots, a_n\}$ und $\emptyset$ im Fall $n = 0$. Jede lineare Liste $s \in M^*$ ist also entweder leer oder von der Form $a : t$, mit $a \in M$ und $t \in M^*$. Ist nämlich s nichtleer, so ist s ein n-Tupel $(s_1, \ldots, s_n)$ mit $n \geq 1$. Definiert man $a := s_1$ und $t := (s_2, \ldots, s_n)$ (insbesondere $t := ()$, falls $n = 1$), so gilt offensichtlich $s = a : t$ nach der schon früher verwendeten Gleichheit von Tupeln, die natürlich auch bei linearen Listen ihre Gültigkeit hat. Aufgrund der eben gezeigten Darstellung von linearen Listen kann man nun viele Operationen (Funktionen) auf linearen Listen definieren, indem man die Fälle „Liste ist leer" und „Liste hat die Gestalt $a : t$" unterscheidet. Vier wichtige Operationen sind nachfolgend angegeben.

3.2.4 Definition: Operationen auf linearen Listen

Es sei $M \neq \emptyset$ eine Menge.

(1) Die Funktion $kopf : M^+ \to M$, die jeder nichtleeren linearen Liste den **Listenkopf** (das erste Element) zuordnet, ist für alle $a \in M$ und $s \in M^*$ wie folgt definiert:

$$kopf(a : s) = a$$

(2) Die Funktion $rest : M^+ \to M^*$, die von jeder nichtleeren linearen Liste den Listenkopf entfernt, also die **Restliste** oder den **Listenrest** bildet, ist für alle $a \in M$ und $s \in M^*$ wie folgt definiert:

$$rest(a : s) = s$$

(3) Die Funktion $|\cdot| : M^* \to \mathbb{N}$, die jeder linearen Liste die **Länge** zuordnet und bei der der Punkt in der Festlegung der Funktionsbezeichnung die Stelle angibt, an der die Argumente eingesetzt werden, ist für alle $a \in M$ und $s \in M^*$ wie folgt definiert:

$$|()| = 0 \qquad |a : s| = 1 + |s|$$

---

[6]Wir wählen diese sprachliche Art, die Funktionalität anzugeben, weil die übliche Art mit dem trennenden Doppelpunkt hier zu der sonderbaren Schreibweise $: : M \times M^* \to M^*$ führt.

(4) Die Funktion $\& : M^* \times M^* \to M^*$, die zwei lineare Listen **konkateniert** (hinterein-anderfügt oder verkettet), ist in Infix-Schreibweise für alle $a \in M$ und $s, t \in M^*$ wie folgt definiert:

$$() \,\&\, t = t \qquad (a : s) \,\&\, t = a : (s \,\&\, t) \qquad\qquad \square$$

Man beachte, dass in Definition 3.2.4 nirgends mehr verwendet wird, dass lineare Listen Tupel von Objekten sind. Man arbeitet nur mehr mit der Konstanten „()" und der Operation „:" des Linksanfügens, mit denen man alle linearen Listen erzeugen kann. Mit Hilfe dieser beiden Konstruktionen kann man auch die **Gleichheit von linearen Listen** durch ihren Aufbau definieren. Es gibt hier die folgenden vier Fälle, wobei $a, b \in M$ und $s, t \in M^*$ beliebig vorausgesetzt ist:

(1) $() = () \iff$ **wahr**

(2) $() = b : t \iff$ **falsch**

(3) $a : s = () \iff$ **falsch**

(4) $a : s = b : t \iff a = b \land s = t$

Die Leserin oder der Leser überlege sich, wie man auf diese Weise weitere wichtige Listenoperationen rekursiv festlegen kann, etwa das Anfügen von rechts, das Entfernen des rechtesten Elements oder das Testen des Enthaltenseins eines Objekts.

3.2.5 Beispiele: Operationen auf linearen Listen

Wir setzen die Menge $M := \{a, b, c, d\}$ voraus und betrachten die Listen $s := (a, a, b, c, d)$ und $t := (d, d, c, c)$. Dann gelten $s = a : a : b : c : d : ()$ und $t = d : d : c : c : ()$, was zeigt, wie man die Listen aus der leeren Liste durch Linksanfügen der Elemente nach und nach aufbaut. Man beachte, dass in den Ausdrücken keine Klammern notwendig sind, um anzuzeigen, wie die Anwendung der Operation „:" erfolgt. Die einzigen sinnvollen Klammerungen $a : (a : (b : (c : (d : ()))))$ und $d : (d : (c : (c : ())))$ ergeben sich aus ihrer Funktionalität $M \times M^* \to M^*$. Nachfolgend zeigen wir, wie man anhand des jeweiligen Aufbaus die Operationen der Definition 3.2.4 anwenden kann und wie man die Resultate rekursiv termmäßig berechnet. Wir beginnen mit der Berechnung des Listenkopfes von s:

$$\mathrm{kopf}(s) = \mathrm{kopf}(a : a : b : c : d : ()) = a$$

Als Nächstes zeigen wir, wie man den Listenkopf von s entfernt:

$$\mathrm{rest}(s) = \mathrm{rest}(a : a : b : c : d : ()) = a : b : c : d : () = (a, b, c, d)$$

Als drittes Beispiel berechnen wir die Länge von s:

$$\begin{aligned}
|s| &= |a : a : b : c : d : ()| \\
&= 1 + |a : b : c : d : ()| \\
&= 1 + 1 + |b : c : d : ()| \\
&= 1 + 1 + 1 + |c : d : ()| \\
&= 1 + 1 + 1 + 1 + |d : ()| \\
&= 1 + 1 + 1 + 1 + 1 + |()| \\
&= 1 + 1 + 1 + 1 + 1 + 0 \\
&= 5
\end{aligned}$$

Schließlich zeigen wir durch die Rechnung

$$
\begin{aligned}
s \mathbin{\&} t &= (a : a : b : c : d : ()) \mathbin{\&} t \\
&= a : ((a : b : c : d : ()) \mathbin{\&} t) \\
&= a : a : ((b : c : d : ()) \mathbin{\&} t) \\
&= a : a : b : ((c : d : ()) \mathbin{\&} t) \\
&= a : a : b : c : ((d : ()) \mathbin{\&} t) \\
&= a : a : b : c : d : (() \mathbin{\&} t) \\
&= a : a : b : c : d : t \\
&= (a, a, b, c, d, d, d, c, c)
\end{aligned}
$$

auch noch, wie man die beiden Listen s und t konkateniert. $\qquad\square$

Für die bisher eingeführten Operationen auf den linearen Listen gelten viele wichtige Eigenschaften. Einige davon sind nachfolgend angegeben.

(1) $|s \mathbin{\&} t| = |s| + |t|$ für alle $s, t \in M^*$.

(2) $(s \mathbin{\&} t) \mathbin{\&} u = s \mathbin{\&} (t \mathbin{\&} u)$ alle $s, t, u \in M^*$, d.h. die Konkatenationsoperation ist assoziativ.

(3) $() \mathbin{\&} s = s$ und $s \mathbin{\&} () = s$ für alle $s \in M^*$, d.h. die Konkatenationsoperation besitzt die leere Liste als sogenanntes neutrales Element.

(4) $kopf(s \mathbin{\&} t) = kopf(s)$ für alle $s \in M^+$ und $t \in M^*$.

(5) $rest(s \mathbin{\&} t) = rest(s) \mathbin{\&} t$ für alle $s \in M^+$ und $t \in M^*$.

Beim derzeitigen Stand des Textes sind wir noch nicht in der Lage, alle diese Eigenschaften formal aus den rekursiven Definitionen der Operationen auf den linearen Listen herzuleiten. Wir werden aber in Kapitel 4 eine spezielle Beweistechnik vorstellen und als korrekt beweisen, die es erlaubt, diese Beweise zu führen.

Für alle reellen Zahlen $q \in \mathbb{R}$ mit $q \neq 1$ und alle natürlichen Zahlen $n \in \mathbb{N}$ gilt, wie man sich vielleicht (wenn man es etwa beim Rechnen mit Zinseszins beigebracht bekam) noch von der höheren Schule her erinnert, die Summenformel

$$
1 + q + q^2 + \ldots + q^n = \frac{q^{n+1} - 1}{q - 1}
$$

der sogenannten n-ten Partialsumme $\sum_{i=0}^{n} q^i$ der **geometrischen Reihe** $\sum_{i=0}^{\infty} q^i$, also die Gleichung $\sum_{i=0}^{n} q^i = \frac{q^{n+1}-1}{q-1}$, wenn man durch die beiden Gleichungen

$$
\sum_{i=0}^{0} k_i := k_0 \qquad \sum_{i=0}^{n+1} k_i := k_{n+1} + \sum_{i=0}^{n} k_i
$$

die Summe $\sum_{i=0}^{n} k_i$ von Zahlen $k_0, \ldots, k_n$ rekursiv analog zur Definition der allgemeinen Produktbildung $\prod_{i=1}^{n} k_i$ in Abschnitt 3.1 festlegt[7]. Mit Hilfe der obigen Summenformel kann man nun den folgenden Satz beweisen.

---

[7]Wegen der speziellen Anwendung beginnen wir hier mit dem Index 0. Die Leserin oder der Leser definiere zu Übungszwecken auch die Summe $\sum_{i=1}^{n} k_i$ von $n \geq 0$ Zahlen $k_1, \ldots, k_n$.

3.2.6 Satz: Anzahl von Listen einer maximalen Länge

Für alle endlichen und nichtleeren Mengen M und alle natürlichen Zahlen $n \in \mathbb{N}$ gilt die folgende Gleichung hinsichtlich der Anzahl der Listen mit Maximallänge n:

$$|\{s \in M^* \mid |s| \leq n\}| = \begin{cases} n+1 & \text{falls } |M| = 1 \\ \frac{|M|^{n+1}-1}{|M|-1} & \text{falls } |M| > 1 \end{cases}$$

Beweis: Die Mengen $M^0, \ldots, M^n$ sind paarweise disjunkt. Wir zeigen dies durch Widerspruch. Angenommen, es gibt $i, j \in \{0, \ldots, n\}$ mit $i \neq j$ und $M^i \cap M^j \neq \emptyset$. Dann existiert eine lineare Liste $s \in M^*$ mit $s \in M^i \cap M^j$. Daraus folgt der Widerspruch $i = |s| = j$. Die paarweise Disjunktheit der Mengen $M^0, \ldots, M^n$ bringt

$$|\{s \in M^* \mid |s| \leq n\}| = |\bigcup_{i=0}^{n} M^i| = \sum_{i=0}^{n} |M^i| = \sum_{i=0}^{n} |M|^i$$

aufgrund der Sätze 1.3.7 und 3.1.3. Ist nun $|M| = 1$, so folgt daraus die Gleichheit

$$|\{s \in M^* \mid |s| \leq n\}| = \sum_{i=0}^{n} |M|^i = \sum_{i=0}^{n} 1^i = n+1.$$

Im verbleibenden Fall bekommen wir die Behauptung durch die Rechnung

$$|\{s \in M^* \mid |s| \leq n\}| = \sum_{i=0}^{n} |M|^i = \frac{|M|^{n+1}-1}{|M|-1}$$

unter Verwendung der Summenformel der n-ten Partialsumme der geometrischen Reihe. $\square$

Im nächsten Beispiel geben wir eine kleine praktische Anwendung für den eben bewiesenen Satz an.

3.2.7 Beispiel: Auto-Kennzeichen

Wir betrachten die Menge der lateinischen Großbuchstaben, also $M := \{A, B, C, \ldots, Z\}$ mit der Kardinalität $|M| = 26$. Dann gilt

$$|\{s \in M^* \mid 1 \leq |s| \leq 2\}| = 26^0 + 26^1 + 26^2 - 1 = \frac{26^3 - 1}{25} - 1 = \frac{17575}{25} - 1 = 702.$$

Lässt man nun bei einem üblichen deutschen Auto-Kennzeichen nach dem Kürzel für die Stadt oder den Landkreis eine Buchstabenliste mit einem oder zwei Buchstaben zu und, daran folgend, (natürliche) Zahlen zwischen 10 und 999 (also 990 Zahlen), so bekommt man genau $702 \cdot 990 = 694980$ verschiedene Möglichkeiten. Diese Anzahl von Buchstaben/Ziffern-Kombinationen reicht heutzutage nicht mehr für eine Stadt der Größe Berlins oder Hamburgs aus. Deshalb lässt man hier bei Auto-Kennzeichen Zahlen zwischen 10 und 9999 zu. $\square$

Hat eine vorliegende lineare Liste $s \in M^+$ als Tupel die Form $(s_1, \ldots, s_n)$, wobei $n \geq 1$, so bezeichnet man das Element s_i als die i-te **Komponente** von s, für alle $i \in \mathbb{N}$ mit $1 \leq i \leq |s|$. Auch die Operation des **Komponentenzugriffs** kann man ohne Bezug

auf die Tupelstruktur durch den Aufbau der linearen Listen mittels der leeren Liste „()"
und der Operation „:" spezifizieren. Dazu definiert man diese Operation, wir nennen sie
$elem : M^+ \times \mathbb{N} \to M$, durch die rekursive Festlegung

$$elem(a : s, i) = \begin{cases} a & \text{falls } i = 1 \\ elem(s, i-1) & \text{falls } i > 1 \end{cases}$$

für alle $i \in \mathbb{N}$, $a \in M$ und $s \in M^*$. Dann gilt $elem(s, i) = s_i$ im Fall von $1 \leq i \leq |s|$.
Allerdings ist $elem$ keine Funktion im Sinne von Abschnitt 1.4 mehr, da der Ausdruck
$elem(s, i)$ für alle $i \in \mathbb{N}$ mit $i = 0$ oder $i > |s|$ nicht definiert ist. Man spricht im Fall
von $elem$, wie schon im letzten Abschnitt des ersten Kapitels erwähnt wurde, von einer
partiellen Funktion.

Eigentlich alle modernen funktionalen Programmiersprachen stellen eine vordefinierte Datenstruktur für lineare Listen zur Verfügung. Im Vergleich zu unseren mathematischen
Notationen weichen aber die Bezeichnungen und auch die Angaben konkreter Listen oft
sehr ab. Wir geben nachfolgend die Syntax für lineare Listen für zwei sehr bekannte
funktionale Programmiersprachen an, nämlich für die Programmiersprache Scheme (die
insbesonders zu Lehrzwecken eingesetzt wird[8]) und die Programmiersprache Haskell (benannt nach dem amerikanischen Mathematiker Haskell Curry (1900-1982)).

Mathematik	Scheme	Haskell
$(a_1, \ldots, a_n)$	`(list a1 ... an)`	`[a1,...,an]`
$()$	`empty`	`[]`
$kopf(s)$	`(first s)`	`head s`
$rest(s)$	`(rest s)`	`tail s`
$s \, \& \, t$	`(append s t)`	`s ++ t`
$|s|$	`(length s)`	`length s`
$a : s$	`(cons a s)`	`a : s`
s_i	`(list-ref s i)`	`s !! i`

Der Vorteil der eckigen Klammern ist, dass man genau zwischen den Klammern zur Listen-
bildung und den Klammern zur Strukturierung von Ausdrücken und Formeln unterscheidet. Man vergleiche etwa den Haskell-Ausdruck `(1 : [2,3]) ++ [3,4]` mit den Ausdruck
$(1 : (2, 3)) \, \& \, (3, 4)$ in unserer Notation. Im zweiten Ausdruck dient ein Klammerpaar der
Strukturierung und zwei Klammerpaare definieren lineare Listen.

In der Programmiersprache Scheme werden alle Funktionsanwendungen $f(a_1, \ldots, a_n)$ konsequent in der Form $(f \, a_1 \, \ldots \, a_n)$ notiert und in Haskell durch das Hintereinanderstellen
von Funktionsbezeichnung und Argument(tupel), was im Fall der einstelligen Operationen
head und **tail** zu den obigen Schreibweisen führt. Allerdings zählen sowohl Scheme als
auch Haskell die Komponenten von Listen ab dem Index 0, nehmen also s von der Form
$(s_0, \ldots, s_{n-1})$ an und nicht von der Form $(s_1, \ldots, s_n)$ wie wir. In solch einem Szenario ist
die obige Operation $elem$ geeignet umzudefinieren.

---

[8]Bei der Programmiersprache Scheme verwenden wir nicht die Originalnotationen, sondern die eines
Sprachdialekts, welcher auch lange Zeit an der Universität Kiel bei der Einführung in die Programmierung verwendet wurde.

Jedes Wort einer natürlichen Sprache ist eine Liste von Zeichen (z.B. Buchstaben). Jedoch werden in diesem Zusammenhang die Klammern und trennenden Kommata weggelassen. Beispielsweise schreibt man *Haus* statt (H, a, u, s). Das gleiche Vorgehen ist in der Informatik bei formalen Sprachen üblich. Auch hier schreibt man $a_1 a_2 \ldots a_n$ statt $(a_1, a_2, \ldots, a_n)$ und nennt $a_1 a_2 \ldots a_n$ ein Wort und jedes einzelne a_i ein Zeichen. Weiterhin wird die Konkatenation durch das Hintereinanderschreiben notiert. Dabei wird zwischen einzelnen Zeichen und Wörtern nicht unterschieden. Es kann also aw sowohl die Konkatenation der Wörter a und w bedeuten als auch das Linksanfügen des Zeichens a an das Wort w als auch das Rechtsanfügen des Zeichens w an das Wort a. Was gemeint ist, wird in diesem Zusammenhang normalerweise durch Zusatzbedingungen festgelegt, etwa, dass Zeichen immer mit dem Buchstaben a (gegebenenfalls auch mit einem Index versehen) bezeichnet werden und Wörter immer mit dem Buchstaben w. Nur das leere Wort, also unsere leere Liste (), wird normalerweise mit dem griechischen Buchstaben ε bezeichnet. All dies vereinfacht natürlich die entstehenden Ausdrücke. Die Vorgehensweise birgt aber, insbesondere für den Anfänger, die Gefahr des falschen Interpretierens. Wir gebrauchen deshalb in diesem Text immer die in diesem Abschnitt eingeführten Notationen.

3.3 Knotenmarkierte Binärbäume

Neben den linearen Listen spielen noch Datenstrukturen mit Verzweigung, sogenannte Bäume, in der Informatik eine große Rolle. Es gibt viele Typen von Bäumen, beispielsweise beliebig verzweigte Bäume, binär verzweigte Bäume, knotenmarkierte Bäume, blattmarkierte Bäume und so fort. Wir behandeln in diesem Abschnitt nur einen speziellen Typ, nämlich **knotenmarkierte Binärbäume**. Diese werden etwa zur Implementierung von Mengen eingesetzt, wenn es darum geht, schnelle Zugriffsoperationen zum Einfügen, Löschen und den Enthaltenseinstest zu bekommen. Wie solche speziellen Bäume aussehen, machen wir uns am besten zuerst anhand von einigen bildlichen Beispielen klar.

3.3.1 Beispiele: knotenmarkierte Binärbäume

In den nachfolgenden vier Bildern sind vier verschiedene knotenmarkierte Binärbäume zeichnerisch dargestellt. Ein Binärbaum besteht danach aus **Knoten** und sie verbindende **Kanten** (gezeichnet als Linien). Zusätzlich hat man **Marken** (in den nachfolgenden Bildern natürliche Zahlen), die den Knoten zugeordnet sind. Jeder Knoten hat entweder genau zwei **Nachfolger**, das sind die unmittelbar unter ihm gezeichneten Knoten, zu denen jeweils eine Kante führt, oder keinen Nachfolger. Der einzige Knoten, der kein Nachfolger ist, heißt die **Wurzel** des Binärbaums.

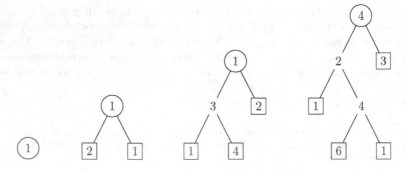

In den obigen vier Bildern sind die Wurzeln durch Kreise hervorgehoben. Die Knoten ohne Nachfolger nennt man die **Blätter** des Binärbaums. Mit Ausnahme des Bildes ganz links sind in den obigen Bildern die Blätter durch Quadrate angezeigt. Der Binärbaum des Bildes ganz links besteht nur aus einem Knoten. Dieser ist sowohl die Wurzel als auch das einzige Blatt. Solche speziellen Binärbäume heißen **atomar**. Die **Höhe eines Binärbaums** ist die um Eins verminderte Anzahl der Schichten beim Zeichnen. Diese Zahl entspricht genau der größten Zahl von Kanten, die einen sogenannten **Weg** von der Wurzel zu einem Blatt bilden. Die oben gezeichneten Binärbäume haben, von links nach rechts, die Höhen 0, 1, 2 und 3.   □

Die eben präsentierten vier Zeichnungen machen, nach einer jeweiligen Drehung um 180 Grad, auch sofort einsichtig, warum man von Binärbäumen spricht. Zur in der Informatik üblichen Darstellung von Bäumen mit der Wurzel als dem obersten Knoten und den Blättern an den unteren Enden der Verästelungen bemerkte der deutsche Mathematiker und Informatiker Klaus Samelson (1918-1980) einmal zweideutig: „In der Informatik wachsen die Bäume nicht in den Himmel". Da Zeichnungen keine mathematischen Objekte sind, drückt man die Struktur (Hierarchie) der in Beispiel 3.3.1 gegebenen Bilder in der Regel durch Klammerungen aus, was zu Elementen von direkten Produkten führt. Bei knotenmarkierten Binärbäumen sind die Elemente der direkten Produkte 3-Tupel, also Tripel. Eine erste Möglichkeit ist dann, mit den Markierungen als den einfachsten Binärbäumen zu beginnen. Damit wird etwa der atomare Binärbaum

von Beispiel 3.3.1 zum Objekt 1, der Binärbaum

von Beispiel 3.3.1 mit drei Knoten zum Tripel $(2, 1, 1)$ mit (teils gleichen) drei Zahlen und der Binärbaum

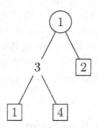

von Beispiel 3.3.1 mit fünf Knoten zum geschachtelten Tripel $((1, 3, 4), 1, 2)$ mit (teils gleichen) fünf Zahlen.

Der Nachteil der eben aufgezeigten Vorgehensweise ist, dass man damit nicht alle Binärbäume modellieren kann. Beispielsweise ist es nicht möglich, auf diese Weise einen Binärbaum mit zwei oder mit vier Knoten darzustellen, weil es weder den ersten noch den zweiten Binärbaum in der bisherigen Auffassung gibt. Deshalb beginnt man nicht mit den Markierungen als den einfachsten Binärbäumen, sondern, analog zu den linearen Listen, mit dem sogenannten **leeren Binärbaum**. Wenn wir diesen mit dem speziellen Symbol „◇" bezeichnen, dann wird der gezeichnete Binärbaum

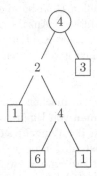

von Beispiel 3.3.1, wo man sich in der Zeichnung an jedem Blatt noch zusätzlich zwei unsichtbare leere Binärbäume vorstellen muss, durch die mathematische Klammerstruktur

$$(((\diamond, 1, \diamond), 2, ((\diamond, 6, \diamond), 4, (\diamond, 1, \diamond))), 4, (\diamond, 3, \diamond))$$

dargestellt, also durch ein (zugegeben kompliziertes) Objekt eines direkten Produkts. Vergleicht man das letzte Bild und diese Klammerstruktur, so erkennt man bei der gewählten Darstellungsart unmittelbar die folgenden Eigenschaften:

(1) Die Blätter entsprechen genau den innersten Tripeln der Klammerstruktur. Sie haben die Form $(\diamond, a, \diamond)$, wobei a die Marke des Blattes ist.

(2) Die Wurzel entspricht genau dem äußersten Tripel der Klammerstruktur und dessen zweite Komponente ist die Wurzelmarkierung.

(3) Die Höhe eines Binärbaums ist die um Eins verminderte Maximalzahl von sich öffnenden Klammern, d.h. die **Klammertiefe** minus 1.

Ein Binärbaum mit zwei Knoten in der üblichen zeichnerischen Darstellung mit unsichtbaren leeren Binärbäumen ist nun etwa $((\diamond, 2, \diamond), 1, \diamond)$. Man beachte, dass den früheren atomaren Binärbäumen nun die Binärbäume der speziellen Gestalt $(\diamond, a, \diamond)$ entsprechen. Die nächste Definition formalisiert die Umsetzung der graphischen Bilder in Schachtelungen von Tripeln nach der zweiten Vorgehensweise. Wir verwenden dazu, wie schon bei den aussagenlogischen und den prädikatenlogischen Formeln in Kapitel 2, ein entsprechendes Regelwerk.

3.3.2 Definition: knotenmarkierter Binärbaum

Es sei M eine Menge (von Marken). Dann ist die Menge $\mathcal{B}(M)$ der **knotenmarkierten Binärbäume** über M durch die folgenden Regeln definiert:

(1) Es gilt $\diamond \in \mathcal{B}(M)$.

(2) Für alle $a \in M$ und $l \in \mathcal{B}(M)$ und $r \in \mathcal{B}(M)$ gilt $(l, a, r) \in \mathcal{B}(M)$.

(3) Es gibt keine Elemente in $\mathcal{B}(M)$ außer denen, die durch die Regeln (1) und (2) zugelassen werden.

Ein Binärbaum der Gestalt (l, a, r) heißt **zusammengesetzt**, mit l als dem **linken Teilbaum**, r als dem **rechten Teilbaum** und a als der **Wurzelmarkierung**. Mit $\mathcal{ZB}(M)$ bezeichnen wir die Menge der **zusammengesetzten knotenmarkierten Binärbäume** über M, also die Menge $\mathcal{B}(M) \setminus \{\diamond\}$. □

Die Definition der Gleichheit von Tupeln führt sofort zu der folgenden rekursiven Beschreibung der **Gleichheit von knotenmarkierten Binärbäumen**. Es sind $b_1, b_2 \in \mathcal{B}(M)$ genau dann gleich, wenn b_1 und b_2 beide leer sind oder wenn b_1 und b_2 beide zusammengesetzt sind und sowohl ihre linken Teilbäume als auch ihre rechten Teilbäume als auch ihre Wurzelmarkierungen gleich sind. Bei linearen Listen konnten wir alle Listen aus der leeren Liste mit Hilfe der Operation des Linksanfügens erhalten. Analog dazu können wir jeden knotenmarkierten Binärbaum aus dem leeren Baum mit Hilfe der Konstruktionsoperation *baum* erhalten, wenn wir diese wie folgt definieren.

3.3.3 Definition: Baumkonstruktion

Die Funktion *baum* : $\mathcal{B}(M) \times M \times \mathcal{B}(M) \to \mathcal{B}(M)$ zur **Konstruktion** von knotenmarkierten Binärbäumen ist definiert durch

$$baum(l, a, r) = (l, a, r).$$ □

Dann gilt, wegen der Forderung (3) von Definition 3.3.2, für alle $b \in \mathcal{ZB}(M)$ die folgende fundamentale Eigenschaft: Es gibt knotenmarkierte Binärbäume $l, r \in \mathcal{B}(M)$ und ein Element $a \in M$ mit der Eigenschaft, dass $b = baum(l, a, r)$ gilt (d.h. der Baum b in der Tat „zusammengesetzt" ist). Aufbauend auf die Konstruktion aller knotenmarkierten Binärbäume aus dem leeren Baum $\diamond$ mittels der Konstruktoroperation *baum* können wir nun, analog zu den linearen Listen, weitere Operationen auf knotenmarkierten Binärbäumen definieren. Nachfolgend geben wir einige davon an. Die ersten drei Baumoperationen nennt man auch **Selektoren**. Damit diese überall definiert sind, ist es bei ihnen notwendig, die Menge $\mathcal{ZB}(M)$ als deren Quelle zu definieren. Wir empfehlen der Leserin oder dem Leser zur Übung auch die oben schon erwähnte Gleichheit von knotenmarkierten Binärbäumen mittels der Operation *baum* und dem leeren Baum formal zu spezifizieren.

3.3.4 Definition: Baumoperationen

Es sei M eine Markenmenge.

(1) Die Funktion *links* : $\mathcal{ZB}(M) \to \mathcal{B}(M)$ zur Bestimmung des **linken Teilbaums** ist für alle $l, r \in \mathcal{B}(M)$ und $a \in M$ wie folgt definiert:

$$links(baum(l, a, r)) = l$$

(2) Die Funktion *rechts* : $\mathcal{ZB}(M) \to \mathcal{B}(M)$ zur Bestimmung des **rechten Teilbaums** ist für alle $l, r \in \mathcal{B}(M)$ und $a \in M$ wie folgt definiert:

$$rechts(baum(l, a, r)) = r$$

(3) Die Funktion *wurzel* : $\mathcal{ZB}(M) \to M$ zur Bestimmung der **Wurzelmarkierung** ist für alle $l, r \in \mathcal{B}(M)$ und $a \in M$ wie folgt definiert:

$$wurzel(baum(l, a, r)) = a$$

(4) Die Funktion $\| \cdot \|$: $\mathcal{B}(M) \to \mathbb{N}$, die für jeden knotenmarkierten Binärbaum seine **Höhe** bestimmt, ist für alle $l, r \in \mathcal{B}(M)$ und $a \in M$ wie folgt definiert:

$$\|\diamond\| = 0 \qquad \| baum(l, a, r) \| = \begin{cases} 0 & \text{falls } l = \diamond \text{ und } r = \diamond \\ 1 + max\{\| l \|, \| r \|\} & \text{sonst} \end{cases}$$

(5) Die Funktion *marken* : $\mathcal{B}(M) \to \mathcal{P}(M)$, die für jeden knotenmarkierten Binärbaum die **Menge der in ihm vorkommenden Marken** bestimmt, ist für alle $l, r \in \mathcal{B}(M)$ und $a \in M$ wie folgt definiert:

$$marken(\diamond) = \emptyset \qquad marken(baum(l, a, r)) = marken(l) \cup \{a\} \cup marken(r)$$

Dabei ist in der rechten Gleichung von (4) durch $max\,N$ das größte Element der endlichen und nichtleeren Teilmenge N von $\mathbb{N}$ bezeichnet, also dasjenige Element x, welches $x \in N$ und $y \leq x$ für alle $y \in N$ erfüllt. $\qquad\qquad\qquad\qquad\qquad\qquad\qquad\qquad\qquad\qquad\quad$ $\square$

Wir haben schon früher bemerkt, dass die Höhe eines knotenmarkierten Binärbaums die um Eins verminderte Anzahl der Schichten beim Zeichnen ist. Unter Verwendung des Begriffs eines Wegs ist die Höhe eines knotenmarkierten Binärbaums die größte Zahl von Kanten, die einen Weg von der Wurzel zu einem Blatt bilden. Beim leeren Baum gibt es weder eine Schicht noch einen Weg mit Kanten. Aufgrund von (4) wird für diesen Ausnahmefall die Null als Höhe festgelegt. Wir haben uns bei der Definition der Höhe an die gängige Vorgehensweise gehalten, welche sich an der maximalen Kantenzahl zwischen der Wurzel und einem Blatt orientiert. Eigentlich wäre es wesentlich intuitiver, die Anzahl der Schichten als Höhe festzulegen.

Nachfolgend demonstrieren wir anhand eines Beispielbaums von Beispiel 3.3.1, wie man mit diesen Operationen Ergebnisse termmäßig berechnen kann.

3.3.5 Beispiel: Baumoperationen

Wir betrachten den dritten der knotenmarkierten Binärbäume der Liste des einführenden Beispiels 3.3.1. Nachfolgend ist zur Erinnerung noch einmal seine Zeichnung angegeben, nun aber ohne die Hervorhebung der Wurzel und der Blätter.

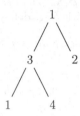

Die sich aus diesem Bild ergebende Klammerdarstellung ist $(((\diamond,1,\diamond),3,(\diamond,4,\diamond)),1,(\diamond,2,\diamond))$ und daraus ergibt sich unmittelbar der Ausdruck

$$baum(baum(baum(\diamond,1,\diamond),3,baum(\diamond,4,\diamond)),1,baum(\diamond,2,\diamond))$$

zur Konstruktion des Binärbaums mittels des leeren Baums und der Operation *baum* des Baumkonstruierens, indem man einfach vor jede öffnende Klammer der Klammerdarstellung den Operationsnamen *baum* schreibt. Nun berechnen wir, was die Baumoperationen liefern. Beginnen wir mit der Operation, welche den linken Teilbaum bestimmt. Hier haben wir die Rechnung

$$
\begin{aligned}
&links(baum(baum(baum(\diamond,1,\diamond),3,baum(\diamond,4,\diamond)),1,baum(\diamond,2,\diamond)))\\
=~&baum(baum(\diamond,1,\diamond),3,baum(\diamond,4,\diamond))\\
=~&((\diamond,1,\diamond),3,(\diamond,4,\diamond))
\end{aligned}
$$

und die aus ihr resultierende Klammerstruktur ist genau die des folgenden bildlich angegebenen Binärbaums, welcher der linke Teilbaum der Eingabe ist.

Durch analoge Rechnungen bekommen wir

$$
\begin{aligned}
&rechts(baum(baum(baum(\diamond,1,\diamond),3,baum(\diamond,4,\diamond)),1,baum(\diamond,2,\diamond)))\\
=~&baum(\diamond,2,\diamond)\\
=~&(\diamond,2,\diamond)
\end{aligned}
$$

für den rechten Teilbaum,

$$wurzel(baum(baum(baum(\diamond,1,\diamond),3,baum(\diamond,4,\diamond)),1,baum(\diamond,2,\diamond)))=1$$

für die Wurzelmarkierung und

$$
\begin{aligned}
&\|\,baum(baum(baum(\diamond,1,\diamond),3,baum(\diamond,4,\diamond)),1,baum(\diamond,2,\diamond))\,\|\\
=~&1+max\{\|\,baum(baum(\diamond,1,\diamond),3,baum(\diamond,4,\diamond))\,\|,\|\,baum(\diamond,2,\diamond)\,\|\}\\
=~&1+max\{1+max\{\|\,baum(\diamond,1,\diamond)\,\|,\|\,baum(\diamond,4,\diamond)\,\|\},0\}\\
=~&1+max\{1+max\{0,0\},0\}\\
=~&1+max\{1,0\}\\
=~&2
\end{aligned}
$$

für die Höhe. Aus der Rechnung

$$
\begin{aligned}
&marken(baum(baum(baum(\diamond,1,\diamond),3,baum(\diamond,4,\diamond)),1,baum(\diamond,2,\diamond)))\\
=~&marken(baum(baum(\diamond,1,\diamond),3,baum(\diamond,4,\diamond)))\cup\\
&\{1\}\cup marken(baum(\diamond,2,\diamond))\\
=~&marken(baum(\diamond,1,\diamond))\cup\{3\}\cup marken(baum(\diamond,4,\diamond))\cup\\
&\{1\}\cup marken(\diamond)\cup\{2\}\cup marken(\diamond)\\
=~&marken(\diamond)\cup\{1\}\cup marken(\diamond)\cup\{3\}\cup marken(\diamond)\cup\{4\}\cup marken(\diamond)\cup\\
&\{1\}\cup\emptyset\cup\{2\}\cup\emptyset\\
=~&\emptyset\cup\{1\}\cup\emptyset\cup\{3\}\cup\emptyset\cup\{4\}\cup\emptyset\cup\{1\}\cup\{2\}\\
=~&\{1,3,4,2\}
\end{aligned}
$$

sehen wir schließlich noch, wie man die Menge aller Marken eines Binärbaums bestimmt. □

Wir haben am Anfang dieses Abschnitts bemerkt, dass knotenmarkierte Binärbäume oft zur Implementierung von Mengen eingesetzt werden. Besonders wichtig sind in diesem Zusammenhang die sortierten knotenmarkierten Binärbäume, auch **Suchbäume** genannt. Bei diesen speziellen Bäumen ist eine Reihenfolge der Marken vorausgesetzt, ähnlich zur Ordnung auf den natürlichen Zahlen. Wir werden im sechsten Kapitel diesen Begriff als lineare Ordnung kennenlernen. Die geforderte Eigenschaft für Suchbäume ist, dass für jeden Knoten x eines Suchbaums alle Knoten links von x eine Marke tragen, die in der Reihenfolge echt vor der Marke von x steht, und alle Knoten rechts von x eine Marke tragen, die in der Reihenfolge echt nach der Marke von x steht. Beispielsweise ist der linke der folgenden zwei Binärbäume kein Suchbaum zur Implementierung der Menge $\{1, 2, 3, 4, 5\}$; der rechte Baum ist hingegen ein Suchbaum zur Implementierung von $\{1, 2, 3, 4, 5\}$.

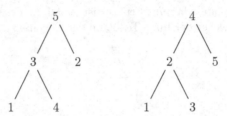

In Suchbäumen kann man oft sehr schnell nach bestimmten Marken a suchen, da bei jedem Knoten, falls er nicht mit a markiert ist, entweder nur links oder nur rechts weiter zu suchen ist. Besonders günstig sind hierbei die sogenannten „balancierten Suchbäume", bei denen jedes Blatt von der Wurzel aus durch etwa gleich viele Kanten (d.h. Schritte) mittels eines Wegs erreichbar ist. Wie man sich leicht überlegt, kann man Wege mit gleich vielen Kanten von der Wurzel zu jedem Blatt aber nur für sehr spezielle Anzahlen von Knoten erhalten. Deshalb fordert man als schärfste Bedingung, dass sich die Kantenzahlen aller Wege von der Wurzel zu den Blättern maximal um Eins unterscheiden. Extrem ungünstig beim Suchen sind hingegen diejenigen Suchbäume, welche quasi zu einer linearen Liste entarten. Man nennt sie auch „gekämmte Suchbäume". Genauer wird auf dieses Thema normalerweise in einer Vorlesung und in der Literatur über effiziente Algorithmen und Datenstrukturen eingegangen.

3.4 Zur induktiven Definition von Mengen

Wir haben in Kapitel 1 zwei Darstellungsarten für Mengen eingeführt. Aus so angegebenen Mengen kann man neue Mengen erzeugen; auch dies wurde im ersten Kapitel mittels entsprechender Konstruktionen gezeigt. Als Erweiterung dieser Möglichkeiten führten wir in Kapitel 2 bei den Formeln und in diesem Kapitel bei den knotenmarkierten Binärbäumen die Definition von Mengen durch ein Regelsystem ein. Diese Vorgehensweise soll nachfolgend etwas allgemeiner behandelt werden.

Es seien M eine nichtleere Menge, B eine nichtleere Menge und K eine Menge von Funktionen $f : M^{s(f)} \to M$, wobei $s(f)$ die Stelligkeit von f bezeichne, also die Anzahl der Argumente. Dann heißt M **induktiv definiert** mittels der **Basiselemente** aus B und der **Konstruktorfunktionen** aus K, falls die folgenden Bedingungen gelten:

(1) Es gilt $B \subseteq M$.

(2) Für alle $f \in K$ und $x_1, \ldots, x_{s(f)} \in M$ gilt $f(x_1, \ldots, x_{s(f)}) \in M$.

(3) Es gibt keine echte Teilmenge N von M mit $B \subseteq N$ und $f(x_1, \ldots, x_{s(f)}) \in N$ für alle $f \in K$ und $x_1, \ldots, x_{s(f)} \in N$.

Man kann die durch Regel (3) formulierte Bedingung auch wie folgt beschreiben: Für alle Objekte $a \in M$ gibt es einen Ausdruck, der nur mittels der Elemente aus B und der Funktionen aus K aufgebaut ist, dessen Wert a ergibt. Da Ausdrücke in der Mathematik und der Informatik auch als Terme bezeichnet werden, nennt man M wegen dieser Formulierung auch **termerzeugt**. Gibt es für alle $a \in M$ genau einen Ausdruck (Term), der nur mittels der Basiselemente und der Konstruktorfunktionen aufgebaut ist und dessen Wert a ergibt, so nennt man M **frei induktiv definiert**.

Beispielsweise ist die Menge der natürlichen Zahlen frei induktiv definiert mittels $B := \{0\}$ und $K := \{nachf\}$, wobei *nachf* die Nachfolger-Funktion aus Abschnitt 1.4 ist:

$$nachf : \mathbb{N} \to \mathbb{N} \qquad nachf(x) = x + 1$$

Es gelten nämlich $1 = nachf(0)$, $2 = nachf(nachf(0))$, $3 = nachf(nachf(nachf(0)))$ usw. und andere Ausdrücke über 0 und *nachf* zur Darstellung der natürlichen Zahlen gibt es nicht. Auch die Menge $\mathcal{B}(M)$ der knotenmarkierten Binärbäume über M ist frei induktiv definiert, wenn man $B := \{\diamond\}$ und $K := \{b_a \mid a \in M\}$ wählt, wobei alle Konstruktorfunktionen $b_a : \mathcal{B}(M)^2 \to \mathcal{B}(M)$ definiert sind durch

$$b_a(l, r) = (l, a, r) = baum(l, a, r).$$

Die Leserin oder der Leser mache sich klar, durch welche Basismenge und Menge von Konstruktorfunktionen man jeweils die Formelmengen von Kapitel 2 und die Menge der linearen Listen M^* frei induktiv definieren kann, wenn man bei den Formeln immer eine vollständige Klammerung voraussetzt, also etwa $(A_1 \vee (A_2 \vee (\neg A_3)))$ statt $A_1 \vee A_2 \vee \neg A_3$ schreibt. Eine induktive Definition, die nicht frei ist, ist die der Menge $\mathbb{Z}$ der ganzen Zahlen mit Basismenge $B := \{0\}$ und Konstruktorfunktionenmenge $K := \{nachf, vorg\}$, wobei

$$nachf : \mathbb{Z} \to \mathbb{Z} \qquad nachf(x) = x + 1$$

die Nachfolger-Funktion auf den ganzen Zahlen sei und

$$vorg : \mathbb{Z} \to \mathbb{Z} \qquad vorg(x) = x - 1$$

die Vorgänger-Funktion. Beispielsweise ist nun die Null der Wert sowohl des Ausdrucks 0 als auch der Wert des Ausdrucks $nachf(vorg(0))$.

Im Fall einer mittels der zwei Mengen B und K frei induktiv definierten Menge M kann man Funktionen durch den Aufbau ihrer Argumente festlegen, wobei man in der Regel eine Argumentposition nimmt, die, wie man sagt, die Definition steuert. Ist dies beispielsweise die erste Position, so spezifiziert man im Fall einer Funktion $g : M \times A_1 \times \ldots \times A_n \to A$ wie folgt, was Aufrufe von g bewirken. Man wählt $y_i \in A_i$, $1 \le i \le n$, als beliebige Objekte. Dann definiert man die Basisfälle

$$g(a, y_1, \ldots, y_n) = E_1(a, y_1, \ldots, y_n)$$

durch die Angabe eines entsprechenden Ausdrucks $E_1(a, y_1, \ldots, y_n)$ auf der rechten Seite in Abhängigkeit von a und den $y_1, \ldots, y_n$ für alle Basiselemente $a \in B$, legt also fest, was g bewirkt, wenn das erste Argument ein Basiselement ist. Und schließlich betrachtet man noch die Konstruktorfälle, wo das erste Argument von g kein Basiselement, sondern ein zusammengesetztes (konstruiertes) Element von M ist. Das führt zu Gleichungen

$$g(f(x_1, \ldots, x_{s(f)}), y_1, \ldots, y_n) = E_2(g, x_1, \ldots, x_{s(f)}, y_1, \ldots, y_n)$$

für alle Konstruktorfunktionen $f \in K$, wobei die rechte Seite $E_2(g, x_1, \ldots, x_{s(f)}, y_1, \ldots, y_n)$ wiederum ein entsprechender Ausdruck ist, nun aber nur von g, den $x_1, \ldots, x_{s(f)}$ und den $y_1, \ldots, y_n$ abhängend. Er darf sogar noch von f und anderen Konstruktorfunktionen abhängen, aber nur in einer bestimmten Weise, welche bewirkt, dass alle Berechnungen terminieren. Diese Abhängigkeit von Konstruktorfunktionen kommt auch in der Praxis vor, wie etwa die Gleichungen $twist(\diamond) = \diamond$ und $twist(b_a(l, r)) = b_a(twist(r), twist(l))$ für alle $a \in M$ zur Definition der Funktion $twist : \mathcal{B}(M) \to \mathcal{B}(M)$ zeigen.

Jeder Konstruktorfall führt bei seiner Berechnung schließlich zu den Basisfällen und dort hängt alles nur mehr von den $y_1, \ldots, y_n$ ab. Wenn, wie im Fall von *kopf* und *rest* bei den linearen Listen oder im Fall von *links*, *rechts* und *wurzel* bei den knotenmarkierten Binärbäumen, eine Funktion nur für Nichtbasiselemente definiert ist, dann können die Basisfälle auch fehlen. Als Erweiterung des obigen Vorgehens, welches man auch **induktive Definition von Funktionen** nennt, sind bei den Konstruktorfällen schließlich nicht nur einzelne Aufrufe $f(x_1, \ldots, x_{s(f)})$ von Konstruktorfunktionen erlaubt, sondern ganze **Konstruktorausdrücke**, die mehrere solche Aufrufe enthalten können. Damit kann man etwa das Testen auf Geradesein bei den natürlichen Zahlen als Funktion $gerade : \mathbb{N} \to \mathbb{B}$ wie folgt spezifizieren:

$$gerade(0) = \mathsf{W} \qquad gerade(nachf(0)) = \mathsf{F} \qquad gerade(nachf(nachf(x))) = gerade(x)$$

Dann zeigt etwa die folgende Rechnung, dass 5 keine gerade Zahl ist.

$$
\begin{aligned}
gerade(5) \;&=\; gerade(nachf(nachf(nachf(nachf(nachf(0)))))) \\
&=\; gerade(nachf(nachf(nachf(0)))) \\
&=\; gerade(nachf(0)) \\
&=\; \mathsf{F}
\end{aligned}
$$

In funktionalen Programmiersprachen, wie den schon erwähnten Sprachen ML und Haskell, entsprechen die Deklarationen von rekursiven Datentypen genau den freien induktiven Definitionen der entsprechenden Mengen und die Deklarationen von Funktionen durch, wie man im Jargon sagt, Musteranpassung genau der eben beschriebenen Vorgehensweise der Festlegung von Funktionen durch den Aufbau ihrer Argumente, d.h. durch eine induktive Definition.

3.5 Übungsaufgaben

3.5.1 Aufgabe

Spezifizieren Sie die folgenden Eigenschaften mittels Formeln:

(1) Das n-Tupel $(x_1, \ldots, x_n) \in \mathbb{N}^n$ ist von links nach rechts aufsteigend der Größe nach sortiert.

(2) Alle Komponenten des n-Tupels $(x_1, \ldots, x_n) \in \mathbb{N}^n$ sind paarweise verschieden.

(3) Alle Komponenten des n-Tupels $(x_1, \ldots, x_n) \in \mathbb{N}^n$ sind identisch.

3.5.2 Aufgabe

Gegeben seien die Mengen $M_1 := \{1, 2, 3\}$, $M_2 := \{2, 3\}$ und $M_3 := \{3\}$.

(1) Geben Sie das direkte Produkt $\prod_{i=1}^3 M_i$ explizit an.

(2) Zu $x \in M_1$, $y \in M_2$ und $z \in M_3$ betrachten wir die folgenden Formeln:

$$\text{(a)} \quad x \leq y \wedge y \leq z \qquad \text{(b)} \quad x \neq y \wedge y \neq z \wedge z \neq x \qquad \text{(c)} \quad x = y \wedge y = z$$

Kennzeichnen Sie in der Lösung von (1) die Tripel (x, y, z), welche (a) bzw. (b) bzw. (c) erfüllen.

(3) Beschreiben Sie die durch (a), (b) und (c) spezifizierten Eigenschaften umgangssprachlich.

3.5.3 Aufgabe

Wir betrachten eine Menge $M := \{a_1, \ldots, a_n\}$ mit n Elementen. Berechnen Sie die Kardinalitäten der folgenden Teilmengen von M^k:

$$\{(x_1, \ldots, x_k) \in M^k \mid x_1 = a_1\} \qquad \{(x_1, \ldots, x_k) \in M^k \mid x_k \neq a_k\}$$

3.5.4 Aufgabe

Es seien a, b und c natürliche Zahlen. Aufbauend auf die Mengen $M := \{a, b\}$ und $N := \{c\}$ betrachten wir die fünf Konstruktionen $M \times N^1$, $(M^2 \times M) \times N$, $((M \times M) \times M) \times N$, $M^2 \times (M \times N)$ und $(M \times M) \times (M \times N^2)$. Geben Sie zu den Tupeln $(((b, b), b), c)$, $(a, (c))$, $((b, b), (b, (c, c)))$, $((b, b), b)$, $(c, (c, b))$ und $((b, b), (b, c))$, jeweils an, zu welcher Menge sie gehören.

3.5.5 Aufgabe

Transformieren Sie die Formel

$$\text{(a)} \quad \neg \exists i \in \mathbb{N} : 1 \leq i \wedge i \leq |s| \wedge s_i = x$$

durch logische Umformungen in eine äquivalente Formel, in der kein Negationssymbol mehr auftritt. Was besagt (a) umgangssprachlich für $s \in M^*$ und $x \in M$?

3.5.6 Aufgabe

Zeigen Sie, aufbauend auf die Definitionen der Operationen *kopf*, *rest* und & der linearen Listen, für alle $a \in M$ und $s, t \in M^*$ die folgenden Gleichungen:

$$\text{(a)} \quad kopf((a : s) \mathbin{\&} t) = a \qquad \text{(b)} \quad rest((a : s) \mathbin{\&} t) = s \mathbin{\&} t$$

3.5.7 Aufgabe

Eine lineare Liste $s \in M^*$ heißt Anfangsstück der linearen Liste $t \in M^*$, falls ein $r \in M^*$ mit $s \,\&\, r = t$ existiert.

(1) Ist s ein Anfangsstück von t und t ein Anfangsstück von u, so ist s ein Anfangsstück von u. Beweis!

(2) Gibt es eine lineare Liste, die ein Anfangsstück von allen linearen Listen aus M^* ist (mit Begründung)?

3.5.8 Aufgabe

Die Aussage $A(f)$, in der f eine Variable für Funktionen von $\mathbb{N}^n$ nach $\mathbb{N}^n$ ist, sei wie folgt definiert:
$$\forall s \in \mathbb{N}^n, i \in \mathbb{N} : (1 \leq i \leq n) \Rightarrow f(s)_i = s_{n+1-i}$$

(1) Welche Eigenschaft von f wird durch $A(f)$ spezifiziert?

(2) Zeigen Sie: Sind $g, h : \mathbb{N}^n \to \mathbb{N}^n$ Funktionen, für die $A(g)$ und $A(h)$ gelten, so gilt $g = h$.

(3) Beweisen Sie für alle Funktionen $f : \mathbb{N}^n \to \mathbb{N}^n$, dass aus $A(f)$ für alle $t \in \mathbb{N}^n$ die Gleichheit $f(f(t)) = t$ folgt.

3.5.9 Aufgabe

(1) Definieren Sie mit Hilfe der Operationen auf den linearen Listen eine Funktion $rev : M^* \to M^*$, welche das Argument umkehrt, z. B. $rev(a : b : c : ()) = c : b : a : ()$.

(2) Demonstrieren Sie die Arbeitsweise von rev an den linearen Listen (o, t, t, o) und (r, e, n, t, n, e, r).

3.5.10 Aufgabe

Ein lineare Liste $s \in M^*$ heißt ein Palindrom genau dann, wenn s von vorne und hinten gelesen gleich bleibt. Definieren Sie eine Aussage $palindrom(s)$, die genau dann gilt, wenn s ein Palindrom ist.

3.5.11 Aufgabe

Es sei M eine Menge.

(1) Geben Sie eine Funktion $anz : \mathcal{B}(M) \to \mathbb{N}$ an, welche die Anzahl der Markierungen eines knotenmarkierten Binärbaums zählt.

(2) Geben Sie eine Funktion $menge : \mathcal{B}(M) \to \mathcal{P}(M)$ an, welche die Menge der Markierungen eines knotenmarkierten Binärbaums bestimmt.

4 Mathematische Beweise

Beweise zu führen ist das Kerngeschäft der Mathematik. In ihnen wird mit logischen Mitteln nachgewiesen, dass eine mathematische Aussage gültig ist. Es gibt verschiedene Stile, um mathematische Beweise aufzuschreiben. Früher, als die Formelsprache der Mathematik noch nicht oder noch nicht so weit wie heute entwickelt war, waren Beweise hauptsächlich Argumentationen in der Umgangssprache; ein Argumentieren, wie es sich aus der Philosophie entwickelt hat. Heutzutage sind mathematische Beweise in der Regel viel formaler, insbesondere dann, wenn sie durch Computerprogramme überprüft werden sollen. Auf den Gebrauch der Umgangssprache wird aber nicht völlig verzichtet, da umgangssprachliche Formulierungen die Verständlichkeit und Lesbarkeit oft sehr verbessern. In diesem Kapitel wollen wir die wichtigsten Beweistechniken vorstellen und anhand von ausgewählten Beispielen demonstrieren. Dabei gehen wir auch auf die den Beweistechniken zugrundeliegenden logischen Regeln ein.

4.1 Direkte Beweise

Bei einem **direkten Beweis** einer mathematischen Aussage A wird das Problem direkt und ohne Umwege angegangen. Man verwendet bei der Argumentation der Richtigkeit nur die Voraussetzungen, schon bewiesene Aussagen und logische Regeln, um A zu beweisen. Alle bisherigen Beweise der ersten drei Kapitel waren direkt. Hier ist ein weiteres sehr berühmtes Beispiel für einen Satz mit einem direkten Beweis.

4.1.1 Satz: Summenformel von C.F. Gauß

Für alle $n \in \mathbb{N} \setminus \{0\}$ gilt $1 + 2 + \cdots + n = \frac{n(n+1)}{2}$.

Beweis: Wir starten mit der Rechnung

$$
\begin{aligned}
(1 + \ldots + n) + (1 + \ldots + n) &= (1 + 2 + \ldots + n) + (n + (n-1) + \ldots + 1) \\
&= (1 + n) + (2 + n - 1) + \ldots + (n + 1) \\
&= (n + 1) + (n + 1) + \ldots + (n + 1) \qquad \text{n-mal} \\
&= n(n + 1).
\end{aligned}
$$

Also gilt $2(1 + 2 + \ldots + n) = n(n + 1)$ und ein Umstellen dieser Gleichung durch eine Division beider Seiten durch 2 bringt die Behauptung. $\quad\square$

Wir haben diesen Beweis in der informellen Notation mit den drei Punkten geführt, damit die Idee, die ihm zugrunde liegt, ganz deutlich hervortritt. Diese Beweisidee soll der große deutsche Mathematiker Carl Friedrich Gauß (1777-1855) schon als Schüler gehabt haben, als er in Sekundenschnelle die Aufgabe löste, alle Zahlen von 1 bis 100 zu addieren. Wir haben schon früher die Summe $\sum_{i=1}^{n} k_i$ einer Liste $k_1, \ldots, k_n$ von $n > 0$ Zahlen rekursiv definiert. Unter Verwendung dieser Schreibweise besagt Satz 4.1.1, dass

$$
\sum_{i=1}^{n} i = \frac{n(n+1)}{2}
$$

für alle $n \in \mathbb{N} \setminus \{0\}$ gilt. Man kann diese Aussage auch ohne Verwendung der Schreibweise mit den drei Punkten beweisen. Wie dies geht, werden wir in Abschnitt 4.4 demonstrieren.

© Springer Fachmedien Wiesbaden GmbH, ein Teil von Springer Nature 2021
R. Berghammer, *Mathematik für die Informatik*,
https://doi.org/10.1007/978-3-658-33304-1_4

Typische direkte Beweise sind solche durch logische Umformungen oder arithmetische bzw. mengentheoretische Abschätzungen. Hier ist ein Beispiel für eine Abschätzung, welches wir als Vorbereitung für ein wichtigeres Resultat bringen.

4.1.2 Lemma

Es seien M eine Menge und $\mathcal{M}$ eine nichtleere Menge von Mengen. Gilt $M \subseteq X$ für alle $X \in \mathcal{M}$, so gilt auch $M \subseteq \bigcap \mathcal{M}$.

Beweis: Es sei a ein beliebiges Objekt. Weiterhin gelte die Aussage $a \in M$. Dann folgt daraus $a \in X$ für alle $X \in \mathcal{M}$, da $M \subseteq X$ für alle $X \in \mathcal{M}$ gilt. Nach der Definition von $\bigcap \mathcal{M}$ zeigt dies $a \in \bigcap \mathcal{M}$.

Also haben wir $M \subseteq \bigcap \mathcal{M}$ nach der Definition der Inklusion von Mengen gezeigt. $\qquad\square$

Ein Beweis einer Aussage, welche eine Existenzquantifizierung darstellt, heißt **konstruktiv**, wenn die behauptete Existenz eines bestimmten Objekts dadurch gezeigt wird, dass es angegeben oder sogar algorithmisch konstruiert wird. Konstruktive Beweise sind oftmals auch direkt. Hier ist ein bekanntes Beispiel. Wir beweisen einen sogenannten Fixpunktsatz, der auf die polnischen Mathematiker Bronislaw Knaster (1893-1990) und Alfred Tarski (1901-1983) zurückgeht und von Knaster im Jahr 1927 publiziert wurde. Mit ihm werden wir im nächsten Kapitel einen berühmten Satz der Mengenlehre zeigen.

4.1.3 Satz: Fixpunktsatz von B. Knaster

Eine Funktion $f : \mathcal{P}(M) \to \mathcal{P}(M)$ auf der Potenzmenge einer Menge M erfülle die folgende Eigenschaft (genannt **Monotonie**):

$$\forall\, X, Y \in \mathcal{P}(M) : X \subseteq Y \Rightarrow f(X) \subseteq f(Y)$$

Dann gibt es eine Menge $N \in \mathcal{P}(M)$ mit den folgenden zwei Eigenschaften:

(1) $f(N) = N$

(2) Für alle $X \in \mathcal{P}(M)$ gilt: Aus $f(X) = X$ folgt $N \subseteq X$.

Beweis: Wir betrachten die (wegen $f(M) \subseteq M$ nichtleere) Menge

$$\mathcal{M} := \{X \in \mathcal{P}(M) \mid f(X) \subseteq X\}$$

und definieren die Menge N mittels $N := \bigcap \mathcal{M}$. Für diese Menge zeigen wir nun die behaupteten Eigenschaften (1) und (2).

Beweis von (1): Es sei die Menge X beliebig angenommen. Gilt $X \in \mathcal{M}$, so gilt auch $\bigcap \mathcal{M} \subseteq X$ nach Satz 1.2.6. Als Konsequenz erhalten wir aufgrund der vorausgesetzten Monotonie und weil $X \in \mathcal{M}$, dass

$$f(\bigcap \mathcal{M}) \subseteq f(X) \subseteq X.$$

Folglich ist $f(\bigcap \mathcal{M}) \subseteq X$ für alle $X \in \mathcal{M}$ wahr. Das eben bewiesene Lemma 4.1.2 und die Definition von N implizieren

$$f(N) = f(\bigcap \mathcal{M}) \subseteq \bigcap \mathcal{M} = N.$$

Nun verwenden wir wiederum die Monotonie und erhalten daraus $f(f(N)) \subseteq f(N)$. Also gilt $f(N) \in \mathcal{M}$ und eine nochmalige Anwendung von Satz 1.2.6 bringt $\bigcap \mathcal{M} \subseteq f(N)$. Schließlich folgt die noch fehlende Inklusion

$$N = \bigcap \mathcal{M} \subseteq f(N)$$

zum Beweis von (1) aus der Definition von N.

Beweis von (2): Es sei $X \in \mathcal{P}(M)$ beliebig vorgegeben. Gilt $f(X) = X$, so folgt daraus $f(X) \subseteq X$. Dies ist logisch äquivalent zu $X \in \mathcal{M}$. Damit erhalten wir

$$N = \bigcap \mathcal{M} \subseteq X$$

aufgrund der Definition von N und einer nochmaligen Anwendung von Satz 1.2.6. $\qquad \square$

In der Sprechweise der Mathematik sagt Satz 4.1.3: Monotone Funktionen auf Potenzmengen besitzen einen kleinsten Fixpunkt. Es wird ein Element $x \in X$ nämlich als **Fixpunkt** einer Funktion $g : X \to X$ bezeichnet, falls $g(x) = x$ gilt. Die Menge N des Satzes 4.1.3 ist also ein Fixpunkt der vorgegebenen Funktion $f : \mathcal{P}(M) \to \mathcal{P}(M)$ und, im Inklusionssinne, kleiner als jeder andere Fixpunkt von f. Oft schreibt man $\mu(g)$ für kleinste Fixpunkte.

Bei konstruktiven Beweisen von Aussagen ist eine Aufgabe, die immer wieder auftritt, zu zeigen, dass, in einer formalen Schreibweise mit Formeln, die logische Implikation

$$\exists x : A_1(x) \implies \exists y : A_2(y)$$

gilt. Zu deren Beweis nimmt man an, dass die linke Seite $\exists x : A_1(x)$ wahr ist. Also gibt es ein Objekt a, für das die Aussage $A_1(a)$ gilt. Mit Hilfe dieses Objekts berechnet man ein weiteres Objekt b mit der Eigenschaft $A_2(b)$. Durch die Existenz von b ist bewiesen, dass die rechte Seite $\exists y : A_2(y)$ der zu zeigenden Implikation ebenfalls wahr ist. Damit gilt auch die Implikation. Wir kommen auf diese Beweistechnik, die natürlich auch bei Blöcken von Existenzquantoren angewendet werden kann, später noch zurück.

Direkte Beweise werden oft auch durch Fallunterscheidungen geführt. Wir haben in Kapitel 1 schon solche Beweise erbracht. Ihnen liegt die logische Äquivalenz

$$(B \Rightarrow A) \wedge (\neg B \Rightarrow A) \iff A$$

für alle aussagenlogischen Formeln A und B zugrunde, welche man sehr einfach mit Hilfe der in Abschnitt 2.2 angegebenen Umformungen nachrechnen kann.

4.2 Indirekte Beweise

In Satz 2.2.9 wurde für alle beliebigen Aussagen A_1 und A_2 gezeigt, dass die Implikationen $A_1 \Rightarrow A_2$ und $\neg A_2 \Rightarrow \neg A_1$ logisch äquivalent sind. Um $A_1 \Rightarrow A_2$ zu zeigen, kann man also auch $\neg A_2 \Rightarrow \neg A_1$ beweisen, denn aus einem solchen Beweis folgt dann mittels der obigen logischen Äquivalenz die ursprünglich zu zeigende Aussage. Man nennt dieses indirekte Vorgehen einen **indirekten Beweis**. Oft spricht man auch von einem **Beweis durch Kontraposition**, weil $\neg A_2 \Rightarrow \neg A_1$ die durch eine Kontraposition aus $A_1 \Rightarrow A_2$ entstehende Aussage ist. Nachfolgend ist ein einfaches Beispiel für einen indirekten Beweis einer zahlentheoretischen Eigenschaft angegeben.

4.2.1 Satz: ungerade Summen

Für alle $m, n \in \mathbb{N}$ gilt: Ist $m + n$ ungerade, so ist m ungerade oder es ist n ungerade.

Beweis (indirekt): Wenn wir die Behauptung etwas formaler aufschreiben, so haben wir für alle $m, n \in \mathbb{N}$ die folgende logische Implikation zu beweisen:

$$m + n \text{ ungerade} \implies m \text{ ungerade} \lor n \text{ ungerade}$$

Bei einem indirekten Beweis dieser Aussage starten wir mit der Negation der rechten Seite. Nach einer Regel von de Morgan ist diese äquivalent zu

$$m \text{ gerade} \land n \text{ gerade}.$$

Also gibt es $a, b \in \mathbb{N}$ mit $m = 2a$ und $n = 2b$. Daraus folgt

$$m + n = 2a + 2b = 2(a + b) = 2c,$$

mit $c \in \mathbb{N}$ definiert als $c := a + b$. Folglich ist $m + n$ gerade und dies ist genau die Negation der linken Seite der zu beweisenden logischen Implikation. $\square$

Indirekte Beweise werden, wie im letzten Beispiel demonstriert, der Leserin oder dem Leser oft dadurch angezeigt, dass man nach dem Schlüsselwort „**Beweis**" einen entsprechenden Hinweis gibt. Wichtig bei indirekten Beweisen ist das korrekte Negieren der beiden Seiten der ursprünglichen Implikation. Eine nicht korrekte Negation der rechten Seite als Ausgangspunkt, insbesondere im Fall von vorhandenen Quantoren, ist die häufigste Fehlerquelle bei indirekten Beweisen. Für Anfänger ist es ratsam, gegebenenfalls die Negationen mittels logischer Umformungen formal auszurechnen.

Häufig werden Beweisprinzipien auch gemischt, insbesondere in umfangreichen Beweisen. Nachfolgend geben wir einen Beweis einer Äquivalenz an, wobei eine Richtung direkt und die andere Richtung indirekt bewiesen wird. In dem Satz verwenden wir die schon aus früheren Abschnitten bekannte Operation max zur Bestimmung des größten Elements einer nichtleeren und endlichen Menge von natürlichen Zahlen.

4.2.2 Satz: ganzzahliger Anteil der Quadratwurzel

Für alle $m, n \in \mathbb{N}$ gilt $m = \max\{x \in \mathbb{N} \mid x^2 \le n\}$ genau dann, wenn $m^2 \le n < (m+1)^2$.

Beweis: Die Richtung „$\Longrightarrow$" zeigen wir direkt. Es folgt der Beweis aus der Rechnung

$$m = \max\{x \in \mathbb{N} \mid x^2 \le n\} \implies m \in \{x \in \mathbb{N} \mid x^2 \le n\}$$
$$\Longleftrightarrow m^2 \le n,$$

die verwendet, dass das größte Element einer Menge in dieser als Element enthalten ist, und der Rechnung

$$m = \max\{x \in \mathbb{N} \mid x^2 \leq n\} \implies m + 1 \notin \{x \in \mathbb{N} \mid x^2 \leq n\}$$
$$\iff \neg((m+1)^2 \leq n)$$
$$\iff n < (m+1)^2,$$

die verwendet, dass der Nachfolger des größten Elements nicht in der Menge liegt.

Die Richtung „$\Longleftarrow$" zeigen wir indirekt. Es gelte also $m \neq \max\{x \in \mathbb{N} \mid x^2 \leq n\}$. Dann gibt es zwei Fälle.

(a) Es ist m kein Element der Menge $\{x \in \mathbb{N} \mid x^2 \leq n\}$. Dann ist dies gleichwertig zu $\neg(m^2 \leq n)$, also auch zu $n < m^2$.

(b) Es ist m ein Element von $\{x \in \mathbb{N} \mid x^2 \leq n\}$. Weil m nicht das größte Element dieser Menge ist, muss es ein $k \in \{x \in \mathbb{N} \mid x^2 \leq n\}$ geben mit $m < k$. Also gelten sowohl $k^2 \leq n$ als auch $m < k$. Aus $m < k$ folgt $m + 1 \leq k$, also $(m+1)^2 \leq k^2 \leq n$.

Aufgrund dieser zwei Fälle haben wir gezeigt, dass die Formel $n < m^2 \vee (m+1)^2 \leq n$ wahr ist. Nun formen wir diese Formel wie folgt um:

$$n < m^2 \vee (m+1)^2 \leq n \iff \neg(m^2 \leq n) \vee \neg(n < (m+1)^2)$$
$$\iff \neg(m^2 \leq n \wedge n < (m+1)^2)$$
$$\iff \neg(m^2 \leq n < (m+1)^2)$$

Damit ist der indirekte Beweis erbracht, denn die letzte Formel dieser Rechnung ist genau die zu zeigende Eigenschaft. $\square$

In der Mathematik wird eine Formel des Typs $x \leq y \wedge y \leq z$, wie schon erwähnt, normalerweise zu $x \leq y \leq z$ abgekürzt. Gleiches gilt für die Relation „$<$" und, wie oben gezeigt, Mischungen von beiden. Bei einer Negation wird aus der Kurzschreibweise immer eine Disjunktion; dies wird von Anfängern oft übersehen und führt dann zu falschen Beweisen.

4.3 Beweise durch Widerspruch

Es sei A_1 eine Aussage, die man als wahr nachweisen will. Dazu nimmt man die negierte Aussage $\neg A_1$ und folgert daraus eine Aussage A_2 und auch deren Negation $\neg A_2$, zeigt also $\neg A_1 \Longrightarrow A_2$ und $\neg A_1 \Longrightarrow \neg A_2$. Somit ist $(\neg A_1 \Rightarrow A_2) \wedge (\neg A_1 \Rightarrow \neg A_2)$ wahr und

$$(\neg A_1 \Rightarrow A_2) \wedge (\neg A_1 \Rightarrow \neg A_2) \iff (\neg\neg A_1 \vee A_2) \wedge (\neg\neg A_1 \vee \neg A_2)$$
$$\iff (A_1 \vee A_2) \wedge (A_1 \vee \neg A_2)$$
$$\iff A_1 \vee (A_2 \wedge \neg A_2)$$
$$\iff A_1 \vee \textbf{falsch}$$
$$\iff A_1$$

zeigt, dass auch A_1 wahr ist, was zu zeigen das Ziel war. Dieses Vorgehen nennt man einen **Beweis durch Widerspruch**, weil sich die beiden aus $\neg A_1$ bewiesenen Aussagen A_2 und

$\neg A_2$ gegenseitig widersprechen. Ein wichtiger Spezialfall liegt vor, wenn A_2 eine zu **falsch** logisch äquivalente Aussage ist, d.h. eine Kontradiktion darstellt, und man somit die logische Implikation $\neg A_1 \implies$ **falsch** bewiesen hat. Dann ist $\neg A_2$ zu **wahr** logisch äquivalent und, da die logische Implikation $\neg A_1 \implies$ **wahr** immer gilt, braucht man sich nicht mehr mit ihr zu befassen. Auch eine Implikation $\neg(B_1 \Rightarrow B_2)$ kommt oft als A_1 vor. Hier ist dann $B_1 \wedge \neg B_2$ die negierte Form, mit der man den Beweis durch Widerspruch beginnt.

Der Widerspruchsbeweis (auch „Beweis durch Kontradiktion" genannt) ist eines der wirksamsten Mittel des mathematischen Beweisens. Er war schon den alten Griechen bekannt und wird in Euklids bekanntem Werk „Die Elemente", in dem das gesamte mathematische Wissen der griechischen Antike in 13 Büchern zusammengefasst ist, fortlaufend verwendet. Die folgenden berühmten Beispiele stammen alle aus diesem Werk. Wie schon bei den indirekten Beweisen, so zeigt man auch bei den Widerspruchsbeweisen oft durch einen Hinweis am Beweisanfang an, dass man dieses Beweisprinzip verwendet.

4.3.1 Satz (Euklid)

Es gilt $\sqrt{2} \notin \mathbb{Q}$, d.h. $\sqrt{2}$ ist eine irrationale Zahl.

Beweis (durch Widerspruch): Angenommen, es sei $\sqrt{2} \in \mathbb{Q}$ wahr. Dann gibt es Zahlen $p, q \in \mathbb{Z}$ mit $q \neq 0$ so, dass die folgenden Eigenschaften gelten:

(a) p und q sind teilerfremd (nur durch 1 und -1 teilbar), d.h. $\frac{p}{q}$ ist maximal gekürzt.

(b) $\sqrt{2} = \frac{p}{q}$

Aus (b) folgt $2 = (\sqrt{2})^2 = (\frac{p}{q})^2 = \frac{p^2}{q^2}$, also $p^2 = 2q^2$, und damit ist p^2 gerade. Folglich ist auch p gerade. Da p gerade ist, gibt es $a \in \mathbb{Z}$ mit $p = 2a$. Aus $p^2 = 2q^2$ folgt $(2a)^2 = 2q^2$, also $4a^2 = 2q^2$, also $q^2 = 2a^2$. Damit ist auch q^2 gerade und folglich ist auch q gerade. Insgesamt sind nun p und q nicht teilerfremd. Das ist ein Widerspruch zu (a). $\qquad \square$

Im Vergleich zur schematischen Beschreibung am Anfang des Abschnitts entspricht nun $\sqrt{2} \notin \mathbb{Q}$ der zu beweisenden Aussage A_1 und die aus deren Negation $\sqrt{2} \in \mathbb{Q}$ bewiesenen Aussagen A_2 und $\neg A_2$ sind „p und q sind teilerfremd" und „p und q sind nicht teilerfremd". Normalerweise taucht A_2 irgendwann im Laufe des Beweises als bewiesene (Teil-)Aussage auf und man erwähnt erst nach dem Beweis von $\neg A_2$, dass dies ein Widerspruch zu A_2 ist.

Von der weiterbildenden Schule her ist sicherlich bekannt, dass man jede natürliche Zahl n mit $n \geq 2$ als ein Produkt $p_1 \cdot \ldots \cdot p_k$ von $k \geq 1$ Primzahlen darstellen (also in k Primzahlen faktorisieren) kann. Gleiche Primzahlen fasst man dann zu Primzahlpotenzen zusammen. Etwa gelten die folgenden Gleichungen:

$$5 = 5 = 5^1$$
$$45 = 3 \cdot 3 \cdot 5 = 3^2 \cdot 5^1$$
$$240 = 2 \cdot 2 \cdot 2 \cdot 2 \cdot 3 \cdot 5 = 2^4 \cdot 3^1 \cdot 5^1$$

Diese Darstellung von natürlichen Zahlen durch Produkte von Primzahlen bzw. deren Potenzen wird sogar eindeutig, wenn man die Primzahlen der Größe nach sortiert. Nachfolgend beweisen wir nun die Existenz der Zerlegung in Primfaktoren. Dabei verwenden wir die folgende Festlegung, da sie hilft, die Argumentation zu erleichtern.

4.3.2 Festlegung

Im Weiteren bezeichnet das Symbol $\mathbb{P}$ die Menge aller Primzahlen. $\qquad\square$

Hier ist nun der angekündigte Satz.

4.3.3 Satz (Euklid)

Für alle $n \in \mathbb{N}$ mit $n \geq 2$ gibt es eine nichtleere lineare Liste $s \in \mathbb{P}^+$ von Primzahlen mit $n = \prod_{i=1}^{|s|} s_i$.

Beweis (durch Widerspruch): Angenommen, es gelte die behauptete Aussage nicht. Dann gilt die Formel

$$\exists n \in \mathbb{N} : n \geq 2 \wedge \forall s \in \mathbb{P}^+ : n \neq \prod_{i=1}^{|s|} s_i$$

und somit ist die Menge $M := \{n \in \mathbb{N} \mid n \geq 2 \wedge \forall s \in \mathbb{P}^+ : n \neq \prod_{i=1}^{|s|} s_i\}$ nichtleer.

Es sei n_0 die kleinste Zahl in dieser Menge, im Zeichen $n_0 := min\,M$. Dann ist n_0 keine Primzahl, denn sonst hätte man die Darstellung $n_0 = \prod_{i=1}^{|s|} s_i$, mit der linearen Liste $s := (n_0)$. Folglich gibt es $a, b \in \mathbb{N}$ mit $n_0 = ab$ und $2 \leq a, b \leq n_0 - 1$. Aufgrund von $a, b < n_0$ gilt $a, b \notin M$ und wegen $2 \leq a, b$ müssen die zwei Formeln $\forall s \in \mathbb{P}^+ : a \neq \prod_{i=1}^{|s|} s_i$ und $\forall s \in \mathbb{P}^+ : b \neq \prod_{i=1}^{|s|} s_i$ falsch sein. Also existieren lineare Listen $t \in \mathbb{P}^+$ mit $a = \prod_{i=1}^{|t|} t_i$ und $u \in \mathbb{P}^+$ mit $b = \prod_{i=1}^{|u|} u_i$. Dies zeigt die Gleichung

$$n_0 = ab = \left(\prod_{i=1}^{|t|} t_i\right)\left(\prod_{i=1}^{|u|} u_i\right) = \prod_{i=1}^{|v|} v_i,$$

wenn wir die lineare Liste v durch $v := t\,\&\,u$ definieren. Die Existenz von v impliziert $n_0 \notin M$ und dies ein Widerspruch zu $n_0 \in M$. $\qquad\square$

Mit Hilfe von Satz 4.3.3, der auch **Fundamentalsatz der Arithmetik** genannt wird, kann man nun den folgenden Satz zeigen. Umgangssprachlich besagt dieser, dass es unendlich viele Primzahlen gibt.

4.3.4 Satz (Euklid)

(1) Es sei $M \subseteq \mathbb{P}$ eine endliche und nichtleere Menge von Primzahlen. Dann existiert eine Primzahl p mit $p \notin M$.

(2) Für jedes $n \in \mathbb{N} \setminus \{0\}$ gibt es eine Menge $M \subseteq \mathbb{P}$ von Primzahlen mit $|M| = n$.

Beweis: (1) Es habe die Menge M die explizite Darstellung $M = \{p_1, \ldots, p_k\}$ mit $k \geq 1$ Primzahlen $p_1, \ldots, p_k$. Wir definieren eine Zahl $n \in \mathbb{N}$ wie folgt:

$$n := 1 + \prod_{i=1}^{k} p_i$$

Fall 1: Es ist n eine Primzahl. Dann gilt $n \neq p_i$ für alle $i \in \mathbb{N}$ mit $1 \leq i \leq k$. Wir beweisen dies durch Widerspruch. Gäbe es ein $i \in \mathbb{N}$ mit $1 \leq i \leq k$ und $n = p_i$, so gibt es auch ein $a \in \mathbb{N}$ mit $n = 1 + an$. Dies folgt aus der Definition von n mit $a := p_1 \ldots p_{i-1} p_{i+1} \ldots p_k$ falls $k > 1$ und $a := 1$ falls $k = 1$. Aus $n = 1 + an$ folgt $a = \frac{n-1}{n}$, d.h. $a \notin \mathbb{N}$. Das ist ein Widerspruch zu $a \in \mathbb{N}$. Also ist n eine gesuchte Primzahl p.

Fall 2: Es ist n keine Primzahl. Nach Satz 4.3.3 gibt es dann eine Primzahl p und $a \in \mathbb{N}$ mit $n = ap$ (aus der Definition von n folgt nämlich $n \geq 2$). Für diese Primzahl p gilt $p \neq p_i$ für alle $i \in \mathbb{N}$ mit $1 \leq i \leq k$. Auch dies beweisen wir durch Widerspruch. Gäbe es ein $i \in \mathbb{N}$ mit $1 \leq i \leq k$ und $p = p_i$, so gilt $n = ap_i$. Aus der Definition von n folgt aber auch, analog zum ersten Fall, dass es ein $b \in \mathbb{N}$ gibt mit $n = 1 + bp_i$. Dies bringt

$$ap_i = n = 1 + bp_i$$

und daraus folgt $1 = ap_i - bp_i = p_i(a - b)$, d.h. $p_i = 1$ oder $p_i \notin \mathbb{N}$. Das ist ein Widerspruch zur Primzahleigenschaft von p_i. Also hat man wieder das gesuchte p gefunden.

(2) Wir zeigen auch diesen Teil des Satzes durch Widerspruch. Angenommen, es gäbe ein $n \in \mathbb{N} \setminus \{0\}$ so, dass keine Menge M von n Primzahlen existiert. Es sei n_0 das kleinste n mit dieser Eigenschaft. Dann gilt $n_0 \neq 1$, da $\{2\}$ eine Menge mit einer Primzahl ist. Folglich gibt es eine Menge $N \subseteq \mathbb{P}$ mit der Kardinalität $|N| = n_0 - 1$, die nur aus Primzahlen besteht. Wegen $n_0 > 1$ gilt $n_0 - 1 > 0$ und somit ist N nichtleer. Nach (1) gibt es eine Primzahl p mit $p \notin N$. Also ist $N \cup \{p\} \subseteq \mathbb{P}$ eine Menge von $n_0 - 1 + 1 = n_0$ Primzahlen. Das ist ein Widerspruch zur Annahme, dass es keine Menge mit genau n_0 Primzahlen als ihre Elemente gibt. $\qquad\qquad\square$

Die in den Beweisen der Sätze 4.3.3 und 4.3.4 (2) verwendeten speziellen Zahlen n_0 werden manchmal auch die **kleinsten Verbrecher** genannt. Die Wahl von kleinsten Verbrechern bei Widerspruchsbeweisen ist eine oft verwendete Technik. Sie wird uns im Laufe des Texts noch mehrfach begegnen.

Wichtig bei Beweisen durch Widerspruch ist, wie schon bei indirekten Beweisen, dass die Behauptung korrekt negiert wird. Werden dabei Fehler gemacht, so ist der gesamte Beweis falsch. Der Beweis des nachfolgenden Satzes ist ein letztes Beispiel für einen Widerspruchsbeweis. Wir demonstrieren noch einmal, wie hilfreich formales Vorgehen beim Negieren sein kann, wenn man unsicher ist. Das folgende Prinzip wird dem deutschen Mathematiker Peter Gustav Lejeune Dirichlet (1805-1859) zugeschrieben, der Nachfolger von Gauß in Göttingen war.

4.3.5 Satz: Schubfachprinzip

Es seien $n_1, \ldots, n_k$ natürliche Zahlen, wobei $k \geq 1$ gilt, und $\overline{X} := \frac{1}{k} \sum_{l=1}^{k} n_l$ der arithmetische Mittelwert ist. Dann gibt es $i, j \in \mathbb{N}$ mit $1 \leq i, j \leq k$ und $n_i \leq \overline{X} \leq n_j$.

Beweis (durch Widerspruch): Wir bereiten den eigentlichen Beweis etwas vor. Als Formel mit zwei durch einen Existenzquantor gebundenen Variablen i und j sieht die Aussage des Satzes wie folgt aus:

$$\exists i, j \in \mathbb{N} : 1 \leq i \leq k \wedge 1 \leq j \leq k \wedge n_i \leq \overline{X} \wedge \overline{X} \leq n_j.$$

Zur Negation dieser Formel empfiehlt es sich, sie erst in die nachstehende logisch äquivalente Formel umzuformen, in der einzeln über i und j quantifiziert wird:

$$(\exists i \in \mathbb{N} : 1 \leq i \leq k \wedge n_i \leq \overline{X}) \wedge (\exists j \in \mathbb{N} : 1 \leq j \leq k \wedge \overline{X} \leq n_j)$$

Die Negation dieser Formel ist dann, nach einer der de Morganschen Regeln, logisch äquivalent zur Disjunktion

$$\neg(\exists i \in \mathbb{N} : 1 \leq i \leq k \wedge n_i \leq \overline{X}) \vee \neg(\exists j \in \mathbb{N} : 1 \leq j \leq k \wedge \overline{X} \leq n_j)$$

und diese ist offensichtlich wiederum logisch äquivalent zu

$$(\forall i \in \mathbb{N} : 1 \leq i \leq k \Rightarrow n_i > \overline{X}) \vee (\forall j \in \mathbb{N} : 1 \leq j \leq k \Rightarrow \overline{X} > n_j).$$

Nun gelte also die Negation der ursprünglichen Aussage/Formel, also die eben hergeleitete Disjunktion. Dann gibt es zwei Fälle.

(a) Der linke Teil der Disjunktion ist wahr. Hier folgt

$$k\overline{X} = k\left(\frac{1}{k}\sum_{i=1}^{k} n_i\right) = \sum_{i=1}^{k} n_i > \sum_{i=1}^{k} \overline{X} = k\overline{X}$$

und dies ist ein Widerspruch zur immer geltenden Aussage $k\overline{X} = k\overline{X}$.

(b) Der rechte Teil der Disjunktion ist wahr. Hier folgt analog zum ersten Fall, dass

$$k\overline{X} = k\left(\frac{1}{k}\sum_{i=1}^{k} n_i\right) = \sum_{i=1}^{k} n_i < \sum_{i=1}^{k} \overline{X} = k\overline{X},$$

und dies ist wieder ein Widerspruch zu $k\overline{X} = k\overline{X}$. $\qquad\square$

Will man zu einer mathematischen Aussage einen Beweis finden, ist aber nicht erfolgreich, so gibt es im Prinzip drei Gründe hierfür:

(1) Der Beweis ist **zu schwierig** und etwa mit den derzeitig vorhandenen Erfahrungen, Kenntnissen, Techniken usw. nicht zu erbringen.

(2) Es ist aus **prinzipiellen Gründen nicht möglich**, solch einen Beweis zu finden. Von Kurt Gödel (1906-1978), einem österreichischen Logiker und Mathematiker, wurde im Jahr 1932 in einer epochalen Arbeit gezeigt, dass es wahre mathematische Aussagen gibt, die nicht beweisbar sind.

(3) Die Aussage **ist falsch**, kann also nicht bewiesen werden.

Um zu zeigen, dass eine Aussage falsch ist, muss man sie durch ein Gegenbeispiel widerlegen. Das ist etwas anderes als ein Beweis durch Widerspruch. Normalerweise widerlegt man Aussagen, die in einer formalisierten Form einer allquantifizierten Formel $\forall x : A(x)$ entsprechen. Um zu zeigen, dass die Formel $\forall x : A(x)$ falsch ist, muss man zeigen, dass die negierte Formel $\neg \forall x : A(x)$ wahr ist. Wegen der logischen Äquivalenz von $\neg \forall x : A(x)$ und $\exists x : \neg A(x)$ genügt es, dazu ein Objekt a mit $\neg A(a)$ anzugeben, also eines, für das $A(a)$ falsch ist. Wir beschließen diesen Abschnitt mit Beispielen zu Widerlegungen durch Gegenbeispiele.

4.3.6 Beispiele: Widerlegen durch Gegenbeispiele

Wir betrachten die umgangssprachlich formulierte Aussage „zwischen den natürlichen Zahlen n und $2n$ liegen in Fall $n \geq 4$ mindestens zwei Primzahlen", welche als prädikatenlogische Formel wie folgt aussieht:

$$\forall n \in \mathbb{N} : n \geq 4 \Rightarrow \exists p, q \in \mathbb{N} : p, q \text{ Primzahlen} \wedge n < p < q < 2n$$

Diese Formel gilt nicht. Ein Gegenbeispiel ist $n := 5$, denn zwischen den natürlichen Zahlen 5 und 10 liegt nur eine Primzahl.

Eine reelle Folge $(f_n)_{n \in \mathbb{N}}$ im Sinne von Definition 3.1.7 **konvergiert** gegen den Grenzwert $a \in \mathbb{R}$, falls die folgende Formel gilt, in der $|f_m - a|$ der **Absolutbetrag** der reellen Zahl $f_m - a$ im Sinne von Abschnitt 1.5 ist:

$$\forall \varepsilon \in \mathbb{R}_{>0} : \exists n \in \mathbb{N} : \forall m \in \mathbb{N} : m \geq n \Rightarrow |f_m - a| < \varepsilon$$

In Worten besagt die Formel, dass jeder noch so kleine Abstand ε von a ab einem bestimmten Folgenglied echt unterboten wird und dies ab da immer so bleibt. Eine Folge, die gegen 0 konvergiert, heißt eine **Nullfolge** Wir betrachten die folgende Aussage:

> Zu einer Nullfolge $(f_n)_{n \in \mathbb{N}}$ ist die Folge $(\sum_{i=0}^{n} f_i)_{n \in \mathbb{N}}$ der sogenannten n-ten Partialsummen ebenfalls eine Nullfolge.

Auch diese Aussage gilt nicht. Ein Gegenbeispiel ist die reelle Folge $(\frac{1}{n+1})_{n \in \mathbb{N}}$. Sie ist eine Nullfolge, wie wir in Abschnitt 4.5 formal zeigen werden. Die (etwas lesbarer mit Punkten hingeschriebene) Folge

$$(1, 1 + \frac{1}{2}, 1 + \frac{1}{2} + \frac{1}{3}, \ldots, \sum_{i=1}^{n} \frac{1}{i+1}, \ldots)$$

ihrer Partialsummen ist hingegen keine Nullfolge. Die Folgenglieder werden immer größer und übersteigen sogar irgendwann jede noch so große vorgegebene Zahl. Wir verzichten hier auf den zugehörigen Beweis. $\qquad \square$

4.4 Induktionsbeweise

Wie wir schon erwähnt haben, besitzen sehr viele Sätze der Mathematik die folgende Form. „Gegeben sei $x \in M$ mit $A_1(x)$. Dann gilt $A_2(x)$." Überführt man dies nun in die formale Sprache der Prädikatenlogik, so bekommt man die allquantifizierte Formel $\forall x \in M : A(x)$, die es zu beweisen gilt. Die Formel $A(x)$ ist dann im obigen Fall gegeben durch die Implikation $A_1(x) \Rightarrow A_2(x)$, wobei in $A_1(x)$ die Annahmen an x formuliert sind und in $A_2(x)$ die Eigenschaften von x, an denen man eigentlich interessiert ist. Zum Beweis von sogenannten Allaussagen der obigen Form ist die Induktion ein häufig verwendetes Mittel. Es gibt davon zwei Arten:

(1) Induktion über den **Aufbau**: Hier verwendet man, dass alle Elemente der Menge M aus gegebenen Basiselementen durch gewisse Operationen erzeugt werden können und dieses Erzeugen die Gültigkeit der Aussage $A(x)$ erhält.

(2) Induktion durch **Rückgriff**: Hier verwendet man, dass auf der Menge M eine Relation R so existiert, dass man, wenn man R als Pfeildiagramm auffasst, nur endlich viele Schritte entgegen den Pfeilrichtungen machen kann, wie etwa im Diagramm der Relation *nachf* in Abschnitt 1.4. Für diejenigen Elemente, von denen aus kein Rückwärtsgehen möglich ist, muss die Aussage $A(x)$ gelten und weiterhin muss sich die Gültigkeit von $A(x)$ gemäß den Pfeilen vererben.

In diesem Abschnitt betrachten wir nur Induktion über den Aufbau. Die Induktion durch Rückgriff verschieben wir auf das Kapitel 7. Wir beginnen mit der Menge der natürlichen Zahlen als Menge M. Man kann die Menge $\mathbb{N}$ durch die Null und die Nachfolgerbildung $nachf(n) = n+1$ erzeugen. Dies ist der Hintergrund des im nächsten Satz formulierten Beweisprinzips. Im Beweis verwenden wir als entscheidende Eigenschaft, dass jede nichtleere Menge von natürlichen Zahlen eine kleinste natürliche Zahl enthält.

4.4.1 Satz: vollständige Induktion

Es seien n eine Variable für natürliche Zahlen und $A(n)$ eine Aussage (über n). Sind die beiden (mit (IB) und (IS) bezeichneten) Formeln

$$\text{(IB)} \quad A(0) \qquad \text{(IS)} \quad \forall\, n \in \mathbb{N} : A(n) \Rightarrow A(n+1)$$

wahr, so ist auch die Formel $\forall\, n \in \mathbb{N} : A(n)$ wahr.

Beweis (durch Widerspruch): Unter der Verwendung der Abkürzungen (IB) und (IS) wird die Aussage des Satzes zur Implikation

$$\text{(IB)} \wedge \text{(IS)} \Rightarrow \forall\, n \in \mathbb{N} : A(n).$$

Diese gilt es als wahr zu beweisen. Einige einfache logische Umformungen ergeben, dass die Negation der obigen Implikation logisch äquivalent zu

$$\text{(IB)} \wedge \text{(IS)} \wedge \exists\, n \in \mathbb{N} : \neg A(n)$$

ist. Diese Formel nehmen wir nun für den Widerspruchsbeweis als wahr an. Wir nehmen also (IB) und (IS) als wahr an und, dass es ein $n \in \mathbb{N}$ gibt mit $\neg A(n)$. Weil (IB) wahr ist, muss n ungleich 0 sein. Nun wählen wir wieder das kleinste n_0 mit $\neg A(n_0)$, formal $n_0 := min\{n \in \mathbb{N} \mid \neg A(n)\}$. Folglich gilt $A(n_0 - 1)$. Weil aber auch (IS) wahr ist, folgt daraus $A(n_0 - 1 + 1)$, also $A(n_0)$. Das ist ein Widerspruch zur Gültigkeit von $\neg A(n_0)$. $\square$

Bei der vollständigen Induktion haben sich gewisse Sprechweisen herausgebildet, die wir nun vorstellen. Sie werden auch in Verbindung mit anderen Induktionsmethoden gebraucht, etwa der Listeninduktion oder der Bauminduktion, welche wir beide am Ende dieses Abschnitts noch behandeln werden.

4.4.2 Sprechweisen

Man nennt die Formel (IB) in Satz 4.4.1 den **Induktionsbeginn** (manchmal auch **Induktionsanfang**) und die Formel (IS) im gleichen Satz den **Induktionsschluss**. In der Implikation von (IS) nennt man die linke Seite $A(n)$ die **Induktionshypothese** oder **Induktionsvoraussetzung**. $\square$

Das Beweisprinzip von Satz 4.4.1 ist eigentlich sehr einleuchtend. Es gilt die Aussage $A(0)$ aufgrund der Voraussetzung (IB). Aus $A(0)$ folgt $A(1)$ wegen der Voraussetzung (IS), indem man n als 0 wählt, aus $A(1)$ folgt dann $A(2)$, wiederum wegen (IS), indem man n als 1 wählt, aus $A(2)$ folgt dann $A(3)$, wiederum wegen (IS), indem man n als 2 wählt und so fort. Es wird also durch vollständige Induktion ein Beweis von unendlich vielen Aussagen zur Rechtfertigung einer Allaussage der Form $\forall n \in \mathbb{N} : A(n)$ zurückgeführt auf einen Beweis von nur zwei Aussagen, nämlich vom Induktionsbeginn (IB) und vom Induktionsschluss (IS).

Man kann bei der vollständigen Induktion statt mit der Null auch mit einer anderen natürlichen Zahl n_0 beginnen. Natürlich gilt dann die Aussage, an der man interessiert ist, erst ab der Zahl n_0. Wir geben den entsprechenden Satz ohne Beweis an, denn dieser ist nur eine leichte Variation des Beweises von Satz 4.4.1.

4.4.3 Satz: vollständige Induktion, variabler Induktionsbeginn

Es seien die Variable n und die Aussage $A(n)$ wie in Satz 4.4.1 angenommen. Weiterhin sei $n_0 \in \mathbb{N}$ beliebig. Sind die beiden Formeln

$$\text{(IB)} \quad A(n_0) \qquad\qquad \text{(IS)} \quad \forall n \in \mathbb{N} : n \geq n_0 \wedge A(n) \Rightarrow A(n+1)$$

wahr, so ist auch die Formel $\forall n \in \mathbb{N} : n \geq n_0 \Rightarrow A(n)$ wahr. $\qquad\qquad\Box$

Die Anwendung der vollständigen Induktion beim Beweis eines Satzes besteht aus drei Schritten. Zuerst bestimmt man aus der Formulierung des zu beweisenden Satzes die Aussage $A(n)$ im Sinne des allgemeinen Prinzips. Dann beweist man den Induktionsbeginn, also die Aussage $A(0)$ oder die Aussage $A(n_0)$, falls man nicht mit der Null beginnt. Und schließlich beweist man noch den Induktionsschluss. Dazu wählt man eine beliebige natürliche Zahl $n \in \mathbb{N}$, gegebenenfalls mit der zusätzlichen Annahme $n \geq n_0$, wenn man die Induktion bei n_0 beginnt, und zeigt dann, dass die Aussage $A(n+1)$ aus der Induktionshypothese $A(n)$ folgt. Es ist üblich, wie auch bei indirekten Beweisen und Widerspruchsbeweisen, einen Induktionsbeweis am Beweisanfang durch einen entsprechenden Vermerk anzuzeigen. Weiterhin ist es üblich, im Beweis durch Induktion zu erwähnen, wo man mit dem Induktionsbeginn und dem Induktionsschluss startet und wo genau man im letztgenannten Teil die Induktionshypothese anwendet.

In den folgenden Sätzen demonstrieren wir einige Anwendungen des Beweisprinzips der vollständigen Induktion. Im ersten Beispielbeweis verwenden wir die Teilbarkeitsrelation „|", wie sie in Abschnitt 1.4 eingeführt wurde.

4.4.4 Satz: Teilbarkeit durch 6

Für alle $n \in \mathbb{N}$ gilt $6 \mid (n^3 + 5n)$.

Beweis (durch vollständige Induktion): Die Aussage $A(n)$ analog zu Satz 4.4.1 ist hier $6 \mid (n^3 + 5n)$. Um durch vollständige Induktion zu zeigen, dass $A(n)$ für alle $n \in \mathbb{N}$ gilt, haben wir zwei Teilbeweise zu führen.

Induktionsbeginn: Es ist $A(0)$ zu zeigen, also $6 \mid (0^3 + 5 \cdot 0)$, also $6 \mid 0$. Dies gilt aber, da es ein $a \in \mathbb{N}$ gibt, nämlich $a := 0$, mit $6a = 0$.

Induktionsschluss: Es sei $n \in \mathbb{N}$ beliebig gewählt und es gelte die Induktionshypothese $A(n)$, also $6 \mid (n^3 + 5n)$. Wir haben $A(n+1)$ zu beweisen, also $6 \mid ((n+1)^3 + 5(n+1))$. Wegen $6 \mid (n^3 + 5n)$ gibt es ein $a \in \mathbb{N}$ mit $6a = n^3 + 5n$. Nun rechnen wir wie folgt:

$$
\begin{aligned}
(n+1)^3 + 5(n+1) &= (n+1)(n^2 + 2n + 1) + 5(n+1) && \text{Potenz, binomische Formel} \\
&= n^3 + 3n^2 + 3n + 1 + 5n + 5 && \text{durch Ausmultiplikation} \\
&= n^3 + 5n + 3n^2 + 3n + 6 \\
&= 6a + 3n^2 + 3n + 6 && \text{siehe oben} \\
&= 6a + 3n(n+1) + 6 \\
&= 6(a+1) + 3n(n+1)
\end{aligned}
$$

Es ist $n(n+1)$ stets eine gerade Zahl. Also gibt es ein $b \in \mathbb{N}$ mit $n(n+1) = 2b$. Dies bringt

$$(n+1)^3 + 5(n+1) = 6(a+1) + 6b = 6(a+b+1) = 6c,$$

wenn man $c \in \mathbb{N}$ durch $c := a + b + 1$ definiert. Folglich gilt auch $6 \mid ((n+1)^3 + 5(n+1))$ und wir sind fertig. □

Im nächsten Satz geben wir einen Induktionsbeweis für den Satz von Gauß (Satz 4.1.1) an. Da dieser eine Aussage macht für alle $n \in \mathbb{N} \setminus \{0\}$, ist hier Satz 4.4.3 das richtige Mittel zum Beweis.

4.4.5 Satz: Summenformel von C.F. Gauß

Für alle $n \in \mathbb{N}$ gilt: Aus $n \geq 1$ folgt $\sum_{i=1}^{n} i = \frac{n(n+1)}{2}$.

Beweis (durch vollständige Induktion): Die Aussage $A(n)$ analog zu Satz 4.4.3 ist hier $\sum_{i=1}^{n} i = \frac{n(n+1)}{2}$ und das dortige n_0 ist hier 1.

Induktionsbeginn: Es ist $A(1)$ wahr, da

$$\sum_{i=1}^{1} i = 1 = \frac{1 \cdot (1+1)}{2}.$$

Induktionsschluss: Es sei $n \in \mathbb{N}$ mit $n \geq 1$ beliebig vorgegeben und es gelte die Induktionshypothese $A(n)$. Zum Beweis von $A(n+1)$ starten wir mit der linken Seite dieser Gleichung und bekommen die Gleichheit

$$\sum_{i=1}^{n+1} i = n + 1 + \sum_{i=1}^{n} i = n + 1 + \frac{n(n+1)}{2} = \frac{2n + 2 + n^2 + n}{2}$$

aufgrund der Definition des Summensymbols im ersten Schritt und der Induktionshypothese $A(n)$ im zweiten Schritt. Nun starten wir mit der rechten Seite von $A(n+1)$ und berechnen durch einfache arithmetische Umformungen die Gleichheit

$$\frac{(n+1)(n+1+1)}{2} = \frac{(n+1)(n+2)}{2} = \frac{n^2 + 2n + n + 2}{2}.$$

Also gilt $\sum_{i=1}^{n+1} i = \frac{(n+1)(n+1+1)}{2}$, was $A(n+1)$ zeigt. $\qquad\qquad\qquad\qquad\qquad$ □

Wenn man das Summensymbol in einer offensichtlichen Weise auf die Summation von 0 bis n, also auf $\sum_{i=0}^{n} k_i$, erweitert, so gilt auch $\sum_{i=0}^{n} i = \frac{n(n+1)}{2}$ für alle $n \in \mathbb{N}$. Diese Aussage kann man mit dem Prinzip von Satz 4.1.1 beweisen, indem man im letzten Beweis nur den Induktionsbeginn an den Fall $n = 0$ anpasst.

Bei vielen mathematischen Sätzen wird über mehr als ein Objekt allquantifiziert. Ist nur eines dieser Objekte eine natürliche Zahl, sagen wir n, und will man vollständige Induktion zum Beweis verwenden, so ist die abstrakte Form der Sätze $\forall n \in \mathbb{N} : A(n)$, wobei alle anderen Allquantifizierungen Teil von $A(n)$ sind. Tauchen hingegen mehrere allquantifizierte natürliche Zahlen in der Formulierung des Satzes auf, so muss man sich bei der Überführung in die abstrakte Form für die richtige Zahl entscheiden. Ist diese n, so sagt man auch, dass man Induktion nach n macht. Die Wahl der richtigen Zahl kann entscheidend für das Gelingen des Beweises sein. Ist diese nicht sofort ersichtlich, so müssen gegebenenfalls mehrere Beweisversuche unternommen werden. Wie dann solche Beweise formal geführt werden, zeigen wir im nächsten Beispiel. Dazu sei die **Potenzierung** vorausgesetzt, definiert durch $a^0 := 1$ und $a^{n+1} := aa^n$ für alle $a \in \mathbb{R}$ und $n \in \mathbb{N}$. Die Wahl der richtigen Zahl m im Beweis von Satz 4.4.6 ist durch die Definition der Potenzierung motiviert.

4.4.6 Satz: Potenzierungsregel

Für alle $a \in \mathbb{R}$ und alle $m, n \in \mathbb{N}$ gilt $a^{m+n} = a^m a^n$.

Beweis (durch vollständige Induktion): Wenn wir die Aussage des Satzes als Formel hinschreiben, so erhalten wir:

$$\forall a \in \mathbb{R}, m \in \mathbb{N}, n \in \mathbb{N} : a^{m+n} = a^m a^n$$

Diese Formel ist logisch äquivalent zu der nachfolgend angegebenen Formel, da nur die abkürzende Schreibweise des Quantorenblocks teilweise rückgängig gemacht wurde und dann die zwei Allquantoren umsortiert wurden:

$$\forall m \in \mathbb{N} : \forall a \in \mathbb{R}, n \in \mathbb{N} : a^{m+n} = a^m a^n$$

Nun setzen wir $A(m)$ für die Aussage $\forall a \in \mathbb{R}, n \in \mathbb{N} : a^{m+n} = a^m a^n$. Dann hat die letzte Formel die Gestalt $\forall m \in \mathbb{N} : A(m)$ und dies ist genau das, was wir für einen Induktionsbeweis brauchen. Wir führen, wie man sagt, Induktion nach m.

Induktionsbeginn: Es ist $A(0)$ wahr, denn für alle $a \in \mathbb{R}$ und $n \in \mathbb{N}$ gilt

$$a^{0+n} = a^n = 1 \cdot a^n = a^0 a^n.$$

Induktionsschluss: Es sei $m \in \mathbb{N}$ beliebig gegeben und es gelte die Induktionshypothese $A(m)$. Zum Beweis von $A(m+1)$ seien $a \in \mathbb{R}$ und $n \in \mathbb{N}$ beliebig gewählt. Dann folgt:

$$a^{(m+1)+n} = a^{(m+n)+1} = aa^{m+n} = aa^m a^n = a^{m+1} a^n$$

In dieser Rechnung benutzen wir die Definition der Potenzierung im zweiten und vierten Schritt und die Induktionshypothese $A(m)$ im dritten Schritt. Also gilt $a^{(m+1)+n} = a^{m+1} a^n$

für alle $a \in \mathbb{R}$ und $n \in \mathbb{N}$ und dies ist genau die Gültigkeit von $A(m+1)$. $\qquad\square$

Wie schon erwähnt, sind viele mathematische Sätze in der Umgangssprache wie folgt formuliert: „Es sei $x \in M$. Dann gilt $A(x)$." Hier wird der Allquantor unterdrückt. Bisher kam diese Unterdrückung nicht zur Geltung. Bei Induktionsbeweisen muss man in der Formulierung aber oft konkret sein, d.h. die Allquantifizierung explizit hinschreiben, damit der Beweis formal geführt werden kann. Wir demonstrieren dies anhand von Satz 1.3.9. Hier sind die explizit allquantifizierte Formulierung und deren Beweis.

4.4.7 Satz: Kardinalität der Potenzmenge

Für alle Mengen M gilt: Ist M endlich, so folgt daraus $|\mathcal{P}(M)| = 2^{|M|}$.

Beweis (durch vollständige Induktion): Eine Menge M ist genau dann endlich, wenn es ein $n \in \mathbb{N}$ gibt, so dass $|M| = n$ wahr ist (denn die Formel $|M| = n$ hat nach der Festlegung 2.3.3 der Prädikatenlogik den Wert F, falls $|M|$ undefiniert ist). Also hat die umgangssprachliche Behauptung des Satzes als prädikatenlogische Formel die Gestalt

$$\forall M : (\exists n \in \mathbb{N} : |M| = n) \Rightarrow |\mathcal{P}(M)| = 2^{|M|}.$$

Da n in der Gleichung $|\mathcal{P}(M)| = 2^{|M|}$ nicht vorkommt, gilt die obige Formel nach der Regel (7) von Satz 2.3.9 genau dann, wenn die folgende Formel gilt:

$$\forall M : \forall n \in \mathbb{N} : |M| = n \Rightarrow |\mathcal{P}(M)| = 2^{|M|}$$

Nun stellen wir die Quantoren noch um und erhalten die logisch äquivalente Formel

$$\forall n \in \mathbb{N} : \forall M : |M| = n \Rightarrow |\mathcal{P}(M)| = 2^{|M|},$$

bzw. $\forall n \in \mathbb{N} : A(n)$, wenn $A(n)$ der Formel $\forall M : |M| = n \Rightarrow |\mathcal{P}(M)| = 2^{|M|}$ entspricht. Zum Beweis, dass $A(n)$ für alle $n \in \mathbb{N}$ gilt, verwenden wir nun vollständige Induktion.

Induktionsbeginn: Zum Beweis von $A(0)$ sei M eine beliebige Menge mit der Eigenschaft $|M| = 0$. Dann gilt $M = \emptyset$ und die Behauptung folgt aus

$$|\mathcal{P}(M)| = |\mathcal{P}(\emptyset)| = 1 = 2^0 = 2^{|\emptyset|} = 2^{|M|}.$$

Induktionsschluss: Es sei $n \in \mathbb{N}$ beliebig vorgegeben, so dass die Induktionshypothese $A(n)$ gilt. Zum Beweis von $A(n+1)$ sei M eine beliebige Menge mit der Eigenschaft $|M| = n+1$. Wegen $n + 1 \neq 0$ gilt $M \neq \emptyset$. Folglich können wir irgendein Element $a \in M$ auswählen. Nach Satz 1.3.3 gilt die Gleichheit

$$\begin{aligned}
\mathcal{P}(M) &= \mathcal{P}((M \setminus \{a\}) \sqcup \{a\}) \\
&= \mathcal{P}(M \setminus \{a\}) \cup \{X \cup \{a\} \mid X \in \mathcal{P}(M \setminus \{a\})\}
\end{aligned}$$

und damit, nach Satz 1.3.7, die Gleichheit

$$\begin{aligned}
|\mathcal{P}(M)| &= |\mathcal{P}(M \setminus \{a\}) \cup \{X \cup \{a\} \mid X \in \mathcal{P}(M \setminus \{a\})\}| \\
&= |\mathcal{P}(M \setminus \{a\})| + |\{X \cup \{a\} \mid X \in \mathcal{P}(M \setminus \{a\})\}| \\
&= |\mathcal{P}(M \setminus \{a\})| + |\mathcal{P}(M \setminus \{a\})| \\
&= 2 \cdot |\mathcal{P}(M \setminus \{a\})|,
\end{aligned}$$

denn die Mengen $\mathcal{P}(M \setminus \{a\})$ und $\{X \cup \{a\} \mid X \in \mathcal{P}(M \setminus \{a\})\}$ sind disjunkt und in der zweiten Menge gibt es genau so viele Elemente wie in $\mathcal{P}(M \setminus \{a\})$. Es gilt weiterhin

$$|M \setminus \{a\}| = |M| - 1 = n + 1 - 1 = n.$$

Wegen der Gültigkeit der Induktionshypothese $A(n)$, wo über alle Mengen der Kardinalität n eine Aussage gemacht wird, gilt also für die Menge $M \setminus \{a\}$ der Kardinalität n, dass

$$|\mathcal{P}(M \setminus \{a\})| = 2^{|M \setminus \{a\}|}.$$

Setzen wir das oben ein, so folgt

$$|\mathcal{P}(M)| = 2 \cdot 2^{|M \setminus \{a\}|} = 2 \cdot 2^{|M|-1} = 2^{|M|}.$$

Damit ist der Beweis des Induktionsschlusses beendet. $\qquad\qquad\qquad\qquad\qquad$ $\square$

Wenn Beweise von der Argumentationsstruktur her komplexer werden, dann ist eine Formulierung in der Umgangssprache oft hinderlich. Die explizite Verwendung von Formeln und insbesondere das Hinschreiben der auftauchenden Quantoren zeigt viel besser auf, was formal beim logischen Argumentieren eigentlich geschieht. Wir glauben, dass dies insbesondere durch das letzte Beispiel eindrucksvoll demonstriert wird.

Bei den Beweisen der Sätze 4.4.1 und 4.4.3 wird als entscheidende Eigenschaft verwendet, dass jedes $n \in \mathbb{N}$ entweder gleich der Null ist oder von der Form $m + 1$, mit $m \in \mathbb{N}$, also alle natürlichen Zahlen aus der Null mittels der Nachfolgerbildung erzeugt werden können. Bei den linearen Listen werden in analoger Weise durch die leere Liste und die Linksanfügeoperation „:" alle Listen erzeugt. Also sollte auch hier ein analoges Induktionsprinzip gelten. Das tut es auch, wie wir durch den nachfolgenden Satz zeigen.

4.4.8 Satz: Listeninduktion

Es seien M eine Menge und $A(s)$ eine Aussage, in der die Variable s für lineare Listen über M stehe. Sind die beiden Formeln

$$\text{(IB)} \quad A(()) \qquad\qquad \text{(IS)} \quad \forall\, a \in M, s \in M^* : A(s) \Rightarrow A(a : s)$$

wahr, so ist auch die Formel $\forall\, s \in M^* : A(s)$ wahr.

Beweis (durch Widerspruch): Formulieren wir die Aussage des Satzes als

$$\text{(IB)} \wedge \text{(IS)} \Rightarrow \forall\, s \in M^* : A(s),$$

so ist die Negation dieser Formel logisch äquivalent zu

$$\text{(IB)} \wedge \text{(IS)} \wedge \exists\, s \in M^* : \neg A(s).$$

Angenommen, es gelte diese Formel. Dann gibt es eine lineare Liste $s \in M^*$ mit $\neg A(s)$. Weil (IB) gilt, muss $s \neq ()$ zutreffen. Nun wählen wir eine lineare Liste $t \neq ()$ mit $\neg A(t)$, welche eine kleinste Länge hat. Also gilt insbesondere $A(u)$ für alle $u \in M^*$ mit $|u| < |t|$. Aufgrund von $t \neq ()$ existieren $a \in M$ und $u \in M^*$ mit $t = a : u$. Für dieses u haben wir

$|t| = |u| + 1$, also $|u| < |t|$, und folglich gilt $A(u)$. Nun zeigt die Gültigkeit von (IS), dass auch $A(a : u)$ gilt, d.h. $A(t)$ wahr ist. Dies ist ein Widerspruch zur Gültigkeit von $\neg A(t)$. $\square$

Die Leserin oder der Leser vergleiche diesen Beweis mit dem Beweis von Satz 4.4.1. Wir sind in der vollkommen gleichen Art und Weise vorgegangen. Der kleinste Verbrecher t ist natürlich nicht eindeutig, da es viele lineare Listen gleicher minimaler Länge geben kann, die die zu zeigende Aussage nicht erfüllen. Deshalb spricht man hier auch von einem **minimalen Verbrecher**. Den Unterschied in den Sprechweisen „kleinst" und „minimal" werden wir später in Abschnitt 7.2 bei den Ordnungen und den geordneten Mengen genau klären.

Mit Hilfe von Listeninduktionen kann man nun für die in Abschnitt 3.2 betrachteten Operationen auf Listen viele der fundamentalen Eigenschaften zeigen. Wir behandeln als einziges Beispiel die Konkatenation.

4.4.9 Satz: Eigenschaften der Konkatenation

Für die Konkatenationsoperation „&" auf jeder Menge M^* von linearen Listen gelten die folgenden drei Eigenschaften:

(1) $\forall s \in M^* : s \;\&\; () = s$ (Rechtsneutralität der leeren Liste)

(2) $\forall t \in M^* : () \;\&\; t = t$ (Linksneutralität der leeren Liste)

(3) $\forall s,t,u \in M^* : (s \;\&\; t) \;\&\; u = s \;\&\; (t \;\&\; u)$ (Assoziativität)

Beweis (durch Listeninduktion): Zum Beweis von (1) verwenden wir $s \;\&\; () = s$ als Aussage $A(s)$ des Prinzips der Listeninduktion.

Induktionsbeginn: Es ist $A(())$ wahr, denn es gilt aufgrund der Definition der Konkatenation, dass

$$() \;\&\; () = ().$$

Induktionsschluss. Es seien $a \in M$ und $s \in M^*$ beliebig vorgegeben, so dass die Induktionshypothese $A(s)$ gilt. Dann folgt $A(a : s)$ aus der folgenden Rechnung:

$$(a : s) \;\&\; () = a : (s \;\&\; ()) \qquad \text{Definition Konkatenation}$$
$$= a : s \qquad\qquad\qquad\quad \text{wegen } A(s)$$

Die Eigenschaft (2) gilt nach der Definition der Konkatenation.

Zum Beweis von (3) durch Listeninduktion verwenden wir

$$\forall t,u \in M^* : (s \;\&\; t) \;\&\; u = s \;\&\; (t \;\&\; u)$$

als Aussage $A(s)$, denn es ist $\forall s \in M^* : A(s)$ genau die Behauptung.

Induktionsbeginn: Zum Beweis von $A(())$ seien $t,u \in M^*$ beliebig vorgegeben. Dann bekommen eir die zu zeigende Gleichung

$$(() \;\&\; t) \;\&\; u = t \;\&\; u = () \;\&\; (t \;\&\; u)$$

durch zweimaliges Anwenden der Definition der Konkatenation.

Induktionsschluss: Es seien $a \in M$ und $s \in M^*$ beliebig vorgegeben, so dass die Induktionshypothese $A(s)$ gilt. Dann gilt für alle $t, u \in M^*$ die folgende Eigenschaft:

$$
\begin{aligned}
((a:s) \,\&\, t) \,\&\, u &= (a:(s\,\&\,t)) \,\&\, u &&\text{Definition Konkatenation} \\
&= a:((s\,\&\,t)\,\&\,u) &&\text{Definition Konkatenation} \\
&= a:(s\,\&\,(t\,\&\,u)) &&\text{wegen } A(s) \\
&= (a:s) \,\&\, (t\,\&\,u) &&\text{Definition Konkatenation}
\end{aligned}
$$

Diese Gleichheit besagt, dass $A(a:s)$ wahr ist. $\qquad\square$

Die knotenmarkierten Binärbaume $\mathcal{B}(M)$ von Abschnitt 3.3 werden aus dem leeren Baum „$\diamond$" durch die Konstruktionsoperation *baum* erzeugt. Dies führt unmittelbar zu dem folgenden Induktionsprinzip, welches wir kurz Bauminduktion nennen. Wir verzichten auf den Beweis des Satzes und merken nur an, dass diesmal ein minimaler Verbrecher mit kleinster Höhe benutzt wird.

4.4.10 Satz: Bauminduktion

Es seien M eine Menge und $A(b)$ eine Aussage, in der die Variable b für knotenmarkierte Binärbäume über M stehe. Sind die beiden Formeln

(IB) $\quad A(\diamond)$ $\qquad$ (IS) $\quad \forall a \in M, l \in \mathcal{B}(M), r \in \mathcal{B}(M) : A(l) \wedge A(r) \Rightarrow A(baum(l, a, r))$

wahr, so ist auch die Formel $\forall b \in \mathcal{B}(M) : A(b)$ wahr. $\qquad\square$

Neben der Listeninduktion und der Bauminduktion kann man auch vollständige Induktion verwenden, um zu zeigen, dass alle Elemente von M^* bzw. von $\mathcal{B}(M)$ eine gewisse Eigenschaft erfüllen. Im Fall von linearen Listen gilt etwa die folgende logische Äquivalenz; sie verwendet, neben der Regel (7) von Satz 2.3.9, noch die offensichtliche logische Äquivalenz von A und **wahr** $\Rightarrow A$ für alle Aussagen A:

$$
\begin{aligned}
\forall s \in M^* : A(s) &\iff \forall s \in M^* : \textbf{wahr} \Rightarrow A(s) \\
&\iff \forall s \in M^* : (\exists n \in \mathbb{N} : n = |s|) \Rightarrow A(s) \\
&\iff \forall s \in M^* : \forall n \in \mathbb{N} : n = |s| \Rightarrow A(s) \\
&\iff \forall n \in \mathbb{N} : \forall s \in M^* : n = |s| \Rightarrow A(s)
\end{aligned}
$$

Um $\forall s \in M^* : A(s)$ zu zeigen, kann man also gleichwertigerweise auch durch vollständige Induktion $\forall n \in \mathbb{N} : B(n)$ zeigen, mit $B(n)$ als Formel $\forall s \in M^* : n = |s| \Rightarrow A(s)$. Letzteres heißt konkret: Man zeigt zuerst, dass $A(s)$ für alle Listen der Länge 0 gilt. Dann beweist man für alle $n \in \mathbb{N}$, dass, wenn $A(s)$ für alle Listen s der Länge n wahr ist, dies impliziert, dass $A(s)$ auch für alle Listen s der Länge $n + 1$ wahr ist. Man führt, wie man sagt, eine **Induktion über die Listenlänge**. Im Fall von knotenmarkierten Binärbäumen kann man in analoger Weise die Gültigkeit von $\forall b \in \mathcal{B}(M) : A(b)$ durch eine **Induktion über die Baumhöhe** beweisen. Die letztgenannten Vorgehensweisen kann man auch für Listen einer bestimmten Mindestlänge und Bäume einer bestimmten Mindesthöhe verwenden. Dem liegt im Fall von Listen etwa die logische Äquivalenz

$$
\forall s \in M^* : |s| \geq n_0 \Rightarrow A(s) \iff \forall n \in \mathbb{N} : n \geq n_0 \Rightarrow \forall s \in M^* : n = |s| \Rightarrow A(s)
$$

zugrunde, welche man durch eine leichte Abänderung der obigen Kette von logischen Umformungen bekommt.

Die bisher bewiesenen Induktionsprinzipien können auch auf induktiv definierte Mengen wie folgt verallgemeinert werden. Es sei M induktiv definiert mittels der Basismenge B und der Menge K der Konstruktorfunktionen. Weiterhin sei $A(x)$ eine Aussage, in der die Variable x für Elemente aus M stehe. Gilt $A(b)$ für alle $b \in B$ und gilt die Implikation

$$\forall x_1, \ldots, x_{s(f)} \in M : A(x_1) \wedge \ldots \wedge A(x_{s(f)}) \Rightarrow A(f(x_1, \ldots, x_{s(f)}))$$

für alle $f \in K$, wobei $s(f)$ die Stelligkeit von f bezeichnet, so gilt $A(m)$ für alle $m \in M$. In Worten besagt dies: Gilt eine Eigenschaft für alle Basiselemente und bleibt sie beim Aufbau der Elemente mittels der Konstruktorfunktionen gültig, so gilt sie für alle Elemente der induktiv definierten Menge. Man vergleiche dies noch einmal mit den Ausführungen in Abschnitt 3.4 zur induktiven Erzeugung der Mengen $\mathbb{N}$, M^* und $\mathcal{B}(M)$ und den oben bewiesenen Induktionsprinzipien. Auch mache man sich beispielsweise klar, wie man durch solch ein allgemeines Induktionsprinzip zeigen kann, dass eine Eigenschaft für alle aussagenlogischen Formeln gilt.

4.5 Einige Hinweise zum Finden von Beweisen

Alle bisher im vorliegenden Text gebrachten Sätze stellen irgendwie gewonnene mathematische Einsichten dar. Erst durch einen nachfolgend gegebenen Beweis wird aus einer Einsicht ein allgemeingültiger mathematischer Satz. Wie findet man nun aber einen Beweis zu einer gewonnenen Einsicht? Der deutsche Mathematiker David Hilbert (1862-1943) meinte dazu: „Da ist das Problem, suche die Lösung dazu. Du kannst sie durch reines Denken finden." Was so einfach klingt, ist in der Praxis oft ungeheuer schwierig. Und in der Tat gibt es eine Vielzahl von mathematischen Einsichten, deren Beweise erst Jahrhunderte später erbracht wurden bzw. immer noch nicht erbracht sind. Die **Goldbachsche Vermutung** gehört zur letzten Klasse. Sie besagt in der Originalversion, dass jede ungerade natürliche Zahl größer als 5 die Summe von drei Primzahlen ist, und wurde vom deutschen Mathematiker Christian Goldbach (1690-1764) im Jahr 1742 in einem Brief an den schweizer Mathematiker Leonhard Euler (1707-1783) formuliert. Heutzutage ist man an der folgenden stärkeren Variante interessiert, genannt **binäre Goldbachsche Vermutung**: Jede gerade natürliche Zahl größer als 2 ist die Summe von zwei Primzahlen.

Die Schwierigkeit, einen mathematischen Beweis zu finden, hängt oft eng mit der Aufgabenstellung zusammen und der Komplexität der verwendeten Begriffe. Anfänger in der Mathematik haben häufig schon bei relativ einfachen Aufgabenstellungen und elementaren Begriffen große Schwierigkeiten, einen Beweis zu finden und diesen dann so aufzuschreiben, dass der entstehende Text als logische Rechtfertigung der Richtigkeit einer Aussage, also als ein mathematischer Beweis, akzeptiert wird. Was in so einem Fall hilfreich sein kann, ist die Einhaltung gewisser Schemata und die Anwendung gewisser Vorgehensweisen. Nachfolgend werden einige von ihnen angegeben und mittels Beispielen demonstriert. In diesem Zusammenhang ist aber unbedingt zu betonen, dass es sich nur um eine kleine Auswahl von sehr allgemeinen Hilfestellungen handelt und dass es auch nicht sinnvoll ist, ihnen immer blind zu folgen. Allgemein sollte man, wie der ungarische Mathematiker George Polya (1887-1985) fordert, erst die Idee eines Beweises erschließen, bevor man die

Details ausformuliert. Polya spricht hier das an, was man oft die Aufteilung eines Beweises in die **Findungsphase** und **Formulierungsphase** nennt. Wir konzentrieren uns in diesem Abschnitt also auf die Findungsphase. Wie man Beweise als Texte formuliert, sollte der Leserin oder dem Leser mittlerweile einigermaßen klar geworden sein.

Nachfolgend geben wir eine erste allgemeine Vorgehensweise an, die helfen kann, einen Beweis zu finden. Diese kann natürlich, wie auch die, welche noch folgen werden, mit allen in den vorangegangenen Abschnitten besprochenen Beweisprinzipien kombiniert werden. Bei umfangreicheren Beweisen ist es oft so, dass sogar mehrere Beweisprinzipien und Vorgehensweisen kombiniert werden müssen, um erfolgreich zu sein. Weiterhin kommen hier in der Regel auch Techniken zum Einsatz, die typisch sind für den speziellen Zweig der Mathematik, aus dem das zu lösende Problem stammt, oder die Begriffe, mit denen man es in seinem Zusammenhang zu tun hat. Die Leserin oder der Leser vergleiche hierzu später mit den Beweisen aus den noch kommenden Kapiteln.

4.5.1 Von beiden Seiten her rechnen

Im Rahmen von Beweisen tauchen oft gewisse Rechnungen auf, die in Form von Ketten geführt werden. Dies ist insbesondere bei Beweisen von Gleichungen und Ungleichungen und bei Umformungen aussagenlogischer und prädikatenlogischer Formeln der Fall. Ein Fehler, der dabei oft gemacht wird, ist, stur von einer Seite zur anderen Seite zu rechnen. Dabei kann es nämlich vorkommen, dass man an einer Stelle stecken bleibt, weil etwa eine nicht offensichtliche Umformung auszuführen ist. Startet man hingegen in einer Nebenrechnung die Rechnung auch von der anderen Seite, so bekommt man die nicht offensichtliche Umformung oft als simplen Vereinfachungsschritt geschenkt. $\square$

Wir haben dieses Vorgehen explizit beispielsweise schon beim Beweis von Satz 4.4.5 demonstriert. Implizit wurde es oft verwendet, um die Beweise dieses Texts zu finden, insbesondere die des zweiten Kapitels. Nachfolgend behandeln wir nochmals ein Beispiel aus der Aussagenlogik.

4.5.2 Beispiel: Aussagenlogik

Es sei die Aufgabe gestellt, zu zeigen, dass die beiden folgenden Formeln der Aussagenlogik logisch äquivalent sind (man nennt dies die **Selbstdistributivität** der Implikation):

$$A_1 \Rightarrow (A_2 \Rightarrow A_3) \qquad (A_1 \Rightarrow A_2) \Rightarrow (A_1 \Rightarrow A_3)$$

Zur Lösung starten wir mit der linken Formel und transformieren sie wie folgt, indem wir alle Implikationen durch Negationen und Disjunktionen ausdrücken:

$$A_1 \Rightarrow (A_2 \Rightarrow A_3) \iff \neg A_1 \vee \neg A_2 \vee A_3$$

Irgendwie muss nun A_1 nochmals eingeführt werden, damit man die rechte der obigen Formeln erreichen kann. An dieser Stelle ist aber nicht klar, wie man dies zu tun hat. Es bietet sich deshalb an, die obigen Umformungen auch mit der rechten Ausgangsformel zu machen. Dies bringt:

$$(A_1 \Rightarrow A_2) \Rightarrow (A_1 \Rightarrow A_3) \iff \neg(\neg A_1 \vee A_2) \vee \neg A_1 \vee A_3$$

Wenn wir nun auf der rechten Seite dieser Äquivalenz eines der Gesetze von de Morgan anwenden, so wird eine Konjunktion eingeführt. Diese muss aber wieder beseitigt werden, damit wir, wie beabsichtigt, auf der rechten Seite der ersten Äquivalenz ankommen. Wie dies geht, wird nun gezeigt:

$$\neg(\neg A_1 \vee A_2) \vee \neg A_1 \vee A_3 \iff (\neg\neg A_1 \wedge \neg A_2) \vee \neg A_1 \vee A_3$$
$$\iff (A_1 \wedge \neg A_2) \vee \neg A_1 \vee A_3$$
$$\iff ((A_1 \vee \neg A_1) \wedge (\neg A_2 \vee \neg A_1)) \vee A_3$$
$$\iff (\textbf{wahr} \wedge (\neg A_2 \vee \neg A_1)) \vee A_3$$
$$\iff (\neg A_2 \vee \neg A_1) \vee A_3$$

Wenn wir nun die überflüssige Klammerung weglassen und die Kommutativität der Disjunktion verwenden, so erhalten wir aus der letzten Formel dieser Kette von Äquivalenzumformungen genau die rechte Seite der ersten logischen Äquivalenz des Beispiels. Damit sind wir fertig und können sofort alles auch in eine einzige Rechnung zusammenfassen. Die Umformung, welche es erlaubt weiterzurechnen, wird uns durch die Rechnung mit der rechten Ausgangsformel als Start geschenkt. □

Man kann die Selbstdistributivität natürlich auch anders beweisen. Wir wissen aufgrund der Definition der logischen Äquivalenz, dass die beiden Formeln $A_1 \Rightarrow (A_2 \Rightarrow A_3)$ und $(A_1 \Rightarrow A_2) \Rightarrow (A_1 \Rightarrow A_3)$ genau dann logisch äquivalent sind, wenn sie für alle Belegungen ihrer atomaren Aussagen durch jeweils gleiche Wahrheitswerte den gleichen Wert besitzen. Also genügt es, eine beliebige Belegung anzunehmen, die explizit gar nicht Verwendung findet, da auch die atomaren Aussagen nicht explizit genannt sind, und durch eine Wahrheitstabelle alle 8 möglichen Kombinationen der Werte von A_1, A_2 und A_3 systematisch zu überprüfen. Hier ist die entsprechende Tabelle.

A_1	A_2	A_3	$A_1 \Rightarrow (A_2 \Rightarrow A_3)$	$(A_1 \Rightarrow A_2) \Rightarrow (A_1 \Rightarrow A_3)$
F	F	F	W	W
F	F	W	W	W
F	W	F	W	W
F	W	W	W	W
W	F	F	W	W
W	F	W	W	W
W	W	F	F	F
W	W	W	W	W

Damit hat man auch die Behauptung gezeigt. Für viele Anfänger ist solch ein Beweis sicherlich einfacher als der oben angegebene, da er nur das Nachsehen in der Wahrheitstabelle der Implikation erfordert und nicht das logisch korrekte Umformen. Das Folgende kann man sich daher als eine weitere allgemeine Vorgehensweise merken, auch wenn sie nicht immer zu den elegantesten Beweisen führt.

4.5.3 Einfache Lösungen bevorzugen

Hat man bei mehreren Ansätzen zu einem Beweis einen zur Verfügung, der aus einer systematischen und algorithmisch einfach durchführbaren Überprüfung einer nicht zu großen Anzahl von Fällen besteht, so nehme man diesen. □

Wenn ein mathematischer Beweis in einem Buch oder einer anderen Publikation (Zeitschrift, Tagungsband, Technischer Bericht etc.) präsentiert wird, so werden hierbei in ihm oft zuerst eine Reihe von Hilfsaussagen bewiesen, aus denen sich letztendlich der gesamte Beweis ergibt. Diese Art der Aufschreibung dient dazu, das Verstehen der Argumentationen zu erleichtern. Gefunden werden Beweise in der Mathematik in der Regel aber anders, insbesondere dann, wenn man eine Aussage als wahr vermutet, aber noch nicht genau weiß, was die dazu erforderlichen Voraussetzungen sind. Man startet in so einer Situation sehr oft mit der zu beweisenden Aussage und reduziert diese dann schrittweise solange auf einfachere Aussagen, bis man letztendlich bei Aussagen landet, die trivialerweise wahr sind, schon woanders als wahr bewiesen wurden oder sinnvolle Voraussetzungen darstellen. Eine Reduktion einer Aussage A auf Aussagen A_1 bis A_n bedeutet dabei, dass die logische Implikation $A_1 \wedge \ldots \wedge A_n \implies A$ als wahr bewiesen wird oder als zutreffend bekannt ist. Man nennt bei einer Implikation die linke Seite stärker als die rechte Seite. Gilt die umgekehrte Implikation im Allgemeinen nicht, so heißt sie sogar echt stärker. Falsche Aussagen sind die stärksten Aussagen, denn man kann aus ihnen alles folgern. Damit ist das folgende allgemeine Vorgehen beim Beweisen oft sinnvoll.

4.5.4 Reduzierend vorgehen und dabei so wenig wie möglich verstärken

Sind die Voraussetzungen einer Behauptung unklar, so ist das reduzierende Vorgehen oft sehr hilfreich. Beim Finden von mathematischen Beweisen durch Reduktionen sollte man weiterhin versuchen, so viel wie möglich mit Reduktionen auf logisch äquivalente Aussagen zu arbeiten. Eine Reduktion auf eine logisch echt stärkere Aussage birgt nämlich immer die Gefahr, dass jene falsch ist oder ihre Konjunktion mit den (vermuteten) Voraussetzungen des Satzes zu einer falschen Aussage führt. Da aus einer falschen Aussage nach Definition der Implikation alles folgt, ist so ein Reduktionsschritt wertlos und hilft beim Beweis nicht weiter. Man beachte, dass $\textbf{wahr} \implies A$ genau dann gilt, wenn $\textbf{wahr} \iff A$ (also A) gilt. $\square$

Nachfolgend geben wir zwei Beispiele für eine reduzierende Vorgehensweise beim Beweisen an, wobei in den Reduktionsschritten nur verstärkt wird, wenn es sinnvoll ist. Dabei vermeiden wir die Umgangssprache so weit wie möglich, damit die verwendeten logischen Schlussweisen klar ersichtlich werden. Wir starten mit zwei Eigenschaften der Potenzmenge im Hinblick auf beliebige Vereinigungen und Durchschnitte.

4.5.5 Beispiel: Potenzmenge

Wir wollen nachfolgend zeigen, dass $\bigcup \mathcal{P}(M) = M$ und $\bigcap \mathcal{P}(M) = \emptyset$ für alle Mengen M gelten. Dazu starten wir mit $\bigcup \mathcal{P}(M) = M$ und verwenden zuerst zum Beweis dieser Gleichung die Definition der Mengengleichheit und erhalten

$$\bigcup \mathcal{P}(M) = M \iff \bigcup \mathcal{P}(M) \subseteq M \wedge M \subseteq \bigcup \mathcal{P}(M).$$

Wir haben also die Aufgabe auf die Beweise von $\bigcup \mathcal{P}(M) \subseteq M$ und von $M \subseteq \bigcup \mathcal{P}(M)$ reduziert, und weil die obige Umformung eine logische Äquivalenz ist, haben wir eine echte Verstärkung vermieden.

Die Gültigkeit der Inklusion $\bigcup \mathcal{P}(M) \subseteq M$ beweisen wir durch die nachfolgend angegebene Rechnung. In ihr ist kein Schritt echt verstärkend; wir verwenden also nur logische

Äquivalenzen. Die im dritten Schritt verwendete logische Äquivalenz haben wir in Satz 2.3.9 als Punkt (7) notiert. Man beachte, dass X in $a \in M$ nicht vorkommt.

$$
\begin{aligned}
\bigcup \mathcal{P}(M) \subseteq M &\iff \forall a : a \in \bigcup \mathcal{P}(M) \Rightarrow a \in M \\
&\iff \forall a : (\exists X : X \in \mathcal{P}(M) \land a \in X) \Rightarrow a \in M \\
&\iff \forall a : \forall X : (X \in \mathcal{P}(M) \land a \in X \Rightarrow a \in M) \\
&\iff \forall a : \forall X : (X \subseteq M \land a \in X \Rightarrow a \in M) \\
&\iff \forall a : \forall X : \textbf{wahr} \\
&\iff \forall a : \textbf{wahr} \\
&\iff \textbf{wahr}
\end{aligned}
$$

Die umgekehrte Inklusion $M \subseteq \bigcup \mathcal{P}(M)$ folgt unmittelbar aus Satz 1.2.6, der Einschließungseigenschaft, indem man $\mathcal{P}(M)$ als Menge $\mathcal{M}$ des Satzes verwendet, sowie die Eigenschaft $M \in \mathcal{P}(M)$. Damit ist $\bigcup \mathcal{P}(M) = M$ bewiesen. Durch die Rechnung

$$
\begin{aligned}
\bigcap \mathcal{P}(M) = \emptyset &\iff \neg \exists a : a \in \bigcap \mathcal{P}(M) \\
&\iff \forall a : \neg (a \in \bigcap \mathcal{P}(M)) \\
&\iff \forall a : \neg (\forall X : X \in \mathcal{P}(M) \Rightarrow a \in X) \\
&\iff \forall a : \exists X : X \in \mathcal{P}(M) \land a \notin X \\
&\Longleftarrow \forall a : \emptyset \in \mathcal{P}(M) \land a \notin \emptyset \\
&\iff \forall a : \textbf{wahr} \\
&\iff \textbf{wahr}
\end{aligned}
$$

zeigt man die verbleibende Gleichung $\bigcap \mathcal{P}(M) = \emptyset$, wobei nur der drittletzte Schritt („Angabe eines Zeugen beweist existenzquantifizierte Aussage") eine echt verstärkende Implikation anwendet. Weil man aber auf **wahr** reduziert, beschreibt diese Anwendung im gegebenen Fall sogar eine logische Äquivalenz. $\quad\square$

Wir haben schon den arithmetischen Mittelwert behandelt. Daneben gibt es etwa noch den geometrischen Mittelwert. Als ein zweites Beispiel für die Anwendung der reduzierenden Vorgehensweise wollen wir nun zeigen, dass für alle nichtnegativen reellen Zahlen ihr geometrischer Mittelwert immer kleiner oder gleich dem arithmetischen Mittelwert ist. Dabei beschränken wir uns der Einfachheit halber auf zwei Zahlen.

4.5.6 Beispiel: Mittelwerte

Es sei für alle nichtnegativen reellen Zahlen a und b zu zeigen, dass $\sqrt{ab} \leq \frac{a+b}{2}$ gilt. Der Beweis dieser Ungleichung wird durch die nachfolgende Rechnung erbracht, in der kein echt verstärkender Reduktionsschritt verwendet wird; die verwendeten elementaren Eigenschaften sollten alle von der weiterbildenden Schule her bekannt sein.

$$
\begin{aligned}
\sqrt{ab} \leq \tfrac{a+b}{2} &\iff (\sqrt{ab})^2 \leq (\tfrac{a+b}{2})^2 \\
&\iff ab \leq \tfrac{a^2 + 2ab + b^2}{4} \\
&\iff 4ab \leq a^2 + 2ab + b^2 \\
&\iff 0 \leq a^2 - 2ab + b^2 \\
&\iff 0 \leq (a - b)^2
\end{aligned}
$$

Da Quadratzahlen immer größer oder gleich der Null sind, ist die letzte Aussage dieser Rechnung wahr. Also gilt auch ihre erste Aussage und dies ist genau die zu zeigende Ungleichung. $\quad\square$

Wie wir im Laufe dieses Texts schon oft gesehen haben, werden in vielen konkreten mathematischen Beweissituationen Definitionen oder schon bewiesene Eigenschaften (Sätze, Lemmata und so fort) angewendet. Auch in Beispiel 4.5.5 gingen wir etwa so vor. Hier haben wir die Inklusion $M \subseteq \bigcup \mathcal{P}(M)$ durch eine Anwendung von Satz 1.2.6 bewiesen. Dabei entspricht die Menge $\mathcal{M}$ des Satzes der Menge $\mathcal{P}(M)$ der konkreten Anwendung und die Menge M des Satzes der Menge M der konkreten Anwendung. Solche Kollisionen von Bezeichnungen beim Anwenden von Definitionen und schon bewiesenen Eigenschaften sind oft eine Quelle von Fehlern. Deshalb sollte man den folgenden Ratschlag beim mathematischen Beweisen beherzigen:

4.5.7 Bezeichnungskollisionen auflösen

Die Einführung von Bezeichnungen (Variablen, Symbolen und so fort) ist ein wesentliches Hilfsmittel der Mathematik beim Niederschreiben von Sachverhalten. Wird dann im Rahmen eines mathematischen Beweises eine Definition oder eine schon bewiesene Tatsache verwendet, so muss man eine Beziehung herstellen zwischen den Bezeichnungen der Definition und des Satzes (oder Lemmas usw.) und den Bezeichnungen der konkreten Anwendung von diesen. Treten hier gleiche Bezeichnungen auf, so ist es sinnvoll, zuerst die der Definition oder des Satzes konsistent so umzubenennen, dass alle insgesamt betrachteten Bezeichnungen verschieden sind. In komplizierteren Situationen kann es sogar sinnvoll sein, die Entsprechungen der so entstehenden Bezeichnungen in Form einer Zuordnungstabelle zu formulieren, um schematisch vorgehen zu können. $\qquad\square$

Schon bewiesene Eigenschaften können natürlich insbesondere auch Regeln sein, die als Gleichungen, Äquivalenzen oder Implikationen formuliert sind. Bei einem komplizierteren Ausdruck wie $2(xy)^{n+2}(\frac{3}{x^2 y^2} + \frac{1}{(xy)^{n+1}}) + 2x$ ist es dann sicher sinnvoll, sich bei der Anwendung des Distributivgesetzes $x(y + z) = xy + xz$ klar zu machen, welcher Teilausdruck welcher Variablen des Gesetzes entspricht. Im nachfolgenden Beispiel greifen wir eine der beiden Gleichungen von Beispiel 4.5.5 noch einmal auf. Dabei erklären wir auch einmal sehr genau, was bei der Anwendung eines Satzes im Rahmen eines Beweises eigentlich vonstatten geht.

4.5.8 Beispiel: nochmals Potenzmenge

Es sei M eine beliebige Menge. Wir wollen noch einmal die Eigenschaft $\bigcap \mathcal{P}(M) = \emptyset$ zeigen, nun aber auf eine andere Weise. Statt der logischen Regeln des obigen Beweises verwenden wir nachfolgend Satz 1.2.7. Da in diesem Satz ebenfalls die Bezeichnung M vorkommt, formulieren wir ihn zuerst einmal wie folgt um:

> Es sei $\mathcal{M}$ eine Menge von Mengen mit $\mathcal{M} \neq \emptyset$. Dann gelten für alle Mengen $N \in \mathcal{M}$ die folgenden Gleichungen:
>
> (1) $\bigcup \mathcal{M} = N \cup \bigcup(\mathcal{M} \setminus \{N\})$
>
> (2) $\bigcap \mathcal{M} = N \cap \bigcap(\mathcal{M} \setminus \{N\})$
>
> Weiterhin gilt im Fall der leeren Menge von Mengen die Eigenschaft $\bigcup \emptyset = \emptyset$.

Es wurde also im Vergleich zum Original nur der Buchstabe M in N umbenannt. Um die beabsichtigte Gleichung $\bigcap \mathcal{P}(M) = \emptyset$ zu zeigen, wählen wir für die nun insgesamt vorkommenden „interessanten" vier Objekte (das M ist irrelevant) die folgenden Entsprechungen:

$$\mathcal{M} \triangleq \mathcal{P}(M) \qquad N \triangleq \emptyset$$

Durch diese Zuordnung werden auch die Bedingungen des umformulierten Satzes und der konkreten Anwendung einander wie folgt zugeordnet:

$$\mathcal{M} \neq \emptyset \triangleq \mathcal{P}(M) \neq \emptyset \qquad N \in \mathcal{M} \triangleq \emptyset \in \mathcal{P}(M)$$

Offensichtlich sind die beiden Aussagen $\mathcal{P}(M) \neq \emptyset$ und $\emptyset \in \mathcal{P}(M)$ wahr und aus der Gleichung (2) des umformulierten Satzes folgt somit durch die entsprechende Ersetzung von $\mathcal{M}$ durch $\mathcal{P}(M)$ und von N durch $\emptyset$ die Gleichung

$$\bigcap \mathcal{P}(M) = \emptyset \cap \bigcap (\mathcal{M} \setminus \{\emptyset\}).$$

Nun können wir noch die Eigenschaft $\emptyset \subseteq \bigcap (\mathcal{M} \setminus \{\emptyset\})$ und die Äquivalenz der Formeln (1) und (2) von Satz 1.2.3 verwenden. Die Leserin oder der Leser mache sich hier zur Übung ebenfalls die Entsprechungen der Bezeichnungen klar. Wir erhalten dann $\emptyset \cap \bigcap (\mathcal{M} \setminus \{\emptyset\})$ $= \emptyset$, was es erlaubt, die obige Rechnung zur Gleichungskette

$$\bigcap \mathcal{P}(M) = \emptyset \cap \bigcap (\mathcal{M} \setminus \{\emptyset\}) = \emptyset$$

zu vervollständigen. Durch sie ist der Beweis erbracht. $\qquad\qquad\qquad\qquad\qquad$ $\square$

Der weitaus größte Teil der mathematischen Sätze hat die Form einer Allaussage. Es wird also ausgesagt, dass alle Objekte, die man in Betracht zieht, eine gewisse Eigenschaft besitzen. Wenn man solch einen Satz als prädikatenlogische Formel hinschreibt, so tauchen in dieser oftmals, neben dem äußersten Allquantor, weitere Quantoren auf. Daraus leitet sich das folgende schematische Vorgehen ab.

4.5.9 Der Quantorenreihenfolge folgen

Diese Vorgehensweise besteht darin, dass man bei einem Beweis genau der Reihenfolge der Quantoren folgt, wie sie sich beim Aufschreiben der Behauptung als Formel ergibt. Beim Beweis einer Allquantifizierung nimmt man dabei ein beliebiges Objekt an und zeigt für dieses die geforderte Eigenschaft; beim Beweis einer Existenzquantifizierung versucht man ein ihre Gültigkeit bezeugendes Objekt aus den gegebenen Objekten des bisherigen Beweistextes zu berechnen bzw. Bedingungen herzuleiten, aus denen man leicht ein bezeugendes Objekt bekommen kann. $\qquad\qquad\qquad\qquad\qquad\qquad\qquad\qquad\qquad$ $\square$

Wir haben dieses Vorgehen etwa schon im Beweis von Satz 4.2.1 und im Induktionsschluss von Satz 4.4.4 verwendet. Nachfolgend geben wir ein weiteres Beispiel an, das im Rahmen der Analysis in das Gebiet „Grenzwerte von Folgen" fällt. Konkret zeigen wir, dass eine bestimmte Folge eine Nullfolge im Sinne der Beispiele 4.3.6 ist.

4.5.10 Beispiel: Grenzwert einer Folge

Wir betrachten die Folge $(\frac{1}{n+1})_{n \in \mathbb{N}}$ und behaupten, dass es zu jeder (noch so kleinen) positiven reellen Zahl ε ein $m \in \mathbb{N}$ gibt mit $\frac{1}{n+1} < \varepsilon$ für alle $n \in \mathbb{N}$ mit $n \geq m$. Als Formel der Prädikatenlogik sieht die Behauptung wie folgt aus:

$$\forall \varepsilon \in \mathbb{R}_{>0} : \exists m \in \mathbb{N} : \forall n \in \mathbb{N} : n \geq m \Rightarrow \frac{1}{n+1} < \varepsilon$$

Bezüglich dieser Formel arbeiten wir nun zum Beweis der Behauptung die Quantifizierungen von links nach rechts ab. Wegen „$\forall\, \varepsilon \in \mathbb{R}_{>0}$" starten wir wie folgt: Es sei ein beliebiges ε aus der Menge $\mathbb{R}_{>0}$ gegeben. Nun haben wir, bedingt durch den nächsten Quantor „$\exists\, m \in \mathbb{N}$", eine Zahl m zu finden, die eine gewisse Eigenschaft erfüllt. Welche, das wird durch die innerste Quantifizierung „$\forall\, n \in \mathbb{N}$" festgelegt. Weil diese eine Allquantifizierung ist, nehmen wir also $n \in \mathbb{N}$ beliebig an. Die Aussage, die n im Fall $n \geq m$ zu erfüllen hat, verwenden wir nun als Startpunkt der folgenden Herleitung einer Bedingung, aus der man leicht ein m bekommt:

$$\frac{1}{n+1} < \varepsilon \iff \frac{1}{\varepsilon} < n+1 \iff \frac{1}{\varepsilon} - 1 < n \impliedby \frac{1}{\varepsilon} \leq n$$

Aufgrund der rechten Formel würde $m := \frac{1}{\varepsilon}$ das Gewünschte leisten. Leider gibt es hier die Schwierigkeit, dass $\frac{1}{\varepsilon}$ keine natürliche Zahl sein muss, m jedoch schon. Aber der Ausdruck und die Bedingung $\frac{1}{\varepsilon} \leq n$ geben einen Hinweis, wie man m wählen kann. Jedes m mit $\frac{1}{\varepsilon} \leq m$ ist möglich, denn aus $\frac{1}{\varepsilon} \leq m$ folgt für das angenommene n aus $n \geq m$ sofort $\frac{1}{\varepsilon} \leq n$ und den Rest bewerkstelligt dann die obige logische Implikation. Eine konkrete Wahl von m ist etwa gegeben durch die Festlegung $m := min\{x \in \mathbb{N} \mid \frac{1}{\varepsilon} \leq x\}$.

Normalerweise werden die eben erbrachten Rechnungen in Form einer Nebenrechnung auf einem Schmierzettel durchgeführt. Im eigentlichen Beweistext gibt man dann nach der Einführung von ε das errechnete m konkret an und zeigt, dass jeweils $\frac{1}{n+1} < \varepsilon$ für jedes beliebige $n \in \mathbb{N}$ mit $n \geq m$ gilt. $\qquad\square$

Die Angabe eines konkreten Objekts a, welches beim Aufschreiben eines Beweises die Richtigkeit einer Existenzaussage $\exists\, x : A(x)$ bezeugen soll, nennt man in der Mathematik oft eine **Setzung**. Auf die Setzung von a folgt im Beweisablauf normalerweise sofort die Verifikation der Aussage $A(a)$, womit insgesamt $\exists\, x : A(x)$ bewiesen ist.

In dem obigen Beispiel erstreckt sich der Bereich jeder der durch einen Quantor eingeführten Variablen ε, m und n bis zum Ende der Formel. Es kommt aber auch vor, dass dem nicht so ist, wie beispielsweise in der folgenden Formel, die wir beim indirekten Beweis von Satz 4.2.1 für alle $m, n \in \mathbb{N}$ bewiesen haben:

$$(\exists\, x \in \mathbb{N} : m = 2x) \wedge (\exists\, x \in \mathbb{N} : n = 2x) \implies (\exists\, x \in \mathbb{N} : m+n = 2x)$$

Hier tauchen drei gleiche Variablenbezeichnungen x auf. Wo sie gelten, ist durch die Klammerung angegeben, wobei die Klammerung rechts des Implikationspfeils eigentlich überflüssig ist. Aus schon besprochenen Gründen sollte man Kollisionen von Bezeichnungen vermeiden, also auch in Formeln, folglich hier gleichbezeichnete gebundene Variablen entsprechend umbenennen. Statt der obigen Formel bietet sich an, die gleichwertige Version

$$(\exists\, x \in \mathbb{N} : m = 2x) \wedge (\exists\, y \in \mathbb{N} : n = 2y) \implies (\exists\, z \in \mathbb{N} : m+n = 2z)$$

zu verwenden. Dann kann man zum Beweis ein $x \in \mathbb{N}$ mit $m = 2x$ und ein $y \in \mathbb{N}$ mit $n = 2y$ annehmen und bekommt aus der Rechnung $m + n = 2x + 2y = 2(x + y)$ ein $z \in \mathbb{N}$ mit $m + n = 2z$, indem man die Setzung $z := x + y$ verwendet.

Wir besprechen nun eine Vorgehensweise, die auch schon häufig im Laufe des Texts Anwendung fand, beispielsweise im Beweis von Satz 1.2.7.

4.5.11 Sinnvolle Fallunterscheidungen einführen

In der Praxis kommt es vor, dass man den Beweis einer Behauptung nur unter der Verwendung einer zusätzlichen Bedingung B an die gegebenen Objekte erbringen kann. Hier bietet es sich an, aufgrund von B eine Fallunterscheidung zu treffen und zu versuchen, auch den Fall, dass B nicht gilt, unter Verwendung dieser Annahme zu verifizieren. Es sind sogar mehrere Bedingungen B_1 bis B_n sinnvoll; dann ist aber darauf zu achten, dass ihre Disjunktion $B_1 \vee \ldots \vee B_n$ alle möglichen Fälle abdeckt, also wahr ist. Der Vorteil der Einführung von Fallunterscheidungen ist, dass durch die zusätzlichen Bedingungen der einzelnen Fälle mehr Information zur Beweisführung zur Verfügung steht. $\square$

Fallunterscheidungen ergeben sich in einer natürlichen Weise, wenn man bei der reduzierenden Vorgehensweise auf eine Disjunktion $A_1 \vee A_2$ stößt. Da man hier in der Regel nicht weiß, welche der beiden Formeln wahr ist, muss man beide Möglichkeiten in Betracht ziehen. Fallunterscheidungen sind insbesondere auch dann angebracht, wenn man es mit Objekten zu tun hat, die durch Fallunterscheidungen definiert sind. Beispiele hierzu sind etwa der Absolutbetrag einer Zahl und das Maximum bzw. Minimum von zwei Zahlen. Nachfolgend behandeln wir den Absolutbetrag.

4.5.12 Beispiel: Absolutbetrag

Wir wollen zeigen, dass für alle reellen Zahlen x und y die folgende Aussage gilt, welche auch als **Dreiecksungleichung** bekannt ist:

$$|x + y| \leq |x| + |y|$$

Da der Absolutbetrag mittels einer Fallunterscheidung definiert ist und x und y beliebige reelle Zahlen sind, bietet sich an, nach dem Vorzeichen von $x + y$ statt derer von x und von y zu unterscheiden.

(a) Gilt $x + y \geq 0$, so ist die zu zeigende Eigenschaft äquivalent zu $x + y \leq |x| + |y|$, und diese Ungleichung gilt, weil offensichtlich $x \leq |x|$ und $y \leq |y|$ wahr sind.

(b) Gilt $x + y < 0$, so ist die zu zeigende Eigenschaft äquivalent zu $-(x + y) \leq |x| + |y|$, also zu $(-x) + (-y) \leq |x| + |y|$, und diese letzte Ungleichung gilt wiederum, weil offensichtlich auch $-x \leq |x|$ und $-y \leq |y|$ zutreffen.

Damit ist die Dreiecksungleichung bewiesen. $\square$

Insbesondere bei Rekursionen bieten sich Fallunterscheidungen zur Beweisführung an. Als ein Beispiel zeigen wir nachfolgend, wie aus der in Abschnitt 1.5 gegebenen impliziten Definition des ganzzahligen Anteils des dualen Logarithmus die im gleichen Abschnitt auch angegebene Rekursion folgt.

4.5.13 Beispiel: ganzzahliger Anteil des dualen Logarithmus

Wir erinnern an die implizite Definition des ganzzahligen Anteils des dualen Logarithmus als eine Funktion $glog_2 : \mathbb{N} \setminus \{0\} \to \mathbb{N}$ mit der Eigenschaft

$$glog_2(x) = y \iff 2^y \leq x < 2^{y+1}$$

für alle $x \in \mathbb{N} \setminus \{0\}$ und $y \in \mathbb{N}$. Zum Beweis der in Abschnitt 1.5 angegebenen rekursiven Darstellung sei $x \in \mathbb{N} \setminus \{0\}$ beliebig vorausgesetzt. Nach der oben angegebenen Definition gilt für alle $y \in \mathbb{N}$ die Gleichung $glog_2(x) = y$ genau dann, wenn $2^y \leq x < 2^{y+1}$ gilt. Wir unterscheiden zum Beweis der Rekursion der Funktion $glog_2$ nun die drei in ihr angegebenen Fälle.

(a) Es gelten $x = 1$ und $glog_2(x) = y$. Dann erhalten wir $2^y \leq 1 < 2^{y+1}$ und dies bringt $y = 0$, also $glog_2(x) = 0$.

(b) Nun gelten $x \neq 1$ und x sei gerade. Wiederum sei $glog_2(x) = y$. Unter diesen Annahmen bekommen wir $2^y \leq x < 2^{y+1}$ und eine Division durch 2 bringt $2^{y-1} \leq \frac{x}{2} < 2^y$. Man beachte, dass $y \geq 1$ wegen der Voraussetzungen gilt. Aus $2^{y-1} \leq \frac{x}{2} < 2^y$ folgt aufgrund der impliziten Definition von $glog_2$ sofort $glog_2(\frac{x}{2}) = y - 1$ und die Voraussetzung $glog_2(x) = y$ zeigt $glog_2(x) = glog_2(\frac{x}{2}) + 1$.

(c) Im verbleibenden Fall gilt wiederum $x \neq 1$, aber x ist nun eine ungerade Zahl. Ist $glog_2(x) = y$, so gilt $2^y \leq x < 2^{y+1}$ und dies impliziert $2^y \leq x - 1 < 2^{y+1}$, denn 2^y und 2^{y+1} sind gerade. Eine Division durch 2 bringt hier $2^{y-1} \leq \frac{x-1}{2} < 2^y$ und, analog zu (b), folgt daraus letztendlich $glog_2(x) = glog_2(\frac{x-1}{2}) + 1$.

Wenn wir den Beweis auf die eben gezeigte Art und Weise gefunden haben, so kann man sogar ohne die Hilfsbezeichnung y auskommen, wie der nachstehende Beweis des zweiten Falls durch reine Äquivalenztransformationen für gerade $x \in \mathbb{N} \setminus \{0\}$ zeigt:

$$
\begin{aligned}
glog_2(x) = glog_2(x) &\iff 2^{glog_2(x)} \leq x < 2^{glog_2(x)+1} && \text{Definition von } glog_2 \\
&\iff 2^{glog_2(x)-1} \leq \frac{x}{2} < 2^{glog_2(x)} && \text{Division durch 2} \\
&\iff glog_2(\tfrac{x}{2}) = glog_2(x) - 1 && \text{Definition von } glog_2 \\
&\iff glog_2(x) = glog_2(\tfrac{x}{2}) + 1
\end{aligned}
$$

Weil die erste Formel dieser Rechnung trivialerweise wahr ist, gilt dies auch für ihre letzte Formel. Ob man den Beweis wie oben oder wie eben gerade demonstriert aufschreibt, ist eine reine Frage des Geschmacks. □

Zum Schluss dieses Abschnitts behandeln wir noch eine Vorgehensweise, die insbesondere oft bei Induktionsbeweisen anwendbar ist.

4.5.14 Behauptung gegebenenfalls verallgemeinern

Eine häufig auftretende Situation beim Beweis von Aussagen ist, dass der Beweis wesentlich einfacher wird, wenn man die Behauptung verallgemeinert. So eine Verallgemeinerung besteht oft darin, dass eine Konstante (z.B. eine fest vorgegebene Zahl) der Aussage als ein beliebiges Objekt (also eine beliebige Zahl) angenommen wird. Eigentlich möchte man denken, dass allgemeinere Aufgaben immer schwieriger zu lösen sind als speziellere. Aber durch eine Verallgemeinerung ist es oft so, dass zusätzliche Informationen und Eigenschaften benutzbar werden, die im ursprünglichen spezielleren Fall nicht sichtbar sind. □

Als Anwendung der eben beschriebenen Vorgehensweise betrachten wir im folgenden Beispiel zwei rekursiv beschriebene Funktionen f und g auf den natürlichen Zahlen und eine Eigenschaft, die zeigt, wie man die Werte der Funktion f durch spezielle Aufrufe der Funktion g berechnen kann. Die Rekursionsstruktur von g ist von der Art, dass die Abarbeitung mittels einer Schleife im Sinne von Programmiersprachen wie Java oder C erfolgen kann. Sind f und g in einer funktionalen Programmiersprache implementiert, beispielsweise in Haskell, so nennt man den Schritt von f zu g auch Entrekursivierung oder Übergang zu einer endständigen Rekursion (wo rekursive Aufrufe nicht in Argumenten von anderen Funktion passieren, im Gegensatz zur Funktion f mit einem Aufruf in der Multiplikation).

4.5.15 Beispiel: Entrekursivierung

Wir betrachten zwei Funktionen $f : \mathbb{N}^2 \to \mathbb{N}$ und $g : \mathbb{N}^3 \to \mathbb{N}$, welche für alle $x, y, n \in \mathbb{N}$ wie folgt rekursiv spezifiziert sind:

$$f(x,n) = \begin{cases} x\,f(x, n-1) & \text{falls } n \neq 0 \\ 1 & \text{falls } n = 0 \end{cases} \qquad g(x,y,n) = \begin{cases} g(x, yx, n-1) & \text{falls } n \neq 0 \\ y & \text{falls } n = 0 \end{cases}$$

Es sei nun die Aufgabe gestellt, zu beweisen, dass die Gleichung $f(x,n) = g(x,1,n)$ für alle $x, n \in \mathbb{N}$ gilt. Dazu bietet sich natürlich eine vollständige Induktion nach n an, da in beiden Fällen n, wie man sagt, die Rekursion steuert. Als Aussage $A(n)$, die wir für alle $n \in \mathbb{N}$ zeigen wollen, nehmen wir also die folgende Formel:

$$\forall\, x \in \mathbb{N} : f(x,n) = g(x,1,n)$$

Der Induktionsbeginn ist einfach. Es gilt $A(0)$ wegen $f(x,0) = 1 = g(x,1,0)$ für alle $x \in \mathbb{N}$. Zum Beweis des Induktionsschlusses sei irgend ein $n \in \mathbb{N}$ mit $A(n)$ vorgegeben. Weiterhin sei $x \in \mathbb{N}$ als beliebig angenommen. Dann liefern die Rekursion von f und $A(n)$ die Gleichung $f(x, n+1) = x\,f(x,n) = x\,g(x,1,n)$. Wenn wir mit der anderen Seite der zu beweisenden Gleichung starten, so bekommen wir $g(x,1,n+1) = g(x,x,n)$ wegen der rekursiven Beschreibung von g. Hier kommen wir aber offensichtlich nicht weiter.

Um den Beweis zu schaffen, ist es notwendig zu wissen, was die Beziehung von $f(x,n)$ und $g(x,y,n)$ für alle natürlichen Zahlen y und nicht nur für die spezielle Wahl $y = 1$ ist. In unserem Fall haben wir $y\,f(x,n) = g(x,y,n)$ für alle $x, y, n \in \mathbb{N}$, woraus wir sofort den oben behaupteten Spezialfall bekommen. Der Beweis der Verallgemeinerung der Originalaussage erfolgt ebenfalls durch eine vollständige Induktion nach n, nun aber mit

$$\forall\, x, y \in \mathbb{N} : y\,f(x,n) = g(x,y,n)$$

als $A(n)$. Den Induktionsbeginn $A(0)$ zeigt man wie folgt. Es seien $x, y \in \mathbb{N}$ beliebig vorgegeben. Dann gilt $y\,f(x,0) = y = g(x,y,0)$. Und auch der Beweis des Induktionsschlusses geht nun glatt vonstatten. Es sei ein beliebiges $n \in \mathbb{N}$ mit der Eigenschaft $A(n)$ angenommen. Dann gilt für alle $x, y \in \mathbb{N}$ die Gleichung

$$y\,f(x, n+1) = yx\,f(x,n) = g(x, yx, n) = g(x, y, n+1)$$

unter Verwendung der Rekursion von f im ersten Schritt, der Induktionshypothese $A(n)$ im zweiten Schritt und der Rekursion von g im dritten Schritt. Insgesamt gilt also $A(n+1)$. $\square$

Das eigentliche Problem bei einer Verallgemeinerung ist, diese zu finden. Hier kann Experimentieren sehr hilfreich sein. Im obigen Beispiel findet man etwa durch termmäßiges Rechnen im Fall von f, dass

$$f(x,n) = x\,f(x, n-1) = x^2\,f(x, n-2) = x^3\,f(x, n-3) = \dots$$

gilt, was die Vermutung $f(x,n) = x^n f(x, n-n) = x^n$ nahe legt. Bei der Funktion g bekommt man auf die gleiche Weise das Resultat

$$g(x,y,n) = g(x,yx,n-1) = g(x,yx^2,n-2) = g(x,yx^3,n-3) = \ldots$$

und dieses kann man zur Vermutung $g(x,y,n) = g(x,yx^n,n-n) = yx^n$ verallgemeinern. Nun ist der Bezug zur im Beispiel verwendeten Verallgemeinerung $g(x,y,n) = yx^n = y f(x,n)$ der originalen Aufgabe klar.

Neben den bisher vorgestellten Vorgehensweisen gibt es noch viele weitere, insbesondere solche, die mit speziellen mathematischen Teilgebieten zu tun haben, etwa der Algebra, der Analysis, der Graphentheorie oder der Ordnungstheorie. In diesen Gebieten wurden spezielle Techniken entwickelt, die oftmals erfolgreich eingesetzt werden können und deren Kenntnisse damit beim Suchen von Beweisen hilfreich sind. Wegen des einführenden Charakters dieses Texts können wir nicht genauer auf solche Techniken eingehen. Einige immer wiederkehrende Argumentationen wird die Leserin oder der Leser vielleicht in den kommenden Kapiteln erkennen.

Schließlich soll noch ein letzter Rat gegeben werden. Zwar ist es in mathematischen Beweisen verboten, auf der Ebene der Anschauung zu argumentieren, also etwa mit Venn-Diagrammen, Pfeil-Diagrammen, baumartigen Darstellungen von logischen Reduktionen und sonstigen Zeichnungen, aber zum Finden von Beweisen ist diese Ebene oft sehr wertvoll. Die Anschauung kann nämlich die entscheidenden Hinweise geben, wie ein Beweis eventuell weitergeführt werden kann, wenn man steckengeblieben ist, oder wie er sogar als Ganzes aufgebaut sein kann. Anschauliche Darstellungen sind auch ein wertvolles Mittel zur Kommunikation. Beim Beweisen geht es ja viel um Kommunikation mit anderen Personen, die man von der Richtigkeit eines Sachverhalts überzeugen will. Dabei helfen in einem geschriebenen mathematischen Text vor oder nach der Darstellung eines formalen Beweises oft motivierende Beispiele, Skizzen und ähnliche Dinge bei der Veranschaulichung und Verdeutlichung dessen, was das formale Vorgehen zeigt. Im Rahmen eines mündlichen Vortrags, beispielsweise einer Vorlesung, kann man die formale und die anschauliche Ebene sogar gewinnbringend verbinden und dies ist der große Vorteil solcher Präsentationen.

4.6 Übungsaufgaben

4.6.1 Aufgabe

Eine Funktion $f : \mathcal{P}(M) \to \mathcal{P}(M)$ auf der Potenzmenge einer Menge M erfülle die folgende Eigenschaft:

$$\text{(a)} \quad \forall X, Y \in \mathcal{P}(M) : f(X \cup Y) = f(X) \cup f(Y)$$

Zeigen Sie, dass es eine Menge $N \in \mathcal{P}(M)$ mit den folgenden zwei Eigenschaften gibt:

(1) $f(N) = N$

(2) Für alle $X \in \mathcal{P}(M)$ gilt: Aus $f(X) = X$ folgt $N \subseteq X$.

Gilt diese Aussage auch, wenn in (a) die Vereinigung durch den Durchschnitt ersetzt wird (mit Begründung)?

4.6.2 Aufgabe

Beweisen Sie die folgenden Aussagen jeweils indirekt:

(1) Für alle $n \in \mathbb{N}$ gilt: Ist n^2 gerade, dann ist auch n gerade.

(2) Für alle $n \in \mathbb{N}$ gilt: Ist 9 kein Teiler von n^2, so ist 6 kein Teiler von n.

(3) Für alle $m, n \in \mathbb{Z}$ gilt: Sind $m + n$ und $m - n$ teilerfremd, so sind auch m und n teilerfremd.

(4) Ist $(a_1, \ldots a_k) \in \mathbb{N}^k$ eine nichtleere lineare Liste ungerader natürlicher Zahlen und $\sum_{i=1}^{k} a_i$ gerade, so ist auch die Listenlänge k gerade.

4.6.3 Aufgabe

Für alle $m, n \in \mathbb{Z}$ gilt: Ist eine der Zahlen m, n nicht durch 3 teilbar, so ist auch eine der Zahlen $m+n$, $m-n$ nicht durch 3 teilbar. Weisen Sie diese Aussage durch einen indirekten Beweis nach.

4.6.4 Aufgabe

Zeigen Sie die folgenden Aussagen jeweils durch einen Widerspruchsbeweis.

(1) Für alle $n \in \mathbb{N}$ mit $n > 1$ gilt $n^2 < n^3$:

(2) Für alle $n \in \mathbb{N}$ gilt: Ist n gerade und gilt $\sqrt{n} \in \mathbb{N}$, so ist $\sqrt{n}$ gerade.

4.6.5 Aufgabe

Gegeben seien $a, b, c \in \mathbb{N}$ mit $a^2 + b^2 = c^2$. Weiterhin seien a, b und c teilerfremd. Dann ist c ungerade und genau eine der Zahlen a, b ist gerade. Zeigen Sie diese Eigenschaft, indem Sie die folgenden Aussagen nacheinander durch Widerspruch beweisen.

(1) Mindestens eine der Zahlen a, b, c ist ungerade.

(2) Mindestens eine der Zahlen a, b, c ist gerade.

(3) Genau eine der Zahlen a, b, c ist gerade.

(4) Die gerade Zahl ist ungleich c.

4.6.6 Aufgabe

Für alle $n \in \mathbb{N}$ und $a \in \mathbb{R}$ mit $a \neq 1$ gilt

$$\sum_{i=0}^{n} a^i = \frac{a^{n+1} - 1}{a - 1}.$$

Beweisen Sie diese sogenannte Summenformel der n-ten Partialsumme der geometrischen Reihe durch vollständige Induktion.

4.6.7 Aufgabe

Beweisen Sie die folgenden Behauptungen durch vollständige Induktion, wobei der Induktionsbeginn geeignet festzulegen ist.

(1) Für alle $n \in \mathbb{N}$ mit $n \geq 1$ ist $3^n - 3$ durch 6 teilbar.

(2) Für alle $n, x \in \mathbb{N}$ mit $n \geq 2$ und $x \geq 1$ gilt $1 + nx < (1 + x)^n$.

4.6.8 Aufgabe

Zeigen Sie durch vollständige Induktion, dass für alle $a, b, n \in \mathbb{N}$ mit $n \geq 1$ die Ungleichung

$$\text{(a)} \quad a^n + b^n \leq (a + b)^n$$

gilt. Bleibt (a) auch wahr, wenn a und b reelle Zahlen sein dürfen (mit Begründung)?

4.6.9 Aufgabe

Die Funktion $rev : M^* \to M^*$ zum Revertieren von linearen Listen über einer Menge M kann induktiv wie folgt beschrieben werden:

$$rev(()) = () \qquad rev(a : s) = rev(s) \,\&\, (a)$$

Beweisen Sie durch Listeninduktion, dass für alle $s \in M^*$ die folgenden Gleichungen gelten:

$$\text{(a)} \quad rev(rev(s)) = s \qquad\qquad \text{(b)} \quad |rev(s)| = |s|$$

Hinweis: Zum Beweis von (a) benötigen Sie, neben Gesetzen der Operation $\&$, wie beispielsweise $(a) = a : ()$ für alle $a \in M$, noch eine Hilfsaussage, die ebenfalls durch Listeninduktion bewiesen werden kann.

4.6.10 Aufgabe

Beweisen Sie durch Listeninduktion, dass für alle linearen Listen $s, t \in M^*$ die folgende Gleichung gilt:

$$|s \,\&\, t| = |s| + |t|$$

4.6.11 Aufgabe

Beweisen Sie die Aussage von Aufgabe 4.6.10 auch durch eine Induktion nach der Listenlänge.

4.6.12 Aufgabe

Die Funktion $f : \mathcal{B}(M) \to \mathcal{B}(M)$ erfülle die folgenden Gleichungen für alle $a \in M$ und $b_1, b_2 \in \mathcal{B}(M)$.

$$f(\diamond) = \diamond \qquad\qquad f(baum(b_1, a, b_2)) = baum(f(b_2), a, f(b_1))$$

(1) Beweisen Sie durch Bauminduktion, dass $f(f(b)) = b$ für alle $b \in \mathcal{B}(M)$ gilt.

(2) Beschreiben Sie umgangssprachlich die Wirkung von f.

5 Anwendung: Spezifikation und Programmverifikation

Eine der Hauptaufgaben der Informatik ist das Entwerfen von Algorithmen, also von effektiv ausführbaren Verfahren, die eine bestimmte Klasse von verwandten Problemen lösen. Von der höheren Schule her kennt man solche Verfahren in der Regel aus dem Geometrie-Unterricht. Typische Algorithmen sind hier das Halbieren einer Strecke oder das Fällen eines Lots nur unter Verwendung von Zirkel, Lineal und Bleistift. Die Informatik ist insbesondere an solchen Algorithmen interessiert, die mit Hilfe eines Computers ausgeführt werden können. Dazu werden sie in „Kunstsprachen" formuliert, welche von Computern verstanden werden. Diese Kunstsprachen heißen Programmiersprachen, die in ihnen formulierten Algorithmen nennt man Programme und als Programmieren bezeichnet man das Entwerfen und Niederschreiben von Programmen. Letztere sollen natürlich eine Reihe günstiger Eigenschaften besitzen. Etwa sollen sie so geschrieben sein, dass man sie gut lesen und verstehen kann. Die entscheidende Eigenschaft aber, die Programme zu erfüllen haben, ist ihre Korrektheit, also die Eigenschaft, dass sie die Probleme, zu deren Lösung sie entworfen wurden, auch wirklich lösen. Insbesondere dürfen sie keine falschen Resultate produzieren. Um Anwendungen von den bisher behandelten mathematischen Konzepten in der Informatik zu demonstrieren, zeigen wir in diesem Kapitel ansatzweise, wie man mittels Mathematik die Korrektheit von Programmen formal beweisen kann. Diesem Gebiet ist ein großer Teil eines Informatik-Studiums gewidmet. Wir beschränken uns auf die imperative Programmierung.

5.1 Imperative Programmierung

Wir haben in Kapitel 3 schon den Begriff „funktionale Programmiersprache" erwähnt und auch Namen solcher Programmiersprachen angegeben, etwa Haskell und ML. Derzeit wird aber der weitaus größte Teil aller Programme noch in einer imperativen Programmiersprache geschrieben, also etwa in Java oder C, um zwei bekannte Vertreter dieser Klasse von Programmiersprachen zu nennen. Alle diese Programmiersprachen bauen vom Prinzip her auf eine gemeinsame Kernsprache und das gleiche abstrakte Modell einer Programmausführung auf.

Das abstrakte Modell der Programmausführung – auch Semantik genannt – basiert auf der (ebenfalls abstrakten) Vorstellung eines Computers mit einem Speicher, der in einzelne Zellen eingeteilt ist. Auf jede Speicherzelle kann mittels einer symbolischen Adresse zugegriffen werden. Diese symbolischen Adressen sind Namen und werden im Jargon Variablen genannt. Wir nennen sie **Programmvariablen**, denn sie sind keine Platzhalter für Objekte, wie es die bisher verwendeten Variablen sind. Jede Programmvariable x besitzt einen Typ, der besagt, welche Objekte in der Speicherzelle gespeichert werden können, auf die mittels x zugegriffen werden kann. Ist beispielsweise *nat* der Typ von x, so heißt dies, dass diese Objekte natürliche Zahlen sind. Hat x den Typ *real*, so sind die gespeicherten Objekte reelle Zahlen. Wichtig ist auch der Typ *bool*, welcher bestimmt, dass ein gespeichertes Objekte nur ein Wahrheitswert (also W oder F) sein kann. Das in der Speicherzelle zu x gespeicherte Objekt heißt der **Wert** von x.

Der entscheidende Befehl jeder imperativen Programmiersprache ist die **Zuweisung**. Diese wird oftmals in der Form $x := E$ notiert. Dabei ist x eine Programmvariable und E ist

___

Zusatzmaterial online
Zusätzliche Informationen sind in der Online-Version dieses Kapitel (https://doi.org/10.1007/978-3-658-33304-1_5) enthalten.

ein Ausdruck, der aufgebaut ist mit Hilfe von Programmvariablen und gewissen Symbolen für Objekte und Funktionen (Operationen), die als vorhanden angenommen werden. Bei einer Zuweisung $x := E$ wird gefordert, dass durch das Auswerten von E (bei den gegebenen Werten der Programmvariablen) ein Objekt e entsteht, welches durch den Typ von x als Wert von x erlaubt ist. Die Ausführung von $x := E$ bewirkt dann, dass das in der Speicherzelle zu x gespeicherte Objekt durch e ersetzt wird. Sie ändert also den Wert von x zum Wert von E ab. Um spätere Beweise bei der Programmverifikation einfacher halten zu können, verwenden wir im Folgenden eine Erweiterung von Zuweisungen zu **kollateralen Zuweisungen** der Form $x_1, \ldots, x_n := E_1, \ldots, E_n$, wobei die Programmvariablen $x_1, \ldots, x_n$ paarweise verschieden sind. Eine Ausführung von $x_1, \ldots, x_n := E_1, \ldots, E_n$ ändert gleichzeitig die Werte der x_i zu den Werten der E_i ab. Es kann vorkommen, dass bei $x_1, \ldots, x_n := E_1, \ldots, E_n$ zu gewissen Werten der Programmvariablen (mindestens) ein Ausdruck E_i undefiniert ist. Die Ausführung resultiert in so einem Fall per Definition in einem **Fehler**.

5.1.1 Beispiel: Ausführung von Zuweisungen

Es seien x und y Programmvariablen des Typs *real*, was besagt, dass die unter ihnen gespeicherten Objekte reelle Zahlen sind. Angenommen, es besitzen beide den Wert 10. Dann wird durch die Ausführung der kollateralen Zuweisung

$$x, y := x + y, x - 1$$

der Wert von x zu 20 und der Wert von y zu 9 verändert. Hingegen resultiert die Ausführung der kollateralen Zuweisung

$$x, y := x + y, x/(x - y)$$

bei den angenommenen Werten von x und y in einem Fehler, da der Ausdruck $x - y$ den Wert 0 besitzt, die Division also nicht definiert ist. □

Neben Zuweisungen enthalten alle imperativen Programmiersprachen aus gewissen Gründen (auf die wir hier nicht eingehen wollen) noch den **leeren Befehl**. Dieser wird oft als *skip* notiert. Seine Ausführung bewirkt nichts. Insbesondere werden also dadurch keine Werte von Programmvariablen verändert.

Die allen imperativen Programmiersprachen gemeinsame Kernsprache stellt nun drei Möglichkeiten bereit, aus Zuweisungen und dem leeren Befehl Programme zu konstruieren. Diese Programme werden auch Anweisungen genannt. Wir definieren sie im Folgenden durch ein Regelwerk.

5.1.2 Definition: Anweisungen der Kernsprache

Die Menge *Anw* der **Anweisungen** ist durch die folgenden Regeln definiert:

(1) Alle kollateralen Zuweisungen $x_1, \ldots, x_n := E_1, \ldots, E_n$ sind Anweisungen.

(2) Der leere Befehl *skip* ist eine Anweisung.

(3) Für alle $P, Q \in Anw$ gilt auch $P; Q \in Anw$. Diese Anweisung heißt **Hintereinanderausführung**.

(4) Für alle $P, Q \in Anw$ und jeden Ausdruck B, der nur W oder F als Wert besitzen kann, gilt auch **if** B **then** P **else** Q **end** $\in Anw$. Diese Anweisung heißt **Fallunterscheidung** mit Bedingung B und den beiden Fällen P und Q.

(5) Für alle $P \in Anw$ und jeden Ausdruck B, der nur W oder F als Wert besitzen kann, gilt auch **while** B **do** P **end** $\in Anw$. Diese Anweisung heißt **while-Schleife** (kurz: Schleife) mit Schleifenbedingung B und Schleifenrumpf P.

(6) Es gibt keine Elemente in Anw außer denen, die durch die Regeln (1) bis (5) zugelassen werden. □

Eine Ausführung von $P; Q$ bewirkt im abstrakten Modell der Programmausführung, dass zuerst die Werte der Programmvariablen durch eine Ausführung von P geändert werden und dann eine Ausführung von Q die neuen Werte nochmals ändert. Resultiert die Ausführung von P oder von Q in einem Fehler, so auch (per Definition) die Ausführung von $P; Q$. Wird **if** B **then** P **else** Q **end** ausgeführt, so wird zuerst (bei den gegebenen Werten der Programmvariablen) die Bedingung B berechnet. Ist der Wert W, so wird dann P ausgeführt, ist der Wert F, so wird dann Q ausgeführt, und ist B undefiniert, so resultiert die Ausführung der Fallunterscheidung (per Definition) in einem Fehler. Eine Ausführung von **while** B **do** P **end** startet ebenfalls mit der Berechnung von B. Ist der Wert W, so wird dann $P;$ **while** B **do** P **end** ausgeführt, also zuerst der Schleifenrumpf und dann wieder die Schleife, ist der Wert F, so wird dann *skip* ausgeführt, und ist B undefiniert, so resultiert die Ausführung der Schleife (per Definition) in einem Fehler.

Normalerweise haben Programme die Form $P_1; P_2; \ldots, P_n$, bestehen also aus einer Hintereinanderausführung von Anweisungen. Wir haben in Regel (3) von Definition 5.1.2 auf eine Klammerung verzichtet und damit ist, streng genommen, für den Fall $n > 2$ nicht festgelegt, wie Klammern zu setzen sind. Aus der obigen informellen Beschreibung der Ausführung einer Hintereinanderausführung ergibt sich aber, dass die Ausführungen von $P; (Q; R)$ und $(P; Q); R$ das Gleiche bewirken. Aus diesem Grund haben wir auf die Klammerung verzichtet.

Wir beenden diesen Abschnitt mit zwei kleinen Beispielen für Programme, die wir in den folgenden Abschnitten wieder aufgreifen werden. Die Form dieser Programme kann mit „Initialisierung der Programmvariablen gefolgt von einer Schleife" beschrieben werden. Solche Programme kommen als Teile realistischer praktischer Programme sehr häufig vor. Das folgende erste Beispiel baut auf Zahlen auf.

5.1.3 Beispiel: imperatives Programm über Zahlen

Wir setzen vier Programmvariablen x, y, r und s voraus. Jede davon sei vom Typ *nat*. Weiterhin betrachten wir das folgende imperative Programm:

$$y, r, s := 0, 1, 3;$$
$$\textbf{while } r \leq x \textbf{ do}$$
$$y, r, s := y + 1, r + s, s + 2$$
$$\textbf{end}$$

In diesem Programm wird die Schleifenbedingung $r \leq x$ nicht als eine Formel im Sinne der Logik aufgefasst, sondern als ein Ausdruck, welcher W oder F als Wert liefert.   □

Eine Auffassung von Formeln als Bedingungen (also spezielle Ausdrücke) ist in Programmiersprachen üblich. Sie beinhaltet, dass eine Relation $R \subseteq X \times Y$ als eine Funktion $R : X \times Y \to \mathbb{B}$ (in Infix-Schreibweise) behandelt wird. Somit liefert die Anwendung von R auf passende Argumente einen Wahrheitswert, wie dies von Bedingungen in Programmen gefordert wird. Die Auffassung von Formeln als Bedingungen wird auch im folgenden zweiten Beispiel verwendet, einem Programm über linearen Listen. Im Vergleich zum Programm von Beispiel 5.1.3 verwendet es noch eine Fallunterscheidung.

5.1.4 Beispiel: imperatives Programm über linearen Listen

Wir setzen für das Folgende den Typ *natlist* voraus, der beschreibt, dass die Programmvariablen dieses Typs lineare Listen von natürlichen Zahlen als Werte besitzen. Darauf basierend betrachten wir das folgende imperative Programm mit den drei Programmvariablen s, t und x, wobei s und t vom Typ *natlist* sind und x den Typ *nat* hat:

$$t, x := \mathit{rest}(s), \mathit{kopf}(s);$$
$$\textbf{while } t \neq () \textbf{ do}$$
$$\quad \textbf{if } \mathit{kopf}(t) \leq x \textbf{ then } t := \mathit{rest}(t)$$
$$\qquad\qquad \textbf{else } \ t, x := \mathit{rest}(t), \mathit{kopf}(t) \textbf{ end}$$
$$\textbf{end}$$

Dabei verwenden wir die Bezeichnungen (), *kopf* und *rest* von Abschnitt 3.2 für lineare Listen.   □

Wenn man ein Programm, wie beispielsweise das von Beispiel 5.1.3, in der Kernsprache von Definition 5.1.2 entwickelt hat, dann ist es in der Regel einfach, dieses in eine konventionelle imperative Programmiersprache zu transferieren. Man hat zuerst die kollateralen Zuweisungen zu sequenzialisieren. In Beispiel 5.1.3 ist dies bei der Initialisierung in jeder Reihenfolge möglich, etwa durch $y := 0; r := 1; s := 3$. Beim Schleifenrumpf muss man etwas aufpassen. Da die Zuweisung an r von s abhängt, die von s aber nicht von r, muss der Wert von r vor dem Wert von s geändert werden. Somit ist $y := y + 1; r := r + s; s := s + 2$ eine korrekte Sequenzialisierung. Nach der Sequenzialisierung muss man, falls nötig, noch die verwendeten Programmvariablen deklarieren, ggf. syntaktische Anpassungen vornehmen (z.B. die Bezeichnung der Operationen betreffend) und das Ganze zu einem lauffähigen Programm mit Ein- und Ausgabe der Daten, Kopfzeile usw. vervollständigen. Auch das Programm von Beispiel 5.1.4 kann auf diese Weise unmittelbar in ein lauffähiges Programm einer konventionellen imperativen Programmiersprache transferiert werden.

5.2 Partielle Korrektheit und ein Verifikationskalkül

Wenn man ein Programm nicht kennt, so kann man durch das Nachvollziehen von einigen Abläufen oft erkennen, was seine beabsichtigte Wirkung ist. Im Fall der Programme von Abschnitt 5.1 erkennt man ziemlich schnell, dass das Programm von Beispiel 5.1.3 den in Satz 4.2.2 behandelten ganzzahligen Anteil der Quadratwurzel berechnet und das Programm von Beispiel 5.1.4 das größte Element einer linearen Liste bestimmt. Etwas genauer heißt dies bei Beispiel 5.1.3 das Folgende: Nach Ausführung des Programms gilt bezüglich der neuen Werte der Programmvariablen die Formel $y^2 \leq x \wedge x < (y+1)^2$. Bei Beispiel 5.1.4 hat man noch zu beachten, dass vor der Ausführung des Programms $s \neq ()$ gelten muss, weil sonst die Initialisierung in einem Fehler resultiert. Ist diese Bedingung erfüllt, so gilt nach der Ausführung des Programms (ebenfalls bezüglich der neuen Werte der Programmvariablen) die Formel $x = max\{s_n \mid n \in \mathbb{N} \wedge 1 \leq n \leq |s|\}$.

Die Idee, die Korrektheit eines vorliegenden imperativen Programms P mit mathematischen Mitteln dadurch zu beweisen, dass man

(1) mittels einer Formel V (genannt **Vorbedingung**) festlegt, was vor der Ausführung von P zu gelten hat,

(2) mittels einer zweiten Formel N (genannt **Nachbedingung**) festlegt, was nach der Ausführung von P zu gelten hat,

(3) und mittels weiterer Formeln zeigt, dass, falls V vor der Ausführung von P gilt und P nicht in einem Fehler resultiert, N nach der Ausführung von P gilt,

geht u.a. auf den amerikanischen Informatiker Robert Floyd (1936-2001) zurück. Sein Ansatz wurde vom englischen Informatiker Charles A.R. Hoare (geb. 1934) zu einem logischen Kalkül weiterentwickelt, der heutzutage Hoare-Kalkül genannt wird und den wir im Rest dieses Abschnitts für die durch die Definition 5.1.2 festgelegte Kernsprache vorstellen. Man beachte die spezielle Formulierung in Punkt (3), welche nur fordert, dass die Nachbedingung gilt, falls die Vorbedingung gilt und das Programm nicht in einem Fehler resultiert. Dies nennt man die **partielle Korrektheit** des Programms P bezüglich der Vorbedingung V und der Nachbedingung N. Eigentlich ist man aber an der **totalen Korrektheit** des Programms P bezüglich der Vorbedingung V und der Nachbedingung N interessiert, welche (als stärkere Eigenschaft) besagt, dass aus der Gültigkeit der Vorbedingung V vor der Ausführung von P folgt, dass P nicht in einem Fehler resultiert und nach der Ausführung von P die Nachbedingung N gilt. Wie man durch zusätzliche Überlegungen von der partiellen Korrektheit auf die totale Korrektheit schließen kann, zeigen wir im letzten Abschnitt dieses Kapitels.

Im Weiteren schreiben wir $\{V\}\ P\ \{N\}$ für die Eigenschaft, dass P partiell korrekt bezüglich der Vorbedingung V und der Nachbedingung N ist und nennen $\{V\}\ P\ \{N\}$ eine **Hoare-Formel**. Der im Folgenden angegebene Hoare-Kalkül formalisiert den bisher nur in einem informellen Sinne verwendeten Begriff der partiellen Korrektheit durch die Angabe von sogenannten Axiomen, welche formal festlegen, was dieser Begriff für kollaterale Zuweisungen und den leeren Befehl (also die einfachsten Anweisungen) bedeutet, und von sogenannten Herleitungsregeln, welche formal festlegen, wie sich die partielle Korrektheit bei zusammengesetzten Anweisungen von den Teilen auf das Gesamte fortsetzt. Aus logischen Gründen sind noch ein weiteres Axiom und zwei weitere Herleitungsregeln (die sogenannten Konsequenzregeln) notwendig. Die fünf Herleitungsregeln stellen im Prinzip definierende Implikationen dar, legen also per Definition fest, dass eine Implikation $A_1 \wedge A_2 \wedge \ldots \wedge A_n \Rightarrow B$ gilt. Es hat sich als sinnvoll erwiesen, bei logischen Kalkülen zur Verbesserung der Lesbarkeit solche Formeln anders darzustellen, nämlich wie folgt:

$$\frac{A_1 \quad A_2 \quad \ldots \quad A_n}{B}$$

Die Implikation $A_1 \wedge A_2 \wedge \ldots \wedge A_n \Rightarrow B$ wird durch einen Strich angezeigt, über dem die Formeln A_1 bis A_n (die Oberformeln oder Prämissen) stehen und unter dem die Formel B (die Unterformel oder Konklusion) steht. Herleitungsregeln stellen Formalisierungen von speziellen Beweisschritten dar, nämlich, dass man die Konklusion bewiesen hat, sofern man alle Prämissen bewiesen hat. Nach diesen Vorbemerkungen können wir nun den Hoare-Kalkül vorstellen.

5.2.1 Definition: Hoare-Kalkül für die Kernsprache

Durch die folgenden Punkte (1) bis (8) ist der Hoare-Kalkül für die in Definition 5.1.2 festgelegte Kernsprache definiert:

(1) Alle Tautologien (im Sinne von Abschnitt 2.3) sind Axiome.

(2) Zuweisungsaxiom: Alle Hoare-Formeln der folgenden Gestalt sind Axiome:

$$\{A(E_1, \ldots, E_n)\} \; x_1, \ldots, x_n := E_1, \ldots, E_n \; \{A(x_1, \ldots, x_n)\}$$

(3) Axiom des leeren Befehls: Alle Hoare-Formeln der folgenden Gestalt sind Axiome:

$$\{A\} \; \textit{skip} \; \{A\}$$

(4) Regel der Hintereinanderausführung: Für alle Hintereinanderausführungen $P; Q$ und alle Formeln A_1, A_2 und A_3 ist eine Herleitungsregel wie folgt gegeben:

$$\frac{\{A_1\} \; P \; \{A_2\} \qquad \{A_2\} \; Q \; \{A_3\}}{\{A_1\} \; P; Q \; \{A_3\}}$$

(5) Regel der Fallunterscheidung: Für alle Fallunterscheidungen **if** B **then** P **else** Q **end** und alle Formeln A_1 und A_2 ist eine Herleitungsregel wie folgt gegeben:

$$\frac{\{B \wedge A_1\} \; P \; \{A_2\} \qquad \{\neg B \wedge A_1\} \; Q \; \{A_2\}}{\{A_1\} \; \textbf{if } B \textbf{ then } P \textbf{ else } Q \textbf{ end } \{A_2\}}$$

(6) Regel der Schleife: Für alle Schleifen **while** B **do** P **end** und alle Formeln A ist eine Herleitungsregel wie folgt gegeben:

$$\frac{\{B \wedge A\} \; P \; \{A\}}{\{A\} \; \textbf{while } B \textbf{ do } P \textbf{ end } \{A \wedge \neg B\}}$$

(7) Erste Konsequenzregel: Für alle Hoare-Formeln $\{A_1\} \; P \; \{A_3\}$ und $\{A_2\} \; P \; \{A_3\}$ ist eine Herleitungsregel wie folgt gegeben:

$$\frac{A_1 \Rightarrow A_2 \qquad \{A_2\} \; P \; \{A_3\}}{\{A_1\} \; P \; \{A_3\}}$$

(8) Zweite Konsequenzregel: Für alle Hoare-Formeln $\{A_1\} \; P \; \{A_3\}$ und $\{A_2\} \; P^*\{A_3\}$ ist eine Herleitungsregel wie folgt gegeben:

$$\frac{\{A_1\} \; P \; \{A_2\} \qquad A_2 \Rightarrow A_3}{\{A_1\} \; P \; \{A_3\}} \qquad \square$$

Es soll an dieser Stelle hervorgehoben werden, dass die in (2) verwendeten Notationen beschreiben, dass die Formel $A(E_1, \ldots, E_n)$ aus der Formel $A(x_1, \ldots, x_n)$ dadurch entsteht, dass jede Programmvariable x_i textuell durch den Ausdruck E_i ersetzt wird ($1 \leq i \leq n$). Diese Notation von Ersetzungen in Aussagen/Formeln haben wir in Abschnitt 1.1 für den Fall von nur einer Variablen eingeführt.

Dass (2) und (3) für die entsprechenden Anweisungen genau dem entsprechen, was wir als partielle Korrektheit beschrieben haben, ist leicht einsehbar. Gleiches gilt für die durch (4), (5), (7) und (8) beschriebenen Folgerungen von partiellen Korrektheiten aus partiellen Korrektheiten. Nur auf (6) wollen wir genauer eingehen. Angenommen, es ist die Prämisse $\{B \wedge A\}\ P\ \{A\}$ bewiesen. Dann heißt dies, dass, falls B und A vor der Ausführung von P gelten (man also den Schleifenrumpf ausführt), dann A auch nach der Ausführung von P gilt, sofern die Ausführung nicht in einem Fehler resultiert. Zum Beweis der Konklusion gelte A vor der Ausführung der Schleife und die Ausführung der Schleife resultiere nicht in einem Fehler. Dann ist insbesondere jede Ausführung von P fehlerfrei und somit gilt A nach jeder Ausführung von P. Weiterhin muss sich B irgendwann zu F auswerten, denn sonst würde die Ausführung der Schleife nicht enden, was (per Definition) einen Fehler darstellt. Nach so einer Auswertung endet die Ausführung der Schleife. Zu diesem Zeitpunkt gilt also $\neg B$ und, als Folge der letzten Ausführung von P, auch A. Also haben wir bewiesen, dass die Schleife partiell korrekt bezüglich der Vorbedingung A und der Nachbedingung $A \wedge \neg B$ ist, d.h. die Konklusion von (6) gezeigt. Weil jede fehlerfreie Ausführung von P die Gültigkeit von A erhält, nennt man diese Formel von (6) auch **Schleifeninvariante**.

Nachdem wir den Hoare-Kalkül als ein Mittel zur Formalisierung von partieller Korrektheit und zum Beweisen dieser Eigenschaft eingeführt haben, muss in einem zweiten Schritt noch formal definiert werden, was eine Herleitung (also ein Beweis) in diesem Kalkül eigentlich ist. In der Logik werden bei Kalkülen Herleitungen in der Regel als spezielle lineare Listen definiert. Im Fall des Hoare-Kalkül erhalten wir dann die folgende Festlegung.

5.2.2 Definition: Herleitung im Hoare-Kalkül

Eine **Herleitung** im Hoare-Kalkül ist eine nichtleere lineare Liste $(H_1, \ldots, H_n)$ mit den folgenden zwei Eigenschaften:

(1) Jedes Listenelement H_i, wobei $i \in \{1, \ldots, n\}$, ist entweder eine Tautologie oder eine Hoare-Formel.

(2) Für alle $i \in \{1, \ldots, n\}$ gilt: Ist H_i eine Hoare-Formel und kein Axiom des Hoare-Kalküls, so gilt $i \neq 1$ und es gibt eine Herleitungsregel des Hoare-Kalküls, so dass H_i die Konklusion ist und alle Prämissen in der Liste echt vor H_i stehen (also kleinere Indizes haben).

Existiert eine Herleitung $(H_1, \ldots, H_n)$ und ist H_n eine Hoare-Formel $\{V\}\ P\ \{N\}$, so sagt man, dass die partielle Korrektheit des Programms P bezüglich der Vorbedingung V und der Nachbedingung N im Hoare-Kalkül **verifiziert** ist. $\square$

Aus Gründen der Lesbarkeit werden Herleitungen im Hoare-Kalkül nicht in der gewohnten

Darstellung $(H_1, \ldots, H_n)$ der linearen Listen notiert. Stattdessen schreibt man die Objekte $H_1, \ldots, H_n$ untereinander und versieht sie zusätzlich mit natürlichen Zahlen als Marken. Wie bei Hinweisen in „üblichen" mathematischen Beweisen (beispielsweise bei Äquivalenzketten) fügt man dann rechts eines Objekts H_i als Hinweis noch an, ob ein Axiom vorliegt (und welches) und welche Herleitungsregel und Objekte der Liste im anderen Fall zu H_i führen.

5.2.3 Beispiel: Verifikation eines imperativen Programms

Es seien n, x und k drei Programmvariablen vom Typ *nat*. Wir betrachten das folgende imperative Programm, welches offensichtlich zur Eingabe n in x die Summe der Zahlen von 1 bis n, also den Wert $\frac{n(n+1)}{2}$ berechnet:

$$x, k := 0, 0;$$
$$\textbf{while } k \neq n \textbf{ do}$$
$$x, k := x + k + 1, k + 1$$
$$\textbf{end}$$

Wir wollen mit Hilfe des Hoare-Kalküls verifizieren, dass dieses Programm tatsächlich das Gewünschte leistet, sofern es nicht in einem Fehler resultiert. Dazu wählen wir **wahr** als Vorbedingung und $x = \frac{n(n+1)}{2}$ als Nachbedingung und leiten, wie anschließend gezeigt, die entsprechnde Hoare-Formel im Hoare-Kalkül her, wodurch verifiziert ist, dass das Programm partiell korrekt bezüglich der Vorbedingung **wahr** und der Nachbedingung $x = \frac{n(n+1)}{2}$ ist:

$1:$ $\textbf{wahr} \Rightarrow 0 = \frac{0 \cdot (0+1)}{2}$ $\hfill (1)$

$2:$ $\{0 = \frac{0 \cdot (0+1)}{2}\}\ x, k := 0, 0\ \{x = \frac{k(k+1)}{2}\}$ $\hfill (2)$

$3:$ $\{\textbf{wahr}\}\ x, k := 0, 0\ \{x = \frac{k(k+1)}{2}\}$ $\hfill (7)$ mit 1, 2

$4:$ $k \neq n \wedge x = \frac{k(k+1)}{2} \Rightarrow x + k + 1 = \frac{(k+1)(k+1+1)}{2}$ $\hfill (1)$

$5:$ $\{x + k + 1 = \frac{(k+1)(k+1+1)}{2}\}\ x, k := x + k + 1, k + 1\ \{x = \frac{k(k+1)}{2}\}$ $\hfill (2)$

$6:$ $\{k \neq n \wedge x = \frac{k(k+1)}{2}\}\ x, k := x + k + 1, k + 1\ \{x = \frac{k(k+1)}{2}\}$ $\hfill (7)$ mit 4, 5

$7:$ $\{x = \frac{k(k+1)}{2}\}\ \textbf{while } k \neq n \textbf{ do } \ldots \textbf{ end } \{x = \frac{k(k+1)}{2} \wedge k = n\}$ $\hfill (6)$ mit 6

$8:$ $\{\textbf{wahr}\}\ x, k := 0, 0; \textbf{while } k \neq n \textbf{ do } \ldots \textbf{ end } \{x = \frac{k(k+1)}{2} \wedge k = n\}$ $\hfill (4)$ mit 3, 7

$9:$ $x = \frac{k(k+1)}{2} \wedge k = n \Rightarrow x = \frac{n(n+1)}{2}$ $\hfill (1)$

$10:$ $\{\textbf{wahr}\}\ x, k := 0, 0; \textbf{while } k \neq n \textbf{ do } \ldots \textbf{ end } \{x = \frac{n \cdot (n+1)}{2}\}$ $\hfill (8)$ mit 8, 9

Damit diese Liste wirklich eine Herleitung darstellt, ist von allen mit dem Hinweis (1) versehenen Formeln noch zu beweisen, dass sie tatsächlich Tautologien sind. Im Fall des ersten Listenelements ist dies trivial und im Fall des vierten Listenelements folgt die Tautologie-Eigenschaft daraus, dass aus $x = \frac{k(k+1)}{2}$ die Gleichung

$$x + k + 1 = \frac{(k+1)k}{2} + \frac{(k+1)2}{2} = \frac{(k+1)(k+1+1)}{2}$$

folgt. Damit folgt $x + k + 1 = \frac{(k+1)(k+1+1)}{2}$ auch aus $k \neq n \wedge x = \frac{k(k+1)}{2}$. Also gilt die logische Implikation $k \neq n \wedge x = \frac{k(k+1)}{2} \implies x + k + 1 = \frac{(k+1)(k+1+1)}{2}$ und damit ist die Formel $k \neq n \wedge x = \frac{k(k+1)}{2} \Rightarrow x + k + 1 = \frac{(k+1)(k+1+1)}{2}$ eine Tautologie (siehe Kapitel 2). $\square$

5.3 Beweisverpflichtungen und Programmkonstruktion

Wenn man sich die Herleitung des kleinen Programms von Beispiel 5.2.3 ansieht, so wird sofort klar, dass solche Herleitungen bei größeren und realistischen Programmen per Hand nicht mehr durchführbar sind. Deshalb wurden, beginnend schon bald nach der Publikation des Hoare-Kalküls durch C.A.R. Hoare im Jahr 1969, immer bessere und leistungsfähigere Computerprogramme entwickelt, welche die Verifikation von imperativen Programmen im Hoare-Kalkül unterstützen. Mittlerweile ist beispielsweise das benutzerunterstützte oder sogar automatische Generieren von Schleifeninvarianten ein bedeutendes Forschungsthema der Informatik geworden. Sind nämlich die „passenden" Schleifeninvarianten zur Hand, dann ist es sehr oft möglich, die gesamte Verifikation mit Hilfe entsprechender Computerprogramme automatisch durchzuführen.

Eine Programmverifikation im Hoare-Kalkül kann in vielen praktischen Fällen auf „Kernaufgaben" zurückgeführt werden, die man in diesem Zusammenhang auch **Beweisverpflichtungen** nennt. Im folgenden Satz behandeln wir so einen Fall. Die Eigenschaften (B_1) bis (B_3) des Satzes stellen die Beweisverpflichtungen dar, auf welche die Programmverifikation wegen der speziellen syntaktischen Form des Programms reduziert werden kann, und die Formel A entspricht einer „passenden" Schleifeninvariante.

5.3.1 Satz: Beweisverpflichtungen

Die partielle Korrektheit eines Programms der Gestalt P; **while** B **do** Q **end** ist bezüglich der Vorbedingung V und der Nachbedingung N verifiziert, falls es eine Formel A gibt, so dass die folgenden drei Eigenschaften gelten:

(B_1) Die Hoare-Formel $\{V\}\ P\ \{A\}$ ist herleitbar.

(B_2) Die Hoare-Formel $\{B \wedge A\}\ Q\ \{A\}$ ist herleitbar.

(B_3) Die Formel $A \wedge \neg B \Rightarrow N$ ist eine Tautologie.

Beweis: Wegen der Voraussetzungen (B_1) und (B_2) existieren Herleitungen für die Hoare-Formeln $\{V\}\ P\ \{A\}$ und $\{B \wedge A\}\ Q\ \{A\}$. Diese fügen wir nun aneinander und erweitern die so entstehende Herleitung durch vier weitere Objekte wie im Folgenden angegeben:

$$
\begin{aligned}
&\qquad\qquad \vdots \\
k:\ & \{V\}\ P\ \{A\} & \left.\right\} \text{ existiert wegen } (B_1) \\
&\qquad\qquad \vdots \\
n:\ & \{B \wedge A\}\ Q\ \{A\} & \left.\right\} \text{ existiert wegen } (B_2) \\
n+1:\ & \{A\}\ \textbf{while}\ B\ \textbf{do}\ Q\ \textbf{end}\ \{A \wedge \neg B\} & \text{(6) mit } n \\
n+2:\ & \{V\}\ P;\textbf{while}\ B\ \textbf{do}\ Q\ \textbf{end}\ \{A \wedge \neg B\} & \text{(4) mit } k, n+1 \\
n+3:\ & A \wedge \neg B \Rightarrow N & \text{(1)} \\
n+4:\ & \{V\}\ P;\textbf{while}\ B\ \textbf{do}\ Q\ \textbf{end}\ \{N\} & \text{(8) mit } n+2, n+3
\end{aligned}
$$

Damit wir dadurch eine Herleitung der mit $n+4$ markierten Hoare-Formel erhalten, muss die mit $n+3$ markierte Formel eine Tautologie sein. Dies wird aber durch die Voraussetzung (B_3) zugesichert. $\qquad\square$

Nun nehmen wir an, dass das imperative Programm dieses Satzes als Anweisungen P und Q jeweils kollaterale Zuweisungen mit gleichen linken Seiten $x_1, \ldots, x_n$ besitzt, also von der nachfolgend angegebenen Form ist:

$$x_1, \ldots, x_n := I_1, \ldots, I_n;$$
$$\textbf{while } B \textbf{ do}$$
$$x_1, \ldots, x_n := E_1, \ldots, E_n$$
$$\textbf{end}$$

Weiterhin nehmen wir an, dass mit der Formel $A(x_1, \ldots, x_n)$ eine Schleifeninvariante zur Verfügung steht. Dann reduziert sich der Nachweis der Beweisverpflichtung (B_1) von Satz 5.3.1 auf den Nachweis der logischen Implikation $V \Longrightarrow A(I_1, \ldots, I_n)$. Gilt nämlich diese logische Implikation, so ist die Formel $V \Rightarrow A(I_1, \ldots, I_n)$ eine Tautologie. Die folgende Herleitung zeigt dann die erste Beweisverpflichtung:

$$1 : \{A(I_1, \ldots, I_n)\}\ x_1, \ldots, x_n := I_1, \ldots, I_n\ \{A(x_1, \ldots, x_n)\} \qquad\qquad (2)$$
$$2 : V \Rightarrow A(I_1, \ldots, I_n) \qquad\qquad\qquad\qquad (1), \text{ siehe oben}$$
$$3 : \{V\}\ x_1, \ldots, x_n := I_1, \ldots, I_n\ \{A(x_1, \ldots, x_n)\} \qquad\qquad (7) \text{ mit } 1, 2$$

Wie man sehr ähnlich zeigen kann, reduziert sich die Beweisverpflichtung (B_2) von Satz 5.3.1 auf den Nachweis der logischen Implikation $B \wedge A(x_1, \ldots, x_n) \Longrightarrow A(E_1, \ldots, E_n)$. Die entsprechende Herleitung sieht wie folgt aus, wobei die mit 2 markierte Formel genau dann eine Tautologie ist, wenn die logische Implikation $B \wedge A(x_1, \ldots, x_n) \Longrightarrow A(E_1, \ldots, E_n)$ gilt:

$$1 : \{A(E_1, \ldots, E_n)\}\ x_1, \ldots, x_n := E_1, \ldots, E_n\ \{A(x_1, \ldots, x_n)\} \qquad\qquad (2)$$
$$2 : B \wedge A(x_1, \ldots, x_n) \Rightarrow A(E_1, \ldots, E_n) \qquad\qquad\qquad\qquad (1)$$
$$3 : \{B \wedge A(x_1, \ldots, x_n)\}\ x_1, \ldots, x_n := E_1, \ldots, E_n\ \{A(x_1, \ldots, x_n)\} \qquad (7) \text{ mit } 1, 2$$

Auch die letzte Beweisverpflichtung (B_3) wird normalerweise dadurch nachgewiesen, dass man eine logische Implikation beweist. Es ist nämlich die Formel $A \wedge \neg B \Rightarrow N$ genau dann eine Tautologie, wenn die logische Implikation $A \wedge \neg B \Longrightarrow N$ gilt.

5.3.2 Beispiel: Programmverifikation mittels Beweisverpflichtungen I

Wir betrachten nochmals das imperative Programm von Beispiel 5.2.3. Es hat genau die syntaktische Gestalt, welche wir eben diskutiert haben. Wenn wir die Formel $x = \frac{k(k+1)}{2}$ als Schleifeninvariante $A(x, k)$ festlegen, dann reduziert sich die Verifikation, dass das Programm partiell korrekt bezüglich der Vorbedingung **wahr** und der Nachbedingung $x = \frac{n(n+1)}{2}$ ist, darauf, die drei logischen Implikationen

$$\textbf{wahr} \implies 0 = \frac{0 \cdot (0+1)}{2}$$

(erste Beweisverpflichtung, „Schleifeninvariante wird etabliert, falls die Vorbedingung gilt"),

$$k \neq n \wedge x = \frac{k(k+1)}{2} \implies x + k + 1 = \frac{(k+1)(k+1+1)}{2}$$

(zweite Beweisverpflichtung, „Schleifeninvariante wird aufrecht erhalten") und

$$x = \frac{k(k+1)}{2} \wedge k = n \implies x = \frac{n(n+1)}{2}$$

(dritte Beweisverpflichtung, „Schleifeninvariante und Abbruchbedingung der Schleife implizieren die Nachbedingung") zu beweisen. Dass diese gelten, wurde im Rahmen der Herleitung des Beispiels 5.2.3 gezeigt. □

Ist das vorliegende imperative Programm hingegen von der Form

$$x_1, \ldots, x_n := I_1, \ldots, I_n;$$
while B **do**
    if C **then** $x_1, \ldots, x_n := E_1, \ldots, E_n$
        else $x_1, \ldots, x_n := F_1, \ldots, F_n$ **end**
end,

also der Schleifenrumpf eine Fallunterscheidung zwischen kollateralen Zuweisungen, so sind zum Nachweis der Beweisverpflichtung (B_2) von Satz 5.3.1, wie man ähnlich zu den obigen Überlegungen zeigen kann, zwei logische Implikationen als wahr zu beweisen, nämlich $B \wedge C \wedge A(x_1, \ldots, x_n) \Longrightarrow A(E_1, \ldots, E_n)$ und $B \wedge \neg C \wedge A(x_1, \ldots, x_n) \Longrightarrow A(F_1, \ldots, F_n)$.

5.3.3 Beispiel: Programmverifikation mittels Beweisverpflichtungen II

Um das eben Geschriebene auf das imperative Programm von Beispiel 5.1.4 anwenden zu können, ergänzen wir zuerst den ersten Fall der Fallunterscheidung durch die Zuweisung von x an sich selbst, damit beide Fälle aus kollateralen Zuweisungen mit gleichen linken Seiten bestehen. Wir erhalten dadurch das folgende Programm:

$$t, x := rest(s), kopf(s);$$
while $t \neq ()$ **do**
    if $kopf(t) \leq x$ **then** $t, x := rest(t), x$
        else $t, x := rest(t), kopf(t)$ **end**
end

Um die Lesbarkeit zu erleichtern, verwenden wir in der folgenden Verifikation dieses Programms für lineare Listen $u \in \mathbb{N}^*$ und natürliche Zahlen $k \in \{1, \ldots, |u|\}$ statt der deskriptiven Beschreibung $\{u_i \mid i \in \mathbb{N} \wedge 1 \leq i \leq k\}$ der Menge der ersten k Komponenten von u die informellere explizite Schreibweise $\{u_1, \ldots, u_k\}$. Wir verifizieren, dass das Programm partiell korrekt bezüglich der Vorbedingung $s \neq ()$ und der Nachbedingung $x = max\{s_1, \ldots, s_{|s|}\}$ ist, indem wir die Formel

$$x = max\{s_1, \ldots, s_{|s|-|t|}\} \wedge t = (s_{|s|-|t|+1}, \ldots, s_{|s|})$$

als Schleifeninvariante $A(t, x)$ wählen und die drei Beweisverpflichtungen von Satz 5.3.1 (wegen der Fallunterscheidung also vier logische Implikationen) als wahr nachweisen.

Der Nachweis der ersten Beweisverpflichtung (B_1)

$$s \neq () \implies kopf(s) = max\{s_1, \ldots, s_{|s|-|rest(s)|}\} \wedge rest(s) = (s_{|s|-|rest(s)|+1}, \ldots, s_{|s|})$$

(„Schleifeninvariante wird etabliert, falls die Vorbedingung gilt") ist relativ einfach. Aufgrund von $|rest(s)| = |s| - 1$ gelten die Gleichungen

$$kopf(s) = max\{s_1\} = max\{s_1, \ldots, s_{|s|-|rest(t)|}\}$$

und

$$rest(s) = (s_2, \ldots, s_{|s|}) = (s_{|s|-|rest(s)|+1}, \ldots, s_{|s|}),$$

so dass die rechte Seite der zu zeigenden logischen Implikation wahr wird. Damit gilt die logische Implikation.

Aufgrund der Fallunterscheidung besteht die zweite Beweisverpflichtung (B_2) („Schleifeninvariante wird aufrecht erhalten") darin, zwei logische Implikationen als wahr zu beweisen. Die erste dieser Implikationen ist

$$t \neq () \land kopf(t) \leq x \land x = max\{s_1, \ldots, s_{|s|-|t|}\} \land t = (s_{|s|-|t|+1}, \ldots, s_{|s|})$$
$$\Longrightarrow \quad x = max\{s_1, \ldots, s_{|s|-|rest(t)|}\} \land rest(t) = (s_{|s|-|rest(t)|+1}, \ldots, s_{|s|}).$$

Zu ihrem Beweis seien die vier Voraussetzungen $t \neq ()$ (Schleifenbedingung), $kopf(t) \leq x$ (Bedingung der Fallunterscheidung), $x = max\{s_1, \ldots, s_{|s|-|t|}\}$ und $t = (s_{|s|-|t|+1}, \ldots, s_{|s|})$ (Schleifeninvariante) wahr. Dann bekommen wir:

$$
\begin{aligned}
s_{|s|-|rest(t)|} &= s_{|s|-|t|+1} & &\text{da } |rest(t)| = |t| - 1 \\
&= kopf(t) & &\text{wegen } t = (s_{|s|-|t|+1}, \ldots, s_{|s|}) \\
&\leq x
\end{aligned}
$$

Mit der Voraussetzung $x = max\{s_1, \ldots, s_{|s|-|t|}\}$ folgt daraus $x = max\{s_1, \ldots, s_{|s|-|rest(t)|}\}$. Zum Beweis der verbleibenden Gleichung starten wir mit $t = (s_{|s|-|t|+1}, \ldots, s_{|s|})$ und leiten daraus die gewünschte Gleichung mittels

$$rest(t) = (s_{|s|-|t|+2}, \ldots, s_{|s|}) = (s_{|s|-|rest(t)|+1}, \ldots, s_{|s|})$$

her. Auf die gleiche Weise kann auch die zweite logische Implikation der zweiten Beweisverpflichtung (B_2), also die folgende Eigenschaft, als wahr nachgewiesen werden:

$$t \neq () \land x < kopf(t) \land x = max\{s_1, \ldots, s_{|s|-|t|}\} \land t = (s_{|s|-|t|+1}, \ldots, s_{|s|})$$
$$\Longrightarrow \quad kopf(t) = max\{s_1, \ldots, s_{|s|-|rest(t)|}\} \land rest(t) = (s_{|s|-|rest(t)|+1}, \ldots, s_{|s|}).$$

Es verbleibt noch der Nachweis der dritten Beweisverpflichtung (B_3), also der folgenden logischen Implikation:

$$x = max\{s_1, \ldots, s_{|s|-|t|}\} \land t = (s_{|s|-|t|+1}, \ldots, s_{|s|}) \land t = () \Longrightarrow x = max\{s_1, \ldots, s_{|s|}\}$$

Diese logische Implikation gilt wegen $|()| = 0$, weil damit $x = max\{s_1, \ldots, s_{|s|}\}$ aus den Gleichungen $x = max\{s_1, \ldots, s_{|s|-|t|}\}$ und $t = ()$ folgt. Somit ist die gesamte Programmverifikation beendet. $\qquad \Box$

Eine Programmverifikation kann nur dann erfolgreich sein, wenn das gegebene Programm tatsächlich partiell korrekt bezüglich der gegebenen Vor- und Nachbedingung ist. Dies führte zur Einsicht, den Hoare-Kalkül (und andere Verifikationskalküle) nicht nur zur Programmverifikation zu verwenden, sondern auch zur Programmkonstruktion. Insbesondere der niederländische Informatiker Edsger W. Dijkstra (1930-2002) und der amerikanische Informatiker David Gries (geb. 1939) haben dieses Vorgehen propagiert. Man spricht auch von der **Dijkstra-Gries-Methode**.

Bei einer Programmkonstruktion nach diesem Ansatz startet man nur mit der Vorbedingung und der Nachbedingung und sieht dieses Paar als Spezifikation für das an, was das beabsichtigte Programm zu leisten hat. Dann legt man sich auf eine grobe Programmstruktur fest, betrachtet die entsprechenden Beweisverpflichtungen und versucht, schrittweise Anweisungen und Formeln so zu finden, dass die Beweisverpflichtungen wahr gemacht werden. Im Prinzip verschränkt man die beiden Prozesse der Programmkonstruktion und Programmverifikation. In diesem Zusammenhang kann man Schleifeninvarianten oft als mathematische Formalisierungen von informellen algorithmischen Ideen ansehen. Wir demonstrieren die Vorgehensweise am imperativen Programm des Beispiels 5.1.3. Dazu annotieren wir, wie in der Literatur zu diesem Gebiet üblich, das konstruierte Programm und seine während der Konstruktion noch „unfertigen Vorversionen" mit den entscheidenden Formeln, also insbesondere mit der Vorbedingung (Angabe vor der ersten Anweisung), der Nachbedingung (Angabe nach der letzten Anweisung) und den Schleifeninvarianten (Angabe unmittelbar vor der entsprechenden Schleife). Diese werden, der Syntax der Hoare-Formeln folgend, mit „{" und „}" geklammert. Ein mit diesen Formeln versehenes Programm wird im Kontext der Programmkonstruktion auch eine **Beweisskizze** genannt, weil die annotierten Formeln zusammen mit den Beweisverpflichtungen besagen, wie die Verifikation zu erfolgen hat. Deren Durchführung kann dann schematisch erfolgen und erfordert in der Regel keinerlei tiefgehende mathematische Argumentation.

5.3.4 Beispiel: Programmkonstruktion I

Es seien x und y zwei Programmvariablen der Sorte *nat*. Wir wollen ein imperatives Programm entwickeln, welches den ganzzahligen Anteil der Quadratwurzel von x berechnet und den Wert in y abspeichert. Das gesuchte Programm hat also derart zu sein, dass die folgende Hoare-Formel hergeleitet werden kann, in der, nun als Beweisskizze angesehen, die drei Punkte für das noch unbekannte Programm stehen:

$$\{\textbf{wahr}\} \ \dots \ \{y^2 \leq x \wedge x < (y+1)^2\}$$

Zur Konstruktion des Programms bietet sich der Ansatz „Initialisierung der Programmvariablen gefolgt von einer Schleife" an. Aufgrund der speziellen Form $y^2 \leq x \wedge x < (y+1)^2$ der Nachbedingung bietet sich weiter an, ihren ersten Teil $y^2 \leq x$ als Schleifeninvariante und ihren zweiten Teil $x < (y+1)^2$ als Negation der Schleifenbedingung zu verwenden. Letzteres führt zu $(y+1)^2 \leq x$ als Schleifenbedingung und damit zur folgenden Beweisskizze, bei der nur noch die Initialisierung und der Schleifenrumpf fehlen:

$$\{\textbf{wahr}\}$$
$$\dots$$
$$\{y^2 \leq x\}$$
$$\textbf{while } (y+1)^2 \leq x \textbf{ do}$$
$$\dots$$
$$\textbf{end}$$
$$\{y^2 \leq x \wedge x < (y+1)^2\}$$

Weil die Konjunktion der Schleifeninvariante und der Negation der Schleifenbedingung und die Nachbedingung sogar logisch äquivalent sind, gilt die dritte Beweisverpflichtung (B_3) von Satz 5.3.1. Wegen $0^2 \leq x$ wird auch die erste Beweisverpflichtung (B_1) dieses

Satzes erfüllt, wenn wir $y := 0$ als Initialisierung der Programmvariablen y wählen. Damit haben wir die folgende Beweisskizze erreicht:

$$\{\textbf{wahr}\}$$
$$y := 0;$$
$$\{y^2 \leq x\}$$
$$\textbf{while } (y+1)^2 \leq x \textbf{ do}$$
$$\cdots$$
$$\textbf{end}$$
$$\{y^2 \leq x \wedge x < (y+1)^2\}$$

Zur Konstruktion des noch fehlenden Schleifenrumpfs setzen wir diesen als Zuweisung $y := E(y)$ mit einem Ausdruck $E(y)$ an. Wir haben dann $E(y)$ so zu wählen, dass aus der Gültigkeit der Schleifeninvariante $y^2 \leq x$ und der Schleifenbedingung $(y+1)^2 \leq x$ die Eigenschaft $E(y)^2 \leq x$ folgt. Offensichtlich leistet $y+1$ als Ausdruck $E(y)$ das Gewünschte. Somit gilt auch die zweite Beweisverpflichtung (B_2) von Satze 5.3.1 und das Programm der folgenden Beweisskizze ist (per Konstruktion) partiell korrekt bezüglich der annotierten Vor- und Nachbedingung:

$$\{\textbf{wahr}\}$$
$$y := 0;$$
$$\{y^2 \leq x\}$$
$$\textbf{while } (y+1)^2 \leq x \textbf{ do}$$
$$y := y + 1$$
$$\textbf{end}$$
$$\{y^2 \leq x \wedge x < (y+1)^2\}$$

Ein gewisser Nachteil des eben konstruierten Programms ist die Quadrierung des Ausdrucks $y+1$, denn die Berechnung eines Quadrats ist, im Vergleich zu einer Addition, eine „teurere" Operation auf Zahlen. Im zweiten Teil der Programmkonstruktion formen wir deshalb zur Steigerung der Effizienz das obige Programm so um, dass die Berechnung von $(y+1)^2$ mittels Hilfsprogrammvariablen inkrementell während des Programmablaufs erfolgt. Man nennt diese Technik in der Literatur über Programmiermethodik auch **formales Differenzieren**.

Wir führen zuerst eine weitere Programmvariable r des Typs *nat* ein, mit deren Hilfe wir den Ausdruck $(y+1)^2$ einfacher berechnen wollen. Formal geschieht dies dadurch, dass wir zuerst die Schleifeninvariante so verändern, dass sie auch noch beschreibt, was der Zweck von r ist:

$$\text{Neue Schleifeninvariante: } y^2 \leq x \wedge r = (y+1)^2$$

Es stellt sich nun die Aufgabe, die Initialisierung und den Schleifenrumpf durch Zuweisungen an r jeweils so zu ergänzen, dass die neue Schleifeninvariante unter der Vorbedingung etabliert (Beweisverpflichtung (B_1) von Satz 5.3.1) und dann auch aufrecht erhalten (Beweisverpflichtung (B_2) von Satz 5.3.1) wird. Die Initialisierung von r durch 1 ist offensichtlich, die Fortschreibung von r mittels $r := r + y + y + 3$ im Schleifenrumpf folgt unter Verwendung des Teils $r = (y+1)^2$ der neuen Schleifeninvariante aus der folgenden Rechnung:

$$(y+1+1)^2 = (y+1)^2 + 2 \cdot y + 3 = r + y + y + 3$$

Wegen des Teils $r = (y+1)^2$ der neuen Schleifeninvariante können wir den Ausdruck $(y+1)^2$ auch durch r ersetzen, was keine Operationsauswertung mehr bedingt. Da die neue Schleifeninvariante die originale Schleifeninvariante impliziert, ist auch die Beweisverpflichtung (B_3) für das wie eben beschrieben abgeänderte Programm wahr. Das Resultat ist die folgende Beweisskizze mit einem einfacheren Programm, welches wiederum partiell korrekt bezüglich der annotierten Vor- und Nachbedingung ist:

$$\{\textbf{wahr}\}$$
$$y, r := 0, 1;$$
$$\{(y^2 \leq x\ ) \wedge (r = (y+1)^2)\}$$
$$\textbf{while } r \leq x \textbf{ do}$$
$$\quad y, r := y + 1, r + y + y + 3$$
$$\textbf{end}$$
$$\{y^2 \leq x\}$$

Statt einer Quadrierung und einer Addition werden nun bei jedem Durchlauf der Schleife vier Additionen durchgeführt. Durch ein nochmaliges formales Differenzieren ist es sogar möglich, die Anzahl der Additionen bei einem Schleifendurchlauf von vier auf drei zu verringern. Dazu führen wir eine weitere Programmvariable s des Typs *nat* ein, mit deren Hilfe wir den Ausdruck $y + y + 3$ inkrementell berechnet. Wir haben also die Schleifeninvariante nochmals wie folgt zu modifizieren:

Zweite neue Schleifeninvariante: $y^2 \leq x \wedge r = (y+1)^2 \wedge s = y + y + 3$

Aufbauend auf diese Modifikation erhalten wir $s := 3$ als zusätzliche Initialisierung, welche die neue Schleifeninvariante etabliert, und $s := s + 2$ als Fortschreibung, welche die neue Schleifeninvariante aufrecht erhält. Es kann $y + y + 3$ durch s ersetzt werden. Die Beweisverpflichtung (B_3) bleibt ebenfalls gültig. Wir erhalten also die Beweisskizze

$$\{\textbf{wahr}\}$$
$$y, r, s := 0, 1, 3;$$
$$\{(y^2 \leq x\ ) \wedge (r = (y+1)^2) \wedge (s = y + y + 3)\}$$
$$\textbf{while } r \leq x \textbf{ do}$$
$$\quad y, r, s := y + 1, r + s, s + 2$$
$$\textbf{end}$$
$$\{y^2 \leq x\},$$

deren Programm genau das von Beispiel 5.1.3 ist. □

Wenn man von einer Beweisskizze, wie im letzten Beispiel entwickelt, zu einem Programm in einer konventionellen imperativen Programmiersprache übergeht, dann werden die Annotationen zu Kommentaren, was in der Regel nur kleine syntaktische Anpassungen erfordert. Im letzten Beispiel dieses Abschnitts zeigen wir noch, dass man mit der vorgestellten Methode auch kompliziertere Programme mit mehreren Schleifen konstruieren kann. In so einem Fall gibt man in den Beweisskizzen, neben der Vor- und der Nachbedingung und den Schleifeninvarianten, ggf. noch weitere entscheidende Formeln an.

5.3.5 Beispiel: Programmkonstruktion II

Es seien $m \in \mathbb{N}$ mit $m \neq 0$ und eine Funktion $f : \{1, \ldots, m\} \times \{1, \ldots, m\} \to \mathbb{N}$ gegeben. Wir wollen ein imperatives Programm konstruieren, das zu m und f als Eingabe die Summe aller Funktionswerte von f berechnet. Dazu wählen wir x als eine Programmvariable des Typs *nat*, welche nach der Ausführung des Programms die doppelte Summenbildung $\sum_{i=1}^{m} \sum_{j=1}^{m} f(i,j)$ als Wert besitzen soll. Die Beweisskizze, mit der wir die Programmkonstruktion starten, sieht also wie folgt aus:

$$\{m \neq 0\} \ \ldots \ \{x = \sum_{i=1}^{m} \sum_{j=1}^{m} f(i,j)\}$$

Als erste algorithmische Idee zur Konstruktion des gewünschten Programms verwenden wir, die Funktion f als zweidimensionale Tabelle

$f(1,1)$	$f(1,2)$	$\ldots$	$f(1,m)$
$f(2,1)$	$f(2,2)$	$\ldots$	$f(2,m)$
$\ldots$	$\ldots$	$\ldots$	$\ldots$
$f(m,1)$	$f(m,2)$	$\ldots$	$f(m,m)$

aufzufassen, und dann die Summe $\sum_{i=1}^{m} \sum_{j=1}^{m} f(i,j)$ zeilenweise (von unten nach oben) zu berechnen, was genau der rekursiven Definition der allgemeinen Summenbildung $\sum_{i=1}^{n} k_i$ von n Zahlen $k_1, \ldots, k_n$ entspricht. Formalisiert wird diese Idee durch die Einführung einer neuen Programmvariablen n des Typs *nat* und der Wahl von $x = \sum_{i=1}^{n} \sum_{j=1}^{m} f(i,j)$ als Schleifeninvariante. Weil die logische Implikation

$$x = \sum_{i=1}^{n} \sum_{j=1}^{m} f(i,j) \wedge n = m \implies x = \sum_{i=1}^{m} \sum_{j=1}^{m} f(i,j)$$

wahr ist, bietet sich die Negation $n \neq m$ von $n = m$ als Schleifenbedingung an. Damit ist für die folgende Beweisskizze die dritte Beweisverpflichtung (B_3) von Satz 5.3.1 erfüllt:

$$\{m \neq 0\}$$
$$\ldots$$
$$\{x = \sum_{i=1}^{n} \sum_{j=1}^{m} f(i,j)\}$$
while $n \neq m$ **do**
$$\ldots$$
end
$$\{x = \sum_{i=1}^{m} \sum_{j=1}^{m} f(i,j)\}$$

Wegen der Abbruchbedingung $n = m$ bietet es sich weiterhin an, n mit 1 zu initialisieren und n bei jedem Durchlauf der Schleife um 1 zu erhöhen. Damit die Initialisierung die Schleifeninvariante etabliert, muss also vor der Schleife die Summe $\sum_{j=1}^{m} f(1,j)$ berechnet und x zugewiesen werden. Verwenden wir für die Berechnung von $\sum_{j=1}^{m} f(1,j)$ eine weitere Hilfsprogrammvariable y des Typs *nat*, so führt dies zu der folgenden Beweisskizze:

$$\{m \neq 0\}$$
$$\ldots$$
$$\{y = \sum_{j=1}^{m} f(1,j)\}$$
$$x, n := y, 1;$$
$$\{x = \sum_{i=1}^{n} \sum_{j=1}^{m} f(i,j)\}$$
while $n \neq m$ **do**
$$\ldots$$
end
$$\{x = \sum_{i=1}^{m} \sum_{j=1}^{m} f(i,j)\}$$

Auf eine sehr ähnliche Weise können wir erreichen, dass die Schleifeninvariante aufrecht erhalten wird, wenn sich der Wert von n zu $n+1$ ändert. Wir benutzen die Hilfsprogrammvariable y auch dazu, die Summe $\sum_{j=1}^{m} f(n+1,j)$ zu berechnen, und verändern dann x zu $x+y$, wie in der folgenden Beweisskizze angegeben:

$$\{m \neq 0\}$$
$$\dots$$
$$\{y = \sum_{j=1}^{m} f(1,j)\}$$
$$x,n := y, 1;$$
$$\{x = \sum_{i=1}^{n} \sum_{j=1}^{m} f(i,j)\}$$
while $n \neq m$ **do**
$$\{m \neq 0\}$$
$$\dots$$
$$\{y = \sum_{j=1}^{m} f(n+1,j)\}$$
$$x,n := x+y, n+1$$
end
$$\{x = \sum_{i=1}^{m} \sum_{j=1}^{m} f(i,j)\}$$

Formal erfolgt die Etablierung der Schleifeninvariante dieser Beweisskizze mit Hilfe der Nachbedingung des fehlenden Teils der Initialisierung durch

$$y = \sum_{j=1}^{m} f(1,j) = \sum_{i=1}^{1} \sum_{j=1}^{m} f(i,j).$$

Dass die Schleifeninvariante aufrecht erhalten wird, wenn der noch fehlende Teil des Rumpfs partiell korrekt bezüglich der angegebenen Vor- und Nachbedingung ist, folgt formal aus der Rechnung

$$x + y = \left(\sum_{i=1}^{n} \sum_{j=1}^{m} f(i,j)\right) + \left(\sum_{j=1}^{m} f(n+1,j)\right) = \sum_{i=1}^{n+1} \sum_{j=1}^{m} f(i,j)$$

unter Verwendung der Schleifeninvariante und der Nachbedingung des noch fehlenden Teils. Um also die zwei noch fehlenden Beweisverpflichtungen (B_1) und (B_2) von Satz 5.3.1 zu erfüllen, gilt es noch, die jeweils durch „$\dots$" angezeigten Teilprogramme so zu konstruieren, dass sie partiell korrekt bezüglich der angegebenen Vor- und Nachbedingungen sind. Die beiden Nachbedingungen unterscheiden sich nur in dem ersten Argument von f. Wir verallgemeinern dieses zu r und entwickeln ein entsprechendes Programm zur Summation der Zahlen in der r-ten Spalte der obigen Tabelle aus der Beweisskizze

$$\{m \neq 0\} \ \dots \ \{y = \sum_{j=1}^{m} f(r,j)\}.$$

Um von diesem Ansatz zu einem Programm zu kommen, gehen wir ähnlich zur bisherigen Programmkonstruktion vor und verwenden die Gültigkeit der folgenden logischen Implikation, wobei k eine weitere Hilfsprogrammvariable des Typs *nat* ist:

$$y = \sum_{j=1}^{k} f(r,j) \wedge k = m \implies y = \sum_{j=1}^{m} f(r,j),$$

Diese Idee führt zur folgenden Beweisskizze, bei der die Gültigkeit der dritten Beweisverpflichtung (B_3) von Satz 5.3.1 offensichtlich ist.

$$\{m \neq 0\}$$
$$\ldots$$
$$\{y = \textstyle\sum_{j=1}^{k} f(r,j)\}$$
while $k \neq m$ **do**
$$\ldots$$
end
$$\{y = \textstyle\sum_{j=1}^{m} f(r,j)\}$$

Es ist eine leichte Übung, zu zeigen, dass die Initialisierung $y, k := f(r,1), 1$ die Schleifeninvariante etabliert und die kollaterale Zuweisung $y, k := y + f(r, k+1), k+1$ die Schleifeninvariante aufrecht erhält. Somit sind auch die Beweisverpflichtungen (B_1) und (B_2) von Satz 5.3.1 wahr. Die Konstruktion des gesamten Programms wird abgeschlossen, indem wir die eben erhaltene Beweisskizze

$$\{m \neq 0\}$$
$$y, k := f(r,1), 1;$$
$$\{y = \textstyle\sum_{j=1}^{k} f(r,j)\}$$
while $k \neq m$ **do**
$$y, k := y + f(r, k+1), k+1$$
end
$$\{y = \textstyle\sum_{j=1}^{m} f(r,j)\}$$

für $r = 1$ in die letzte noch unvollständige Beweisskizze des Gesamtprogramms als fehlenden Teil der Initialisierung und für $r = n+1$ als fehlenden Teil des Schleifenrumpfs einsetzen. Dies bringt:

$$\{m \neq 0\}$$
$$y, k := f(1,1), 1;$$
$$\{y = \textstyle\sum_{j=1}^{k} f(1,j)\}$$
while $k \neq m$ **do**
$$y, k := y + f(1, k+1), k+1$$
end;
$$\{y = \textstyle\sum_{j=1}^{m} f(1,j)\}$$
$$x, n := y, 1;$$
$$\{x = \textstyle\sum_{i=1}^{n} \sum_{j=1}^{m} f(i,j)\}$$
while $n \neq m$ **do**
$$\quad \{m \neq 0\}$$
$$\quad y, k := f(n+1,1), 1;$$
$$\quad \{y = \textstyle\sum_{j=1}^{k} f(n+1,j)\}$$
$$\quad \textbf{while } k \neq m \textbf{ do}$$
$$\quad\quad y, k := y + f(n+1, k+1), k+1$$
$$\quad \textbf{end};$$
$$\quad \{y = \textstyle\sum_{j=1}^{m} f(n+1,j)\}$$
$$\quad x, n := x + y, n+1$$
end
$$\{x = \textstyle\sum_{i=1}^{m} \sum_{j=1}^{m} f(i,j)\}$$

Per Konstruktion ist das Programm dieser Beweisskizze partiell korrekt bezüglich der angegebenen Vor- und Nachbedingung. Wie im Fall von Beispiel 5.3.4 sind durch die weiteren Formeln der Beweisskizze die wesentlichen Ideen dokumentiert, die zum Programm führen, also auch alle Eigenschaften, welche man braucht, wenn man das Programm verifizieren will. □

5.4 Totale Korrektheit und Terminierung

Im letzten Abschnitt haben wir gezeigt, wie man nachweisen kann, dass ein imperatives Programm unserer Kernsprache partiell korrekt bezüglich einer Problemspezifikation ist, welche aus einer Vor- und einer Nachbedingung besteht. Wir haben auch gezeigt, wie man aus solchen Problemspezifikationen Programme konstruieren kann, die partiell korrekt sind. In Abschnitt 5.2 haben wir aber erwähnt, dass man eigentlich an der totalen Korrektheit von Programmen interessiert ist. Obwohl die den beiden Korrektheitsbegriffen zugrunde liegenden Festlegungen der Programmausführung und des Resultierens in einem Fehler nur informell benutzt wurden, kann man mit rein logischen Mitteln den folgenden Zusammenhang beweisen.

5.4.1 Satz: Totale und partielle Korrektheit

Es seien P ein imperatives Programm, V eine Vorbedingung und N eine Nachbedingung. Dann sind die folgenden Eigenschaften äquivalent:

(1) Es ist P total korrekt bezüglich V und N.

(2) Es ist P partiell korrekt bezüglich V und N und aus der Gültigkeit von V vor der Ausführung von P folgt, dass die Ausführung von P nicht in einem Fehler resultiert.

Beweis: Wir definieren drei atomare Aussagen v, n und f wie folgt:

$$v \; \hat{=} \; \text{„}V \text{ gilt vor der Ausführung von } P\text{“}$$
$$n \; \hat{=} \; \text{„}N \text{ gilt nach der Ausführung von } P\text{“}$$
$$f \; \hat{=} \; \text{„Die Ausführung von } P \text{ resultiert in einem Fehler“}$$

Dann gilt (1) genau dann, wenn die Formel $v \Rightarrow n \wedge \neg f$ wahr ist, und es gilt (2) genau dann, wenn die Formel $(v \wedge \neg f \Rightarrow n) \wedge (v \Rightarrow \neg f)$ wahr ist. Diese beiden aussagenlogischen Formeln sind logisch äquivalent, was man z.B. sehr einfach durch das Überprüfen aller Belegungen von v, n und f mit Hilfe einer Wahrheitstabelle nachweisen kann. Also sind auch (1) und (2) logisch äquivalent. □

Wenn also die partielle Korrektheit eines imperativen Programms durch eine Programmverifikation oder Programmkonstruktion gezeigt ist, dann verbleibt nach diesem Satz zum Nachweis der totalen Korrektheit nur mehr die Aufgabe, zu zeigen, dass, falls die Vorbedingung gilt, dann die Ausführung des Programms nicht in einem Fehler resultiert. Bei der von uns betrachteten imperativen Kernsprache können zwei Situationen zu einem Fehler in der Programmausführung führen:

(F_1) Die Auswertung eines Ausdrucks ist undefiniert.

(F_2) Die Ausführung einer Schleife terminiert nicht. Letzteres heißt, dass zwar während der Ausführung alle Auswertungen der Schleifenbedingung definiert sind, auch keine Ausführung des Schleifenrumpfs in einem Fehler resultiert, aber die Schleifenbedingung niemals den Wert F annimmt.

Ein bedeutendes Resultat der Mathematik (bzw. der theoretischen Informatik) besagt, dass es keinen Algorithmus geben kann, der entscheidet, ob ein Programm fehlerfrei ist oder nicht. Wir werden auf diesen Punkt in Abschnitt 6.4 etwas genauer eingehen. Jedoch gibt es einige Kriterien, welche in vielen praktischen Situationen helfen können, die Fehlerfreiheit eines gegebenen Programms zuzusichern. Auf diese gehen wir nun im Hinblick auf die beiden Fehlerarten (F_1) und (F_2) genauer ein.

Um zuzusichern, dass kein Fehler der Art (F_1) vorliegt, hat man alle im gegebenen Programm vorkommenden Ausdrücke daraufhin zu überprüfen, ob alle Anwendungen von Operationen in ihnen definiert sind. Kommen Operationen vor, die nur auf einem Teil einer Datenstruktur definiert sind, wie etwa *kopf* und *rest* auf den nichtleeren linearen Listen oder die Division auf den Paaren von Zahlen mit zweiter Komponente ungleich Null, so sind deren Anwendungen im Programm durch geeignete (korrekt angebrachte) „Wächter" (z.B. Vorbedingung, Bedingung einer Fallunterscheidung, Schleifenbedingung) zu „schützen". Dieser Schutz sichert zu, dass nur definierte Anwendungen erfolgen.

5.4.2 Beispiele: Fehler erster Art

Bei der Ausführung des imperativen Programms von Beispiel 5.2.3 können keine Fehler der Art (F_1) auftreten, da die Addition und der Test auf Ungleichsein für alle natürlichen Zahlen definiert sind. Aus dem gleichen Grund kann auch das Programm von Beispiel 5.1.3 nicht in einem Fehler der Art (F_1) resultieren.

Hingegen kommen im imperativen Programm von Beispiel 5.1.4 mit *rest* und *kopf* zwei Operationen vor, welche nur auf einem Teil einer Datenstruktur definiert sind. Trotzdem kann das Programm nicht in einem Fehler der Art (F_1) resultieren. Alle Anwendungen von *rest* und *kopf* werden nämlich durch Wächter geschützt. Im Fall der Ausdrücke der Initialisierung der Programmvariablen t und x ist die Vorbedingung der Wächter; im Fall der Ausdrücke des Schleifenrumpfs ist die Schleifenbedingung der Wächter. □

Leider kann man aber nicht alle Fehler der Art (F_1) auf diese einfache Art ausschließen. Es gibt noch die **Zusatzbedingung**, dass in den Ausdrücken nur Programmvariablen vorkommen, die einen definierten Wert besitzen. Um dies zu demonstrieren, betrachten wir den nachfolgend gegebenen ersten Teil der Beweisskizze von Beispiel 5.3.5:

$$\{m \neq 0\}$$
$$y, k := f(1,1), 1;$$
$$\{y = \sum_{j=1}^{k} f(1,j)\}$$
while $k \neq m$ **do**
$$\quad y, k := y + f(1, k+1), k+1$$
end;
$$\{y = \sum_{j=1}^{m} f(1,j)\}$$
$$x, n := y, 1;$$
$$\{x = \sum_{i=1}^{n} \sum_{j=1}^{m} f(i,j)\}$$

Wegen der Zusatzbedingung ist das oben beschriebene Kriterium zum Feststellen der Fehlerfreiheit im Hinblick auf Fehler der Art (F_1) unmittelbar nur auf die Ausdrücke der Initialisierung $y, k := f(1, 1), 1$ und der Schleife anwendbar, denn die Programmvariablen m, y und k besitzen immer einen definierten Wert[9]. Bei den Ausdrücken der Zuweisung $x, n := y, 1$ nach der Schleife ist es unmittelbar nur auf den Ausdruck 1 anwendbar, nicht jedoch auf den Ausdruck y. Damit es auch auf y anwendbar ist, muss zuerst sichergestellt sein, dass y bei der Ausführung von $x, n := y, 1$ einen definierten Wert besitzt, was darauf hinausläuft, zu beweisen, dass die Schleife terminiert.

Im Folgenden geben wir ein Kriterium an, welches zusichert, dass keine Fehler der Art (F_2) vorhanden sind, also jede Schleife **while** B **do** P **end** terminiert. Wir beschränken uns dabei auf den Fall, dass B definiert ist, und die Ausführung von P nicht in einem Fehler resultiert. Dies stellt keine Einschränkung dar, denn im Fall eines Programms mit mehreren Schleifen kann man das folgende **Terminierungskriterium** mit dem Kriterium für Fehler der Art (F_1) kombinieren und geschachtelte Schleifen von „innen her" behandeln und aufeinanderfolgende Schleifen von „vorne nach hinten" durchgehen.

Es sei also eine Schleife **while** B **do** P **end** mit den eben erwähnten Einschränkungen gegeben. Um zuzusichern, dass sie terminiert, also nur endlich oft durchlaufen wird, sucht man zuerst einen **Terminierungsausdruck** T (über den Programmvariablen), der nur Werte aus $\mathbb{N}$ annimmt, und zeigt dann das Folgende: Gelten B und die Schleifeninvariante, so gilt $T > 0$ und die Ausführung von P macht den Wert von T echt kleiner. Dieses Kriterium sichert zu, dass die Schleife nur endlich oft durchlaufen wird. Würde sie nämlich unendlich oft durchlaufen, und bezeichnen wir mit t_n den Wert von T nach dem n-ten Schleifendurchlauf, so gilt für die dadurch entstehende Folge $(t_n)_{n\in\mathbb{N}}$ von natürlichen Zahlen, dass $t_{n+1} < t_n$ für alle $n \in \mathbb{N}$. Das ist ein Widerspruch, denn eine Folge natürlicher Zahlen mit dieser Eigenschaft kann es nicht geben.

In den Beispielen 5.4.2 haben wir für drei Programme dieses Kapitels, für welche die partielle Korrektheit in den Abschnitten 5.2 und 5.3 verifiziert wurde, gezeigt, dass keine Fehler der Art (F_1) vorkommen. Nachfolgend zeigen wir für diese Programme noch, dass ihre Schleifen terminieren. Somit sind sie alle sogar total korrekt bezüglich der jeweiligen Vor- und Nachbedingungen.

5.4.3 Beispiele: Fehler zweiter Art

Um mit Hilfe des Terminierungskriteriums nachzuweisen, dass die Schleife des Programms von Beispiel 5.2.3 terminiert, nehmen wir zuerst $k \leq n$ in die Schleifeninvariante mit auf, erweitern diese also „konjunktiv" zu $x = \frac{k(k+1)}{2} \wedge k \leq n$. Die Beweise, dass $k < n$ durch die Initialisierung etabliert und durch die Ausführung des Schleifenrumpfs aufrecht erhalten wird, sind trivial. Aufgrund der neuen Schleifeninvariante können wir nun $n - k$ als Terminierungsausdruck T wählen. Aus $k \neq n$ und dem Teil $k \leq n$ der neuen Schleifeninvariante folgen dann $n - k > 0$ und $n - (k+1) < n - k$. Zum Nachweis der Terminierung der Schleife unter Verwendung des Terminierungskriteriums ist in diesem Fall also eine Erweiterung der Schleifeninvariante zum Nachweis der partiellen Korrektheit erforderlich.

---

[9]Im Fall von m folgt dies aus der Gültigkeit der Vorbedingung, denn $m \neq 0$ kann nur dann den Wert W haben, wenn m definiert ist.

Beim imperativen Programm von Beispiel 5.1.3 ist zum Nachweis der Terminierung seiner Schleife ebenfalls zuerst eine Erweiterung der ursprünglichen Schleifeninvariante um die konjunktiv hinzugefügte Formel $s > 0$ notwendig. Dann kann man $x - r + 1$ als Terminierungsausdruck T wählen und aus $r \leq x$ und $s > 0$ folgern, dass $x - r + 1 > 0$ und $x - (r + s) + 1 < x - r + 1$, woraus die Terminierung der Schleife aufgrund des Terminierungskriteriums folgt.

Im Fall des imperativen Programms von Beispiel 5.1.4 wählen wir $|t|$ als Terminierungsausdruck T. Aus $t \neq ()$ folgen dann $|t| > 0$ und $|rest(t)| = |t| - 1 < |t|$, was nach dem Terminierungskriterium die Terminierung der Schleife impliziert. In diesem Fall ist zum Nachweis der Terminierung der Schleife die Schleifeninvariante nicht notwendig. $\quad\square$

Durch eine Kombination der beiden Kriterien kann man auch zeigen, dass das imperative Programm von Beispiel 5.3.5 nicht in einem Fehler resultiert, falls vor der Ausführung die Vorbedingung gilt. Nachfolgend skizzieren wir die Vorgehensweise; die detaillierte Ausführung sei der Leserin oder dem Leser überlassen.

Wir wissen bereits, dass unter der eben erwähnten Zusicherung der Teil vor der Zuweisung $x, n := y, 1$ frei von Fehlern der Art (F_1) ist. Durch eine konjunktive Erweiterung der Schleifeninvariante der ersten Schleife

$$
\begin{aligned}
&\textbf{while } k \neq m \textbf{ do} \\
&\quad y, k := y + f(1, k + 1), k + 1 \\
&\textbf{end}
\end{aligned}
$$

um die Formel $k \leq m$ und die Wahl von $m - k$ als Terminierungsausdruck T kann man mit Hilfe des Terminierungskriteriums zeigen, dass die erste Schleife terminiert. Also besitzt y nach der Schleife einen definierten Wert, wodurch aufgrund des ersten Kriteriums auch $x, n := y, 1$ (unter der gemachten Zusicherung) nicht in einem Fehler resultiert. Durch eine Kombination der beiden Kriterien und wiederum einer konjunktiven Erweiterung der Schleifeninvariante um die Formel $k \leq m$ kann man dann zeigen, dass (unter der gemachten Zusicherung) die innere der geschachtelten Schleifen

$$
\begin{aligned}
&\textbf{while } n \neq m \textbf{ do} \\
&\quad y, k := f(n + 1, 1), 1; \\
&\quad \textbf{while } k \neq m \textbf{ do} \\
&\quad\quad y, k := y + f(n + 1, k + 1), k + 1 \\
&\quad \textbf{end}; \\
&\quad x, n := x + y, n + 1 \\
&\textbf{end}
\end{aligned}
$$

terminiert und die Ausführung des Rumpfs der verbleibenden äußeren Schleife nicht in einem Fehler resultiert. Eine nochmalige Anwendung des Terminierungskriteriums mit einer vorhergehenden konjunktiven Erweiterung der Schleifeninvariante der äußeren Schleife um die Formel $n \leq m$ und die Wahl von $m - n$ als Ausdruck T zeigt schließlich, dass auch die äußere Schleife terminiert. Folglich resultiert das gesamte Programm nicht in einem Fehler, falls vor der Ausführung die Vorbedingung gilt; es ist also sogar total korrekt bezüglich der Vorbedingung $m \neq 0$ und der Nachbedingung $x = \sum_{i=1}^{m} \sum_{j=1}^{m} f(i, j)$.

5.5 Bemerkungen zu logischen Kalkülen

Wenn man versucht, zu beschreiben, was ein mathematischer Beweis im Sinne der bisher in diesem Text durchgeführten Beweise ist, so bietet sich etwa (unter Vernachlässigung der speziellen sprachlichen Formulierungen der Beweise) die folgende Charakterisierung an: Ein mathematischer Beweis ist eine Herleitung der Gültigkeit (Richtigkeit) einer (mathematischen) Aussage, wobei nur als korrekt anerkannte logische Schlußweisen verwendet werden, sowie schon bewiesene Aussagen oder solche Aussagen, die (per Definition) als gültig vorausgesetzt werden. Der Hoare-Kalkül von Definition 5.2.1 und die Festlegung einer Herleitung im Hoare-Kalkül in Definition 5.2.2 formalisieren genau diese Vorgehensweise für den folgenden speziellen Fall:

(1) Die zu beweisenden Aussagen sind Hoare-Formeln.

(2) Die als korrekt anerkannten logischen Schlußweisen sind die Herleitungsregeln (3) bis (8) von Definition 5.2.1.

(3) Die als gültig vorausgesetzten Hoare-Formeln sind diejenigen, welche unter dem Zuweisungsaxiom (2) bzw. dem Axiom des leeren Befehls (3) von Definition 5.2.1 zusammengefasst sind.

Wie schon bewiesene Hoare-Formeln zum Beweis einer neuen Hoare-Formel führen, was also die erlaubten Schritte bei einem Beweis sind, wird in Definition 5.2.2 präzisiert. In anderen Worten besagt diese Definition nämlich, dass das Annehmen (d.h. Hinschreiben) einer Tautologie bei einem Beweis ein erlaubter Schritt ist und auch das Aufnehmen einer Konklusion einer Herleitungsregel, sofern alle Prämissen schon bewiesen sind.

Diese Präzisierung des Begriffs „Beweis" im Hoare-Kalkül kann auch auf andere Logiken übertragen werden, etwa auf die in Kapitel 2 definierte Aussagenlogik und auch auf die im gleichen Kapitel behandelte Prädikatenlogik. Für diese beiden Logiken wird dies in der Regel in einer Vorlesung über Logik (in der Informatik) durchgeführt. Wir skizzieren im Folgenden die allgemeine Vorgehensweise. In allen Fällen geht man von einer fest syntaktisch definierten Menge $\mathcal{O}$ von Objekten aus, etwa von den aussagenlogischen Formeln im Falle der Aussagenlogik oder von den prädikatenlogischen Formeln im Falle der Prädikatenlogik. Dann definiert man über der Menge $\mathcal{O}$, deren Elemente man bei vielen Logiken oft Formeln nennt, einen Kalkül, indem man festlegt

(1) eine Teilmenge von $\mathcal{O}$, deren Elemente **Axiome** genannt werden,

(2) eine Menge von **Herleitungsregeln** der Form

$$\frac{A_1 \quad A_2 \quad \ldots \quad A_n}{B}$$

mit Objekten $A_1, \ldots, A_n \in \mathcal{O}$ als Prämissen und einem Objekt $B \in \mathcal{O}$ als Konklusion

und die Definition 5.2.2 einer Herleitung im Hoare-Kalkül in offensichtlicher Weise auf diese allgemeine Situation überträgt.

Ein bekannter Kalkül für die Aussagenlogik, der auf D. Hilbert zurückgeht, setzt zur

Vereinfachung voraus, dass die betrachteten aussagenlogischen Formeln nur mittels Negation und Implikation aus den vorgegebenen atomaren Aussagen aufgebaut sind[10]. Als Axiome werden dann die Formeln der folgenden drei speziellen Bauarten festgelegt:

$$A \Rightarrow (B \Rightarrow A) \qquad \text{(Prämissenbelastung)}$$
$$(A \Rightarrow (B \Rightarrow C)) \Rightarrow ((A \Rightarrow B) \Rightarrow (A \Rightarrow C)) \qquad \text{(Selbstdistributivität)}$$
$$(\neg A \Rightarrow \neg B) \Rightarrow (B \Rightarrow A) \qquad \text{(Kontraposition)}$$

Die einzige Herleitungsregel (MP) des Hilbert-Kalküls für die Aussagenlogik (genannt der Modus ponens) hat die folgende Form (mit Formeln A und B):

$$\frac{A \qquad A \Rightarrow B}{B}$$

Wenn wir die beim Hoare-Kalkül eingeführte Darstellungsart verwenden, dann sieht eine Herleitung der Formel $F \Rightarrow F$ in diesem Kalkül beispielsweise wie folgt aus:

$1: \quad F \Rightarrow ((F \Rightarrow F) \Rightarrow F)$ erstes Axiom
$2: \quad (F \Rightarrow ((F \Rightarrow F) \Rightarrow F)) \Rightarrow ((F \Rightarrow (F \Rightarrow F)) \Rightarrow (F \Rightarrow F))$ zweites Axiom
$3: \quad (F \Rightarrow (F \Rightarrow F)) \Rightarrow (F \Rightarrow F)$ (MP) mit 1, 2
$4: \quad F \Rightarrow (F \Rightarrow F)$ erstes Axiom
$5: \quad F \Rightarrow F$ (MP) mit 3, 4

Man beachte, dass die Formel $F \Rightarrow ((F \Rightarrow F) \Rightarrow F)$ die für das erste Axiom geforderte spezielle Bauart hat, indem man A als Formel F und B als Formel $F \Rightarrow F$ wählt. Auch die Formel $(F \Rightarrow ((F \Rightarrow F) \Rightarrow F)) \Rightarrow ((F \Rightarrow (F \Rightarrow F)) \Rightarrow (F \Rightarrow F))$ hat die für das zweite Axiom geforderte spezielle Bauart. Hier wählt man sowohl A als auch C als Formel F und B als Formel $F \Rightarrow F$.

Schon diese kleine Herleitung zeigt, dass, wie beim Hoare-Kalkül, auch bei anderen logischen Kalkülen Herleitungen komplizierterer Formeln sehr schnell äußerst komplex und damit praktisch undurchführbar für einen Menschen werden. Für das Führen von konkreten mathematischen Beweisen waren die Kalküle auch gar nicht vorgesehen. Die sie entwickelnden Logiker hatten anfangs das Ziel, wie beispielsweise G. Frege und D. Hilbert, Mathematik als einen Teil der Logik auszuweisen, um sie dadurch zu formalisieren und ihre Grundlagen zu festigen. Später stellten sie sich die Aufgabe, wie etwa in Abschnitt 4.3 im Zusammenhang mit K. Gödel erwähnt, die Beweisbarkeit bzw. Nichtbeweisbarkeit von bestimmten mathematischen Aussagen mit mathematischen Mitteln zu beweisen, um damit die Grenzen mathematischer Erkenntnis zu klären. In beiden Fällen war es notwendig, den informellen Begriff eines mathematischen Beweises zu formalisieren, was zum Begriff eines logischen Kalküls führte. Mittlerweile gibt es aber logische Kalküle, wie beispielsweise den Resolutionskalkül für die Aussagenlogik und die Prädikatenlogik, deren Herleitungen sehr gut durch Computerprogramme durchgeführt werden können. Diese Resolutionskalküle bilden die theoretische Grundlage des maschinellen Beweisens, einem Gebiet der Informatik, welches seit Jahren ständig an Bedeutung gewinnt.

---

[10]Dies ist keine Einschränkung, denn man kann durch eine Induktion nach dem Aufbau der aussagenlogischen Formeln zeigen, dass es zu jeder Formel eine logisch äquivalente Formel gibt, die nur die Junktoren „$\neg$" und „$\Rightarrow$" enthält.

5.6 Übungsaufgaben

5.6.1 Aufgabe

Viele imperative Programmiersprachen stellen eine nicht-abweisende Schleife in der folgenden syntaktischen Form (oder einer ähnlichen Form) zur Verfügung, bei der die Anweisung P so lange ausgeführt wird, bis die Schleifenbedingung B den Wert W annimmt:

$$\textbf{repeat } P \textbf{ until } B \textbf{ end}$$

Zeigen Sie, dass sich durch die Hinzunahme dieses Schleifentyps die Ausdrucksstärke der Kernsprache von Definition 5.1.2 nicht ändert, indem sie ein Programm der Kernsprache angeben, dessen Ausführung genau das bewirkt, was **repeat** P **until** B **end** bewirken soll.

5.6.2 Aufgabe

Leiten Sie aus der Simulation der nicht-abweisenden Schleife **repeat** P **until** B **end** in der Kernsprache von Definition 5.1.2 und den Herleitungsregeln des Hoare-Kalküls für diese Kernsprache eine Herleitungsregel her, welche ausdrückt, wie sich die partielle Korrektheit von P auf **repeat** P **until** B **end** fortsetzt.

5.6.3 Aufgabe

Es seien P eine Variable für Programme aus der Kernsprache von Definition 5.1.2 und $A(P)$ eine Aussage (über P). Beweisen Sie das folgende Induktionsprinzip: Gilt

$$(\text{IB}_1) \qquad A(x_1, \ldots, x_n := E_1, \ldots, E_n)$$

für alle kollateralen Zuweisungen $x_1, \ldots, x_n := E_1, \ldots, E_n \in Anw$ und

$$(\text{IB}_2) \qquad A(skip)$$

und gelten die Implikationen

$$(\text{IS}_1) \qquad A(P) \wedge A(Q) \Rightarrow A(P; Q)$$

für alle Hintereinanderausführungen $P; Q \in Anw$,

$$(\text{IS}_2) \qquad A(P) \wedge A(Q) \Rightarrow A(\textbf{if } B \textbf{ then } P \textbf{ else } Q \textbf{ end})$$

für alle Fallunterscheidungen **if** B **then** P **else** Q **end** $\in Anw$ und

$$(\text{IS}_3) \qquad A(P) \Rightarrow A(\textbf{while } B \textbf{ do } P \textbf{ end})$$

für alle Schleifen **while** B **do** P **end** $\in Anw$, so gilt die Aussage $A(P)$ für alle $P \in Anw$.

Hinweis: Fassen Sie Programme als Bäume auf und ordnen Sie so (analog zu den knotenmarkierten Binärbäumen) zuerst jedem Programm durch eine rekursive Definition eine Höhe zu. Führen Sie dann einen Beweis durch Widerspruch, in dem Sie das Prinzip eines minimalen Verbrechers verwenden.

5.6.4 Aufgabe

(1) Zeigen Sie mit Hilfe des Induktionsprinzips von Aufgabe 5.6.3, dass für alle Formeln V und N und alle $P \in Anw$ die Hoare-Formeln $\{V\}\ P\ \{\textbf{wahr}\}$ und $\{\textbf{falsch}\}\ P\ \{N\}$ im Hoare-Kalkül herleitbar sind.

(2) Verifizieren Sie, dass das imperative Programm **while** B **do** P **end** partiell korrekt bezüglich jeder Vor- und Nachbedingung ist, falls die Schleifenbedingung B immer den Wert W besitzt. Leiten Sie dazu unter Verwendung von (1) zu einem beliebigen Paar V und N von Formeln die Hoare-Formel $\{V\}$ **while wahr do** P **end** $\{N\}$ im Hoare-Kalkül her.

5.6.5 Aufgabe

Wir betrachten das im Folgenden gegebene imperative Programm, wobei n, x und k drei Programmvariablen vom Typ *nat* sind:

$$x, k := 1, 1;$$
$$\textbf{while } k \neq n \textbf{ do}$$
$$x, k := x(k + 1), k + 1$$
$$\textbf{end},$$

Verifizieren Sie durch die Angabe einer Herleitung im Hoare-Kalkül, dass dieses Programm partiell korrekt bezüglich der Vorbedingung $n \neq 0$ und der Nachbedingung $x = \prod_{i=1}^{n} i$ ist.

5.6.6 Aufgabe

Beweisen Sie: Ein imperatives Programm der Form

$$x_1, \ldots, x_n := I_1, \ldots, I_n;$$
$$\textbf{while } B \textbf{ do}$$
$$\quad \textbf{if } C \textbf{ then } x_1, \ldots, x_n := E_1, \ldots, E_n$$
$$\quad \quad \textbf{else } x_1, \ldots, x_n := F_1, \ldots, F_n \textbf{ end}$$
$$\textbf{end}$$

ist partiell korrekt bezüglich einer Vorbedingung V und einer Nachbedingung N, falls es eine Formel $A(x_1, \ldots, x_n)$ gibt, so dass die folgenden vier Eigenschaften gelten:

(1) Aus V folgt $A(I_1, \ldots, I_n)$.

(2) Aus $C \wedge B \wedge A(x_1, \ldots, x_n)$ folgt $A(E_1, \ldots, E_n)$.

(3) Aus $\neg C \wedge B \wedge A(x_1, \ldots, x_n)$ folgt $A(F_1, \ldots, F_n)$.

(4) Aus $\neg B$ und $A(x_1, \ldots, x_n)$ folgt N.

Geben Sie dazu jeweils für die entsprechenden Instanzen der drei Beweisverpflichtungen (B_1), (B_2) und (B_3) von Satz 5.3.1 Herleitungen im Hoare-Kalkül an. Sie dürfen verwenden, dass „Aus ... folgt ...“ eine umgangssprachliche Formulierung einer logischen Implikation ist, also z.B. (4) besagt, dass $\neg B \wedge A(x_1, \ldots, x_n) \Rightarrow N$ eine Tautologie ist.

5.6.7 Aufgabe

Es seien n und k zwei Programmvariablen vom Typ *nat* und x und a zwei Programmvariablen vom Typ *real*. Verwenden Sie die in der Beweisskizze

$$\{\textbf{wahr}\}$$
$$x, k := 1, 0;$$
$$\{x = a^k\}$$
$$\textbf{while } k \neq n \textbf{ do}$$
$$\quad x, k := xa, k + 1$$
$$\quad \textbf{end}$$
$$\{x = a^n\}$$

angegebenen Informationen, um

(1) durch die Angabe einer Herleitung im Hoare-Kalkül bzw.

(2) durch den Nachweis der drei Beweisverpflichtungen (B_1), (B_2) und (B_3) von Satz 5.3.1 für den Spezialfall von kollateralen Zuweisungen als Initialisierung und Schleifenrumpf

zu verifizieren, dass das Programm der Beweisskizze partiell korrekt bezüglich der Vorbedingung **wahr** und der Nachbedingung $x = a^n$ ist.

5.6.8 Aufgabe

Es seien s eine Programmvariable des Typs *natlist* und x eine Programmvariable des Typs *nat*. Vervollständigen Sie nach der in Abschnitt 5.3 vorgestellten Methode die unvollständige Beweisskizze

$$\{s \neq ()\} \ldots \{x = \sum_{i=1}^{|s|} s_i\}$$

so, dass das konstruierte imperative Programm partiell korrekt bezüglich der in der Beweisskizze angegebenen Vor- und Nachbedingung ist und es eine lineare Laufzeit in $|s|$ besitzt.

5.6.9 Aufgabe

Es seien s, t und u drei Programmvariablen des Typs *natlist*.

(1) Beschreiben Sie umgangssprachlich die durch die unvollständige Beweisskizze

$$\{s \neq () \wedge |s| = |t|\} \ldots \{|s| = |u| \wedge \forall i \in \mathbb{N} : 1 \leq i \leq |u| \Rightarrow u_i = s_i + t_i\}$$

gegebene Problemspezifikation. Geben Sie insbesondere zu jeder Programmvariablen an, ob sie zur Eingabe oder zur Ausgabe dient.

(2) Vervollständigen Sie nach der in Abschnitt 5.3 vorgestellten Methode die unvollständige Beweisskizze von (1) so, dass das konstruierte imperative Programm partiell korrekt bezüglich der angegebenen Vor- und Nachbedingung ist. Was ist die Laufzeit des Programms in Abhängigkeit von $|s|$?

5.6.10 Aufgabe

Es seien $m \in \mathbb{N}$ mit $m \neq 0$ und $f : \{1, \ldots, m\} \times \{1, \ldots, m\} \to \mathbb{N}$ wie in Beispiel 5.3.5 gegeben. Ändern Sie die Programmkonstruktion dieses Beispiels so ab, dass die Konstruktion ein imperatives Programm ergibt, welches partiell korrekt bezüglich des Paars

$$m \neq 0 \qquad x = \max\{\max\{f(i, j) \mid j \in \{1, \ldots, m\}\} \mid i \in \{1, \ldots, m\}\}$$

von Formeln als Vor- bzw. Nachbedingung ist.

5.6.11 Aufgabe

Beweisen Sie durch die Anwendung der beiden Kriterien von Abschnitt 5.4, dass die in den Aufgaben 5.6.5 und 5.6.7 angegebenen imperativen Programme nicht in einem Fehler resultieren, sofern vor der Ausführung die jeweils angegebene Vorbedingung gilt.

5.6.12 Aufgabe

In dem imperativen Programm

$$
\begin{aligned}
&n := m; \\
&\textbf{while } n \neq 0 \textbf{ do} \\
&\quad n := n - 2 \\
&\textbf{end}
\end{aligned}
$$

seien m und n zwei Programmvariablen vom Typ *int*, wobei dieser Typ angibt, dass die unter m und n abgespeicherten Objekte ganze Zahlen sind.

(1) Verifizieren Sie durch die Angabe einer Herleitung im Hoare-Kalkül, dass dieses Programm partiell korrekt bezüglich der Vorbedingung $m \geq 0$ und der Nachbedingung $n = 0$ ist.

(2) Weisen Sie nach, dass das Programm nicht total korrekt bezüglich der Vorbedingung $m \geq 0$ und der Nachbedingung $n = 0$ ist.

(3) Ändern Sie die Vorbedingung so ab, dass das Programm auch total korrekt bezüglich der neuen Vorbedingung und der Nachbedingung $n = 0$ ist (mit Nachweis der Fehlerfreiheit).

5.6.13 Aufgabe

Es seinen m, x, i und j vier Programmvariablen des Typs *nat*. Zeigen Sie mit Hilfe der in Abschnitt 5.4 vorgestellten Kriterien, dass das Programm

$$
\begin{aligned}
&x, i := 0, 1; \\
&\textbf{while } i \neq m \textbf{ do} \\
&\quad j := i \\
&\quad \textbf{while } j \neq m \textbf{ do} \\
&\quad\quad x, j := x + j, j + 1 \\
&\quad \textbf{end}; \\
&\quad i := i + 1 \\
&\textbf{end}
\end{aligned}
$$

nicht in einem Fehler resultiert.

6 Spezielle Funktionen

In Abschnitt 1.4 haben wir Funktionen als spezielle Relationen eingeführt und auch einige Sprech- und Schreibweisen festgelegt. Bisher haben wir Funktionen aber nur zu Beispielszwecken verwendet, etwa um Sachverhalte zu beschreiben oder Möglichkeiten zu schaffen, vorgegebene Objekte zu manipulieren. Insbesondere bei den zweiten Anwendungen sprachen wir dann oftmals von Operationen statt von Funktionen, um diesen Charakter zu betonen. Man vergleiche mit den Operationen auf den linearen Listen oder den knotenmarkierten Binärbäumen. In diesem Kapitel studieren wir nun den Funktionsbegriff näher. Zuerst befassen wir uns mit einigen grundlegenden Eigenschaften von Funktionen. Dann vergleichen wir mit Hilfe von speziellen Funktionen die Kardinalitäten beliebiger (also auch nichtendlicher) Mengen. Und schließlich untersuchen wir noch einige Klassen von speziellen konkreten Funktionen, die für die Informatik wichtig sind, wenn man sich etwa mit der Laufzeit von Algorithmen beschäftigt.

6.1 Injektivität, Surjektivität und Bijektivität

Wir haben in Abschnitt 1.4 Funktionen $f : M \to N$ als eindeutige und totale Relationen $f \subseteq M \times N$ eingeführt und den Ausdruck $f(x)$ für dasjenige eindeutig gegebene Element aus N geschrieben, welches mit dem Element x aus M in der Relation f steht. Über die beiden Mengen M und N, die Quelle und das Ziel von f, haben wir nichts ausgesagt. Insbesondere wurde bisher $\emptyset$ als Quelle und/oder Ziel nicht ausgeschlossen. Für die leere Menge ergibt sich das folgende erstaunliche Resultat. In ihm wenden wir die für Relationen eingeführte Schreibweise $x\,R\,y$ auch für die leere Relation an, also für die leere Menge von Paaren. Die Beweise zeigen, dass abkürzende Schreibweisen nicht immer hilfreich sind.

6.1.1 Satz: leere Relation als Funktion

(1) Für alle Mengen M gilt $\emptyset \times M = \emptyset$ und auch $M \times \emptyset = \emptyset$.

(2) Die leere Relation $\emptyset \subseteq \emptyset \times M$ ist für alle Mengen M eine Funktion und für jede weitere Funktion $f : \emptyset \to M$ gilt $f = \emptyset$.

(3) Für alle Mengen M ist die leere Relation $\emptyset \subseteq M \times \emptyset$ eindeutig und sie ist dann und nur dann total, wenn $M = \emptyset$ gilt.

Beweis: (1) Nachfolgend ist der Beweis der ersten Gleichung angegeben, wobei wir im zweiten Schritt der Rechnung die zur Definition des direkten Produkts in Abschnitt 1.4 verwendete Zermelo-Mengenkomprehension rückgängig machen, damit Regel (6) von Satz 2.3.9 anwendbar wird.

$$\begin{aligned}
\emptyset \times M &= \{(x,y) \mid x \in \emptyset \wedge y \in M\} \\
&= \{u \mid \exists x : x \in \emptyset \wedge \exists y : y \in M \wedge u = (x,y)\} \\
&= \{u \mid \exists x : \mathbf{falsch}\} \\
&= \{u \mid \mathbf{falsch}\} \\
&= \emptyset
\end{aligned}$$

Auf die gleiche Weise kann man die zweite Gleichung nachrechnen.

© Springer Fachmedien Wiesbaden GmbH, ein Teil von Springer Nature 2021
R. Berghammer, *Mathematik für die Informatik*,
https://doi.org/10.1007/978-3-658-33304-1_6

(2) Weil alle Allquantifizierungen über die leere Menge wahr sind, ist die leere Relation $\emptyset \subseteq \emptyset \times M$ nach den folgenden logischen Umformungen eindeutig:

$$\emptyset \text{ eindeutig } \iff \forall\, x \in \emptyset, y, z \in M : x\,\emptyset\, y \wedge x\,\emptyset\, z \Rightarrow y = z \iff \textbf{wahr}$$

Durch einen ähnlichen Beweis mit dem gleichen Argument rechnet man wie folgt nach, dass die leere Relation $\emptyset \subseteq \emptyset \times M$ auch total ist:

$$\emptyset \text{ total } \iff \forall\, x \in \emptyset : \exists\, y \in M : x\,\emptyset\, y \iff \textbf{wahr}$$

Also ist per Definition eine Funktion gegeben. Ist f eine weitere Funktion von $\emptyset$ nach M, so gilt, da Funktionen Relationen sind, $f \subseteq \emptyset \times M$, also $f \subseteq \emptyset$ nach (1). Dies zeigt $f = \emptyset$, denn $\emptyset \subseteq f$ gilt immer.

(3) Die leere Relation $\emptyset \subseteq M \times \emptyset$ ist aufgrund der folgenden Rechnung eindeutig:

$$\emptyset \text{ eindeutig } \iff \forall\, x \in M, y, z \in \emptyset : x\,\emptyset\, y \wedge x\,\emptyset\, z \Rightarrow y = z \iff \textbf{wahr}$$

Wieder wurde verwendet, dass Allquantifizierungen über die leere Menge wahr sind. Durch die Rechnung

$$
\begin{aligned}
\emptyset \text{ total } &\iff \forall\, x \in M : \exists\, y \in \emptyset : x\,\emptyset\, y \\
&\iff \forall\, x : x \in M \Rightarrow \exists\, y : y \in \emptyset \wedge x\,\emptyset\, y \\
&\iff \forall\, x : x \in M \Rightarrow \exists\, y : \textbf{falsch} \wedge x\,\emptyset\, y \\
&\iff \forall\, x : x \in M \Rightarrow \exists\, y : \textbf{falsch} \\
&\iff \forall\, x : x \in M \Rightarrow \textbf{falsch} \\
&\iff \forall\, x : \neg(x \in M) \\
&\iff M = \emptyset
\end{aligned}
$$

ist schließlich der noch verbleibende Teil bewiesen. Hier wurde Satz 2.3.9 (6) benutzt. $\square$

Der Beweis dieses Satzes demonstriert noch einmal, wie wichtig es ist, Quantifizierungen mit typisierten Variablen als Abkürzungen aufzufassen, so wie dies in der Festlegung 2.1.2 eingeführt wurde. Wesentlich für den Beweis war nämlich, dass diese Abkürzungen teilweise wieder rückgängig gemacht wurden. Genau genommen haben wir in den obigen Beweisen implizit auch benutzt, dass Quantorenblöcke mehrfachen geschachtelten Quantifizierungen entsprechen und haben auch diese rückgängig gemacht. So haben wir etwa im Beweis von Teil (2) benutzt, dass $\forall\, x \in \emptyset, y, z \in M : x\,\emptyset\, y \wedge x\,\emptyset\, z \Rightarrow y = z$ eine Kurzschreibweise für die Formel $\forall\, x \in \emptyset : \forall\, y \in M : \forall\, z \in M : x\,\emptyset\, y \wedge x\,\emptyset\, z \Rightarrow y = z$ ist. Erst dadurch konnten wir formal durch das Betrachten der äußersten Quantifizierung „$\forall\, x \in \emptyset$" das logische Argument verwenden, dass die letzte Formel logisch äquivalent zu **wahr** ist, weil über die leere Menge quantifiziert wird. Normalerweise geht man beim Aufschreiben von Beweisen davon aus, dass die Leserin oder der Leser mit diesen Argumenten hinreichend vertraut ist, und erwähnt sie und die entsprechenden Beweisschritte deshalb nicht eigens. Der eben bewiesene Satz zeigt auch, dass es bei Relationen und Funktionen nicht reicht, nur die Mengen von Paaren anzugeben. **Quellen und Ziele sind auch wesentlich**. Somit sind Relationen und Funktionen genau genommen Tripel (R, M, N)

beziehungsweise (f, M, N), deren drei Komponenten wir bei der Einführung solcher Objekte durch die Schreibweise $R \subseteq M \times N$ beziehungsweise $f : M \to N$ immer angeben. Etwa ist die leere Relation $\emptyset \subseteq \emptyset \times \mathbb{N}$ eine Funktion. Die Schreibweise $\emptyset : \emptyset \to \mathbb{N}$ ist also zulässig. Wenn wir hingegen Quelle und Ziel vertauschen, also die leere Relation $\emptyset \subseteq \mathbb{N} \times \emptyset$ einführen, so führen wir dadurch keine Funktion ein, denn diese Relation ist nicht total. Die Schreibweise $\emptyset : \mathbb{N} \to \emptyset$ ist also in diesem Zusammenhang nicht zulässig.

Die **leere Funktion** $\emptyset : \emptyset \to M$ (mit leerer Quelle und beliebigem Ziel) ist oft nützlich. Beispielsweise erlaubt sie, das leere Tupel zu modellieren, wenn wir n-Tupel als Funktionen $f : \{1, \ldots, n\} \to \bigcup_{i=1}^{n} M_i$ auffassen. Sie ist aber insofern pathologisch, da für sie der Ausdruck $\emptyset(x)$ nicht definiert ist – es gibt ja kein x in der Menge $\emptyset$. Aus diesem Grund wird in der Literatur, leider oft implizit, die folgende Bedingung unterstellt.

6.1.2 Festlegung: nichtleere Quellen

Für alle Funktionen $f : M \to N$ wird **implizit** $M \neq \emptyset$ **angenommen**. Dies impliziert $N \neq \emptyset$ aufgrund der Totalitätsforderung und f ist somit nicht leer. $\qquad\square$

Somit gilt von nun an in diesem Text, **wenn nicht explizit anders vermerkt**: Für alle Funktionen $f : M \to N$ sind Quelle und Ziel nichtleer, für jedes Element $x \in M$ ist der Ausdruck $f(x)$ definiert und für alle Elemente $x \in M$ und $y \in M$ ist $y = f(x)$ genau dann wahr, wenn die Aussage $x \, f \, y$ in der relationalen Schreibweise von f zutrifft. In der Praxis, wo man mit konkreten Funktionen arbeitet, bedeutet die Festlegung 6.1.2 keinerlei Einschränkung. Sie bereitet aber manchmal in der Theorie Probleme, beispielsweise wenn man Tupel modellieren will. Wir werden auch in Abschnitt 6.2 auf so ein Problem stoßen. Nach diesen Vorbereitungen können wir nun die wesentlichen beiden Begriffe dieses Abschnitts einführen.

6.1.3 Definition: Injektivität und Surjektivität

Eine Funktion $f : M \to N$ heißt

(1) **injektiv**, falls für alle $x, y \in M$ aus $f(x) = f(y)$ folgt $x = y$,

(2) **surjektiv**, falls für alle $y \in N$ ein $x \in M$ mit $f(x) = y$ existiert. $\qquad\square$

Man beachte im Hinblick auf Eigenschaft (1) dieser Definition, dass aus $x = y$ immer folgt $f(x) = f(y)$. Gleiche Objekte liefern gleiche Werte. Dies gilt in analoger Weise auch für Ausdrücke, bei denen sich der Wert nicht ändert, wenn ein Teilausdruck durch einen Ausdruck mit einem gleichen Wert ersetzt wird, und Aussagen, bei denen sich die Gültigkeit nicht ändert, wenn eine Teilformel durch eine logisch äquivalente Formel ersetzt wird. Dieses fundamentale logische Prinzip wird nach dem deutschen Universalgelehrten Gottfried Wilhelm Leibniz (1646-1716) auch **Leibniz-Gesetz** oder **Identitätsprinzip von Leibniz** genannt.

In Abschnitt 1.4 haben wir aufgezeigt, wie man Relationen zeichnerisch durch Pfeildiagramme darstellen kann. Da Funktionen spezielle Relationen sind, kann man damit auch sie so darstellen. Alle Pfeildiagramme der Beispiele von Abschnitt 1.4 betreffen Relationen auf einer Menge. Die gezeigten Pfeildiagramme enthalten jedes Element dieser Menge genau einmal. In Verbindung mit Funktionen sind oft sogenannte **bipartite Pfeildia-gramme** hilfreicher. Hier zeichnet man zuerst links die Elemente der Quelle und rechts die Elemente des Ziels der vorgegebenen Relation R; in der Regel werden die Elemente senkrecht übereinander gestellt. Dann verbindet man ein Element x der Quelle mit einem Element y des Ziels durch einen Pfeil von x nach y genau dann, wenn die Beziehung $x \, R \, y$ gilt. In so einem Pfeildiagramm erkennt man nun die Eindeutigkeit (Totalität) daran, dass höchstens (mindestens) ein Pfeil in jedem linken Objekt beginnt und die Injektivität (Sur-jektivität) daran, dass höchstens (mindestens) ein Pfeil in jedem rechten Objekt endet. Nachfolgend geben wir zwei Beispiele an.

6.1.4 Beispiele: bipartite Pfeildiagramme

Wir betrachten die Pfeildiagramme zu den beiden Funktionen *und* : $\mathbb{B} \times \mathbb{B} \to \mathbb{B}$ und *nicht* : $\mathbb{B} \to \mathbb{B}$, welche die Konjunktion und die Negation auf den Wahrheitswerten beschreiben:

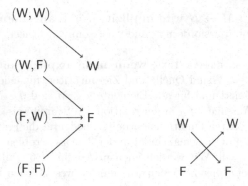

Aus dem linken Diagramm kann man sofort erkennen, dass die Funktion *und* nicht injektiv ist. Im Element F des Ziels enden drei Pfeile. Sie ist jedoch surjektiv, da auch im Element W des Ziels ein Pfeil endet. Das rechte Diagramm zeigt, dass die Funktion *nicht* sowohl injektiv als auch surjektiv ist. □

Dass Funktionen die Eigenschaften von Definition 6.1.3 nicht besitzen, belegt man im Normalfall durch die Angabe von Gegenbeispielen. Etwa ist $f : \mathbb{R} \to \mathbb{R}$ mit der Definition $f(x) = x^2$ nicht injektiv, da $f(1) = 1 = f(-1)$, aber $1 \neq -1$. Sie ist auch nicht surjektiv. Wegen $f(x) \geq 0$ für alle $x \in \mathbb{R}$ kann es etwa zum Zielelement $y := -1$ kein Quellelement x mit $f(x) = y$ geben. Eine große Klasse von injektiven Funktionen auf den reellen Zahlen ist in der nachfolgenden Definition gegeben.

6.1.5 Definition: strenge Monotonie

Es seien M und N (nichtleere) Mengen von reellen Zahlen. Eine Funktion $f : M \to N$ heißt **streng monoton**, falls für alle $x, y \in M$ mit $x < y$ gilt $f(x) < f(y)$. □

Manchmal spricht man deutlicher von streng monoton wachsenden oder streng monoton aufsteigenden Funktionen. Fordert man für die Funktion f in Definition 6.1.5 nur, dass $f(x) \leq f(y)$ für alle $x, y \in M$ mit $x \leq y$ gilt, so heißt f **monoton** oder monoton wachsend oder monoton aufsteigend. Statt monoton sagt man auch isoton. Leider ist insgesamt die

Bezeichnungsweise im Zusammenhang mit solchen Funktionen nicht einheitlich. Neben den (streng) monotonen Funktionen gibt es noch die (streng) antitonen Funktionen. Diese werden auch (streng) monoton fallend oder (streng) monoton absteigend genannt. Aus diesen Bezeichnungen wird klar, was gemeint ist. Etwa ist $f : M \to N$ streng antiton, falls für alle $x, y \in M$ mit $x < y$ gilt $f(y) < f(x)$. Wir betrachten nachfolgend aber nur die streng monotonen Funktionen. Für diese Klasse von Funktionen gilt das folgende Resultat:

6.1.6 Satz: strenge Monotonie impliziert Injektivität

Sind M und N Teilmengen von $\mathbb{R}$ und ist $f : M \to N$ eine streng monotone Funktion, so ist f auch injektiv.

Beweis (indirekt): Es sei f nicht injektiv. Dann gibt es $x, y \in M$ mit $f(x) = f(y)$ und $x \neq y$. Aus $x \neq y$ folgt $x < y$ oder $y < x$. Nun unterscheiden wir zwei Fälle:

(a) Es gilt $x < y$. Wegen $f(x) = f(y)$ ist dann f nicht streng monoton.

(b) Es gilt $y < x$. Wegen $f(y) = f(x)$ ist dann f wiederum nicht streng monoton. $\qquad \square$

Beispielsweise sind also alle Funktionen $f : \mathbb{R} \to \mathbb{R}$ mit der Definition $f(x) = x^k$, wobei $k \in \mathbb{N}$ eine ungerade Zahl ist, injektiv. Ist k gerade, so ist die Injektivität verletzt. Die Umkehrung von Satz 6.1.6 gilt offensichtlich nicht. Es gibt Funktionen auf den reellen Zahlen, die injektiv sind, aber nicht streng monoton. Man kann die Injektivität und die Surjektivität beliebiger Funktionen anhand der Definition 6.1.3 feststellen. Manchmal ist aber auch die Anwendung der Kriterien des folgenden Satzes sehr hilfreich.

6.1.7 Satz: hinreichende Kriterien für Injektivität und Surjektivität

Es sei $f : M \to N$ eine Funktion. Dann gelten die folgenden zwei Eigenschaften:

(1) Gibt es eine Funktion $g : N \to M$ mit $g(f(x)) = x$ für alle $x \in M$, so ist f injektiv.

(2) Gibt es eine Funktion $g : N \to M$ mit $f(g(y)) = y$ für alle $y \in N$, so ist f surjektiv.

Beweis: (1) Existiert eine Funktion $g : N \to M$ mit der geforderten Eigenschaft, so gilt für alle $x, y \in M$ die folgende logische Implikation, welche die Injektivität von f beweist:

$$f(x) = f(y) \implies g(f(x)) = g(f(y)) \iff x = y$$

(2) Existiert wiederum eine Funktion $g : N \to M$ mit der geforderten Eigenschaft, so gilt für alle $y \in N$, dass $f(x) = f(g(y)) = y$, falls man das Element $x \in M$ durch $x := g(y)$ festlegt. Dies zeigt die Surjektivität von f. $\qquad \square$

Nachfolgend geben wir einige Beispiele für Anwendungen dieses Satzes an.

6.1.8 Beispiele: Injektivität und Surjektivität

Es sei $\mathbb{R}_{\geq 0}$ die Menge der positiven reellen Zahlen. Die Funktion $f : \mathbb{R}_{\geq 0} \to \mathbb{R}$, mit $f(x) = x^2 + 2$, ist injektiv, denn für die Funktion

$$g : \mathbb{R} \to \mathbb{R}_{\geq 0} \qquad g(y) = \begin{cases} \sqrt{y - 2} & \text{falls } y \geq 2 \\ 0 & \text{sonst} \end{cases}$$

gilt $g(f(x)) = x$ für alle $x \in \mathbb{R}_{\geq 0}$, da $x^2 + 2 \geq 2$ in Verbindung mit den Definitionen von f und g impliziert, dass

$$g(f(x)) = g(x^2 + 2) = \sqrt{x^2 + 2 - 2} = \sqrt{x^2} = |x| = x.$$

Würde man $\mathbb{R}$ als Quelle von f wählen, so wäre die Injektivität verletzt.

Man kann die Funktion g des Satzes 6.1.7 oft sogar ausrechnen. Dies ist besonders wichtig, wenn die Funktion f nicht explizit durch eine definierende Gleichung gegeben ist, sondern implizit durch Eigenschaften spezifiziert wird. Hier ist ein Beispiel für solch eine implizite Spezifikation durch eine Formel (in Abschnitt 4.2 haben wir die rechte Konstruktion der Äquivalenz der Formel schon einmal betrachtet):

$$f : \mathbb{N} \to \mathbb{N} \qquad \forall\, x, y \in \mathbb{N} : f(x) = y \Leftrightarrow y^2 \leq x < (y+1)^2$$

Um zu zeigen, dass f surjektiv ist, nimmt man eine Funktion $g : \mathbb{N} \to \mathbb{N}$ mit der Eigenschaft $f(g(y)) = y$ für alle $y \in \mathbb{N}$ an. Dann formt man wie folgt um, wobei sich die abschließende logische Implikation aufgrund des Rechnens von links nach rechts konsequenterweise in der Form „$\Longleftarrow$" ergibt:

$$f(g(y)) = y \iff y^2 \leq g(y) < (y+1)^2 \impliedby g(y) = y^2$$

Dies zeigt, dass die Festlegung $g(y) = y^2$ das Gewünschte leistet.

Analog kommt man bei der von reellen Zahlen a und b abhängenden Funktion

$$f : \mathbb{R} \to \mathbb{R} \qquad f(x) = ax + b$$

im Fall $a \neq 0$ zum Ziel. Es sei $g : \mathbb{R} \to \mathbb{R}$ unbekannterweise vorgegeben. Dann zeigt

$$f(g(y)) = y \iff a\,g(y) + b = y \iff g(y) = \frac{y-b}{a},$$

dass g, nun mit der ausgerechneten Definition $g(y) = \frac{y-b}{a}$, dazu führt, dass f surjektiv ist. Mit der gleichen Funktion g bekommt man für alle $x \in \mathbb{R}$ zusätzlich

$$g(f(x)) = \frac{f(x) - b}{a} = \frac{ax + b - b}{a} = \frac{ax}{a} = x,$$

also, dass die Funktion f aufgrund der Existenz von g auch injektiv ist. $\quad\square$

Vermutet man Injektivität und Surjektivität einer gegebenen Funktion f, so empfiehlt sich, beim Ausrechnen einer entsprechenden Funktion g mit $f(g(y)) = y$ zu arbeiten, da man f kennt, also $g(y)$ in die Definition $f(x) = \ldots$ einsetzen kann. Der obige Satz 6.1.7 lässt sich mit den folgenden drei Begriffen wesentlich eleganter formulieren. Wir werden insbesondere den ersten Begriff noch oft verwenden.

6.1.9 Definition: Komposition und identische Funktion

(1) Zu zwei Funktionen $f : M \to N$ und $g : N \to P$ ist ihre **Komposition** wie folgt definiert:

$$g \circ f : M \to P \qquad (g \circ f)(x) = g(f(x))$$

(2) Die **identische Funktion** auf einer Menge M ist wie folgt definiert:

$$id_M : M \to M \qquad\qquad id_M(x) = x$$

(3) Erfüllen zwei Funktionen $f : M \to N$ und $g : N \to M$ die Gleichung $g \circ f = id_M$, so heißt g eine **Linksinverse** von f und f eine **Rechtsinverse** von g. $\qquad\square$

Man beachte, dass diese Definition in (1) ausnutzt, dass die Quelle M von f aufgrund der Festlegung 6.1.2 nichtleer ist. Nach Satz 6.1.1 (3) muss damit auch das Ziel N von f nichtleer sein und folglich auch das Ziel P von g, weil dessen Quelle N nichtleer ist. In Definition 6.1.9 (1) sind also aufgrund der Festlegung 6.1.2 beide Funktionen ungleich der leeren Relation. Würde man auf die Festlegung 6.1.2 verzichten, so hätte man den Fall $\emptyset \circ g$ mit $\emptyset : \emptyset \to N$ eigens zu betrachten. Da $\emptyset \circ g$ die Funktionalität $\emptyset \to N$ besitzen muss, ist nur $\emptyset : \emptyset \to P$ als das Resultat von $\emptyset \circ g$ sinnvoll. Mit dieser Erweiterung von Definition 6.1.9 kann man alle folgenden Resultate auch ohne Festlegung 6.1.2 beweisen, indem man den Fall der leeren Relation als erstes Argument der Funktionskomposition „$\circ$" immer noch eigens betrachtet. Wir verzichten aber auf dies und bleiben der Einfachheit halber bei der getroffenen Festlegung.

In Abschnitt 1.4 haben wir die Gleichheit $f = g$ von Funktionen gleicher Funktionalität charakterisiert. Es gilt $f = g$ genau dann, wenn $f(x) = g(x)$ für alle Elemente x der gemeinsamen Quelle gilt. Somit ist etwa $g \circ f = id_M$ äquivalent zu $g(f(x)) = id_M(x) = x$ für alle $x \in M$. In der Sprechweise von Definition 6.1.9 lautet also Satz 6.1.7 wie folgt:

(1) Hat f eine Linksinverse, so ist f injektiv.

(2) Hat f eine Rechtsinverse, so ist f surjektiv.

Bevor wir auf eine dritte wichtige Eigenschaft von Funktionen eingehen, wollen wir noch wichtige Eigenschaften für die Komposition von Funktionen festhalten. Der Beweis des folgenden Satzes ist so einfach, dass wir darauf verzichten, ihn anzugeben.

6.1.10 Satz: Eigenschaften Funktionskomposition

(1) Für alle Funktionen $f : M \to N$, $g : N \to P$ und $h : P \to Q$ gilt die Gleichung $h \circ (g \circ f) = (h \circ g) \circ f$.

(2) Für alle Funktionen $f : M \to N$ gelten die beiden Gleichungen $f \circ id_M = f$ und $id_N \circ f = f$. $\qquad\square$

Wegen der in Punkt (1) dieses Satzes angegebenen Assoziativität lässt man bei mehrfachen Funktionskompositionen die Klammern weg, schreibt also etwa $i \circ h \circ g \circ f$. Und hier ist nun der dritte uns in diesem Abschnitt interessierende wichtige Begriff für Funktionen, der die beiden Begriffe von Definition 6.1.3 kombiniert.

6.1.11 Definition: Bijektion

Eine injektive und surjektive Funktion heißt **bijektiv** oder eine **Bijektion**. $\qquad\square$

Hat die Funktion f also eine Linksinverse und eine Rechtsinverse, so ist f bijektiv. Der folgende Satz zeigt, dass sogar die Umkehrung dieser Implikation gilt und dann alle inversen Funktionen von f zusätzlich noch identisch sind.

6.1.12 Satz: Bijektivität und Links- bzw. Rechtsinverse

Es sei $f : M \to N$ eine Funktion. Dann gelten die folgenden Aussagen:

(1) Ist f bijektiv, so gibt es eine Funktion $f^{-1} : N \to M$ mit den folgenden zwei Eigenschaften:
$$f^{-1} \circ f = id_M \qquad\qquad f \circ f^{-1} = id_N$$
D.h. es gilt $f^{-1}(f(x)) = x$ für alle $x \in M$ und es gilt $f(f^{-1}(y)) = y$ für alle $y \in N$.

(2) Gibt es eine Funktion $g : N \to M$ mit den beiden Eigenschaften
$$g \circ f = id_M \qquad\qquad f \circ g = id_N,$$
so ist die Funktion f bijektiv, und es gilt die Gleichheit $g = f^{-1}$, mit der Funktion f^{-1} aus dem Teil (1).

(3) Ist f bijektiv, so ist die Funktion f^{-1} aus Teil (1) die einzige Linksinverse und auch die einzige Rechtsinverse von f.

Beweis: (1) Wir definieren f^{-1} als Relation von N nach M wie folgt:
$$f^{-1} := \{(y, x) \in N \times M \mid f(x) = y\}$$

Es ist f^{-1} eindeutig. Zum Beweis seien $y \in N$ und $x, z \in M$ beliebig vorgegeben. Dann gilt die folgende logische Implikation:

$$
\begin{aligned}
y \, f^{-1} \, x \wedge y \, f^{-1} \, z &\iff f(x) = y \wedge f(z) = y && \text{Definition } f^{-1} \\
&\implies f(x) = f(z) \\
&\implies x = z && f \text{ injektiv}
\end{aligned}
$$

Es ist f^{-1} auch total. Zum Beweis sei $y \in N$ beliebig gewählt. Da f surjektiv ist, gibt es ein $x \in M$ mit $f(x) = y$. Dies zeigt
$$y \, f^{-1} \, x \iff f(x) = y \iff \textbf{wahr}.$$

Wenden wir nun die bei Funktionen eingeführte Schreibweise $f^{-1}(y) = x$ für die relationale Beziehung $y \, f^{-1} \, x$ an, so folgt daraus
$$f^{-1}(y) = x \iff f(x) = y \qquad\qquad\qquad (*)$$

für alle $x \in M$ und $y \in N$. Dies zeigt für alle $x \in M$, dass
$$f^{-1}(f(x)) = x \iff f(x) = f(x) \iff \textbf{wahr}$$

zutrifft (das Element y der Äquivalenz $(*)$ ist hier $f(x)$), also die Gleichheit $f^{-1} \circ f = id_M$ gilt, und für alle $y \in M$, dass
$$f(f^{-1}(y)) = y \iff f^{-1}(y) = f^{-1}(y) \iff \textbf{wahr}$$

zutrifft (das Element x der Äquivalenz $(*)$ ist hier $f^{-1}(y)$), also auch die Gleichheit $f \circ f^{-1} = id_N$ gilt.

(2) Die Bijektivität der Funktion f folgt aus Satz 6.1.7 (1) und (2). Es bleibt noch die Gleichheit $g = f^{-1}$ zu verifizieren. Die folgende Rechnung zeigt, dass dazu etwa die Gleichung $g \circ f = id_M$ genügt:

$$g \circ f = id_M \implies g \circ f = f^{-1} \circ f \qquad\qquad \text{nach (1)}$$
$$\implies g \circ f \circ f^{-1} = f^{-1} \circ f \circ f^{-1}$$
$$\iff g \circ id_N = id_M \circ f^{-1} \qquad\qquad \text{nach (1)}$$
$$\iff g = f^{-1} \qquad\qquad \text{nach Satz 6.1.10 (2)}$$

(3) In Teil (2) wurde gezeigt, dass jede Linksinverse g von f gleich der Funktion f^{-1} aus Teil (1) ist. Hier ist nun der Beweis für jede Rechtsinverse g von f:

$$f \circ g = id_N \implies f \circ g = f \circ f^{-1} \qquad\qquad \text{nach (1)}$$
$$\implies f^{-1} \circ f \circ g = f^{-1} \circ f \circ f^{-1}$$
$$\iff id_M \circ g = id_M \circ f^{-1} \qquad\qquad \text{nach (1)}$$
$$\iff g = f^{-1} \qquad\qquad \text{nach Satz 6.1.10 (2)}$$

Damit ist der gesamte Beweis erbracht. $\qquad\qquad\qquad\qquad\qquad\qquad\qquad\qquad\qquad$ □

Eine Funktion $f : M \to N$ ist also bijektiv genau dann, wenn es genau eine Funktion gibt, welche zugleich eine Linksinverse und eine Rechtsinverse von ihr ist. Diese eindeutig bestimmte Funktion, oben mit $f^{-1} : N \to M$ bezeichnet, hat einen eigenen Namen.

6.1.13 Definition: Umkehrfunktion

Ist $f : M \to N$ eine bijektive Funktion, so nennt man die Funktion $f^{-1} : N \to M$ von Satz 6.1.12 (1) ihre **Umkehrfunktion** oder **Inverse**. $\qquad\qquad\qquad\qquad$ □

Umkehrfunktionen $f^{-1} : N \to M$ sind offensichtlich ebenfalls bijektiv. Also hat f^{-1}, wiederum nach dem eben bewiesenen Satz, eine eindeutig bestimmte Umkehrfunktion, nun mit $(f^{-1})^{-1} : M \to N$ oder einfacher mit $f^{-1^{-1}} : M \to N$ bezeichnet. Es gilt die Eigenschaft $(f^{-1})^{-1} = f$.

Aufgrund des obigen Satzes 6.1.12 bekommen wir beispielsweise auch, dass für alle $a, b \in \mathbb{R}$ mit der Eigenschaft $a \neq 0$ die Funktion

$$f : \mathbb{R} \to \mathbb{R} \qquad\qquad f(x) = ax + b$$

von Beispiel 6.1.8 bijektiv ist und ihre Umkehrfunktion $f^{-1} : \mathbb{R} \to \mathbb{R}$ bestimmt ist durch die Gleichung $f^{-1}(x) = \frac{x-b}{a}$.

In bipartiten Pfeildiagrammen stellen sich bijektive Funktionen so dar, dass von jedem Element der linken Menge zu genau einem Element der rechten Menge ein Pfeil führt. Man spricht aufgrund dieser Bilder beim Vorliegen einer bijektiven Funktion auch von einer **eineindeutigen Beziehung** oder einer **Eins-zu-Eins-Beziehung** zwischen den Mengen der Funktionalität dieser Funktion. Umkehrfunktionen bijektiver Funktionen sind ebenfalls bijektiv. In bipartiten Pfeildiagrammen bekommt man sie, indem man einfach die Pfeilrichtung umkehrt und dann das Diagramm horizontal spiegelt.

6.1.14 Beispiel: Bijektivität im Pfeildiagramm

Wir betrachten Potenzmengen und lineare 0/1-Listen (also lineare Listen über der Menge $\{0,1\}$). Es sei die Menge M definiert durch $M := \{a,b,c\}$. Dann werden die Mengen $\mathcal{P}(M)$ und $\{0,1\}^3$ beispielsweise bijektiv aufeinander abgebildet durch eine Funktion, die durch das folgende bipartite Pfeildiagramm graphisch darstellt wird:

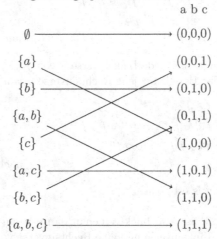

Wir haben in diesem Bild die erste Komponente der Liste dem Element a zugeordnet, die zweite Komponente dem Element b und die dritte Komponente dem Element c. Andere Komponentenzuordnungen führen zu anderen Bildern bzw. bijektiven Funktionen. Das oben angegebene Beispiel zeigt auch auf, wie man allgemein für endliche Mengen M eine bijektive Funktion von $\mathcal{P}(M)$ nach $\{0,1\}^{|M|}$ konstruieren kann. $\qquad\square$

Eine Funktion ist genau dann bijektiv, wenn sie eine Linksinverse und eine Rechtsinverse besitzt. Es gibt jeweils nur eine davon und diese beiden Funktionen sind sogar noch identisch. Wie sieht es nun mit den allgemeineren Eigenschaften der Injektivität und der Surjektivität aus? Als erste unmittelbare Folgerungen aus Satz 6.1.7 und Satz 6.1.12 bekommen wir für alle Funktionen f die folgende Eigenschaft: Existieren zu f mehrere Linksinverse, so ist f injektiv, aber nicht surjektiv, und existieren zu f mehrere Rechtsinverse, so ist f surjektiv, aber nicht injektiv. Unser ultimatives Ziel ist, zu zeigen, dass eine Funktion genau dann injektiv ist, wenn sie eine Linksinverse besitzt, und genau dann surjektiv ist, wenn sie eine Rechtsinverse besitzt. Bisher haben wir von diesen Aussagen jeweils nur eine Richtung bewiesen. Für das weitere Vorgehen führen wir in der nachfolgenden Definition zwei neue Begriffe ein.

6.1.15 Definition: Bild(menge) und Urbild(menge)

Es sei $f : M \to N$ eine Funktion. Zu einer Menge $X \subseteq M$ heißt

$$f(X) := \{f(x) \mid x \in X\} = \{y \mid \exists\, x \in X : y = f(x)\} \subseteq N$$

das **Bild** oder die **Bildmenge** von X unter f und zu $Y \subseteq N$ heißt

$$f^{-1}(Y) := \{x \in M \mid f(x) \in Y\} \subseteq M$$

das **Urbild** oder die **Urbildmenge** von Y unter f. $\qquad\qquad\qquad\qquad\qquad\square$

Manchmal schreibt man auch $f[X]$ und $f^{-1}[X]$ um Verwechslungen mit Funktionsanwendungen zu vermeiden, wie etwa in $f^{-1}(f(X))$ bei beliebigen (auch nicht bijektiven) Funktionen, wo $f^{-1}[f[X]]$ den Unterschied klar aufzeigt. Offensichtlich gilt $f(\emptyset) = \emptyset = f^{-1}(\emptyset)$ für alle Funktionen f. Für die spezielle Funktion $f : \mathbb{N} \to \mathbb{N}$ mit der Definition $f(x) = x^2$ gelten beispielsweise die Gleichungen $f(\{1,2\}) = \{1,4\}$ und $f^{-1}(\{9,16\}) = \{3,4\}$. Urbilder von einelementigen Mengen erlauben im Fall endlicher Quellen mit Hilfe der Kardinalitäten die früheren Begriffe zu charakterisieren. Wie dies möglich ist, wird nun angegeben.

6.1.16 Satz: Urbilder einelementiger Mengen

Es sei $f : M \to N$ eine Funktion, deren Quelle M endlich ist. Dann gelten die folgenden Eigenschaften:

(1) Es ist f injektiv genau dann, wenn für alle $y \in N$ gilt $|f^{-1}(\{y\})| \leq 1$.

(2) Es ist f surjektiv genau dann, wenn für alle $y \in N$ gilt $|f^{-1}(\{y\})| \geq 1$.

(3) Es ist f bijektiv genau dann, wenn für alle $y \in N$ gilt $|f^{-1}(\{y\})| = 1$.

Beweis: Es ist (3) eine unmittelbare Folgerung von (1) und (2). Für einen Beweis von (1) bietet es sich an, die rechte Seite der zu zeigenden Äquivalenz als logische Formel hinzuschreiben. Dann führen die folgenden Umformungen zum Ziel:

$$\forall\, y \in N : |f^{-1}(\{y\})| \leq 1$$
$$\iff \forall\, y \in N : \forall\, x, z \in M : x \in f^{-1}(\{y\}) \wedge z \in f^{-1}(\{y\}) \Rightarrow x = z$$
$$\iff \forall\, y \in N : \forall\, x, z \in M : f(x) \in \{y\} \wedge f(z) \in \{y\} \Rightarrow x = z$$
$$\iff \forall\, y \in N : \forall\, x, z \in M : f(x) = y \wedge f(z) = y \Rightarrow x = z$$
$$\iff \forall\, x, z \in M : f(x) = f(z) \Rightarrow x = z$$
$$\iff f \text{ injektiv}$$

In der gleichen Art und Weise wird durch die Rechnung

$$\forall\, y \in N : |f^{-1}(\{y\})| \geq 1 \iff \forall\, y \in N : \exists\, x \in M : x \in f^{-1}(\{y\})$$
$$\iff \forall\, y \in N : \exists\, x \in M : f(x) \in \{y\}$$
$$\iff \forall\, y \in N : \exists\, x \in M : f(x) = y$$
$$\iff f \text{ surjektiv.}$$

die Äquivalenz von Teil (2) bewiesen. $\qquad\qquad\qquad\qquad\qquad\qquad\qquad\qquad\square$

Das nächste Resultat zeigt, wie man Injektivität und Surjektivität durch Bild- und Urbildmengen charakterisieren kann.

6.1.17 Satz: Charakterisierung von Injektivität und Surjektivität

Gegeben sei eine Funktion $f : M \to N$. Dann gelten die folgenden Eigenschaften:

(1) Es ist f injektiv genau dann, wenn für alle $X \subseteq M$ gilt $f^{-1}(f(X)) = X$.

(2) Es ist f surjektiv genau dann, wenn für alle $Y \subseteq N$ gilt $f(f^{-1}(Y)) = Y$.

Beweis: Wir beginnen mit der Aussage (1) und hier mit der Richtung „$\Longrightarrow$". Dazu sei $X \subseteq M$ beliebig vorgegeben. Dann gilt:

$$
\begin{aligned}
f^{-1}(f(X)) &= f^{-1}(\{f(x) \mid x \in X\}) \\
&= \{y \in M \mid f(y) \in \{f(x) \mid x \in X\}\} \\
&= \{y \in M \mid f(y) \in \{u \mid \exists\, x \in X : u = f(x)\}\} \\
&= \{y \in M \mid \exists\, x \in X : f(y) = f(x)\} \\
&= \{y \in M \mid \exists\, x \in X : y = x\} \\
&= \{y \in M \mid y \in X\} \\
&= X
\end{aligned}
$$

Neben der Definition der Bild- und Urbildmenge werden im fünften Schritt die Injektivität von f und das Identitätsprinzip von Leibniz verwendet. Wesentlich ist auch der dritte Schritt, welcher die Zermelo-Mengenkomprehension rückgängig macht. Der Rest folgt aus bekannten logischen und mengentheoretischen Gesetzen.

Die verbleibende Richtung „$\Longleftarrow$" von (1) beweisen wir wie folgt, wobei die entscheidende Idee die Spezialisierung der Allquantifizierung auf einelementige Mengen im ersten Schritt ist. Neben der Definition der Bild- und Urbildmenge werden wieder nur bekannte Tatsachen aus der Logik und der Mengenlehre verwendet.

$$
\begin{aligned}
& \forall X \in \mathcal{P}(M) : f^{-1}(f(X)) = X \\
\Longrightarrow\ & \forall\, x \in M : f^{-1}(f(\{x\})) = \{x\} \\
\Longleftrightarrow\ & \forall\, x \in M : \{y \in M \mid f(y) \in f(\{x\})\} = \{x\} \\
\Longleftrightarrow\ & \forall\, x \in M : \{y \in M \mid f(y) \in \{f(x)\}\} = \{x\} \\
\Longleftrightarrow\ & \forall\, x \in M : \{y \in M \mid f(y) = f(x)\} = \{x\} \\
\Longleftrightarrow\ & \forall\, x, u \in M : u \in \{y \in M \mid f(y) = f(x)\} \Leftrightarrow u \in \{x\} \\
\Longleftrightarrow\ & \forall\, x, u \in M : f(u) = f(x) \Leftrightarrow u = x \\
\Longrightarrow\ & \forall\, x, u \in M : f(u) = f(x) \Rightarrow u = x
\end{aligned}
$$

Die letzte Formel dieser Rechnung beschreibt genau, dass f eine injektive Funktion ist.

Auch bei (2) ist es vorteilhaft, zwei Richtungen zu beweisen. Dies geht ziemlich ähnlich zu den Beweisen von (1), wobei im Fall der Richtung „$\Longleftarrow$" der entscheidende erste Schritt wiederum eine Spezialisierung der Allquantifizierung ist. Deshalb verzichten wir auf die Beweise. Wir empfehlen aber der Leserin oder dem Leser, sie zu Übungszwecken durchzuführen. $\qquad\square$

Nach diesen Vorbereitungen können wir damit beginnen, die Umkehrungen von Satz 6.1.7 zu beweisen. Wir starten mit Punkt (1).

6.1.18 Satz: Injektivität und Linksinverse

Für alle Funktionen $f : M \to N$ gilt: Es ist f injektiv genau dann, wenn es eine Linksinverse $g : N \to M$ zu f gibt.

Beweis: Wir beginnen mit dem Beweis von „$\Longrightarrow$". Dazu betrachten wir die folgende Funktion, die aus f entsteht, indem man das Ziel auf die Bildmenge der Quelle einschränkt:

$$f_1 : M \to f(M) \qquad\qquad f_1(x) = f(x)$$

Durch diese Festlegung ist f_1 nicht nur injektiv, sondern auch surjektiv, also bijektiv. Somit existiert die Umkehrfunktion $f_1^{-1} : f(M) \to M$. Wegen $M \neq \emptyset$ können wir irgendein Element $a \in M$ wählen und damit die folgende Funktion festlegen:

$$g : N \to M \qquad\qquad g(y) = \begin{cases} f_1^{-1}(y) & \text{falls } y \in f(M) \\ a & \text{falls } y \notin f(M) \end{cases}$$

Dann gilt für alle $x \in M$ die Gleichung

$$g(f(x)) = f_1^{-1}(f(x)) = f_1^{-1}(f_1(x)) = x$$

aufgrund von $f(x) \in f(M)$ und $f(x) = f_1(x)$ (da $x \in M$) und $f_1^{-1} \circ f_1 = id_M$. Also ist die Funktion g eine Linksinverse von f.

Die verbleibende Richtung „$\Longleftarrow$" brauchen wir nicht zu zeigen, denn sie entspricht genau Satz 6.1.7 (1). $\qquad\qquad\qquad\qquad\qquad\qquad\qquad\qquad\qquad\qquad\qquad\qquad\qquad\qquad\quad$ $\square$

Für die Umkehrung von Teil (2) von Satz 6.1.7 müssen wir etwas genauer über Mengenlehre reden. Wir betreiben, wie in Kapitel 1 erwähnt, in diesem Text naive Mengenlehre, gehen also nicht auf die Axiome der Mengenlehre ein. Implizit haben wir diese Axiome natürlich immer wieder verwendet, etwa das **Axiome der Existenz der leeren Menge**, welches besagt, dass es eine Menge ohne Elemente gibt, das **Axiom der Mengengleichheit**, welches genau unserer Definition von $M = N$ entspricht, und das **Aussonderungsaxiom**, welches zu jeder Menge M und jeder logischen Aussage $A(x)$, in der die Variable x für Objekte steht, die Existenz der Menge $\{x \mid x \in M \wedge A(x)\}$ zusichert. Nun brauchen wir ein weiteres Axiom der Mengenlehre explizit. Es wird Auswahlaxiom genannt und geht auf den schon erwähnten deutschen Mathematiker E. Zermelo zurück. Er entdeckte es im Jahr 1904, als er, zusammen mit seinem Kollegen Erhard Schmidt (1876-1959), über einen Beweis eines fundamentalen Satzes diskutierte, der heutzutage als **Zermeloscher Wohlordnungssatz** bekannt ist.

6.1.19 Auswahlaxiom (E. Zermelo)

Ist $\mathcal{M}$ eine Menge nichtleerer Mengen, so existiert eine (Auswahl-)Funktion $\alpha : \mathcal{M} \to \bigcup \mathcal{M}$ mit $\alpha(X) \in X$ für alle $X \in \mathcal{M}$. $\qquad\qquad\qquad\qquad\qquad\qquad\qquad\qquad\qquad\qquad\qquad\qquad\qquad$ $\square$

Durch die Funktion α wird also gleichzeitig aus jeder der Mengen von $\mathcal{M}$ ein Element ausgewählt. Ist $\mathcal{M}$ endlich, so ist dies durch einen Algorithmus offenbar möglich. Im Unendlichen kann man über so eine Möglichkeit jedoch diskutieren, und es gibt durchaus ernst zu nehmende Mathematikerinnen und Mathematiker, die das Auswahlaxiom als Beweismittel ablehnen. Man spricht dann von konstruktiver oder intuitionistischer Mathematik. Von der überwiegenden Mehrheit der Mathematikerinnen und Mathematiker wird das Auswahlaxiom akzeptiert. Mit seiner Hilfe zeigen wir nun das noch fehlende Resultat.

6.1.20 Satz: Surjektivität und Rechtsinverse

Für alle Funktionen $f : M \to N$ gilt: Es ist f genau dann surjektiv, wenn es eine Rechtsinverse $g : N \to M$ zu f gibt.

Beweis: Weil die Richtung „$\Longleftarrow$" genau Satz 6.1.7, Teil (2) ist, haben wir nur „$\Longrightarrow$" zu zeigen. Wegen der Surjektivität von f gilt $f^{-1}(\{y\}) \neq \emptyset$ für alle $y \in N$. Wir definieren $\mathcal{M} := \{f^{-1}(\{y\}) \mid y \in N\}$. Dann ist $\mathcal{M}$ eine Menge von nichtleeren Mengen und jede dieser Mengen ist in M als Teilmenge enthalten. Nach dem Auswahlaxiom 6.1.19 gibt es also eine Auswahlfunktion $\alpha : \mathcal{M} \to \bigcup \mathcal{M}$, mit $\alpha(X) \in X$ für alle $X \in \mathcal{M}$. Nun formen wir wie folgt logisch um:

$$\forall X \in \mathcal{M} : \alpha(X) \in X \iff \forall y \in N : \alpha(f^{-1}(\{y\})) \in f^{-1}(\{y\})$$
$$\iff \forall y \in N : f(\alpha(f^{-1}(\{y\}))) \in \{y\}$$
$$\iff \forall y \in N : f(\alpha(f^{-1}(\{y\}))) = y$$

Die unterste Formel dieser Rechnung legt es nahe, die folgende Funktion zu betrachten:

$$g : N \to M \qquad g(y) = \alpha(f^{-1}(\{y\}))$$

Aufgrund von $\alpha(f^{-1}(\{y\})) \in M$ für alle $y \in N$ ist jedes Resultat tatsächlich in der Menge M enthalten, diese Funktion also hinsichtlich des Ziels „wohldefiniert". Weiterhin gilt die Gleichheit $f(g(y)) = f(\alpha(f^{-1}(\{y\}))) = y$ für alle $y \in N$ und somit ist die Funktion g eine Rechtsinverse von f. $\qquad\square$

Man kann nun natürlich fragen, ob ein solch schweres Geschütz für den Beweis von Satz 6.1.20 notwendig ist, oder es nicht doch einen Beweis ohne das Auswahlaxiom (oder eine dazu gleichwertige mathematische Aussage) gibt. Die Antwort ist negativ, denn es kann gezeigt werden, dass das Auswahlaxiom aus Satz 6.1.20 bewiesen werden kann, indem man nur die restlichen Axiome der axiomatischen Mengenlehre verwendet.

6.2 Kardinalitätsvergleich von Mengen

Mit den Begriffen von Abschnitt 6.1 kann man nun die Endlichkeit von Mengen und den Vergleich der Kardinalität von Mengen ohne Rückgriff auf natürliche Zahlen spezifizieren. Von Bernhard Bolzano (1781-1848), einem österreichisch-böhmischen Philosophen und Mathematiker, stammt die folgende Beobachtung: Die Menge M ist genau dann endlich, wenn es keine bijektive Funktion $f : M \to N$ gibt, deren Ziel N eine echte Teilmenge von M ist. Ein Beweis, der auf den naiven Endlichkeitsbegriff von Abschnitt 1.3 aufbaut, ist nicht schwierig. Für alle endlichen Mengen M und N gelten weiterhin die folgenden Beziehungen zwischen den Kardinalitäten und der Existenz von speziellen Funktionen:

(1) Es gilt $|M| = |N|$ genau dann, wenn es eine bijektive Funktion $f : M \to N$ gibt.

(2) Es gilt $|M| \leq |N|$ genau dann, wenn es eine injektive Funktion $f : M \to N$ gibt.

Wir haben (1) etwa implizit im Beweis von Satz 1.4.3 verwendet. Die dortige Gleichheit $|\{(a_i, b) \mid b \in N\}| = |N|$ gilt aufgrund der Zuordnung $(a_i, b) \mapsto b$, die eine bijektive Funktion von $\{a_i\} \times N$ nach N definiert. Auch der Beweis von Satz 4.4.7 verwendet z.B. implizit, dass (1) gilt. Die entsprechende bijektive Funktion wird hier durch die Zuordnung

$X \mapsto X \cup \{a\}$ definiert. Cantors Idee war, die Eigenschaften (1) und (2) zur Definition für einen allgemeinen Vergleich von Kardinalitäten von Mengen zu verwenden, also auch im unendlichen Fall. Ihm folgend definiert man heutzutage wie nachstehend gegeben:

6.2.1 Definition: Kardinalitätsvergleiche

Es seien M und N beliebige Mengen. Dann legt man drei Kardinalitätsvergleiche zwischen diesen Mengen wie folgt fest:

(1) Es sind M und N **gleich mächtig** (oder: M und N haben die **gleiche Kardinalität**), im Zeichen $|M| = |N|$, falls es eine bijektive Funktion $f : M \to N$ gibt.

(2) Es ist M **höchstens so mächtig** wie N (oder: M hat **höchstens die Kardinalität** von N), im Zeichen $|M| \leq |N|$, falls es eine injektive Funktion $f : M \to N$ gibt.

(3) Es ist N **echt mächtiger** als M (oder: N ist **von echt größerer Kardinalität** als M), im Zeichen $|M| < |N|$, falls $|M| \leq |N|$ gilt und $|M| = |N|$ nicht gilt (also $\neg(|M| = |N|)$ gilt). □

Man beachte, dass in den Aussagen $|M| = |N|$, $|M| \leq |N|$ und $|M| < |N|$, welche in dieser Definition eingeführt werden, beim Vorliegen von mindestens einer unendlichen Menge die Ausdrücke $|M|$ und $|N|$ nicht mehr die in Definition 1.3.6 gegebenen Bedeutungen haben, also nicht mehr für die Anzahlen der Elemente von M und N stehen. Für eine unendliche Menge M ist der Ausdruck $|M|$ für sich allein stehend nicht mehr zulässig, da er nicht definiert ist. Er darf nur als Teil eines Kardinalitätsvergleichs vorkommen, also nur in Verbindung mit den in Definition 6.2.1 eingeführten Schreibweisen. Ist eine der Mengen M und N in $|M| = |N|$, $|M| \leq |N|$ und $|M| < |N|$ unendlich, so sind die Aussagen genau dann gültig, wenn es eine bijektive Funktion $f : M \to N$ gibt bzw. wenn es eine injektive Funktion $f : M \to N$ gibt bzw. wenn es eine injektive aber keine bijektive Funktion $f : M \to N$ gibt. Interpretiert man bei einem Kardinalitätsvergleich $|M|$ unzulässigerweise im Fall einer unendlichen Menge M als die Anzahl der Elemente von M, so können falsche Resultate entstehen. Im Sinne von Definition 6.2.1 gilt etwa $|\mathbb{N}| = |\mathbb{N}|$, denn $id_\mathbb{N} : \mathbb{N} \to \mathbb{N}$ ist bijektiv. Würde man hingegen $|\mathbb{N}|$ für sich alleine als Anzahl der Elemente von $\mathbb{N}$ interpretieren, also im Sinne von Definition 1.3.6, so ist $|\mathbb{N}| = |\mathbb{N}|$ falsch, da die beiden Seiten dieser Formel undefiniert sind (vergl. mit Festlegubng 2.3.3 der Prädikatenlogik).

Aufgrund der Festlegung 6.1.2 haben wir genau genommen die drei Kardinalitätsvergleiche $|M| = |N|$, $|M| \leq |N|$ und $|M| < |N|$ in Definition 6.2.1 nur für nichtleere Mengen definiert. Es ist aber klar, wie wir sie auf die leere Menge zu erweitern haben. Es sei M eine beliebige (auch leere) Menge. Dann legen wir definierend fest:

$$|\emptyset| = |M| \quad :\Longleftrightarrow \quad M = \emptyset \qquad\qquad |\emptyset| \leq |M| \quad :\Longleftrightarrow \quad \textbf{wahr}$$
$$|M| = |\emptyset| \quad :\Longleftrightarrow \quad M = \emptyset \qquad\qquad |M| \leq |\emptyset| \quad :\Longleftrightarrow \quad M = \emptyset$$

Diese Festlegungen sind im Fall einer endlichen Menge M offensichtlich verträglich mit der bisherigen naiven Definition der Kardinalität. Im Fall einer unendlichen Menge M wären sie auch verträglich mit Definition 6.2.1, wenn dieser ein Funktionsbegriff ohne die Einschränkung auf nichtleere Quellen zugrunde liegen würde. Analog zu Satz 6.1.1 kann man nämlich zeigen, dass die leere Relation $\emptyset \subseteq \emptyset \times M$ auch injektiv ist und sie surjektiv genau dann ist, wenn $M = \emptyset$ gilt.

6.2.2 Lemma

Sind $f : M \to N$ und $g : N \to P$ injektiv (surjektiv bzw. bijektiv), so ist auch deren Komposition $g \circ f : M \to P$ injektiv (surjektiv bzw. bijektiv).

Beweis: Zuerst seien f und g injektiv. Dann gilt für alle $x, y \in M$:

$$(g \circ f)(x) = (g \circ f)(y) \iff g(f(x)) = g(f(y)) \implies f(x) = f(y) \implies x = y$$

Nun seien f und g surjektiv. Weiterhin sei ein $z \in P$ vorgegeben. Dann gibt es ein $y \in N$ mit $g(y) = z$. Auch gibt es zu $y \in N$ ein $x \in M$ mit $f(x) = y$. Insgesamt gilt:

$$(g \circ f)(x) = g(f(x)) = g(y) = z.$$

Die letzte Behauptung folgt unmittelbar aus den eben erbrachten Beweisen. $\qquad\square$

Im nächsten Satz formulieren wir einige fundamentale Eigenschaften der oben eingeführten Begriffe. Bei den Relationen im nächsten Kapitel werden uns diese Eigenschaften wieder begegnen, z.B. als Reflexivität, Symmetrie und Transitivität.

6.2.3 Satz: fundamentale Eigenschaften

Es seien M, N und P beliebige Mengen. Dann gelten die folgenden Eigenschaften:

(1) Aus $|M| = |N|$ und $|N| = |P|$ folgt $|M| = |P|$ und aus $|M| \leq |N|$ und $|N| \leq |P|$ folgt $|M| \leq |P|$.

(2) Es sind $|M| = |N|$ und $|N| = |M|$ logisch äquivalent.

(3) Sind $|M| = |N|$ und $|N| \leq |P|$ wahr, so ist auch $|M| \leq |P|$ wahr.

(4) Es gelten $|M| = |M|$ und $|M| \leq |M|$ und $\neg(|M| < |M|)$.

Beweis: Aus Lemma 6.2.2 folgt sofort Punkt (1). Die restlichen Punkte (2) bis (4) kann man in einer ähnlichen Weise zeigen. $\qquad\square$

Nachfolgend geben wir einige Beispiele für Kardinalitätsvergleiche an. Dabei verwenden wir, wie auch bei den üblichen Ordnungen auf Zahlen, die Abkürzung $|M| < |N| < |P|$ für die Konjunktion $|M| < |N| \wedge |N| < |P|$. Die sogenannte Transitivität von „echt mächtiger" werden wir später noch rechtfertigen.

6.2.4 Beispiele: Kardinalitätsvergleiche

In der Potenzmenge der natürlichen Zahlen haben wir etwa die folgende Kette von immer echt größer werdenden Kardinalitäten:

$$|\emptyset| < |\{0\}| < |\{0, 1\}| < |\{0, 1, 2\}| < \ldots$$

Weiterhin gilt offensichtlich $|X| \leq |\mathbb{N}|$ für alle $X \subseteq \mathbb{N}$. Schließlich gilt noch (wie man ebenfalls leicht zeigt) $|\mathbb{G}| = |\mathbb{N}|$, wenn $\mathbb{G}$ die Menge der geraden natürlichen Zahlen bezeichnet. Dies zeigt, dass $\mathbb{N}$ eine unendliche Menge im Sinne der von Bolzano gegebenen Definition von Endlichkeit ist.

Es gilt $|\mathbb{N}| = |\mathbb{Z}|$. Zum Beweis dieser Aussage zählt man etwa die ganzen Zahlen der Reihe nach auf, wie in dem folgenden Bild zeichnerisch dargestellt.

Man benötigt also eine Funktion, für welche die Eigenschaften $f(0) = 0$, $f(1) = 1$, $f(-1) = 2$, $f(2) = 3$, $f(-2) = 4$, $f(3) = 5$, $f(-3) = 6$ usw. gelten. Es ist sehr einfach zu verifizieren, dass die Funktion

$$f : \mathbb{Z} \to \mathbb{N} \qquad f(x) = \begin{cases} 2x - 1 & \text{falls } x \in \mathbb{N} \setminus \{0\} \\ |2x| & \text{falls } x \notin \mathbb{N} \setminus \{0\} \end{cases}$$

das Gewünschte leistet. Auch der formale Bijektivitätsbeweis von f ist nicht sehr schwierig und wird zum Zweck der Übung empfohlen.

Ist man mit der Mathematik nicht sehr vertraut, so wirken diese eben gebrachten Ergebnisse auf den ersten Blick überraschend. Es gibt doch beispielsweise echt weniger gerade natürliche Zahlen als insgesamt natürliche Zahlen. Etwa ist die Eins nicht gerade. Aber trotzdem kann man jeder natürlichen Zahl in einer eindeutigen Weise durch ihre Verdopplung eine gerade natürliche Zahl zuordnen. Solche Paradoxien sind aber nur bei unendlichen Mengen möglich und dies hat Bolzano zu seiner Definition von Endlichkeit geführt.

Von G. Cantor wurde als ein bedeutendes Resultat bewiesen, dass die Eigenschaft $|\mathbb{N}| = |\mathbb{N} \times \mathbb{N}|$ gilt. Hierzu zählte er alle Paare der Menge $\mathbb{N} \times \mathbb{N}$ in der Art und Weise auf, wie es das nachfolgende Bild zeigt. Man nennt diese Aufzählung heutzutage das **erste Cantorsche Diagonalargument**.

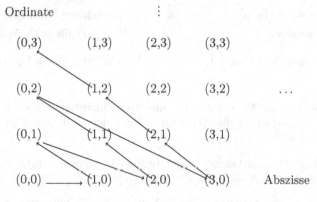

Aufgrund dieser Zeichnung gilt es, eine Funktion $f : \mathbb{N} \times \mathbb{N} \to \mathbb{N}$ zu finden, welche den Gleichungen $f(0,0) = 0$, $f(1,0) = 1$, $f(0,1) = 2$, $f(2,0) = 3$ usw. genügt. Durch einfache geometrische Überlegungen kommt man auf die bijektive Funktion $f(x,y) = y + \sum_{i=0}^{x+y} i$ als Lösung. Die Injektivität von f kann man durch Fallunterscheidungen verifizieren, die Surjektivität, indem man durch vollständige Induktion die Eigenschaft $n \in f(\mathbb{N} \times \mathbb{N})$ für alle $n \in \mathbb{N}$ zeigt. $\qquad\qquad\square$

Mengen M mit $|M| = |\mathbb{N}|$ heißen **abzählbar (unendlich)**; solche mit $|\mathbb{N}| < |M|$ heißen **überabzählbar (unendlich)**. Eine Menge M ist genau dann endlich, wenn $|M| < |\mathbb{N}|$ gilt. (Das Symbol „∞" für „unendlich" und Schreibweisen wie $|M| = \infty$ zur Beschreibung der Unendlichkeit von M werden wir in diesem Text nicht verwenden. Sie können leicht zu Fehlern führen, etwa, dass $|M| = \infty$ und $|N| = \infty$ zu $|M| = |N|$ führt, was falsch ist.) Von Cantor wurde auch das folgende wichtige Resultat gefunden. Es erlaubt, die Kette $|\emptyset| < |\{0\}| < |\{0,1\}| < \ldots < |\mathbb{N}|$ der Kardinalitäten des letzten Beispiels nach der abzählbar unendlichen Menge $\mathbb{N}$ mittels $|\mathbb{N}| < |\mathcal{P}(\mathbb{N})| < |\mathcal{P}(\mathcal{P}(\mathbb{N}))| < \ldots$ beliebig „ins Überabzählbare" fortzusetzen. Man nennt die entscheidende Idee der Definition von Y im Beweis von Satz 6.2.5 heutzutage das **zweite Cantorsche Diagonalargument**.

6.2.5 Satz (G. Cantor)

Für alle Mengen M gilt $|M| < |\mathcal{P}(M)|$.

Beweis: Um $|M| < |\mathcal{P}(M)|$ zu beweisen, müssen wir $|M| \leq |\mathcal{P}(M)|$ und $\neg(|M| = |\mathcal{P}(M)|)$ verifizieren. Für $|M| \leq |\mathcal{P}(M)|$ genügt es, eine injektive Funktion von M nach $\mathcal{P}(M)$ angeben. Hier ist eine; auf den offensichtlichen Injektivitätsbeweis verzichten wir:

$$f : M \to \mathcal{P}(M) \qquad f(x) = \{x\}$$

Um zu zeigen, dass $|M| = |\mathcal{P}(M)|$ nicht gilt, führen wir einen Widerspruchsbeweis. Angenommen, es gelte $|M| = |\mathcal{P}(M)|$. Dann gibt es eine bijektive Funktion $g : M \to \mathcal{P}(M)$. Als bijektive Funktion ist g insbesondere auch surjektiv. Also hat die Menge

$$Y := \{x \in M \mid x \notin g(x)\},$$

die ein Element von $\mathcal{P}(M)$ ist, ein Urbild $a \in M$. Folglich gilt $Y = g(a)$. Unter Verwendung dieser Eigenschaft bekommt man die logische Äquivalenz

$$a \in Y \iff a \notin g(a) \qquad \qquad \text{nach der Definition von } Y$$
$$\iff a \notin Y \qquad \qquad Y = g(a) \text{ gilt nach Annahme.}$$

Also haben wir einen Widerspruch, denn eine Aussage ist niemals logisch äquivalent zu ihrer Negation. $\square$

G. Cantor stellte nun im Zusammenhang mit Mengenkardinalitäten drei entscheidende Fragen, die sehr bedeutend für die Weiterentwicklung der Mathematik wurden. Diese sind nachfolgend angegeben.

(1) Sind beliebige Mengen bezüglich der Kardinalität immer vergleichbar, d.h. gilt für alle Mengen M und N die Aussage $|M| \leq |N| \vee |N| \leq |M|$?

(2) Gibt es eine Menge M mit der Eigenschaft $|\mathbb{N}| < |M| < |\mathcal{P}(\mathbb{N})|$?

(3) Gilt für alle Mengen M und N die logische Äquivalenz der zwei Aussagen $|M| = |N|$ und $|M| \leq |N| \wedge |N| \leq |M|$?

E. Zermelo zeigte, dass die Frage (1) mit „ja" zu beantworten ist. Genau zu dem Zweck wurde das Auswahlaxiom eingeführt. K. Gödel und der amerikanische Mathematiker Paul

Cohen (1934-2007) bewiesen durch zwei Arbeiten aus den Jahren 1938 und 1963, dass die der Frage (2) entsprechende Aussage mit den Axiomen der Mengenlehre weder widerlegbar noch beweisbar ist. Das Problem (2) ist auch als die **Kontinuumshypothese** bekannt. Es gilt nämlich $|\mathbb{R}| = |\mathcal{P}(\mathbb{N})|$ und somit fragt (2) nach einer Menge, die hinsichtlich des Kardinalitätsvergleichs echt zwischen den natürlichen Zahlen und den reellen Zahlen (dem Kontinuum) liegt. Die deutschen Mathematiker Ernst Schröder (1841-1902) und Felix Bernstein (1878-1956) zeigten schließlich, dass die Antwort zu Frage (3) ebenfalls „ja" ist. Wir geben nachfolgend einen Beweis für die positive Beantwortung von (3) an, die Beweise zu den Antworten zu (1) und (2) sind wesentlich komplizierter und können mit den derzeitigen Mitteln nicht erbracht werden.

6.2.6 Satz (E. Schröder und F. Bernstein)

Es seien M und N beliebige Mengen. Dann gelten die folgenden zwei Aussagen:

(1) Gibt es eine bijektive Funktion $f : M \to N$, so gibt es eine injektive Funktion $g_1 : M \to N$ und eine injektive Funktion $g_2 : N \to M$.

(2) Gibt es injektive Funktionen $g_1 : M \to N$ und $g_2 : N \to M$, so gibt es eine bijektive Funktion $f : M \to N$.

Beweis: (1) Dies ist die einfache Richtung der durch (1) und (2) beschriebenen Äquivalenz. Man wählt die Funktion g_1 als f und die Funktion g_2 als die Umkehrfunktion f^{-1}. Dann sind g_1 und g_2 bijektiv, also auch injektiv.

(2) Wir betrachten die nachfolgend gegebene Funktion; dabei verwenden wir die Definition 6.1.15, in der das Bild einer Menge festgelegt ist:

$$\Phi : \mathcal{P}(M) \to \mathcal{P}(M) \qquad \Phi(X) = M \setminus g_2(N \setminus g_1(X))$$

Nun gilt für alle Mengen $X, Y \in \mathcal{P}(M)$ die folgende logische Implikation:

$$
\begin{aligned}
X \subseteq Y &\implies g_1(X) \subseteq g_1(Y) && \text{Eigenschaft Bild} \\
&\implies N \setminus g_1(X) \supseteq N \setminus g_1(Y) && \text{Eigenschaft Differenz} \\
&\implies g_2(N \setminus g_1(X)) \supseteq g_2(N \setminus g_1(Y)) && \text{Eigenschaft Bild} \\
&\implies M \setminus g_2(N \setminus g_1(X)) \subseteq M \setminus g_2(N \setminus g_1(Y)) && \text{Eigenschaft Differenz} \\
&\iff \Phi(X) \subseteq \Phi(Y)
\end{aligned}
$$

Nach Satz 4.1.3, dem Fixpunktsatz von Knaster, gibt es also eine Menge $X^\circ \in \mathcal{P}(M)$ mit der Eigenschaft $\Phi(X^\circ) = X^\circ$. Die Definition der Funktion Φ bringt diese Gleichung in die Form $M \setminus g_2(N \setminus g_1(X^\circ)) = X^\circ$. Wenden wir auf beide Seiten dieser Gleichung noch die Differenzbildung $A \mapsto M \setminus A$ an, so folgt schließlich

$$g_2(N \setminus g_1(X^\circ)) = M \setminus X^\circ.$$

Damit liegt die folgende Situation vor:

(a) Die Menge M ist die disjunkte Vereinigung von $M \setminus X^\circ$ und X°.

(b) Die Menge N ist die disjunkte Vereinigung von $N \setminus g_1(X^\circ)$ und $g_1(X^\circ)$.

(c) Die Mengen X° und $g_1(X^\circ)$ stehen in einer eineindeutigen Beziehung zueinander durch die folgende bijektive Funktion:

$$h_1 : X^\circ \to g_1(X^\circ) \qquad h_1(x) = g_1(x)$$

(d) Die Mengen $N \setminus g_1(X^\circ)$ und $M \setminus X^\circ$ stehen in einer eineindeutigen Beziehung zueinander durch die folgende bijektive Funktion:

$$h_2 : N \setminus g_1(X^\circ) \to M \setminus X^\circ \qquad h_2(y) = g_2(y)$$

Mit Hilfe der Umkehrfunktion $h_2^{-1} : M \setminus X^\circ \to N \setminus g_1(X^\circ)$ definieren wir nun die folgende Funktion (welche genau die ist, die wir suchen):

$$f : M \to N \qquad f(x) = \begin{cases} g_1(x) & \text{falls } x \in X^\circ \\ h_2^{-1}(x) & \text{falls } x \notin X^\circ \end{cases}$$

Wir zeigen zuerst, dass die Funktion f injektiv ist. Zum Beweis seien $x, y \in M$ beliebig vorgegeben. Wir unterscheiden vier Fälle:

(a) Es gelten $x \in X^\circ$ und $y \in X^\circ$. Dann rechnen wir wie folgt unter der Verwendung der Definition von f und der Injektivität von g_1:

$$f(x) = f(y) \iff g_1(x) = g_1(y) \implies x = y$$

(b) Es gelten $x \notin X^\circ$ und $y \notin X^\circ$. Hier haben wir aufgrund der Definition von f und der Injektivität von h_2^{-1}, dass

$$f(x) = f(y) \iff h_2^{-1}(x) = h_2^{-1}(y) \implies x = y.$$

(c) Es gelten $x \in X^\circ$ und $y \notin X^\circ$. Wegen $f(x) \in g_1(X^\circ)$ und $f(y) = h_2^{-1}(y) \in N \setminus g_1(X^\circ)$ ist dann die Gleichung $f(x) = f(y)$ falsch. Also gilt die zu verifizierende Implikation

$$f(x) = f(y) \implies x = y.$$

(d) Es gelten $x \notin X^\circ$ und $y \in X^\circ$. Hier geht man wie in Fall (c) vor, indem die Rollen von x und y vertauscht werden.

Es ist f auch surjektiv, also insgesamt bijektiv. Zum Beweis der Surjektivität sei $y \in N$ beliebig vorgegeben. Wir unterscheiden zwei Fälle:

(a) Es gilt $y \in g_1(X^\circ)$. Dann gibt es $x \in X^\circ$ mit $g_1(x) = y$. Diese Eigenschaft impliziert mittels der Definition von f die Gleichung

$$f(x) = g_1(x) = y.$$

(b) Es gilt $y \in N \setminus g_1(X^\circ)$. Weil die Funktion h_2^{-1} surjektiv ist, gibt es ein $x \in M \setminus X^\circ$ mit $h_2^{-1}(x) = y$. Dies bringt schließlich, wiederum mittels der Definition von f, dass

$$f(x) = h_2^{-1}(x) = y.$$

Damit ist der gesamte Beweis erbracht. □

Der eben bewiesene Satz von E. Schröder und F. Bernstein zeigt, dass die bei endlichen Mengen M und N und der ursprünglichen Festlegung der Kardinalität (siehe Definition 1.3.6) gültige logische Äquivalenz

$$|M| \leq |N| \wedge |N| \leq |M| \Longleftrightarrow |M| = |N|$$

gültig bleibt, wenn M und N beliebige Mengen sind und Definition 6.2.1 zum Vergleich der Kardinalitäten verwendet wird. Der Satz ist ein sehr wichtiges Hilfsmittel beim Nachweis der Gleichmächtigkeit von Mengen und besitzt eine Fülle von Anwendungen. Wir skizzieren nachfolgend einige von ihnen und empfehlen der Leserin oder dem Leser zu Übungszwecken, die Beweise im Detail auszuformulieren.

6.2.7 Beispiele: Anwendungen des Satzes von Schröder-Bernstein

Zuerst kann mit der Hilfe von Satz 6.2.6 sofort die folgende logische Implikation für alle Mengen M, N und P bewiesen werden:

$$M \subseteq N \subseteq P \wedge |M| = |P| \implies |M| = |N| = |P|$$

Man muss dazu nur bedenken, dass eine Teilmengenbeziehung durch ein identisches Abbilden eine injektive Funktion nach sich zieht. Wegen $M \subseteq N$ ist die Funktion $f : M \to N$ mit $f(x) = x$ injektiv, wegen $N \subseteq P$ ist die Funktion $g : N \to P$ mit $g(x) = x$ injektiv und wegen $|M| = |P|$ gibt es eine bijektive (also injektive) Funktion $h : M \to P$. Nun ist $f \circ h^{-1} : P \to N$ ebenfalls injektiv, womit $|P| = |N|$ nach Satz 6.2.6 folgt, also auch

$$|M| = |P| = |N|.$$

Alternativ kann man verwenden, dass die Funktion $h^{-1} \circ g : N \to M$ ebenfalls injektiv ist, womit $|M| = |N|$ nach Satz 6.2.6 folgt, also ebenfalls $|M| = |P| = |N|$.

Es gilt auch die folgende logische Implikation, die schon erwähnte sogenannte Transitivität der Beziehung „echt mächtiger":

$$|M| < |N| \wedge |N| < |P| \implies |M| < |P|$$

Zum Beweis setzen wir zuerst die Definition von $|M| < |P|$ ein und erhalten

$$|M| < |N| \wedge |N| < |P| \implies |M| \leq |P| \wedge \neg(|M| = |P|),$$

womit zu zeigen ist, dass sowohl $|M| \leq |P|$ als auch $\neg(|M| = |P|)$ aus $|M| < |N|$ und $|N| < |P|$ folgen. Dass die logische Implikation

$$|M| < |N| \wedge |N| < |P| \implies |M| \leq |P|$$

wahr ist, ist einfach zu zeigen, denn die Eigenschaften $|M| < |N|$ und $|N| < |P|$ implizieren die Eigenschaften $|M| \leq |N|$ und $|N| \leq |P|$ und aus diesen folgt $|M| \leq |P|$ nach Satz 6.2.3 (1). Ein Beweis der noch fehlenden logischen Implikation

$$|M| < |N| \wedge |N| < |P| \implies \neg(|M| = |P|)$$

ist durch Widerspruch ebenfalls relativ einfach möglich. Angenommen, es gelte die Negation der obigen Implikation, also die Formel

$$|M| < |N| \wedge |N| < |P| \wedge |M| = |P|$$

Wegen $|M| < |N|$ und $|N| < |P|$ gibt es injektive Funktionen $f : M \to N$ und $g : N \to P$ und wegen $|M| = |P|$ gibt es eine bijektive (also injektive) Funktion $h : M \to P$. Nun ist $h^{-1} \circ g : N \to M$ injektiv und Satz 6.2.6 bringt $|M| = |N|$. Das ist ein Widerspruch zu $|M| < |N|$, weil diese Eigenschaft $\neg(|M| = |N|)$ beinhaltet.

Weiterhin kann man mit dem Satz von E. Schröder und F. Bernstein beweisen, dass es eine Bijektion zwischen der Potenzmenge der Menge $\mathbb{N}$ und der Menge aller Funktionen auf der Menge $\mathbb{N}$ gibt. Solch ein Beweis wird nachfolgend skizziert, wobei $\mathbb{N}^{\mathbb{N}}$ die Menge aller Funktionen auf $\mathbb{N}$ bezeichne. Als ersten Schritt verwenden wir die von Cantor gezeigte Beziehung $|\mathbb{N}| = |\mathbb{N} \times \mathbb{N}|$; siehe Beispiele 6.2.4. Daraus folgt $|\mathcal{P}(\mathbb{N})| = |\mathcal{P}(\mathbb{N} \times \mathbb{N})|$, denn für alle Mengen M und N gilt die folgende logische Implikation:

$$|M| = |N| \implies |\mathcal{P}(M)| = |\mathcal{P}(N)|$$

Ist nämlich $f : M \to N$ eine bijektive Funktion, so ist auch (wie man relativ einfach beweist) die Funktion

$$g : \mathcal{P}(M) \to \mathcal{P}(N) \qquad g(X) = f(X) = \{f(x) \mid x \in X\}$$

bijektiv. Weil jede Funktion per Definition eine Relation ist, haben wir $|\mathbb{N}^{\mathbb{N}}| \le |\mathcal{P}(\mathbb{N} \times \mathbb{N})|$, denn es gilt aufgrund dieser Definition $\mathbb{N}^{\mathbb{N}} \subseteq \mathcal{P}(\mathbb{N} \times \mathbb{N})$ und die Funktion

$$h : \mathbb{N}^{\mathbb{N}} \to \mathcal{P}(\mathbb{N} \times \mathbb{N}) \qquad h(f) = f,$$

welche die Menge der Funktionen auf $\mathbb{N}$ in die Menge der Relationen auf $\mathbb{N}$ „einbettet", ist trivialerweise injektiv. Die eben erwähnten zwei Resultate in Verbindung mit Satz 6.2.3 (1) implizieren $|\mathbb{N}^{\mathbb{N}}| \le |\mathcal{P}(\mathbb{N})|$. Zum Beweis der „umgekehrten" Beziehung $|\mathcal{P}(\mathbb{N})| \le |\mathbb{N}^{\mathbb{N}}|$ ordnen wir jeder Menge $M \in \mathcal{P}(\mathbb{N})$ die sogenannte **charakteristische Funktion** zu, welche wie folgt definiert ist:

$$\chi_M : \mathbb{N} \to \mathbb{N} \qquad \chi_M(x) = \begin{cases} 1 & \text{falls } x \in M \\ 0 & \text{falls } x \notin M \end{cases}$$

Die Zuordnung $M \mapsto \chi_M$ von M zu χ_M liefert, wie man leicht verifiziert, eine injektive Funktion von $\mathcal{P}(\mathbb{N})$ nach $\mathbb{N}^{\mathbb{N}}$. Den Rest erledigt der Satz von Schröder-Bernstein. $\qquad \square$

Mit dem zuletzt skizzierten Ansatz kann man durch einige weitere Überlegungen auch die schon erwähnte Beziehung $|\mathbb{R}| = |\mathcal{P}(\mathbb{N})|$ herleiten. Man fasst dazu jede Funktion $f : \mathbb{N} \to \{0,1\}$ in der Folgenschreibweise $(f_n)_{n \in \mathbb{N}}$ als eine reelle Zahl in der Binärdarstellung $0.f_0 f_1 f_2 \ldots$ auf und zeigt, mit der Definition $[0,1] := \{x \in \mathbb{R} \mid 0 \le x \le 1\}$, dass $[0,1]$ in einer Eins-zu-Eins-Beziehung zu der Menge $\{0,1\}^{\mathbb{N}}$ der Funktionen von $\mathbb{N}$ nach $\{0,1\}$ steht. Doppelte Darstellungen, wie $0.1000\ldots$ und $0.0111\ldots$, sind dabei gesondert zu behandeln; wir wollen darauf aber nicht eingehen. Wenn man das Ziel von χ_M auf $\{0,1\}$ einschränkt, so zeigt dies, dass auch $\mathcal{P}(\mathbb{N})$ mittels $M \mapsto \chi_M$ in einer Eins-zu-Eins-Beziehung zur Menge $\{0,1\}^{\mathbb{N}}$ steht. Also gilt $|[0,1]| = |\mathcal{P}(\mathbb{N})|$. Nun brauchen wir nur noch eine bijektive Funktion von $\mathbb{R}$ nach $[0, 1]$, um $|\mathbb{R}| = |\mathcal{P}(\mathbb{N})|$ zu erhalten. Formal werden solche in jeder Analysis-Vorlesung und jedem Analysis-Lehrbuch definiert.

Die Bezeichnung in der Literatur hinsichtlich des Satzes von Schröder-Bernstein ist leider etwas uneinheitlich. Manchmal wird Satz 6.2.6 auch als Satz von Cantor-Bernstein oder Satz von Cantor-Bernstein-Schröder bezeichnet. Sonderbarerweise wird bei der Namensgebung nirgendwo der deutsche Mathematiker Richard Dedekind (1831-1916) erwähnt, der den Satz 1887 erstmals bewies, den Beweis aber nicht publizierte.

6.3 Wachstum spezieller Funktionen und Aufwand von Algorithmen

In der Informatik werden die von einem Algorithmus (oder einem Programm, welches ihn implementiert) verwendeten Ressourcen, in der Regel der notwendige Speicherplatz und die Anzahl der benötigten Rechenschritte, normalerweise in Abhängigkeit von der Eingabegröße nach oben abgeschätzt. Ist $n \in \mathbb{N}$ die Eingabegröße, etwa die Länge einer zu sortierenden linearen Liste oder die Höhe eines Suchbaums, in dem ein bestimmtes Element gesucht wird, so wird die Abschätzung oftmals umgangssprachlich in der folgenden Form gegeben: Der Algorithmus braucht größenordnungsmäßig $f(n)$ Schritte und $g(n)$ Speicherplatz. Genau wird dies normalerweise in der Lehrbuch-Literatur über Datenstrukturen und effiziente Algorithmen behandelt; wir gehen am Ende dieses Abschnitts kurz auf den dem zugrunde liegenden entscheidenden Begriff ein. Bei Angaben der obigen Form spielen in $f(n)$ und $g(n)$ die folgenden Funktionen eine entscheidene Rolle: Potenzfunktionen und Wurzelfunktionen und Exponentialfunktionen und Logarithmusfunktionen. Diesen speziellen Funktionen und deren Wachstumsverhalten wollen wir uns nun widmen. Wenn man sie auf den reellen Zahlen betrachtet, so sind alle diese Funktionen **stetig**. Was dies genau heißt, ist vielleicht von der höheren Schule her bekannt, in der Regel dort aber nicht (mathematisch) formal definiert worden. Man kann die Stetigkeit einer Funktion auf reellen Zahlen formal auch nur erklären, wenn man die reellen Zahlen im Hinblick auf Grenzwertbildungen genau kennt, sie also diesbezüglich auch formal erklärt hat. Dieser Stoff wird normalerweise in jedem Lehrbuch über Analysis behandelt. Eine naive und anschauliche Beschreibung der Stetigkeit bei Funktionen $f : M \to \mathbb{R}$, mit einer zusammenhängenden Teilmenge M von $\mathbb{R}$ (etwa dem Intervall $[0, 1]$) als Quelle, ist etwa dadurch gegeben, dass die graphische Darstellung von f im üblichen Koordinatensystem keine Sprünge besitzt, also der Graph ohne Absetzen des Zeichenstifts gezeichnet werden kann. Wichtig für unsere Zwecke ist die folgende Eigenschaft.

6.3.1 Lemma

Es seien M und N Teilmengen von $\mathbb{R}$ und $f : M \to N$ streng monoton und surjektiv. Dann ist f bijektiv.

Beweis: Aufgrund der strengen Monotonie ist f injektiv. Zusammen mit der Surjektivität bringt dies die Bijektivität. $\square$

Aus der strengen Monotonie einer Funktion auf reellen Zahlen allein folgt noch nicht deren Bijektivität. Ein Beispiel, das diese Aussage belegt, ist etwa die Funktion $f : \mathbb{R}_{>0} \to \mathbb{R}$ mit der Definition $f(x) = -\frac{1}{x}$, wobei $\mathbb{R}_{>0}$ die Menge der positiven reellen Zahlen bezeichnet.

Nachfolgend ist f graphisch dargestellt.

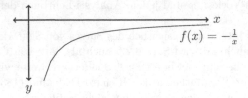

Es ist f streng monoton. Für alle $x, y \in \mathbb{R}_{>0}$ gilt nämlich: $x < y$ impliziert $\frac{1}{y} < \frac{1}{x}$, also auch $-\frac{1}{x} < -\frac{1}{y}$, also auch $f(x) < f(y)$. Jedoch ist f nicht bijektiv, da $f(x) < 0$ für alle $x \in \mathbb{R}_{>0}$ zutrifft. Somit ist etwa 1 kein Bildelement von f.

Für Funktionen von $\mathbb{R}$ nach $\mathbb{R}$ (oder von einer Teilmenge M von $\mathbb{R}$ nach einer Teilmenge N von $\mathbb{R}$) ist im Fall der Bijektivität die Zeichnung der Umkehrfunktion dadurch gegeben, dass man die originale Funktion an der Hauptdiagonale durch den Nullpunkt spiegelt. Anschaulich ist damit die Aussage des folgenden Lemmas einsichtig.

6.3.2 Lemma

Es sei $f : M \to N$ wie in Lemma 6.3.1 als streng monoton und surjektiv vorausgesetzt. Dann ist die bijektive Umkehrfunktion $f^{-1} : N \to M$ auch streng monoton.

Beweis: Dass Umkehrfunktionen bijektiver Funktionen bijektiv sind, wissen wir bereits. Es ist also noch die strenge Monotonie von $f^{-1} : N \to M$ zu beweisen. Dazu seien $x, y \in N$ mit $x < y$ vorgegeben. Es ist $f^{-1}(x) < f^{-1}(y)$ zu zeigen. Dazu führen wir einen Beweis durch Widerspruch. Angenommen, $f^{-1}(x) < f^{-1}(y)$ gelte nicht. Dann gilt $f^{-1}(y) \leq f^{-1}(x)$. Nun gibt es zwei Fälle:

(a) Es gilt $f^{-1}(y) = f^{-1}(x)$. Dann gilt $y = f(f^{-1}(y)) = f(f^{-1}(x)) = x$ und das widerspricht $x < y$.

(b) Es gilt $f^{-1}(y) < f^{-1}(x)$. Hier folgt $y = f(f^{-1}(y)) < f(f^{-1}(x)) = x$ aus der strengen Monotonie von f und $y < x$ widerspricht $x < y$. $\qquad \square$

Umkehrfunktionen stetiger Funktionen sind nicht immer stetig. Dies wird normalerweise in Lehrbüchern über Analysis mittels eines Beispiels gezeigt. Wir beginnen unsere Untersuchungen spezieller Funktionen mit der Klasse der Potenzfunktionen. Im Sinne von Lemma 6.3.1 und Lemma 6.3.2 haben wir hier $M = N = \mathbb{R}_{\geq 0}$. Diese Wahl von Quelle und Ziel ist wesentlich für die Bijektivität. Da $x^0 = 1$ für alle $x \in \mathbb{R}_{\geq 0}$ gilt und konstantwertige Funktionen ziemlich uninteressant sind, betrachten wir nur positive Potenzen.

6.3.3 Definition: Potenzfunktion

Zu allen natürlichen Zahlen $k \in \mathbb{N} \setminus \{0\}$ ist die **Potenzfunktion** mit dem Exponenten k definiert durch $potenz_k : \mathbb{R}_{\geq 0} \to \mathbb{R}_{\geq 0}$, wobei $potenz_k(x) = x^k$. $\qquad \square$

Nachfolgend sind die ersten zwei Potenzfunktionen $potenz_1$ und $potenz_2$ in einem Koordinatensystem graphisch angegeben.

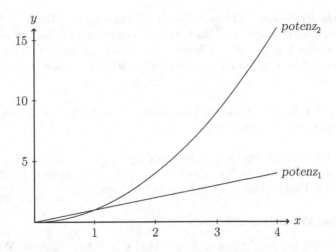

Da Potenzfunktionen sehr schnell wachsen, sind in dem Bild die Einteilungen an den Achsen verschieden gewählt. Der Maßstab der Ordinate ist wesentlich kleiner als der der Abszisse. Schon aus den zwei Darstellungen des Bildes erkennt man die strenge Monotonie und Surjektivität der Potenzfunktionen. Beide Eigenschaften sind im Fall $k = 0$, also bei konstantwertigen Funktionen, offensichtlich nicht mehr gegeben. Wir beweisen nun formal die strenge Monotonie der Potenzfunktionen und gehen dabei auch auf die Probleme mit der Surjektivität ein.

6.3.4 Satz: Eigenschaften Potenzfunktion

Für alle $k \in \mathbb{N} \setminus \{0\}$ ist die Funktion $potenz_k : \mathbb{R}_{\geq 0} \to \mathbb{R}_{\geq 0}$ streng monoton und surjektiv, also bijektiv.

Beweis: Die strenge Monotonie zeigen wir durch vollständige Induktion nach k mit dem Induktionsbeginn 1. Formal zeigen wir also die Gültigkeit von $\forall\, k \in \mathbb{N} : k \geq 1 \Rightarrow A(k)$, wobei $A(k)$ definiert ist als $\forall\, x, y \in \mathbb{R}_{\geq 0} : x < y \Rightarrow x^k < y^k$.

Induktionsbeginn. Um $A(1)$ zu beweisen, seien beliebige $x, y \in \mathbb{R}_{\geq 0}$ vorgegeben. Dann ist offensichtlich die folgende Implikation wahr:

$$x < y \Rightarrow x^1 < y^1.$$

Induktionsschluss: Es sei $k \in \mathbb{N}$ mit $k \geq 1$ beliebig vorgegeben und es gelte die Induktionshypothese $A(k)$. Weiterhin seien wiederum $x, y \in \mathbb{R}_{\geq 0}$ irgendwelche positive reelle Zahlen. Dann können wir aufgrund bekannter Eigenschaften der Potenzen wie folgt rechnen:

$$
\begin{aligned}
x < y \;&\Longrightarrow\; x^k < y^k && \text{Induktionshypothese } A(k) \\
&\Longrightarrow\; x\,x^k < y\,y^k && \text{weil } x < y \text{ und } x, y, x^k, y^k \in \mathbb{R}_{\geq 0} \\
&\Longleftrightarrow\; x^{k+1} < y^{k+1}
\end{aligned}
$$

Diese logische Implikation zeigt die Gültigkeit der Formel $x < y \Rightarrow x^{k+1} < y^{k+1}$, also die der Aussage $A(k+1)$.

Die Surjektivität der Potenzfunktionen können wir mit unseren Mitteln nicht behandeln. Sie wird üblicherweise in jedem Analysis-Lehrbuch bewiesen. Dort wird unter der Verwendung einer speziellen Eigenschaft der Menge der reellen Zahlen formal gezeigt, dass für alle $y \in \mathbb{R}_{\geq 0}$ ein $x \in \mathbb{R}_{\geq 0}$ mit der Eigenschaft $x^k = y$ existiert (sogenannte Existenz der k-ten Wurzel von y).

Die Bijektivität der Potenzfunktionen folgt dann aus der strengen Monotonie und der Surjektivität aufgrund von Lemma 6.3.1. □

Nach Satz 6.3.4 besitzt die Potenzfunktion $potenz_k : \mathbb{R}_{\geq 0} \to \mathbb{R}_{\geq 0}$, mit $k > 0$, eine Umkehrfunktion $potenz_k^{-1} : \mathbb{R}_{\geq 0} \to \mathbb{R}_{\geq 0}$, die bijektiv und, wegen Lemma 6.3.2, auch streng monoton ist. Diese Umkehrfunktion wird eigens bezeichnet.

6.3.5 Definition: Wurzelfunktion

Die Umkehrfunktion $potenz_k^{-1} : \mathbb{R}_{\geq 0} \to \mathbb{R}_{\geq 0}$, wobei $k > 0$, heißt die k-te **Wurzelfunktion**. Sie wird mit $wurzel_k : \mathbb{R}_{\geq 0} \to \mathbb{R}_{\geq 0}$ bezeichnet und statt $wurzel_k(x)$ schreibt man auch $\sqrt[k]{x}$. Im Fall $k = 2$ kürzt man $\sqrt[2]{x}$ zu $\sqrt{x}$ ab. □

Aufgrund dieser Festlegung bekommen wir sofort die folgenden (aus der höheren Schule bekannten) zwei Rechenregeln für das Potenzieren und das Wurzelziehen (oder: Radizieren). Für alle $k \in \mathbb{N} \setminus \{0\}$ und alle $x \in \mathbb{R}_{\geq 0}$ gilt

(1) $\sqrt[k]{x^k} = x$, was $potenz_k^{-1}(potenz_k(x)) = x$ entspricht, und

(2) $(\sqrt[k]{x})^k = x$, was $potenz_k(potenz_k^{-1}(x)) = x$ entspricht.

Bezüglich des Wachstums von Potenzfunktionen und Wurzelfunktionen hat man die folgenden drei Beziehungen, welche ebenfalls aus der höheren Schule bekannt sind. Sie zeigen, dass das Wachstumsverhalten dieser Funktionen abhängig ist von der Größe der Eingabe. Es seien $k \in \mathbb{N} \setminus \{0\}$ und $x \in \mathbb{R}_{\geq 0}$ gegeben. Dann gelten:

(3) $\sqrt[k+1]{x} < \sqrt[k]{x} < x < x^k < x^{k+1}$, falls $x > 1$.

(4) $\sqrt[k+1]{x} = \sqrt[k]{x} = x = x^k = x^{k+1}$, falls $x = 1$ oder $x = 0$.

(5) $\sqrt[k+1]{x} > \sqrt[k]{x} > x > x^k > x^{k+1}$, falls $0 < x < 1$.

Bei diesen drei Beziehungen ist die Voraussetzung $k \neq 0$ nötig, da $x < x^0 = 1$ natürlich für $x > 1$ nicht gilt und auch $x > x^0 = 1$ für $x < 1$ falsch ist.

Nach den k-ten Potenzfunktionen $potenz_k : \mathbb{R}_{\geq 0} \to \mathbb{R}_{\geq 0}$ und deren Umkehrfunktionen, den k-ten Wurzelfunktionen $wurzel_k : \mathbb{R}_{\geq 0} \to \mathbb{R}_{\geq 0}$, welche alle auf den positiven reellen Zahlen definiert sind, kommen wir nun zu den Exponentialfunktionen und deren Umkehrfunktionen, den Logarithmusfunktionen. Exponentialfunktionen lassen beliebige reelle Eingaben zu, haben also $\mathbb{R}$ als Quelle. Sie liefern aber nur positive Werte. Damit haben sie $\mathbb{R}_{>0}$ als Ziel. Logarithmusfunktionen lassen hingegen nur positive Eingaben zu. Dafür liefern sie beliebige reelle Zahlen als Werte. Wir behandeln nachfolgend nur den Spezialfall zur Basis 2, da dieser für die Informatik bei Effizienzbetrachtungen von Algorithmen der weitaus wichtigste Fall ist. Die Funktionalität der entsprechenden Exponentialfunktion ergibt sich aus der obigen Beobachtung. Sie ist wesentlich, da sonst die gewünschte Bijektivität nicht erhalten wird.

6.3.6 Definition: Exponentialfunktion

Die **Exponentialfunktion** $exp_2 : \mathbb{R} \to \mathbb{R}_{>0}$ zur Basis 2 (oder duale Exponentialfunktion) ist definiert durch $exp_2(x) = 2^x$. $\qquad\qquad\qquad$ $\square$

Die Bildung von Exponentialausdrücken der Form a^b ist sicher auch von der höheren Schule her bekannt. Wir setzen für das Folgende das dadurch gegebene intuitive Verständnis des Ausdrucks 2^x voraus. Was bedeutet aber nun 2^x genau? Für $x \in \mathbb{N}$ kann man 2^x formal rekursiv festlegen durch die Gleichungen $2^0 := 1$ und $2^{x+1} := 2 \cdot 2^x$. Dadurch bekommt man etwa durch termmäßiges Auswerten

$$2^3 = 2 \cdot 2^2 = 2 \cdot 2 \cdot 2^1 = 2 \cdot 2 \cdot 2 \cdot 2^0 = 2 \cdot 2 \cdot 2 \cdot 1 = 8.$$

Auch den Fall einer negativen ganzen Zahl, also $x \in \mathbb{Z} \setminus \mathbb{N}$, kann man formal erklären. Mittels der (hoffentlich von der höheren Schule her) bekannten Regel $2^x = \frac{1}{2^{-x}}$ führt man ihn auf den ersten Fall zurück. Für 2^{-3} ergibt sich also

$$2^{-3} = \frac{1}{2^3} = \frac{1}{8} = 0.125$$

als Wert. Gleiches gilt auch noch für rationale Zahlen, also für $x \in \mathbb{Q}$. Für $m, n \in \mathbb{N}$ und $n \neq 0$ ergibt sich nämlich, nach bekannten (Schul-)Regeln, dass $2^{\frac{m}{n}} = \sqrt[n]{2^m}$ und dass $2^{-\frac{m}{n}} = \frac{1}{\sqrt[n]{2^m}}$. Also bekommen wir etwa

$$2^{\frac{3}{4}} = \sqrt[4]{2^3} = \sqrt[4]{8} = 1.6817$$

(gerundet). Den verbleibenden Fall $x \in \mathbb{R} \setminus \mathbb{Q}$, also etwa $2^{\sqrt{2}}$, können wir in diesem Text wiederum aufgrund von fehlenden Mitteln nicht formal erklären. Hier benötigt man zur Definition von 2^x die Exponentialfunktion zur Basis e (der Eulerschen Zahl 2.7182...); dies ist normalerweise wiederum Stoff von Analysis-Lehrbüchern. Auch der folgende Satz wird in so einem Buch bewiesen.

6.3.7 Satz: Eigenschaften Exponentialfunktion

Die Funktion $exp_2 : \mathbb{R} \to \mathbb{R}_{>0}$ ist streng monoton und surjektiv, also bijektiv. $\qquad$ $\square$

Als Konsequenz haben wir, dass die Exponentialfunktion $exp_2 : \mathbb{R} \to \mathbb{R}_{>0}$ zur Basis 2 eine Umkehrfunktion $exp_2^{-1} : \mathbb{R}_{>0} \to \mathbb{R}$ besitzt. Wir legen diese wie folgt fest.

6.3.8 Definition: Logarithmusfunktion

Die Umkehrfunktion $exp_2^{-1} : \mathbb{R}_{>0} \to \mathbb{R}$ wird als **Logarithmusfunktion zur Basis** 2 bezeichnet (oder als dualer Logarithmus). Man schreibt $log_2 : \mathbb{R}_{>0} \to \mathbb{R}$ und kürzt $log_2(x)$ auch zu $log_2 x$ oder $ld\, x$ (logarithmus dualis) ab. $\qquad\qquad$ $\square$

Bezüglich der Exponentiation und der Logarithmisierung, also der Anwendungen der Funktionen exp_2 und log_2, gelten die Eigenschaften

(1) $log_2(2^x) = x$ für alle $x \in \mathbb{R}$, was $exp_2^{-1}(exp_2(x)) = x$ entspricht, und

(2) $2^{log_2(x)} = x$ für alle $x \in \mathbb{R}_{>0}$, was $exp_2(exp_2^{-1}(x)) = x$ entspricht.

Eine bekannte Potenzregel liefert $exp_2(x + y) = 2^{x+y} = 2^x 2^y = exp_2(x) \cdot exp_2(y)$ für alle $x, y \in \mathbb{R}$, woraus $log_2(xy) = log_2(x) + log_2(y)$ für alle $x, y \in \mathbb{R}_{>0}$ folgt, also auch (durch eine einfache vollständige Induktion) $log_2(x^n) = n \cdot log_2(x)$ für alle $x \in \mathbb{R}_{>0}$ und $n \in \mathbb{N}$.

Damit haben wir einige der wichtigsten Funktionstypen der Mathematik eingeführt und grundlegende Eigenschaften angegeben. Wir wenden uns nun einer speziellen Eigenschaft zu, welche für die Informatik sehr bedeutsam ist im Hinblick auf die am Beginn dieses Abschnitts skizzierten Anwendungen.

Im nächsten Satz 6.3.11, der das Hauptresultat dieses Abschnitts darstellt, vergleichen wir nun das Wachstum von allen Potenzfunktionen und der Exponentialfunktion zur Basis 2. Wir tun dies aber nur für **Argumente aus der Menge $\mathbb{N}$ der natürlichen Zahlen**, da dies für die Aufwandsabschätzungen von Algorithmen in der Informatik wesentlich ist. Dies ist dadurch begründet, dass Eingaben von Algorithmen bei deren Untersuchung hinsichtlich ihrer Effizienz immer eine natürliche Zahl als Größe zugeordnet wird. Ist etwa eine Liste die Eingabe eines Algorithmus, so wird deren Länge als Eingabegröße verwendet. Bei Binärbäumen werden oft die Anzahl der Knoten oder der Blätter oder die Höhe als Eingabegröße verwendet. Wie effizient der Algorithmus etwa im Hinblick auf die Laufzeit ist, ergibt sich dann daraus, wie viele Schritte er in Abhängigkeit von der Eingabegröße dazu benötigt, um das erwartete Resultat zu berechnen.

Unser ultimatives Ziel ist zu zeigen, dass bezüglich des Wachstums jede Potenzfunktion schließlich irgendwann von der Exponentialfunktion zur Basis 2 übertroffen wird – man muss nur die Argumente groß genug wählen. Zur Vereinfachung des Beweises dieses Resultats formulieren wir zuerst zwei Hilfsaussagen in der Form von zwei Lemmata. Hier ist das erste davon, welches nur natürliche Zahlen behandelt.

6.3.9 Lemma

Für alle $n \in \mathbb{N}$ gilt $2^{n+1} \geq n^2 + n$.

Beweis: Für $n \in \{0, 1\}$ gilt das Lemma aufgrund von $2 \geq 0$ und $4 \geq 2$. Nun zeigen wir durch vollständige Induktion, dass die Aussage $2^{n+1} \geq n^2 + n$ für alle $n \in \mathbb{N}$ mit $n \geq 2$ wahr ist. Formal zeigen wir also die Gültigkeit von $\forall n \in \mathbb{N} : n \geq 2 \Rightarrow A(n)$, wobei die Aussage $A(n)$ der Ungleichung $2^{n+1} \geq n^2 + n$ entspricht.

Induktionsbeginn: Der Beweis von $A(2)$ folgt aus $8 \geq 6$.

Induktionsschluss: Es sei $n \in \mathbb{N}$ beliebig vorausgesetzt, so dass $n \geq 2$ und die Induktionshypothese $A(n)$ gelten. Zum Beweis von $A(n + 1)$ starten wir mit der Ungleichung

$$2^{n+2} = 2 \cdot 2^{n+1} \geq 2(n^2 + n) = 2n^2 + 2n = n^2 + 2n + n^2,$$

welche aufgrund der Induktionshypothese $A(n)$ gilt. Rechnen wir von der anderen Seite der zu beweisenden Abschätzung her, so bekommen wir die Gleichung

$$(n + 1)^2 + (n + 1) = n^2 + 2n + 1 + n + 1 = n^2 + 2n + 2 + n.$$

Wegen $n \geq 2$ gilt schließlich noch

$$2 + n \leq n + n \leq n^2$$

und diese Ungleichung zeigt mit den obigen Rechnungen die gewünschte Abschätzung $2^{n+2} \geq (n+1)^2 + (n+1)$, also $A(n+1)$. $\qquad\Box$

Wie schon erwähnt, beweisen wir noch eine weitere Hilfsaussage, bevor wir den eigentlichen Satz formulieren und beweisen. In dieser wird eine Aussage gemacht, die natürliche Zahlen und reelle Zahlen aus dem Intervall $[0,1]$ betrifft.

6.3.10 Lemma

Für alle $n \in \mathbb{N}$ und $a \in \mathbb{R}$ mit $0 \leq a \leq 1$ gilt $(1+a)^n \leq 1 + (2^n - 1)a$.

Beweis: Wir beweisen durch vollständige Induktion die Aussage $\forall n \in \mathbb{N} : A(n)$, wobei $A(n)$ die Formel $\forall a \in \mathbb{R} : 0 \leq a \leq 1 \Rightarrow (1+a)^n \leq 1 + (2^n - 1)a$ bezeichnet.

Induktionsbeginn: Der Beweis von $A(0)$ folgt daraus, dass für alle $a \in \mathbb{R}$ mit $0 \leq a \leq 1$ die folgende Gleichung gilt:

$$(1+a)^0 = 1 = 1 + 0 \cdot a = 1 + (2^0 - 1)a$$

Induktionsschluss: Es sei ein beliebiges $n \in \mathbb{N}$ vorgegeben, so dass die Induktionshypothese $A(n)$ gilt. Um $A(n+1)$ zu zeigen, sei ein beliebiges $a \in \mathbb{R}$ mit $0 \leq a \leq 1$ gewählt. Dann rechnen wir wie folgt:

$$
\begin{aligned}
(1+a)^{n+1} &= (1+a)^n(1+a) && \text{Potenzdefinition} \\
&\leq (1 + (2^n - 1)a)(1+a) && \text{Induktionshypothese } A(n) \\
&= 1 + a + (2^n - 1)a + (2^n - 1)a^2 && \text{Distributivität} \\
&\leq 1 + a + (2^n - 1)a + (2^n - 1)a && a \leq 1 \text{ impliziert } a^2 \leq a \\
&= 1 + a + 2(2^n - 1)a \\
&= 1 + a + 2^{n+1}a - 2a \\
&= 1 + 2^{n+1}a - a \\
&= 1 + (2^{n+1} - 1)a
\end{aligned}
$$

Diese Abschätzung zeigt $A(n+1)$. $\qquad\Box$

Nun können wir endlich den schon angekündigten Satz beweisen, der besagt, dass jede k-te Potenzfunktion $potenz_k : \mathbb{R}_{\geq 0} \to \mathbb{R}_{\geq 0}$ (bei der das k eine beliebig große natürliche Zahl sein kann) schließlich irgendwann doch noch durch die Exponentialfunktion $exp_2 : \mathbb{R} \to \mathbb{R}_{>0}$ übertroffen wird. Die Exponentialfunktion wächst also insgesamt stärker als jede Potenzfunktion.

6.3.11 Satz: Exponentiation übertrifft irgendwann Potenzierung

Es sei die Zahl $k \in \mathbb{N} \setminus \{0\}$ beliebig vorgegeben. Dann gilt für alle $n \in \mathbb{N}$ mit der Eigenschaft $n \geq 2^{k+1}$, dass $2^n \geq n^k$.

Beweis: Wir betrachten zu der vorgegebenen Zahl $k \in \mathbb{N} \setminus \{0\}$ die folgende allquantifizierte Formel, in der k als Konstante aufgefasst wird:

$$\forall n \in \mathbb{N} : n \geq 2^{k+1} \Rightarrow 2^n \geq n^k$$

Der Beweis ist erbracht, wenn diese Formel als gültig bewiesen ist. Letzteres bewerkstelligen wir nachfolgend durch vollständige Induktion, wobei wir das Prinzip von Satz 4.4.3 verwenden. Der Aussage $A(n)$ dieses Satzes entspricht die Formel $2^n \geq n^k$ und dem Startwert n_0 dieses Satzes entspricht die natürliche Zahl 2^{k+1} Bei den Rechnungen machen wir explizit Gebrauch von der in Abschnitt 4.5 beschriebenen reduzierenden Vorgehensweise.

Induktionsbeginn: Zum Beweis von $A(2^{k+1})$ starten wir mit der folgenden Kette von logischen Äquivalenzen:

$$2^{2^{k+1}} \geq (2^{k+1})^k \iff 2^{2^{k+1}} \geq 2^{(k+1)k} \qquad \text{Potenzgesetz}$$
$$\iff 2^{k+1} \geq (k+1)k \qquad \text{Monotonie von } log_2 \text{ und } exp_2$$
$$\iff 2^{k+1} \geq k^2 + k$$

Wegen Lemma 6.3.9 ist die letzte Formel wahr, also ist auch die erste Formel wahr, die es zu beweisen gilt.

Induktionsschluss: Es sei ein beliebiges $n \in \mathbb{N}$ mit $n \geq 2^{k+1}$ vorgegeben, so dass die Induktionshypothese $A(n)$ gilt. Dann bekommen wir unter Verwendung der Induktionshypothese $A(n)$ die folgende Eigenschaft:

$$2^{n+1} = 2 \cdot 2^n \geq 2n^k$$

Wir müssen deshalb also nur noch $2n^k \geq (n+1)^k$ beweisen, damit $A(n+1)$ wahr wird. Es gilt die logische Äquivalenz

$$2n^k \geq (n+1)^k \iff 2 \geq \frac{(n+1)^k}{n^k} \iff 2 \geq (1 + \frac{1}{n})^k$$

wegen $\frac{(n+1)^k}{n^k} = (\frac{n+1}{n})^k$. Aufgrund dieser Reduktion haben wir nur noch $(1 + \frac{1}{n})^k \leq 2$ zu verifizieren. Wegen $0 \leq \frac{1}{n} \leq 1$ kommt nun Lemma 6.3.10 zur Anwendung. Mit dessen Hilfe erhalten wir

$$(1 + \frac{1}{n})^k \leq 1 + (2^k - 1) \cdot \frac{1}{n} \qquad \text{Lemma 6.3.10}$$
$$\leq 1 + (2^k - 1) \cdot \frac{1}{2^{k+1}} \qquad n \geq 2^{k+1} \text{ impliziert } \frac{1}{n} \leq \frac{1}{2^{k+1}}$$
$$= 1 + \frac{2^k}{2^{k+1}} - \frac{1}{2^{k+1}}$$
$$\leq 1 + \frac{2^k}{2 \cdot 2^k} \qquad \text{da } \frac{1}{2^{k+1}} \geq 0$$
$$= 1 + \frac{1}{2}$$
$$\leq 2$$

und durch diesen Beweis von $(1 + \frac{1}{n})^k \leq 2$ sind wir fertig. $\qquad \square$

Unter Verwendung der ursprünglichen Schreibweisen für Potenzfunktionen und Exponentialfunktionen erhalten wir Satz 6.3.11 als folgende Formel:

$$\forall\, k \in \mathbb{N} \setminus \{0\}, n \in \mathbb{N} : n \geq exp_2(k+1) \Rightarrow exp_2(n) \geq potenz_k(n)$$

Diese Eigenschaft ist insbesondere in der Informatik bei der Bewertung von Algorithmen von Bedeutung, wie sie am Anfang dieses Abschnitts schon skizziert wurde. Es ist nämlich bei einem vorliegenden Algorithmus oft sehr schwierig und in der Regel sogar unmöglich, die genaue Anzahl der von ihm benötigten Schritte aus der Eingabegröße zu berechnen. Deshalb schätzt man seinen Aufwand nach oben durch eine sogenannte **Aufwandsfunktion** ab, deren Eingabe die Problemgröße ist. Man spricht dann im Jargon von einer **Worst-case** oder **pessimistischen Analyse**. Da man in der Regel über die konkret vorliegenden Problemgrößen nichts aussagen kann, lässt man diese theoretisch gegen Unendlich gehen. Dies nennt man dann eine **asymptotische Abschätzung**. Insgesamt verwendet man bei der Bewertung der Laufzeit von Algorithmen eine **asymptotische worst-case Abschätzung**. Theoretisch liegt dieser Vorgehensweise der folgende Begriff zugrunde.

6.3.12 Definition: asymptotische Beschränkung

Die Funktion $g : \mathbb{N} \to \mathbb{R}_{\geq 0}$ wird von der Funktion $f : \mathbb{N} \to \mathbb{R}_{\geq 0}$ **asymptotisch beschränkt**, falls ein $c \in \mathbb{R}_{>0}$ und ein $m \in \mathbb{N}$ so existieren, dass $g(n) \leq c\, f(n)$ für alle $n \in \mathbb{N}$ mit $n \geq m$ gilt. Mit $\mathcal{O}(f)$ bezeichnet man die Menge aller von f asymptotisch beschränkten Funktionen. $\square$

Die Notation $\mathcal{O}(f)$ geht auf die deutschen Mathematiker Paul Bachmann (1837-1920) und Edmund Landau (1877-1938) zurück, welche sie bei zahlentheoretischen Untersuchungen einführten. Man nennt $\mathcal{O}$ heutzutage ein **Landau-Symbol**. Es gibt noch weitere Landau-Symbole, auf die wir aber nicht eingehen wollen.

Ist die Aufwandsfunktion eines Algorithmus etwa aus $\mathcal{O}(potenz_2)$, wobei die Quelle von $potenz_2$ auf $\mathbb{N}$ eingeschränkt ist, so wächst der Aufwand bei der Berechnung um das Vierfache, wenn sich die Eingabegröße verdoppelt. Bei einer Aufwandsfunktion aus $\mathcal{O}(exp_2)$, wobei die Quelle wiederum $\mathbb{N}$ sei und das Ziel nun $\mathbb{R}_{\geq 0}$, wächst der Aufwand um das Doppelte, wenn sich die Eingabegröße nur um 1 erhöht. Unter der Verwendung der Varianten $potenz_k : \mathbb{N} \to \mathbb{R}_{\geq 0}$ und $exp_2 : \mathbb{N} \to \mathbb{R}_{\geq 0}$ der Originalfunktionen der Definitionen 6.3.3 und 6.3.6 lautet Satz 6.3.11 wie folgt:

6.3.13 Korollar

Für alle $k \in \mathbb{N} \setminus \{0\}$ gilt $potenz_k \in \mathcal{O}(exp_2)$. $\square$

Praktisch besagt dieses Resultat, dass ein Algorithmus mit einer Aufwandsfunktion $potenz_k$ ab einer bestimmten Eingabegröße immer effizienter ist als ein Algorithmus mit einer Aufwandsfunktion exp_2. Allerdings muß bei einem großen k die Eingabegröße im Normalfall auch sehr groß sein. Bei sehr kleinen Eingaben können Algorithmen mit einer Aufwandsfunktion exp_2 hingegen durchaus effizienter sein als Algorithmen mit einer Aufwandsfunktion $potenz_k$.

Kehren wir noch einmal zum Landau-Symbol zurück und vergleichen damit Potenzfunktionen. Natürlich gilt für die Varianten $potenz_k : \mathbb{N} \to \mathbb{R}_{\geq 0}$ und $potenz_{k+1} : \mathbb{N} \to \mathbb{R}_{\geq 0}$ auch $potenz_k \in \mathcal{O}(potenz_{k+1})$ für alle $k \in \mathbb{N} \setminus \{0\}$. Es ist nämlich beispielsweise $n^k \leq 1 \cdot n^{k+1}$ für alle $n \geq 0$. Hingegen gilt etwa die Beziehung $potenz_2 \in \mathcal{O}(potenz_1)$ nicht. Dazu ist zu zeigen, dass die Formel

$$\exists c \in \mathbb{R}_{>0}, m \in \mathbb{N} : \forall n \in \mathbb{N} : n \geq m \Rightarrow n^2 \leq cn$$

nicht gilt, also die Formel

$$\forall c \in \mathbb{R}_{>0}, m \in \mathbb{N} : \exists n \in \mathbb{N} : n \geq m \wedge n^2 > cn$$

gilt. Letzteres ist aber einfach. Sind $c \in \mathbb{R}_{>0}$ und $m \in \mathbb{N}$ beliebig vorgegeben, so wählt man $n := m$ im Fall $m > c$ und $n := min\{x \in \mathbb{N} \mid c < x\}$ im Fall $m \leq c$. Dann gilt in beiden Fällen $n \geq m \wedge n > c$, also auch $n \geq m \wedge n^2 > cn$. Allgemein kann gezeigt werden, dass $potenz_{k+1} \in \mathcal{O}(potenz_k)$ nicht gilt.

Formal hat beim Verwenden des Landau-Symbols die Funktionalität wie in Definition 6.3.12 gefordert vorzuliegen. Dies bedingt, wie eben gezeigt, oftmals die Anpassung von Quell- und Zielemengen von Funktionen. In der mathematischen Praxis werden solche Anpassungen in der Regel implizit vorgenommen, also nicht eigens erwähnt. Normalerweise verwendet man beim Landau-Symbol auch eine vereinfachende Schreibweise und setzt statt Bezeichner für Funktionen direkt die sie beschreibenden Ausdrücke ein. Beim Korollar 6.3.13 schreibt man also kürzer $n^k \in \mathcal{O}(2^n)$. Oft wird das Landau-Symbol zur Verkürzung der Schreibweisen auch im Rahmen von Ausdrücken verwendet. Beispielsweise bedeutet $n + \mathcal{O}(\frac{1}{n+1})$ eigentlich $n + f(n)$, mit $f \in \mathcal{O}(\frac{1}{n+1})$. Dadurch drückt man in dem vorliegenden Fall aus, dass der Wert von $n + \mathcal{O}(\frac{1}{n+1})$ sich immer mehr n nähert, wenn n gegen Unendlich strebt. Wegen dieser Auffassung ist statt $g \in \mathcal{O}(f)$ auch die Schreibweise $g = \mathcal{O}(f)$ üblich. Hier ist unbedingt zu beachten, dass dadurch keine Gleichheit im korrekten mathematischen Sinne definiert ist, denn sonst würde aus dem obigen Korollar 6.3.13 ja die Gleichheit von allen Potenzfunktionen folgen – was schlichtweg Unsinn ist.

In der Praxis tauchen auch Fälle auf, bei denen es sinnvoll ist, der Eingabe eines Algorithmus mehr als eine Größe zuzuordnen. Dies bedingt dann eine Erweiterung des Landau-Symbols $\mathcal{O}$ auf mehrstellige Funktionen. Einzelheiten hierzu findet die Leserin oder der Leser beispielsweise in der einschlägigen Informatik-Literatur.

Wir wollen zum Abschluss dieses Kapitels das Wachstumsverhalten der betrachteten Funktionen anhand von Beispielen demonstrieren und auch die praktischen Auswirkungen ansprechen. Dabei konzentrieren wir uns auf die Laufzeit. Laufzeituntersuchungen spielen bei Effizienzbetrachtungen von Algorithmen die weitaus größte Rolle.

6.3.14 Beispiel: Aufwand und Laufzeiten

Wir betrachten drei Algorithmen $\mathcal{A}_1$, $\mathcal{A}_2$ und $\mathcal{A}_3$ und die vier verschiedenen Problemgrößen $n = 10, 30, 60, 100$, die etwa vier verschiedene Listenlängen im Fall von Sortieralgorithmen sein können. Weiterhin betrachten wir die folgenden drei Aufwandsfunktionen, welche größenordnungsmäßig die Zahlen der benötigten Rechenschritte in Abhängigkeit von den

Eingabegrößen angeben:

Algorithmus $\mathcal{A}_1$: $potenz_2$ Algorithmus $\mathcal{A}_2$: $potenz_3$ Algorithmus $\mathcal{A}_3$: exp_2

Nun nehmen wir an, dass ein einzelner elementarer Rechenschritt eines jeden der vorliegenden Algorithmen genau 10^{-6} Sekunden Rechenzeit benötigt. Dann ergeben sich die in der nachfolgenden Tabelle zusammengestellten Gesamtrechenzeiten:

Algorithmus	$n = 10$	$n = 30$	$n = 60$	$n = 100$
$\mathcal{A}_1$	10^{-4} Sek.	10^{-3} Sek.	0.004 Sek.	0.01 Sek.
$\mathcal{A}_2$	10^{-3} Sek.	0.03 Sek.	0.2 Sek.	1 Sek.
$\mathcal{A}_3$	10^{-3} Sek.	17 Min.	36000 Jahre	$4 \cdot 10^{15}$ Jahre

Dabei stehen die Abkürzungen „Sek." bzw. „Min" für Sekunden bzw. Minuten. Die obige Tabelle demonstriert, dass zwischen den beiden Begriffen „Potenzierung" und „Exponentiation" hinsichtlich der Laufzeit (dem Wachstum der Aufwandsfunktion) ein Qualitätssprung vorliegt. Diese Diskrepanz kann auch durch Technologiesprünge nicht behoben werden. Eine Verbesserung der Schnelligkeit eines Rechners um den Faktor 1000 bewirkt beispielsweise bei einer Aufwandsfunktion $potenz_2$ sehr viel, bei einer Aufwandsfunktion exp_2 hingegen fast gar nichts. $\qquad\qquad\qquad\qquad\qquad\qquad$ $\Box$

Nach diesem abstrakten Beispiel untersuchen wir noch den Aufwand von drei konkreten Programmen, die wir alle in Kapitel 5 verifiziert bzw. durch Programmkonstruktion erhalten haben. Wir konzentrieren uns wieder auf die Laufzeit.

6.3.15 Beispiele: Aufwand konkreter Programme

Wir betrachten zuerst das folgende imperative Programm von Beispiel 5.2.3 zur Berechnung von $\frac{n(n+1)}{2}$, wobei nat der Typ von allen Programmvariablen ist:

$$
\begin{aligned}
&x, k := 0, 0; \\
&\textbf{while } k \neq n \textbf{ do} \\
&\quad x, k := x + k + 1, k + 1 \\
&\textbf{end}
\end{aligned}
$$

Wenn wir (vereinfachend) die Ausführung einer Addition, eines Tests $k \neq n$ oder einer kollateralen Zuweisung als einen Rechenschritt ansehen und mit $A_1(n)$ die Anzahl der benötigten Rechenschritte des Programms zur Eingabegröße n bezeichnen, dann gilt für diese Aufwandsfunktion $A_1 : \mathbb{N} \to \mathbb{N}$ die Eigenschaft $A_1 \in \mathcal{O}(n)$. Es wird die Schleife nämlich genau n-mal durchlaufen. Also werden insgesamt $3n$ Additionen, $3n + 1$ Tests und $n + 1$ Zuweisungen durchgeführt. Das Programm hat, wie man sagt, eine lineare Laufzeit.

Wenn wir wiederum die Ausführung einer Addition, eines Tests oder einer kollateralen Zuweisung als einen Rechenschritt ansehen, dann ist die Laufzeit des Programms

$$
\begin{aligned}
&y, r, s := 0, 1, 3; \\
&\textbf{while } r \leq x \textbf{ do} \\
&\quad y, r, s := y + 1, r + s, s + 2 \\
&\textbf{end}
\end{aligned}
$$

von Beispiel 5.1.3 (ebenfalls mit *nat* als Typ von allen verwendeten Programmvariablen) sogar noch besser. Für seine Aufwandsfunktion $A_2 : \mathbb{N} \to \mathbb{N}$ gilt nämlich die Eigenschaft $A_2 \in \mathcal{O}(gwurzel(n))$, mit $gwurzel(n)$ als Bezeichnung für den ganzzahligen Anteil der Quadratwurzel von $n \in \mathbb{N}$.

Als drittes Beispiel betrachten wir noch das folgende Programm, welches aus der Beweisskizze von Beispiel 5.3.5 dadurch entsteht, dass alle annotierten Formeln entfernt werden:

$$y, k := f(1, 1), 1;$$
$$\textbf{while } k \neq m \textbf{ do}$$
$$\quad y, k := y + f(1, k + 1), k + 1$$
$$\textbf{end};$$
$$x, n := y, 1;$$
$$\textbf{while } n \neq m \textbf{ do}$$
$$\quad y, k := f(n + 1, 1), 1;$$
$$\quad \textbf{while } k \neq m \textbf{ do}$$
$$\quad\quad y, k := y + f(n + 1, k + 1), k + 1$$
$$\quad \textbf{end};$$
$$\quad x, n := x + y, n + 1$$
$$\textbf{end}$$

Es haben wiederum alle Programmvariablen den Typ *nat*. Wenn wir, neben der obigen Interpretation eines Rechenschritts, noch die Auswertung eines Aufrufs von f als einen Rechenschritt ansehen, dann gilt die Eigenschaft $A_3 \in \mathcal{O}(n^2)$ für die Aufwandsfunktion $A_3 : \mathbb{N} \to \mathbb{N}$ dieses Programms. $\qquad\qquad\square$

Eine heutzutage weitgehend akzeptierte Arbeitshypothese der Informatik, die vom kanadischen Mathematiker und Informatiker Jack Edmonds (geb. 1934) im Jahre 1964 aufgestellt wurde, besagt, dass ein Algorithmus hinsichtlich seiner Laufzeit **praktikabel** ist, falls es eine Zahl $k \in \mathbb{N}$ so gibt, dass seine Laufzeitaufwandsfunktion in der Menge $O(n^k)$ liegt, mit n als Größe der Eingabe, also er maximal $c \cdot n^k$ Schritte benötigt, wobei c eine positive reelle Zahl ist. Praktisch relevant sind dabei nur kleine natürliche Zahlen k, etwa $k = 0$ (konstanter Aufwand, der unabhängig ist von der Größe der Eingabe), $k = 1$ (linearer Aufwand), $k = 2$ (quadratischer Aufwand) und $k = 3$ (kubischer Aufwand). Viele wichtige Probleme der Informatik können durch praktikable Algorithmen gelöst werden, beispielsweise auch das schon mehrfach erwähnte Sortieren von linearen Listen. Hierzu gibt es einige einfache Algorithmen mit einer Laufzeit in $O(n^2)$, also mit quadratischem Aufwand, wobei als Problemgröße n die Listenlänge genommen wird. Das Suchen nach einem Element in linearen Listen erfordert normalerweise einen linearen Aufwand in der Listenlänge. Will man eine lineare Liste revertieren, so führt dies zu Zugriffen an beiden Listenenden. Der Aufwand in der Listenlänge hängt dann vom Aufwand dieser Zugriffe ab.

Es gibt jedoch ebenfalls viele wichtige praktische Berechnungsprobleme, zu deren Lösung man bisher noch keine praktikablen Algorithmen kennt und sogar vermutet, dass es solche aus prinzipiellen Gründen gar nicht geben kann. Eines der wichtigsten davon ist das sogenannte **Erfüllbarkeitsproblem der Aussagenlogik**. Man hat hier eine aussagenlogische Formel A der speziellen Gestalt $A_1 \wedge A_2 \wedge \ldots \wedge A_n$ vorgegeben, wobei $n > 0$ und jede Formel A_i eine Disjunktion $D_1^{(i)} \vee D_2^{(i)} \vee \ldots \vee D_k^{(i)}$ von $k > 0$ Formeln ist, mit den $D_j^{(i)}$

als Aussagenvariablen oder negierten Aussagenvariablen. Die Aufgabe ist, festzustellen, ob es eine Belegung der Aussagenvariablen gibt, zu welcher A den Wahrheitswert W besitzt (man sagt: erfüllbar ist). Mit der Anzahl der in A vorkommenden Aussagenvariablen als Problemgröße kennt man bisher noch keine praktikablen Algorithmen für so einen Test.

6.4 Zur Berechenbarkeit von Funktionen

Bei den Funktionen, die man heutzutage üblicherweise von der höheren Schule her kennt, handelt es sich oft um sogenannte ganzrationale Funktionen (auch Polynomfunktionen genannt) oder um rationale Funktionen. Berechnen des Funktionswerts $f(a)$ heißt hier, dass man an Stelle des Argument-Bezeichners x (normalerweise Parameter genannt) in der Funktionsdefinition $f(x) = \ldots$ das aktuelle Argument a einsetzt und dann die so entstehende rechte Seite (den $f(a)$ definierenden Ausdruck) soweit wie möglich auswertet. So wird beispielsweise der Wert von $f(3)$ mit der Definition

$$f : \mathbb{Z} \to \mathbb{Z} \qquad f(x) = 2x^3 - x^2 - x - 1$$

von f ausgerechnet durch

$$f(3) = 2 \cdot 3^3 - 3^2 - 3 - 1 = 54 - 9 - 3 - 1 = 41.$$

Neben den ganzrationalen oder rationalen Funktionen lernt man in der Regel auch einige trigonometrische Funktionen kennen, etwa den Sinus oder den Cosinus. Wie man solche Funktionen auf vorgegebene n Stellen nach dem Dezimalkomma genau ausrechnet, etwa $sin(0.123)$ bis auf 3 Stellen nach dem Komma, lernt man normalerweise nicht mehr. Da jeder noch so billige Taschenrechner dafür aber keine messbare Zeit braucht, sollte dies nicht allzu schwierig sein. Und in der Tat gibt es dafür sehr schnelle Algorithmen. Das Gebiet, welches sich mit solchen beschäftigt, wird Numerische Mathematik genannt. Vorlesungen daraus sind manchmal auch Teil eines Informatikstudiums.

Wenn man eine bestimmte Funktion f zu einem Argument a ausrechnet, dann heißt dies genau genommen, dass man einen Algorithmus $\mathcal{A}$ verwendet, der zur Eingabe a den Funktionswert $f(a)$ als Ausgabe liefert. Konkret kann man sich $\mathcal{A}$ immer als Programm in irgendeiner der derzeit gängigen Programmiersprachen vorstellen. Es gibt viele Funktionen, die sich effizient berechnen lassen, also mit praktikablen Programmen. Die Effizienz der Algorithmen und Programme hängt dabei von einigen Faktoren ab. Ein entscheidender Faktor ist z.B. die Darstellung der Daten. Eine gute Darstellung kann zu schnellen Algorithmen führen, eine weniger geeignete Darstellung zu langsameren Algorithmen. Die Darstellung von endlichen Mengen M ist ein Beispiel hierzu. Stellt man M durch eine lineare Liste dar, so benötigt die Suche nach einem Element $\mathcal{O}(|M|)$ Schritte. Verwendet man hingegen einen Suchbaum, der ziemlich ausbalanciert ist, so sind nur $\mathcal{O}(log_2(|M|))$ Schritte erforderlich.

Neben den Funktionen, die sich effizient berechnen lassen, gibt es auch solche, wie schon am Ende von Abschnitt 6.3 angemerkt wurde, zu deren Berechnung man noch keine praktikablen Programme kennt und sogar vermutet, dass es solche aus prinzipiellen Gründen gar nicht geben kann. Für einige Funktionen hat man mittels mathematischer Argumentation sogar zeigen können, dass kein praktikables Programm existieren kann. Es würde den Rahmen sprengen, solch ein Beispiel hier anzugeben[11]. Festzuhalten ist aber, dass es bei den Funktionen eine Aufteilung gibt in diejenigen, welche sich effizient berechnen lassen, und diejenigen, welche sich nur ineffizient berechnen lassen. Eine sich daraus sofort ergebende fundamentale Frage ist: Gibt es vielleicht sogar Funktionen $f : M \to N$, welche sich gar nicht berechnen lassen, für die es also aus prinzipiellen Gründen kein Programm in irgendeiner Programmiersprache geben kann, das für alle Argumente $a \in M$ als Eingabe den Funktionswert $f(a)$ bestimmt?

Solche Fragen werden in einem Gebiet der Logik untersucht, welches sich Berechenbarkeitstheorie oder Rekursionstheorie nennt. Es stellte sich heraus, dass es solche Funktionen in der Tat gibt. Zum Beweis dieser Tatsache war es zuerst notwendig, den Begriff des Algorithmus mathematisch zu präzisieren. Eine Möglichkeit, dies zu bewerkstelligen, geht auf den englischen Mathematiker Alan Turing (1912-1954) zurück. Er entwarf eine hypothetische Maschine als, wie er meinte, Modell des „menschlichen Rechners". Mit ihr, heute Turing-Maschine genannt, war er in der Lage, die negative Beantwortung der obigen Frage mathematisch präzise zu beweisen. Das Resultat, welches Turing im Jahr 1936 publizierte, kann gut veranschaulicht werden, wenn man Algorithmen als Programme einer Programmiersprache ansieht.

In Programmiersprachen geschriebene Programme (wie z.B. die des letzten Kapitels) werden heutzutage im Prinzip immer noch als Texte abgefasst – trotz aller grafischen und sonstigen Hilfsmittel. Somit kann ein Programm P als eine lineare Liste (ein Wort) aus A^* interpretiert werden, wobei A genau die Zeichen (wie +), zusammengesetzten Symbole (wie &&) und Schlüsselwörter (wie **begin**, **while**) enthält, die man beim Schreiben von Programmen in der vorgegebenen Programmiersprache verwenden darf. Man vergleiche dazu noch einmal mit den Bemerkungen am Ende von Abschnitt 3.2 zu den formalen Sprachen und ihren Wörtern als speziellen Darstellungen von linearen Listen. Auch Daten werden normalerweise als Texte abgefasst und damit kann auch die Eingabe a zu einem Programm P als eine lineare Liste (ein Wort) a aus A^* angesehen werden. Nun können Programme zu Eingaben terminieren (also nach einer endlichen Anzahl von Rechenschritten fehlerfrei stoppen), aber auch nicht terminieren (was in der Sprechweise des letzten Kapitels „in einem Fehler resultieren" bedeutet). Die von Turing betrachtete Funktion ist bei dieser Auffassung die Terminierungstest-Funktion $t : A^* \times A^* \to \{0,1\}$ mit der folgenden Festlegung:

$$t(P,a) = \begin{cases} 1 & \text{falls das Programm } P \text{ zur Eingabe } a \text{ terminiert} \\ 0 & \text{falls das Programm } P \text{ zur Eingabe } a \text{ nicht terminiert} \end{cases}$$

Durch Widerspruch konnte Turing zeigen, dass es, übertragen in unsere Terminologie mit Programmen als Algorithmen, kein Terminierungstest-Programm $\mathcal{T}$ geben kann, welches für alle Eingaben P und a den Wert von $t(P,a)$ berechnet, also 1 ausgibt, falls P zur Eingabe a terminiert, und 0 sonst ausgibt. Die Terminierung von Programmen ist also, wie man sagt, algorithmisch nicht entscheidbar.

Man beachte, dass gerade eine Aussage über ein Programm gemacht wurde, das mit allen nur vorstellbaren Programmen und allen nur vorstellbaren Eingaben zurecht käme.

---

[11]Das Teilgebiet der theoretischen Informatik, in dem dies geschieht, nennt sich Komplexitätstheorie.

Für Spezialfälle ist es oftmals sogar sehr leicht, die Terminierung (das Nichtresultieren in einem Fehler) nachzuweisen, wie wir in Abschnitt 5.4 demonstriert haben. Es gibt aber auch immer noch ungelöste Terminierungsprobleme. Ein Beispiel, welches auf den deutschen Mathematiker Lothar Collatz (1910-1990) zurückgeht, ist das folgende Programm in der im letzten Kapitel betrachteten imperativen Programmiersprache; dabei sind m und n zwei Programmvariablen des Typs *nat* und der Aufruf *geradeZahl*(n) der Basisoperation *geradeZahl* testet, ob der Wert von n eine gerade natürliche Zahl ist:

$$n := m;$$
while $n > 1$ **do**
$\quad$ **if** *geradeZahl*(n) **then** $n := \frac{n}{2}$
$\qquad\qquad$ **else** $\;n := 3n + 1$ **end**
end

Bis heute ist nicht bekannt, ob dieses Programm terminiert, falls der Wert der Programmvariablen m vor der Ausführung eine beliebige natürliche Zahl ungleich Null ist. Wenn das Programm im Fall $m \neq 0$ in keinem Fehler resultiert, also die Schleife nach einer endlichen Anzahl von Durchläufen endet (denn die Auswertungen von $\frac{n}{2}$ und $3n + 1$ sind immer fehlerfrei), dann hat die Programmvariable n nach der Ausführung offensichtlich den Wert 1. Also ist das Programm partiell korrekt bezüglich der Vorbedingung $m \neq 0$ und der Nachbedingung $n = 1$. Ob es auch total korrekt bezüglich dieser Vor- und Nachbedingung ist, ist also noch unbekannt.

6.5 Übungsaufgaben

6.5.1 Aufgabe

Es sei M eine nichtleere Menge.

(1) Beweisen Sie, dass die Funktionen *kopf* : $M^+ \to M$ und *rest* : $M^+ \to M^*$ surjektiv sind.

(2) Sind diese Funktionen auch injektiv und wie hängt diese Eigenschaft ggf. von der Menge M ab?

6.5.2 Aufgabe

Zu einer gegebenen bijektiven Funktion $f : \mathbb{R} \to \mathbb{R}$ sei die Funktion $g : \mathbb{R} \to \mathbb{R}$ definiert durch $g(x) = 2 + 3 f(x)$. Zeigen Sie:

(1) g ist injektiv.

(2) g ist surjektiv.

Geben Sie auch die Umkehrfunktion zu g an.

6.5.3 Aufgabe

Die Funktion $f : \mathbb{N} \to \mathcal{P}(\mathbb{N})$ sei durch $f(n) = \{x \in \mathbb{N} \mid x \leq n\}$ definiert.

(1) Beweisen Sie, dass für alle $m, n \in \mathbb{N}$ die Eigenschaften $m \leq n$ und $f(m) \subseteq f(n)$ äquivalent sind.

(2) Zeigen Sie mit Hilfe von (1) die Injektivität von f.

(3) Kann f auch surjektiv sein (mit Begründung)?

6.5.4 Aufgabe

Die n-te Potenz $f^n : M \to M$ einer Funktion $f : M \to M$ ist erklärt durch $f^0 := id_M$ (mit id_M als identische Funktion auf M) und $f^{n+1} := f \circ f^n$ für alle $n \in \mathbb{N}$.

(1) Zeigen Sie, dass $f^m \circ f^n = f^{m+n}$ für alle $m, n \in \mathbb{N}$ gilt.

(2) Beweisen Sie $f \circ f^n = f^n \circ f$ für alle $n \in \mathbb{N}$.

(3) Gibt es ein $n \in \mathbb{N} \setminus \{0\}$ mit $f^n = id_M$, so ist f bijektiv. Beweis!

(4) Geben Sie drei Beispiele für Funktionen an, bei denen eine n-te Potenz zur identischen Funktion wird.

6.5.5 Aufgabe

Beweisen Sie, dass das Auswahlaxiom äquivalent zu folgender Aussage ist: Für alle Mengen $M \neq \emptyset$ gibt es eine Funktion $f : \mathcal{P}(M) \setminus \{\emptyset\} \to M$, so dass $f(X) \in X$ für alle $X \in \mathcal{P}(M) \setminus \{\emptyset\}$ gilt.

6.5.6 Aufgabe

Wir betrachten die Teilmengen $M := \{x \in \mathbb{R} \mid 1 \leq x \leq 2\}$ und $N := \{x \in \mathbb{R} \mid 4 \leq x \leq 7\}$ der Menge der reellen Zahlen.

(1) Zeigen Sie $|M| = |N|$, indem Sie eine bijektive Funktion $f : M \to N$ angeben (mit Beweis der Bijektivität).

(2) Geben Sie die Umkehrfunktion zu f an. Die entsprechenden Eigenschaften von f^{-1} sind zu beweisen!

6.5.7 Aufgabe

Im Folgenden verwenden wir den Begriff der Kardinalität $|M|$ für endliche Mengen M als Zahl der Elemente von M, also wie in Definition 1.3.6 eingeführt. Beweisen Sie, dass für alle endlichen Mengen M und N die folgenden Beziehungen gelten:

(1) Es gilt $|M| = |N|$ genau dann, wenn es eine bijektive Funktion $f : M \to N$ gibt.

(2) Es gilt $|M| \leq |N|$ genau dann, wenn es eine injektive Funktion $f : M \to N$ gibt.

(3) Es gilt $|M| < |N|$ genau dann, wenn es eine injektive Funktion $f : M \to N$ gibt, aber keine bijektive Funktion $g : M \to N$.

6.5.8 Aufgabe

Es seien M, N, P und Q beliebige Mengen. Beweisen Sie:

(1) Die zwei Mengen $M \times N$ und $N \times M$ haben die gleiche Kardinalität.

(2) Die drei Mengen $M \times (N \times P)$, $(M \times N) \times P$ und $M \times N \times P$ haben die gleiche Kardinalität.

(3) Haben M und P die gleiche Kardinalität und N und Q die gleiche Kardinalität, so haben auch $M \times N$ und $P \times Q$ die gleiche Kardinalität.

6.5.9 Aufgabe

(1) Beweisen Sie die Punkte (2) bis (4) von Satz 6.2.3.

(2) Zeigen Sie, dass für alle Mengen M, N und P aus $|M| \leq |N|$ und $|N| < |P|$ folgt $|M| < |P|$ und aus $|M| < |N|$ und $|N| \leq |P|$ folgt $|M| < |P|$.

(3) Zeigen Sie, dass für alle Mengen M, N und P aus $|M| = |N|$ und $|N| < |P|$ folgt $|M| < |P|$ und aus $|M| < |N|$ und $|N| = |P|$ folgt $|M| < |P|$.

6.5.10 Aufgabe

Die Funktion $f : \mathbb{N} \setminus \{0\} \to \mathbb{R}$ sei definiert durch $f(n) = \sum_{i=1}^{n} \frac{1}{i}$.

(1) Zeigen Sie für alle $n \in \mathbb{N}$ mit $n \geq 1$ die Abschätzung $f(n) \leq 1 + \frac{n}{2}$.

(2) Beweisen Sie $f \in \mathcal{O}(n)$.

6.5.11 Aufgabe

Die beiden Funktionen $f : \mathbb{N} \to \mathbb{N}$ und $g : \mathbb{N} \to \mathbb{N}$ seien durch $f(x) = 2x + 2$ und $g(x) = x^2$ definiert.

(1) Beweisen Sie, dass f und g monoton sind.

(2) Stellen Sie die Werte $f(n)$ und $g(n)$ für alle $n \in \{0, \dots, 5\}$ tabellarisch dar.

(3) Bestimmen Sie anhand der Tabelle von (2) die kleinste Zahl $n \in \mathbb{N}$ mit der Eigenschaft $f(n) < g(n)$.

(4) Es sei n_0 das Resultat von Punkt (3). Zeigen Sie für alle $k \in \mathbb{N}$ die Abschätzung $f(n_0 + k) < g(n_0 + k)$.

6.5.12 Aufgabe

Beantworten Sie die folgenden Fragen, gegebenenfalls mit Hilfe eines in einer Programmiersprache Ihrer Wahl geschriebenen Programms. Was ist die kleinste natürliche Zahl $m \in \mathbb{N}$, so dass

(1) $potenz_1(n) \leq exp_2(n)$ für alle $n \in \mathbb{N}$ mit $m \leq n$ gilt,

(2) $potenz_2(n) \leq exp_2(n)$ für alle $n \in \mathbb{N}$ mit $m \leq n$ gilt,

(3) $potenz_3(n) \leq exp_2(n)$ für alle $n \in \mathbb{N}$ mit $m \leq n$ gilt,

(4) $potenz_4(n) \leq exp_2(n)$ für alle $n \in \mathbb{N}$ mit $m \leq n$ gilt?

(5) $potenz_5(n) \leq exp_2(n)$ für alle $n \in \mathbb{N}$ mit $m \leq n$ gilt?

6.5.13 Aufgabe

Beweisen Sie: Für alle $k, p \in \mathbb{N} \setminus \{0\}$ mit $k \leq p$ gilt $potenz_k \in \mathcal{O}(potenz_p)$.

6.5.14 Aufgabe

Die Funktion $f : \mathbb{N} \to \mathbb{R}_{\geq 0}$ sei durch $f(x) = 4x^3 + 3x^2 + 2x + 1$ definiert. Zeigen Sie, dass $f \in \mathcal{O}(potenz_3)$ gilt.

6.5.15 Aufgabe

Wir betrachten die durch $fib(0) = 1$, $fib(1) = 1$ und $fib(n) = fib(n-1) + fib(n-2)$, falls $n \geq 2$, rekursiv definierte Funktion $fib : \mathbb{N} \to \mathbb{N}$ der Fibonacci-Zahlen.

(1) Berechnen Sie mit Hilfe dieser Festlegung die Funktionswerte (d.h. Fibonacci-Zahlen) $fib(n)$ für alle $n \in \mathbb{N}$ mit $n \leq 10$.

(2) Beweisen Sie für alle $n \in \mathbb{N}$ die Eigenschaft $2^n \leq fib(2n) \leq fib(2n+1)$.

(3) Zeigen Sie für alle $n \in \mathbb{N}$ die Abschätzung $fib(n) \leq 2^n$.

6.5.16 Aufgabe

Aufbauend auf die Funktion $fib : \mathbb{N} \to \mathbb{N}$ betrachten wir die folgende Funktion:
$$F : \mathbb{N} \times \mathbb{N} \times \mathbb{N} \to \mathbb{N} \qquad F(n, a, b) = a\, fib(n) + b\, fib(n+1)$$

(1) Zeigen Sie für alle $n, a, b \in \mathbb{N}$ die folgenden zwei Gleichungen:
$$F(0, a, b) = a + b \qquad F(n+1, a, b) = F(n, b, a+b)$$

(2) Wie lässt sich der Wert $fib(n)$ mittels F bestimmen und welchen Vorteil hat die Berechnung von $fib(n)$ mittels F im Vergleich zu einer, welche die Rekursion von fib aus der letzten Aufgabe verwendet?

6.5.17 Aufgabe

Es seinen n und x zwei Programmvariablen des Typs nat.

(1) Konstruieren Sie nach der in Abschnitt 5.3 vorgestellten Methode ein imperatives Programm, das, per Konstruktion, partiell korrekt bezüglich der Vorbedingung **wahr** und der Nachbedingung $x = fib(n)$ ist. Unter der in den Beispielen 6.3.15 verwendeten Interpretation von Rechenschritten soll für die Aufwandsfunktion $A : \mathbb{N} \to \mathbb{N}$ des Programms die Eigenschaft $A \in \mathcal{O}(n)$ gelten.

(2) Zeigen Sie, dass das Programm von (1) auch total korrekt bezüglich der Vorbedingung **wahr** und der Nachbedingung $x = fib(n)$ ist.

7 Spezielle Relationen und gerichtete Graphen

Nun betrachten wir weitere wichtige Klassen von Relationen und einige ihrer Eigenschaften näher. Im Gegensatz zu den Funktionen, die in ihrer Urform Relationen des Typs $f \subseteq M \times N$ mit zwei beliebigen Mengen M und N sind, betrachten wir in diesem Kapitel nur Relationen des Typs $R \subseteq M \times M$, also Relationen, bei denen Quelle und Ziel gleich sind. Solche Relationen auf einer Menge werden auch **homogen** genannt. Homogene Relationen kann man anschaulich gut durch Pfeildiagramme darstellen und zwar durch solche, wie wir sie in Abschnitt 1.4 ursprünglich eingeführt haben. In der Sprache der Mathematik werden diese Pfeildiagramme auch gerichtete Graphen genannt. Diesen Strukturen, die in der Informatik insbesondere zu Modellierungszwecken eingesetzt werden, ist der letzte Teil des Kapitels gewidmet.

7.1 Äquivalenzrelationen und Partitionen

Äquivalenzrelationen stellen eine der wichtigsten Klassen von homogenen Relationen dar. Sie werden häufig dazu verwendet, um durch einen Abstraktionsprozess vorgegebene Objekte gemäß einiger spezieller Merkmale in gewisse Typen (Klassen, Kategorien) einzuteilen. Ist man etwa am Rechenaufwand eines Algorithmus auf linearen Listen in Abhängigkeit von der Listenlänge interessiert, so kann man in diesem Zusammenhang alle linearen Listen als gleichwertig ("äquivalent") betrachten, welche dieselbe Länge besitzen. Wir beginnen nachfolgend mit der Definition der Klasse der Äquivalenzrelationen anhand von drei Eigenschaften.

7.1.1 Definition: Äquivalenzrelation

Eine Relation $R \subseteq M \times M$ heißt

(1) **reflexiv**, falls für alle $x \in M$ gilt $x\,R\,x$,

(2) **symmetrisch**, falls für alle $x, y \in M$ aus $x\,R\,y$ folgt $y\,R\,x$,

(3) **transitiv**, falls für alle $x, y, z \in M$ aus $x\,R\,y$ und $y\,R\,z$ folgt $x\,R\,z$.

Eine **Äquivalenzrelation** ist eine reflexive, symmetrische und transitive Relation. □

Man stellt sofort fest, dass eine Relation $R \subseteq M \times M$ genau dann symmetrisch ist, wenn $x\,R\,y$ und $y\,R\,x$ für alle $x, y \in M$ äquivalente Aussagen sind. Für Äquivalenzrelationen verwendet man statt des Buchstabens R oft Symbole wie „$\equiv$" und „$\approx$". Damit drücken $x \equiv y$ und $x \approx y$ aus, dass die Objekte x und y in einer Relationsbeziehung stehen. Nachfolgend geben wir einige Beispiele für Äquivalenzrelationen an.

7.1.2 Beispiele: Äquivalenzrelationen

Die **identische Relation** $\mathbf{I}_M \subseteq M \times M$, definiert für alle $x, y \in M$ durch

$$x\,\mathbf{I}_M\,y :\Longleftrightarrow x = y,$$

ist für alle Mengen M eine Äquivalenzrelation. Sie ist sogar eindeutig und total, also auch eine Funktion. In der Auffassung als Funktion und bei der Verwendung von funktionalen

© Springer Fachmedien Wiesbaden GmbH, ein Teil von Springer Nature 2021
R. Berghammer, *Mathematik für die Informatik*,
https://doi.org/10.1007/978-3-658-33304-1_7

Schreibweisen haben wird diese spezielle Relation bisher mit dem Symbol id_M bezeichnet. Beim Umgehen mit allgemeinen Relationen wird jedoch das Symbol $\mathbf{I}_M$ bevorzugt, oder vereinfachend auch $\mathbf{I}$, wenn die Menge M aus dem Kontext klar erkennbar ist.

Es sei M eine beliebige Menge. Definiert man auf der Potenzmenge $\mathcal{P}(M)$ eine Relation $\equiv$ durch die Festlegung

$$X \equiv Y \ :\Longleftrightarrow \ |X| = |Y|$$

für alle $X, Y \in \mathcal{P}(M)$, wobei $|X| = |Y|$ erklärt ist durch Definition 6.2.1, so ist $\equiv$ eine Äquivalenzrelation. Man sagt in der Umgangssprache: „Das Gleichsein der Kardinalitäten ist eine Äquivalenzrelation auf Mengen".

Wiederum sei M eine Menge. Definiert man auf der Menge der linearen Listen über M, also auf M^*, eine Relation $\equiv$ durch die Festlegung

$$s \equiv t \ :\Longleftrightarrow \ |s| = |t|$$

für alle $s, t \in M^*$, so ist $\equiv$ ebenfalls eine Äquivalenzrelation auf M^*. Hier sagt man kürzer: „Gleiche Länge zu haben ist eine Äquivalenzrelation auf Listen". $\qquad\square$

Gehen wir die obigen drei Beispiele noch einmal der Reihe nach durch, so fallen der Leserin oder dem Leser vielleicht die folgenden Eigenschaften auf; dabei nehmen wir in Gleichung (2) die Menge M als endlich an, damit die Kardinalität von M definiert ist.

(1) $M = \bigcup\{\{x\} \mid x \in M\}$

(2) $\mathcal{P}(M) = \bigcup\{\mathcal{P}_n(M) \mid n \leq |M|\}$, wobei $\mathcal{P}_n(M) := \{X \in \mathcal{P}(M) \mid n = |X|\}$.

(3) $M^* = \bigcup\{M^n \mid n \in \mathbb{N}\}$, wobei $M^n = \{s \in M^* \mid n = |s|\}$.

Es wird also die Grundmenge in jedem Fall als die Vereinigung von disjunkten und nichtleeren Mengen dargestellt. Weiterhin stehen alle Elemente der einzelnen Mengen der disjunkten Vereinigung immer bezüglich der dem Beispiel zugrundeliegenden Äquivalenzrelation in Beziehung. Und schließlich gilt noch, dass Elemente, die aus verschiedenen Mengen der disjunkten Vereinigung kommen, niemals bezüglich der zugrundeliegenden Äquivalenzrelation in Beziehung stehen. Man bekommt also in allen drei Fällen eine Partition (Zerlegung) der Grundmenge in Mengen von „äquivalenten Elementen" im Sinne der folgenden Festlegung des Begriffs Partition.

7.1.3 Definition: Partition / Zerlegung

Eine Menge $\mathcal{Z}$ von Mengen heißt eine **Partition** oder **Zerlegung** einer nichtleeren Menge M, falls die folgenden drei Eigenschaften gelten:

(1) Für alle $X \in \mathcal{Z}$ gilt $X \neq \emptyset$.

(2) Für alle $X, Y \in \mathcal{Z}$ folgt aus $X \neq Y$, dass $X \cap Y = \emptyset$.

(3) $M = \bigcup \mathcal{Z}$ $\qquad\qquad\qquad\qquad\qquad\qquad\qquad\qquad\qquad\qquad\square$

Alle Mengen einer Partition sind also nichtleer und paarweise disjunkt. Weiterhin ergibt ihre Vereinigung die zugrundeliegende Menge. Ist $\mathcal{Z}$ eine Partition von M, so sollten in den Mengen von $\mathcal{Z}$ nur Elemente von M vorkommen. Dies ist in Definition 7.1.3 nicht explizit gefordert worden. Es kann aber relativ einfach gezeigt werden, dass dem so ist.

7.1.4 Satz: Partition ist Teilmenge der Potenzmenge

Es seien M eine nichtleere Menge und $\mathcal{Z}$ eine Partition von M. Dann gilt die Inklusion $\mathcal{Z} \subseteq \mathcal{P}(M)$.

Beweis: Es sei X eine beliebige Menge. Dann haben wir

$$X \in \mathcal{Z} \implies X \subseteq \bigcup \mathcal{Z} \qquad\qquad \text{Satz 1.2.6}$$
$$\Longleftrightarrow X \subseteq M \qquad\qquad \text{Partitionseigenschaft}$$
$$\Longleftrightarrow X \in \mathcal{P}(M) \qquad\qquad \text{Definition } \mathcal{P}(M)$$

und durch diese logische Implikation ist der Beweis erbracht. $\qquad\qquad\square$

Wir haben anhand der obigen Beispiele schon festgestellt, dass spezielle Äquivalenzrelationen Mengen partitionieren. Im folgenden Satz zeigen wir nun, dass diese Eigenschaft für alle Äquivalenzrelationen gilt und auch sogar ihre Umkehrung wahr ist, d.h., dass Partitionen auch zu Äquivalenzrelationen führen. Unser ultimatives Ziel ist eine Eins-zu-Eins-Beziehung; dazu kommen wir aber erst später.

7.1.5 Satz: Partitionen und Äquivalenzrelationen

Für alle nichtleeren Mengen M gelten die folgenden Eigenschaften:

(1) Ist $\equiv$ eine Äquivalenzrelation auf M und definiert man für alle Elemente $x \in M$ die Menge $[x]_\equiv := \{y \in M \mid y \equiv x\}$, so ist eine Partition von M gegeben durch

$$\mathcal{Z} := \{[x]_\equiv \mid x \in M\}.$$

(2) Ist $\mathcal{Z} \subseteq \mathcal{P}(M)$ eine Partition von M und definiert man eine Relation $\equiv$ auf M durch die Festlegung

$$x \equiv y \; :\Longleftrightarrow \; \exists X \in \mathcal{Z} : x \in X \wedge y \in X$$

für alle $x, y \in M$, so ist $\equiv$ eine Äquivalenzrelation.

Beweis: (1) Wir rechnen die drei Eigenschaften von Definition 7.1.3 nach.

(a) Wegen der Gültigkeit von $x \equiv x$ erhalten wir $x \in [x]_\equiv$ für alle $x \in M$. Also haben wir, dass $[x]_\equiv \neq \emptyset$ für alle $[x]_\equiv \in \mathcal{Z}$ wahr ist.

(b) Es seien $[x]_\equiv \in \mathcal{Z}$ und $[y]_\equiv \in \mathcal{Z}$ mit $[x]_\equiv \neq [y]_\equiv$. Dann gibt es $a \in M$ mit $a \in [x]_\equiv$ und $a \notin [y]_\equiv$ oder $a \notin [x]_\equiv$ und $a \in [y]_\equiv$. Da beide Fälle symmetrisch sind, behandeln wir nur den ersten Fall. Aus $a \in [x]_\equiv$ folgt $a \equiv x$ und aus $a \notin [y]_\equiv$ folgt $\neg(a \equiv y)$. Angenommen, es gelte $[x]_\equiv \cap [y]_\equiv \neq \emptyset$ und es sei $b \in [x]_\equiv \cap [y]_\equiv$. Dann können wir wie folgt rechnen:

$$b \in [x]_\equiv \cap [y]_\equiv \; \Longleftrightarrow \; b \in [x]_\equiv \wedge b \in [y]_\equiv$$
$$\Longleftrightarrow b \equiv x \wedge b \equiv y$$
$$\implies x \equiv y \qquad\qquad \text{Symmetrie, Transitivität}$$
$$\implies a \equiv y \qquad\qquad a \equiv x, \text{ Transitivität}$$

Und das bringt einen Widerspruch zu $\neg(a \equiv y)$.

(c) Wegen $\mathcal{Z} \subseteq \mathcal{P}(M)$ gilt $X \subseteq M$ für alle $X \in \mathcal{Z}$ und somit auch $\bigcup \mathcal{Z} \subseteq M$. Für die Umkehrung dieser Inklusion sei a ein beliebiges Objekt. Wir berechnen die folgende logische Implikation:

$$
\begin{aligned}
a \in M &\implies a \in [a]_{\equiv} && \text{Reflexivität} \\
&\implies \exists X \in \mathcal{Z} : a \in X && \text{nämlich } X := [a]_{\equiv} \\
&\iff a \in \bigcup \mathcal{Z} && \text{Definition } \bigcup \mathcal{Z}
\end{aligned}
$$

Damit gilt insgesamt $M = \bigcup \mathcal{Z}$.

(2) Wir beweisen die in Definition 7.1.1 angegebenen drei Eigenschaften einer Äquivalenzrelation. Zum Beweis der Reflexivität sei $x \in M$ beliebig angenommen. Dann gilt

$$
\begin{aligned}
x \equiv x &\iff \exists X \in \mathcal{Z} : x \in X \wedge x \in X && \text{Definition } \equiv \\
&\iff \exists X \in \mathcal{Z} : x \in X \\
&\iff x \in \bigcup \mathcal{Z} && \text{Definition } \bigcup \mathcal{Z} \\
&\iff x \in M && \mathcal{Z} \text{ ist Partition}
\end{aligned}
$$

und die letzte Aussage $x \in M$ ist per Annahme wahr. Also ist auch $x \equiv x$ wahr. Um die Symmetrie zu beweisen, seien $x, y \in M$ beliebig vorgegeben. Dann bekommen wir:

$$
\begin{aligned}
x \equiv y &\iff \exists X \in \mathcal{Z} : x \in X \wedge y \in X && \text{Definition } \equiv \\
&\iff \exists X \in \mathcal{Z} : y \in X \wedge x \in X \\
&\iff y \equiv x && \text{Definition } \equiv
\end{aligned}
$$

Es verbleibt noch die Aufgabe, die Transitivität zu zeigen. Dazu setzen wir $x, y, z \in M$ beliebig voraus. Dann gilt:

$$
\begin{aligned}
&x \equiv y \wedge y \equiv z \\
&\iff (\exists X \in \mathcal{Z} : x \in X \wedge y \in X) \wedge (\exists Y \in \mathcal{Z} : y \in Y \wedge z \in Y) && \text{Definition } \equiv \\
&\implies \exists Z \in \mathcal{Z} : x \in Z \wedge z \in Z && \text{siehe unten} \\
&\iff x \equiv z && \text{Definition } \equiv
\end{aligned}
$$

Gelten nämlich die Eigenschaften $x, y \in X$ und $y, z \in Y$, so folgt daraus $y \in X \cap Y$. Dies bringt $X \cap Y \neq \emptyset$, also haben wir $X = Y$ und damit existiert das behauptete Z mit $x, z \in Z$, nämlich $Z := X = Y$. □

Die in Teil (1) dieses Satzes eingeführten Mengen spielen eine herausragende Rolle und werden deshalb eigens bezeichnet.

7.1.6 Definition: Äquivalenzklasse

Ist $\equiv$ eine Äquivalenzrelation auf der Menge M, so heißt zu dem Element $x \in M$ die Menge $[x]_{\equiv} := \{y \in M \mid y \equiv x\}$ die **Äquivalenzklasse** von x. Mit $M/\equiv$ bezeichnet man die Menge aller Äquivalenzklassen von $\equiv$. Eine Teilmenge V von M mit der Eigenschaft $M/\equiv = \{[x]_{\equiv} \mid x \in V\}$ heißt ein **Vertretersystem** der Äquivalenzklassen. □

Es sind also $x, y \in M$ in derselben Äquivalenzklasse genau dann, wenn (x, y) in der zugrundeliegenden Äquivalenzrelation enthalten ist. Ihre Klassen sind dann identisch und sowohl x als auch y ist jeweils ein Klassenvertreter. Bei Äquivalenzrelationen auf kleinen Mengen erkennt man die Reflexivität und die Symmetrie sehr einfach an den Kreuzchentabellen. Die Diagonale ist mit Kreuzchen belegt und eine Spiegelung der Tabelle an ihr verändert die Tabelle nicht. Die Transitivität ist normalerweise nicht einfach erkennbar. Jedoch ist es möglich, die Zeilen und Spalten der Kreuzchentabellen so zu permutieren, dass alle Kreuzchen in den Diagonalen in quadratischen „Kreuzchenblöcken" zusammengefasst werden. Aus diesen Kreuzchenblöcken bekommt man dann sofort die Äquivalenzklassen.

Durch die beiden Konstruktionen des letzten Satzes ist sogar eine Eins-zu-Eins-Beziehung zwischen der Menge $\mathfrak{A}_M$ aller Äquivalenzrelationen auf einer nichtleeren Menge M und der Menge $\mathfrak{Z}_M$ aller Partitionen von M gegeben. Dazu betrachten wir die sich aus ihnen ergebenden Funktionen $f : \mathfrak{A}_M \to \mathfrak{Z}_M$ und $g : \mathfrak{Z}_M \to \mathfrak{A}_M$ mit den Definitionen

$$f(\equiv) = M/\equiv \qquad\qquad g(\mathcal{Z}) = \bigcup \{X \times X \mid X \in \mathcal{Z}\}$$

für alle Äquivalenzrelationen $\equiv \, \in \mathfrak{A}_M$ und alle Partitionen $\mathcal{Z} \in \mathfrak{Z}_M$. Die Definition von g ist offensichtlich äquivalent dazu, dass

$$x \, g(\mathcal{Z}) \, y \iff \exists X \in \mathcal{Z} : x \in X \wedge y \in X$$

für alle Partitionen $\mathcal{Z} \in \mathfrak{Z}_M$ und alle $x, y \in M$ gilt. Diese „elementweise" Beschreibung der Äquivalenzrelation $g(\mathcal{Z})$ verwenden wir im Beweis des nachfolgenden Resultats.

7.1.7 Satz: Eins-zu-Eins-Beziehung zwischen $\mathfrak{A}_M$ und $\mathfrak{Z}_M$

Die Funktionen $f : \mathfrak{A}_M \to \mathfrak{Z}_M$ und $g : \mathfrak{Z}_M \to \mathfrak{A}_M$ sind bijektiv, und es gilt $g = f^{-1}$.

Beweis: Es sei $\equiv \, \in \mathfrak{A}_M$ eine beliebige Äquivalenzrelation. Dann können wir für alle $x, y \in M$ wie folgt rechnen:

$$
\begin{aligned}
x \, g(f(\equiv)) \, y &\iff \exists X \in f(\equiv) : x \in X \wedge y \in X && \text{Beschreibung } g \\
&\iff \exists X \in M/\equiv \, : x \in X \wedge y \in X && \text{Definition } f \\
&\iff x \equiv y.
\end{aligned}
$$

Dies zeigt $g(f(\equiv)) = \, \equiv$ und somit ist g eine Linksinverse von f.

Nun sei $\mathcal{Z} \in \mathfrak{Z}_M$ eine beliebige Partition von M. Nach dem Auswahlaxiom 6.1.19 gibt es eine Auswahlfunktion $\alpha : \mathcal{Z} \to \bigcup \mathcal{Z}$, also $\alpha : \mathcal{Z} \to M$, mit $\alpha(X) \in X$ für alle $X \in \mathcal{Z}$. Daraus erhalten wir für alle $X \in \mathcal{Z}$ die folgende Eigenschaft:

$$
\begin{aligned}
[\alpha(X)]_{g(\mathcal{Z})} &= \{y \in M \mid y \, g(\mathcal{Z}) \, \alpha(X)\} && \text{Definition Klassen} \\
&= \{y \in M \mid \exists Y \in \mathcal{Z} : y \in Y \wedge \alpha(X) \in Y\} && \text{Beschreibung } g \\
&= \{y \in M \mid y \in X\} && \text{siehe unten} \\
&= X
\end{aligned}
$$

Aus $y \in Y$ und $\alpha(X) \in Y$ folgt nämlich $Y = X$ aufgrund von $\alpha(X) \in X$ und der Partitionseigenschaft, also $y \in X$. Die andere Implikation ist offensichtlich; wähle $Y := X$.

Die obige Rechnung zeigt, dass jedes $X \in \mathcal{Z}$ eine Äquivalenzklasse von $g(\mathcal{Z})$ ist, also $\mathcal{Z} \subseteq M/g(\mathcal{Z})$ gilt. Zum Beweis von $M/g(\mathcal{Z}) \subseteq \mathcal{Z}$ sei $[x]_{g(\mathcal{Z})} \in M/g(\mathcal{Z})$ beliebig angenommen. Weil $\mathcal{Z}$ eine Partition von M ist, existiert ein $X \in \mathcal{Z}$ mit $x \in X$. Für dieses X gilt $[x]_{g(\mathcal{Z})} = X$.

(a) Beweis von $[x]_{g(\mathcal{Z})} \subseteq X$: Es sei $y \in [x]_{g(\mathcal{Z})}$ beliebig gewählt. Nach der elementweisen Beschreibung von $g(\mathcal{Z})$ gibt es dann ein $Y \in \mathcal{Z}$ mit $x, y \in Y$. Wegen $x \in X$ und $x \in Y$ und der Partitions-Eigenschaft von $\mathcal{Z}$ bringt dies $X = Y$, also $y \in X$.

(b) Beweis von $X \subseteq [x]_{g(\mathcal{Z})}$. Es sei ein beliebiges $y \in X$ gewählt. Dann gelten $x, y \in X$ und dies bringt $y\, g(\mathcal{Z})\, x$ wegen der elementweisen Beschreibung von $g(\mathcal{Z})$. Folglich gilt $y \in [x]_{g(\mathcal{Z})}$.

Insgesamt haben wir also $M/g(\mathcal{Z}) = \mathcal{Z}$ gezeigt, was $f(g(\mathcal{Z})) = M/g(\mathcal{Z}) = \mathcal{Z}$ impliziert. Damit ist g auch eine Rechtsinverse von f und wir sind fertig. $\qquad \square$

Nachfolgend stellen wir die Zerlegung einer Menge in Äquivalenzklassen anhand von drei Beispielen dar.

7.1.8 Beispiele: Äquivalenzklassen

Es sei die Menge M definiert durch $M := \{a, b, c, d\}$ und weiterhin sei $\mathbf{I}_M \subseteq M \times M$ die in Beispiel 7.1.2 eingeführte identische Relation auf M. Dann stellt sich die Zerlegung von M durch die Äquivalenzklassen von $\mathbf{I}_M$ graphisch wie folgt dar:

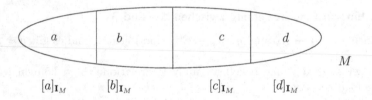

Nun betrachten wir die Menge $M := \{a, b, c\}$. In diesem Fall bekommen wir für die in Beispiel 7.1.2 eingeführte Zerlegung der Potenzmenge von M gemäß der Kardinalität ihrer Elemente die folgende graphische Darstellung:

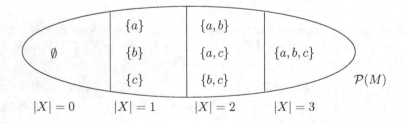

Schließlich sei $M := \{a, b\}$. Dann können wir die Zerlegung der linearen Listen über M aufgrund ihrer Längen, wie im dritten Teil von Beispiel 7.1.2 beschrieben, graphisch wie folgt darstellen:

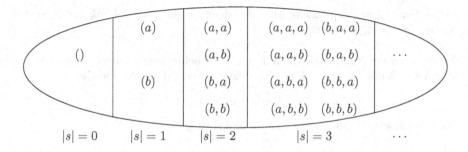

Im Gegensatz zu den obigen zwei Mengen ist die zugrundeliegende Menge M^* nun nicht mehr endlich und wir haben deshalb drei Punkte verwendet, um anzudeuten, wie M^* partitioniert wird. □

Wir beenden diesen Abschnitt mit einer sehr wichtigen Äquivalenzrelation auf den ganzen Zahlen, die auf Gauß zurückgeht. Sie ist die Grundlage des sogenannten modularen Rechnens und insbesondere für die Zahlentheorie und die Algebra von Bedeutung. Aber auch in der Informatik wird sie sehr häufig verwendet, beispielsweise in der Computeralgebra, bei Verschlüsselungstechniken der Kryptographie und der effizienten Speicherung von Daten durch sogenannte Hash-Tabellen.

7.1.9 Definition: Modulo-Relation

Es sei $m \in \mathbb{Z}$. Wir definieren die Menge der Vielfachen von m durch die Festlegung $m\mathbb{Z} := \{mk \mid k \in \mathbb{Z}\}$ und die Relation $\equiv_m$ auf $\mathbb{Z}$, indem wir für alle $x, y \in \mathbb{Z}$ setzen

$$x \equiv_m y \;:\Longleftrightarrow\; x - y \in m\mathbb{Z}.$$

Gilt die Aussage $x \equiv_m y$, so ist, per Definition, x **kongruent zu** y **modulo** m. □

Die Eigenschaft

$$x \equiv_m y \iff \exists k \in \mathbb{Z} : x - y = mk \iff \exists k \in \mathbb{Z} : x = y + mk$$

folgt direkt aus der Definition der Vielfachen. Statt $x \equiv_m y$ schreibt man in der Mathematik in der Regel $x \equiv y \pmod{m}$. Unsere Schreibweise ist durch die Tatsache motiviert, dass sich durch sie oft Beweise durch Umformungsketten $x_1 \equiv_m x_2 \equiv_m x_3 \equiv_m \ldots \equiv_m x_n$ führen lassen. Bei solchen Beweisen sind die dazwischengeschobenen Texte „(mod m)" sehr störend. Es gilt die folgende Eigenschaft:

7.1.10 Satz: Modulo-Relation ist Äquivalenzrelation

Die in Definition 7.1.9 eingeführte Relation $\equiv_m$ auf den ganzen Zahlen $\mathbb{Z}$ ist für alle $m \in \mathbb{Z}$ eine Äquivalenzrelation.

Beweis: Es sei $m \in \mathbb{Z}$ beliebig vorgegeben. Wir verwenden im Folgenden die logische Äquivalenz der Relationsbeziehung $x \equiv_m y$ und der Formel $\exists k \in \mathbb{Z} : x = y + mk$ und starten mit der Reflexivität. Es gilt für alle $x \in \mathbb{Z}$, dass

$$x \equiv_m x \iff \exists k \in \mathbb{Z} : x = x + mk.$$

Die rechte Seite dieser Äquivalenz ist wahr, denn es gilt $x = x + mk$ für $k := 0 \in \mathbb{Z}$. Folglich ist auch $x \equiv_m x$ wahr.

Zur Verifikation der Symmetrie seien $x, y \in \mathbb{Z}$ beliebig angenommen. Gilt $x \equiv_m y$, so gibt es ein $k \in \mathbb{Z}$ mit $x = y + mk$. Wählt man $k' := -k$, dann gilt die Gleichung

$$y = x - mk = x + m(-k) = x + mk'.$$

Also gibt es ein $k' \in \mathbb{Z}$ mit $y = x + mk'$. Dies bringt $y \equiv_m x$.

Es bleibt noch die Transitivität zu zeigen. Dazu seien $x, y, z \in \mathbb{Z}$ beliebig gewählt. Gelten die Eigenschaften $x \equiv_m y$ und $y \equiv_m z$, so gibt es $k_1, k_2 \in \mathbb{Z}$ mit $x = y + mk_1$ und $y = z + mk_2$. Daraus folgt, mit $k := k_1 + k_2$, dass

$$x = y + mk_1 = z + mk_2 + mk_1 = z + m(k_1 + k_2) = z + mk.$$

Also gibt es ein $k \in \mathbb{Z}$ mit $x = z + mk$, d.h. es gilt $x \equiv_m z$. $\qquad\square$

Wir wollen im Folgenden konkret die Äquivalenzklassen der eben behandelten Äquivalenzrelationen für zwei Beispiele bestimmen, da sich daraus dann der allgemeine Zusammenhang zwischen ihnen und der Teilbarkeit in den ganzen Zahlen ergibt.

7.1.11 Beispiele: Rechnen modulo 4 und modulo -2

Wir betrachten zuerst die Äquivalenzrelation $\equiv_4$ auf der Menge $\mathbb{Z}$. Aus der Festlegung von $x \equiv_4 y$ genau dann, wenn es eine Zahl $k \in \mathbb{Z}$ mit $x = y + 4k$ gibt, bekommen wir durch ein „kreisförmiges" Aufzählen aller ganzen Zahlen die folgenden Äquivalenzklassen:

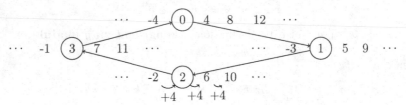

Vier mögliche Klassenvertreter sind in diesem Bild eingerahmt angegeben, nämlich die Zahlen 0, 1, 2 und 3. Sie ergeben sich aus dem Startpunkt 0, indem man im Uhrzeigersinn zählt und jeweils das erste neue Element (bis zu 3, denn dann landet man ja wieder in der Ausgangsklasse) nimmt.

Man kann beim modularen Rechnen auch negative Zahlen m betrachten. Als Beispiel nehmen wir die Äquivalenzrelation $\equiv_{-2}$, d.h. es gilt $x \equiv_{-2} y$ genau dann, wenn $x = y - 2k$ mit einem $k \in \mathbb{Z}$ gilt. Hier bekommen wir das folgende Bild:

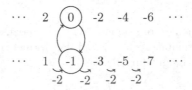

Aufgrund der Art, wie man zu den Elementen der Äquivalenzklassen kommt, spricht man im Zusammenhang mit der Modulo-Relation manchmal auch von **Uhrenzahlen**. Die entsprechende Uhr besitzt m Stunden, die mit den Zahlen $0, 1, \ldots, m-1$ bezeichnet sind. $\square$

Beim Rechnen modulo m mittels der Äquivalenzrelation $\equiv_m$ empfiehlt es sich, die Zahlen zwischen 0 und $m-1$ als Klassenvertreter zu wählen, falls m positiv ist. Ist m hingegen negativ, so ist es manchmal besser, die negativen Zahlen von $m+1$ bis 0 als Klassenvertreter zu wählen. Dies erleichtert dann das Bestimmen der Äquivalenzklassen durch ein kreisförmiges Aufzählen ab der Null. Der Fall $m = 0$ ist uninteressant, da $\equiv_0$ offensichtlich die identische Relation auf $\mathbb{Z}$ ist. Man kann die in Definition 7.1.9 eingeführten Äquivalenzrelationen $\equiv_m$ auch anders beschreiben. Dazu erinnern wir an die **ganzzahlige Division mit nichtnegativem Rest** in den ganzen Zahlen, die man von der höheren Schule her hoffentlich noch kennt (und deren Existenz wir später noch formal rechtfertigen werden). Gilt die Gleichung $x = qy + r$ mit $0 \leq r < |y|$, so hat $x \in \mathbb{Z}$ bei der ganzzahligen Division durch $y \in \mathbb{Z} \setminus \{0\}$ den (nichtnegativen) Rest $r \in \mathbb{N}$ und es „geht y in x maximal q-mal auf", wobei für den Quotienten $q \in \mathbb{Z}$ gefordert wird. Beispielsweise gilt $12 = 2 \cdot 5 + 2$, d.h. 12 hat bei der ganzzahligen Division durch 5 den Rest 2 und 5 geht in 12 maximal 2-mal auf. Ein anderes Beispiel mit negativen Zahlen ist $-12 = (-3) \cdot 5 + 3$. Es hat also -12 bei der ganzzahligen Division durch 5 den Rest 3 und 5 geht in -12 maximal -3-mal auf. Damit gilt:

7.1.12 Satz: Modulo-Relation und ganzzahlige Division mit Rest

Es sei $m \in \mathbb{Z} \setminus \{0\}$. Dann sind für alle $x \in \mathbb{Z}$ und $y \in \mathbb{Z}$ die folgenden Aussagen äquivalent:

(1) $x \equiv_m y$

(2) Es haben x und y bei der ganzzahligen Division durch m den gleichen Rest.

Beweis: Wir beweisen zuerst die Implikation „(1) $\Longrightarrow$ (2)". Es gelte also die Beziehung $x \equiv_m y$. Dann folgt daraus, dass $x - y = mk$ für ein $k \in \mathbb{Z}$ zutrifft. Dies bringt im Falle der zwei Gleichungen $x = pm + r_1$ und $y = qm + r_2$, wobei $p, q \in \mathbb{Z}$ und $r_1, r_2 \in \mathbb{N}$ mit $r_1, r_2 < |m|$ angenommen sind, die folgende Eigenschaft:

$$
\begin{aligned}
r_1 - r_2 &= (x - pm) - (y - qm) && \text{Annahmen} \\
&= x - y + qm - pm \\
&= x - y + (q - p)m \\
&= mk + (q - p)m && \text{Annahme} \\
&= m(k + q - p)
\end{aligned}
$$

Weil $r_1 < |m|$ und $r_2 < |m|$ gelten, haben wir $|r_1 - r_2| < |m|$. Zusammen mit der eben bewiesenen Gleichung und $k, p, q, r_1, r_2 \in \mathbb{Z}$ impliziert dies $k + q - p = 0$, also $r_1 = r_2$.

Nun zeigen wir „(2) $\Longrightarrow$ (1)": Hierzu nehmen wir an, dass die Gleichungen $x = pm + r$ und $y = qm + r$ mit $p, q \in \mathbb{Z}$ und $r \in \mathbb{N}$ und $r < |m|$ gelten. Dann bekommen wir

$$
x - y = pm + r - (qm + r) = pm - qm + r - r = m(p - q),
$$

also $x - y \in m\mathbb{Z}$, und damit trifft per Definition $x \equiv_m y$ zu. $\qquad\square$

Es seien $m, x \in \mathbb{Z}$. Dann kann man die Äquivalenzklasse von x bezüglich der Äquivalenzrelation $\equiv_m$ durch die folgende Rechnung bestimmen:

$$
\begin{aligned}
[x]_{\equiv_m} &= \{y \in \mathbb{Z} \mid x - y \in m\mathbb{Z}\} \\
&= \{y \in \mathbb{Z} \mid \exists\, k \in \mathbb{Z} : x = y + mk\} \\
&= \{y \in \mathbb{Z} \mid \exists\, k \in \mathbb{Z} : y = x + mk\} \\
&= \{x + mk \mid k \in \mathbb{Z}\}
\end{aligned}
$$

Die letzte Menge der eben durchgeführten Rechnung wird oft mit $x + m\mathbb{Z}$ bezeichnet. Wir geben nun noch einige Beispiele dafür an, wie man mit Mengen dieser Form die Menge der ganzen Zahlen in disjunkte Mengen zerlegen kann.

7.1.13 Beispiel: Zerlegung von $\mathbb{Z}$

Für $m = 1$ gilt $1\mathbb{Z} = \mathbb{Z}$ und für alle $x, y \in \mathbb{Z}$ gilt $x \equiv_1 y$ genau dann, wenn $x - y \in \mathbb{Z}$. Also gilt $x \equiv_1 y$ für alle $x, y \in \mathbb{Z}$ und die Relation $\equiv_1$ ist das direkte Produkt $\mathbb{Z} \times \mathbb{Z}$, in diesem Zusammenhang **Allrelation** auf $\mathbb{Z}$ genannt. Es gibt nur eine Äquivalenzklasse:

$$
\mathbb{Z} = [0]_{\equiv_1} = (0 + 1\mathbb{Z}) = \bigcup_{x=0}^{0} x + 1\mathbb{Z}
$$

Im Fall $m = 2$ gilt $x \equiv_2 y$ genau dann, wenn $x - y$ gerade ist, also genau dann, wenn x und y beide gerade oder x und y beide ungerade sind. Dies zeigt, dass $[0]_{\equiv_2}$ und $[1]_{\equiv_2}$ die einzigen Äquivalenzklassen sind, wobei $[0]_{\equiv_2} = \{0, 2, -2, 4, -4, \ldots\}$ und $[1]_{\equiv_2} = \{1, -1, 3, -3, 5, -5, \ldots\}$ in einer informellen Schreibweise mit drei Punkten gilt. Weiterhin haben wir:

$$
\mathbb{Z} = [0]_{\equiv_2} \cup [1]_{\equiv_2} = (0 + 2\mathbb{Z}) \cup (1 + 2\mathbb{Z}) = \bigcup_{x=0}^{1} x + 2\mathbb{Z}
$$

Für $m = 3$ haben wir $x \equiv_3 y$ genau dann, wenn beide bei der ganzzahligen Division durch 3 den gleichen Rest 0 oder den gleichen Rest 1 oder den gleichen Rest 2 haben. Dies bringt in der eben verwendeten informellen Schreibweise $[0]_{\equiv_3} = \{0, 3, -3, 6, -6, 9, -9, \ldots\}$, $[1]_{\equiv_3} = \{1, 4, -2, 7, -5, 10, -8, 13, -11, \ldots\}$ und $[2]_{\equiv_3} = \{2, 5, -1, 8, -4, 11, -7, 14, -10, \ldots\}$. Also haben wir die Menge der ganzen Zahlen wie folgt in drei Mengen zerlegt:

$$
\mathbb{Z} = [0]_{\equiv_3} \cup [1]_{\equiv_3} \cup [2]_{\equiv_3} = (0 + 3\mathbb{Z}) \cup (1 + 3\mathbb{Z}) \cup (2 + 3\mathbb{Z}) = \bigcup_{x=0}^{2} x + 3\mathbb{Z}
$$

Dies kann man für jede positive natürliche Zahl m durchführen und bekommt in jedem Fall eine Darstellung $\mathbb{Z} = \bigcup_{x=0}^{m-1} x + m\mathbb{Z}$ der Menge der ganzen Zahlen, wobei die Mengen der Partition $\{x + m\mathbb{Z} \mid 0 \le x \le m - 1\}$ jeweils aus genau den ganzen Zahlen bestehen, die bei der ganzzahligen Division durch m den Rest x besitzen. $\qquad\square$

7.2 Ordnungsrelationen und geordnete Mengen

In Beispiel 1.4.5 haben wir angegeben, dass die übliche Ordnung $\le$ auf den natürlichen Zahlen formal eine Relation auf der Menge $\mathbb{N}$ ist. Im gleichen Beispiel haben wir auch die Teilbarkeitsrelation | auf der Menge $\mathbb{N}$ betrachtet. Beide Relationen sind offensichtlich reflexiv und transitiv im Sinne der Definition 7.1.1. Symmetrisch sind beide nicht, also keine Äquivalenzrelationen. Sie sind jedoch beide antisymmetrisch im Sinne der folgenden Definition, und damit Ordnungsrelationen, ebenfalls im Sinne der folgenden Definition. Die in dieser Definition noch eingeführte Linearität trifft bei beiden Relationen nur für die Ordnungsrelation $\leq$ zu.

7.2.1 Definition: Antisymmetrie, Linearität, Ordnung

Eine Relation $R \subseteq M \times M$ heißt

(1) **antisymmetrisch**, falls für alle $x, y \in M$ aus $x\,R\,y$ und $y\,R\,x$ folgt $x = y$,

(2) **linear**, falls für alle $x, y \in M$ gilt $x\,R\,y$ oder $y\,R\,x$.

Eine **Ordnungsrelation** ist eine reflexive, antisymmetrische und transitive Relation und eine **lineare Ordnungsrelation** ist zusätzlich noch linear. Ist R eine (lineare) Ordnungsrelation auf der Menge M und M nichtleer, so heißt das Paar (M, R) eine (**linear**) **geordnete Menge**. $\square$

Die in dieser Definition für Ordnungsrelationen gegebene axiomatische Definition scheint auf den deutschen Mathematiker Felix Hausdorff (1868-1942) zurückzugehen. Für Ordnungsrelationen verwendet man oft Symbole wie $\leq$, $\preceq$ oder $\sqsubseteq$. Statt Ordnungsrelationen sagt man kürzer auch **Ordnungen** oder sogar **Halbordnungen** oder **partielle Ordnungen**, um den Unterschied zu den **linearen Ordnungsrelationen** zu betonen, die vielfach auch **totale Ordnungsrelationen** genannt werden. In diesem Zusammenhang hat das Wort „total" eine ganz andere Bedeutung als in Definition 1.4.7. Auch eine geordnete Menge (M, R) wird oft nur als Ordnung bezeichnet. Nachfolgend geben wir einige Beispiele für Ordnungen an.

7.2.2 Beispiele: Ordnungen

Die Paare $(\mathbb{N}, \leq)$, $(\mathbb{Z}, \leq)$, $(\mathbb{Q}, \leq)$ und $(\mathbb{R}, \leq)$ sind alle mit den von der höheren Schule her bekannten Ordnungsrelationen – ihren sogenannten Standard-Ordnungen – linear geordnete Mengen.

Es ist, wie man sehr einfach nachrechnet, das Paar $(\mathbb{N}, |)$ eine geordnete Menge. Die **Teilbarkeitsordnung** | auf $\mathbb{N}$ ist jedoch nicht linear. Es gibt Zahlen, die bezüglich Teilbarkeit nicht vergleichbar sind. Beispielsweise gilt weder $2 \mid 3$ noch $3 \mid 2$.

Für alle Mengen M ist das Paar $(\mathcal{P}(M), \subseteq)$ ebenfalls eine geordnete Menge. Man vergleiche noch einmal mit Satz 1.1.11. Die **Inklusionsordnung** $\subseteq$ auf $\mathcal{P}(M)$ ist jedoch für alle Mengen M mit mindestens zwei Elementen nicht linear, da für alle $a, b \in M$ mit $a \neq b$ weder $\{a\} \subseteq \{b\}$ noch $\{b\} \subseteq \{a\}$ gilt. Hingegen ist das Paar $(\mathcal{P}(M), \subseteq)$ im Fall einer endlichen Menge M mit $|M| < 2$ eine lineare Ordnung.

Der **Kardinalitätenvergleich** $|M| \leq |N|$ führt zu einer reflexiven und transitiven Relation auf Mengen. Man bekommt jedoch keine Antisymmetrie, da aus $|M| \leq |N|$ und $|N| \leq |M|$ nur $|M| = |N|$ folgt, jedoch nicht $M = N$. Reflexive und transitive Relationen heißen **Quasiordnungen**. Auch der Vergleich von linearen Listen nach der Länge und von knotenmarkierten Binärbäumen nach der Höhe führt nur zu Quasiordnungen, da lineare Listen gleicher Länge und knotenmarkierte Binärbäume gleicher Höhe nicht identisch sein müssen. □

Wenn wir in diesem Abschnitt beliebige geordnete Mengen untersuchen, dann bezeichnen wir die entsprechende Ordnungsrelation immer mit dem Symbol „$\sqsubseteq$". Nachfolgend betrachten wir eine Variante des Ordnungsbegriffs. Wir kennen diese Konstruktion schon von den Zahlen und von der Mengeninklusion her.

7.2.3 Definition: Striktordnung

Ist $(M, \sqsubseteq)$ eine geordnete Menge, so definiert man zur Ordnungsrelation $\sqsubseteq$ auf M ihren **strikten Anteil** $\sqsubset$ als Relation auf M, indem man für alle $x, y \in M$ festlegt:

$$x \sqsubset y :\Longleftrightarrow x \sqsubseteq y \land x \neq y$$

Die Relation $\sqsubset$ heißt auch die **Striktordnungsrelation** zu $\sqsubseteq$ und das Paar $(M, \sqsubset)$ heißt **striktgeordnete Menge**. □

Striktordnungen sind genau die Relationen R, die transitiv sind und für alle Elemente x der Menge, auf der sie definiert sind, $\neg(x \, R \, x)$ erfüllen. Die letzte Eigenschaft bezeichnet man als **Irreflexivität** einer Relation. Ist nun $(M, \sqsubseteq)$ eine geordnete Menge und $(M, \sqsubset)$ die zugehörige striktgeordnete Menge, so schreibt man, wie von den Ordnungen auf Zahlen oder der Mengeninklusion her bekannt, statt $x \sqsubseteq y$ auch $y \sqsupseteq x$ und analog statt $x \sqsubset y$ auch $y \sqsupset x$. Die üblichen Sprechweisen sind dann „kleiner oder gleich", „größer oder gleich", „echt kleiner" und „echt größer".

In Abschnitt 1.3 haben wir erklärt, wie man kleine Potenzmengen graphisch durch Diagramme darstellen kann. Diese Diagramme haben wir Ordnungs- oder Hassediagramme genannt. Sie sind auch für beliebige (kleine) geordnete Mengen ein übliches Darstellungsmittel. Dabei geht man bei der Erstellung des Diagramms im Fall einer geordneten Menge $(M, \sqsubseteq)$ wie folgt vor:

(1) Man zeichnet zuerst die Elemente von M in der Zeichenebene und ordnet sie dabei so an, dass ein Element $x \in M$ unter einem Element $y \in M$ liegt, falls die Beziehung $x \sqsubset y$ gilt.

(2) Dann zeichnet man eine Linie von jedem $x \in M$ zu jedem $y \in M$ genau dann, falls $x \sqsubset y$ gilt und es kein $z \in M$ mit $x \sqsubset z$ und $z \sqsubset y$ gibt.

Damit werden, wie im Fall der graphischen Darstellung von Potenzmengen, genau die Linien eingezeichnet, die man zur Rekonstruktion aller Ordnungsbeziehungen braucht. Nachfolgend ist ein Beispiel angegeben.

7.2.4 Beispiel: graphische Darstellung einer Ordnung

Wir betrachten die Teilbarkeitsrelation und reduzieren diese auf die Menge der natürlichen Zahlen von 0 bis 5, also auf M, definiert durch $M := \{0, 1, 2, 3, 4, 5\}$. Das folgende Bild zeigt das Hasse-Diagramm für die geordnete Menge $(M, |)$.

Man sieht auf diesem Bild, dass sich die Rolle der Null im Vergleich zur üblichen Ordnung stark verändert hat. Bezüglich der üblichen Ordnung ist 0 das kleinste Element. In der Teilbarkeitsrelation sind nun plötzlich alle Zahlen ungleich 0 echt kleiner als die Null, wobei hier „kleiner oder gleich" der Beziehung „ist Teiler von" entspricht. □

Liegt eine geordnete Menge vor, so gibt es eine Vielzahl von speziellen Elementen. Manche kennt man schon von den Ordnungen auf den Zahlen. Etwa ist 0 das kleinste Element der Menge $\mathbb{N}$ bezüglich der üblichen Ordnung $\leq$ und 5 das größte Element ihrer Teilmenge $\{2, 3, 5\}$. Manchmal sagt man in diesem Zusammenhang auch, dass 0 minimal und 5 maximal ist. Das ist nicht falsch. Bei beliebigen Ordnungsrelationen muss man jedoch zwischen kleinsten und minimalen und größten und maximalen Elementen im Sinne der folgenden Definition sorgfältig unterscheiden.

7.2.5 Definition: extreme Elemente

Es sei $(M, \sqsubseteq)$ eine geordnete Menge und $N \subseteq M$ sei eine Teilmenge von M. Ein Element $x \in M$ heißt dann

(1) **größtes Element** von N, falls $x \in N$ und $y \sqsubseteq x$ für alle $y \in N$ gilt,

(2) **kleinstes Element** von N, falls $x \in N$ und $x \sqsubseteq y$ für alle $y \in N$ gilt,

(3) **maximales Element** von N, falls $x \in N$ und es kein $y \in N$ gibt mit $x \sqsubset y$,

(4) **minimales Element** von N, falls $x \in N$ und es kein $y \in N$ gibt mit $y \sqsubset x$. □

Die eben festgelegten Elemente müssen nicht immer existieren. Dazu betrachten wir etwa das Paar $(\mathbb{Z}, \leq)$ und die Teilmenge $N \subseteq \mathbb{Z}$, welche genau aus den geraden Zahlen besteht. Dann gibt es in N kein größtes, kein kleinstes, kein maximales und auch kein minimales Element. In der geordneten Menge $(\mathbb{N}, \leq)$ hat $N := \mathbb{N}$ die Null als kleinstes und als minimales Element. Größte und maximale Elemente gibt es hingegen nicht. Bevor wir ein weiteres Beispiel im Detail behandeln, stellen wir im nächsten Satz die wichtigsten Eigenschaften der Elemente von Definition 7.2.5 vor.

7.2.6 Satz: Eigenschaften extremer Elemente

Ist $(M, \sqsubseteq)$ eine geordnete Menge, dann gelten für alle Teilmengen $N \subseteq M$ die folgenden Eigenschaften:

(1) Es hat N höchstens ein größtes und höchstens ein kleinstes Element.

(2) Ist $x \in N$ ein größtes (bzw. kleinstes) Element von N, so ist es auch ein maximales (bzw. minimales) Element von N.

(3) Es ist $x \in N$ genau dann ein maximales Element von N, falls für alle $y \in N$ aus $x \sqsubseteq y$ folgt $x = y$, und es ist $x \in N$ genau dann ein minimales Element von N, falls für alle $y \in N$ aus $y \sqsubseteq x$ folgt $x = y$.

Beweis: (1) Sind $x, y \in N$ größte Elemente von N, so gilt $x \sqsubseteq y$ (da y ein größtes Element von N ist) und $y \sqsubseteq x$ (da x ein größtes Element von N ist). Diese beiden Eigenschaften implizieren $x = y$ wegen der Antisymmetrie. Die Eindeutigkeit des kleinsten Elements beweist man vollkommen analog.

(2) (Beweis durch Widerspruch.) Angenommen, $x \in N$ sei ein größtes Element, aber nicht maximal. Dann gibt es $y \in N$ mit $x \sqsubset y$, also mit $x \sqsubseteq y$ und $x \neq y$. Weil x das größte Element von N ist, gilt $y \sqsubseteq x$. Die Antisymmetrie bringt nun $x = y$ und dies ist ein Widerspruch zu $x \neq y$. Den Fall, dass x als kleinstes Element von N auch ein minimales Element von N ist, behandelt man wiederum vollkommen analog.

(3) Weil wir $x \in N$ vorausgesetzt haben, ist x ein maximales Element von N genau dann, wenn die Formel $\neg\exists\, y \in N : x \sqsubset y$ wahr ist. Die Rechnung

$$
\begin{aligned}
\neg\exists\, y \in N : x \sqsubset y &\iff \neg\exists\, y \in N : x \sqsubseteq y \wedge x \neq y && \text{Definition } \sqsubset \\
&\iff \forall\, y \in N : \neg(x \sqsubseteq y \wedge x \neq y) && \text{de Morgan} \\
&\iff \forall\, y \in N : \neg(x \sqsubseteq y) \vee x = y && \text{de Morgan} \\
&\iff \forall\, y \in N : x \sqsubseteq y \Rightarrow x = y &&
\end{aligned}
$$

zeigt nun die Behauptung. Analog behandelt man auch den verbleibenden Fall. $\qquad\square$

Zur Verdeutlichung geben wir nun ein kleines Beispiel einer nicht linearen Ordnungsrelation an, wobei die Ordnungsbeziehungen zwischen den Elementen anhand des Hasse-Diagramms bildlich erklärt werden.

7.2.7 Beispiel: extreme Elemente

Wir betrachten eine Menge M mit 3 Elementen, festgelegt durch $M := \{1, 2, 3\}$, und die durch die Inklusion geordnete Potenzmenge von M. Das Hasse-Diagramm von $(\mathcal{P}(M), \subseteq)$ ist nachfolgend angegeben. In dieser Zeichnung ist die Teilmenge $N := \{\{1\}, \{1, 2\}, \{1, 3\}\}$ von $\mathcal{P}(M)$ durch eine Umrahmung gekennzeichnet.

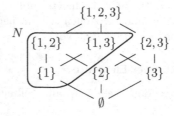

Durch das Betrachten des Bildes erkennt man sehr schnell die folgenden Tatsachen: Die Teilmenge N von M hat kein größtes Element; sie hat aber zwei maximale Elemente, nämlich die Mengen $\{1, 2\}$ und $\{1, 3\}$, ein kleinstes Element, nämlich die Menge $\{1\}$, und genau ein minimales Element, nämlich die Menge $\{1\}$. $\qquad\Box$

Im Allgemeinen ist es beim Arbeiten mit geordneten Mengen sehr wichtig, zwischen größten und maximalen Elementen und kleinsten und minimalen Elementen genau zu unterscheiden. Werden diese fälschlicherweise identifiziert, so sind in der Regel falsche Aussagen und Beweise die Folge. Bei den Zahlen $\mathbb{N}, \mathbb{Z}, \mathbb{Q}, \mathbb{R}$ mit den üblichen Ordnungen ist hingegen so eine Unterscheidung nicht wesentlich. Dem liegt der folgende Satz zugrunde. Die Richtungen „$\Longleftarrow$" in (1) und (2) gelten aufgrund von Satz 7.2.6 (2) für beliebige Ordnungsrelationen.

7.2.8 Satz: extreme Elemente und Linearität

Es sei $(M, \sqsubseteq)$ eine linear geordnete Menge. Dann gelten für alle $N \subseteq M$ und alle $x \in N$ die folgenden zwei Aussagen:

(1) Es ist x ein maximales Element von N genau dann, wenn x ein größtes Element von N ist.

(2) Es ist x ein minimales Element von N genau dann, wenn x ein kleinstes Element von N ist.

Beweis: (1) Wir haben nur die Implikation „$\Longrightarrow$" zu beweisen. Es sei also x maximal in N. Wir nehmen zu einem Widerspruchsbeweis an, dass es ein $y \in N$ so gibt, dass $y \sqsubseteq x$ nicht gilt. Weil $(M, \sqsubseteq)$ linear geordnet ist, muss dann $x \sqsubseteq y$ gelten. Da x maximal ist, folgt hieraus $x = y$ nach Satz 7.2.6. Das bringt $y = x$, also $y \sqsubseteq x$ wegen der Reflexivität. Das ist ein Widerspruch zur Annahme, dass $y \sqsubseteq x$ nicht gilt.

(2) Auch hier ist nur die Implikation „$\Longrightarrow$" zu zeigen und dies ist analog zum Beweis von (1) möglich. $\qquad\Box$

In Definition 7.2.5 haben wir extreme Elemente von Teilmengen von geordneten Mengen eingeführt. Diese sind Elemente der gegebenen Teilmenge. Sie heißen extrem, weil sie bei zeichnerischen Darstellungen von Ordnungen immer am oberen oder unteren Rand der betrachteten Teilmenge liegen. Nun betrachten wir Schranken von Teilmengen. Diese müssen nicht unbedingt in den betrachteten Teilmengen liegen.

7.2.9 Definition: Schranken, Supremum, Infimum

Es seien $(M, \sqsubseteq)$ eine geordnete Menge und $N \subseteq M$. Ein Element $x \in M$ heißt

(1) **obere Schranke** von N, falls $y \sqsubseteq x$ für alle $y \in N$ gilt,

(2) **untere Schranke** von N, falls $x \sqsubseteq y$ für alle $y \in N$ gilt.

Hat die Menge $N^\triangle$ der oberen Schranken von N ein kleinstes Element, so heißt dieses Element das **Supremum** von N und wird mit $\bigsqcup N$ bezeichnet; hat die Menge $N^\triangledown$ der unteren Schranken von N ein größtes Element, so heißt dieses Element das **Infimum** von N und wird mit $\bigsqcap N$ bezeichnet. $\qquad\Box$

Supremum und Infimum müssen nicht immer existieren. Wenn es sie aber gibt, so sind sie nach Satz 7.2.6 als kleinste bzw. größte Elemente eindeutig bestimmt. Ordnungen, in denen zu je zwei Elementen x und y sowohl $\bigsqcup\{x, y\}$ als auch $\bigsqcap\{x, y\}$ existieren, nennt man **Verbände** oder **Verbandsordnungen**. Ihnen ist ein ganzer Zweig der Mathematik gewidmet, die Verbandstheorie. Wir betrachten nun noch einmal die geordnete Menge von Beispiel 7.2.7, nun aber mit einer anderen ausgewählten Teilmenge.

7.2.10 Beispiel: Supremum und Infimum

In der geordneten Menge $(\mathcal{P}(\{1, 2, 3\}), \subseteq)$ betrachten wir die Teilmenge $N := \{\{1\}, \{2\}\}$. Eingezeichnet in das Hasse-Diagramm ergibt sich das folgende Bild. Man macht sich anhand dieses Bildes sehr schnell die folgenden Tatsachen klar: Es hat die Teilmenge N zwei obere Schranken, nämlich $\{1, 2\}$ und $\{1, 2, 3\}$. Das kleinste Element der Schrankenmenge $N^{\triangle} = \{\{1, 2\}, \{1, 2, 3\}\}$ ist $\{1, 2\}$. Dies ist also das Supremum von N. Hingegen hat N nur eine untere Schranke, nämlich $\emptyset$. Das größte Element von $N^{\triangledown} = \{\emptyset\}$ ist ihr einziges Element $\emptyset$. Dies ist das Infimum von N.

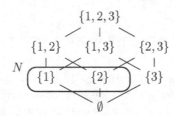

Vielleicht hat manche Leserin oder mancher Leser schon an diesem Beispiel erkannt, dass die folgende Eigenschaft für alle Potenzmengen gilt: In der geordneten Menge $(\mathcal{P}(M), \subseteq)$ gilt für alle Teilmengen $\mathcal{N} \subseteq \mathcal{P}(M)$, dass $\bigcup \mathcal{N}$ das Supremum von $\mathcal{N}$ ist und $\bigcap \mathcal{N}$ das Infimum von $\mathcal{N}$ ist. Dies ist auch der Grund dafür, dass die Symbole „$\bigsqcup$" für das Supremum und „$\bigsqcap$" für das Infimum verwendet werden. Leider sind auch noch andere Symbole gebräuchlich. Manchmal schreibt man etwa *sup N* oder *lub N* für das Supremum und *inf N* oder *glb N* für das Infimum von N. $\square$

Um den Umgang mit dem Supremum und dem Infimum etwas zu üben, behandeln wir nun drei Fixpunktsätze der Ordnungstheorie, welche in der Mathematik und auch in der Informatik eine wichtige Rolle spielen. Im Beweis des Satzes von E. Schröder und F. Bernstein haben wir schon eine wichtige Anwendung eines Fixpunktsatzes kennengelernt, nämlich eine des Fixpunktsatzes für monotone Funktionen auf Potenzmengen (Fixpunktsatz von B. Knaster). Nachfolgend verallgemeinern wir diesen Satz auf beliebige geordnete Mengen. Dazu brauchen wir den allgemeinen Begriff der Monotonie von Funktionen, den wir bisher nur für spezielle geordnete Mengen festgelegt haben.

7.2.11 Definition: monotone Funktion

Eine Funktion $f : M \to N$ von einer geordneten Menge $(M, \sqsubseteq_1)$ in eine geordnete Menge $(N, \sqsubseteq_2)$ heißt **monoton**, falls für alle $x, y \in M$ aus $x \sqsubseteq_1 y$ folgt $f(x) \sqsubseteq_2 f(y)$. $\square$

Beispielsweise ist die identische Funktion $id_{\mathbb{N}} : \mathbb{N} \to \mathbb{N}$ monoton in $(\mathbb{N}, \leq)$, ebenso die durch $f(x) = x^2$ festgelegte Funktion $f : \mathbb{N} \to \mathbb{N}$. Die Funktion $g : \mathcal{P}(\mathbb{N}) \to \mathcal{P}(\mathbb{N})$, festgelegt durch $g(X) = \mathbb{N} \setminus X$, ist nicht monoton in $(\mathcal{P}(\mathbb{N}), \subseteq)$, denn aus $X \subseteq Y$ folgt $g(Y) \subseteq g(X)$ für alle $X, Y \in \mathcal{P}(\mathbb{N})$. Aufgrund dieser Eigenschaft ist sie aber monoton, wenn man sie als Funktion von der geordneten Menge $(\mathcal{P}(\mathbb{N}), \subseteq)$ in die geordnete Menge $(\mathcal{P}(\mathbb{N}), \supseteq)$ betrachtet. Für monotone Funktiuonen gilt die folgende Verallgemeinerung des Fixpunktsatzes von B. Knaster, die von A. Tarski zuerst bewiesen wurde.

7.2.12 Satz: Fixpunktsatz von A. Tarski

Es seien $(M, \sqsubseteq)$ eine geordnete Menge und $f : M \to M$ eine monotone Funktion. Weiterhin bezeichne $Fix(f)$ die Menge der Fixpunkte von f. Existiert in $(M, \sqsubseteq)$ das Infimum der Menge $\{x \in M \mid f(x) \sqsubseteq x\}$, so ist $\bigsqcap \{x \in M \mid f(x) \sqsubseteq x\}$ das kleinste Element von $Fix(f)$ in $(M, \sqsubseteq)$ (d.h. der kleinste Fixpunkt von f).

Beweis: Um den Beweis zu vereinfachen definieren wir

$$K := \{x \in M \mid f(x) \sqsubseteq x\} \qquad a := \bigsqcap K$$

und haben damit $f(a) = a$ und $a \sqsubseteq x$ für alle $x \in M$ mit $f(x) = x$ zu beweisen.

Zum Beweis von $f(a) = a$ sei $x \in M$ beliebig vorgegeben. Dann gilt:

$$
\begin{aligned}
x \in K &\implies a \sqsubseteq x && \text{Eigenschaft Infimum und } a = \bigsqcap K \\
&\implies f(a) \sqsubseteq f(x) && f \text{ ist monoton} \\
&\implies f(a) \sqsubseteq x && \text{da } x \in K
\end{aligned}
$$

Also ist $f(a)$ eine untere Schranke der Menge K in $(M, \sqsubseteq)$, woraus $f(a) \sqsubseteq \bigsqcap K = a$ folgt, denn $\bigsqcap K$ ist die größte untere Schranke von K in $(M, \sqsubseteq)$. Wegen der Monotonie von f folgt aus $f(a) \sqsubseteq a$, dass $f(f(a)) \sqsubseteq f(a)$ gilt, also auch $f(a) \in K$ nach der Definition von K. Da das Infimum $\bigsqcap K$ eine untere Schranke von K in $(M, \sqsubseteq)$ ist, impliziert dies $a = \bigsqcap K \sqsubseteq f(a)$. Nun wenden wir die Antisymmetrie der Ordnungsrelation $\sqsubseteq$ an und erhalten aus $f(a) \sqsubseteq a$ und $a \sqsubseteq f(a)$, dass $f(a) = a$ gilt, also $a \in Fix(f)$.

Zum Nachweis, dass a das kleinste Element von $Fix(f)$ in $(M, \sqsubseteq)$ ist, sei ein belicbiges $x \in Fix(f)$ gegeben. Aus $f(x) = x$ folgt $f(x) \sqsubseteq x$ wegen der Reflexivität der Ordnungsrelation. Dies impliziert $x \in K$. Wegen $a = \bigsqcap K$ und weil damit a eine untere Schranke von K in $(M, \sqsubseteq)$ ist, folgt $a \sqsubseteq x$, was den gesamten Beweis beendet. $\qquad\Box$

Wenn man den eben erbrachten Beweis mit dem des Fixpunktsatzes von B. Knaster vergleicht, so erkennt man, dass die Vorgehensweisen im Wesentlichen identisch sind. Statt der Eigenschaften des beliebigen Durchschnitts, welche im Beweis von Satz 4.1.3 verwendet werden, benutzen wir im Beweis von Satz 7.2.12 die entsprechenden Eigenschaften des Infimums bei beliebig geordneten Mengen. Einen wesentlichen Unterschied gibt es jedoch. In einer geordneten Potenzmenge $(\mathcal{P}(M), \subseteq)$ existiert bei einer monotonen Funktion $f : \mathcal{P}(M) \to \mathcal{P}(M)$ das Infimum der Menge $\{X \in \mathcal{P}(M) \mid f(X) \subseteq X\}$ immer, da es gleich zum beliebigen Durchschnitt $\bigcap \{X \in \mathcal{P}(M) \mid f(X) \subseteq X\}$ ist. Bei einer beliebigen Ordnung muss dem nicht so sein. Deshalb haben wir in Satz 7.2.12 gefordert, dass das Infimum der Menge $\{x \in M \mid f(x) \sqsubseteq x\}$ in $(M, \sqsubseteq)$ existiert.

Um einen weiteren Fixpunktsatz zu zeigen, beweisen wir zuerst eine Hilfsaussage. In ihr verwenden wir die in Aufgabe 6.5.4 eingeführte n-te Potenz f^n einer Funktion f.

7.2.13 Lemma

Es seien wiederum $(M, \sqsubseteq)$ eine geordnete Menge und $f : M \to M$ eine monotone Funktion. Weiterhin habe die Menge M in $(M, \sqsubseteq)$ ein kleinstes Element $\bot \in M$. Dann gilt:

(1) Es ist $f^n(\bot) \sqsubseteq f^{n+1}(\bot)$ für alle $n \in \mathbb{N}$.

(2) Ist $x \in M$ ein Fixpunkt von f, so gilt $f^n(\bot) \sqsubseteq x$ für alle $n \in \mathbb{N}$.

Beweis: (1) Wir verwenden vollständige Induktion und beweisen $\forall n \in \mathbb{N} : A(n)$, wobei die Aussage $A(n)$ durch $f^n(\bot) \sqsubseteq f^{n+1}(\bot)$ festgelegt ist.

Induktionsbeginn: Es gilt $f^0(\bot) \sqsubseteq f^1(\bot)$, also $A(0)$, wegen $f^0(\bot) = \bot$ und weil $\bot$ das kleinste Element der Menge M in $(M, \sqsubseteq)$ ist.

Induktionsschluss: Es sei $n \in \mathbb{N}$ beliebig vorgegeben und es gelte die Induktionshypothese $A(n)$, also $f^n(\bot) \sqsubseteq f^{n+1}(\bot)$. Da f monoton ist, folgt daraus $f(f^n(\bot)) \sqsubseteq f(f^{n+1}(\bot))$. Die Definition der Potenzen von f zeigt nun $f^{n+1}(\bot) \sqsubseteq f^{n+2}(\bot)$, also $A(n+1)$.

(2) Es sei also $x \in M$ ein Fixpunkt der Funktion f. Wir verwenden zum Beweis wiederum vollständige Induktion und zeigen, dass $\forall n \in \mathbb{N} : A(n)$ wahr ist, wobei die Aussage $A(n)$ nun durch $f^n(\bot) \sqsubseteq x$ festgelegt ist.

Induktionsbeginn: Es gilt $f^0(\bot) \sqsubseteq x$, also $A(0)$, wegen $f^0(\bot) = \bot \sqsubseteq x$, denn $\bot$ ist das kleinste Element von M in $(M, \sqsubseteq)$.

Induktionsschluss: Es sei $n \in \mathbb{N}$ beliebig vorgegeben und es gelte die Induktionshypothese $A(n)$, also $f^n(\bot) \sqsubseteq x$. Die Monotonie von f bringt $f(f^n(\bot)) \sqsubseteq f(x)$ und die Definition der Potenzen von f und $f(x) = x$ zeigen $f^{n+1}(\bot) \sqsubseteq x$, also $A(n+1)$. $\qquad\square$

Unter den Voraussetzungen dieses Lemmas erhalten wir im Fall einer endlichen Menge M aus der Eigenschaft $\bot \sqsubseteq f(\bot) \sqsubseteq f(f(\bot)) \sqsubseteq \ldots$ der Folge $(f^n(\bot))_{n \in \mathbb{N}}$ sofort, dass die Menge $\{f^n(\bot) \mid n \in \mathbb{N}\}$ nichtleer und endlich ist, folglich ein größtes Element a in $(M, \sqsubseteq)$ besitzt. Es gibt nämlich ein $n \in \mathbb{N}$ mit $f^n(\bot) = f^{n+k}(\bot)$ für alle $k \in \mathbb{N}$. Das Element $a = f^n(\bot)$ ist damit ein Fixpunkt und – nach Teil (2) von Lemma 7.2.13 – sogar der kleinste Fixpunkt von f. Damit haben wir den folgenden zweiten Fixpunktsatz bewiesen:

7.2.14 Satz: Fixpunktsatz für monotone Funktionen auf endlichen Ordnungen

Es seien $(M, \sqsubseteq)$ eine endliche geordnete Menge mit einem kleinsten Element $\bot \in M$ und $f : M \to M$ monoton. Dann ist $max\{f^n(\bot) \mid n \in \mathbb{N}\}$ der kleinste Fixpunkt von f. $\qquad\square$

Das größte Element $max\{f^n(\bot) \mid n \in \mathbb{N}\}$ ist im Fall von Satz 7.2.14 gleich dem Supremum $\bigsqcup\{f^n(\bot) \mid n \in \mathbb{N}\}$. Wenn die geordnete Menge $(M, \sqsubseteq)$ des Satzes unendlich ist, dann muss das Supremum der Menge $\{f^n(\bot) \mid n \in \mathbb{N}\}$ nicht mehr existieren, wie etwa die geordnete Menge $(\mathbb{N}, \leq)$ mit dem kleinsten Element 0 von $\mathbb{N}$ und die monotone Nachfolger-Funktion $nachf : \mathbb{N} \to \mathbb{N}$ zeigen. Existiert das Supremum $\bigsqcup\{f^n(\bot) \mid n \in \mathbb{N}\}$ im Fall einer monotonen Funktion $f : M \to M$ auf einer unendlichen geordneten Menge $(M, \sqsubseteq)$ mit kleinstem Element $\bot$ von M, so ist es nach Lemma 7.2.13 (2) kleiner oder gleich jedem Fixpunkt von f. Es muss aber kein Fixpunkt sein. Ein entsprechendes Gegenbeispiel anzugeben ist mit den derzeitigen Mitteln leider nicht möglich. Die folgende Verschärfung des Monotonie-Begriffs wird genügen, die erwünschte Fixpunkt-Eigenschaft zu zeigen.

7.2.15 Definition: supremums-distributive Funktion

Eine Funktion $f : M \to N$ von einer geordneten Menge $(M, \sqsubseteq_1)$ in eine geordnete Menge $(N, \sqsubseteq_2)$ heißt **supremums-distributiv**, falls für alle Mengen $X \subseteq M$ gilt: Existiert das Supremum $\bigsqcup X$ in $(M, \sqsubseteq_1)$, so existiert auch das Supremum $\bigsqcup f(X)$ des Bildes $f(X)$ in $(N, \sqsubseteq_2)$ und es gilt $f(\bigsqcup X) = \bigsqcup f(X)$. $\quad\square$

Nachfolgend zeigen wir als erste Hilfsaussage, dass die Supremums-Distributivität in der Tat die Monotonie verschärft, diese also aus ihr folgt.

7.2.16 Lemma

Es sei $f : M \to N$ eine supremums-distributive Funktion von der geordneten Menge $(M, \sqsubseteq_1)$ in die geordnete Menge $(N, \sqsubseteq_2)$. Dann ist f monoton.

Beweis: Es sei $f : M \to N$ supremums-distributiv und es seien $x, y \in M$ mit $x \sqsubseteq_1 y$ gewählt. Zuerst gelte $x \neq y$. Dann ist y das größte Element von $\{x, y\}$ in $(M, \sqsubseteq_1)$, was $y = \bigsqcup\{x, y\}$ zeigt. Nun wenden wir die Supremums-Distributivität von f an und erhalten

$$f(y) = f(\bigsqcup\{x, y\}) = \bigsqcup f(\{x, y\}) = \bigsqcup\{f(x), f(y)\}.$$

Weil $f(y)$ als Supremum eine obere Schranke der Menge $\{f(x), f(y)\}$ in $(N, \sqsubseteq_2)$ ist, folgt $f(x) \sqsubseteq_2 f(y)$. Gilt $x = y$, so gilt $f(x) = f(y)$, also $f(x) \sqsubseteq_2 f(y)$, denn $\sqsubseteq_2$ ist reflexiv. $\quad\square$

Um den Beweis des dritten Fixpunktsatzes zu vereinfachen, zeigen wir nachfolgend noch eine zweite Hilfsaussage.

7.2.17 Lemma

Es sei $(M, \sqsubseteq)$ eine geordnete Menge mit einem kleinsten Element $\bot$ von M. Weiterhin sei eine Menge $X \subseteq M$ gegeben und es existiere das Supremum von X in $(M, \sqsubseteq)$. Dann ist $\bigsqcup X$ auch das Supremum der Menge $X \cup \{\bot\}$ in $(M, \sqsubseteq)$, d.h. $\bigsqcup X = \bigsqcup X \cup \{\bot\}$.

Beweis: Um zu zeigen, dass $\bigsqcup X$ eine obere Schranke der Menge $X \cup \{\bot\}$ in $(M, \sqsubseteq)$ ist, sei $x \in X \cup \{\bot\}$ ein beliebiges Element. Gilt $x \in X$, so gilt $x \sqsubseteq \bigsqcup X$, denn $\bigsqcup X$ ist eine obere Schranke der Menge X in $(M, \sqsubseteq)$. Im Fall $x = \bot$ folgt $x \sqsubseteq \bigsqcup X$ aus der Tatsache, dass $\bot$ das kleinste Element von M in $(M, \sqsubseteq)$ ist und $\bigsqcup X \in M$ gilt.

Nun sei $s \in M$ eine weitere obere Schranke von $X \cup \{\bot\}$ in $(M, \sqsubseteq)$. Dann gilt $x \sqsubseteq s$ für alle $x \in X \cup \{\bot\}$, also insbesondere auch für alle $x \in X$. Damit ist s auch eine obere

Schranke von X in $(M, \sqsubseteq)$. Weil $\bigsqcup X$ die kleinste obere Schranke von X in $(M, \sqsubseteq)$ ist, folgt $\bigsqcup X \sqsubseteq s$. Damit ist $\bigsqcup X$ als Supremum von $X \cup \{\bot\}$ in $(M, \sqsubseteq)$ nachgewiesen. $\qquad\Box$

Offensichtlich ist $\bigsqcup X$ sogar das Supremum der Menge $X \cup \{x\}$ in $(M, \sqsubseteq)$ für alle $x \in M$ mit der Eigenschaft $x \sqsubseteq \bigsqcup X$. Nun sind wir in der Lage, den folgenden dritten Fixpunktsatz zu zeigen. Er war schon A. Tarski bekannt. In der Publikation, in der Satz 7.2.12 bewiesen wird, erwähnt er ihn ohne Beweis im laufenden Text. Heutzutage wird der Satz oft dem amerikanischen Logiker Stephen Cole Kleene (1909-1994) zugeschrieben.

7.2.18 Satz: Fixpunktsatz von S.C. Kleene

Es seien $(M, \sqsubseteq)$ eine geordnete Menge, so dass M ein kleinstes Element $\bot \in M$ besitzt, und $f : M \to M$ supremums-distributiv. Existiert in $(M, \sqsubseteq)$ das Supremum der Menge $\{f^n(\bot) \mid n \in \mathbb{N}\}$, so ist $\bigsqcup\{f^n(\bot) \mid n \in \mathbb{N}\}$ der kleinste Fixpunkt von f.

Beweis: Wir zeigen zuerst, dass $\bigsqcup\{f^n(x) \mid n \in \mathbb{N}\}$ ein Fixpunkt von f ist:

$$
\begin{aligned}
f(\bigsqcup\{f^n(\bot) \mid n \in \mathbb{N}\}) &= \bigsqcup f(\{f^n(\bot) \mid n \in \mathbb{N}\}) && \text{f supremums-distr.} \\
&= \bigsqcup\{f(f^n(\bot)) \mid n \in \mathbb{N}\} && \text{Definition Bild} \\
&= \bigsqcup\{f^{n+1}(\bot) \mid n \in \mathbb{N}\} && \text{Def. Potenzen } f \\
&= \bigsqcup\{f^n(\bot) \mid n \in \mathbb{N} \setminus \{0\}\} && \text{Indextransformation} \\
&= \bigsqcup\{f^n(\bot) \mid n \in \mathbb{N} \setminus \{0\}\} \cup \{\bot\} && \text{Lemma 7.2.17} \\
&= \bigsqcup\{f^n(\bot) \mid n \in \mathbb{N} \setminus \{0\}\} \cup \{f^0(\bot)\} && \text{Def. Potenzen } f \\
&= \bigsqcup\{f^n(\bot) \mid n \in \mathbb{N}\}
\end{aligned}
$$

Nach Lemma 7.2.16 ist die supremums-distributive Funktion f monoton und nach Lemma 7.2.13 (2) ist jeder Fixpunkt x von f eine obere Schranke von $\{f^n(\bot) \mid n \in \mathbb{N}\}$. Also gilt $\bigsqcup\{f^n(\bot) \mid n \in \mathbb{N}\} \sqsubseteq x$ für jeden Fixpunkt x von f und damit ist $\bigsqcup\{f^n(\bot) \mid n \in \mathbb{N}\}$ der kleinste Fixpunkt von f. $\qquad\Box$

Im Rest dieses Abschnitts betrachten wir noch spezielle geordnete Mengen, die insbesondere für die Informatik von Bedeutung sind. Sie sind nach der deutschen Mathematikerin Emmy Noether (1882-1935) benannt.

7.2.19 Definition: Noethersche Ordnung

Eine geordnete Menge $(M, \sqsubseteq)$ heißt **Noethersch geordnet**, falls für alle nichtleeren Teilmengen $N \subseteq M$ gilt: In N existiert ein minimales Element. $\qquad\Box$

Beispielsweise ist $(\mathbb{N}, \leq)$ Noethersch geordnet, denn in $(\mathbb{N}, \leq)$ besitzt jede nichtleere Teilmenge sogar ein kleinstes Element. Nach der Definition der Endlichkeit von Mengen in Abschnitt 1.3 haben wir Folgendes angemerkt: Man kann die Endlichkeit einer Menge auch ohne Rückgriff auf natürliche Zahlen und die explizite Darstellung mittels der drei Punkte festlegen. Es ist nämlich M genau dann endlich, wenn für alle nichtleeren Teilmengen $\mathcal{M}$ der Potenzmenge $\mathcal{P}(M)$ die folgende Eigenschaft gilt: Es gibt eine Menge $X \in \mathcal{M}$

so, dass kein $Y \in \mathcal{M}$ mit $Y \subset X$ existiert. Unter der Verwendung des neuen Begriffs von Definition 7.2.19 können wir dies nun wesentlich kompakter wie folgt formulieren:

> Eine Menge M ist genau dann endlich, wenn die geordnete Menge $(\mathcal{P}(M), \subseteq)$ Noethersch geordnet ist.

Dies ist eine von A. Tarski vorgeschlagene Alternative zum Ansatz von B. Bolzano aus Abschnitt 6.2, wenn man ohne die explizite Darstellung und die natürlichen Zahlen auskommen will. Es ist $\mathbb{N}$ nicht endlich, da $(\mathcal{P}(\mathbb{N}), \subseteq)$ nicht Noethersch geordnet ist. Eine nichtleere Teilmenge ohne minimales Element in $(\mathcal{P}(\mathbb{N}), \subseteq)$ ist etwa $\{\{x \in \mathbb{N} \mid n \leq x\} \mid n \in \mathbb{N}\}$, weil die bezüglich der Inklusion echt absteigende Folge $\mathbb{N} \supset \mathbb{N} \setminus \{0\} \supset \mathbb{N} \setminus \{0, 1\} \supset \mathbb{N} \setminus \{0, 1, 2\} \supset \dots$ von echt ineinander enthaltenen Mengen niemals endet. Wir werden auf solche Folgen später noch zurückkommen. Zuvor wenden wir uns jedoch noch einem anderen wichtigen Thema zu. Der erste wichtige Grund für die Bedeutung Noethersch geordneter Mengen ist der folgende Satz, genannt das Prinzip der **Noetherschen Induktion**.

7.2.20 Satz: Noethersche Induktion

Es seien $(M, \sqsubseteq)$ eine Noethersch geordnete Menge und $A(x)$ eine Aussage, in der die Variable x für Elemente aus M steht. Sind die beiden Aussagen

(IB) es gilt $A(x)$ für alle minimalen Elemente von M

(IS) für alle nicht minimalen Elemente x von M gilt die Formel

$$(\forall y \in M : y \sqsubset x \Rightarrow A(y)) \Rightarrow A(x)$$

wahr, so ist auch die Formel $\forall x \in M : A(x)$ wahr.

Beweis (durch Widerspruch): Es gelte also die Negation

$$(\text{IB}) \wedge (\text{IS}) \wedge \exists x \in M : \neg A(x)$$

der Behauptung. Dann gibt es ein also mindestens ein Element aus M, für das die Aussage nicht gilt. Wir betrachten nun die folgende nichtleere Menge:

$$S := \{x \in M \mid A(x) \text{ gilt nicht}\}$$

Weil $(M, \sqsubseteq)$ Noethersch geordnet ist, gibt es in S ein minimales Element $x_0 \in S$. Wegen (IB) ist x_0 nicht minimal in M. Für alle $y \in M$ mit $y \sqsubset x_0$ gilt weiterhin $y \notin S$. Nach der Definition von S gilt also für alle $y \in M$ mit $y \sqsubset x_0$, dass $A(y)$ gilt. Nun kommt (IS) zur Anwendung. Aus (IS) folgt nämlich $A(x_0)$, also $x_0 \notin S$ nach Definition von S. Das ist ein Widerspruch zu $x_0 \in S$. $\qquad\square$

Die bisher vorgestellte vollständige Induktion auf den natürlichen Zahlen erlaubt bei Beweisen nur Schritte von $n-1$ nach n oder von n nach $n+1$. Wenn ein anderes Schema zum Beweis nötig ist, greift man in der Regel auf Noethersche Induktion zurück. Die Sprechweisen bei der Noetherschen Induktion sind dieselben wie in Abschnitt 4.4. Man spricht also vom Induktionsbeginn (IB) und vom Induktionsschluss (IS) und nennt die linke Seite der Implikation von (IS) die Induktionshypothese. Wir geben nachfolgend ein Beispiel an, wo man sich mit vollständiger Induktion schwer tut, die Noethersche Induktion aber sehr rasch zum Ziel führt.

7.2.21 Beispiel: Noethersche Induktion

Wir betrachten die Funktion $fib : \mathbb{N} \to \mathbb{N}$, die wie folgt durch zwei Anfangswerte und rekursiv für alle $n \in \mathbb{N}$ durch einen Rückgriff auf schon berechnete Werte definiert ist:

$$fib(0) = 1 \qquad fib(1) = 1 \qquad fib(n+2) = fib(n+1) + fib(n)$$

Es heißt, wie schon in den Aufgaben zu Kapitel 6 erwähnt wurde, $fib(n)$ die n-te Fibonacci-Zahl. So gelten $fib(2) = fib(1) + fib(0) = 1 + 1 = 2$, $fib(3) = fib(2) + fib(1) = 2 + 1 = 3$ und man bekommt $1, 1, 2, 3, 5, 8, 13, 21, 34, 55, 89$ als Anfang der bekannten Fibonacci-Folge. Diese Folge wurde erstmals vom italienischen Mathematiker Leonardo Fibonacci (um 1180-1241) betrachtet, welcher auch unter dem Namen Leonardo di Pisa bekannt ist.

Wir behaupten nun, dass für alle $n \in \mathbb{N}$ die Abschätzung $fib(n) \leq 2^n$ gilt, d.h. die Formel $\forall n \in \mathbb{N} : A(n)$ wahr ist, mit $A(n)$ definiert als $fib(n) \leq 2^n$. Zum Beweis ist die übliche Ordnung $\leq$ auf der Menge $\mathbb{N}$ nicht geeignet. Wegen der Festlegung von 0 und 1 als Startpunkte der Fibonacci-Folge empfiehlt es sich, sie, anschaulich gesehen, am unteren Ende wie folgt abzuändern:

Wenn wir die so entstehende geordnete Menge mit $(\mathbb{N}, \sqsubseteq)$ bezeichnen, so stimmen die Ordnungsrelationen $\leq$ und $\sqsubseteq$ auf den positiven natürlichen Zahlen überein. Weiterhin wird noch festgelegt, dass $0 \sqsubseteq x$ genau dann gilt, wenn $x = 0$ oder $x \geq 2$ wahr ist. Es ist $(\mathbb{N}, \sqsubseteq)$ Noethersch geordnet und minimal in der Menge $\mathbb{N}$ sind 0 und 1.

Induktionsbeginn: Es gelten $A(0)$ und auch $A(1)$ aufgrund von $fib(0) = 1 \leq 1 = 2^0$ und von $fib(1) = 1 \leq 2 = 2^1$.

Induktionsschluss: Wir haben $A(n)$ für alle $n \notin \{0, 1\}$ aus $A(k)$ für alle $k \sqsubset n$ zu beweisen. Es sei also ein beliebiges $n \in \mathbb{N} \setminus \{0, 1\}$ vorgegeben und es gelte $A(k)$ für alle $k \in \mathbb{N}$ mit $k \sqsubset n$. Wegen $n \notin \{0, 1\}$ haben wir

$$A(n) \iff fib(n) \leq 2^n \iff fib(n-1) + fib(n-2) \leq 2^n.$$

Die letzte Eigenschaft gilt aber wegen $A(n-1)$ und $A(n-2)$ und der folgenden Rechnung:

$$fib(n-1) + fib(n-2) \leq 2^{n-1} + 2^{n-2} \leq 2^{n-1} + 2 \cdot 2^{n-2} = 2^{n-1} + 2^{n-1} = 2 \cdot 2^{n-1} = 2^n$$

Also gilt auch $A(n)$ und damit ist der Beweis beendet. $\qquad\qquad\square$

Mit Hilfe des Prinzips der Noetherschen Induktion können wir nun auch formal zeigen, dass die ganzzahlige Division mit nichtnegativem Rest tatsächlich für alle Paare (x, y) ganzer Zahlen mit $y \neq 0$ definiert ist, also die entsprechenden Zahlen q und r existieren. Dies geschieht im folgenden Satz. Die ganzzahlige Division mit nichtnegativem Rest ist sogar eindeutig. Wir empfehlen der Leserin oder dem Leser, dies zur Übung zu beweisen.

7.2.22 Satz: Existenz der ganzzahligen Division

Für alle $x, y \in \mathbb{Z}$ mit der Eigenschaft $y \neq 0$ gibt es ein $q \in \mathbb{Z}$ und ein $r \in \mathbb{N}$ so, dass $x = qy + r$ und $r < |y|$ gelten.

Beweis (durch Noethersche Induktion): Wir zeigen zuerst durch Noethersche Induktion unter Verwendung der Noethersch geordneten Menge $(\mathbb{N}, \leq)$ die Gültigkeit von $\forall x \in \mathbb{N} : A(x)$, wobei die Aussage $A(x)$ steht für

$$\forall y \in \mathbb{N} \setminus \{0\} : \exists q \in \mathbb{Z}, r \in \mathbb{N} : x = qy + r \wedge r < |y|.$$

Induktionsbeginn: Es gilt $A(0)$, weil für alle $y \in \mathbb{N} \setminus \{0\}$ die Gleichung $0 = 0 \cdot y + 0$ wahr ist und auch $0 < |y|$ zutrifft.

Induktionsschluss: Es sei $x \in \mathbb{N}$ nicht minimal, also $x \neq 0$, und es gelte $A(z)$ für alle $z < x$. Weiterhin sei $y \in \mathbb{N} \setminus \{0\}$ beliebig vorgegeben. Wir unterscheiden zwei Fälle:

(a) Es gilt $x < y$. Dann haben wir $x = 0 \cdot y + x$. Wählt man also $q := 0$ und $r := x$, dann gelten $x = qy + x$ und $r < |y|$.

(b) Es gilt $y \leq x$. Da $y \neq 0$ vorausgesetzt ist, gilt $x - y < x$. Wegen der Gültigkeit von $A(x-y)$ nach der Induktionshypothese existieren $q' \in \mathbb{Z}$ und $r' \in \mathbb{N}$ mit $x - y = q'y + r'$ und $r' < |y|$. Dies bringt $x = q'y + r' + y = (q' + 1)y + r'$. Wählt man $q := q' + 1$ und $r := r'$, dann gelten $x = qy + r$ und $r < |y|$.

Also gilt insgesamt $A(x)$, was zu zeigen war.

Mittels des eben geführten Induktionsbeweises ist nachgewiesen, dass die ganzzahlige Division für alle natürlichen Zahlen x und y mit $y \neq 0$ existiert. Da aber x und y nach der Annahme des Satzes auch negativ sein dürfen, verbleiben noch drei weitere Fälle, die aber alle auf den eben gezeigten Fall reduziert werden können. Im Rest des Beweises gehen wir die drei Fälle der Reihe nach durch.

Es gelten $x \in \mathbb{N}$ und $y \in \mathbb{Z} \setminus \mathbb{N}$. Dann ist $-y \in \mathbb{N} \setminus \{0\}$ wahr. Nach dem obigen Fall gibt es $q' \in \mathbb{Z}$ und $r' \in \mathbb{N}$ so, dass $x = q'(-y) + r'$ und $r' < |-y| = |y|$ gelten. Daraus folgt die Gleichung $x = (-q')y + r'$. Nun wählt man $q := -q'$ und $r := r'$ und bekommt $x = qy + r$ und $r < |y|$.

Es gelten $x \in \mathbb{Z} \setminus \mathbb{N}$ und $y \in \mathbb{N} \setminus \{0\}$. Dann gilt $-x \in \mathbb{N}$. Also existieren, wiederum nach dem ersten Fall, $q' \in \mathbb{Z}$ und $r' \in \mathbb{N}$ mit $-x = q'y + r'$ und $r' < |y|$. Im Fall $r' > 0$ zeigt die Rechnung

$$x = -(-x) = -(q'y + r') = -q'y - r' = -q'y - y + y - r' = (-q' - 1)y + (y - r'),$$

dass die Wahl $q := -q' - 1$ und $r := y - r'$ die gewünschten Eigenschaften $x = qy + r$ und $r < |y|$ erfüllt; im Fall $r' = 0$ kommen wir aufgrund von

$$x = -(-x) = -(q'y + 0) = -q'y + 0$$

mit der Wahl $q := -q'$ und $r := r' = 0$ zum Ziel $x = qy + r$ und $r < |y|$.

Es gelten $x \in \mathbb{Z} \setminus \mathbb{N}$ und $y \in \mathbb{Z} \setminus \mathbb{N}$. Hier geht man analog zum eben behandelten Fall vor und ersetzt in ihm y durch $-y$. □

In Definition 3.1.7 haben wir unendliche Folgen in Mengen eingeführt: Eine Folge $(f_n)_{n \in \mathbb{N}}$ in M ist nichts anderes als eine andere Schreibweise für die Funktion $f : \mathbb{N} \to M$. Im Fall von geordneten Mengen kann man an Folgen zusätzliche Forderungen stellen, etwa, dass $f_n \sqsubseteq f_{n+1}$ für alle $n \in \mathbb{N}$ gilt, was wir im Beweis des Fixpunktsatzes Satz 7.2.14 angewandt haben. Bei Noethersch geordneten Mengen ist die nachfolgend angegebene wesentlich.

7.2.23 Definition: echt absteigende unendliche Kette

Es sei $(M, \sqsubseteq)$ eine geordnete Menge. Eine unendliche Folge $(f_n)_{n \in \mathbb{N}}$ in M heißt eine **echt absteigende unendliche Kette**, falls $f_{n+1} \sqsubset f_n$ für alle $n \in \mathbb{N}$ gilt. □

Etwa ist die Kette $(f_n)_{n \in \mathbb{N}}$ mit der Definition $f_n := -n$ in $(\mathbb{Z}, \leq)$ echt absteigend. Man schreibt die Kette auch in der Form $\ldots < -2 < -1 < 0$ oder der Form $0 > -1 > -2 > \ldots$, um dies lesbarer darzustellen. In der inklusionsgeordneten Potenzmenge von $\mathbb{N}$ haben wir schon die echt absteigende unendliche Kette $\mathbb{N} \supset \mathbb{N} \setminus \{0\} \supset \mathbb{N} \setminus \{0, 1\} \supset \mathbb{N} \setminus \{0, 1, 2\} \supset \ldots$ kennengelernt. Hingegen gibt es in $(\mathbb{N}, \leq)$ keine echt absteigenden unendlichen Ketten, denn $(\mathbb{N}, \leq)$ ist Noethersch geordnet, und es gilt das folgende Resultat.

7.2.24 Satz: Kettencharakterisierung Noethersch geordneter Mengen

Es sei $(M, \sqsubseteq)$ eine geordnete Menge. Dann sind die beiden folgenden Aussagen äquivalent:

(1) Es ist $(M, \sqsubseteq)$ Noethersch geordnet.

(2) Es gibt in $(M, \sqsubseteq)$ keine echt absteigende unendliche Kette.

Beweis: Wir verwenden Kontraposition und beweisen, dass $(M, \sqsubseteq)$ nicht Noethersch geordnet ist genau dann, wenn es in $(M, \sqsubseteq)$ eine echt absteigende unendliche Kette gibt.

Beweis von „$\Longrightarrow$" der neuen Aussage: Es sei $(M, \sqsubseteq)$ nicht Noethersch geordnet. Weiterhin sei $X \subseteq M$ eine dadurch existierende nichtleere Menge ohne minimale Elemente. Nach dem Auswahlaxiom gibt es dann eine Auswahlfunktion $\alpha : \mathcal{P}(X) \setminus \{\emptyset\} \to X$ mit $\alpha(Y) \in Y$ für alle $Y \in \mathcal{P}(X) \setminus \{\emptyset\}$. Wir definieren nun induktiv eine Folge $(f_n)_{n \in \mathbb{N}}$ durch $f_0 = \alpha(X)$ und $f_{n+1} = \alpha(\{x \in X \mid x \sqsubset f_n\})$ für alle $n \in \mathbb{N}$. Man beachte, dass alle Mengen $\{x \in X \mid x \sqsubset f_n\}$ nicht leer sind, denn die $f_n \in X$ sind nicht minimal. Dann gilt für alle $n \in \mathbb{N}$, dass $f_{n+1} \sqsubset f_n$, also existiert eine echt absteigende unendliche Kette.

Beweis von „$\Longleftarrow$" der neuen Aussage: Ist $(f_n)_{n \in \mathbb{N}}$ eine echt absteigende unendliche Kette, so gilt für die Menge $X := \{f_n \mid n \in \mathbb{N}\}$ der Kettenglieder, dass $X \neq \emptyset$ und X kein minimales Element besitzt. Wäre nämlich für ein $i \in \mathbb{N}$ das Kettenglied f_i minimal in X, so muss $f_{i+1} \notin X$ gelten, im Widerspruch zu $f_n \in X$ für alle $n \in \mathbb{N}$. □

Satz 7.2.24 liegt der Namensgebung Noethersch geordneter Mengen zugrunde. Allerdings beschäftigte sich Emmy Noether mit algebraischen Strukturen (heutzutage Noethersche Ringe genannt), in denen echt aufsteigende unendliche Ketten von gewissen Teilmengen nicht existieren. Ihr österreichischer Kollege Emil Artin (1898-1962) studierte diese Teilmengen im Hinblick auf echt absteigende unendliche Ketten. Deshalb wird manchmal auch der Begriff **Artinsch geordnet** statt Noethersch geordnet verwendet.

Weil in Noethersch geordneten Mengen keine echt absteigenden unendlichen Ketten existieren, kann man sie dazu verwenden, die Terminierung von Rekursionen zu zeigen. Ist die Funktion $f : N \to P$ durch rekursive Gleichungen beschrieben, dann definiert man eine sogenannte **Terminierungsfunktion** $\delta : N \to M$ in eine Noethersch geordnete Menge $(M, \sqsubseteq)$ und zeigt, dass in allen Gleichungen die δ-Bilder aller Argumente aller rekursiven Aufrufe echt kleiner sind als das δ-Bild des Arguments des Originalaufrufs. Ist N ein direktes Produkt, so werden Tupel als ein Argument aufgefasst. Aufgrund der Tatsache, dass keine echt absteigenden unendlichen Ketten existieren, kann es auch keine unendlichen Berechnungen geben. Denn eine unendliche Aufrufkette $f(x_0) \rightsquigarrow f(x_1) \rightsquigarrow f(x_2) \rightsquigarrow \ldots$ würde zur echt absteigenden unendlichen Kette $\delta(x_0) \sqsupset \delta(x_1) \sqsupset \delta(x_2) \sqsupset \ldots$ in der Noethersch geordneten Menge $(M, \sqsubseteq)$ führen, was nicht möglich ist. Mit einer Anwendung dieser Technik (welche offensichtlich die Vorgehensweise von Abschnitt 5.4 von Schleifen auf Rekursionen überträgt und dabei $(\mathbb{N}, \leq)$ zu $(M \sqsubseteq)$ verallgemeinert) auf ein Beispiel und ihrer Verallgemeinerung zu einem mathematischen Satz beenden wir diesen Abschnitt.

7.2.25 Beispiel: Terminierungsbeweis

Die **Ackermann-Peter-Funktion** ist eine rekursiv definierte mathematische Funktion, die extrem schnell wächst. Sie wurde ursprünglich vom deutschen Mathematiker Wilhelm Ackermann (1896-1962) aufgestellt; die folgende vereinfachte Variante geht auf die ungarische Mathematikerin Rozsa Peter (1905-1977) zurück. Peter definierte die Funktion $a : \mathbb{N} \times \mathbb{N} \to \mathbb{N}$ für alle $m, n \in \mathbb{N}$ durch die folgenden Gleichungen:

$$a(0, n) = n + 1 \qquad a(m+1, 0) = a(m, 1) \qquad a(m+1, n+1) = a(m, a(m+1, n))$$

Um zu zeigen, dass diese Funktion terminiert, betrachten wir die Noethersch geordnete Menge $(\mathbb{N} \times \mathbb{N}, \leq_{lex})$, wobei $\leq_{lex}$ die lexikographische Ordnung ist, und die identische Funktion auf $\mathbb{N} \times \mathbb{N}$ als Terminierungsfunktion. Für die Striktordnungsrelation $<_{lex}$ und alle $m_1, m_2, n_1, n_2 \in \mathbb{N}$ gilt

$$(m_1, n_1) <_{lex} (m_2, n_2) \iff m_1 < m_2 \vee (m_1 = m_2 \wedge n_1 < n_2).$$

Den Nachweis, dass die lexikographische Ordnung tatsächlich Noethersch ist, überlassen wir der Leserin oder dem Leser zur Übung.

Rekursive Aufrufe kommen nur in den letzten beiden Gleichungen der obigen Definition der Ackermann-Peter-Funktion a vor. Im Fall der Gleichung $a(m+1, 0) = a(m, 1)$ gilt für das Argument $(m, 1)$ des rekursiven Aufrufs und das Argument $(m+1, 0)$ des Originalaufrufs die Abschätzung

$$\delta(m, 1) = (m, 1) <_{lex} (m+1, 0) = \delta(m+1, 0).$$

Die Gleichung $a(m+1, n+1) = a(m, a(m+1, n))$ beinhaltet zwei rekursive Aufrufe. Für das Argument $(m+1, n)$ des inneren rekursiven Aufrufs und das Argument $(m+1, n+1)$ der Originalaufrufs gilt

$$\delta(m+1, n) = (m+1, n) <_{lex} (m+1, n+1) = \delta(m+1, n+1)$$

und für das Argument $(m, a(m+1, n))$ des äußeren rekursiven Aufrufs und das Argument $(m+1, n+1)$ der Originalaufrufs gilt

$$\delta(m, a(m+1, n)) = (m, a(m+1, n)) <_{lex} (m+1, n+1) = \delta(m+1, n+1).$$

Also werden in allen rekursiven Aufrufen die Argumente lexikographisch echt kleiner und nach der oben gemachten Bemerkung terminiert somit die Rekursion der Ackermann-Peter-Funktion. $\qquad\qquad\qquad\qquad\qquad\qquad\qquad\qquad\qquad\qquad\qquad\qquad\quad$ $\square$

Weil Rekursionen nicht terminieren können, werden durch sie im Prinzip nur partielle Funktionen beschrieben. Es kann sogar der Fall auftreten, dass eine gegebene Rekursion durch mehrere partielle Funktionen erfüllt wird. In solch einem Fall ist es nicht einmal mehr offensichtlich, welche der partiellen Funktionen man durch die Rekursion eigentlich festlegt und ob jede andere Person dieser Rekursion die gleiche partielle Funktion zuordnet. Der folgende Satz gibt Bedingungen an, welche belegen, dass eine Rekursion nur von einer (totalen) Funktion erfüllt wird. Dabei spielt eine Terminierungsfunktion in eine Noethersch geordnete Menge wiederum die entscheidende Rolle. Um den Beweis zu vereinfachen, beschränken wir uns auf spezielle Rekursionen mit genau einem Terminierungsfall und genau einem Fall mit rekursiven Aufrufen, welche durch eine Bedingung unterschieden werden. Eine Erweiterung auf mehrere Terminierungsfälle und mehrere Fälle mit rekursiven Aufrufen ist nicht schwierig.

7.2.26 Satz: Lösung von Rekursionen

Es sei $f : N \to P$ eine partielle Funktion, welche für alle $x \in N$ die durch

$$f(x) = \begin{cases} E(f(K_1(x)), \ldots, f(K_n(x))) & \text{falls} \quad B(x) \\ F(x) & \text{falls} \quad \neg B(x) \end{cases}$$

beschriebene Rekursion erfülle; dabei seien $E : P^n \to P$ und $F : N \to P$ Funktionen, alle $K_i : N \to N$ ($1 \le i \le n$) partielle Funktionen und $B(x)$ eine überall auf N definierte Bedingung. Gibt es eine Funktion $\delta : N \to M$ in eine Noethersch geordnete Menge $(M, \sqsubseteq)$ so, dass für alle $x \in N$ aus $B(x)$ folgt

(1) $K_i(x)$ ist definiert für alle $i \in \{1, \ldots, n\}$,

(2) $\delta(K_i(x)) \sqsubset \delta(x)$ für alle $i \in \{1, \ldots, n\}$,

dann ist $f(x)$ für alle $x \in N$ definiert, also f eine Funktion.

Beweis (durch Widerspruch): Angenommen, es seien die Voraussetzungen wahr, aber es gebe ein $x \in N$, so dass $f(x)$ nicht definiert ist. Wir betrachten die folgende Menge:

$$S := \{x \in N \mid f(x) \text{ ist nicht definiert}\}$$

Wegen $S \neq \emptyset$ gilt $\delta(S) \neq \emptyset$ und, weil $(M, \sqsubseteq)$ Noethersch geordnet ist, existiert in $\delta(S)$ ein minimales Element $y_0 \in \delta(S)$. Zu dem Element y_0 gibt es ein Element $x_0 \in S$ mit $\delta(x_0) = y_0$. Es ist $f(x_0)$ nicht definiert. Die Totalität der Funktion F und die Rekursion zeigen nun $B(x_0)$, woraus mit Voraussetzung (1) folgt, dass die Aufrufe $K_1(x_0)$ bis $K_n(x_0)$ definiert sind. Weiterhin gilt für alle $i \in \{1, \ldots, n\}$:

$$
\begin{aligned}
\text{Voraussetzung (2)} \quad \Longrightarrow \quad & \delta(K_i(x_0)) \sqsubset y_0 && \text{da } B(x_0) \text{ und } \delta(x_0) = y_0 \\
\Longrightarrow \quad & \delta(K_i(x_0)) \notin \delta(S) && \text{da } y_0 \text{ minimal in } \delta(S) \\
\Longrightarrow \quad & K_i(x_0) \notin S \\
\Longleftrightarrow \quad & f(K_i(x_0)) \text{ ist definiert} && \text{Definition } S
\end{aligned}
$$

Da E total ist, ist der Ausdruck $E(f(K_1(x_0)), \ldots, f(K_n(x_0)))$ somit definiert, und weil $B(x_0)$ wahr ist, gilt aufgrund der Rekursion von f folglich die Gleichung

$$f(x_0) = E(f(K_1(x_0)), \ldots, f(K_n(x_0))),$$

so dass auch der Aufruf $f(x_0)$ definiert ist, im Widerspruch zu $x_0 \in S$. $\quad\square$

Durch eine sehr ähnliche Argumentation kann man zeigen, dass es unter den Voraussetzungen (1) und (2) höchstens eine Funktion $f : N \to P$ gibt, welche die Rekursion von Satz 7.2.26 erfüllt. Wäre nämlich die Rekursion des Satzes durch zwei Funktionen $f, g : N \to P$ mit $f \neq g$ erfüllt, so ist die Teilmenge $S := \{x \in N \mid f(x) \neq g(x)\}$ von N nichtleer. Also ist auch die Teilmenge $\delta(S)$ von M nichtleer. Somit gibt es in $\delta(S)$ ein minimales Element $y_0 \in \delta(S)$, denn $(M, \sqsubseteq)$ ist eine Noethersch geordnete Menge. Zu y_0 gibt es ein $x_0 \in S$ mit $\delta(x_0) = y_0$ und, analog zu dem Beweis von Satz 7.2.26, kann man den Widerspruch $f(x_0) = g(x_0)$ herleiten.

Wenn wir die rekursive Funktion $\mathit{fib} : \mathbb{N} \to \mathbb{N}$ aus Beispiel 7.2.21 zur Berechnung der Fibonacci-Zahlen in der schematischen Form von Satz 7.2.26 aufschreiben, dann erhalten wir für alle $n \in \mathbb{N}$ die folgenden Spezifikation:

$$
\mathit{fib}(n) = \begin{cases} \mathit{fib}(n-1) + \mathit{fib}(n-2) & \text{falls } n \geq 2 \\ 1 & \text{falls } n \leq 1 \end{cases}
$$

Somit sind die zwei Funktionen $E : \mathbb{N}^2 \to \mathbb{N}$ und $F : \mathbb{N} \to \mathbb{N}$ für alle $x, y \in \mathbb{N}$ durch $E(x, y) = x + y$ und $F(x) = 1$ festgelegt, die zwei partiellen Funktionen $K_1 : \mathbb{N} \to \mathbb{N}$ und $K_2 : \mathbb{N} \to \mathbb{N}$ durch $K_1(x) = x - 1$ und $K_2(x) = x - 2$, sowie die überall auf $\mathbb{N}$ definierte Bedingung $B(x)$ durch $x \geq 2$. Um zu zeigen, dass $\mathit{fib}(n)$ für alle $n \in \mathbb{N}$ definiert ist, kann man die Noethersch geordnete Menge $(\mathbb{N}, \leq)$ wählen, sowie $\delta : \mathbb{N} \to \mathbb{N}$, wobei $\delta(x) = x$, als Terminierungsfunktion. Dann sind nämlich $K_1(x) = x - 1$ und $K_2(x) = x - 2$ definiert, falls $B(x)$ wahr ist, also $x \geq 2$ gilt. Weiterhin gilt in diesem Fall die Abschätzung $\delta(K_1(x)) = \delta(x - 1) = x - 1 < x = \delta(x)$ und auch die Abschätzung $\delta(K_2(x)) = \delta(x - 2) = x - 2 < x = \delta(x)$. Also gelten insgesamt die beiden Bedingungen (1) und (2) von Satz 7.2.26 und der Satz zeigt die Behauptung. Das eben gebrachte Beispiel zeigt, dass die Annahme von Satz 7.2.26, dass die Funktionen K_i, $1 \leq i \leq n$, partiell sind, sehr natürlich ist. Durch die Bedingung $B(x)$ wird normalerweise zugesichert, dass rekursive Aufrufe nur mit definierten Objekten erfolgen (vergl. wiederum mit Abschnitt 5.4). Die Leserin oder der Leser übertrage zu Übungszwecken einige gängige Funktionen auf linearen Listen unter Verwendung der Operation des Linksanfügens und der (durch die Erweiterung auf M^*) partiellen Operationen $\mathit{kopf} : M^* \to M$ und $\mathit{rest} : M^* \to M^*$ in die schematische Form von Satz 7.2.26 und beweise dann ihre Totalität mittels dieses Satzes.

7.3 Grundbegriffe gerichteter Graphen

Graphentheorie ist als Wissenschaft noch relativ jung, obwohl man ihre Wurzeln bis zum schon erwähnten schweizer Mathematiker Euler und seinem bekannten Königsberger Brückenproblem aus dem Jahr 1736 zurückdatieren kann. Die Bezeichnung „Graph" scheint vom jüdisch-amerikanischen Mathematiker James Joseph Sylvester (1814-1897) zu stammen. Es gibt zwei Ausprägungen von Graphen, gerichtete Graphen und ungerichtete Graphen. Wir behandeln in diesem Abschnitt nur die erste Klasse. Sie steht in einer sehr engen Verbindung zu Relationen und das rechtfertigt die Zugehörigkeit zu dem derzeitigen Kapitel. Bildlich sind gerichtete Graphen nichts anderes als Zeichnungen in der Zeichenebene mit endlich vielen Knoten, mindestens einem, und sie verbindenden Pfeilen. Letztere besitzen eine durch die Pfeilspitze angegebene Richtung. Hier sind zwei Beispiele für solche gerichteten Graphen. Links sind a, b, c und d die Namen der vier Knoten, rechts sind es die natürlichen Zahlen von 1 bis 5.

Mathematisch betrachtet sind gerichtete Graphen Paare, bestehend aus einer Knotenmenge (in den obigen Zeichnungen $\{a, b, c, d\}$ bzw. $\{1, 2, 3, 4, 5\}$) und einer Menge von Pfeilen. Pfeile werden durch Knotenpaare dargestellt, etwa $(a, b), (a, d), (b, c), (c, c), (d, b)$ und (d, c) im linken oberen Bild. Die Menge der Pfeile eines gerichteten Graphen ist also nichts anderes als eine Relation auf der Knotenmenge. Teil (1) der folgenden Definition ist eine unmittelbare Konsequenz dieser Beobachtung.

7.3.1 Definition: gerichteter Graph

(1) Ein **gerichteter Graph** (wegen des englischen Worts „directed" auch **Digraph** genannt) $g = (V, P)$ ist ein Paar, bestehend aus einer **Knotenmenge** V, die endlich und nichtleer ist, und einer **Pfeilrelation** $P \subseteq V \times V$.

(2) Ist das Paar (x, y) aus der Pfeilrelation P, so heißt es ein **Pfeil** mit **Anfangsknoten** $x \in V$ und **Endknoten** $y \in V$.

(3) Zum Knoten $x \in V$ heißt $nachf_g(x) := \{y \in V \mid x\,P\,y\}$ die **Menge der Nachfolger** von x und $d_g^+(x) := |nachf_g(x)|$ der **Außengrad** von x. Analog definiert $vorg_g(x) := \{y \in V \mid y\,P\,x\}$ die **Menge der Vorgänger** von x und $d_g^-(x) := |vorg_g(x)|$ den **Innengrad** von x. $\qquad\square$

In der Graphentheorie ist es üblich, nicht nur ein Paar (V, P) zu betrachten, sondern dieses gleichzeitig immer zu benennen. Typisch sind dabei Buchstaben wie „g" oder „G" und im Alphabet naheliegende. Statt Knoten sagt man manchmal auch „Ecke" und statt Pfeil sagt man auch (gerichtete) „Kante" oder (gerichteter) „Bogen". Wir bleiben aber bei den Bezeichnungen Knoten und Pfeile. Auch werden wir uns bei der Angabe von konkreten gerichteten Graphen auf zeichnerische Darstellungen stützen, da diese viel leichter zu verstehen sind als die entsprechenden zwei Mengen von Knoten und Pfeilen. Nachfolgend betrachten wir nochmals zwei Beispiele für gerichtete Graphen.

7.3.2 Beispiele: gerichtete Graphen

Ein gerichteter Graph $g = (V, P)$ mit $P = \emptyset \subseteq V \times V$, also mit leerer Pfeilrelation, heißt **leerer Graph**. Nachfolgend ist ein zeichnerisches Beispiel mit $V := \{1, 2, 3, 4, 5\}$ als Knotenmenge angegeben.

$$1 \qquad\qquad 3 \qquad\qquad 4$$

$$2 \qquad\qquad\qquad 5$$

Im Sinne der obigen Definition haben wir beim linken der zwei einführenden Bilder dieses Abschnitts ein Paar $g = (V, P)$ vorliegen, mit $V := \{a, b, c, d\}$ als Knotenmenge und $P := \{(a, b), (a, d), (b, c), (c, c), (d, b), (d, c)\}$ als Pfeilrelation. Die Nachfolger- und Vorgängermengen und die zugehörigen Knotengrade sind in der folgenden Tabelle angegeben.

Knoten x	$nachf_g(x)$	$d_g^+(x)$	$vorg_g(x)$	$d_g^-(x)$
a	$\{b, d\}$	2	$\emptyset$	0
b	$\{c\}$	1	$\{a, d\}$	2
c	$\{c\}$	1	$\{b, c, d\}$	3
d	$\{b, c\}$	2	$\{a\}$	1

Der Nachfolgergrad entspricht also der Anzahl der Pfeile, die einen Knoten verlassen, und der Vorgängergrad entspricht der Anzahl der Pfeile, die in einen Knoten münden. $\quad\square$

Mit $\sum_{x \in V} d_g^+(x)$ bezeichnet man die Summe der Außengrade eines gerichteten Graphen $g = (V, P)$. Wenn $V = \{x_1, \ldots, x_n\}$ gilt, so ist dies nur eine andere Schreibweise für die schon bekannte Schreibweise $\sum_{i=1}^{n} d_g^+(x_i)$. Analog ist $\sum_{x \in V} d_g^-(x)$ als Schreibweise für $\sum_{i=1}^{n} d_g^-(x_i)$ erklärt. Mit diesen Festlegungen, die offensichtlich unabhängig von der Reihenfolge der Knoten in der expliziten Darstellung von V sind, gilt das nachfolgende Resultat.

7.3.3 Satz: Gradformeln

Für alle gerichteten Graphen $g = (V, P)$ gilt

$$\sum_{x \in V} d_g^+(x) = |P| = \sum_{x \in V} d_g^-(x).$$

Beweis: Es sei $V = \{x_1, \ldots, x_n\}$ die Knotenmenge des vorgegebenen Graphen. Dann gilt

$$|P| = \left| \bigcup_{i=1}^{n} \{(x_i, y) \mid y \in V \wedge x_i \, P \, y\} \right| \qquad\qquad \text{disjunkte Zerlegung}$$

$$= \sum_{i=1}^{n} |\{(x_i, y) \mid y \in nachf_g(x_i)\}| \qquad\qquad \text{alle Mengen disjunkt}$$

$$= \sum_{i=1}^{n} |\{x_i\} \times nachf_g(x_i)|$$

$$= \sum_{i=1}^{n} |nachf_g(x_i)| \qquad\qquad\qquad \text{Kardinalität Produkt}$$

$$= \sum_{i=1}^{n} d_g^+(x_i)$$

und analog dazu zeigt man auch die zweite Gleichung $|P| = \sum_{i=1}^{n} d_g^-(x_i)$. □

Wichtig bei gerichteten Graphen sind vor allem Fragen, welche die Erreichbarkeit betreffen. Wir wollen dies nachfolgend an einem Beispiel motivieren. Dieses zeigt auch, wie man praktische Problemstellungen mittels gerichteter Graphen modellieren kann. Dies macht Graphen insbesondere für Anwendungen bedeutsam, auch in der Informatik.

7.3.4 Beispiel: Graphen als Modelle

Der folgende gerichtete Graph beschreibt ein System von Fertigungshallen und gerichteten Transportbändern zwischen den Hallen. Ein Doppelpfeil deutet dabei an, dass ein Transport in beide Richtungen möglich ist. Oft werden Doppelpfeile auch als zwei einzelne Pfeile in entgegengesetzte Richtungen gezeichnet.

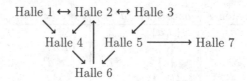

Aufgrund dieser Zeichnung kann man etwa Teile von Halle 1 zu allen anderen Hallen transportieren. Eine Möglichkeit zu Halle 3 zu kommen, ist, über Halle 2 zu transportieren. Dies ist aber nicht die einzige Möglichkeit. Es geht auch über Halle 4, dann Halle 6 und dann noch Halle 2. Von Halle 7 kommt man zu keiner anderen Halle und von Halle 6 kommt man z.B. auch wieder über Halle 2 und Halle 4 zu Halle 6 zurück. □

Man könnte solche Erreichbarkeiten in gerichteten Graphen beispielsweise auch durch Listen von Pfeilen beschreiben. Mathematisch sind Listen von Knoten jedoch einfacher handhabbar. Deshalb führt man Wege und Kreise wie nachfolgend gegeben als Knotenlisten ein. In Zeichnungen von gerichteten Graphen kennzeichnet man sie in der Regel jedoch durch das Hervorheben der entsprechenden Pfeile. Wir erinnern noch einmal an die beiden Listenoperationen *rest*, welche den Kopf einer nichtleeren Liste entfernt, und $|\cdot|$, welche die Listenlänge bestimmt.

7.3.5 Definition: Weg, Kreis, Erreichbarkeit, Kreisfreiheit

Es sei $g = (V, P)$ ein gerichteter Graph.

(1) Eine lineare Liste $w \in V^+$ heißt ein **Weg** von w_1 nach $w_{|w|}$ in g, falls alle Knoten $w_i, 1 \leq i \leq |w|$, paarweise verschieden sind und für alle $i \in \mathbb{N}$ mit $1 \leq i \leq |w|-1$ die Beziehung $w_i\,P\,w_{i+1}$ gilt. Mit $|w|-1$ bezeichnet man die **(graphentheoretische) Länge** von w, d.h. die Anzahl der in w vorkommenden Pfeile.

(2) Eine lineare Liste $w \in V^+$ heißt ein **Kreis** in g, falls $|w| \geq 2$ gilt (also mindestens ein Pfeil in w liegt), die Restliste $rest(w)$ ein Weg (von w_2 nach $w_{|w|}$) ist, $w_1\,P\,w_2$ gilt (d.h. das Paar (w_1, w_2) ein Pfeil ist) und $w_1 = w_{|w|}$ zutrifft. Mit $|w|-1$ bezeichnet man wiederum die **(graphentheoretische) Länge** von w.

(3) Existiert ein Weg $w \in V^+$ mit $w_1 = x$ und $w_{|w|} = y$, so heißt der Knoten $y \in V$ in g vom Knoten $x \in V$ aus mittels des Weges w **erreichbar**.

(4) Gibt es in g keinen Kreis, so heißt g **kreisfrei**. $\qquad\qquad\qquad\qquad$ □

Per Definition ist also jeder Knoten x von sich aus mittels des Weges (x) erreichbar. Man beachte, dass es einen Weg mit mindestens zwei Knoten nur zwischen zwei verschiedenen Knoten geben kann.

Wenn aus dem Zusammenhang klar ist, welcher Graph g gemeint ist, und wenn der konkrete Weg w nicht relevant ist, so lässt man bei der Angabe der Beziehung „ist erreichbar" sowohl g als auch w weg. Weil alle Knoten von Wegen in gerichteten Graphen paarweise verschieden sein müssen, gilt $|w| \leq |V|$ für alle Wege w in $g = (V, P)$. Man spricht oft auch von **elementaren Wegen**. Bei Kreisen sind die Endknoten gleich, alle anderen Knoten sind ebenfalls paarweise verschieden. Das führt auch zur Sprechweise „**elementarer Kreis**" für das, was wir in Punkt (2) von Definition 7.3.5 festgelegt haben. Im Hinblick auf das obige Beispiel mit den Hallen haben wir etwa: (Halle 1, Halle 2, Halle 3) ist ein Weg von Halle 1 zu Halle 3 der Länge 2, (Halle 1, Halle 4, Halle 6, Halle 2, Halle 3) ist ein Weg von Halle 1 zu Halle 3 der Länge 4 und (Halle 6, Halle 2, Halle 4, Halle 6) ist ein Kreis. Dieser letztgenannte Kreis ist beispielsweise verschieden vom Kreis (Halle 2, Halle 4, Halle 6, Halle 2), obwohl der eben aufgeführte Kreis in der Zeichnung unter der alleinigen Betrachtung der entsprechenden Pfeile gleich aussieht. Man beachte: Verschiedenheit von Wegen und Kreisen meint die Verschiedenheit als lineare Listen. Ein Problem entsteht oft bei der Angabe von Längen. Bei Wegen und Kreisen gibt es einen Längenbegriff im Sinne der linearen Listen und einen Längenbegriff im Sinne der Graphentheorie. Beide unterscheiden sich um Eins. Damit in Zukunft Verwechslungen vermieden werden, **werden wir ab jetzt bei Längenangaben konsequent immer die Länge im Sinne von linearen Listen verwenden**, also $|w|$ schreiben. Das ist zwar aus graphentheoretischer Sicht etwas ungewöhnlich, aber besser vereinbar mit der bisherigen Behandlung von linearen Listen in diesem Text.

Die Erreichbarkeitsbeziehungen und das Vorhandensein bzw. Nichtvorhandensein von Kreisen in gerichteten Graphen kann durch eine bestimmte Konstruktion auf Relationen sehr elegant beschrieben werden. Dem Thema wollen wir uns nun zuwenden. Wir verlassen dazu kurzfristig die Welt der homogenen Relationen und starten mit der Definition einer neuen Operation auf beliebigen Relationen.

7.3.6 Definition: relationale Komposition

Zu zwei Relationen $R \subseteq M \times N$ und $S \subseteq N \times Q$ ist deren **Komposition** (auch Multiplikation oder Produkt genannt) $RS \subseteq M \times Q$ definiert durch

$$RS := \{(x, z) \in M \times Q \mid \exists y \in N : x\,R\,y \wedge y\,S\,z\},$$

also für alle $x \in M$ und $z \in Q$ durch die Festlegung $x\,(RS)\,z$ genau dann, wenn ein $y \in N$ mit $x\,R\,y$ und $y\,S\,z$ existiert. $\qquad\qquad\qquad\qquad$ □

Sind R und S Funktionen, so entspricht die relationale Komposition RS genau der Funktionskomposition $S \circ R$. Im nachfolgenden Satz sind drei Grundtatsachen der Komposition angegeben, die so einfach zu beweisen sind, dass wir auf die Beweise verzichten. Es sei jedoch der Leserin oder dem Leser empfohlen, sie zu Übungszwecken mittels logischer Transformationen im Sinne des zweiten Kapitels selbst durchzuführen.

7.3.7 Satz: Grundeigenschaften der relationalen Komposition

(1) Für alle Relationen $R \subseteq M \times N$, $S \subseteq N \times Q$ und $T \subseteq Q \times Z$ gilt die Assoziativität $R(ST) = (RS)T$ der Komposition.

(2) Für alle Relationen $R \subseteq M \times N$ gilt $\mathbf{I}_M R = R$ (mit $\mathbf{I}_M$ als identische Relation auf M) und auch $R\mathbf{I}_N = R$ (mit $\mathbf{I}_N$ als identische Relation auf N). $\qquad\qquad\Box$

Identische Relationen sind also links bzw. rechtsneutral hinsichtlich der Komposition. Sie werden in der Literatur in der Regel mit dem gleichen Buchstaben $\mathbf{I}$ bezeichnet. Der Index wird also weggelassen, da er aus dem Kontext rekonstruiert werden kann. Auch wir werden dies im Folgenden tun, da es sich bei den Anwendungen immer um die identische Relation auf der Knotenmenge eines vorgegebenen gerichteten Graphen handeln wird. Das folgende Beispiel verdeutlicht die Komposition von Relationen.

7.3.8 Beispiel: relationale Komposition

Es seien drei Mengen $M := \{a, b, c\}$, $N := \{1, 2, 3, 4, 5\}$ und $Q := \{\Diamond, \Box, \blacklozenge, \heartsuit\}$ vorgegeben. In der nachfolgenden Zeichnung sind die bipartiten Pfeildiagramme für zwei Relationen $R \subseteq M \times N$ und $S \subseteq N \times Q$ und deren Komposition graphisch dargestellt.

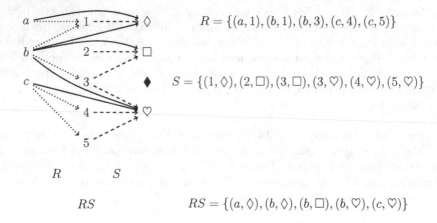

$$R = \{(a, 1), (b, 1), (b, 3), (c, 4), (c, 5)\}$$

$$S = \{(1, \Diamond), (2, \Box), (3, \Box), (3, \heartsuit), (4, \heartsuit), (5, \heartsuit)\}$$

$$RS = \{(a, \Diamond), (b, \Diamond), (b, \Box), (b, \heartsuit), (c, \heartsuit)\}$$

Man sieht anhand dieser Zeichnung sofort, dass ein Pfeil in dem Produkt RS genau dann existiert, wenn dieser durch einen Zwischenpunkt und zwei Pfeile aus R und S beschrieben werden kann, die in dem Zwischenpunkt enden bzw. beginnen. Dies verdeutlicht noch einmal, dass im Fall von Funktionen die relationale Komposition genau der Funktionskomposition (mit vertauschten Argumenten) entspricht. $\qquad\qquad\Box$

Nach diesem Ausflug in die Welt der beliebigen Relationen kehren wir für den Rest des Abschnitts zu den homogenen Relationen und den gerichteten Graphen zurück. Ist R eine homogene Relation, so gibt es einen Pfeil in RR genau dann, wenn er bildlich als Folge von zwei Pfeilen aus R dargestellt werden kann, es gibt einen Pfeil in RRR genau dann, wenn er bildlich als Folge von drei Pfeilen in R dargestellt werden kann, und so weiter. Dies motiviert die folgende Definition von Potenzen homogener Relationen und, darauf aufbauend, von zwei sogenannten relationalen Hüllen.

7.3.9 Definition: transitive und reflexiv-transitive Hülle

Es sei $R \subseteq M \times M$ eine homogene Relation auf der Menge M.

(1) Die n-te **Potenz** R^n von R ist rekursiv definiert durch $R^0 := I$ und $R^n := RR^{n-1}$ für alle $n \in \mathbb{N} \setminus \{0\}$.

(2) Die Relation $R^+ := \bigcup\{R^n \mid n \in \mathbb{N} \setminus \{0\}\}$ heißt die **transitive Hülle** von R und die Relation $R^* := \bigcup\{R^n \mid n \in \mathbb{N}\}$ heißt die **reflexiv-transitive Hülle** von R. $\qquad \square$

Die transitive Hülle von R ist die bezüglich der Inklusion kleinste transitive Relation, die R enthält, und die reflexiv-transitive Hülle von R ist die bezüglich der Inklusion kleinste reflexive und transitive Relation, die R enthält. Dies ist der Hintergrund für die Namensgebung, denn beide beschreiben eine sogenannte Hüllenbildung. In der Literatur schreibt man $\bigcup_{n>0} R^n$ oder auch $\bigcup_{n\geq 1} R^n$ statt der etwas schwerfälligen Notation $\bigcup\{R^n \mid n \in \mathbb{N} \setminus \{0\}\}$. Analog schreibt man normalerweise $\bigcup_{n\geq 0} R^n$ statt $\bigcup\{R^n \mid n \in \mathbb{N}\}$. Auch wir verwenden aus Gründen der Lesbarkeit von nun an die einfacheren Schreibweisen, was zu $R^+ = \bigcup_{n\geq 1} R^n$ und $R^* = \bigcup_{n\geq 0} R^n$ führt. Wie der nächste Satz zeigt, sind die beiden Hüllen ineinander umrechenbar.

7.3.10 Satz: Zusammenhang zwischen den Hüllen

Für alle Relationen $R \subseteq M \times M$ gelten die Gleichungen: $R^* = I \cup R^+$ und $R^+ = RR^*$.

Beweis: Die folgende Verifikation der ersten Gleichung verwendet die Definition von R^*, dann Teil (1) von Satz 1.2.7 und schließlich noch die Definition von R^+ und von R^0:

$$R^* = \bigcup_{n\geq 0} R^n = \left(\bigcup_{n\geq 1} R^n\right) \cup R^0 = R^+ \cup I.$$

Zum Beweis der zweiten Gleichung nehmen wir $x, y \in M$ als beliebig gegeben an. Dann können wir wie folgt logisch umformen:

$$
\begin{aligned}
x\,(RR^*)\,y &\iff x\,(R(\bigcup_{n\geq 0} R^n))\,y && \text{Definition } R^* \\
&\iff \exists\, z \in M : x\,R\,z \wedge z\,(\bigcup_{n\geq 0} R^n)\,y && \text{Definition Komposition} \\
&\iff \exists\, z \in M : x\,R\,z \wedge \exists\, n \in \mathbb{N} : z\,R^n\,y && \text{Definition } \bigcup_{n\geq 0} R^n \\
&\iff \exists\, n \in \mathbb{N} : \exists\, z \in M : x\,R\,z \wedge z\,R^n\,y && \text{Logik} \\
&\iff \exists\, n \in \mathbb{N} : x\,(RR^n)\,y && \text{Definition Komposition} \\
&\iff \exists\, n \in \mathbb{N} : x\,(R^{n+1})\,y && \text{Definition Potenz} \\
&\iff \exists\, n \in \mathbb{N} \setminus \{0\} : x\,R^n\,y && \text{Indextransformation} \\
&\iff x\,(\bigcup_{n\geq 1} R^n)\,y && \text{Definition } \bigcup_{n\geq 1} R^n \\
&\iff x\,R^+\,y && \text{Definition } R^+
\end{aligned}
$$

Die Definition der Mengengleichheit (Relationen sind ja spezielle Mengen) zeigt nun die Behauptung. $\qquad \square$

Nach dieser Abschweifung in die Theorie der Relationen kehren wir wieder zum eigentlichen Thema zurück. Dabei verwenden wir wieder, wie anfangs eingeführt, P als Bezeichner für die Pfeilrelation. Bei der Definition des Begriffs „Weg" hatten wir alle Knoten als paarweise verschieden gefordert. Diese Beschränkung lassen wir nun weg, weil es das Argumentieren mittels Hüllen wesentlich vereinfacht. Der folgende Begriff verallgemeinert Wege zu linearen Listen, in denen Knoten auch mehrfach vorkommen dürfen.

7.3.11 Definition: Pfad

Es sei $g = (V, P)$ ein gerichteter Graph. Eine lineare Liste $s \in V^+$ heißt ein **Pfad** von s_1 nach $s_{|s|}$, falls für alle $i \in \mathbb{N}$ mit $1 \le i \le |s| - 1$ die Beziehung $s_i \, P \, s_{i+1}$ gilt. $\square$

Analog zu den Wegen heißt die Zahl $|s| - 1$ die (graphentheoretische) **Länge des Pfads**. Wir werden, aus dem gleichen Grund wie schon bei den Wegen erklärt, diese graphentheoretische Längendefinition von Pfaden in Zukunft aber ebenfalls nicht verwenden. Wege sind offensichtlich Pfade, die Umkehrung gilt jedoch nicht, da in Pfaden Kreise als Teillisten auftreten können. Diese entstehen, wenn nicht alle Knoten paarweise verschieden sind. Wir machen den Unterschied noch an dem rechten der beiden einführenden Beispiele dieses Abschnitts deutlich. In dem folgenden gerichteten Graphen ist beispielsweise die lineare Liste $(2, 1, 3, 4, 5)$ ein Weg vom Knoten 2 zum Knoten 5. Hingegen ist $(2, 1, 3, 4, 5, 2, 1, 3, 4, 5)$ kein Weg vom Knoten 2 zum Knoten 5. Diese lineare Liste ist nur ein Pfad, da die Knoten 1, 2, 3, 4 und 5 mehrfach auftreten. Die Teilliste $(1, 3, 4, 5, 2, 1)$ bildet etwa einen Kreis.

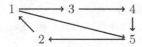

Einelementige Listen (x) sind immer zugleich Wege und Pfade. Bezüglich der Erreichbarkeit in gerichteten Graphen macht das Vorhandensein von Kreisen in Pfaden keinen Unterschied zur Erreichbarkeit mittels Wegen, wie der folgende Satz zeigt. In seinem Beweis benutzen wir die aus Kapitel 3 bekannte Konkatenationsoperation auf linearen Listen.

7.3.12 Satz: Erreichbarkeit mittels Wegen und Pfaden

Es seien $g = (V, P)$ ein gerichteter Graph und $x, y \in V$ zwei Knoten. Dann sind die folgenden Aussagen äquivalent.

(1) Es ist y von x aus in g erreichbar.

(2) Es gibt in g einen Pfad von x nach y.

Beweis: Wir beweisen zuerst, dass die Aussage (2) aus (1) folgt. Ist der Knoten y vom Knoten x aus erreichbar, so gibt es per Definition einen Weg von x nach y. Dieser Weg ist insbesondere auch ein Pfad von x nach y. Somit gilt (2).

Nun kommen wir zur anderen Richtung und nehmen dazu an, dass (2) gilt. Gibt es einen Pfad von x nach y, so gibt es auch einen Pfad von x nach y mit kleinster Länge, denn die natürlichen Zahlen sind Noethersch geordnet. Es sei die Liste $s \in V^+$ so ein kürzester Pfad. Wir zeigen nachfolgend, dass s dann auch ein Weg ist, womit auch (1) gezeigt ist. Dazu führen wir einen Beweis durch Widerspruch. Angenommen, der Pfad s sei kein Weg. Dann gibt es in s zwei identische Knoten und somit hat s die Form $s = a \& (z) \& b \& (z) \& c$, mit $a, b, c \in V^*$ und $z \in V$. Das Entfernen der Teilliste $b \& (z)$ aus dem Pfad s führt offensichtlich immer noch zu einem Pfad von x nach y. Dieser Pfad $a \& (z) \& c$ ist aber echt kürzer als s. Dies ist ein Widerspruch. $\qquad\Box$

Und hier ist nun die entscheidende Eigenschaft, welche die Existenz von Pfaden mit dem Enthaltensein in der reflexiv-transitiven Hülle verbindet. Die in ihm angegebene Beziehung zwischen P^n und $|s|$ ist der Grund für die graphentheoretische Längendefinition von Wegen.

7.3.13 Satz: Pfade und Hüllen

Es sei $g = (V, P)$ ein gerichteter Graph. Dann gilt für alle $n \in \mathbb{N}$ und für alle Knoten $x, y \in V$ die Beziehung $x \, P^n \, y$ genau dann, wenn es einen Pfad s von x nach y mit $|s| = n + 1$ (also n Pfeilen) gibt.

Beweis (durch vollständige Induktion): Die Aussage $A(n)$ besage, dass für alle Knoten $x, y \in V$ die zu zeigende Äquivalenz gilt.

Induktionsbeginn: Zum Beweis von $A(0)$ seien beliebige Knoten $x, y \in V$ gegeben. Wir starten mit Richtung „$\Longrightarrow$". Aus $x \, P^0 \, y$ folgt $x \, \mathbf{I} \, y$, also auch $x = y$. Es ist aber $s := (x)$ ein Pfad von x nach y mit der Länge $|s| = 0 + 1$. Gibt es, um die noch verbleibende Richtung „$\Longleftarrow$" zu zeigen, einen Pfad s von x nach y mit $|s| = 0 + 1 = 1$, so muss $s = (x) = (y)$ gelten und daraus folgt $x = y$, also $x \, P^0 \, y$, aufgrund der Gleichheit von Listen.

Induktionsschluss: Es sei $n \in \mathbb{N}$ beliebig gewählt und es gelte die Induktionshypothese $A(n)$. Wiederum seien $x, y \in V$ beliebige Knoten. Wir teilen den Beweis in zwei Teilbeweise auf und verwenden dabei bekannte Operationen auf Listen.

Wir starten mit „$\Longrightarrow$". Es gelte also $x \, P^{n+1} \, y$. Wegen der Definition der relationalen Komposition gibt es dann ein $z \in V$ mit $x \, P \, z$ und $z \, P^n \, y$. Nach der Induktionshypothese $A(n)$ existiert somit ein Pfad t von z nach y mit $|t| = n + 1$. Definiert man $s := x : t$, so ist, wie man sehr einfach verifiziert, s ein Pfad von x nach y. Seine Länge ist $|s| = |x : t| = 1 + |t| = n + 2$. Nun zeigen wir „$\Longleftarrow$". Dazu sei $s = (s_1, \ldots, s_{n+2}) \in V^{n+2}$ ein Pfad von x nach y. Dann gilt $x \, P \, s_2$ und es ist auch $rest(s)$ ein Pfad vom Knoten s_2 nach y mit $n + 1$ Knoten. Nach der Induktionshypothese $A(n)$ gilt also $s_2 \, P^n \, y$. Die Definition der relationalen Komposition bringt nun $x \, P^{n+1} \, y$. $\qquad\Box$

Nun endlich können wir den Zusammenhang zwischen der Erreichbarkeit in gerichteten Graphen $g = (V, P)$ und der reflexiv-transitiven Hülle P^* der entsprechenden Pfeilrelationen P herstellen, auf den wir die ganze Zeit hinarbeiteten.

7.3.14 Satz: Erreichbarkeit und Hüllen

Es seien $g = (V, P)$ ein gerichteter Graph und $x, y \in V$ zwei Knoten. Dann gilt $x \, P^* \, y$ genau dann, wenn y von x aus erreichbar ist.

Beweis: Wir rechnen mittels der Definition von P^* und $\bigcup_{n \geq 0} P^n$ wie folgt:

$$x\, P^*\, y \iff x\,\Big(\bigcup_{n \geq 0} P^n\Big)\, y \iff \exists n \in \mathbb{N} : x\, P^n\, y$$

Um den Beweis zu beenden, ist noch die folgende logische Äquivalenz nachzuweisen:

$$\exists n \in \mathbb{N} : x\, P^n\, y \iff y \text{ ist von } x \text{ aus erreichbar}$$

„$\Longrightarrow$": Es sei $n \in \mathbb{N}$ so, dass $x\, P^n\, y$ zutrifft. Dann gibt es einen Pfad s von x nach y (mit $|s| = n + 1$, was aber unwesentlich ist); siehe Satz 7.3.13. Aus Satz 7.3.12 folgt nun, dass y von x aus erreichbar ist.

„$\Longleftarrow$": Es sei y von x aus erreichbar. Nach Satz 7.3.12 gibt es dann einen Pfad s von x nach y. Wir setzen $n := |s| - 1$. Dann gibt es also ein $n \in \mathbb{N}$ so, dass die folgende Aussage wahr ist: Es gibt einen Pfad von x nach y der Länge $n + 1$. Weil diese Aussage äquivalent zu $x\, P^n\, y$ ist, siehe Satz 7.3.13, gibt es also ein $n \in \mathbb{N}$ mit $x\, P^n\, y$. $\qquad\Box$

Mit Hilfe der Relation P^* kann man also alle Erreichbarkeiten von allen Knotenpaaren in einem gerichteten Graphen $g = (V, P)$ testen. Nach Definition ist P^* eine unendliche Vereinigung von Potenzen von P. Algorithmisch kann man unendliche Vereinigungen nicht berechnen. Weil die Knotenmenge V endlich ist, ist dies aber auch gar nicht notwendig. Endlich viele Potenzen genügen schon, wie der folgende Satz zeigt.

7.3.15 Satz: Berechnung von Hüllen

Für alle gerichteten Graphen $g = (V, P)$ gilt die Gleichung $P^* = \bigcup_{n=0}^{|V|-1} P^n$.

Beweis: Wegen $\bigcup_{n=0}^{|V|-1} P^n \subseteq \bigcup_{n \geq 0} P^n = P^*$ ist für alle $x, y \in V$ nur zu zeigen, dass aus $x\, P^*\, y$ folgt $x\,\big(\bigcup_{n=0}^{|V|-1} P^n\big)\, y$. Gilt $x\, P^*\, y$, so ist y aufgrund von Satz 7.3.14 von x aus erreichbar. Per Definition gibt es also einen Weg w von x nach y. Dies impliziert $x\, P^{|w|-1}\, y$ aufgrund von Satz 7.3.13, wobei $1 \leq |w| \leq |V|$. Also gibt es ein $n \in \{0, \ldots, |V| - 1\}$, nämlich $n := |w| - 1$, mit $x\, P^n\, y$. Dies zeigt $x\,\big(\bigcup_{n=0}^{|V|-1} P^n\big)\, y$. $\qquad\Box$

Zum Testen der Kreisfreiheit von gerichteten Graphen $g = (V, P)$ kann die transitive Hülle P^+ herangezogen werden, welche ebenfalls aufgrund von $P^+ = \bigcup_{n=1}^{|V|-1} P^n$ in endlich vielen Rechenschritten berechnet werden kann. Es gilt nämlich das folgende Resultat.

7.3.16 Satz: Testen auf das Vorhandensein von Kreisen

Es sei $g = (V, P)$ ein gerichteter Graph. Dann sind die folgenden Aussagen äquivalent:

(1) Der gerichtete Graph g enthält einen Kreis.

(2) Es gibt einen Knoten $x \in V$ mit $x\, P^+\, x$.

Beweis: Zum Beweis von „(1) $\Longrightarrow$ (2)" sei $w \in V^+$ ein Kreis in g mit $w = (w_1, \ldots, w_n)$. Dann gilt $w_1\, P\, w_2$ und es ist $(w_2, \ldots, w_n)$ ein Weg von w_2 nach w_n. Nach Satz 7.3.14 gilt also $w_2\, P^*\, w_n$. Die Definition der relationalen Komposition bringt $w_1\,(P P^*)\, w_n$ und aus

Satz 7.3.10 erhalten wir $w_1 \, P^+ \, w_n$. Aus $w_1 = w_n$ folgt nun $x \, P^+ \, x$, wenn wir $x := w_1$ setzen.

Die Implikation „(2) $\Longrightarrow$ (1)" zeigt man wie folgt: Es sei $x \in V$ mit $x \, P^+ \, x$. Nach Satz 7.3.10 gilt also $x \, (PP^*) \, x$. Folglich gibt es einen Knoten $y \in V$ mit $x \, P \, y$ und $y \, P^* \, x$. Mit Hilfe von Satz 7.3.14 bekommen wir die Existenz eines Weges w von y nach x. Offensichtlich ist dann die lineare Liste $x : w$ ein Kreis in g. $\qquad\square$

Für die folgenden Bemerkungen setzen wir voraus, dass der Leserin oder dem Leser der Begriff einer Matrix bekannt ist, sowie, wie man Matrizen multipliziert und addiert. Stellt man die Relation P eines gerichteten Graphen $g = (V, P)$ durch eine Boolesche Matrix dar, also eine Matrix nur mit Einträgen 0 (für „falsch") und 1 (für „wahr"), so entspricht die Komposition PP der Multiplikation von P mit sich selbst, wobei die Einträge wie bei Zahlen üblich multipliziert werden. Die Multiplikation entspricht nämlich bei der eben genannten Interpretation der Null und der Eins genau der Konjunktion. Die relationale Vereinigung bekommt man dadurch, indem man die Einträge der Matrizen mit einer Art von Addition verknüpft, welche der Disjunktion entspricht. Man addiert also 0 und 1 wie üblich mit der einen Ausnahme, dass $1 + 1 = 1$ ergibt. Damit kann man sowohl die Relation P^+ als auch die Relation P^* bestimmen. Diese Verfahren sind aber langsamer als die üblicherweise benutzten Algorithmen, welche man im Informatik-Studium später noch kennenlernt. Sie brauchen, in einer Angabe mit den Landau-Symbol des vorhergehenden Kapitels, $\mathcal{O}(|V|^4)$ Boolesche Additionen und Multiplikationen, während bessere Verfahren schon mit $\mathcal{O}(|V|^3)$ Booleschen Additionen und Multiplikationen auskommen (also „kubische Laufzeit besitzen"). In dem folgenden Beispiel demonstrieren wir die Vorgehensweise zur Berechnung von P^* und P^+ in einer Matrizendarstellung an einer kleinen Matrix.

7.3.17 Beispiel: Erreichbarkeit und Kreise

Wir betrachten einen gerichteten Graphen $g = (V, P)$ mit sechs Knoten. Diese seien die natürlichen Zahlen von 1 bis 6. Die zeichnerische Darstellung von g sieht wie folgt aus:

$$
\begin{array}{ccc}
1 & \longrightarrow & 2 \\
\uparrow & & \downarrow \quad 3 \\
4 & \longleftarrow & 5 \quad \swarrow \downarrow \\
& & 6
\end{array}
$$

Dieser gerichtete Graph besitzt auch sechs Pfeile. Welcher Knoten mit welchen Knoten durch einen Pfeil verbunden ist, ergibt sich sofort aus der Zeichnung und auch aus der Booleschen Matrix zur Relation P, die nachfolgend angegeben ist. Im Prinzip ist die Matrix genau das, was wir früher als Kreuzchentabelle zu P bezeichnet haben.

	1	2	3	4	5	6
1	0	1	0	0	0	0
2	0	0	0	0	1	0
3	0	0	0	0	1	1
4	1	0	0	0	0	0
5	0	0	0	1	0	0
6	0	0	0	0	0	0

Zur Verbesserung der Lesbarkeit haben wir die Zeilen und Spalten der Matrix mit Marken versehen und werden dies auch nachfolgend tun. Weil die Gleichungen $P^+ = P \cup P^2 \cup P^3 \cup P^4 \cup P^5$ und $P^* = I \cup P^+$ gelten, genügt es, die Potenzen P^2 bis P^5 der Relation (Matrix) P zu berechnen. Man bekommt hier als Matrizen die folgenden Resultate:

	1 2 3 4 5 6		1 2 3 4 5 6		1 2 3 4 5 6		1 2 3 4 5 6
1	0 0 0 0 1 0	1	0 0 0 1 0 0	1	1 0 0 0 0 0	1	0 1 0 0 0 0
2	0 0 0 1 0 0	2	1 0 0 0 0 0	2	0 1 0 0 0 0	2	0 0 0 0 1 0
3	0 0 0 1 0 0	3	1 0 0 0 0 0	3	0 1 0 0 0 0	3	0 0 0 0 1 0
4	0 1 0 0 0 0	4	0 0 0 0 1 0	4	0 0 0 1 0 0	4	1 0 0 0 0 0
5	1 0 0 0 0 0	5	0 1 0 0 0 0	5	0 0 0 0 1 0	5	0 0 0 1 0 0
6	0 0 0 0 0 0	6	0 0 0 0 0 0	6	0 0 0 0 0 0	6	0 0 0 0 0 0
	P^2		P^3		P^4		P^5

Aus diesen Matrizen und der Einheitsmatrix (mit Einsen in der Diagonalen und sonst nur Nullen) berechnet man durch Matrix-Additionen die reflexiv-transitive Hülle P^* und die transitive Hülle P^+ jeweils in einer Matrix-Darstellung wie folgt:

	1 2 3 4 5 6		1 2 3 4 5 6
1	1 1 0 1 1 0	1	1 1 0 1 1 0
2	1 1 0 1 1 0	2	1 1 0 1 1 0
3	1 1 1 1 1 1	3	1 1 0 1 1 1
4	1 1 0 1 1 0	4	1 1 0 1 1 0
5	1 1 0 1 1 0	5	1 1 0 1 1 0
6	0 0 0 0 0 1	6	0 0 0 0 0 0
	P^*		P^+

Aus der linken Matrix (der zu P^*) ist durch die Einsen sofort erkennbar, welcher Knoten von welchem Knoten aus erreichbar ist. Man vergleiche die entsprechenden Einträge noch einmal mit der oben angegebenen zeichnerischen Darstellung des gerichteten Graphen. Anhand der Diagonale der rechten Matrix (der zu P^+) bekommt man nicht nur, dass in g ein Kreis existiert. Darüber hinaus werden durch die Einsen auf ihr sogar genau diejenigen Knoten angegeben, die auf einem Kreis liegen. Es sind dies genau die Knoten 1, 2, 4 und 5. Diese Eigenschaft verifiziert man auch sofort anhand der obigen Zeichnung des Graphen. □

Wir hatten bei den gerichteten Graphen per Definition gefordert, dass die Knotenmengen immer endlich und auch nichtleer sind. Damit kann man Induktion über die Kardinalität der Knotenmenge durchführen. Wie das im Fall der vollständigen Induktion mit der Eins als Induktionsbeginn aussieht, ist nachfolgend angegeben. Der Induktionsbeginn ist dadurch bedingt, dass alle Knotenmengen nichtleer sein müssen. In analoger Weise kann man auch das Prinzip der Noetherschen Induktion auf gerichtete Graphen übertragen. Auch Induktion über die Anzahl der Pfeile ist möglich, wenn man die Anzahl der Knoten als fixiert annimmt. Darauf wollen wir aber nicht eingehen.

7.3.18 Satz: Induktion bei Graphen

Es sei $A(g)$ eine Aussage, in der die Variable g für einen gerichteten Graphen steht. Weiterhin seien die folgenden Aussagen gültig:

(1) Es gilt $A(g)$ für alle gerichteten Graphen g mit einem Knoten.

(2) Für alle $n \in \mathbb{N}$ gilt: Ist $A(h)$ für alle gerichteten Graphen h mit n Knoten wahr, so ist auch $A(g)$ auch für alle gerichteten Graphen g mit $n + 1$ Knoten wahr.

Dann gilt $A(g)$ für alle gerichteten Graphen g. $\qquad\qquad\qquad\qquad\qquad$ □

Die Aussage (1) dieses Satzes heißt wiederum Induktionsbeginn und die Aussage (2) nennt man ebenfalls Induktionsschluss, mit der Induktionshypothese, dass $A(h)$ für alle gerichteten Graphen h mit n Knoten wahr ist. Ein Beweis des Satzes ist nicht notwendig, denn es handelt sich bei seiner Aussage um eine spezielle Instanz der vollständigen Induktion. Diese Instanz verwendet „für alle gerichteten Graphen g mit n Knoten gilt $A(g)$" als Aussage in n. Dass diese Aussage für alle $n \in \mathbb{N}$ gilt, besagt genau, dass $A(g)$ für alle gerichteten Graphen g gilt. Nachfolgend geben wir nun ein Beispiel für eine Anwendung von Satz 7.3.18 an.

7.3.19 Satz: Anwendung Grapheninduktion

Für alle gerichteten Graphen $g = (V, P)$ gilt: Ist g kreisfrei, so existiert eine Funktion $ts : V \to \{1, \ldots, |V|\}$ mit der folgenden Eigenschaft:

$$\forall\, x, y \in V : x\,P\,y \Rightarrow ts(x) < ts(y)$$

Beweis (durch Grapheninduktion): Die Aussage $A(g)$, welche wir verwenden, besagt gerade, dass eine Funktion $ts : V \to \{1, \ldots, |V|\}$ mit der geforderte Eigenschaft existiert, sofern g kreisfrei ist.

Zum Induktionsbeginn sei $g = (V, P)$ ein beliebiger kreisfreier gerichteter Graph mit einem Knoten x. Dann erfüllt offensichtlich die Funktion

$$ts . V \to \{1\} \qquad\qquad ts(x) = 1$$

die geforderte Eigenschaft, denn sowohl $x\,P\,x$ (wegen der Kreisfreiheit) als auch die Ungleichung $ts(x) < ts(x)$ sind falsch, was die geforderte Implikation zeigt. Also gilt $A(g)$.

Zum Induktionsschluss sei $n \in \mathbb{N}$ und es existiere eine Funktion $ts' : W \to \{1, \ldots, n\}$ mit der geforderten Eigenschaft für alle kreisfreien gerichteten Graphen $h = (W, Q)$ mit n Knoten, d.h. es gelte die Induktionshypothese. Wir haben zu zeigen, dass dann eine Funktion $ts : V \to \{1, \ldots, n+1\}$ mit der geforderten Eigenschaft für alle kreisfreien gerichteten Graphen $g = (V, P)$ mit $n + 1$ Knoten existiert, da dies genau dem Beweis von $A(g)$ für alle diese Graphen entspricht.

Es sei also g ein beliebiger solcher gerichteter Graph. Weil g kreisfrei und die Knotenmenge endlich ist, gibt es in g mindestens einen Knoten ohne Vorgänger. Es sei $q \in V$ so ein Knoten. Wir definieren einen kreisfreien gerichteten Graphen $h = (W, Q)$, indem wir q und die ihn berührenden Pfeile aus g entfernen, also, indem wir W und Q wie nachfolgend angegeben festlegen[12].

$$W := V \setminus \{q\} \qquad\qquad Q := P \cap (W \times W)$$

---

[12]Die mengentheoretische Spezifikation von Q besagt genau, dass für alle $x, y \in W$ die Beziehungen $x\,Q\,y$ und $x\,P\,y$ äquivalent sind. Dass Q eine Relation auf W ist, folgt aus der Graphendefinition und $h = (W, Q)$.

Aufgrund der Induktionshypothese existiert eine Funktion $ts' : W \to \{1, \ldots, n\}$ mit der geforderten Eigenschaft für den „Untergraphen" h von g. Mit Hilfe von ts' definieren wir nun die gewünschte Funktion für g wie folgt.

$$ts : V \to \{1, \ldots, |V|\} \qquad ts(x) = \begin{cases} 1 & \text{falls} \quad x = q \\ ts'(x) + 1 & \text{falls} \quad x \in W \end{cases}$$

Es bleibt für die Funktion ts noch die geforderte Eigenschaft zu zeigen. Dazu seien beliebige Knoten $x, y \in V$ gegeben. Weiterhin sei $x\,P\,y$ vorausgesetzt. Wir unterscheiden zwei Fälle.

(a) Es gilt $x = q$. Hier folgt sofort $y \neq q$ wegen $x\,P\,y$ und der vorausgesetzten Kreisfreiheit von g. Also haben wir $y \in W$. Dies bringt

$$ts(x) = 1 < ts'(y) + 1 = ts(y).$$

(b) Es gilt $x \neq q$. Dann gilt auch $y \neq q$. Wäre nämlich $y = q$, so folgt aus $x\,P\,y$, dass $d_g^-(q) = d_g^-(y) \neq 0$. Das ist ein Widerspruch zur Wahl von q als Knoten ohne Vorgänger. Also haben wir $x, y \in W$ und dies zeigt

$$ts(x) = ts'(x) + 1 < ts'(y) + 1 = ts(y).$$

Damit ist der Beweis des Induktionsschlusses beendet und die Grapheninduktion zeigt die Behauptung. $\qquad\square$

Die Funktion ts des Satzes 7.3.19 kann man so auffassen: Es werden die Knoten eines gegebenen gerichteten Graphen so mit Nummern versehen, dass die Nummerierung mit der Eins beginnt, lückenfrei ist und Pfeile nur zu echt größeren Nummern führen. Man sortiert also den Graphen topologisch im folgenden Sinne.

7.3.20 Definition: topologische Sortierung

Eine Funktion $ts : V \to \{1, \ldots, |V|\}$ heißt eine **topologische Sortierung** des gerichteten Graphen $g = (V, P)$, falls $ts(x) < ts(y)$ für alle $x, y \in V$ mit $x\,P\,y$ gilt. $\qquad\square$

Nach Satz 7.3.19 sind kreisfreie gerichtete Graphen topologisch sortierbar. Der Satz zeigt auch, wie man eine topologische Sortierung berechnen kann. Welche Funktion dabei berechnet wird, hängt von der Wahl von q ab. Das durch den Satz beschriebene Verfahren ist, wie man sagt, nichtdeterministisch. Von Satz 7.3.19 gilt auch die Umkehrung. Mit diesem Resultat beenden wir diesen Abschnitt.

7.3.21 Satz: topologische Sortierung impliziert Kreisfreiheit

Alle gerichteten Graphen $g = (V, P)$, die eine topologische Sortierung $ts : V \to \{1, \ldots, |V|\}$ besitzen, sind kreisfrei.

Beweis (durch Widerspruch): Angenommen, die Behauptung gelte nicht, und es gibt somit einen gerichteten Graphen $g = (V, P)$ mit einer topologischen Sortierung ts, der auch einen Kreis hat. Dieser Kreis sei die lineare Liste

$$(x_1, \ldots, x_n),$$

mit $n \geq 2$ Knoten. Dann gilt $x_i\, P\, x_{i+1}$ für alle $i \in \mathbb{N}$ mit $1 \leq i \leq n-1$. Daraus bekommen wir $ts(x_i) < ts(x_{i+1})$ für alle $i \in \mathbb{N}$ mit $1 \leq i \leq n-1$. Die Transitivität der Striktordnung impliziert $ts(x_1) < ts(x_n)$, also $ts(x_1) < ts(x_1)$, weil ja auch $x_1 = x_n$ gilt. Das ist ein Widerspruch. $\qquad\qquad\square$

Man kann die Bestimmung einer topologische Sortierung eines kreisfreien gerichteten Graphen $g = (V, P)$ auch als eine Lösung des folgenden Problems interpretieren: Gesucht ist eine Partition von V in n Mengen und deren Anordnung in Form einer linearen Liste $(T_1, \ldots, T_n)$ so, dass Pfeile nur in echt rechtsstehende Mengen führen. Eine Variante des Problems ist dann dadurch gegeben, dass man nach einer solchen Liste minimaler Länge sucht. Darauf aufbauend ergeben sich für praktische Anwendungen interessante weitere Probleme. Eines davon ist etwa, dass man zusätzlich versucht, die kleinste Menge der Liste möglichst groß (im Sinne der Kardinalität) zu machen. Zur Lösung dieses Problems kennt man aber derzeit keinen effizienten Algorithmus.

7.4 Bemerkungen zu mehrstelligen Relationen

Neben dem bisher behandelten Begriff einer Relation als Menge von Paaren gibt es noch den allgemeineren Begriff der mehrstelligen Relation. Diese stellen Mengen von n-Tupeln dar, also Teilmengen eines direkten Produkts $\prod_{i=1}^{n} M_i$, wobei normalerweise $n > 1$ angenommen wird. Wie wir in Abschnitt 3.1 angemerkt haben, kann man n-Tupel $(x_1, \ldots, x_n)$ durch Paarbildungen modellieren, indem man künstlich klammert, beispielsweise in der Form $(x_1, (x_2, (\ldots, (x_{n-1}, x_n)\ldots)))$. Folglich sind n-stellige Relationen nichts anderes als spezielle Relationen im bisherigen Sinn. Aus praktischen Gründen verzichtet man aber auf die vielen Klammern und arbeitet mit Tupeln.

Ein Gebiet der Informatik, bei dem n-stellige Relationen eine überragende Rolle spielen, sind die Datenbanken. Bei dem relationalen Datenbankmodell, welches von dem englischen Informatiker Edgar Codd (1923-2003) eingeführt wurde, besteht eine Datenbank aus einer Menge von Tabellen und in jeder Tabelle stellt jede Zeile einen Datensatz dar. Alle Datensätze haben den gleichen Aufbau und werden durch die Angabe von sogenannten Attributen in der gleichen Weise interpretiert. Hier ist ein Beispiel:

Vorname	Name	Matrikelnummer	Studienfach	Nebenfach
Anton	Huber	405436	inf	math
Josef	Maier	307437	inf	phy
Maria	Engelbrecht	407438	inf	math
Egon	Cordes	102430	inf	bio
Bente	Grohmann	102530	inf	bio

Formal sind solche Tabellen spezielle mathematische Objekte, nämlich Paare, bestehend aus einer mehrstelligen Relation und einer Funktion, welche den Komponenten der Tabelle (Relation) die entsprechenden Attribute zuordnet. In dem gerade gebrachten Beispiel ist die Relation fünfstellig und eine Teilmenge des direkten Produkts $M^* \times M^* \times \mathbb{N} \times S \times S$, mit den linearen Listen von M^* aufgefasst als Wörter und $S = \{\text{math}, \text{inf}, \text{phys}, \text{bio}, \ldots\}$ als Menge der Studienfächer. Die Menge der Attribute und die Attributzuordnungs-Funktion sind aus der Kopfzeile der Tabelle ersichtlich. Die Manipulation und das Abfragen von

Daten geschieht durch Operationen. So werden z.B. durch das Vereinigen von zwei Tabellen mit den gleichen Attributen die Datensätze unter Vermeidung von Duplikationen in eine neue Tabelle geschrieben. Die Differenz von zwei Tabellen mit gleichen Attributen filtert aus der ersten Tabelle diejenigen Datensätze heraus, die nicht in der zweiten Tabelle enthalten sind, und speichert sie in einer neuen Tabelle ab. Schließlich sei noch die Projektion genannt. Sie hat eine Menge von Attributen und eine Tabelle als Eingabe und liefert diejenigen Spalten der Tabelle in Form einer neuen Tabelle als Resultat, die zu den gegebenen Attributen gehören.

Insbesondere in der theoretischen Informatik sind spezielle dreistellige Relationen als Teilmengen von $S \times A \times S$ von Bedeutung. Sie werden **Transitionssysteme** genannt und dazu verwendet, das Verhalten von zustandsbasierten Systemen zu modellieren und zu beschreiben. Dazu wird jedes Element von S als Zustand und jedes Element von A als elementare Aktion interpretiert. Transitionssysteme werden sehr oft durch einen Pfeil „$\to$" bezeichnet und statt $(s, a, t) \in \to$ schreibt man $s \xrightarrow{a} t$. Falls das Hinschreiben der Aktionen mehr Platz erfordert, dann sind auch andere Schreibweisen üblich, etwa $a : s \vdash t$.

So kann man etwa die Semantik von imperativen Programmiersprachen, also von Programmiersprachen, die, wie in Kapilel 5 beschrieben, auf Programmvariablen, Anweisungen und einem Speichermodell aufbauen, formal mittels Transitionssystemen spezifizieren. Ist $X = \{x_1, \ldots, x_n\}$ die Menge der in einem imperativen Programm vorkommenden Programmvariablen, so entspricht ein Zustand einem n-Tupel $s = (s_1, \ldots, s_n)$, wobei s_i als derzeitiger Wert der Programmvariablen x_i interpretiert wird. Die Semantik der Zuweisung wird dann beispielsweise wie folgt als Zustandsübergang spezifiziert:

$$x_i := E : s \vdash t,$$

mit $t_j = s_j$ für alle $j \neq i$ und $t_i = wert(E, s)$. Hier stellt $wert(E, s)$ den Wert des Ausdrucks E im Zustand s dar. Wie sich der ergibt, muss natürlich auch durch Induktion nach dem Aufbau der Ausdrücke spezifiziert werden. Als ein zweites Beispiel geben wir noch die durch eine Fallunterscheidung bewirkten Zustandsübergänge an. Hier gilt

$$\textbf{if } B \textbf{ then } P \textbf{ else } Q \textbf{ end} : s \vdash t,$$

falls $wert(B, s) = \mathsf{W}$ und $P : s \vdash t$ gelten, und

$$\textbf{if } B \textbf{ then } P \textbf{ else } Q \textbf{ end} : s \vdash u,$$

falls $wert(B, s) = \mathsf{F}$ und $Q : s \vdash u$ gelten. All dies lernt man ganz genau etwa in einer entsprechenden Vorlesung aus dem Gebiet der theoretischen Informatik, beispielsweise in einer zur Semantik von Programmiersprachen.

7.5 Übungsaufgaben

7.5.1 Aufgabe

Die Relation $R \subseteq \mathcal{P}(\mathbb{N}) \times \mathcal{P}(\mathbb{N})$ ist durch

$$X \, R \, Y \; :\Longleftrightarrow \; \exists x \in \mathbb{N} : x \in X \wedge x \in Y$$

für alle $X, Y \in \mathcal{P}(\mathbb{N})$ festgelegt. Beweisen oder widerlegen Sie die folgenden Aussagen:

(1) Die Relation R ist reflexiv.

(2) Die Relation R ist symmetrisch.

(3) Die Relation R ist antisymmetrisch.

(4) Die Relation R ist transitiv.

7.5.2 Aufgabe

Es seien R und S Äquivalenzrelationen auf einer Menge M.

(1) Zeigen Sie, dass auch der Durchschnitt $R \cap S$ eine Äquivalenzrelation ist.

(2) Geben Sie ein Beispiel dafür an, dass die Vereinigung $R \cup S$ keine Äquivalenzrelation ist.

7.5.3 Aufgabe

Geben Sie die durch die Partition $\mathcal{M} := \{\, \{a\}, \{b,c\}, \{d\} \,\}$ der Menge $M := \{a,b,c,d\}$ beschriebene Äquivalenzrelation $\equiv$ auf M

(1) explizit an, d.h. durch die in Mengenklammern eingeschlossene Aufzählung ihrer Paare,

(2) an in Form einer Kreuzchentabelle.

7.5.4 Aufgabe

Wir betrachten die Menge $M := \{0, 1, \ldots, 9, 10\}$. Zeichnen Sie das Ordnungsdiagramm (Hasse-Diagramm) der geordneten Menge $(M, |)$ und beantworten Sie mit dessen Hilfe für die Teilmenge $X := \{2, 4, 6, 8\}$ von M die folgenden Fragen:

(1) Was sind die maximalen bzw. minimalen Elemente von X?

(2) Was sind die oberen bzw. unteren Schranken von X?

(3) Besitzt X ein größtes bzw. ein kleinstes Element?

(4) Besitzt X eine kleinste obere Schranke bzw. eine größte untere Schranke?

7.5.5 Aufgabe

Es sei $(M, \leq)$ eine geordnete Menge. Beweisen Sie für alle $x, y \in M$ die folgende logische Äquivalenz:

$$\text{(a)} \quad x = y \iff \forall z \in M : z \leq x \Leftrightarrow z \leq y$$

Wie lautet die Entsprechung von (a), wenn man die linke Seite zu $x \leq y$ abändert (mit Beweis)?

7.5.6 Aufgabe

Beweisen Sie, dass $(\mathcal{P}(\mathbb{N}), \subseteq)$ nicht Noethersch geordnet ist.

7.5.7 Aufgabe

Es sei M eine nichtleere Menge mit $|M| \leq |\mathbb{N}|$. Zeigen Sie, dass es auf M eine Ordnungs-relation $\sqsubseteq$ gibt, so dass in der geordneten Menge $(M, \sqsubseteq)$ jede nichtleere Teilmenge von M ein kleinstes Element besitzt.

7.5.8 Aufgabe

Wir betrachten auf der Menge $\mathbb{N} \times \mathbb{N}$ die Relation $\sqsubseteq$, welche für alle Paare $(x, y) \in \mathbb{N} \times \mathbb{N}$ und $(m, n) \in \mathbb{N} \times \mathbb{N}$ festgelegt ist durch $(x, y) \sqsubseteq (m, n)$ genau dann, wenn $x \leq m$ und $y \leq n$.

(1) Beweisen Sie, dass $(\mathbb{N} \times \mathbb{N}, \sqsubseteq)$ eine Noethersch geordnete Menge ist.

(2) Die Funktion $f : \mathbb{N} \times \mathbb{N} \to \mathbb{N}$ erfülle für alle $m, n \in \mathbb{N}$ die folgenden Gleichungen:

$$f(0, n) = n \qquad f(m, 0) = m \qquad f(m+1, n+1) = f(m, n)$$

Beweisen Sie durch Noethersche Induktion, dass $f(m, n) = |m - n|$ für alle $m, n \in \mathbb{N}$ gilt.

7.5.9 Aufgabe

Es sei $f : M \to M$ eine Funktion auf einer endlichen Menge M. Zeigen Sie mittels graphentheoretischer Argumentation die folgende Aussage:

$$f \text{ ist injektiv} \iff f \text{ ist bijektiv} \iff f \text{ ist surjektiv}$$

7.5.10 Aufgabe

Wir betrachten zu $m \in \mathbb{N}$ und der Menge $M_m := \{x \in \mathbb{N} \mid 1 \leq x \leq m\}$ den gerichteten Graphen $g_m = (V_m, P_m)$ mit der Knotenmenge $V_m := \mathcal{P}(M_m)$ und der Pfeilrelation $P_m \subseteq V_m \times V_m$, welche für alle $X, Y \in V_m$ definiert ist durch

$$X \, P_m \, Y \;:\Longleftrightarrow\; X \subset Y \wedge \neg (\exists Z \in V_m : X \subset Z \wedge Z \subset Y).$$

(1) Zeichnen Sie die gerichteten Graphen g_0 bis g_3.

(2) Geben Sie für diese gerichteten Graphen alle Wege von $\emptyset$ nach M_m an.

7.5.11 Aufgabe

Gegeben sei ein gerichteter Graph $g = (V, P)$. Ein gerichteter Graph $h = (V, Q)$ heißt eine transitive Reduktion von g, falls die Relation Q ein minimales Element der Menge

$$\{X \in \mathcal{P}(P) \mid X^* = P^*\}$$

in der geordneten Menge $(\mathcal{P}(V \times V), \subseteq)$ ist.

(1) Beweisen Sie, dass jeder gerichtete Graph eine transitive Reduktion besitzt.

(2) Zeigen Sie anhand eines Beispiels, dass ein gerichteter Graph mehr als eine transitive Reduktion besitzen kann und deren Pfeilrelationen sogar verschiedene Kardinalitäten haben können.

8 Elementare Kombinatorik und ungerichtete Graphen

Im letzten Abschnitt des vorhergehenden Kapitels wurden gerichtete Graphen behandelt. Dies sind im Prinzip nichts anderes als Relationen auf Knotenmengen, deshalb geschah die Zuordnung zum Kapitel über Relationen. Es gibt auch noch ungerichtete Graphen, bei denen die Verbindungen zwischen den Knoten keine Richtung besitzen, graphisch also keine Pfeile mit Spitzen an einem Ende darstellen. In diesem Kapitel behandeln wir nun die ungerichteten Graphen. Diese stehen oft in Verbindung mit Kombinatorik, also der Teildisziplin der Mathematik, die sich mit Aufzählungen von Möglichkeiten, Größen bestimmter endlicher Mengen usw. beschäftigt. Wir beginnen im ersten Abschnitt des Kapitels mit einigen elementaren Begriffen und Fragestellungen der Kombinatorik.

8.1 Fakultäten und Binomialkoeffizienten

Die Aufgabe der Kombinatorik ist, sehr abstrakt gesehen, oft die Bestimmung von Möglichkeiten von Aufzählungen und von Kardinalitäten von endlichen Mengen. Dies wird vielfach durch die **Kunst des geschickten Aufzählens und Einteilens** erreicht, beispielsweise durch eine Zerlegung in disjunkte Mengen, deren Größen man einfach berechnen kann, und das Herstellen von geeigneten Eins-zu-Eins-Beziehungen. Binomialkoeffizienten sind dabei ein häufig verwendetes Mittel. Wir definieren sie in diesem Abschnitt mittels Fakultäten und führen Letztere wie folgt ein.

8.1.1 Definition: Fakultät

Zu $n \in \mathbb{N}$ wird durch $n! := \prod_{i=1}^{n} i$ die **Fakultät** von n definiert. $\qquad\square$

Dabei bezeichnet, wie schon aus Abschnitt 3.1 bekannt, $\prod_{i=1}^{n} i$ das Produkt $1 \cdot 2 \cdot \ldots \cdot n$ der Zahlen von 1 bis n im Fall $n > 0$. Als Erweiterung hiervon definiert man noch $\prod_{i=1}^{0} i := 1$. Die rekursive Definition des Produktsymbols mit der Null als dem neuen Terminierungsfall (statt der Eins wie in Abschnitt 3.1) liefert sofort das erste Resultat dieses Kapitels.

8.1.2 Satz: rekursive Beschreibung der Fakultät

Es gilt $0! = 1$ und für alle $n \in \mathbb{N} \setminus \{0\}$ gilt $n! = n(n-1)!$.

Beweis: Indem die Definition der Fakultät zweimal verwendet wird, folgt

$$n! = \prod_{i=1}^{n} i = n \cdot \prod_{i=1}^{n-1} i = n(n-1)!$$

im Fall $n \neq 0$. Die Gleichung $0! = 1$ folgt aus $\prod_{i=1}^{0} i = 1$. $\qquad\square$

Fakultäten treten insbesondere bei der Abzählung von speziellen Funktionen auf und damit in Situationen, wo man bei der Problemlösung auf diese stößt. Darauf werden wir später noch zurückkommen. Wir zeigen aber zuvor auf, wie man alle Funktionen auf endlichen Mengen aufzählt, d.h. formal die Größen von Mengen von Funktionen bestimmt. Dazu müssen wir, um einfach vorgehen zu können, zuerst Funktionenmengen in irgendeiner Art bezeichnen. In der Mathematik ist die folgende Beschreibung üblich; wir haben sie schon in den Beispielen 6.2.7 in Verbindung mit den konkreten Mengen $\mathbb{N}$ und $\{0, 1\}$ verwendet.

© Springer Fachmedien Wiesbaden GmbH, ein Teil von Springer Nature 2021
R. Berghammer, *Mathematik für die Informatik*,
https://doi.org/10.1007/978-3-658-33304-1_8

8.1.3 Definition: Funktionenmenge

Zu Mengen M und N bezeichnet N^M die Menge der Funktionen von M nach N. $\qquad\square$

Beispielsweise ist $\mathbb{B}^{\mathbb{B}}$ die Menge der Funktionen von $\mathbb{B}$ nach $\mathbb{B}$. Davon gibt es genau vier Stück, nämlich $f_1(x) = \mathsf{W}, f_2(x) = \mathsf{F}, f_3(x) = x$ und $f_4(x) = nicht(x)$. Hier sind die graphischen Darstellungen dieser Funktionen mittels bipartiter Pfeildiagramme:

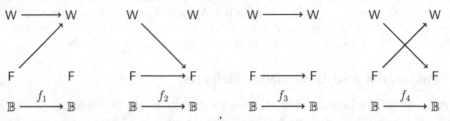

Es gilt also $|\mathbb{B}^{\mathbb{B}}| = 4 = |\mathbb{B}|^{|\mathbb{B}|}$. Dieser Zusammenhang zur Potenzierung von Zahlen gilt sogar für beliebige endliche Mengen M und N, wie der folgende Satz zeigt. Die Endlichkeit braucht man hier wegen der Existenz der Kardinalitäten.

8.1.4 Satz: Kardinalität von Funktionenmengen

Für alle endlichen Mengen M und N gelten die folgenden Gleichungen:

$$|N^M| = |N|^{|M|} = |N^{|M|}|$$

Beweis: Wir zeigen zuerst $|N^{|M|}| = |N|^{|M|}$. Nach Definition ist $N^{|M|}$ das $|M|$-fache direkte Produkt der Menge N. Aufgrund von Satz 3.1.3 erhalten wir im Fall $|M| \geq 1$, dass

$$|N^{|M|}| = |\prod_{i=1}^{|M|} N| \qquad\qquad \text{Definition Produkt}$$

$$= \prod_{i=1}^{|M|} |N| \qquad\qquad \text{Satz 3.1.3}$$

$$= |N|^{|M|} \qquad\qquad \text{Potenz von zwei Zahlen}$$

gilt. Für $|M| = 0$ bekommen wir $|N^0| = |\{()\}| = 1$ nach der Definition von N^0 und auch $|N|^0 = 1$ nach einem bekannten Potenzgesetz. Dies zeigt insgesamt $|N^{|M|}| = |N|^{|M|}$.

Es bleibt noch $|N^M| = |N^{|M|}|$ zu beweisen. Im Fall $|M| = 0$, d.h. $M = \emptyset$, gelten $|N^{\emptyset}| = 1$ und $|N^0| = 1$. Man beachte, dass hierbei $N^{\emptyset}$ eine Menge von Funktionen ist, mit der leeren Funktion $\emptyset : \emptyset \to N$ als dem einzigen Element, und N^0 eine Menge von 0-Tupeln ist, mit dem leeren Tupel () als dem einzigen Element.

Nun sei $|M| = m$, und es gelte $m \geq 1$ und $M = \{a_1, \ldots, a_m\}$. Wir zeigen $|N^M| = |N^{|M|}|$, indem wir eine bijektive Funktion F von N^M nach $N^{|M|} = N^m$ angeben. Diese und ihre Umkehrfunktion sehen wie folgt aus:

$$F : N^M \to N^m \qquad F(f) = (f(a_1), \ldots, f(a_m))$$
$$G : N^m \to N^M \qquad G(s) = \{(a_1, s_1), \ldots, (a_m, s_m)\}$$

Man beachte, dass die Relation $\{(a_1, s_1), \ldots, (a_m, s_m)\}$, also $G(s)$, tatsächlich eine Funktion von M nach N ist. Es gelten die Gleichung $G(F(f)) = f$ für alle $f : M \to N$ und die Gleichung $F(G(s)) = s$ für alle $s \in N^m$. Hier ist der Beweis der ersten Behauptung:

$$
\begin{aligned}
G(F(f)) &= G(\,(f(a_1), \ldots, f(a_m))\,) && \text{Definition } F \\
&= \{(a_1, f(a_1)), \ldots, (a_m, f(a_m))\} && \text{Definition } G \\
&= f && \text{Gleichheit von Funktionen}
\end{aligned}
$$

Zum Beweis der zweiten Behauptung gehen wir wie folgt vor und beachten dabei, dass für alle $i \in \{1, \ldots, m\}$ die Anwendung der Funktion $\{(a_1, s_1), \ldots, (a_m, s_m)\}$ auf das Argument a_i per Definition das Resultat s_i liefert.

$$
\begin{aligned}
F(G(s)) &= F(\{(a_1, s_1), \ldots, (a_m, s_m)\}) && \text{Definition } G \\
&= (s_1, \ldots, s_m) && \text{Definition von } F \\
&= s
\end{aligned}
$$

Es sind also insgesamt F und G bijektiv, mit G als Umkehrfunktion F^{-1}. □

Gelten $|M| = m$ und $|N| = n$, so kann man jede Funktion f von M nach N als genau ein m-Tupel auffassen. Dies besagt ja genau die Definition der Funktion F im letzten Beweis. Folglich gibt es genau n^m verschiedene **Tupel der Länge m über einer Menge mit n Elementen**. Über der Menge $\{a, b, c\}$ kann man also genau $3^3 = 27$ verschiedene Tupel der Länge 3 bilden.

Die **Menge der bijektiven Funktionen** von M nach N ist eine Teilmenge von N^M. Im Fall $|M| \neq |N|$ ist diese Teilmenge bei endlichen Mengen immer leer. Deshalb kann man sich hier auf den Fall $|M| = |N|$ beschränken. Nun ist unter dieser Voraussetzung die Anzahl der bijektiven Funktionen von der endlichen Menge M nach der endlichen Menge N gleich der Anzahl der bijektiven Funktionen von M nach M. Hintergrund ist der folgende einfach zu beweisende Sachverhalt, der sich aus der Bijektivität der Komposition von bijektiven Funktionen ergibt.

8.1.5 Satz: Kardinalitätsvergleich von Funktionenmengen

Sind $f : M_1 \to M_2$ und $g : N_1 \to N_2$ bijektive Funktionen, so ist auch

$$
F : N_1^{M_1} \to N_2^{M_2} \qquad\qquad F(h) = g \circ h \circ f^{-1}
$$

eine bijektive Funktion, die genau die bijektive Funktionen aus $N_1^{M_1}$ auf die bijektive Funktionen aus $N_2^{M_2}$ abbildet. □

Man kann sich beim Aufzählen von bijektiven Funktionen somit auf die auf nur einer endlichen Menge beschränken. Weil im Fall $M = \{a_1, \ldots, a_m\}$ die Anzahl der bijektiven Funktionen auf M nach Satz 8.1.5 gleich der auf der speziellen gleichmächtigen Menge $\{1, \ldots, m\}$ ist, beschränkt man sich beim Aufzählen bijektiver Funktionen schließlich auf die Menge $\{1, \ldots, m\}$, mit $m \geq 0$. Für $m = 0$ gilt natürlich, wie auch schon erwähnt, die Gleichung $\{1, \ldots, m\} = \emptyset$, und auf der leeren Menge gibt es genau eine bijektive Funktion, nämlich $\emptyset : \emptyset \to \emptyset$. Da man Funktionen f auf $\{1, \ldots, m\}$ als m-Tupel auffassen kann, trifft dies insbesondere auch für die bijektiven Funktionen zu. Diese entsprechen dann genau den nachfolgend definierten speziellen Tupeln.

8.1.6 Definition: Permutation

Ein n-Tupel $s \in \{1, \ldots, n\}^n$, mit $s = ()$ im Fall $n = 0$, heißt eine **Permutation** der Menge $\{1, \ldots, n\}$, also der leeren Menge $\emptyset$ im Fall $n = 0$, falls für alle $i, j \in \mathbb{N}$ mit $1 \le i, j \le n$ und $i \ne j$ gilt $s_i \ne s_j$. Mit $\mathcal{S}(n)$ ist die **Menge aller Permutationen** von $\{1, \ldots, n\}$ bezeichnet. $\qquad\qquad\qquad\qquad\qquad\qquad\qquad\qquad\qquad\qquad\qquad\qquad\qquad\qquad\square$

Permutationen sind also n-Tupel über den natürlichen Zahlen, bei denen alle Komponenten paarweise verschieden sind. Im Fall der Tupellänge $n = 0$ ist das leere Tupel $() \in \emptyset^0$ offensichtlich eine Permutation der leeren Menge $\emptyset$, denn die Formeln $1 \le i \le 0$ und $1 \le j \le 0$ sind falsch. Also haben wir $\mathcal{S}(0) = \{()\}$ und folglich $|\mathcal{S}(0)| = |\{()\}| = 1 = 0!$. Wir werden im Folgenden die Gleichheit $\mathcal{S}(n) = n!$ für alle $n \in \mathbb{N}$ beweisen. Dazu brauchen wir eine Hilfskonstruktion, die wir nachfolgend einführen. Sie basiert auf zwei partiellen Listenfunktionen $bis : M^* \times \mathbb{N} \to M^*$ und $nach : M^* \times \mathbb{N} \to M^*$, die durch

$$
\begin{array}{ll}
bis(s, 0) = () & bis(a : s, n+1) = a : bis(s, n) \\
nach(s, 0) = s & nach(a : s, n+1) = nach(s, n)
\end{array}
$$

für alle $s \in M^*$, $a \in M$ und $n \in \mathbb{N}$ definiert sind. Es berechnet $bis(s, n)$ die Anfangs-Teilliste von s der Länge n und $nach(s, n)$ entfernt dieses Anfangsstück von s. Etwa gelten $bis((3, 2, 1, 4, 1), 2) = (3, 2)$ und $nach((3, 2, 1, 4, 1), 2) = (1, 4, 1)$.

8.1.7 Definition: Einschieben in eine Permutation

Es seien $n \in \mathbb{N}$ und $s \in \mathcal{S}(n)$ gegeben. Wir definieren für alle $i \in \mathbb{N}$ mit $1 \le i \le n+1$ eine lineare Liste $s[i \leftarrow n+1] \in \mathcal{S}(n+1)$ durch die Festlegung

$$
s[i \leftarrow n+1] = bis(s, i-1) \ \& \ (n+1) \ \& \ nach(s, i-1). \qquad\qquad\square
$$

Es entsteht also die Permutation $s[i \leftarrow n+1]$ der Zahlen von 1 bis $n+1$ aus der Permutation s der Zahlen von 1 bis n dadurch, dass die Zahl $n+1$ in s an der Position i eingeschoben wird. Für $i = 1$ wird beispielsweise $n+1$ links an s angefügt und für $i = n+1$ wird $n+1$ rechts an s angefügt. Hier sind einige weitere Beispiele. Es sei $(3, 1, 4, 2) \in \mathcal{S}(4)$. Dann gelten die folgenden Gleichungen:

$$
\begin{array}{ll}
(3, 1, 4, 2)[1 \leftarrow 5] = (5, 3, 1, 4, 2) & (3, 1, 4, 2)[2 \leftarrow 5] = (3, 5, 1, 4, 2) \\
(3, 1, 4, 2)[3 \leftarrow 5] = (3, 1, 5, 4, 2) & (3, 1, 4, 2)[4 \leftarrow 5] = (3, 1, 4, 5, 2) \\
(3, 1, 4, 2)[5 \leftarrow 5] = (3, 1, 4, 2, 5) &
\end{array}
$$

Im Fall $n = 0$ und $() \in \mathcal{S}(0)$ ist nur $i = 1$ möglich und es gilt dann $()[1 \leftarrow 1] = (1) \in \mathcal{S}(1)$.

Es ist natürlich $s[i \leftarrow n+1] \in \mathcal{S}(n+1)$ zu verifizieren. Dass $s[i \leftarrow n+1]$ ein Tupel der Länge $n+1$ über $\{1, \ldots, n, n+1\}$ ist, ist trivial; dass zusätzlich alle Elemente paarweise verschieden sind, folgt aus $s \in \mathcal{S}(n)$ und $n+1 \notin \{1, \ldots, n\}$. Der nächste Satz zeigt, wie man $\mathcal{S}(n+1)$ mittels $\mathcal{S}(n)$ berechnen kann. Diese Rekursion terminiert bei $\mathcal{S}(0) = \{()\}$.

8.1.8 Satz: Berechnung von Permutationsmengen

Für alle $n \in \mathbb{N}$ gilt die folgende Gleichung:

$$
\mathcal{S}(n+1) = \bigcup_{i=1}^{n+1} \{s[i \leftarrow n+1] \mid s \in \mathcal{S}(n)\}
$$

Beweis: Wir starten mit der Inklusion „⊆". Dazu gelte $w \in \mathcal{S}(n+1)$ und w habe die Form $w = (w_1, \ldots, w_{n+1})$, mit $w_i \in \{1, \ldots, n+1\}$ für alle $i \in \mathbb{N}$ mit $1 \leq i \leq n+1$, also als die paarweise verschiedenen Komponenten. Dann gibt es einen Index i mit $1 \leq i \leq n+1$ und $w_i = n+1$. Definiert man durch das Entfernen von w_i die Liste

$$s := bis(w, i-1) \,\&\, nach(w, i) = (w_1, \ldots, w_{i-1}, w_{i+1}, \ldots, w_{n+1}),$$

so gilt $s \in \mathcal{S}(n)$ und auch noch $w = s[i \leftarrow n+1]$. Dies zeigt

$$w \in \bigcup_{i=1}^{n+1} \{s[i \leftarrow n+1] \mid s \in \mathcal{S}(n)\}.$$

Zum Beweis von „⊇" gelte umgekehrt $w \in \bigcup_{i=1}^{n+1}\{s[i \leftarrow n+1] \mid s \in \mathcal{S}(n)\}$. Dann existiert ein $i \in \mathbb{N}$ mit $1 \leq i \leq n+1$, und es gibt auch eine Liste $s \in \mathcal{S}(n)$ mit $w = s[i \leftarrow n+1]$. Wegen $s \in \mathcal{S}(n)$ gilt $w \in \{1, \ldots, n+1\}^{n+1}$ und aufgrund von $n+1 \notin \{1, \ldots, n\}$ folgt daraus mit Hilfe von $s \in \mathcal{S}(n)$ sogar $w \in \mathcal{S}(n+1)$. □

Im folgenden Beispiel führen wir vor, wie man die Mengen $\mathcal{S}(n)$ von Permutationen aufgrund von Satz 8.1.8 Schritt für Schritt aus $\mathcal{S}(0)$ bestimmen kann.

8.1.9 Beispiel: Berechnung von Permutationsmengen

Wir wissen bereits, dass die Gleichung $\mathcal{S}(0) = \{()\}$ gilt. Daraus folgt die Gleichheit von $\mathcal{S}(1)$ und der Menge $\{(1)\}$ wegen

$$\mathcal{S}(1) = \bigcup_{i=1}^{1} \{s[i \leftarrow 1] \mid s \in \mathcal{S}(0)\} = \{()[1 \leftarrow 1]\} = \{(1)\}.$$

Diese Gleichung verwenden wir nun, um wie folgt zu zeigen, dass $\mathcal{S}(2)$ gleich der Menge $\{(2,1), (1,2)\}$ von Permutationen ist:

$$\begin{aligned}
\mathcal{S}(2) &= \bigcup_{i=1}^{2} \{s[i \leftarrow 2] \mid s \in \mathcal{S}(1)\} \\
&= \{s[1 \leftarrow 2] \mid s \in \mathcal{S}(1)\} \cup \{s[2 \leftarrow 2] \mid s \in \mathcal{S}(1)\} \\
&= \{(2,1)\} \cup \{(1,2)\} \\
&= \{(2,1), (1,2)\}
\end{aligned}$$

Aus $\mathcal{S}(2) = \{(2,1), (1,2)\}$ können wir nun alle Elemente von $\mathcal{S}(3)$ wie folgt berechnen:

$$\begin{aligned}
\mathcal{S}(3) &= \bigcup_{i=1}^{3} \{s[i \leftarrow 3] \mid s \in \mathcal{S}(2)\} \\
&= \{s[1 \leftarrow 3] \mid s \in \mathcal{S}(2)\} \cup \{s[2 \leftarrow 3] \mid s \in \mathcal{S}(2)\} \cup \{s[3 \leftarrow 3]\mid s \in \mathcal{S}(2)\} \\
&= \{(3,2,1),(3,1,2)\} \cup \{(2,3,1),(1,3,2)\} \cup \{(2,1,3),(1,2,3)\} \\
&= \{(3,2,1),(3,1,2),(2,3,1),(1,3,2),(2,1,3),(1,2,3)\}
\end{aligned}$$

Man beachte das Bildungsgesetz $|\mathcal{S}(0)| = 0!$, $|\mathcal{S}(1)| = 1!$, $|\mathcal{S}(2)| = 2!$ und $|\mathcal{S}(3)| = 3!$ und unser Ziel ist zu zeigen, dass sich dieses auf alle natürlichen Zahlen verallgemeinert. □

Und hier ist nun das angekündigte Resultat über die Anzahl der Permutationen einer Menge $\{1, \ldots, n\}$, woraus sich auch sofort die Anzahl der bijektiven Funktionen auf einer n-elementigen Menge ergibt.

233

8.1.10 Satz: Anzahl der bijektiven Funktionen

Für alle $n \in \mathbb{N}$ gilt $|\mathcal{S}(n)| = n!$ und damit ist die die Anzahl der bijektiven Funktionen $f : M \to M$ auf der endlichen Menge M gleich $|M|!$.

Beweis (durch vollständige Induktion): Wir zeigen $A(n)$ für alle $n \in \mathbb{N}$, mit $A(n)$ festgelegt durch $|\mathcal{S}(n)| = n!$.

Induktionsbeginn: Es gilt $A(0)$ wegen $|\mathcal{S}(0)| = |\{()\}| = 1 = 0!$.

Induktionsschluss: Es sei $n \in \mathbb{N}$ beliebig vorgegeben und es gelte die Induktionshypothese $A(n)$. Dann bekommen wir das gewünschte Resultat $A(n + 1)$ durch die folgende Rechnung:

$$|\mathcal{S}(n+1)| = \left| \bigcup_{i=1}^{n+1} \{s[i \leftarrow n+1] \mid s \in \mathcal{S}(n)\} \right| \qquad \text{Satz 8.1.8}$$

$$= \sum_{i=1}^{n+1} |\{s[i \leftarrow n+1] \mid s \in \mathcal{S}(n)\}| \qquad \text{alle Mengen sind disjunkt}$$

$$= \sum_{i=1}^{n+1} |\mathcal{S}(n)| \qquad \text{siehe unten}$$

$$= (n+1) \cdot |\mathcal{S}(n)|$$

$$= (n+1)n! \qquad \text{Induktionshypothese } A(n)$$

$$= (n+1)! \qquad \text{Satz 8.1.2}$$

Dabei gilt $|\{s[i \leftarrow n+1] \mid s \in \mathcal{S}(n)\}| = |\mathcal{S}(n)|$, weil genau jeder Permutation $s[i \leftarrow n+1]$ in der Menge $\{s[i \leftarrow n+1] \mid s \in \mathcal{S}(n)\}$ die Permutation s in $\mathcal{S}(n)$ entspricht. $\qquad \square$

Man benutzt oftmals die Notation $\mathcal{S}(M)$ (oder auch $\mathcal{S}_M$) für die Menge der bijektiven Funktionen auf der Menge M.

Wir demonstrieren nun eine Anwendung der bisherigen Resultate durch einige Schachprobleme. Solche Probleme wurden schon vor langer Zeit untersucht, nicht nur von Menschen mit einem Faible für das Schachspielen und Knobeln, sondern auch von Mathematikerinnen und Mathematikern. Unsere Probleme sind verwandt mit dem berühmten 8-Damen Problem, das der bayerische Schachmeister Max Bezzel (1824-1871) unter dem Pseudonym „Schachfreund" im Jahr 1848 in der Berliner Schachzeitung stellte und mit dem sich auch Gauß beschäftigte. Das letztgenannte Problem fragt nach der Anzahl der Möglichkeiten, 8 Damen auf einem klassischen Schachbrett so zu platzieren, dass sie sich gegenseitig nicht bedrohen. Die Antwort ist 92. Diese Anzahl wurde im Jahr 1850 publiziert und im Jahr 1874 zeigte der englische Mathematiker und Astronom James W.L. Glaisher (1848-1928), dass es tatsächlich nicht mehr als 92 Möglichkeiten geben kann.

Die Schachprobleme des folgenden Beispiels 8.1.11 betreffen Türme statt Damen und beschränken sich nicht nur auf das Bedrohen. Ihre Lösungen gehen auf die russischen Mathematiker und Zwillingsbrüder Akita Yaglom (1921-2007) und Isaak Yaglom (1921-1988) zurück. Neben den Türmen haben die beiden auch die restlichen Offiziere des Schachspiels in der gleichen Weise behandelt.

8.1.11 Beispiel: Unabhängige und abdeckende Türme beim Schachspiel

Ein klassisches Schachbrett hat 8 Zeilen und 8 Spalten. Wir verallgemeinern dies nun zu einem $n \times n$ Schachbrett mit n Zeilen und n Spalten. Darauf betrachten wir Türme, wobei die Zugregel wie beim klassischen Schachbrett festgelegt sei. Unsere erste Frage ist nun:

(1) Was ist die maximale Anzahl von Türmen, die man auf ein $n \times n$ Schachbrett stellen kann, ohne dass sie sich gegenseitig bedrohen (also unabhängig sind)?

Die Antwort ist n, denn es ist offensichtlich, dass n Türme auf einer der Diagonalen unabhängig sind und es mehr als n unabhängige Türme nicht geben kann. Interessant ist nun die aus dieser Antwort folgende nächste Frage:

(2) Wie viele verschiedene Möglichkeiten gibt es, auf einem $n \times n$ Schachbrett n unabhängige Türme zu platzieren?

Hier ist zur Beantwortung wesentlich, dass jede Platzierung von n unabhängigen Türmen genau einer bijektiven Funktion $f : \{1, \ldots, n\} \to \{1, \ldots, n\}$ entspricht. Von der Platzierung zur Funktion kommt man, indem man $f(i) = j$ definiert, wenn auf Zeile i des Bretts der Turm in Spalte j steht. Umgekehrt liefert jede bijektive Funktion eine Platzierung, indem man den Turm in Zeile i auf die Spalte $f(i)$ stellt. Aus Satz 8.1.10 folgt also, dass es genau $n!$ verschiedene Möglichkeiten gibt.

Dual zu Frage (1) nach der Unabhängigkeit von Schachfiguren ist die folgende Frage; die Eigenschaft, welche darin formuliert wird, heißt auch Dominanz.

(3) Was ist die minimale Anzahl von Türmen, die man auf ein $n \times n$ Schachbrett stellen muss, damit jedes leere Feld bedroht ist?

Einige relativ einfache Überlegungen zeigen, dass n auch die minimale Anzahl dominierender Türme ist. Mit n Türmen kann man nämlich alle Felder bedrohen. Stehen hingegen weniger als n Türme auf dem Brett, so sind mindestens eine Zeile und eine Spalte leer und ihr gemeinsames Feld wird damit nicht angegriffen. Wie sieht es nun mit der folgenden Frage aus?

(4) Wie viele verschiedene Möglichkeiten gibt es, auf einem $n \times n$ Schachbrett n dominierende Türme zu platzieren.

Zur Beantwortung verwenden wir wiederum Funktionenmengen. Damit n Türme dominierend sind, müssen sie entweder alle auf verschiedenen Zeilen oder alle auf verschiedenen Spalten stehen. Es sei T_z die Menge aller Stellungen der ersten Art und T_s die Menge aller Stellungen der zweiten Art. Dann gilt

$$|T_z \cup T_s| = |T_z| + |T_s| - |T_z \cap T_s| = n^n + n^n - n! = 2n^n - n!,$$

denn jede Stellung von T_z als auch von T_s entspricht genau einer Funktion von $\{1, \ldots, n\}$ nach $\{1, \ldots, n\}$ und jede Stellung, welche sowohl in T_z als auch in T_s enthalten ist, entspricht genau einer bijektiven Funktion von $\{1, \ldots, n\}$ nach $\{1, \ldots, n\}$. Die Gleichung folgt also aus den Sätzen 8.1.4 und 8.1.10. $\qquad \square$

Wir kommen nun zu den Binomialkoeffizienten. Es sind mehrere Möglichkeiten gegeben, diese zu definieren. Am einfachsten erklärt man sie mit der Hilfe von Fakultäten. Dies sieht dann wie folgt aus:

8.1.12 Definition: Binomialkoeffizient

Für alle $n, k \in \mathbb{N}$ definieren wir

$$\binom{n}{k} := \begin{cases} \frac{n!}{k!(n-k)!} & \text{falls } n \geq k \\ 0 & \text{falls } n < k \end{cases}$$

und nennen den Ausdruck $\binom{n}{k}$ den **Binomialkoeffizienten** von n und k. □

Gesprochen wird $\binom{n}{k}$ als „n über k". Wegen $0! = 1$ folgt aus Definition 8.1.12 sofort

(1) $\binom{n}{n} = \frac{n!}{n!(n-n)!} = 1$

und auch

(2) $\binom{n}{0} = \frac{n!}{0!(n-0)!} = 1$

für alle $n \in \mathbb{N}$. Weiterhin gilt für alle $n \in \mathbb{N}$ auch

(3) $\binom{n}{1} = \frac{n!}{1!(n-1)!} = \frac{n(n-1)!}{(n-1)!} = n$

falls $n \geq 1$. Gleichung (3) gilt sogar auch für $n = 0$, da $\binom{0}{1} = 0$ nach Definition 8.1.12 gilt. Der folgende Satz zeigt, wie man Binomialkoeffizienten rekursiv berechnen kann. Das Resultat geht auf den französischen Philosophen, Literaten und Mathematiker Blaise Pascal (1623-1662) zurück, der Namensgeber für eine früher an Hochschulen sehr viel verwendete Programmiersprache ist. In der Mathematik gilt Pascal, zusammen mit Pierre de Fermat (vor 1610-1665), einem französischen Juristen und Mathematiker, als Begründer der Wahrscheinlichkeitsrechnung.

8.1.13 Satz (B. Pascal)

Für alle $n, k \in \mathbb{N}$ mit $1 \leq k \leq n$ gilt die folgende Gleichung:

$$\binom{n}{k} = \binom{n-1}{k} + \binom{n-1}{k-1}$$

Beweis: Wir beginnen die Rechnung mit der komplizierten Seite.

$$\begin{aligned} \binom{n-1}{k} + \binom{n-1}{k-1} &= \frac{(n-1)!}{k!(n-1-k)!} + \frac{(n-1)!}{(k-1)!(n-k)!} \\ &= \frac{(n-1)!(n-k)}{k!(n-k)!} + \frac{(n-1)!k}{k!(n-k)!} && \text{Satz 8.1.2} \\ &= \frac{(n-1)!(n-k) + (n-1)!k}{k!(n-k)!} \\ &= \frac{(n-1)!(n-k+k)}{k!(n-k)!} \\ &= \frac{(n-1)!n}{k!(n-k)!} \\ &= \frac{n!}{k!(n-k)!} && \text{Satz 8.1.2} \\ &= \binom{n}{k} \end{aligned}$$

Die Idee hinter der vorangehenden Rechnung ist, auf den gemeinsamen Nenner $k!(n-k)!$ zuzusteuern. Dazu wird die Gleichung

$$(n-1) - (k-1) = n - k - 1 + 1 = n - k$$

in ihrem ersten Schritt verwendet. $\qquad\square$

Wir werden auf das durch diesen Satz gegebene Berechnungsschema der Binomialkoeffizienten später noch zurückkommen und auch zeigen, wie man damit für kleine Werte von $\binom{n}{k}$, d.h. also auch für kleine Werte von n und k, die Rechnung graphisch durchführen kann. Doch zuerst studieren wir noch einen anderen sehr wichtigen Zusammenhang, der bei kombinatorischen Anwendungen oft verwendet werden kann.

Für endliche Mengen M wissen wir, dass $|\mathcal{P}(M)| = 2^{|M|}$ gilt. Was nun auch interessant ist, ist zu klären, wie sich diese $2^{|M|}$ Teilmengen von M nach ihren Größen aufteilen. Teilmengen von M der Kardinalität 0 gibt es genau eine, nämlich die leere Menge. Es gibt auch genau eine Teilmenge von M der Kardinalität $|M|$, nämlich M selbst. Teilmengen der Kardinalität 1 gibt es $|M|$ Stück, nämlich die Mengen $\{a\}$ mit $a \in M$. Wie sieht es aber allgemein aus? Zur Klärung dieser Frage betrachten wir wiederum den Spezialfall $\{1,\ldots,n\}$, mit $n \in \mathbb{N}$, denn die Anzahl der k-elementigen Teilmengen von $\{1,\ldots,n\}$ ist offensichtlich gleich der Anzahl der k-elementigen Teilmengen einer beliebigen Menge der Form $\{a_1,\ldots,a_n\}$.

8.1.14 Definition: Menge der k-Teilmengen

Für alle $n \in \mathbb{N}$ und $k \in \mathbb{N}$ mit der Eigenschaft $k \leq n$ definieren wir die **Menge der k-Teilmengen** von $\{1,\ldots,n\}$ wie folgt:

$$\mathcal{P}_k(n) := \{X \in \mathcal{P}(\{1,\ldots,n\}) \mid |X| = k\}$$

Für $n = 0$ ist dabei, wie üblich, die Gleichheit $\{1,\ldots,n\} = \emptyset$ unterstellt. $\qquad\square$

Damit gilt insbesondere die Gleichung

$$\mathcal{P}_0(0) = \{X \subset \mathcal{P}(\emptyset) \mid |X| = 0\} = \{X \in \{\emptyset\} \mid |X| = 0\} = \{\emptyset\}$$

und diese impliziert $|\mathcal{P}_0(0)| = 1$. Die Mengen $\mathcal{P}_k(n)$ kann man rekursiv berechnen, so wie auch die Potenzmengen. Allerdings sieht die Rekursion anders aus. Wie, das zeigt das nächste Resultat.

8.1.15 Satz: Rekursion für Mengen von k-Teilmengen

Für alle $n, k \in \mathbb{N}$ mit $n \geq k \geq 1$ gilt

$$\mathcal{P}_k(n) = \mathcal{P}_k(n-1) \cup \{X \cup \{n\} \mid X \in \mathcal{P}_{k-1}(n-1)\}.$$

Beweis: Zum Beweis von „$\subseteq$" sei $Y \in \mathcal{P}_k(n)$ beliebig vorgegeben, also $Y \in \mathcal{P}(\{1,\ldots,n\})$ mit $|Y| = k$. Nach Satz 1.3.3 gibt es zwei Fälle.

(a) Es gilt $Y \in \mathcal{P}(\{1,\ldots,n-1\})$. Wegen der Eigenschaft $|Y| = k$ gilt dann insgesamt $Y \in \mathcal{P}_k(n-1)$.

(b) Es existiert $X \in \mathcal{P}(\{1, \dots, n-1\})$ mit $Y = X \cup \{n\}$. Weil damit $|X| = k - 1$ zutrifft, bekommen wir $X \in \mathcal{P}_{k-1}(n-1)$ und folglich auch

$$Y \in \{X \cup \{n\} \mid X \in \mathcal{P}_{k-1}(n-1)\}.$$

Beide Fälle zusammen zeigen $Y \in \mathcal{P}_k(n-1) \cup \{X \cup \{n\} \mid X \in \mathcal{P}_{k-1}(n-1)\}$.

Nun zeigen wir „$\supseteq$" und nehmen an, es sei Y aus der rechten Seite der Gleichung. Auch hier gibt es zwei Fälle.

(a) Es gilt $Y \in \mathcal{P}_k(n-1)$. Dann gelten $Y \subseteq \{1, \dots, n-1\} \subseteq \{1, \dots, n\}$ und $|Y| = k$. Also haben wir $Y \in \mathcal{P}_k(n)$.

(b) Es gibt $X \in \mathcal{P}_{k-1}(n-1)$ mit $Y = X \cup \{n\}$. Dann folgt daraus $X \subseteq \{1, \dots, n-1\}$, also erhalten wir die Inklusion

$$Y = X \cup \{n\} \subseteq \{1, \dots, n-1\} \cup \{n\} = \{1, \dots, n\}.$$

Weiterhin gilt $|X| = k - 1$ und daraus bekommen wir die Gleichung

$$|Y| = |X \cup \{n\}| = |X| + 1 = k - 1 + 1 = k.$$

Dies zusammen bringt ebenfalls $Y \in \mathcal{P}_k(n)$. □

Nach diesen Vorbereitungen können wir nun den folgenden Satz zeigen. Er gibt in seinem zweiten Teil an, wie sich mit Hilfe von Binomialkoeffizienten die Aufteilung aller Teilmengen einer beliebigen endlichen Menge nach ihren Kardinalitäten bestimmen lässt. Der erste Teil behandelt den entscheidenden Spezialfall. Dass aus ihm das allgemeine Resultat folgt, wurde schon früher bemerkt.

8.1.16 Satz: Anzahl der k-Teilmengen

Es gilt $|\mathcal{P}_k(n)| = \binom{n}{k}$ für alle $n, k \in \mathbb{N}$ mit $n \geq k$. Insbesondere gilt für alle endlichen Mengen M und alle $k \in \mathbb{N}$ mit $|M| \geq k$, dass $|\mathcal{P}_k(M)| = \binom{|M|}{k}$, wobei die Menge $\mathcal{P}_k(M)$ durch $\mathcal{P}_k(M) := \{X \in \mathcal{P}(M) \mid |X| = k\}$ definiert ist.

Beweis (durch vollständige Induktion): Wir beweisen $A(n)$ für alle $n \in \mathbb{N}$, mit der Aussage $A(n)$ definieren als Formel

$$\forall k \in \mathbb{N} : n \geq k \Rightarrow |\mathcal{P}_k(n)| = \binom{n}{k}.$$

Induktionsbeginn: Zum Beweis von $A(0)$ sei ein beliebiges $k \in \mathbb{N}$ mit $0 \geq k$ gegeben. Dann gilt $k = 0$ und daraus folgt die Gleichung

$$|\mathcal{P}_k(0)| = |\mathcal{P}_0(0)| = |\{\emptyset\}| = 1 = \binom{0}{0} = \binom{0}{k}.$$

Induktionsschluss: Es sei $n \in \mathbb{N}$ beliebig vorgegeben und es gelte die Induktionshypothese $A(n)$, also $|\mathcal{P}_k(n)| = \binom{n}{k}$ für alle $k \in \mathbb{N}$ mit $n \geq k$. Nun sei eine natürliche Zahl k mit $n + 1 \geq k$ beliebig gewählt. Dann gibt es drei Fälle.

(a) Es gelten $k \neq 0$ und $k \neq n+1$. Die folgende Rechnung zeigt hier die Behauptung:

$$
\begin{aligned}
|\mathcal{P}_k(n+1)| &= |\mathcal{P}_k(n) \cup \{X \cup \{n+1\} \mid X \in \mathcal{P}_{k-1}(n)\}| & \text{Satz 8.1.15} \\
&= |\mathcal{P}_k(n)| + |\{X \cup \{n+1\} \mid X \in \mathcal{P}_{k-1}(n)\}| & \text{beide Mengen disjunkt} \\
&= |\mathcal{P}_k(n)| + |\mathcal{P}_{k-1}(n)| & \text{siehe unten} \\
&= \binom{n}{k} + \binom{n}{k-1} & n \geq k, \text{Induktionshyp. } A(n) \\
&= \binom{n+1}{k} & \text{Satz 8.1.13}
\end{aligned}
$$

Dabei gilt die Gleichung $|\{X \cup \{n+1\} \mid X \in \mathcal{P}_{k-1}(n)\}| = |\mathcal{P}_{k-1}(n)|$, weil jedes Element $X \cup \{n+1\}$ der ersten Mengen genau dem Element X der zweiten Menge entspricht, also eine Eins-zu-Eins-Beziehung vorliegt.

(b) Es gilt $k = 0$. In diesem Fall bekommen wir die gewünschte Gleichung wie folgt:

$$
|\mathcal{P}_k(n+1)| = |\mathcal{P}_0(n+1)| = |\{\emptyset\}| = 1 = \binom{n+1}{0} = \binom{n+1}{k}
$$

(c) Es gilt $k = n+1$. Hier schließen wir wie folgt:

$$
|\mathcal{P}_k(n+1)| = |\mathcal{P}_{n+1}(n+1)| = |\{1, 2, \ldots, n+1\}| = 1 = \binom{n+1}{n+1} = \binom{n+1}{k} \qquad \square
$$

Die Aussage $|\mathcal{P}_k(M)| = \binom{|M|}{k}$ des eben bewiesenen Satzes gilt auch im Fall $k > |M|$. Dies folgt aus der Gleichung $|\mathcal{P}_k(M)| = |\{X \in \mathcal{P}(M) \mid |X| = k\}| = |\emptyset| = 0$ für diesen Fall und der Festlegung $\binom{|M|}{k} = 0$ falls $k > |M|$ (siehe Definition 8.1.12).

Nach Satz 8.1.13 kann man die Binomialkoeffizienten rekursiv berechnen. Bei kleinen Zahlen macht man dies per Hand in der graphischen Form eines **Pascalschen Dreiecks**. In dem folgenden Bild ist so ein Dreieck bis zur Tiefe 4 dargestellt. Die waagrechten Zeilen entsprechen den $\binom{n}{k}$-Werten zu einem festen n und die schrägen Spalten entsprechen den $\binom{n}{k}$-Werten zu einem festen k. Anfangs werden die Werte der beiden Schenkel des Pascalschen Dreiecks mit Einsen besetzt. Die inneren Zahlen des Dreiecks ergeben sich dann zeilenweise von oben nach unten durch Additionen, die im Bild durch Pfeile angedeutet sind. Formal wird bei jeder Addition Satz 8.1.13 angewendet.

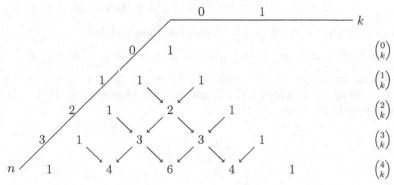

Alle Binomialkoeffizienten, die nicht Teil des Pascalschen Dreiecks sind, sind per Definition Null. Sie sind in der Zeichnung nicht mit aufgeführt. Bei Verwendung eines Computer-Programms berechnet man den Wert von $\binom{n}{k}$, indem man anschaulich im Dreieck zeilenweise von oben nach unten vorgeht. Dabei nimmt die Anzahl der Elemente ungleich 0 von Zeile zu Zeile um 1 zu. Der Start erfolgt mit der obersten Zeile bis zum Element k, also mit $(1, 0, 0, \ldots, 0)$, und man muss genau so viele Zeilen berechnen, bis man bei der Zahl n angelangt ist. In einer imperativen Programmiersprache kommt man bei dieser Vorgehensweise mit einem Feld der Länge $k + 1$ aus.

Wir wollen auch die Anzahl der Teilmengen einer vorgegebenen Größe in einer Menge an einem konkreten kleinen Beispiel demonstrieren.

8.1.17 Beispiel: k-Teilmengen und Binomialkoeffizienten

Wir betrachten die Menge $M := \{1, 2, 3\}$. In dem folgenden Bild ist das Hasse-Diagramm der inklusions-geordneten Potenzmenge von M angegeben. Jede waagrechte Schicht enthält dabei die Mengen einer bestimmten Kardinalität, angefangen bei 0 unten und endend mit 3 oben. Die Anzahl der Mengen einer Schicht ergibt sich aus dem entsprechenden Binomialkoeffizienten. Alle diese Zahlen sind auch in der Zeichnung mit angegeben.

Aus diesem Bild erkennt man auch eine Symmetrie, die allgemein durch die Gleichung $\binom{n}{k} = \binom{n}{n-k}$ für alle $n, k \in \mathbb{N}$ mit $n \geq k$ beschrieben ist. Die Beziehung zwischen den Binomialkoeffizienten und den Mengen einer bestimmten Kardinalität einerseits und der Kardinalität der Potenzmenge und einer Zweierpotenz andererseits impliziert die Gleichung $\sum_{k=0}^{n} \binom{n}{k} = 2^n$ für alle $n \in \mathbb{N}$, was auch aus der obigen Zeichnung ersichtlich ist. □

Aus der höheren Schule kennt man die binomische Formel

$$(a + b)^2 = a^2 + 2ab + b^2 = 1 \cdot a^2 + 2 \cdot ab + 1 \cdot b^2.$$

Multipliziert man den Ausdruck $(a + b)^3$ vollständig aus, so folgt

$$(a + b)^3 = a^3 + 3a^2b + 3ab^2 + b^3 = 1 \cdot a^3 + 3 \cdot a^2b + 3 \cdot ab^2 + 1 \cdot b^3.$$

Natürlich gelten auch $(a + b)^0 = 1$ und $(a + b)^1 = a + b = 1 \cdot a + 1 \cdot b$. Aus diesen einfachen Rechnungen bekommen wir, wie nachstehend angezeigt, genau den Anfang des Pascalschen Dreiecks bis zu $n = 3$.

$$
\begin{array}{ccccccc}
 & & & 1 & & & \\
 & & 1 & & 1 & & \\
 & 1 & & 2 & & 1 & \\
1 & & 3 & & 3 & & 1
\end{array}
$$

Die eben angezeigte Beziehung zwischen den Einträgen des Pascalschen Dreiecks und den Potenzen $(a+b)^n$ einer Summe $a+b$ gilt auch allgemein für die Koeffizienten vor den Gliedern $a^i b^j$ bei der vollständig ausmultiplizierten Potenz. Dieses Resultat ist als binomischer Lehrsatz bekannt. In den obigen Gleichungen sind ganz rechts jeweils die Potenzen von a absteigend und die von b aufsteigend sortiert. Bei der nachfolgend angegebenen üblichen Formulierung des Lehrsatzes ist genau umgekehrt sortiert.

8.1.18 Satz: Binomischer Lehrsatz

Für alle $n \in \mathbb{N}$ und alle $a, b \in \mathbb{R}$ gilt

$$(a+b)^n = \sum_{k=0}^{n} \binom{n}{k} a^k b^{n-k} = \binom{n}{0} b^n + \binom{n}{1} ab^{n-1} + \ldots + \binom{n}{n-1} a^{n-1} b^1 + \binom{n}{n} a^n.$$

Beweis (durch vollständige Induktion): Zu beliebigen Zahlen $a, b \in \mathbb{R}$ stehe die Aussage $A(n)$ für die behauptete Gleichung (deren zweite Form mit den Punkten nur dem besseren Verstehen dient).

Induktionsbeginn: Es gilt $A(0)$ (unter der Verwendung von $0^0 = 1$) wegen

$$(a+b)^0 = 1 = \binom{0}{0} a^0 b^0 = \sum_{k=0}^{0} \binom{0}{k} a^k b^{0-k}.$$

Induktionsschluss: Es sei $n \in \mathbb{N}$ beliebig gewählt und es sei die Induktionshypothese $A(n)$ wahr. Dann können wir wie folgt rechnen:

$$
\begin{aligned}
(a+b)^{n+1} &= (a+b)(a+b)^n \\
&= (a+b)(\sum_{k=0}^{n} \binom{n}{k} a^k b^{n-k}) \\
&= (\sum_{k=0}^{n} \binom{n}{k} a^{k+1} b^{n-k}) + (\sum_{k=0}^{n} \binom{n}{k} a^k b^{n-k+1}) \\
&= (\sum_{k=1}^{n+1} \binom{n}{k-1} a^k b^{n+1-k}) + (\sum_{k=0}^{n} \binom{n}{k} a^k b^{n-k+1}) \\
&= \binom{n}{n} a^{n+1} b^0 + (\sum_{k=1}^{n} \binom{n}{k-1} a^k b^{n+1-k}) + (\sum_{k=1}^{n} \binom{n}{k} a^k b^{n+1-k}) + \binom{n}{0} a^0 b^{n+1} \\
&= a^{n+1} + (\sum_{k=1}^{n} (\binom{n}{k-1} + \binom{n}{k}) a^k b^{n+1-k}) + b^{n+1} \\
&= a^{n+1} + (\sum_{k=1}^{n} \binom{n+1}{k} a^k b^{n+1-k}) + b^{n+1} \\
&= \sum_{k=0}^{n+1} \binom{n+1}{k} a^k b^{n+1-k}
\end{aligned}
$$

Dabei verwenden wir im zweiten Schritt die Induktionshypothese $A(n)$. In den nächsten beiden Schritten multiplizieren wir aus und transformieren in der linken Summe den Index. Dann spalten wir Summenglieder ab, damit die Indexbereiche beider Summensymbole identisch werden. Der sechste Schritt besteht in einer Vereinfachung. Deren Resultat kann mit Satz 8.1.13 behandelt werden. Im letzten Schritt verwenden wir schließlich noch die Gleichungen $\binom{n+1}{0}a^0 b^{n+1-0} = b^{n+1}$ und $\binom{n+1}{n+1}a^{n+1}b^{n+1-(n+1)} = a^{n+1}$. $\qquad\square$

Die spezielle Wahl von $a = b = 1$ im binomischen Lehrsatz zeigt für alle $n \in \mathbb{N}$ sofort die folgende Gleichheit, welche wir schon früher erwähnt haben:

$$2^n = (1+1)^n = \sum_{k=0}^{n}\binom{n}{k}1^k 1^{n-k} = \sum_{k=0}^{n}\binom{n}{k}$$

Im Fall von $a = 1$ und $b = -1$ bekommen wir den binomischen Lehrsatz in der Form

$$0 = (1-1)^n = \sum_{k=0}^{n}(-1)^k\binom{n}{k}.$$

Allerdings ist hier $n \geq 1$ vorauszusetzen, denn es gilt im Fall $n = 0$ die Gleichung $\sum_{k=0}^{0}(-1)^0\binom{0}{k} = \binom{0}{0} = 1$, was $\sum_{k=0}^{0}(-1)^0\binom{0}{k} \neq 0$ nach sich zieht. Will man auf diese Einschränkung verzichten, so hat man in der Aussage 0 durch 0^n zu ersetzen.

8.2 Grundbegriffe ungerichteter Graphen

In Abschnitt 7.3 werden gerichtete Graphen als Paare $g = (V, P)$ definiert, wobei die Pfeilmenge P von g eine Relation auf der endlichen Knotenmenge V von g ist. Damit ist ein (gerichteter) Pfeil mathematisch ein Paar (x, y) von Knoten. Zeichnerisch werden Pfeile durch eine x und y verbindende Linie mit einer Pfeilspitze bei y dargestellt. Diese gibt die Richtung an.

Graphen sind ein wertvolles Mittel bei der Modellierung praktischer Probleme. Nun gibt es hier oft Situationen, wo die Verbindungen zwischen den Objekten, die den Knoten entsprechen, ungerichtet sind. Beispielsweise ist dies bei Straßenverbindungen so, falls keine Einbahnstraßen vorliegen, oder bei Brettspielen wie Schach, wo man Züge zwischen Stellungen auch in umgekehrter Richtung ausführen kann, oder bei allen Beziehungen, welche durch symmetrische Relationen beschrieben werden. Man zeichnet hier in der Regel eine Beziehung zwischen zwei Objekten in der Form einer sie verbindenden Linie ohne eine Pfeilspitze und spricht dann von einer (ungerichteten) **Kante** zwischen den Objekten. Wenn eine Richtungsangabe ohne Bedeutung ist, so spielen in sehr vielen Fällen Beziehungen keine Rolle, die in der zeichnerischen Darstellung Schlingen an nur einem Objekt entsprechen. Man kann Kanten also mathematisch durch zweielementige Mengen von Objekten modellieren. Dies erlaubt, ungerichtete Graphen wie folgt formal zu definieren.

8.2.1 Definition: ungerichteter Graph

Ein **ungerichteter Graph** $g = (V, K)$ ist ein Paar, bestehend aus einer endlichen und nichtleeren Menge V von **Knoten** und einer Menge K von **Kanten**. Dabei ist jedes Element der **Kantenmenge** K eine zweielementige Teilmenge der **Knotenmenge** V. $\qquad\square$

Insbesondere gelten also für alle ungerichteten Graphen $g = (V, K)$ die Inklusion $K \subseteq \mathcal{P}(V)$ und die Ungleichung $|K| \leq \frac{1}{2}|V|\,(|V|-1)$. Nachfolgend geben wir, schon in der oben besprochenen graphischen Darstellung mit Linien ohne Pfeilspitzen zwischen den Knoten als Kanten, ein Beispiel für einen ungerichteten Graphen an. Dabei beziehen wir uns auf das Brettspiel Schach und betrachten dessen Brett in einer verkleinerten Variante.

8.2.2 Beispiel: ungerichteter Graph

Modelliert man ein 4×4 Schachbrett und alle möglichen Züge eines Springers auf ihm graphentheoretisch, so führt dies zu dem folgenden ungerichteten Graphen:

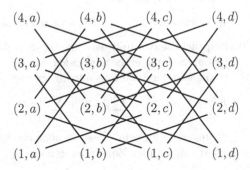

Die Knotenmenge V des durch diese Zeichnung dargestellten ungerichteten Graphen ist das direkte Produkt der Zeilenmenge $\{1,2,3,4\}$ und der Spaltenmenge $\{a,b,c,d\}$ des Schachbretts und modelliert die 16 Felder von $(1,a)$ bis $(4,d)$. Ein Paar $(i,u),(j,v)$ von Feldern bildet eine Kante genau dann, wenn ein Springer auf einem der Felder gemäß der Springer-Zugregel „ein Feld waagrecht und zwei Felder senkrecht oder zwei Felder waagrecht und ein Felde senkrecht" das andere Feld bedroht. □

In der folgenden Definition führen wir, analog zu den gerichteten Graphen, einige wichtige Sprechweisen und Begriffe für ungerichtete Graphen ein.

8.2.3 Definition: Nachbarschaft, Endknoten, Knotengrad

Es sei $g = (V,K)$ ein ungerichteter Graph. Gilt für $x,y \in V$, dass $\{x,y\} \in K$, so heißen die Knoten x und y **benachbart** und die **Endknoten** der Kante $\{x,y\}$. Es definiert weiterhin $nachb_g(x) := \{y \in V \mid \{x,y\} \in K\}$ die **Nachbarschaftsmenge** des Knoten $x \in V$ und ihre Kardinalität $d_g(x) := |nachb_g(x)|$ den **Knotengrad** von x. □

Im folgenden Satz sind die wichtigsten Eigenschaften bezüglich der Knotengrade zusammengestellt. Der erste Teil entspricht genau den Gradformeln bei den gerichteten Graphen. Wie bei diesen, so wird auch in Satz 8.2.4 durch $\sum_{x \in V} d_g(x)$ die Summe aller Knotengrade festgelegt. Weiterhin bezeichnen wir im Beweis von Teil (2) mit $\sum_{x \in X} d_g(x)$ die Summe aller Knotengrade der Knoten der Teilmenge X von V.

8.2.4 Satz: Eigenschaften der Knotengrade

Für alle ungerichteten Graphen $g = (V,K)$ gelten die folgenden Eigenschaften:

(1) $\sum_{x \in V} d_g(x) = 2|K|$.

(2) Die Anzahl der Knoten ungeraden Grades ist gerade.

(3) Gilt $|V| > 1$, so gibt es $x, y \in V$ mit $x \neq y$ und $d_g(x) = d_g(y)$.

Beweis: (1) Diesen Teil kann man vollkommen analog zur Gradformel beweisen. Es sei dies der Leserin oder dem Leser zur Übung empfohlen.

(2) Wir betrachten die folgenden zwei Teilmengen U und G von V, deren Durchschnitt leer ist und deren Vereinigung gerade V ergibt:

$$U := \{x \in V \mid d_g(x) \text{ ungerade}\} \qquad G := \{x \in V \mid d_g(x) \text{ gerade}\}$$

Nun führen wir einen Widerspruchsbeweis und nehmen an, dass $|U|$ eine ungerade Zahl sei. Dann ist auch $\sum_{x \in U} d_g(x)$ als Summe einer ungeraden Anzahl von ungeraden Zahlen ungerade. Aufgrund von (1) gilt weiterhin die folgende Gleichung:

$$2|K| = \sum_{x \in V} d_g(x) = \sum_{x \in U} d_g(x) + \sum_{x \in G} d_g(x)$$

Damit hat auch $\sum_{x \in G} d_g(x)$ ungerade zu sein. Dies ist aber ein Widerspruch, denn die Summe einer beliebigen Anzahl von geraden Zahlen ist gerade.

(3) Auch hier führen wir einen Widerspruchsbeweis und nehmen an, dass für alle $x, y \in V$ mit $x \neq y$ gilt $d_g(x) \neq d_g(y)$, also alle Knotengrade verschieden sind. Weil ein Knoten höchstens mit allen anderen Knoten benachbart sein kann, gilt die folgende Abschätzung für alle $x \in V$:

$$0 \leq d_g(x) \leq |V| - 1$$

In Kombination mit der Annahme folgt daraus, dass es einen Knoten $x_0 \in V$ mit $d_g(x_0) = 0$ gibt, und auch einen Knoten $x_1 \in V$ mit $d_g(x_1) = |V| - 1$. Wegen $|V| > 1$ gilt $d_g(x_1) > 0$ und dies impliziert $x_0 \neq x_1$. Aufgrund von $d_g(x_0) = 0$ ist x_0 mit keinem Knoten benachbart. Aus $d_g(x_1) = |V| - 1$ folgt, dass jeder Knoten $x \in V \setminus \{x_1\}$ mit x_1 benachbart ist, also auch x_0. Dies ist ein Widerspruch. $\square$

Die Teile (2) und (3) von Satz 8.2.4 kann man anschaulich wie folgt beschreiben: Bei einer Party begrüßen sich alle Gäste anfangs per Handschlag. Dann ist die Zahl der Gäste, die einer ungeraden Zahl von Personen die Hände schütteln, gerade. Weiterhin gibt es mindestens zwei Gäste, welche gleich oft begrüßt werden. Wegen dieser Interpretation wird Satz 8.2.4 auch als **Handschlaglemma** bezeichnet.

Die beiden Begriffe „Weg" und „Kreis" werden für ungerichtete Graphen $g = (V, K)$ fast analog zu den selben Begriffen bei den gerichteten Graphen als lineare Listen von Knoten definiert. Man hat die entsprechenden Definitionen nur wie folgt an den neuen Fall der ungerichteten Verbindungen zwischen den Knoten anzupassen.

(1) Definition eines **Wegs** $w \in V^+$ in $g = (V, K)$: Ersetze in Definition 7.3.5 in Punkt (1) die Beziehungen $w_i \, P \, w_{i+1}$ durch $\{w_i, w_{i+1}\} \in K$.

(2) Definition eines **Kreises** $w \in V^+$ in $g = (V, K)$: Ersetze in Definition 7.3.5 in Punkt (2) ebenfalls die Beziehungen $w_i \, P \, w_{i+1}$ durch $\{w_i, w_{i+1}\} \in K$ und noch $|w| \geq 2$ durch $|w| \geq 4$.

Ein Kreis (x, x) ist im Gegensatz zum gerichteten Fall nicht möglich, da $\{x\}$ keine Kante ist. Auch lineare Listen mit 3 Knoten dürfen nun keine Kreise mehr sein, da sonst jeder ungerichtete Graph $g = (V, K)$ mit mindestens einer Kante $\{x, y\}$ einen Kreis hätte, nämlich die Liste (x, y, x). Zur besseren Unterscheidung vom gerichteten Fall werden Wege in ungerichteten Graphen manchmal auch als **Züge** bezeichnet und Kreise als **Zyklen**. **Erreichbarkeit** von $y \in V$ aus $x \in V$ heißt bei ungerichteten Graphen $g = (V, K)$ ebenfalls, dass es einen Weg von x nach y gibt. Damit wird durch alle Erreichbarkeitsbeziehungen eine Relation E_g auf der Knotenmenge V definiert, also durch

$$x \, E_g \, y \quad :\Longleftrightarrow \quad \text{Es gibt einen Weg von } x \text{ nach } y \text{ in } g$$

für alle $x, y \in V$. Wie bei den gerichteten Graphen ist E_g reflexiv und transitiv. Nun ist E_g aber sogar noch symmetrisch, also insgesamt eine Äquivalenzrelation. Die Äquivalenzklassen von E_g heißen die **Zusammenhangskomponenten** von $g = (V, K)$. Es ergibt hingegen wenig Sinn, auch bei ungerichteten Graphen durch eine naive Änderung von $s_i \, P \, s_{i+1}$ in $\{s_i, s_{i+1}\} \in K$ einen zu „Pfad" analogen Begriff zu definieren, da dieser in den zeichnerischen Darstellungen zu Liniengebilden „mit Stacheln" führt, die nur wenig mit dem zu tun haben, was man sich intuitiv unter einem Weg mit eventuell vorkommenden Kreisen vorstellt. Natürlich kann man auch Pfade so definieren, dass sie die Intuition treffen, indem man beispielsweise auch Kanten in die Listen mit aufnimmt. **Kreisfreiheit** heißt schließlich auch bei ungerichteten Graphen, dass es keinen Kreis gibt.

8.2.5 Beispiele: Wege, Kreise und Zusammenhangskomponenten

In dem ungerichteten Springergraphen von Beispiel 8.2.2 ist die lineare Liste

$$((1, a), (2, c), (3, a), (4, c))$$

ein Weg vom Knoten / Feld $(1, a)$ zum Knoten / Feld $(1, c)$. Es gibt in dem angegebenen ungerichteten Graphen auch einige Kreise, etwa die lineare Liste

$$((2, a), (4, b), (3, d), (1, c), (2, a)).$$

Jedoch gibt es keinen Kreis, der alle Knoten „durchläuft", also, mit Ausnahme des Anfangs und des Endes, jeden Knoten genau einmal beinhaltet. Solche speziellen Kreise werden in diesem Zusammenhang auch „geschlossene Springerzüge" genannt. Für größere Schachbretter existieren geschlossene Springerzüge, beispielsweise auch für das klassische Schachbrett mit 8 Zeilen und 8 Spalten.

Betrachten wir hingegen das Ordnungsdiagramm der Potenzmenge $\mathcal{P}(\{1, 2, 3\})$ als einen ungerichteten Graphen und benennen dabei die 8 Mengen in die Buchstaben a bis h um, so bekommen wir die folgende graphische Darstellung:

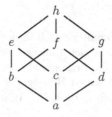

Auch dieser ungerichtete Graph hat Kreise; beispielsweise ist die lineare Liste

$$(b, e, h, f, b)$$

ein Kreis mit 4 Kanten, nämlich $\{b, e\}, \{e, h\}, \{h, f\}$ und $\{f, b\}$, und die lineare Liste

$$(b, e, h, g, d, a, b)$$

ist ein Kreis mit 6 Kanten, nämlich $\{b, e\}, \{e, h\}, \{h, g\}, \{g, d\}, \{d, a\}$ und $\{a, b\}$.

Nun ändern wir den eben betrachteten ungerichteten Graphen wie nachfolgend angegeben etwas ab, indem wir 3 Kanten entfernen:

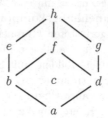

Dadurch zerfällt der ungerichtete Graph in zwei Zusammenhangskomponenten, nämlich $\{a, b, d, e, f, g, h\}$ und $\{c\}$. □

In der Einleitung zu diesem Abschnitt haben wir bemerkt, dass ungerichtete Graphen oft in Verbindung mit Problemen aus der Kombinatorik vorkommen. Nachfolgend geben wir nun einige Beispiele dazu an. In den entsprechenden Beweisen werden wir immer wieder Eins-zu-Eins-Beziehungen zwischen endlichen Mengen verwenden und, dass diese die Gleichheiten der Kardinalitäten implizieren. Dabei verzichten wir aber auf die formalen Bijektivitätsbeweise, da diese in allen Fällen einfach zu erbringen sind und diese Zwischenbeweise auch dazu führen können, dass die grundlegende Beweisidee der Reduktion auf bekannte Kardinalitäten nicht klar erkannt wird. Wir starten mit dem Zählen von Wegen in Gittergraphen. Diese speziellen Graphen sind wie folgt definiert.

8.2.6 Definition: Gittergraph

Mittels $X := \{1, \ldots, m\}$ und $Y := \{1, \ldots, n\}$ ist der Gittergraph $M_{m,n} = (V, K)$ mit $m > 0$ vertikalen und $n > 0$ horizontalen Schichten definiert durch $V := X \times Y$ und

$$\{(x, y), (u, v)\} \in K \quad :\Longleftrightarrow \quad |x - u| + |y - v| = 1$$

für alle Knotenpaare $(x, y) \in V$ und $(u, v) \in V$. □

Diese spezielle Art von Graphen kommt vielfach in der Praxis vor. Gittergraphen werden beispielsweise bei der Layout-Synthese elektronischer Schaltungen verwendet. Ein weiteres Anwendungsgebiet ist das sogenannte orthogonale Zeichnen von Graphen mit Hilfe von speziellen Algorithmen. In dem folgenden Bild ist der Gittergraph mit 4 vertikalen und 4 horizontalen Schichten zeichnerisch dargestellt. Anhand dieser Zeichnung erkennt man sofort den Bezug zum Namen.

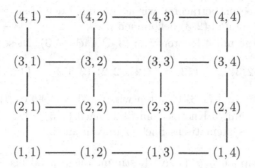

In einem Gittergraphen besteht ein **kürzester Weg** zwischen zwei Knoten (x,y) und (u,v) aus $|u-x|$ senkrechten Kanten und $|v-y|$ waagrechten Kanten; er hat also als lineare Liste die Länge $|u-x| + |v-y| + 1$. Der nächste Satz gibt an, wie viele solcher Wege es gibt.

8.2.7 Satz: kürzeste Wege in Gittergraphen

Es seien (x,y) und (u,v) Knoten im Gittergraphen $M_{m,n} = (V,K)$. Dann gibt es genau

$$\binom{|u-x| + |v-y|}{|u-x|}$$

kürzeste Wege von (x,y) nach (u,v).

Beweis: Es bezeichne W die Menge aller kürzesten Wege von (x,y) nach (u,v). Weiterhin sei k als ihre Kantenanzahl definiert, also als

$$k := |u-x| + |v-y|.$$

Da, wie oben bemerkt, jeder Weg aus W aus $|u-x|$ senkrechten Kanten und $|v-y|$ waagrechten Kanten besteht, gibt es eine Eins-zu-Eins-Beziehung zwischen der Menge W und der Menge T der Tupel aus $\{0,1\}^k$, in denen genau $|u-x|$ Komponenten den Wert 1 und $|v-y|$ Komponenten den Wert 0 besitzen. Die entsprechende bijektive Funktion ordnet einem kürzesten Weg $((x_1,y_1),\ldots,(x_{k+1},y_{k+1})) \in W$ von links nach rechts die Richtungen seiner Kanten zu, wobei 1 „senkrecht" und 0 „waagrecht" heißt. Das Resultat-Tupel $(s_1,\ldots,s_k) \in T$ ist also komponentenweise durch

$$s_i = \begin{cases} 1 & \text{falls } |y_i - y_{i+1}| = 0 \\ 0 & \text{falls } |x_i - x_{i+1}| = 0 \end{cases}$$

festgelegt, für alle $i \in \mathbb{N}$ mit $1 \le i \le k$. Es gibt aber auch eine Eins-zu-Eins-Beziehung zwischen der Menge T und der Menge $\mathcal{M} := \{X \in \mathcal{P}(\{1,\ldots,k\}) \mid |X| = |u-x|\}$, nämlich die bijektive Abbildung des k-Tupels $(s_1,\ldots,s_k) \in T$ auf die Menge

$$\{i \in \{1,\ldots,k\} \mid s_i = 1\}$$

aus $\mathcal{M}$. Aufgrund von Satz 8.1.16 gilt $|\mathcal{M}| = \binom{k}{|u-x|}$ und folglich auch $|W| = \binom{k}{|u-x|}$. Die Festlegung von k zeigt nun die Behauptung. □

Zu Demonstrationszwecken betrachten wir noch einmal den oben gezeichneten Gittergraphen. Für das Paar $(3,1)$ und $(2,3)$ bekommen wir $k = |2-3| + |3-1| = 3$ und $|2-3| = 1$ und somit $\binom{3}{1} = 3$ Wege mit 4 Knoten vom $(3,1)$ nach $(2,3)$. Diese sind:

$$((3,1), (3,2), (3,3), (2,3)) \qquad ((3,1), (3,2), (2,2), (2,3)) \qquad ((3,1), (2,1), (2,2), (2,3))$$

Im Fall des Paars $(3,1)$ und $(1,3)$ erhalten wir $k = |1-3| + |3-1| = 4$ und $|1-3| = 2$, was zu $\binom{4}{2} = 6$ Wegen mit 5 Knoten vom $(3,1)$ nach $(1,3)$ führt. Es ist nicht schwierig, alle 6 Wege durch eine systematische Suche zu bestimmen.

Bei ungerichteten Graphen $g = (V, K)$ bestimmt die Anzahl der Knoten die Maximalzahl der möglichen Kanten. Weil Kanten zweielementige Teilmengen von V sind, besitzt $g = (V, K)$ maximal $\binom{|V|}{2}$ Kanten. Ungerichtete Graphen mit $\binom{|V|}{2} = \frac{1}{2}|V|(|V|-1)$ Kanten erhalten einen speziellen Namen.

8.2.8 Definition: vollständiger Graph

Ein ungerichteter Graph $g = (V, K)$ heißt **vollständig**, falls $|K| = \frac{1}{2}|V|(|V|-1)$ gilt. $\square$

Es ist $g = (V, K)$ also genau dann vollständig, falls je zwei verschiedene Knoten benachbart sind. Für so einen speziellen Graphen und Knoten $x, y \in V$ mit $x \neq y$ ist damit die lineare Liste (x, y) der eindeutig gegebene kürzeste Weg von x nach y. Weil damit kürzeste Wege ziemlich uninteressant sind, bietet es sich an, längste Wege zu betrachten. Alle längsten Wege von x nach y haben offensichtlich die Listenlänge $|V|$. Wie viele es davon genau gibt, das besagt das nächste Resultat.

8.2.9 Satz: längste Wege in vollständigen Graphen

Es sei $g = (V, K)$ ein vollständiger ungerichteter Graph mit $|V| \geq 2$. Dann gibt es zu allen Knoten $x, y \in V$ mit $x \neq y$ genau $(|V| - 2)!$ längste Wege von x nach y.

Beweis: Falls $|V| = 2$ zutrifft, dann gibt es genau einen längsten Weg von x nach y, nämlich (x, y). In diesem Fall gilt aber auch $(|V| - 2)! = 0! = 1$.

Im Fall $|V| > 2$ betrachten wir die nichtleere Teilmenge $X := V \setminus \{x, y\}$ der Knotenmenge V und erhalten $|X| = |V| - 2$. Da g nach Voraussetzung vollständig ist, definiert jede bijektive Funktion $f : \{1, \ldots, |X|\} \to X$ mittels

$$w := (x, f(1), \ldots, f(|X|), y)$$

eindeutig einen längsten Weg w von x nach y. Umgekehrt liefert (weil alle Knoten paarweise verschieden sind) jeder längste Weg $(w_1, \ldots, w_{|V|})$ von x nach y durch die nachfolgende Festlegung auch eindeutig eine bijektive Funktion von $\{1, \ldots, |X|\}$ nach X:

$$f : \{1, \ldots, |X|\} \to X \qquad f(i) = w_{i+1}$$

Wegen dieser Eins-zu-Eins-Beziehung zwischen der Menge der längsten Wege von x nach y und der Menge der bijektiven Funktionen von $\{1, \ldots, |X|\}$ nach X und der Gleichmächtigkeit der letzten Menge und der Menge $\mathcal{S}(|X|)$ von Permutationen zeigt Satz 8.1.10 in

Verbindung mit $|X| = |V| - 2$ die Behauptung. $\qquad\qquad\qquad\qquad\qquad$ □

Es bietet sich nun an, Satz 8.2.9 auf alle Wege zu erweitern. Das Abzählen aller Wege von einem Knoten zu einem anderen Knoten geschieht dann günstigerweise mit Hilfe der Weglängen. Um den Beweis des entsprechenden Satzes zu vereinfachen, lagern wir einen Teil in das nachfolgende Lemma aus.

8.2.10 Lemma

Es sei $g = (V, K)$ ein vollständiger ungerichteter Graph mit $|V| \geq 2$ und es seien $x, y \in V$ verschiedene Knoten. Dann gibt es zu allen $k \in \mathbb{N}$ mit $1 \leq k \leq |V| - 1$ genau

$$(k - 1)! \binom{|V| - 2}{k - 1}$$

Wege w von x nach y mit $|w| = k + 1$ (also mit k Kanten).

Beweis: Zur Vereinfachung seien $n := |V|$ und $X := V \setminus \{x, y\}$ definiert. Weiterhin bezeichne W_{k+1} die Menge der Wege von x nach y der Länge $k + 1$ (also mit k Kanten) und $\mathcal{P}_{k-1}(X)$ die Menge der Teilmengen von X der Kardinalität $k - 1$. Dann gilt

$$W_{k+1} = \bigcup \{W_{k+1}(Y) \mid Y \in \mathcal{P}_{k-1}(X)\},$$

mit $W_{k+1}(Y) := \{w \in W_{k+1} \mid w_2, \dots, w_k \in Y\}$ als die Menge der Wege von x nach y der Länge $k + 1$ mit inneren Knoten aus Y. Da alle Mengen der Mengenvereinigung paarweise disjunkt sind, erhalten wir

$$|W_{k+1}| = \left|\bigcup \{W_{k+1}(Y) \mid Y \in \mathcal{P}_{k-1}(X)\}\right| = \sum_{Y \in \mathcal{P}_{k-1}(X)} |W_{k+1}(Y)|,$$

wobei die Summe alle Werte $|W_{k+1}(Y)|$ addiert. Analog zum Beweis von Satz 8.2.9 kann man $|W_{k+1}(Y)| = |Y|!$ für alle $Y \in \mathcal{P}_{k-1}(Y)$ zeigen, denn aufgrund der Vollständigkeit des Graphen g entspricht jede der $|Y|!$ Anordnungen von Y als lineare Liste aus X^{k-1} genau einem Weg aus $W_{k+1}(Y)$. Dies bringt, zusammen mit $|X| = n - 2$, $|Y| = k - 1$ für alle $Y \in \mathcal{P}_{k-1}(X)$ und Satz 8.1.16 die Gleichung

$$|W_{k+1}| = |\mathcal{P}_{k-1}(X)| \, (k - 1)! = \binom{|X|}{k - 1} (k - 1)! = \binom{n - 2}{k - 1} (k - 1)!$$

und $n = |V|$ impliziert die Behauptung. $\qquad\qquad\qquad\qquad\qquad\qquad\qquad\qquad$ □

Und hier ist der Satz über die Anzahl aller Wege von einem Knoten zu einem anderen Knoten in einem vollständigen ungerichteten Graphen, an dem wir interessiert sind.

8.2.11 Satz: alle Wege in vollständigen Graphen

Wiederum seien g, x und y wie in Lemma 8.2.10 vorausgesetzt. Dann ist die Anzahl der Wege von x nach y durch den folgenden Ausdruck gegeben:

$$\sum_{k=2}^{|V|} \frac{(|V| - 2)!}{(|V| - k)!}$$

Beweis: Wenn wir zur Abkürzung wiederum $n := |V|$ definieren, so gilt für alle $k \in \mathbb{N}$ mit $1 \le k \le n - 1$ die folgende Gleichung:

$$(k-1)! \binom{n-2}{k-1} = \frac{(k-1)!\,(n-2)!}{(k-1)!\,(n-2-(k-1))!} = \frac{(n-2)!}{(n-k-1)!} = \frac{(n-2)!}{(n-(k+1))!}$$

Nun sei W die Menge der Wege von x nach y und zu $k \in \mathbb{N}$ mit $1 \le k \le n-1$ sei, wie im Lemma, W_{k+1} die Menge der Wege von x nach y mit k Kanten. Dann erhalten wir unter Verwendung der paarweisen Disjunktheit dieser Mengen, von Lemma 8.2.10, der obigen Rechnung und einer abschließenden Indextransformation die Gleichung

$$|W| = \left| \bigcup_{k=1}^{n-1} W_{k+1} \right| = \sum_{k=1}^{n-1} |W_{k+1}| = \sum_{k=1}^{n-1} (k-1)! \binom{n-2}{k-1} = \sum_{k=1}^{n-1} \frac{(n-2)!}{(n-(k+1))!} = \sum_{k=2}^{n} \frac{(n-2)!}{(n-k)!}$$

und mit $n = |V|$ folgt aus ihr die behauptete Aussage. $\square$

Die vorhergehenden Resultate bestimmen die Anzahlen der betrachteten Wege in den entsprechenden Graphen jeweils nur zwischen zwei vorgegebenen verschiedenen Knoten x und y. Unter Betrachtung von Mengen von Paaren können auch allgemeinere Aufgaben gelöst werden, etwa die Bestimmung der Anzahl der kürzesten Wege in einem Gittergraphen $M_{m,n}$, die im Knoten $(1,1)$ (der Ecke links unten) starten und in irgendeinem Knoten (m,k), mit $1 \le k \le n$, enden (also in der obersten horizontalen Schicht). Nachfolgend demonstrieren wir die Vorgehensweise in den Beweisen von Lemma 8.2.10 und Satz 8.2.11 mittels eines kleinen Beispielgraphen.

8.2.12 Beispiel: alle Wege in vollständigen Graphen

Wir betrachten den in dem folgenden Bild gegebenen vollständigen ungerichteten Graphen $g = (V, K)$ mit 4 Knoten und darin zuerst alle Wege von x nach y.

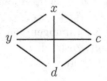

Aufgrund der Rechnung $\sum_{k=2}^{|V|} \frac{(|V|-2)!}{(|V|-k)!} = \sum_{k=2}^{4} \frac{(2)!}{(4-k)!} = 2!(\frac{1}{2!} + \frac{1}{1!} + \frac{1}{0!}) == 2(\frac{1}{2} + 1 + 1) = 5$ müssen genau 5 Wege von x nach y existieren. Zu ihrer Bestimmung nach dem Vorgehen in den obigen zwei Beweisen setzen wir $X := \{c, d\}$ und verwenden auch die restlichen dort eingeführten Bezeichnungen. Dann können wir wie folgt rechnen: Für $k = 1$ haben wir $\mathcal{P}_0(X) = \emptyset$ und dies liefert

$$W_2 = W_2(\emptyset) = \{(x, y)\}.$$

Gilt $k = 2$, so bekommen wir $\mathcal{P}_1(X) = \{\{c\}, \{d\}\}$ und dies impliziert

$$W_3 = W_3(\{c\}) \cup W_3(\{d\}) = \{(x, c, y)\} \cup \{(x, d, y)\} = \{(x, c, y), (x, d, y)\}.$$

Es bleibt noch der Fall $k = 3$ mit $\mathcal{P}_2(X) = \{\{c, d\}\}$. Dieser Fall bringt

$$W_4 = W_4(\{c, d\}) = \{(x, c, d, y), (x, d, c, y)\}$$

als die $(|V| - 2)! = (4 - 2)! = 2$ längsten Wege von x nach y (siehe auch Satz 8.2.9). Insgesamt erhalten wir also die in der Menge

$$W = W_2 \cup W_3 \cup W_4 = \{(x, y), (x, c, y), (x, d, y), (x, c, d, y), (x, d, c, y)\}$$

aufgeführten 5 Wege von x nach y. Analog gibt es 5 Wege von x nach c und 5 Wege von x nach d, also, wegen des noch nicht betrachteten Wegs (x), insgesamt 16 Wege, die in x beginnen. Gleiches gilt für die restlichen drei Knoten, so dass der Graph g insgesamt 64 Wege enthält. $\qquad\square$

Bei Graphen kann man die Aufwandsfunktion eines Algorithmus manchmal dadurch verfeinern, dass man nicht nur die Anzahl n der Knoten als Eingabegröße nimmt, sondern auch noch die Anzahl der Kanten (bzw. Pfeile im gerichteten Fall) mit betrachtet. So kann es dann etwa vorkommen, dass ein Algorithmus $\mathcal{A}_1$ eine Aufwandsfunktion aus der Funktionenmenge $\mathcal{O}(n \cdot kanz(n))$ besitzt, mit $kanz(n)$ als die Anzahl der Kanten in Abhängigkeit von der Knotenzahl n. Für die Kantenanzahlfunktion $kanz : \mathbb{N} \to \mathbb{N}$ gilt $kanz(n) \leq \frac{n(n-1)}{2}$ für alle $n \in \mathbb{N} \setminus \{0\}$, also $kanz(n) \in \mathcal{O}(n^2)$. Damit besitzt $\mathcal{A}_1$ eine kubische Laufzeit in der Anzahl der Knoten, also eine aus $\mathcal{O}(n^3)$. Hat ein anderer Algorithmus $\mathcal{A}_2$ hingegen z.B. eine Aufwandsfunktion aus $\mathcal{O}(n + kanz(n))$, so ist er von quadratischer Laufzeit, also seine Aufwandsfunktion aus $\mathcal{O}(n^2)$. Kann die Aufwandsfunktion eines graphentheoretischen Algorithmus also in Abhängigkeit von n und $kanz(n)$ angegeben werden, so sind insbesondere solche Graphen als Eingaben interessant, bei denen die Eigenschaft $kanz(n) \in \mathcal{O}(n)$ gilt. Für diese liegt die Aufwandsfunktion von $\mathcal{A}_1$ nämlich in $\mathcal{O}(n^2)$ und die von $\mathcal{A}_2$ sogar in $\mathcal{O}(n)$ (lineare Laufzeit).

8.3 Dünne ungerichtete Graphen

Motiviert durch die Schlussbemerkungen des letzten Abschnitts geben wir in diesem Abschnitt Klassen von ungerichteten Graphen an, bei denen $kanz(n) \in \mathcal{O}(n)$ beweisbar ist. Da solche Graphen, im Hinblick auf die Maximalzahl der möglichen Kanten, nur wenige Kanten besitzen, nennt man sie auch dünn. Die behandelten Klassen sind nicht künstlich, sondern kommen in zahlreichen praktischen Anwendungen von Graphen vor. Wir starten mit den Wäldern und Bäumen. Zur Definition der zweiten Graphenklasse brauchen wir den schon früher eingeführten Begriff einer Zusammenhangskomponente. Nach der Einführung von Wegen und Kreisen haben wir eine Zusammenhangskomponente festgelegt als eine Äquivalenzklasse derjenigen Äquivalenzrelation auf der Knotenmenge des zugrundeliegenden ungerichteten Graphen, welche genau die Paare in Beziehung setzt, zwischen denen ein Weg existiert.

8.3.1 Definition: Wald und Baum

Ein ungerichteter Graph $g = (V, K)$ heißt ein **Wald**, falls es in ihm keinen Kreis gibt, und ein **Baum**, falls er zusätzlich genau eine Zusammenhangskomponente besitzt. $\qquad\square$

Wälder sind also genau die kreisfreien ungerichteten Graphen und Bäume sind also genau die kreisfreien ungerichteten Graphen, welche, wie man sagt, auch noch **zusammenhängend** sind. Die folgenden Bilder zeigen links einen Wald mit den zwei Zusammenhangskomponenten $\{a, c\}$ und $\{b, d, e, f, g, h\}$ und rechts einen Baum. Die beiden ungerichteten

Graphen basieren auf der gleichen 8-elementigen Knotenmenge $V := \{a, b, c, d, e, f, g, h\}$. Der Wald besitzt 6 Kanten und der Baum hat 7 Kanten.

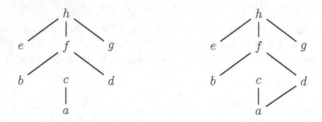

Aufgrund des rechten Bildes wird deutlich, warum man für ungerichtete Graphen mit solchen bildlichen Darstellungen den Begriff Baum gewählt hat. Betrachtet man im linken Bild jede der zwei Zusammenhangskomponenten als eigenen ungerichteten Graphen, so erhält man zwei Bäume. Ein Wald besteht also aus Bäumen, genau wie in der Wirklichkeit. Man beachte, dass der Baumbegriff dieses Abschnitts, der klassische Baumbegriff der Graphentheorie, sehr verschieden ist vom Baumbegriff von Abschnitt 3.3.

Mit Hilfe der Anzahl der Zusammenhangskomponenten kann man die Anzahl der Kanten eines Waldes genau angeben. Es gilt hier das folgende Resultat, welches man schon aus den obigen Bildern erahnen konnte. Unter Verwendung der oben eingeführten Kantenanzahlfunktion *kanz* zeigt es für Wälder (und damit auch Bäume) mit n Knoten die beabsichtigte Eigenschaft $kanz(n) \in \mathcal{O}(n)$.

8.3.2 Satz: Kantenzahl in Wäldern

Für alle ungerichteten Graphen $g = (V, K)$ gelten die folgenden Eigenschaften:

(1) Ist g ein Baum, so gilt $|K| = |V| - 1$.

(2) Ist g ein Wald mit k Zusammenhangskomponenten, so gilt $|K| = |V| - k$.

Beweis: (1) Wir verwenden das Prinzip der Grapheninduktion von Abschnitt 7.3, welches auch für ungerichtete Graphen gilt, und zeigen $A(g)$ für alle ungerichteten Graphen $g = (V, K)$, wobei die Aussage $A(g)$ gerade der Behauptung (1) entspricht,

Induktionsbeginn: Es sei $g = (V, K)$ ein ungerichteter Graph mit $|V| = 1$. Ist g ein Baum, so impliziert die Kreisfreiheit $K = \emptyset$, also $|K| = 0$, was $|K| = |V| - 1$ bringt. Also gilt $A(g)$.

Induktionsschluss: Nun sei ein beliebiges $n \in \mathbb{N}$ mit $n \geq 1$ gegeben, und es gelte die Induktionshypothese $A(h)$ für alle ungerichteten Graphen h mit n Knoten. Es sei $g = (V, K)$ irgendein ungerichteter Graph mit $|V| = n + 1$. Zum Nachweis von $A(g)$ setzen wir g als Baum voraus. Zuerst wählen wir in g einen Knoten x, in dem ein längster Weg beginnt. Dann gilt $d_g(x) = 1$, denn $d_g(x) \neq 0$ folgt aus dem Zusammenhang von g und die Maximalität der Weglänge zusammen mit der Kreisfreiheit von g verhindert $d_g(x) > 1$. Es sei nun $y \in V$ der einzige Nachbar von x. Wenn wir x aus V und $\{x, y\}$ aus K entfernen, so erhalten wir wieder einen ungerichteten Graphen

$$h = (V \setminus \{x\}, K \setminus \{\{x, y\}\})$$

mit $|V \setminus \{x\}| = |V| - 1 = n$, von dem man sehr einfach zeigen kann, dass er ein Baum ist. Aufgrund der Induktionshypothese $A(h)$ gilt $|K \setminus \{\{x,y\}\}| = |V \setminus \{x\}| - 1$ und dies bringt

$$|K| = |K \setminus \{\{x,y\}\}| + 1 = |V \setminus \{x\}| - 1 + 1 = |V \setminus \{x\}| = |V| - 1.$$

Damit ist der Nachweis von $A(g)$ beendet.

(2) Wir nehmen an, dass $Z_1, \ldots, Z_k$ die k Zusammenhangskomponenten von g seien. Für alle $i \in \mathbb{N}$ mit $1 \le i \le k$ betrachten wir die Menge

$$K_i := \{\{x,y\} \mid \{x,y\} \in K \wedge x \in K_i \wedge y \in K_i\},$$

also die Menge der Kanten von g, deren Endknoten in K_i enthalten sind, sowie die ungerichteten Graphen $g_i = (Z_i, K_i)$. Alle diese Graphen g_i sind Bäume, denn die Kreisfreiheit von g vererbt sich auf g_i und der Zusammenhang von g_i ergibt sich aus der Definition der Zusammenhangskomponenten mittels der Erreichbarkeits-Äquivalenzrelation. Weil die Menge $\{Z_1, \ldots, Z_k\}$ eine Partition von V darstellt, bildet die Menge $\{K_1, \ldots, K_k\}$ eine Partition von K. Dies impliziert die Gleichung

$$|K| = |\bigcup_{i=1}^{k} K_i| = \sum_{i=1}^{k} |K_i| = \sum_{i=1}^{k} (|Z_i| - 1) = |\bigcup_{i=1}^{k} Z_i| - k = |V| - k$$

mit Hilfe der Aussage (1), also die Behauptung. $\quad\square$

Aussage (1) dieses Satzes erlaubt es, mittels einiger Zusatzüberlegungen Bäume auf eine andere Weise durch Kantenzahlen zu charakterisieren. Wie dies geht, wird nun gezeigt.

8.3.3 Satz: Kantenzahl zur Charakterisierung von Bäumen

Ein ungerichteter und zusammenhängender Graph $g = (V, K)$ ist genau dann ein Baum, wenn $|K| = |V| - 1$ gilt.

Beweis: Die Richtung „$\Longrightarrow$" wurde im letzten Satz gezeigt.

Zum Beweis von „$\Longleftarrow$" ist nur die Kreisfreiheit nachzuweisen, da der Zusammenhang von g nach der Voraussetzung gegeben ist. Wir nehmen zu einem Widerspruchsbeweis an, dass g einen Kreis besitze. Wenn wir X als die Menge der Knoten des Kreises definieren, so gibt es in g mindestens die $|X|$ Kanten des Kreises. Aufgrund des Zusammenhangs von g ist von jedem Knoten $y \in V \setminus X$ ein Knoten aus X erreichbar. Ist $w^{(y)} \in V^+$ ein entsprechender mit y beginnender Weg mit kürzester Länge, so gilt

$$|\{\{w_1^{(y)}, w_2^{(y)}\} \mid y \in V \setminus X\}| = |V \setminus X| = |V| - |X|,$$

denn alle Kanten, mit denen die Wege $w^{(y)} = (w_1^{(y)}, w_2^{(y)}, \ldots w_{|w^{(y)}|}^{(y)})$ beginnen, sind paarweise verschieden. Sie sind auch keine Kanten des Kreises. Also gibt es in g mindestens $|X| + |V| - |X|$ Kanten. Das widerspricht der Voraussetzung $|K| = |V| - 1$. $\quad\square$

In Bäumen kann man besonders einfach Wege zählen. Das Analogon von Satz 8.2.11 sieht hier wie folgt aus:

8.3.4 Satz: alle Wege in Bäumen

Es seien $g = (V, K)$ ein Baum mit $|V| \geq 2$ und $x, y \in V$ verschiedene Knoten. Dann gibt es genau einen Weg von x nach y.

Beweis: Wegen des Zusammenhangs von g gibt es mindestens einen Weg von x nach y. Durch einen Widerspruchsbeweis zeigen wir nachfolgend noch, dass es auch höchstens einen Weg von x nach y gibt.

Angenommen, es seien $v = (v_1, \ldots, v_m)$ und $w = (w_1, \ldots, w_n)$ zwei verschiedene Wege von x nach y. Dann gibt es einen Index $i \in \mathbb{N}$ mit $1 \leq i < min\{m, n\}$, so dass v und w sich nach ihm erstmals aufteilen. Es gilt also $v_1 = w_1$, $v_2 = w_2$ usw. bis $v_i = w_i$ und dann $v_{i+1} \neq w_{i+1}$. Weiterhin gibt es Indizes $j, k \in \mathbb{N}$ mit $i < j \leq m$ und $i < k \leq n$, so dass v und w sich nach dem Aufteilen bei ihnen erstmals wieder treffen. Es gilt also $v_j = w_k$ und die Knoten $v_{i+1}, \ldots, v_{j-1}, w_{i+1}, \ldots, w_{k-1}$ sind paarweise verschieden. Offensichtlich bildet dann die durch die Konkatenation von $(v_i, \ldots, v_j)$ mit der Revertierung von $(w_i, \ldots, w_{k-1})$ entstehende lineare Liste

$$(v_i, v_{i+1}, \ldots, v_j, w_{k-1}, w_{k-2}, \ldots, w_i)$$

einen Kreis in g und das widerspricht der Baumeigenschaft. $\qquad \square$

Den nun folgenden Überlegungen, die zur letzten Graphenklasse dieses Abschnitts mit der schönen Eigenschaft $kanz(n) \in \mathcal{O}(n)$ führen, liegt die Eulersche Polyederformel zugrunde. Ein **Polyeder** ist eine Teilmenge des Euklidschen Raums $\mathbb{R}^3$, welche ausschließlich von ebenen Flächen begrenzt wird. Von der höheren Schule her kennt man sicher das Prisma, die Pyramide, die Rechtecksäule, den Würfel als deren Spezialfall und das Tetraeder. Die letzten beiden Polyeder sind sogenannte **Platonische Körper**, benannt nach dem griechischen Philosophen Platon (ca. 428-347 v. Chr.). Allen diesen Gebilden ist gemeinsam, dass sie die **Eulersche Polyederformel**

$$e + f = k + 2$$

erfüllen, mit e als die Anzahl der Ecken, f als die Anzahl der Flächen und k als die Anzahl der Kanten. Im Fall des Prismas gibt es etwa 6 Ecken, 5 Flächen und 9 Kanten und bei der Pyramide gibt es 5 Ecken, 5 Flächen und 8 Kanten. Wenn man sich die Kanten eines Polyeders als ein Netz von Gummibändern vorstellt und dieses an den Ecken einer ausgewählten Fläche weit genug auseinanderzieht, so kann man das Netz so in die Ebene projizieren, dass sich die den Gummibändern (Kanten) entsprechenden Geradenstücke, oder **Strecken**, nur an den Endpunkten treffen. Das entstehende Bild kann man als die Zeichnung eines ungerichteten Graphen auffassen.

8.3.5 Beispiel: Projektion des Würfels

In den Beispielen 8.2.5 haben wir das Ordnungsdiagramm der Potenzmenge $\mathcal{P}(\{1, 2, 3\})$ als ungerichteten Graphen mit den Knoten als den Buchstaben von a bis h angegeben. Das entsprechende Bild kann man sich als Zeichnung eines Würfels denken, dessen Ecken ebenfalls mit a bis h bezeichnet sind. Zieht man diese Zeichnung an der Fläche mit den

Eckpunkten a, b, f und d auseinander, so bekommt man das rechte der folgenden zwei Bilder. Das linke der Bilder zeigt zum Vergleich noch einmal die Originalzeichnung.

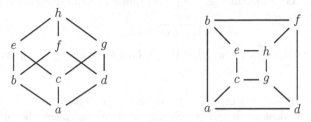

In der rechten Zeichnung wird die ursprüngliche Würfelfläche mit den Eckpunkten a, b, f und d, also die, an der auseinandergezogen wird, zur unbeschränkten Außenfläche. Die restlichen fünf Flächen des Würfels der linken Zeichnung entsprechen genau den durch die Strecken der rechten Zeichnung eingerahmten fünf Gebieten (es sind sogenannte **Polygone**) in der Ebene. Weil die Außenfläche mitgezählt wird, bleibt die Eulersche Polyederformel gültig. $\qquad\qquad\qquad\qquad\qquad\qquad\qquad\qquad\qquad\qquad\qquad\qquad\qquad$ □

Treffen sich in einer Zeichnung eines ungerichteten Graphen die den Kanten entsprechenden Strecken nur an den Endpunkten, so spricht man von einer planaren Zeichnung. Formal kann man planare Graphzeichnungen wie nachfolgend angegeben definieren. In Definition 8.3.6 bezeichnen griechische Buchstaben Punkte in der Euklidschen Ebene $\mathbb{R}^2$ und $\overline{\alpha\beta}$ ist die Strecke mit den Endpunkten $\alpha, \beta \in \mathbb{R}^2$. Wir haben bereits in Abschnitt 3.1 bemerkt, dass Geraden formal Teilmengen von $\mathbb{R}^2$ sind. Jedoch verzichten wir auf eine präzise Beschreibung von Strecken als Teilmengen von $\mathbb{R}^2$ mittels der kartesischen Koordinaten ihrer Endpunkte, weil es für das Folgende nicht wesentlich ist. Das durch die höhere Schule gegebene intuitive Verständnis genügt hier vollkommen.

8.3.6 Definition: planare linealische Graphzeichnung

Eine **planare linealische Graphzeichnung** ist ein Paar $z = (P, S)$. Dabei ist P eine endliche Teilmenge von $\mathbb{R}^2$ und S eine Teilmenge von $\{\overline{\alpha\beta} \mid \alpha, \beta \in P \land \alpha \neq \beta\}$. Weiterhin wird für alle Strecken $\overline{\alpha\beta}, \overline{\rho\lambda} \in S$ mit $\overline{\alpha\beta} \neq \overline{\rho\lambda}$ gefordert, dass

$$\overline{\alpha\beta} \cap \overline{\rho\lambda} \subseteq \{\alpha, \beta, \rho, \lambda\}$$

gilt. Ein durch einen Streckenzug beschränktes Gebiet der Ebene heißt eine **Innenfläche** von z. Die **Außenfläche** von z ist definiert als $\mathbb{R}^2 \setminus (\mathcal{I} \cup \bigcup S)$, wobei $\mathcal{I}$ die Vereinigung aller Innenflächen ist. $\qquad\qquad\qquad\qquad\qquad\qquad\qquad\qquad\qquad\qquad\qquad\qquad\qquad$ □

Die Forderung $\overline{\alpha\beta} \cap \overline{\rho\lambda} \subseteq \{\alpha, \beta, \rho, \lambda\}$ in dieser Definition besagt gerade, dass sich die beiden Strecken $\overline{\alpha\beta}$ und $\overline{\rho\lambda}$ nur in den Endpunkten schneiden. Gilt die Gleichung $\overline{\alpha\beta} \cap \overline{\rho\lambda} = \emptyset$, so schneiden sich die beiden Strecken nicht. Trifft hingegen $\overline{\alpha\beta} \cap \overline{\rho\lambda} \neq \emptyset$ zu, so gibt es genau einen Punkt $\gamma \in \mathbb{R}^2$, in dem sie sich schneiden, der also $\overline{\alpha\beta} \cap \overline{\rho\lambda} = \{\gamma\}$ erfüllt. Die Forderung erzwingt nun $\gamma = \alpha$ oder $\gamma = \beta$ oder $\gamma = \rho$ oder $\gamma = \lambda$. Mit Hilfe von planaren linealischen Graphzeichnungen können wir nun planare ungerichtete Graphen wie folgt formal definieren:

8.3.7 Definition: planarer Graph

Ein ungerichteter Graph $g = (V, K)$ heißt **planar** (oder auch **plättbar**), falls es eine planare linealische Graphzeichnung $z = (P, \mathcal{S})$ und eine bijektive Funktion $\Phi : V \to P$ so gibt, dass die Gleichung

$$\mathcal{S} = \{\overline{\Phi(x)\Phi(y)} \mid \{x, y\} \in K\}$$

gilt. Man nennt z dann eine planare linealische Graphzeichnung von g und Φ die **Einbettungsfunktion**. $\qquad\square$

Weil die Einbettungsfunktion bijektiv ist, gilt in dieser Definition $|V| = |P|$. Daraus kann man sofort folgern, dass auch $|K| = |\mathcal{S}|$ gilt, denn Φ induziert die bijektive Funktion $\Psi : K \to \mathcal{S}$ mit der Spezifikation $\Psi(\{x, y\}) = \overline{\Phi(x)\Phi(y)}$. Wir formulieren diese Eigenschaften explizit als Lemma, da sie nachfolgend noch mehrmals verwendet werden.

8.3.8 Lemma

Ist $z = (P, \mathcal{S})$ eine planare linealische Graphzeichnung des planaren ungerichteten Graphen $g = (V, K)$, so gelten $|V| = |P|$ und $|K| = |\mathcal{S}|$. $\qquad\square$

Die Definition 8.3.7 besagt anschaulich, dass man $g = (V, P)$ in der Ebene so zeichnen kann, dass die Kanten zu Strecken zwischen den Knoten entsprechenden Punkten werden und sich Kanten nicht kreuzen. Durch die bijektive Einbettungsfunktion Φ wird jedem Knoten von g genau ein Punkt in der Ebene zugeordnet und die der Kante $\{x, y\}$ von g entsprechende Strecke verbindet die Punkte $\Phi(x)$ und $\Phi(y)$.

8.3.9 Beispiele: planare ungerichtete Graphen

Offensichtlich sind alle Gittergraphen $M_{m,n}$ planar. Die Einbettungsfunktion Φ von Definition 8.3.7 ist hier durch

$$\Phi : \{1, \ldots, m\} \times \{1, \ldots, n\} \to \mathbb{R}^2 \qquad \Phi(x, y) = (x, y)$$

gegeben. Auch Bäume und Wälder sind planar. Die Einbettungsfunktion Φ ergibt sich hierbei durch die Zuordnung der Knoten zu den kartesischen Koordinaten der Punkte der Ebene (Zeichenfläche), welche sie darstellen. Wenn man etwa in den beiden Zeichnungen nach Definition 8.3.1 jeweils $\Phi(a) = (0, 0)$ festlegt, so kann man die restlichen Funktionswerte durch Messungen bestimmen. Auch die vollständigen ungerichteten Graphen mit weniger als 4 Knoten sind planar. Ab 5 und mehr Knoten sind sie hingegen nicht mehr planar. $\qquad\square$

An dieser Stelle ist noch eine Bemerkung angebracht. Normalerweise werden planare Graphzeichnungen so definiert, dass den Kanten sogenannte **Jordan-Kurven** (benannt nach Camille Jordan (1838-1922), einem französischen Mathematiker) zwischen den ihnen zugeordneten Punkten entsprechen, also, anschaulich gesprochen, Linien, die auch gekrümmt sein dürfen, aber sich nicht selbst schneiden. Man kann zeigen, dass jede planare Graphzeichnung mit Jordan-Kurven durch das geeignete Verschieben der Punkte in der Ebene in eine planare linealische Graphzeichnung transformiert werden kann. Wir haben uns für den zweiten Ansatz entschieden, weil Strecken von der höheren Schule her bekannt sind, Jordan-Kurven hingegen nicht. Letztere lernt man in einem Lehrbuch über Analysis oder Topologie kennen. Es gibt effiziente Verfahren, die Planarität zu testen und dann gegebenenfalls eine planare Graphzeichnung zu erstellen. Implementierte Algorithmen zeichnen Kanten oft als Strecken oder Aneinanderreihungen von Strecken. Auch spezielle Kurven sind gebräuchlich, etwa Kreisbögen oder die besonders eleganten **Bezier-Kurven**, benannt nach dem französischen Ingenieur Pierre Bezier (1910-1999).

8.3.10 Beispiele: automatisches Zeichnen planarer Graphen

Um zu demonstrieren, wie Bilder aussehen, die von implementierten Algorithmen zum „schönen" Zeichnen von (auch) planaren Graphen erzeugt werden, geben wir nachfolgend zwei Beispiele an. Das erste Bild zeigt einen gezeichneten Graphen, wobei die Kanten durch Aneinanderreihungen von Strecken dargestellt werden. Dem Algorithmus liegt der Ansatz zugrunde, die Zeichnung auf einem Gitter in der Ebene durchzuführen und dabei die benötigte Fläche zu minimieren.

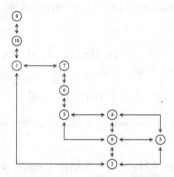

Und hier ist eine Zeichnung des gleichen Graphen mit Strecken als Kanten:

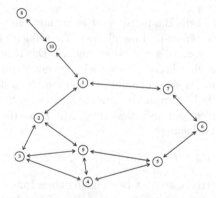

Beim zweiten Zeichenalgorithmus wird ein physikalisches Modell verwendet. Die Knoten des gegebenen Graphen werden als Körper (etwa Planeten) im Raum mit einer gewissen Anziehungskraft aufgefasst und die Kanten dazwischen als dehnbare Federn. Der Graph wird dann so gezeichnet, dass sich das gesamte System in einem physikalischen Gleichgewicht befindet. Beide Algorithmen sind Teil des Computersystems RELVIEW, das an der Christian-Albrechts-Universität zu Kiel entwickelt wurde. Dieses behandelt hauptsächlich gerichtete Graphen. Kanten von ungerichteten Graphen werden in RELVIEW mit Pfeilspitzen an beiden Enden dargestellt. □

Bei planaren ungerichteten Graphen und deren Zeichnungen sieht die Eulersche Polyederformel wie in dem nachfolgenden Satz angegeben aus.

8.3.11 Satz: Eulersche Polyederformel für Graphzeichnungen

Für alle planaren linealischen Graphzeichnungen $z = (P, S)$ von zusammenhängenden planaren ungerichteten Graphen $g = (V, K)$, mit f als die Zahl aller Flächen von z, gilt die Gleichung $|P| + f = |S| + 2$.

Beweis (durch Widerspruch): Angenommen, es gäbe eine planare linealische Graphzeichnung eines zusammenhängenden planaren ungerichteten Graphen $g = (V, K)$, für den die behauptete Gleichung nicht gilt. Dann wählen wir unter allen diesen Graphzeichnungen eine mit einer möglichst kleinen Anzahl von Strecken aus. Diese sei $z_0 = (P_0, S_0)$ und f_0 sei die Anzahl ihrer Flächen.

Es kann g kein Baum sein. Wäre g ein Baum, so gilt aufgrund von Aussage (1) von Satz 8.3.2 und Lemma 8.3.8 die Gleichung

$$|S_0| = |K| = |V| - 1 = |P_0| - 1.$$

Auch gibt es dann in der Graphzeichnung z_0 offensichtlich keine Innenfläche, was $f_0 = 1$ impliziert. Insgesamt bekommen wir also

$$|P_0| + f_0 = |P_0| + 1 = |S_0| + 1 + 1 = |S_0| + 2.$$

Damit gilt die behauptete Gleichung, im Widerspruch zur Annahme über z_0.

Da g zusammenhängt und kein Baum ist, gibt es in ihm einen Kreis. Als eine Konsequenz existiert in z_0 mindestens eine Innenfläche. Wir wählen eine Strecke $\overline{\alpha\beta}$ aus ihrer Begrenzung und entfernen sie aus der Streckenmenge S_0. Das Resultat $z_0^* = (P_0, S_0 \setminus \{\overline{\alpha\beta}\})$ ist immer noch eine planare linealische Graphzeichnung eines zusammenhängenden planaren ungerichteten Graphen. Da sie echt weniger Strecken als z_0 hat und angenommen ist, dass z_0 eine planare linealische Graphzeichnung mit kleinster Streckenzahl ist, in der die zu beweisende Gleichung nicht gilt, gilt diese in z_0^*. Mit f_0^* als die Anzahl der Flächen von z_0^* erhalten wir somit die Gleichung

$$|P_0| + f_0^* = |S_0 \setminus \{\overline{\alpha\beta}\}| + 2 = |S_0| + 1.$$

Weil wir aber genau eine Strecke aus der Begrenzung einer Innenfläche von z_0 entfernt haben, hat z_0^* genau eine Fläche weniger als z_0, was $f_0^* = f_0 - 1$ bringt. Wenn wir dies in die obige Gleichung einsetzen, so erhalten wir $|P_0| + f_0 - 1 = |S_0| + 1$, also $|P_0| + f_0 = |S_0| + 2$. Das widerspricht der Annahme, dass in z_0 die behauptete Gleichung nicht gilt. □

In diesem Satz kann auf den Zusammenhang des gezeichneten planaren ungerichteten Graphen nicht verzichtet werden. Beispielsweise gilt er nicht für planare linealische Graphzeichnungen von Wäldern mit mehr als einer Zusammenhangskomponente. Wenn man den

Beweis von Satz 8.3.11 mit den früheren Beweisen von Induktionsprinzipien vergleicht, so stellt man eine große Ähnlichkeit beim Vorgehen fest. Und in der Tat kann man den Satz auch durch eine Induktion nach der Kardinalität von S beweisen, also nach der Anzahl der Strecken der Graphzeichnungen bzw. der Kanten der gezeichneten Graphen.

Und nun beweisen wir mit Hilfe von Satz 8.3.11, also der Eulerschen Polyederformel für Graphzeichnungen, unser beabsichtigtes Resultat. Dabei setzen wir den Zusammenhang des zugrundeliegenden Graphen voraus, um Satz 8.3.11 unmittelbar anwenden zu können. Mit der Methode des Beweises von Teil (2) von Satz 8.3.2 kann man aus dem folgenden Satz 8.3.12 recht schnell als Verallgemeinerung die Ungleichung $|K| \leq 3|V| - 6k$ beweisen, wenn $g = (V, K)$ planar ist und k Zusammenhangskomponenten besitzt.

8.3.12 Satz: maximale Kantenzahl bei planaren Graphen

Für alle planaren zusammenhängenden ungerichteten Graphen $g = (V, K)$ mit $|V| \geq 3$ gilt $|K| \leq 3|V| - 6$.

Beweis: Es sei $z = (P, S)$ eine planare linealische Graphzeichnung von g. Wegen Lemma 8.3.8 genügt es, die Abschätzung $|S| \leq 3|P| - 6$ zu beweisen. Dazu setzen wir f als die Anzahl der Flächen von z voraus. Weiterhin bezeichne f_i die Anzahl der Flächen von z, die von genau i Strecken begrenzt werden, mit einer entsprechenden Interpretation des Begriffs „Begrenzung" im Fall der Außenfläche und einer Innenfläche „mit Stacheln". Jede Strecke, die auf beiden Seiten nur die gleiche Fläche berührt, wird in ihrer Begrenzung doppelt gezählt[13].

Aufgrund der gerade getroffenen Festlegung und weil g zusammenhängend ist, wird jede Fläche von z von mindestens 3 Strecken begrenzt. Daraus folgt

$$f = f_3 + f_4 + \ldots + f_n,$$

mit $n \geq 3$ als der Maximalzahl von Strecken aus S, die eine Fläche der Graphzeichnung z begrenzen. Wenn wir die Strecken von z hinsichtlich der Zahl i der Flächen zählen, die sie begrenzen, so erhalten wir die doppelte Anzahl der Strecken als

$$2|S| = 3f_3 + 4f_4 + \ldots + nf_n.$$

Zu jeder der f_i Flächen, die von genau i Strecken begrenzt werden, gehören nämlich genau i Strecken. Weil aber jede Strecke zwischen genau 2 Flächen von z liegt (im entarteten Fall sind beide gleich der Außenfläche oder einer Innenfläche mit Stacheln), wird sie damit

---

[13] Im Beispiel der Zeichnung des Baums nach der Definition 8.3.1 wird somit jede Kante/Strecke des rechten Bilds doppelt gezählt, und es gelten $f_{14} = 1$ und $f_i = 0$ für alle $i \neq 14$. Wären noch zwei Kanten zwischen c und b und zwischen b und e vorhanden, so ist der entsprechende ungerichtete Graph immer noch planar. Nun gelten aber $f_4 = f_5 = f_9 = 1$ und $f_i = 0$ für alle anderen i. Die Außenfläche wird nun von 9 Strecken begrenzt. Dabei wird die Strecke zwischen g und h doppelt gezählt. Fügt man in den Baum hingegen nur die Kante zwischen a und b ein, so entsteht eine Innenfläche mit einem Stachel, da die beiden Seiten der Kante zwischen a und c die gleiche Fläche berühren. Für dieses Beispiel gelten $f_6 = f_{10} = 1$ und $f_i = 0$ für alle anderen i. Bei der Bestimmung von f_6 wird die Strecke zwischen a und c doppelt gezählt und bei der Bestimmung von f_{10} werden die Strecken zwischen e und h, f und h und g und h doppelt gezählt.

in der Summation $3f_3 + 4f_4 + \ldots + nf_n$ zweimal gezählt. Eine Kombination der eben hergeleiteten Gleichungen bringt

$$3f = 3(f_3 + f_4 + \ldots + f_n) = 3f_3 + 3f_4 + \ldots + 3f_n \leq 3f_3 + 4f_4 + \ldots + nf_n = 2|\mathcal{S}|.$$

Nun verwenden wir die Eulersche Polyederformel für planare linealische Graphzeichnungen in der umgestellten Form $|\mathcal{S}| = |P| + f - 2$. Mit Hilfe der eben bewiesenen Abschätzung $f \leq \frac{2|\mathcal{S}|}{3}$ erhalten wir daraus die Eigenschaft

$$|\mathcal{S}| \leq |P| + \frac{2|\mathcal{S}|}{3} - 2.$$

Eine zweimalige Umstellung dieser Formel bringt zuerst $\frac{1}{3}|\mathcal{S}| \leq |P| - 2$ und dann die Behauptung $|\mathcal{S}| \leq 3|P| - 6$. $\qquad\qquad\square$

Auf die Voraussetzung $|V| \geq 3$ (bzw., dass im nicht zusammenhängenden Fall jede Zusammenhangskomponente mindestens drei Knoten besitzt) kann nicht verzichtet werden. Ein planarer zusammenhängender ungerichteter Graph mit 2 Knoten hat genau eine Kante. Für den Ausdruck $3|V| - 6$ ergibt sich hier hingegen der Wert 0. Auch die spezielle Behandlung der Begrenzung der Außenfläche und aller Begrenzungen von Innenflächen mit Stacheln beim Zählen von Strecken im Beweis ist notwendig. Weiterhin ist die bewiesene Abschätzung, wie man im Jargon sagt, **scharf**, da es zusammenhängende planare ungerichtete Graphen mit $3|V| - 6$ Kanten gibt. Ein Beispiel ist der vollständige ungerichtete Graph mit 4 Knoten. Aus dem Satz folgt auch sofort, dass alle vollständigen ungerichteten Graphen mit mehr als 4 Knoten nicht planar sind. Für alle natürlichen Zahlen n mit $n > 4$ gilt nämlich die Ungleichung $3n - 6 < \frac{n(n-1)}{2}$, was eine einfache Diskussion der Funktion $f : \mathbb{R} \to \mathbb{R}$, definiert durch $f(x) = \frac{x(x-1)}{2} - 3x + 6$, zeigt.

Planare ungerichtete Graphen treten oft auf, wenn man Verbindungsnetze mittels Graphen modelliert. Beispielsweise führt eine Modellierung des deutschen Autobahnnetzes zu solch einem Graphen, wenn man die Autobahndreiecke und -kreuze als Knoten auffasst und die sie verbindenden Autobahnteilstücke als Kanten. Auch Eisenbahnnetze und Wasserstraßennetze führen beispielsweise zu planaren ungerichteten Graphen. Bei allen diesen Modellierungen ist natürlich vereinfachend unterstellt, dass keine nicht höhengleichen Kreuzungen vorliegen. Solche gibt es aber sogar bei Wasserstraßen, etwa das Wasserstraßenkreuz bei Minden. Hier wird der Mittellandkanal in einer Trogbrücke über die Weser geführt.

Aufgrund von Satz 8.3.12 sollte man bei der algorithmischen Lösung von Problemen auf solchen Netzen mittels Graphen unbedingt versuchen, den Aufwand auch asymptotisch in der Kantenanzahl abzuschätzen. Dann ist diese $\mathcal{O}$-Abschätzung nämlich gleich der $\mathcal{O}$-Abschätzung in der Knotenzahl und man bekommt so in der Regel bessere Abschätzungen als durch einen Ansatz, der von $kanz(n) \in \mathcal{O}(n^2)$ ausgeht.

8.4 Variationen des Graphenbegriffs

In Kapitel 7 und in diesem Kapitel haben wir die einfachsten Typen von gerichteten und ungerichteten Graphen eingeführt. Graphen sind sehr allgemeine mathematische Strukturen und sehr gut zum Beschreiben, Visualisieren und Modellieren geeignet. Sie werden deshalb in den vielfältigsten Anwendungen eingesetzt, sowohl in der Theorie als auch in der Praxis. Für viele Anwendungen sind die bisher beschriebenen Graphen aber zu einschränkend. Deshalb wurden Erweiterungen und Variationen entwickelt, die den jeweiligen Problemstellungen besser genügen. Auf einige dieser Erweiterungen wollen wir nachfolgend knapp eingehen.

Eine erste Erweiterung der derzeitigen Typen $g = (V, P)$ mit $P \subseteq V \times V$ (gerichteter Graph) bzw. $g = (V, K)$ mit $K \subseteq \{\{x, y\} \mid x, y \in V \wedge x \neq y\}$ (ungerichteter Graph) ist, dass man sie um Funktionen anreichert, die den Knoten bzw. den Pfeilen/Kanten gewisse Werte zuordnen. Werden den Pfeilen von gerichteten Graphen Zahlen zugeordnet, so dient dies oft dazu, bei der Modellierung von Straßennetzen die Längen der einzelnen Straßen anzugeben, woraus sich dann die Längen von Verbindungen bestimmen lassen, die aus mehreren Straßen bestehen. Formal sieht dies wie folgt aus: Ist $g = (V, P, \delta)$ ein gerichteter Graph mit einer Funktion $\delta : P \to \mathbb{R}_{>0}$, die jedem Pfeil $(x, y) \in P$ seine Länge $\delta(x, y)$ zuordnet, so ist in diesem Zusammenhang die Länge eines Wegs $w = (w_1, \ldots, w_n)$ definiert durch die Summe seiner Pfeillängen, also durch

$$\text{länge}(w) = \delta(w_1, w_2) + \ldots + \delta(w_{n-1}, w_n).$$

Eine Grundaufgabe ist dann, zu gegebenen zwei Knoten $x, y \in V$ die Länge eines kürzesten Wegs vom x nach y zu bestimmen, sofern überhaupt ein Weg von x nach y existiert. Bezeichnet $W(x, y) \subseteq \mathcal{P}(V^+)$ die Menge aller Wege von x nach y in g, so entspricht diese Aufgabe der algorithmischen Realisierung einer Funktion $\text{minlänge} : V \times V \to \mathbb{R} \cup \{\infty\}$ mit der folgenden Definition:

$$\text{minlänge}(x, y) = \begin{cases} \min\{\text{länge}(w) \mid w \in W(x, y)\} & \text{falls } W(x, y) \neq \emptyset \\ \infty & \text{sonst} \end{cases}$$

In dieser Definition zeigt das Symbol „∞" an, dass es keinen Weg von x nach y gibt. Die Interpretation mit unendlich ist typisch für fast alle Ansätze, das Kürzeste-Wege-Problem zu lösen. Algorithmen zu diesem Problem lernt man beispielsweise in einer Vorlesung über kombinatorische Optimierung kennen.

Zuordnungen von Aktionen an die Pfeile von gerichteten Graphen kann man beispielsweise dazu verwenden, Transitionssysteme darzustellen. Ein mit a markierter Pfeil von x nach y entspricht dann der Beziehung $x \xrightarrow{a} y$. Zuordnungen von Zahlen an die Knoten sind schließlich typisch für Anwendungen in der Elektrotechnik, wenn man durch Graphen elektrische Leitungsnetze oder Schaltungen modelliert. Die Zahlen entsprechen dann in der Regel den Spannungen an den Knotenpunkten.

Bei den bisher behandelten Typen von Graphen sind Pfeile und Kanten immer mittels Knoten beschrieben, entweder als Paare (x, y) oder als zweielementige Mengen $\{x, y\}$. Folglich ist es nicht möglich, dass es zwischen zwei Knoten mehrere parallele Pfeile und Kanten gibt. Eine erste Möglichkeit, parallele Pfeile und Kanten einzuführen, ist, sie mittels verschiedener Marken zu benennen. Häufig wird auch die Möglichkeit gewählt, Pfeilen und Kanten durch entsprechende Mengen eine eigene Identität zu geben. Gerichtete Graphen werden bei so einem Ansatz dann definiert als Quadrupel $g = (V, P, \alpha, \omega)$. Dabei ist V die endliche und nichtleere Menge von Knoten und P die endliche Menge von Pfeilen.

Weiterhin sind $\alpha, \omega : P \to V$ zwei Funktionen, die allen Pfeilen $p \in P$ den Anfangsknoten $\alpha(p) \in V$ und den Endknoten $\omega(p) \in V$ zuordnen. Ungerichtete Graphen werden bei diesem Ansatz zu Tripeln $g = (V, K, \iota)$. Wieder ist V die endliche und nichtleere Menge von Knoten und K die endliche Menge von Kanten. Die Funktion $\iota : K \to \mathcal{P}(V)$ ordnet jeder Kante die Menge der Knoten zu, welche die Kante berühren (mit ihr inzidieren). Damit ergibt sich $|\iota(k)| = 2$ für alle $k \in K$ als zusätzliche Bedingung.

Es wird der Leserin oder dem Leser empfohlen, zu Übungszwecken einige der graphentheoretischen Begriffe der letzten zwei Kapitel von den gerichteten Graphen $g = (V, P)$ bzw. den ungerichteten Graphen $g = (V, K)$ auf die Varianten $g = (V, P, \alpha, \omega)$ bzw. $g = (V, K, \iota)$ zu übertragen.

Ersetzt man bei den ungerichteten Graphen des Typs $g = (V, K, \iota)$ die Einschränkung $|\iota(k)| = 2$ durch $\iota(k) \neq \emptyset$ für alle $k \in K$, so nennt man die Resultate Hypergraphen und die Elemente von K Hyperkanten. Hyperkanten können mehr als einen Knoten berühren. In zeichnerischen Darstellungen werden sie oft als „Segel" gezeichnet, welche zwischen den Knoten aufgespannt sind. Die Einschränkung $\iota(k) \neq \emptyset$ besagt, dass es keine „frei schwebenden" Segel gibt. Hypergraphen kann man auch dadurch definieren, dass man in der Festlegung von den ungerichteten Graphen $g = (V, K)$ nur fordert, dass jedes Element von K eine nichtleere Teilmenge von V ist. In dieser Auffassung von K als eine Teilmenge von $\mathcal{P}(V)$ sind Venn-Diagramme oft ein geeignetes Mittel zur Visualisierung von Hypergraphen. Eine weitere Definitionsart ist $g = (V, K, R)$, mit V als endliche und nichtleere Menge von Knoten, K als endliche Menge von Hyperkanten und $R \subseteq K \times V$ als totale Relation, die beschreibt, welche Hyperkante welche Knoten berührt. Hypergraphen werden etwa bei der Lösung von Zuordnungsproblemen verwendet. Ein Beispiel hierzu ist das Aufstellen von Stundenplänen.

Hypergraphen sind ungerichtet. Eine den Hypergraphen entsprechende Erweiterung der gerichteten Graphen auf gerichtete Hypergraphen wird bisher in der Literatur fast gar nicht diskutiert.

8.5 Übungsaufgaben

8.5.1 Aufgabe

Beantworten Sie die folgenden Fragen (mit jeweiliger Begründung).

(1) An einer Party nehmen 21 Personen teil, wobei anfangs jede Person alle anderen Teilnehmer per Handschlag begrüßt. Wie oft werden dabei insgesamt Hände gedrückt?

(2) Auf wie viele Arten können sich 5 Personen auf 5 Stühle setzen?

(3) Wie viele Wörter der Länge 3 kann man aus den 26 lateinischen Kleinbuchstaben $a, \dots, z$ bilden, in denen der Buchstabe a genau einmal vorkommt?

8.5.2 Aufgabe

Zu $s \in M^*$ und $x \in M$ bezeichne $|s|_x$ die Anzahl der Vorkommen von x in s, beispielsweise $|(a, b, a, c)|_a = 2$.

(1) Geben Sie eine formale Definition der Notation $|s|_x$ über den Aufbau der linearen Listen mittels () und der Linksanfügeoperation an.

(2) Zeigen Sie für alle $n, k \in \mathbb{N}$, dass $|\{s \in \{0,1\}^* \mid |s| = n \wedge |s|_1 = k\}| = \binom{n}{k}$.

8.5.3 Aufgabe

Beweisen Sie für alle $n, k \in \mathbb{N}$ mit $k \leq n$ die folgende Gleichung:

$$\sum_{i=0}^{n} \binom{i}{k} = \binom{n+1}{k+1}$$

Was besagt diese Gleichung für das Pascalsche Dreieck?

8.5.4 Aufgabe

Wir erweitern das klassische Schachbrett zu einem $m \times m$ Schachbrett mit $m > 0$ Zeilen und Spalten und den m^2 Feldern $(1,1)$ bis (m,m) von links unten bis rechts oben. Auf solch einem $m \times m$ Schachbrett habe eine Spielfigur genau die folgenden zwei Zugmöglichkeiten:

(1) Ein Schritt horizontal nach rechts.

(2) Ein Schritt vertikal nach oben.

Wie viele Möglichkeiten gibt es, die Spielfigur vom Feld $(1,1)$ links unten zum Feld (m,m) rechts oben zu bewegen?

8.5.5 Aufgabe

Beantworten Sie die folgenden zwei Fragen zu Läuferstellungen auf einem Schachbrett jeweils durch eine mathematische Begründung:

(1) Was ist die maximale Anzahl von Läufern, die man auf einem $m \times m$ Schachbrett so platzieren kann, dass sie sich gegenseitig nicht bedrohen?

(2) Wie viele Möglichkeiten gibt es, eine maximale Anzahl von Läufern auf einem $m \times m$ Schachbrett so platzieren, dass sie sich gegenseitig nicht bedrohen?

Hinweis: Beweisen Sie zur Beantwortung der zweiten Frage, dass bei einer maximalen Anzahl von Läufern alle auf einem Randfeld platziert werden müssen.

8.5.6 Aufgabe

Wie viele gerichtete Graphen $g = (V, P)$ bzw. ungerichtete Graphen $g = (V, K)$ mit Knotenmenge V gibt es (mit Begründungen)?

8.5.7 Aufgabe

Es sei V eine endliche und nichtleere Menge. Zeigen Sie, dass es genau so viele ungerichtete Graphen $g = (V, K)$ wie gerichtete Graphen $g = (V, P)$ gibt, bei denen die Relation P der Pfeile symmetrisch und irreflexiv ist.

8.5.8 Aufgabe

Zu einer natürlichen Zahl $n \in \mathbb{N}$ mit $n \neq 0$ ist der Hyperwürfel $Q_n = (V_n, K_n)$ definiert als derjenige ungerichtete Graph, dessen Knotenmenge V_n gleich $\{0,1\}^n$ ist und dessen Kantenmenge K_n aus allen Mengen $\{s, t\}$ besteht, so dass sich die n-Tupel s und t in genau einer Komponente unterscheiden.

(1) Spezifizieren Sie durch eine Formel, dass sich $s, t \in \{0,1\}^n$ in genau einer Komponente unterscheiden.

(2) Zeichnen Sie die Hyperwürfel Q_1, Q_2 und Q_3 und bestimmen Sie anhand der Zeichnungen für alle Knoten der Hyperwürfel Q_1, Q_2 und Q_3 die Knotengrade und die Nachbarnmengen.

8.5.9 Aufgabe

Gegeben sei eine natürliche Zahl $n \neq 0$. Wie viele Knoten bzw. Kanten besitzt der Hyperwürfel $Q_n = (V_n, K_n)$ (mit Begründung)?

8.5.10 Aufgabe

Es sei $g = (V, K)$ ein ungerichteter Graph. Eine nichtleere Teilmenge C von V heißt eine Clique, falls für alle $x, y \in C$ gilt: $x = y$ oder $\{x, y\} \in K$.

(1) Zeigen Sie, dass alle einelementigen Teilmengen von V Cliquen sind.

(2) Wie viele Cliquen C mit $|C| = 2$ besitzt der ungerichtete Graph g, wenn er ein Baum ist (mit Begründung)?

8.5.11 Aufgabe

Es sei $g = (V, K)$ ein Baum mit $|V| > 1$. Zeigen Sie, dass es mindestens zwei Knoten $x, y \in V$ mit $x \neq y$, $d_g(x) = 1$ und $d_g(y) = 1$ gibt.

8.5.12 Aufgabe

Zwei ungerichtete Graphen $g_1 = (V_1, K_1)$ und $g_2 = (V_2, K_2)$ werden isomorph genannt, falls es eine bijektive Funktion $\Phi : V_1 \to V_2$ gibt, so dass

$$\{x, y\} \in K_1 \iff \{\Phi(x), \Phi(y)\} \in K_2$$

für alle $x, y \in V_1$ gilt.

(1) Es sei $V := \{a, b, c, d\}$. Welche der ungerichteten Graphen

$$g_1 = (V, \{\{a, b\}, \{d, b\}\}) \qquad g_2 = (V, \{\{a, c\}, \{c, d\}\}) \qquad g_3 = (V, \{\{a, c\}, \{b, d\}\})$$

sind isomorph bzw. nicht isomorph (mit Begründung)?

(2) Stellen Sie eine Verbindung her zwischen der Isomorphie ungerichteter Graphen, dem Begriff „planar" und den planaren linealischen Graphzeichnungen.

(3) Beweisen Sie: Durch die Relation „sind isomorph" wird zu jeder endlichen und nichtleeren Menge V eine Äquivalenzrelation auf der Menge aller ungerichteten Graphen mit V als Knotenmenge definiert.

9 Diskrete Wahrscheinlichkeitstheorie

Wahrscheinlichkeiten und Methoden der Statistik spielen in der Informatik eine immer größere Rolle. Am Ende von Kapitel 10 werden wir skizzieren, wie sie beispielsweise bei der Analyse von evolutionären Algorithmen eingesetzt werden. Ein evolutionärer Algorithmus ist ein Spezialfall eines randomisierten Algorithmus. Solch ein Algorithmus versucht, mit Hilfe zufällig ausgewählter Zwischenschritte zu einem gegebenen Problem eine im Mittel gute bzw. korrekte Lösung zu finden. Das bekannte Quicksort-Sortierverfahren ist ein weiteres Beispiel für einen randomisierten Algorithmus. Mit Hilfe der Wahrscheinlichkeitstheorie kann man zeigen, dass bei $n > 0$ zu sortierenden Objekten die erwartete Laufzeit $\mathcal{O}(n \, glog_2(n))$ ist, wobei $glog_2(n)$ den ganzzahligen Anteil des dualen Logarithmus $log_2(n)$ von n bezeichnet. In diesem Kapitel stellen wir die Grundlagen der Wahrscheinlichkeitstheorie vor. Weil uns die Hilfsmittel aus der Analysis und der mathematischen Maßtheorie nicht zur Verfügung stehen, beschränken wir uns auf die sogenannte diskrete Wahrscheinlichkeitstheorie. Diese ist für die meisten Anwendungen von Wahrscheinlichkeiten in der Informatik ausreichend.

9.1 Zufallsexperimente und Zufallsereignisse

Experimente können kausal-deterministisch oder zufällig sein. Bei einem kausal-deterministischen Experiment ist das Ergebnis immer vorhersagbar, wie etwa die Fallzeit bei einem freien Fall, welche durch ein physikalisches Gesetz eindeutig beschrieben ist. Ein zufälliges Experiment – man sagt hier deutlicher **Zufallsexperiment** – ist ein Experiment, bei dem das Ergebnis nicht vorhersagbar ist. Beispielsweise ist beim Würfeln die gewürfelte Augenzahl nicht vorhersagbar und bei verschiedenen Ausführungen dieses Zufallsexperiments treten normalerweise verschiedene Ergebnisse auf. Ein weiteres Beispiel ist der Wurf einer Münze, deren zwei Seiten in der Wahrscheinlichkeitstheorie üblicherweise mit „Kopf" und „Wappen" bezeichnet werden. Es ist nicht vorhersagbar, ob Kopf oder Wappen oben liegt. Die nachfolgende Definition verallgemeinert diese zwei Beispiele und formuliert dies in der Sprache der Mengenlehre. Das ermöglicht später eine formale Behandlung zufälliger Experimente und ihrer Ergebnisse mittels mathematischer Methoden. Man beachte, dass dabei der Begriff eines Zufallsexperiments nicht näher spezifiziert wird. Dies erlaubt, den Ansatz auf sehr viele verschieden geartete konkrete Gegebenheiten anzuwenden.

9.1.1 Definition: Elementarereignis, Ergebnisraum

Ein **Elementarereignis** ist das Ergebnis einer einmaligen Ausführung eines Zufallsexperiments. Die Menge aller Elementarereignisse wird als **Ergebnisraum** definiert und mit dem Symbol Ω bezeichnet. □

Nehmen wir K als Abkürzung für „der Wurf der Münze führte zum Ergebnis Kopf" und W als Abkürzung für „der Wurf der Münze führte zum Ergebnis Wappen", so bekommt man $\Omega := \{K, W\}$. Im Fall des Würfelns ergibt sich $\Omega := \{1, 2, 3, 4, 5, 6\}$, wobei $n \in \Omega$ für „der Wurf des Würfels führte zur Augenzahl n" steht. In diesen zwei Beispielen werden bei einem Zufallsexperiment die Münze und der Würfel einmal geworfen. Ein weiteres Beispiel ist etwa, dass ein Zufallsexperiment ein zweimaliges Würfeln darstellt. Hier gilt $\Omega := \{1, 2, 3, 4, 5, 6\}^2$, wobei $(m, n) \in \Omega$ als „der erste Wurf des Würfels führte zur Au-

© Springer Fachmedien Wiesbaden GmbH, ein Teil von Springer Nature 2021
R. Berghammer, *Mathematik für die Informatik*,
https://doi.org/10.1007/978-3-658-33304-1_9

genzahl m und der zweite Wurf des Würfels führte zur Augenzahl n" interpretiert wird. In analoger Weise bekommt man etwa $\Omega := \{K, W\}^3$, wenn ein Zufallsexperiment ein dreimaliges Werfen einer Münze darstellt.

Führt man im Rahmen einer Versuchsreihe ein Zufallsexperiment mehrfach durch, so bekommt man in der Regel mehrere Ergebnisse. Man kann diese nun auf gemeinsame Merkmale hin untersuchen. Tritt ein Ergebnis mit einem bestimmten Merkmal auf, so sagt man, dass das durch das Merkmal beschriebene Ereignis eingetreten ist. Beispielsweise kann beim zweimaligen Würfeln das Merkmal „die Summe der beiden Augenzahlen ist 4" sein Das Ereignis ist also eingetreten, wenn das Ergebnis $(1, 3)$, $(2, 2)$ oder $(3, 1)$ ist, d.h., wenn es ein Element der Teilmenge $\{(1, 3), (2, 2), (3, 1)\}$ des Ergebnisraums $\Omega := \{1, 2, 3, 4, 5, 6\}^2$ ist. Dies führt zur folgenden Definition von Zufallsereignissen.

9.1.2 Definition: Zufallsereignis, Ereignisraum

Ein **Zufallsereignis** (kurz auch: Ereignis) ist eine Teilmenge des Ergebnisraums Ω. Die Menge $\mathcal{P}(\Omega)$ aller Zufallsereignisse wird **Ereignisraum** genannt. Zwei Zufallsereignisse $A, B \in \mathcal{P}(\Omega)$ heißen **unvereinbar**, falls $A \cap B = \emptyset$ gilt. Das Zufallsereignis $\emptyset \in \mathcal{P}(\Omega)$ heißt das **unmögliche Zufallsereignis** und das Zufallsereignis $\Omega \in \mathcal{P}(\Omega)$ heißt das **sichere Zufallsereignis**. □

Der Grund für die Bezeichnungen „unmögliches Zufallsereignis" und „sicheres Zufallsereignis" ist, dass später bei der Definition der mathematischen Wahrscheinlichkeitsverteilung in Abschnitt 9.2 dem unmöglichen Zufallsereignis die Wahrscheinlichkeit 0 zugewiesen wird und dem sicheren Zufallsereignis die Wahrscheinlichkeit 1 zugewiesen wird. Sind A und B Zufallsereignisse, so auch $A \cup B$, $A \cap B$ und $\overline{A}$, wobei das Komplement in diesem Kapitel immer bezüglich des Universums Ω gebildet wird. Man nennt $\overline{A}$ das zu A **komplementäre Zufallsereignis**. Offensichtlich sind A und $\overline{A}$ unvereinbare Zufallsereignisse. Nachfolgend geben wir einige Beispiele für Zufallsereignisse an.

9.1.3 Beispiele: Zufallsereignisse

Zuerst betrachten wir den dreimaligen Münzwurf mit dem Ergebnisraum $\Omega := \{K, W\}^3$. Wenn wir an dem Merkmal „bei allen drei Würfen tritt genau zweimal Kopf auf" interessiert sind, so führt dies zum folgenden Zufallsereignis:

$$A := \{(K, K, W), (K, W, K), (W, K, K)\}$$

Sind wir hingegen am Merkmal „bei allen drei Würfen tritt mindestens zweimal Kopf auf" interessiert, so bekommen wir das folgende Zufallsereignis:

$$B := \{(K, K, W), (K, W, K), (W, K, K), (K, K, K)\}$$

A und B sind nicht unvereinbar. Wir wissen, dass $|\Omega| = 2^3 = 8$ gilt, woraus $|\overline{B}| = 8 - 4 = 4$ folgt. Konkret erhalten wir zu B das folgende komplementäre Zufallsereignis $\overline{B}$, mit „bei allen drei Würfen tritt höchstens einmal Kopf auf" als dem bestimmenden Merkmal:

$$\overline{B} = \{(K, W, W), (W, K, W), (W, W, K), (W, W, W)\}$$

Bei parallelen Programmen hängt die Laufzeit von der Zuteilung der einzelnen Prozesse auf die Rechnerkerne ab. Eine ungünstige Zuteilung vergrößert die Laufzeit, eine günstige Zuteilung vermindert diese. Die Zuteilungen sind zuällig und somit bilden die einzelnen Programmabläufe einer Versuchsreihe Zufallsexperimente und die jeweils gemessenen Laufzeiten Elementarereignisse. Wir nehmen nun den folgenden Ergebnisraum mit 15 gemessenen Laufzeiten (in Sekunden) an:

$$\Omega := \{1.22, 1.14, 1.05, 1.01, 1.24, 1.12, 1.16, 1.00, 1, 31, 1.21, 1.29, 1.06, 1.40, 1, 44, 1.33\}$$

Sind wir beispielsweise an dem Merkmal „die gemessene Laufzeit liegt echt unter 1.20 Sekunden" interessiert, so erhalten wir

$$C := \{1.14, 1.05, 1.01, 1.12, 1.16, 1.00, 1.06\}$$

als Zufallsereignis. Dessen komplementäres Zufallsereignis

$$\overline{C} = \{1.22, 1.24, 1, 31, 1.21, 1.29, 1.40, 1, 44, 1.33\}$$

ist durch das Merkmal „die gemessene Laufzeit beträgt mindestens 1.20 Sekunden" bestimmt.

Bei den bisherigen Beispielen sind die Ergebnisräume klein und konnten in allen Fällen explizit dargestellt werden. Nun geben wir noch ein Beispiel an, bei dem der Ergebnisraum sehr groß ist. Dazu betrachten wir die Ziehung der Lottozahlen als Zufallsexperiment. Aus Gründen der Vereinfachung beschränken wir uns nur auf die sechs Lottozahlen aus der Menge $\{1, 2, \ldots, 49\}$ und lassen die Superzahl und ähnliche Dinge weg. Da ein Elementarereignis dem Ergebnis einer einmaligen Ziehung der sechs Lottozahlen entspricht, besteht, wenn wir diese Zahlen zu einer Menge zusammenfassen, der Ergebnisraum aus allen Teilmengen M der Menge $\{1, 2, \ldots, 49\}$ mit $|M| = 6$. Es gilt also $\Omega := \mathcal{P}_6(49)$ und Satz 8.1.16 bringt $|\Omega| - |\mathcal{P}_6(49)| - \binom{49}{6}$. Somit existieren genau 13 983 816 Elementarereignisse. Nun nehmen wir an, dass irgendein Elementarereignis vorliege, beschrieben durch eine Menge $e \in \Omega$ von sechs gezogenen Lottozahlen. Dann definiert etwa

$$D := \{M \in \Omega \mid 3 = |e \cap M|\}$$

ein Zufallsereignis. Im Worten besagt dieses, dass „man einen Dreier hat", also genau drei richtige Zahlen getippt wurden. □

9.2 Diskrete Wahrscheinlichkeitsverteilungen

Schon seit Jahrhunderten haben sich Mathematiker darum bemüht, die intuitiven Begriffe eines zufälligen Ereignisses und der Wahrscheinlichkeit seines Eintretens einer formalen mathematischen Behandlung zugängig zu machen. Der entscheidende Durchbruch gelang dem russischen Mathematiker Andrei Kolmogorow (1903-1987), welcher in den 1930er Jahren die Wahrscheinlichkeitstheorie als Teilgebiet der Mathematik mengentheoretisch formulierte. Seine Idee war, zufällige Ereignisse als Teilmengen der Menge aller elementaren Ereignisse darzustellen, so wie dies in Abschnitt 9.1 geschah. Auf Kolmogorow geht auch die Idee zurück, die Zuordnung von Wahrscheinlichkeiten zu zufälligen Ereignissen als eine Funktion aufzufassen, welche gewissen Mindestanforderungen genügen muss. Dieser axiomatische Ansatz wird durch die folgende Definition beschrieben. In ihr stellt $[0, 1]$ das Intervall der reellen Zahlen von 0 bis 1 dar, d.h. $[0, 1] := \{x \in \mathbb{R} \mid 0 \leq x \leq 1\}$.

9.2.1 Definition: Wahrscheinlichkeitsverteilung

Eine **Wahrscheinlichkeitsverteilung** ist eine Funktion $W : \mathcal{P}(\Omega) \to [0,1]$ mit einem endlichen und nichtleeren Ergebnisraum Ω, die den folgenden beiden Eigenschaften genügt:

(1) $W(\Omega) = 1$ 　　　(2) $\forall A, B \in \mathcal{P}(\Omega) : A \cap B = \emptyset \Rightarrow W(A \cup B) = W(A) + W(B)$

Es heißt $W(A)$ die Wahrscheinlichkeit des Zufallsereignisses $A \in \mathcal{P}(\Omega)$. 　　　$\square$

Bei dieser Definition handelt es sich um einen Spezialfall des Kolmogorowschen Ansatzes, welcher aber für viele Anwendungen in der Informatik ausreicht. Normalerweise wird in der Wahrscheinlichkeitstheorie bei der Definition von Wahrscheinlichkeitsverteilungen $W : \mathcal{P}(\Omega) \to [0,1]$ auf die Endlichkeit von Ω verzichtet. Stattdessen wird (neben (1) und (2)) noch gefordert, dass für jede abzählbare Teilmenge $\mathcal{A} := \{A_i \in \mathcal{P}(\Omega) \mid i \in \mathbb{N}\}$ des Ereignisraums $\mathcal{P}(\Omega)$ die unendliche Summe $\sum_{i=0}^{\infty} W(A_i)$ definiert ist (formal: als Reihe konvergiert; siehe Abschnitt 9.8) und $W(\mathcal{A}) = \sum_{i=0}^{\infty} W(A_i)$ gilt. Falls Ω nichtleer und endlich oder abzählbar ist, so nennt man $W : \mathcal{P}(\Omega) \to [0,1]$ **diskrete Wahrscheinlichkeitsverteilung**. Um Reihen und Konvergenzbetrachtungen vorerst zu vermeiden, **seien bis einschließlich Abschnitt 9.7 Ergebnisräume immer endlich und nichtleer.**

Eigenschaft (1) von Definition 9.2.1 stellt eine Normierung der Wahrscheinlichkeit auf die reellen Zahlen von 0 bis 1 dar. In der Umgangssprache werden Wahrscheinlichkeiten auch sehr oft in Prozenten ausgedrückt. Beispielsweise sagt man im Fall $W(A) = 0.8$, dass das zufällige Ereignis A mit 80% Wahrscheinlichkeit eintritt. In der obigen Definition wird nichts darüber ausgesagt, wie die Wahrscheinlichkeit eines Elements bestimmt ist. Es werden nur zwei unabdingbare Eigenschaften gefordert. Dieses Vorgehen ist sehr ähnlich zur Festlegung von Elementarereignisen in Definition 9.1.1, in der auch nicht näher spezifiziert wird, was ein Zufallsexperiment ist. Beides zusammen macht die mathematische Wahrscheinlichkeitstheorie offen für sehr viele Interpretationen. Eine spezielle Art von Wahrscheinlichkeitsverteilung lernen wir noch in diesem Abschnitt kennen. In späteren Abschnitten werden weitere wichtige diskrete Wahrscheinlichkeitsverteilungen folgen.

Wenn wir in Eigenschaft (2) von Definition 9.2.1 A als Ω und B als $\emptyset$ wählen, so erhalten wir $W(\Omega) = W(\Omega \cup \emptyset) = W(\Omega) + W(\emptyset)$ und damit

$$W(\emptyset) = 0.$$

Das unmögliche Zufallsereignis $\emptyset$ hat also die Wahrscheinlichkeit 0, was wir schon früher erwähnt haben. Aus den Eigenschaften (1) und (2) von Definition 9.2.1 folgt, dass die Gleichung $1 = W(\Omega) = W(A \cup \overline{A}) = W(A) + W(\overline{A})$ für alle Zufallsereignisse $A \in \mathcal{P}(\Omega)$ gilt, was für das komplementäre Zufallsereignis die Wahrscheinlichkeit

$$W(\overline{A}) = 1 - W(A)$$

impliziert. Sehr ähnlich zum Beweis der allgemeinen Kardinalitätsformel (siehe Satz 1.3.7) kann auch bewiesen werden, dass

$$W(A \cup B) = W(A) + W(B) - W(A \cap B)$$

für alle Zufallsereignisse $A, B \in \mathcal{P}(\Omega)$ gilt. Eine weitere fundamentale Eigenschaft von Wahrscheinlichkeitsverteilungen $W : \mathcal{P}(\Omega) \to [0,1]$ ist die Monotonie bezüglich der geordneten Mengen $(\mathcal{P}(\Omega), \subseteq)$ und $([0,1], \leq)$. Sind nämlich $A, B \in \mathcal{P}(\Omega)$ mit $A \subseteq B$ beliebig vorgegebene Zufallsereignisse, so gilt

$$W(A) \leq W(A) + W(B \setminus A) = W(A \cup (B \setminus A)) = W(A \cup B) = W(B)$$

aufgrund von $A \cap (B \setminus A) = \emptyset$ und Eigenschaft (2) von Definition 9.2.1 und $A \cup B = B$. Ist das (endliche) Zufallsereignis $A \in \mathcal{P}(\Omega)$ nichtleer und von der Form $A = \{e_1, \dots, e_n\}$, mit $n > 0$ Elementarereignissen, so gilt schließlich noch

$$W(A) = W(\bigcup_{i=1}^{n} \{e_i\}) = \sum_{i=1}^{n} W(\{e_i\}),$$

denn aus Eigenschaft (2) von Definition 9.2.1 folgt durch vollständige Induktion, dass die Wahrscheinlichkeit der Vereinigung einer endlichen Menge von paarweise unvereinbaren Zufallsereignissen die Summe der Wahrscheinlichkeiten der einzelnen Zufallsereignisse ist. Man nennt $W(\{e\})$ die **Wahrscheinlichkeit des Elementarereignisses** $e \in \Omega$. (Aufgrund der angenommenen Endlichkeit des Ergebnisraums Ω könnte man zur Definition von Wahrscheinlichkeit auch die der Elementarereignisse zugrunde legen; siehe Aufgabe 9.9.2.) Nach diesen fundamentalen Eigenschaften von Wahrscheinlichkeitsverteilungen geben wir in der nächsten Definition ein wichtiges Beispiel für eine spezielle Wahrscheinlichkeitsverteilung an, welche bei praktischen Anwendungen sehr häufig vorkommt.

9.2.2 Definition: Gleichverteilung

Eine Wahrscheinlichkeitsverteilung $W : \mathcal{P}(\Omega) \to [0,1]$ heißt eine **Gleichverteilung**, falls $W(\{e\}) = \frac{1}{|\Omega|}$ für alle Elementarereignisse $e \in \Omega$ gilt. □

Bei Gleichverteilungen haben alle Elementarereignisse $e \in \Omega$ die gleiche Wahrscheinlichkeit $W(\{e\})$. Aus dieser Eigenschaft folgt mit Hilfe der unmittelbar vor Definition 9.2.2 bewiesenen Gleichung, dass für alle Zufallsereignisse $A \in \mathcal{P}(\Omega)$ der Form $A = \{e_1, \dots, e_n\}$, mit $n > 0$ Elementarereignissen, die Gleichung

$$W(A) = \sum_{i=1}^{n} W(\{e_i\}) = \sum_{i=1}^{n} \frac{1}{|\Omega|} = \sum_{i=1}^{|A|} \frac{1}{|\Omega|} = \frac{|A|}{|\Omega|}$$

gilt. Wegen $W(\emptyset) = 0$ gilt diese Gleichung auch für das unmögliche Zufallsereignis. Da diese fundamentale Eigenschaft sehr oft angewendet wird, halten wir sie in einem Satz eigens fest.

9.2.3 Satz: Wahrscheinlichkeit bei Gleichverteilungen

Ist $W : \mathcal{P}(\Omega) \to [0,1]$ eine Gleichverteilung, so gilt $W(A) = \frac{|A|}{|\Omega|}$ für alle Zufallsereignisse $A \in \mathcal{P}(\Omega)$. □

Die Gleichung $W(A) = \frac{|A|}{|\Omega|}$ ist auch als **Formel (oder Gesetz) von Laplace** bekannt, benannt nach dem französischen Mathematiker, Physiker und Astronomen Pierre-Simon Laplace (1749-1827). Er forderte, dass, wenn nicht explizit anders angegeben, zufällige Ereignisse immer als gleichverteilt anzunehmen sind. Nachfolgend geben wir zwei einfache Beispiele für Gleichverteilungen an.

9.2.4 Beispiele: Gleichverteilungen

Handelt es sich nicht um einen manipulierten Würfel, so führt das in Abschnitt 9.1 betrachtete zweimalige Würfeln mit dem Ergebnisraum $\Omega := \{1, 2, 3, 4, 5, 6\}^2$ zu einer Gleichverteilung $W : \mathcal{P}(\Omega) \to [0, 1]$, denn keines von den 36 möglichen Paare von Augenzahlen wird bevorzugt. Wenn wir nun an der Wahrscheinlichkeit interessiert sind, dass ein Pasch gewürfelt wird, also beide Würfel die gleiche Augenzahl zeigen, dann haben wir das folgende Zufallsereignis zu betrachten:

$$Pasch := \{(m, n) \in \Omega \mid m = n\} = \{(1,1), (2,2), (3,3), (4,4), (5,5), (6,6)\}$$

Daraus folgt mit der Formel von Laplace, dass

$$W(Pasch) = \frac{|Pasch|}{|\Omega|} = \frac{6}{36} = \frac{1}{6}.$$

Auch die Ziehung der sechs Lottozahlen führt, wenn sie als Zufallsexperiment betrachtet wird, zu einer Gleichverteilung $W : \mathcal{P}(\Omega) \to [0, 1]$ mit dem Ergebnisraum $\Omega := \mathcal{P}_6(49)$. Hier gilt für alle Elementarereignisse $Sechs \in \Omega$ nach der Formel von Laplace, dass

$$W(\{Sechs\}) = \frac{|\{Sechs\}|}{|\Omega|} = \frac{1}{13\,983\,816} = 0.0000000715.$$

Die Chance, auf dem Lottoschein alle sechs richtigen Zahlen angekreuzt zu haben, ist also sehr, sehr gering. $\qquad\qquad\qquad\qquad\qquad\qquad\qquad\qquad\qquad\qquad\qquad\qquad$ □

Um auch ein Zufallsexperiment anzugeben, das zu keiner Gleichverteilung führt, betrachten wir eine Urne mit 20 roten und 80 schwarzen Kugeln, aus der zufällig eine Kugel entnommen wird. Bezeichnen wir „es wird eine rote Kugel entnommen" mit R und „es wird eine schwarze Kugel entnommen" mit S, so erhalten wir $\Omega := \{R, S\}$. Es gelten $W(\{R\}) = \frac{1}{5}$ und $W(\{S\}) = \frac{4}{5}$ und damit ist die durch diese Gleichungen gegebene Wahrscheinlichkeitsverteilung $W : \mathcal{P}(\Omega) \to [0, 1]$ keine Gleichverteilung.

Wir haben unvereinbare Zufallsereignisse definiert als solche, deren Durchschnitt leer ist, die also im Rahmen von Zufallsexperimenten kein gemeinsames Ergebnis liefern. Davon zu unterscheiden sind unabhängige Zufallsereignisse. Die Idee dahinter ist, dass bei unabhängigen Zufallsereignissen $A_1, \ldots, A_n$ die Wahrscheinlichkeit für das Eintreten eines beliebigen Zufallsereignisses A_i sich nicht ändert, wenn andere Zufallsereignisse ungleich A_i eintreten oder nicht eintreten. Formal wird dies wie folgt definiert, wobei $\prod_{B \in \mathcal{B}} W(B)$ das Produkt der Wahrscheinlichkeiten aller in der endlichen Menge $\mathcal{B}$ enthaltenen Zufallsereignisse beschreibt, also $\prod_{i=1}^n W(B_i)$ im Fall $\mathcal{B} = \{B_1, \ldots, B_n\}$, mit $n > 0$.

9.2.5 Definition: unabhängige Zufallsereignisse

Eine nichtleere Menge $\mathcal{A}$ von Zufallsereignissen heißt **(stochastisch) unabhängig**, falls $W(\bigcap \mathcal{B}) = \prod_{B \in \mathcal{B}} W(B)$ für alle $\mathcal{B} \subseteq \mathcal{A}$ mit $\mathcal{B} \neq \emptyset$ gilt. Hat $\mathcal{A}$ die Form $\mathcal{A} = \{A_1, \ldots, A_n\}$, mit $n > 0$, so sagt man auch, dass die Zufallsereignisse $A_1, \ldots, A_n$ unabhängig sind. $\qquad$ □

Um festzustellen, dass zwei Zufallsereignisse A_1 und A_2 unabhängig sind, genügt es, die Gleichung $W(A_1 \cap A_2) = W(A_1) \cdot W(A_2)$ [14] zu überprüfen, denn die den einelementi-

---

[14]Um die Lesbarkeit von Ausdrücken zu verbessern, werden wir in diesem Kapitel oftmals das Operationssymbol für die Multiplikation explizit angeben.

gen Teilmengen von $\{A_1, A_2\}$ entsprechenden Gleichungen $W(\cap\{A_1\}) = \prod_{B\in\{A_1\}} W(B)$ und $W(\cap\{A_2\}) = \prod_{B\in\{A_2\}} W(B)$ gelten immer. Aus der Unabhängigkeit von jeweils zwei Zufallsereignissen einer nichtleeren Menge $\mathcal{A}$ von Zufallsereignissen folgt im Allgemeinen nicht die Unabhängigkeit von $\mathcal{A}$. Hingegen impliziert die Unabhängkeit von $\mathcal{A}$, dass je zwei Zufallsereignisse aus dieser Menge unabhängig sind, d.h. für alle $A, B \in \mathcal{A}$ gilt $W(A \cap B) = W(A) \cdot W(B)$. Die Unabhängigkeit von zwei Zufallsereignissen steht in einer engen Verbindung zur bedingten Wahrscheinlichkeit. Wir werden entsprechende Eigenschaften im nächsten Abschnitt beweisen. Diesen Abschnitt beenden wir mit Beispielen zur Unabhängigkeit von Zufallsereignissen.

9.2.6 Beispiele: Unabhängigkeit von Zufallsereignissen

Als erstes Beispiel betrachten wir das dreimalige Werfen einer Münze mit dem Ergebnisraum $\Omega := \{K, W\}^3$. Weiterhin definieren wir die Zufallsereignisse

$$A := \{(K, K, K), (K, K, W), (K, W, K), (K, W, W)\}$$

(„beim ersten Wurf liegt Kopf oben"),

$$B := \{(K, K, K), (K, K, W), (W, K, K), (W, K, W)\}$$

(„beim zweiten Wurf liegt Kopf oben") und

$$C := \{(K, K, K), (K, W, K), (W, K, K), (W, W, K)\}$$

(„beim dritten Wurf liegt Kopf oben"). Wir wollen nachprüfen, dass diese drei Zufallsereignisse unabhängig sind. Da beim mehrmaligen Werfen einer Münze eine Gleichverteilung vorliegt, erhalten wir als Wahrscheinlichkeit von A nach der Formel von Laplace, dass

$$W(A) = \frac{|A|}{|\Omega|} = \frac{4}{8} = \frac{1}{2}.$$

Durch analoge Rechnungen kann man $W(B) = \frac{1}{2}$ und $W(C) = \frac{1}{2}$ zeigen. Zum Nachweis, dass A, B und C unabhängig sind, haben wir die in Definition 9.2.5 geforderte Gleichung für alle nichtleeren Teilmengen von $\{A, B, C\}$ als wahr zu zeigen. Die Fälle der einelementigen Teilmengen $\{A\}$, $\{B\}$ und $\{C\}$ sind trivial. Wir überprüfen nun die zweielementigen Teilmengen. Dazu beginnen wir mit $\{A, B\}$ und bekommen

$$W(A \cap B) = \frac{|A \cap B|}{|\Omega|} = \frac{2}{8} = \frac{1}{4} = \frac{1}{2} \cdot \frac{1}{2} = W(A) \cdot W(B)$$

nach der Formel von Laplace, was zeigt, dass $\{A, B\}$ unabhängig ist. Wegen $|A \cap C| = 2$ und $|B \cap C| = 2$ erhalten wir auf die gleiche Weise $W(A \cap C) = W(A) \cdot W(C)$ und $W(B \cap C) = W(B) \cdot W(C)$, so dass auch $\{A, C\}$ und $\{B, C\}$ unabhängig sind. Nun müssen wir noch die Menge $\{A, B, C\}$ überprüfen. Aufgrund der Formel von Laplace gilt

$$W(A \cap B \cap C) = \frac{|A \cap B \cap C|}{|\Omega|} = \frac{1}{8} = \frac{1}{2} \cdot \frac{1}{2} \cdot \frac{1}{2} = W(A) \cdot W(B) \cdot W(C),$$

also die geforderte Gleichung. Somit ist die Unabhängigkeit von A, B und C bewiesen.

Im zweiten Beispiel betrachten wir nicht den Ergebnisraum Ω vom letzten Beispiel, sondern eine Teilmenge davon und definieren $\Omega := \{(K, K, W), (K, W, K), (W, K, K), (W, W, W)\}$. Wenn die Zufallsereignisse A, B und C wiederum dadurch definiert sind, dass beim ersten, zweiten bzw. dritten Wurf Kopf oben liegt, dann erhalten wir

$$A := \{(K, K, W), (K, W, K)\}$$

(„beim ersten Wurf liegt Kopf oben"),

$$B := \{(K, K, W), (W, K, K)\}$$

(„beim zweiten Wurf liegt Kopf oben") und

$$C := \{(K, W, K), (W, K, K)\}$$

(„beim dritten Wurf liegt Kopf oben"). Wiederum aufgrund der Gleichverteilung und der Formel von Laplace gelten die folgenden Gleichungen:

$$W(A) = \frac{1}{2} \qquad W(B) = \frac{1}{2} \qquad W(C) = \frac{1}{2}$$

Auch rechnet man durch die Formel von Laplace und

$$W(A \cap B) = \frac{1}{4} = \frac{1}{2} \cdot \frac{1}{2} = W(A) \cdot W(B)$$

die Unabhängigkeit der Menge $\{A, B\}$ nach und durch analoge Rechnungen kann man auch $W(A \cap C) = W(A) \cdot W(C)$, also die Unabhängigkeit von $\{A, C\}$, und $W(B \cap C) = W(B) \cdot W(C)$, also die Unabhängigkeit von $\{B, C\}$, zeigen. Allerdings gilt auch die Ungleichung

$$W(A \cap B \cap C) = 0 \neq \frac{1}{2} \cdot \frac{1}{2} \cdot \frac{1}{2} = W(A) \cdot W(B) \cdot W(C),$$

und somit sind die Zufallsereignisse A, B und C nicht unabhängig, obwohl sowohl die Paare A, B als auch A, C und B, C jeweils unabhängig sind. □

9.3 Die bedingte Wahrscheinlichkeit

Als bedingte Wahrscheinlichkeit $W(A \mid B)$ eines Zufallsereignisses A unter einem Zufallsereignis B bezeichnet man die Wahrscheinlichkeit, dass A eintritt, wenn bekannt ist, dass B bereits eingetreten ist. Um die formale Definition von $W(A \mid B)$ zu motivieren, betrachten wir ein schon in Abschnitt 9.2 behandeltes Beispiel und verändern dieses etwas.

9.3.1 Beispiel: Motivation von bedingter Wahrscheinlichkeit

Beim zweimaligen Würfeln mit dem Ergebnisraum $\Omega := \{1, 2, 3, 4, 5, 6\}^2$ und der Gleichverteilung $W : \mathcal{P}(\Omega) \to [0, 1]$ wird durch das Zufallsereignis

$$Pasch := \{(1, 1), (2, 2), (3, 3), (4, 4), (5, 5), (6, 6)\}$$

festgelegt, dass ein Pasch gewürfelt wird. Wir wissen bereits, dass $W(Pasch) = \frac{1}{6}$ gilt. Nun betrachten wir noch das Zufallsereignis

$$ErstEins := \{(1, 1), (1, 2), (1, 3), (1, 4), (1, 5), (1, 6)\},$$

welches beschreibt, dass beim ersten Wurf des Würfels eine Eins gewürfelt wird. Wir wollen die bedingte Wahrscheinlichkeit $W(Pasch \mid ErstEins)$ berechnen. Wenn wir annehmen, dass $ErstEins$ bereits eingetreten ist, dann ist $(1,1) \in Pasch \cap ErstEins$ das einzige in Frage kommende Elementarereignis. Nach der Formel von Laplace gilt

$$W(\{(1,1)\}) = W(Pasch \cap ErstEins) = \frac{1}{36},$$

allerdings bezüglich aller möglichen 36 Elementarereignisse. Es ist aber $ErstEins$ als bereits eingetreten angenommen. Damit müssen wir die Wahrscheinlichkeit von $\{(1,1)\}$ bezüglich der 6 Elementarereignisse aus dem Zufallsereignis $ErstEins$ betrachten, was heißt, dass $W(\{(1,1)\})$ mit $\frac{36}{6}$ zu multiplizeren ist, oder, gleichwertig dazu, durch $\frac{6}{36}$, also durch $W(ErstEins)$, zu dividieren ist Wir erhalten schlussendlich die bedingte Wahrscheinlichkeit $W(Pasch \mid ErstEins)$ als das Ergebnis der Division von $W(Pasch \cap ErstEins)$ durch $W(ErstEins)$ und diese ergibt $\frac{1}{6}$. □

Das eben gebrachte Beispiel führt zur folgenden allgemeinen Definition der bedingten Wahrscheinlichkeit.

9.3.2 Definition: bedingte Wahrscheinlichkeit

Gegeben seien eine Wahrscheinlichkeitsverteilung $W : \mathcal{P}(\Omega) \to [0,1]$ und Zufallsereignisse $A, B \in \mathcal{P}(\Omega)$, so dass $W(B) > 0$ gilt. Dann ist durch

$$W(A \mid B) := \frac{W(A \cap B)}{W(B)}$$

die **bedingte Wahrscheinlichkeit** von A unter B definiert. □

Die Forderung $W(B) > 0$ in dieser Definition ist wegen der Division durch $W(B)$ notwendig. Stellt man die Definition der bedingten Wahrscheinlichkeit $W(A \mid B)$ nach $W(A \cap B)$ um, so bekommt man die folgende Gleichung, welche auch als **Multiplikationsformel von Wahrscheinlichkeiten** bezeichnet wird:

$$W(A \cap B) = W(B) \cdot W(A \mid B)$$

Wie schon oben erwähnt wurde, beschreibt $W(A \mid B)$ die Wahrscheinlichkeit, dass das Zufallsereignis A eintritt unter der Bedingung, dass das Zufallsereignis B bereits eingetreten ist. Hat B die Wahrscheinlichkeit 1 (ist also z.B. das sichere Zufallsereignis), so gilt offensichtlich $W(A \mid B) = W(A \cap B)$. Im nächsten Satz zeigen wir, dass bedingte Wahrscheinlichkeiten zu Wahrscheinlichkeitsverteilungen führen.

9.3.3 Satz: bedingte Wahrscheinlichkeitsverteilung

Es seien $W : \mathcal{P}(\Omega) \to [0,1]$ eine Wahrscheinlichkeitsverteilung und $B \in \mathcal{P}(\Omega)$ ein Zufallsereignis mit $W(B) > 0$. Dann ist die Funktion

$$W_B : \mathcal{P}(\Omega) \to [0,1] \qquad W_B(A) = W(A \mid B)$$

eine Wahrscheinlichkeitsverteilung (über dem gleichen Ereignisraum wie W).

Beweis: Es ist zuerst zu klären, dass tatsächlich $0 \leq W_B(A) \leq 1$ für alle $A \in \mathcal{P}(\Omega)$ gilt. Wegen $0 \leq W(A \cap B)$ und Definition 9.3.2 gilt $0 \leq W_B(A)$. Die zweite Ungleichung zeigt man wie folgt, wobei im zweiten Schritt Definition 9.3.2 und im dritten Schritt $A \cap B \subseteq B$ und die Monotonie von W verwendet werden:

$$W_B(A) = W(A \mid B) = \frac{W(A \cap B)}{W(B)} \leq \frac{W(B)}{W(B)} = 1$$

Nachfolgend ist der Beweis von Eigenschaft (1) von Definition 9.2.1 angegeben, wobei die Definition von W_B sowie Definition 9.3.2 und $B \subseteq \Omega$ benutzt werden:

$$W_B(\Omega) = W(\Omega \mid B) = \frac{W(\Omega \cap B)}{W(B)} = \frac{W(B)}{W(B)} = 1$$

Zum Beweis von Eigenschaft (2) von Definition 9.2.1 nehmen wir beliebige Zufallsereignisse $A_1, A_2 \in \mathcal{P}(\Omega)$ mit $A_1 \cap A_2 = \emptyset$ an und rechnen wie folgt:

$$
\begin{aligned}
W_B(A_1 \cup A_2) &= W(A_1 \cup A_2 \mid B) && \text{Definition } W_B \\
&= \frac{W((A_1 \cup A_2) \cap B)}{W(B)} && \text{Definition 9.3.2} \\
&= \frac{W((A_1 \cap B) \cup (A_2 \cap B))}{W(B)} && \\
&= \frac{W(A_1 \cap B) + W(A_2 \cap B)}{W(B)} && \text{Definition 9.2.1 (2)} \\
&= \frac{W(A_1 \cap B)}{W(B)} + \frac{W(A_2 \cap B)}{W(B)} && \\
&= W(A_1 \mid B) + W(A_2 \mid B) && \text{Definition 9.3.2} \\
&= W_B(A_1) + W_B(A_2) && \text{Definition } W_B
\end{aligned}
$$

Die Eigenschaft (2) von Definition 9.2.1 ist im vierten Schritt anwendbar, da $A_1 \cap A_2 = \emptyset$ impliziert $(A_1 \cap B) \cap (A_2 \cap B) \subseteq A_1 \cap A_2 = \emptyset$. $\qquad\square$

Aufgrund dieses Satzes gelten die in Abschnitt 9.2 angegebenen fundamentalen Eigenschaften von Wahrscheinlichkeitsverteilungen W auch für die bedingte Wahrscheinlichkeitsverteilung $A \mapsto W(A \mid B)$, etwa $W(\emptyset \mid B) = 0$ und $W(\overline{A} \mid B) = 1 - W(A \mid B)$. Eine weitere fundamentale Eigenschaft bedingter Wahrscheinlichkeiten wird im folgenden Satz angegeben.

9.3.4 Satz: Gesetz der totalen Wahrscheinlichkeit

Es seien $W : \mathcal{P}(\Omega) \to [0, 1]$ eine Wahrscheinlichkeitsverteilung, $\{B_1, \ldots, B_n\}$ eine Partition des Ergebnisraums Ω, mit $n > 0$, und $A \in \mathcal{P}(\Omega)$ ein Zufallsereignis. Weiterhin gelte $W(B_i) > 0$ für alle $i \in \{1, \ldots, n\}$. Dann gilt:

$$W(A) = \sum_{i=1}^{n} W(A \mid B_i) \cdot W(B_i)$$

Beweis: Wir beginnen mit der rechten Seite und bekommen

$$\sum_{i=1}^{n} W(A \mid B_i) \cdot W(B_i) = \sum_{i=1}^{n} \frac{W(A \cap B_i)}{W(B_i)} \cdot W(B_i) = \sum_{i=1}^{n} W(A \cap B_i),$$

indem wir Definition 9.3.2 verwenden. Da die Menge von Mengen $\{B_1, \ldots, B_n\}$ eine Partition von Ω ist, sind alle Mengen $A \cap B_i$, $1 \le i \le n$, paarweise disjunkt. Die in Abschnitt 9.2 erwähnte Verallgemeinerung von Eigenschaft (2) von Definition 9.2.1 auf Mengen von paarweise unvereinbaren Zufallsereignissen zeigt

$$\sum_{i=1}^{n} W(A \cap B_i) = W(\bigcup_{i=1}^{n}(A \cap B_i))$$

und die Behauptung folgt nun aus

$$\bigcup_{i=1}^{n}(A \cap B_i) = A \cap \bigcup_{i=1}^{n} B_i = A \cap \Omega = A. \qquad \square$$

Man beachte, dass die Voraussetzung $W(B_i) > 0$ für alle $i \in \{1, \ldots, n\}$ notwendig ist. Bei Wahrscheinlichkeitsverteilungen kann es durchaus vorkommen, dass nichtleere Mengen 0 als Wahrscheinlichkeit besitzen. Die Leserin oder der Leser mache sich dies an einem kleinen Beispiel klar (siehe auch Aufgabe 9.9.3).

Nach diesen fundamentalen Eigenschaften geben wir nachfolgend noch ein weiteres Beispiel mit zwei bedingten Wahrscheinlichkeiten an, bei dem diese bestimmt werden, indem die Gleichung von Definition 9.3.2 verwendet wird. Wir stützen uns dabei wiederum auf ein Beispiel von Abschnitt 9.2 und modifizieren dieses etwas.

9.3.5 Beispiele: bedingte Wahrscheinlichkeiten

Wir betrachten nochmals die Urne mit den 20 roten und 80 schwarzen Kugeln, aus der zufällig eine Kugel entnommen wird. Weiterhin nehmen wir nun noch an, dass 10 der roten Kugeln und auch 10 der schwarzen Kugeln zusätzlich durch einen blauen Punkt markiert sind. Wir wollen die bedingten Wahrscheinlichkeiten ausrechnen, dass eine schon zufällig entnommene rote bzw. schwarze Kugel markiert ist.

Eine Erweiterung des in Abschnitt 9.2 angegebenen Ergebnisraums durch ein drittes Elementarereignis für „die entnommene Kugel ist mit einem blauen Punkt markiert" wird dieser Situation nicht gerecht. Stattdessen bezeichnen wir mit r_1 bis r_{10} die 10 roten unmarkierten Kugeln, mit r_{11}^+ bis r_{20}^+ die 10 roten markierten Kugeln, mit s_1 bis s_{70} die 70 schwarzen unmarkierten Kugeln und mit s_{71}^+ bis s_{80}^+ die 10 schwarzen markierten Kugeln und definieren Ω wie folgt:

$$\Omega := \{r_1, \ldots, r_{10}, r_{11}^+, \ldots, r_{20}^+, s_1, \ldots, s_{70}, s_{71}^+, \ldots, s_{80}^+\}$$

Ein Elementarereignis steht also genau für die Kugel, welche zufällig der Urne entnommen wird. Die Zufallsereignisse, welche uns interessieren, sind

$$R := \{r_1, \ldots, r_{10}, r_{11}^+, \ldots, r_{20}^+\}$$

(„es wird eine rote Kugel entnommen"),

$$S := \{s_1, \ldots, s_{70}, s_{71}^+, \ldots, s_{80}^+\}$$

(„es wird eine schwarze Kugel entnommen") und

$$B := \{r_{11}^+, \ldots, r_{20}^+, s_{71}^+, \ldots, s_{80}^+\}$$

(„es wird eine mit einem blauen Punkt markierte Kugel entnommen"). Das Entnehmen einer zufällig gewählten Kugel der Urne definiert eine Gleichverteilung $W : \mathcal{P}(\Omega) \to [0, 1]$, denn für jede Kugel ist die Wahrscheinlichkeit, dass sie entnommen wird, gleich $\frac{1}{100}$, unabhängig von der Farbe und der Markierung. Weil also eine Gleichverteilung vorliegt, gelten nach der Formel von Laplace $W(R) = \frac{20}{100} = \frac{1}{5}$, $W(S) = \frac{80}{100} = \frac{4}{5}$ und $W(B) = \frac{20}{100} = \frac{1}{5}$, sowie, was wir für die bedingten Wahrscheinlichkeit brauchen, $W(B \cap R) = \frac{10}{100} = \frac{1}{10}$ und $W(B \cap S) = \frac{10}{100} = \frac{1}{10}$. Aufgrund dieser Zahlen erhalten wir

$$W(B \mid R) = \frac{W(B \cap R)}{W(R)} = \frac{1/10}{1/5} = \frac{1}{10} \cdot \frac{5}{1} = \frac{1}{2}$$

als Wahrscheinlichkeit, dass B eintritt unter der Bedingung, dass R bereits eingetreten ist, d.h., dass eine entnommene rote Kugel durch einen blauen Punkt markiert ist. Durch eine analoge Rechnung ergibt sich

$$W(B \mid S) = \frac{W(B \cap S)}{W(S)} = \frac{1/10}{4/5} = \frac{1}{10} \cdot \frac{5}{4} = \frac{1}{8}$$

als Wahrscheinlichkeit, dass eine entnommene schwarze Kugel durch einen blauen Punkt markiert ist.

Die zwei eben errechneten bedingten Wahrscheinlichkeiten sind auch intuitiv klar. Wurde eine rote Kugel entnommen, so ist die Wahrscheinlichkeit, dass sie mit einem blauen Punkt markiert ist, gleich $\frac{1}{2}$, denn genau die Hälfte der roten Kugeln ist so markiert. Wurde hingegen eine schwarze Kugel entnommen, so ist die Wahrscheinlichkeit, dass sie mit einem blauen Punkt markiert ist, gleich $\frac{1}{8}$, denn genau $\frac{1}{8}$ der schwarzen Kugeln ist so markiert. $\square$

Wir haben bereits in Abschnitt 9.2 erwähnt, dass die Unabhängigkeit von zwei Zufallsereignissen in einer engen Verbindung zur bedingten Wahrscheinlichkeit steht. Ist eines der beiden Zufallsereignisse A und B das unmögliche Zufallsereignis $\emptyset$, so gilt immer $W(A \cap B) = 0 = W(A) \cdot W(B)$, d.h. A und B sind unabhängig. Es sind A und B auch unabhängig, falls eines der beiden Zufallsereignisse das sichere Zufallsereignis Ω ist. Beispielsweise gilt $W(\Omega \cap B) = W(B) = W(\Omega) \cdot W(B)$. Im folgenden Satz charakterisieren wir die Unabhängigkeit von zwei Zufallsereignissen durch die bedingte Wahrscheinlichkeit.

9.3.6 Satz: bedingte Wahrscheinlichkeit und Unabhängigkeit

Es seien $W : \mathcal{P}(\Omega) \to [0, 1]$ eine Wahrscheinlichkeitsverteilung und $A, B \in \mathcal{P}(\Omega)$ Zufallsereignisse mit $W(B) > 0$. Dann gilt

$$A, B \text{ unabhängig} \iff W(A \mid B) = W(A)$$

und, falls zusätzlich noch $W(B) < 1$ zutrifft, auch

$$A, B \text{ unabhängig} \iff W(A \mid B) = W(A \mid \overline{B}).$$

Beweis: Die erste logische Äquivalenz wird unter Verwendung von Definition 9.3.2 durch die folgende Rechnung gezeigt, denn ihr Anfang besagt, dass A und B unabhängig sind:

$$W(A \cap B) = W(A) \cdot W(B) \iff \frac{W(A \cap B)}{W(B)} = W(A) \iff W(A \mid B) = W(A)$$

Die folgende Rechnung beweist die zweite logische Äquivalenz, wobei wir mit der (komplizierteren) rechten Seite beginnen:

$$W(A \mid B) = W(A \mid \overline{B})$$

$$\Longleftrightarrow \quad \frac{W(A \cap B)}{W(B)} = \frac{W(A \cap \overline{B})}{W(\overline{B})} \qquad\qquad \text{Def. 9.3.2}$$

$$\Longleftrightarrow \quad W(\overline{B}) \cdot W(A \cap B) = W(B) \cdot W(A \cap \overline{B})$$

$$\Longleftrightarrow \quad (1 - W(B)) \cdot W(A \cap B) = W(B) \cdot W(A \cap \overline{B}) \qquad \text{fund. Eig.}$$

$$\Longleftrightarrow \quad W(A \cap B) - W(B) \cdot W(A \cap B) = W(B) \cdot W(A \cap \overline{B})$$

$$\Longleftrightarrow \quad W(A \cap B) = W(B) \cdot W(A \cap \overline{B}) + W(B) \cdot W(A \cap B)$$

$$\Longleftrightarrow \quad W(A \cap B) = W(B) \cdot (W(A \cap \overline{B}) + W(A \cap B))$$

$$\Longleftrightarrow \quad W(A \cap B) = W(B) \cdot W((A \cap \overline{B}) \cup (A \cap B)) \qquad \text{Def. 9.2.1 (2)}$$

$$\Longleftrightarrow \quad W(A \cap B) = W(B) \cdot W(A)$$

Man beachte, dass im vorletzten Schritt die Mengen $A \cap \overline{B}$ und $A \cap B$ disjunkt sind, so dass Eigenschaft (2) von Definition 9.2.1 anwendbar ist. $\qquad\qquad\qquad\qquad$ $\square$

Besonders die rechte Seite $W(A \mid B) = W(A \mid \overline{B})$ der zweiten logischen Äquivalenz des eben bewiesenen Satzes drückt die Unabhängigkeit prägnant aus: Die Wahrscheinlichkeit, dass A eintritt, wenn bekannt ist, dass B bereits eingetreten ist, ist gleich zur Wahrscheinlichkeit, dass A eintritt, wenn bekannt ist, dass B noch nicht eingetreten ist. Die Wahrscheinlichkeit, dass A eintritt, hat also mit der, dass B eingetreten ist, nicht das Geringste zu tun. Mit Hilfe von Satz 9.3.6 zeigen wir nun, wie sich die Unabhängigkeit von zwei Zufallsereignissen verhält, wenn zu komplementären Zufallsereignissen übergegangen wird.

9.3.7 Satz: Unabhängigkeit und Komplemente

Es seien $W : \mathcal{P}(\Omega) \to [0,1]$ eine Wahrscheinlichkeitsverteilung und $A, B \in \mathcal{P}(\Omega)$ Zufallsereignisse. Dann ist die Unabhängigkeit von $\{A, B\}$ äquivalent zu der von $\{A, \overline{B}\}$, zu der von $\{\overline{A}, B\}$ und zu der von $\{\overline{A}, \overline{B}\}$.

Beweis: Im ersten Fall gelte $A \neq \emptyset$ und $B \neq \emptyset$ und $B \neq \Omega$. Die erste der behaupteten Äquivalenzen folgt dann aus

$$\{A, B\} \text{ unabhängig} \Longleftrightarrow W(B \mid A) = W(B) \qquad\qquad \text{Satz 9.3.6}$$

$$\Longleftrightarrow 1 - W(B \mid A) = 1 - W(B)$$

$$\Longleftrightarrow W(\overline{B} \mid A) = W(\overline{B}) \qquad\qquad \text{fundamentale Eigenschaft}$$

$$\Longleftrightarrow \{\overline{B}, A\} \text{ unabhängig} \qquad\qquad \text{Satz 9.3.6}$$

und $\{\overline{B}, A\} = \{A, \overline{B}\}$ und die zweite folgt aus

$$\{A, B\} \text{ unabhängig} \Longleftrightarrow W(A \mid B) = W(A) \qquad\qquad \text{Satz 9.3.6}$$

$$\Longleftrightarrow 1 - W(A \mid B) = 1 - W(A)$$

$$\Longleftrightarrow W(\overline{A} \mid B) = W(\overline{A}) \qquad\qquad \text{fundamentale Eigenschaft}$$

$$\Longleftrightarrow \{\overline{A}, B\} \text{ unabhängig} \qquad\qquad \text{Satz 9.3.6.}$$

Ersetzt man nun in der letzten Rechnung B durch $\overline{B}$, so erhält man mit Hilfe der durch die erste Rechnung bewiesene logische Äquivalenz, dass

$$\{\overline{A}, \overline{B}\} \text{ unabhängig. } \iff \{A, \overline{B}\} \text{ unabhängig. } \iff \{A, B\} \text{ unabhängig.}$$

Im zweiten Fall gelte $A = \emptyset$ oder $B = \emptyset$ oder $B = \Omega$. Gilt $A = \emptyset$, so folgt daraus $\overline{A} = \Omega$. Aufgrund der vor Satz 9.3.6 gemachten Bemerkung sind alle vier Mengen $\{A, B\}$, $\{A, \overline{B}\}$, $\{\overline{A}, B\}$ und $\{\overline{A}, \overline{B}\}$ unabhängig und somit gelten die behaupteten Äquivalenzen. Auch in den verbleibenden Fällen $B = \emptyset$ und $B = \Omega$ sind die vier Mengen $\{A, B\}$, $\{A, \overline{B}\}$, $\{\overline{A}, B\}$ und $\{\overline{A}, \overline{B}\}$ unabhängig, was den Beweis beendet. □

Zum Ende dieses Abschnitts behandeln wir noch einen auf den englischen Mathematiker Thomas Bayes (1701-1761) zurückgehenden Satz der Wahrscheinlichkeitstheorie, der die Berechnung von bedingten Wahrscheinlichkeiten beschreibt und viele praktische Anwendungen besitzt.

9.3.8 Satz (T. Bayes)

Es seien $W : \mathcal{P}(\Omega) \to [0,1]$ eine Wahrscheinlichkeitsverteilung, $\{A_1, \ldots, A_n\}$ eine Partition des Ergebnisraums Ω, mit $n > 0$, und $B \in \mathcal{P}(\Omega)$ ein Zufallsereignis. Weiterhin gelte $W(A_i) > 0$ für alle $i \in \{1, \ldots, n\}$ und auch $W(B) > 0$. Dann gilt für alle $i \in \{1, \ldots, n\}$:

$$W(A_i \mid B) = \frac{W(B \mid A_i) \cdot W(A_i)}{W(B)} = \frac{W(B \mid A_i) \cdot W(A_i)}{\sum_{j=1}^{n} W(B \mid A_j) \cdot W(A_j)}$$

Beweis: Wir beweisen zuerst die linke Gleichung der Gleichungskette des Satzes und beginnen dabei mit der rechten Seite, also dem mittleren Kettenglied. Unter Verwendung von Definition 9.3.2 erhalten wir:

$$\frac{W(B \mid A_i) \cdot W(A_i)}{W(B)} = \frac{\frac{W(B \cap A_i)}{W(A_i)} \cdot W(A_i)}{W(B)} = \frac{W(B \cap A_i)}{W(B)} = \frac{W(A_i \cap B)}{W(B)} = W(A_i \mid B)$$

Die rechte Gleichung ist eine unmittelbare Folgerung von Satz 9.3.4 (dem Gesetz der totalen Wahrscheinlichkeit), da nach diesem $W(B) = \sum_{j=1}^{n} W(B \mid A_j) \cdot W(A_j)$ gilt. □

Bei einer Anwendung dieses Satzes werden die Zufallsereignisse $A_1, \ldots, A_n$ häufig als **Hypothesen** bezeichnet und ihre Wahrscheinlichkeiten $W(A_1), \ldots, W(A_n)$ als **a-priori Wahrscheinlichkeiten** der Hypothesen. Die bedingte Wahrscheinlichkeit $W(A_i \mid B)$ ist die Wahrscheinlichkeit, dass A_i eintritt unter der Bedingung, dass B schon eingetreten ist. Man nennt $W(A_1 \mid B), \ldots, W(A_n \mid B)$ deshalb auch die **a-posteriori Wahrscheinlichkeiten** der Hypothesen. Im folgenden Beispiel zeigen wir, wie man Satz 9.3.8 anwendet.

9.3.9 Beispiel: Anwendung des Satzes von T. Bayes

Wir greifen das Beispiel 9.3.5 mit den 100 Kugeln in einer Urne noch einmal auf und stellen uns nun die Frage, wie groß die Wahrscheinlichkeit ist, dass eine zufällig entnommene Kugel mit einem blauen Punkt rot bzw. schwarz ist. Damit stellen die Zufallsereignisse R und S die Hypothesen dar. Deren nachfolgend angegebenen a-priori Wahrscheinlichkeiten haben wir bereits in Beispiel 9.3.5 berechnet:

$$W(R) = \frac{1}{5} \qquad\qquad W(S) = \frac{4}{5}$$

Auch wissen wir bereits, dass $W(B) = \frac{1}{5}$, $W(B \mid R) = \frac{1}{2}$ und $W(B \mid S) = \frac{1}{8}$ gelten. Da die Menge von Mengen $\{R, S\}$ eine Partition des Ergebnisraums Ω bildet und $W(R) > 0$, $W(S) > 0$ und $W(B) > 0$ gelten, ist Satz 9.3.8 anwendbar. Wir erhalten

$$W(R \mid B) = \frac{W(B \mid R) \cdot W(R)}{W(B)} = \frac{(1/2) \cdot (1/5)}{1/5} = \frac{1}{2}$$

als erste a-posteriori Wahrscheinlichkeit und

$$W(S \mid B) = \frac{W(B \mid S) \cdot W(S)}{W(B)} = \frac{(1/8) \cdot (4/5)}{1/5} = \frac{1/10}{1/5} = \frac{1}{10} \cdot \frac{5}{1} = \frac{1}{2}$$

als zweite a-posteriori Wahrscheinlichkeit. Die Wahrscheinlichkeit, dass eine entnommene markierte Kugel rot ist, ist also gleich $\frac{1}{2}$ und dies ist auch die Wahrscheinlichkeit, dass diese Kugel schwarz ist. □

Der Satz von T. Bayes kann als Umkehrung von Schlussfolgerungen angesehen werden. Man kennt die bedingte Wahrscheinlichkeit von B unter jeder der Hypothesen A_i. Aber eigentlich ist man daran interessiert, wie die bedingte Wahrscheinlichkeit von jeder Hypothese A_i unter B aussieht. Im folgenden Beispiel behandeln wir eine so geartete Fragestellung aus der Medizin.

9.3.10 Beispiel: Anwendung des Satzes von T. Bayes

Untersuchungen eines Arztes bei einem Patienten haben ergeben, dass dieser entweder an der Krankheit k_1 oder der Krankheit k_2 oder der Krankheit k_3 erkrankt sein könnte. Es ist bekannt, dass k_1 mit einer Prävalenz von 20 pro 100 000 Personen auftritt, k_2 mit der gleichen Prävalenz und k_3 mit einer Prävalenz von 10 pro 100 000 Personen. Um eine genauere Diagnose stellen zu können, testet der Arzt, ob die Anzahl der Leukozyten des Patienten noch im Normbereich liegt. Er weiß, dass dies im Fall von k_1 mit Wahrscheinlichkeit 0.9 nicht der Fall ist, im Fall von k_2 mit Wahrscheinlichkeit 0.5 nicht der Fall ist und im Fall von k_3 mit Wahrscheinlichkeit 0.1 nicht der Fall ist. Die Anzahl der Leukozyten des Patienten ist deutlich erhöht und nicht mehr normal. Welche Wahrscheinlichkeiten für die einzelnen Krankheiten ergeben sich aus diesem Befund?

Bei der Lösung dieser Aufgabe besteht der Ergebnisraum Ω aus dem in Frage kommenden Personenkreis, beispielsweise der Gesamtbevölkerung eines Staates, wenn auf diese die Bestimmung der oben genannten Prävalenzen und der Wahrscheinlichkeiten zum Vorhandensein von zu vielen oder zu wenigen Leukozyten aufbauen. Die Zufallsereignisse K_1, K_2 und K_3 bestehen aus den Personen, welche an der Krankheit k_1, k_2 bzw. k_3 erkrankt sein könnten. Weil der Arzt daran interessiert ist, ob der Patient entweder an k_1 oder an k_2 oder an k_3 erkrankt sein könnte, darf angenommen werden, dass die Menge von Mengen $\{K_1, K_2, K_3\}$ eine Partition von Ω bildet. Es sind K_1, K_2 und K_3 also die Hypothesen. Ihre folgenden a-priori Wahrscheinlichkeiten ergeben sich aus den oben angegebenen Prävalenzen bezüglich der Krankheiten k_1, k_2 und k_3:

$$W(K_1) = 0.0002 \qquad W(K_2) = 0.0002 \qquad W(K_3) = 0.0001$$

Weil die Anzahl der Leukozyten beim Patienten nicht normal ist, definieren wir das Zufallsereignis *Anor* als Menge derjenigen Personen, die eine Anzahl von Leukozyten außerhalb des Normbereichs besitzen. Das Wissen des Arztes, dass im Fall von Krankheit k_1 mit Wahrscheinlichkeit 0.9 die Anzahl der Leukozyten nicht normal ist, im Fall von Krankheit k_2 mit Wahrscheinlichkeit 0.5 die Anzahl der Leukozyten nicht normal ist und im Fall von Krankheit k_3 mit Wahrscheinlichkeit 0.1 die Anzahl der Leukozyten nicht normal ist, führt zu den folgenden bedingten Wahrscheinlichkeiten:

$$W(Anor \mid K_1) = 0.9 \qquad W(Anor \mid K_2) = 0.5 \qquad W(Anor \mid K_3) = 0.1$$

Das Gesetz der totalen Wahrscheinlichkeit bringt:

$$\begin{aligned} W(Anor) &= W(Anor \mid K_1){\cdot}W(K_1) + W(Anor \mid K_2){\cdot}W(K_2) + W(Anor \mid K_3){\cdot}W(K_3) \\ &= 0.9 \cdot 0.0002 + 0.5 \cdot 0.0002 + 0.1 \cdot 0.0001 \\ &= 0.00029 \end{aligned}$$

Aufgrund dieser Daten sind wir in der Lage, mit Hilfe des Satzes von T. Bayes die gesuchten Wahrscheinlichkeiten zu bestimmen. Wir erhalten

$$W(K_1 \mid Anor) = \frac{W(Anor \mid K_1) \cdot W(K_1)}{W(Anor)} = \frac{0.9 \cdot 0.0002}{0.00029} = 0.621$$

als a-posteriori Wahrscheinlichkeit der ersten Hypothese,

$$W(K_2 \mid Anor) = \frac{W(Anor \mid K_2) \cdot W(K_2)}{W(Anor)} = \frac{0.5 \cdot 0.0002}{0.00029} = 0.345$$

als a-posteriori Wahrscheinlichkeit der zweiten Hypothese und

$$W(K_3 \mid Anor) = \frac{W(Anor \mid K_3) \cdot W(K_3)}{W(Anor)} = \frac{0.1 \cdot 0.0001}{0.00029} = 0.034$$

als a-posteriori Wahrscheinlichkeit der dritten Hypothese. Aus diesen Zahlen kann der Arzt folgern, dass der Patient wahrscheinlich nicht an Krankheit k_3 erkrankt ist. Alles spricht für k_1, denn dass er an dieser Krankheit erkrankt sein könnte, ist fast doppelt so wahrscheinlich wie eine mögliche Erkrankung an k_2. $\square$

In dem eben gebrachten Beispiel ist der Ergebnisraum unwichtig. Wichtig ist nur, dass vier Zufallsereignisse K_1, K_2, K_3 und $Anor$ gegeben sind, sowie die Wahrscheinlichkeiten $W(K_1)$, $W(K_2)$ und $W(K_3)$ und die bedingten Wahrscheinlichkeiten $W(Anor \mid K_1)$, $W(Anor \mid K_2)$ und $W(Anor \mid K_3)$. Dass der Ergebnisraum irrelevant ist, kommt häufig in der Praxis vor. Dann wird dieser in der Regel unterdrückt und es wird nur mit den durch Symbole (oder Bezeichnungen) beschriebenen Zufallsereignissen und gewissen vorgegebenen (bedingten) Wahrscheinlichkeiten gerechnet.

9.4 Reelwertige diskrete Zufallsvariablen

A. Kolmogorow führte den Begriff der **zufälligen Größen** ein und bezeichnete damit Funktionen, welche den Ergebnissen von Zufallsexperimenten bestimmte Objekte zuordnen. Sind die Ergebnisse beispielsweise Personen, die im Rahmen einer Meinungsumfrage zufällig ausgewählt wurden, so kann man diesen die Antworten zu gestellten Fragen zuordnen. So eine Antwort kann aus der Menge {*ja, nein*} sein, wenn etwa danach gefragt wird, ob man mit der Arbeit der derzeitigen Regierung zufrieden ist, oder eine Zahl, wenn man den Grad der Zufriedenheit genauer auf einer Skala beschreiben soll. Heutzutage werden Kolmogorows zufällige Größen Zufallsvariablen genannt. Von besonderer Bedeutung sind diejenigen, welche in die Menge der reellen Zahlen abbilden, weil man dadurch die Möglichkeit besitzt, mit ihnen zu rechnen. Wir beschränken uns im Weiteren auf diese.

9.4.1 Definition: Zufallsvariable

Eine (**reellwertige**) **Zufallsvariable** ist eine Funktion $X : \Omega \to \mathbb{R}$ von einem Ergebnisraum Ω in die Menge der reellen Zahlen. Jedes Element aus dem Bild $X(\Omega)$ von Ω bezüglich X heißt eine **Realisierung** von X. □

Zufallsvariablen ohne eine fest vorgegebene Interpretation werden üblicherweise mit den Buchstaben X oder Y bezeichnet, gegebenenfalls mit Indizes. Weil wir den Ergebnisraum Ω derzeit als endlich (und nichtleer) annehmen, ist auch die Menge $X(\Omega)$ der Realisierungen von $X : \Omega \to \mathbb{R}$ endlich (und nichtleer). Zufallsvariablen $X : \Omega \to \mathbb{R}$, bei denen $X(\Omega)$ eine endliche oder abzählbare Menge ist, werden in der Wahrscheinlichkeitstheorie **diskret** genannt. Bevor wir Beispiele für Zufallsvariablen angeben, führen wir noch Konstruktionen ein, die es erlauben, aus gegebenen Zufallsvariablen neue zu erzeugen.

9.4.2 Definition: Summe, Produkt

Es seien $X : \Omega \to \mathbb{R}$ und $Y : \Omega \to \mathbb{R}$ zwei Zufallsvariablen und $r \in \mathbb{R}$. Dann sind die **Summe** $X + Y : \Omega \to \mathbb{R}$ von X und Y bzw. die **Summe** $X + r : \Omega \to \mathbb{R}$ von X und r für alle $e \in \Omega$ wie folgt definiert:

$$(X + Y)(e) = X(e) + Y(e) \qquad (X + r)(e) = X(e) + r$$

Weiterhin sind das **Produkt** $X \cdot Y : \Omega \to \mathbb{R}$ von X und Y bzw. das **Produkt** $r \cdot X : \Omega \to \mathbb{R}$ von r und X für alle $e \in \Omega$ wie folgt definiert:

$$(X \cdot Y)(e) = X(e) \cdot Y(e) \qquad (r \cdot X)(e) = r \cdot X(e)$$ □

Die **Differenzen** $X - Y$ und $X - r$ sind analog zu den Summen erklärt, also durch $(X - Y)(e) = X(e) - Y(e)$ und $(X - r)(e) = X(e) - r$ für alle $e \in \Omega$. Man beachte, dass in den vier Gleichungen der obigen Definition links jeweils eine Operation auf Funktionen definiert wird, welche sich rechts auf die Summe bzw. das Produkt von reellen Zahlen stützt. Wie bei arithmetischen Ausdrücken wird bei den beiden Produktbildungen der Punkt als Operationssymbol in der Regel weggelassen und das Produkt von X und Y mit XY und das Produkt von r und X mit rX bezeichnet. Neben der binären Summe kommt bei praktischen Anwendungen oft auch die Summe von $n > 0$ Zufallsvariablen $X_1, \ldots, X_n$ vor. Diese wird, wiederum analog zur Notation bei arithmetischen Ausdrücken, mit $\sum_{i=1}^{n} X_i$ bezeichnet und ist durch $(\sum_{i=1}^{n} X_i)(e) = \sum_{i=1}^{n} X_i(e)$ für alle $e \in \Omega$ definiert. Analog ist das Produkt $\prod_{i=1}^{n} X_i$ definiert, welches aber in der Praxis kaum verwendet wird.

9.4.3 Beispiele: Zufallsvariablen

Als erstes Beispiel betrachten wir wiederum das zweimalige Würfeln mit dem Ergebnisraum $\Omega := \{1, 2, 3, 4, 5, 6\}^2$. Ist man an der Gesamtzahl der gewürfelten Augen interessiert, so führt dies zur folgenden Zufallsvariablen:

$$Summe : \Omega \to \mathbb{R} \qquad Summe(m, n) = m + n$$

Es gilt die Gleichheit (von Funktionen) $Summe = Wurf_1 + Wurf_2$, wenn die Zufallsvariable $Wurf_1 : \Omega \to \mathbb{R}$ die Augenzahl des ersten Wurfs liefert und die Zufallsvariable $Wurf_2 : \Omega \to \mathbb{R}$ die Augenzahl des zweiten Wurfs liefert.

Nun betrachten wir das dreimalige Werfen einer Münze mit dem Ergebnisraum $\Omega :=$ $\{K, W\}^3$ und die spezielle Situation, dass ein Spieler, bei welchem bei allen drei Würfen Kopf oben liegt, 5 Euro als Gewinn erhält. Wenn wir den Gewinn durch eine Zufallsvariable beschreiben, so erhalten wir:

$$Gewinn : \Omega \to \mathbb{R} \qquad Gewinn(a, b, c) = \begin{cases} 5 & \text{falls } (a, b, c) = (K, K, K) \\ 0 & \text{sonst} \end{cases}$$

Als drittes Beispiel betrachten wir die Fertigung von Werkstücken einer gewissen Länge. Wir nehmen an, dass im Rahmen einer Stichprobe zufällig 10 Werkstücke $w_1, \ldots, w_{10}$ ausgewählt werden. Deren gemessenen Längen (in mm) sind nachfolgend angegeben, beginnend mit der Länge 22.01 von w_1 und endend mit der Länge 22.04 von w_{10}:

$$22.01 \quad 22.02 \quad 21.99 \quad 22.01 \quad 22.04 \quad 22.00 \quad 22.01 \quad 22.01 \quad 21.98 \quad 22.04$$

Mit dem Ergebnisraum $\Omega := \{w_1, \ldots, w_{10}\}$ definiert diese Liste eine Zufallsvariable

$$Länge : \Omega \to \mathbb{R},$$

welche jedem der zufällig gewählten Werkstücke die gemessene Länge zuordnet. Aber auch andere Zufallsvariablen sind denkbar, etwa die folgende, welche die Abweichung der Längen der ausgewählten Werkstücke von der „Normlänge" 22.00 mm liefert:

$$Abweichung : \Omega \to \mathbb{R} \qquad Abweichung(e) = |Länge(e) - 22.00| \qquad \square$$

Ist $X : \Omega \to \mathbb{R}$ eine Zufallsvariable, so bildet jedes Urbild einer Menge von reellen Zahlen bezüglich X ein Zufallsereignis. Von besonderer Bedeutung sind die nachfolgend angegebenen Konstruktionen. Offensichtlich entspricht die erste Konstruktion dem Urbild $X^{-1}(\{x\})$ und die zweite Konstruktion dem Urbild $X^{-1}(\{x\}^\triangledown)$, mit $\{x\}^\triangledown$ bezüglich $(\mathbb{R}, \leq)$ gebildet.

9.4.4 Definition: induzierte Zufallsereignisse

Es seien $X : \Omega \to \mathbb{R}$ eine Zufallsvariable und $x \in \mathbb{R}$. Dann sind die Zufallsereignisse $X = x$ und $X \leq x$ wie folgt definiert:

$$X = x := \{e \in \Omega \mid X(e) = x\} \qquad X \leq x := \{e \in \Omega \mid X(e) \leq x\} \qquad \square$$

Für jede Zufallsvariable $X : \Omega \to \mathbb{R}$, jedes $x \in \mathbb{R}$ und jede Wahrscheinlichkeitsverteilung $W : \mathcal{P}(\Omega) \to [0, 1]$ gelten also die folgenden Gleichungen:

$$W(X = x) = W(\{e \in \Omega \mid X(e) = x\}) \qquad W(X \leq x) = W(\{e \in \Omega \mid X(e) \leq x\})$$

Auf die zwei Zufallsereignisse $X = x$ und $X \leq x$ aufbauend, kann man das Zufallsereignis $X < x$ durch $X < x := X \leq x \cap \overline{X = x}$ festlegen. In einer ähnlichen Weise bekommt man Definitionen für die Zufallsereignisse $x \leq X$ und $x < X$ mit den offensichtlichen Bedeutungen. Durchschnittsbildungen erlauben nun die Definition der Zufallsereignisse $x \leq X \leq y$, $x \leq X < y$, $x < X \leq y$ und $x < X < y$, ebenfalls mit den offensichtlichen Bedeutungen. Statt $x \leq X$ bzw. $x < X$ wird auch $X \geq x$ bzw. $X > x$ geschrieben. Damit bezüglich der Bindungen der Gleichheits- und Ordnungssymbole keine Missverständnisse auftreten, setzen wir bei Gleichungen, Elementbeziehungen usw. mit den oben eingeführten Konstruktionen die induzierten Zufallsereignisse oft in Klammern, schreiben also etwa $(X = x) = \ldots$ statt $X = x = \ldots$ im Fall der ersten Konstruktion von Definition 9.4.4. Diese erste Konstruktion erlaubt es auch, die Unabhängigkeit von zwei Zufallsvariablen wie folgt festzulegen.

9.4.5 Definition: unabhängige Zufallsvariablen

Zwei Zufallsvariablen $X : \Omega \to \mathbb{R}$ und $Y : \Omega \to \mathbb{R}$ heißen **unabhängig**, falls für alle $x, y \in \mathbb{R}$ die Zufallsereignisse $X = x$ und $Y = y$ unabhängig im Sinne von Definition 9.2.5 sind. $\qquad\square$

Es sind folglich die zwei Zufallsvariablen X und Y also genau dann unabhängig, falls $W(X = x \cap Y = y) = W(X = x) \cdot W(Y = y)$ für alle $x, y \in \mathbb{R}$ gilt. Bei der Wahrscheinlichkeit der linken Seite dieser Gleichung werden in der Literatur auch die Schreibweisen $W(X = x \wedge Y = y)$ oder $W(X = x, Y = y)$ verwendet, weil $X = x$ und $Y = y$ als Eigenschaften aufgefasst werden. Wir bleiben aber bei der mengentheoretischen Notation. Nachfolgend geben wir Beispiele für durch Zufallsvariablen induzierte Zufallsereignisse an. Beispiele zur Unabhängigkeit von Zufallsvariablen werden wir erst später in diesem Kapitel bringen.

9.4.6 Beispiele: induzierte Zufallsereignisse

Als erstes Beispiel betrachten wir wiederum das zweimalige Würfeln mit dem Ergebnisraum $\Omega := \{1, 2, 3, 4, 5, 6\}^2$ und der in den Beispielen 9.4.3 definierten Zufallsvariablen $Summe : \Omega \to \mathbb{R}$, welche die gewürfelten Augenzahlen der beiden Würfe addiert. Für das Bild des Ergebnisraums Ω bezüglich $Summe$ gilt $Summe(\Omega) = \{2, 3, \ldots, 11, 12\}$. Nachfolgend geben wir für die 11 Elemente x dieses Bildes, also die 11 Realisierungen von $Summe$, die induzierten Zufallsereignisse $Summe = x$ explizit an.

$$(Summe = 2) = \{(1,1)\}$$
$$(Summe = 3) = \{(1,2),(2,1)\}$$
$$(Summe = 4) = \{(1,3),(2,2),(3,1)\}$$
$$(Summe = 5) = \{(1,4),(2,3),(3,2),(4,1)\}$$
$$(Summe = 6) = \{(1,5),(2,4),(3,3),(4,?),(5,1)\}$$
$$(Summe = 7) = \{(1,6),(2,5),(3,4),(4,3),(5,2),(6,1)\}$$
$$(Summe = 8) = \{(2,6),(3,5),(4,4),(5,3),(6,2)\}$$
$$(Summe = 9) = \{(3,6),(4,5),(5,4),(6,3)\}$$
$$(Summe = 10) = \{(4,6),(5,5),(6,4)\}$$
$$(Summe = 11) = \{(5,6),(6,5)\}$$
$$(Summe = 12) = \{(6,6)\}$$

Für alle $x \in \mathbb{R} \setminus Summe(\Omega)$ gilt offensichtlich $(Summe = x) = \emptyset$.

Falls wir hingegen, um ein zweites Beispiel anzugeben, an den Zufallsereignissen $Summe \leq x$ für alle $x \in Summe(\Omega)$ interessiert sind, so haben wir dazu alle Mengen $Summe = y$ für alle $y \in Summe(\Omega)$ mit $y \leq x$ zu vereinigen. Es gilt also

$$(Summe \leq x) = \bigcup_{y=2}^{x} (Summe = y)$$

für alle $x \in Summe(\Omega)$. Wählen wir beispielsweise $x = 3$, so ergibt sich

$$(Summe \leq 3) = \{(1,1), (1,2), (2,1)\}$$

und im Fall $x = 4$ bekommen wir

$$(Summe \leq 4) = \{(1,1), (1,2), (2,1), (1,3), (2,2), (3,1)\}.$$

Im Gegensatz zum ersten Beispiel liefert nun aber das Zufallsereignis $Summe \leq x$ nicht für alle $x \in \mathbb{R} \setminus Summe(\Omega)$ die leere Menge. Dies ist nur der Fall, wenn zusätzlich $x < 2$ gilt. Gilt hingegen zusätzlich $12 \leq x$, so folgt $(Summe \leq x) = \Omega$. Im verbleibenden Fall $2 \leq x < 12$ erhalten wir $(Summe \leq x) = (Summe \leq 2)$, falls $2 \leq x < 3$ gilt, $(Summe \leq x) = (Summe \leq 3)$, falls $3 \leq x < 4$ gilt, und so weiter. $\qquad \Box$

Mit Hilfe der in Definition 9.4.4 eingeführten speziellen Zufallsereignisse definieren wir nachfolgend zwei Funktionen, welche in der diskreten Wahrscheinlichkeitstheorie von großer Bedeutung sind. Wir beginnen mit derjenigen Funktion, welche die erste Konstruktion von Definition 9.4.4 verwendet.

9.4.7 Definition: Wahrscheinlichkeitsfunktion

Die durch eine Zufallsvariable $X : \Omega \to \mathbb{R}$ induzierte **Wahrscheinlichkeitsfunktion** (auch **Dichtefunktion** genannt) ist wie folgt definiert:

$$f_X : \mathbb{R} \to [0,1] \qquad f_X(x) = W(X = x) \qquad \qquad \Box$$

Die Verwendung des Buchstabens f ist allgemein üblich. Neben der Zufallsvariablen X hängt die Wahrscheinlichkeitsfunktion noch von der vorliegenden Wahrscheinlichkeitsverteilung ab. Weil diese aber immer mit dem gleichen Symbol (bei uns W) bezeichnet wird, unterdrückt man diese Abhängigkeit und schreibt f_X statt $f_{X,W}$. Auch in der folgenden Definition, welche statt der ersten die zweite Konstruktion von Definition 9.4.4 verwendet, wird die Abhängigkeit von der Wahrscheinlichkeitsverteilung nicht explizit erwähnt.

9.4.8 Definition: Verteilungsfunktion

Die durch eine Zufallsvariable $X : \Omega \to \mathbb{R}$ induzierte **Verteilungsfunktion** ist wie folgt definiert:

$$F_X : \mathbb{R} \to [0,1] \qquad F_X(x) = W(X \leq x) \qquad \qquad \Box$$

Der Buchstabe F ist hier auch allgemein üblich. Die Verteilungsfunktion ist eine Treppenfunktion. Für Argumente kleiner als die kleinste Realisierung x_1 liefert sie 0. Bei x_1

springt ihre graphische Darstellung auf $f_X(x_1)$ und dann bleibt sie konstant bis zur nächst-größeren Realisierung x_2. Dort springt die Darstellung auf $f_X(x_1) + f_X(x_2)$ und bleibt wiederum konstant bis zur dritten Realisierung x_3. Bei dieser springt die Darstellung auf $f_X(x_1) + f_X(x_2) + f_(x_3)$ und bleibt dann konstant bis zur vierten Realisierung x_4. Bei der größten Realisierung x_n springt die Darstellung schließlich auf $\sum_{j=1}^{n} f_X(x_j)$, also auf 1, und bleibt dann konstant. Formal wird dieses Verhalten durch den nächsten Satz beschrieben.

9.4.9 Satz: Verteilungsfunktion ist Treppenfunktion

Es seien $X : \Omega \to \mathbb{R}$ eine Zufallsvariable, $f_X : \mathbb{R} \to [0,1]$ die durch X induzierte Wahr-scheinlichkeitsfunktion und $F_X : \mathbb{R} \to [0,1]$ die durch X induzierte Verteilungsfunktion. Weiterhin habe $X(\Omega)$ die Form $X(\Omega) = \{x_1, \ldots, x_n\}$, mit $n > 0$ und $x_1 < x_2 < \ldots < x_n$. Dann gelten die folgenden drei Eigenschaften:

(1) Für alle $x \in \mathbb{R}$ mit $x < x_1$ gilt $F_X(x) = 0$.

(2) Für alle $x \in \mathbb{R}$ mit $x_n \leq x$ gilt $F_X(x) = 1$.

(3) Für alle $i \in \{1, \ldots, n-1\}$ und alle $x \in \mathbb{R}$ mit $x_i \leq x < x_{i+1}$ gilt $F_X(x) = \sum_{j=1}^{i} f_X(x_j)$.

Beweis: (1) Es gelte $x < x_1$. Dann folgt $X(e) \geq x_1 > x$ für alle $e \in \Omega$ aufgrund der Voraussetzung an $X(\Omega)$ und dies bringt

$$F_X(x) = W(X \leq x) = W(\{e \in \Omega \mid X(e) \leq x\}) = W(\emptyset) = 0.$$

(2) Nun gelte $x_n \leq x$. Aus dieser Bedingung und wiederum der Voraussetzung an $X(\Omega)$ folgt $X(e) \leq x_n \leq x$ für alle $e \in \Omega$ und dies zeigt nun

$$F_X(x) = W(X \leq x) = W(\{e \in \Omega \mid X(e) < x\}) = W(\Omega) = 1.$$

(3) Schließlich gelte $x_i \leq x < x_{i+1}$ mit einem beliebig gewählten $i \in \{1, \ldots, n-1\}$. Wir beweisen zuerst die folgende Gleichung:

$$(X \leq x) = \bigcup_{j=1}^{i} (X = x_j)$$

Zum Beweis der Inklusion „⊆" sei ein Elementarereignis $e \in (X \leq x)$ beliebig gewählt. Nach der Definition von $X \leq x$ gilt dann $X(e) \leq x$ und die Voraussetzung $x_i \leq x < x_{i+1}$ bringt $X(e) \leq x_i$ Nun unterscheiden wir zwei Fälle.

(a) Es gelte $X(e) = x_i$. Diese Gleichung ist äquivalent zu $e \in (X = x_i)$ und daraus folgt $e \in \bigcup_{j=1}^{i}(X = x_j)$.

(b) Es gelte $X(e) < x_i$. Wegen der Voraussetzung an $X(\Omega)$ existiert in diesem Fall ein $j \in \{1, \ldots, i-1\}$ mit $X(e) = x_j$. Die Gleichung $X(e) = x_j$ ist äquivalent zu $e \in (X = x_j)$ und daraus folgt wiederum $e \in \bigcup_{j=1}^{i}(X = x_j)$.

Um die verbleibende Inklusion „⊇" zu zeigen, wählen wir nun ein beliebiges Elementar-ereignis $e \in \bigcup_{j=1}^{i}(X = x_j)$. Also existiert ein $j \in \{1, \ldots, i\}$ mit $e \in (X = x_j)$, d.h. $X(e) = x_j$ nach der Definition von $X = x_j$. Wegen $j \leq i$ und der Voraussetzung an $X(\Omega)$ gilt $x_j \leq x_i \leq x$, also $X(e) \leq x$. Die Definition von $X \leq x$ zeigt nun $e \in (X \leq x)$.

Es ist sehr einfach zu beweisen, dass die Menge von Mengen $\{X = x_1, \ldots, X = x_n\}$ eine Partition der Menge Ω bildet. Wir zeigen nur die Eigenschaft, dass aus $i \neq j$ die Gleichung $(X = x_i \cap X = x_j) = \emptyset$ folgt. Wären nämlich $i \neq j$ und $(X = x_i \cap X = x_j) \neq \emptyset$ wahr, so existiert ein Elementarereignis $e \in (X = x_i \cap X = x_j)$. Also gelten $X(e) = x_i$ und $X(e) = x_j$, woraus $x_i = x_j$ folgt, also der Widerspruch $i = j$.

Aus der Definition der Verteilungsfunktion $F_X : \mathbb{R} \to [0,1]$, der oben bewiesenen Gleichung, der Verallgemeinerung von Eigenschaft (2) von Definition 9.2.1 auf Mengen von paarweise unvereinbaren Zufallsereignissen und der Definition der Wahrscheinlichkeitsfunktion $f_X : \mathbb{R} \to [0,1]$ folgt schließlich

$$F_X(x) = W(X \leq x) = W(\bigcup_{j=1}^{i}(X = x_j)) = \sum_{j=1}^{i} W(X = x_j) = \sum_{j=1}^{i} f_X(x_j). \qquad \square$$

Wenn wir die im letzten Satz angenommene Anordnung $x_1 < x_2 < \ldots < x_n$ der n Realisierungen der Zufallsvariablen $X : \Omega \to \mathbb{R}$ voraussetzen, dann folgt $F_X(x_n) = 1$ aus Punkt (2) und aus Punkt (3) folgt $F_X(x_i) = \sum_{j=1}^{i} f_X(x_j)$ für alle $i \in \{1, \ldots, n-1\}$. Im Text vor dem Satz haben wir erwähnt, dass F_X ab der größten Realisierung x_n den Wert $\sum_{j=1}^{n} f_X(x_j)$ annimmt. Dies ist aber keine unmittelbare Konsequenz des obigen Satzes. Seinem Beweis folgend, empfehlen wir der Leserin oder dem Leser, die Gleichung $F_X(x_n) = \sum_{j=1}^{n} f_X(x_j)$ zu beweisen. Mit Hilfe von Punkt (2) von Satz 9.4.9 folgt dann $\sum_{j=1}^{n} f_X(x_j) = 1$. Aus der Wahrscheinlichkeitsfunktion kann man also die Verteilungsfunktion berechnen. Das folgende Beispiel verdeutlicht, dass auch die Umkehrung gilt.

9.4.10 Beispiel: Wahrscheinlichkeits- und Verteilungsfunktion

Wir betrachten nochmals das zweimalige Würfeln mit $\Omega := \{1,2,3,4,5,6\}^2$ als Ergebnisraum und die in den Beispielen 9.4.3 definierte Zufallsvariable $Summe : \Omega \to \mathbb{R}$, welche die gewürfelten Augenzahlen addiert. In den Beispielen 9.2.4 haben wir schon bemerkt, dass, da wir einen nicht manipulierten Würfel annehmen, das zweimalige Würfeln zu einer Gleichverteilung $W : \mathcal{P}(\Omega) \to [0,1]$ führt. Aus den in den Beispielen 9.4.6 angegebenen induzierten Zufallsereignissen $Summe = x$ erhalten wir mit Hilfe der Formel von Laplace deshalb die folgende Beschreibung der Wahrscheinlichkeitsfunktion $f_{Summe} : \mathbb{R} \to [0,1]$:

$$f_{Summe}(x) = \begin{cases} \frac{x-1}{36} & \text{falls } x \in \{2,3,4,5,6,7\} \\ \frac{13-x}{36} & \text{falls } x \in \{8,9,10,11,12\} \\ 0 & \text{sonst} \end{cases}$$

Um die Verteilungsfunktion $F_{Summe} : \Omega \to [0,1]$ zu bestimmen, verwenden wir, dass für alle $x \in \{2,3,4,5,6,7,8,9,10,11,12\}$ die Gleichung $F_{Summe}(x) = \sum_{x=2}^{12} f_{Summe}(x)$ gilt. In der nachfolgenden Tabelle sind diese Zahlen angegeben.

x	2	3	4	5	6	7	8	9	10	11	12
$F_{Summe}(x)$	$\frac{1}{36}$	$\frac{3}{36}$	$\frac{6}{36}$	$\frac{10}{36}$	$\frac{15}{36}$	$\frac{21}{36}$	$\frac{26}{36}$	$\frac{30}{36}$	$\frac{33}{36}$	$\frac{35}{36}$	$\frac{36}{36}$

Wie in Satz 9.4.9 beschrieben, bekommt man aus den Werten der Verteilungsfunktion für die Realisierungen die restlichen Funktionswerte, indem man die Funktion vor der kleinsten Realisierung als 0 definiert, ab der größten Realisierung als 1 definiert und zwischen zwei aufeinanderfolgenden Realisierungen konstant mit dem Funktionswert der kleineren Realisierung fortsetzt. Dies ist in der folgenden Zeichnung graphisch dargestellt.

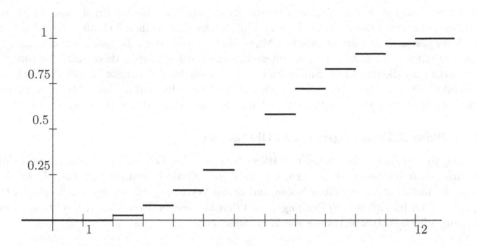

Aus dieser Zeichnung wird sofort klar, warum man Funktionen mit einer solchen graphischen Darstellung als Treppenfunktionen bezeichnet. Die Zeichnung zeigt auch, dass aus der Verteilungsfunktion F_{Summe} die Wahrscheinlichkeitsfunktion f_{Summe} gewonnen werden kann, da die Werte von f_{Summe} für die 11 Realisierungen sich genau aus den Sprungstellen von F_{Summe} ergeben und f_{Summe} für alle anderen Eingaben 0 liefert. □

Das am Ende des Beispiels angegebene Verfahren erlaubt es offensichtlich auch, im Fall einer beliebigen Zufallsvariablen X die Wahrscheinlichkeitsfunktion f_X aus der Verteilungsfunktion F_X zu gewinnen. Es ist also egal, ob die Verteilung (Wahrscheinlichkeit) der Realisierungen von X durch f_X oder durch F_x beschrieben ist.

9.5 Erwartungswert, Varianz und Standardabweichung

Im Zusammenhang mit Zufallsvariablen sind einige sogenannte Kenngrößen von besonderer Bedeeutung. Eine der wichtigsten davon ist der Erwartungswert, den wir in der nächsten Definition einführen. Zur Vereinfachung der Darstellung verwenden wir im Folgenden Summationen der Form $\sum_{i \in M} a_i$, wobei M eine endliche Menge ist, mit deren Elementen die Zahlen a_i indiziert sind. Wir haben eine solche Notation schon bei der Definition der verschiedenen Knotengrade von Graphen verwendet und dort erklärt, was sie bedeutet. Unter der Annahme $M = \{m_1, \ldots, m_n\}$, mit $n \geq 1$, ist $\sum_{i \in M} a_i$ nur eine andere Schreibweise für $\sum_{i=1}^{n} a_{m_i}$ und es gilt $\sum_{i \in \emptyset} a_i = 0$. Ebenso verwenden wir die einfacher zu lesende Notation $\bigcup_{i \in I} M_i$ für die Vereinigung $\bigcup\{M_i \mid i \in I\}$.

9.5.1 Definition: Erwartungswert

Der **Erwartungswert** $E(X)$ einer Zufallsvariablen $X : \Omega \to \mathbb{R}$ ist eine reelle Zahl und definiert durch $E(X) := \sum_{x \in X(\Omega)} x \cdot f_X(x)$. □

Der Erwartungswert beschreibt, welchen Wert eine Zufallsvariable im Mittel annimmt. Er wird deshalb auch Mittelwert genannt. Wir verwenden diese Bezeichnung im Folgenden aber nicht, um Verwechslungen mit z.B. dem gewöhnlichen arithmetischen Mittelwert zu vermeiden. Der Erwartungswert ist die Zahl, gegen welche die Ergebnisse im Mittel streben, wenn man das zugrundeliegende Zufallsexperiment unendlich oft ausführen würde. Vom gewöhnlichen arithmetischen Mittelwert $\frac{x_1+\ldots+x_n}{n}$ der n Realisierungen $x_1,\ldots,x_n$ einer Zufallsvariablen $X : \Omega \to \mathbb{R}$ unterscheidet er sich dadurch, dass, statt die Summe durch n zu dividieren, bei der Summation jede einzelne Realisierung x mit der Wahrscheinlichkeit $W(X=x)$ ihres Auftretens gewichtet wird. Wie der arithmetische Mittelwert muss auch der Erwartungswert nicht in der Menge der Realisierungen vorkommen.

9.5.2 Beispiel: Erwartungswert und Histogramm

Früher, in den Zeiten von Papier und Bleistift, zeichneten Lehrkräfte an Schulen und Universitäten oft Histogramme in Form von mehreren Kreuzchensäulen, um einen Überblick über die in Klausuren erzielten Noten und deren Verteilung zu bekommen. So ein Histogramm kann im Fall von 30 Prüflingen und den klassischen Noten von 1 („sehr gut") bis 6 („ungenügend") beispielsweise wie folgt aussehen:

```
      X
      X
      X   X
      X   X
   X  X   X
X  X  X   X   X
X  X  X   X   X
X  X  X   X
X  X  X   X   X   X
1  2  3   4   5   6
```

Es wurden also 4 Einsen geschrieben, 5 Zweien, 9 Dreien, 7 Vieren, 4 Fünfen und eine Sechs. Wenn wir die Zuordnung der 30 Prüflinge zu ihren Noten durch die Zufallsvariable $Note : \Omega \to \mathbb{R}$ beschreiben, so gilt $Note(\Omega) = \{1,2,3,4,5,6\}$. Unter Verwendung der Formel von Laplace berechnen wir

$$f_{Note}(1) = W(Note = 1) = \frac{4}{30}$$

für die erste Realisierung von $Note$, denn die zufällige Auswahl der Prüflinge führt, wenn sie als Zufallsexperiment betrachtet wird, zu einer Gleichverteilung $W : \mathcal{P}(\Omega) \to [0,1]$, so dass $W(\{e\}) = \frac{1}{30}$ für jedes Elementarereignis (= Prüfling) gilt. Auf die gleiche Weise erhält man $f_{Note}(2) = \frac{5}{30}$, $f_{Note}(3) = \frac{9}{30}$, $f_{Note}(4) = \frac{7}{30}$, $f_{Note}(5) = \frac{4}{30}$ und $f_{Note}(6) = \frac{1}{30}$ mit Hilfe der Formel von Laplace. Dies bringt, nach Definition, den Erwartungswert

$$E(Note) = 1 \cdot \frac{4}{30} + 2 \cdot \frac{5}{30} + 3 \cdot \frac{9}{30} + 4 \cdot \frac{7}{30} + 5 \cdot \frac{4}{30} + 6 \cdot \frac{1}{30} = \frac{95}{30}.$$

Die im Mittel erzielte Note ist 3.16 (abgerundet auf 2 Stellen nach dem Dezimalpunkt). $\square$

Bei der oben gebrachten Definition des Erwartungswerts $E(X)$ einer Zufallsvariablen $X : \Omega \to \mathbb{R}$ werden nur die Realisierungen von X verwendet. Im folgenden Satz geben wir eine alternative Darstellung von $E(X)$ an, welche statt der Realisierungen direkt auf die Elementarereignisse aus Ω, ihre Werte unter der Zufallsvariablen X und ihre Wahrscheinlichkeiten aufbaut. Im Vergleich zur Originaldefinition ist die Berechnung von $E(X)$ nach der alternativen Darstellung oft ineffizienter, da in der Regel viel mehr Zahlen zu addieren sind. Zum Beweisen ist jedoch die alternativen Darstellung oft besser geeignet.

9.5.3 Satz: alternative Darstellung Erwartungswert

Gegeben sei eine Zufallsvariable $X : \Omega \to \mathbb{R}$. Dann gilt $E(X) = \sum_{e \in \Omega} X(e) \cdot W(\{e\})$.

Beweis: Die Menge von Mengen $\{X = x \mid x \in X(\Omega)\}$ stellt eine Partition des Ergebnisraums Ω dar. Nun rechnen wir wie folgt, wobei wir mit der rechten Seite der behaupteten Gleichung beginnen:

$$
\begin{aligned}
\sum_{e \in \Omega} X(e) \cdot W(\{e\}) &= \sum_{x \in X(\Omega)} \sum_{e \in (X=x)} X(e) \cdot W(\{e\}) \quad && \{X = x \mid x \in X(\Omega)\} \text{ Part. von } \Omega \\
&= \sum_{x \in X(\Omega)} \sum_{e \in (X=x)} x \cdot W(\{e\}) && \text{Definition } X = x \\
&= \sum_{x \in X(\Omega)} x \sum_{e \in (X=x)} W(\{e\}) \\
&= \sum_{x \in X(\Omega)} x \cdot W(\bigcup_{e \in (X=x)} \{e\}) && \text{Verallg. Definition 9.2.1 (2)} \\
&= \sum_{x \in X(\Omega)} x \cdot W(X = x) \\
&= \sum_{x \in X(\Omega)} x \cdot f_X(x) && \text{Definition } f_x(x) \\
&= E(X) && \text{Definition } E(X)
\end{aligned}
$$

Diese Rechnung zeigt die Behauptung. $\qquad\qquad\qquad\qquad\qquad\qquad\qquad\qquad\qquad\quad\square$

In den nächsten Sätzen zeigen wir einige fundamentale Eigenschaften des Erwartungswerts. Die erste Eigenschaft besagt, dass sich der Erwartungswert vergrößert, wenn sich die Funktionswerte der Zufallsvariablen vergrößern.

9.5.4 Satz: fundamentale Eigenschaften des Erwartungswerts I

Es seien $X : \Omega \to \mathbb{R}$ und $Y : \Omega \to \mathbb{R}$ zwei Zufallsvariablen. Gilt $X(e) \leq Y(e)$ für alle $e \in \Omega$, so folgt daraus $E(X) \leq E(Y)$.

Beweis: Es gelte die Voraussetzung. Dann folgt

$$
E(X) = \sum_{e \in \Omega} X(e) \cdot W(\{e\}) \leq \sum_{e \in \Omega} Y(e) \cdot W(\{e\}) = E(Y),
$$

indem im ersten und dritten Schritt die in Satz 9.5.3 angegebene alternative Darstellung des Erwartungswerts verwendet wird. $\qquad\qquad\qquad\qquad\qquad\qquad\qquad\square$

Ist $(B, \leq)$ eine beliebige geordnete Menge, so wird auch für jede nichtleere Menge A die Menge aller Funktionen von A nach B geordnet, indem man die Ordnungsrelation $\sqsubseteq$ auf B^A wie folgt für alle $f, g \in B^A$ festlegt:

$$
f \sqsubseteq g \quad :\Longleftrightarrow \quad \forall x \in A : f(x) \leq g(x)
$$

Diese Ordnung wird **Funktionsordnung** genannt. Somit besagt Satz 9.5.4, dass die Funktion $E : \mathbb{R}^\Omega \to \mathbb{R}$, die jede Zufallsvariable $X : \Omega \to \mathbb{R}$ auf ihren Erwartungswert abbildet, monoton bezüglich der Funktionsordnung und der üblichen Ordnung auf den reellen Zahlen ist. Die in dem folgenden Satz angegebenen nächsten drei fundamentalen Eigenschaften werden auch **Linearität des Erwartungswerts** genannt.

9.5.5 Satz: fundamentale Eigenschaften des Erwartungswerts II

Es seien $X : \Omega \to \mathbb{R}$ und $Y : \Omega \to \mathbb{R}$ zwei Zufallsvariablen und $r \in \mathbb{R}$. Dann gelten die folgenden drei Gleichungen:

(1) $E(X + Y) = E(X) + E(Y)$ und $E(X - Y) = E(X) - E(Y)$.

(2) $E(X + r) = E(X) + r$ und $E(X - r) = E(X) - r$.

(3) $E(rX) = r \cdot E(X)$.

Beweis: (1) Wir zeigen nur die erste Gleichung; die zweite Gleichung folgt analog:

$$
\begin{aligned}
E(X + Y) &= \sum_{e \in \Omega} (X + Y)(e) \cdot W(\{e\}) && \text{Satz 9.5.3} \\
&= \sum_{e \in \Omega} (X(e) + Y(e)) \cdot W(\{e\}) && \text{Definition } X + Y \\
&= \sum_{e \in \Omega} X(e) \cdot W(\{e\}) + Y(e) \cdot W(\{e\}) \\
&= \left(\sum_{e \in \Omega} X(e) \cdot W(\{e\}) \right) + \left(\sum_{e \in \Omega} Y(e) \cdot W(\{e\}) \right) \\
&= E(X) + E(Y) && \text{Satz 9.5.3}
\end{aligned}
$$

(2) Auch hier beweisen wir nur die erste Gleichung wie folgt:

$$
\begin{aligned}
E(X + r) &= \sum_{e \in \Omega} (X + r)(e) \cdot W(\{e\}) && \text{Satz 9.5.3} \\
&= \sum_{e \in \Omega} (X(e) + r) \cdot W(\{e\}) && \text{Definition } X + r \\
&= \sum_{e \in \Omega} X(e) \cdot W(\{e\}) + r \cdot W(\{e\}) \\
&= \left(\sum_{e \in \Omega} X(e) \cdot W(\{e\}) \right) + \left(\sum_{e \in \Omega} r \cdot W(\{e\}) \right) \\
&= \left(\sum_{e \in \Omega} X(e) \cdot W(\{e\}) \right) + r \sum_{e \in \Omega} W(\{e\}) \\
&= E(X) + r && \text{Satz 9.5.3}, \sum_{e \in \Omega} W(\{e\}) = 1
\end{aligned}
$$

(3) Die dritte Gleichung kann in einer analogen Weise gezeigt werden. $\qquad \square$

Durch eine vollständige Induktion kann man mit Hilfe der Linearität sehr einfach beweisen, dass die Gleichung $E(\sum_{i=1}^{n} r_i X_i) = \sum_{i=1}^{n} r_i \cdot E(X_i)$ für n Zufallsvariablen $X_1, \ldots, X_n$ und n reelle Zahlen $r_1, \ldots, r_n$ gilt. Hingegen gilt die Gleichung $E(XY) = E(X) \cdot E(Y)$ im Allgemeinen nicht. Nachfolgend geben wir ein Gegenbeispiel an. Dazu betrachten wir das zweimalige Werfen einer Münze mit dem Ergebnisraum $\Omega := \{K, W\}^2$. Wir definieren eine Zufallsvariable $X : \Omega \to \mathbb{R}$ wie folgt:

$$
X(K, K) = 0 \qquad X(K, W) = 0 \qquad X(W, K) = 1 \qquad X(W, W) = 1
$$

Neben X betrachten wir noch eine zweite Zufallsvariable $Y : \Omega \to \mathbb{R}$, welche durch die folgenden Gleichungen festgelegt ist:

$$Y(K,K) = 0 \qquad Y(K,W) = 1 \qquad Y(W,K) = 1 \qquad Y(W,W) = 2$$

Das zweimalige Werfen einer Münze führt zu einer Gleichverteilung und somit besitzt jedes Elementarereignis die Wahrscheinlichkeit $\frac{1}{4}$. Dies bringt $E(X) = \frac{1}{2}$ und $E(Y) = 1$, also $E(X) \cdot E(Y) = \frac{1}{2}$. Die Zufallsvariable $XY : \Omega \to \mathbb{R}$ erfüllt die folgenden Gleichungen:

$$XY(K,K) = 0 \qquad XY(K,W) = 0 \qquad XY(W,K) = 1 \qquad XY(W,W) = 2$$

Aus diesen Gleichungen ergibt sich $E(XY) = \frac{3}{4}$. Folglich gilt $E(XY) = E(X) \cdot E(Y)$ nicht. Der Grund ist, dass die beiden Zufallsvariablen X und Y nicht unabhängig sind[15]. Etwa gelten $W(X = 1 \cap Y = 0) = 0$ und $W(X = 1) \cdot W(Y = 0) = \frac{1}{2} \cdot \frac{1}{4} = \frac{1}{8}$. Für unabhängige Zufallsvariablen können wir die gewünschte Gleichung zeigen. Wir bereiten den entsprechenden Satz durch ein Lemma vor, in welchem die entscheidende Hilfsaussage bewiesen wird.

9.5.6 Lemma

Es seien $X : \Omega \to \mathbb{R}$ und $Y : \Omega \to \mathbb{R}$ zwei Zufallsvariablen. Dann gilt:

$$\sum_{z \in XY(\Omega)} z \cdot W(XY = z) = \sum_{x \in X(\Omega)} \sum_{y \in Y(\Omega)} xy \cdot W(X = x \cap Y = y)$$

Beweis: Wir definieren für alle $z \in XY(\Omega)$ die folgende Menge:

$$M_z := \{(x,y) \in X(\Omega) \times Y(\Omega) \mid xy = z\}$$

Zuerst zeigen wir, dass die folgende Gleichung für alle $z \in XY(\Omega)$ gilt:

$$(XY = z) = \bigcup_{(x,y) \in M_z} (X = x \cap Y = y)$$

Zum Beweis der Inklusion „$\subseteq$" sei ein Elementarereignis $e \in (XY = z)$ beliebig vorgegeben. Also gilt $X(e) \cdot Y(e) = XY(e) = z$. Mit den Definitionen $x' := X(e)$ und $y' := Y(e)$ erhalten wir $(x', y') \in X(\Omega) \times Y(\Omega)$ und $x'y' = z$, also $(x', y') \in M_z$. Folglich gilt

$$e \in (X = x' \cap Y = y') \subseteq \bigcup_{(x,y) \in M_z} (X = x \cap Y = y).$$

Nun zeigen wir die verbleibende Inklusion „$\supseteq$" und nehmen dazu ein beliebiges Elementarereignis $e \in \bigcup_{(x,y) \in M_z} (X = x \cap Y = y)$ an. Somit existieren $x \in X(\Omega)$ und $y \in Y(\Omega)$ mit $xy = z$ und $e \in (X = x \cap Y = y)$, d.h. $X(e) = x$ und $Y(e) = y$. Dies bringt $XY(e) = X(e) \cdot Y(e) = xy = z$, also $e \in (XY = z)$.

Es ist sehr einfach nachzuweisen, dass die Mengen, welche auf der rechten Seite der eben

---

[15] Die Zufallsvariablen X und Y des Gegenbeispiels sind so gewählt, dass X angibt, wie oft beim ersten Wurf das Wappen oben liegt, und Y angibt, wie oft bei beiden Würfen das Wappen insgesamt oben liegt. Diese Ereignisse sind natürlich nicht unabhängig. Liegt etwa beim ersten Wurf das Wappen oben, so kann es nicht mehr passieren, dass bei beiden Würfen niemals das Wappen oben liegt.

bewiesenen Gleichung vereinigt werden, paarweise disjunkt sind. Die Verallgemeinerung von Eigenschaft (2) von Definition 9.2.1 auf Mengen von paarweise unvereinbaren Zufallsereignissen zeigt somit

$$W(XY = z) = W(\bigcup_{(x,y)\in M_z} (X = x \cap Y = y)) = \sum_{(x,y)\in M_z} W(X = x \cap Y = y)$$

für alle $z \in XY(\Omega)$. Eine Folge dieser Eigenschaft ist

$$\sum_{z\in XY(\Omega)} z \cdot W(XY = z) = \sum_{z\in XY(\Omega)} z \sum_{(x,y)\in M_z} W(X = x \cap Y = y)$$

bzw., wenn wir auf der rechten Seite das Distributivgesetz und $xy = z$ für alle $(x,y) \in M_z$ anwenden, dass

$$(*) \quad \sum_{z\in XY(\Omega)} z \cdot W(XY = z) = \sum_{z\in XY(\Omega)} \sum_{(x,y)\in M_z} xy \cdot W(X = x \cap Y = y)$$

gilt. Nun definieren wir noch die folgende Menge:

$$N := \{(x,y) \in X(\Omega) \times Y(\Omega) \mid xy \notin XY(\Omega)\}$$

Damit gilt $xy \neq XY(e)$ für alle $(x,y) \in N$ und $e \in \Omega$. Es sei $(x,y) \in N$ beliebig gewählt. Wir beweisen $(X = x \cap Y = y) = \emptyset$ durch Widerspruch, nehmen also an, dass $(X = x \cap Y = y) \neq \emptyset$ gilt. Damit gibt es ein $e \in (X = x \cap Y = y)$. Für dieses Elementarereignis gelten $X(e) = x$ und $Y(e) = y$, also $XY(e) = X(e) \cdot Y(e) = xy$. Dies ist ein Widerspruch zu der nach der Definition von N erwähnten Eigenschaft.

Insgesamt haben wir also für alle $(x,y) \in N$ die folgende Gleichung bewiesen:

$$W(X = x \cap Y = y) = W(\emptyset) = 0$$

Nun rechnen wir wie folgt, wobei wir mit der oben bewiesenen Gleichung $(*)$ starten, im zweiten Schritt benutzen, dass $W(X = x \cap Y = y) = 0$ für alle $(x,y) \in N$ gilt, und im letzten Schritt benutzen, dass N das Komplement von $\bigcup_{z\in XY(\Omega)} M_z$ bezüglich des Universums $X(\Omega) \times Y(\Omega)$ bildet, d.h. die Gleichungen $N \cup \bigcup_{z\in XY(\Omega)} M_z = X(\Omega) \times Y(\Omega)$ und $N \cap \bigcup_{z\in XY(\Omega)} M_z = \emptyset$ gelten.

$$\sum_{z\in XY(\Omega)} z \cdot W(XY = z)$$
$$= \sum_{z\in XY(\Omega)} \sum_{(x,y)\in M_z} xy \cdot W(X = x \cap Y = y)$$
$$= (\sum_{z\in XY(\Omega)} \sum_{(x,y)\in M_z} xy \cdot W(X = x \cap Y = y)) + (\sum_{(x,y)\in N} xy \cdot W(X = x \cap Y = y))$$
$$= \sum_{(x,y)\in X(\Omega)\times Y(\Omega)} xy \cdot W(X = x \cap Y = y)$$

Die Behauptung folgt nun aus der Tatsache, dass eine Summation $\sum_{(x,y)\in X(\Omega)\times Y(\Omega)} \cdots$ über alle Paare des direkten Produkts $X(\Omega) \times Y(\Omega)$ gleich einer geschachtelten Summation $\sum_{x\in X(\Omega)} \sum_{y\in Y(\Omega)} \cdots$ ist. $\quad\square$

In dem Beweis dieses Lemmas wurde die Unabhängigkeit von X und Y nicht benutzt. Diese ist erst beim folgenden Satz als Voraussetzung notwendig.

9.5.7 Satz: fundamentale Eigenschaften des Erwartungswerts III

Es seien $X : \Omega \to \mathbb{R}$ und $Y : \Omega \to \mathbb{R}$ zwei unabhängige Zufallsvariablen. Dann gilt $E(XY) = E(X) \cdot E(Y)$.

Beweis: Wir beginnen mit der rechten Seite der Behauptung und rechnen wie folgt:

$$
\begin{aligned}
E(X) \cdot E(Y) &= (\sum_{x \in X(\Omega)} x \cdot f_X(x))(\sum_{y \in Y(\Omega)} y \cdot f_Y(y)) && \text{Def. } E(X), E(Y) \\
&= \sum_{x \in X(\Omega)} \sum_{y \in Y(\Omega)} xy \cdot f_X(x) \cdot f_Y(y) \\
&= \sum_{x \in X(\Omega)} \sum_{y \in Y(\Omega)} xy \cdot W(X = x) \cdot W(Y = y) && \text{Def. } f_X(x), f_Y(y) \\
&= \sum_{x \in X(\Omega)} \sum_{y \in Y(\Omega)} xy \cdot W(X = x \cap Y = y) && X, Y \text{ unabhängig} \\
&= \sum_{z \in XY(\Omega)} z \cdot W(XY = z) && \text{Lemma 9.5.6} \\
&= \sum_{z \in XY(\Omega)} z \cdot f_{XY}(z) && \text{Def. } f_{XY} \\
&= E(XY) && \text{Def. } E(XY)
\end{aligned}
$$

Damit ist der Beweis erbracht. $\qquad\square$

Im nächsten Beispiel zeigen wir, wie die eben bewiesenen fundamentalen Eigenschaften es erlauben, Erwartungswerte $E(X)$ durch eine geeignete Darstellung der Zufallsvariablen X effizienter zu bestimmen als an Hand der Originaldefinition oder der alternativen Darstellung von Satz 9.5.3.

9.5.8 Beispiele: Erwartungswerte

Wir betrachten wieder das zweimalige Würfeln mit dem Ergebnisraum $\Omega := \{1, 2, 3, 4, 5, 6\}^2$ und die Zufallsvariable $Summe : \Omega \to \mathbb{R}$, welche die Gesamtzahl der gewürfelten Augen angibt. In Beispiel 9.4.10 haben wir die Wahrscheinlichkeitsfunktion $f_{Summe} : \mathbb{R} \to [0, 1]$ berechnet. Aufgrund der Werte $f_{Summe}(x)$ für die 11 Realisierungen von $Summe$ folgt

$$
E(Summe) = \frac{2 \cdot 1}{36} + \frac{3 \cdot 2}{36} + \frac{4 \cdot 3}{36} + \frac{5 \cdot 4}{36} + \frac{6 \cdot 5}{36} + \frac{7 \cdot 6}{36} + \frac{8 \cdot 5}{36} + \frac{9 \cdot 4}{36} + \frac{10 \cdot 3}{36} + \frac{11 \cdot 2}{36} + \frac{12 \cdot 1}{36},
$$

also $E(Summe) = 7$. Im Mittel werden beim zweimalige Würfeln also 7 Augen gewürfelt.

Wir können das Resultat $E(Summe) = 7$ auch bestimmen, ohne dass wir alle 11 Zufallsereignisse $Summe = 2$ bis $Summe = 12$ explizit berechnen. Dazu verwenden wir die in den Beispielen 9.4.3 eingeführten Zufallsvariablen $Wurf_1 : \Omega \to \mathbb{R}$ und $Wurf_2 : \Omega \to \mathbb{R}$, welche die Augenzahl des ersten bzw. zweiten Wurfs liefern. Deren Erwartungswerte sind einfach zu berechnen und es gilt $E(Wurf_1) = E(Wurf_2) = \frac{7}{2}$ wegen

$$
E(Wurf_1) = \sum_{i=1}^{6} i \cdot f_{Wurf_1}(i) = \sum_{i=1}^{6} i \cdot W(Wurf_1 = i) = \sum_{i=1}^{6} i \cdot \frac{1}{6} = \frac{21}{6}
$$

und der analogen Rechnung für $E(Wurf_2)$. Somit erhalten wir:

$$E(Summe) = E(Wurf_1 + Wurf_2) = E(Wurf_1) + E(Wurf_2) = \frac{7}{2} + \frac{7}{2} = 7$$

Dieses Vorgehen läßt sich sehr einfach auf das n-fache Würfeln mit dem Ergebnisraum $\Omega := \{1, 2, 3, 4, 5, 6\}^n$ und der Zufallsvariablen $Summe : \Omega \to \mathbb{R}$ verallgemeinern, wobei $Summe$ wiederum die Gesamtzahl der gewürfelten Augen angibt. Wir stellen $Summe$ dar als $Summe = \sum_{i=1}^{n} Wurf_i$, wobei nun die Zufallsvariable $Wurf_i : \Omega \to \mathbb{R}$ die Augenzahl des i-ten Wurfs liefert, für alle $i \in \{1, \ldots, n\}$. Für jede dieser n Zufallsvariablen gilt

$$E(Wurf_i) = \sum_{j=1}^{6} j \cdot f_{Wurf_i}(j) = \sum_{j=1}^{6} j \cdot W(Wurf_i = j) = \sum_{j=1}^{6} j \cdot \frac{1}{6} = \frac{21}{6} = \frac{7}{2}$$

und somit erhalten wir schließlich

$$E(Summe) = E(\sum_{i=1}^{n} Wurf_i) = \sum_{i=1}^{n} E(Wurf_i) = \frac{7n}{2}. \qquad \square$$

Für jede Zufallsvariable $X : \Omega \to \mathbb{R}$ und jede Funktion $g : \mathbb{R} \to \mathbb{R}$ ist auch die Funktionskomposition $g \circ X : \Omega \to \mathbb{R}$ aufgrund ihrer Funktionalität eine Zufallsvariable. Der folgende Satz, oft **Transformationssatz für Erwartungswerte** genannt, zeigt, dass der Erwartungswert von $g \circ X$ sehr ähnlich gebildet wird wie der von X. Statt, wie bei $E(X)$, über alle Produkte $x \cdot f_X(x)$ der Realisierungen von X zu summieren, summiert man bei $E(g \circ X)$ über alle Produkte $g(x) \cdot f_X(x)$, wiederum mit x als Realisierung von X.

9.5.9 Satz: Transformationssatz für Erwartungswerte

Es seien $X : \Omega \to \mathbb{R}$ eine Zufallsvariable und $g : \mathbb{R} \to \mathbb{R}$ eine Funktion. Dann gilt $E(g \circ X) = \sum_{x \in X(\Omega)} g(x) \cdot f_X(x)$.

Beweis: Wir rechnen wie folgt:

$$
\begin{aligned}
E(g \circ X) &= \sum_{e \in \Omega} (g \circ X)(e) \cdot W(\{e\}) && \text{Satz 9.5.3} \\
&= \sum_{e \in \Omega} g(X(e)) \cdot W(\{e\}) \\
&= \sum_{x \in X(\Omega)} \sum_{e \in (X=x)} g(X(e)) \cdot W(\{e\}) && \{X = x \mid x \in X(\Omega)\} \text{ Part. von } \Omega \\
&= \sum_{x \in X(\Omega)} \sum_{e \in (X=x)} g(x) \cdot W(\{e\}) && \text{Definition } X = x \\
&= \sum_{x \in X(\Omega)} g(x) \sum_{e \in (X=x)} W(\{e\}) \\
&= \sum_{x \in X(\Omega)} g(x) \cdot W(\bigcup_{e \in (X=x)} \{e\}) && \text{Verallg. Definition 9.2.1 (2)} \\
&= \sum_{x \in X(\Omega)} g(x) \cdot W(X = x) \\
&= \sum_{x \in X(\Omega)} g(x) \cdot f_X(x) && \text{Definition } f_X(x)
\end{aligned}
$$

Dabei werden viele der Ideen des Beweises von Satz 9.5.3 verwendet. □

Eine einfache Konsequenz des Transformationssatzes für Erwartungswerte ist in dem nachfolgenden Satz angegeben. In diesem Satz (und auch im Rest des Kapitels) verwenden wir, wie in der Wahrscheinlichkeitstheorie üblich, für das Produkt XX einer Zufallsvariablen X mit sich selbst (das Quadrat von X) die aus der Arithmetik gewohnte Notation X^2.

9.5.10 Satz: Erwartungswert eines Quadrats

Für alle Zufallsvariablen $X : \Omega \to \mathbb{R}$ gilt $E(X^2) = \sum_{x \in X(\Omega)} x^2 f_X(x)$.

Beweis: Wir betrachten die Funktion $g : \mathbb{R} \to \mathbb{R}$, definiert durch $g(x) = x^2$ für alle $x \in \mathbb{R}$. Mit Hilfe der Definition der Zufallsvariablen X^2 gilt dann

$$(g \circ X)(e) = g(X(e)) = (X(e))^2 = X^2(e)$$

für alle Elementarereignisse $e \in \Omega$, also $g \circ X = X^2$. Diese Gleichung impliziert zusammen mit dem Transformationssatz für Erwartungswerte und der Definition von g, dass

$$E(X^2) = E(g \circ X) = \sum_{x \in X(\Omega)} g(x) \cdot f_X(x) = \sum_{x \in X(\Omega)} x^2 f_X(x). \qquad \square$$

Die weiteren zwei Kenngrößen im Zusammenhang mit Zufallsvariablen, die wir in diesem Kapitel behandeln, werden in der folgenden Definition eingeführt. Entscheidend ist die erste Kenngröße, da sich die zweite Kenngröße unmittelbar aus ihr ergibt.

9.5.11 Definition: Varianz, Standardabweichung

Gegeben sei eine Zufallsvariable $X : \Omega \to \mathbb{R}$. Dann sind die **Varianz** $Var(X)$ von X und die **Standardabweichung** $S(X)$ von X wie folgt definiert:

$$(1) \quad Var(X) := E((X - E(X))^2) \qquad (2) \quad S(X) := \sqrt{Var(X)} \qquad \square$$

Zur Verdeutlichung dieser Definitionen betrachten wir ein praktisches Beispiel. Angenommen, es soll im Rahmen einer Landvermessung der Abstand $d(P_1, P_2)$ zwischen zwei Punkten P_1 und P_2 in Kilometern ermittelt werden. Da Messungen normalerweise mit einem gewissen (kleinen) Fehler behaftet sind, wird der Abstand zwischen P_1 und P_2 oftmals gemessen. Diese Zufallsexperimente führen zu einer Zufallsvariablen $Abstand : \Omega \to \mathbb{R}$, deren Realisierungen die gemessenen Abstände sind. Der Erwartungswert $E(Abstand)$ kommt dem wahren Abstand wohl am nächsten und so definiert man $d(P_1, P_2) := E(Abstand)$. Neben dem Abstand ist man aber auch daran interessiert, wie die Ergebnisse der Messungen „streuen" und welcher Messfehler im Mittel gemacht wurde. Da mit Absolutbeträgen schlecht zu rechnen ist, wird statt des Ausdrucks $E(|Abstand - E(Abstand)|)$, welcher diesen Fehler beschreibt, der Ausdruck $E((Abstand - E(Abstand))^2)$ (also die Varianz von $Abstand$) verwendet, der beschreibt, wie die Quadrate der einzelnen Messfehler im Mittel aussehen. Gauß bezeichnete diesen Fehler als **mittleren quadratischen Fehler**. In der Praxis werden Ergebnisse von Messungen in der Regel mit einer Maßeinheit versehen, wie etwa beim derzeitigen Beispiel, in welchem die Abstände in Kilometern gemessen werden. Die Varianz, also der Gaußsche mittlere quadratische Fehler, wird aber im Quadrat dieser

Maßeinheit angegeben, bei unserem Beispiel also in Quadratkilometern. Um wieder zur ursprünglichen Maßeinheit zu gelangen, muss eine Quadratwurzel gezogen werden und dies führt genau auf den Begriff der Standardabweichung.

Zufallsvariablen sind oftmals durch ihre Wahrscheinlichkeitsfunktionen (z.B. auch indirekt in Form von Histogrammen) beschrieben. In so einem Fall ist eine Anwendung von Definition 9.5.11 (1) nicht direkt möglich. Nachfolgend beschreiben wir, wie man die Varianz einer Zufallsvariablen X direkt aus der Wahrscheinlichkeitsfunktion f_X und dem Erwartungswert $E(X)$ bestimmen kann.

9.5.12 Satz: alternative Darstellung Varianz

Für alle Zufallsvariablen $X : \Omega \to \mathbb{R}$ gilt $Var(X) = \sum_{x \in X(\Omega)} (x - E(X))^2 f_X(x)$.

Beweis: Die Funktion $g : \mathbb{R} \to \mathbb{R}$, welche wir nun betrachten, ist für alle $x \in \mathbb{R}$ durch $g(x) = (x - E(X))^2$ definiert. Dann können wir für alle Elementarereignisse $e \in \Omega$ aufgrund der Definition von g und der Summen- und Produktbildung von Zufallsvariablen wie folgt rechnen:

$$(g \circ X)(e) = g(X(e)) = (X(e) - E(X))^2 = (X - E(X))^2(e)$$

Diese Rechnung impliziert $g \circ X = (X - E(X))^2$ und daraus folgt

$$Var(X) = E((X - E(X))^2) = E(g \circ X) = \sum_{x \in X(\Omega)} g(x) \cdot f_X(x) = \sum_{x \in X(\Omega)} (x - E(X))^2 f_X(x)$$

mit Hilfe der Definition der Varianz und des Transformationssatzes für Erwartungswerte. $\square$

Ist eine Zufallsvariable X durch ein Histogramm beschrieben und hat dieses eine „bergartige" Form ähnlich zu der des Histogramms von Beispiel 9.5.2, so liegt der Erwartungswert $E(X)$ nahe der Realisierung mit der höchsten Säule (dem Gipfel). Die Varianz kann man so einem Histogramm normalerweise näherungsweise nicht entnehmen. Nur, wenn es aus einer Säule besteht, dann gilt $Var(X) = 0$. Was aber gesagt werden kann, ist, dass die Varianz mit der „Flachheit" des Berges zunimmt. Wir demonstrieren dies im Folgenden.

9.5.13 Beispiele: Varianzen

In Beispiel 9.5.2 haben wir das linke der folgenden zwei Histogramme betrachtet, das die Verteilung der Noten einer Klausur mit 30 Prüflingen beschreibt.

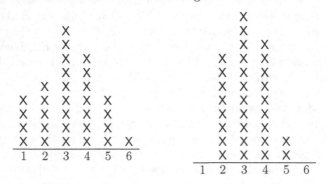

Das rechte Histogramm beschreibt eine andere Verteilung der Klausurnoten, bei welcher der Berg „steiler" ist. Wie in Beispiel 9.5.2 bezeichnen wir die durch das linke Histogramm gegebene Zufallsvariable mit *Note*, die durch das rechte Histogramm gegebene Zufallsvariable nennen wir *Note**. Wir haben bereits $E(Note) = \frac{95}{30} = 3.16$ berechnet. Auf die gleiche Weise erhalten wir $E(Note^*) = \frac{95}{30} = 3.16$. Die im Mittel erzielten Noten sind also gleich. Jedoch ist die Streuung der Noten links offensichtlich größer als rechts. Dies wird auch durch die Varianzen bestätigt. Im Fall des linken Histogramms erhalten wir

$$Var(Note) = 4.66 \cdot \frac{4}{30} + 1.35 \cdot \frac{5}{30} + 0.02 \cdot \frac{9}{30} + 0.71 \cdot \frac{7}{30} + 3.38 \cdot \frac{4}{30} + 8.06 \cdot \frac{1}{30} = 1.79,$$

indem wir die Darstellung von Satz 9.5.12 verwenden, und im rechten Fall folgt

$$Var(Note^*) = 1.35 \cdot \frac{8}{30} + 0.02 \cdot \frac{11}{30} + 0.71 \cdot \frac{9}{30} + 3.38 \cdot \frac{2}{30} = 0.81$$

mit Hilfe der gleichen Darstellung. Dabei wurden beide Rechnungen mit einer Genauigkeit von 2 Stellen nach dem Dezimalpunkt durchgeführt.

Noch kleiner wird die Varianz, wenn 26 von den 30 Prüflingen eine Drei und 4 Prüflinge eine Vier schreiben. Das Histogramm besteht dann nur aus 2 Säulen. Im Vergleich zu den bisherigen Verteilungen ändert sich die im Mittel erzielte Note nur geringfügig zu $\frac{94}{30}$, also 3.13. Die Varianz hingegen berechnet sich zu 0.11. □

Im folgenden Satz beweisen wir drei fundamentale Eigenschaften der Varianz. Dabei verwenden wir, dass sich grundlegende Gleichungen der Arithmetik auf Zufallsvariablen übertragen. Beispielsweise wird die binomische Formel $(x + y)^2 = x^2 + y^2 + 2xy$ auf Zahlen zur Gleichung $(X + Y)^2 = X^2 + Y^2 + 2XY$ auf Zufallsvariablen. Auf Klammern kann dabei verzichtet werden, denn auch auf der Ebene der Zufallsvariablen sind die Summe und das Produkt assoziativ. Die Beweise der im Beweis von Satz 9.5.14 ohne Begründung verwendeten Eigenschaften sind Teil der Übungsaufgaben zu diesem Kapitel.

9.5.14 Satz: fundamentale Eigenschaften der Varianz

Gegeben seien eine Zufallsvariable $X : \Omega \to \mathbb{R}$ und $r \in \mathbb{R}$. Dann gelten die folgenden drei Gleichungen (deren erste **Verschiebungssatz** genannt wird):

(1) $Var(X) = E(X^2) - E(X)^2$.

(2) $Var(rX) = r^2 \cdot Var(X)$

(3) $Var(X + r) = Var(X)$

Beweis: (1) Diese Gleichung zeigt man wie folgt:

$$
\begin{aligned}
Var(X) &= E((X - E(X))^2) &&\text{Definition 9.5.11}\\
&= E((X^2 + E(X)^2) - (2 \cdot E(X))X)\\
&= E(X^2 + E(X)^2) - E((2 \cdot E(X))X) &&\text{Satz 9.5.5}\\
&= E(X^2) + E(X)^2 - 2 \cdot E(X) \cdot E(X) &&\text{Satz 9.5.5}\\
&= E(X^2) - E(X)^2
\end{aligned}
$$

(2) In diesem Fall rechnen wir wie folgt:

$$\begin{aligned}
\mathrm{Var}(rX) &= E((rX - E(rX))^2) && \text{Definition 9.5.11} \\
&= E((rX - r \cdot E(X))^2) && \text{Satz 9.5.5} \\
&= E((r(X - E(X)))^2) \\
&= E(r^2(X - E(X))^2) \\
&= r^2 \cdot E((X - E(X))^2) && \text{Satz 9.5.5} \\
&= r^2 \cdot \mathrm{Var}(X) && \text{Definition 9.5.11}
\end{aligned}$$

(3) Die folgende Rechnung zeigt diese Behauptung:

$$\begin{aligned}
\mathrm{Var}(X + r) &= E((X + r)^2) - E(X + r)^2 && \text{nach (1)} \\
&= E((X^2 + r^2) + 2rX) - E(X + r) \cdot E(x + r) \\
&= E(X^2 + r^2) + E(2rX) - (E(X) + r)(E(X) + r) && \text{Satz 9.5.5} \\
&= E(X^2) + r^2 + 2r \cdot E(X) - (E(X)^2 + r^2 + 2r \cdot E(X)) && \text{Satz 9.5.5} \\
&= E(X^2) - E(X)^2 \\
&= \mathrm{Var}(X) && \text{nach (1)}
\end{aligned}$$

In allen drei Rechnungen werden Klammern verwendet, um die Konstruktion der entsprechenden Zufallsvariablen zu beschreiben. Etwa besagt im Beweis von (1) die Klammerung im Ausdruck $E((X^2 + E(X)^2) - (2 \cdot E(X))X)$, dass erst die Differenz der Summe $X^2 + E(X)^2$ und des Produkts $(2 \cdot E(X))X$ gebildet wird, mit $E(X)^2 \in \mathbb{R}$ und $2 \cdot E(X) \in \mathbb{R}$, und dann der Erwartungswert der so konstruierten Zufallsvariablen zu berechnen ist. $\qquad\square$

Auch gilt $\mathrm{Var}(X - r) = \mathrm{Var}(X)$. Wir beenden diesen Abschnitt mit zwei wichtigen Ungleichungen der Wahrscheinlichkeitstheorie. Die erste, als Satz 9.5.15 formuliert, ist nach dem russischen Mathematiker Andrej Markov (1856-1922) benannt. Mit Hilfe des Erwartungswerts $E(X)$ gibt sie eine obere Schranke für die Wahrscheinlichkeit an, dass die nichtnegative Zufallsvariable X eine vorgegebene positive reelle Zahl r überschreitet.

9.5.15 Satz: Markovsche Ungleichung

Gegeben seien eine Zufallsvariable $X : \Omega \to \mathbb{R}$ und $r \in \mathbb{R}$. Gelten $X(e) \geq 0$ für alle $e \in \Omega$ und $r > 0$, so folgt $W(X \geq r) \leq \frac{E(X)}{r}$.

Beweis: Wir betrachten die folgende Zufallsvariable:

$$Y : \Omega \to \mathbb{R} \qquad Y(e) = \begin{cases} 1 & \text{falls } e \in (X \geq r) \\ 0 & \text{falls } e \notin (X \geq r) \end{cases}$$

Satz 9.5.3 und die Verallgemeinerung von Eigenschaft (2) von Definition 9.2.1 bringen

$$E(Y) = \sum_{e \in \Omega} Y(e) \cdot W(\{e\}) = \sum_{e \in (X \geq r)} W(\{e\}) = W(\bigcup_{e \in (X \geq r)} \{e\}) = W(X \geq r).$$

Es sei $e \in \Omega$ beliebig gewählt. Gilt $e \in (X \geq r)$, so folgt $rY(e) = r \cdot Y(e) = r \leq X(e)$, und gilt $e \notin (X \geq r)$, so folgt $rY(e) = r \cdot Y(e) = 0 \leq X(e)$. Wegen Satz 9.5.5 und Satz 9.5.4 (Monotonie des Erwartungswerts) bringt dies

$$r \cdot W(X \geq r) = r \cdot E(Y) = E(rY) \leq E(X),$$

woraus unmittelbar die Behauptung folgt. □

Die im nächsten Satz formulierte Ungleichung wird auch auf einen russischen Mathematiker zurückgeführt, nämlich auf Pafnuti Chebychev (1821-1894). Sein Nachname findet sich in der Literatur auch in den Schreibweisen Tschebyschow bzw. Tschebyscheff. Mit Hilfe der Varianz $Var(X)$ gibt die Ungleichung eine obere Schranke für die Wahrscheinlichkeit an, dass die Abweichung der Zufallsvariablen X von ihrem Erwartungswert $E(X)$ eine vorgegebene positive reelle Zahl r überschreitet. In Satz 9.5.16 wird der Absolutbetrag $|X| : \Omega \to \mathbb{R}$ einer Zufallsvariablen $X : \Omega \to \mathbb{R}$ verwendet, der durch $|X|(e) = |X(e)|$ für alle $e \in \Omega$ definiert ist.

9.5.16 Satz: Chebychevsche Ungleichung

Gegeben seien eine Zufallsvariable $X : \Omega \to \mathbb{R}$ und $r \in \mathbb{R}$. Gilt $r > 0$, so impliziert dies $W(|X - E(X)| \geq r) \leq \frac{Var(X)}{r^2}$.

Beweis: Neben dem Zufallsereignis $|X - E(X)| \geq r$ betrachten wir noch das Zufallsereignis $(X - E(X))^2 \geq r^2$. Dann gilt $(|X - E(X)| \geq r) = ((X - E(X))^2 \geq r^2)$, weil

$$e \in (|X - E(X)| \geq r) \iff |X(e) - E(X)| \geq r$$
$$\iff (X(e) - E(X))^2 \geq r^2$$
$$\iff e \in ((X - E(X))^2 \geq r^2)$$

für alle Elementarereignisse $e \in \Omega$ zutrifft. Für die Zufallsvariable $(X - E(X))^2$ und $r^2 \in \mathbb{R}$ gelten die Voraussetzungen der Markovschen Ungleichung. Diese und die Definition der Varianz zeigen

$$W(|X - E(X)| > r) = W((X - E(X))^2 \geq r^2) \leq \frac{E((X - E(X))^2)}{r^2} = \frac{Var(X)}{r^2}. \quad □$$

In Worten besagt die Chebychevsche Ungleichung auch, dass, je kleiner die Varianz einer Zufallsvariablen $X : \Omega \to \mathbb{R}$ ist, umso weniger wahrscheinlich ist es, dass bei einer Durchführung der Zufallsexperimente, von deren Ergebnissen $e \in \Omega$ die Realisierungen $X(e)$ abhängen, die Realisierungen um mehr als r vom Erwartungswert $E(X)$ abweichen. Im Fall $Var(X) = 0$ gilt insbesondere $W(X = E(X)) = 1$.

Die Abschätzungen der beiden letzten Sätze können nicht verbessert werden. Es gibt nämlich Zufallsvariablen $X : \Omega \to \mathbb{R}$ und reelle Zahlen r, welche die geforderten Voraussetzungen erfüllen und bei denen die rechten und linken Seiten der Ungleichungen gleich sind. Dies ist etwa der Fall, wenn $X(e) = 0$ für alle $e \in \Omega$ gilt und $r > 0$ beliebig gewählt wird. Dann erhalten wir $W(X \geq r) = W(\emptyset) = 0 = \frac{0}{r} = \frac{E(X)}{r}$ im Fall von Satz 9.5.15 und $W(|X - E(X)| \geq r) = W(\emptyset) = 0 = \frac{0}{r^2} = \frac{Var(X)}{r^2}$ im Fall von Satz 9.5.16, denn eine konstantwertige Zufallsvariable besitzt die einzige Realisierung als Erwartungswert und die Null als Varianz. Siehe auch Aufgabe 9.9.6.

9.6 Bernoulli- und binomial-verteilte Zufallsvariablen

Liegt eine Zufallsvariable vor, so spricht man in der Praxis oft von der Verteilung der Realisierungen. Im Fall der durch das Histogramm von Beispiel 9.5.2 gegebenen Noten sagt man etwa, dass der Anteil der Fünfen 20% beträgt, der Anteil der Noten besser als eine Vier 50% beträgt und der Anteil der Noten zwischen der Zwei und der Vier 70% beträgt. Dies sind umgangssprachliche Formulierungen für $W_{Note}(\{5\}) = \frac{6}{30} = 0.2$, $W_{Note}(\{1,2,3\}) = \frac{15}{30} = 0.5$ und $W_{Note}(\{2,3,4\}) = \frac{21}{30} = 0.7$, wobei $W_{Note} : \mathcal{P}(Note(\Omega)) \to [0,1]$ die durch die Zufallsvariable $Note : \Omega \to \mathbb{R}$ induzierte Wahrscheinlichkeitsverteilung im Sinne des folgenden Satzes ist. Man beachte, dass in diesem Satz die Elementarereignisse des zur Wahrscheinlichkeitsverteilung W_X gehörenden Ergebnisraums genau die Realisierungen der Zufallsvariablen X sind, also Zufallsereignisse Mengen von Realisierungen von X darstellen.

9.6.1 Satz: durch Zufallsvariable induzierte Wahrscheinlichkeitsverteilung

Gegeben seien eine Wahrscheinlichkeitsverteilung $W : \mathcal{P}(\Omega) \to [0,1]$ und eine Zufallsvariable $X : \Omega \to \mathbb{R}$. Dann ist die Funktion

$$W_X : \mathcal{P}(X(\Omega)) \to [0,1] \qquad W_X(A) = W(X^{-1}(A))$$

eine Wahrscheinlichkeitsverteilung (genannt die **durch X induzierte Wahrscheinlichkeitsverteilung**).

Beweis: Es ist zuerst zu klären, dass tatsächlich $0 \le W_X(A) \le 1$ für alle $A \in \mathcal{P}(X(\Omega))$ gilt. Dies folgt aber aus $X^{-1}(A) \in \mathcal{P}(\Omega)$, denn dies bringt $W_X(A) = W(X^{-1}(A)) \in [0,1]$, weil W eine Wahrscheinlichkeitsverteilung ist.

Eigenschaft (1) von Definition 9.2.1 zeigt man wie folgt, wobei im letzten Schritt verwendet wird, dass W eine Wahrscheinlichkeitsverteilung ist:

$$W_X(X(\Omega)) = W(X^{-1}(X(\Omega))) = W(\Omega) = 1$$

Zum Beweis von Eigenschaft (2) von Definition 9.2.1 seien zwei beliebige Zufallsereignisse $A, B \in \mathcal{P}(X(\Omega))$ mit $A \cap B = \emptyset$ angenommen. Dann gilt:

$$
\begin{aligned}
W_X(A \cup B) &= W(X^{-1}(A \cup B)) && \text{Definition } W_X \\
&= W(X^{-1}(A) \cup X^{-1}(B)) && \text{Eigenschaft Urbild} \\
&= W(X^{-1}(A)) + W(X^{-1}(B)) && \text{siehe unten} \\
&= W_X(A) + W_X(B) && \text{Definition } W_X
\end{aligned}
$$

Im dritten Schritt wird wiederum verwendet, dass W eine Wahrscheinlichkeitsverteilung ist, sowie, dass $X^{-1}(A) \cap X^{-1}(B) = \emptyset$ gilt. Letzteres zeigt man durch Widerspruch. Wäre nämlich $X^{-1}(A) \cap X^{-1}(B) = \emptyset$ falsch, so gibt es ein $e \in X^{-1}(A) \cap X^{-1}(B)$. Daraus folgen $e \in X^{-1}(A)$ und $e \in X^{-1}(B)$, also $X(e) \in A$ und $X(e) \in B$, was einen Widerspruch zur Annahme $A \cap B = \emptyset$ darstellt. $\square$

Ist die durch die Zufallsvariable $X : \Omega \to \mathbb{R}$. induzierte Wahrscheinlichkeitsverteilung $W_X : \mathcal{P}(X(\Omega)) \to [0,1]$ eine Gleichverteilung, so sagt man, dass auch X gleichverteilt ist. In analoger Weise werden wir, aufbauend auf Bernoulli- und Binomial-Verteilungen, im Rest dieses Abschnitts Bernoulli- und binomial-verteilte Zufallsvariablen festlegen und untersuchen.

Das Werfen einer Münze ist ein Zufallsexperiment mit genau zwei möglichen Ergebnissen. Solche Experimente sind auch in der Praxis häufig. Beispielsweise ist man beim zufälligen Überprüfen von Produkten im Rahmen einer Qualitätsprüfung oft nur daran interessiert, ob ein zufällig gewähltes Stück die Fertigungsnorm einhält oder nicht. Weiterhin ist es in diesem Zusammenhang wichtig, den Anteil der korrekten Stücke abzuschätzen, d.h. die Wahrscheinlichkeit zu bestimmen, dass ein zufällig gewähltes Stück die Fertigungsnorm erfüllt. Neben einem zweielementigen Ergebnisraum sind solche Zufallsexperimente also dadurch ausgezeichnet, dass eines der Elementarereignisse als „Erfolg" bezeichnet wird und dessen Wahrscheinlichkeit bekannt ist. Weil sich schon der schweizer Mathematiker Jakob Bernoulli (der Ältere, 1655-1705) mit solchen speziellen Zufallsexperimenten befasste, nennt man sie heutzutage **Bernoulli-Experimente** und die daraus resultierenden Wahrscheinlichkeitsverteilungen **Bernoulli-Verteilungen**. In Teil (1) der folgenden Definition sind die beiden Elementarereignisse eines Bernoulli-Experiments mit 1 und 0 bezeichnet, wobei 1 den Erfolg und 0 den Misserfolg darstellt. Aufbauend auf diese abstrakte Version werden in Teil (2) Bernoulli-verteilte Zufallsvariablen definiert.

9.6.2 Definition: Bernoulli-Verteilung, Bernoulli-verteilte Zufallsvariable

(1) Eine Wahrscheinlichkeitsverteilung $W : \mathcal{P}(\Omega) \to [0,1]$ heißt eine **Bernoulli-Verteilung mit Erfolgswahrscheinlichkeit** $p \in [0,1]$, falls $\Omega = \{0,1\}$, $W(\{1\}) = p$ und $W(\{0\}) = 1 - p$ gelten.

(2) Ist die durch eine Zufallsvariable $X : \Omega \to \mathbb{R}$ induzierte Wahrscheinlichkeitsverteilung $W_X : \mathcal{P}(X(\Omega)) \to [0,1]$ eine Bernoulli-Verteilung mit Erfolgswahrscheinlichkeit $p \in [0,1]$, so heißt X **Bernoulli-verteilt mit Erfolgswahrscheinlichkeit** p. $\square$

Da Bernoulli-Verteilungen per Definition Wahrscheinlichkeitsverteilungen sind, gelten für sie alle bisher bewiesenen fundamentalen Eigenschaften von Wahrscheinlichkeitsverteilungen. Im nächsten Satz wird gezeigt, wie man Bernoulli-verteilte Zufallsvariablen durch ihre Wahrscheinlichkeitsfunktionen charakterisieren kann. Es ist in Lehrbüchern oft üblich, Bernoulli-verteilte Zufallsvariablen ohne eine Abstützung auf Bernoulli-Verteilungen einzuführen. Dann wird die folgende Charakterisierung als Definition verwendet.

9.6.3 Satz: Charakterisierung Bernoulli-verteilter Zufallsvariablen

Es seien $X : \Omega \to \mathbb{R}$ eine Zufallsvariable und $p \in [0,1]$. Dann ist X Bernoulli-verteilt mit Erfolgswahrscheinlichkeit p genau dann, wenn die drei folgenden Eigenschaften gelten:

(1) $X(\Omega) = \{0,1\}$ (2) $f_X(1) = p$ (3) $f_X(0) = 1 - p$

Beweis: Im Folgenden setzen wir voraus, dass $W : \mathcal{P}(\Omega) \to [0,1]$ die Wahrscheinlichkeitsverteilung ist, auf welche die Definition der Wahrscheinlichkeitsfunktion $f_X : \mathbb{R} \to [0,1]$ aufbaut (vergleiche mit der Bemerkung nach Definition 9.4.7).

Zum Beweis der Richtung „$\Longrightarrow$" sei X Bernoulli-verteilt mit Erfolgswahrscheinlichkeit $p \in [0,1]$. Dann ist $W_X : \mathcal{P}(X(\Omega)) \to [0,1]$ eine Bernoulli-Verteilung mit Erfolgswahrscheinlichkeit p. Also gelten $X(\Omega) = \{0,1\}$, $W_X(\{1\}) = p$ und $W_X(\{0\}) = 1 - p$. Die erste Gleichung ist Eigenschaft (1). Aus der zweiten Gleichung folgt

$$p = W_X(\{1\}) = W(X^{-1}(\{1\})) = W(X = 1) = f_X(1),$$

also Eigenschaft (2), indem die Definitionen von W_X, $X = 1$ und f_X verwendet werden. Aus der dritten Gleichung folgt Eigenschaft (3) auf die gleiche Weise.

Um die umgekehrte Richtung „$\Longleftarrow$" zu beweisen, nehmen wir an, dass die Eigenschaften (1), (2) und (3) gelten. Es ist X Bernoulli-verteilt mit Erfolgswahrscheinlichkeit $p \in [0,1]$ genau dann, wenn $W_X : \mathcal{P}(X(\Omega)) \to [0,1]$ eine Bernoulli-Verteilung mit Erfolgswahrscheinlichkeit p ist. Also haben wir $X(\Omega) = \{0,1\}$, $W_X(\{1\}) = p$ und $W_X(\{0\}) = 1 - p$ zu beweisen. Die erste Gleichung ist genau Eigenschaft (1). Mit Hilfe der Definitionen von W_X, $X = 1$ und f_X und Eigenschaft (2) folgt die zweite Gleichung aus

$$W_X(\{1\}) = W(X^{-1}(\{1\})) = W(X = 1) = f_X(1) = p.$$

Die dritte Gleichung beweist man auf die gleiche Weise, $\qquad\qquad\qquad\square$

Aus diesem Satz folgt für jede Zufallsvariable $X : \Omega \to \mathbb{R}$ und alle $p \in [0,1]$, dass X Bernoulli-verteilt mit Erfolgswahrscheinlichkeit p ist, falls jedes Elementarereignis $e \in \Omega$ das Ergebnis einer einmaligen Ausführung eines Bernoulli-Experiments mit p als Wahrscheinlichkeit für „Erfolg" ist und $X(e)$ die Anzahl der Erfolge bei der Ausführung des Bernoulli-Experiments zur Bestimmung von e zählt[16]. Diese Bedingungen implizieren nämlich, dass die Eigenschaften (1), (2) und (3) des Satzes gelten. Aus Satz 9.6.3 erhält man auch sofort, wie dann die Verteilungsfunktion F_X aussieht. Sie besitzt als Treppenfunktion genau zwei Stufen. Von „links kommend" ist die erste Stufe bei 0. Dort springt F_X vom bisherigen Funktionswert 0 zu $1 - p$ und bleibt dann konstant bis 1. Bei 1 ist die zweite Stufe. An dieser Stelle springt F_X von $1 - p$ auf 1 und bleibt dann wiederum konstant. Mit Hilfe des Satzes kann man schließlich noch sehr einfach den Erwartungswert und die Varianz von X bestimmen, wie wir nachfolgend zeigen.

9.6.4 Satz: Erwartungswert und Varianz Bernoulli-verteilter Zufallsvariablen

Ist $X : \Omega \to \mathbb{R}$ eine Bernoulli-verteilte Zufallsvariable mit Erfolgswahrscheinlichkeit $p \in [0,1]$, so gelten $E(X) = p$ und $\text{Var}(X) = p(1-p)$.

Beweis: Mit Hilfe von Satz 9.6.3 berechnen wir:

$$E(X) = \sum_{x \in X(\Omega)} x \cdot f_X(x) = 1 \cdot f_X(1) + 0 \cdot f_X(0) = p$$

Weiterhin berechnen wir mit Hilfe von Satz 9.5.12, $E(X) = p$ und Satz 9.6.3:

$$\text{Var}(X) = \sum_{x \in X(\Omega)} (x - E(X))^2 f_X(x) = (1-p)^2 f_X(1) + (0-p)^2 f_X(0) = (1-p)p \quad \square$$

Die Binomial-Verteilungen, welche wir in der nächsten Definition zusammen mit den binomial-verteilten Zufallsvariablen einführen, sind mit die wichtigsten Wahrscheinlichkeitsverteilungen der diskreten Wahrscheinlichkeitstheorie. Sie beschreiben die Verteilung der Erfolge bei der n-maligen Durchführung eines Bernoulli-Experiments mit immer der

---

[16]Also bildet X „Erfolg" auf 1 und „Misserfolg" auf 0 ab. Die Formulierung mit dem Zählen der Erfolge hat den Vorteil, dass sie später unmittelbar auf binomial-verteilte Zufallsvariablen verallgemeinert werden kann.

gleichen Wahrscheinlichkeit p für „Erfolg" unter der Annahme, dass kein Ergebnis einer einzelnen Durchführung von dem einer anderen Durchführung abhängt. Konkret wird also, bei gegebenen Zahlen $n \in \mathbb{N}$ und $p \in [0,1]$, für alle $x \in \{0,\ldots,n\} = \mathbb{N}_{\leq n}$ nach der Wahrscheinlichkeit gefragt, dass eine zufällig gewählte lineare Liste $s \in \{0,1\}^n$, welche das Ergebnis einer n-maligen Durchführung eines Bernoulli-Experiments mit 1 als „Erfolg", 0 als „Misserfolg" und Erfolgswahrscheinlichkeit p modelliert, genau x Einsen enthält, also Element der Menge $E_x := \{s \in \{0,1\}^n \mid |s|_1 = x\}$ ist. Bezüglich der Notation $|s|_1$ verweisen wir auf Aufgabe 8.5.2, in der auch $|E_x| = \binom{n}{x}$ zu beweisen ist.

Es bezeichne $W : \mathcal{P}(\{0,1\}^n) \to [0,1]$ die der eben gestellten Frage zugrundeliegende Wahrscheinlichkeitsverteilung. Dann ergibt sich für jedes Elementarereignis $s \in \{0,1\}^n$ die Wahrscheinlichkeit $W(\{s\}) = p^{|s|_1}(1-p)^{|s|_0}$. Um dies zu verdeutlichen, betrachten wir $n = 3$ und die lineare Liste $(1,1,0) \in \{0,1\}^3$. In diesem Fall ist p die Wahrscheinlichkeit, dass die erste Komponente 1 (ein Erfolg) ist, pp die Wahrscheinlichkeit, dass die erste Komponente 1 ist und die zweite Komponente 1 ist, und $pp(1-p)$ die Wahrscheinlichkeit, dass die erste Komponente 1 ist, die zweite Komponente 1 ist und die dritte Komponente 0 (ein Misserfolg) ist. Also gilt $W(\{(1,1,0)\}) = p^2(1-p)$. Die oben gestellte Frage wird also zur Frage nach der Wahrscheinlichkeit $W(E_x)$ des Zufallsereignisses $E_x \in \mathcal{P}(\{0,1\}^n)$ für alle $x \in \mathbb{N}_{\leq n}$. Diese wird durch die folgende Rechnung beantwortet:

$$W(E_x) = W(\bigcup_{s \in E_x} \{s\}) = \sum_{s \in E_x} W(\{s\}) = \sum_{s \in E_x} p^x(1-p)^{n-x} = \binom{n}{x}p^x(1-p)^{n-x}$$

Der zweite Schritt folgt aus der Verallgemeinerung von Eigenschaft (2) von Definition 9.2.1 auf Mengen von paarweise unvereinbaren Zufallsereignissen, der dritte Schritt aus der Definition von W und von E_x und der letzte Schritt aus der in Aufgabe 8.5.2 zu zeigenden Gleichung $|E_x| = \binom{n}{x}$.

Wenn wir statt der oben eingeführten Zufallsereignisse $E_0, \ldots, E_n$ aus dem Ereignisraum $\mathcal{P}(\{0,1\}^n)$ nur mehr ihre Indizes $0, \ldots, n$ betrachten und diese als Elementarereignisse definieren, so führt diese Abstraktion zur folgenden Definition von Binomial-Verteilungen. Die entsprechenden Zufallsvariablen werden dann analog zu Definition 9.6.2 eingeführt.

9.6.5 Definition: Binomial-Verteilung, binomial-verteilte Zufallsvariable

(1) Eine Wahrscheinlichkeitsverteilung $W : \mathcal{P}(\Omega) \to [0,1]$ heißt eine **Binomial-Verteilung bei $n \in \mathbb{N}$ Versuchen mit Erfolgswahrscheinlichkeit $p \in [0,1]$**, falls $\Omega = \mathbb{N}_{\leq n}$ und $W(\{e\}) = \binom{n}{e}p^e(1-p)^{n-e}$ für alle $e \in \Omega$ gelten.

(2) Ist die durch eine Zufallsvariable $X : \Omega \to \mathbb{R}$ induzierte Wahrscheinlichkeitsverteilung $W_X : \mathcal{P}(X(\Omega)) \to [0,1]$ eine Binomial-Verteilung bei $n \in \mathbb{N}$ Versuchen mit Erfolgswahrscheinlichkeit $p \in [0,1]$, so heißt X **binomial-verteilt bei n Versuchen mit Erfolgswahrscheinlichkeit p**. $\qquad \square$

Auch Binomial-Verteilungen sind Wahrscheinlichkeitsverteilungen und somit gelten für sie wiederum alle bisher gezeigten fundamentalen Eigenschaften von Wahrscheinlichkeitsverteilungen. Wie die Bernoulli-verteilten Zufallsvariablen können auch die binomial-verteilten Zufallsvariablen durch die Wahrscheinlichkeitsfunktion charakterisiert werden. Dies wird im folgenden Satz gezeigt. Werden binomial-verteilte Zufallsvariablen ohne eine Abstützung auf Binomial-Verteilungen eingeführt, so dient die folgende Charakterisierung wiederum als Definition.

9.6.6 Satz: Charakterisierung binomial-verteilter Zufallsvariablen

Es seien $X : \Omega \to \mathbb{R}$ eine Zufallsvariable, $n \in \mathbb{N}$ und $p \in [0,1]$. Dann ist X binomial-verteilt bei n Versuchen mit Erfolgswahrscheinlichkeit p genau dann, wenn die zwei folgenden Eigenschaften gelten:

$$(1) \quad X(\Omega) = \mathbb{N}_{\leq n} \qquad (2) \quad \forall\, x \in \mathbb{N}_{\leq n} : f_X(x) = \binom{n}{x} p^x (1-p)^{n-x}$$

Beweis: Wie im Beweis von Satz 9.6.3 setzen wir voraus, dass $W : \mathcal{P}(\Omega) \to [0,1]$ die Wahrscheinlichkeitsverteilung ist, auf welche die Definition der Wahrscheinlichkeitsfunktion $f_X : \mathbb{R} \to [0,1]$ aufbaut.

Zum Beweis der Richtung „$\Longrightarrow$" sei X binomial-verteilt bei $n \in \mathbb{N}$ Versuchen mit Erfolgswahrscheinlichkeit $p \in [0,1]$. Also ist $W_X : \mathcal{P}(X(\Omega)) \to [0,1]$ eine Binomial-Verteilung bei n Versuchen mit Erfolgswahrscheinlichkeit p, was $X(\Omega) = \mathbb{N}_{\leq n}$ und $W_X(\{x\}) = \binom{n}{x} p^x (1-p)^{n-x}$ für alle $x \in X(\Omega)$ heißt. Damit gilt Eigenschaft (1). Um auch Eigenschaft (2) zu beweisen, sei $x \in \mathbb{N}_{\leq n} = X(\Omega)$ beliebig gewählt. Dann folgt

$$f_X(x) = W(X = x) = W(X^{-1}(\{x\})) = W_X(\{x\}) = \binom{n}{x} p^x (1-p)^{n-x},$$

indem die Definitionen von f_X, $X = x$ und W_X und $W_X(\{x\}) = \binom{n}{x} p^x (1-p)^{n-x}$ verwendet werden.

Um die verbleibende Richtung „$\Longleftarrow$" zu beweisen, seien die beiden Eigenschaften (1) und (2) wahr. Es ist X binomial-verteilt bei n Versuchen mit Erfolgswahrscheinlichkeit p genau dann, wenn $W_X : \mathcal{P}(X(\Omega)) \to [0,1]$ eine Binomial-Verteilung bei n Versuchen mit Erfolgswahrscheinlichkeit p ist. Wir haben also zu zeigen, dass $X(\Omega) = \mathbb{N}_{\leq n}$ und $W_X(\{x\}) = \binom{n}{x} p^x (1-p)^{n-x}$ für alle $x \in X(\Omega)$ gelten. Die erste Gleichung entspricht genau Eigenschaft (1). Um die zweite Gleichung für alle $x \in X(\Omega)$ zu zeigen, rechnen wir für ein beliebig gegebenes $x \in X(\Omega)$ wie folgt:

$$W_X(\{x\}) = W(X^{-1}(\{x\})) = W(X = x) = f_X(x) = \binom{n}{x} p^x (1-p)^{n-x}$$

Die ersten drei Schritte verwenden die Definitionen von W_X, $X = x$ und f_X und der vierte Schritt verwendet Eigenschaft (2). $\qquad\square$

Aus diesem Satz folgt für jede Zufallsvariable $X : \Omega \to \mathbb{R}$ und alle $n \in \mathbb{N}$ und $p \in [0,1]$, dass X binomial-verteilt bei n Versuchen mit Erfolgswahrscheinlichkeit p ist, falls jedes Elementarereignis $e \in \Omega$ das Ergebnis einer n-maligen Ausführung eines Bernoulli-Experiments mit immer der gleichen Wahrscheinlichkeit p für „Erfolg" ist und $X(e)$ die Anzahl der Erfolge bei den Ausführungen des Bernoulli-Experiments zur Bestimmung von e zählt.

Aus diesen Bedingungen folgen nämlich die Eigenschaften (1) und (2) des Satzes. Dem Vorgehen bei den Bernoulli-verteilten Zufallsvariablen folgend, geben wir als nächste Resultate an, wie bei einer binomial-verteilten Zufallsvariablen der Erwartungswert und die Varianz berechnet werden können. Da die Beweise im Vergleich zum Beweis von Satz 9.6.4 wesentlich komplexer sind, teilen wir die Resultate in zwei Sätze auf. Wir beginnen mit der Beschreibung des Erwartungswerts.

9.6.7 Satz: Erwartungswert binomial-verteilter Zufallsvariablen

Ist $X : \Omega \to \mathbb{R}$ eine binomial-verteilte Zufallsvariable bei $n \in \mathbb{N}$ Versuchen mit Erfolgswahrscheinlichkeit $p \in [0, 1]$, so gilt $E(X) = np$.

Beweis: Im Fall $n > 0$ starten wir mit der folgenden Rechnung:

$$
\begin{aligned}
E(X) &= \sum_{x \in X(\Omega)} x \cdot f_X(x) && \text{Definition } E(X) \\
&= \sum_{x=0}^{n} x \binom{n}{x} p^x (1-p)^{n-x} && \text{Satz 9.6.6} \\
&= \sum_{x=0}^{n} x \frac{n!}{x!(n-x)!} p^x (1-p)^{n-x} && \text{Definition } \binom{n}{x} \\
&= n \sum_{x=1}^{n} \frac{x(n-1)!}{x!(n-x)!} p^x (1-p)^{n-x} && n! = n(n-1)! \\
&= np \sum_{x=1}^{n} \frac{(n-1)!}{(x-1)!(n-x)!} p^{x-1} (1-p)^{n-x} && x! = x(x-1)!
\end{aligned}
$$

Damit verbleibt die Aufgabe, zu zeigen, dass sich die Summation der letzten Zeile zu 1 vereinfacht. Diese wird wie folgt gelöst:

$$
\begin{aligned}
\sum_{x=1}^{n} \frac{(n-1)!}{(x-1)!(n-x)!} p^{x-1} (1-p)^{n-x} &= \sum_{x=0}^{n-1} \frac{(n-1)!}{x!(n-(x+1))!} p^x (1-p)^{n-(x+1)} \\
&= \sum_{x=0}^{n-1} \frac{(n-1)!}{x!((n-1)-x)!} p^x (1-p)^{(n-1)-x} \\
&= \sum_{x=0}^{n-1} \binom{n-1}{x} p^x (1-p)^{(n-1)-x} \\
&= (p + (1-p))^{n-1} \\
&= 1
\end{aligned}
$$

Der erste Schritt dieser Rechnung besteht aus einer Indextransformation, in ihrem dritten Schritt wird die Definition von $\binom{n-1}{x}$ verwendet und der vierte Schritt ist wegen des binomischen Lehrsatzes korrekt.

Gilt $n = 0$, so impliziert dies mit Hilfe der Definition von $E(X)$ und Eigenschaft (1) von Satz 9.6.6 die Behauptung wie folgt:

$$
E(X) = \sum_{x \in X(\Omega)} x \cdot f_X(x) = \sum_{x \in \{0\}} x \cdot f_X(x) = 0 = np \qquad \square
$$

Den nächsten Satz über die Berechnung der Varianz einer binomial-verteilten Zufallsvariablen bereiten wir durch ein Lemma vor. In diesem wird eine Hilfsaussage formuliert, deren Beweis den technisch anspruchvollsten Teil des Beweises des Satzes darstellt.

9.6.8 Lemma

Gegeben sei eine Zufallsvariable $X : \Omega \to \mathbb{R}$. Ist X binomial-verteilt bei $n \in \mathbb{N}$ Versuchen mit Erfolgswahrscheinlichkeit $p \in [0,1]$, so gilt $\sum_{x=0}^{n} x^2 f_X(x) = n^2 p^2 - np^2 + np$.

Beweis: Es ist einfach, die behauptete Gleichung für $n = 0$ und $n = 1$ nachzurechnen. Wir nehmen deshalb für den restlichen Beweis $n \geq 2$ an und starten wie folgt:

$$\sum_{x=0}^{n} x^2 f_X(x) = \sum_{x=1}^{n} x^2 \binom{n}{x} p^x (1-p)^{n-x} \qquad \text{Satz 9.6.6}$$

$$= \sum_{x=1}^{n} \frac{x^2 n}{x} \binom{n-1}{x-1} p^x (1-p)^{n-x} \qquad \binom{n}{x} = \tfrac{n}{x}\binom{n-1}{x-1}$$

$$= np \sum_{x=1}^{n} x \binom{n-1}{x-1} p^{x-1} (1-p)^{n-x}$$

$$= np \sum_{x=0}^{n-1} (x+1) \binom{n-1}{x} p^x (1-p)^{n-(x+1)} \qquad \text{Indextransformation}$$

$$= np \sum_{x=0}^{n-1} (x+1) \binom{n-1}{x} p^x (1-p)^{(n-1)-x}$$

Die Summation der letzten Zeile ist gleich zur Summe von $\sum_{x=0}^{n-1} x \binom{n-1}{x} p^x (1-p)^{(n-1)-x}$ und $\sum_{x=0}^{n-1} \binom{n-1}{x} p^x (1-p)^{(n-1)-x}$. Nachfolgend behandeln wir die beiden Summationen einzeln. Im ersten Fall verwenden wir im ersten Schritt $\binom{n-1}{x} = \frac{n-1}{x}\binom{n-2}{x-1}$, im vierten Schritt eine Indextransformation und im sechsten Schritt den binomischen Lehrsatz und erhalten:

$$\sum_{x=0}^{n-1} x \binom{n-1}{x} p^x (1-p)^{(n-1)-x} = \sum_{x=1}^{n-1} \frac{x(n-1)}{x} \binom{n-2}{x-1} p^x (1-p)^{(n-1)-x}$$

$$= \sum_{x=1}^{n-1} (n-1) \binom{n-2}{x-1} p^x (1-p)^{(n-1)-x}$$

$$= (n-1) \sum_{x=1}^{n-1} \binom{n-2}{x-1} p^x (1-p)^{(n-1)-x}$$

$$= (n-1) \sum_{x=0}^{n-2} \binom{n-2}{x} p^{x+1} (1-p)^{(n-1)-(x+1)}$$

$$= (n-1)p \sum_{x=0}^{n-2} \binom{n-2}{x} p^x (1-p)^{(n-2)-x}$$

$$= (n-1)p(p + (1-p))^{n-2}$$

$$= np - p$$

Aufgrund des binomischen Lehrsatzes gilt im zweiten Fall die folgende Gleichheit:

$$\sum_{x=0}^{n-1} \binom{n-1}{x} p^x (1-p)^{(n-1)-x} = (1 + (1-p))^{n-1} = 1$$

Wenn wir die Resultate für die beiden Summationen mit der ersten Rechnung des Beweises kombinieren, so erhalten wir die Behauptung wie folgt:

$$\sum_{x=0}^{n} x^2 f_X(x) = np(np - p + 1) = n^2 p^2 - np^2 + np \qquad \square$$

Nach Satz 9.5.10 gilt $E(X^2) = \sum_{x \in X(\Omega)} x^2 f_X(x)$ für alle Zufallsvariablen $X : \Omega \to \mathbb{R}$. Daraus folgt

$$E(X^2) = \sum_{x \in X(\Omega)} x^2 f_X(x) = \sum_{x=0}^{n} x^2 f_X(x) = n^2 p^2 - np^2 + np$$

mit Hilfe von Satz 9.6.6 und des eben bewiesenen Lemmas, falls die Zufallsvariable $X : \Omega \to \mathbb{R}$ binomial-verteilt bei $n \in \mathbb{N}$ Versuchen mit Erfolgswahrscheinlichkeit $p \in [0, 1]$ ist. Dies impliziert $Var(X) = E(X^2) - E(X)^2 = n^2 p^2 - np^2 + np - (np)^2 = np(1 - p)$ mit Hilfe des Verschiebungssatzes und Satz 9.6.7. Somit haben wir das im folgenden Satz angegebene Resultat über die Varianz binomial-verteilter Zufallsvariablen bewiesen.

9.6.9 Satz: Varianz binomial-verteilter Zufallsvariablen

Ist $X : \Omega \to \mathbb{R}$ eine binomial-verteilte Zufallsvariable bei $n \in \mathbb{N}$ Versuchen mit Erfolgswahrscheinlichkeit $p \in [0, 1]$, so gilt $Var(X) = np(1 - p)$.

Aus diesem Satz folgt unmittelbar, dass für eine Erfolgswahrscheinlichkeit $p = 0$ oder eine Erfolgswahrscheinlichkeit $p = 1$ die Varianz einer binomial-verteilten Zufallsvariablen $X : \Omega \to \mathbb{R}$ bei n Versuchen gleich 0 ist, die zufällig erzielten Ergebnisse also nicht streuen. Im Fall $p = 0$ gelten $f_X(0) = 1$ und $f_X(x) = 0$ für alle $x \in \{1, \dots, n\}$ und im Fall $p = 1$ gelten $f_X(n) = 1$ und $f_X(x) = 0$ für alle $x \in \{0, \dots, n - 1\}$. Die folgende Zeichnung stellt die Funktionswerte der Realisierungen von f_X für 5 binomial-verteilte Zufallsvariablen X mit jeweils 5 Versuchen graphisch dar, wobei, von links nach rechts, die Erfolgswahrscheinlichkeit p die Werte $0, \frac{1}{4}, \frac{1}{2}, \frac{3}{4}$ und 1 annimmt.

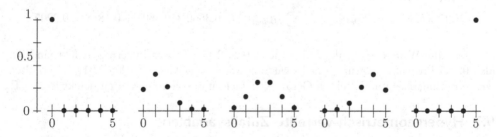

Graphische Darstellungen mit anderen Anzahlen von Versuchen führen mit wachsendem p zu ähnlichen Bildern. Die Spitze des „Berges" wandert von der Null nach rechts zur Eins, wobei der Berg bis $p = \frac{1}{2}$ abflacht und ab dann wieder steiler wird.

Binomial-Verteilungen und binomial-verteilte Zufallsvariablen werden sehr häufig in der Praxis angewendet. Im folgenden Beispiel demonstrieren wir eine einfache praktische Anwendung.

9.6.10 Beispiel: binomial-verteilte Zufallsvariable

Im Rahmen der Qualitätsprüfung wird bei der Fertigung einer Serie von Geräten gleicher Bauart festgestellt, dass die Rate der defekten Exemplare 1 Prozent beträgt. Es sollen 100 Geräte geliefert werden. Wie groß ist die Wahrscheinlichkeit, dass höchstens 2 Geräte der Lieferung defekt sind, und wie viele Geräte der Lieferung sind im Mittel defekt?

Bei der Produktion der 100 Geräte der Lieferung wird ein Bernoulli-Experiment mit Erfolgswahrscheinlichkeit 0.01 genau 100-mal durchgeführt, wobei „Erfolg" hier heißt, dass das Ergebnis des Bernoulli-Experiments ein defektes Gerät ist. Um das oben gestellte Problem zu lösen, sei $Defekt : \Omega \to \mathbb{R}$ die Zufallsvariable, welche jeweils 100 zufällig produzierten Geräten (also einer zufällig produzierten Lieferung) die Anzahl der davon defekten Geräte zuordnet (d.h. die Erfolge zählt). Es ist $Defekt$ binomial-verteilt bei 100 Versuchen mit Erfolgswahrscheinlichkeit $p = 0.01$. Für die Wahrscheinlichkeitsfunktion $f_{Defekt} : \mathbb{R} \to [0,1]$ gilt somit

$$f_{Defekt}(0) = \binom{100}{0} \cdot 0.01^0 \cdot 0.99^{100} = 1 \cdot 1 \cdot 0.3660 = 0.3660.$$

Also ist die Wahrscheinlichkeit, dass keines der 100 zufällig produzierten Geräte der Lieferung defekt ist, gleich 0.3660. Auf die gleiche Weise berechnet man

$$f_{Defekt}(1) = \binom{100}{1} \cdot 0.01^1 \cdot 0.99^{99} = 100 \cdot 0.01 \cdot 0.3697 = 0.3697$$

als Wahrscheinlichkeit, dass genau eines der Geräte der Lieferung defekt ist, und

$$f_{Defekt}(2) = \binom{100}{2} \cdot 0.01^2 \cdot 0.99^{98} = 4950 \cdot 0.0001 \cdot 0.3734 = 0.1848$$

als Wahrscheinlichkeit, dass genau zwei Geräte der Lieferung defekt sind. Mit Hilfe der eben berechneten Zahlen erhalten wir:

$$W(Defekt \leq 2) = F_{Defekt}(2) = \sum_{i=0}^{2} f_{Defekt}(i) = 0.3660 + 0.3697 + 0.1848 = 0.9205$$

Die gesuchte Wahrscheinlichkeit, dass höchstens 2 Geräte der Lieferung defekt sind, ist also 92.05 Prozent. Aufgrund des Erwartungswerts $E(Defekt) = 100 \cdot 0.01 = 1$ erhalten wir weiterhin, dass im Mittel ein Gerät einer Lieferung von 100 Geräten defekt ist. □

9.7 Hypergeometrisch-verteilte Zufallsvariablen

Eine Binomial-Verteilung $W : \mathcal{P}(\mathbb{N}_{\leq n}) \to [0,1]$ bei $n \in \mathbb{N}$ Versuchen mit Erfolgswahrscheinlichkeit $p \in [0,1]$ kann man sich besonders gut an Hand einer Urne mit roten und schwarzen Kugeln verdeutlichen, aus der zufällig n Kugeln entnommen werden. Wenn wir das Entnehmen einer roten Kugel als Erfolg bezeichnen, so wird die Erfolgswahrscheinlichkeit p durch den Prozentsatz der roten Kugeln im Vergleich zur Gesamtzahl der Kugeln festgelegt. Bei 40 roten und 60 schwarzen Kugeln gilt etwa $p = 0.4$. Zu einer binomial-verteilten Zufallsvariablen $X : \Omega \to \mathbb{R}$ und einer Realisierung $x \in \{0, \dots, n\}$ beschreibt

$f_X(x)$ die Wahrscheinlichkeit, dass genau x der entnommenen n Kugeln rot sind. Allerdings wird bei einer Binomial-Verteilung vorausgesetzt, dass jede Durchführung des entsprechenden Bernoulli-Experiments (hier: zufälliges Entnehmen einer Kugel) mit immer der gleichen Wahrscheinlichkeit für einen Erfolg geschieht. Im Fall der Urne heißt dies, **dass die entnommene Kugel wieder in die Urne zurück gelegt wird.** Andernfalls würde sich die Wahrscheinlichkeit für einen Erfolg ja ändern, beispielsweise von $\frac{40}{100} = 0.4$ zu $\frac{39}{99} = 0.3939$, wenn im obigen Beispiel die erste entnommene Kugel rot ist. Die einzelnen Bernoulli-Experimente wären somit nicht mehr unabhängig.

In diesem Abschnitt stellen wir eine Wahrscheinlichkeitsverteilung vor, welche das zufällige Entnehmen von Kugeln aus einer Urne beschreibt, **wobei die entnommenen Kugeln nicht wieder in die Urne zurück gelegt werden.** Dies ist die sogenannte **hypergeometrische Verteilung.** Sie gibt bei $k \in \mathbb{N}$ Kugeln in der Urne, von denen r rot (und somit $k - r$ schwarz) sind und zu einer gegebenen Stichprobengröße $s \in \{0, \ldots, k\}$ zu allen $x \in \{0, \ldots, s\}$ die Wahrscheinlichkeit dafür an, dass von s zufällig entnommenen Kugeln (der Stichprobe), die nicht wieder in die Urne zurück gelegt werden, genau x rot sind. Dass diese Wahrscheinlichkeit sich durch die Division von $\binom{r}{x} \cdot \binom{k-r}{s-x}$ durch $\binom{k}{s}$ ergibt, wird durch den folgenden Satz bewiesen, indem K als Menge aller Kugeln und R als Menge der roten Kugeln interpretiert wird. Der Ergebnisraum Ω der im Satz verwendeten Gleichverteilung besteht dann aus allen Stichproben der Größe s und die Zufallsereignisse E_x des Satzes bestehen dann aus allen Stichproben der Größe s mit x roten Kugeln.

9.7.1 Satz: Motivation hypergeometrische Verteilung

Es seien K eine endliche Menge, $R \subseteq K$, $s \in \{0, \ldots, |K|\}$ und $W : \mathcal{P}(\Omega) \to [0, 1]$ eine Gleichverteilung, wobei $\Omega := \mathcal{P}_s(K)$. Dann gilt für alle $x \in \{0, \ldots, s\}$ und alle Zufallsereignisse $E_x := \{S \in \Omega \mid |S \cap R| = x\}$ die folgende Gleichung:

$$W(E_x) = \frac{\binom{|R|}{x} \cdot \binom{|K|-|R|}{s-x}}{\binom{|K|}{s}}$$

Beweis: Da W eine Gleichverteilung ist und $|\Omega| = |\mathcal{P}_s(K)| = \binom{|K|}{s}$ nach Satz 8.1.16 gilt, ist nach der Formel von Lagrange nur mehr $|E_x| = \binom{|R|}{x} \cdot \binom{|K|-|R|}{s-x}$ zu zeigen. Dazu verwenden wir zuerst die folgende offensichtliche Darstellung von E_x:

$$E_x = \{A \cup B \mid A \in \mathcal{P}_x(R) \wedge B \in \mathcal{P}_{s-x}(K \setminus R)\}$$

Mit ihrer Hilfe zeigen wir

$$|E_x| = |\mathcal{P}_x(R) \times \mathcal{P}_{s-x}(K \setminus R)| = |\mathcal{P}_x(R)| \cdot |\mathcal{P}_{s-x}(K \setminus R)| = \binom{|R|}{x} \cdot \binom{|K| - |R|}{s - x},$$

indem wir im ersten Schritt anwenden, dass $(A, B) \mapsto A \cup B$ eine bijektive Funktion von $\mathcal{P}_x(R) \times \mathcal{P}_{s-x}(K \setminus R)$ nach $\{A \cup B \mid A \in \mathcal{P}_x(R) \wedge B \in \mathcal{P}_{s-x}(K \setminus R)\}$ definiert, und im letzten Schritt $R \subseteq K$ und Satz 8.1.16 (mit der Bemerkung nach ihm) benutzen. $\qquad\square$

Bevor wir die hypergeometrischen Verteilungen und die zugehörenden Zufallsvariablen definieren, zeigen wir noch die folgende Konsequenz von Satz 9.7.1, eine Aussage über Binomialkoeffizienten, welche wir später noch benötigen.

9.7.2 Lemma

Es seien $k, r, s \in \mathbb{N}$ mit $r \leq k$ und $s \leq k$. Dann gilt:

$$\sum_{x=0}^{s} \frac{\binom{r}{x} \cdot \binom{k-r}{s-x}}{\binom{k}{s}} = 1$$

Beweis: Wir definieren $K := \{1, \ldots, k\}$ und $R := \{1, \ldots, r\}$ und betrachten die Gleichverteilung $W : \mathcal{P}(\Omega) \to [0,1]$ und die Zufallsereignisse $E_0, \ldots, E_s$ wie in Satz 9.7.1 festgelegt. Diese Zufallsereignisse sind paarweise unvereinbar. Weiterhin gilt $\Omega = \bigcup_{x=0}^{s} E_x$. Mit Hilfe von Eigenschaft (1) von Definition 9.2.1, der Verallgemeinerung von Eigenschaft (2) von Definition 9.2.1 auf Mengen von paarweise unvereinbaren Zufallsereignissen und Satz 9.7.1 erhalten wir:

$$1 = W(\Omega) = W(\bigcup_{x=0}^{s} E_x) = \sum_{x=0}^{s} W(E_x) = \sum_{x=0}^{s} \frac{\binom{|R|}{x} \cdot \binom{|K|-|R|}{s-x}}{\binom{|K|}{s}}$$

Die Behauptung folgt nun aus $r = |R|$, $k - r = |K| - |R|$ und $k = |K|$. $\qquad\square$

Analog zum Vorgehen bei den Binomial-Verteilungen abstrahieren wir bei der nun folgenden Definition der hypergeometrischen Verteilungen von den in Satz 9.7.1 eingeführten Zufallsereignissen $E_0, \ldots, E_s$ zu deren Indizes $0, \ldots, s$ und definieren diese als Elementarereignisse. Weil der dem Fall $K = \emptyset$ entsprechende Fall $k = 0$ trivial ist und später öfter Divisionen durch k vorkommen, nehmen wir im Weiteren zur Vereinfachung immer $k > 0$ an. Auch in der Praxis trifft $k > 0$ immer zu. Die den hypergeometrischen Verteilungen entsprechenden Zufallsvariablen werden dann wiederum analog zu den Definitionen 9.6.2 und 9.6.5 mittels induzierter Wahrscheinlichkeitsverteilungen eingeführt.

9.7.3 Definition: hypergeometrische Vert., hypergeometrisch-vert. Zufallsvariable

(1) Zu gegebenen Zahlen $k, r, s \in \mathbb{N}$ mit $k > 0$, $r \leq k$ und $s \leq k$, heißt eine Wahrscheinlichkeitsverteilung $W : \mathcal{P}(\Omega) \to [0,1]$ eine **hypergeometrische Verteilung mit (Merkmals-)Parametern** k, r **und Stichprobengröße** s, falls $\Omega = \mathbb{N}_{\leq s}$ und $W(\{e\}) = \frac{\binom{r}{e} \cdot \binom{k-r}{s-e}}{\binom{k}{s}}$ für alle $e \in \Omega$ gelten.

(2) Ist die durch eine Zufallsvariable $X : \Omega \to \mathbb{R}$ induzierte Wahrscheinlichkeitsverteilung $W_X : \mathcal{P}(X(\Omega)) \to [0,1]$ eine hypergeometrische Verteilung mit Parametern k, r und Stichprobengröße s, so heißt X **hypergeometrisch-verteilt mit Parametern** k, r **und Stichprobengröße** s. $\qquad\square$

In dieser Definition vermeiden wir auch den Bezug zum Urnenmodell mit k Kugeln, von denen r rot sind, und sprechen stattdessen abstrakt von zwei Parametern k und r. Damit beschreibt $W(\{e\})$ die Wahrscheinlichkeit, dass bei einer vorgegebenen Gesamtheit von irgendwelchen $k > 0$ Objekten (erster Parameter), von denen r durch ein gewisses Merkmal ausgezeichnet sind (zweiter Parameter), in einer zufällig gewählten Stichprobe der Größe s genau e Objekte vorkommen, für die das Merkmal zutrifft. Auch bei den hypergeometrischen Verteilungen und den hypergeometrisch-verteilten Zufallsvariablen werden die r ausgezeichneten Objekte oft Erfolge genannt und die restlichen $k - r$ Objekte als Misserfolge bezeichnet. Bei solchen Benennungen heißt $\frac{r}{k}$ dann die Erfolgswahrscheinlichkeit. Im Lichte von Definition 9.7.3 besagt Lemma 9.7.2, dass $W(\Omega) = W(\bigcup_{e \in \Omega}\{e\}) = \sum_{e \in \Omega} W(\{e\}) = 1$ für jede hypergeometrische Verteilung $W : \mathcal{P}(\Omega) \to [0,1]$ gilt.

Den Beweisen der Sätze 9.6.3 und 9.6.6 folgend, kann der nächste Satz gezeigt werden. Er gibt an, wie hypergeometrisch-verteilte Zufallsvariablen durch ihre Wahrscheinlichkeits-funktionen charakterisieren werden können. Wir verzichten auf einen Beweis des Satzes, empfehlen der Leserin oder dem Leser aber, ihn zu Übungszwecken durchzuführen.

9.7.4 Satz: Charakterisierung hypergeometrisch-verteilter Zufallsvariablen

Es seien $X : \Omega \to \mathbb{R}$ eine Zufallsvariable und $k, r, s \in \mathbb{N}$ mit $k > 0$, $r \leq k$ und $s \leq k$. Dann ist X hypergeometrisch-verteilt mit Parametern k, r und Stichprobengröße s genau dann, wenn die zwei folgenden Eigenschaften gelten:

$$(1) \quad X(\Omega) = \mathbb{N}_{\leq s} \qquad (2) \quad \forall\, x \in \mathbb{N}_{\leq s} : f_X(x) = \frac{\binom{r}{x} \cdot \binom{k-r}{s-x}}{\binom{k}{s}} \qquad \square$$

Ist $X : \Omega \to \mathbb{R}$ eine beliebige Zufallsvariable, so ist X hypergeometrisch-verteilt mit Parametern k, r und Stichprobengröße s, falls jedes Elementarereignis $e \in \Omega$ aus einer Stichprobe der Größe s aus einer Gesamtheit von k Objekten besteht, von denen r Erfolge sind, und $X(e)$ die Anzahl der Erfolge in e zählt. Es gelten dann nämlich die Bedingungen (1) und (2) von Satz 9.7.4.

Im nächsten Satz geben wir an, wie der Erwartungswert einer hypergeometrisch-verteilten Zufallsvariablen sich aus den Zahlen k, r und s berechnet. Das Ergebnis ist einleuchtend, denn $\frac{r}{k}$ beschreibt die Wahrscheinlichkeit, dass ein zufällig gewähltes Objekt ein Erfolg ist.

9.7.5 Satz: Erwartungswert hypergeometrisch-verteilter Zufallsvariablen

Es seien $k, r, s \in \mathbb{N}$ mit $k > 0$, $r \leq k$ und $s \leq k$. Ist $X : \Omega \to \mathbb{R}$ eine hypergeometrisch-verteilte Zufallsvariable mit Parametern k, r und Stichprobengröße s, so gilt $E(X) = s\frac{r}{k}$.

Beweis: Wir starten mit der folgenden Rechnung, in der wir zuerst die Definition von $E(X)$ und dann die Eigenschaften (1) und (2) von Satz 9.7.4 verwenden:

$$E(X) = \sum_{x \in X(\Omega)} x \cdot f_X(x) = \sum_{x=0}^{s} x \frac{\binom{r}{x} \cdot \binom{k-r}{s-x}}{\binom{k}{s}} = \sum_{x=1}^{s} x \frac{\binom{r}{x} \cdot \binom{k-r}{s-x}}{\binom{k}{s}}$$

Nun unterscheiden wir drei Fälle.

(a) Es gelte $r = 0$. Hier erhalten wir $E(X) = 0$, da in der dritten Summation der zuletzt durchgeführten Rechnung $\binom{r}{x} = 0$ für alle $x \in \{1, \ldots, s\}$ gilt. Da auch $s\frac{r}{k} = 0$ wahr ist, folgt die behauptete Gleichung.

(b) Es gelte $s = 0$. Dieser Fall ist aufgrund der obigen Rechnung trivial, da in der mittleren Summation x nur den Wert 0 annimmt.

(c) Es gelte $r > 0$ und $s > 0$. In diesem Fall können wir die obige Rechnung wie folgt fortführen:

$$\sum_{x=1}^{s} x \frac{\binom{r}{x} \cdot \binom{k-r}{s-x}}{\binom{k}{s}} = \sum_{x=1}^{s} x \frac{\frac{r}{x} \cdot \binom{r-1}{x-1} \cdot \binom{k-r}{s-x}}{\frac{k}{s} \cdot \binom{k-1}{s-1}} \qquad \text{Eigenschaft Binomialkoeff.}$$

$$= \sum_{x=1}^{s} \frac{sr}{k} \cdot \frac{\binom{r-1}{x-1} \cdot \binom{k-r}{s-x}}{\binom{k-1}{s-1}}$$

$$= \frac{sr}{k} \sum_{x=1}^{s} \frac{\binom{r-1}{x-1} \cdot \binom{(k-1)-(r-1)}{(s-1)-(x-1)}}{\binom{k-1}{s-1}}$$

$$= s\frac{r}{k} \sum_{x=0}^{s-1} \frac{\binom{r-1}{x} \cdot \binom{(k-1)-(r-1)}{(s-1)-x}}{\binom{k-1}{s-1}} \qquad \text{Indextransformation}$$

Wegen Lemma 9.7.2 (mit $k-1$, $r-1$ und $s-1$) ist 1 der Wert der Summation der letzten Zeile und damit ist auch in diesem Fall die Behauptung bewiesen. $\qquad \square$

Nach dem Erwartungswert betrachten wir nun die Varianz von hypergeometrisch-verteilten Zufallsvariablen. Dazu verwenden wir die in Satz 9.5.10 formulierte Eigenschaft, dass $E(X^2) = \sum_{x \in X(\Omega)} x^2 f_X(x)$ für alle Zufallsvariablen $X : \Omega \to \mathbb{R}$ gilt. Aus ihr folgt mit Hilfe des Verschiebungssatzes und der Sätze 9.7.4 und 9.7.5

$$\text{Var}(X) = E(X^2) - E(X)^2 = \left(\sum_{x=0}^{s} x^2 \frac{\binom{r}{x} \cdot \binom{k-r}{s-x}}{\binom{k}{s}} \right) - \frac{s^2 r^2}{k^2}$$

im Fall, dass X hypergeometrisch-verteilt mit Parametern k, r und Stichprobengröße s ist. Eine unmittelbare Konsequenz dieser Gleichung ist dann $\text{Var}(X) = 0$, wenn $r = 0$ oder $s = 0$ gilt. Es gilt auch $\text{Var}(X) = 0$ im Fall $k = 1$ (mit $r \leq k$ und $s \leq k$). Man beachte, dass wir immer $k > 0$ voraussetzen. Wegen der eben erwähnten Eigenschaft ist dazu nur der Fall $k = r = s = 1$ nachzuprüfen, in dem das Resultat aus der Rechnung

$$\left(\sum_{x=0}^{s} x^2 \frac{\binom{r}{x} \cdot \binom{k-r}{s-x}}{\binom{k}{s}} \right) - \frac{s^2 r^2}{k^2} = \left(1^2 \cdot \frac{\binom{1}{1} \cdot \binom{1-1}{1-1}}{\binom{1}{1}} \right) - \frac{1^2 \cdot 1^2}{1^2} = 1 - 1 = 0$$

folgt. Die oben angegebene Darstellung der Varianz $\text{Var}(X)$ erlaubt es auch, den noch verbleibenden Fall $k > 1$ (mit $r \leq k$ und $s \leq k$) zu behandeln. Hier gilt das nachfolgend angegebene Resultat.

9.7.6 Satz: Varianz hypergeometrisch-verteilter Zufallsvariablen

Es seien $k, r, s \in \mathbb{N}$ mit $k > 1$, $r \leq k$ und $s \leq k$. Ist $X : \Omega \to \mathbb{R}$ eine hypergeometrisch-verteilte Zufallsvariable mit Parametern k, r und Stichprobengröße s, so gilt $\text{Var}(X) = s\frac{r}{k}(1 - \frac{r}{k})\frac{k-s}{k-1}$.

Beweis: Aufgrund der oben gemachten Bemerkungen wissen wir bereits, dass die behauptete Gleichung im Fall $r = 0$ oder $s = 0$ gilt. Also nehmen wir im Folgenden $r > 0$

312

und $s > 0$ an. Wir beginnen den Beweis mit der folgenden Gleichungskette, deren erste Gleichung wir vor dem Satz schon hergeleitet haben:

$$\text{Var}(X) = \left(\sum_{x=0}^{s} x^2 \frac{\binom{r}{x} \cdot \binom{k-r}{s-x}}{\binom{k}{s}}\right) - \frac{s^2 r^2}{k^2} = \left(\sum_{x=1}^{s} x^2 \frac{\binom{r}{x} \cdot \binom{k-r}{s-x}}{\binom{k}{s}}\right) - \frac{s^2 r^2}{k^2}$$

Nun formen wir die Summation des rechten Ausdrucks wie folgt um, wobei die ersten vier Schritte analog zum Fall (c) im Beweis von Satz 9.7.5 sind:

$$\sum_{x=1}^{s} x^2 \frac{\binom{r}{x} \cdot \binom{k-r}{s-x}}{\binom{k}{s}} = \sum_{x=1}^{s} x^2 \frac{\frac{r}{x} \cdot \binom{r-1}{x-1} \cdot \binom{k-r}{s-x}}{\frac{k}{s} \cdot \binom{k-1}{s-1}}$$

$$= \sum_{x=1}^{s} \frac{sr}{k} x \frac{\binom{r-1}{x-1} \cdot \binom{k-r}{s-x}}{\binom{k-1}{s-1}}$$

$$= \frac{sr}{k} \sum_{x=1}^{s} x \frac{\binom{r-1}{x-1} \cdot \binom{(k-1)-(r-1)}{(s-1)-(x-1)}}{\binom{k-1}{s-1}}$$

$$= \frac{sr}{k} \sum_{x=0}^{s-1} (x+1) \frac{\binom{r-1}{x} \cdot \binom{(k-1)-(r-1)}{(s-1)-x}}{\binom{k-1}{s-1}}$$

$$= \frac{sr}{k} \left(\sum_{x=0}^{s-1} x \frac{\binom{r-1}{x} \cdot \binom{(k-1)-(r-1)}{(s-1)-x}}{\binom{k-1}{s-1}} + \sum_{x=0}^{s-1} \frac{\binom{r-1}{x} \cdot \binom{(k-1)-(r-1)}{(s-1)-x}}{\binom{k-1}{s-1}}\right)$$

Wegen Satz 9.7.5 ist die linke Summation der letzten Zeile dieser Rechnung gleich zu $\frac{(s-1)(r-1)}{k-1}$ und wegen Lemma 9.7.2 ist die rechte Summation der letzten Zeile gleich zu 1. Insgesamt haben wir also bisher gezeigt:

$$\text{Var}(X) = \frac{sr}{k}\left(\frac{(s-1)(r-1)}{k-1} + 1\right) - \frac{s^2 r^2}{k^2} = \frac{sr}{k}\left(\frac{(s-1)(r-1)}{k-1} + 1 - \frac{sr}{k}\right)$$

Nun betrachten wir den rechten Faktor des letzten Ausdrucks dieser Gleichungskette und rechnen wie folgt weiter, wobei wir nur bekannte Gesetze der Arithmetik verwenden:

$$\frac{(s-1)(r-1)}{k-1} + 1 - \frac{sr}{k} = \frac{k(s-1)(r-1) + k(k-1) - (k-1)sr}{k(k-1)}$$

$$= \frac{(ks-k)(r-1) + k^2 - k - ksr + sr}{k(k-1)}$$

$$= \frac{ksr - ks - kr + k + k^2 - k - ksr + sr}{k(k-1)}$$

$$= \frac{k^2 - kr - ks + sr}{k(k-1)}$$

$$= \frac{(k-r)(k-s)}{k(k-1)}$$

$$= \frac{k-r}{k} \cdot \frac{k-s}{k-1}$$

$$= (1 - \frac{r}{k})\frac{k-s}{k-1}$$

Insgesamt erhalten wir also:

$$\operatorname{Var}(X) = \frac{sr}{k}\left(\frac{(s-1)(r-1)}{k-1} + 1 - \frac{sr}{k}\right) = s\frac{r}{k}\left(1 - \frac{r}{k}\right)\frac{k-s}{k-1} \qquad \Box$$

In den folgenden Beispielen geben wir zwei einfache Anwendungen von hypergeometrisch-verteilten Zufallsvariablen an und betrachten dazu wiederum die Ziehung der 6 Lottozahlen und die Zusammenstellung von Lieferungen von Geräten als Zufallsexperimente.

9.7.7 Beispiele: hypergeometrisch-verteilte Zufallsvariablen

In den Beispielen 9.2.4 zu Gleichverteilungen haben wir angegeben, dass die Chance, im Lotto einen „Sechser" zu erzielen, sehr gering ist. Wir haben 0.0000000715 als Wahrscheinlichkeit dafür ausgerechnet. Wie sieht es nun mit anderen Zahlen aus, etwa drei „Richtigen", was wir in den Beispielen 9.1.3 als Zufallsereignis beschrieben haben? Zur Beantwortung dieser Frage verwenden wir eine hypergeometrisch-verteilte Zufallsvariable $Richtige : \Omega \to \mathbb{R}$ mit den Parametern $k = 49$, $r = 6$ (Erfolge sind die 6 tatsächlich gezogenen Lottozahlen) und der Stichprobengröße $s = 6$, welche jeder Stichprobe von 6 Zahlen aus $\{1, \ldots, 49\}$ (den getippten Lottozahlen) die Anzahl der „richtigen" Zahlen zuordnet. Mit ihrer Hilfe erhalten wir z.B. im Fall eines „Dreiers" die folgende Wahrscheinlichkeit:

$$W(Richtige = 3) = f_{Richtige}(3) = \frac{\binom{6}{3} \cdot \binom{49-6}{6-3}}{\binom{49}{6}} = \frac{20 \cdot 12\,341}{13\,983\,816} = 0.01765$$

Die Wahrscheinlichkeit, einen „Dreier im Lotto zu haben", ist also etwa $250\,000$-mal größer als die Wahrscheinlichkeit, einen „Sechser im Lotto zu haben". Weiterhin gilt

$$E(Richtige) = 6\frac{6}{49} = 0.7346.$$

Im Mittel wird von allen Lottospielern bei einer Ziehung nicht ganz eine Zahl der sechs gezogenen Lottozahlen richtig angekreuzt.

Als zweites Beispiel betrachten wir nochmals die Situation von Beispiel 9.6.10. Nun nehmen wir aber an, dass die 100 Geräte der Lieferung nicht nacheinander produziert werden, sondern die Lieferung aus dem vorhandenen Bestand eines Lagers von 300 Geräten zufällig zusammengestellt wird. Wegen der Erfolgswahrscheinlichkeit 0.01 von Beispiel 9.6.10 nehmen wir weiterhin an, dass genau 3 Geräte des Lagers defekt sind. Um das in Beispiel 9.6.10 gestellte Problem lösen zu können, sei $Defekt : \Omega \to \mathbb{R}$ nun die Zufallsvariable, welche jeweils 100 zufällig dem Lager entnommenen Geräten die Anzahl der davon defekten Geräte zuordnet. Nun ist $Defekt$ hypergeometrisch-verteilt mit Parametern $k = 300$ und $r = 3$ und Stichprobengröße $s = 100$. Dies bringt

$$f_{Defekt}(0) = \frac{\binom{3}{0} \cdot \binom{297}{100}}{\binom{300}{100}}. = \frac{1 \cdot 198 \cdot 199 \cdot 200}{298 \cdot 299 \cdot 300} = 0.2948$$

als Wahrscheinlichkeit, dass keines der 100 Geräte der Lieferung defekt ist,

$$f_{Defekt}(1) = \frac{\binom{3}{1} \cdot \binom{297}{99}}{\binom{300}{100}}. = \frac{3 \cdot 100 \cdot 199 \cdot 200}{298 \cdot 299 \cdot 300} = 0.4467$$

als Wahrscheinlichkeit, dass genau eines der Geräte der Lieferung defekt ist, und

$$f_{Defekt}(2) = \frac{\binom{3}{2} \cdot \binom{297}{98}}{\binom{300}{100}} \cdot = \frac{6 \cdot 99 \cdot 100 \cdot 200}{2 \cdot 298 \cdot 299 \cdot 300} = 0.2222$$

als Wahrscheinlichkeit, dass genau zwei Geräte der Lieferung defekt sind. Daraus folgt

$$W(Defekt \leq 2) = F_{Defekt}(2) = \sum_{i=0}^{2} f_{Defekt}(i) = 0.2948 + 0.4467 + 0.2222 = 0.9637$$

als Wahrscheinlichkeit, dass höchstens 2 Geräte der Lieferung defekt sind. Der Erwartungswert von *Defekt* ist wiederum 1. □

Zum Ende dieses Abschnitts wollen wir die hypergeometrisch- und die binomial-verteilten Zufallsvariablen noch kurz vergleichen. Dazu seien $k, r, s \in \mathbb{N}$ mit $k > 1$, $r \leq k$ und $s \leq k$ vorgegeben. Weiterhin seien $X : \Omega \to \mathbb{R}$ und $Y : \Omega \to \mathbb{R}$ zwei Zufallsvariablen, von denen X hypergeometrisch-verteilt mit Parametern k, r und Stichprobengröße s und $Y : \Omega \to \mathbb{R}$ binomial-verteilt bei s Versuchen mit Erfolgswahrscheinlichkeit $\frac{r}{k}$ ist. Damit haben X und Y den gleichen Erwartungswert und es gilt

$$E(X) = E(Y) = s\frac{r}{k}.$$

Jedoch streut X weniger als Y, denn für die Varianzen gilt

$$Var(X) = Var(Y) \cdot \frac{k-s}{k-1}.$$

Es ist also die Varianz $Var(X)$ um den Faktor $\frac{k-s}{k-1}$ kleiner als die Varianz $Var(Y)$. Man beachte, dass $\frac{k-s}{k-1} \leq 1$, falls $s \neq 0$. Bei $k = 10$ und $s = 5$ gilt etwa $Var(X) = Var(Y) \cdot \frac{5}{9} = Var(Y) \cdot 0.555$ und damit ist in diesem Fall die Varianz von X etwa nur halb so groß wie die Varianz von Y. Weil, bei festem k, der Bruch $\frac{k-s}{k-1}$ mit wachsendem s immer kleiner wird, nimmt der Abstand der Varianzen mit wachsendem s zu. Der Grund für dieses Verhalten der Varianzen ist, dass bei der binomial-verteilten Zufallsvariablen Y die Wahrscheinlichkeit für einen Erfolg bei jedem Bernoulli-Experiment gleich ist, denn im Urnenmodell wird das Objekt ja wieder in die Urne zurück gelegt. Bei der hypergeometrisch-verteilten Zufallsvariablen X ändern sich jedoch die Wahrscheinlichkeiten von Bernoulli-Experiment zu Bernoulli-Experiment, was zu viel mehr Information hinsichtlich der Wahrscheinlichkeit für einen Erfolg führt.

Ist, mit den beiden Zufallsvariablen X und Y wie oben angenommen, die Anzahl k der Objekte in der vorgegebenen Gesamtheit groß, die Stichprobengröße s jedoch vergleichsweise klein, so ist die Bestimmung der Funktionswerte $f_X(x)$ in der Regel wesentlich komplizierter als die Bestimmung der Funktionswerte $f_Y(x)$. Bei $k = 1000$ und $s = 30$ sind etwa zur Bestimmung von $f_X(x)$ die drei Binomialkoeffizienten $\binom{r}{x}$, $\binom{970}{30-x}$ und $\binom{1000}{30}$ zu berechnen, von denen insbesondere der letzte eine sehr große Zahl (mit 58 Dezimalstellen) ergibt. Zur Bestimmung von $f_Y(x)$ braucht man hingegen nur die wesentlich kleinere und einfacher zu berechnende Zahl $\binom{30}{x}$. Diese wird für $x = 15$ maximal und es gilt $\binom{30}{15} = 155\,117\,520$.

Wenn das Verhältnis von s zu k sehr klein ist, etwa $\frac{s}{k} \leq 0.05$, dann ist der Abstand der Funktionswerte $f_X(x)$ und $f_Y(x)$ sehr gering. Um dies zu demonstrieren, sind in der folgenden Tabelle die Funktionswerte im Fall $k = 1000$, $r = 10$ und $s = 10$ (also $\frac{s}{k} = 0.01$) angegeben. Sie wurden durch ein C-Programm berechnet, wobei bei der Ausgabe auf 3 Stellen nach dem Dezimalpunkt gerundet wurde.

x	0	1	2	3	4	5	6	7	8	9	10
f_X	0.904	0.092	0.004	0.000	0.000	0.000	0.000	0.000	0.000	0.000	0.000
f_Y	0.904	0.091	0.004	0.000	0.000	0.000	0.000	0.000	0.000	0.000	0.000

Die Funktionswerte von $f_X(x)$ und $f_Y(x)$ stimmen mit Ausnahme von $x = 1$ überein. Bei $x = 1$ beträgt der Unterschied ein Tausendstel. In der Praxis rechnet man bei solchen Voraussetzungen mit $f_Y(x)$ statt $f_X(x)$.

9.8 Ergänzungen zu abzählbaren Ergebnisräumen

Wir haben in Abschnitt 9.2 festgelegt, dass Ergebnisräume vorerst immer endlich und nichtleer sind. Aufgrund dieser Einschränkung konnten wir alle Begriffe der Abschnitte 9.2 bis 9.7 mit den bisherigen Mitteln des Buchs definieren und untersuchen, denn alle dazu benötigten Summationen sind endlich. Wir haben in Abschnitt 9.2 aber auch schon erwähnt, dass diskrete Wahrscheinlichkeitstheorie allgemeiner aber erlaubt, dass Ergebnisräume abzählbar sind, also von der Form $\Omega := \{e_i \mid i \in \mathbb{N}\}$. Im Folgenden demonstrieren wir, wie man mit einfachen Hilfsmitteln aus der Analysis, die oft schon Stoff des Mathematikunterrichts an höheren Schulen sind, solche Ergebnisräume behandeln kann. Wir zeigen aber auch, dass im Umgang mit abzählbaren Ergebnisräumen besondere Vorsicht geboten ist, da – im Gegensatz zu endlichen Ergebnisräumen – Erwartungswerte und Varianzen von Zufallsvariablen nicht immer existieren müssen.

Abzählbare Ergebnisräume Ω treten in der diskreten Wahrscheinlichkeitstheorie beispielsweise bei den sogenannten **geometrisch-verteilten Zufallsvariablen** $X : \Omega \to \mathbb{R}$ auf. Wenn man den Rückgriff auf geometrische Verteilungen vermeiden will, so kann man diese Art von Zufallsvariablen direkt durch die beiden folgenden Eigenschaften definieren, wobei $p \in\ ]0,1[\ := [0,1] \setminus \{0,1\}$ eine vorgegebene reelle Zahl ist:

$$(1) \quad X(\Omega) = \mathbb{N}_{\geq 1} \qquad (2) \quad \forall\, x \in \mathbb{N}_{\geq 1} : f_X(x) = p(1-p)^{x-1}$$

Wegen Eigenschaft (1) kann der Ergebnisraum Ω einer geometrisch-verteilten Zufallsvariablen nicht endlich sein, denn das Bild einer endlichen Menge ist bezüglich jeder Funktion eine endliche Menge.

Zu einer beliebig vorgegebenen Realisierung $x \in \mathbb{N}_{\geq 1}$ beschreibt der Funktionwert $f_X(x)$ der Wahrscheinlichkeitsfunktion $f_X : \mathbb{R} \to [0,1]$ einer geometrisch-verteilten Zufallsvariablen $X : \Omega \to \mathbb{R}$ die Wahrscheinlichkeit, dass man ein Bernoulli-Experiment mit der Wahrscheinlichkeit $p \in\ ]0,1[$ für einen Erfolg genau x-mal durchführen muss, damit das als „Erfolg" ausgezeichnete Elementarereignis erstmals auftritt, also vorher das Bernoulli-Experiment $x - 1$-mal einen Misserfolg lieferte. Man nennt deshalb eine Zufallsvariable $X : \Omega \to \mathbb{R}$, welche die obigen Eigenschaften (1) und (2) erfüllt, auch genauer **geometrisch-verteilt mit Erfolgswahrscheinlichkeit** $p \in\ ]0,1[$.

Es gibt noch eine Variante, bei der eine geometrisch-verteilte Zufallsvariable $Y : \Omega \to \mathbb{R}$ die Anzahl der Misserfolge vor dem ersten Eintreten von „Erfolg" zählt. Falls $X : \Omega \to \mathbb{R}$ eine geometrisch-verteilte Zufallsvariable mit Erfolgswahrscheinlichkeit $p \in \,]0,1[$ im obigen Sinne ist, so gilt offensichtlich $X = Y + 1$. Damit kann man die Variante auf die durch (1) und (2) definierten Zufallsvariablen zurückführen. Wir betrachten deshalb die Variante im Folgenden nicht mehr.

Wenn man die bisherige Definition des Erwartungswerts $E(X) = \sum_{x \in X(\Omega)} x \cdot f_X(x)$ auf geometrisch-verteilte Zufallsvariablen $X : \Omega \to \mathbb{R}$ überträgt, so folgt aus Eigenschaft (1), dass $\mathbb{N}_{\geq 1} = \{x + 1 \mid x \in \mathbb{N}\}$ die Menge $X(\Omega)$ der Realisierungen von X ist, und wegen Eigenschaft (2) wird die Gleichung $E(X) = \sum_{x \in X(\Omega)} x \cdot f_X(x)$ zu

$$E(X) = \sum_{x=0}^{\infty} (x + 1)p(1 - p)^x.$$

Die rechte Seite $\sum_{x=0}^{\infty}(x+1)p(1-p)^x$ dieser Definition des Erwartungswerts ist eine sogenannte (unendliche) **Reihe**, wie auch die geometrische Reihe $\sum_{i=0}^{\infty} q^i$, welche wir schon in Abschnitt 3.2 angegeben haben, oder die Reihe $\sum_{i=0}^{\infty} W(A_i)$, welche wir in Abschnitt 9.2 bei der Axiomatisierung von allgemeinen Wahrscheinlichkeitsverteilungen erwähnten.

Reihen stehen in einer engen Verbindung zu reellen Folgen und beide sind grundlegende mathematische Objekte der Analysis. Wer die im Folgenden verwendeten elementaren Mittel aus der Analysis nicht von der Schule her kennt, findet sie in jedem einführenden Lehrbuch zur Analysis.

Per Definition haben Reihen die Form $\sum_{i=0}^{\infty} f_i$, wobei $(f_i)_{i \in \mathbb{N}}$ eine reelle Folge ist. Im Gegensatz zu einer endlichen Summation kann der Wert einer Reihe $\sum_{i=0}^{\infty} f_i$ nicht dadurch festgelegt werden, dass man alle Glieder der Folge $(f_i)_{i \in \mathbb{N}}$ nacheinander addiert. Unendlich viele Additionen sind operational nicht durchführbar. Es ist auch nicht sichergestellt, dass der Wert von $\sum_{i=0}^{\infty} f_i$ definiert ist. Um den Wert von $\sum_{i=0}^{\infty} f_i$ formal festzulegen, betrachtet man die reelle Folge $(\sum_{i=0}^{n} f_i)_{n \in \mathbb{N}}$ der n-**ten Partialsummen**, welche wir in Abschnitt 3.2 schon im Hinblick auf die geometrische Reihe bei der Gleichung $\sum_{i=0}^{n} q^i = \frac{q^{n+1}-1}{q-1}$ im Fall $q \neq 1$ erwähnt haben. Konvergiert die Folge $(\sum_{i=0}^{n} f_i)_{n \in \mathbb{N}}$ der n-ten Partialsummen gegen den Grenzwert $a \in \mathbb{R}$, so wie in den Beispielen 4.3.6 durch eine Formel festgelegt,[17] so sagt man, dass auch die Reihe $\sum_{i=0}^{\infty} f_i$ gegen a **konvergiert** und definiert die Zahl a als ihren **(Grenz-)Wert**. Letzteres drückt man durch die Gleichung $\sum_{i=0}^{\infty} f_i = a$ aus. Es ist also $\sum_{i=0}^{\infty} f_i = a$ genau dann wahr, wenn $(\sum_{i=0}^{n} f_i)_{n \in \mathbb{N}}$ gegen a konvergiert. Konvergiert die Folge der n-ten Partialsummen nicht, so ist der Wert der Reihe $\sum_{i=0}^{\infty} f_i$ per Definition undefiniert. Man sagt in diesem Fall, dass die Reihe **divergiert**. Die Reihe $\sum_{i=0}^{\infty} \frac{1}{(i+1)^2}$ konvergiert. Zwei einfache Beispiele für divergierende Reihen sind $\sum_{i=0}^{\infty} i$ und $\sum_{i=0}^{\infty} (-1)^i$.

Konvergiert eine reelle Folge $(f_i)_{i \in \mathbb{N}}$ sowohl gegen $a \in \mathbb{R}$ als auch gegen $b \in \mathbb{R}$, so gilt $a = b$. Deshalb bezeichnet man den Grenzwert einer konvergierenden reellen Folge $(f_i)_{i \in \mathbb{N}}$ als $lim_{i \to \infty} f_i$, also durch einem Ausdruck, der nur von der Folge abhängt. Dies impliziert für alle reellen Folgen $(f_i)_{i \in \mathbb{N}}$ und alle $a \in \mathbb{R}$, dass die Gleichung $lim_{i \to \infty} f_i = a$ genau

---

[17]Zur Erinnerung: Die reelle Folge $(f_i)_{i \in \mathbb{N}}$ konvergiert gegen $a \in \mathbb{R}$, falls für alle $\varepsilon \in \mathbb{R}_{>0}$ ein $m \in \mathbb{N}$ existiert, so dass für alle $n \in \mathbb{N}$ mit $n \geq m$ gilt $|f_n - a| < \varepsilon$.

dann wahr ist, wenn $(f_i)_{i \in \mathbb{N}}$ gegen a konvertiert. Weiterhin gelten die folgenden beiden Gleichungen für alle $x \in \mathbb{R}$:

$$\lim_{i \to \infty}(x + f_i) = x + \lim_{i \to \infty} f_i \qquad\qquad \lim_{i \to \infty}(x f_i) = x \lim_{i \to \infty} f_i$$

Sie folgen aus den Tatsachen, dass die reelle Folge $(f_i)_{i \in \mathbb{N}}$ gegen a genau dann konvergiert, wenn die reelle Folge $(x + f_i)_{i \in \mathbb{N}}$ gegen $x + a$ konvergiert, bzw., nun $x \neq 0$ vorausgesetzt, dass die reelle Folge $(f_i)_{i \in \mathbb{N}}$ gegen a genau dann konvergiert, wenn die reelle Folge $(x f_i)_{i \in \mathbb{N}}$ gegen xa konvergiert. Im Fall $|q| < 1$ und der Folge $(\frac{q^{n+1}-1}{q-1})_{n \in \mathbb{N}}$ der n-ten Partialsummen $(\sum_{i=0}^{n} q^i)_{n \in \mathbb{N}}$ der geometrischen Reihe $\sum_{i=0}^{\infty} q^i$ bringt dies:

$$\lim_{n \to \infty} \frac{q^{n+1}-1}{q-1} = \frac{1}{q-1} \lim_{n \to \infty}(q^{n+1}-1) = \frac{1}{q-1}((\lim_{n \to \infty} q^{n+1}) - 1) = \frac{1}{q-1}(0-1) = \frac{1}{1-q}$$

Im dritten Schritt wird $lim_{n \to \infty} q^{n+1} = 0$ verwendet, d.h., dass die reelle Folge $(q^{n+1})_{n \in \mathbb{N}}$ gegen 0 konvergiert. Dies zu zeigen ist im Fall $q = 0$ trivial. Nachfolgend behandeln wir den Fall $0 < |q| < 1$ mit Hilfe der Logarithmusfunktion $log_2 : \mathbb{R}_{>0} \to \mathbb{R}$ und der Exponentialfunktion $exp_2 : \mathbb{R} \to \mathbb{R}_{>0}$ von Abschnitt 6.3. Es sei also ein $\varepsilon \in \mathbb{R}_{>0}$ beliebig vorgegeben. Wir definieren $a := \frac{log_2(\varepsilon)}{log_2(|q|)}$. Dann können wir für alle $n \in \mathbb{N}$ wie folgt rechnen:

$$
\begin{aligned}
n \geq a &\implies n\, log_2(|q|) \leq a\, log_2(|q|) && \text{da } log_2(|q|) < 0 \\
&\iff n\, log_2(|q|) \leq log_2(\varepsilon) && \text{Definition } a \\
&\iff log_2(|q|^n) \leq log_2(\varepsilon) && \text{Eigenschaft Logarithmus} \\
&\iff log_2(|q^n|) \leq log_2(\varepsilon) && \\
&\implies |q^n| \leq \varepsilon && exp_2 \text{ monoton, } log_2 = exp_2^{-1} \\
&\implies |q^{n+1}| < \varepsilon && \text{da } |q| < 1
\end{aligned}
$$

Wählt man also $m := min\{x \in \mathbb{N} \mid a \leq x\}$, so gilt $|q^{n+1}| < \varepsilon$ für alle $n \in \mathbb{N}$ mit $n \geq m$, was den Konvergenzbeweis beendet.

Aus dem eben gezeigten Grenzwert $\frac{1}{1-q}$ der Folge der n-ten Partialsummen der geometrischen Reihe folgt also insgesamt

$$\sum_{i=0}^{\infty} q^i = \lim_{n \to \infty} \sum_{i=0}^{n} q^i = \lim_{n \to \infty} \frac{q^{n+1}-1}{q-1} = \frac{1}{1-q}$$

für alle $q \in \mathbb{R}$ mit $|q| < 1$. Für eine beliebig gegebene reelle Zahl $q \in \mathbb{R}$ hat die geometrische Reihe $\sum_{i=0}^{\infty} q^i$ also im Fall $|q| < 1$ den Wert $\frac{1}{1-q}$ (und im Fall $|q| \geq 1$ divergiert sie). Daraus folgen für alle $q \in \,]0,1[$ die folgenden zwei Gleichungen:

$$\text{(a)} \quad \sum_{i=0}^{\infty} i q^{i-1} = \frac{1}{(1-q)^2} \qquad\qquad \text{(b)} \quad \sum_{i=0}^{\infty} i(i-1) q^{i-2} = \frac{2}{(1-q)^3}$$

In den folgenden Beweisen verwenden wir elementare Regeln der Ableitung von Funktionen, die wir von der höheren Schule als bekannt voraussetzen. Wir definieren zwei Funktionen $f : \,]0,1[\,\to \mathbb{R}$ und $g : \,]0,1[\,\to \mathbb{R}$ wie folgt für alle $q \in \,]0,1[$:

$$f(q) = \sum_{i=0}^{\infty} q^i \qquad\qquad g(q) = \frac{1}{1-q}$$

Damit gilt $f(q) = g(q)$ für alle $q \in {]0,1[}$, also $f = g$. Aus $f = g$ folgt $f' = g'$ für die ersten Ableitungen $f' : {]0,1[} \to \mathbb{R}$ und $g' : {]0,1[} \to \mathbb{R}$ der Funktionen f und g. Die Gleichheit der ersten Ableitungen impliziert für alle $q \in {]0,1[}$ dann

$$\sum_{i=0}^{\infty} iq^{i-1} = f'(q) = g'(q) = \frac{1}{(1-q)^2}$$

unter Verwendung der Ableitungsregel für Potenzen, der Verallgemeinerung der Ableitungsregel für endliche Summationen auf Reihen und der Kettenregel. Damit ist (a) gezeigt. Zum Beweis von (b) verwenden wir, dass $f = g$ auch $f'' = g''$ impliziert, also auch die zweiten Ableitungen $f'' : {]0,1[} \to \mathbb{R}$ und $g'' : {]0,1[} \to \mathbb{R}$ von f und g gleich sind. Mit Hilfe der gleichen Ableitungsregeln wie beim Beweis von Gleichung (a) folgt daraus für alle $q \in {]0,1[}$ Gleichung (b) durch die Rechnung

$$\sum_{i=0}^{\infty} i(i-1)q^{i-2} = f''(q) = g''(q) = \frac{2}{(1-q)^3}.$$

Nun können wir den Erwartungswert $E(X)$ einer geometrisch-verteilten Zufallsvariablen $X : \Omega :\to \mathbb{R}$ mit Erfolgswahrscheinlichkeit $p \in {]0,1[}$ wie folgt bestimmen:

$$
\begin{aligned}
E(X) &= \sum_{x=0}^{\infty}(x+1)p(1-p)^x && \text{siehe oben} \\
&= \sum_{x=0}^{\infty} xp(1-p)^{x-1} && \text{da } 0 \cdot p(1-p)^{-1} = 0 \\
&= p\sum_{x=0}^{\infty} x(1-p)^{x-1} && \\
&= \frac{p}{(1-(1-p))^2} && \text{Gleichung (a)} \\
&= \frac{p}{p^2} && \\
&= \frac{1}{p} &&
\end{aligned}
$$

Im Mittel muss das zugrunde liegende Bernoulli-Experiment bis zum erstmaligen Eintreten von „Erfolg" also $\frac{1}{p}$-mal durchgeführt werden, beispielsweise 10-mal bei einer Erfolgswahrscheinlichkeit $p = 0.1$ und 5-mal bei einer Erfolgswahrscheinlichkeit $p = 0.2$. Diese Resultate sind auch intuitiv einleuchtend.

Eine Eigenschaft, die wir beim Rechnen mit endlichen Summen immer wieder verwendet haben, ist, dass $\sum_{i=1}^{n} a_i = \sum_{i=1}^{n} b_i$ gilt, falls die zwei Tupel $(a_1, \ldots, a_n)$ und $(b_1, \ldots, b_n)$ gleich sind. Diese Eigenschaft überträgt sich unmittelbar auf Folgen und Reihen. Sind die Folgen $(f_i)_{i \in \mathbb{N}}$ und $(g_i)_{i \in \mathbb{N}}$ (als Funktionen, also gliedweise) gleich, so konvergiert die Reihe $\sum_{i=0}^{\infty} f_i$ genau dann, wenn die Reihe $\sum_{i=0}^{\infty} g_i$ konvergiert, und es gilt $\sum_{i=0}^{\infty} f_i = \sum_{i=0}^{\infty} g_i$ im Fall der Konvergenz. Unter Anwendung von solchen elementaren Eigenschaften (eine ist etwa als Aufgabe 9.9.15 zu beweisen) und unter der Voraussetzung, dass Erwartungswert und Varianz definiert sind (d.h. die entsprechenden Reihen konvergieren), ist es möglich, die in Abschnitt 9.5 angegebenen fundamentalen Eigenschaften auf abzählbare Ergebnisräume zu übertragen. Die Rechnungen in den Beweisen der entsprechenden Sätze ändern sich dabei im Wesentlichen nicht, nur die Begründungen der einzelnen Schritte sind im Hinblick auf die vorkommenden Reihen zu verfeinern.

Um die Varianz $\mathrm{Var}(X)$ einer geometrisch-verteilten Zufallsvariablen $X : \Omega :\to \mathbb{R}$ mit Erfolgswahrscheinlichkeit $p \in {]}0, 1{[}$ zu bestimmen, verwenden wir zuerst die Verallgemeinerung von Satz 9.5.10 auf abzählbare Ergebnisräume und die Gleichung $0^2(1-p)^{-1} = 0$ und erhalten damit

$$E(X^2) = \sum_{x=0}^{\infty}(x+1)^2 p(1-p)^x = p\sum_{x=0}^{\infty}(x+1)^2(1-p)^x = p\sum_{x=0}^{\infty}x^2(1-p)^{x-1}.$$

Nun konzentrieren wir uns auf die Reihe $\sum_{x=0}^{\infty}x^2(1-p)^{x-1}$ und formen sie in der folgenden Rechnung geeignet um, wobei wir, neben den Gleichungen (a) und (b), nur Gesetze verwenden, welche Erweiterungen von elementaren Eigenschaften von endlichen Summationen auf Reihen darstellen:

$$\sum_{x=0}^{\infty}x^2(1-p)^{x-1} = \sum_{x=0}^{\infty}(x(x-1)+x)(1-p)^{x-1}$$

$$= (\sum_{x=0}^{\infty}x(x-1)(1-p)^{x-1}) + (\sum_{x=0}^{\infty}x(1-p)^{x-1})$$

$$= ((1-p)\sum_{x=0}^{\infty}x(x-1)(1-p)^{x-2}) + (\sum_{x=0}^{\infty}x(1-p)^{x-1})$$

$$= \frac{2(1-p)}{(1-(1-p))^3} + \sum_{x=0}^{\infty}x(1-p)^{x-1} \qquad \text{Gleichung (b)}$$

$$= \frac{2-2p}{p^3} + \frac{1}{(1-(1-p))^2} \qquad \text{Gleichung (a)}$$

$$= \frac{2-2p}{p^3} + \frac{1}{p^2}$$

Wenn wir die Ergebnisse der letzten beiden Rechnungen kombinieren, so bringt dies

$$E(X^2) = p\sum_{x=0}^{\infty}x^2(1-p)^{x-1} = \frac{p(2-2p)}{p^3} + \frac{p}{p^2} = \frac{2-2p}{p^2} + \frac{p}{p^2} = \frac{2-p}{p^2}.$$

Unter Verwendung der Erweiterung des Verschiebungssatzes auf abzählbare Ergebnisräume erhalten wir nun das gewünschte Resultat wie folgt:

$$\mathrm{Var}(X) = E(X^2) - E(X)^2 = \frac{2-p}{p^2} - \left(\frac{1}{p}\right)^2 = \frac{2-p}{p^2} - \frac{1}{p^2} = \frac{1-p}{p^2}$$

Die oben erwähnte Voraussetzung, dass Erwartungswert und Varianz definiert sind, ist bei der Verallgemeinerung ihrer in Abschnitt 9.5 angegebenen fundamentalen Eigenschaften unabdingbar. Bei Zufallsvariablen $X : \Omega \to \mathbb{R}$ mit einem abzählbaren Ergebnisraum Ω kann es nämlich passieren, dass $E(X)$ und damit auch $\mathrm{Var}(X)$ undefiniert sind, weil, mit $X(\Omega) = \{x_i \mid i \in \mathbb{N}\}$ als Menge der Realisierungen von X, die $E(X)$ definierende Reihe $\sum_{i=0}^{\infty}x_i \cdot f_X(x_i)$ divergiert. Wir beschließen diesen Abschnitt mit solch einem Beispiel. Dazu verwenden wir den Ergebnisraum $\Omega := \mathbb{N}$ und geben eine Wahrscheinlichkeitsverteilung

$W : \mathcal{P}(\Omega) \to [0,1]$ und eine Zufallsvariable $X : \Omega \to \mathbb{R}$ so an, dass die den Erwartungswert $E(X)$ definierende Reihe $\sum_{x=0}^{\infty} x \cdot W(X = x)$ divergiert.

Zur Definition von W betrachten wir zuerst die folgende Funktion auf den Elementarereignissen:

$$w : \Omega \to [0,1] \qquad w(e) = \begin{cases} \frac{1}{e} & \text{falls } e \in \{2^{k+1} \mid k \in \mathbb{N}\} \\ 0 & \text{sonst} \end{cases}$$

Wenn wir beispielsweise die Werte $w(e)$ für die ersten 10 natürlichen Zahlen aufsummieren, so erhalten wir $0+0+\frac{1}{2}+0+\frac{1}{4}+0+0+0+\frac{1}{8}+0$, also $w(2^1) + w(2^2) + w(2^3)$. Aufgrund des Werts der geometrischen Reihe und wegen $0 = w(1) = w(2^0)$ bekommen wir schließlich

$$\sum_{e=0}^{\infty} w(e) = -1 + \sum_{k=0}^{\infty} w(2^k) = -1 + \sum_{k=0}^{\infty} \frac{1}{2^k} = -1 + \sum_{k=0}^{\infty} \left(\frac{1}{2}\right)^k = -1 + \frac{1}{1-\frac{1}{2}} = 1.$$

Wie im Fall von endlichen Mengen benutzen wir im Folgenden zur Vereinfachung der Darstellung auch für alle abzählbaren Teilmengen $A = \{e_i \mid i \in \mathbb{N}\}$ des Ergebnisraums Ω die Notation $\sum_{e \in A} w(e)$ statt die Form $\sum_{i=0}^{\infty} w(e_i)$ einer Reihe. Durch die Schreibweise $\sum_{e \in A} w(e)$ wird ausgedrückt, dass der Wert der Reihe $\sum_{i=0}^{\infty} w(e_i)$ nicht von der Reihenfolge ihrer Summanden abhängt. Letzteres folgt aus der Konvergenz der Reihe $\sum_{e=0}^{\infty} w(e)$, wo, anschaulich beschrieben, die Werte von w für alle Elementarereignisse addiert werden. Wegen $A \subseteq \mathbb{N}$ impliziert diese nämlich die Konvergenz der Reihe $\sum_{i=0}^{\infty} w(e_i)$ und, weil die Funktion w keine negativen Werte liefert, folgen daraus die Konvergenz jeder Umordnung $\sum_{i=0}^{\infty} w(e_{g(i)})$ der Reihe (wobei die bijektive Funktion $g : \mathbb{N} \to \mathbb{N}$ die Umordnung beschreibt)[18] und die Gleichheit $\sum_{i=0}^{\infty} w(e_i) = \sum_{i=0}^{\infty} w(e_{g(i)})$.

Die Definiertheit des Ausdrucks $\sum_{e \in A} w(e)$ für alle (endlichen wie abzählbaren) Teilmengen A von Ω impliziert die Definiertheit des Ausdrucks $\sum_{e \in A \cup B} w(e)$ für alle disjunkten Teilmengen A und B von Ω und die Gleichheit $\sum_{e \in A \cup B} w(e) = (\sum_{e \in A} w(e)) + (\sum_{e \in B} w(e))$. Sie impliziert auch die Definiertheit des Ausdrucks $\sum_{e \in \bigcup_{i \in \mathbb{N}} A_i} w(e)$ für alle abzählbaren Mengen $\{A_i \mid i \in \mathbb{N}\}$ mit paarweise disjunkten Teilmengen von Ω als Elementen und die Gleichheit $\sum_{e \in \bigcup_{i \in \mathbb{N}} A_i} w(e) = \sum_{i=0}^{\infty} \sum_{e \in A_i} w(e)$. Aus den eben aufgezählten Eigenschaften folgt, dass die Funktion

$$W : \mathcal{P}(\Omega) \to [0,1] \qquad W(A) = \sum_{e \in A} w(e)$$

eine Wahrscheinlichkeitsverteilung in der nach Definition 9.2.1 bemerkten allgemeinen Form ist. Neben

$$W(\Omega) = \sum_{e \in \Omega} w(e) = \sum_{e=0}^{\infty} w(e) = 1$$

gelten nämlich

$$W(A \cup B) = \sum_{e \in A \cup B} w(e) = (\sum_{e \in A} w(e)) + (\sum_{e \in B} w(e)) = W(A) + W(B)$$

---

[18] Hintergrund ist der Satz der Analysis, dass aus der Konvergenz der Reihe $\sum_{i=0}^{\infty} |f_i|$ die Konvergenz jeder Umordnung $\sum_{i=0}^{\infty} f_{g(i)}$ der Originalreihe $\sum_{i=0}^{\infty} f_i$ folgt und alle Umordnungen den gleichen Wert haben.

für alle disjunkten Teilmengen A und B von Ω und

$$W(\bigcup_{i \in \mathbb{N}} A_i) = \sum_{e \in \bigcup_{i \in \mathbb{N}} A_i} w(e) = \sum_{i=0}^{\infty} \sum_{e \in A_i} w(e) = \sum_{i=0}^{\infty} W(A_i)$$

für alle abzählbaren Teilmengen $\{A_i \mid i \in \mathbb{N}\}$ von $\mathcal{P}(\Omega)$ mit paarweise disjunkten Mengen als Elementen.

Nach der Konstruktion der Wahrscheinlichkeitsverteilung $W : \mathcal{P}(\Omega) \to [0,1]$ betrachten wir nun die folgende Zufallsvariable, welche jede natürliche Zahl (als Elementarereignis) auf sich selbst (als Realisierung) abbildet:

$$X : \Omega \to \mathbb{R} \qquad X(e) = e$$

Es gilt $X(\Omega) = \Omega$. Der Erwartungswert $E(X)$ ist nicht definiert. Um dies zu beweisen, betrachten wir die n-te Partialsumme der Reihe $\sum_{x=0}^{\infty} x \cdot W(X = x)$, welche $E(X)$ spezifiziert, und rechnen wie folgt:

$$\sum_{x=0}^{n} x \cdot W(X = x) = \sum_{x=0}^{n} x \cdot W(\{e \in \Omega \mid X(e) = x\}) = \sum_{x=0}^{n} x \cdot W(\{x\}) = \sum_{x=0}^{n} x \cdot w(x)$$

Aufgrund der Definition der Funktion w gilt $x \cdot w(x) = 0$ für jeden Index x der Reihe, der nicht die Form 2^{k+1} hat, und $x \cdot w(x) = x \cdot \frac{1}{x} = 1$ für jeden Index x der Reihe, der die Form 2^{k+1} hat. Damit liefert $\sum_{x=0}^{n} x \cdot W(X = x)$ die Anzahl der Zahlen $x \in \{0, \dots, n\}$, für welche ein $k \in \mathbb{N}$ mit $x = 2^{k+1}$ existiert, d.h. die Anzahl der Zweierpotenzen zwischen 2 und n. Die Folge $(\sum_{x=0}^{n} x \cdot W(X = x))_{n \in \mathbb{N}}$ der n-ten Partialsummen konvergiert also nicht, d.h. die Reihe $\sum_{x=0}^{\infty} x \cdot W(X = x)$ divergiert.

9.9 Übungsaufgaben

9.9.1 Aufgabe

Modellieren Sie die möglichen Ergebnisse der Ziehung der Lottozahlen mit der Superzahl durch einen geeigneten Ergebnisraum und geben Sie dessen Kardinalität an.

9.9.2 Aufgabe

Gegeben sei eine Funktion $W : \mathcal{P}(\Omega) \to [0,1]$. Beweisen Sie, dass W eine Wahrscheinlichkeitsverteilung genau dann ist, wenn es genau eine Funktion $w : \Omega \to [0,1]$ gibt, so dass $\sum_{e \in \Omega} w(e) = 1$ und $W(A) = \sum_{e \in A} w(e)$ für alle $A \in \mathcal{P}(\Omega)$ gelten.

9.9.3 Aufgabe

(1) Geben Sie eine Wahrscheinlichkeitsverteilung $W : \mathcal{P}(\Omega) \to [0,1]$ und ein Zufallsereignis $A \in \mathcal{P}(\Omega)$ an, so dass $A \neq \emptyset$ und $W(A) = 0$ gelten.

(2) Geben Sie eine Wahrscheinlichkeitsverteilung $W : \mathcal{P}(\Omega) \to [0,1]$ und ein Zufallsereignis $A \in \mathcal{P}(\Omega)$ an, so dass $A \neq \Omega$ und $W(A) = 1$ gelten.

9.9.4 Aufgabe

Es seien $n \in \mathbb{N}$ und M eine endliche Menge mit $|M| = n$. Wie groß ist die Wahrscheinlichkeit (in Abhängigkeit von n), dass eine zufällig gewählte Relation auf M eine Funktion ist? Geben Sie den konkreten Wert für $n = 4$ an.

9.9.5 Aufgabe

Wir betrachten drei Urnen. In der ersten Urne befinden sich 20 rote und 80 schwarze Kugeln, in der zweiten Urne befinden sich 50 rote und 50 schwarze Kugeln und in der dritten Urne befinden sich 60 rote und 40 schwarze Kugeln. Aus irgendeiner der drei Urnen werde zufällig eine rote Kugel entnommen. Wie groß ist die Wahrscheinlichkeit, dass sie aus der ersten Urne stammt?

9.9.6 Aufgabe

Eine Zufallsvariable $X : \Omega \to \mathbb{R}$ sei konstantwertig, d.h. sie erfülle $X(e) = r$ für alle $e \in \Omega$ und ein gewisses $r \in \mathbb{R}$. Bestimmen Sie den Erwartungswert $E(X)$, die Varianz $\mathrm{Var}(X)$ und die Standardabweichung $S(X)$.

9.9.7 Aufgabe

Statt der Summe betrachten wir nun das Produkt der gewürfelten Augen beim zweimaligen Würfeln, d.h. die Zufallsvariable

$$Produkt : \Omega \to \mathbb{R} \qquad Produkt(x, y) = xy,$$

mit dem Ergebnisraum $\Omega := \{1, 2, 3, 4, 5, 6\}^2$. Rechnen Sie den Erwartungswert $E(Produkt)$ aus.

9.9.8 Aufgabe

Es seien $X : \Omega \to \mathbb{R}$ eine Zufallsvariable und $r, s \in \mathbb{R}$. Beweisen Sie die folgenden Gleichungen (zwischen Funktionen):

(1) $(X + r)^2 = (X^2 + r^2) + (2r)X$ und $(X - r)^2 = (X^2 + r^2) - (2r)X$

(2) $(rX + rs) = r(X + s)$ und $(rX - rs) = r(X - s)$

(3) $(rX)^2 = r^2 X^2$

9.9.9 Aufgabe

Geben Sie einen Beweis von Satz 9.5.12 an, der Satz 9.5.10 statt des Transformationssatzes für Erwartungswerte verwendet.

9.9.10 Aufgabe

Es seien $X : \Omega \to \mathbb{R}$ eine Zufallsvariable und $r \in \mathbb{R}$. Weiterhin gelte $X(e) > 0$ für alle $e \in \Omega$ und $r > 0$. Beweisen Sie $W(X \geq r \cdot E(X)) \leq \frac{1}{r}$.

9.9.11 Aufgabe

Es sei n eine gerade natürliche Zahl. Wie hoch ist die Wahrscheinlichkeit, dass beim n-maligen Werfen einer Münze genau $\frac{n}{2}$-mal das Wappen oben liegt? Geben Sie den konkreten Wert für $n = 10$ an.

9.9.12 Aufgabe

In einer Urne befinden sich 40 rote und 60 schwarze Kugeln. Es wird zufällig eine Kugel entnommen, deren Farbe festgestellt und sie dann wieder in die Urne zurück gelegt. Dieses Zufallsexperiment wird 10-mal durchgeführt. Wie groß ist die Wahrscheinlichkeit, dass genau 5 der 10 entnommenen Kugeln rot sind?

9.9.13 Aufgabe

Gegeben sei die Urne von Aufgabe 9.9.12. Es werden 10 Kugeln zufällig entnommen und deren Farben festgestellt. Diese Kugeln werden nicht wieder in die Urne zurück gelegt. Berechnen Sie die Wahrscheinlichkeit, dass genau 5 der 10 entnommen Kugeln rot sind.

9.9.14 Aufgabe

Gegeben sei nochmals die Urne von Aufgabe 9.9.12. Wie in Aufgabe 9.9.12 wird im Rahmen eines Zufallsexperiments zufällig eine Kugel entnommen, deren Farbe festgestellt und sie dann wieder in die Urne zurück gelegt. Wie groß ist die Wahrscheinlichkeit, dass man dieses Zufallsexperiment genau 5-mal durchführen muss, damit die zuletzt entnommene Kugel rot ist und alle vorher entnommenen Kugeln schwarz sind?

9.9.15 Aufgabe

Gegeben seien eine konvergierende Reihe $\sum_{i=0}^{\infty} f_i$ und ein $k \in \mathbb{N}$. Beweisen Sie die Gleichung $\sum_{i=0}^{\infty} f_i = \sum_{i=0}^{k} f_i + \sum_{i=0}^{\infty} f_{k+1+i}$.

10 Anwendung: Generische Programmierung

Abstraktion und Wiederverwendung sind zwei bestimmende Faktoren beim mathematischen Arbeiten. Bei einer Abstraktion versucht man, durch Weglassen von als unwesentlich erachteten Einzelheiten zum wesentlichen Teil eines gerade behandelten Sachverhalts (etwa eines mathematischen Problems) vorzudringen. Typische Abstraktionen sind algebraische Strukturen, die wir in Kapitel 11 behandeln werden. Auch Graphen werden oft als Mittel zur Abstraktion verwendet. Abstraktion ist sehr häufig mit Wiederverwendung verbunden. Hat man z.B. ein konkretes Problem auf Zahlen durch Weglassen von Einzelheiten in ein abstraktes Problem über Gruppen überführt und dieses gelöst, so gilt diese Lösung für alle Gruppen. Sie kann also beim Lösen von Problemen auf allen Gruppen verwendet werden, also auch auf solchen Gruppen, die mit Zahlen nichts oder nur wenig zu tun haben, wie beispielsweise die Gruppe aller bijektiven Funktionen auf einer Menge oder die Gruppe, welche dadurch entsteht, dass man die Punkte der Euklidischen Ebene um den Ursprung $(0,0)$ mit einem fest vorgegebenen Winkel dreht. Abstraktion und Wiederverwendung sind mittlerweile auch bestimmende Faktoren beim Algorithmenentwurf und Programmieren geworden. Bei der generischen Programmierung versucht man z.B., Programme unter Verwendung von Variablen (oder Parametern) für wesentliche Dinge so allgemein wie möglich zu entwerfen, um sie in möglichst vielen unterschiedlichen Situationen einsetzen zu können. Als Weiterführung von Kapitel 5 und unter Verwendung der Begriffe der letzten Kapitel behandeln wir in diesem Kapitel zwei Beispiele von generischen imperativen Programmen, welche minimale bzw. maximale Teilmengen berechnen, die eine vorgegebene Eigenschaft erfüllen. Wir motivieren die Programme durch Beispiele mit Graphen und wenden sie auf graphentheoretische Probleme an. Dadurch erweitern wir auch die für die Informatik wichtige Graphentheorie im Hinblick auf Anwendungen.

10.1 Einige motivierende Beispiele

Im täglichen Leben kommt es sehr oft vor, dass Individuen um eine Ressource konkurrieren und versuchen, durch eine geschickte Strategie ein möglichst gutes Ergebnis zu erzielen. Die mathematische Spieltheorie abstrahiert die konkret vorkommenden Situationen zu mathematischen Modellen, um sie untersuchen zu können. Ein einfaches Modell ist dabei das des folgenden Spiels auf einem gerichteten Graphen $g = (V, P)$ mit zwei Spielern, genannt A und B: Anfangs ist genau ein Knoten (der Startknoten des Spiels) markiert. Ausgehend von dieser Situation ziehen A und B abwechselnd. Dabei bedeutet „ziehen", dass der entsprechende Spieler die Marke vom derzeit markierten Knoten x entfernt und stattdessen einen der Nachfolger von x markiert. Wenn man sich den gerichteten Graphen auf einem Spielbrett gezeichnet vorstellt und das Markieren eines Knotens durch einen Spielstein auf ihm realisiert wird, dann besteht ein Zug aus dem Bewegen des Spielsteins längs eines Pfeils. Wird durch das abwechselnde Ziehen irgendwann ein Knoten ohne Nachfolger markiert, so hat derjenige Spieler verloren, der am Zug wäre; der andere Spieler hat gewonnen. Entscheidend für eine Strategie, die Verlust vermeidet, sind die folgenden Begriffe.

10.1.1 Definition: absorbierend, stabil, Kern

Es seien $g = (V, P)$ ein gerichteter Graph und $K \subseteq V$ eine Menge von Knoten. Dann heißt

(1) K **absorbierend** in g, falls für alle $x \in V \setminus K$ ein $y \in K$ mit $x P y$ existiert,

---

Zusatzmaterial online

Zusätzliche Informationen sind in der Online-Version dieses Kapitel (https://doi.org/10.1007/978-3-658-33304-1_10) enthalten.

(2) K **stabil** in g, falls es keine Knoten $x, y \in K$ mit $x \, P \, y$ gibt,

(3) K ein **Kern** von g, falls K absorbierend und stabil in g ist. ☐

Kennt der Spieler A einen Kern K des Spielgraphen $g = (V, P)$, so kann er vermeiden, dass er verliert, falls der Startknoten des Spiels nicht in K liegt. Er markiert im ersten Zug einen Knoten $x \in K$, was er kann, weil K absorbierend ist. Hat x keine Nachfolger, so hat Spieler B verloren. Gibt es hingegen Nachfolger von x, so sind diese in $V \setminus K$ enthalten, denn K ist stabil. Also muss B einen Knoten aus $V \setminus K$ markieren. Nun kann A wiederum ausnutzen, dass K absorbierend ist. Er hat also die Möglichkeit, einen Knoten aus K zu markieren. Damit liegt wiederum die Situation nach seinem ersten Zug vor. Es ist leicht einzusehen, dass die Strategie „markiere immer einen Knoten eines Kerns" (kürzer: „ziehe immer in einen Kern") bei einem kreisfreien Spielgraphen $g = (V, P)$ sogar dazu führt, dass A gewinnt, falls der Startknoten des Spiels nicht in K liegt. Durch die Folge der markierten Knoten wird nämlich in so einem Fall ein Weg $s \in V^+$ in g beschrieben. Dabei ist s_1 der Startknoten. Weiterhin werden die Knoten $s_2, s_4, \ldots$ aus K von A und die Knoten $s_3, s_5, \ldots$ aus $V \setminus K$ von B markiert und es gelten $s_{|s|} \in K$ und $\mathit{nachf}_g(s_{|s|}) = \emptyset$. Somit ist B am Zug, wenn A den letzten Wegknoten markiert hat.

Nachfolgend ist die zeichnerische Darstellung eines gerichteten Graphen $g = (V, P)$ mit 6 Knoten und 8 Pfeilen angegeben:

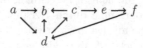

Durch Probieren stellt man schnell fest, dass $K := \{b, f\}$ der einzige Kern von g ist. Obwohl g nicht kreisfrei ist, führt in dem vorliegenden Fall die Strategie „markiere immer einen Knoten eines Kerns" zum Gewinn von Spieler A, falls der Startknoten ungleich b und f ist. Im nächsten Satz geben wir eine andere Beschreibung für Kerne an, nämlich als extreme ordnungstheoretische Elemente gewisser geordneter Mengen von Mengen. Aus Gründen der Lesbarkeit verwenden wir dabei im Weiteren die Bezeichnung „inklusionsminimal absorbierende Menge" statt der Phrase „ist ein minimales Element der Menge der absorbierenden Mengen in der Ordnung $(\mathcal{P}(V), \subseteq)$" und analog „inklusionsmaximal stabile Menge" statt „ist ein maximales Element der Menge der stabilen Mengen in der Ordnung $(\mathcal{P}(V), \subseteq)$".

10.1.2 Satz: Charakterisierung von Kernen I

Es seien $g = (V, P)$ ein gerichteter Graph und $K \subseteq V$ eine Menge von Knoten. Dann sind die beiden folgenden Aussagen äquivalent:

(1) Es ist K ein Kern von g.

(2) Es ist K eine inklusionsminimal absorbierende und eine inklusionsmaximal stabile Menge in g.

Beweis: Zum Beweis der Richtung „(1) $\Longrightarrow$ (2)" sei K ein Kern von g. Damit ist K absorbierend und stabil in g. Wir zeigen durch Widerspruch, dass K auch inklusionsminimal absorbierend und inklusionsmaximal stabil ist. Dazu nehmen wir an, dass diese Eigenschaften nicht gelten. Wir unterscheiden zwei Fälle:

(a) Es ist K nicht inklusionsminimal absorbierend in g. Dann gibt es eine absorbierende Menge M in g mit $M \subset K$. Es gilt $M \neq \emptyset$ aufgrund von

$$\forall x \in V \setminus \emptyset : \exists y \in \emptyset : x \, P \, y \iff \forall x \in V : \textbf{falsch} \iff V = \emptyset$$

und der Voraussetzung $V \neq \emptyset$ an den gerichteten Graphen g. Weiterhin gilt $K \setminus M \neq \emptyset$ aufgrund von $M \subset K$. Also existieren Knoten $x \in M$ und $y \in K \setminus M$. Weil M absorbierend in g ist, folgt $y \, P \, x$. Wegen $x, y \in K$ ist das aber ein Widerspruch dazu, dass K stabil in g ist.

(b) Es ist K nicht inklusionsmaximal stabil in g. Dann gibt es eine stabile Menge M in g mit $K \subset M$. Wegen $K \subset M$ gilt $M \setminus K \neq \emptyset$. Also gibt es einen Knoten $x \in M \setminus K$. Weil M stabil in g ist und $K \subset M$ gilt, gibt es keinen Knoten $y \in K$ mit $x \, P \, y$. Das ist ein Widerspruch dazu, dass K absorbierend in g ist.

Die Gültigkeit der Richtung „(2) $\implies$ (1)" ist offensichtlich. $\qquad\square$

Weil Kerne nach diesem Satz zwei gegensinnig gerichteten Optimalitätskriterien genügen müssen, liegt die Vermutung nahe, dass ihre Berechnung schwierig sein könnte. Und in der Tat gehört das Problem, festzustellen, ob ein beliebiger gerichteter Graph einen Kern besitzt und gegebenenfalls einen zu berechnen, zu derjenigen Klasse von Problemen, für die es vermutlich keinen praktikablen Algorithmus im Sinne von Abschnitt 6.3 geben wird. Man hat sich deshalb auf spezielle Graphen konzentriert. Eine interessante Klasse wird im folgenden Satz behandelt. Im Fall von Spielgraphen besagen die beiden geforderten Eigenschaften (für die wir nochmals auf Abschnitt 7.2 verweisen), dass jeder Spieler den letzten Zug des anderen Spielers rückgängig machen kann und jeder Zug zu einem neuen Knoten führen muss (d.h. der Spielgraph keine Schlingen besitzt).

10.1.3 Satz: Charakterisierung von Kernen II

Es seien $g = (V, P)$ ein gerichteter Graph, P eine symmetrische und irreflexive Relation und $K \subseteq V$ eine Menge von Knoten. Dann sind die beiden folgenden Aussagen äquivalent:

(1) Es ist K ein Kern von g.

(2) Es ist K eine inklusionsmaximal stabile Menge in g.

Beweis: Die Richtung „(1) $\implies$ (2)" folgt unmittelbar aus der Richtung „(1) $\implies$ (2)" von Satz 10.1.2.

Zum Beweis von „(2) $\implies$ (1)" durch Widerspruch sei angenommen, dass K eine inklusionsmaximal stabile Menge in g ist, aber keinen Kern von g darstellt. Also ist K nicht absorbierend in g. Folglich existiert ein Knoten $x \in V \setminus K$ mit $\neg(x \, P \, y)$ für alle $y \in K$. Offensichtlich ist dadurch auch die Menge $K \cup \{x\}$ stabil in g und die Eigenschaft $K \subset K \cup \{x\}$ zeigt, dass K keine inklusionsmaximal stabile Menge in g ist. Das ist ein Widerspruch zur Annahme. $\qquad\square$

Wir haben im Fall eines gerichteten Graphen $g = (V, P)$ mit symmetrischer und irreflexiver Pfeilrelation P das Problem, einen Kern zu berechnen, also darauf reduziert, eine inklusionsmaximale Menge aus der Menge $\{K \in \mathcal{P}(V) \mid K$ ist stabil$\}$ zu berechnen.

In den Abschnitten 1.3 und 7.2 haben wir Ordnungsdiagramme zur zeichnerischen Darstellung von endlichen (kleinen) geordneten Mengen eingeführt. Wenn man die fehlenden Pfeilspitzen wieder ergänzt, so wird aus dem Ordnungsdiagramm der geordneten Menge $(M, \sqsubseteq)$ die zeichnerische Darstellung eines gerichteten Graphen $g = (M, H)$. Zwischen der Ordnungsrelation und der Pfeilrelation besteht dabei ein enger Zusammenhang. Dieser wird im nächsten Satz für beliebige kreisfreie gerichtete Graphen $g = (V, P)$ beschrieben. Der Zusammenhang zwischen den Relationen $\sqsubseteq$ und H auf der Menge M ergibt sich dann, indem man die Pfeilrelation P als den strikten Anteil $\sqsubset$ der Ordnungsrelation $\sqsubseteq$ wählt und verwendet, dass die reflexive und transitive Ordnungsrelation mit ihrer reflexiv-transitiven Hülle übereinstimmt. Wir bereiten den Beweis von Satz 10.1.5 durch das folgende Lemma vor. In ihm wird das Komplement der identischen Relation auf M bezüglich des Universums $M \times M$ (der Allrelation auf M) gebildet.

10.1.4 Lemma

Es seien $R \subseteq M \times M$ und $S \subseteq M \times M$ Relationen mit $R^+ \subseteq \overline{\mathsf{I}}$, $S^+ \subseteq \overline{\mathsf{I}}$ und $R^* = S^*$. Dann gilt $R^+ = S^+$.

Beweis: Wir starten mit der dritten Voraussetzung und der folgenden Rechnung:

$$R^* = S^* \iff \mathsf{I} \cup R^+ = \mathsf{I} \cup S^+ \qquad \text{wegen Satz 7.3.10}$$
$$\implies (\mathsf{I} \cup R^+) \cap \overline{\mathsf{I}} = (\mathsf{I} \cup S^+) \cap \overline{\mathsf{I}}$$

Die linke Seite der letzten Gleichung vereinfacht sich aufgrund von $R^+ \subseteq \overline{\mathsf{I}}$ wie folgt:

$$(\mathsf{I} \cup R^+) \cap \overline{\mathsf{I}} = (\mathsf{I} \cap \overline{\mathsf{I}}) \cup (R^+ \cap \overline{\mathsf{I}}) = \emptyset \cup (R^+ \cap \overline{\mathsf{I}}) = R^+$$

Auf die gleiche Weise kann man zeigen, dass $(\mathsf{I} \cup S^+) \cap \overline{\mathsf{I}} = S^+$ aus $S^+ \subseteq \overline{\mathsf{I}}$ folgt. Die letzte Gleichung der anfänglichen Rechnung ist somit zu $R^+ = S^+$ äquivalent. $\qquad\qquad\square$

Nun sind wir in der Lage, den angekündigten Satz zu beweisen, wobei in ihm das Komplement bezüglich des Universums (der Allrelation) $V \times V$ gebildet wird.

10.1.5 Satz

Es sei $g = (V, P)$ ein kreisfreier gerichteter Graph und die Relation $H \subseteq V \times V$ sei definiert durch $H := P \cap \overline{PP^+}$. Dann gelten die folgenden Eigenschaften:

(1) $H \subseteq P$ und $H^* = P^*$.

(2) Für alle Relationen $R \subseteq V \times V$ mit $R \subseteq P$ und $R^* = P^*$ gilt $H \subseteq R$.

Beweis: (1) Die Eigenschaft $H \subseteq P$ folgt aus $H = P \cap \overline{PP^+} \subseteq P$. Zum Beweis von $H^* = P^*$ zeigen wir im Folgenden die Inklusionen $H^* \subseteq P^*$ und $P^* \subseteq H^*$.

Beweis von $H^* \subseteq P^*$: Es seien $x, y \in V$ beliebig vorgegeben und es gelte $x \, H^* \, y$. Nach Satz 7.3.14 ist dann im gerichteten Graphen $h = (V, H)$ der Knoten y von x aus erreichbar. Wegen $H \subseteq P$ ist y von x aus auch im gerichteten Graphen g erreichbar. Satz 7.3.14 impliziert nun $x \, P^* \, y$.

Beweis von $P^* \subseteq H^*$: Hierzu nehmen wir wiederum $x, y \in V$ an, nun aber auch $x\,P^*\,y$. Nach Satz 7.3.14 ist dann y von x aus in g erreichbar und somit ist die Menge

$$W := \{s \in V^+ \mid s \text{ ist Weg von } x \text{ nach } y \text{ in } g\}$$

nicht leer. Die Menge W ist auch endlich, denn für alle $s \in W$ gilt $|s| \leq |V|$ und somit $W \subseteq \bigcup_{i=1}^{|V|} V^i$. Also gibt es in W längste Wege. Ist $s \in W$ ein längster Weg von x nach y in g, so gilt $s_i\,P\,s_{i+1}$ für alle $i \in \{1, \ldots, |s|-1\}$. Es gilt aber auch $s_i\,\overline{PP^+}\,s_{i+1}$ (oder, äquivalent zu dieser Beziehung, $\neg(s_i\,(PP^+)\,s_{i+1})$) für alle $i \in \{1, \ldots, |s|-1\}$. Gäbe es nämlich ein $i \in \{1, \ldots, |s|-1\}$ mit $s_i\,(PP^+)\,s_{i+1}$, so folgt daraus die Existenz eines Weges $t \in V^+$ von s_i nach s_{i+1} in g mit $|t| \geq 3$. Somit wäre die lineare Liste

$$s^* := (s_1, \ldots, s_i, t_2, \ldots, t_{|t|-1}, s_{i+1}, \ldots, s_{|s|})$$

ein Weg von x nach y in g mit $|s| < |s^*|$, was einen Widerspruch darstellt. Aus $s_i\,P\,s_{i+1}$ und $s_i\,\overline{PP^+}\,s_{i+1}$ für alle $i \in \{1, \ldots, |s|-1\}$ folgt $s_i\,H\,s_{i+1}$ für alle $i \in \{1, \ldots, |s|-1\}$. Satz 7.3.14 bringt nun $x\,H^*\,y$, denn s ist nun auch ein Weg von x nach y im gerichteten Graphen $h = (V, H)$.

(2) Um $H \subseteq R$ für eine beliebige Relation $R \subseteq V \times V$ mit den Eigenschaften $R \subseteq P$ und $R^* = P^*$ zu zeigen, beginnen wir mit der folgenden Inklusion:

$$H \cap \overline{R} = P \cap \overline{PP^+} \cap \overline{R} \subseteq P.$$

Aus $R \subseteq P$ folgt $RR^+ \subseteq PP^+$. Gilt nämlich, für $x, y \in V$ beliebig gewählt, die Beziehung $x\,(RR^+)\,y$, so gibt es einen Weg s von x nach y im gerichteten Graphen $r = (V, R)$ mit $|s| \geq 3$. Es ist s auch ein Weg von x nach y im gerichteten Graphen $g = (V, P)$ mit $|s| \geq 3$, und dies bringt $x\,(PP^+)\,y$. Durch eine Argumentation mittels Wegen in $r = (V, R)$ kann man auch die Gleichung $RR^+ \cup R = R^+$ zeigen. Nun wenden wir $RR^+ \subseteq PP^+$ und $RR^+ \cup R = R^+$ an und rechnen wie folgt:

$$H \cap \overline{R} = P \cap \overline{PP^+} \cap \overline{R} \subseteq \overline{PP^+} \cap \overline{R} \subseteq \overline{RR^+} \cap \overline{R} = \overline{RR^+ \cup R} = \overline{R^+}$$

Nach Satz 7.3.16 gilt $P \subseteq \overline{\mathbf{I}}$ aufgrund der Kreisfreiheit von $g = (V, P)$. Weil $R \subseteq P$ gilt, ist auch $r = (V, R)$ kreisfrei und Satz 7.3.16 zeigt nun $R \subseteq \overline{\mathbf{I}}$. Wegen dieser Inklusionen und der Voraussetzung $R^* = P^*$ ist Lemma 10.1.4 anwendbar. Dies bringt $R^+ = P^+$, so dass, in Verbindung mit der obigen Rechnung und $\overline{P^+} \subseteq \overline{P}$ (eine Konsequenz von $P \subseteq P^+$) insgesamt $H \cap \overline{R} \subseteq \overline{P^+} \subseteq \overline{P}$ folgt.

Wegen $H \cap \overline{R} \subseteq P$ und $H \cap \overline{R} \subseteq \overline{P}$ gilt $H \cap \overline{R} = \emptyset$ und diese Gleichung ist zur zu zeigenden Inklusion $H \subseteq R$ äquivalent. $\qquad\Box$

Wenn wir, analog zu der bei den Kernen eingeführten Sprechweise „inklusionsminimal", abkürzend die Sprechweise „inklusionskleinst" verwenden, dann besagt Satz 10.1.5, dass im Fall eines kreisfreien gerichteten Graphen $g = (V, P)$ die Relation $P \cap \overline{PP^+}$ die inklusionskleinste Relation in $\{R \in \mathcal{P}(P) \mid R^* = P^*\}$ ist. Anschaulich werden durch den Übergang von P zu $P \cap \overline{PP^+}$ aus g diejenigen Pfeile (x, y) entfernt, für die es noch einen Weg von x nach y mit mindestens zwei Pfeilen gibt.

Bei nicht-kreisfreien Graphen $g = (V, P)$ muss die Menge $\{R \in \mathcal{P}(P) \mid R^* = P^*\}$ keine inklusionskleinste Relation besitzen. Ein Beispiel ist $g = (V, P)$ mit $V := \{1, 2, 3\}$ und $P := V \times V$. Hier gibt es keine inklusionskleinste Relation $R \subseteq P$ mit $R^* = P^*$, sondern nur, wie man leicht verifiziert, sechs inklusionsminimale Relationen $R \subseteq P$ mit $R^* = P^*$. Bei beliebigen gerichteten Graphen $g = (V, P)$ sind die inklusionsminimalen Relationen aus $\{R \in \mathcal{P}(P) \mid R^* = P^*\}$ von besonderem Interessen. Sie enthalten nämlich hinsichtlich Erreichbarkeit zwischen Knoten die gleiche Information wie die reflexiv-transitive Hülle P^*, sind aber normalerweise viel kleiner. Man hat ihnen deswegen auch eine eigene Bezeichnung gegeben (vergleiche mit den Übungsaufgaben zu Kapitel 7).

10.1.6 Definition: transitive Reduktion

Für jede Relation $R \subseteq M \times M$ nennt man eine inklusionsminimale Relation aus der Menge $\{S \in \mathcal{P}(R) \mid S^* = R^*\}$ eine **transitive Reduktion** von R. $\qquad\square$

Eine transitive Reduktion zu bestimmen heißt also wiederum, eine extreme Menge hinsichtlich Inklusion in einer Menge von Mengen zu berechnen. Im Vergleich zu den Kernen bei gerichteten Graphen mit symmetrischer und irreflexiver Pfeilrelation wird aber inklusionsminimal statt inklusionsmaximal als Optimalitätskriterium verwendet.

Wir geben nun noch ein drittes Beispiel aus der Graphentheorie an, welches man mit beiden der eben genannten Optimalitätskriterien behandeln kann. Dabei beginnen wir wiederum mit einer praktischen Motivation des entscheidenden Begriffs und betrachten die Situation, dass ein Versorgungsnetz (wie Wasser- oder Gasleitungen) zu planen sei. Wird ein ungerichteter Graph g zur Modellierung aller potenziellen Verbindungen verwendet, so ergibt sich aus der Notwendigkeit, dass alle Komponenten des Netzes untereinander durch Leitungen verbunden sein müssen, dass g zusammenhängend ist. Die Anzahl der dann tatsächlich zu realisierenden Verbindungen soll aus Kostengründen in der Regel so klein wie möglich sein. Graphentheoretisch gesprochen sucht man also einen spannenden Baum von g im Sinne der folgenden Definition, dessen Kanten dann die zu realisierenden Verbindungen modellieren.

10.1.7 Definition: spannender Baum

Es sei $g = (V, K)$ ein zusammenhängender ungerichteter Graph. Ein ungerichteter Graph $b = (V, B)$ heißt ein **spannender Baum** von g, falls $B \subseteq K$ gilt und b ein Baum ist. $\qquad\square$

Wenn wir beispielsweise den durch das Bild

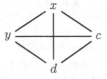

gegebenen ungerichteten Graphen $g = (V, K)$ aus Beispiel 8.2.12 nochmals betrachten, dann ist leicht zu verifizieren, dass z.B. die Kantenmenge $B_1 := \{\{x, y\}, \{x, c\}, \{x, d\}\}$ einen spannenden Baum von g festlegt. Ein weiterer spannender Baum von g wird etwa durch $B_2 := \{\{x,y\}, \{y,d\}, \{d,c\}\}$ spezifiziert. Anhand dieses Beispiels kann man schon erahnen, dass zu einem zusammenhängenden ungerichteten Graphen im Normalfall sehr viele spannende Bäume existieren.

Nach Definition 8.3.1 ist ein Baum ein zusammenhängender und kreisfreier ungerichteter Graph. In dem letzten Satz dieses Abschnitts charakterisieren wir spannende Bäume als ungerichtete Graphen, deren Kantenmengen inklusionsminimal bzw. inklusionsmaximal im Bezug zur Kantenmenge des gegebenen Graphen und hinsichtlich jeweils einer der beiden Eigenschaften sind, die zur Definition von Bäumen verwendet wurden.

10.1.8 Satz: Charakterisierung von spannenden Bäumen

Es seien $g = (V, K)$ ein zusammenhängender ungerichteter Graph und $b = (V, B)$ ein ungerichteter Graph mit $B \subseteq K$. Dann sind die folgenden Aussagen äquivalent:

(1) Es ist b ein spannender Baum von g.

(2) Es ist b zusammenhängend und es gibt keinen zusammenhängenden ungerichteten Graphen $c = (V, C)$ mit $C \subset B$.

(3) Es ist b kreisfrei und es gibt keinen kreisfreien ungerichteten Graphen $c = (V, C)$ mit $B \subset C \subseteq K$.

Beweis: Aufgrund des Zusammenhangs von b ist zum Beweis der Richtung „(1) $\Longrightarrow$ (2)" nur zu zeigen, dass es keinen zusammenhängenden ungerichteten Graphen $c = (V, C)$ mit $C \subset B$ gibt. Wir führen einen Beweis durch Widerspruch und nehmen an, dass $c = (V, C)$ ein zusammenhängender ungerichteter Graph mit $C \subset B$ sei. Wegen der Kreisfreiheit von b ist auch c kreisfrei, also ein Baum. Nach Satz 8.3.2 (1) gilt $|B| = |V| - 1 = |C|$. Damit hat die echte Teilmenge C von B die gleiche Kardinalität wie B. Das ist ein Widerspruch zur Endlichkeit von B (die aus $B \subseteq \mathcal{P}(V)$ folgt).

Um auch die Richtung „(2) $\Longrightarrow$ (1)" durch Widerspruch zu beweisen, nehmen wir (2) an und auch, dass b kein spannender Baum von g ist. Da b nach (2) zusammenhängend ist und $B \subseteq K$ gilt, kann b nicht kreisfrei sein, denn sonst wäre b ja ein spannender Baum von g. Es sei nun $s \in V^+$ ein Kreis in b. Wir definieren den ungerichteten Graphen $c = (V, C)$ durch $C := B \setminus \{\{s_1, s_2\}\}$ (also durch das Entfernen der ersten Kante des Kreises aus b) und zeigen im Folgenden, dass c zusammenhängend ist, woraus $C \subset B$ einen Widerspruch zur Annahme (2) liefert.

Zum Beweis des Zusammenhangs von c seien $x, y \in V$ gegeben. Da b zusammenhängend ist, gibt es in b einen Weg $w \in V^+$ von x nach y. Wir unterscheiden nun zwei Fälle:

(a) Es gibt kein $i \in \{1, \ldots, |w| - 1\}$ mit $w_i = s_1$ und $w_{i+1} = s_2$. Dann ist w auch ein Weg von x nach y in c, denn er enthält die entfernte Kante $\{s_1, s_2\}$ nicht.

(b) Es gibt ein $i \in \{1, \ldots, |w| - 1\}$ mit $w_i = s_1$ und $w_{i+1} = s_2$. In diesem Fall enthält w die entfernte Kante $\{s_1, s_2\}$ genau zwischen den Knoten w_i und w_{i+1}. Folglich ist $(w_1, \ldots, w_i)$ ein Weg von x nach s_1 in c und es ist $(w_{i+1}, \ldots, w_{|w|})$ ein Weg von s_2 nach y in c. Wegen des Kreises s gibt es in c auch einen Weg von s_1 nach s_2, nämlich

331

$(s_{|s|}, s_{|s|-1}, \ldots, s_2)$, wie man leicht nachweist. Insgesamt gibt es in c somit einen Weg von x nach y.

Weil b kreisfrei ist, haben wir zum Beweis von „(1) $\Longrightarrow$ (3)" nur nachzuweisen, dass es keinen kreisfreien ungerichteten Graphen $c = (V, C)$ mit $B \subset C \subseteq K$ gibt. Wir argumentieren sehr ähnlich zum Beweis von „(1) $\Longrightarrow$ (2)" und nehmen zu einem Beweis durch Widerspruch an, dass so ein $c = (V, C)$ doch existiere. Aus dem Zusammenhang von b folgt, dass auch c zusammenhängend ist. Folglich ist c ein Baum, womit $|B| = |V| - 1 = |C|$ aufgrund von Satz 8.3.2 (1) gilt. Das ist ein Widerspruch zu $B \subset C$ und der Endlichkeit von C.

Zum Beweis von „(3) $\Longrightarrow$ (1)" argumentieren wir nochmals durch Widerspruch und nehmen (3) an und, dass b kein spannender Baum von g ist. Es ist b nach (3) kreisfrei und es gilt $B \subseteq K$. Somit kann nun b nicht zusammenhängend sein. Wir wählen eine Kante $\{x, y\} \in K$ von g so, dass y in b von x aus nicht erreichbar ist. Mit Hilfe dieser Kante definieren wir den ungerichteten Graphen $c = (V, C)$ durch $C := B \cup \{\{x, y\}\}$ (also, indem wir zu b die Kante $\{x, y\}$ hinzufügen). Nachfolgend zeigen wir durch Widerspruch, dass c kreisfrei ist, woraus $B \subset C \subseteq K$ einen Widerspruch zur Annahme (3) liefert.

Angenommen, es wäre $w \in V^+$ ein Kreis in c. Dann muss w die Kante $\{x, y\}$ enthalten, denn b ist kreisfrei. Zur Vereinfachung nehmen wir an, dass $\{x, y\}$ die erste Kante von w ist, also $w_1 = x$ und $w_2 = y$ gelten. Wie man leicht verifiziert, ist dann $(w_{|w|}, w_{|w|-1}, \ldots, w_2)$ ein Weg von x nach y in b, und das führt zu dem Widerspruch, dass nun y in b von x aus doch erreichbar ist. $\qquad\square$

Die Aufgabe, einen spannenden Baum $b = (V, B)$ eines gegebenen zusammenhängenden ungerichteten Graphen $g = (V, K)$ zu bestimmen, kann man nach den Punkten (2) und (3) des eben bewiesenen Satzes wie folgt lösen: Man berechnet eine inklusionsminimale Menge in $\{C \in \mathcal{P}(K) \mid c = (V, C) \text{ ist zusammenhängend}\}$ oder man berechnet eine inklusionsmaximale Menge in $\{C \in \mathcal{P}(K) \mid c = (V, C) \text{ ist kreisfrei}\}$. Den Baum $b = (V, B)$ bekommt man dann dadurch, dass die berechnete Menge als Kantenmenge B verwendet wird. Beide Möglichkeiten passen wiederum in das bei den bisherigen Beispielen verwendete Schema, eine extreme Menge hinsichtlich Inklusion in einer Menge von Mengen zu berechnen.

10.2 Berechnung minimaler und maximaler Teilmengen

Es seien M eine nichtleere, endliche Menge und $E(X)$ eine Aussage, in der X eine Variable für Elemente der Potenzmenge von M ist. In diesem Abschnitt zeigen wir, wie man eine inklusionsminimale bzw. inklusionsmaximale Menge aus der durch $E(X)$ definierten Teilmenge $\{X \in \mathcal{P}(M) \mid E(X)\}$ der Potenzmenge $\mathcal{P}(M)$ effizient berechnen kann. Wir formulieren beide Berechnungen als Programme der in Kapitel 5 eingeführten imperativen Programmiersprache und verifizieren mit Hilfe der Methoden dieses Kapitels auch, dass sie total korrekt sind.

Für das Weitere setzen wir voraus, dass eine Datenstruktur für endliche Mengen zur Verfügung steht, welche die leere Menge $\emptyset$ und die wichtigsten mengentheoretischen Operationen und Tests beinhaltet. Um die Lesbarkeit der Programme zu erleichtern, drücken wir das Einfügen eines Objekts a in eine Menge M nicht durch $M \cup \{a\}$ aus, sondern durch $M \oplus a$.

Letzteres ist also nur eine andere Schreibweise für Ersteres. Analog schreiben wir $M \ominus a$ statt $M \setminus \{a\}$, um anzuzeigen, dass das Objekt a aus der Menge M entfernt wird. Weil wir alle Mengen der Datenstruktur als endlich annehmen, können wir sie linear anordnen. Dies erlaubt, eine Operation *elem* zu definieren, die aus jeder nichtleeren Menge M in deterministischer Weise ein Element *elem*(M) auswählt – beispielsweise das kleinste Element von M liefert. Die tatsächliche Realisierung von *elem* ist belanglos. Wir benötigen nur die Eigenschaft *elem*$(M) \in M$ und, dass jeder Aufruf *elem*(M) das gleiche Element liefert.

Eine effiziente Berechnung der beabsichtigten inklusionsextremen Mengen aus der Menge von Mengen $\{X \in \mathcal{P}(M) \mid E(X)\}$ ist dann möglich, wenn die Aussage $E(X)$ eine der in der folgenden Definition spezifizierten Eigenschaften besitzt.

10.2.1 Definition: aufwärts- bzw. abwärts-vererbend

Es seien M eine Menge und $E(X)$ eine Aussage, in der X eine Variable für Elemente der Potenzmenge von M ist. Es heißt $E(X)$

(1) **aufwärts-vererbend** (oder **$\subseteq$-vererbend**), falls für alle $Y, Z \in \mathcal{P}(M)$ aus $E(Y)$ und $Y \subseteq Z$ folgt $E(Z)$,

(2) **abwärts-vererbend** (oder **$\supseteq$-vererbend**), falls für alle $Y, Z \in \mathcal{P}(M)$ aus $E(Y)$ und $Z \subseteq Y$ folgt $E(Z)$. $\qquad\square$

Wenn man diese Definition mit den Begriffen von Abschnitt 10.1 vergleicht, dann fällt auf, dass in den beiden Fällen, in denen inklusionsminimale Mengen zu bestimmen sind (transitive Reduktion, zusammenhängender Teilgraph), die die entsprechende Menge von Mengen spezifizierende Aussage aufwärts-vererbend ist, und in den beiden Fällen, in denen inklusionsmaximale Mengen zu bestimmen sind (stabile Knotenmenge, kreisfreier Teilgraph), die die entsprechende Menge von Mengen spezifizierende Aussage abwärts-vererbend ist. Weiterhin stellt man fest, dass im ersten Fall die inklusionsgrößte Menge aus der Menge von Mengen, in der man das Ergebnis sucht, die Aussage erfüllt, und im zweiten Fall dies für die inklusionskleinste Menge gilt.

Der Beweis des folgenden Lemmas ist sehr einfach. Er sei deshalb der Leserin oder dem Leser zur Übung überlassen.

10.2.2 Lemma

Es seien M und $E(X)$ wie in Definition 10.2.1 vorausgesetzt. Dann gelten die folgenden Eigenschaften:

(1) Ist $E(X)$ aufwärts-vererbend, so ist $\neg E(X)$ abwärts-vererbend.

(2) Ist $E(X)$ abwärts-vererbend, so ist $\neg E(X)$ aufwärts-vererbend. $\qquad\square$

In dem folgenden Satz 10.2.3 formulieren wir ein generisches imperatives Programm zur Berechnung einer inklusionsminimalen Teilmenge im Fall einer aufwärts-vererbenden Aussage und beweisen, dass es total korrekt ist. Man beachte, dass die als Nachbedingung angegebene prädikatenlogische Formel genau spezifiziert, dass A eine inklusionsminimale Menge in der Menge von Mengen $\{X \in \mathcal{P}(M) \mid E(X)\}$ ist, und die Vorbedingung aufgrund der Aufwärts-Vererbung von $E(X)$ zu $\{X \in \mathcal{P}(M) \mid E(X)\} \neq \emptyset$ äquivalent ist. Um die in Abschnitt 5.3 vorgestellte Methode der Programmverifikation mittels Beweisverpflichtungen im Fall einer Fallunterscheidung zwischen kollateralen Zuweisungen mit gleichen linken Seiten als Schleifenrumpf formal anwenden zu können, haben wir die eigentlich überflüssige Zuweisung von A an sich selbst in den **else**-Fall der Fallunterscheidung mit aufgenommen und auf eine Hilfsprogrammvariable verzichtet, durch welche man die mehrfachen Aufrufe von $elem(B)$ vermeiden kann.

10.2.3 Satz: Berechnung inklusionsminimaler Mengen

Es seien M eine nichtleere, endliche Menge und $E(X)$ eine aufwärts-vererbende Aussage, in der X eine Variable für Elemente der Potenzmenge von M ist. Dann ist das imperative Programm der Beweisskizze

$$\{E(M)\}$$
$$A, B := M, M;$$
$$\{A \subseteq M \wedge E(A) \wedge B \subseteq A \wedge \forall x \in A \setminus B : \neg E(A \ominus x)\}$$
while $B \neq \emptyset$ **do**
    if $E(A \ominus elem(B))$ **then** $A, B := A \ominus elem(B), B \ominus elem(B)$
                else $A, B := A, B \ominus elem(B)$ **end**
  end
$$\{A \subseteq M \wedge E(A) \wedge \forall Y \in \mathcal{P}(A) : E(Y) \Rightarrow Y = A\}$$

total korrekt bezüglich der annotierten Vor- und Nachbedingung.

Beweis: Wir verifizieren zuerst die partielle Korrektheit und beweisen dazu die drei Beweisverpflichtungen von Satz 5.3.1. Dabei verwenden wir

$$Inv(M, A, B) \;:\Longleftrightarrow\; A \subseteq M \wedge E(A) \wedge B \subseteq A \wedge \forall x \in A \setminus B : \neg E(A \ominus x)$$

als Abkürzung für die Schleifeninvariante und

$$N(M, A) \;:\Longleftrightarrow\; A \subseteq M \wedge E(A) \wedge \forall Y \in \mathcal{P}(A) : E(Y) \Rightarrow Y = A$$

als Abkürzung für die Nachbedingung. Weil der Schleifenrumpf eine Fallunterschiedung zwischen kollateralen Zuweisungen mit gleichen linken Seiten ist, haben wir nach Abschnitt 5.3 insgesamt vier logische Implikationen zu beweisen.

Dass die Schleifeninvariante etabliert wird, zeigt man wie folgt:

$$E(M) \;\Longleftrightarrow\; E(M) \wedge \forall x \in \emptyset : \neg E(M \ominus x)$$
$$\Longleftrightarrow\; M \subseteq M \wedge E(M) \wedge M \subseteq M \wedge \forall x \in M \setminus M : \neg E(M \ominus x)$$
$$\Longleftrightarrow\; Inv(M, M, M)$$

Um nachzuweisen, dass die Schleifeninvariante bei jeder Ausführung des Schleifenrumpfs aufrecht erhalten wird, sei $B \neq \emptyset$ vorausgesetzt. Wir wählen b als Abkürzung für den

Ausdruck *elem*(B). Durch die folgende Rechnung zeigen wir die erste der beiden logischen Implikationen dieser Beweisverpflichtung:

$$Inv(M, A, B) \land E(A \ominus b)$$
$$\iff A \subseteq M \land E(A) \land B \subseteq A \land (\forall x \in A \setminus B : \neg E(A \ominus x)) \land E(A \ominus b)$$
$$\implies A \subseteq M \land E(A) \land B \ominus b \subseteq A \ominus b \land (\forall x \in A \setminus B : \neg E(A \ominus x)) \land E(A \ominus b)$$
$$\implies A \subseteq M \land E(A \ominus b) \land B \ominus b \subseteq A \ominus b \land \forall x \in A \setminus B : \neg E((A \ominus b) \ominus x)$$
$$\implies A \subseteq M \land E(A \ominus b) \land B \ominus b \subseteq A \ominus b \land \forall x \in (A \setminus B) \ominus b : \neg E((A \ominus b) \ominus x)$$
$$\iff A \subseteq M \land E(A \ominus b) \land B \ominus b \subseteq A \ominus b \land \forall x \in (A \ominus b) \setminus (B \ominus b) : \neg E((A \ominus b) \ominus x)$$
$$\iff Inv(M, A \ominus b, B \ominus b)$$

Diese Rechnung benutzt im dritten Schritt die Gültigkeit von $E(A \ominus b)$ und die Eigenschaft, dass $\neg E(X)$ abwärts-vererbend ist (also Lemma 10.2.2 (1) und die Voraussetzung, dass $E(X)$ aufwärts-vererbend ist) in Verbindung mit $(A \ominus b) \ominus x \subseteq A \ominus x$. Im vorletzten Schritt wird die Gleichheit $(A \setminus B) \ominus b = (A \ominus b) \setminus (B \ominus b)$ verwendet, welche aus $b \in B$ und dem Teil $B \subseteq A$ der Schleifeninvariante folgt.

Es bleibt noch der Fall zu behandeln, dass die Bedingung $E(A \ominus b)$ der Fallunterscheidung nicht gilt. Hier beweisen wir die entsprechende logische Implikation wie im Folgenden angegeben:

$$Inv(M, A, B) \land \neg E(A \ominus b)$$
$$\iff A \subseteq M \land E(A) \land B \subseteq A \land (\forall x \in A \setminus B : \neg E(A \ominus x)) \land \neg E(A \ominus b)$$
$$\implies A \subseteq M \land E(A) \land B \ominus b \subseteq A \land (\forall x \in A \setminus B : \neg E(A \ominus x)) \land \neg E(A \ominus b)$$
$$\iff A \subseteq M \land E(A) \land B \ominus b \subseteq A \land \forall x \in (A \setminus B) \oplus b : \neg E(A \ominus x)$$
$$\iff A \subseteq M \land E(A) \land B \ominus b \subseteq A \land \forall x \in A \setminus (B \ominus b) : \neg E(A \ominus x)$$
$$\iff Inv(M, A, B \ominus b)$$

In dieser Rechnung wird die Gültigkeit von $\neg E(A \ominus b)$ im dritten Schritt benutzt und die im vorletzten Schritt verwendete Gleichheit $(A \setminus B) \oplus b = A \setminus (B \ominus b)$ folgt wiederum aus $b \in B$ und $B \subseteq A$.

Dass die Schleifeninvariante und die Abbruchbedingung $B = \emptyset$ der Schleife die Nachbedingung implizieren, kann man schließlich wie folgt beweisen:

$$Inv(M, A, \emptyset) \iff A \subseteq M \land E(A) \land \emptyset \subseteq A \land \forall x \in A \setminus \emptyset : \neg E(A \ominus x)$$
$$\iff A \subseteq M \land E(A) \land \forall x \in A : \neg E(A \ominus x)$$
$$\iff A \subseteq M \land E(A) \land \forall Y \in \mathcal{P}(A) : Y \neq A \implies \neg E(Y)$$
$$\iff A \subseteq M \land E(A) \land \forall Y \in \mathcal{P}(A) : E(Y) \implies Y = A$$
$$\iff N(M, A)$$

Nur der dritte Schritt dieser Rechnung (von dem eigentlich nur die Implikation „$\implies$" zur Verifikation der Beweisverpflichtung gebraucht wird) ist nicht trivial und bedarf einer Erklärung. Wir haben zu zeigen, dass

$$\forall x \in A : \neg E(A \ominus x) \iff \forall Y \in \mathcal{P}(A) : Y \neq A \implies \neg E(Y)$$

gilt. Zum Beweis der Richtung „$\implies$" sei $Y \in \mathcal{P}(A)$ mit $Y \neq A$ beliebig gewählt. Dann besagt dies $Y \subset A$ und folglich existiert ein $x \in A$ mit $Y \subseteq A \ominus x$. Aufgrund der vorausgesetzten linken Seite gilt $\neg E(A \ominus x)$. Angenommen, $\neg E(Y)$ würde nicht gelten. Dann gilt $E(Y)$ und aus $Y \subseteq A \ominus x$ und der Voraussetzung, dass $E(X)$ aufwärts-vererbend ist, folgt $E(A \ominus x)$, was $\neg E(A \ominus x)$ widerspricht. Um die Richtung „$\Longleftarrow$" zu zeigen, sei $x \in A$ beliebig gewählt. Dann gelten $A \ominus x \in \mathcal{P}(A)$ und $A \ominus x \neq A$ und die vorausgesetzte rechte Seite zeigt $\neg E(A \ominus x)$.

Um auch die totale Korrektheit zu zeigen, ist nach Satz 5.4.1 nur noch nachzuweisen, dass das Programm der Beweisskizze nicht in einem Fehler resultiert, sofern die Vorbedingung gilt. Dazu verwenden wir die Kriterien von Abschnitt 5.4.

Wir stellen zuerst fest, dass die Auswertung eines jeden Ausdrucks des Programms definiert ist, also keine Fehler erster Art im Sinne von Abschnitt 5.4 vorkommen. Es ist *elem* die einzige Operation, welche nur auf einem Teil einer Datenstruktur definiert ist. Die beim Aufruf *elem*(B) erforderliche Voraussetzung $B \neq \emptyset$ ist durch die Schleifenbedingung gegeben; die beim Aufruf *elem*(A) erforderliche Voraussetzung $A \neq \emptyset$ folgt aus dieser Bedingung und der Inklusion $B \subseteq A$ der Schleifeninvariante.

Es kommt auch kein Fehler zweiter Art im Sinne von Abschnitt 5.4 vor. Um nachzuweisen, dass die Schleife nur endlich oft durchlaufen wird, wählen wir $|M| - |B|$ als Terminierungsausdruck über den Programmvariablen. Dann gilt $|M| - |B| > 0$, falls $B \neq \emptyset$ und $Inv(M, A, B)$ gelten, und die Ausführung des Schleifenrumpfs macht den Wert von $|M| - |B|$ echt kleiner. Somit zeigt das Terminierungskriterium von Abschnitt 5.4 die Behauptung. $\square$

Wie man eine inklusionsmaximale Menge aus der Menge $\{X \in \mathcal{P}(M) \mid E(X)\}$ im Fall einer abwärts-vererbenden Aussage $E(X)$ effizient berechnen kann, das ist im folgenden Satz angegeben. In dem imperativen Programm des Satzes wird das Komplement bezüglich des Universums M gebildet. Die Verifikation des generischen Programms ist sehr ähnlich zu der, die im Beweis von Satz 10.2.3 durchgeführt wurde. Wir verzichten deshalb auf einen Beweis von Satz 10.2.4 und empfehlen, die Verifikation der totalen Korrektheit seines Programms anhand der Formeln der Beweiskizze und einem geeigneten Terminierungsausdruck zu Übungszwecken durchzuführen.

10.2.4 Satz: Berechnung inklusionsmaximaler Mengen

Es seien M eine nichtleere, endliche Menge und $E(X)$ eine abwärts-vererbende Aussage, in der X eine Variable für Elemente der Potenzmenge von M ist. Dann ist das imperative Programm der Beweisskizze

$$\{E(\emptyset)\}$$
$$A, B := \emptyset, \emptyset;$$
$$\{A \subseteq B \wedge E(A) \wedge B \subseteq M \wedge \forall x \in B \setminus A : \neg E(A \oplus x)\}$$
while $B \neq M$ **do**
    if $E(A \oplus elem(\overline{B}))$ **then** $A, B := A \oplus elem(\overline{B}), B \oplus elem(\overline{B})$
        else $A, B := A, B \oplus elem(\overline{B})$ **end**
end
$$\{A \subseteq M \wedge E(A) \wedge \forall Y \in \mathcal{P}(M) : E(Y) \wedge A \subseteq Y \Rightarrow Y = A\}$$

total korrekt bezüglich der annotierten Vor- und Nachbedingung. $\square$

10.3 Anwendungen und Erweiterungen

Die Effizienz der imperativen Programme der letzten beiden Sätze hängt entscheidend von zwei Faktoren ab, der Anzahl der Schleifendurchläufe und den Kosten zur Auswertung der Aussage $E(X)$ in jedem Schleifendurchlauf. Alle verwendeten Mengenoperationen sind in den gängigen Implementierungen von Mengen effizient ausführbar. Die Anzahl der Schleifendurchläufe wird durch die Kardinalität der Grundmenge M bestimmt. Um die Kosten zur Auswertung von $E(X)$ zu senken, bietet sich an, eine neue Aussage $Q(X,x)$ zu suchen, wobei nun x eine Variable für Elemente von M ist, so dass im Fall von Satz 10.2.3 für alle Mengen $A \in \mathcal{P}(M)$ mit $A \neq \emptyset$ und alle Elemente $b \in A$ aus $E(A)$ folgt

$$E(A \ominus b) \iff Q(A,b),$$

und im Fall von Satz 10.2.4 für alle Mengen $A \in \mathcal{P}(M)$ mit $A \neq M$ und alle Elemente $b \in M \setminus A$ aus $E(A)$ folgt

$$E(A \oplus b) \iff Q(A,b).$$

Da $E(A)$ in beiden Programmen bei der Verifikation ein Teil der Schleifeninvariante ist, also während der Ausführung der Schleife gilt, kann man dann in der jeweiligen Schleife die Bedingung $E(A \ominus elem(B))$ durch $Q(A, elem(B))$ bzw. die Bedingung $E(A \oplus elem(\overline{B}))$ durch $Q(A, elem(\overline{B}))$ ersetzen. Auf diese Weise erreicht man häufig eine bessere Laufzeit. Nachfolgend behandeln wir das erste Optimierungsproblem von Abschnitt 10.1 mit Hilfe des generischen Programms von Satz 10.2.4 und verwenden dabei auch die eben besprochene Vorgehensweise zur Vereinfachung der Bedingung der Fallunterscheidung in der Schleife.

10.3.1 Beispiel: Berechnung eines Kerns

Wir nehmen an, dass $g = (V, P)$ ein gerichteter Graph mit symmetrischer und irreflexiver Pfeilrelation ist. Weiterhin setzen wir voraus, dass in der verwendeten imperativen Programmiersprache eine Operation *nachf* zur Verfügung steht, so dass *nachf*(g,x) die Menge *nachf*$_g(x)$ der Nachfolger von $x \in V$ im Graphen g im Sinne von Definition 7.3.1 (3) liefert.

Unser Ziel ist, einen Kern von g zu bestimmen. In Abschnitt 10.1 haben wir diese Aufgabe darauf reduziert, eine inklusionsmaximal stabile Knotenmenge in g zu berechnen. Wenn wir die Eigenschaft, dass eine Menge X von Knoten stabil in g ist, durch die Aussage *stabil*$_g(X)$ beschreiben, dann ist *stabil*$_g(X)$ aufwärts-vererbend und es gilt *stabil*$_g(\emptyset)$. Also ist Satz 10.2.4 anwendbar und wir erhalten das folgende imperative Programm zur Berechnung eines Kerns A von g:

$$
\begin{aligned}
&A, B := \emptyset, \emptyset; \\
&\textbf{while } B \neq V \textbf{ do} \\
&\quad b := elem(\overline{B}); \\
&\quad \textbf{if } stabil_g(A \oplus b) \textbf{ then } A, B := A \oplus b, B \oplus b \\
&\qquad\qquad\qquad \textbf{else } B := B \oplus b \textbf{ end} \\
&\textbf{end}
\end{aligned}
$$

Im Vergleich zum Programm, das sich direkt aus Satz 10.2.4 ergibt, fehlt bei diesem Programm die überflüssige Zuweisung von A an sich selbst im **else**-Fall der Fallunterscheidung.

Dafür enthält es die zusätzliche Zuweisung $b := elem(\overline{B})$ mit einer Hilfsprogrammvariablen b, womit die mehrfachen Aufrufe von $elem(\overline{B})$ vermieden werden. Durch beide Änderungen verändert sich die Semantik nicht, d.h., auch das neue Programm berechnet einen Kern A des gerichteten Graphen $g = (V, P)$.

Wir beschreiben nun die Bedingung der Fallunterscheidung des erhaltenen Programms durch Nachfolgermengen und leiten dann daraus eine einfachere Version her, die auf der in der Programmiersprache zur Verfügung stehenden Operation $nachf$ basiert. Dazu sei $X \subseteq V$ eine beliebige Menge von Knoten des Graphen $g = (V, P)$. Einige elementare Überlegungen zeigen, dass die Aussagen $stabil_g(X)$ und $nachf_g(X) \cap X = \emptyset$ äquivalent sind, wobei $nachf_g(X)$ das Bild der Menge X unter $nachf_g$ ist. Im Hinblick auf diese Beschreibung der Stabilität von Knotenmengen in g und das Ziel, die Bedingung der Fallunterscheidung des obigen Programms möglichst einfach durch die vorausgesetzte Programmiersprachen-Operation $nachf$ zu beschreiben, nehmen wir $A \in \mathcal{P}(M)$ mit $A \neq M$ und $b \in M \setminus A$ an, so dass $stabil_g(A)$ gilt. Dann rechnen wir wie folgt:

$$nachf_g(A \oplus b) \cap (A \oplus b)$$
$$= (nachf_g(A) \cup nachf_g(b)) \cap (A \cup \{b\})$$
$$= (nachf_g(A) \cap A) \cup (nachf_g(A) \cap \{b\}) \cup (nachf_g(b) \cap A) \cup (nachf_g(b) \cap \{b\})$$
$$= (nachf_g(A) \cap \{b\}) \cup (nachf_g(b) \cap A)$$

Dabei verwenden wir im letzten Schritt die Gültigkeit von $stabil_g(A)$, also der Gleichung $nachf_g(A) \cap A = \emptyset$, und, dass die Pfeilrelation P irreflexiv ist, woraus $nachf_g(b) \cap \{b\} = \emptyset$ folgt. Nun rechnen wir wie folgt weiter:

$$
\begin{aligned}
stabil_g(A \oplus x) &\iff nachf_g(A \oplus b) \cap (A \oplus b) = \emptyset && \text{Beschr. } stabil_g(A) \\
&\iff (nachf_g(A) \cap \{b\}) \cup (nachf_g(b) \cap A) = \emptyset && \text{siehe oben} \\
&\iff nachf_g(A) \cap \{b\} = \emptyset \wedge nachf_g(b) \cap A = \emptyset \\
&\iff b \notin nachf_g(A) \wedge nachf_g(b) \cap A = \emptyset
\end{aligned}
$$

Wegen der Symmetrie der Pfeilrelation sind aber $b \notin nachf_g(A)$ und $nachf_g(b) \cap A = \emptyset$ äquivalent, wie die folgende Rechnung zeigt:

$$
\begin{aligned}
b \notin nachf_g(A) &\iff \neg \exists\, x \in A : x\,P\,b && \text{Definition Nachfolger} \\
&\iff \neg \exists\, x \in A : b\,P\,x && P \text{ ist symmetrisch} \\
&\iff \neg \exists\, x : x \in A \wedge x \in nachf_g(b) && \text{Definition Nachfolger} \\
&\iff nachf_g(b) \cap A = \emptyset
\end{aligned}
$$

Wenn wir nun die durch die beiden letzten Rechnungen bewiesenen Äquivalenzen kombinieren und die Definition der Operation $nachf$ auf den Graphen verwenden, dann erhalten wir, dass $stabil_g(A \oplus b)$ genau dann gilt, wenn $nachf(g, b) \cap A = \emptyset$ wahr ist. Wegen dieser Eigenschaft können wir das obige Programm wie folgt vereinfachen:

```
A, B := ∅, ∅;
while B ≠ V do
    b := elem(B̄);
    if nachf(g, b) ∩ A = ∅ then A, B := A ⊕ b, B ⊕ b
                           else  B := B ⊕ b end
end
```

Die konkrete Laufzeit dieses imperativen Programms hängt natürlich von der Implementierung der Datenstruktur für die endlichen Mengen und der Realisierung der Operation *nachf* auf den gerichteten Graphen ab. Schon relativ einfache Implementierungen (wie durch die in Abschnitt 7.3 vorgestellten Booleschen Matrizen) führen zu einer quadratischen Laufzeit in der Anzahl der Knoten. $\qquad\qquad\qquad\qquad\qquad\qquad\qquad\qquad\qquad\qquad\quad$ □

Der Nachweis, dass die Initialisierung der Programmvariablen im generischen Programm von Satz 10.2.3 die Schleifeninvariante etabliert, zeigt, dass man statt $A, B := M, M$ auch $A, B := N, N$ als Initialisierung der Programmvariablen A und B verwenden kann, sofern man gleichzeitig in der Beweisskizze die Vorbedingung $E(M)$ zu $N \subseteq M \wedge E(N)$ abändert. Man kann also die Berechnung einer inklusionsminimalen Menge aus $\{X \in \mathcal{P}(M) \mid E(X)\}$ mit jeder Teilmenge N von M starten, die $E(N)$ erfüllt. Analog dazu kann man auch die Berechnung einer inklusionsmaximalen Menge aus $\{X \in \mathcal{P}(M) \mid E(X)\}$ mit jeder solchen Teilmenge starten, also in der Beweisskizze von Satz 10.2.4 die Vorbedingung $E(\emptyset)$ zu $N \subseteq M \wedge E(N)$ und die Initialisierung zu $A, B := N, N$ abändern.

In der nun folgenden etwas größeren Anwendung der generischen Programme des letzten Abschnitts demonstrieren wir, neben der Vereinfachung der Bedingung der Fallunterscheidung, auch eine Anwendung der eben besprochenen Verallgemeinerung der Initialisierung. Wir behandeln wiederum ein Problem aus der Graphentheorie mit praktischen Anwendungen. Im folgenden Beispiel stellen wir das Problem und eine erste Lösung vor.

10.3.2 Beispiel: Berechnung einer kleinen Knotenüberdeckung I

Es seien $g = (V, K)$ ein ungerichteter Graph und $U \subseteq V$ eine Menge von Knoten. Dann heißt U eine **Knotenüberdeckung** von g, falls für alle Kanten $\{x, y\} \in K$ gilt $x \in U$ oder $y \in U$. Bei einer Knotenüberdeckung liegt also, anschaulich gesprochen, auf jeder Kante des Graphen mindestens ein Knoten der Überdeckung. Jede Kante wird, wie man auch sagt, überdeckt.

Stellt der Graph z.B. ein Versorgungsnetz mit Leitungen dar, so kann man sich die Knoten einer Überdeckung als diejenigen Komponenten des Netzes vorstellen, welche die an sie angeschlossenen Leitungen überwachen. Wegen der Überdeckungseigenschaft wird jede Leitung überwacht. In der Praxis will man aus Kostengründen normalerweise möglichst wenige Komponenten mit Geräten ausstatten, welche Leitungen überwachen. Graphentheoretisch gesprochen ist man an Knotenüberdeckungen mit einer kleinsten Kardinalität interessiert. Leider gehört das Problem, in einem beliebigen ungerichteten Graphen eine Knotenüberdeckung mit einer kleinsten Kardinalität zu berechnen, wiederum zu derjenigen Klasse von Problemen, für die es vermutlich keinen praktikablen Algorithmus im Sinne von Abschnitt 6.3 gibt. Aus diesem Grund ist man an guten Näherungslösungen interessiert.

Wenn man die Minimalität hinsichtlich der Mengeninklusion als Kriterium für eine gute Näherungslösung nimmt, und die Eigenschaft, dass die Menge $X \subseteq V$ eine Knotenüberdeckung des ungerichteten Graphen $g = (V, K)$ ist, durch *überdeck$_g$(X)* beschreibt, dann ist *überdeck$_g$(X)* offensichtlich eine aufwärts-vererbende Aussage und es gilt *überdeck$_g$(V)*. Damit ist Satz 10.2.3 anwendbar, womit wir, nach Modifikationen analog zu Beispiel 10.3.1, das folgende imperative Programm zur Berechnung einer inklusionsminimalen Knoten-überdeckung A von $g = (V, K)$ erhalten:

$$A, B := V, V;$$
$$\textbf{while } B \neq \emptyset \textbf{ do}$$
$$b := elem(B);$$
$$\textbf{if } \ddot{u}berdeck_g(A \ominus b) \textbf{ then } A, B := A \ominus b, B \ominus b$$
$$\textbf{else } B := B \ominus b \textbf{ end}$$
$$\textbf{end}$$

Nun setzen wir voraus, dass in der verwendeten imperativen Programmiersprache eine Operation *nachb* zur Verfügung steht, so dass $nachb(g, x)$ die Nachbarschaftsmenge $nachb_g(x)$ von $x \in V$ in g im Sinne von Definition 8.2.3 liefert. Man kann dann für alle Mengen X von Knoten von g leicht zeigen, dass $\ddot{u}berdeck_g(X)$ und $nachb_g(\overline{X}) \subseteq X$ äquivalent sind, wobei bei der Bildung des Bildes $nachb_g(\overline{X})$ von $\overline{X}$ unter $nachb_g$ das Komplement bezüglich des Universums V gebildet wird. Zur Vereinfachung der Bedingung $\ddot{u}berdeck_g(A \ominus b)$ des obigen Programms nehmen wir an, dass $\ddot{u}berdeck_g(A)$ gilt, also $nachb_g(\overline{A}) \subseteq A$. Wir starten mit der folgenden Rechnung:

$$nachb_g(\overline{A \ominus b}) = nachb_g(\overline{A \setminus \{b\}}) = nachb_g(\overline{A} \oplus b) = nachb_g(\overline{A}) \cup nachb_g(b)$$

Mit Hilfe dieser Gleichung zeigen wir nun die folgende Äquivalenz:

$$\ddot{u}berdeck_g(A \ominus b)$$
$$\Longleftrightarrow nachb_g(\overline{A}) \cup nachb_g(b) \subseteq A \ominus b$$
$$\Longleftrightarrow nachb_g(\overline{A}) \subseteq A \wedge nachb_g(b) \subseteq A \wedge b \notin nachb_g(\overline{A}) \wedge b \notin nachb_g(b)$$
$$\Longleftrightarrow nachb_g(b) \subseteq A \wedge b \notin nachb_g(\overline{A})$$

Bei diesen Umformungen verwenden wir im ersten Schritt die Beschreibung der Aussage $\ddot{u}berdeck_g(A \ominus b)$ und die eben bewiesene Gleichung. Der zweite Schritt folgt aus elementaren Eigenschaften von Mengen und im letzten Schritt nutzen wir aus, dass die Inklusion $nachb_g(\overline{A}) \subseteq A$ als gültig vorausgesetzt ist und $b \notin nachb_g(b)$ wahr ist, weil Kanten zweielementige Mengen von Knoten sind. Zuletzt zeigen wir noch:

$$nachb_g(b) \subseteq A \Longleftrightarrow \forall x \in nachb_g(b) : x \in A$$
$$\Longleftrightarrow \forall x \in V : \{x, b\} \in K \Rightarrow x \in A$$
$$\Longleftrightarrow \forall x \in V : x \notin A \Rightarrow \{x, b\} \notin K$$
$$\Longleftrightarrow \forall x \in \overline{A} : \{x, b\} \notin K$$
$$\Longleftrightarrow b \notin nachb_g(\overline{A})$$

Damit ist $\ddot{u}berdeck_g(A \ominus b)$ zu $nachb_g(b) \subseteq A$ äquivalent und wir erhalten

$$A, B := V, V;$$
$$\textbf{while } B \neq \emptyset \textbf{ do}$$
$$b := elem(B);$$
$$\textbf{if } nachb(g, b) \subseteq A \textbf{ then } A, B := A \ominus b, B \ominus b$$
$$\textbf{else } B := B \ominus b \textbf{ end}$$
$$\textbf{end}$$

als einfacheres Programm zur Berechnung einer inklusionsminimalen Knotenüberdeckung A des ungerichteten Graphen $g = (V, K)$, welches, neben der Datenstruktur für die endlichen Mengen, nur mehr die als zur Verfügung stehend angenommene Operation *nachb* auf den Graphen benutzt. □

Für zufällig gewählte ungerichtete Graphen berechnet das in Beispiel 10.3.2 entwickelte imperative Programm gute Näherungen für eine Knotenüberdeckung mit einer kleinsten Kardinalität. Es gibt aber auch Klassen von Graphen, bei denen die Näherung sehr schlecht sein kann. Ist beispielsweise $g = (V, K)$ ein Baum mit genau einem inneren Knoten $x \in V$ und Knotenmenge $V := \{x, y_1, \ldots, y_n\}$ (dessen Kantenmenge K folglich aus den n „Stacheln" $\{x, y_1\}, \ldots, \{x, y_n\}$ besteht), so ist offensichtlich $\{x\}$ die kleinste Knotenüberdeckung. Wenn aber zufällig die Auswahl $elem(B)$ niemals x liefert, dann berechnet das Programm die zwar inklusionsminimale aber hinsichtlich ihrer Kardinalität sehr große Knotenüberdeckung $\{y_1, \ldots, y_n\}$.

Um beim Berechnen von Näherungslösungen sehr schlechte Näherungen auszuschließen, wurde in der theoretischen Informatik das Gebiet der Approximationsalgorithmen entwickelt. Ein **Approximationsalgorithmus** ist ein praktikabler Algorithmus, der zu einem Optimierungsproblem eine Näherungslösung berechnet und von dem bewiesen wurde, dass die Abweichung des berechneten Resultats von einer optimalen Lösung des Problems beschränkt ist – trotz der Tatsache, dass man normalerweise nicht weiß, wie groß (oder klein) optimale Lösungen sind. Die bewiesene Güte der berechneten Approximation ist genau das, was Approximationsalgorithmen von Heuristiken oder sonstigen Ansätzen unterscheidet. Für das Problem, eine Knotenüberdeckung mit einer kleinsten Kardinalität zu berechnen, ergibt sich ein Approximationsalgorithmus aus dem folgenden Resultat. Man beachte, dass die Menge M des Satzes eine Menge von Kanten ist, also eine Menge von zweielementigen Mengen von Knoten. Somit ist $\bigcup M$ eine Menge von Knoten.

10.3.3 Satz: spezielle Knotenüberdeckung

Es seien $g = (V, K)$ ein ungerichteter Graph, U eine Knotenüberdeckung von g mit einer kleinsten Kardinalität und M eine inklusionsmaximale Menge in

$$\mathcal{M} := \{X \in \mathcal{P}(K) \mid \forall a, b \in X : a \neq b \Rightarrow a \cap b = \emptyset\}.$$

Dann ist $\bigcup M$ eine Knotenüberdeckung von g und es gilt $|\bigcup M| \leq 2 \cdot |U|$.

Beweis: Wir beweisen die erste Behauptung durch Widerspruch und nehmen dazu an, dass $\bigcup M$ keine Knotenüberdeckung von g ist. Dann gibt es eine Kante $\{x, y\} \in K$ mit $x \notin \bigcup M$ und $y \notin \bigcup M$. Dies impliziert $\{x, y\} \notin M$. Wir definieren $M_* := M \oplus \{x, y\}$. Dann gilt $M_* \in \mathcal{P}(K)$. Für alle $a, b \in M_*$ mit $a \neq b$ gilt weiterhin $a \cap b = \emptyset$. Zum Beweis unterscheiden wir drei Fälle:

(a) Es sind a und b beide aus M. In diesem Fall gilt $a \cap b = \emptyset$ wegen der Voraussetzung $M \in \mathcal{M}$ und der Definition von $\mathcal{M}$.

(b) Es gelten $a \in M$ und $b = \{x, y\}$. Wegen $\{x, y\} \notin M$ folgt die Behauptung hier aus

$$a \cap b = a \cap \{x, y\} \subseteq M \cap (K \setminus M) = \emptyset.$$

(c) Es gelten $b \in M$ und $a = \{x, y\}$. Diesen Fall kann man auf die gleiche Weise wie Fall (b) behandeln.

Die eben bewiesenen Eigenschaften zeigen $M_* \in \mathcal{M}$. Es gilt aber auch $M \subset M_*$ aufgrund von $\{x, y\} \notin M$. Dies widerspricht der Annahme, dass M inklusionsmaximal in $\mathcal{M}$ ist.

Weil $\bigcup M$ eine Knotenüberdeckung ist und die Kanten aus M paarweise disjunkt sind, muss U mindestens soviele Knoten beinhalten wie es Kanten in M gibt. Daraus folgt $|M| \le |U|$ und dies bringt

$$\left| \bigcup M \right| = \sum_{a \in M} |a| = \sum_{a \in M} 2 = 2 \cdot |M| \le 2 \cdot |U|,$$

also die zweite Behauptung, denn die Kanten von M sind paarweise disjunkt und alle haben (als Mengen) die Kardinalität 2. $\qquad\square$

Eine Menge von Kanten aus der Menge $\mathcal{M}$ dieses Satzes wird ein **Matching** (oder eine **Paarung**) des ungerichteten Graphen $g = (V, K)$ genannt. Der Satz besagt also, dass die Knoten der Kanten eines inklusionsmaximalen Matchings von g eine Knotenüberdeckung von g bilden, die höchstens doppelt so viele Knoten besitzt, wie eine Knotenüberdeckung von g mit kleinster Kardinalität. Falls $matching_g(X)$ beschreibt, dass die Menge X von Kanten ein Matching des ungerichteten Graphen $g = (V, K)$ ist, dann ist diese Aussage offensichtlich abwärts-vererbend. Weiterhin gilt $matching_g(\emptyset)$. Wir können also das generische Programm von Satz 10.2.4 (wieder mit den oben verwendeten Modifikationen) dazu benutzen, ein inklusionsmaximales Matching A von g wie folgt zu bestimmen:

$$A, B := \emptyset, \emptyset;$$
$$\textbf{while } B \ne K \textbf{ do}$$
$$\qquad b := elem(\overline{B});$$
$$\qquad \textbf{if } matching_g(A \oplus b) \textbf{ then } A, B := A \oplus b, B \oplus b$$
$$\qquad\qquad\qquad\qquad \textbf{else} \quad B := B \oplus b \textbf{ end}$$
$$\textbf{end}$$

Nach diesen Überlegungen zu Approximationsalgorithmen kehren wir zu unserem eigentlichen Problem zurück, der näherungsweisen Berechnung von Knotenüberdeckungen mit kleinster Kardinalität.

10.3.4 Beispiel: Berechnung einer kleinen Knotenüberdeckung II

Das eben erhaltene imperative Programm berechnet zwar zu dem ungerichteten Graphen $g = (V, K)$ ein inklusionsmaximales Matching A, wir sind aufgrund von Satz 10.2.3 jedoch an der Berechnung der Menge $\bigcup A$ von Knoten interessiert. Dies kann aber sehr einfach mit Hilfe einer weiteren Programmvariablen U bewerkstelligt werden, welche die zusätzliche Bedingung $U = \bigcup A$ erfüllt. Wenn wir die Schleifeninvariante des obigen Matchingprogramms (also die von Satz 10.2.4, mit K statt M und $matching_g(X)$ statt $E(X)$) durch die Konjunktion von $U = \bigcup A$ erweitern, dann folgt aus $\emptyset = \bigcup \emptyset$, dass die Initialisierung $A, B, U := \emptyset, \emptyset, \emptyset$ die neue Schleifeninvariante etabliert. Aufgrund von

$$U \cup b = \left(\bigcup A\right) \cup \bigcup \{b\} = \bigcup (A \cup \{b\}) = \bigcup (A \oplus b)$$

wird sie auch aufrecht erhalten, wenn wir den **then**-Fall der Fallunterscheidung des Programms zu $A, B, U := A \oplus b, B \oplus b, U \ominus b$ abändern. Schließlich ist es nicht schwierig, zu zeigen, dass aus $matching_g(A)$, $b \notin A$ und $U = \bigcup A$ die Äquivalenz von $matching_g(A \oplus b)$ und $U \cap b = \emptyset$ folgt. Alle diese Überlegungen zeigen, dass das imperative Programm

$$A, B, U := \emptyset, \emptyset, \emptyset;$$
$$\textbf{while } B \neq K \textbf{ do}$$
$$\quad b := elem(\overline{B});$$
$$\quad \textbf{if } U \cap b = \emptyset \textbf{ then } A, B, U := A \oplus b, B \oplus b, U \cup b$$
$$\quad \quad \quad \quad \textbf{else } B := B \oplus b \textbf{ end}$$
$$\textbf{end}$$

total korrekt bezüglich der Vorbedingung **wahr** und der Nachbedingung

$$A \subseteq K \wedge matching_g(A) \wedge (\forall Y \in \mathcal{P}(K) : matching_g(Y) \wedge A \subseteq Y \Rightarrow Y = A) \wedge U = \bigcup A$$

ist. Wegen Satz 10.3.3 und der zweiten Konsequenzregel des Hoare-Kalküls ist es somit auch total korrekt bezüglich der Vorbedingung **wahr** und der Nachbedingung

$$U \subseteq V \wedge \textit{überdeck}_g(U) \wedge |U| \leq 2 \cdot \min\{|X| \mid X \in \mathcal{P}(V) \wedge \textit{überdeck}_g(X)\}.$$

Man sagt, dass das Programm ein Approximationsalgorithmus für kleinste Knotenüberdeckungen mit **Approximationsschranke** (oder **Approximationsgüte**) 2 ist.

Nun fügen wir den Approximationsalgorithmus für kleinste Knotenüberdeckungen und das in Beispiel 10.3.2 entwickelte Programm für inklusionsminimale Knotenüberdeckungen wie folgt hintereinander, wobei wir die Programmvariablen des Minimierungsprogramms mit dem Resultat U des Approximationsalgorithmus initialisieren (was nach der oben diskutierten Verallgemeinerung der Initialisierung der generischen Programme von Abschnitt 10.2 zulässig ist, da $U \subseteq V \wedge \textit{überdeck}_g(U)$ Teil der Nachbedingung des Approximationsalgorithmus ist).

$$\{\textbf{wahr}\}$$
$$A, B, U := \emptyset, \emptyset, \emptyset;$$
$$\textbf{while } B \neq K \textbf{ do}$$
$$\quad b := elem(\overline{B});$$
$$\quad \textbf{if } U \cap b = \emptyset \textbf{ then } A, B, U := A \oplus b, B \oplus b, U \cup b$$
$$\quad \quad \quad \quad \textbf{else } B := B \oplus b \textbf{ end}$$
$$\textbf{end};$$
$$\{U \subseteq V \wedge \textit{überdeck}_g(U) \wedge |U| \leq 2 \cdot \min\{|X| \mid X \in \mathcal{P}(V) \wedge \textit{überdeck}_g(X)\}\}$$
$$A' := U; B' := U;$$
$$\textbf{while } B' \neq \emptyset \textbf{ do}$$
$$\quad b' := elem(B');$$
$$\quad \textbf{if } nachb(q, b') \subseteq A' \textbf{ then } A', B' := A' \ominus b', B' \ominus b'$$
$$\quad \quad \quad \quad \textbf{else } B' := B' \ominus b' \textbf{ end}$$
$$\textbf{end}$$
$$\{A' \subseteq V \wedge \textit{überdeck}_g(A')\}$$

In dieser Beweisskizze sind die Vorbedingung des ersten Programmteils (des Approximationsalgorithmus), die an der Nahtstelle geltende Formel (die Nachbedingung des Approximationsalgorithmus, welche gleichzeitig die Vorbedingung des Minimierungsprogramms ist) und die wesentlichen Formeln der Nachbedingung des zweiten Programmteils (des Minimierungsprogramms) angegeben. Um Bezeichnungskonflikte zu vermeiden, haben wir weiterhin die Programmvariablen des Minimierungsprogramms umbenannt.

In der angegebenen Form besagt die Beweisskizze nur, dass eine Knotenüberdeckung des ungerichteten Graphen $g = (V, K)$ berechnet wird. Der zweite Teil der Formel an der Nahtstelle wird aber offensichtlich durch die Initialisierung des zweiten Programmteils etabliert und durch dessen Schleife aufrecht erhalten. Somit kann er durch eine Konjunktion zur bisherigen Schleifeninvariante und auch zur Nachbedingung hinzugefügt werden. Dies beweist, dass das gesamte Programm auch total korrekt bezüglich der Vorbedingung **wahr** und der Nachbedingung

$$A' \subseteq V \wedge \textit{überdeck}_g(A') \wedge |A'| \leq 2 \cdot \textit{min}\{|X| \mid X \in \mathcal{P}(V) \wedge \textit{überdeck}_g(X)\}$$

ist, was heißt, dass es eine Knotenüberdeckung von g berechnet, die höchstens doppelt so viele Knoten besitzt, wie eine Knotenüberdeckung mit kleinster Kardinalität. $\square$

Beim Approximationsalgorithmus kann es passieren, dass die berechnete Knotenmenge nicht inklusionsminimal ist. Das Anfügen des Minimierungsprogramms sorgt dafür, dass „nachminimiert wird", also nicht notwendige Knoten aus der anfänglichen Approximation einer kleinsten Knotenüberdeckung noch entfernt werden. $\square$

Ein Nachteil des in Beispiel 10.3.4 entwickelten imperativen Programms ist, dass in seinem ersten Teil (dem Approximationsalgorithmus) die gesamte Kantenmenge durchlaufen wird. Es gibt einen einfachen Approximationsalgorithmus für kleinste Knotenüberdeckungen mit Approximationsschranke 2, der in der Literatur dem griechisch-amerikanischen Informatiker Mihalis Yannakakis (geb. 1953) zugeschrieben wird. Er verwendet eine Operation *inzident* auf den ungerichteten Graphen, so dass für $g = (V, K)$ und $b \in K$ durch den Aufruf *inzident*(g, b) die Menge $\{a \in K \mid a \cap b \neq \emptyset\}$ der, wie man sagt, mit b inzidierenden Kanten berechnet wird. Dadurch kann vermieden werden, dass die gesamte Kantenmenge durchlaufen wird. In der folgenden Beweisskizze ist der Approximationsalgorithmus von Yannakakis mit allen Formeln angegeben, die man zur Verifikation seiner partiellen Korrektheit braucht.

$\{$**wahr**$\}$
$M, B, U := \emptyset, \emptyset, \emptyset;$
$\{M \subseteq K \wedge \textit{matching}_g(M) \wedge U = \bigcup M \wedge$
    $\textit{überdeck}_{(V,B)}(U) \wedge \forall a \in M, c \in \overline{B} : a \cap c = \emptyset \wedge |U| = 2 \cdot |M|\}$
while $B \neq K$ **do**
    $b := \textit{elem}(\overline{B});$
    $M, B, U := M \oplus b, B \cup \textit{inzident}(g, b), U \cup b$
end
$\{U \subseteq V \wedge \textit{überdeck}_g(U) \wedge |U| \leq 2 \cdot \textit{min}\{|X| \mid X \in \mathcal{P}(V) \wedge \textit{überdeck}_g(X)\}\}$

Die vierte Formel der Schleifeninvariante besagt, dass die Menge U eine Knotenüberdeckung des Teilgraphen $g_B = (V, B)$ von g mit der Kantenmenge B ist. Wegen der Eigenschaft $b \cap U = \emptyset$ wird der Wert des Ausdrucks $|U|$ bei jedem Schleifendurchlauf echt vergrößert (nämlich um 2) und $|U| \leq |V|$ impliziert, dass die Schleife maximal $\frac{1}{2} \cdot |V|$-mal durchlaufen wird[19]. Die Verwendung dieses Programms statt des originalen Approximationsalgorithmus im Programm von Beispiel 10.3.4 führt zu wesentlich besseren Laufzeiten. Bei einer entsprechenden Implementierung von Mengen und der Operation *inzident* ist eine quadratische Laufzeit in der Anzahl der Knoten möglich.

Approximationsalgorithmen sind ein Teilgebiet der Algorithmik, jenes Gebiets der theoretischen Informatik, welches sich mit dem Entwurf und der Analyse von effizienten Algorithmen und Datenstrukturen beschäftigt und in dem mathematische Methoden eine große Rolle spielen. Im Grunde genommen stellen die bisherigen Beispiele (insbesondere das zuletzt behandelte) eine Kombination von Ideen aus der Programmverifikation und der Algorithmik dar. So eine Kombination demonstrieren wir auch im folgenden letzten Beispiel des Abschnitts. Wir greifen wieder ein Problem von Abschnitt 10.1 auf.

10.3.5 Beispiel: Berechnung eines spannenden Baums

Es sei $g = (V, K)$ ein zusammenhängender ungerichteter Graph. In Satz 10.1.8 haben wir bewiesen, dass ein ungerichtete Graph $b = (V, B)$ genau dann ein spannender Baum von g ist, falls $B \subseteq K$ gilt, der Graph b keinen Kreis besitzt und B inklusionsmaximal hinsichtlich dieser beiden Eigenschaften ist. Wenn wir nun durch $kreisfrei_g(X)$ beschreiben, dass die Teilmenge X von K zu einem kreisfreien ungerichteten Teilgraphen $g_X = (V, X)$ von g führt, dann ist diese Aussage offensichtlich abwärts-vererbend und es gilt $kreisfrei_g(\emptyset)$. Somit zeigt Satz 10.2.4, dass das folgende imperative Programm die Kantenmenge A eines spannenden Baums von g berechnet:

$$A, B := \emptyset, \emptyset;$$
$$\textbf{while } B \neq K \textbf{ do}$$
$$\quad b := elem(\overline{B});$$
$$\quad \textbf{if } kreisfrei_g(A \oplus b) \textbf{ then } A, B := A \oplus b, B \oplus b$$
$$\quad\quad\quad\quad \textbf{else } B := B \oplus b \textbf{ end}$$
$$\textbf{end}$$

Um die Bedingung $kreisfrei_g(A \oplus b)$ der Fallunterscheidung effizient beschreiben zu können, setzen wir nun zwei Operationen end_1 und end_2 voraus, welche zu einer Kante eines ungerichteten Graphen jeweils einen der beiden Endknoten liefern. Weiterhin nehmen wir an, dass zur Knotenmenge V eine sogenannte **Union-Find-Struktur** zur Verfügung steht. Diese Datenstruktur verwaltet Partitionen von V, wobei zusätzlich jeder Menge $Z \in \mathcal{Z}$ aus einer Partition $\mathcal{Z}$ von V ein eindeutiges Vertreterelement zugeordnet ist. Zur Erzeugung einer Partition von V beinhaltet die Union-Find-Struktur die Operation

$$init(V) = \{\{x\} \mid x \in V\},$$

welche die spezielle Partition von V liefert, die nur aus alle einelementigen Mengen aus $\mathcal{P}(V)$ besteht. Als Vertreterelement von allen Mengen $\{x\} \in init(V)$ wird x definiert. Es gibt auch eine Operation zur Manipulation von Partitionen, nämlich

$$union(\mathcal{Z}, x, y) = ((\mathcal{Z} \ominus Z_x) \ominus Z_y) \oplus (Z_x \cup Z_y),$$

---

[19]Im bisher gebrauchten Sinne ist also $|V| - |U|$ der Terminierungsausdruck über den Programmvariablen, welcher zeigt, dass die Schleife terminiert.

welche zu einer Partition $\mathcal{Z}$ von V und Elementen $x, y \in V$ die eindeutig bestimmten Mengen $Z_x \in \mathcal{Z}$ und $Z_y \in \mathcal{Z}$ mit $x \in Z_x$ und $y \in Z_y$ aus $\mathcal{Z}$ entfernt und dafür deren Vereinigung einfügt[20]. Offensichtlich ist $union(\mathcal{Z}, x, y)$ wiederum eine Partition von V und aus $Z_x = Z_y$ folgt $union(\mathcal{Z}, x, y) = \mathcal{Z}$. In diesem Fall werden die Vertreterelemente nicht verändert. Im verbleibenden Fall $Z_x \neq Z_y$ wird x als das Vertreterelement von $Z_x \cup Z_y$ in $union(\mathcal{Z}, x, y)$ festgelegt; die Vertreterelemente der restlichen Mengen aus $union(\mathcal{Z}, x, y)$ werden nicht verändert. Schließlich gibt es in der Datenstruktur noch eine Operation

$$\text{find}(\mathcal{Z}, x) = \text{ das Vertreterelement von } Z_x,$$

welche zu einer Partition $\mathcal{Z}$ von V und einem Element $x \in V$ das Vertreterelement der eindeutig bestimmten Menge $Z_x \in \mathcal{Z}$ mit $x \in Z_x$ liefert.

Nun verändern wir das obige imperative Programm wie folgt, indem wir eine Programmvariable $\mathcal{Z}$ für die Partition einer Union-Find-Struktur für V einführen und sie geeignet initialisieren bzw. verändern:

$A, B, \mathcal{Z} := \emptyset, \emptyset, init(V);$
while $B \neq K$ **do**
  $b := elem(\overline{B});$
  if $kreisfrei_g(A \oplus b)$ **then** $A, B, \mathcal{Z} := A \oplus b, B \oplus b, union(\mathcal{Z}, end_1(g, b), end_2(g, b))$
              else $B := B \oplus b$ **end**
end

Es sei $g_A = (V, A)$ der durch die Kantenmenge A beschriebene Teilgraph des ungerichteten Graphen $g = (V, K)$. Weil im Fall $A = \emptyset$ der Teilgraph g_A leer ist, besteht jede Zusammenhangskomponente von g_A im Sinne von Abschnitt 8.2 aus genau einem Knoten. Nach der Initialisierung gilt also aufgrund der Definition von $init(V)$, dass

$$\mathcal{Z} = \{Z \in \mathcal{P}(V) \mid Z \text{ ist Zusammenhangskomponente von } g_A = (V, A)\}.$$

Diese Gleichung wird bei jedem Durchlauf der Schleife auch aufrecht erhalten. Zum Beweis sei sie als wahr angenommen. Weiterhin sei die Kante b von der Form $b = \{x, y\}$, es gelten also $x = end_1(g, b)$ und $y = end_2(g, b)$. Wir haben nur den **then**-Fall der Fallunterscheidung zu überprüfen, denn im **else**-Fall werden A und $\mathcal{Z}$ nicht verändert. Es sei also $kreisfrei_g(A \oplus b)$ wahr. Dann müssen x und y in verschiedenen Zusammenhangskomponenten Z_x und Z_y von g_A enthalten sein. Andernfalls würde das Einfügen der Kante $\{x, y\}$ in g_A einen Kreis erzeugen, was der Annahme $kreisfrei_g(A \oplus b)$ widerspricht. Durch $union(\mathcal{Z}, x, y)$ werden die Mengen Z_x und Z_y zu einer Menge „verschmolzen" und diese Menge bildet zusammen mit den restlichen Zusammenhangskomponenten genau die Menge der Zusammenhangskomponenten des ungerichteten Graphen $g_{A \oplus b}$, der aus g_A durch das Einfügen der Kante $\{x, y\}$ entsteht. Folglich stimmt $union(\mathcal{Z}, x, y)$ mit der Menge der Zusammenhangskomponenten von $g_{A \oplus b} = (V, A \oplus b)$ überein.

Weil der ungerichtete Graph g_A aufgrund des Teils $kreisfrei_g(A)$ der Schleifeninvariante kreisfrei ist, ist der ungerichtete Graph $g_{A \oplus b}$ genau dann kreisfrei, wenn die Knoten x

---

[20]Ein Vergleich mit Abschnitt 7.1 zeigt $Z_x = [x]_\equiv$ und $Z_y = [y]_\equiv$, wobei $\equiv$ die der Partition $\mathcal{Z}$ von V eindeutig zugeordnete Äquivalenzrelation auf der Menge V ist.

und y in verschiedenen Zusammenhangskomponenten Z_x und Z_y von g_A enthalten sind. Dies zu testen erlaubt nun die Operation *find* der Union-Find-Struktur für V, denn es gilt $Z_x \neq Z_y$ genau dann, wenn die Vertreterelemente von Z_x und Z_y verschieden sind, also genau dann, wenn $find(\mathcal{Z}, x) \neq find(\mathcal{Z}, y)$ gilt. Damit vereinfacht sich das letzte Programm wie im Folgenden angegeben, wobei wir zusätzlich zwei Hilfsprogrammvariablen x und y zur Abspeicherung der zwei Endknoten der Kante b verwenden:

$A, B, \mathcal{Z} := \emptyset, \emptyset, init(V);$
while $B \neq K$ **do**
    $b := elem(\overline{B});$
    $x, y := end_1(g, b), end_2(g, b);$
    if $find(\mathcal{Z}, x) \neq find(\mathcal{Z}, y)$ **then** $A, B, \mathcal{Z} := A \oplus b, B \oplus b, union(\mathcal{Z}, x, y)$
                    else $B := B \oplus b$ **end**
end

Bei der Ausführung dieses Programms wird die gesamte Kantenmenge des ungerichteten Graphen $g = (V, K)$ einmal durchlaufen. Da bei einer Implementierung von endlichen Mengen durch z.B. lineare Listen das Einfügen eines neuen Elements durch das Linksanfügen in konstanter Laufzeit realisiert werden kann, hängt die Laufzeit im Wesentlichen von der Implementierung der Union-Find-Struktur für die Knotenmenge V ab. $\qquad\square$

In der Literatur findet man einige Vorschläge, Union-Find-Strukturen für endliche und nichtleere Mengen M zu implementieren. Wir beschreiben im Folgenden einen Vorschlag, bei dem graphentheoretische Konzepte eine entscheidende Rolle spielen.

Es sei also M eine nichtleere und endliche Menge. Eine in der Praxis sehr häufig verwendete Implementierung einer Union-Find-Struktur für M erhält man, indem in einem vorbereitenden Schritt zuerst die Mengen jeder Partition von M durch knotenmarkierte Bäume modelliert werden. Man verwendet dazu aber nicht die in Abschnitt 3.3 behandelten Binärbäume, sondern beliebig verzweigte Bäume, bei denen jeder Knoten eine beliebige Anzahl von Nachfolgern besitzen darf. Jede Menge einer vorliegenden Partition von M entspricht dann der Menge der Marken eines Baums und als sein Vertreterelement wird die Marke der Wurzel definiert.

10.3.6 Beispiel: Modellierung einer Partition durch Bäume

Wir betrachten die Menge $M = \{1, 2, 3, 4, 5, 6, 7, 8, 9, 10, 11\}$. Dann werden durch die vier beliebig verzweigten Bäume

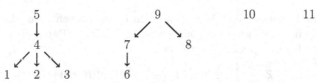

(bei denen die normalerweise durch die Anordnung „von oben nach unten" gegebene Richtung der Linien zwischen den Knoten nun explizit durch angebrachte Pfeilspitzen beschrieben ist) beispielsweise die vier Mengen der Partition

$$\mathcal{Z} = \{\{1, 2, 3, 4, 5\}, \{6, 7, 8, 9\}, \{10\}, \{11\}\}$$

der Menge M modelliert. Die entsprechenden vier Vertreterelemente 5, 9, 10 und 11 der vier Mengen $\{1,2,3,4,5\}$, $\{6,7,8,9\}$, $\{10\}$ und $\{11\}$ ergeben sich direkt aus den Markierungen der Wurzeln der vier Bäume. □

Wenn endliche Mengen durch beliebig verzweigte Bäume modelliert werden, dann geschieht dies auf eine Art und Weise, die alle Knoten mit verschiedenen Marken versieht. Folglich können die Knoten mit ihren Marken identifiziert werden und die beliebig verzweigten Bäume werden dadurch zu speziellen gerichteten Graphen, die man in der Graphentheorie auch als (gerichtete) Wurzelbäume oder Arboreszenzen bezeichnet. Formal ist ein Wurzelbaum ein gerichteter Graph mit einem speziellen Knoten, genannt Wurzel, so dass von der Wurzel zu jedem Knoten genau ein Weg führt.

Ist eine endliche und nichtleere Menge $\{b_1, \ldots, b_n\}$ von Wurzelbäumen $b_i = (V_i, P_i)$ gegeben und sind alle Knotenmengen dieser Wurzelbäume paarweise disjunkt, so kann man die Knotenmengen und die Pfeilmengen jeweils vereinigen und erhält auf diese Weise einen gerichteten Graphen $g = (V, P)$, wobei $V := \bigcup_{i=1}^{n} V_i$ und $P := \bigcup_{i=1}^{n} P_i$, der kreisfrei ist und in dem jeder Knoten einen oder keinen Vorgänger besitzt. Wir können also jede Partition von M durch so einen speziellen gerichteten Graphen mit M als Knotenmenge modellieren. Für die Zerlegung $\mathcal{Z} = \{\{1,2,3,4,5\}, \{6,7,8,9\}, \{10\}, \{11\}\}$ des Beispiels 10.3.6 ergibt sich der gerichtete Graph $g = (M, P)$ mit Knotenmenge

$$M = \{1,2,3,4,5,6,7,8,9,10,11\}$$

und Pfeilrelation

$$P = \{(5,4),(4,1),(4,2),(4,3),(9,7),(9,8),(7,6)\},$$

indem man die zeichnerische Darstellung der vier Wurzelbäume im Beispiel als die zeichnerische Darstellung eines einzelnen gerichteten Graphen interpretiert.

Die bisher entwickelte Modellierung von Partitionen von M durch spezielle gerichtete Graphen $g = (M, P)$, welche kreisfrei sind und in denen jeder Knoten höchstens einen Vorgänger besitzt, erlaubt in einem zweiten Schritt, jede Partition von M durch eine Funktion auf M darzustellen. Diese Funktion ordnet jedem Knoten von g, der einen Vorgänger besitzt, den eindeutig bestimmten Vorgänger zu. Alle Knoten von g ohne Vorgänger werden auf sich selbst abgebildet.

10.3.7 Beispiel: Modellierung einer Partition durch eine Funktion

Wenn wir die eine Partition einer Menge im eben besprochenen Sinne darstellende Funktion der Einfachheit halber mit dem gleichen Symbol wie die Partition selbst bezeichnen, dann erhalten wir für die spezielle Partition

$$\mathcal{Z} = \{\{1,2,3,4,5\}, \{6,7,8,9\}, \{10\}, \{11\}\}$$

der Menge $M = \{1,2,3,4,5,6,7,8,9,10,11\}$ von Beispiel 10.3.6 das nachfolgend in Form einer Tabelle angegebene Resultat:

n	1	2	3	4	5	6	7	8	9	10	11
$\mathcal{Z}(n)$	4	4	4	5	5	7	9	9	9	10	11

Die zeichnerische Darstellung der Funktion $\mathcal{Z} : M \to M$ als eine Relation auf der Menge M mittels eines Pfeildiagramms, d.h. als gerichteter Graph, ergibt sich unmittelbar aus der Zeichnung des gerichteten Graphen von Beispiel 10.3.6, der die Partition $\mathcal{Z}$ modelliert, indem zuerst alle Knoten ohne Vorgänger mit Schlingen versehen werden und dann die Richtung eines jeden Pfeile umgedreht wird. $\qquad\qquad\square$

Mit der bisher entwickelten Darstellung von Partitionen der Menge M durch Funktionen auf M – im Folgenden verwenden wir sowohl für die Partition als auch für die darstellende Funktion das gleiche Symbol $\mathcal{Z}$ – lassen sich nun die drei Operationen einer Union-Find-Struktur für M sehr einfach realisieren. Für *init* erhalten wir

$$init(M) = id_M,$$

denn die identische Funktion $id_M : M \to M$ entspricht dem leeren Graphen $g = (M, \emptyset)$, welcher die spezielle Zerlegung $\{\{x\} \mid x \in M\}$ von M modelliert. Die Operation *find* läßt sich wie folgt rekursiv beschreiben:

$$find(\mathcal{Z}, x) = \begin{cases} x & \text{falls } \mathcal{Z}(x) = x \\ find(\mathcal{Z}, \mathcal{Z}(x)) & \text{falls } \mathcal{Z}(x) \neq x \end{cases}$$

Diese Definition entspricht einer Suche im die Partition $\mathcal{Z}$ modellierenden gerichteten Graphen. Ausgehend vom Knoten $x \in M$ geht man solange zum jeweiligen Vorgänger über, bis man einen Knoten findet, der keinen Vorgänger besitzt. Dieser wird als Resultat geliefert, denn er ist die Wurzel des Wurzelbaums (als Teil des gesamten Graphen), in dem sich x befindet, also das Vertreterelement derjenigen Menge der Partition, die x enthält. Um auch die Operation *union* elegant angeben zu können, definieren wir zuerst zu einer beliebigen Funktion $f : X \to Y$ und Elementen $x \in X$ und $y \in Y$ die Funktion $f[x \to y] : X \to Y$ durch $f[x \to y](z) = f(z)$, falls $z \neq x$, und $f[x \to y](x) = y$, für alle $z \in X$. Dann erhalten wir mit Hilfe dieser Konstruktion die folgende Festlegung:

$$union(\mathcal{Z}, x, y) = \mathcal{Z}[find(\mathcal{Z}, y) \to find(\mathcal{Z}, x)]$$

Es werden also im die Partition $\mathcal{Z}$ modellierenden gerichteten Graphen die Wurzeln w_x bzw. w_y der zwei Wurzelbäume gesucht, in denen sich x bzw. y als Knoten befindet, und dann wird w_x als Vorgänger von w_y definierrt, d.h. der Pfeil (w_y, w_y) im Graphen eingefügt. Dadurch wird w_x zum Vertreterelement derjenigen Menge der veränderten Partition, welche x und y enthält.

10.3.8 Beispiel: Wirkungsweise von *union*

Wir verwenden wiederum die Partition

$$\mathcal{Z} = \{\{1, 2, 3, 4, 5\}, \{6, 7, 8, 9\}, \{10\}, \{11\}\}$$

der Menge $M = \{1, 2, 3, 4, 5, 6, 7, 8, 9, 10, 11\}$ von Beispiel 10.3.6, um die Wirkungsweise der Operation *union* zu verdeutlichen. Aus der in Beispiel 10.3.6 angegebenen Zeichnung des die Partition $\mathcal{Z}$ modellierenden gerichteten Graphen erhalten wir beispielsweise $find(\mathcal{Z}, 4) = 5$ und $find(\mathcal{Z}, 6) = 9$, denn 5 ist die Wurzel des den Knoten 4 enthaltenden Wurzelbaums und 9 ist die Wurzel des den Knoten 6 enthaltenden Wurzelbaums. In dem folgenden Bild ist der die Partition $union(\mathcal{Z}, 4, 6)$ modellierende gerichtete Graph angegeben:

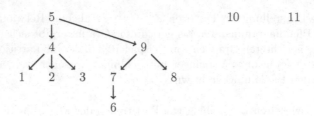

Im Vergleich zur Zeichnung von Beispiel 10.3.6 enthält dieses Bild noch einen Pfeil von $\text{find}(\mathcal{Z}, 4) = 5$ nach $\text{find}(\mathcal{Z}, 6) = 9$. Betrachten wir statt des modellierenden Graphen die darstellende Funktion, so erhalten wir das folgende Resultat:

n	1	2	3	4	5	6	7	8	9	10	11
$\text{union}(\mathcal{Z}, 4, 6)(n)$	4	4	4	5	5	7	9	9	5	10	11

Es wird also, im Vergleich zur Funktion von Beispiel 10.3.7, nur 5 (statt 9) als Wert zur Eingabe 9 definiert, denn der Knoten 9 hat im obigen gerichteten Graphen den Knoten 5 als Vorgänger; alle anderen Funktionswerte bleiben unverändert. □

Weil die Menge M als nichtleer und endlich vorausgesetzt ist, können Funktionen auf M in allen gängigen imperativen Programmiersprachen mittels sogenannter Felder implementiert werden, im Prinzip also mittels Tupeln (oder Tabellen, wie in den Beispielen 10.3.7 und 10.3.8 angegeben), die durch Indizes einen direkten Zugriff auf die einzelnen Komponenten und auch deren Abänderungen erlauben. Ist F ein Feld und i ein Index, so schreibt man oft $F[i]$ für die durch i selektierbare Komponente von F; dies entspricht der Tupelschreibweise F_i. Das Abändern der Komponente $F[i]$ zum Wert des Ausdrucks E wird in der Regel als Zuweisung $F[i] := E$ geschrieben. Dies bewirkt, wiederum in Tupelschreibweise, den Übergang von $(F_1, \ldots, F_n)$ zu $(F_1, \ldots, F_{i-1}, E, F_{i+1}, \ldots, F_n)$. Wir wollen hier nicht auf Einzelheiten eingehen und verweisen auf entsprechende Lehrbücher zu Programmiersprachen und zur Programmierung. Bemerken wollen wir aber, dass mit Hilfe von Feldern eine Implementierung der drei Operationen *init*, *union* und *find* in jeweils linearer Laufzeit in $|M|$ ermöglicht. Diese Effizienz läßt sich noch verbessern, indem bei der Ausführung von $\text{union}(\mathcal{Z}, x, y)$ die Baumhöhen berücksichtigt werden. Konkret heißt dies, dass der Wurzelbaum mit der geringeren Höhe unter die Wurzel des Wurzelbaums mit der größeren Höhe „gehängt" wird. Damit kann man verhindern, dass einzelne Wurzelbäume zu linearen Listen entarten. Auch wachsen die Höhen der einzelnen Wurzelbäume in der Regel langsamer, was bei der Ausführung der Operation *find* den Suchaufwand verringert.

10.4 Bemerkungen zum Lösen schwieriger Optimierungsprobleme

Viele praktisch relevante algorithmische Aufgabenstellungen kann man als Optimierungsprobleme auffassen. Eine große Klasse solcher Probleme ist von der folgenden abstrakten Form: Gegeben sind eine nichtleere, endliche Menge L (oft **Lösungsraum** genannt) und eine Ordnungsrelation auf L und die Aufgabe ist, ein extremes Element von L (genannt **optimale Lösung**) hinsichtlich dieser Ordnung im Sinne von Definition 7.2.5 zu bestimmen. Die in Abschnitt 10.2 angegebenen generischen Programme lösen genau solche Optimierungsprobleme. Eine andere große Klasse von Optimierungsproblemen verwendet statt einer Ordnungsrelation auf L eine Funktion $z : L \to \mathbb{R}$ (oft **Zielfunktion** genannt) und die Aufgabe ist hier, eine optimale Lösung $a \in L$ zu berechnen, welche z minimiert (also $z(a) = min\{z(x) \mid x \in L\}$ erfüllt) oder z maximiert (also $z(a) = max\{z(x) \mid x \in L\}$ erfüllt). Bei praktischen Anwendungen und bei Untersuchungen in der theoretischen Informatik arbeitet man vielfach auch mit Zielfunktionen der Art $z : L \to \mathbb{N}$.

Wir haben in Abschnitt 6.3 erklärt, was ein praktikabler Algorithmus ist und in diesem Zusammenhang auch erwähnt, dass es viele wichtige praktische Berechnungsprobleme gibt, zu deren Lösung man bisher noch keine praktikablen Algorithmen kennt und sogar vermutet, dass es solche aus prinzipiellen Gründen gar nicht geben kann. Letzteres gilt insbesondere für viele Probleme der eben genannten zweiten Klasse von Optimierungsproblemen, beispielsweise für das Problem, zu einem ungerichteten Graphen $g = (V, K)$ eine Knotenüberdeckung mit einer kleinsten Kardinalität zu berechnen, wie wir schon in Beispiel 10.3.2 bemerkt haben. In diesem speziellen Fall ist der Lösungsraum L durch $L := \{X \in \mathcal{P}(V) \mid \ddot{u}berdeck_g(X)\}$ gegeben und die zu minimierende Zielfunktion $z : L \to \mathbb{N}$ ist durch $z(X) = |X|$ definiert.

Zur Berechnung einer möglichst kleinen Knotenüberdeckung haben wir in Abschnitt 10.3 den Approximationsalgorithmus von Yannakakis vorgestellt. Approximationsalgorithmen stellen eine erste Möglichkeit dar, schwierige Optimierungsprobleme näherungsweise effizient zu lösen, wobei eine mathematisch bewiesene Garantie für die Güte der berechneten Näherung einer optimalen Lösung gegeben wird. Im Rest dieses Abschnitts skizzieren wir noch zwei weitere Möglichkeiten zur Behandlung schwieriger Optimierungsprobleme. Sie stellen ebenfalls Teilgebiete der Algorithmik dar und werden in einem Studium der Informatik manchmal sogar in eigenen Spezialvorlesungen behandelt.

Die Möglichkeit, ein schwieriges Optimierungsproblem dadurch zu lösen, dass man alle Elemente des Lösungsraums L der Reihe nach erzeugt und sie dabei hinsichtlich des Werts der Zielfunktion vergleicht, scheitert meist wegen der zu großen Kardinalität von L. Beim Vorgehen nach der **Branch-and-bound-Methode** wird in einer intelligenten Art und Weise eine möglichst kleine Teilmenge M von L erzeugt, die alle optimalen Lösungen enthält. Die Menge M wird während des Erzeugungsprozesses durch das Vergleichen der z-Werte von Elementen bestimmt. Das Erzeugen von M kann man sich so vorstellen, dass man hypothetisch (beim praktischen Durchführen mittels eines rekursiven Programms) alle Elemente von L durch einen beliebig verzweigten Baum (oft einen Binärbaum) darstellt, diesen von der Wurzel ausgehend „durchläuft" und dabei, unter Verwendung von gewissen Schranken für die Funktionswerte $z(a)$ der unbekannten optimalen Lösungen $a \in L$, diejenigen Teilbäume ausläßt, in denen sich keine optimale Lösung befinden kann. Dies spart oft viel Rechenzeit. Der Vorteil der Branch-and-bound-Methode ist, dass, im Gegensatz zu Approximationsalgorithmen, wirklich eine optimale Lösung bestimmt wird. Es kann aber im schlimmsten Fall passieren, dass kein Teilbaum auslassen werden kann, also alle Elemente von L erzeugt werden müssen.

Evolutionäre Algorithmen sind eine weitere Möglichkeit, schwierige Optimierungsprobleme zu behandeln. Wie Approximationsalgorithmen berechnen sie keine optimale Lösung, sondern nur eine Näherung davon. Ihre Vorgehensweise ist von der Evolution biologischer Lebewesen inspiriert, und man nennt in diesem Zusammenhang Teilmengen des Lösungsraums L auch Populationen. Ausgehend von einer zufällig gewählten nichtleeren Startpopulation P_1 erzeugt ein evolutionärer Algorithmus eine lineare Liste $(P_1, P_2, P_3, \ldots, P_n)$ von Populationen. Dabei erfolgt der Übergang von P_i zu P_{i+1} dadurch, dass zuerst die Zielfunktion $z : L \to \mathbb{R}$ (in diesem Zusammenhang Fitnessfunktion genannt) auf alle Elemente $x \in P_i$ angewendet wird. Basierend auf die Resultate wird dann eine zufällige Teilmenge E_i von P_i als Menge der „Eltern" der Population P_{i+1} festgelegt. Dabei werden Eltern bevorzugt, welche die Fitnessfunktion in Richtung auf eine optimale Lösung verändern, also etwa verkleinern, wenn ein $a \in L$ mit $z(a) = min\{z(x) \mid x \in L\}$ berechnet werden soll. Aus der Menge E_i wird schließlich P_{i+1} durch Operationen gewonnen, welche der biologischen Evolution nachgebildet sind, beispielsweise durch Rekombination und Mutation. Die Erzeugung der Populationen endet mit dem Listenelement P_n wenn ein bestimmtes Abbruchkriterium erfüllt ist, etwa n groß genug ist oder die Fitnessfunktionswerte $f(x)$ für alle $x \in P_n$ eine gewisse Schranke unterschritten bzw. überschritten haben. Die theoretische Analyse der Güte und des Aufwands von evolutionären Algorithmen erfolgt mit Methoden der mathematischen Wahrscheinlichkeitstheorie und Statistik, deren Grundkenntnisse wir in Kapitel 9 vorgestellt haben. Dabei sind insbesondere zwei Fragen von Interesse. Bei der ersten Frage nimmt man an, dass die Anzahl der Populationen durch das Abbruchkriterium fest vorgegeben ist. Man fragt dann nach der Wahrscheinlichkeit, dass die zuletzt erzeugte Population eine optimale Lösung enthält. Die zweite Frage geht hingegen davon aus, dass das Abbruchkriterium die Anzahl der Populationen nicht festlegt. In diesem Zusammenhang fragt man dann nach der erwarteten Anzahl von Popolationen, die man erzeugen muss, damit die zuletzt erzeugte Population eine optimale Lösung enthält. Formal berechnet man also den Erwartungswert einer geeigneten Zufallsvariablen.

10.5 Übungsaufgaben

10.5.1 Aufgabe

Geben Sie jeweils einen gerichteten Graphen an, der keinen Kern besitzt, genau einen Kern besitzt bzw. mehr als einen Kern besitzt.

10.5.2 Aufgabe

Auf einem Tisch liegen n Streichhölzer. Zwei Spieler A und B entfernen, beginnend mit A und dann sich abwechselnd, wahlweise ein Streichholz oder zwei Streichhölzer. Es gewinnt derjenige Spieler, der das letzte Streichholz entfernt.

(1) Modellieren sie die Zustände und möglichen Zustandsübergänge als einem Spielgraphen und zeichnen Sie die Spielgraphen mit der jeweiligen Anfangsmarkierung für $n = 10$ und $n = 11$.

(2) Bestimmen Sie für die beiden Spielgraphen von (1) jeweils einen Kern.

(3) Welcher Spieler gewinnt für $n = 10$ bzw. $n = 11$ das Streichholzspiel, wenn er die Strategie „ziehe in einen Kern" verwendet?

10.5.3 Aufgabe

Gegeben sei ein gerichteter Graph $g = (V, P)$, für den die zwei Eigenschaften $P^* = V \times V$ und $(PP)^* \cap P(PP)^* = \emptyset$ gelten.

(1) Beschreiben Sie unter der Verwendung von Wegen und Kreisen die Bedeutung der Gleichungen $P^* = V \times V$ und $(PP)^* \cap P(PP)^* = \emptyset$ und beweisen Sie, dass die Gleichungen zu Ihren Beschreibungen äquivalent sind.

(2) Zeigen Sie, dass es einen Kern in g gibt.

10.5.4 Aufgabe

(1) Zeigen Sie, dass für jede homogene Relation R die Gleichung $RR^+ \cup R = R^+$ gilt.

(2) Zeigen Sie, dass für jede reflexive Relation R die Gleichung $R \cap \overline{RR^+} = \emptyset$ gilt.

(3) Geben Sie umgangssprachliche Beschreibungen der Gleichungen aus (1) und (2) an, indem Sie geeignete graphentheoretische Begriffe verwenden.

10.5.5 Aufgabe

Es sei $g = (V, K)$ ein ungerichteter Graph. Beweisen Sie:

(1) Es ist g genau dann ein Wald, wenn es zwischen allen Paaren von Knoten $x, y \in V$ höchstens einen Weg gibt.

(2) Es ist g genau dann ein Baum, wenn es zwischen allen Paaren von Knoten $x, y \in V$ genau einen Weg gibt.

10.5.6 Aufgabe

Wir betrachten die folgenden Aussagen $E_1(X)$, $E_2(X)$, $E_3(X)$ und $E_4(X)$, in denen X jeweils eine Variable für Elemente der Potenzmenge von $\mathbb{N}$ ist:

$$\begin{aligned} E_1(X) & :\Longleftrightarrow |X| = |\mathbb{N}| \\ E_2(X) & :\Longleftrightarrow |\mathbb{N} \setminus X| = |\mathbb{N}| \\ E_3(X) & :\Longleftrightarrow \textbf{wahr} \\ E_4(X) & :\Longleftrightarrow \forall x, y \in \mathbb{N} : x \in X \land y \leq x \Rightarrow y \in X \end{aligned}$$

Geben Sie für alle Aussagen an, ob sie aufwärts- bzw. abwärts-vererbend sind (mit Begründungen).

10.5.7 Aufgabe

(1) Beweisen Sie die beiden Punkte (1) und (2) von Lemma 10.2.2 jeweils durch Widerspruch.

(2) Beweisen Sie Satz 10.2.4.

10.5.8 Aufgabe

Es seien $g = (V, P)$ ein gerichteter Graph und $X \subseteq V$ eine Menge von Knoten. Beweisen Sie, dass X genau dann stabil in g ist, wenn $nachf_g(X) \cap X = \emptyset$ gilt, wobei $nachf_g(X)$ das Bild der Menge X unter $nachf_g$ ist.

10.5.9 Aufgabe

Es seien $g = (V, K)$ ein ungerichteter Graph und $X \subseteq V$ eine Menge von Knoten. Beweisen Sie, dass X genau dann eine Knotenüberdeckung von g ist, wenn $nachb_g(\overline{X}) \subseteq X$ gilt, wobei $nachb_g(\overline{X})$ das Bild des Komplements der Menge X bezüglich des Universums V unter $nachb_g$ ist.

10.5.10 Aufgabe

(1) Verwenden Sie die in der Beweisskizze zum Algorithmus von Yannakakis angegebenen Informationen, um zu verifizieren, dass das Programm der Beweisskizze partiell korrekt bezüglich der annotierten Vor- und Nachbedingung ist.

(2) Verifizieren Sie auch, dass das Programm dieser Beweisskizze total korrekt bezüglich der annotierten Vor- und Nachbedingung ist.

10.5.11 Aufgabe

Im Rahmen der Übungsaufgaben zu Kapitel 8 wurde der Begriff einer Clique eines ungerichteten Graphen eingeführt. Verwenden Sie das generische Programm von Satz 10.2.4, um zu einem ungerichteten Graphen $g = (V, K)$ eine inklusionsmaximale Clique zu berechnen. Beschreiben Sie dabei die Bedingung der Fallunterscheidung durch die in Beispiel 10.3.2 eingeführte Operation $nachb$.

10.5.12 Aufgabe

Gegeben sei ein gerichteter Graph $g = (V, P)$. Weiterhin sei die Aussage $E(X)$ definiert durch $X^* = P^*$, wobei X eine Variable für Elemente der Potenzmenge von P ist.

(1) Zeigen Sie, dass $E(X)$ aufwärts-vererbend ist und $E(P)$ gilt.

(2) Verwenden Sie (1) und das generische Programm von Satz 10.2.3, um ein imperatives Programm zu erhalten, welches eine transitive Reduktion von P berechnet.

(3) Beweisen Sie für alle Relationen $A \in \mathcal{P}(P)$ mit $A^* = P^*$ und alle $b \in A$, dass $(A \ominus b)^* = P^*$ genau dann gilt, wenn $b \in (A \ominus b)^*$ gilt.

(4) Es stehe in der verwendeten imperativen Programmiersprache eine Testoperation $erreichbar$ zur Verfügung, so dass $erreichbar(A, x, y)$ genau dann den Wert W liefert, wenn im gerichteten Graphen $h = (V, A)$ der Knoten y vom Knoten x aus erreichbar ist. Weiterhin seien zwei Operationen $komp_1$ und $komp_2$ vorhanden, welche zu einem Paar die erste bzw. zweite Komponente liefern. Verwenden Sie (3), um das Programm von (2) so umzuformen, dass in der Bedingung der Fallunterscheidung statt der aufwärts-vererbenden Aussage die Operation $erreichbar$ verwendet wird.

(5) Informieren Sie sich in der Literatur über effiziente Erreichbarkeitsalgorithmen (z.B. mittels Breiten- oder Tiefensuche) und schätzen Sie damit die Laufzeit des Programms von (4) ab, wenn $erreichbar$ durch so einen Algorithmen implementiert ist.

11 Grundbegriffe algebraischer Strukturen

Große Teile der Mathematik und der theoretischen Informatik untersuchen mathematische Strukturen und wenden solche zur Lösung von Problemen an. Sehr allgemein betrachtet besteht eine mathematische Struktur aus einer Liste von nichtleeren Mengen, genannt Trägermengen, von Elementen aus den Trägermengen, genannt Konstanten, und von mengentheoretischen Konstruktionen über den Trägermengen. Bisher kennen wir etwa geordnete Mengen, gerichtete Graphen und ungerichtete Graphen als mathematische Strukturen. In den ersten beiden Fällen gibt es genau eine Trägermenge, keine Konstanten und genau eine mengentheoretische Konstruktion, welche jeweils eine Relation über der Trägermenge ist. Beim dritten Fall gibt es ebenfalls genau eine Trägermenge und keine Konstanten. Die einzige mengentheoretische Konstruktion ist nun jedoch eine spezielle Teilmenge der Potenzmenge der Trägermenge. In diesem Kapitel behandeln wir fast nur algebraische Strukturen. Dies heißt konkret, dass die mengentheoretischen Konstruktionen Funktionen über den Trägermengen sind. Wir beschränken uns weiterhin größtenteils auf den Fall einer einzigen Trägermenge. Solche Strukturen werden auch homogen genannt. Alle speziell behandelten homogenen algebraischen Strukturen stammen aus der klassischen Algebra. Auf allgemeinere mathematische Strukturen gehen wir im letzten Abschnitt des Kapitels noch kurz ein. Wir hoffen, dass die Leserin oder der Leser durch den gewählten allgemeinen Ansatz dieses Kapitels gut auf die Verwendung allgemeiner mathematischer Strukturen vorbereitet wird.

11.1 Homogene algebraische Strukturen

Wenn wir die oben angegebene informelle Beschreibung einer homogenen algebraischen Struktur in eine formale Definition fassen, so erhalten wir die folgende Festlegung.

11.1.1 Definition: homogene algebraische Struktur

Eine **homogene algebraische Struktur** ist ein Tupel $(M, c_1, \ldots, c_m, f_1, \ldots, f_n)$ mit $m, n \in \mathbb{N}$ und $n \geq 1$. Dabei ist M eine nichtleere Menge, genannt **Trägermenge**, alle c_i sind (gewisse ausgezeichnete) Elemente aus M, genannt die **Konstanten**, und alle f_i sind (irgendwelche) s_i-stellige Funktionen $f_i : M \to M$ im Fall $s_i = 1$ und $f_i : M^{s_i} \to M$ im Fall $s_i > 1$, genannt die (inneren) **Operationen**. Die lineare Liste $(0, \ldots, 0, s_1, \ldots, s_n)$ mit m Nullen heißt der **Typ** oder die **Signatur**. $\qquad\square$

Man beachte, dass laut dieser Definition bei homogenen algebraischen Strukturen die Konstanten fehlen dürfen, jedoch mindestens eine Operation vorhanden sein muss. Beispielsweise bildet das Paar $(\mathbb{N}, +)$ eine homogene algebraische Struktur des Typs (2), das 5-Tupel $(\mathbb{N}, 0, 1, +, \cdot)$ bildet eine homogene algebraische Struktur des Typs $(0, 0, 2, 2)$ und das Tripel $(M^*, (), \&)$ bildet eine homogene algebraische Struktur des Typs $(0, 2)$. Nachfolgend sprechen wir vereinfachend nur noch von algebraischen Strukturen. Die Operationen, die vorkommen werden, sind 1- oder 2-stellig. Im zweiten Fall verwenden wir immer eine Infix-Notation und sprechen manchmal auch von einer **Verknüpfung**.

Wir haben in Definition 11.1.1 der Übersichtlichkeit halber gefordert, dass in der Tupelaufschreibung einer homogenen algebraischen Struktur erst die Trägermenge kommt,

© Springer Fachmedien Wiesbaden GmbH, ein Teil von Springer Nature 2021
R. Berghammer, *Mathematik für die Informatik*,
https://doi.org/10.1007/978-3-658-33304-1_11

dann die Konstanten kommen und am Ende die Operationen stehen. In der Praxis macht man sich von dieser Forderung oft frei und vermischt die Aufzählung der Konstanten und Operationen nach der Trägermenge. Dann ist etwa $(\mathbb{N}, 0, +, 1, \cdot)$ eine homogene algebraische Struktur des Typs $(0, 2, 0, 2)$. Wir bleiben aber im Rest des Kapitels bei der Aufzählung gemäß Definition 11.1.1.

Algebraische Strukturen unterscheiden sich zuerst durch ihren Typ. Wesentlich wichtiger ist aber ihre Unterscheidung durch die Eigenschaften, welche für die Konstanten und Operationen gefordert werden, also ihre Axiome. Werden Konstanten, Operationen und Axiome nach und nach hinzugenommen, so entsteht eine gewisse Hierarchie von immer feineren Strukturen. Am Anfang der Hierarchie, die wir nachfolgend aufbauen, stehen die Monoide, welche wie folgt festgelegt sind.

11.1.2 Definition: Monoid

Eine algebraische Struktur $(M, e, \cdot)$ des Typs $(0, 2)$ heißt ein **Monoid**, falls für alle $x, y, z \in M$ die folgenden Monoid-Axiome gelten:

$$x \cdot (y \cdot z) = (x \cdot y) \cdot z \qquad e \cdot x = x \qquad x \cdot e = x$$

Gilt zusätzlich noch für alle $x, y \in M$ die Gleichung $x \cdot y = y \cdot x$, so heißt $(M, e, \cdot)$ ein **kommutatives Monoid**. □

Die erste und die letzte Gleichung dieser Definition kennen wir schon von den Mengen und der Logik her als Assoziativ- bzw. Kommutativgesetz. Das Element e heißt **neutral** hinsichtlich der Operation „$\cdot$", wobei die zweite Gleichung die **Linksneutralität** und die dritte Gleichung die **Rechtsneutralität** spezifiziert. Aufgrund der Assoziativität der 2-stelligen Operation können wir auf die Klammerung verzichten. Wie schon früher werden wir auch in den Rechnungen dieses Kapitels bei assoziativen Operationen die Klammern fast immer weglassen und auch Anwendungen des Assoziativgesetzes nicht gesondert erwähnen.

Beispiele für zahlartige kommutative Monoide sind $(\mathbb{N}, 0, +)$, $(\mathbb{N}, 1, \cdot)$ und $(\mathbb{Z}, 0, +)$. Jede Menge M führt zu den kommutativen Monoiden $(\mathcal{P}(M), \emptyset, \cup)$ und $(\mathcal{P}(M), M, \cap)$ und zu den Monoiden $(M^*, (), \&)$ der linearen Listen und $(\mathcal{S}(M), id_M, \circ)$ der bijektiven Funktionen. Die letzten beiden Monoide sind im Allgemeinen nicht kommutativ, wie man sehr leicht durch die Angabe entsprechender Gegenbeispiele belegt. Bei Monoiden kann man eine Potenzierung analog zu den Zahlen wie folgt festlegen.

11.1.3 Definition: Potenzierung

In einem Monoid $(M, e, \cdot)$ definiert man die n-te **Potenz** x^n von $x \in M$ durch $x^0 := e$ und $x^{n+1} = x \cdot x^n$ für alle $n \in \mathbb{N}$. □

So entspricht in $(\mathbb{N}, 0, +)$ die Potenz x^n beispielsweise der n-fachen Addition von x mit sich selbst, also dem Produkt xn, in $(\mathbb{N}, 1, \cdot)$ ist x^n die übliche Potenzierung und in $(\mathcal{P}(M), \emptyset, \cup)$ gelten $X^0 = \emptyset$ und $X^n = X$ für alle $n > 0$. Durch vollständige Induktion kann man leicht die üblichen Potenzgesetze auch für Monoide zeigen. Wir empfehlen der Leserin oder dem Leser, den nachfolgenden Satz zu Übungszwecken zu beweisen.

11.1.4 Satz: Potenzgesetze

Es seien $(M, e, \cdot)$ ein Monoid, $x, y \in M$ und $m, n \in \mathbb{N}$. Dann gelten die Gleichungen $x^{m+n} = x^m \cdot x^n$ und $x^{mn} = (x^m)^n$ und, falls $(M, e, \cdot)$ kommutativ ist, gilt auch die Gleichung $(x \cdot y)^m = x^m \cdot y^m$. □

Was die zwei Monoide $(\mathbb{Z}, 0, +)$ und $(\mathcal{S}(M), id_M, \circ)$ von all den anderen oben angeführten Monoiden wesentlich unterscheidet, ist, dass eine Gleichung der Form $x + y = z$ bzw. der Form $f \circ g = h$ nach allen Objekten umgestellt werden kann. Sind beispielsweise ganze Zahlen x und z gegeben, so bekommt man die ganze Zahl y durch $y = -x + z$ und sind beispielsweise bijektive Funktionen $g : M \to M$ und $h : M \to M$ gegeben, so bekommt man die bijektive Funktion $f : M \to M$ durch $f = h \circ g^{-1}$. Es gibt also jeweils eine entsprechende 1-stellige Operation, welche die entsprechenden Umstellungen erlaubt. Ihre Existenz macht aus Monoiden Gruppen im folgenden Sinn:

11.1.5 Definition: Gruppe

Eine algebraische Struktur $(G, e, \cdot, inv)$ des Typs $(0, 2, 1)$ heißt eine **Gruppe**, falls für alle $x, y, z \in G$ die folgenden Gruppen-Axiome gelten:

$$x \cdot (y \cdot z) = (x \cdot y) \cdot z \qquad e \cdot x = x \qquad inv(x) \cdot x = e$$

Gilt wiederum die Gleichung $x \cdot y = y \cdot x$ für alle $x, y \in G$, so heißt $(G, e, \cdot, inv)$ eine **kommutative Gruppe**. □

Kommutative Gruppen werden auch Abelsche Gruppen genannt, nach dem norwegischen Mathematiker Nils Henrik Abel (1802-1829). Kleine Gruppen stellt man in der Regel durch Gruppentafeln dar, die aufzeigen, was das Resultat $x \cdot y$ für jedes Paar $(x, y) \in G^2$ ist.

11.1.6 Beispiel: Kleinsche Vierergruppe

Wir betrachten die Menge $V_4 := \{e, a, b, c\}$, das spezielle Element e aus V_4 und die zwei Operationen $\cdot : V_4^2 \to V_4$ und $inv : V_4 \to V_4$, welche durch die folgende Tafel bzw. den folgenden Vektor vollständig spezifiziert sind:

·	e	a	b	c
e	e	a	b	c
a	a	e	c	b
b	b	c	e	a
c	c	b	a	e

	inv(·)
e	e
a	a
b	b
c	c

Durch eine Überprüfung aller 64 Tripel aus V_4^3 kann man leicht die Assoziativität der Gruppen-Operation „·" nachrechnen. Die zweite Zeile und die zweite Spalte der Tafel zeigen, dass e das neutrale Element ist. Aus der Diagonale der Tafel folgt nochmals $inv(x) = x$ für alle $x \in \{e, a, b, c\}$. Weil eine Spiegelung der Tafel an der Hauptdiagonale die Tafel in sich überführt, ist die Gruppe $(V_4, e, \cdot, inv)$ sogar kommutativ. Sie wird nach dem deutschen Mathematiker Felix Klein (1849-1925) Kleinsche Vierergruppe genannt. □

Es fällt auf, dass im Vergleich zu Definition 11.1.2 in Definition 11.1.5 die Gleichung der

Rechtsneutralität von e fehlt. Weiterhin hätte man zusätzlich zur Forderung $inv(x) \cdot x = e$ für alle $x \in G$, welche in der üblichen Terminologie besagt, dass $inv(x)$ ein **linksinverses Element** zu x ist, auch noch die Forderung $x \cdot inv(x) = e$ für alle $x \in G$ erwartet, welche besagt, dass $inv(x)$ auch ein **rechtsinverses Element** zu x ist. Beides ist nicht notwendig, da es aus den Gruppen-Axiomen von Definition 11.1.5 bewiesen werden kann, wie das folgende Lemma zeigt.

11.1.7 Lemma

In jeder Gruppe $(G, e, \cdot, inv)$ gelten für alle $x \in G$ die folgenden Formeln:

$$x \cdot x = x \Rightarrow x = e \qquad\qquad x \cdot e = x \qquad\qquad x \cdot inv(x) = e$$

Beweis: Zum Beweis der Implikation gelte die Voraussetzung $x \cdot x = x$. Dann folgt daraus

$$x = e \cdot x = inv(x) \cdot x \cdot x = inv(x) \cdot x = e$$

aufgrund der Linksneutralität von e, der Voraussetzung und der Forderung, dass $inv(x)$ ein linksinverses Element zu x ist.

Nun beweisen wir zuerst die rechte Gleichung für ein beliebiges $x \in G$. Dazu starten wir mit der Rechnung

$$(x \cdot inv(x)) \cdot (x \cdot inv(x)) = x \cdot (inv(x) \cdot x) \cdot inv(x) = x \cdot e \cdot inv(x) = x \cdot inv(x),$$

wobei wir wieder nur die Linksneutralität von e und die Forderung verwenden, dass $inv(x)$ ein linksinverses Element zu x ist. Aufgrund der anfangs bewiesenen Implikation erhalten wir $x \cdot inv(x) = e$.

Zum Beweis der linken Gleichung sei $x \in G$ angenommen. Dann bekommen wir

$$x \cdot e = x \cdot inv(x) \cdot x = e \cdot x = x,$$

indem wir zuerst verwenden, dass $inv(x)$ ein linksinverses Element zu x ist, dann die schon bewiesene rechte Gleichung und schließlich noch die Linksneutralität von e. $\qquad\square$

Wir haben bei der Definition eines Monoids und einer Gruppe das (links)neutrale Element und die Funktion der Linksinversenbildung jeweils in den Typ mit aufgenommen. In der Regel werden Monoide und Gruppen in Mathematik-Lehrbüchern aber anders definiert, nämlich als algebraische Strukturen $(M, \cdot)$ bzw. $(G, \cdot)$ des Typs (2). Neben der Assoziativität der Gruppen-Operation „$\cdot$" wird bei diesem Ansatz bei Monoiden die Existenz eines Elements $e \in M$ mit der folgenden Eigenschaft gefordert:

$$\forall\, x \in M : e \cdot x = x \wedge x \cdot e = x$$

Bei Gruppen wird ebenfalls die Existenz eines Elements $e \in G$ gefordert, nun aber mit der folgenden komplizierteren Eigenschaft:

$$(\forall\, x \in G : e \cdot x = x) \wedge (\forall\, x \in G : \exists\, y \in G : y \cdot x = e)$$

358

Der traditionellen Auffassung einer Gruppe als algebraische Struktur $(G, \cdot)$ liegt unter anderem zugrunde, die geforderten Eigenschaften möglichst klein zu halten und auch, dass man aus der Tafel von „$\cdot$" sowohl e als auch die Operation inv bekommen kann.

Offensichtlich gelten für Monoide und Gruppen nach unserer Definition die obigen Formeln. Bei den Gruppen der traditionellen Auffassung kann man umgekehrt zeigen, dass das im rechten Teil der Formel als existierend geforderte y eindeutig ist. Somit definiert bei der traditionellen Auffassung die Zuordnung von x zu dem einzigen Element y mit $y \cdot x = e$ die Operation inv in unserem Sinne. Der Vorteil unseres Ansatzes ist, dass die Gruppen-Axiome als Gleichungen sehr einfach sind. Das erleichtert sowohl das Verstehen als auch das Rechnen. Weiterhin sind sehr allgemeine Resultate aus der sogenannten universellen Algebra anwendbar, die Aussagen über **gleichungsdefinierte algebraische Strukturen** machen. Bei diesen haben alle Axiome die Form $A_1(x_1, \ldots, x_n) = A_2(x_1, \ldots, x_n)$ und es wird gefordert, dass sie für alle Elemente $x_1, \ldots, x_n$ der Trägermenge gelten. Gleichungsdefinierte algebraische Strukturen kommen oft in der Informatik zum Einsatz, insbesondere wenn man Datenstrukturen algebraisch spezifiziert. Wir können dieses Thema auch im letzten Abschnitt des Kapitels leider nicht sehr vertiefen.

Um einen kleinen Eindruck davon zu geben, wie man in der universellen Algebra argumentiert, zeigen wir nachfolgend, dass die Gruppen der traditionellen Auffassung nicht gleichungsdefinierbar sind. Weil uns die Mittel aus der formalen mathematischen Logik fehlen, können wir den Beweis leider nicht in der Formalität angeben, wie es mit diesen Mitteln möglich wäre.

11.1.8 Satz: Gruppen der traditionellen Auffassung nicht gleichungsdefinierbar

Es gibt keine Menge $\mathcal{G}$ von Gleichungen der Art

$$A_1(x_1, \ldots, x_n) = A_2(x_1, \ldots, x_n),$$

wobei die Ausdrücke $A_1(x_1, \ldots, x_n)$ und $A_2(x_1, \ldots, x_n)$ der Gleichungen nur aufgebaut sind unter Verwendung von Variablen und einem 2-stelligen Operationssymbol „$\cdot$" in Infix-Schreibweise, so dass für alle algebraischen Strukturen $(G, \cdot)$ des Typs (2) die folgenden zwei Eigenschaften äquivalent sind:

(1) Es ist $(G, \cdot)$ eine Gruppe der traditionellen Auffassung.

(2) Für alle Gleichungen $A_1(x_1, \ldots, x_n) = A_2(x_1, \ldots, x_n)$ aus $\mathcal{G}$ und alle $a_1, \ldots, a_n \in G$ gilt $A_1(a_1, \ldots, a_n) = A_2(a_1, \ldots, a_n)$.

Beweis (durch Widerspruch): Angenommen, es gäbe eine Menge $\mathcal{G}$ mit den geforderten Eigenschaften. Weil $(\mathbb{Q} \setminus \{0\}, \cdot)$ eine Gruppe der traditionellen Auffassung ist, gilt, wegen der angenommen Äquivalenz von (1) und (2) (wir folgern von (1) auf (2)) die Formel

$$\forall a_1, \ldots, a_n \in \mathbb{Q} \setminus \{0\} : A_1(a_1, \ldots, a_n) = A_2(a_1, \ldots, a_n)$$

für alle Gleichungen $A_1(x_1, \ldots, x_n) = A_2(x_1, \ldots, x_n)$ aus $\mathcal{G}$. Daraus folgt, dass auch die Formel

$$\forall a_1, \ldots, a_n \in \mathbb{Z} \setminus \{0\} : A_1(a_1, \ldots, a_n) = A_2(a_1, \ldots, a_n)$$

für alle Gleichungen $A_1(x_1,\ldots,x_n) = A_2(x_1,\ldots,x_n)$ aus $\mathcal{G}$ gilt. Nun wenden wir wieder die Äquivalenz von (1) und (2) an, folgern nun aber von (2) nach (1). Also bekommen wir, dass $(\mathbb{Z} \setminus \{0\}, \cdot)$ eine Gruppe der traditionellen Auffassung ist. Das ist aber offensichtlich falsch. Somit ist der Widerspruchsbeweis beendet. $\quad\square$

Man kann also bei einer traditionellen Auffassung der Gruppen als algebraische Strukturen $(G, \cdot)$ des Typs (2) die Forderung nach der Existenz des Elements e mit der obigen Eigenschaft nicht durch eine Menge von Gleichungen ausdrücken.

Nach dieser kleinen Abschweifung kehren wir wieder zu den Gruppen $(G, e, \cdot, inv)$ in unserem Sinne zurück. Nachfolgend zeigen wir, dass bei Gruppen die linksneutralen und die linksinversen Elemente eindeutig bestimmt sind und mit dem Element e bzw. den Resultaten von inv zusammenfallen.

11.1.9 Satz: Eindeutigkeit neutraler und inverser Elemente

In jeder Gruppe $(G, e, \cdot, inv)$ gelten für alle $x, y \in G$ die folgenden Formeln:

$$(\forall z \in G : x \cdot z = z) \Rightarrow x = e \qquad\qquad x \cdot y = e \Rightarrow x = inv(y)$$

Beweis: Die Gültigkeit der linken Implikation folgt aus der folgenden logischen Implikation. Deren erster Schritt besteht aus einer Spezialisierung und der zweite Schritt verwendet die oben bewiesene Rechtsneutralität von e.

$$\forall z \in G : x \cdot z = z \implies x \cdot e = e \iff x = e$$

Zum Beweis der rechten Implikation gelte ihre Voraussetzung $x \cdot y = e$. Dann folgt

$$x = x \cdot e = x \cdot y \cdot inv(y) = e \cdot inv(y) = inv(y),$$

wobei $x \cdot y = e$ im dritten Schritt der Rechnung Verwendung findet. Daneben werden noch die Neutralität von e im ersten und vierten Schritt benutzt und in Schritt 2, dass $inv(y)$ rechtsinvers zu y ist. $\quad\square$

Nach Lemma 11.1.7 ist das linksneutrale Element e auch rechtsneutral und jedes linksinverse Element $inv(x)$ von x ist auch rechtsinvers bezüglich x. Somit gibt es als unmittelbare Konsequenz dieses Satzes und des Lemmas in Gruppen insgesamt nur ein neutrales Element e mit $x \cdot e = e \cdot x = x$ für alle x und zu jedem Element x gibt es genau ein inverses Element $inv(x)$ mit $inv(x) \cdot x = x \cdot inv(x) = e$.

Die Komposition $f \circ g$ von bijektiven Funktionen f und g ist wiederum bijektiv und die Umkehrfunktion der Komposition ergibt sich durch $(f \circ g)^{-1} = g^{-1} \circ f^{-1}$. Weiterhin gilt bei bijektiven Funktionen auch $(f^{-1})^{-1} = f$. Schließlich ist die identische Funktion ihre eigene Umkehrfunktion. Der folgende Satz zeigt, dass diese drei Resultate nicht nur für die speziellen Gruppen $(\mathcal{S}(M), id_M, \circ)$ gelten, sondern für alle Gruppen.

11.1.10 Satz: Rechenregeln

In jeder Gruppe $(G, e, \cdot, inv)$ gelten für alle $x, y \in G$ die folgenden Gleichungen:

$$inv(x \cdot y) = inv(y) \cdot inv(x) \qquad inv(inv(x)) = x \qquad inv(e) = e$$

Beweis: Wir starten mit der folgenden Rechnung:

$$(inv(y) \cdot inv(x)) \cdot (x \cdot y) = inv(y) \cdot (inv(x) \cdot x) \cdot y = inv(y) \cdot e \cdot y = inv(y) \cdot y = e$$

Damit ist $inv(y) \cdot inv(x)$ linksinvers zu $x \cdot y$. Die Eindeutigkeit der linksinversen Elemente zeigt nun die erste Gleichung. Auf eine sehr ähnliche Weise kann man auch die restlichen zwei Gleichungen zeigen. $\square$

Bevor wir zur dritten algebraischen Struktur unserer Hierarchie kommen, wollen wir einige gängige Schreib- und Sprechweisen einführen, die in der Literatur üblich sind und nachfolgend auch von uns verwendet werden.

11.1.11 Schreib- und Sprechweisen

Wird die 2-stellige Operation einer Gruppe, wie auch bei uns in Definition 11.1.5, mit dem Multiplikationssymbol „$\cdot$" bezeichnet, so schreibt man abkürzend xy statt $x \cdot y$. Auch bezeichnet man dann das neutrale Element mit 1 und das zu x inverse Element mit x^{-1}. Die dadurch entstehende algebraische Struktur $(G, 1, \cdot, \,^{-1})$ nennt man **multiplikative Gruppe** mit Einselement 1. Bei kommutativen Gruppen verwendet man hingegen das Additionssymbol „$+$" für die 2-stellige Operation, das Symbol 0 für das neutrale Element, oft Nullelement genannt, und $-x$ als Schreibweise für das zu x inverse Element. Das führt zu $(G, 0, +, -)$ als **additive Gruppe**. Bei einer solchen Schreibweise notiert man auch die Potenzierung anders, nämlich als xn. Damit werden die Gleichungen von Satz 11.1.4 zu $x(m + n) = xm + xn$, $x(mn) = (xm)n$ und $(x + y)m = xm + ym$. $\square$

Man beachte, dass in der eben gebrachten Gleichung $x(m + n) = xm + xn$ das linke Additionssymbol die Addition auf der Menge $\mathbb{N}$ bezeichnet und das rechte Additionssymbol die 2-stellige Gruppenoperation von $(G, 0, +, -)$ ist. Solche Überladungen von Symbolen sind in der Mathematik leider sehr häufig und für einen Anfänger manchmal nur schwer zu verstehen.

Ringe entstehen aus additiven Gruppen. Die Trägermenge wird dabei nicht verändert. Es wird jedoch zusätzlich noch durch eine weitere Konstante und eine weitere 2-stellige Operation eine Monoid-Struktur auf ihr definiert. Die Verbindung zwischen den beiden algebraischen Strukturen geschieht durch die Distributivgesetze, wie wir sie von den Zahlen, Mengen und der Logik her schon kennen.

11.1.12 Definition: Ring

Ein **Ring** ist eine algebraische Struktur $(R, 0, 1, +, \cdot, -)$ des Typs $(0, 0, 2, 2, 1)$ mit den folgenden Eigenschaften:

(1) Es ist $(R, 0, +, -)$ eine kommutative Gruppe.

(2) Es ist $(R, 1, \cdot)$ ein Monoid.

(3) Für alle $x, y, z \in R$ gelten die Distributivgesetze $x(y + z) = xy + xz$ und $(y + z)x = yx + zx$.

Ist $(R, 1, \cdot)$ ein kommutatives Monoid, so nennt man $(R, 0, 1, +, \cdot, -)$ einen **kommutativen Ring**. $\square$

Die durch die Punkte (1) und (2) geforderten Axiome sind Gleichungen. Somit sind Ringe ebenfalls gleichungsdefinierte algebraische Strukturen. Wir haben im Ring-Axiom (3) schon die abkürzende Schreibweise der multiplikativen Gruppen verwendet und auch die von der Schule bekannte Vorrangregel „Punkt vor Strich" um Klammern zu sparen. In der Literatur werden Ringe sehr oft auch in einer schwächeren Form als bei uns eingeführt, nämlich als Tupel $(R, 0, +, \cdot, -)$, bei denen statt (2) nur die Assoziativität der Operation „$\cdot$" gefordert wird. Die Ringe von Definition 11.1.12 nennt man bei diesem Ansatz Ringe mit Einselement. Wie bei den Gruppen gibt es auch bei Ringen die traditionelle Auffassung, in der nur das Tupel $(R, +, \cdot)$ betrachtet wird und die Axiome komplizierter sind. Die Ringe der traditionellen Auffassung sind wiederum nicht gleichungsdefinierbar.

Wenn wir mit $\mathbb{G}$ die Menge der geraden ganzen Zahlen bezeichnen, so bildet das Tupel $(\mathbb{G}, 0, +, -)$ eine kommutative Gruppe und die Multiplikation ist auf der Menge $\mathbb{G}$ assoziativ. Trotzdem bekommen wir keinen Ring, da ein Einselement fehlt. In der oben erwähnten schwächeren Form als Tupel ohne ein Einselement ist $(\mathbb{G}, 0, +, \cdot, -)$ hingegen ein Ring.

Beispiele für zahlartige Ringe sind $(\mathbb{Z}, 0, 1, +, \cdot, -)$, $(\mathbb{Q}, 0, 1, +, \cdot, -)$ und $(\mathbb{R}, 0, 1, +, \cdot, -)$. Hier ist ein weiteres Beispiel, welches nichts mit Zahlen zu tun hat.

11.1.13 Beispiel: Mengenring

Ist M eine Menge, so ist $(\mathcal{P}(M), \emptyset, \cap)$ ein kommutatives Monoid. Man kann auf die Potenzmenge $\mathcal{P}(M)$ sogar die Struktur einer kommutativen Gruppe aufprägen, indem man M als das neutrale Element wählt, die 2-stellige Operation definiert durch

$$\oplus : \mathcal{P}(M)^2 \to \mathcal{P}(M) \qquad X \oplus Y = (X \setminus Y) \cup (Y \setminus X)$$

(genannt **symmetrische Differenz**) und als Inversenbildung die identische Funktion auf $\mathcal{P}(M)$ nimmt. Es erfordert etwas Aufwand, zu zeigen, dass das Distributivgesetz

$$X \cap (Y \oplus Z) = (X \cap Y) \oplus (X \cap Z)$$

(eines genügt ja) für alle Mengen $X, Y, Z \in \mathcal{P}(M)$ gilt. Insgesamt erhält man damit den kommutativen Ring $(\mathcal{P}(M), \emptyset, M, \oplus, \cap, id_{\mathcal{P}(M)})$. $\square$

Bezüglich der additiven Teilstruktur eines Ringes gelten alle aus den Axiomen einer kommutativen Gruppe herleitbaren Aussagen. Der folgende Satz zeigt einige weitere grundlegende Rechenregeln für Ringe auf.

11.1.14 Satz: Rechenregeln

In einem Ring $(R, 0, 1, +, \cdot, -)$ gelten für alle $x, y \in R$ die folgenden Gleichungen:

$$0x = x0 = 0 \qquad (-x)y = -(xy) = x(-y) \qquad (-x)(-y) = xy$$

Beweis: Zum Beweis des linken Teils der ersten Gleichungen rechnen wir unter Verwendung eines Distributivgesetzes wir folgt:

$$0x = (0 + 0)x = 0x + 0x$$

Die Implikation von Lemma 11.1.7 zeigt, dass $0x$ das neutrale Element der additiven Gruppe $(R, 0, +, -)$ ist, was $0x = 0$ heißt. Analog zeigt man den rechten Teil.

Wir zeigen wiederum nur den linken Teil der zweiten Gleichungen. Wegen der Eindeutigkeit der inversen Elemente genügt es, $(-x)y$ als linksinverses Element von xy in der additiven Gruppe $(R, 0, +, -)$ nachzuweisen. Hier ist die entsprechende Rechnung, wobei wir wieder ein Distributivgesetz verwenden:

$$(-x)y + xy = ((-x) + x)y = 0y = 0$$

Die dritte Gleichung bekommt man durch

$$(-x)(-y) = -(x(-y)) = -(-(xy)) = xy$$

unter Verwendung der zweiten Gleichungen und von Satz 11.1.10 für die additive Gruppe $(R, 0, +, -)$ im letzten Schritt. $\square$

Alle einelementigen Mengen $\{a\}$ führen in einer offensichtlichen Weise zu einer kommutativen Gruppe $(\{a\}, a, +, -)$ und daraus bekommt man auch sofort einen kommutativen Ring $(\{a\}, a, a, +, +, -)$. Diese Gruppen und Ringe werden **trivial** genannt. Aus den linken Gleichungen von Satz 11.1.14 erhält man unmittelbar, dass in allen nicht trivialen Ringen $(R, 0, 1, +, \cdot, -)$ die Eigenschaft $0 \neq 1$ gilt.

In Ringen $(R, 0, 1, +, \cdot, -)$ kann man auch **subtrahieren**, wenn man $x - y$ als Abkürzung für $x + (-y)$ definiert. Es gelten dann alle von den ganzen Zahlen her bekannten Gesetze, etwa $x(y - z) = xy - xz$. Weiterhin kann man in offensichtlicher Weise die 2-stellige Addition zur Addition $\sum_{i=1}^{n} x_i$ der Ringelemente $x_1, \ldots, x_n$ erweitern, indem man definiert $\sum_{i=1}^{0} x_i = 0$ und $\sum_{i=1}^{n+1} x_i = x_{n+1} + \sum_{i=1}^{n} x_i$. Dann verallgemeinern sich die Distributivgesetze (3) von Definition 11.1.12 zu $x \sum_{i=1}^{n} y_i = \sum_{i=1}^{n} xy_i$ und $(\sum_{i=1}^{n} y_i)x = \sum_{i=1}^{n} y_i x$.

In allen Mengenringen $(\mathcal{P}(M), \emptyset, M, \oplus, \cap, id_{\mathcal{P}(M)})$ gilt $X \cap X = X$ für alle $X \in \mathcal{P}(M)$. Ringe $(R, 0, 1, +, \cdot, -)$, in denen die Gleichung $xx = x$ für alle $x \in R$ gilt, nennt man Boolesche Ringe. Sie stellen ein algebraisches Modell der Aussagenlogik mit den drei Junktoren $\vee$, $\wedge$ und $\neg$ dar, indem man 1 als Aussage **wahr** und 0 als Aussage **falsch** interpretiert, die drei logischen Junktoren mittels der drei neuen Ring-Operationen

$$x \vee y := x + y - xy \qquad x \wedge y := xy \qquad \neg x := 1 - x$$

modelliert und die logische Äquivalenz von aussagenlogischen Formeln als Gleichheit von Ringelementen interpretiert. Mit diesen Entsprechungen kann man alle logischen Äquivalenzen der Aussagenlogik mit Formeln über den drei genannten Junktoren beweisen[21].

---

[21] Will man die gesamte Aussagenlogik behandeln, so muss man die restlichen Junktoren $\Rightarrow$ und $\Leftrightarrow$ mittels der Junktoren $\vee$, $\wedge$ und $\neg$ ausdrücken.

Beispielsweise entspricht die logische Äquivalenz $A \Longleftrightarrow \neg\neg A$ der Gleichheit $x = \neg\neg x$ in R und diese folgt aus

$$\neg\neg x = 1 - (1 - x) = 1 - 1 + x = x.$$

Wir geben noch ein weiteres Beispiel an. Die der logischen Äquivalenz $\neg(A \vee B) \Longleftrightarrow \neg A \wedge \neg B$ entsprechende Gleichheit in R ist $\neg(x \vee y) = \neg x \wedge \neg y$ und diese zeigt man durch

$$\neg(x \vee y) = 1 - (x + y - xy) = 1 - x - y + xy = (1 - x)(1 - y) = \neg x \wedge \neg y.$$

Die schwierigste Aufgabe bei dieser Modellierung der Aussagenlogik ist der Beweis der Kommutativität der Disjunktion. Nachfolgend zeigen wir das entsprechende Resultat. Man beachte, wie wichtig bei den einzelnen Aussagen die Quantifizierung der entsprechenden Variablen ist.

11.1.15 Satz: Boolesche Ringe sind kommutativ

Gilt in einem Ring $(R, 0, 1, +, \cdot, -)$ für alle $x \in R$ die Gleichung $xx = x$, so ist der Ring kommutativ.

Beweis: Wegen der Voraussetzung erhalten wir

$$x + y = (x + y)(x + y) = xx + xy + yx + yy = x + xy + yx + y$$

für alle Elemente $x, y \in R$. Diese Eigenschaft bringt durch Subtraktion von $x + y$ auf beiden Seiten, dass $0 = xy + yx$ für alle Elemente $x, y \in R$ gilt. Da die eben bewiesene Gleichung für alle Ringelemente gilt, können wir insbesondere für x und y das gleiche Element wählen und erhalten, dass $0 = zz + zz$, also, wegen der Voraussetzung, $0 = z + z$ für alle Elemente $z \in R$ gilt.

Nach diesen Vorbereitungen beweisen wir nun die Kommutativität. Dazu seien $x, y \in R$ beliebig vorgegeben. Wegen der letzten vorbereitenden Gleichung bekommen wir $0 = xy + xy$, indem wir xy für z nehmen. Aufgrund der vorletzten vorbereitenden Gleichung wissen wir aber auch, dass $0 = xy + yx$ gilt. Also haben wir insgesamt $xy + xy = xy + yx$, woraus durch Subtraktion von xy auf beiden Seiten $xy = yx$ folgt. $\square$

Wir wollen das Thema Ringe an dieser Stelle noch nicht vertiefen, sondern wenden uns nun der letzten algebraischen Struktur unserer Hierarchie zu.

11.1.16 Definition: Körper

Ein Ring $(K, 0, 1, +, \cdot, -)$ heißt ein **Körper**, wenn er kommutativ ist, $0 \neq 1$ gilt und die Formel

$$x \neq 0 \Rightarrow \exists\, y \in K : yx = 1$$

für alle $x \in K$ gilt. $\square$

Im Vergleich zu den bisherigen Definitionen von Monoiden, Gruppen und Ringen fällt bei dieser Definition ein Stilbruch auf. Zuerst haben wir eine Ungleichung als Axiom gefordert. Weiterhin haben wir ein noch komplizierteres Axiom eingeführt, nämlich eine Implikation mit einer Ungleichung als linker und einer Existenzquantifizierung als rechter

Seite. Schließlich haben wir auch noch, im Gegensatz zu den Gruppen, im zweiten Axiom das linksinverse Element y zu x bezüglich der Multiplikation nicht durch eine Operation spezifiziert, sondern durch eine Existenzquantifizierung. Körper sind somit algebraische Strukturen, die nicht gleichungsdefiniert sind. Damit sind die oben erwähnten Resultate der universellen Algebra nicht anwendbar.

Nach dem folgenden Satz gibt es zu $x \neq 0$ nur ein linksinverses Element und aufgrund der Kommutativität von „·" ist dieses auch rechtsinvers.

11.1.17 Satz: Eindeutigkeit der linksinversen Elemente

Es seien $(K, 0, 1, +, \cdot, -)$ ein Körper und $x \in K$ mit $x \neq 0$. Dann gilt für alle $y_1, y_2 \in K$ mit $y_1 x = 1$ und $y_2 x = 1$, dass $y_1 = y_2$.

Beweis: Wir bekommen das Resultat durch

$$y_1 = y_1 1 = y_1 y_2 x = y_2 y_1 x = y_2 1 = y_2,$$

wobei wir im zweiten und im vierten Schritt die Annahmen $y_2 x = 1$ und $y_1 x = 1$ verwenden und im dritten Schritt die Kommutativität von „·". $\qquad \square$

Wenn man also mit x^{-1} das zu $x \neq 0$ eindeutig existierende linksinverse Element bezüglich „·" bezeichnet, diese Operation (unter Beibehaltung des Symbols) auf die (wegen $0 \neq 1$ nichtleere) Menge $K \setminus \{0\}$ einschränkt, so erhält man eine kommutative multiplikative Gruppe $(K \setminus \{0\}, 1, \cdot, {}^{-1})$. Für diese gelten alle bewiesenen Gruppeneigenschaften. Jedoch kann man die Operation ${}^{-1} : K \setminus \{0\} \to K \setminus \{0\}$ nicht in das Tupel $(K, 0, 1, +, \cdot, -)$ mit aufnehmen, da, laut Definition 11.1.1, bei algebraischen Strukturen nur Operationen zugelassen sind, die die Trägermenge oder eine Potenz von ihr als Quelle und die Trägermenge als Ziel besitzen.

Von den oben aufgeführten zahlartigen Ringen ist $(\mathbb{Z}, 0, 1, +, \cdot, -)$ kein Körper. Hingegen ist sowohl der Ring $(\mathbb{Q}, 0, 1, +, \cdot, -)$ als auch der Ring $(\mathbb{R}, 0, 1, +, \cdot, -)$ ein Körper. In beiden Fällen ist das zu einem Element $x \neq 0$ existierende inverse Element durch $x^{-1} := \frac{1}{x}$ gegeben. Als Verallgemeinerung hiervon bekommt man $\frac{x}{y} := xy^{-1}$ als Definition der **Division** in Körpern, wobei, wie bei den Zahlen, $y \neq 0$ vorauszusetzen ist. Es sollte an dieser Stelle auch noch angemerkt werden, dass, wie im Fall der Ringe, in vielen Lehrbüchern auch Körper als Tupel $(K, +, \cdot)$ eingeführt werden, mit einer entsprechenden Abänderung unserer Axiome.

Ein Vorteil der algebraischen Strukturen ist der Leserin oder dem Leser sicher schon jetzt aufgefallen: Durch sie werden die grundlegendsten Eigenschaften von Operationen zu Axiomen erhoben und daraus entsprechende weitere Eigenschaften hergeleitet. Aufgrund dieser Abstraktion kann man sehr viele Beweise sparen, die bei konkreten Mengen und konkreten Operationen immer wieder gleich ablaufen würden. Man hat nur zu zeigen, dass die Axiome der algebraischen Struktur erfüllt sind, die man für die konkrete Problemstellung als angemessen ansieht. Dann kann man alles verwenden, was jemals über diese gezeigt wurde. Weil beispielsweise die ganzen Zahlen eine Gruppe bilden, kann man für sie alles verwenden, was jemals über Gruppen bewiesen wurde.

11.2 Strukturerhaltende Funktionen

Algebraische Strukturen dienen in der Mathematik und der Informatik häufig auch dazu, gewisse Beziehungen zwischen Mengen und gewissen dazugehörenden Funktionen herzustellen. Eine erste Frage, die sich immer wieder stellt, ist die, festzustellen, ob zwei Strukturen eigentlich gleich sind, obwohl sie aufgrund ihrer Definitionen bzw. den textuellen Aufschreibungen verschieden aussehen. Der entscheidende Begriff hier ist die Verträglichkeit von Funktionen mit Paaren von Funktionen. Nachfolgend wollen wir dies anhand eines Beispiels motivieren.

11.2.1 Beispiel: Motivation von Verträglichkeit

Wir betrachten nachfolgend links noch einmal die Verknüpfungstafel der Kleinschen Vierergruppe, wie sie in Beispiel 11.1.6 eingeführt wird. Rechts daneben ist diese Verknüpfungstafel noch einmal angegeben. Im Vergleich zur linken Tafel sind jedoch die Elemente e, a, b und c in 0, 1, 2 und 3 umbenannt und es wird statt der multiplikativen die additive Schreibweise für Gruppen verwendet.

$\cdot$	e	a	b	c
e	e	a	b	c
a	a	e	c	b
b	b	c	e	a
c	c	b	a	e

$+$	0	1	2	3
0	0	1	2	3
1	1	0	3	2
2	2	3	0	1
3	3	2	1	0

Es sei $(G, 0, +, -)$ die durch die rechte Verknüpfungstafel beschriebene Gruppe. Dann ist sie zwar formal verschieden von der Kleinschen Vierergruppe $(V_4, e, \cdot, inv)$, denn schon die Trägermengen sind verschieden, aber eigentlich kann man sie doch als gleich zu ihr auffassen. Es werden ja nur Objekte umbenannt.

Die Umbenennung der Elemente der Trägermengen kann man durch eine bijektive Funktion $\Phi : V_4 \to G$ beschreiben, die wie folgt abbildet:

$$\Phi(e) = 0 \qquad \Phi(a) = 1 \qquad \Phi(b) = 2 \qquad \Phi(c) = 3$$

Dass sich die Einträge der zwei Tafeln genau entsprechen, kann man wie folgt beschreiben: Für alle $x, y, z \in V_4$ ist z das Resultat der Operation „$\cdot$" mit den Argumenten x und y genau dann, wenn $\Phi(z)$ das Resultat der korrespondierenden Operation $+$ mit den Argumenten $\Phi(x)$ und $\Phi(y)$ ist. Formalisiert sieht dies wie folgt aus:

$$\forall\, x, y, z \in V_4 : z = x \cdot y \Leftrightarrow \Phi(z) = \Phi(x) + \Phi(y)$$

Es ist eine relativ einfache Übung zu zeigen, dass diese Formel logisch äquivalent ist zu der nachfolgend angegebenen:

$$\forall\, x, y \in V_4 : \Phi(x \cdot y) = \Phi(x) + \Phi(y)$$

Dass sich die Einträge der Verknüpfungstafeln genau entsprechen, kann man also auch wie folgt beschreiben: Es ist egal, ob man zuerst in der ersten Gruppe zwei Elemente verknüpft und dann das Resultat in die zweite Gruppe abbildet, oder man zuerst beide Elemente in die zweite Gruppe abbildet und dann deren Resultate dort verknüpft. □

Die eben durch zwei Gruppen motivierte Eigenschaft zur Beschreibung der genauen Entsprechung der Einträge in Verknüpfungstafeln von Operationen von algebraischen Strukturen kann man wie folgt verallgemeinern.

11.2.2 Definition: verträgliche Funktionen

Eine Funktion $\Phi : M \to N$ heißt mit den Funktionen $f : M^k \to M$ und $g : N^k \to N$ gleicher Stelligkeit **verträglich**, falls die Gleichung $\Phi(f(x_1, \ldots, x_k)) = g(\Phi(x_1), \ldots, \Phi(x_k))$ für alle $x_1, \ldots, x_k \in M$ gilt. □

Damit sind wir nun in der Lage, formal festlegen zu können, wann man zwei algebraische Strukturen gleichen Typs (diese Voraussetzung ist offensichtlich) als gleich auffassen kann, obwohl sie eventuell völlig verschieden definiert oder textuell aufgeschrieben sind. Zur Verträglichkeit der abbildenden Funktion mit allen Paaren von korrespondierenden Operationen kommt nur noch hinzu, dass auch die korrespondierenden Konstanten entsprechend in Verbindung gesetzt werden.

11.2.3 Definition: Strukturisomorphismus

Es seien $(M, c_1, \ldots, c_m, f_1, \ldots, f_n)$ und $(N, d_1, \ldots, d_m, g_1, \ldots, g_n)$ algebraische Strukturen des gleichen Typs. Eine Funktion $\Phi : M \to N$ heißt ein **Strukturisomorphismus**, falls die folgenden Eigenschaften gelten:

(1) Φ ist bijektiv.

(2) Für alle $i \in \{1, \ldots, m\}$ gilt $\Phi(c_i) = d_i$.

(3) Für alle $i \in \{1, \ldots, n\}$ ist Φ mit f_i und g_i verträglich.

Existiert ein Strukturisomorphismus zwischen algebraischen Strukturen, so nennt man diese **isomorph** oder **strukturgleich**. □

Neben der Strukturisomorphie gibt es noch einige Variationen dieses Begriffs, wobei aber fast immer nur die Fordcrung (1) verändert wird. Nachfolgend sind die drei wichtigsten Variationen angegeben.

11.2.4 Definition: Strukturhomomorphismus

Wird in Definition 11.2.3 auf die Forderung (1) verzichtet, so nennt man Φ einen **Strukturhomomorphismus**. Wird sie ersetzt durch „Φ ist injektiv" (bzw. „Φ ist surjektiv"), so heißt Φ ein **Strukturmonomorphismus** (bzw. ein **Strukturepimorphismus**). □

Alle diese speziellen Funktionen nennt man zusammenfassend auch **Strukturmorphismen** oder **strukturerhaltend**. Im Rest dieses Abschnitts spezialisieren wir diese nun wieder auf die algebraischen Strukturen der Hierarchie des letzten Abschnitts. Wir führen dies nur für Gruppen und Ringe durch und beschränken uns dabei zusätzlich noch auf die Homomorphismen und die Isomorphismen. Der Leserin oder dem Leser ist sicher aufgefallen, dass Strukturmorphismen sich nur auf den Typ von algebraischen Strukturen beziehen, nicht aber auf die für sie geforderten Axiome. Damit brauchen wir Körpermorphismen, wie wir sehen werden, nicht eigens zu behandeln. Auf die Betrachtung von Monoidmorphismen verzichten wir, da sie für den weiteren Text unwesentlich sind.

In der Literatur werden Gruppen- und Ringmorphismen in der Regel nicht so definiert, wie es die Definitionen 11.2.3 und 11.2.4 eigentlich nahelegen. Dies liegt an der speziellen Form der Axiome dieser beiden algebraischen Strukturen. Mit ihrer Hilfe kann man nämlich einige der allgemeinen Forderungen für Strukturmorphismen aus anderen beweisen. Der Vorteil der üblichen Definitionen ist, dass beim Nachweis der Strukturmorphismuseigenschaft weniger zu zeigen ist. Wir haben wiederum den Ansatz der strukturerhaltenden Funktionen bei beliebigen algebraischen Strukturen als Ausgangspunkt gewählt, damit es der Leserin oder dem Leser später leichter fällt, sich in die Strukturerhaltung von noch allgemeineren Strukturen (wie beispielsweise denen, die im letzten Abschnitt des Kapitels erwähnt werden) einzuarbeiten.

Weil nachfolgend mehrere Gruppen im Zusammenhang betrachtet werden, verwenden wir wieder die ursprüngliche Notation $(G, e, \cdot, inv)$. Sie erlaubt es nämlich in einfacher Weise, die Gruppen durch Indizes zu unterscheiden. Hier ist die übliche Definition der Gruppenhomomorphismen und -isomorphismen.

11.2.5 Definition: Gruppenhomomorphismus

Es seien $(G_1, e_1, \cdot_1, inv_1)$ und $(G_2, e_2, \cdot_2, inv_2)$ Gruppen. Eine Funktion $\Phi : G_1 \to G_2$ heißt ein **Gruppenhomomorphismus**, falls sie mit „$\cdot_1$" und „$\cdot_2$" verträglich ist. Ein **Gruppenisomorphismus** ist ein bijektiver Gruppenhomomorphismus. $\qquad\qquad\square$

Gruppen nennt man wiederum isomorph, wenn es einen Gruppenisomorphismus zwischen ihnen gibt. Aufgrund von Eigenschaft (3) des folgenden Satzes ist dabei die Richtung der Funktion belanglos.

11.2.6 Satz: Eigenschaften von Gruppenhomomorphismen

(1) Die Komposition von Gruppenhomomorphismen ist ein Gruppenhomomorphismus.

(2) Die Komposition von Gruppenisomorphismen ist ein Gruppenisomorphismus.

(3) Die Umkehrfunktion eines Gruppenisomorphismus ist ein Gruppenisomorphismus.

Beweis: (1) Es seien $\Phi : G_1 \to G_2$ und $\Psi : G_2 \to G_3$ zwei Gruppenhomomorphismen und „$\cdot_1$", „$\cdot_2$" und „$\cdot_3$" die 2-stelligen Operationen. Weiterhin seien $x, y \in G_1$. Dann folgt der Beweis aus der Rechnung

$$\Psi(\Phi(x \cdot_1 y)) = \Psi(\Phi(x) \cdot_2 \Phi(y)) = \Psi(\Phi(x)) \cdot_3 \Psi(\Phi(y)),$$

in der die Gruppenhomomorphismuseigenschaft für Φ und Ψ verwendet wird, und der Definition der Funktionskomposition.

(2) Dies folgt aus (1) und der Tatsache, dass die Komposition von bijektiven Funktionen bijektiv ist.

(3) Es seien $\Phi : G_1 \to G_2$ ein Gruppenisomorphismus und „$\cdot_1$" und „$\cdot_2$" die 2-stelligen Operationen. Es ist nur die Homomorphismuseigenschaft von Φ^{-1} zu verifizieren. Dazu seien $x, y \in G_2$ beliebig vorgegeben. Aufgrund der Surjektivität von Φ gibt es dann $a, b \in G_1$ mit $\Phi(a) = x$ und $\Phi(b) = y$. Dies bringt

$$\Phi^{-1}(x \cdot_2 y) = \Phi^{-1}(\Phi(a) \cdot_2 \Phi(b)) = \Phi^{-1}(\Phi(a \cdot_1 b)) = a \cdot_1 b = \Phi^{-1}(x) \cdot_1 \Psi^{-1}(y),$$

weil $\Phi(a) = x$ impliziert $\Phi^{-1}(x) = a$ und $\Phi(b) = y$ impliziert $\Phi^{-1}(y) = b$ und Φ ein Gruppenhomomorphismus ist. $\qquad\square$

Im einleitenden Beispiel dieses Abschnitts haben wir schon einen konkreten Gruppenhomomorphismus angegeben, der sogar ein Gruppenisomorphismus ist. Nachfolgend geben wir nun einige weitere Beispiele für Gruppenhomomorphismen und -isomorphismen an.

11.2.7 Beispiele: Gruppenhomomorphismen und -isomorphismen

Zu jedem Paar $(G_1, e_1, \cdot_1, inv_1)$ und $(G_2, e_2, \cdot_2, inv_2)$ von Gruppen ist die konstantwertige Funktion $\Phi : G_1 \to G_2$ mit $\Phi(x) = e_2$ ein Gruppenhomomorphismus. Eine konstantwertige Funktion $\Psi : G_1 \to G_2$ mit $\Phi(x) = c$ und $c \neq e_2$ kann kein Gruppenhomomorphismus sein. Dies ist eine unmittelbare Konsequenz des nächsten Satzes 11.2.8, wo wir zeigen, dass ein Gruppenhomomorphismus ein Strukturhomomorphismus ist.

Für alle Gruppen $(G, e, \cdot, inv)$ ist die identische Funktion $id_G : G \to G$ ein Gruppenisomorphismus von $(G, e, \cdot, inv)$ nach $(G, e, \cdot, inv)$.

Die Funktion $f : \mathbb{Z} \to \mathbb{Q}$ mit $f(x) = -x$ ist ein Gruppenhomomorphismus von $(\mathbb{Z}, 0, +, -)$ nach $(\mathbb{Q}, 0, +, -)$. Sie ist kein Gruppenisomorphismus, da sie nicht surjektiv ist. Schränkt man ihr Ziel auf $\mathbb{Z}$ ein, betrachtet also $f : \mathbb{Z} \to \mathbb{Z}$ mit $f(x) = -x$, so bekommt man sogar einen Gruppenisomorphismus von $(\mathbb{Z}, 0, +, -)$ nach $(\mathbb{Z}, 0, +, -)$. $\qquad\square$

Wir zeigen nun das schon angekündigte Resultat, dass Gruppenhomomorphismen in der Tat Strukturhomomorphismen im Sinne der allgemeinen Theorie der algebraischen Strukturen sind.

11.2.8 Satz: Gruppenhomomorphismen sind Strukturhomomorphismen

Es seien $(G_1, e_1, \cdot_1, inv_1)$ und $(G_2, e_2, \cdot_2, inv_2)$ Gruppen und $\Phi : G_1 \to G_2$ eine Funktion. Dann sind die beiden folgenden Aussagen äquivalent:

(1) Φ ist ein Gruppenhomomorphismus,

(2) Es gilt $\Phi(e_1) = e_2$ und Φ ist verträglich mit „$\cdot_1$" und „$\cdot_2$" und auch mit inv_1 und inv_2.

Beweis: Richtung (1) $\Longrightarrow$ (2): Es gilt

$$\Phi(e_1) \cdot_2 \Phi(e_1) = \Phi(e_1 \cdot_1 e_1) = \Phi(e_1)$$

wegen der Homomorphismuseigenschaft. Wendet man nun Lemma 11.1.7 mit der Gruppe $(G_2, e_2, \cdot_2, inv_2)$ an, so folgt $\Phi(e_1) = e_2$. Als Gruppenhomomorphismus ist Φ verträglich mit „$\cdot_1$" und „$\cdot_2$". Schließlich gilt noch für alle $x \in G_1$ aufgrund der Homomorphismuseigenschaft und $\Phi(e_1) = e_2$, dass

$$\Phi(x) \cdot_2 \Phi(inv_1(x)) = \Phi(x \cdot_1 inv_1(x)) = \Phi(e_1) = e_2.$$

Die Eindeutigkeit der inversen Elemente bringt also $inv_2(\Phi(x)) = \Phi(inv_1(x))$. Damit ist Φ auch verträglich mit inv_1 und inv_2.

Die Richtung (2) $\Longrightarrow$ (1) ist trivial. $\qquad\qquad\qquad\qquad\qquad\qquad\qquad\qquad\square$

Nach den Gruppenhomomorphismen wenden wir uns nun den Ringhomomorphismen zu. Hier ist die klassische Definition.

11.2.9 Definition: Ringhomomorphismus

Es seien $(R_1, 0_1, 1_1, +_1, \cdot_1, -_1)$ und $(R_2, 0_2, 1_2, +_2, \cdot_2, -_2)$ Ringe. Eine Funktion $\Phi : R_1 \to R_2$ heißt ein **Ringhomomorphismus**, falls $\Phi(1_1) = 1_2$ gilt und Φ mit $+_1$ und $+_2$ und auch mit „$\cdot_1$" und „$\cdot_2$" verträglich ist. Ein **Ringisomorphismus** ist ein bijektiver **Ringhomomorphismus**. $\qquad\qquad\qquad\qquad\square$

Auch Ringe nennt man isomorph, wenn es einen Ringisomorphismus zwischen ihnen gibt. Es fällt sofort auf, dass, im Vergleich zu den Homomorphismen bei den Gruppen, bei Ringhomomorphismen gefordert werden muss, dass die Gleichung $\Phi(1_1) = 1_2$ gilt. Ohne diese Forderung wäre etwa, nichttriviale Ringe vorausgesetzt, die konstantwertige Funktion $\Phi : R_1 \to R_2$ mit $\Phi(x) = 0_2$ ein Ringhomomorphismus, was aber dem allgemeinen Konzept der Strukturerhaltung von Definition 11.2.4 widerspricht. Der für Gruppenhomomorphismen bewiesene Satz 11.2.6 überträgt sich unmittelbar auf Ringhomomorphismen. Dies zu beweisen sei der Leserin oder dem Leser zur Übung überlassen. Wir geben nur den entsprechenden Satz nachfolgend an.

11.2.10 Satz: Eigenschaften von Ringhomomorphismen

(1) Die Komposition von Ringhomomorphismen ist ein Ringhomomorphismus.

(2) Die Komposition von Ringisomorphismen ist ein Ringisomorphismus.

(3) Die Umkehrfunktion eines Ringisomorphismus ist ein Ringisomorphismus. $\quad\square$

Eine Verallgemeinerung der Sätze 11.2.6 und 11.2.10 auf beliebige Strukturhomomorphismen und -isomorphismen sei der Leserin oder dem Leser ebenfalls zu Übungszwecken empfohlen. Nachfolgend geben wir einige einfache Beispiele für Ringhomomorphismen und -isomorphismen an.

11.2.11 Beispiele: Ringhomomorphismen und -isomorphismen

Auch bei allen Ringen $(R, 0, 1, +, \cdot, -)$ ist die identische Funktion $id_R : R \to R$ ein Ringisomorphismus.

Die Einbettungen von $\mathbb{Z}$ in $\mathbb{Q}$ und von $\mathbb{Q}$ in $\mathbb{R}$ mittels $f : \mathbb{Z} \to \mathbb{Q}$, wobei $f(x) = x$, und $g : \mathbb{Q} \to \mathbb{R}$, wobei $g(x) = x$, sind beides Ringhomomorphismen von $(\mathbb{Z}, 0, 1, +, \cdot, -)$ nach $(\mathbb{Q}, 0, 1, +, \cdot, -)$ bzw. von $(\mathbb{Q}, 0, 1, +, \cdot, -)$ nach $(\mathbb{R}, 0, 1, +, \cdot, -)$. Sie sind jedoch keine Ringisomorphismen, da sie nicht surjektiv sind. Die Funktion $g \circ f : \mathbb{Z} \to \mathbb{R}$ ist ein Ringhomomorphismus von $(\mathbb{Z}, 0, 1, +, \cdot, -)$ nach $(\mathbb{R}, 0, 1, +, \cdot, -)$. $\square$

Und hier ist nun auch noch die Übertragung von Satz 11.2.8 auf die Ringhomomorphismen, womit auch diese Funktionen in den allgemeinen Rahmen am Beginn des Kapitels eingebettet werden.

11.2.12 Satz: Ringhomomorphismen sind Strukturhomomorphismen

Es seien $(R_1, 0_1, 1_1, +_1, \cdot_1, -_1)$ und $(R_2, 0_2, 1_2, +_2, \cdot_2, -_2)$ Ringe und $\Phi : R_1 \to R_2$ eine Funktion. Dann sind die beiden folgenden Aussagen äquivalent:

(1) Φ ist ein Ringhomomorphismus,

(2) Es gelten $\Phi(0_1) = 0_2$, $\Phi(1_1) = \Phi(1_2)$ und Φ ist verträglich mit „$+_1$" und „$+_2$", mit „$\cdot_1$" und „$\cdot_2$" und auch mit „$-_1$" und „$-_2$".

Beweis: Richtung (1) $\Longrightarrow$ (2): Nach Definition ist Φ mit „$+_1$" und „$+_2$" und auch mit „$\cdot_1$" und „$\cdot_2$" verträglich. Wegen der ersten Verträglichkeit ist Φ ein Gruppenhomomorphismus von $(R_1, 0_1, +_1, -_1)$ nach $(R_2, 0_2,, +_2, -_2)$. Damit gilt $\Phi(0_1) = 0_2$ und es ist Φ auch verträglich mit „$-_1$" und „$-_2$". Die Gleichung $\Phi(1_1) = 1_2$ ist schließlich noch ein Teil der Forderungen an einen Ringhomomorphismus,

Die Richtung (2) $\Longrightarrow$ (1) ist wiederum trivial. $\square$

Wir haben am Anfang dieses Abschnitts bemerkt, dass wir Körpermorphismen nicht eigens behandeln müssen. Dies wollen wir nachfolgend erklären. Es seien $(K_1, 0_1, 1_1, +_1, \cdot_1, -_1)$ und $(K_2, 0_2, 1_2, +_2, \cdot_2, -_2)$ Körper und $\Phi : K_1 \to K_2$ ein Ringhomomorphismus. Weiterhin seien $(K_1 \setminus \{0_1\}, 1_1, \cdot_1, inv_1)$ und $(K_2 \setminus \{0_2\}, 1_2, \cdot_2, inv_2)$ die dadurch gegebenen kommutativen multiplikativen Gruppen[22] in dem Sinne, wie nach Satz 11.1.17 eingeführt. Weil die Einschränkung von Φ auf $K_1 \setminus \{0_1\}$ als Quelle und $K_2 \setminus \{0_2\}$ als Ziel offensichtlich ein Gruppenhomomorphismus zwischen diesen Gruppen ist, gilt

$$\Phi(inv_1(x)) = inv_2(\Phi(x))$$

für alle $x \in K_1 \setminus \{0_1\}$. Die Einschränkung von Φ ist also mit den multiplikativen Inversenbildungen verträglich. Im Fall von Körpern nennt man Ringmorphismen **Körpermorphismen** und zwei Körper $(K_1, 0_1, 1_1, +_1, \cdot_1, -_1)$ und $(K_2, 0_2, 1_2, +_2, \cdot_2, -_2)$ heißen isomorph, falls ein Körperisomorphismus $\Phi : K_1 \to K_2$ existiert.

In den gängigen Algebra-Lehrbüchern werden die behandelten algebraischen Strukturen zu Abkürzungszwecken oft nur durch ihre Trägermengen bezeichnet. Damit ist jedoch bei manchen Variationen der behandelten Strukturen nicht sofort klar ersichtlich, was nun genau die Typen der neuen Strukturen sind und was für die entsprechenden Homomorphismen gefordert wird. Die Kenntnis der Typen und die sich daraus ergebenden

---

[22]Wir verwenden hier wieder die ursprüngliche Notation *inv* für die Inversenbildung, um diese in beiden Gruppen durch Indizes unterscheiden zu können.

Homomorphismus-Forderungen sind jedoch wesentlich, wie das folgende Beispiel demonstriert.

11.2.13 Beispiel: Strukturen und Homomorphismen

Es sei $(R, 0, 1, +, \cdot, -)$ ein Ring und es bezeichne $\mathfrak{R}$ die Menge der Ringhomomorphismen auf ihm. Dann bekommt man ein 6-Tupel $(\mathfrak{R}, \mathsf{O}, \mathsf{I}, \oplus, \odot, \ominus)$, indem man die Funktionen $\mathsf{O} : R \to R$ und $\mathsf{I} : R \to R$ definiert durch

$$\mathsf{O}(x) = 0 \qquad \mathsf{I}(x) = 1$$

und die drei Operationen $\oplus : \mathfrak{R}^2 \to \mathfrak{R}$, $\odot : \mathfrak{R}^2 \to \mathfrak{R}$ und $\ominus : \mathfrak{R} \to \mathfrak{R}$ auf den Ringhomomorphismen definiert durch

$$(f \oplus g)(x) = f(x) + g(x) \qquad (f \odot g)(x) = f(x) \cdot g(x) \qquad (\ominus f)(x) = -f(x)$$

für alle Funktionen $f, g \in \mathfrak{R}$ und alle Elemente $x \in R$. Es sind „$\oplus$" und „$\odot$" assoziative Operationen und „$\oplus$" ist auch kommutativ. Weiterhin gelten die Eigenschaften

$$\mathsf{O} \oplus f = f \qquad (\ominus f) \oplus f = \mathsf{O} \qquad \mathsf{I} \odot f = f \qquad f \odot \mathsf{I} = f$$

für alle $f \in \mathfrak{R}$, sowie auch die beiden Distributivgesetze

$$f \odot (g \oplus h) = f \odot g \oplus f \odot h \qquad (f \oplus g) \odot h = f \odot h \oplus g \odot h$$

für alle $f, g, h \in \mathfrak{R}$. All dies kann man mit Hilfe der Definition der Gleichheit von Funktionen relativ elementar beweisen. Wir behandeln als Beispiel ein Distributivgesetz. Es seien $f, g, h \in \mathfrak{R}$. Dann gilt für alle $x \in R$, wenn wir die Vorrangregel „Punkt vor Strich" auch für „$\odot$" und „$\oplus$" verwenden,

$$
\begin{aligned}
(f \odot (g \oplus h))(x) &= f(x) \cdot (g \oplus h)(x) && \text{Definition } \odot \\
&= f(x) \cdot (g(x) + h(x)) && \text{Definition } \oplus \\
&= f(x) \cdot g(x) + f(x) \cdot h(x) && f(x), g(x), h(x) \in R \\
&= (f \odot g)(x) + (f \odot h)(x) && \text{Definition } \odot \\
&= (f \odot g \oplus f \odot h)(x) && \text{Definition } \oplus
\end{aligned}
$$

und dies ist genau $f \odot (g \oplus h) = f \odot g \oplus f \odot h$ nach der Definition der Gleichheit von Funktionen.

Jedoch bildet $(\mathfrak{R}, \mathsf{O}, \mathsf{I}, \oplus, \odot, \ominus)$ keinen Ring, denn die Funktionen O und I sind keine Ringhomomorphismen im Sinne von Definition 11.2.9. Hätten wir die im letzten Abschnitt erwähnte schwächere Form von Ringen als Tupel $(R, 0, +, \cdot, -)$ und den entsprechenden schwächeren Ringhomomorphismus-Begriff ohne die Forderung $\Phi(1_1) = 1_2$ verwendet, so wäre das Tupel $(\mathfrak{R}, \mathsf{O}, \oplus, \odot, \ominus)$ in der Tat ein Ring. Es würde auch einen Ring bilden, wenn wir bei einer Definition von Ringen das Einselement nicht explizit in den Typ mit aufgenommen hätten, sondern es nur implizit in der Form einer Existenzquantifizierung „es gibt ein Element $1 \in R$ mit $1x = x$ und $x1 = x$" gefordert hätten. Auch auf diese Weise werden Ringe mit Einselement in der Literatur behandelt. Dies zieht den schwächeren Ringhomomorphismus-Begriff nach sich. $\qquad \square$

11.3 Unterstrukturen

Es gibt einige Möglichkeiten, aus algebraischen Strukturen neue zu gewinnen. Eine sehr wichtige Möglichkeit ist die Bildung von sogenannten Unterstrukturen. Man betrachtet dazu eine Teilmenge der Trägermenge, die alle Konstanten enthält, und schränkt die Operationen der gegebenen algebraischen Struktur auf diese Teilmenge ein. Damit durch die Einschränkungen die Totalität der Operationen (im Sinne ihrer Definition als Relationen) erhalten bleibt, also wiederum Funktionen auf einer Menge entstehen, muss die in der nachfolgenden Definition eingeführte Abgeschlossenheit der Teilmenge unter allen Operationen gelten.

11.3.1 Definition: abgeschlossene Teilmenge

Es sei $f : M^k \to M$ eine Funktion. Eine Teilmenge N von M heißt **abgeschlossen** unter f, falls für alle $x_1, \dots, x_k \in N$ gilt $f(x_1, \dots, x_k) \in N$. $\quad\square$

Neben der Abgeschlossenheit von Teilmengen hinsichtlich der Operationen gilt es, wie schon erwähnt, die Konstanten zu beachten. Schließlich muss die ausgewählte Teilmenge nichtleer sein, denn sie soll ja als Trägermenge der neuen algebraischen Struktur dienen. Dies führt zur folgenden Festlegung.

11.3.2 Definition: Unterstruktur

Es sei $(M, c_1, \dots, c_m, f_1, \dots, f_n)$ eine algebraische Struktur. Eine nichtleere Teilmenge N von M heißt **Unterstruktur**, falls $c_1, \dots, c_m \in N$ gilt und N abgeschlossen unter allen Operationen $f_1, \dots, f_n$ ist. $\quad\square$

Damit sind Unterstrukturen formal nur nichtleere Teilmengen N, also keine Tupel mit zusätzlichen Konstanten und Operationen. Erst durch die Hinzunahme der Konstanten der Originalstruktur und der Einschränkungen der Operationen der Originalstruktur auf N bekommt man wieder eine algebraische Struktur des gleichen Typs. Wenn man, wie früher bei den Körpern, die eingeschränkten Operationen mit dem gleichen Symbol bezeichnet, dann liefert die algebraische Struktur $(M, c_1, \dots, c_m, f_1, \dots, f_n)$ die algebraische Struktur $(N, c_1, \dots, c_m, f_1, \dots, f_n)$ des gleichen Typs.

11.3.3 Festlegung: Einschränkungen von Operationen

Zur Vereinfachung bezeichnen wir im Fall von algebraischen Strukturen zu einer nichtleeren Teilmenge N der Trägermenge die Einschränkungen der Operationen auf N mit den gleichen Symbolen wie die Originaloperationen. $\quad\square$

Es ist im Allgemeinen nicht sichergestellt, dass die Axiome der algebraischen Struktur $(M, c_1, \dots, c_m, f_1, \dots, f_n)$ auch in der durch die Einschränkung der Operationen auf $N \subseteq M$ entstehenden algebraischen Struktur $(N, c_1, \dots, c_m, f_1, \dots, f_n)$ gelten. Bei gleichungsdefinierten algebraischen Strukturen ist dem jedoch so. Dieses ist eines der früher angesprochenen allgemeinen Resultate aus der universellen Algebra, welches wir aber hier in seiner Allgemeinheit nicht beweisen können (da uns die Mittel der formalen mathematischen Logik fehlen). Aufgrund dieses Resultats werden wir, wenn wir nachfolgend

Untergruppen und Unterringe als Teilmengen definieren, wieder Gruppen und Ringe erhalten. In diesen beiden konkreten Fällen ist, wie übrigens im Fall aller konkret gegebenen gleichungsdefinierten algebraischen Strukturen, das Nachrechnen der Axiome jedoch sehr einfach. Dies liegt daran, dass für die durch die Einschränkung der Operation $f_i : M^{s_i} \to M$ auf N entstehende (nun, zu Argumentationszwecken letztmals anders bezeichnete) Operation $g_i : N^{s_i} \to N$ und alle $x_1, \ldots, x_{s_i} \in N$ die Gleichheit $f_i(x_1, \ldots, x_{s_i}) = g_i(x_1, \ldots, x_{s_i})$ gilt.

Wie bei den Strukturmorphismen weichen auch die klassischen Definitionen von Untergruppen und Unterringen von dem ab, was Definition 11.3.2 allgemein fordert. Der Grund ist wiederum, dass die spezielle Form der Axiome bei Gruppen und Ringen es erlaubt, einige Forderungen aus anderen zu beweisen. Untergruppen werden unter Verwendung der multiplikativen Schreibweise und Unterdrückung des Multiplikationssymbols in Ausdrücken üblicherweise wie folgt definiert:

11.3.4 Definition: Untergruppe

Ist $(G, 1, \cdot, \ ^{-1})$ eine Gruppe und ist $N \subseteq G$ nichtleer, so heißt N eine **Untergruppe**, falls für alle $x, y \in N$ gilt $xy^{-1} \in N$. $\qquad \Box$

Dass dadurch Unterstrukturen im allgemeinen Sinne von Definition 11.3.2 festgelegt werden, ist das erste Resultat dieses Abschnitts.

11.3.5 Satz: Untergruppen sind Unterstrukturen

Es seien $(G, 1, \cdot, \ ^{-1})$ eine Gruppe und $N \subseteq G$ nichtleer. Dann sind die beiden folgenden Aussagen äquivalent:

(1) N ist eine Untergruppe von $(G, 1, \cdot, \ ^{-1})$.

(2) Es gilt $1 \in N$ und N ist abgeschlossen unter den Operationen „$\cdot$" und „$^{-1}$".

Beweis: Zum Beweis der Richtung (1) $\implies$ (2) wählen wir $x \in N$ beliebig. Dann gilt $1 = xx^{-1} \in N$. Dies wenden wir nun an, um die Abgeschlossenheit von N unter „$^{-1}$" zu zeigen. Es sei wiederum $x \in N$ beliebig. Wegen $1 \in N$ gilt dann auch $x^{-1} = 1x^{-1} \in N$. Es bleibt noch die Abgeschlossenheit von N unter der Multiplikation „$\cdot$" zu verifizieren. Dazu seien $x, y \in N$. Wir haben eben gezeigt, dass dann auch $y^{-1} \in N$ gilt und dies bringt $xy = x(y^{-1})^{-1} \in N$ aufgrund von Satz 11.1.10.

Um (2) $\implies$ (1) zu beweisen, seien $x, y \in N$ beliebig vorgegeben. Dann gilt $y^{-1} \in N$ wegen der Abgeschlossenheit von N unter $^{-1}$ und das bringt $xy^{-1} \in N$ wegen der Abgeschlossenheit von N unter „$\cdot$". $\qquad \Box$

Wenn N eine Untergruppe von $(G, 1, \cdot, \ ^{-1})$ ist, so ist auch $(N, 1, \cdot, \ ^{-1})$ eine Gruppe, denn Gruppen sind gleichungsdefiniert. Man nennt $(N, 1, \cdot, \ ^{-1})$ auch die von N induzierte Gruppe. Nach dieser Rechtfertigung der einfacheren klassischen Definition einer Untergruppe im Hinblick auf den allgemeinen Ansatz von Definition 11.3.2 geben wir nachfolgend einige Beispiele für Untergruppen an.

11.3.6 Beispiele: Untergruppen

In jeder Gruppe $(G, 1, \cdot, \ ^{-1})$ gibt es mindestens die beiden speziellen Untergruppen $\{1\}$ und G.

Es ist $\mathbb{Z}$ eine Untergruppe sowohl der Gruppe $(\mathbb{Q}, 0, +, -)$ als auch der Gruppe $(\mathbb{R}, 0, +, -)$. Hingegen ist $\mathbb{N}$ keine Untergruppe von $(\mathbb{Z}, 0, +, -)$, denn die natürlichen Zahlen sind nicht abgeschlossen bezüglich der einstelligen Negation. Wenn man nämlich die Negationsoperation $- : \mathbb{Z} \to \mathbb{Z}$ auf die Teilmenge $\mathbb{N}$ einschränkt, so wird aus ihr die Relation $R := \{(0, 0)\}$ auf $\mathbb{N}$. Folglich ist das Tupel $(\mathbb{N}, 0, +, R)$ keine Gruppe, denn es ist laut Definition 11.1.1 ja nicht einmal mehr eine algebraische Struktur.

Die Kleinsche Vierergruppe $(V_4, e, \cdot, inv)$ von Beispiel 11.1.6 besitzt, wie man leicht anhand der Verknüpfungstafel verifiziert, genau 5 Untergruppen, nämlich die Teilmengen $\{e\}$, $\{e, a\}$, $\{e, b\}$, $\{e, c\}$ und V_4. Dass die restlichen 11 Teilmengen von V_4 keine Untergruppen sind, erkennt man daran, dass sie immer aus der Menge $\{a, b, c\}$ genau zwei Elemente enthalten. Deren Verknüpfung liefert laut Tafel aber genau das fehlende dritte Element. $\qquad\Box$

Untergruppen sind Mengen und damit kann man sie insbesondere vereinigen und Durchschnitte bilden. Vereinigungen von Untergruppen sind im Normalfall keine Untergruppen. Man belegt dies recht schnell durch Beispiele. Durchschnitte von Untergruppen sind hingegen wieder Untergruppen. Wie der folgende Satz zeigt, gilt dies sogar für beliebige Durchschnitte. Wegen des Universums G, in dem ja alle Untergruppen einer Gruppe $(G, 1, \cdot, \ ^{-1})$ enthalten sind, dürfen wir in diesem Zusammenhang (man vergleiche mit Abschnitt 2.4) die Eigenschaft $\bigcap \emptyset = G$ annehmen. Das korrespondiert mit der Tatsache, dass die Trägermenge G eine Untergruppe der Gruppe $(G, 1, \cdot, \ ^{-1})$ ist.

11.3.7 Satz: Durchschnitt von Untergruppen

Es seien $(G, 1, \cdot, \ ^{-1})$ eine Gruppe und $\mathcal{G} \subseteq \mathcal{P}(G)$ eine Menge von Untergruppen. Dann ist auch $\bigcap \mathcal{G}$ eine Untergruppe.

Beweis: Offensichtlich gilt $1 \in \bigcap \mathcal{G}$, also $\bigcap \mathcal{G} \neq \emptyset$. Es gilt weiterhin für alle x, y, dass

$$x, y \in \bigcap \mathcal{G} \iff \forall X \in \mathcal{G} : x \in X \wedge y \in X \implies \forall X \in \mathcal{G} : xy^{-1} \in X \iff xy^{-1} \in \bigcap \mathcal{G}$$

aufgrund der Definition von $\bigcap \mathcal{G}$ und der Untergruppeneigenschaft. $\qquad\Box$

Da $\bigcap \mathcal{G}$ auch eine Untergruppe ist, ist diese Menge hinsichtlich der Inklusionsordnung das kleinste Element der Menge aller Untergruppen von $(G, 1, \cdot, \ ^{-1})$. Nach den Untergruppen wenden wir uns nun den Unterringen zu. Wir beginnen wiederum mit der Definition, wie sie üblicherweise gebracht wird.

11.3.8 Definition: Unterring

Ist $(R, 0, 1, +, \cdot, -)$ ein Ring und ist $N \subseteq R$ nichtleer, so heißt N ein **Unterring**, falls N eine Untergruppe von $(R, 0, +, -)$ bildet, die Eigenschaft $1 \in N$ gilt und N abgeschlossen unter der Operation „$\cdot$" ist. $\qquad\qquad\qquad\qquad\qquad\qquad\qquad\qquad\qquad\qquad\qquad$ $\square$

Natürlich ist auch diese Definition mit dem allgemeinen Ansatz verträglich, d.h. Unterringe sind Unterstrukturen im generellen Sinne der algebraischen Strukturen. Wir geben den entsprechenden Satz ohne Beweis an, da dieser sehr ähnlich zum Beweis von Satz 11.3.5 geführt werden kann.

11.3.9 Satz: Unterringe sind Unterstrukturen

Es seien $(R, 0, 1, +, \cdot, -)$ ein Ring und $N \subseteq R$ nichtleer. Dann sind die beiden folgenden Aussagen äquivalent:

(1) N ist ein Unterring von $(R, 0, 1, +, \cdot, -)$.

(2) Es gelten $0 \in N$ und $1 \in N$ und N ist abgeschlossen unter den Operationen „$+$",
„$\cdot$" und „$-$". $\qquad\qquad\qquad\qquad\qquad\qquad\qquad\qquad\qquad\qquad\qquad$ $\square$

Wiederum nennt man den Ring $(N, 0, 1, +, \cdot, -)$ den durch den Unterring N induzierten Ring. Und hier sind nun einige Beispiele für Unterringe.

11.3.10 Beispiele: Unterringe

Wie bei den Gruppen, so gibt es auch bei allen Ringen $(R, 0, 1, +, \cdot, -)$ die zwei speziellen Unterringe $\{0, 1\}$ (die mindestens vorausgesetzten Konstanten) und R (die gesamte Trägermenge).

Beispiele für zahlartige Unterringe sind die folgenden: Es ist die Menge $\mathbb{Z}$ ein Unterring des Rings $(\mathbb{Q}, 0, 1, +, \cdot, -)$ und die Menge $\mathbb{Q}$ ein Unterring von $(\mathbb{R}, 0, 1, +, \cdot, -)$. Hingegen bildet die Menge $\mathbb{G}$ der geraden ganzen Zahlen keinen Unterring von $(\mathbb{Z}, 0, 1, +, \cdot, -)$. Es gilt nämlich die Eigenschaft $1 \in \mathbb{G}$ nicht und damit bekommt man keinen Ring, ja nicht einmal eine algebraische Struktur, wenn man $\mathbb{G}$ mit den Konstanten der Originalstruktur und der Einschränkung deren Operationen auf $\mathbb{G}$ zu einem Tupel $(\mathbb{G}, 0, 1, +, \cdot, -)$ zusammenfasst.

Nun sei N ein Unterring des Körpers $(K, 0, 1, +, \cdot, -)$. Dann ist $(N, 0, 1, +, \cdot, -)$ ein Ring, denn Ringe sind gleichungsdefiniert. Es ist $(N, 0, 1, +, \cdot, -)$ aber im Allgemeinen kein Körper. Diese algebraische Struktur wird erst zu einem Körper, wenn N abgeschlossen unter der multiplikativen Inversenbildung ist, also zusätzlich noch zu allen Elementen $x \in N$ mit $x \neq 0$ und den eindeutig bestimmten Elementen $y \in K$ mit $yx = 1$ gilt $y \in N$. Man nennt N in so einem Fall einen **Unterkörper** des Körpers $(K, 0, 1, +, \cdot, -)$. Etwa ist die Menge $\mathbb{Q}$ ein Unterkörper des Körpers $(\mathbb{R}, 0, 1, +, \cdot, -)$ der reellen Zahlen, denn $\mathbb{Q}$ ist ein Unterring des Rings $(\mathbb{R}, 0, 1, +, \cdot, -)$ und für alle $x \in \mathbb{Q}$ mit $x \neq 0$ gilt $\frac{1}{x} \in \mathbb{Q}$. Hingegen ist offensichtlich der Unterring $\mathbb{Z}$ des Rings $(\mathbb{R}, 0, 1, +, \cdot, -)$ kein Unterkörper des Körpers der reellen Zahlen. $\qquad\qquad\qquad\qquad\qquad\qquad\qquad$ $\square$

Der Beweis des Satzes, dass der Durchschnitt von Untergruppen wieder eine Gruppe ist, kann in vollkommen analoger Weise auch für Ringe geführt werden. Damit erhalten wir das folgende Resultat, auf dessen Beweis wir verzichten.

11.3.11 Satz: Durchschnitt von Unterringen

Es seien $(R, 0, 1, +, \cdot, -)$ ein Ring und $\mathcal{R} \subseteq \mathcal{P}(R)$ eine Menge von Unterringen. Dann ist auch $\bigcap \mathcal{R}$ ein Unterring. $\qquad\qquad\square$

Wiederum ist $\bigcap \mathcal{R}$ der kleinste Unterring hinsichtlich der Inklusionsordnung. Die beiden Sätze 11.3.7 und 11.3.11 haben dazu geführt, sich mit der Erzeugung von Gruppen und Ringen zu beschäftigen. Konkret geht es hier um die Frage, ob schon eine Teilmenge der Trägermenge ausreicht, alle Elemente der Trägermenge zu beschreiben. Wir greifen zum Abschluss des Abschnitts diese Fragen nur für Gruppen auf und betrachten hier auch nur den einfachsten Fall, dass eine einelementige Teilmenge der Trägermenge schon ausreicht, alle Elemente zu beschreiben. Für solche Gruppen werden wir Resultate zeigen, deren Beweise Schlussweisen verwenden, wie sie typisch für Gruppentheorie sind. Hier ist zuerst die Definition der von uns behandelten Gruppenklasse.

11.3.12 Definition: zyklische Gruppe

Es seien $(G, 1, \cdot, \,^{-1})$ eine Gruppe und $\mathcal{U}_G$ die Menge ihrer Untergruppen.

(1) Zu $x \in G$ nennt man $\langle x \rangle := \bigcap \{N \in \mathcal{U}_G \mid x \in N\}$ die von x **erzeugte Untergruppe**.

(2) Gibt es ein Element $x \in G$ mit $\langle x \rangle = G$, so heißt die Gruppe $(G, 1, \cdot, \,^{-1})$ **zyklisch** und x ein **erzeugendes Element**. $\qquad\square$

Beispielsweise ist die Gruppe $(\mathbb{Z}, 0, +, -)$ zyklisch. Ein erzeugendes Element ist etwa 1. Dass $\langle 1 \rangle = \mathbb{Z}$ gilt, folgt aus dem nachfolgenden Resultat, indem man die additive Schreibweise xn für die Potenzierung verwendet. Das Resultat zeigt allgemein, wie man zyklische Gruppen durch Potenzen darstellen kann.

11.3.13 Satz: Beschreibung zyklischer Gruppen

Es seien $(G, 1, \cdot, \,^{-1})$ eine zyklische Gruppe und $x \in G$ ein erzeugendes Element. Definiert man zu $n \in \mathbb{N}$ die negative Potenz x^{-n} durch $x^{-n} := (x^{-1})^n$, so gilt $G = \{x^n \mid n \in \mathbb{Z}\}$.

Beweis: Wir haben $\langle x \rangle = \{x^n \mid n \in \mathbb{Z}\}$ zu beweisen, denn daraus folgt mit der Voraussetzung $\langle x \rangle = G$ die Behauptung.

Zum Beweis der Inklusion $\langle x \rangle \subseteq \{x^n \mid n \in \mathbb{Z}\}$ starten wir mit der Eigenschaft, dass die Menge $\{x^n \mid n \in \mathbb{Z}\}$ eine Untergruppe ist, die x enthält. Dies ist eine unmittelbare Konsequenz der Potenzierung und ihrer Gesetze. Weil aber $\langle x \rangle$ nach Definition die kleinste Untergruppe im Inklusionssinne ist, die x enthält, folgt $\langle x \rangle \subseteq \{x^n \mid n \in \mathbb{Z}\}$.

Zum Beweis der verbleibenden Inklusion $\{x^n \mid n \in \mathbb{Z}\} \subseteq \langle x \rangle$ beweisen wir zuerst durch eine vollständige Induktion, dass $x^n \in \langle x \rangle$ für alle $n \in \mathbb{N}$ gilt.

(a) Den Induktionsbeginn zeigt $x^0 = 1 \in \langle x \rangle$ unter Verwendung der Untergruppeneigenschaft von $\langle x \rangle$.

(b) Zum Induktionsschluss sei $n \in \mathbb{N}$ mit $x^n \in \langle x \rangle$ beliebig vorgegeben. Aus der Induktionshypothese $x^n \in \langle x \rangle$ und der Eigenschaft $x \in \langle x \rangle$ bekommen wir dann $x x^n \in \langle x \rangle$, wiederum aufgrund der Untergruppeneigenschaft von $\langle x \rangle$. Die Definition der Potenzierung bringt nun $x^{n+1} \in \langle x \rangle$.

Es bleibt noch die Eigenschaft $x^{-n} \in \langle x \rangle$ für alle $n \in \mathbb{N}$ zu beweisen. Dazu verwenden wir zuerst $x^{-n} = (x^n)^{-1}$. Nach dem obigen Beweis gilt $x^n \in \langle x \rangle$ und die Untergruppeneigenschaft von $\langle x \rangle$ bringt $(x^n)^{-1} \in \langle x \rangle$. $\qquad\square$

Gilt die Gleichung $\langle x \rangle = G$, so haben alle Elemente $y, z \in G$ die Form $y = x^m$ und $z = x^n$, mit natürlichen Zahlen $m, n \in \mathbb{N}$. Aufgrund von Eigenschaften der Potenzierung erhalten wir somit $yz = x^m x^n = x^{m+n} = x^{n+m} = x^n x^m = zy$ und dies bringt das folgende Resultat.

11.3.14 Korollar

Alle zyklischen Gruppen sind kommutativ. $\qquad\square$

Ist $\Phi : G_1 \to G_2$ ein Gruppenhomomorphismus, so gilt, wie man leicht zeigt, für alle $x \in G_1$ und $n \in \mathbb{Z}$ die Gleichung $\Phi(x^n) = \Phi(x)^n$. Falls G_1 die Trägermenge einer zyklischen Gruppe mit dem erzeugenden Element x ist, dann bestimmt der Wert $\Phi(x)$ eindeutig die Werte $\Phi(y)$ für alle $y \in G_1$. Insbesondere gilt $\Phi = \Psi$ für alle Gruppenhomomorphismen $\Psi : G_1 \to G_2$ mit $\Phi(x) = \Psi(x)$.

Als letztes Resultat dieses Abschnitts beweisen wir noch den folgenden Satz, der zeigt, dass sich das Zyklischsein auf die Untergruppen vererbt. Da insbesondere $(\mathbb{Z}, 0, +, -)$ eine zyklische Gruppe ist, sind alle Untergruppen der additiven Gruppe der ganzen Zahlen zyklisch.

11.3.15 Satz: Untergruppen zyklischer Gruppen sind zyklisch

Ist N eine Untergruppe einer zyklischen Gruppe $(G, 1, \cdot, {}^{-1})$, so ist auch $(N, 1, \cdot, {}^{-1})$ eine zyklische Gruppe.

Beweis: Im ersten Fall sei N gleich der Untergruppe $\{1\}$. Dann ist $(N, 1, \cdot, {}^{-1})$ offensichtlich eine zyklische Gruppe.

Nun gelte $\{1\} \subset N$. Nach Voraussetzung und wegen $1^n = 1$ für alle $n \in \mathbb{Z}$ gibt es ein Element $x \in G \setminus \{1\}$ mit $G = \langle x \rangle$. Wegen Satz 11.3.13 ist jedes Element von N eine (positive oder negative) Potenz x^k von x. Wir betrachten nun die folgende Menge:

$$X := \{n \in \mathbb{N} \mid n \neq 0 \wedge x^n \in N\}$$

Dann gilt $X \neq \emptyset$. Wegen $\{1\} \subset N$ gibt es nämlich ein Element $y \in N$ mit $y \neq 1$ und $y = x^k$ für ein $k \in \mathbb{Z} \setminus \{0\}$. Gilt $k \in \mathbb{N} \setminus \{0\}$, so impliziert dies $k \in X$. Trifft hingegen $k \notin \mathbb{N}$ zu, so bekommen wir $-k \in X$ aufgrund von $y^{-1} \in N$ und

$$y^{-1} = (x^k)^{-1} = x^{-k}.$$

Nun sei n_0 das kleinste Element von X. Wir zeigen nachfolgend, dass $N = \langle x^{n_0} \rangle$ gilt, womit der Satz bewiesen ist.

Die Inklusion $\langle x^{n_0}\rangle \subseteq N$ gilt wegen $x^{n_0} \in N$ und der Eigenschaft. dass $\langle x^{n_0}\rangle$ die kleinste Untergruppe im Inklusionssinne mit dieser Eigenschaft ist.

Zum Beweis der verbleibenden Inklusion $N \subseteq \langle x^{n_0}\rangle$ sei x^k als ein beliebiges Element von N vorgegeben. Eine ganzzahlige Division mit Rest ergibt $k = qn_0 + r$, mit $q \in \mathbb{Z}$ und $r \in \mathbb{N}$ so, dass $r < n_0$. Dies bringt

$$x^r = x^{k-qn_0} = x^k x^{-qn_0} = x^k (x^{qn_0})^{-1} = x^k ((x^{n_0})^q)^{-1}.$$

Nach Voraussetzung gelten $x^k \in N$ und $x^{n_0} \in N$. Die Untergruppeneigenschaft zeigt die folgende Implikation:

$$x^{n_0} \in N \implies (x^{n_0})^q \in N \implies ((x^{n_0})^q)^{-1} \in N \implies x^k((x^{n_0})^q)^{-1} \in N$$

Folglich gilt $x^r \in N$ und die Minimalität von n_0 in der Menge X impliziert $r = 0$. Dies bringt nun $x^k = x^{qn_0} = (x^{n_0})^q$, was $x^k \in \langle x^{n_0}\rangle$ zeigt. $\qquad\square$

Somit sind insbesondere alle Untergruppen der zyklischen Gruppe $(\mathbb{Z}, 0, +, -)$ der ganzen Zahlen zyklisch.

11.4 Produkt- und Quotientenstrukturen

Neben der Bildung von Unterstrukturen gibt es noch einige weitere Möglichkeiten, aus vorgegebenen algebraischen Strukturen neue algebraische Strukturen des gleichen Typs zu erzeugen. In diesem Abschnitt behandeln wir Produkt- und Quotientenbildungen. Im ersten Fall, mit dem wir die Diskussion beginnen, wird die Trägermenge der neuen Struktur als das direkte Produkt der Trägermengen der gegebenen Strukturen festgelegt und die neuen Konstanten und Operationen werden durch Tupelbildungen definiert. Nachfolgend betrachten wir der Einfachheit halber nur den Fall von binären direkten Produkten, also zwei algebraischen Strukturen. In der nächsten Definition wird die allgemeine Konstruktion angegeben.

11.4.1 Definition: Produktstruktur

Es seien algebraische Strukturen $(M, c_1, \ldots, c_m, f_1, \ldots, f_n)$ und $(N, d_1, \ldots, d_m, g_1, \ldots, g_n)$ des gleichen Typs $(0, \ldots, 0, s_1, \ldots, s_n)$ gegeben. Dann ist ihr **Produkt** definiert als

$$(M \times N, (c_1, d_1), \ldots, (c_m, d_m), [f_1, g_1], \ldots, [f_n, g_n]),$$

wobei für alle $i \in \{1, \ldots, n\}$ das **Tupeling** $[f_i, g_i] : M^{s_i} \times N^{s_i} \to M \times N$ von f_i und g_i festgelegt ist durch $[f_i, g_i]((x_1, \ldots, x_{s_i}), (y_1, \ldots, y_{s_i})) = (f_i(x_1, \ldots, x_{s_i}), g_i(x_1, \ldots, x_{s_i}))$. $\qquad\square$

Sind die algebraischen Strukturen $(M, c_1, \ldots, c_m, f_1, \ldots, f_n)$ und $(N, d_1, \ldots, d_m, g_1, \ldots, g_n)$ durch die gleichen Axiome definiert und sind diese nur Gleichungen, so gelten die Axiome auch für das Produkt. Nachfolgend beweisen wir diesen wichtigen allgemeinen Satz der universellen Algebra für den Spezialfall der Gruppen. Wir verwenden dabei wieder die ursprüngliche Notation $(G, e, \cdot, inv)$, um in einfacher Weise die Gruppen durch Indizes unterscheiden zu können.

11.4.2 Satz: Produktgruppe

Sind $(G_1, e_1, \cdot_1, inv_1)$ und $(G_2, e_2, \cdot_2, inv_2)$ Gruppen, so ist auch ihr Produkt eine Gruppe.

Beweis: Wir bezeichnen $[\cdot_1, \cdot_2]$ mit dem Symbol „$\cdot$" und verwenden die letzte Operation auch in Infix-Schreibweise. Dann folgt die Assoziativität aus

$$
\begin{aligned}
(x,y) \cdot ((u,v) \cdot (w,z)) &= (x,y) \cdot (u \cdot_1 w, v \cdot_2 z) \\
&= (x \cdot_1 (u \cdot_1 w), y \cdot_2 (v \cdot_2 z)) \\
&= ((x \cdot_1 u) \cdot_1 w, (y \cdot_2 v) \cdot_2 z) \\
&= (x \cdot_1 u, y \cdot_2 v) \cdot (w, z) \\
&= ((x,y) \cdot (u,v)) \cdot (w,z)
\end{aligned}
$$

für alle $(x,y), (u,v), (w,z) \in G_1 \times G_2$. Die Linksneutralität von (e_1, e_2) zeigt

$$
(e_1, e_2) \cdot (x,y) = (e_1 \cdot_1 x, e_2 \cdot_2 y) = (x,y)
$$

für alle $(x,y) \in G_1 \times G_2$. Wenn wir die Operation $[inv_1, inv_2]$ mit dem Symbol inv bezeichnen, dann gilt die Gleichheit

$$
inv(x,y) \cdot (x,y) = (inv_1(x), inv_2(y)) \cdot (x,y) = (inv_1(x) \cdot_1 x, inv_2(y) \cdot_2 y) = (e_1, e_2)
$$

für alle $(x,y) \in G_1 \times G_2$, was schließlich auch noch die Linksinverseneigenschaft zeigt. $\square$

Es ist klar, wie man diesen Beweis auf beliebige gleichungsdefinierte algebraische Strukturen übertragen kann. Man wendet die Operationen der Produktstruktur von außen nach innen komponentenweise solange an, bis sie alle durch die der gegebenen algebraischen Strukturen ersetzt sind. Dann wendet man auf jene die Gleichung an, die man für die Produktstruktur zeigen will. Schließlich ersetzt man die Operationen der vorgegebenen algebraischen Strukturen von innen nach außen komponentenweise solange, bis nur noch Operationen der Produktstruktur übrig bleiben. Dieses Verfahren zeigt bei Ringen das folgende Resultat:

11.4.3 Satz: Produktring

Sind $(R_1, 0_1, 1_1, +_1, \cdot_1, -_1)$ und $(R_2, 0_2, 1_2, +_2, \cdot_2, -_2)$ Ringe, so ist auch ihr Produkt ein Ring. $\square$

In dem folgenden Beispiel zeigen wir, wie man einen Produktring konstruiert.

11.4.4 Beispiel: Produktring

Wir betrachten die Menge $R := \{0, 1\}$ und den Ring $(R, 0, 1, +, \cdot, -)$, wobei die 2-stelligen Operationen durch die folgenden Verknüpfungstafeln definiert sind:

+	0	1
0	0	1
1	1	0

$\cdot$	0	1
0	0	0
1	0	1

Aus der linken Tafel bekommt man sofort $-0 = 0$ und $-1 = 1$. Nun bestimmen wir das Produkt von $(R, 0, 1, +, \cdot, -)$ mit sich selbst. Wenn wir die Tupelinge $[+, +]$ und $[\cdot, \cdot]$ mit den Symbolen „$\oplus$" und „$\odot$" bezeichnen und Paare (x, y) in der Form xy notieren, dann bekommen wir für „$\oplus$" und „$\odot$" die folgenden Verknüpfungstafeln:

$\oplus$	00	01	10	11
00	00	01	10	11
01	01	00	11	10
10	10	11	00	01
11	11	10	01	00

$\odot$	00	01	10	11
00	00	00	00	00
01	00	01	00	01
10	00	00	10	10
11	00	01	10	11

Die linke Verknüpfungstafel zeigt, dass 00 das neutrale Element bezüglich $\oplus$ ist, und dass die Operation der Inversenbildung der identischen Funktion auf der Menge $\{00, 01, 10, 11\}$ entspricht. Weiterhin kann man dieser Tafel durch einen Vergleich mit der Gruppentafel von Beispiel 11.1.6 entnehmen, dass die additive Gruppe des Produktrings isomorph zur Kleinschen Vierergruppe ist. Die rechte Verknüpfungstafel zeigt, dass 11 das Einselement des Produktrings ist. $\square$

Körper sind nicht gleichungsdefiniert und deshalb ist das obige Verfahren auch nicht anwendbar, um zu zeigen, dass das Produkt von Körpern ein Körper ist. Und tatsächlich gibt es Körper, deren Produkt nur ein Ring ist. Dies trifft sogar immer zu. Nachfolgend geben wir dazu zwei spezielle Beispiele an, die man leicht verallgemeinern kann.

11.4.5 Beispiele: Produkte von Körpern

Der Ring $(R, 0, 1, +, \cdot, -)$ von Beispiel 11.4.4 ist ein Körper, denn das einzige Element 1 ungleich 0 hat sich selbst als multiplikatives inverses Element. Jedoch ist der Produktring von $(R, 0, 1, +, \cdot, -)$ mit sich selbst kein Körper. Die beiden Elemente 01 und 10 besitzen jeweils kein multiplikatives inverses Element.

Wir betrachten nun den Körper $(\mathbb{R}, 0, 1, +, \cdot, -)$ der reellen Zahlen. Bildet man das Produkt mit ihm selbst, so ist $(0, 0) \in \mathbb{R}^2$ das Nullelement und $(1, 1) \in \mathbb{R}^2$ das Einselement in diesem Produkt, einem Produktring. Nun sei $x \in \mathbb{R}$ mit $x \neq 0$ beliebig vorgegeben. Dann gilt $(0, x) \neq (0, 0)$. Es gibt zu $(0, x) \in \mathbb{R}^2$ aber kein linksinverses Element bezüglich der Multiplikation im Produktring. Gäbe es so ein Element, etwa $(y, z) \in \mathbb{R}^2$, so muss die Gleichung $(y, z) \cdot (0, x) = (1, 1)$ gelten. Wegen

$$(y, z) \cdot (0, x) = (y0, zx) = (0, zx) \neq (1, 1)$$

ist dies aber nicht möglich. $\square$

Mit den obigen Beispielen kann man auch schön demonstrieren, welchen Wert die sehr weitreichenden und allgemeinen Aussagen der universellen Algebra haben können. Beispielsweise folgt aus der Aussage, dass die Produkte von gleichungsdefinierten algebraischen Strukturen wieder die Axiome der Strukturen erfüllen, aus denen sie konstruiert werden, dass es nicht möglich ist, die zwei Körper-Axiome $0 \neq 1$ und $\forall x \in K : x \neq 0 \Rightarrow \exists y \in K : yx = 1$ durch logisch äquivalente allquantifizierte Gleichungen zu ersetzen. Wäre dies möglich, so wären Körper gleichungsdefiniert, also Produkte von Körpern wieder Körper. Das widerspricht aber den obigen Beispielen.

Nach den Produktstrukturen wenden wir uns nun den Quotientenstrukturen zu. Diese beruhen auf speziellen Äquivalenzrelationen. Im folgenden Beispiel motivieren wir die entscheidende Eigenschaft.

11.4.6 Beispiel: Motivation von Vertreterunabhängigkeit

Wir betrachten eine algebraische Struktur $(M, \cdot)$ des Typs (2). Deren Trägermenge sei gegeben durch die vierelementige Menge $M := \{e, a, b, c\}$ und deren Operation $\cdot : M^2 \to M$ sei spezifiziert durch die nachstehend links angegebene Verknüpfungstafel. Rechts von der Verknüpfungstafel ist eine Äquivalenzrelation $\equiv$ auf der Menge M mittels einer Kreuzchentabelle definiert, woran man sofort die Äquivalenzklassen erkennt.

$\cdot$	e	a	b	c		$\equiv$	e	a	b	c
e	e	a	b	c		e	X	X		
a	a	a	a	a		a	X	X		
b	b	b	b	b		b			X	X
c	c	c	c	c		c			X	X

Aufgrund der Kreuzchentabelle gilt $M/\equiv = \{\{e, a\}, \{b, c\}\}$. Wir wollen nun aus der algebraischen Struktur $(M, \cdot)$ eine algebraische Struktur $(M/\equiv, \circ)$ des gleichen Typs (2) gewinnen. Dazu haben wir eine Operation $\circ : (M/\equiv)^2 \to M/\equiv$ anzugeben. Sinnvoll scheint es zu sein, diese für alle Äquivalenzklassen wie folgt zu definieren:

$$[x]_\equiv \circ [y]_\equiv = [x \cdot y]_\equiv$$

Das führt jedoch zu Schwierigkeiten. Wir bekommen nämlich einerseits aufgrund dieser Festlegung und der Verknüpfungstafel das folgende Resultat:

$$[e]_\equiv \circ [b]_\equiv = [e \cdot b]_\equiv = [b]_\equiv$$

Andererseits könnten wir aber auch wie nachstehend angegeben mit dem anderen Vertreter a der Äquivalenzklasse $[e]_\equiv$ rechnen:

$$[a]_\equiv \circ [b]_\equiv = [a \cdot b]_\equiv = [a]_\equiv.$$

Damit hängt das Resultat der Operation $\circ$ auf der Menge der Äquivalenzklassen bei einer Anwendung von den gewählten Vertretern der Äquivalenzklassen ab. Wählt man oben e als Vertreter von $\{e, a\}$, so wird das Paar $(\{e, a\}, \{b, c\})$ mit $\{b, c\}$ in Beziehung gesetzt, wählt man hingegen a, so wird es mit $\{e, a\}$ in Beziehung gesetzt. Die obige Festlegung von $\circ$ ist also nicht sinnvoll, denn die Eindeutigkeitseigenschaft von Funktionen ist nicht erfüllt. Man sagt auch, dass die Operation nicht **wohldefiniert** ist. $\square$

Bei dem im Beispiel gewählten Ansatz ist unbedingt notwendig, dass die Definition der Operation auf den Äquivalenzklassen unabhängig von der Wahl der Klassenvertreter ist. Es handelt sich also wieder um eine Verträglichkeit, nun aber zwischen einer Funktion und einer Relation.

11.4.7 Definition: Verträglichkeit

Eine Relation R auf M heißt mit einer Funktion $f : M^k \to M$ **verträglich**, falls die logische Implikation

$$x_1\,R\,y_1 \wedge \ldots \wedge x_k\,R\,y_k \implies f(x_1,\ldots,x_k)\,R\,f(y_1,\ldots,y_k)$$

für alle Tupel $(x_1,\ldots,x_k)$ und $(y_1,\ldots,y_k)$ aus M^k gilt. $\qquad\square$

Im Fall einer Äquivalenzrelation besagt diese Definition, dass äquivalente Argumente von f zu äquivalenten Resultaten führen. Und dies ist genau das, was man zur Wohldefiniertheit benötigt. Deshalb definiert man:

11.4.8 Definition: Kongruenz

Gegeben seien eine algebraische Struktur $(M, c_1, \ldots, c_m, f_1, \ldots, f_n)$ und eine Äquivalenzrelation $\equiv$ auf M. Dann heißt $\equiv$ eine **Kongruenz**, falls sie mit allen Operationen $f_1,\ldots,f_n$ verträglich ist. $\qquad\square$

Definiert man nun zur algebraischen Struktur $(M, c_1, \ldots, c_m, f_1, \ldots, f_n)$ und einer Kongruenz $\equiv$ auf M zu jeder s_i-stelligen Operation f_i die Operation

$$\tilde{f}_i : (M/\!\equiv)^{s_i} \to M/\!\equiv \qquad \tilde{f}_i([x_1]_\equiv, \ldots, [x_{s_i}]_\equiv) = [f_i(x_1,\ldots,x_{s_i})]_\equiv,$$

so ist diese tatsächlich auch wohldefiniert. Es gilt nämlich für alle Tupel $(x_1,\ldots,x_{s_i})$ und $(y_1,\ldots,y_{s_i})$ mit $([x_1]_\equiv, \ldots, [x_{s_i}]_\equiv) = ([y_1]_\equiv, \ldots, [y_{s_i}]_\equiv)$ die folgende Gleichheit:

$$\tilde{f}_i([x_1]_\equiv, \ldots, [x_{s_i}]_\equiv) = [f_i(x_1,\ldots,x_{s_i})]_\equiv = [f_i(y_1,\ldots,y_{s_i})]_\equiv = \tilde{f}_i([y_1]_\equiv, \ldots, [x_{s_i}]_\equiv)$$

Diese Rechnung verwendet im ersten Schritt die Definition von $\tilde{f}_i$. Dann kommt die vorausgesetzte Gleichheit $([x_1]_\equiv, \ldots, [x_{s_i}]_\equiv) = ([y_1]_\equiv, \ldots, [y_{s_i}]_\equiv)$ zur Anwendung. Sie zeigt nämlich die Gültigkeit von $x_1 \equiv y_1 \wedge \ldots \wedge x_{s_i} \equiv y_{s_i}$. Daraus folgt $f_i(x_1,\ldots,x_{s_i}) \equiv f_i(y_1,\ldots,y_{s_i})$ aufgrund der Kongruenzeigenschaft und dies zeigt, dass der zweite Schritt korrekt ist. Im dritten Schritt wird nochmals die Definition von $\tilde{f}_i$ verwendet. Insgesamt rechtfertigt das eben Gebrachte die folgende Festlegung von Quotientenstrukturen.

11.4.9 Definition: Quotientenstruktur

Es seien eine algebraische Struktur $(M, c_1, \ldots, c_m, f_1, \ldots, f_n)$ und eine Kongruenz $\equiv$ auf M gegeben. Dann ist die **Quotientenstruktor modulo** $\equiv$ definiert als

$$(M/\!\equiv, [c_1]_\equiv, \ldots, [c_m]_\equiv, \tilde{f}_1, \ldots, \tilde{f}_n),$$

wobei für alle $i \in \{1,\ldots,n\}$ die Operation $\tilde{f}_i : (M/\!\equiv)^{s_i} \to M/\!\equiv$ festgelegt ist durch die Gleichung $\tilde{f}_i([x_1]_\equiv, \ldots, [x_{s_i}]_\equiv) = [f_i(x_1,\ldots,x_{s_i})]_\equiv$. $\qquad\square$

Statt Quotientenstruktur wird auch der Name **Faktorstruktur** verwendet. Ein allgemeines Resultat der universellen Algebra besagt, dass bei gleichungsdefinierten algebraischen Strukturen die Axiome auch für die Quotientenstruktur gelten. Nachfolgend beweisen wir dies wiederum nur für den Spezialfall der Gruppen.

11.4.10 Satz: Quotientengruppe

Sind $(G, 1, \cdot, \ ^{-1})$ eine Gruppe und $\equiv$ eine Kongruenz auf G, so ist die Quotientenstruktur modulo $\equiv$ ebenfalls eine Gruppe.

Beweis: Es bezeichne „$\circ$" die zu der Operation „$\cdot$" korrespondierende Operation auf der Menge der Äquivalenzklassen (also „tilde $\cdot$", in Infix-Schreibweise angewendet) und, analog dazu, *inv* die zu der Operation „ $^{-1}$" korrespondierende Operation (also „tilde $^{-1}$"). Dann zeigt

$$
\begin{aligned}
[x]_\equiv \circ ([y]_\equiv \circ [z]_\equiv) &= [x]_\equiv \circ [y \cdot z]_\equiv \\
&= [x \cdot (y \cdot z)]_\equiv \\
&= [(x \cdot y) \cdot z)]_\equiv \\
&= [x \cdot y]_\equiv \circ [z]_\equiv \\
&= ([x]_\equiv \circ [y]_\equiv) \circ [z]_\equiv
\end{aligned}
$$

für alle Äquivalenzklassen $[x]_\equiv, [y]_\equiv, [z]_\equiv \in M/\equiv$ das Assoziativgesetz. Auf die vollkommen gleiche Weise kann man auch die restlichen zwei Gruppen-Axiome beweisen. Für alle Äquivalenzklassen $[x]_\equiv \in M/\equiv$ gilt

$$
[1]_\equiv \circ [x]_\equiv = [1x]_\equiv = [x]_\equiv.
$$

Das ist die Linksneutralität von $[1]_\equiv$. Weiterhin haben wir für alle $[x]_\equiv \in M/\equiv$, dass

$$
inv([x]_\equiv) \circ [x]_\equiv = [x^{-1}]_\equiv \circ [x]_\equiv = [x^{-1} \cdot x]_\equiv = [1]_\equiv
$$

gilt. Folglich liefert die Operation *inv* das linksinverse Element. $\qquad\square$

Das Vorgehen bei diesem Beweis ist im Prinzip gleich dem Vorgehen beim Beweis von Satz 11.4.2. Damit ist auch offensichtlich, wie man ihn auf beliebige gleichungsdefinierte algebraische Strukturen übertragen kann. Im Fall der Ringe erhalten wir dann das folgende Resultat:

11.4.11 Satz: Quotientenring

Sind $(R, 0, 1, +, \cdot, -)$ ein Ring und $\equiv$ eine Kongruenz auf R, so ist die Quotientenstruktur modulo $\equiv$ auch ein Ring. $\qquad\square$

Wir wollen nun noch eine sehr wichtige Klasse von Quotientenringen studieren, die ursprünglich aus der Zahlentheorie stammen, mittlerweile aber auch sehr viele Anwendungen in der Informatik besitzen, beispielsweise bei der sogenannten Streuspeicherung von Daten (Stichwort: Hash-Funktionen) oder dem Verschlüsseln von Information. Diese Quotientenringe basieren auf den in Abschnitt 7.1 eingeführten Modulo-Relationen $\equiv_m$ auf den ganzen Zahlen. Wir haben in Satz 7.1.10 bewiesen, dass alle Relationen $\equiv_m$ Äquivalenzrelationen sind. Auch haben wir in Abschnitt 7.1 schon angemerkt, dass man beim Vorliegen von $x \equiv_m y$ auch sagt, dass x kongruent zu y modulo m ist. Dieser Sprechweise liegt der folgende Satz zugrunde, der besagt, dass $\equiv_m$ für alle $m \in \mathbb{Z}$ eine Kongruenzrelation bezüglich des Rings der ganzen Zahlen ist. Wir verwenden in seinem Beweis die folgende Beschreibung der Modulo-Relation (siehe Abschnitt 7.1): Es gilt $x \equiv_m y$ genau dann, wenn ein $k \in \mathbb{Z}$ existiert mit $x = y + mk$.

11.4.12 Satz: Modulo-Relation ist eine Kongruenz

Für alle $m \in \mathbb{Z}$ und alle $x, y, u, v \in \mathbb{Z}$ gelten die folgenden Eigenschaften:

(1) Aus $x \equiv_m y$ und $u \equiv_m v$ folgt $x + u \equiv_m y + v$.

(2) Aus $x \equiv_m y$ und $u \equiv_m v$ folgt $xu \equiv_m yv$.

Beweis: (1) Aus $x \equiv_m y$ und $u \equiv_m v$ folgt, dass es $k_1, k_2 \in \mathbb{Z}$ gibt mit $x = y + mk_1$ und $u = v + mk_2$. Nun berechnen wir

$$x + u = y + mk_1 + v + mk_2 = y + v + m(k_1 + k_2)$$

und dies bringt $x + u \equiv_m y + v$.

(2) Aus $x \equiv_m y$ und $u \equiv_m v$ folgt wiederum, dass es $k_1, k_2 \in \mathbb{Z}$ gibt mit $x = y + mk_1$ und $u = v + mk_2$. Hinsichtlich der Multiplikation gehen wir wie folgt vor:

$$xu = (y + mk_1)(v + mk_2) = yv + ymk_2 + mk_1v + m^2k_1k_2 = yv + m(yk_2 + k_1v + mk_1k_2)$$

Diese Gleichheit impliziert $xu \equiv_m yv$. $\qquad\qquad\square$

Jede Relation $\equiv_m$ führt also zu einem Quotientenring $(\mathbb{Z}/\equiv_m, [0]_{\equiv_m}, [1]_{\equiv_m}, \oplus, \odot, \ominus)$ des Rings $(\mathbb{Z}, 0, 1, +, \cdot, -)$, wobei wir die Symbole „$\oplus$", „$\odot$" und „$\ominus$" statt den Tilde-Schreibweisen von Definition 11.4.9 verwendet haben. In der gängigen Literatur wird normalerweise die Zahl m immer als positiv gewählt. Weiterhin wird auch statt $\mathbb{Z}/\equiv_m$ die Bezeichnung $\mathbb{Z}_m$ verwendet. Dabei werden als Elemente dieser Menge bei der Darstellung des Rings aus Gründen der Lesbarkeit oft nicht die m Äquivalenzklassen $[0]_{\equiv_m}, \ldots, [m-1]_{\equiv_m}$ genommen, sondern nur ihre Vertreter $0, \ldots, m - 1$. Teilweise schreibt man auch $\overline{0}, \ldots, \overline{m-1}$ und meint damit doch die Äquivalenzklassen. Schließlich werden statt der Operationssymbole „$\oplus$", „$\odot$" und „$\ominus$", wie bei den ganzen Zahlen, nur „$+$", „$\cdot$" und „$-$" genommen. Der dadurch entstehende Ring $(\mathbb{Z}_m, 0, 1, +, \cdot, -)$ bzw. $(\mathbb{Z}_m, \overline{0}, \overline{1}, +, \cdot, -)$ heißt der **Quotientenring (oder Restklassenring) der ganzen Zahlen modulo** m. Zur Verdeutlichung geben wir nachfolgend drei Beispiele an.

11.4.13 Beispiele: Quotientenringe der ganzen Zahlen

Der Ring von Beispiel 11.4.4 mit $\{0, 1\}$ als Trägermenge und den folgenden Verknüpfungstafeln ist genau der Ring $(\mathbb{Z}_2, 0, 1, +, \cdot, -)$.

+	0	1		·	0	1
0	0	1		0	0	0
1	1	0		1	0	1

Wenn man den Quotientenring modulo 2 im ursprünglichen Sinne der Definition einer Quotientenstruktur auffasst, also als Menge $\mathbb{Z}_2$ die Menge der Äquivalenzklassen $\{[0]_{\equiv_2}, [1]_{\equiv_2}\}$ bzw. $\{\overline{0}, \overline{1}\}$ nimmt, dann ist der Ring von Beispiel 11.4.4 natürlich nur isomorph zum Quotientenring modulo 2. Diese Bemerkung trifft auch auf die folgenden Beispiele zu. Die beiden Verknüpfungstafeln zur Addition und Multiplikation des Rings $(\mathbb{Z}_3, 0, 1, +, \cdot, -)$ sehen wie folgt aus:

$$
\begin{array}{c|ccc}
+ & 0 & 1 & 2 \\
\hline
0 & 0 & 1 & 2 \\
1 & 1 & 2 & 0 \\
2 & 2 & 0 & 1 \\
\end{array}
\qquad
\begin{array}{c|ccc}
\cdot & 0 & 1 & 2 \\
\hline
0 & 0 & 0 & 0 \\
1 & 0 & 1 & 2 \\
2 & 0 & 2 & 1 \\
\end{array}
$$

Und nachfolgend sind noch die beiden entsprechenden Operationen des Rings $(\mathbb{Z}_4, 0, 1, +, \cdot, -)$ in der Form von Verknüpfungstafeln angegeben:

$$
\begin{array}{c|cccc}
+ & 0 & 1 & 2 & 3 \\
\hline
0 & 0 & 1 & 2 & 3 \\
1 & 1 & 2 & 3 & 0 \\
2 & 2 & 3 & 0 & 1 \\
3 & 3 & 0 & 1 & 2 \\
\end{array}
\qquad
\begin{array}{c|cccc}
\cdot & 0 & 1 & 2 & 3 \\
\hline
0 & 0 & 0 & 0 & 0 \\
1 & 0 & 1 & 2 & 3 \\
2 & 0 & 2 & 0 & 2 \\
3 & 0 & 3 & 2 & 1 \\
\end{array}
$$

Es fällt auf, dass sowohl der Ring $(\mathbb{Z}_2, 0, 1, +, \cdot, -)$ als auch der Ring $(\mathbb{Z}_3, 0, 1, +, \cdot, -)$ ein Körper ist. Hingegen ist der Ring $(\mathbb{Z}_4, 0, 1, +, \cdot, -)$ kein Körper. □

Würden wir die beiden Verknüpfungstafeln für die Quotientenringe der ganzen Zahlen modulo m auch für weitere ganze Zahlen 5, 6, 7, 8, 9, … aufstellen, so würden wir für die Zahlen 5, 7, 11, …, also für die Primzahlen, jeweils Körper erhalten. Dies ist ein bekanntes Resultat der Algebra, welches wir zum Abschluss dieses Abschnitts noch beweisen wollen. Wir benötigen zum Beweis von Satz 11.4.15 eine Hilfseigenschaft, die in der Literatur als Lemma von Bezout bekannt ist, benannt nach dem französischen Mathematiker Etienne Bezout (1730-1783).

11.4.14 Lemma (E. Bezout)

Es seien $x, m \in \mathbb{Z}$ und $ggT(x, m)$ ihr (nichtnegativer) größter gemeinsamer Teiler. Gilt $x \neq 0$ oder $m \neq 0$, so gibt es $y, k \in \mathbb{Z}$ mit $xy + mk = ggT(x, m)$.

Beweis: Wir erweitern die Teilbarkeitsrelation in einer offensichtlichen Weise von $\mathbb{N}$ nach $\mathbb{Z}$, indem wir für alle $a, b \in \mathbb{Z}$ festlegen:

$$
a \mid b \; :\Longleftrightarrow \; \exists c \in \mathbb{Z} : ac = b
$$

Dadurch ist es möglich, durch $ggT(a, b) := max\{c \in \mathbb{N} \mid c \mid a \wedge c \mid b\}$ den nichtnegativen größten gemeinsamen Teiler festzulegen. Die relationale Struktur $(\mathbb{Z}, \mid)$ ist keine Ordnung. Hingegen ist $(\mathbb{N}, \mid)$ eine Ordnung. In ihr ist 1 das kleinste Element von $\mathbb{N}$ und für alle $a, b \in \mathbb{N}$ ist $ggT(a, b)$ das Infimum von $\{a, b\}$.

Nun betrachten wir zu den gegebenen Zahlen $x, m \in \mathbb{Z}$ die Menge X von ganzen Zahlen, die genau alle möglichen Linearkombinationen von x und m enthält, definieren also

$$
X := \{xa + mb \mid a, b \in \mathbb{Z}\}.
$$

Wegen $x \neq 0$ oder $m \neq 0$ gibt es in X sicherlich positive ganze Zahlen. Es sei d die kleinste positive ganze Zahl in X bezüglich der Ordnung $\leq$ und es seien $y, k \in \mathbb{Z}$ so, dass $d = xy + mk$ gilt. Einfach zu verifizieren ist, dass $ggT(x, m) \mid x$ und $ggT(x, m) \mid m$ implizieren $ggT(x, m) \mid (xy + mk)$, also $ggT(x, m) \mid d$ gilt. Wir zeigen nachfolgend, dass sogar

$d = ggT(x, m)$ zutrifft, womit das Lemma bewiesen ist. Dabei betrachten wir zwei Fälle.

Zuerst gelte $d = 1$. Aus $ggT(x, m) \mid d$ folgt dann die Gleichung $ggT(x, m) = d$, denn als kleinstes Element von $\mathbb{N}$ in $(\mathbb{N}, \mid)$ ist d auch minimal in $\mathbb{N}$ hinsichtlich $(\mathbb{N}, \mid)$.

Nun gelte $d > 1$. In diesem Fall führen wir eine ganzzahlige Division mit Rest durch und erhalten $x = qd + r$, mit $q, r \in \mathbb{Z}$ so, dass $0 \leq r < d$. Wir berechnen zuerst

$$x = qd + r = q(xy + mk) + r$$

und durch eine Umstellung nach r erhalten wir daraus

$$r = x - q(xy + mk) = x - qxy - qmk = x(1 - qy) + m(-qk).$$

Folglich ist r eine nichtnegative Linearkombination von x und m. Aufgrund von $r < d$ und weil d die kleinste positive Linearkombination von x und m ist, erhalten wir $r = 0$, was $d \mid x$ zeigt. Analog beweist man $d \mid m$. Diese zwei Eigenschaften bringen nun $d \mid ggT(x, m)$ und mit der schon gezeigten Eigenschaft $ggT(x, m) \mid d$ und der Antisymmetrie der Teilbarkeitsrelation auf $\mathbb{N}$ folgt $d = ggT(x, m)$. $\qquad\square$

Man kann die Zahlen y und k dieses Lemmas effizient durch eine Verallgemeinerung des Euklidschen Algorithmus berechnen. Und hier ist nun das angekündigte Resultat. Zu seinem Beweis ist es vorteilhaft, die ursprüngliche Definition einer Quotientenstruktur mit der Menge der Äquivalenzklassen als Trägermenge zu verwenden.

11.4.15 Satz: Quotientenringe modulo Primzahlen

Es sei $m \in \mathbb{N}$ eine Primzahl. Dann ist der Quotientenring $(\mathbb{Z}_m, [0]_{\equiv_m}, [1]_{\equiv_m}, +, \cdot, -)$ ein Körper.

Beweis: Die Ringeigenschaft wurde schon bewiesen. Für alle $[x]_{\equiv_m}, [y]_{\equiv_m} \in \mathbb{Z}_m$ gilt

$$[x]_{\equiv_m} \cdot [y]_{\equiv_m} = [xy]_{\equiv_m} = [yx]_{\equiv_m} = [y]_{\equiv_m} \cdot [x]_{\equiv_m}$$

und folglich ist der Ring kommutativ. Die Eigenschaft $[0]_{\equiv_m} \neq [1]_{\equiv_m}$ gilt trivialerweise. Zum Beweis des letzten Körper-Axioms sei $[x]_{\equiv_m} \in \mathbb{Z}_m \setminus \{[0]_{\equiv_m}\}$ beliebig vorgegeben. Da m positiv ist, dürfen wir für den Vertreter x die Eigenschaft $0 < x < m$ annehmen. Es sind x und m teilerfremd, denn m ist eine Primzahl. Nun können wir wie folgt logisch umformen:

$$\begin{aligned}
\exists y \in \mathbb{Z} : [y]_{\equiv_m} \cdot [x]_{\equiv_m} = [1]_{\equiv_m} &\iff \exists y \in \mathbb{Z} : [yx]_{\equiv_m} = [1]_{\equiv_m} \\
&\iff \exists y \in \mathbb{Z} : yx \equiv_m 1 \\
&\iff \exists y \in \mathbb{Z} : \exists k \in \mathbb{Z} : yx - 1 = mk \qquad \text{Abschnitt 7.1} \\
&\iff \exists y, k \in \mathbb{Z} : xy + mk = 1 \\
&\iff \exists y, k \in \mathbb{Z} : xy + mk = ggT(x, m) \qquad x, m \text{ teilerfr.}
\end{aligned}$$

Nach dem Lemma von Bezout (wegen $m \neq 0$ anwendbar!) ist die letzte Formel dieser Rechnung wahr. Also trifft dies auch für die erste Formel zu. $\qquad\square$

11.5 Der Körper der komplexen Zahlen

Wir haben bisher die Zahlenmengen $\mathbb{N}$, $\mathbb{Z}$, $\mathbb{Q}$ und $\mathbb{R}$ in dem intuitiven Sinne verwendet, wie sie von der höheren Schule her bekannt sind. Auch sind wir auf die algebraischen Strukturen eingegangen, welche sie mit den fundamentalen Konstanten und Operationen (den sogenannten Grundrechenarten) bilden. Die wesentliche Eigenschaft von Körpern ist, dass die Grundrechenarten unbeschränkt ausführbar sind und alle von den Zahlen her bekannten Gesetze gelten. In diesem Abschnitt führen wir nun als Erweiterung der reellen Zahlen die komplexen Zahlen als Körper ein. Die Motivation für diese Erweiterung geht bis in das 16. Jahrhundert zurück, als der italienische Mathematiker Gerolamo Cardano (1501-1576) bemerkte, dass gewisse quadratische Gleichungen lösbar wären, wenn Wurzelausdrücke $\sqrt{-a}$ mit negativen Radikanden $-a$ einen Sinn ergeben würden. Wegen $\sqrt{-a} = \sqrt{-1}\sqrt{a}$ kann man sich dabei auf den negativen Radikanden -1 beschränken, also auf eine Lösung der Gleichung $x^2 = -1$ in den reellen Zahlen.

Die gängige Konstruktion der komplexen Zahlen erfolgt über Paare reeller Zahlen. Bei diesem Vorgehen können wir aber zunächst nur komponentenweise addieren, da, wie wir schon in Abschnitt 11.4 angemerkt haben, das Produkt des Körpers der reellen Zahlen mit sich selbst im Sinne der allgemeinen Definition 11.4.1 zu keinem Körper führt. Wir halten nachfolgend fest, was wir bisher wissen.

11.5.1 Definition und Satz: additive Gruppe der komplexe Zahlen

Es seien definiert

(1) die Menge $\mathbb{C}$ durch $\mathbb{C} := \mathbb{R} \times \mathbb{R}$,

(2) die Konstante $0_{\mathbb{C}}$ durch $0_{\mathbb{C}} := (0,0)$,

(3) die Operation $\oplus : \mathbb{C}^2 \to \mathbb{C}$ durch $(x,y) \oplus (u,v) = (x+u, y+v)$ und

(4) die Operation $\ominus : \mathbb{C} \to \mathbb{C}$ durch $\ominus(x,y) = (-x,-y)$.

Dann bildet das Tupel $(\mathbb{C}, 0_{\mathbb{C}}, \oplus, \ominus)$ eine (additive) kommutative Gruppe. Jedes Element aus $\mathbb{C}$ heißt eine **komplexe Zahl**. $\qquad\qquad\square$

Nun haben wir eine von der komponentenweisen Multiplikation auf $\mathbb{R} \times \mathbb{R}$ verschiedene 2-stellige Multiplikationsoperation „$\odot$" auf der Menge $\mathbb{C}$ anzugeben und auch eine weitere Konstante $1_{\mathbb{C}}$, so dass durch deren Hinzunahme zur additiven Gruppe $(\mathbb{C}, 0_{\mathbb{C}}, \oplus, \ominus)$ der komplexen Zahlen ein Körper entsteht. Die folgende Definition gibt die entsprechenden Festlegungen an.

11.5.2 Definition: Multiplikation und Einselement

Die Operation $\odot : \mathbb{C}^2 \to \mathbb{C}$ ist definiert durch $(x,y) \odot (u,v) = (xu - yv, xv + yu)$ und die Konstante $1_{\mathbb{C}}$ ist definiert durch $1_{\mathbb{C}} := (1,0)$. $\qquad\qquad\square$

Auch bei den komplexen Zahlen verwenden wir die Vorrangregel „Punkt vor Strich". Die folgenden zwei Eigenschaften der Multiplikation im Hinblick auf die spezielle komplexe Zahl $(0,1)$ werden uns am Ende des Abschnitts noch einmal begegnen, wenn wir auf die sogenannte algebraische Darstellung von komplexen Zahlen eingehen. Wir verzichten auf die einfachen Beweise.

11.5.3 Lemma

(1) Es gilt $(0,1) \odot (0,1) = (-1,0)$.

(2) Für alle $(x,y) \in \mathbb{C}$ gilt $(x,y) = (x,0) \oplus (0,1) \odot (0,y)$. $\qquad\qquad\square$

Nach der Definition einer Multiplikation und eines Einselements sind wir nun in der Lage, die beabsichtigte Körpereigenschaft der komplexen Zahlen zu beweisen. Wir teilen dies auf und beginnen mit dem Beweis der Ringeigenschaft.

11.5.4 Satz: Ring der komplexen Zahlen

Das Tupel $(\mathbb{C}, 0_{\mathbb{C}}, 1_{\mathbb{C}}, \oplus, \odot, \ominus)$ bildet einen kommutativen Ring.

Beweis: Die Multiplikation „$\odot$" ist assoziativ, weil für alle $(x,y),(u,v),(r,s) \in \mathbb{C}$ aufgrund ihrer Definition die nachfolgende Eigenschaft gilt:

$$
\begin{aligned}
(x,y) \odot ((u,v) \odot (r,s)) &= (x,y) \odot (ur - vs, us + vr) \\
&= (x(ur - vs) - y(us + vr), x(us + vr) + y(ur - vs)) \\
&= (xur - xvs - yus - yvr, xus + xvr + yur - yvs) \\
&= (xur - yvr - xvs - yus, xus - yvs + xvr + yur) \\
&= ((xu - yv)r - (xv + yu)s, (xu - yv)s + (xv + yu)r) \\
&= (xu - yv, xv + yu) \odot (r,s) \\
&= ((x,y) \odot (u,v)) \odot (r,s)
\end{aligned}
$$

Die Multiplikation ist auch eine kommutative Operation. Um dies zu beweisen, rechnen wir für alle $(x,y),(u,v) \in \mathbb{C}$ wie folgt:

$$(x,y) \odot (u,v) = (xu - yv, xv + yu) = (ux - vy, uy + vx) = (u,v) \odot (x,y)$$

Es ist die komplexe Zahl $1_{\mathbb{C}}$ neutral bezüglich der Multiplikation, weil

$$1_{\mathbb{C}} \odot (u,v) = (1,0) \odot (u,v) = (1u - 0v, 1v + 0u) = (u,v)$$

für alle $(u,v) \in \mathbb{C}$ gilt und diese Linksneutralität von $1_{\mathbb{C}}$ aufgrund der Kommutativität der Multiplikation auch die Rechtsneutralität impliziert.

Weil wir für alle $(x,y),(u,v),(r,s) \in \mathbb{C}$ haben, dass

$$
\begin{aligned}
(x,y) \odot ((u,v) \oplus (r,s)) &= (x,y) \odot (u + r, v + s) \\
&= (x(u+r) - y(v+s), x(v+s) + y(u+r)) \\
&= (xu + xr - yv - ys, xv + xs + yu + yr) \\
&= (xu - yv + xr - ys, xv + yu + xs + yr) \\
&= (xu - yv, xv + yu) \oplus (xr - ys, xs + yr) \\
&= (x,y) \odot (u,v) \oplus (x,y) \odot (r,s),
\end{aligned}
$$

389

gilt das erste Distributivgesetz. Das zweite Distributivgesetz ist wiederum eine Folge der Kommutativität der Multiplikation. $\square$

Im nächsten Satz geben wir an, wie bei komplexen Zahlen die inversen Elemente hinsichtlich der Multiplikation aussehen. Damit erhalten wir auch das insgesamt beabsichtigte Resultat, die Körpereigenschaft der komplexen Zahlen.

11.5.5 Satz: Körper der komplexen Zahlen

Im Ring $(\mathbb{C}, 0_{\mathbb{C}}, 1_{\mathbb{C}}, \oplus, \odot, \ominus)$ der komplexen Zahlen ist zu jedem Paar $(x, y) \in \mathbb{C} \setminus \{0_{\mathbb{C}}\}$ durch die Festlegung des Paars

$$(\frac{x}{x^2 + y^2}, \frac{-y}{x^2 + y^2})$$

ein linksinverses Element hinsichtlich der Multiplikation gegeben. Der Ring bildet also einen Körper.

Beweis: Die folgende Rechnung zeigt die behauptete Eigenschaft:

$$(x, y) \odot (\frac{x}{x^2 + y^2}, \frac{-y}{x^2 + y^2}) = (\frac{x^2}{x^2 + y^2} + \frac{y^2}{x^2 + y^2}, \frac{-xy}{x^2 + y^2} + \frac{yx}{x^2 + y^2}) = (1, 0) = 1_{\mathbb{C}}$$

Man beachte, dass die Voraussetzung $(x, y) \neq 0_{\mathbb{C}}$ wegen des Nenners des linksinversen Elements notwendig ist. $\square$

Wir haben in Abschnitt 11.1 $x - y := x + (-y)$ als Definition der Subtraktion in Ringen und $\frac{x}{y} := xy^{-1}$ als Definition der Division in Körpern eingeführt. Damit ist durch eine Spezialisierung die komplexe Zahl

$$(x, y) \ominus (u, v) := (x, y) \oplus (\ominus(u, v)) = (x - u, y - v)$$

als die Differenz der komplexen Zahlen $(x, y), (u, v) \in \mathbb{C}$ gegeben und durch

$$\frac{(x, y)}{(u, v)} := (x, y) \odot (\frac{u}{u^2 + v^2}, \frac{-v}{u^2 + v^2}) = (\frac{xu + yv}{u^2 + v^2}, \frac{-xv + yu}{u^2 + v^2})$$

ihre Division. Es gelten auch hier die üblichen Gesetze. Wir führen nun vier neue Begriffe auf den komplexen Zahlen ein, wobei die ersten drei in einer Auffassung von Funktionen reellwertige Resultate liefern.

11.5.6 Definition: weitere Funktionen

Zu einer komplexen Zahl $(x, y) \in \mathbb{C}$ heißt $x \in \mathbb{R}$ der **Realteil**, $y \in \mathbb{R}$ der **Imaginärteil**, $\sqrt{x^2 + y^2} \in \mathbb{R}$ der **Betrag** und $(x, -y) \in \mathbb{C}$ die **konjugiert-komplexe Zahl**. $\square$

Benennt man im Kontext komplexer Zahlen das Paar (x, y) mit einer Variablen, in der Literatur wird in der Regel der Buchstabe z für komplexe Zahlen verwendet, so schreibt man oft auch $Re(z)$ für den Realteil von z, $Im(z)$ für den Imaginärteil von z und $\| z \|$ für den Betrag von z. (Statt $\| z \|$ wird auch $|z|$ verwendet.) Dies definiert drei Funktionen Re,

Im und $\|\cdot\|$ von $\mathbb{C}$ nach $\mathbb{R}$. Die konjugiert-komplexe Zahl von z bezeichnet man oft mit $\overline{z}$ und damit wird die Konjugation eine bijektive Funktion $^-$ von $\mathbb{C}$ nach $\mathbb{C}$, die offensichtlich ihre eigene Umkehrfunktion ist.

Jedes Element (x, y) des direkten Produkts $\mathbb{R} \times \mathbb{R}$ entspricht genau einem Punkt in der Euklidschen Ebene oder genau einem Pfeil (Vektor) vom Nullpunkt $(0,0)$ des kartesischen Koordinatensystems zu (x, y). In so einer Deutung von komplexen Zahlen – man nennt sie die **Gaußsche Zahlenebene**, obwohl die Vorgehensweise schon vor Gauß vom norwegisch-dänischen Mathematiker und Vermesser Caspar Wessel (1745-1818) verwendet wurde – kann man alle bisher gebrachten Begriffe geometrisch veranschaulichen. Sehr einfach sind die geometrischen Veranschaulichungen von Real- und Imaginärteil, Betrag und Konjugation:

(1) Den Realteil von (x, y) bekommt man durch eine Projektion von (x, y) auf die Abszisse und den Imaginärteil liefert eine Projektion auf die Ordinate.

(2) Der Betrag von (x, y) ergibt sich nach dem Satz von Pythagoras als die Länge der Strecke von $(0, 0)$ nach (x, y).

(3) Die zu (x, y) konjugiert-komplexe Zahl erhält man durch eine Spiegelung des Punktes (x, y) an der Abszisse.

Auch die Addition von zwei komplexen Zahlen ist geometrisch noch sehr einfach zu beschreiben:

(4) Bei der Addition erhält man das Resultat $(x, y) \oplus (u, v)$ dadurch, indem man den Pfeil zu (u, v) parallel solange verschiebt, bis er in (x, y) beginnt. Er endet dann genau in $(x, y) \oplus (u, v)$.

Es handelt sich bei der Addition also im Prinzip um eine Vektoraddition im Vektorraum $\mathbb{R}^2$, die manche Leserin oder mancher Leser schon von der höheren Schule her kennt. Die geometrische Beschreibung der Multiplikation von zwei komplexen Zahlen ist hingegen etwas komplizierter. Hier ist es sinnvoll, Paare reeller Zahlen statt durch kartesische Koordinaten durch die schon in Beispiel 3.1.5 besprochenen Polarkoordinaten („Länge",„Winkel") darzustellen. Mit deren Hilfe kann man die Multiplikation geometrisch wie folgt beschreiben:

(5) Haben die Paare (x, y) und (u, v) die Polarkoordinaten (a, φ) und (b, ψ), so ist die Polarkoordinatendarstellung von $(x, y) \odot (u, v)$ durch $(ab, \varphi + \psi)$ gegeben, also dadurch, dass man die Längen multipliziert und die Winkel addiert.

Wenn wir Winkel in der Euklidschen Ebene im Bogenmaß angeben, dann haben beispielsweise die zwei komplexen Zahlen $(1, 1)$ und $(0, 2)$ die Polarkoordinatendarstellungen $(\sqrt{2}, \frac{\pi}{4})$ bzw. $(2, \frac{\pi}{2})$. Also bekommen wir aufgrund der obigen geometrischen Deutung (5) das Paar $(2\sqrt{2}, \frac{3\pi}{4})$ als Polarkoordinaten des Produkts $(1, 1) \odot (0, 2)$. Die kartesischen Koordinaten von $(2\sqrt{2}, \frac{3\pi}{4})$ berechnen sich zu $(-2, 2)$ und in der Tat gilt die Gleichung $(1, 1) \odot (0, 2) = (-2, 2)$, wie man leicht nachrechnet. Aufgrund der eben gebrachten geometrischen Veranschaulichung der komplexen Zahlen und ihrer Operationen mittels der

Gaußschen Zahlenebene sind auch die in den nachfolgenden drei Sätzen aufgeführten Resultate intuitiv einsichtig. Wir werden sie trotzdem formal beweisen. Der folgende Satz stellt diejenigen Resultate vor, die man durch die Strukturerhaltung von Funktionen ausdrücken kann. Der bisher noch nicht verwendete Begriff eines Monoidhomomorphismus in Teil (2) ergibt sich dabei direkt aus der allgemeinen Definition eines Strukturhomomorphismus.

11.5.7 Satz: Strukturerhaltung

(1) Die Funktionen $Re : \mathbb{C} \to \mathbb{R}$ und $Im : \mathbb{C} \to \mathbb{R}$ sind Gruppenhomomorphismen von $(\mathbb{C}, 0_\mathbb{C}, \oplus, \ominus)$ nach $(\mathbb{R}, 0, +, -)$.

(2) Die Funktion $\| \cdot \| : \mathbb{C} \to \mathbb{R}$ ist ein Monoidhomomorphismus von $(\mathbb{C}, 1_\mathbb{C}, \odot)$ nach $(\mathbb{R}, 1, \cdot)$.

(3) Die Funktion $\bar{\ } : \mathbb{C} \to \mathbb{C}$ ist ein Körperisomorphismus von $(\mathbb{C}, 0_\mathbb{C}, 1_\mathbb{C}, \oplus, \odot, \ominus)$ nach sich selbst.

Beweis: (1) Es gilt die Gleichung

$$Re(0_\mathbb{C}) = Re(0,0) = 0.$$

Die Verträglichkeit der Funktion Re mit den Operationen $\oplus$ und $+$ folgt aus der Tatsache, dass für alle $(x,y), (u,v) \in \mathbb{C}$ die folgende Gleichheit gilt:

$$Re((x,y) \oplus (u,v)) = Re(x+u, y+v) = x + u = Re(x,y) + Re(uv)$$

Die Beweise zu Im verlaufen vollkommen analog.

(2) Das (rein technische) Nachrechnen der entsprechenden zwei Eigenschaften sei der Leserin oder dem Leser als Übungsaufgabe gegeben.

(3) Die Bijektivität der Konjugierungs-Funktion wurde schon erwähnt und in der Tat folgt sie aus $\overline{(x,y)} = \overline{(x,-y)} = (x,--y) = (x,y)$ für alle $(x,y) \in \mathbb{C}$. Zum Beweis der Strukturverträglichkeit seien $(x,y), (u,v) \in \mathbb{C}$ gegeben. Dann gilt die Gleichheit

$$
\begin{aligned}
\overline{(x,y) \oplus (u,v)} &= \overline{(x+u, y+v)} \\
&= (x+u, -y-v) \\
&= (x,-y) \oplus (u,-v) \\
&= \overline{(x,y)} \oplus \overline{(u,v)}
\end{aligned}
$$

und auch die Gleichheit

$$
\begin{aligned}
\overline{(x,y) \odot (u,v)} &= \overline{(xu-yv, xv+yu)} \\
&= (xu-yv, -xv-yu) \\
&= (x,-y) \odot (u,-v) \\
&= \overline{(x,y)} \odot \overline{(u,v)},
\end{aligned}
$$

was die Verträglichkeit der Konjugation sowohl mit der Addition als auch mit der Multiplikation zeigt. Wegen der Gleichheit

$$\overline{1_\mathbb{C}} = \overline{(1,0)} = (1,-0) = 1_\mathbb{C}$$

392

ist die Konjugation insgesamt ein Ringhomomorphismus, also auch ein Körperhomomorphismus. □

Zum Angeben und Beweisen der bisherigen Resultate verwendeten wir immer die Definition von komplexen Zahlen als Paare von reellen Zahlen. Bei der Formulierung der Resultate des nachfolgenden Satzes machen wir uns nun erstmals von der Paardarstellung komplexer Zahlen frei und verwenden stattdessen die Buchstaben z_1 und z_2 für sie. Die Tatsache, dass diese Buchstaben Paare von reellen Zahlen bezeichnen, wird erst im Beweis des Satzes verwendet.

11.5.8 Satz: Rechenregeln

Für alle $z_1, z_2 \in \mathbb{C}$ gelten die folgenden Eigenschaften:

(1) $Im(z_1 \odot \overline{z_1}) = Im(\overline{z_1} \odot z_1) = 0$

(2) $Re(z_1 \odot \overline{z_1}) = Re(\overline{z_1} \odot z_1) = \|z_1\|^2$

(3) $Re(z_1 \odot \overline{z_2}) = Re(z_2 \odot \overline{z_1})$ und $Im(z_1 \odot \overline{z_2}) = Im(z_2 \odot \overline{z_1})$.

(4) $Re(z_1) \leq \|z_1\|$ und $Im(z_1) \leq \|z_1\|$.

Beweis: Es gelte $z_1 = (x, y)$. Dann haben wir

$$z_1 \odot \overline{z_1} = (x, y) \odot (x, -y) = (x^2 + y^2, -xy + yx) = (\|z_1\|^2, 0),$$

woraus die Gleichungen $Im(z_1 \odot \overline{z_1}) = 0$ und $Re(z_1 \odot \overline{z_1}) = \|z_1\|^2$ folgen. Analog kann man die Gleichung $Im(\overline{z_1} \odot z_1) = 0$ und $Re(\overline{z_1} \odot z_1) = \|z_1\|^2$ verifizieren. Ein Beweis von (3) setzt zusätzlich $z_2 = (u, v)$ voraus. Dann gilt

$$Re(z_1 \odot \overline{z_2}) = Re((x, y) \odot (u, -v)) = xu + yv = Re((u, v) \odot (x, -y)) = Re(z_2 \odot \overline{z_1})$$

und analog zeigt man $Im(z_1 \odot \overline{z_2}) = Im(z_2 \odot \overline{z_1})$. Die einfachen Beweise der zwei Ungleichungen von Punkt (4) lassen wir weg. Sie seien der Leserin oder dem Leser als Übungsaufgabe überlassen. □

Auch bei der Formulierung des letzten der oben angekündigten Resultate machen wir uns von der Paardarstellung komplexer Zahlen frei – nun sogar im Beweis. Der verwendete Name „Dreiecksungleichung" für die Aussage wird klar, wenn man die Addition und den Betrag im Rahmen eines durch Pfeile gebildeten Dreiecks in der Gaußschen Zahlenebene geometrisch deutet. Dann werden die komplexen Zahlen $\| z_1 \oplus z_2 \|$, $\| z_1 \|$ und $\| z_2 \|$ zu den drei Seiten eines Dreiecks und die erste Seite ist kürzer als die Summe der beiden anderen Seiten.

11.5.9 Satz: Dreiecksungleichung

Für alle komplexen Zahlen $z_1, z_2 \in \mathbb{C}$ gilt die folgende Eigenschaft:

$$\| z_1 \oplus z_2 \| \leq \| z_1 \| + \| z_2 \|.$$

393

Beweis: Wir starten mit dem Quadrat der linken Seite der Ungleichung und rechnen wie nachstehend angegeben:

$$
\begin{aligned}
\|z_1 \oplus z_2\|^2 &= Re((z_1 \oplus z_2) \odot \overline{z_1 \oplus z_2}) && \text{Satz } 11.5.8\,(2)\\
&= Re((z_1 \oplus z_2) \odot (\overline{z_1} \oplus \overline{z_2})) && \text{Satz } 11.5.7\,(3)\\
&= Re(z_1 \odot \overline{z_1} \oplus z_1 \odot \overline{z_2} \oplus z_2 \odot \overline{z_1} \oplus z_2 \odot \overline{z_2}) && \text{Satz } 11.5.4\\
&= Re(z_1 \odot \overline{z_1}) + Re(z_1 \odot \overline{z_2}) + Re(z_2 \odot \overline{z_1}) + Re(z_2 \odot \overline{z_2}) && \text{Satz } 11.5.7\,(1)\\
&= \|z_1\|^2 + Re(z_1 \odot \overline{z_2}) + Re(z_2 \odot \overline{z_1}) + \|z_2\|^2 && \text{Satz } 11.5.8\,(2)\\
&= \|z_1\|^2 + 2Re(z_1 \odot \overline{z_2}) + \|z_2\|^2 && \text{Satz } 11.5.8\,(3)\\
&\leq \|z_1\|^2 + 2\,\|z_1 \odot \overline{z_2}\| + \|z_2\|^2 && \text{Satz } 11.5.8\,(4)\\
&= \|z_1\|^2 + 2\,\|z_1\| \|\overline{z_2}\| + \|z_2\|^2 && \text{Satz } 11.5.7\,(2)\\
&= \|z_1\|^2 + 2\,\|z_1\| \|z_2\| + \|z_2\|^2\\
&= (\|z_1\| + \|z_2\|)^2
\end{aligned}
$$

Die Monotonie der Wurzelfunktion impliziert nun $\|z_1 \oplus z_2\| \leq \|z_1\| + \|z_2\|$, also die Behauptung. $\qquad\square$

Weil komplexe Zahlen formal Paare von reellen Zahlen sind, ist $\mathbb{R}$ formal keine Teilmenge von $\mathbb{C}$ im Sinne der Mengenlehre. Man kann aber die reellen Zahlen $\mathbb{R}$ durchaus als eine Teilmenge von $\mathbb{C}$ auffassen, indem man jede reelle Zahl x mit der komplexen Zahl $(x,0)$ identifiziert. Dies entspricht in der geometrischen Deutung der Tatsache, dass man die Abszisse als Teil der Euklidschen Ebene betrachtet. Wie der folgende Satz zeigt, bilden die komplexen Zahlen der speziellen Bauart $(x,0)$ einen Unterkörper von $(\mathbb{C}, 0_\mathbb{C}, 1_\mathbb{C}, \oplus, \odot, \ominus)$, der, versehen mit den Einschränkungen der Operationen des Oberkörpers, als Körper isomorph zum Körper der reellen Zahlen ist.

11.5.10 Satz: Einbettung der reellen Zahlen

Die Teilmenge $\mathbb{C}_R := \mathbb{R} \times \{0\}$ von $\mathbb{C}$ ist ein Unterkörper von $(\mathbb{C}, 0_\mathbb{C}, 1_\mathbb{C}, \oplus, \odot, \ominus)$ und die Funktion $\Phi : \mathbb{R} \to \mathbb{C}_R$ mit $\Phi(x) = (x,0)$ ist ein Körperisomorphismus von $(\mathbb{R}, 0, 1, +, \cdot, -)$ nach $(\mathbb{C}_R, 0_\mathbb{C}, 1_\mathbb{C}, \oplus, \odot, \ominus)$.

Beweis: Es seien $(x,0), (u,0) \in \mathbb{C}_R$ gegeben. Dann gilt

$$(x,0) \oplus (\ominus(u,0)) = (x-u, 0) \in \mathbb{C}_R,$$

womit diese Menge eine Untergruppe der Gruppe $(\mathbb{C}, 0_\mathbb{C}, \oplus, \ominus)$ ist. Sie ist auch ein Unterring des Rings $(\mathbb{C}, 0_\mathbb{C}, 1_\mathbb{C}, \oplus, \odot, \ominus)$ aufgrund der folgenden zwei Eigenschaften:

$$1_\mathbb{C} = (1,0) \in \mathbb{C}_R \qquad\qquad (x,0) \odot (u,0) = (xu, 0) \in \mathbb{C}_R$$

Schließlich gilt im Fall $(x,0) \neq 0_\mathbb{C}$ für das linksinverse Element noch

$$\left(\frac{x}{x^2 + 0^2}, \frac{-0}{x^2 + 0^2} \right) = \left(\frac{1}{x}, 0 \right) \in \mathbb{C}_R.$$

Damit sind alle Eigenschaften eines Unterkörpers verifiziert.

Ein Beweis der Bijektivität der Funktion Φ ist trivial. Wegen $\Phi(1) = (1,0) = 1_\mathbb{C}$ und

$$\Phi(r+s) = (r+s, 0) = (r,0) \oplus (s,0) = \Phi(r) \oplus \Phi(s)$$

und auch

$$\Phi(rs) = (rs, 0) = (r, 0) \odot (s, 0) = \Phi(r)\Phi(s)$$

für alle $r, s \in \mathbb{R}$ ist Φ ein Ringisomorphismus von $(\mathbb{R}, 0, 1, +, \cdot, -)$ nach $(\mathbb{C}_R, 0_\mathbb{C}, 1_\mathbb{C}, \oplus, \odot, \ominus)$ und Ringisomorphismen sind im Fall von Körpern Körperisomorphismen. □

Wenn man also in $\mathbb{C}$ die Menge $\mathbb{C}_R$ durch die Menge $\mathbb{R}$ ersetzt, die so entstehende neue Menge wieder in $\mathbb{C}$ umbenennt und schließlich noch die Operationen „$\oplus$", „$\odot$" und „$\ominus$" an die neue Menge unter Abänderung ihrer Namen zu „$+$", „$\cdot$" und „$-$" anpasst, so gilt die beabsichtigte Inklusion $\mathbb{R} \subseteq \mathbb{C}$ und es ist weiterhin $(\mathbb{R}, 0, 1, +, \cdot, -)$ ein Unterkörper von $(\mathbb{C}, 0, 1, +, \cdot, -)$. Wie bei den reellen Zahlen drückt man auch nun die Multiplikation in $\mathbb{C}$ durch das Hintereinanderschreiben der Argumente aus.

In diesem Zusammenhang wird nun auch Lemma 11.5.3 wichtig. Bezeichnet man die dort behandelte spezielle komplexe Zahl $(0, 1)$ mit dem Symbol $\mathbf{i}$, so besagt das Lemma, dass in dem Körper $(\mathbb{C}, 0, 1, +, \cdot, -)$ die Gleichung $\mathbf{i}^2 = -1$ gilt und weiterhin jede komplexe Zahl z in der Form $z = Re(z) + \mathbf{i}Im(z)$ geschrieben werden kann, oder auch in der Form $z = x + \mathbf{i}y$, mit den Zusatzeigenschaften $x = Re(z)$ und $y = Im(z)$. Man nennt dies die **algebraische Darstellung von komplexen Zahlen** und $\mathbf{i}$ die **imaginäre Einheit**. Es ergibt sich daraus $\overline{z} = x - \mathbf{i}y$ als konjugiert-komplexe Zahl. Ein gewisser Vorteil der algebraischen Darstellung ist, dass man damit wie in den reellen Zahlen rechnen kann. Die einzige zusätzliche Eigenschaft ist $\mathbf{i}^2 = -1$. Nachfolgend geben wir ein Beispiel für das Rechnen mit algebraischen Darstellungen an.

11.5.11 Beispiel: Dualität

Es seien $z_1 = x + \mathbf{i}y$ und $z_2 = u + \mathbf{i}v$ komplexe Zahlen in der algebraischen Darstellung. Dann gilt

$$z_1 \odot \overline{z_2} = (x + \mathbf{i}y)(u - \mathbf{i}v) = xu + yv + \mathbf{i}(yu - xv).$$

Weiterhin gilt

$$z_2 \odot \overline{z_1} = (u + \mathbf{i}v)(x - \mathbf{i}y) = ux + vy + \mathbf{i}(vx - uy).$$

Eine Konjugation der zweiten Gleichheit bringt

$$\overline{z_2 \odot \overline{z_1}} = ux + vy - \mathbf{i}(vx - uy) = xu + yv + \mathbf{i}(yu - xv) = z_1 \odot \overline{z_2}.$$

Man nennt diese Eigenschaft auch Dualität. □

Eine Warnung ist am Schluss noch angebracht. Die algebraische Darstellung von komplexen Zahlen verleitet Anfänger leicht dazu, die Ordnungsrelation auf den reellen Zahlen und ihre Eigenschaften leichtfertigerweise auch für die komplexen Zahlen zu verwenden, also etwa $1 + \mathbf{i}2 \leq 1 + \mathbf{i}3$ zu rechnen. Dies ist nicht erlaubt! Der Grund hierfür ist, dass die dadurch implizit verwendete komponentenweise Ordnung auf Paaren reeller Zahlen nicht mit den Körperoperationen der komplexen Zahlen im Sinn von Definition 11.4.7 verträglich ist. Rechnungen mit komplexen Zahlen, bei denen die Ordnung auf den reellen Zahlen verwendet wird, obwohl die Zahlen nicht reell sind, führen deshalb zu irregulären Ergebnissen. Die Ordnungsbeziehung $z_1 \leq z_2$ darf nur verwendet werden, wenn die Imaginärteile von z_1 und z_2 gleich Null sind.

11.6 Einige Ergänzungen zum mathematischen Strukturbegriff

In den ersten vier Abschnitten dieses Kapitels haben wir homogene algebraische Strukturen behandelt und einige spezielle klassische Ausprägungen genauer untersucht. Wie schon in der Einleitung erwähnt wird, ist der Strukturbegriff der Mathematik aber viel allgemeiner. Allgemeinere Strukturen werden insbesondere auch in der Informatik verwendet. In diesem Abschnitt stellen wir einige davon vor. Wir tun dies aber nicht in der Präzision und Breite der bisherigen Strukturen, sondern versuchen nur, einen Eindruck davon zu geben, was an Verallgemeinerungen möglich ist und welche prinzipiellen Begriffe und Fragestellungen dabei auftreten.

Eine erste Verallgemeinerung besteht darin, bei algebraischen Strukturen mehr als nur eine Trägermenge zuzulassen. So eine sogenannte **heterogene algebraische Struktur** ist ein Tupel $(M_1, \ldots, M_k, c_1, \ldots, c_m, f_1, \ldots, f_n)$, mit $k \geq 2$, $m \geq 0$ und $n \geq 1$. Die Konstanten kommen nun aus irgendeiner der k Trägermengen und die Operationen sind nun s_i-stellige und 1-wertige Funktionen über den Trägermengen. Damit ist es nicht mehr möglich, den Typ (die Signatur) durch eine Liste von Zahlen anzugeben. Stattdessen wird die Typisierung beispielsweise oft durch eine Funktion

$$\Sigma : \{c_1, \ldots, c_m, f_1, \ldots, f_n\} \to \{M_1, \ldots, M_k\}^+$$

angegeben, wobei $\Sigma(x) = (M_r)$ festlegt, dass $x \in M_r$, und $\Sigma(x) = (M_{s_1}, \ldots, M_{s_i}, M_r)$ festlegt, dass $x : \prod_{j=1}^{i} M_{s_j} \to M_r$. Eine in der Praxis übliche Variante dieser abstrakten Vorgehensweise besteht darin, die Typisierung direkt im Tupel an die Konstanten und Operationen anzufügen, wie etwa im Beispiel

$$(M, N, c : M, d : N, f : M \to N, g : M \times N \to N),$$

was offensichtlich viel einfacher zu lesen ist, als die folgende Funktionsdefinition:

$$\Sigma : \{c, d, f, g\} \to \{M, N\}^+ \qquad \Sigma(c) = (M) \qquad \Sigma(f) = (M, N)$$
$$\Sigma(d) = (N) \qquad \Sigma(g) = (M, N, N)$$

Bei heterogenen algebraischen Strukturen $(M_1, \ldots, M_k, c_1, \ldots, c_m, f_1, \ldots, f_n)$ wird manchmal auch nur $k \geq 1$, $m \geq 0$ und $n \geq 1$ gefordert. Dann sind homogene algebraische Strukturen spezielle heterogene algebraische Strukturen, bei denen $k = 1$ gilt.

Eine andere, auch einfacher zu verstehende Vorgehensweise in der Praxis besteht darin, die Typisierung in die Einführung einer heterogenen algebraischen Struktur umgebenden Text zu spezifizieren, beispielsweise zu sagen, dass im Fall der Struktur (M, N, c, d, f, g) gelten $c \in M$, $d \in N$, $f : M \to N$ und $g : M \times N \to N$. Daraus geht implizit hervor, dass M und N die Trägermengen sind. Wir verwenden in den folgenden Beispielen die beiden letztgenannten Möglichkeiten.

Eine Klasse von Beispielen für heterogene algebraische Strukturen kennen wir bereits, nämlich die gerichteten Graphen der Art (V, P, α, ω) von Abschnitt 8.4. Mit einer Typangabe wird daraus $(V, P, \alpha : P \to V, \omega : P \to V)$. Man beachte jedoch, dass die ungerichteten Graphen der Art (V, K, ι) von Abschnitt 8.4 keine heterogenen algebraischen Strukturen bilden, da die Funktion ι als Ziel weder die Menge V der Knoten noch die Menge K der

Kanten hat, sondern die Potenzmenge $\mathcal{P}(V)$.

Deterministische Transitionssysteme (auch sequentielle Maschinen genannt) sind eine weitere Klasse von heterogenen algebraischen Strukturen. Ein **deterministisches Transitionssystem** ist ein Tripel (S, A, Δ). Dabei ist, wie bei den allgemeinen Transitionssystemen von Abschnitt 7.4, S eine Menge von Zuständen und A eine Menge von elementaren Aktionen. Im Gegensatz zu den allgemeinen Transitionssystemen werden bei den deterministischen Transitionssystemen die durch Aktionen bewirkten Zustandsübergänge nicht durch eine dreistellige Relation $\rightarrow \,\subseteq S \times A \times S$ spezifiziert, sondern durch eine Funktion $\Delta : S \times A \rightarrow S$. Zu $s \in S$ ist $\Delta(s, a) \in S$ der durch die Aktion $a \in A$ bewirkte Folgezustand. Somit entspricht $\Delta(s, a) = t$ genau der Schreibweise $s \stackrel{a}{\rightarrow} t$ von Abschnitt 7.4, Im Vergleich zu den allgemeinen Transitionssystemen gibt es bei den deterministischen Transitionssystemen zu jedem Zustand und jeder Aktion genau einen Folgezustand. Die Situation, dass es zu $s \in S$ kein $a \in A$ und kein $t \in S$ mit $s \neq t$ und $s \stackrel{a}{\rightarrow} t$ gibt, modelliert man in deterministischen Transitionssystemen dadurch, dass man $\Delta(s, a) = s$ für alle $a \in A$ festlegt. Man nennt dann s einen **Fangzustand**.

Die **partiellen heterogenen algebraischen Strukturen** sind eine nochmalige Verallgemeinerung. Sie sind heterogene algebraische Strukturen, bei denen die Operationen auch partielle Funktionen sein dürfen. Seit vielen Jahren werden sie in der Informatik dazu verwendet, Datenstrukturen abstrakt zu spezifizieren. Ein Beispiel ist etwa die **algebraische Spezifikation des abstrakten Datentyps der linearen Listen** über einer Grundmenge. Sie ist gegeben durch die partielle heterogene algebraische Struktur

$$(M, L, e : L, kopf : L \rightarrow M, rest : L \rightarrow L, anf : M \times L \rightarrow L)$$

und die folgenden vier Eigenschaften der Konstanten e und Operationen *kopf*, *rest* und *anf*, welche für alle Elemente $a \in M$ und $s \in L$ gefordert werden:

$$kopf(anf(a, s)) = a \qquad kopf(e) \text{ ist undefiniert}$$
$$rest(anf(a, s)) = s \qquad rest(e) \text{ ist undefiniert}$$

Durch das 6-Tupel wird die Schnittstelle des abstrakten Datentyps der linearen Listen spezifiziert, wobei L für die Menge der linearen Listen steht und e für die leere Liste. Die drei Listenoperationen kennen wir bereits von Abschnitt 3.2, wobei wir dort die Operation des Linksanfügens durch einen Doppelpunkt und in Infix-Schreibweise notiert haben. Was genau sie bewirken wird durch die Eigenschaften der Struktur spezifiziert.

Natürlich gibt es auch **partielle homogene algebraische Strukturen**. Wenn man diesen Ansatz wählt, dann kann man bei den Körpern auch die Inversenbildung hinsichtlich der Multiplikation zu den Operationen hinzunehmen.

Algebraische Strukturen bestehen aus Trägermengen und Funktionen auf ihnen, sowie gegebenenfalls einigen Konstanten. Ersetzt man die Funktionen durch Relationen auf den Trägermengen, auch mehrstelligen Relationen, so erhält man **relationale Strukturen**. Auch hierzu haben wir schon Beispiele kennengelernt, etwa geordnete Mengen $(M, \sqsubseteq)$, gerichtete Graphen $g = (V, P)$ und Transitionssysteme $(S, A, \rightarrow)$. Alle diese relationalen Strukturen besitzen keine Konstanten. Es gibt aber auch Varianten mit Konstanten, etwa fundierte geordnete Mengen $(M, \perp, \sqsubseteq)$, wo gefordert wird, dass $\perp$ das kleinste Element von M ist, oder **Transitionssysteme mit einem Anfangszustend** $(S, A, \rightarrow, s)$, wo s ein ausgezeichneter Zustand ist, bei dem das Transitionssystem, wenn es als Maschine angesehen wird, die Berechnung startet.

Schließlich gibt es noch algebraisch-relationale Strukturen, in denen sowohl Funktionen als auch Relationen vorkommen dürfen. Ein bekanntes Beispiel hierfür ist die Struktur eines **angeordneten Körpers**. Dies ist ein 7-Tupel $(K, 0, 1, +, \cdot, -, \sqsubseteq)$ mit den folgenden Eigenschaften:

(1) Es ist $(K, 0, 1, +, \cdot, -)$ ein Körper.

(2) Es ist $(K, \sqsubseteq)$ eine linear geordnete Menge.

(3) Für alle $x, y, z \in K$ gelten:

$$x \sqsubseteq y \Rightarrow x + z \sqsubseteq y + z \qquad x \sqsubseteq y \wedge 0 \sqsubseteq z \Rightarrow x \cdot z \sqsubseteq y \cdot z$$

Beispielsweise bilden die rationalen Zahlen mit den üblichen Operationen und der üblichen Ordnung einen angeordneten Körper. Auch die reellen Zahlen bilden mit den üblichen Operationen und der üblichen Ordnung einen angeordneten Körper. Diese letztgenannte Struktur hat die zusätzliche Eigenschaft, dass jede nichtleere Teilmenge, zu der es eine obere Schranke gibt, auch ein Supremum besitzt. Bis auf Isomorphie ist $(\mathbb{R}, 0, 1, +, \cdot, -, \leq)$ sogar der einzige angeordnete Körper mit dieser Eigenschaft. Dazu ist natürlich der Begriff „Isomorphie" geeignet zu erweitern. Zwei angeordnete Körper $(K_1, 0_1, 1_1, +_1, \cdot_1, -_1, \sqsubseteq_1)$ und $(K_2, 0_2, 1_2, +_2, \cdot_2, -_2, \sqsubseteq_2)$ heißen isomorph, falls es einen Körperisomorphismus $\Phi : K_1 \rightarrow K_2$ im Sinne von Abschnitt 11.2 gibt, der für alle $x, y \in K_1$ erfüllt

$$x \sqsubseteq_1 y \iff \Phi(x) \sqsubseteq_2 \Phi(y).$$

Man sagt, dass der Körper der reellen Zahlen bis auf Isomorphie der einzige ordnungsvollständig angeordnete Körper ist. Wenn in einem Analysis-Buch oder einer Analysis-Vorlesung die reellen Zahlen nicht konstruktiv, sondern axiomatisch eingeführt werden, dann sind die entsprechenden Axiome genau die eines ordnungsvollständig angeordneten Körpers. In diesem Zusammenhang nennt man die Forderung, dass jede nichtleere Teilmenge von $\mathbb{R}$, zu der es eine obere Schranke gibt, auch ein Supremum besitzt, das **Vollständigkeitsaxiom**.

Zum Ende dieses Abschnitts wollen wir noch auf mathematische Strukturen eingehen, die **Mengensysteme** bilden, d.h. Paare bestehend aus einer Trägermenge M und einer Teilmenge $\mathcal{M}$ der Potenzmenge $\mathcal{P}(M)$, wobei $\mathcal{M}$ bestimmte Eigenschaften zu erfüllen hat. Ungerichtete Graphen $g = (V, K)$ gehören zu dieser Klasse von Strukturen. Hier gilt $K \subseteq \mathcal{P}(V)$ und die zu erfüllende Eigenschaft ist, dass $|k| = 2$ für alle $k \in K$ gilt. Auch Hypergraphen sind Mengensysteme, wenn man sie ohne parallele Hyperkanten in der Form $g - (V, K)$ definiert und die Hyperkanten $k \in K$ als nicht leere Mengen von Knoten festlegt. Als ein weiteres Beispiel betrachten wir noch Hüllensysteme, weil diese in vielen Bereichen der Informatik und der Mathematik eine bedeutende Rolle spielen und wir durch ein spezielles Hüllensystem die reflexiv-transitiven Hüllen unter einem anderen Blickwinkel nochmals aufgreifen können.

Ein Paar $(M, \mathcal{H})$ heißt ein **Hüllensystem**, falls $\mathcal{H}$ eine Teilmenge von $\mathcal{P}(M)$ ist und für alle $\mathcal{M} \subseteq \mathcal{H}$ gilt $\bigcap \mathcal{M} \in \mathcal{H}$. Ist M endlich, so ist $(M, \mathcal{H})$ genau dann ein Hüllensystem, wenn $\mathcal{H} \subseteq \mathcal{P}(M)$, $M \in \mathcal{H}$ und für alle $A, B \in \mathcal{H}$ gilt $A \cap B \in \mathcal{H}$. Die Menge $\mathcal{RT}_X$ der reflexiven und transitiven Relationen auf einer vorgegebenen Menge X ist ein Hüllensystem $(X \times X, \mathcal{RT}_X)$, denn es gilt $\mathcal{RT}_X \subseteq \mathcal{P}(X \times X)$ und der beliebige Durchschnitt reflexiver und transitiver Relationen auf X ist wiederum eine reflexive und transitive Relation auf X. Dieses spezielle Hüllensystem $(X \times X, \mathcal{RT}_X)$ führt nun auf eine weitere Weise zu reflexiv-transitiven Hüllen, denn es gilt für alle Relationen R auf der Menge X die folgende Gleichung:

$$R^* = \bigcap \{S \in \mathcal{RT}_X \mid R \subseteq S\}$$

Diese Eigenschaft besagt, dass die reflexiv-transitive Hülle von R bezüglich der Inklusionsordnung die kleinste reflexive und transitive Relation auf X ist, welche R enthält.

Man rechnet relativ einfach nach, dass eine Relation S auf X genau dann reflexiv und transitiv ist, wenn $\mathbf{I}_X \cup SS \subseteq S$ gilt. Dazu startet man mit

$$
\begin{aligned}
S \text{ reflexiv} &\iff \forall\, x \in X : x\, S\, x \\
&\iff \forall\, x, y \in X : x = y \Rightarrow x\, S\, y \\
&\iff \forall\, x, y \in X : x\, \mathbf{I}_X\, y \Rightarrow x\, S\, y \\
&\iff \mathbf{I}_X \subseteq S
\end{aligned}
$$

und der nur wenig komplizierteren Rechnung

$$
\begin{aligned}
S \text{ transitiv} &\iff \forall\, x, y, z \in X : x\, S\, y \wedge y\, S\, z \Rightarrow x\, S\, z \\
&\iff \forall\, x, z \in X : \forall\, y \in X : x\, S\, y \wedge y\, S\, z \Rightarrow x\, S\, z \\
&\iff \forall\, x, z \in X : (\exists\, y \in X : x\, S\, y \wedge y\, S\, z) \Rightarrow x\, S\, z \\
&\iff \forall\, x, z \in X : x\, (SS)\, z \Rightarrow x\, S\, z \\
&\iff SS \subseteq S,
\end{aligned}
$$

wobei in diesen logischen Umformungen nur die Definitionen der Reflexivität und der Transitivität von Relationen, der Inklusion von Mengen (hier: Relationen), der speziellen Relation $\mathbf{I}_X$ und der Komposition SS von S mit sich selbst sowie einige bekannte logische Regeln angewendet werden. Dann verwendet man noch die Äquivalenz

$$S \text{ reflexiv} \wedge S \text{ transitiv} \iff \mathbf{I}_X \subseteq S \wedge SS \subseteq S \iff \mathbf{I}_X \cup SS \subseteq S,$$

welche sich unmittelbar aus den obigen Resultaten ergibt. Dadurch kann man nun die obige Gleichung umformen zu

$$
\begin{aligned}
R^* &= \bigcap \{S \in \mathcal{RT}_X \mid R \subseteq S\} \\
&= \bigcap \{S \in \mathcal{P}(X \times X) \mid R \subseteq S \wedge \mathbf{I}_X \cup SS \subseteq S\} \\
&= \bigcap \{S \subseteq \mathcal{P}(X \times X) \mid R \cup \mathbf{I}_X \cup SS \subseteq S\} \\
&= \mu(\Phi),
\end{aligned}
$$

mit $\mu(\Phi)$ als den kleinsten Fixpunkt der Funktion $\Phi : \mathcal{P}(X \times X) \to \mathcal{P}(X \times X)$ mit der Definition $\Phi(S) = R \cup \mathbf{I}_X \cup SS$. Diese Funktion Φ erfüllt nämlich (wie einfache Überlegungen zeigen) die Monotonie-Voraussetzung des Fixpunktsatzes 4.1.3 und $R \cup \mathbf{I}_X \cup SS \subseteq S$ ist äquivalent zu $\Phi(S) \subseteq S$. Startet man nun mit der leeren Relation $\emptyset$ auf X und wendet immer wieder Φ an, dann erhält man die folgende aufsteigende Kette von Relationen, wobei Φ^i die i-fache Anwendung von Φ bezeichnet:

$$\emptyset \subseteq \Phi(\emptyset) = \bigcup_{i=0}^{1} R^i \subseteq \Phi^2(\emptyset) = \bigcup_{i=0}^{2} R^i \subseteq \Phi^3(\emptyset) = \bigcup_{i=0}^{4} R^i \subseteq \Phi^4(\emptyset) = \bigcup_{i=0}^{8} R^i \subseteq \cdots$$

Ist X endlich mit $|X| = n$, dann gibt es maximal $\mathcal{O}(log_2(n))$ unterschiedliche Kettenglieder und das letzte Kettenglied stimmt mit R^* überein. Deshalb ist das auf der obigen Kette beruhende Verfahren zur Berechnung von R^* schneller als das, welches auf der n-fachen Vereinigung $R^* = \bigcup_{i=0}^{n-1} R^i$ beruht.

11.7 Übungsaufgaben

11.7.1 Aufgabe

Geben Sie Beispiele an für algebraische Strukturen (M, f) des Typs (2), bei denen die Operation $f : M^2 \to M$

(1) nicht assoziativ ist,

(2) nicht kommutativ ist,

(3) assoziativ aber nicht kommutativ ist,

(4) kommutativ aber nicht assoziativ ist.

11.7.2 Aufgabe

Eine algebraische Struktur $(V, \sqcup, \sqcap)$ des Typs $(2, 2)$ (mit infixnotierten Operationen) heißt ein Verband, falls für alle $x, y, z \in V$ die folgenden Verbands-Axiome gelten:

(1) $x \sqcup y = y \sqcup x$ und $x \sqcap y = y \sqcap x$.

(2) $x \sqcup (y \sqcup z) = (x \sqcup y) \sqcup z$ und $x \sqcap (y \sqcap z) = (x \sqcap y) \sqcap z$.

(3) $x \sqcup (y \sqcap x) = x$ und $x \sqcap (y \sqcup x) = x$.

Geben Sie drei Beispiele für Verbände an.

11.7.3 Aufgabe

Geben Sie ein Beispiel für einen Verband $(V, \sqcup, \sqcap)$ an, in dem die beiden Distributivgesetze $x \sqcap (y \sqcup z) = (x \sqcap y) \sqcup (x \sqcap z)$ und $x \sqcup (y \sqcap z) = (x \sqcup y) \sqcap (x \sqcup z)$ für alle $x, y, z \in V$ gelten.

11.7.4 Aufgabe

Es sei $(V, \sqcup, \sqcap)$ ein Verband. Beweisen Sie für alle $x, y \in V$ die folgenden Eigenschaften:

(1) $x \sqcup x = x$ und $x \sqcap x = x$.

(2) Es gilt $x \sqcup y = y$ genau dann, wenn $x \sqcap y = x$ gilt.

(3) Es gilt $x \sqcup y = x \sqcap y$ genau dann, wenn $x = y$ gilt.

11.7.5 Aufgabe

Es sei $(M, \sqsubseteq)$ eine geordnete Menge mit der Eigenschaft, dass für alle $x, y \in M$ mit $x \neq y$ das Supremum $\bigsqcup\{x, y\}$ und das Infimum $\bigsqcap\{x, y\}$ existieren. Beweisen Sie: Definiert man zwei Operationen $\sqcup, \sqcap : M^2 \to M$ auf M in Infix-Schreibweise durch die Festlegungen $x \sqcup y = \bigsqcup\{x, y\}$ und $x \sqcap y = \bigsqcap\{x, y\}$ für alle $x, y \in M$ mit $x \neq y$ und $x \sqcup x = x \sqcap x = x$ für alle $x \in M$, so bildet das Tripel $(M, \sqcup, \sqcap)$ einen Verband.

11.7.6 Aufgabe

Es sei $(V, \sqcup, \sqcap)$ ein Verband. Beweisen Sie: Definiert man eine Relation $\sqsubseteq$ auf der Menge V durch die Festlegung $x \sqsubseteq y$ genau dann, wenn $x \sqcap y = x$, für alle $x, y \in V$, so gelten die folgenden Eigenschaften:

(1) Das Paar $(V, \sqsubseteq)$ ist eine geordnete Menge.

(2) Für alle $x, y \in V$ mit $x \neq y$ ist in dieser geordnete Menge $x \sqcup y$ das Supremum $\bigsqcup\{x, y\}$ der Menge $\{x, y\}$ und $x \sqcap y$ das Infimum $\bigsqcap\{x, y\}$ der Menge $\{x, y\}$.

(3) In der geordneten Menge $(V, \sqsubseteq)$ besitzt jede endliche und nichtleere Teilmenge X von V sowohl ein Supremum $\bigsqcup X$ als auch ein Infimum $\bigsqcap X$.

(4) In Punkt (3) kann auf die beiden Voraussetzungen an X nicht verzichtet werden.

11.7.7 Aufgabe

Spezialisieren Sie die in Abschnitt 11.2 eingeführten Strukturmorphismen auf die algebraische Struktur eines Verbands.

11.7.8 Aufgabe

Spezialisieren Sie die in Abschnitt 11.3 und 11.4 eingeführten Unterstrukturen, Produkt- und Quotientenbildungen auf die algebraische Struktur eines Verbands.

11.7.9 Aufgabe

Definieren Sie Ringe in der traditionellen Auffassung als algebraische Strukturen $(R, +, \cdot)$ des Typs $(2, 2)$ und beweisen Sie, dass Ringe in der traditionellen Auffassung nicht gleichungsdefinierbar sind.

11.7.10 Aufgabe

Es sei $(G, 1, \cdot, \,^{-1})$ eine Gruppe. Eine Untergruppe $U \subseteq G$ heißt ein Normalteiler (oder eine normale Untergruppe) von $(G, 1, \cdot, \,^{-1})$, falls für alle $x \in G$ und $y \in U$ gilt $xyx^{-1} \in U$. Zeigen Sie die folgenden Eigenschaften:

(1) Ist $(G, 1, \cdot, \,^{-1})$ kommutativ, so ist jede Untergruppe ein Normalteiler.

(2) Ist U ein Normalteiler von $(G, 1, \cdot, \,^{-1})$ und definiert man eine Relation $\equiv$ auf G durch die Festlegung $x \equiv y$ genau dann, wenn $xy^{-1} \in U$, für alle $x, y \in G$, so ist $\equiv$ eine Kongruenz.

Man bezeichnet die Quotientengruppe modulo der Kongruenz $\equiv$ oft durch G/U.

11.7.11 Aufgabe

Definieren Sie

(1) sich an der Isomorphie von ungerichteten Graphen orientierend einen Isomorphiebegriff für gerichtete Graphen und

(2) sich an der Isomorphie von angeordneten Körpern orientierend einen Isomorphiebegriff für angeordnete Mengen.

Erweitern Sie diese beiden Isomorphiebegriffe auf allgemeine homogene relationale Strukturen $(M, R_1, \ldots, R_n)$ mit gegebenenfalls auch mehrstelligen Relationen auf der Trägermenge M.

11.7.12 Aufgabe

Beweisen Sie: Ist $(K, 0, 1, +, \cdot, -, \sqsubseteq)$ ein angeordneter Körper, so kann die Menge K nicht endlich sein.

11.7.13 Aufgabe

Zeigen Sie, dass, wie in Abschnitt 11.6 behauptet,

(1) die Menge $\mathcal{RT}_X$ der reflexiven und transitiven Relationen auf einer Menge X tatsächlich ein Hüllensystem $(X \times X, \mathcal{RT}_X)$ bildet,

(2) für alle Relationen R auf einer Menge X die reflexiv-transitive Hülle R^* das kleinste Element der Teilmenge $\{S \in \mathcal{RT}_X \mid R \subseteq S\}$ von $\mathcal{P}(X \times X)$ in der geordneten Menge $(\mathcal{P}(X \times X), \subseteq)$ ist.

11.7.14 Aufgabe

Es seien M eine nicht endliche Menge und $\mathcal{E}_M$ die Menge der endlichen Teilmengen von M. Bildet $(M, \mathcal{E}_M)$ ein Hüllensystem (mit Begründung)?

11.7.15 Aufgabe

Eine Struktur (M, d), bestehend aus einer Menge M und einer Funktion $d : M \times M \to \mathbb{R}_{\geq 0}$, heißt ein metrischer Raum, falls für alle $x, y, z \in M$ die folgenden Eigenschaften gelten:

$$d(x, y) = 0 \Leftrightarrow x = y \qquad d(x, y) = d(y, x) \qquad d(x, y) \leq d(x, z) + d(z, y)$$

Beweisen Sie, dass die Menge der reellen Zahlen mit der Funktion $d : \mathbb{R} \times \mathbb{R} \to \mathbb{R}_{\geq 0}$, definiert durch $d(x, y) = |x - y|$, einen metrischen Raum $(\mathbb{R}, d)$ bildet.

12 Formale Einführung der natürlichen Zahlen

In Kapitel 1 haben wir die von der Schule her bekannten Mengen der natürlichen Zahlen, ganzen Zahlen, rationalen Zahlen und reellen Zahlen eingeführt. Dies geschah in sehr informeller Weise und bei der Verwendung dieser Mengen und ihrer Operationen und Relationen haben wir bisher immer ein intuitives Verständnis von Zahlen vorausgesetzt. In Kapitel 1 haben wir auch erwähnt, dass es ein allgemeines Bestreben der an den Grundlagen orientierten Teile der Mathematik ist, alles, was man an mathematischen Objekten konstruiert, auf Mengen zurückzuführen. In diesem Kapitel zeigen wir, wie man natürliche Zahlen in der Sprache der Mengenlehre ausdrücken kann. Dieser Zahlenbereich ist eigentlich der einzige, von dem wir bisher wesentliche (und in der Schule wahrscheinlich nicht explizit so angesprochene) Eigenschaften verwendet haben, etwa, dass die geordnete Menge $(\mathbb{N}, \leq)$ linear und Noethersch geordnet ist. Wir beginnen im ersten Abschnitt mit einer axiomatischen Einführung der natürlichen Zahlen, also mit der Forderung von Eigenschaften, weil eine solche Vorgehensweise den Zugang wesentlich erleichtert. Im Prinzip wird dann durch die im zweiten Abschnitt angegebene mengentheoretische Konstruktion bewiesen, dass es mathematische Strukturen gibt, die die Eigenschaften des ersten Abschnitts erfüllen. Wir werden sogar zeigen, dass alle diese Strukturen isomorph sind, man also von *der Struktur der natürlichen Zahlen* (in der angegebenen Weise) sprechen kann. In den letzten zwei Abschnitten zeigen wir dann, wie man von dieser Struktur der natürlichen Zahlen zu den Operationen und Relationen kommt, die wir von den natürlichen Zahlen her kennen, und auch die bekannten bzw. von uns bisher verwendeten Eigenschaften gelten.

12.1 Axiomatische Einführung mittels Peano-Strukturen

Bei einer axiomatischen Einführung der natürlichen Zahlen geht man vom Zählen aus, also von einer Tätigkeit, die mit einer natürlichen Zahl n als Startpunkt beginnt und dann der Reihe nach die iterierten Nachfolger $n+1$, $n+2$, $n+3$ usw. bildet. Wenn man, wie heutzutage üblich, die Null als Anfang der Zählreihe nimmt, dann hat die Nachfolger-Funktion drei wesentliche Eigenschaften zu erfüllen. Erstens darf die Null kein Nachfolger einer Zahl sein, denn sonst wäre sie ja kein Startpunkt. Zweitens muss zu jeder Zahl der Nachfolger eindeutig bestimmt sein, was bedeutet, dass die Nachfolger-Funktion injektiv ist. Und drittens muss jedes Element der Zählreihe von der Null aus mittels iterierter Nachfolgerbildung erreichbar sein, also die Null zusammen mit der Nachfolger-Funktion die Zählreihe als Menge im Sinne von Abschnitt 3.4 induktiv definieren. Wenn man diese Forderungen zu einer algebraischen Struktur im Sinne von Kapitel 11 abstrahiert, so führt dies zu der folgenden Festlegung.

12.1.1 Definition: Peano-Struktur

Eine algebraische Struktur (N, a, nf) des Typs $(0, 1)$ heißt eine **Peano-Struktur**, falls die folgenden drei Eigenschaften gelten:

(1) Für alle $x \in N$ gilt $nf(x) \neq a$.

(2) Die Funktion $nf : N \to N$ ist injektiv.

(3) Für alle $X \in \mathcal{P}(N)$ gilt: Aus $a \in X$ und $nf(X) \subseteq X$ folgt $N = X$.

© Springer Fachmedien Wiesbaden GmbH, ein Teil von Springer Nature 2021
R. Berghammer, *Mathematik für die Informatik*,
https://doi.org/10.1007/978-3-658-33304-1_12

Es heißt a das **Anfangselement** und $nf: N \to N$ die **Nachfolger-Funktion** der Peano-Struktur (N, a, nf). $\qquad\qquad$ □

Wir wollen in diesem Kapitel die natürlichen Zahlen definieren, dürfen sie also jetzt noch nicht verwenden, um ein zirkuläres Vorgehen zu vermeiden. Aus diesem Grund darf ein Tripel mengentheoretisch nicht durch eine Funktion mit Quelle $\{1, 2, 3\}$ interpretiert werden, wie es in Abschnitt 3.1 als eine Möglichkeit erwähnt wurde. Also entspricht (N, a, nf) einer iterierten Paarbildung $(N, (a, nf))$, indem wir die alternativ am Ende von Abschnitt 3.1 vorgestellte Methode zur mengentheoretischen Modellierung von Tupeln verwenden. Auch die Typangabe $(0, 1)$ in Definition 12.1.1 ist eigentlich nicht zulässig. Dieses Problem könnten wir umgehen, indem wir den Begriff „algebraische Struktur" vermeiden und konkret ein Tripel (N, a, nf) mit $a \in N$ und $nf: N \to N$ fordern würden. Wir haben uns aber für die Nennung des Begriffs einer algebraischen Struktur mit Typangabe entschieden, um die Verbindung zu Kapitel 11 (und dem allgemeinen Isomorphie-Begriff) herzustellen. Aus Gründen der Lesbarkeit werden wir später auch natürliche Zahlen als Indizes verwenden, etwa um zwei Peano-Strukturen zu unterscheiden. Auch dies ist problemlos, denn statt (N_1, a_1, nf_1) und (N_2, a_2, nf_2) könnten wir die beiden Peano-Strukturen beispielsweise auch mit (N, a, nf) und (N', a', nf') bezeichnen.

Eine unmittelbare Folgerung von Definition 12.1.1, Forderung (3), ist das folgende erste Resultat dieses Kapitels.

12.1.2 Satz

Für alle Peano-Strukturen (N, a, nf) gilt $N = \{a\} \cup nf(N)$.

Beweis: Für die Menge $\{a\} \cup nf(N)$ gilt $a \in \{a\} \cup nf(N)$. Die Typisierung $nf: N \to N$ impliziert $nf(N) \subseteq N$. Also gilt $nf(nf(N)) \subseteq nf(N) \subseteq N$ und somit

$$nf(\{a\} \cup nf(N)) = nf(\{a\}) \cup nf(nf(N)) \subseteq nf(N) \subseteq \{a\} \cup nf(N).$$

Zuletzt gilt noch $\{a\} \cup nf(N) \in \mathcal{P}(N)$. Also zeigt Forderung (3) von Definition 12.1.1 die Behauptung. $\qquad\qquad$ □

Jedes Element der Trägermenge einer Peano-Struktur (N, a, nf) ist also entweder das Anfangselement a oder Nachfolger $nf(x)$ eines Elements $x \in N$. Offensichtlich bildet die algebraische Struktur $(\mathbb{N}, 0, nachf)$ mit der Menge der bisher intuitiv verwendeten natürlichen Zahlen, der Null und der in Abschnitt 1.4 eingeführten Nachfolger-Funktion auf $\mathbb{N}$ eine Peano-Struktur. Der Name Peano-Struktur wurde zu Ehren des italienischen Mathematikers Giuseppe Peano (1858-1932) gewählt, der im Jahr 1889 eine axiomatische Definition der natürlichen Zahlen (mit der Eins als Anfangselement) vorschlug, deren Kernstück die drei Forderungen von Definition 12.1.1 sind.

Aus der dritten Forderung von Definition 12.1.1 folgt recht schnell das folgende Induktionsprinzip für Peano-Strukturen, das dem Prinzip der vollständigen Induktion auf den natürlichen Zahlen (also Satz 4.4.1) entspricht. Wir werden im Rest dieses Kapitels die gleichen Sprechweisen (Induktionsbeginn, Induktionshypothese und Induktionsschluss) wie bei den bisherigen Induktionsprinzipien verwenden.

12.1.3 Satz: Induktion bei Peano-Strukturen

Es seien (N, a, nf) eine Peano-Struktur, n eine Variable für Elemente aus N und $A(n)$ eine Aussage (über n). Sind die beiden (mit (IB) und (IS) bezeichneten) Formeln

$$(IB) \quad A(a) \qquad (IS) \quad \forall\, n \in N : A(n) \Rightarrow A(nf(n))$$

wahr, so ist auch die Formel $\forall\, n \in N : A(n)$ wahr.

Beweis: Wir definieren die Teilmenge X von N durch $X := \{n \in N \mid A(n)\}$. Wegen (IB) gilt dann $a \in X$. Auch gilt $nf(X) \subseteq X$. Zum Beweis sei $n \in nf(X)$ gegeben. Dann existiert ein $m \in X$ mit $n = nf(m)$. Wegen $m \in X$ trifft $A(m)$ zu und (IS) zeigt $A(nf(m))$, also $A(n)$. Letzteres ist aber zu $n \in X$ äquivalent. Forderung (3) von Definition 12.1.1 impliziert $X = N$, und dies zeigt die Behauptung. $\qquad \Box$

Dieser Beweis verwendet die zwei Forderungen (1) und (2) von Definition 12.1.1 nicht. Satz 12.1.3 gilt also schon für algebraische Strukturen (N, a, nf) des Typs $(0, 1)$, welche nur die Forderung (3) von Definition 12.1.1 erfüllen. Wir werden diese Eigenschaft im nächsten Abschnitt verwenden. Man kann auch leicht zeigen, dass aus dem Induktionsprinzip für Peano-Strukturen (wiederum ohne die Verwendung der zwei Forderungen (1) und (2) von Definition 12.1.1) die Forderung (3) von Definition 12.1.1 folgt, also in der Definition von Peano-Strukturen statt (3) das Induktionsprinzip hätte gewählt werden können. Ist nämlich (N, a, nf) eine algebraische Struktur des Typs $(0, 1)$ (die (1) und (2) nicht unbedingt erfüllen muss) und $X \in \mathcal{P}(N)$ mit den Eigenschaften $a \in X$ und $nf(X) \subseteq X$ vorliegend, so definiert $n \in X$ eine Aussage $A(n)$ auf der Menge N, welche die Eigenschaften (IB) und (IS) von Satz 12.1.3 erfüllt. Wird nun das Induktionsprinzip als wahr angenommen, so folgt daraus, dass $A(n)$ für alle $n \in N$ gilt, also $n \in X$ für alle $n \in N$ gilt, was $N = X$ zeigt. Manchmal werden in der Literatur Peano-Strukturen auch so definiert und dann wird die dritte Forderung Induktionsaxiom genannt.

Nachdem also intuitiv klar ist, dass Peano-Strukturen existieren, gilt es, dies auch formal zu beweisen. Das wird im nächsten Abschnitt durch die Angabe eines mengentheoretischen Modells geschehen. Es bleibt aber noch mehr zu tun. Wenn wir die drei Objekte dieses mengentheoretischen Modells mit $\mathbb{N}$ (für die Trägermenge), 0 (für das Anfangselement) und nf (für die Nachfolger-Funktion) bezeichnen, dann müssen wir noch ausschließen, dass es weitere Modelle gibt, die mit der intuitiven Vorstellung der intuitiven natürlichen Zahlen mit der Null und der Nachfolger-Funktion nichts zu tun haben. Auch dies zeigen wir im nächsten Abschnitt, indem wir beweisen, dass alle Peano-Strukturen isomorph im Sinne von Definition 11.2.3 sind.

Wir werden den Isomorphismus $\Phi : N_1 \to N_2$ zwischen zwei beliebig gegebenen Peano-Strukturen (N_1, a_1, nf_1) und (N_2, a_2, nf_2) induktiv definieren, also, indem wir das Resultat von Φ für $a_1 \in N_1$ als Argument geeignet definieren und für alle $x \in N_1$ die Definition des Funktionswerts $\Phi(nf_1(x))$ auf $\Phi(x)$ zurückführen. Bisher haben wir diese Definitionsart, wie auch die natürlichen Zahlen, intuitiv verwendet. Dass sie im Kontext von Peano-Strukturen auch mathematisch formal korrekt ist, zeigt der nächste Satz. Er wurde im Jahr 1888 erstmals von R. Dedekind in dem Büchlein „Was sind und was sollen die Zahlen?" (Vieweg-Verlag, Braunschweig, 1888) bewiesen und diente als Vorbereitungssatz zum (heutzutage so genannten) Isomorphiesatz für Peano-Strukturen, welcher in dem gleichen Büchlein zu finden ist.

12.1.4 Satz: Rekursionssatz von R. Dedekind

Es seien (N, a, nf) eine Peano-Struktur, $F : A \to A$ eine Funktion und $c \in A$. Dann gibt es genau eine Funktion $f : N \to A$, welche die folgenden zwei Eigenschaften erfüllt:

$$\text{(IB)} \quad f(a) = c \qquad \text{(IS)} \quad \forall n \in N : f(\mathrm{nf}(n)) = F(f(n))$$

Beweis: Wir zeigen zuerst, dass maximal eine Funktion $f : N \to A$ mit den Eigenschaften (IB) und (IS) existiert. Dazu seien $f_1 : N \to A$ und $f_2 : N \to A$ Funktionen, und es seien die folgenden vier Aussagen wahr:

$$f_1(a) = c \qquad \forall n \in N : f_1(\mathrm{nf}(n)) = F(f_1(n))$$
$$f_2(a) = c \qquad \forall n \in N : f_2(\mathrm{nf}(n)) = F(f_2(n))$$

Wir definieren die Teilmenge X von N durch

$$X := \{ n \in N \mid f_1(n) = f_2(n) \}.$$

Wegen $f_1(a) = c = f_2(a)$ gilt $a \in X$. Wir zeigen noch $\mathrm{nf}(X) \subseteq X$. Aus der Forderung (3) von Definition 12.1.1 folgt dann $X = N$, also $f_1(n) = f_2(n)$ für alle $n \in N$, was $f_1 = f_2$ bedeutet. Zum Beweis von $\mathrm{nf}(X) \subseteq X$ sei $n \in \mathrm{nf}(X)$ gegeben. Also gibt es ein $m \in X$ mit $n = \mathrm{nf}(m)$. Wegen $m \in X$ gilt $f_1(m) = f_2(m)$, und dies impliziert

$$f_1(n) = f_1(\mathrm{nf}(m)) = F(f_1(m)) = F(f_2(m)) = f_2(\mathrm{nf}(m)) = f_2(n),$$

woraus $n \in X$ nach der Definition von X folgt.

Es bleibt noch die Existenz einer Funktion $f : N \to A$ zu zeigen, die (IB) und (IS) erfüllt. Dazu betrachten wir die Menge von Relationen $\mathcal{R}$, definiert durch

$$\mathcal{R} := \{ S \in \mathcal{P}(N \times A) \mid a\,S\,c \wedge \forall n \in N, x \in A : n\,S\,x \Rightarrow \mathrm{nf}(n)\,S\,F(x) \},$$

und definieren die Relation $R \subseteq N \times A$ durch $R := \bigcap \mathcal{R}$. Man beachte, dass die Menge $\mathcal{R}$, deren beliebiger Durchschnitt als R definiert wird, die Menge $N \times A$ enthält, also logisch und mengentheoretisch keine Schwierigkeiten entstehen. Zuerst zeigen wir, dass R ein Element von $\mathcal{R}$ ist, also die folgenden zwei Eigenschaften gelten:

$$\text{(IBR)} \quad a\,R\,c \qquad \text{(ISR)} \quad \forall n \in N, x \in A : n\,R\,x \Rightarrow \mathrm{nf}(n)\,R\,F(x)$$

Nachfolgend ist der Beweis von (IBR) angegeben:

$$\mathbf{wahr} \iff \forall S \in \mathcal{R} : a\,S\,c \iff a\,(\bigcap \mathcal{R})\,c \iff a\,R\,c$$

Hier werden die Definition von $\mathcal{R}$ und von R verwendet: Zum Beweis von (ISR) seien $n \in N$ und $x \in A$ beliebig vorgegeben. Dann zeigt die folgende Rechnung die Behauptung:

$$
\begin{aligned}
n\,R\,x &\iff n\,(\bigcap \mathcal{R})\,x && \text{Definition von } R \\
&\iff \forall S \in \mathcal{R} : n\,S\,x \\
&\implies \forall S \in \mathcal{R} : \mathrm{nf}(n)\,S\,F(x) && \text{Definition von } \mathcal{R} \\
&\iff \mathrm{nf}(n)\,(\bigcap \mathcal{R})\,F(x) \\
&\iff \mathrm{nf}(n)\,R\,F(x) && \text{Definition von } R
\end{aligned}
$$

Wir zeigen nun im nächsten Beweisteil, dass R eine Funktion von N nach A ist.

Beweis der Totalität: Wir betrachten die folgende Teilmenge X von N:

$$X := \{n \in N \mid \exists\, x \in A : n\,R\,x\}$$

Aus (IBR) folgt $a \in X$. Wir verifizieren noch $\mathrm{nf}(X) \subseteq X$, woraus mit der Forderung (3) von Definition 12.1.1 folgt, dass $X = N$ gilt, also R total ist. Zum Beweis von $\mathrm{nf}(X) \subseteq X$ sei $n \in \mathrm{nf}(X)$ gegeben. Dann gibt es ein $m \in X$ mit $n = \mathrm{nf}(m)$. Wegen $m \in X$ existiert ein $x \in A$ mit $m\,R\,x$. Daraus folgt mit (ISR) die Eigenschaft $\mathrm{nf}(m)\,R\,F(x)$, also $n\,R\,F(x)$, was $n \in X$ nach sich zieht.

Beweis der Eindeutigkeit: Hierzu betrachten wir die folgende Teilmenge X von N:

$$X := \{n \in N \mid \forall x, y \in A : n\,R\,x \wedge n\,R\,y \Rightarrow x = y\}$$

Es genügt wiederum, $a \in X$ und $\mathrm{nf}(X) \subseteq X$ zu beweisen. Aus der Forderung (3) von Definition 12.1.1 folgt dann $X = N$, und dies impliziert die Eindeutigkeit von R.

Wir beweisen $a \in X$ durch Widerspruch und nehmen $a \notin X$ an. Wegen (IBR) existiert in diesem Fall ein $c' \in A$ mit $c \neq c'$ und $a\,R\,c'$. Wir definieren nun $R' := R \setminus \{(a, c')\}$ und bekommen dadurch $R' \subset R$. Weiterhin haben wir $a\,R'\,c$ und auch, dass für alle $n \in N$ und $x \in X$ wegen $\mathrm{nf}(n) \neq a$ (Forderung (1) von Definition 12.1.1) gilt

$$n\,R'\,x \implies n\,R\,x \implies \mathrm{nf}(n)\,R\,F(x) \implies \mathrm{nf}(n)\,R'\,F(x),$$

was $R' \in \mathcal{R}$ nach sich zieht. Es ist aber $R' \in \mathcal{R}$ und $R' \subset R$ ein Widerspruch zu $R = \bigcap \mathcal{R}$.

Zum Beweis von $\mathrm{nf}(X) \subseteq X$ sei ein $n \in \mathrm{nf}(X)$ vorgegeben und ein $m \in X$ mit $n = \mathrm{nf}(m)$. Wegen $m \in X$ und der schon bewiesenen Totalität von R gibt es genau ein $x \in A$ mit $m\,R\,x$, woraus auch $\mathrm{nf}(m)\,R\,F(x)$ folgt. Wir nehmen nun für einen Beweis von $n \in X$ durch Widerspruch an, dass $n \notin X$ gelte, also $\mathrm{nf}(m) \notin X$. Wegen $\mathrm{nf}(m)\,R\,F(x)$ gibt es dann ein $y \in X$ mit $y \neq F(x)$ und $\mathrm{nf}(m)\,R\,y$. Wie oben definieren wir nun eine Relation $R' \subset R$, indem wir setzen $R' := R \setminus \{(\mathrm{nf}(m), y)\}$ und zeigen nachfolgend, dass $R' \in \mathcal{R}$ gilt, was ein Widerspruch zu $R = \bigcap \mathcal{R}$ ist.

Es gilt $a\,R'\,c$ aufgrund von (IBR) und $\mathrm{nf}(m) \neq a$ (Forderung (1) von Definition 12.1.1). Zum Beweis der zweiten Eigenschaft, die $R' \in \mathcal{R}$ erfordert, seien $p \in N$ und $z \in A$ gegeben. Dann gilt:

$$p\,R'\,z \implies p\,R\,z \implies \mathrm{nf}(p)\,R\,F(z) \implies \mathrm{nf}(p)\,R'\,F(z)$$

Hier gilt die zweite Implikation wegen (ISR). Die Begründung für die dritte Implikation ist wie folgt: Im Fall $p \neq m$ gilt $\mathrm{nf}(p) \neq \mathrm{nf}(m)$ aufgrund der Injektivität von nf (Forderung (2) von Definition 12.1.1). Also sind $\mathrm{nf}(p)\,R\,F(z)$ und $\mathrm{nf}(p)\,R'\,F(z)$ äquivalent, denn es wird nur ein Paar mit erster Komponente $\mathrm{nf}(m)$ aus R entfernt. Gilt hingegen $p = m$, so folgt aus $m\,R\,z$, dass $z = x$ gilt (denn x ist das einzige Element mit $m\,R\,x$; siehe oben), und dies impliziert die folgende Eigenschaft:

$$(\mathrm{nf}(p), F(z)) = (\mathrm{nf}(m), F(z)) = (\mathrm{nf}(m), F(x)) \neq (\mathrm{nf}(m), y)$$

Das Paar $(\mathit{nf}(p), F(z))$ wird wegen der zweiten Komponente nun nicht aus R entfernt.

Damit ist R eine Funktion. In der üblichen Schreibweise haben wir also $R : N \to A$. Die Eigenschaft (IBR) wird zu $R(a) = c$, also (IB), und die Eigenschaft (ISR) wird zu

$$\forall n \in N, x \in A : R(n) = x \Rightarrow R(\mathit{nf}(n)) = F(x),$$

woraus durch Spezialisierung von x zu $R(n)$

$$\forall n \in N : R(\mathit{nf}(n)) = F(R(n))$$

folgt, also die Eigenschaft (IS) für R. □

Um die Präsentation möglichst einfach zu halten, haben wir den Rekursionssatz nur für einstellige Funktionen formuliert. Er kann aber durchaus auf mehrstellige Funktionen erweitert werden, beispielsweise auf 2-stellige Funktionen wie folgt: Es seien (N, a, nf) eine Peano-Struktur, $F : A \to A$ eine Funktion und $c : B \to A$ ebenfalls eine Funktion. Dann gibt es genau eine Funktion $f : N \times B \to A$, welche die folgenden zwei Eigenschaften erfüllt:

(IB$_1$) $\forall x \in B : f(a, x) = c(x)$ (IS$_1$) $\forall n \in N, x \in B : f(\mathit{nf}(n), x) = F(f(n, x))$

Zum Beweis betrachten wir die folgenden Formeln, wobei als Funktion $g : N \to A^B$ verwendet wird:

(IB$_2$) $g(a) = c$ (IS$_2$) $\forall n \in N : g(\mathit{nf}(n)) = F \circ g(n)$

Nach dem Rekursionssatz gibt es genau eine Funktion $g : N \to A^B$, welche die zwei Eigenschaften (IB$_2$) und (IS$_2$) erfüllt. Um dabei formal das Muster in der Eigenschaft (IS) des Rekursionssatzes zu erhalten, schreiben wir die Funktionskomposition $F \circ g(n)$ als Funktionsanwendung $G_F(g(n))$, wobei die Funktion $G_F : A^B \to A^B$ für alle $h : B \to A$ durch $G_F(h) = F \circ h$ definiert ist. Aus der Funktion g bekommen wir nun die eindeutig gewünschte Funktion $f : N \times B \to A$, welche (IB$_1$) und (IS$_1$) erfüllt, indem wir $f(n, x) = g(n)(x)$ für alle $n \in N$ und $x \in B$ festlegen.

Sowohl in dieser Verallgemeinerung als auch im Original hängt in der Eigenschaft (IS) die Berechnung des Resultats von f zur Eingabe $\mathit{nf}(n)$ nur von dem Resultat von f zur Eingabe n ab. Bei praktischen Anwendungen induktiver/rekursiver Definitionen kommt es aber sehr oft vor, dass sie auch noch von n und/oder x abhängt. In solchen Fällen ist F z.B. eine Funktion von $A \times N$ nach A und die Gleichung $f(\mathit{nf}(n)) = F(f(n))$ des Rekursionssatzes wird zu $f(\mathit{nf}(n)) = F(f(n), n)$. Analog wird die Gleichung $f(\mathit{nf}(n), x) = F(f(n, x))$ der oben erwähnten Verallgemeinerung zu $f(\mathit{nf}(n), x) = F(f(n, x), n)$.

12.2 Eindeutigkeit und Existenz von Peano-Strukturen

Wir haben im letzten Abschnitt angemerkt, dass die algebraische Struktur $(\mathbb{N}, 0, \mathit{nachf})$ mit der Menge der bisher intuitiv verwendeten natürlichen Zahlen, der Null und der Nachfolger-Funktion $\mathit{nachf} : \mathbb{N} \to \mathbb{N}$, $\mathit{nachf}(n) = n + 1$ eine Peano-Struktur bildet. Man bekommt aber beispielsweise auch eine Peano-Struktur, indem man im Tripel $(\{|\}^*, (), \mathit{nf})$

die Funktion $nf : \{|\}^* \to \{|\}^*$ so definiert, dass sie an eine lineare Liste von Strichen links einen Strich anfügt. Diese „Strichzahlen" stellen die wohl einfachste Form des Zählens dar. Später in diesem Abschnitt werden wir noch eine Peano-Struktur definieren, die nur Mittel aus der „reinen" Mengenlehre verwendet. Alle diese Strukturen kann man als gleich auffassen, obwohl sie textuell völlig verschieden hingeschrieben sind. Sie sind isomorph im Sinne von Definition 11.2.3. Der wichtige erste Satz dieses Abschnitts zeigt, dass alle Peano-Strukturen isomorph sind. Jede Peano-Struktur beschreibt also in irgendeiner Weise die intuitive Vorstellung von den natürlichen Zahlen als eine mit Null beginnende Zählreihe $0, 0 + 1, 0 + 1 + 1, 0 + 1 + 1 + 1$ usw.

12.2.1 Satz: Isomorphiesatz von R. Dedekind

Es seien (N_1, a_1, nf_1) und (N_2, a_2, nf_2) Peano-Strukturen. Dann sind (N_1, a_1, nf_1) und (N_2, a_2, nf_2) isomorph.

Beweis: Wir betrachten die Funktion $\Phi : N_1 \to N_2$, welche durch die folgenden zwei Eigenschaften definiert ist:

$$(\text{IB}_1) \quad \Phi(a_1) = a_2 \qquad (\text{IS}_1) \quad \forall n \in N_1 : \Phi(nf_1(n)) = nf_2(\Phi(n))$$

Nach dem Rekursionssatz von Dedekind ist Φ die einzige Funktion, welche die Eigenschaften (IB_1) und (IS_1) erfüllt. Man wählt dazu die Peano-Struktur (N, a, nf) von Satz 12.1.4 als (N_1, a_1, nf_1), die Menge A des Satzes als N_2 und die Funktion $F : A \to A$ des Satzes als $nf_2 : N_2 \to N_2$.

Es zeigt (IB_1) die Forderung (2) von Definition 11.2.3 und (IS_1) die Forderung (3) von Definition 11.2.3. Damit bleibt nur noch die Forderung (1) von Definition 11.2.3 zu zeigen, d.h. die Bijektivität von Φ. Dazu verwenden wir wiederum den Rekursionssatz von Dedekind und definieren eine Funktion $\Psi : N_2 \to N_1$ durch die folgenden Eigenschaften:

$$(\text{IB}_2) \quad \Psi(a_2) = a_1 \qquad (\text{IS}_2) \quad \forall n \in N_2 : \Psi(nf_2(n)) = nf_1(\Psi(n))$$

Mit Hilfe des Induktionsprinzips für Peano-Strukturen, also Satz 12.1.3, beweisen wir nun $\Psi(\Phi(n)) = n$ für alle $n \in N_1$. Die Peano-Struktur von Satz 12.1.3 ist hier (N_1, a_1, nf_1) und die Aussage $A(n)$ des Satzes ist $\Psi(\Phi(n)) = n$.

Induktionsbeginn: Es ist $A(a_1)$ zu zeigen, also $\Psi(\Phi(a_1)) = a_1$. Dies gilt wegen (IB_1) und (IB_2) und der folgenden Rechnung:

$$\Psi(\Phi(a_1)) = \Psi(a_2) = a_1$$

Induktionsschluss: Es sei $n \in N_1$ so gegeben, dass die Induktionshypothese $A(n)$ gilt, also die Beziehung $\Psi(\Phi(n)) = n$. Wir haben $A(nf_1(n))$ zu zeigen. Dies folgt aus der folgenden Rechnung unter Verwendung von (IS_1), (IS_2) und der Induktionshypothese $A(n)$:

$$\Psi(\Phi(nf_1(n))) = \Psi(nf_2(\Phi(n))) = nf_1(\Psi(\Phi(n))) = nf_1(n)$$

Mittels des Induktionsprinzips für Peano-Strukturen kann man auf die gleiche Weise zeigen, dass $\Phi(\Psi(n)) = n$ für alle $n \in N_2$ gilt. Damit ist Φ bijektiv und Ψ die Umkehrfunktion von Φ. $\qquad \square$

Wenn wir isomorphe Strukturen als im Prinzip gleich seiend auffassen, so gibt es nach dem Isomorphiesatz von Dedekind höchstens eine Peano-Struktur. Es bleibt noch die Aufgabe, zu zeigen, dass es mindestens eine Peano-Struktur gibt. Nach der modernen Auffassung der Mathematik bedeutet dies, dass eine Peano-Struktur mit mengentheoretischen Mitteln zu konstruieren ist. In der oben erwähnten Schrift „Was sind und was sollen die Zahlen?" konstruiert R. Dedekind ein mengentheoretisches Modell der natürlichen Zahlen. Dabei verwendet er an entscheidender Stelle, dass es eine unendliche Menge gibt, wobei sein Endlichkeitsbegriff der ist, welchen wir in Abschnitt 6.2 mit dem Hinweis auf B. Bolzano erwähnt haben. Vom heutigen formalen Standpunkt aus betrachtet ist Dedekinds Argumentation nicht mehr formal-mathematisch. Er spricht im Beweis des entsprechenden Satzes von der „Gesamtheit S aller Dinge, welche Gegenstand meines Denkens sein können" und folgert dann, dass S unendlich ist, indem er zu einem Element s von S den Gedanken „s ist Gegenstand meines Denkens" betrachtet.

Heutzutage wird in der axiomatischen Mengenlehre die Existenz von unendlichen Mengen durch das Unendlichkeitsaxiom postuliert. Es stammt, wie das Auswahlaxiom 6.1.19, von E. Zermelo, wurde im Jahr 1908 von ihm publiziert und sieht in der modernen mengentheoretischen Notation wie folgt aus:

12.2.2 Unendlichkeitsaxiom (E. Zermelo)

Es existiert eine Menge $\mathcal{U}$ von Mengen, so dass $\emptyset \in \mathcal{U}$ gilt und für alle Mengen M aus $M \in \mathcal{U}$ folgt $M \cup \{M\} \in \mathcal{U}$. $\qquad\square$

Mengen mit der im Unendlichkeitsaxiom geforderten Eigenschaft nennt man **induktiv**. Das Unendlichkeitsaxiom postuliert also die Existenz einer induktiven Menge. Von der Formulierung her sagt es erst einmal nichts über die Existenz von unendlichen Mengen aus. Diese ist aber eine Folgerung davon, denn es ist relativ einfach zu zeigen, dass alle induktiven Mengen unendliche Mengen im Sinne von Bolzano (vergl. Abschnitt 6.1) sind. Der folgende Satz ist wesentlich für das weitere Vorgehen bei der Konstruktion eines mengentheoretischen Modells der natürlichen Zahlen.

12.2.3 Satz: kleinste induktive Menge

Es existiert eine induktive Menge $\mathcal{I}_*$, so dass für alle induktiven Mengen $\mathcal{J}$ gilt $\mathcal{I}_* \subseteq \mathcal{J}$.

Beweis: Es sei $\mathcal{M} \neq \emptyset$ eine beliebige nichtleere Menge induktiver Mengen. Dann ist auch $\bigcap \mathcal{M}$ eine induktive Menge. Wegen

$$\mathbf{wahr} \iff \forall N \in \mathcal{M} : \emptyset \in N \iff \emptyset \in \bigcap \mathcal{M}$$

gilt die erste Eigenschaft induktiver Mengen für $\bigcap \mathcal{M}$. Weiterhin gilt für alle Mengen M auch die folgende Implikation, welche zeigt, dass $\bigcap \mathcal{M}$ auch die zweite Eigenschaft der induktiven Mengen besitzt:

$$
\begin{aligned}
M \in \bigcap \mathcal{M} &\iff \forall N \in \mathcal{M} : M \in N \\
&\implies \forall N \in \mathcal{M} : M \cup \{M\} \in N \qquad \text{alle } N \text{ sind induktiv} \\
&\iff M \cup \{M\} \in \bigcap \mathcal{M}
\end{aligned}
$$

Nun sei $\mathcal{U}$ eine nach dem Unendlichkeitsaxiom 12.2.2 existierende nichtleere induktive Menge. Wir definieren die Menge $\mathcal{I}_*$ wie folgt:

$$\mathcal{I}_* := \bigcap \{\mathcal{M} \in \mathcal{P}(\mathcal{U}) \mid \mathcal{M} \text{ ist induktive Menge}\}$$

Es ist $\mathcal{I}_*$ der beliebige Durchschnitt einer nichtleeren Menge induktiver Mengen und eben wurde gezeigt, dass $\mathcal{I}_*$ auch eine induktive Menge ist.

Es sei nun $\mathcal{J}$ eine weitere beliebige induktive Menge. Dann gilt $\mathcal{J} \cap \mathcal{U} \subseteq \mathcal{U}$, was äquivalent zu $\mathcal{J} \cap \mathcal{U} \in \mathcal{P}(\mathcal{U})$ ist. Weiterhin ist $\mathcal{J} \cap \mathcal{U}$ als Durchschnitt von induktiven Mengen wieder eine induktive Menge. Also gilt die Beziehung

$$\mathcal{J} \cap \mathcal{U} \in \{\mathcal{M} \in \mathcal{P}(\mathcal{U}) \mid \mathcal{M} \text{ ist induktive Menge}\}$$

und dies zeigt die noch verbleibende Behauptung $\mathcal{I}_* \subseteq \mathcal{J} \cap \mathcal{U} \subseteq \mathcal{J}$. $\qquad\square$

Wir nennen die im Beweis des Satzes 12.2.3 konstruierte Menge $\mathcal{I}_*$ die kleinste induktive Menge. Man beachte aber, dass es nicht erlaubt ist, von der Menge aller induktiven Mengen zu sprechen, da dies zu logischen Widersprüchen führen würde. Es ist $\mathcal{I}_*$ also nicht das kleinste Element der Menge der induktiven Mengen in einem ordnungstheoretischen Sinne. Mit einer Menge $\mathcal{U}$, wie durch das Unendlichkeitsaxiom eingeführt, und $\mathcal{I}_\mathcal{U}$ definiert als Menge aller induktiven Teilmengen von $\mathcal{U}$, ist $\mathcal{I}_*$ jedoch das kleinste Element von $\mathcal{I}_\mathcal{U}$ in der geordneten Menge $(\mathcal{I}_\mathcal{U}, \subseteq)$ in so einem Sinne, denn $\mathcal{I}_\mathcal{U}$ ist eine wohl-definierte Menge.

Wegen der zweiten Eigenschaft von induktiven Mengen können wir nun auf der kleinsten induktiven Menge $\mathcal{I}_*$ eine Nachfolger-Funktion wie folgt definieren:

$$nf : \mathcal{I}_* \to \mathcal{I}_* \qquad nf(X) = X \cup \{X\}$$

Der Ansatz, die kleinste induktive Menge mit der eben definierten Nachfolger-Funktion zur Definition der natürlichen Zahlen zu betrachten, geht auf den ungarischen Mathematiker János (auch: Janocz) von Neumann (1903-1957) zurück. Er trat in den 1930er Jahren eine Professur in den USA an und ist heutzutage unter seinem in den USA angenommenen Namen John von Neumann bekannt. Für die von ihm eingeführte Nachfolger-Funktion ist es relativ einfach, zwei der drei Axiome einer Peano-Struktur zu zeigen, wenn man die leere Menge als Anfangselement von $\mathcal{I}_*$ wählt.

12.2.4 Satz

Die algebraische Struktur $(\mathcal{I}_*, \emptyset, nf)$ erfüllt die Forderungen (1) und (3) von Definition 12.1.1.

Beweis: Für alle $X \in \mathcal{I}_*$ gilt $nf(X) = X \cup \{X\} \neq \emptyset$ und dies zeigt Forderung (1) von Definition 12.1.1.

Zum Beweis von Forderung (3) sei $X \in \mathcal{P}(\mathcal{I}_*)$ mit $\emptyset \in X$ und $nf(X) \subseteq X$ vorgegeben. Wir haben $X = \mathcal{I}_*$ zu beweisen. Dazu zeigen wir nachfolgend, dass X eine induktive Menge ist. Weil $\mathcal{I}_*$ die kleinste induktive Menge ist, folgt daraus $\mathcal{I}_* \subseteq X$ und die andere Inklusion $X \subseteq \mathcal{I}_*$ ist zu $X \in \mathcal{P}(\mathcal{I}_*)$ gleichwertig.

Die Eigenschaft $\emptyset \in X$ ist vorausgesetzt. Zum Beweis der zweiten Eigenschaft induktiver Mengen sei M eine Menge mit $M \in X$. Dann gilt $M \cup \{M\} \in X$ wegen

$$M \cup \{M\} = \mathrm{nf}(M) \in \mathrm{nf}(X) \subseteq X. \qquad \square$$

Man beachte, dass in der Beziehung $\mathrm{nf}(M) \in \mathrm{nf}(X)$ der letzten Rechnung dieses Beweises $\mathrm{nf}(M)$ ein Element von $\mathcal{I}_*$ ist, aber $\mathrm{nf}(X)$ die Bildmenge der Menge X unter der Funktion nf darstellt (also eine Teilmenge von $\mathcal{I}_*$ ist). Der Beweis der Injektivität der **von Neumannschen Nachfolger-Funktion** $\mathrm{nf}(X) = X \cup \{X\}$ erfordert im Vergleich zu dem der anderen beiden Forderungen an Peano-Strukturen etwas mehr Aufwand. Wir beweisen zuerst drei Hilfseigenschaften. Die Aussagen (2) und (3) des folgenden Lemmas besagen, dass die Enthaltenseinsrelation eine Strikordnungsrelation im Sinne von Definition 7.2.3 auf der kleinsten induktiven Menge ist.

12.2.5 Lemma

Für die kleinste induktive Menge $\mathcal{I}_*$ gelten die folgenden Eigenschaften:

(1) Für alle $Y, Z \in \mathcal{I}_*$ gilt: Aus $Y \in Z$ folgt $Y \subseteq Z$.

(2) Für alle $X, Y, Z \in \mathcal{I}_*$ gilt: Aus $X \in Y$ und $Y \in Z$ folgt $X \in Z$.

(3) Für alle $X \in \mathcal{I}_*$ gilt $X \notin X$.

Beweis: Da die algebraische Struktur $(\mathcal{I}_*, \emptyset, \mathrm{nf})$ die Forderung (3) von Definition 12.1.1 erfüllt, ist, wie im letzten Abschnitt bemerkt wurde, die Anwendung von Satz 12.1.3 (also von Induktion) erlaubt.

(1) Wir definieren die Aussage $A(Z)$ als Formel

$$\forall Y \in \mathcal{I}_* : Y \in Z \Rightarrow Y \subseteq Z$$

und beweisen durch Induktion, dass $A(Z)$ für alle $Z \in \mathcal{I}_*$ gilt.

Induktionsbeginn: Es gilt $A(\emptyset)$ aufgrund von

$$\forall Y \in \mathcal{I}_* : Y \in \emptyset \Rightarrow Y \subseteq \emptyset \iff \forall Y \in \mathcal{I}_* : \textbf{falsch} \Rightarrow Y \subseteq \emptyset \iff \textbf{wahr}.$$

Induktionsschluss: Es sei die Menge $Z \in \mathcal{I}_*$ so gegeben, dass die Induktionshypothese $A(Z)$ gilt. Zum Beweis von $A(\mathrm{nf}(Z))$ setzen wir ein $Y \in \mathcal{I}_*$ mit $Y \in \mathrm{nf}(Z) = Z \cup \{Z\}$ voraus. Dann gibt es zwei Fälle:

(a) Es gilt $Y \in Z$. Wegen der Induktionshypothese $A(Z)$ erhalten wir dann $Y \subseteq Z$, und daraus folgt $Y \subseteq Z \cup \{Z\} = \mathrm{nf}(Z)$.

(b) Es gilt $Y \in \{Z\}$. In diesem Fall bekommen wir $Y = Z$, und dies impliziert wiederum $Y = Z \subseteq Z \cup \{Z\} = \mathrm{nf}(Z)$.

(2) Es seien $X, Y, Z \in \mathcal{I}_*$ mit $X \in Y$ und $Y \in Z$ gegeben. Wegen (1) gilt dann $Y \subseteq Z$, und daraus folgt $X \in Z$.

(3) Wir definieren die Aussage $A(X)$ als $X \notin X$ und beweisen durch Induktion, dass $A(X)$ für alle $X \in \mathcal{I}_*$ gilt.

Induktionsbeginn: Es gilt $A(\emptyset)$ aufgrund von $\emptyset \notin \emptyset$.

Induktionsschluss: Es sei die Menge $X \in \mathcal{I}_*$ so gegeben, dass die Induktionshypothese $A(X)$ gilt. Wir haben $A(nf(X))$ zu zeigen, also, dass $X \cup \{X\} \notin X \cup \{X\}$ gilt. Dazu nehmen wir für einen Beweis durch Widerspruch deren Negation $X \cup \{X\} \in X \cup \{X\}$ als wahr an und unterscheiden dann zwei Fälle.

(a) Es gilt $X \cup \{X\} \in \{X\}$. Aus dieser Annahme folgt $X \cup \{X\} = X$, also $\{X\} \subseteq X$, was $X \in X$ impliziert. Dies ist ein Widerspruch zur Induktionshypothese $A(X)$.

(b) Es gilt $X \cup \{X\} \in X$. Wegen $X \in \mathcal{I}_*$ und weil $\mathcal{I}_*$ eine induktive Menge ist, gilt auch $X \cup \{X\} \in \mathcal{I}_*$. Aufgrund von $X \cup \{X\} \in \mathcal{I}_*$, $X \in \mathcal{I}_*$, der Voraussetzung $X \cup \{X\} \in X$ und (1) bekommen wir $X \cup \{X\} \subseteq X$, also $X \cup \{X\} = X$. Wie bei (a) folgt daraus ein Widerspruch zur Induktionshypothese $A(X)$. $\qquad\square$

Nach diesen Vorbereitungen sind wir nun in der Lage, formal zu beweisen, dass die von Neumannsche Nachfolger-Funktion auf der kleinsten induktiven Menge injektiv ist, was zusammen mit den oben gezeigten zwei Eigenschaften des Tripels $(\mathcal{I}_*, \emptyset, nf)$ zu dem folgenden Resultat führt.

12.2.6 Satz: Existenz einer Peano-Struktur

Die algebraische Struktur $(\mathcal{I}_*, \emptyset, nf)$ ist eine Peano-Struktur.

Beweis: Wegen Satz 12.2.4 ist nur mehr zu zeigen, dass die Forderungen (2) von Definition 12.1.1 erfüllt ist. Dazu seien $X, Y \in \mathcal{I}_*$ mit $nf(X) = nf(Y)$ gegeben, also mit $X \cup \{X\} = Y \cup \{Y\}$. Wir zeigen $X = Y$ durch Widerspruch. Angenommen, es gelte $X \neq Y$. Dann bekommen wir

$$X \cup \{X\} = Y \cup \{Y\} \implies \{X\} \subseteq Y \cup \{Y\} \implies \{X\} \subseteq Y \iff X \in Y$$

und ebenso

$$X \cup \{X\} = Y \cup \{Y\} \implies \{Y\} \subseteq X \cup \{X\} \implies \{Y\} \subseteq X \iff Y \in X.$$

Aus Eigenschaft (2) von Lemma 12.2.5 folgt dann $X \in X$ und dies ist ein Widerspruch zu Eigenschaft (3) von Lemma 12.2.5. $\qquad\square$

Die ersten Elemente der kleinsten induktiven Menge sehen wie folgt aus: $\emptyset$, $nf(\emptyset)$, $nf(nf(\emptyset))$, $nf(nf(nf(\emptyset)))$, usw. Wenn wir nun die Definition der von Neumannschen Nachfolger-Funktion verwenden, die entstehenden Resultate vereinfachen und die so entstehenden Mengen dann durch Elementbeziehungen vergleichen, so bekommen wir die folgende Reihenfolge von Elementbeziehungen:

$$\emptyset \in \{\emptyset\} \in \{\emptyset, \{\emptyset\}\} \in \{\emptyset, \{\emptyset\}, \{\emptyset, \{\emptyset\}\}\} \in \ldots$$

Wegen Eigenschaft (1) von Lemma 12.2.5 wird aus dieser Reihenfolge die folgende Reihenfolge von Inklusionsbeziehungen:

$$\emptyset \subseteq \{\emptyset\} \subseteq \{\emptyset, \{\emptyset\}\} \subseteq \{\emptyset, \{\emptyset\}, \{\emptyset, \{\emptyset\}\}\} \subseteq \dots$$

Es entsteht also eine geordnete Menge, deren Elemente man als natürliche Zahlen in der üblichen intuitiven Auffassung als Zählreihe interpretieren kann und deren Ordnungsrelation genau der bekannten linearen Standard-Ordnungsrelation auf den (intuitiven) natürlichen Zahlen entspricht. Aus diesem Grund wählt man spezielle Schreib- und Sprechweisen, die den herkömmlichen, bei einem intuitiven Vorgehen verwendeten Schreib- und Sprechweisen entsprechen.

12.2.7 Festlegung: Schreib- und Sprechweisen

Man verwendet statt $\mathcal{I}_*$ für die kleinste induktive Menge die Bezeichnung $\mathbb{N}$, nennt die Objekte aus $\mathbb{N}$ natürliche Zahlen und bezeichnet in diesem Kontext die leere Menge mit dem Symbol 0 (gesprochen: Null). Weiterhin bezeichnet man das Objekt $nf(0)$ mit dem Symbol 1 (gesprochen: Eins). $\qquad \square$

Die anderen Objekte $nf(nf(0))$, $nf(nf(nf(0)))$ usw. bezeichnet man mit den üblichen Symbolen 2, 3 usw. der Dezimaldarstellung von Zahlen. Dies wird aber im Weiteren keine Rolle spielen. Die Bezeichnung 1 für das spezielle Objekt $nf(0)$ haben wir eingeführt, um den Zusammenhang zwischen der von Neumannschen Nachfolger-Funktion der in diesem Abschnitt konstruierten Peano-Struktur $(\mathbb{N}, 0, nf)$ und der in Abschnitt 1.4 als Relation $nachf \subseteq \mathbb{N} \times \mathbb{N}$ eingeführten Nachfolger-Funktion $nachf : \mathbb{N} \to \mathbb{N}$, $nachf(n) = n + 1$ herstellen zu können. Die Eins ist auch wesentlich, wenn die natürlichen Zahlen hinsichtlich der Monoid-Eigenschaft im Bezug auf die Multiplikation untersucht werden.

Damit ist die formale Einführung der natürlichen Zahlen beendet und wir können in den nächsten zwei Abschnitten die wichtigsten Operationen auf $\mathbb{N}$ und die „übliche" Ordnungsrelation definieren und wichtige Eigenschaften beweisen. Dabei werden wir keinen Gebrauch mehr davon machen, dass $\mathbb{N}$ die kleinste induktive Menge ist, 0 für die leere Menge steht und die von Neumannsche Nachfolger-Funktion nf eine Menge in sich selbst als Element einfügt. Wir werden nur verwenden, dass $(\mathbb{N}, 0, nf)$ eine Peano-Struktur ist, d.h. nur alle Resultate von Abschnitt 12.1 für diese algebraische Struktur.

12.3 Arithmetsche Operationen

Wir beginnen die Einführung der Operationen auf den natürlichen Zahlen, festgelegt als Peano-Struktur $(\mathbb{N}, 0, nf)$ des letzten Abschnitts, mit der folgenden Definition der Addition. Dabei benutzen wir die übliche Infix-Schreibweise der sie realisierenden 2-stelligen Funktion $+ : \mathbb{N} \times \mathbb{N} \to \mathbb{N}$.

12.3.1 Definition: Addition

Wir definieren die Funktion $+ : \mathbb{N} \times \mathbb{N} \to \mathbb{N}$ durch die folgenden zwei Eigenschaften:

$$\text{(IB)} \quad \forall n \in \mathbb{N} : 0 + n = n \qquad\qquad \text{(IS)} \quad \forall m, n \in \mathbb{N} : nf(m) + n = nf(m + n) \qquad \square$$

Nach der am Ende von Abschnitt 12.1 erwähnten Verallgemeinerung des Rekursionssatzes von Dedekind auf 2-stellige Funktionen ist die **Additions-Funktion** $+ : \mathbb{N} \times \mathbb{N} \to \mathbb{N}$ die einzige Funktion, welche die Eigenschaften (IB) und (IS) von Definition 12.3.1 erfüllt. Wir haben in Abschnitt 11.1 schon erwähnt, dass die algebraische Struktur $(\mathbb{N}, 0, +)$ (der intuitiven natürlichen Zahlen) ein kommutatives Monoid bildet. Nachfolgend zeigen wir diese Behauptung formal. Wir beginnen mit der Monoid-Eigenschaft, also der Assoziativität der Addition und der Neutralität von 0. In allen folgenden Beweisen wird das Induktionsprinzip für Peano-Strukturen, angewendet auf $(\mathbb{N}, 0, nf)$, eine entscheidende Rolle spielen.

12.3.2 Satz: Eigenschaften der Addition I

Die Additions-Funktion $+ : \mathbb{N} \times \mathbb{N} \to \mathbb{N}$ ist assoziativ und hat 0 als links- und rechtsneutrales Element.

Beweis: Wir beweisen die erste Behauptung durch Induktion und zeigen dazu, dass die folgende Aussage $A(k)$ für alle $k \in \mathbb{N}$ gilt:

$$\forall m, n \in \mathbb{N} : k + (m + n) = (k + m) + n$$

Induktionsbeginn: Zum Beweis von $A(0)$ seien $m, n \in \mathbb{N}$ gegeben. Dann zeigt die folgende Rechnung die Behauptung, wobei wir in jedem der zwei Schritte die Eigenschaft (IB) von Definition 12.3.1 verwenden:

$$0 + (m + n) = (m + n) = (0 + m) + n$$

Induktionsschluss: Es sei $k \in \mathbb{N}$ beliebig gewählt, und es gelte die Induktionshypothese $A(k)$. Zum Beweis von $A(nf(k))$ seien $m, n \in \mathbb{N}$ gegeben. In diesem Fall zeigt die folgende Rechnung die Behauptung:

$$
\begin{aligned}
nf(k) + (m + n) &= nf(k + (m + n)) & \text{(IS) von Definition 12.3.1} \\
&= nf((k + m) + n)) & \text{Induktionshypothese } A(k) \\
&= nf(k + m) + n & \text{(IS) von Definition 12.3.1} \\
&= (nf(k) + m) + n & \text{(IS) von Definition 12.3.1}
\end{aligned}
$$

Die Linksneutralität von 0 entspricht genau der Eigenschaft (IB) von Definition 12.3.1 und die Rechtsneutralität von 0 kann man wiederum durch Induktion beweisen. Letzteres sei der Leserin oder dem Leser zu Übungszwecken überlassen. $\square$

Durch den folgenden Satz wird gezeigt, dass die algebraische Struktur $(\mathbb{N}, 0, +)$ in der Tat ein kommutatives Monoid bildet. Im Vergleich zu Satz 12.3.2 ist der Beweis komplizierter und erfordert eine Hilfseigenschaft.

12.3.3 Satz: Eigenschaften der Addition II

Die Additions-Funktion $+ : \mathbb{N} \times \mathbb{N} \to \mathbb{N}$ ist kommutativ.

Beweis: Wir beweisen zuerst als Hilfsaussage, dass $nf(m) + n = m + nf(n)$ für alle $m, n \in \mathbb{N}$ wahr ist. Dazu definieren wir die Aussage $A(m)$ als Formel

$$\forall n \in \mathbb{N} : nf(m) + n = m + nf(n)$$

415

und beweisen mittels Induktion, dass $A(m)$ für alle $m \in \mathbb{N}$ gilt.

Induktionsbeginn: Zum Beweis von $A(0)$ sei $n \in \mathbb{N}$ gegeben. Die Eigenschaft (IB) von Definition 12.3.1 und Satz 12.3.2 (Linksneutralität von 0) zeigen dann

$$\mathrm{nf}(0) + n = \mathrm{nf}(0 + n) = \mathrm{nf}(n) = 0 + \mathrm{nf}(n).$$

Induktionsschluss: Es sei $m \in \mathbb{N}$ beliebig gegeben, und es gelte die Induktionshypothese $A(m)$. Weiterhin sei $n \in \mathbb{N}$ gegeben. Dann zeigt die nachstehende Rechnung die Behauptung $A(\mathrm{nf}(m))$:

$$
\begin{aligned}
\mathrm{nf}(\mathrm{nf}(m)) + n &= \mathrm{nf}(\mathrm{nf}(m) + n) && \text{(IS) von Definition 12.3.1} \\
&= \mathrm{nf}(m + \mathrm{nf}(n)) && \text{Induktionshypothese } A(m) \\
&= \mathrm{nf}(m) + \mathrm{nf}(n) && \text{(IS) von Definition 12.3.1}
\end{aligned}
$$

Nach dieser Vorbereitung sind wir nun in der Lage, die Kommutativität der Addition zu beweisen, indem wir die Formel

$$\forall n \in \mathbb{N} : m + n = n + m$$

als Aussage $A(m)$ festlegen und durch Induktion beweisen, dass $A(m)$ für alle $m \in \mathbb{N}$ gilt.

Induktionsbeginn: Zum Nachweis von $A(0)$ sei $n \in \mathbb{N}$ gegeben. Wegen Satz 12.3.2 (Links- und Rechtsneutralität von 0) bekommen wir dann

$$0 + n = n = n + 0.$$

Induktionsschluss: Es sei $m \in \mathbb{N}$ beliebig gegeben, und es gelte die Induktionshypothese $A(m)$. Weiterhin sei $n \in \mathbb{N}$ gegeben. Dann haben wir

$$\mathrm{nf}(m) + n = \mathrm{nf}(m + n) = \mathrm{nf}(n + m) = \mathrm{nf}(n) + m = n + \mathrm{nf}(m),$$

wobei wir zuerst die Eigenschaft (IS) von Definition 12.3.1 anwenden, dann die Induktionshypothese $A(m)$, dann wiederum die Eigenschaft (IS) von Definition 12.3.1 und am Ende die anfangs bewiesene Hilfsaussage. Also gilt $A(\mathrm{nf}(m))$. $\quad\square$

Wegen der Assoziativität lassen wir bei Additionen, wie üblich, Klammern weg. In den folgenden Beweisen erwähnen wir die Assoziativität der Addition nicht mehr. Es sei nun $n \in \mathbb{N}$. Dann erhalten wir aus den bisherigen Resultaten und der Festlegung 12.2.7 die folgende Eigenschaft:

$$\mathrm{nf}(n) = \mathrm{nf}(0 + n) = \mathrm{nf}(0) + n = 1 + n = n + 1$$

Statt $\mathrm{nf}(n)$ dürfen wir also auch $n + 1$ schreiben, was wir z.B. in Abschnitt 1.4 bei der Definition der Nachfolger-Funktion *nachf* getan haben. Wenn wir in Satz 12.1.3, dem Induktionsprinzip für Peano-Strukturen, $\mathrm{nf}(n)$ durch $n + 1$ ersetzen, so erhalten wir für die spezielle Peano-Struktur $(\mathbb{N}, 0, \mathrm{nf})$ genau die Aussage von Satz 4.4.1, also das Prinzip der vollständigen Induktion auf den natürlichen Zahlen.

Im Hinblick auf den nächsten Abschnitt brauchen wir noch die beiden folgenden Eigenschaften. Satz 12.3.4 (2) nennt man auch die Kürzungsregel der Addition von links. Wegen der Kommutativität der Addition folgt daraus unmittelbar eine entsprechende Kürzungsregel der Addition von rechts.

12.3.4 Satz: Eigenschaften der Addition III

(1) Für alle $m, n \in \mathbb{N}$ gilt: Aus $m + n = 0$ folgen $m = 0$ und $n = 0$.

(2) Für alle $k, m, n \in \mathbb{N}$ gilt: Aus $k + m = k + n$ folgt $m = n$.

Beweis: (1) Wir führen einen Beweis durch Widerspruch und nehmen an, dass $m + n = 0$ gilt, sowie $m \neq 0$ oder $n \neq 0$. Im ersten Fall $m \neq 0$ impliziert Satz 12.1.2, dass es ein $k \in \mathbb{N}$ mit $m = nf(k) = k + 1$ gibt. Daraus folgt mittels bisher gezeigter Eigenschaften der Addition, dass

$$0 = m + n = k + 1 + n = k + n + 1 = nf(k + n),$$

also ein Widerspruch zu Forderung (1) von Definition 12.1.1. Analog behandelt man auch den verbleibenden Fall $n \neq 0$.

(2) Zum Beweis dieser Eigenschaft definieren wir die Aussage $A(k)$ als Formel

$$\forall m, n \in \mathbb{N} : k + m = k + n \Rightarrow m = n$$

und zeigen durch Induktion, dass $A(k)$ für alle $k \in \mathbb{N}$ gilt.

Induktionsbeginn: Die Aussage $A(0)$ folgt aus der Linksneutralität von 0.
Induktionsschluss: Es sei $k \in \mathbb{N}$ beliebig gewählt, so dass $A(k)$ gilt. Zum Beweis von $A(nf(k))$ seien $m, n \in \mathbb{N}$ gegeben. Dann folgt die zu zeigende Eigenschaft aus der folgenden Rechnung:

$$
\begin{aligned}
nf(k) + m = nf(k) + n &\iff nf(k + m) = nf(k + n) && \text{(IS) von Def. 12.3.1} \\
&\implies k + m = k + n && \text{(2) von Def. 12.1.1} \\
&\implies m = n && \text{Induktionshyp. } A(k) \qquad \square
\end{aligned}
$$

Als eine zweite Operation auf den natürlichen Zahlen führen wir nun noch die Multiplikation ein. Dabei benutzen wir wiederum die übliche Infix-Schreibweise der entsprechenden 2-stelligen Funktion $\cdot : \mathbb{N} \times \mathbb{N} \to \mathbb{N}$. Die folgende Definition verwendet, neben der Peano-Struktur $(\mathbb{N}, 0, nf)$, die schon eingeführte Addition und führt die Multiplikation $m \cdot n$ auf die m-malige Addition von n mit sich selbst zurück.

12.3.5 Definition: Multiplikation

Wir definieren die Funktion $\cdot : \mathbb{N} \times \mathbb{N} \to \mathbb{N}$ durch die folgenden zwei Eigenschaften:

$$\text{(IB)} \quad \forall n \in \mathbb{N} : 0 \cdot n = 0 \qquad \text{(IS)} \quad \forall m, n \in \mathbb{N} : nf(m) \cdot n = (m \cdot n) + n \qquad \square$$

Aufgrund der am Ende von Abschnitt 12.1 beschriebenen Verallgemeinerungen des Rekursionssatzes von Dedekind ist auch die **Multiplikations-Funktion** $\cdot : \mathbb{N} \times \mathbb{N} \to \mathbb{N}$ die einzige Funktion, welche die beiden Eigenschaften (IB) und (IS) von Definition 12.3.5 erfüllt. Wenn angebracht, dann schreiben wir statt $m \cdot n$ wie üblich mn. Bei der Multiplikation mit Konstanten, etwa 0 oder 1, und Funktionsapplikationen verwenden wir aus Gründen der Lesbarkeit immer die Schreibweise mit dem Punkt. Auch verwenden wir im Folgenden, dass die Multiplikations-Funktion stärker bindet als die Additions-Funktion, also die von der Schule her bekannte Regel „Punkt vor Strich". Unser eigentliches Ziel ist wiederum, zu beweisen, dass die algebraische Struktur $(\mathbb{N}, 1, \cdot)$ ein kommutatives Monoid bildet. Als eine bekannte Eigenschaft der Addition und der Multiplikation betrachten wir dazu als Vorbereitung die Distributivität.

12.3.6 Satz: Distributivgesetze

Für alle $k, m, n \in \mathbb{N}$ gilt $k(m+n) = km + kn$ und auch $(m+n)k = mk + nk$.

Beweis: Nachfolgend zeigen wir nur, dass die Multiplikation von links über die Addition distributiert, denn das Rechts-Distributivgesetz kann vollkommen analog gezeigt werden. Wir beweisen das Links-Distributivgesetz durch Induktion, indem wir die Aussage $A(k)$ für alle $k \in \mathbb{N}$ zeigen, wobei $A(k)$ durch die folgende Formel definiert ist:

$$\forall m, n \in \mathbb{N} : k(m+n) = km + kn$$

Induktionsbeginn: Zum Beweis von $A(0)$ seien $m, n \in \mathbb{N}$ gegeben. Die Eigenschaft (IB) von Definition 12.3.5 und Satz 12.3.2 (Linksneutralität von 0) implizieren dann

$$0 \cdot (m+n) = 0 = 0 + 0 = 0 \cdot m + 0 \cdot n.$$

Induktionsschluss: Es sei $k \in \mathbb{N}$ beliebig gegeben, und es gelte die Induktionshypothese $A(k)$. Dann bekommen wir für alle $m, n \in \mathbb{N}$ die folgende Eigenschaft, welche die Behauptung $A(\mathrm{nf}(k))$ zeigt:

$$
\begin{aligned}
\mathrm{nf}(k) \cdot (m+n) &= k(m+n) + m + n && \text{(IS) von Definition 12.3.5} \\
&= km + kn + m + n && \text{Induktionshypothese } A(k) \\
&= km + m + kn + n && \text{Satz 12.3.3} \\
&= \mathrm{nf}(k) \cdot m + \mathrm{nf}(k) \cdot n && \text{(IS) von Definition 12.3.5} \qquad \square
\end{aligned}
$$

Nun sind wir in der Lage, zu zeigen, dass die algebraische Struktur $(\mathbb{N}, 1, \cdot)$ ein Monoid bildet.

12.3.7 Satz: Eigenschaften der Multiplikation I

Die Multiplikations-Funktion $\cdot : \mathbb{N} \times \mathbb{N} \to \mathbb{N}$ ist assoziativ, und hat 1 als links- und rechtsneutrales Element.

Beweis: Zum Beweis der Assoziativität betrachtn wir die Aussage $A(k)$, welche durch die nachstehende Formel definiert ist, und zeigen durch Induktion, dass $A(k)$ für alle $k \in \mathbb{N}$ gilt:

$$\forall m, n \in \mathbb{N} : k(mn) = (km)n$$

Induktionsbeginn: Zum Beweis von $A(0)$ seien $m, n \in \mathbb{N}$ gegeben. Dann bekommen wir aufgrund von (IB) von Definition 12.3.5 das gewünschte Resultat wie folgt:

$$0 \cdot (mn) = 0 = 0 \cdot n = (0 \cdot m)n$$

Induktionsschluss: Es sei $k \in \mathbb{N}$ beliebig gewählt, und es gelte die Induktionshypothese $A(k)$. Zum Beweis von $A(\mathrm{nf}(k))$ seien $m, n \in \mathbb{N}$ gegeben. Dann folgt die Behauptung aus der nachstehenden Rechnung:

$$
\begin{aligned}
\mathrm{nf}(k) \cdot (mn) &= k(mn) + mn && \text{(IS) von Definition 12.3.5} \\
&= (km)n + mn && \text{Induktionshypothese } A(k) \\
&= (km + m)n && \text{Satz 12.3.6 (Rechts-Distributivgesetz)} \\
&= (\mathrm{nf}(k) \cdot m)n && \text{(IS) von Definition 12.3.5}
\end{aligned}
$$

Die Linksneutralität von 1 zeigt man wie folgt, wobei $m \in \mathbb{N}$ vorausgesetzt ist und die Festlegung 12.2.7, die Eigenschaften (IS) und (IB) von Definition 12.3.5 und die Linksneutralität von 0 verwendet werden:

$$1 \cdot m = \mathrm{nf}(0) \cdot m = 0 \cdot m + m = 0 + m = m$$

Ein Beweis der Rechtsneutralität von 1 erfordert hingegen wieder Induktion. Diese durchzuführen sei der Leserin oder dem Leser als Übungsaufgabe gestellt. $\qquad \Box$

Wegen der Assoziativität der Multiplikation verfahren wir im Hinblick auf die Klammerung von Ausdrücken analog zur Addition. In den folgenden Beweisen erwähnen wir auch die Assoziativität der Multiplikation nicht mehr. Die algebraische Struktur $(\mathbb{N}, 1, \cdot)$ ist sogar ein kommutatives Monoid, was wir für die intuitiven natürlichen Zahlen schon kennen. Diese Eigenschaft wird in dem folgenden Satz 12.3.8 formal gezeigt. Im Beweis verwenden wir die oben gezeigte Gleichung $\mathrm{nf}(m) = m + 1$, da sie die Anwendung der Distributivgesetze erlaubt.

12.3.8 Satz: Eigenschaften der Multiplikation II

Die Multiplikations-Funktion $\cdot : \mathbb{N} \times \mathbb{N} \to \mathbb{N}$ ist kommutativ.

Beweis: Wir definieren die Aussage $A(m)$ durch die folgende Formel und beweisen dann durch Induktion, dass $A(m)$ für alle $m \in \mathbb{N}$ gilt:

$$\forall n \in \mathbb{N} : mn = nm$$

Induktionsbeginn: Zum Nachweis von $A(0)$ sei $n \in \mathbb{N}$ gegeben. Dann gilt:

$$0 \cdot n = 0 = n \cdot 0$$

Dabei verwendet der erste Schritt die Eigenschaft (IB) von Definition 12.3.5. Die im zweiten Schritt verwendete Gleichung $n \cdot 0 = 0$ kann sehr einfach durch Induktion bewiesen werden; dies sei der Leserin oder dem Leser überlassen.

Induktionsschluss: Es sei $m \in \mathbb{N}$ beliebig gewählt, und es gelte die Induktionhypothese $A(m)$. Zum Beweis von $A(\mathrm{nf}(m))$ sei $n \in \mathbb{N}$ gegeben. Dann zeigt die folgende Rechnung die Behauptung:

$$
\begin{aligned}
\mathrm{nf}(m) \cdot n &= (m+1)n & &\text{da } \mathrm{nf}(m) = m + 1 \\
&= mn + 1 \cdot n & &\text{Satz 12.3.6 (Rechts-Distributivität)} \\
&= mn + n \cdot 1 & &\text{Satz 12.3.7 (1 links- und rechtsneutral)} \\
&= nm + n \cdot 1 & &\text{Induktionshypothese } A(m) \\
&= n(m+1) & &\text{Satz 12.3.6 (Links-Distributivität)} \\
&= n \cdot \mathrm{nf}(m) & &\text{da } \mathrm{nf}(m) = m + 1 \qquad \Box
\end{aligned}
$$

Als Entsprechung von Satz 12.3.4 erhalten wir für die Multiplikation die folgenden zwei Eigenschaften. Da wir sie im Weiteren nicht mehr benötigen, verzichten wir auf einen Beweis des Satzes.

12.3.9 Satz: Eigenschaften der Multiplikation III

(1) Für alle $m, n \in \mathbb{N}$ gilt: Aus $mn = 1$ folgen $m = 1$ und $n = 1$.

(2) Für alle $k, m, n \in \mathbb{N}$ gilt: Aus $km = kn$ und $k \neq 0$ folgt $m = n$.

Aufbauend auf die Addition und die Multiplikation kann man nun weitere bekannte Operationen einführen, etwa die Potenzierung, wie bei den Monoiden in Abschnitt 11.1 geschehen. Wir wollen dies aber nicht vertiefen, sondern wenden uns nun der Einführung der „üblichen" Ordnung auf den natürlichen Zahlen zu. Wie wir an der Festlegung des ganzzahligen Anteils des dualen Logarithmus in Abschnitt 1.5 gesehen haben, eröffnet diese weitere Möglichkeiten, Funktionen zu definieren.

12.4 Die Standard-Ordnungsrelation der natürlichen Zahlen

Auf der Menge der natürlichen Zahlen existieren unendlich viele Ordnungsrelationen, unter ihnen etwa die identische Relation, die Teilbarkeitsrelation und die Ordnungsrelation, welche zur gewohnten Anordnung (oft auch Kette genannt) $0 < 1 < 2 < \ldots$ führt. Diese letzte Relation, oft Standard-Ordnung der natürlichen Zahlen genannt, wollen wir nun formal definieren. Aufbauend auf dies wollen wir auch einige fundamentale Eigenschaften zeigen, die wir im Laufe des Texts intuitiv immer wieder verwendet haben. Bei der formalen Definition verwenden wir dabei exakt die in Beispiel 1.4.5 gegebene Beschreibung und legen die Relation $\leq$ auf der Trägermenge der Peano-Struktur $(\mathbb{N}, 0, \mathit{nf})$ also fest, indem wir die Additions-Funktion von Definition 12.3.1 benutzen und mit ihrer Hilfe für alle $m, n \in \mathbb{N}$ definieren:

$$\text{(ORD)} \quad m \leq n \; :\Longleftrightarrow \; \exists\, z \in \mathbb{N} : m + z = n$$

Dann erhalten wir ziemlich schnell das folgende erste Resultat, welches zeigt, dass mittels (ORD) tatsächlich eine Ordnungsrelation definiert wird.

12.4.1 Satz: Ordnungs-Eigenschaft

Das Paar $(\mathbb{N}, \leq)$ ist eine geordnete Menge.

Beweis: Es ist $\mathbb{N}$ eine nichtleere Menge. Damit haben wir noch die drei Eigenschaften einer Ordnungsrelation zu überprüfen.

Reflexivität: Für alle $m \in \mathbb{N}$ gilt, aufgrund der Definition (ORD) und der Rechtsneutralität $m + 0 = m$, dass

$$m \leq m \; \Longleftrightarrow \; \exists\, z \in \mathbb{N} : m + z = m \; \Longleftarrow \; m + 0 = m \; \Longleftrightarrow \; \textbf{wahr}.$$

Transitivität: Für alle $k, m, n \in \mathbb{N}$ erhalten wir:

$$
\begin{aligned}
k \leq m \wedge m \leq n \; &\Longleftrightarrow \; (\exists\, z_1 \in \mathbb{N} : k + z_1 = m) \wedge (\exists\, z_2 \in \mathbb{N} : m + z_2 = n) && \text{wegen (ORD)} \\
&\Longrightarrow \; \exists\, z \in \mathbb{N} : k + z = n && \text{siehe unten} \\
&\Longleftrightarrow \; k \leq n && \text{wegen (ORD)}
\end{aligned}
$$

Denn existieren $z_1, z_2 \in \mathbb{N}$ mit $k + z_1 = m$ und $m + z_2 = n$, so folgt für diese die Gleichung $k + z_1 + z_2 = m + z_2 = n$. Somit gibt es $z \in \mathbb{N}$, nämlich $z := z_1 + z_2$, mit $k + z = n$.

Antisymmetrie: Für alle $m, n \in \mathbb{N}$ gilt:

$$m \le n \wedge n \le m \iff (\exists z_1 \in \mathbb{N} : m + z_1 = n) \wedge (\exists z_2 \in \mathbb{N} : n + z_2 = m) \quad \text{wegen (ORD)}$$
$$\implies m = n \qquad\qquad\qquad\qquad\qquad\qquad\qquad\qquad \text{siehe unten}$$

Denn gibt es $z_1, z_2 \in \mathbb{N}$ mit $m + z_1 = n$ und $n + z_2 = m$, so gilt $m + z_1 + z_2 = n + z_2 = m$. Mit Hilfe der Kommutativität der Addition und der Linksneutralität von 0 folgt daraus $z_1 + z_2 + m = 0 + m$. Satz 12.3.4 (2) (die Kürzungsregel) liefert $z_1 + z_2 = 0$ und Satz 12.3.4 (1) zeigt $z_1 = z_2 = 0$, was mit der Rechtsneutralität von 0 und $m + z_1 = n$ die Korrektheit des letzten Schritts impliziert. $\qquad\qquad\qquad\qquad\qquad\qquad\qquad\qquad\qquad\qquad\qquad$ $\square$

Für alle $n \in \mathbb{N}$ gilt $0 + n = n$, was nach der Definition (ORD) die Beziehung $0 \le n$ bedeutet. Also ist 0 das kleinste Element der Menge $\mathbb{N}$ in der geordneten Menge $(\mathbb{N}, \le)$. Weiterhin gilt $m + 1 = m + 1$ für alle $m \in \mathbb{N}$, was $m \le m + 1 = nf(m)$ bringt. Nachfolgend beweisen wir noch einige weitere Eigenschaften der geordneten Menge $(\mathbb{N}, \le)$. Eine informelle Aufschreibung der Standard-Ordnung geschieht oft in der Form $0 < 1 < 2 < 3 < \ldots$, wobei $<$ der strikte Anteil von $\le$ im Sinne von Definition 7.2.3 ist. Diese Notation soll auch aufzeigen, dass die Standard-Ordnung linear ist, also je zwei Elemente immer vergleichbar sind. Der Beweis des entsprechenden nachfolgenden Satzes verwendet erstmals Induktion in Verbindung mit der Standard-Ordnung.

12.4.2 Satz: Eigenschaften der Ordnung I

Das Paar $(\mathbb{N}, \le)$ ist eine linear geordnete Menge.

Beweis: Wir definieren die Aussage $A(m)$ durch die Formel

$$\forall n \in \mathbb{N} : m \le n \vee n \le m$$

und beweisen durch Induktion, dass $A(m)$ für alle $m \in \mathbb{N}$ gilt. Zusammen mit Satz 12.4.1 zeigt dies die Behauptung.

Induktionsbeginn: Weil $0 \le n$ für alle $n \in \mathbb{N}$ gilt, ist $A(0)$ wahr.

Induktionsschluss: Es sei $m \in \mathbb{N}$ beliebig gewählt, und es gelte die Induktionshypothese $A(m)$. Zum Beweis von $A(nf(m))$ sei $n \in \mathbb{N}$ gegeben. Wegen der Induktionshypothese $A(m)$ gilt $m \le n$ oder $n \le m$. Wir unterscheiden zwei Fälle:

(a) Es sei $n \le m$ wahr. Dann gilt auch $n \le m \le nf(m)$, und damit $nf(m) \le n$ oder $n \le nf(m)$.

(b) Es sei $m \le n$ wahr. In diesem Fall existiert nach (ORD) ein $z \in \mathbb{N}$ mit $m + z = n$. Nun betrachten wir zwei Unterfälle: Gilt $z = 0$, so folgt daraus $m = n$ wegen der Rechtsneutralität von 0, also $m + 1 = n + 1$. Wegen (ORD) erhalten wir daraus die Beziehung $n \le m + 1 = nf(m)$. Gilt hingegen $z \ne 0$, so existiert aufgrund von Satz 12.1.2 ein $x \in \mathbb{N}$ mit $z = nf(x)$. Dies impliziert

$$n = m + z = m + nf(x) = m + x + 1 = m + 1 + x = nf(m) + x$$

und (ORD) zeigt $nf(m) \le n$. Also gilt wieder $nf(m) \le n$ oder $n \le nf(m)$. $\qquad$ $\square$

In Rechnungen mit der Ordnung auf den natürlichen Zahlen sind die folgenden Eigenschaften unverzichtbare Hilfsmittel, wenn man an Abschätzungen interessiert ist. Die erste Eigenschaft wird Monotonie der Funktion nf genannt. Die zweite Eigenschaft nennt man Monotonie der Addition im zweiten Argument und die dritte Eigenschaft nennt man entsprechend Monotonie der Multiplikation im zweiten Argument. Weil die beiden letztgenannten Operationen kommutativ sind, sind sie auch beide monoton im ersten Argument. Wegen $nf(n) = 1 + n$ ist die erste Eigenschaft ein Spezialfall der zweiten Eigenschaft; sie wird aber in deren Beweis gebraucht.

12.4.3 Satz: Eigenschaften der Ordnung II

(1) Für alle $m, n \in \mathbb{N}$ gilt: Aus $m \leq n$ folgt $nf(m) \leq nf(n)$.

(2) Für alle $k, m, n \in \mathbb{N}$ gilt: Aus $m \leq n$ folgt $k + m \leq k + n$.

(3) Für alle $k, m, n \in \mathbb{N}$ gilt: Aus $m \leq n$ folgt $km \leq kn$.

Beweis: (1) Es sei $m \leq n$. Wegen (ORD) existiert dann $z \in \mathbb{N}$ mit $m + z = n$. Dies bringt $nf(m) \leq nf(n)$ aufgrund der folgenden Gleichung und der Festlegung (ORD):

$$nf(m) + z = m + 1 + z = m + z + 1 = n + 1 = nf(n)$$

(2) Wir definieren mittels der Formel

$$\forall m, n \in \mathbb{N} : m \leq n \Rightarrow k + m \leq k + n$$

eine Aussage $A(k)$ und beweisen durch Induktion, dass $A(k)$ für alle $k \in \mathbb{N}$ gilt.

Induktionsbeginn: Wegen der Linksneutralität von 0 gilt $A(0)$.

Induktionsschluss: Es sei $k \in \mathbb{N}$ beliebig gewählt, und es gelte die Induktionshypothese $A(k)$. Zum Beweis von $A(nf(k))$ seien $m, n \in \mathbb{N}$ gegeben und es sei $m \leq n$ wahr. Wegen der Induktionshypothese $A(k)$ folgt daraus $k + m \leq k + n$. Daraus erhalten wir mit Hilfe von Eigenschaft (IS) von Definition 12.3.1 und der Monotonie der Funktion nf, also (1), die zu zeigende Eigenschaft durch

$$nf(k) + m = nf(k + m) \leq nf(k + n) = nf(k) + n.$$

(3) Diese Eigenschaft kann man auf eine Art und Weise beweisen, die dem Beweis von Eigenschaft (2) sehr ähnlich ist. □

Es kann gezeigt werden, dass in den Punkten (1) bis (3) von Satz 12.4.3 bei allen angegebenen Implikationen (bis auf einen Spezialfall) auch die umgekehrte Richtung gilt, sie sich also wie folgt verallgemeinern (was z.B. wichtig beim Lösen von Ungleichungen ist):

(1) Für alle $m, n \in \mathbb{N}$ sind $m \leq n$ und $nf(m) \leq nf(n)$ äquivalent.

(2) Für alle $k, m, n \in \mathbb{N}$ sind $m \leq n$ und $k + m \leq k + n$ äquivalent.

(3) Für alle $k, m, n \in \mathbb{N}$ mit $k \neq 0$ sind $m \leq n$ und $km \leq kn$ äquivalent.

Zum Beweis der noch fehlenden Richtung „$\Longleftarrow$" von (1) sei $nf(m) \leq nf(n)$ angenommen. Wegen (ORD) gibt es dann ein $z \in \mathbb{N}$ mit $nf(m) + z = nf(n)$. Für dieses z gilt $nf(m+z) = nf(n)$ nach der Eigenschaft (IS) von Definition 12.3.1, und die Injektivität der Nachfolger-Funktion nf bringt $m + z = n$. Folglich gilt $m \leq n$ aufgrund von (ORD). Die Beweise der Richtung „$\Longleftarrow$" zu (2) und (3) durch Induktion sind von ähnlicher Schwierigkeit wie die oben angegebenen Beweise.

Beim Beweis des Prinzips der vollständigen Induktion in Abschnitt 4.4, Satz 4.4.1, haben wir verwendet, dass jede nichtleere Teilmenge der Menge der natürlichen Zahlen (verwendet im intuitiven Sinne) ein kleinstes Element besitzt. Nachfolgend zeigen wir in Satz 12.4.4 auch noch diese Eigenschaft formal für die Peano-Struktur $(\mathbb{N}, 0, nf)$ und die durch (ORD) festgelegte Ordnungsrelation.

12.4.4 Satz: Eigenschaften der Ordnung III

In der linear geordneten Menge $(\mathbb{N}, \leq)$ existiert in jeder nichtleeren Teilmenge X von $\mathbb{N}$ ein kleinstes Element.

Beweis: In einem vorbereitenden Schritt definieren wir für alle $n \in \mathbb{N}$ (ähnlich zu schon früher verwendeten Schreibweisen) jeweils eine nichtleere Teilmenge $\mathbb{N}_{\leq n}$ von $\mathbb{N}$ wie folgt:

$$\mathbb{N}_{\leq n} := \{x \in \mathbb{N} \mid x \leq n\}$$

Durch Induktion zeigen wir nun, dass für alle $n \in \mathbb{N}$ die durch die folgende Formel definierte Aussage $A(n)$ wahr ist:

$$\forall X \in \mathcal{P}(\mathbb{N}_{\leq n}) \setminus \{\emptyset\} : \exists a \in X : \forall x \in X : a \leq x$$

Induktionsbeginn: Es gilt $A(0)$, weil hier $X = \{0\}$ die einzige nichtleere Teilmenge von $\mathbb{N}_{\leq 0}$ ist und diese $a := 0$ als kleinstes Element in $(\mathbb{N}, \leq)$ besitzt.

Induktionsschluss: Es sei $n \in \mathbb{N}$ beliebig gewählt, und es gelte die Induktionshypothese $A(n)$. Zum Beweis von $A(nf(n))$ sei eine Menge $X \in \mathcal{P}(\mathbb{N}_{\leq nf(n)}) \setminus \{\emptyset\}$ gegeben, also eine nichtleere Teilenge von $\mathbb{N}_{\leq n+1}$. Wir unterscheiden zwei Fälle:

(a) Es gilt $X \cap \mathbb{N}_{\leq n} = \emptyset$. Hier erhalten wir $X = \{n+1\}$, und damit besitzt X in $(\mathbb{N}, \leq)$ das kleinste Element $a := n + 1$.

(b) Es gilt $X \cap \mathbb{N}_{\leq n} \neq \emptyset$. Nach der Induktionshypothese $A(n)$ besitzt die nichtleere Teilmenge $X \cap \mathbb{N}_{\leq n}$ von $\mathbb{N}_{\leq n}$ in $(\mathbb{N}, \leq)$ ein kleinstes Element. Dieses sei mit a bezeichnet. Es gilt dann $a \in X$. Um zu zeigen, dass a auch das kleinste Element von X ist, sei ein $x \in X$ beliebig gewählt. Im Fall $x \in X \cap \mathbb{N}_{\leq n}$ gilt $a \leq x$. Wenn hingegen $x \notin X \cap \mathbb{N}_{\leq n}$ gilt, so folgt daraus $x \notin \mathbb{N}_{\leq n}$. Da $(\mathbb{N}, \leq)$ linear geordnet ist, impliziert dies $n + 1 \leq x$. Wegen $a \in X \cap \mathbb{N}_{\leq n}$ gilt $a \leq n$ und die Abschätzung $a \leq n \leq n + 1 \leq x$ beendet den Beweis dieses Falls.

Nun können wir die eigentliche Aussage zeigen. Dazu sei X irgendeine nichtleere Teilmenge von $\mathbb{N}$. Dann gibt es ein $n \in \mathbb{N}$ mit $n \in X$. Aufgrund der Hilfsaussage besitzt die nichtleere Teilmenge $X \cap \mathbb{N}_{\leq n}$ von $\mathbb{N}_{\leq n}$ in der geordneten Menge $(\mathbb{N}, \leq)$ ein kleinstes Element. Von diesem Element kann analog zu oben gezeigt werden, dass es auch das kleinste Element von X in $(\mathbb{N}, \leq)$ ist. $\qquad\qquad\qquad\qquad\qquad\qquad\qquad\qquad\qquad\qquad\qquad\qquad\qquad$ $\square$

Aus der Forderungen (3) von Definition 12.1.1 (bzw. mit Hilfe des dazu äquivalenten Prinzips der Induktion für Peano-Strukturen) konnten wir also beweisen, dass in der aus der Peano-Struktur $(\mathbb{N}, 0, nf)$ konstruierten geordneten Menge $(\mathbb{N} \leq)$ jede nichtleere Teilmenge X von $\mathbb{N}$ ein kleinstes Element besitzt. Genau diese Eigenschaft haben wir verwendet, um in Abschnitt 4.4 das Prinzip der vollständigen Induktion zu beweisen. Als eine Folgerung kann man bei der Definition von Peano-Strukturen (N, a, nf) die Forderung (3) durch die folgende Forderung ersetzen: Es existiert auf N eine Ordnung, so dass a das kleinste Element von N ist, die Nachfolger-Funktion monoton ist und jede nichtleere Teilmenge X von N ein kleinstes Element besitzt.

Wir haben in früheren Kapiteln auch verwendet, dass in der linear geordneten Menge $(\mathbb{N}, \leq)$ jede nichtleere, endliche Teilmenge X von $\mathbb{N}$ ein größtes Element besitzt. Der Beweis dieser Aussage hängt davon ab, wie man die Endlichkeit einer Menge definiert. Bei unserem naiven Ansatz von Abschnitt 1.3 ist X eine nichtleere und endliche Teilmenge von $\mathbb{N}$, falls es $k \in \mathbb{N} \setminus \{0\}$ und $a_0, \ldots, a_{k-1} \in \mathbb{N}$ mit $X = \{a_0, \ldots, a_{k-1}\}$ gibt. Nach dem Rekursionssatz von Dedekind gibt es genau eine Funktion $f : \mathbb{N} \to \mathbb{N}$, welche die folgenden beiden Eigenschaften erfüllt:

$$f(0) = a_0 \qquad \forall n \in N : f(nf(n)) = \begin{cases} a_{nf(n)} & \text{falls } f(n) \leq a_{nf(n)} \land nf(n) \leq k-1 \\ f(n) & \text{sonst} \end{cases}$$

Durch Induktion kann man für alle $n \in \mathbb{N}$ zeigen, dass aus $n \leq k-1$ folgt, dass $f(n)$ das größte Element von $\{a_0, \ldots, a_n\}$ in der geordneten Menge $(\mathbb{N}, \leq)$ ist. Folglich ist $f(k-1)$ das gewünschte größte Element von X.

Wegen dieser Eigenschaft kann man nun die Subtraktion von natürlichen Zahlen $m, n \in \mathbb{N}$ mit $m \leq n$ definieren durch

$$n - m := \max\{z \in \mathbb{N} \mid m + z \leq n\}.$$

Dabei hat $\max X$ die bisher immer verwendete Bedeutung, bezeichnet also das größte Element einer nichtleeren und endlichen Menge X von natürlichen Zahlen in der geordneten Menge $(\mathbb{N}, \leq)$. Das durch die obige Subtraktion eingeführte Objekt $n - m$ existiert und ist eindeutig bestimmt, denn es gilt $0 \in \{z \in \mathbb{N} \mid m + z \leq n\}$ wegen $m \leq n$ und der Rechtsneutralität von 0, die Menge $\{z \in \mathbb{N} \mid m + z \leq n\}$ ist auch endlich und somit besitzt sie genau ein größtes Element.

Die Standard-Ordnung auf den intuitiven natürlichen Zahlen führt zur aufsteigenden Kette $0 \leq 1 \leq 2 \leq 3 \leq \ldots$; dieser Kette entspricht bei der Peano-Struktur $(\mathbb{N}, 0, nf)$ mit der durch (ORD) festgelegten Ordnungsrelation die aufsteigende Kette

$$0 \leq nf(0) \leq nf(nf(0)) \leq nf(nf(nf(0))) \leq \ldots$$

der iterierten Nachfolger der Null. Bei den Übungsaufgaben zu diesem Kapitel ist in Aufgabe 12.6.4 zu zeigen, dass für alle Peano-Strukturen (N, a, nf) und alle $x \in N$ die Ungleichung $nf(x) \neq x$ gilt, so dass die eben angegebene Kette zur Kette

$$0 < nf(0) < nf(nf(0)) < nf(nf(nf(0))) < \ldots$$

wird, was $0 < 1 < 2 < 3 < \ldots$ bei den intuitiven natürlichen Zahlen entspricht. Der folgende Satz zeigt, dass diese Entsprechungen korrekt sind. In ihm bezeichnet, wie schon oben, das Symbol $<$ den strikte Anteil der durch (ORD) festgelegten Ordnungsrelation $\leq$. Der etwas umfangreiche Beweis des zweiten Teils des Satzes ist der Tatsache geschuldet, dass wir zuerst zwei Hilfsaussagen beweisen, welche bei den intuitiven natürlichen Zahlen ohne weiteres Hinterfragen verwendet werden, bei dem formalen Ansatz dieses Kapitels aber natürlich zu verifizieren sind.

12.4.5 Satz: Eigenschaften der Ordnung IV

Für die linear geordnete Menge $(\mathbb{N}, \leq)$ gelten die folgenden Eigenschaften:

(1) Für alle $n \in \mathbb{N}$ gilt $n \leq nf(n)$.

(2) Für alle $n \in \mathbb{N}$ gilt: Es gibt kein $x \in \mathbb{N}$ mit $n < x < nf(n)$.

Beweis: (1) Diese Eigenschaft haben wir bereits im Absatz nach Satz 12.4.1 gezeigt.

(2) Zur Vorbereitung beweisen wir als erste Hilfsaussage, dass für alle $k, m \in \mathbb{N}$ die folgende logische implikation gilt:

$$nf(k) \leq nf(m) \implies k \leq m$$

Dazu gelte $nf(k) \leq nf(m)$. Also gibt es aufgrund der Festlegung (ORD) ein $z \in \mathbb{N}$ mit $nf(k) + z = nf(m)$. Die Definition der Addition zeigt

$$nf(k + z) = nf(k) + z = nf(m).$$

Da die Nachfolger-Funktion nf nach dem zweiten Axiom für Peano-Strukturen injektiv ist, folgt daraus $k + z = m$, also $k \leq m$ nach der Festlegung (ORD).

Als eine weitere Hilfsaussage beweisen wir für alla $k \in \mathbb{N}$ die folgende logische Implikation:

$$k \neq 0 \implies 1 \leq k$$

Es gelte also $k \neq 0$. Weil $(\mathbb{N}, \leq)$ eine linear geordnete Menge ist, gilt $1 \leq k$ oder $k \leq 1$. Im Fall $1 \leq k$ ist nichts zu beweisen. Deshalb setzen wir für das Weitere $k \leq 1$ voraus. Wegen $k \neq 0$ existiert ein $a \in \mathbb{N}$ mit $k = nf(a)$. Damit erhalten wir

$$nf(a) = k \leq 1 = nf(0),$$

woraus $a \leq 0$ aufgrund der ersten Hilfsaussage folgt. Wir haben bereits früher gezeigt, dass 0 das kleinste Element der Menge $\mathbb{N}$ in der geordneten Menge $(\mathbb{N}, \leq)$ ist. Also gilt $a = 0$, was $k = nf(0) = 1$ impliziert. Die Reflexivität von $\leq$ zeigt nun $1 \leq k$.

Wir führen nun den eigentlichen Beweis der Behauptung (2) durch Widerspruch und nehmen an, dass es ein $x \in \mathbb{N}$ gibt mit $n < x < nf(n)$. Wegen $n < x$ (was $n \leq x$ impliziert) gibt es nach der Festlegung (ORD) ein $z_1 \in \mathbb{N}$ mit $n + z_1 = x$. Da auch $n \neq x$ gilt, folgt $z_1 \neq 0$, also $1 \leq z_1$ aufgrund der zweiten vorbereitenden Hilfsaussage. Analog gibt es aufgrund von $x < nf(n)$ ein $z_2 \in \mathbb{N}$ mit $x + z_2 = nf(n)$ und $1 \leq z_2$. Dies bringt

$$n + z_1 + z_2 = x + z_2 = nf(n) = n + 1$$

und nach der Kürzungsregel der Addition (siehe Satz 12.3.4 (2)) folgt daraus $z_1 + z_2 = 1$. Diese Gleichung, die Kommutativität der Addition und die Festlegung (ORD) implizieren $z_1 \leq 1$ und $z_2 \leq 1$, so dass wir insgesamt $z_1 = z_2 = 1$ aufgrund der Antisymmetrie von $\leq$ erhalten. Also haben wir

$$nf(1) = 1 + 1 = z_1 + z_2 = 1.$$

Wegen Aufgabe 12.6.4 ist diese Gleichung ein Widerspruch. □

In Verbindung mit der Monotonie der Funktion nf, also Satz 12.4.3 (1), erhalten wir für alle $m, n \in \mathbb{N}$ die linke der drei folgenden logischen Äquivalenzen.

$$nf(m) \leq nf(n) \iff m \leq n \qquad 0 \leq n \iff \textbf{wahr} \qquad nf(m) \leq 0 \iff \textbf{falsch}$$

Dass die restlichen logischen Äquivalenzen ebenfalls für alle $m, n \in \mathbb{N}$ gelten, folgt aus der Tatsache, dass die Null das kleinste Element von $\mathbb{N}$ bezüglich $(\mathbb{N}, \leq)$ ist, und dem ersten Axiom für Peano-Strukturen. Diese drei logischen Äquivalenzen stellen eine rekursive Definition der Standard-Ordnungsrelation $\leq$ dar, welche sich nur auf die Null und die Nachfolger-Funktion nf stützt. Mit ihnen kann man jede Ordnungsbeziehung auf $\mathbb{N}$ ausrechnen, etwa durch

$$nf(nf(0)) \leq nf(nf(nf(0))) \iff nf(0) \leq nf(nf(0)) \iff 0 \leq nf(0) \iff \textbf{wahr},$$

dass $2 \leq 3$ wahr ist, und durch

$$nf(nf(nf(0))) \leq nf(nf(0)) \iff nf(nf(0)) \leq nf(0) \iff nf(0) \leq 0 \iff \textbf{falsch},$$

dass $3 \leq 2$ falsch ist. Aus diesem Grund werden sie oft in funktionalen Programmiersprachen verwendet, um einen rekursiven Datentyp für natürliche Zahlen (im Jargon auch Peano-Zahlen genannt) mit einer Ordnung zu versehen, die der Standard-Ordnung auf den natürlichen Zahlen entspricht.

In der linear geordneten Menge $(\mathbb{N}, \leq)$ gibt es aufgrund des zweiten Teils des eben bewiesenen Satzes zu beliebigen zwei Elementen $m, n \in \mathbb{N}$ mit $m < n$ nur endlich viele Elemente $c_1, \dots, c_k \in \mathbb{N}$, so dass $m < c_1$, $c_k < n$ und $c_i < c_{i+1}$ für alle $i \in \{1, \dots, k-1\}$. Geordnete Mengen mit der Eigenschaft, dass zwischen zwei Elementen keine unendlichen Ketten existieren, nennt man auch **diskret geordnet**. Es ist also $(\mathbb{N}, \leq)$ eine diskret geordnete Menge. Die geordnete Menge $(\mathbb{R}, \leq)$ ist hingegen nicht diskret geordnet, denn zwischen 0 und 1 existiert die unendliche Kette der Stammbrüche $(\frac{1}{n+1})_{n \in \mathbb{N}}$.

Wir beenden die formale Einführung der natürlichen Zahlen mit einigen Bemerkungen zu einer Frage zum Kardinalitätsvergleich von Mengen, die wir in Abschnitt 6.2 kurz betrachtet haben. Geordnete Mengen, in denen jede nichtleere Teilmenge ein kleinstes Element besitzt, nennt man **wohlgeordnet**. Wegen Satz 12.4.4 ist $(\mathbb{N}, \leq)$ eine wohlgeordnete Menge. Der Hauptsatz über wohlgeordnete Mengen besagt, dass solche Mengen immer hinsichtlich ihrer Kardinalitäten vergleichbar sind, also $|M_1| \leq |M_2|$ oder $|M_2| \leq |M_1|$ für alle wohlgeordneten Mengen $(M_1, \sqsubseteq_1)$ und $(M_2, \sqsubseteq_2)$ gilt. Also wären alle Mengen hinsichtlich ihrer Kardinalitäten vergleichbar, wenn alle nichtleeren Mengen wohlgeordnet werden könnten. Zum Beweis des Hauptsatzes über wohlgeordnete Mengen braucht man das Auswahlaxiom nicht. Jetzt sieht man, wo der in Abschnitt 6.1 erwähnte Zermelosche

Wohlordnungssatz (der besagt, dass jede nichtleere Menge M zu einer wohlgeordneten Menge $(M, \sqsubseteq)$ gemacht werden kann) in's Spiel kommt, für dessen Beweis Zermelo das Auswahlaxiom einführte.

12.5 Zur Definition der restlichen Zahlenbereiche

In diesem Kapitel haben wir bisher gezeigt, wie man die natürlichen Zahlen (mit den wichtigsten Konstanten und Operationen und der Ordnungsrelation) formal einführen kann, und in Abschnitt 11.5 haben wir gezeigt, wie man die komplexen Zahlen als Körper formal definieren kann, wenn man die reellen Zahlen als gegeben voraussetzt. Zur formalen Einführung der in Definition 1.1.8 in informeller Weise eingeführten Zahlenmengen von $\mathbb{N}$ bis $\mathbb{R}$ und von $\mathbb{C}$ – den fünf wichtigsten Zahlenbereichen der Mathematik – fehlen also nur noch drei Schritte, nämlich die Konstruktion der ganzen Zahlen aus den natürlichen Zahlen, die Konstruktion der rationalen Zahlen aus den ganzen Zahlen und die Konstruktion der reellen Zahlen aus den rationalen Zahlen.

Eine formale Konstruktion des Rings der ganzen Zahlen, welche auf die natürlichen Zahlen aufbaut (genauer: auf das kommutative Monoid $(\mathbb{N}, 0, +)$, die linear geordnete Menge $(\mathbb{N}, \leq)$ und die partielle Subtraktion auf der Menge $\mathbb{N}$), ist der Inhalt von Aufgabe 12.6.10. Die dort zu definierende algebraische Struktur $(\mathbb{Z}, 0, 1, \oplus, \odot, \ominus)$ des Typs $(0, 0, 2, 2, 1)$, von der zu zeigen ist, dass sie einen kommutativen Ring bildet, entspricht genau dem Ring $(\mathbb{Z}, 0, 1, +, \cdot, -)$ der (intuitiven) ganzen Zahlen, wenn man statt $\mathbb{Z}, 0, 1, \oplus, \odot$ und $\ominus$ die gebräuchlichen Bezeichnungen $\mathbb{Z}, 0, 1, +, \cdot$ und $-$ nimmt.

Die noch fehlende lineare Ordnungsrelation $\leq$ auf der Menge $\mathbb{Z}$ bekommt man sehr ähnlich wie im Fall der linear geordneten Menge $(\mathbb{N}, \leq)$, indem man für alle $x, y \in \mathbb{Z}$ festlegt:

$$x \leq y \quad :\longleftrightarrow \quad \exists z \in \mathbb{N} : x + z = y$$

Zur formalen Einführung des angeordneten Körpers der rationalen Zahlen setzen wir den kommutativen Ring $(\mathbb{Z}, 0, 1, +, \cdot, -)$ und die linear geordnete Menge $(\mathbb{Z}, \leq)$ voraus. Wenn man die in Definition 1.1.8 gegebene informelle Einführung mit Hilfe einer Zermelo-Mengenkomprehension formuliert, so bekommt man

$$\mathbb{Q} := \{\frac{x}{y} \mid x \in \mathbb{Z} \wedge y \in \mathbb{Z} \setminus \{0\}\}.$$

Diese definierende Gleichung kann auch zur formalen Konstruktion der Menge $\mathbb{Q}$ der rationalen Zahlen verwendet werden. Allerdings darf dann der Ausdruck $\frac{x}{y}$ nicht als Division der ganzen Zahl x durch die ganze Zahl y interpretiert werden. Eine Divisionsoperation, die in der Menge $\mathbb{Q}$ endet, setzt nämlich die Menge $\mathbb{Q}$ als gegeben voraus. Dies ist aber oben nicht der Fall, da durch die Gleichung diese Menge ja gerade definiert werden soll. Die obige definierende Gleichung führt jedoch in einer korrekten Weise zur Menge der rationalen Zahlen, wenn man $\frac{x}{y}$ für alle $x \in \mathbb{Z}$ und $y \in \mathbb{Z} \setminus \{0\}$ als eine spezielle Bezeichnung der Äquivalenzklasse $[(x, y)]_\equiv$ auffaßt, wobei die Äquivalenzrelation $\equiv$ auf der Menge $\mathbb{Z} \times (\mathbb{Z} \setminus \{0\})$ für alle $a, b \in \mathbb{Z}$ und $c, d \in \mathbb{Z} \setminus \{0\}$ wie folgt definiert ist:

$$(a, c) \equiv (b, d) \quad :\Longleftrightarrow \quad a \cdot d = b \cdot c$$

Damit wird die definierende Gleichung zu $\mathbb{Q} := (\mathbb{Z} \times (\mathbb{Z} \setminus \{0\}))/\equiv$. Man beachte, dass in der Festlegung der Äquivalenzrelation $\equiv$ die Multiplikation und der Gleichheitstest auf den ganzen Zahlen verwendet werden. Die gewohnte (wahre) Gleichung $\frac{10}{5} = \frac{20}{10}$ entspricht beispielsweise der Gleichung $[(10,5)]_\equiv = [(20,10)]_\equiv$ zwischen Äquivalenzklassen, welche äquivalent zu $(10,5) \equiv (20,10)$ ist, also zur (auch wahren) Gleichung $10 \cdot 10 = 5 \cdot 20$.

Die Additions- und Multiplikations-Funktion auf der Menge $\mathbb{Q}$ werden wie von der Schule her bekannt eingeführt, also durch

$$\frac{x}{y} \oplus \frac{u}{v} = \frac{x \cdot v + u \cdot y}{y \cdot v} \qquad \frac{x}{y} \odot \frac{u}{v} = \frac{x \cdot u}{y \cdot v}$$

für alle $x, u \in \mathbb{Z}$ und $y, v \in \mathbb{Z} \setminus \{0\}$, wobei in den rechten Seiten ganze Zahlen addiert und multipliziert werden. Unter Verwendung der üblichen Schreibweise für Äquivalenzklassen wird die linke Gleichung zu $[(x,y)]_\equiv \oplus [(u,v)]_\equiv = [(x \cdot v + u \cdot y, y \cdot v)]_\equiv$ und die rechte Gleichung zu $[(x,y)]_\equiv \odot [(u,v)]_\equiv = [(x \cdot u, y \cdot v)]_\equiv$. Es ist natürlich zu beweisen, dass die Definition der Addition und der Multiplikation unabhängig von den gewählten Vertretern der Äquivalenzklassen ist. Diese Bemerkung trifft auch auf alle weiteren Operationen dieses Abschnitts zu, die auf Äquivalenzklassen definiert werden.

Durch die eben definierte Additions- und Multiplikations-Funktion auf der Menge $\mathbb{Q}$ entsteht ein kommutativer Ring $(\mathbb{Q}, \frac{0}{1}, \frac{1}{1}, \oplus, \odot, \ominus)$, wenn man die Inversenbildung hinsichtlich der Additions-Funktion durch die Gleichung

$$\ominus \frac{x}{y} = \frac{-x}{y}$$

für alle $x \in \mathbb{Z}$ und $y \in \mathbb{Z} \setminus \{0\}$ definiert, mit $-x$ als das zu x inverse Element in der additiven Gruppe der ganzen Zahlen. Der Ring $(\mathbb{Q}, \frac{0}{1}, \frac{1}{1}, \oplus, \odot, \ominus)$ ist sogar ein Körper, denn für alle $\frac{x}{y} \in \mathbb{Q}$ mit $\frac{x}{y} \neq \frac{0}{1}$ gilt $\frac{x}{y} \odot \frac{y}{x} = \frac{x \cdot y}{y \cdot x} = \frac{1}{1}$, da die beiden Paare $(x \cdot y, y \cdot x)$ und $(1,1)$ offensichtlich äquivalent sind.

Auch die lineare Ordnungsrelation auf den rationalen Zahlen kennt man von der Schule her, denn man definiert

$$\frac{x}{y} \sqsubseteq \frac{u}{v} :\Longleftrightarrow x \cdot v \leq y \cdot u$$

für alle $x, u \in \mathbb{Z}$ und $y, v \in \mathbb{Z} \setminus \{0\}$, wobei in der rechten Seite ganze Zahlen multipliziert und verglichen werden. Insgesamt entsteht ein angeordneten Körper $(\mathbb{Q}, \frac{0}{1}, \frac{1}{1}, \oplus, \odot, \ominus, \sqsubseteq)$. Dieser ist jedoch nicht ordnungsvollständig. Beispielsweise besitzt die nichtleere und nach oben beschränkte Teilmenge $\{x \in \mathbb{Q} \mid x \odot x \sqsubseteq \frac{2}{1}\}$ von $\mathbb{Q}$ kein Supremum.

Man schreibt $\frac{x}{y} + \frac{u}{v}$ statt $\frac{x}{y} \oplus \frac{u}{v}$, $\frac{x}{y} \cdot \frac{u}{v}$ statt $\frac{x}{y} \odot \frac{u}{v}$ und $\frac{x}{y} \leq \frac{u}{v}$ statt $\frac{x}{y} \sqsubseteq \frac{u}{v}$ und verwendet auch sonst die üblichen Bezeichnungen, etwa Potenz-Schreibweisen. Die injektive Einbettung der ganzen Zahlen in die rationalen Zahlen erfolgt schließlich durch die Abbildung von $x \in \mathbb{Z}$ nach $\frac{x}{1} \in \mathbb{Q}$. In der mathematischen Praxis entspricht dies der Identifizierung von x und $\frac{x}{1}$ und der Auffassung von $\mathbb{Z}$ als Teilmenge von $\mathbb{Q}$. Aus der Identifizierung folgt insbesondere $0 = \frac{0}{1} = \frac{0}{y}$ für alle $y \in \mathbb{Z} \setminus \{0\}$, denn die beiden Paare $(0,1)$ und $(0,y)$ sind offensichtlich äquivalent. Die eben definierte nach oben beschränkte Teilmenge von $\mathbb{Q}$ ohne ein Supremum wird als $\{x \in \mathbb{Q} \mid x^2 \leq 2\}$ notiert.

Es gibt mehrere Möglichkeiten, aus dem angeordneten Körper $(\mathbb{Q}, 0, 1, +, \cdot, -, \leq)$ der rationalen Zahlen den ordnungsvollständigen angeordneten Körper $(\mathbb{R}, 0, 1, +, \cdot, -, \leq)$ der reellen Zahlen zu konstruieren. Wir skizzieren im Folgenden die **Methoder der Intervallschachtelung**. Eine Intervallschachtelung ist eine Folge $(u_n, o_n)_{n \in \mathbb{N}}$ von Paaren rationaler Zahlen u_n und o_n, so dass $u_n \leq u_{n+1}$ und $o_n \geq o_{n+1}$ für alle $n \in \mathbb{N}$ gelten (also $(u_n)_{n \in \mathbb{N}}$ eine monoton steigende und $(o_n)_{n \in \mathbb{N}}$ eine monoton fallende Folge rationaler Zahlen ist) und die Folge $(o_n - u_n)_{n \in \mathbb{N}}$ von Differenzen eine Nullfolge im Sinne der Beispiele 4.3.6 ist (natürlich mit $\varepsilon \in \mathbb{Q}_{>0}$). Etwa ist $(\frac{-1}{n+1}, \frac{1}{n+1})_{n \in \mathbb{N}}$ eine Intervallschachtelung. Auch $(0, 0)_{n \in \mathbb{N}}$ ist eine Intervallschachtelung, wobei jedes Folgenglied $(0, 0)$ ist. Intervallschachtelungen kann man als immer genauere Approximation reeller Zahlen von unten und von oben durch rationale Zahlen interpretieren. Beispielsweise ergibt $(u_n, o_n)_{n \in \mathbb{N}}$ mit den ersten 7 Gliedern 3, 3.1, 3.14, 3.141, 3.1415, 3.14159, 3.141592 von $(u_n)_{n \in \mathbb{N}}$ und den ersten 7 Gliedern 4, 3.2, 3.15, 3.142, 3.1416, 3.14160, 3.141593 von $(o_n)_{n \in \mathbb{N}}$ nach diesen 7 Gliedern die Approximation $3.141592 \leq \pi \leq 3.141593$ der Kreiszahl π mit einer Genauigkeit von 6 Stellen nach dem Dezimalpunkt.

Auf der Menge $\mathcal{IS}$ aller Intervallschachtelungen wird eine Äquivalenzrelation $\equiv$ definiert, indem man für alle $(u_n, o_n)_{n \in \mathbb{N}} \in \mathcal{IS}$ und $(u'_n, o'_n)_{n \in \mathbb{N}} \in \mathcal{IS}$ festlegt:

$$(u_n, o_n)_{n \in \mathbb{N}} \equiv (u'_n, o'_n)_{n \in \mathbb{N}} \quad :\Longleftrightarrow \quad (o'_n - u_n)_{n \in \mathbb{N}} \text{ ist eine Nullfolge}$$

Die Menge der reellen Zahlen wird nun formal definiert als die Menge der Äquivalenzklassen dieser Äquivalenzrelation, d.h. durch

$$\mathbb{R} := \mathcal{IS}/\equiv \; = \{[(u_n, o_n)_{n \in \mathbb{N}}]_\equiv \mid (u_n, o_n)_{n \in \mathbb{N}} \in \mathcal{IS}\}.$$

Es seien nun $(u_n, o_n)_{n \in \mathbb{N}} \in \mathcal{IS}$ und $(u'_n, o'_n)_{n \in \mathbb{N}} \in \mathcal{IS}$ beliebig vorgegeben. Dann gilt auch $(u_n + u'_n, o_n + o'_n)_{n \in \mathbb{N}} \in \mathcal{IS}$. Damit kann man eine Additions-Funktion auf $\mathbb{R}$ durch

$$[(u_n, o_n)_{n \in \mathbb{N}}]_\equiv \oplus [(u'_n, o'_n)_{n \in \mathbb{N}}]_\equiv = [(u_n + u'_n, o_n + o'_n)_{n \in \mathbb{N}}]_\equiv$$

für alle $(u_n, o_n)_{n \in \mathbb{N}} \in \mathcal{IS}$ und $(u'_n, o'_n)_{n \in \mathbb{N}} \in \mathcal{IS}$ festlegen. Dies führt zu einer kommutativen Gruppe, in der die Äquivalenzklasse $[(0, 0)_{n \in \mathbb{N}}]_\equiv \in \mathbb{R}$ der oben erwähnten Intervallschachtelung $(0, 0)_{n \in \mathbb{N}}$ neutral bezüglich der Addition ist und $[(-o_n, -u_n)_{n \in \mathbb{N}}]_\equiv \in \mathbb{R}$ das zu $[(u_n, o_n)_{n \in \mathbb{N}}]_\equiv \in \mathbb{R}$ inverse Element bildet. Letzteres besagt, dass durch die folgende Gleichung die Inversenbildung hinsichtlich der Additions-Funktion festgelegt ist:

$$\ominus [(u_n, o_n)_{n \in \mathbb{N}}]_\equiv = [(-o_n, -u_n)_{n \in \mathbb{N}}]_\equiv$$

Um eine Multiplikations-Funktion auf $\mathbb{R}$ einzuführen, definiert man zuerst eine Intervallschachtelung als **positiv**, falls alle in ihr vorkommenden rationalen Zahlen positiv (also alle Folgenglieder aus $\mathbb{Q}_{>0} \times \mathbb{Q}_{>0}$) sind. Dann zeigt man, dass es zu allen $[(u_n, o_n)_{n \in \mathbb{N}}]_\equiv \in \mathbb{R}$ mit $[(u_n, o_n)_{n \in \mathbb{N}}]_\equiv \neq [(0, 0)_{n \in \mathbb{N}}]_\equiv$ eine positive Intervallschachtelung $(u'_n, o'_n)_{n \in \mathbb{N}}$ gibt, so dass entweder $[(u_n, o_n)_{n \in \mathbb{N}}]_\equiv = [(u'_n, o'_n)_{n \in \mathbb{N}}]_\equiv$ oder $[(u_n, o_n)_{n \in \mathbb{N}}]_\equiv = \ominus [(u'_n, o'_n)_{n \in \mathbb{N}}]_\equiv$ gilt. Reelle Zahlen der ersten Form nennt man positiv, die der zweiten Form nennt man negativ. Wegen dieses Darstellungsresultats genügt es, die Multiplikation auf reellen Zahlen der drei Formen $[(u_n, o_n)_{n \in \mathbb{N}}]_\equiv$, $\ominus [(u_n, o_n)_{n \in \mathbb{N}}]_\equiv$ und $[(0, 0)_{n \in \mathbb{N}}]_\equiv$ festzulegen, wobei in den ersten beiden Formen $(u_n, o_n)_{n \in \mathbb{N}}$ eine positive Intervallschachtelung ist. Wir betrachten zuerst die vier Möglichkeiten, bei denen beide Argumente nicht die reelle Null $[(0,0)_{n\in\mathbb{N}}]_\equiv$ sind. Im folgenden ersten Fall sind beide Argumente positive reelle Zahlen:

$$[(u_n, o_n)_{n\in\mathbb{N}}]_\equiv \odot [(u'_n, o'_n)_{n\in\mathbb{N}}]_\equiv = [(u_n \cdot u'_n, o_n \cdot o'_n)_{n\in\mathbb{N}}]_\equiv$$

Die Multiplikation von zwei negativen reellen Zahlen (zweiter Fall) wird wie folgt auf den eben erklärten ersten Fall zurückgeführt:

$$\ominus[(u_n, o_n)_{n\in\mathbb{N}}]_\equiv \odot \ominus[(u'_n, o'_n)_{n\in\mathbb{N}}]_\equiv = [(u_n, o_n)_{n\in\mathbb{N}}]_\equiv \odot [(u'_n, o'_n)_{n\in\mathbb{N}}]_\equiv$$

Diese Festlegung entspricht der bekannten Rechenregel $(-x)(-y) = xy$. Zur Definition des dritten und vierten Falls (genau ein Argument ist positiv) werden die Rechenregeln $x(-y) = -(xy)$ und $(-x)y = -(xy)$ benutzt. Dies führt zu

$$[(u_n, o_n)_{n\in\mathbb{N}}]_\equiv \odot \ominus[(u'_n, o'_n)_{n\in\mathbb{N}}]_\equiv = \ominus([(u_n, o_n)_{n\in\mathbb{N}}]_\equiv \odot [(u'_n, o'_n)_{n\in\mathbb{N}}]_\equiv)$$

beziehungsweise zu

$$\ominus[(u_n, o_n)_{n\in\mathbb{N}}]_\equiv \odot [(u'_n, o'_n)_{n\in\mathbb{N}}]_\equiv = \ominus([(u_n, o_n)_{n\in\mathbb{N}}]_\equiv \odot [(u'_n, o'_n)_{n\in\mathbb{N}}]_\equiv),$$

wobei $\ominus$ stärker bindet als $\odot$. Es bleibt noch die Multiplikation mit der reellen Null so festzulegen, dass, falls die Null eines der Argument ist, die Null auch als Resultat geliefert wird. Dies wird formalisiert durch

$$[(0,0)_{n\in\mathbb{N}}]_\equiv \odot [(u_n, o_n)_{n\in\mathbb{N}}]_\equiv = [(0,0)_{n\in\mathbb{N}}]_\equiv \odot \ominus[(u_n, o_n)_{n\in\mathbb{N}}]_\equiv = [(0,0)_{n\in\mathbb{N}}]_\equiv$$

(genau das erste Argument ist Null),

$$[(u_n, o_n)_{n\in\mathbb{N}}]_\equiv \odot [(0,0)_{n\in\mathbb{N}}]_\equiv = \ominus[(u_n, o_n)_{n\in\mathbb{N}}]_\equiv \odot [(0,0)_{n\in\mathbb{N}}]_\equiv = [(0,0)_{n\in\mathbb{N}}]_\equiv$$

(genau das zweite Argument ist Null) und

$$[(0,0)_{n\in\mathbb{N}}]_\equiv \odot [(0,0)_{n\in\mathbb{N}}]_\equiv = [(0,0)_{n\in\mathbb{N}}]_\equiv$$

(beide Argumente sind Null). Die durch die bisherigen Festlegungen erhaltene algebraische Struktur $(\mathbb{R}, [(0,0)_{n\in\mathbb{N}}]_\equiv, [(1,1)_{n\in\mathbb{N}}]_\equiv, \oplus, \odot, \ominus)$ des Typs $(0,0,2,2,1)$ bildet einen kommutativen Ring. Dieser Ring ist sogar ein Körper, denn für alle $[(u_n, o_n)_{n\in\mathbb{N}}]_\equiv \in \mathbb{R}$ ungleich der reellen Null $[(0,0)_{n\in\mathbb{N}}]_\equiv$ gilt $[(u_n, o_n)_{n\in\mathbb{N}}]_\equiv \odot [(\frac{1}{u_n}, \frac{1}{o_n})_{n\in\mathbb{N}}]_\equiv = [(1,1)_{n\in\mathbb{N}}]_\equiv$.

Um eine lineare Ordnungsrelation auf der Menge der reellen Zahlen festzulegen, beginnt man mit einer Relation $\sqsubset$ auf $\mathbb{R}$, welche für alle $[(u_n, o_n)_{n\in\mathbb{N}}]_\equiv \in \mathbb{R}$ und $[(u'_n, o'_n)_{n\in\mathbb{N}}]_\equiv \in \mathbb{R}$ definiert ist durch

$$[(u_n, o_n)_{n\in\mathbb{N}}]_\equiv \sqsubset [(u'_n, o'_n)_{n\in\mathbb{N}}]_\equiv :\Longleftrightarrow \exists \varepsilon \in \mathbb{Q}_{>0} : \forall n \in \mathbb{N} : \varepsilon \leq o'_n - u_n.$$

Diese Relation ist irreflexiv und transitiv. Weiterhin gilt $[(u_n, o_n)_{n\in\mathbb{N}}]_\equiv \sqsubset [(u'_n, o'_n)_{n\in\mathbb{N}}]_\equiv$ oder $[(u'_n, o'_n)_{n\in\mathbb{N}}]_\equiv \sqsubset [(u_n, o_n)_{n\in\mathbb{N}}]_\equiv$ oder $[(u_n, o_n)_{n\in\mathbb{N}}]_\equiv = [(u'_n, o'_n)_{n\in\mathbb{N}}]_\equiv$ für alle reellen Zahlen $[(u_n, o_n)_{n\in\mathbb{N}}]_\equiv$ und $[(u'_n, o'_n)_{n\in\mathbb{N}}]_\equiv$. Vereinigt man also die Relation $\sqsubset$ mit der identischen Relation auf der Menge $\mathbb{R}$, so entsteht eine lineare Ordnungsrelation $\sqsubseteq$ auf $\mathbb{R}$ (mit $\sqsubset$ als ihrem strikten Anteil) und die Struktur $(\mathbb{R}, [(0,0)_{n\in\mathbb{N}}]_\equiv, [(1,1)_{n\in\mathbb{N}}]_\equiv, \oplus, \odot, \ominus, \sqsubseteq)$ wird zu einem ordnungsvollständigen angeordneten Körper. Die injektive Einbettung der rationalen Zahlen in die reellen Zahlen erfolgt schließlich durch die Abbildung von $x \in \mathbb{Q}$ nach $[(x,x)_{n \in \mathbb{N}}]_{\equiv} \in \mathbb{R}$. In der mathematischen Praxis werden die Zahl x und die Äquivalenzklasse $[(x,x)_{n \in \mathbb{N}}]_{\equiv}$ identifiziert und dies führt zur Auffassung von $\mathbb{Q}$ als Teilmenge von $\mathbb{R}$. Weiterhin verwendet man die gewohnten Schreibweisen, also 0 und 1 für die Konstanten, $x + y, x \cdot y$ und $-x$ für die Operationen und $x \leq y$ für die Ordnungsbeziehung. In $(\mathbb{R}, 0, 1, +, \cdot, -, \leq)$ ist zu $x \in \mathbb{R}$ mit $x \geq 0$ die Teilmenge $\{y \in \mathbb{R} \mid y \geq 0 \wedge y^2 \leq x\}$ von $\mathbb{R}$ nichtleer und nach oben beschränkt. Also besitzt sie ein Supremum s. Es gelten $s \geq 0$ und $s^2 = x$ und s ist die einzige reelle Zahl mit diesen zwei Eigenschaften. Man bezeichnet s als Quadratwurzel von x und schreibt dafür $\sqrt{x}$.

12.6 Übungsaufgaben

12.6.1 Aufgabe

Warum bildet das Tripel $(\mathbb{Z}, 0, nachf)$ der intuitiven ganzen Zahlen mit der Nachfolger-Funktion

$$nachf \colon \mathbb{Z} \to \mathbb{Z} \qquad nachf(n) = n + 1$$

keine Peano-Struktur (mit Begründung)?

12.6.2 Aufgabe

Es sei $(\mathbb{N}, 0, nachf)$ die Peano-Struktur der intuitiven natürlichen Zahlen und $(\{|\}^*, (), nf)$ die Peano-Struktur der Strichzahlen.

(1) Beschreiben Sie einen Isomorphismus zwischen diesen beiden Peano-Strukturen umgangssprachlich.

(2) Geben Sie eine formale Definition des von Ihnen in (1) beschriebenen Isomorphismus an.

12.6.3 Aufgabe

Geben Sie einige weitere Beispiele für Peano-Strukturen an, sowie in jedem Fall einen Isomorphismus nach der Peano-Struktur $(\mathbb{N}, 0, nachf)$.

12.6.4 Aufgabe

Es sei (N, a, nf) eine Peano-Struktur. Zeigen Sie, dass die Ungleichung $nf(x) \neq x$ für alle $x \in N$ gilt.

12.6.5 Aufgabe

Zeigen Sie die im Beweis des Isomorphiesatzes von R. Dedekind nicht bewiesene Eigenschaft, dass $\Phi(\Psi(n)) = n$ für alle $n \in N_2$ gilt.

12.6.6 Aufgabe

Beweisen Sie das Rechts-Distributivgesetz (vergl. Satz 12.3.6).

12.6.7 Aufgabe

Zeigen Sie für die Peano-Struktur $(\mathbb{N}, 0, \mathit{nf})$ und alle $n \in N$ die folgende Gleichung:

$$\{x \in \mathbb{N} \mid x \leq n\} \cup \{\mathit{nf}(n)\} = \{x \in \mathbb{N} \mid x \leq \mathit{nf}(n)\}$$

12.6.8 Aufgabe

Beweisen Sie für die linear geordnete Menge $(\mathbb{N}, \leq)$ die folgenden Eigenschaft (vergl. mit den Bemerkungen nach Satz 12.4.3): Für alle $k, m, n \in \mathbb{N}$ gilt: Aus $k + m \leq k + n$ folgt $m \leq n$.

12.6.9 Aufgabe

Es sei (N, a, nf) eine Peano-Struktur. Die Funktion $f : N \to \mathcal{P}(N)$ erfülle die zwei folgenden Eigenschaften:

$$\text{(IB)} \quad f(a) = \{a\} \qquad \text{(IS)} \quad \forall n \in N : f(\mathit{nf}(n)) = f(n) \cup \{\mathit{nf}(n)\}$$

(1) Wodurch ist die eindeutige Existenz von f gegeben?

(2) Beschreiben Sie für die Peano-Struktur $(\mathbb{N}, 0, \mathit{nachf})$ der intuitiven natürlichen Zahlen umgangssprachlich, welche Menge durch $f(n)$ gegeben ist.

(3) Zeigen Sie für die Peano-Struktur $(\mathbb{N}, 0, \mathit{nf})$ und die durch (ORD) festgelegte Standard-Ordnungsrelation der natürlichen Zahlen die folgende Eigenschaft:

$$\forall m, n \in \mathbb{N} : m \leq n \Leftrightarrow f(m) \subseteq f(n)$$

(4) Ist f eine injektive Funktion (mit Begründung)?

(5) Ist f eine bijektive Funktion (mit Begründung)?

12.6.10 Aufgabe

Mit Hilfe eines speziellen Objekts n sei eine Menge Z durch $\mathsf{Z} := \mathbb{N} \cup \{\mathsf{n}\} \times \mathbb{N}_{>0}$ definiert. Aufbauend auf das kommutative Monoid $(\mathbb{N}, 0, +)$, die linear geordnete Menge $(\mathbb{N}, \leq)$ und die partielle Subtraktion auf der Menge $\mathbb{N}$ sei weiterhin eine Operation $\oplus : \mathsf{Z} \times \mathsf{Z} \to \mathsf{Z}$ durch die folgenden vier Fälle für alle $x, y \in \mathbb{N}$ und $u, v \in \mathbb{N}_{>0}$ erklärt:

$$
\begin{aligned}
x \oplus y &= x + y \\
(\mathsf{n}, u) \oplus (\mathsf{n}, v) &= (\mathsf{n}, u + v) \\
(\mathsf{n}, u) \oplus y &= \begin{cases} y - u & \text{falls } u \leq y \\ (\mathsf{n}, u - y) & \text{falls } y < u \end{cases} \\
x \oplus (\mathsf{n}, v) &= (\mathsf{n}, v) \oplus x
\end{aligned}
$$

(1) Zeigen Sie, dass die algebraische Struktur $(\mathsf{Z}, 0, \oplus)$ des Typs $(0, 2)$ ein kommutatives Monoid bildet.

(2) Ergänzen Sie die algebraische Struktur $(\mathsf{Z}, 0, \oplus)$ so zu einer algebraischen Struktur $(\mathsf{Z}, 0, 1, \oplus, \odot, \ominus)$ des Typs $(0, 0, 2, 2, 1)$, dass ein kommutativer Ring entsteht, der isomorph zum Ring $(\mathbb{Z}, 0, 1, +, \cdot, -)$ der (informellen) ganzen Zahlen ist.

13 Anhang: Lösungsvorschläge zu Übungsaufgaben

Nachfolgend werden Lösungsvorschläge zu allen Aufgaben mit Ausnahme der von Kapitel 5 und Kapitel 10 angegeben. Die Lösungsvorschläge zu den Aufgaben dieser zwei Kapitel werden vom Springer-Verlag über die Webseite springer.com zur Verfügung gestellt.

Lösungsvorschlag Aufgabe 1.6.1

Es gelten $M = \{0, 1, 2, 3\}$ und $N = \{0, 1, 4, 9, 16, 25\}$, folglich $M \cup N = \{0, 1, 2, 3, 4, 9, 16, 25\}$, $M \cap N = \{0, 1\}$ und $M \setminus N = \{2, 3\}$.

Lösungsvorschlag Aufgabe 1.6.2

Ein möglicher Ausdruck ist $M \cap (\overline{X} \cup Y)$, wobei das Komplement bezüglich M gebildet wird. Aus $x \in X$ folgt $x \in Y$ gilt nämlich genau dann, wenn $x \notin X$ oder $x \in Y$ gilt.

Lösungsvorschlag Aufgabe 1.6.3

(1) Es ergeben sich die folgenden fünf Mengen: $M_1 := \emptyset$, $M_2 := \{\emptyset\}$, $M_3 := \{\emptyset, \{\emptyset\}\}$, $M_4 := \{\emptyset, \{\emptyset\}, \{\emptyset, \{\emptyset\}\}\}$, $M_5 := \{\emptyset, \{\emptyset\}, \{\emptyset, \{\emptyset\}\}, \{\emptyset, \{\emptyset\}, \{\emptyset, \{\emptyset\}\}\}\}$.

(2) Es gelten sowohl $M_1 \subseteq M_2 \subseteq M_3 \subseteq M_4 \subseteq M_5$ als auch $M_1 \in M_2 \in M_3 \in M_4 \in M_5$.

Lösungsvorschlag Aufgabe 1.6.4

Beweis erste Inklusion: Es sei x ein beliebiges Objekt mit $x \in \bigcup \mathcal{M}$. Nach der Definition der beliebigen Vereinigung existiert $X \in \mathcal{M}$ mit $x \in X$. Wegen $X \in \mathcal{M}$ und $\mathcal{M} \subseteq \mathcal{N}$ gilt $X \in \mathcal{N}$. Also existiert $Y \in \mathcal{N}$, nämlich $Y := X$, mit $x \in Y$. Nach der Definition der beliebigen Vereinigung gilt also $x \in \bigcup \mathcal{N}$. Dies zeigt die behauptete Inklusion.

Beweis zweite Inklusion: Es sei x ein beliebiges Objekt mit $x \in \bigcap \mathcal{N}$. Nach der Definition des beliebigen Durchschnitts gilt dann $x \in X$ für alle Mengen $X \in \mathcal{N}$. Wegen $\mathcal{M} \subseteq \mathcal{N}$ gilt folglich $x \in X$ für alle Mengen $X \in \mathcal{M}$. Nach der Definition des beliebigen Durchschnitts gilt also $x \in \bigcap \mathcal{M}$. Dies zeigt die behauptete Inklusion.

Lösungsvorschlag Aufgabe 1.6.5

(1) Es definiert $T_n := \{x \in \mathbb{N} \mid x \neq 0 \text{ und es gibt } z \in \mathbb{N} \text{ mit } xz = n\}$ die Menge der positiven ganzzahligen Teiler von n.

(2) Es gilt $T_{15} = \{1, 3, 5, 15\}$.

(3) Durch $\{n \in \mathbb{N} \mid n \geq 2 \text{ und } T_n = \{1, n\}\}$ wird die Menge der Primzahlen deskriptiv angegeben.

Lösungsvorschlag Aufgabe 1.6.6

(1) Das Hasse-Diagramm findet man am Ende von Abschnitt 1.3.

© Springer Fachmedien Wiesbaden GmbH, ein Teil von Springer Nature 2021
R. Berghammer, *Mathematik für die Informatik*,
https://doi.org/10.1007/978-3-658-33304-1

(2) Definiert man $E(X)$ durch $a \in X$ und $|X| > 1$, so leistet diese Eigenschaft das Gewünschte.

(3) Für genau die Mengen $\{a, b, c\}$ und $\{a, b\}$ aus $\mathcal{N}$ gibt es eine darin enthaltene Menge Y aus $\mathcal{N}$ mit $c \notin Y$. Man kann jeweils Y als $\{a, b\}$ wählen.

Lösungsvorschlag Aufgabe 1.6.7

(1) Es gelte $X \subseteq Y$. Zum Beweis von $X \cup Z \subseteq Y \cup Z$ sei x ein beliebiges Objekt mit $x \in X \cup Z$. Wir unterscheiden zwei Fälle. Gilt $x \in X$, so gilt $x \in Y$, woraus $x \in Y \cup Z$ nach der Definition der Vereinigung folgt. Gilt $x \in Z$, so gilt direkt $x \in Y \cup Z$ nach der Definition der Vereinigung. Zum Beweis von $X \cap Z \subseteq Y \cap Z$ sei x ein beliebiges Objekt mit $x \in X \cap Z$. Nach der Definition des Durchschnitts gelten dann $x \in X$ und $x \in Z$. Aus $x \in X$ und $X \subseteq Y$ folgt $x \in Y$. Also gelten $x \in Y$ und $x \in Z$ und das bringt $x \in Y \cap Z$ nach der Definition des Durchschnitts.

(2) Wir zeigen zuerst, dass $X \subseteq Y$ und $\overline{X} \cup Y = M$ äquivalent sind. Aus $X \subseteq Y$ folgt die Inklusion $M = (M \setminus X) \cup X = \overline{X} \cup X \subseteq \overline{X} \cup Y$ mit Hilfe von $X \subseteq M$ und (1). Zum Beweis der verbleibenden Inklusion $\overline{X} \cup Y \subseteq M$ verwenden wir $\overline{X} = M \setminus X \subseteq M$ und $Y \subseteq M$ und erhalten mit Hilfe von (1) nun $\overline{X} \cup Y \subseteq M \cup M = M$. Damit ist „$X \subseteq Y$ impliziert $\overline{X} \cup Y = M$" bewiesen. Um „$\overline{X} \cup Y = M$ impliziert $X \subseteq Y$" zu zeigen, gelte $\overline{X} \cup Y = M$. Weiterhin sei $x \in X$ beliebig gewählt. Wegen $X \subseteq M$ gilt $x \in M$ und wegen $\overline{X} \cup Y = M$ gilt $x \in \overline{X}$ oder $x \in Y$. Da $x \in \overline{X}$ wegen $x \in X$ falsch ist, muss folglich $x \in Y$ gelten. Damit ist $X \subseteq Y$ bewiesen.

Die zweite Äquivalenz zeigen wir wie folgt: Es gilt $\overline{X} \cup Y = M$ genau dann, wenn $\overline{\overline{X} \cup Y} = \overline{M}$ gilt. Nach einer der Regeln von de Morgan ist die letzte Gleichung äquivalent zu $\overline{\overline{X}} \cap \overline{Y} = \overline{M}$. Es gelten weiterhin $\overline{\overline{X}} = X$ und $\overline{M} = M \setminus M = \emptyset$, so dass $\overline{\overline{X}} \cap \overline{Y} = \overline{M}$ zu $X \cap \overline{Y} = \emptyset$ äquivalent ist.

Lösungsvorschlag Aufgabe 1.6.8

Wegen $|\{\emptyset, \{\emptyset, 1\}\}| = 2$ gilt $|\mathcal{P}(\{\emptyset, \{\emptyset, 1\}\})| = 2^2 = 4$. Die explizite Darstellung von $\mathcal{P}(\{\emptyset, \{\emptyset, 1\}\})$ ist $\{\emptyset, \{\emptyset\}, \{\{\emptyset, 1\}\}, \{\emptyset, \{\emptyset, 1\}\}\}$.

Lösungsvorschlag Aufgabe 1.6.9

(1) Nach Gesetzen der Kardinalität für direkte Produkte und Potenzmengen gilt:
$$|X \times (Y \times \mathcal{P}(Z))| = |X| \cdot |Y| \cdot 2^{|Z|} = 1 \cdot 2 \cdot 2^2 = 8$$

(2) Aus $\mathcal{P}(Z) = \{\emptyset, \{\emptyset\}, \{\{\emptyset\}\}, \{\emptyset, \{\emptyset\}\}\}$ ergibt sich die folgende explizite Darstellung:
$$\begin{aligned} X \times (Y \times \mathcal{P}(Z)) = \{ &(1, (a, \emptyset)), (1, (a, \{\emptyset\})), (1, (a, \{\{\emptyset\}\})), (1, (a, \{\emptyset, \{\emptyset\}\})), \\ &(1, (b, \emptyset)), (1, (b, \{\emptyset\})), (1, (b, \{\{\emptyset\}\})), (1, (b, \{\emptyset, \{\emptyset\}\})) \} \end{aligned}$$

(3) Es gibt $2^{|X \times (Y \times \mathcal{P}(Z))|} = 2^8 = 256$ Relationen mit Quelle X und Ziel $Y \times \mathcal{P}(Z)$. Eindeutig davon sind die leere Relation und genau alle Relationen, die aus genau einem Paar bestehen, also insgesamt 9 Relationen. Eindeutig und total (also Funktionen) davon sind genau alle Relationen, die aus genau einem Paar bestehen, also insgesamt 8 Relationen.

Lösungsvorschlag Aufgabe 1.6.10

Für alle $x \in \mathbb{N}$ gilt $f(x) = x^2 + 3 = x^2 - 1^2 + 4 = (x+1)(x-1) + 4 = g(x)$ (binomische Formel) und dies zeigt $f = g$.

Lösungsvorschlag Aufgabe 1.6.11

Wir geben nachfolgend nur die Kreuzchentabelle an, da man aus dieser sofort die beiden anderen Darstellungsarten erhält.

	-2	-1	0	1	2
-2					
-1		x	x	x	
0		x	x	x	
1		x	x	x	
2					

Aus dieser Tabelle folgt sofort, dass R weder eindeutig noch total ist.

Lösungsvorschlag Aufgabe 1.6.12

Beweis der ersten Gleichung:

$$
\begin{aligned}
(R^\mathsf{T})^\mathsf{T} &= \{(x,y) \in M \times N \mid y\, R^\mathsf{T}\, x\} &&\text{Definition Transposition} \\
&= \{(x,y) \in M \times N \mid x\, R\, y\} &&\text{Definition Transposition} \\
&= R
\end{aligned}
$$

Beweis der zweiten Gleichung:

$$
\begin{aligned}
R^\mathsf{T} \cup S^\mathsf{T} &= \{(y,x) \in N \times M \mid r\, R\, y\} \cup \{(y,x) \in N \times M \mid x\, S\, y\} &&\text{Def. Transposition} \\
&= \{(y,x) \in N \times M \mid x\, R\, y \text{ oder } x\, S\, y\} &&\text{Def. Vereinigung} \\
&= \{(y,x) \in N \times M \mid x\, (R \cup S)\, y\} &&\text{Def. Vereinigung} \\
&= (R \cup S)^\mathsf{T} &&\text{Def. Transposition}
\end{aligned}
$$

Der Beweis der dritten Gleichung ist analog zu dem der zweiten Gleichung.

Lösungsvorschlag Aufgabe 1.6.13

Unter Verwendung von transponierten Relationen gilt $K = V^\mathsf{T} \cup M^\mathsf{T}$, denn x ist ein Kind von y genau dann, wenn y der Vater von x ist oder y die Mutter von x ist.

Lösungsvorschlag Aufgabe 2.5.1

Wir betrachten die folgende Wahrheitstabelle:

a	b	$(a \wedge b) \vee a$
F	F	F
F	W	F
W	F	W
W	W	W

Da die Wahrheitswerte in der ersten und der dritten Spalte identisch sind, haben die beiden Formeln a und $(a \wedge b) \vee a$ für alle möglichen Belegungen von a und b den gleichen Wahrheitswert. Also sind sie logisch äquivalent.

Sind nun A und B beliebige Mengen, so gilt wegen der folgenden Rechnung auch der zweite Teil der Aufgabe:

$$(A \cap B) \cup A = \{x \mid x \in A \cap B \vee x \in A\} \qquad \text{Definition Vereinigung}$$
$$= \{x \mid (x \in A \wedge x \in B) \vee x \in A\} \qquad \text{Definition Durchschnitt}$$
$$= \{x \mid x \in A\} \qquad \text{erster Aufgabenteil}$$
$$= A$$

Lösungsvorschlag Aufgabe 2.5.2

(1) Definition durch die Angabe einer Wahrheitstabelle:

a	b	$a \nabla b$
F	F	F
F	W	W
W	F	W
W	W	F

(2) Definition mit Hilfe der Verknüpfungen $\vee, \wedge$ und $\neg$:

$$a \nabla b \ :\Longleftrightarrow \ (a \vee b) \wedge \neg(a \wedge b)$$

Dies ist natürlich nicht die einzige Möglichkeit. Eine weitere Möglichkeit ergibt sich etwa aus der mittels einer einfachen Rechnung zu zeigenden logischen Äquivalenz

$$(a \vee b) \wedge \neg(a \wedge b) \ \Longleftrightarrow \ (a \wedge \neg b) \vee (b \wedge \neg a).$$

Lösungsvorschlag Aufgabe 2.5.3

Es stehe a für „Anna ist eine Täterin (ist schuldig)", b für „Bernhard ist ein Täter (ist schuldig)" und c für „Carsten ist ein Täter (ist schuldig)". Dann entsprechen die von der Polizistin gesammelten Informationen (1) bis (3) den folgenden aussagenlogischen Formeln:

$$(1) \ \ b \vee c \Rightarrow \neg a \qquad (2) \ \ \neg a \vee \neg c \Rightarrow b \qquad (3) \ \ c \Rightarrow a$$

Es sind also die Belegungen der atomaren Aussagen a, b und c zu finden, welche alle drei Formeln (1), (2) und (3) wahr machen. Wir stellen dazu die folgende Wahrheitstabelle auf:

a	b	c	$b \vee c \Rightarrow \neg a$	$\neg a \vee \neg c \Rightarrow b$	$c \Rightarrow a$
F	F	F	W	F	W
F	F	W	W	F	F
F	W	F	W	W	W
F	W	W	W	W	F
W	F	F	W	F	W
W	F	W	F	W	W
W	W	F	F	W	W
W	W	W	F	W	W

Aus der Tabelle folgt, dass genau die Belegung von a durch F, von b durch W und von c durch F die Formeln (1), (2) und (3) wahr macht. Die obige Interpretation von a, b und c zeigt nun, dass Anna keine Täterin ist, Bernhard ein Täter ist und Carsten kein Täter ist.

Lösungsvorschlag Aufgabe 2.5.4

Wir transformieren mittels aussagenlogischer Gesetze den rechten Teil der gegebenen Formel $c \Rightarrow \neg(\neg(a \wedge b) \Leftrightarrow (\neg b \vee \neg a))$ wie folgt:

$$
\begin{aligned}
\neg(\neg(a \wedge b) \Leftrightarrow (\neg b \vee \neg a)) &\Longleftrightarrow \neg((\neg a \vee \neg b) \Leftrightarrow (\neg b \vee \neg a)) && \text{de Morgan} \\
&\Longleftrightarrow \neg((\neg a \vee \neg b) \Leftrightarrow (\neg a \vee \neg b)) && \text{Kommutativgesetz} \\
&\Longleftrightarrow \neg\textbf{wahr} && \text{Regel } A \Leftrightarrow A \Longleftrightarrow \textbf{wahr} \\
&\Longleftrightarrow \textbf{falsch} && \text{Regel } \neg\textbf{wahr} \Longleftrightarrow \textbf{falsch}
\end{aligned}
$$

Wegen der Regel $A \Rightarrow \textbf{falsch} \Longleftrightarrow \neg A$ ist also die gegebene Formel logisch äquivalent zur Formel $\neg c$. Sie hat somit den Wahrheitswert W genau dann, wenn F der Wahrheitswert der atomaren Formel c ist.

Lösungsvorschlag Aufgabe 2.5.5

(1) Die folgende Rechnung beweist die behaupteten logischen Äquivalenzen:

$$
\begin{aligned}
a \wedge b \Rightarrow c &\Longleftrightarrow \neg(a \wedge b) \vee c && \text{Regel } A \Rightarrow B \Longleftrightarrow \neg A \vee B \\
&\Longleftrightarrow \neg a \vee \neg b \vee c && \text{de Morgan} \\
&\Longleftrightarrow a \Rightarrow \neg b \vee c && \text{Regel } A \Rightarrow B \Longleftrightarrow \neg A \vee B \\
&\Longleftrightarrow \neg a \vee \neg b \vee c && \text{Regel } A \Rightarrow B \Longleftrightarrow \neg A \vee B \\
&\Longleftrightarrow \neg a \vee \neg b \vee \neg\neg c && \text{Regel } A \Longleftrightarrow \neg\neg A \\
&\Longleftrightarrow \neg(a \wedge b \wedge \neg c) && \text{de Morgan}
\end{aligned}
$$

(2) Belegt man a, b und c mit dem Wahrheitswert W, so werden die Formeln von (1) wahr.

(3) Belegt man a und b mit dem Wahrheitswert W und c mit dem Wahrheitswert F, so werden die Formeln von (1) falsch.

Natürlich gibt es noch weitere Belegungen der atomaren Formeln a, b und c, welche die Formeln aus (1) wahr bzw. falsch machen.

Lösungsvorschlag Aufgabe 2.5.6

Die folgende Rechnung zeigt die Behauptung:

$$
\begin{aligned}
a \wedge (a \Rightarrow b) \Rightarrow b &\Longleftrightarrow a \wedge (\neg a \vee b) \Rightarrow b && \text{Regel } A \Rightarrow B \Longleftrightarrow \neg A \vee B \\
&\Longleftrightarrow (a \wedge \neg a) \vee (a \wedge b) \Rightarrow b && \text{Distributivgesetz} \\
&\Longleftrightarrow \textbf{falsch} \vee (a \wedge b) \Rightarrow b && \text{Regel } A \wedge \neg A \Longleftrightarrow \textbf{falsch} \\
&\Longleftrightarrow a \wedge b \Rightarrow b && \text{Regel } \textbf{falsch} \vee A \Longleftrightarrow A \\
&\Longleftrightarrow \neg(a \wedge b) \vee b && \text{Regel } A \Rightarrow B \Longleftrightarrow \neg A \vee B \\
&\Longleftrightarrow \neg a \vee \neg b \vee b && \text{de Morgan} \\
&\Longleftrightarrow \neg a \vee \textbf{wahr} && \text{Regel } \neg A \vee A \Longleftrightarrow \textbf{wahr} \\
&\Longleftrightarrow \textbf{wahr} && \text{Regel } A \vee \textbf{wahr} \Longleftrightarrow \textbf{wahr}
\end{aligned}
$$

Lösungsvorschlag Aufgabe 2.5.7

(1) Es seien x und y beliebige Objekte. Wenn wir zur besseren Lesbarkeit annehmen, dass Produktbildung bei Mengen stärker bindet als Vereinigung, dann gilt:

$$
\begin{aligned}
(x,y) \in M \times (N \cup P) &\iff x \in M \wedge y \in N \cup P && \text{Def. dir. Pr.} \\
&\iff x \in M \wedge (y \in N \vee y \in P) && \text{Def. Ver.} \\
&\iff (x \in M \wedge y \in N) \vee (x \in M \wedge y \in P) && \text{Distr.} \\
&\iff (x,y) \in M \times N \vee (x,y) \in M \times P && \text{Def. dir. Pr.} \\
&\iff (x,y) \in M \times N \cup M \times P && \text{Def. Ver.}
\end{aligned}
$$

(2) Hier rechnen wir wie folgt, wobei wir die Vorrangregel von (1) annehmen.

$$
\begin{aligned}
&\forall\, x,y : (x,y) \in M \times (N \cup P) \Leftrightarrow (x,y) \in M \times N \cup M \times P \\
\iff\ &\forall\, x,y : x \in M \wedge y \in N \cup P \Leftrightarrow (x,y) \in M \times N \cup M \times P \\
\iff\ &\forall\, x,y : x \in M \wedge (y \in N \vee y \in P) \Leftrightarrow (x,y) \in M \times N \vee (x,y) \in M \times P \\
\iff\ &\forall\, x,y : x \in M \wedge (y \in N \vee y \in P) \Leftrightarrow (x \in M \wedge y \in N) \vee (x \in M \wedge y \in P) \\
\iff\ &\forall\, x,y : x \in M \wedge (y \in N \vee y \in P) \Leftrightarrow x \in M \wedge (y \in N \vee y \in P) \\
\iff\ &\forall\, x,y : \textbf{wahr} \\
\iff\ &\textbf{wahr}
\end{aligned}
$$

Dabei verwenden wir die Definition des direkten Produkts, dann die Definition der Vereinigung, dann die Definition des direkten Produkts, dann ein Distributivgesetz, dann die Regel $A \Leftrightarrow A \iff \textbf{wahr}$ und am Ende die Regel $\forall\, x : \textbf{wahr} \iff \textbf{wahr}$.

Lösungsvorschlag Aufgabe 2.5.8

Es gelten für alle Mengen M, N und P auch die folgenden Gleichungen, wobei die Produktbildung stärker bindet als der Durchschnitt und die Differenz.

$$
M \times (N \cap P) = M \times N \cap M \times P \qquad M \times (N \setminus P) = M \times N \setminus M \times P
$$

Die Beweise sind sehr ähnlich zu denen des Lösungsvorschlags zu Aufgabe 2.5.7.

Lösungsvorschlag Aufgabe 2.5.9

Die übliche Ordnung $\leq$ auf der Menge der reellen Zahlen ist $\mathbb{R}$-dicht. Hingegen ist die übliche Ordnung $\leq$ auf der Menge der natürlichen Zahlen nicht $\mathbb{N}$-dicht.

Lösungsvorschlag Aufgabe 2.5.10

$P(2) \wedge P(3) \wedge P(4) \wedge P(6) \wedge P(7)$, $P(1) \vee P(3)$ und $P(1) \wedge P(3) \wedge P(7) \wedge P(21)$.

Lösungsvorschlag Aufgabe 2.5.11

(1) $\neg \exists\, x \in \mathbb{N} : 2 \mid x \wedge x \mid n$ (2) $\forall\, x \in \mathbb{N} : n \mid x \Rightarrow x < 100$

(3) $\exists\, x \in \mathbb{N} : n(n+2) = 3x$ (4) $\neg (\exists\, p \in \mathbb{N} : n = 2^p) \wedge (\exists\, m \in \mathbb{N} : n = 3^m)$

Lösungsvorschlag Aufgabe 2.5.12

Die Formel besagt, dass für alle natürlichen Zahlen n es Primzahlzwillinge gibt, die beide größer als oder gleich n sind. (**Primzahlzwillinge** sind ein Paar von Primzahlen, zwischen denen genau eine natürliche Zahl liegt.)

Lösungsvorschlag Aufgabe 2.5.13

(1) Die Formel (a) besagt, dass zu zwei Objekten eine Menge existiert, welche genau aus diesen Objekten besteht. (Dies ist das **Paarmengenaxiom** der axiomatischen Mengenlehre.)

(2) Es reicht zu zeigen, dass die beiden Teilformeln $\forall z : z \in M \Rightarrow z = x \lor z = y$ und $\neg(\exists z : z \in M \land z \neq x \land z \neq y)$ logisch äquivalent sind. Wir beginnen den nachfolgenden Beweis mit der etwas komplizierteren Teilformel.

$$
\begin{aligned}
\neg(\exists z : z \in M \land z \neq x \land z \neq y) &\Longleftrightarrow \forall z : \neg(z \in M \land z \neq x \land z \neq y) \\
&\Longleftrightarrow \forall z : \neg(z \in M) \lor \neg(z \neq x) \lor \neg(z \neq y) \\
&\Longleftrightarrow \forall z : z \in M \Rightarrow \neg(z \neq x) \lor \neg(z \neq y) \\
&\Longleftrightarrow \forall z : z \in M \Rightarrow z = x \lor z = y
\end{aligned}
$$

Verwendet werden zuerst ein Gesetz von de Morgan für Quantoren, dann ein Gesetz von de Morgan für Junktoren, dann die Regel $A \Rightarrow B \Longleftrightarrow \neg A \lor B$ und am Ende die Definition des Ungleichungssymbols.

Lösungsvorschlag Aufgabe 2.5.14

Es sei x eine Variable und A eine Formel der Prädikatenlogik. Das folgende System von Regeln legt fest, ob x in A vorkommt.

(1) Ist A die Variable x, so kommt x in A vor.

(2) Ist A eine Variable ungleich x, so kommt x in A nicht vor.

(3) Hat A die Form $\neg B$, so kommt x in A genau dann vor, wenn x in B vorkommt.

(4) Hat A eine der Formen $B \land C$, $B \lor C$, $B \Rightarrow C$ oder $B \Leftrightarrow C$, so kommt x in A genau dann vor, wenn x in B oder in C vorkommt.

(5) Hat A die Form $\forall x : B$ oder die Form $\exists x : B$, so kommt x in A vor.

(6) Hat A die Form $\forall y : B$ oder die Form $\exists y : B$ und ist die Variable y ungleich x, so kommt x in A genau dann vor, wenn x in B vorkommt.

Lösungsvorschlag Aufgabe 2.5.15

(1) Die folgende Formel formalisiert die Eigenschaft $f \in o(g)$:

$$
\forall c \in \mathbb{R} : c > 0 \Rightarrow \exists n \in \mathbb{N} : \forall m \in \mathbb{N} : m > n \Rightarrow |f(m)| < c \, |g(m)|
$$

Die lesbarere Form $\forall c \in \mathbb{R}_{>0} : \exists n \in \mathbb{N} : \forall m \in \mathbb{N}_{>n} : |f(m)| < c \, |g(m)|$ entsteht mit Hilfe von abkürzenden Schreibweisen.

(2) Zum Beweis von $f \in o(g)$ für die durch $f(x) = 8x$ und $g(x) = x^2$ definierten zwei Funktionen $f, g : \mathbb{N} \to \mathbb{R}$ sei $c \in \mathbb{R}$ mit $c > 0$ beliebig vorgegeben. Wir definieren $n \in \mathbb{N}$ so, dass $\frac{8}{c} \leq n$ gilt, etwa durch $n := \min\{k \in \mathbb{N} \mid \frac{8}{c} \leq k\}$. Es sei nun $m \in \mathbb{N}$ mit $m > n$ beliebig vorgegeben. Dann gilt $m > n \geq \frac{8}{c}$, also $8 < cm$, was schließlich $|f(m)| = 8m < cm^2 = c\,|g(m)|$ bringt.

Lösungsvorschlag Aufgabe 2.5.16

In den folgenden Beweisen sei $\mathbb{U}$ das Universum und es seien in allen Formeln der logischen Äquivalenzen (2) bis (4) alle Variablen in einer beliebigen Weise jeweils durch gleiche Objekte ersetzt. Beweis von (2): Es gilt

$$\neg \exists x : A(x) \text{ hat den Wahrheitswert } \mathsf{W}$$

per Definition genau dann, wenn

$$\exists x : A(x) \text{ hat den Wahrheitswert } \mathsf{F}$$

gilt. Letzteres ist per Definition genau dann der Fall, wenn

$$\{a \in \mathbb{U} \mid A(a)\} = \emptyset.$$

Diese Gleichung ist äquivalent zu

$$\{a \in \mathbb{U} \mid \neg A(a)\} = \mathbb{U}$$

und diese Gleichung gilt per Definition genau dann, wenn

$$\forall x : \neg A(x) \text{ hat den Wahrheitswert } \mathsf{W}.$$

gilt. Beweis von (3): Es gilt

$$\forall x : A_1(x) \wedge A_2(x) \text{ hat den Wahrheitswert } \mathsf{W}$$

per Definition genau dann, wenn

$$\{a \in \mathbb{U} \mid A_1(a) \wedge A_2(a)\} = \mathbb{U}.$$

Diese Gleichung ist äquivalent zu

$$\{a \in \mathbb{U} \mid A_1(a)\} \cap \{a \in \mathbb{U} \mid A_2(a)\} = \mathbb{U},$$

was wiederum äquivalent dazu ist, dass die beiden Gleichungen

$$\{a \in \mathbb{U} \mid A_1(a)\} = \mathbb{U} \qquad \{a \in \mathbb{U} \mid A_2(a)\} = \mathbb{U}$$

gelten. Per Definition gelten diese genau dann, wenn die beiden Aussagen

$$\forall x : A_1(x) \text{ hat den Wahrheitswert } \mathsf{W} \qquad \forall x : A_2(x) \text{ hat den Wahrheitswert } \mathsf{W}$$

gelten. Dies ist wiederum genau dann der Fall, wenn

$$(\forall x : A_1(x)) \wedge (\forall x : A_2(x)) \text{ hat den Wert} \mathsf{W}$$

gilt. Der Beweis von (4) kann analog zum Beweis von (3) geführt werden.

Lösungsvorschlag Aufgabe 3.5.1

(1) $\forall i \in \{1, \ldots, n-1\} : x_i \leq x_{i+1}$

(2) $\forall i, j \in \{1, \ldots, n\} : i \neq j \Rightarrow x_i \neq x_j$

(3) $\forall i \in \{1, \ldots, n-1\} : x_i = x_{i+1}$

Lösungsvorschlag Aufgabe 3.5.2

(1) Wegen $|\prod_{i=1}^{3} M_i| = |M_1| \cdot |M_2| \cdot |M_3| = 6$ sind 6 Paare zu finden. Es gilt:

$$\prod_{i=1}^{3} M_i = \{(1,2,3), (1,3,3), (2,2,3), (2,3,3), (3,2,3), (3,3,3)\}$$

(2) Formel (a) erfüllen die Tripel $(1,2,3), (1,3,3), (2,2,3), (2,3,3), (3,3,3)$, Formel (b) erfüllt das Tripel $(1,2,3)$ und Formel (c) erfüllt das Tripel $(3,3,3)$.

(3) Die Tripel, welche (a) erfüllen, sind aufsteigend sortiert, das Tripel, welches (b) erfüllt, hat paarweise verschiedene Komponenten und das Tripel, welches (c) erfüllt, hat identische Komponenten.

Lösungsvorschlag Aufgabe 3.5.3

Wir definieren die k Mengen M_1, M_2 bis M_k durch $M_1 := \{a_1\}$ und $M_i := M$ für alle $i \in \{2, \ldots, k\}$ und berechnen, unter Verwendung der Gleichung für Kardinalitäten von direkten Produkten von endlichen Mengen, das Resultat wie folgt:

$$|\{(x_1, \ldots, x_k) \in M^k \mid x_1 = a_1\}| = |\prod_{i=1}^{k} M_i| = |\{a_1\}| \cdot |M^{k-1}| = 1 \cdot n^{k-1} = n^{k-1}$$

Mit Hilfe der selben Gleichung und der k Mengen M_1, M_2 bis M_k, festgelegt durch $M_i := M$ für alle $i \in \{1, \ldots, k-1\}$ und $M_k := M \setminus \{a_k\}$, bekommen wir auch:

$$\begin{aligned}
|\{(x_1, \ldots, x_k) \in M^k \mid x_k \neq a_k\}| &= |\prod_{i=1}^{k} M_i| \\
&= |\prod_{i=1}^{k-1} M_i| \cdot |M_k| \\
&= |M^{k-1}| \cdot |M_k| \\
&= n^{k-1} \cdot |M \setminus \{a_k\}| \\
&= (n-1)n^{k-1}
\end{aligned}$$

Lösungsvorschlag Aufgabe 3.5.4

Es gehört das Paar $(((b,b),b),c)$ zu den Mengen $(M^2 \times M) \times N$ und $((M \times M) \times M) \times N$, das Paar $(a,(c))$ zur Menge $M \times N^1$, das Paar $((b,b),(b,(c,c)))$ zur Menge $(M \times M) \times (M \times N^2)$, und das Paar $((b,b),(b,c))$ zur Menge $M^2 \times (M \times N)$.

Die Paare $((b,b),b)$ und $(c,(c,b))$ gehören zu keiner der Mengen, denn $((b,b),b)$ ist aus der Menge $M^2 \times M$ und $(c,(c,b))$ ist aus der Menge $N \times (N \times M)$.

Lösungsvorschlag Aufgabe 3.5.5

Wir rechnen wie folgt, wobei wir erst ein Gesetz von de Morgan für Quantoren verwenden, dann ein Gesetz von de Morgan für Junktoren, dann die Regel $A \Rightarrow B \iff \neg A \vee B$ und am Ende die Definition des Ungleichungssymbols:

$$
\begin{aligned}
\neg \exists i \in \mathbb{N} : 1 \leq i \wedge i \leq |s| \wedge s_i = x &\iff \forall i \in \mathbb{N} : \neg(1 \leq i \wedge i \leq |s| \wedge s_i = x) \\
&\iff \forall i \in \mathbb{N} : \neg(1 \leq i \wedge i \leq |s|) \vee \neg(s_i = x) \\
&\iff \forall i \in \mathbb{N} : 1 \leq i \wedge i \leq |s| \Rightarrow \neg(s_i = x) \\
&\iff \forall i \in \mathbb{N} : 1 \leq i \wedge i \leq |s| \Rightarrow s_i \neq x
\end{aligned}
$$

Umgangssprachlich besagt die Formel, dass x keine Komponente von s ist.

Lösungsvorschlag Aufgabe 3.5.6

Aufgrund der Definition der Konkatenation und der Operation *kopf* gilt

$$
kopf((a:s) \mathbin{\&} t) = kopf(a:(s \mathbin{\&} t)) = a
$$

und aufgrund der Definition der Konkatenation und der Operation *rest* gilt

$$
rest((a:s) \mathbin{\&} t) = rest(a:(s \mathbin{\&} t)) = s \mathbin{\&} t.
$$

Damit sind die Behauptungen gezeigt.

Lösungsvorschlag Aufgabe 3.5.7

Nachfolgend verwenden wir die Notation $s \trianglelefteq t$ um anzuzeigen, dass die lineare Liste $s \in M^*$ ein Anfangsstück der linearen Liste $t \in M^*$ ist.

(1) Es gelte $s \trianglelefteq t$ und auch $t \trianglelefteq u$. Also existieren lineare Listen $q, r \in M^*$, so dass sowohl $s \mathbin{\&} q = t$ als auch $t \mathbin{\&} r = u$ wahr ist. Wir definieren nun die lineare Liste $v := q \mathbin{\&} r \in M^*$ und erhalten damit die Gleichung

$$
s \mathbin{\&} v = s \mathbin{\&} (q \mathbin{\&} r) = (s \mathbin{\&} q) \mathbin{\&} r = t \mathbin{\&} r = u,
$$

wobei wir im zweiten Schritt die Assoziativität der Konkatenation verwenden. Die Existenz von v zeigt $s \trianglelefteq u$.

(2) Es gilt $() \trianglelefteq t$ für alle linearen Listen $t \in M^*$, denn es gilt $() \mathbin{\&} t = t$.

Lösungsvorschlag Aufgabe 3.5.8

(1) Durch die Aussage $A(f)$ mit der Definition

$$
A(f) :\iff \forall s \in \mathbb{N}^n, i \in \mathbb{N} : (1 \leq i \leq n) \Rightarrow f(s)_i = s_{n+1-i}
$$

wird für die Funktion $f : \mathbb{N}^n \to \mathbb{N}^n$ spezifiziert, dass jede lineare Liste $s \in \mathbb{N}^n$ durch das Anwenden von f revertiert wird, d.h. f die lineare Liste $(s_1, \ldots, s_n)$ in die lineare Liste $(s_n, \ldots, s_1)$ überführt.

(2) Es seien $g, h : \mathbb{N}^n \to \mathbb{N}^n$ Funktionen mit $A(g)$ und $A(h)$. Um $g = h$ zu zeigen, ist $g(s) = h(s)$ für alle $s \in \mathbb{N}^n$ zu zeigen, also, nach der Definition der Gleichheit von Tupeln, $g(s)_i = h(s)_i$ für alle $s \in \mathbb{N}^n$ und alle $i \in \{1, \ldots, n\}$. Es seien also $s \in \mathbb{N}^n$ und $i \in \{1, \ldots, n\}$ beliebig vorgegeben. Dann gilt $g(s)_i = s_{n+1-i} = h(s)_i$, aufgrund von $A(g)$ und $A(h)$. Damit ist $g = h$ bewiesen.

(3) Es sei $f : \mathbb{N}^n \to \mathbb{N}^n$ eine beliebige Funktion, so dass $A(f)$ gilt. Um die Gleichheit $f(f(t)) = t$ für $t \in \mathbb{N}^n$ zu beweisen, ist aufgrund der Definition der Gleichheit von Tupeln die Gleichheit $f(f(t))_j = t_j$ für alle $j \in \{1, \ldots, n\}$ zu zeigen. Dazu sei $j \in \{1, \ldots, n\}$ beliebig vorgegeben. Dann gilt:

$$
\begin{aligned}
f(f(t))_j &= f(t)_{n+1-j} && A(f) \text{ mit } s \text{ spezialisiert zu } f(t) \text{ und } i \text{ zu } j \\
&= t_{n+1-(n+1-j)} && A(f) \text{ mit } s \text{ spezialisiert zu } t \text{ und } i \text{ zu } n+1-j \\
&= t_j
\end{aligned}
$$

Lösungsvorschlag Aufgabe 3.5.9

(1) Die Funktion $rev : M^* \to M^*$ ist für alle $s \in M^*$ und $a \in M$ wie folgt definiert.

$$rev(()) = () \qquad rev(a : s) = rev(s) \,\&\, (a)$$

(2) Wir berechnen

$$
\begin{aligned}
rev((o, t, t, o)) &= rev(o : t : t : o : ()) && \text{Darstellung} \\
&= rev(t : t : o : ()) \,\&\, (o) && \text{zweite Regel} \\
&= rev(t : o : ()) \,\&\, (o) \,\&\, (t) && \text{zweite Regel} \\
&= rev(o : ()) \,\&\, (o) \,\&\, (t) \,\&\, (t) && \text{zweite Regel} \\
&= rev(()) \,\&\, (o) \,\&\, (t) \,\&\, (t) \,\&\, (o) && \text{zweite Regel} \\
&= () \,\&\, (o) \,\&\, (t) \,\&\, (t) \,\&\, (o) && \text{erste Regel}
\end{aligned}
$$

und der letzte Ausdruck wertet sich zur linearen Liste (o, t, t, o) aus. Auf die gleiche Weise kann man $rev((r, e, n, t, n, e, r))$ zu (r, e, n, t, n, e, r) auswerten.

Lösungsvorschlag Aufgabe 3.5.10

Die folgend definierte Aussage $palindrom(s)$ gilt genau dann, wenn s ein Palindrom ist:

$$palindrom(s) \;:\Longleftrightarrow\; s = rev(s)$$

Lösungsvorschlag Aufgabe 3.5.11

(1) Die Funktion $anz : \mathcal{B}(M) \to \mathbb{N}$ ist für alle $l, r \subset \mathcal{B}(M)$ und $u \in M$ wie folgt definiert:

$$anz(\diamond) = 0 \qquad anz(baum(l, a, r)) = 1 + anz(l) + anz(r)$$

(2) Die Funktion $menge : \mathcal{B}(M) \to \mathcal{P}(M)$ ist für alle $l, r \in \mathcal{B}(M)$ und $a \in M$ wie folgt definiert:

$$menge(\diamond) = \emptyset \qquad menge(baum(l, a, r)) = \{a\} \cup menge(l) \cup menge(r)$$

Lösungsvorschlag Aufgabe 4.6.1

Erfüllt die Funktion $f : \mathcal{P}(M) \to \mathcal{P}(M)$ die Eigenschaft (a), so ist sie auch monoton, denn für alle $X, Y \in \mathcal{P}(M)$ gilt:

$$
\begin{aligned}
X \subseteq Y &\iff X \cup Y = Y && \text{Beschreibung der Inklusion durch Vereinigung} \\
&\implies f(X \cup Y) = f(Y) \\
&\iff f(X) \cup f(Y) = f(Y) && \text{Eigenschaft (a)} \\
&\iff f(X) \subseteq f(Y) && \text{Beschreibung der Inklusion durch Vereinigung}
\end{aligned}
$$

Damit zeigt der Fixpunktsatz von Knaster die Behauptung. Die Aussage gilt auch, wenn in (a) die Vereinigung durch den Durchschnitt ersetzt wird. Dazu verwendet man die Beschreibung der Inklusion durch den Durchschnitt.

Lösungsvorschlag Aufgabe 4.6.2

(1) Es sei $n \in \mathbb{N}$ beliebig vorgegeben. Angenommen, n ist nicht gerade. Dann ist n ungerade und es gibt ein $x \in \mathbb{N}$ mit $n = 2x + 1$. Mit $y := 2x^2 + 2x$ folgt

$$n^2 = (2x + 1)^2 = 4x^2 + 4x + 1 = 2(2x^2 + 2x) + 1 = 2y + 1.$$

Also ist n^2 ungerade, d.h. n^2 ist nicht gerade.

(2) Wiederum sei $n \in \mathbb{N}$ beliebig vorgegeben. Angenommen es sei 6 ein Teiler von n. Dann gibt es ein $x \in \mathbb{N}$ mit $n = 6x$. Mit der Definition $y := 4x^2$ folgt

$$n^2 = (6x)^2 = 36x^2 = 9 \cdot 4x^2 = 9y$$

und damit ist n^2 durch 9 teilbar.

(3) Es seien $m, n \in \mathbb{Z}$ beliebig vorgegeben. Angenommen, m und n sind nicht teilerfremd. Dann gibt es ein $x \in \mathbb{Z} \setminus \{1, -1\}$ mit $x \mid m$ und $x \mid n$. Also existieren $y, z \in \mathbb{Z}$ mit $m = xy$ und $n = xz$. Dies bringt $m + n = x(y + z)$ und $m - n = x(y - z)$. Insgesamt haben wir also $x \mid (m + n)$ und $x \mid (m - n)$ und wegen $x \in \mathbb{Z} \setminus \{1, -1\}$ sind damit $m + n$ und $m - n$ nicht teilerfremd.

(4) Es sei $(a_1, \ldots a_k) \in \mathbb{N}^k$ eine nichtleere lineare Liste ungerader natürlicher Zahlen. Angenommen, die Listenlänge k ist nicht gerade. Dann ist sie ungerade und somit ist $\sum_{i=1}^{k} a_i$ eine Summe von ungerade vielen ungeraden Zahlen, folglich ungerade. Also ist $\sum_{i=1}^{k} a_i$ nicht gerade.

Lösungsvorschlag Aufgabe 4.6.3

Es seien $m, n \in \mathbb{Z}$ beliebig vorgegeben. Angenommen, beide Zahlen $m + n$ und $m - n$ sind durch 3 teilbar. Dann gibt es $x, y \in \mathbb{Z}$ mit $m + n = 3x$ und $m - n = 3y$. Daraus folgt

$$2m = m + n + (m - n) = 3x + 3y = 3(x + y),$$

also $m = 3 \cdot \frac{x+y}{2}$. Weil $2m$ gerade ist, muss $x + y$ auch gerade sein, d.h. $\frac{x+y}{2} \in \mathbb{Z}$. Damit ist m durch 3 teilbar. Analog zeigt man, dass auch n durch 3 teilbar ist, mit Hilfe von

$$2n = m + n - (m - n) = 3x - 3y = 3(x - y).$$

Lösungsvorschlag Aufgabe 4.6.4

(1) Es sei $n \in \mathbb{N}$ mit $n > 1$ beliebig vorgegeben. Angenommen, $n^2 < n^3$ gilt nicht. Dann gilt $n^2 \geq n^3$, woraus $1 \geq n$ folgt. Dies ist ein Widerspruch zu $n > 1$.

(2) Es sei $n \in \mathbb{N}$ gerade mit $\sqrt{n} \in \mathbb{N}$. Angenommen, $\sqrt{n}$ ist nicht gerade, also ungerade. Dann gibt es $x \in \mathbb{N}$ mit $\sqrt{n} = 2x + 1$. Mit der Festlegung $y := 2x^2 + 2x$ folgt

$$n = (\sqrt{n})^2 = (2x + 1)^2 = 4x^2 + 4x + 1 = 2(2x^2 + 2x) + 1 = 2y + 1,$$

womit n als ungerade nachgewiesen ist. Das widerspricht der Voraussetzung, dass n gerade ist.

Lösungsvorschlag Aufgabe 4.6.5

(1) Angenommen, alle Zahlen a, b, c sind gerade. Dann wird jede der Zahlen von 2 geteilt. Das ist ein Widerspruch zur Teilerfremdheit von a, b und c.

(2) Angenommen, alle Zahlen a, b, c sind ungerade. Dann sind auch a^2, b^2 und c^2 ungerade. Weil aber $a^2 + b^2$ damit gerade wird, kann $a^2 + b^2 = c^2$ nicht gelten. Das ist ein Widerspruch.

(3) Wegen (2) ist mindestens eine der Zahlen a, b, c gerade und wegen (1) sind höchstens zwei der Zahlen a, b, c gerade. Wir zeigen durch Widerspruch, dass von den Zahlen a, b, c keine zwei Zahlen gerade sind. Angenommen, von a, b, c sind zwei Zahlen gerade. Wir unterscheiden zwei Fälle.

    (a) Es sei c gerade. Weiterhin sei ohne Beschränkung der Allgemeinheit noch a gerade. Dann ist b ungerade. Folglich sind a^2 und c^2 gerade, b^2 ist ungerade und $a^2 + b^2$ ist ungerade. Damit kann $a^2 + b^2 = c^2$ nicht gelten. Widerspruch!

    (b) Es sei c ungerade. Dann sind a und b gerade. Also sind a^2 und b^2 gerade. Jedoch ist c^2 ungerade. Weiterhin ist $a^2 + b^2$ gerade. Das widerspricht wiederum $a^2 + b^2 = c^2$.

(4) Angenommen, c ist die gerade Zahl. Nach (3) sind dann a und b ungerade. Folglich gibt es $x, y, z \in \mathbb{N}$ mit $a = 2x + 1$, $b = 2y + 1$ und $c = 2z$. Nun rechnen wir

$$
\begin{aligned}
4z^2 &= (2z)^2 \\
&= c^2 && \text{da } c = 2z \\
&= a^2 + b^2 && \text{nach der Voraussetzung} \\
&= (2x + 1)^2 + (2y + 1)^2 && \text{da } a = 2x + 1 \text{ und } b = 2y + 1 \\
&= 4x^2 + 4x + 1 + 4y^2 + 4y + 1 \\
&= 4x^2 + 4x + 4y^2 + 4y + 2
\end{aligned}
$$

und erhalten daraus

$$2z^2 = 2x^2 + 2x + 2y^2 + 2y + 1 = 2(x^2 + x + y^2 + y) + 1.$$

Diese Gleichung ist ein Widerspruch. Ihre linke Seite ist gerade und ihre rechte Seite ist ungerade.

Lösungsvorschlag Aufgabe 4.6.6

Wir beweisen durch vollständige Induktion, dass $\forall n \in \mathbb{N} : A(n)$ gilt, wobei die Aussage $A(n)$ festgelegt ist als $\forall a \in \mathbb{R} : a \neq 1 \Rightarrow \sum_{i=0}^{n} a^i = \frac{a^{n+1}-1}{a-1}$.

Induktionsbeginn: Um $A(0)$ zu beweisen, sei $a \in \mathbb{R}$ mit $a \neq 1$ beliebig vorgegeben. Dann gilt:

$$\sum_{i=0}^{0} a^i = a^0 = 1 = \frac{a-1}{a-1} = \frac{a^{0+1}-1}{a-1}$$

Induktionsschluss: Es sei $n \in \mathbb{N}$ beliebig gewählt und es gelte die Induktionshypothese $A(n)$. Zum Beweis von $A(n+1)$ sei $a \in \mathbb{R}$ mit $a \neq 1$ beliebig vorgegeben. Dann gilt:

$$\sum_{i=0}^{n+1} a^i = a^{n+1} + \sum_{i=0}^{n} a^i = a^{n+1} + \frac{a^{n+1}-1}{a-1} = \frac{a^{n+1}(a-1) + a^{n+1}-1}{a-1} = \frac{a^{n+2}-1}{a-1}$$

Im zweiten Schritt dieser Rechnung wird die Induktionshypothese $A(n)$ angewendet.

Lösungsvorschlag Aufgabe 4.6.7

(1) Wir beweisen durch vollständige Induktion, dass $\forall n \in \mathbb{N}_{\geq 1} : A(n)$ gilt, wobei die Aussage $A(n)$ festgelegt ist als $6 \mid (3^n - 3)$.

Induktionsbeginn: Da Null von jeder natürlichen Zahl geteilt wird, gilt $A(1)$ wegen

$$6 \mid (3^1 - 3) \iff 6 \mid 0 \iff \textbf{wahr}.$$

Induktionsschluss: Es sei $n \in \mathbb{N}_{\geq 1}$ beliebig gewählt und es gelte die Induktionshypothese $A(n)$. Wegen $6 \mid (3^n - 3)$ gibt es ein $x \in \mathbb{N}$ mit $3^n - 3 = 6x$. Wir definieren $y := 3x + 1$ und rechnen wie folgt:

$$3^{n+1} - 3 = 3(3^n - 1) = 3(3^n - 3 + 2) = 3(6x + 2) = 18x + 6 = 6(3x + 1) = 6y$$

Dies beweist $6 \mid (3^{n+1} - 3)$.

(2) Wir beweisen durch vollständige Induktion, dass $\forall n \in \mathbb{N}_{\geq 2} : A(n)$ gilt, wobei die Aussage $A(n)$ festgelegt ist als $\forall x \in \mathbb{N}_{\geq 1} : 1 + nx < (1+x)^n$.

Induktionsbeginn: Zum Beweis von $A(2)$ sei $x \in \mathbb{N}_{\geq 1}$ beliebig vorgegeben. Wegen $x \geq 1$ gilt $x^2 > 0$ und daraus folgt

$$1 + 2x < 1 + 2x + x^2 = (1+x)^2.$$

Induktionsschluss: Es sei $n \in \mathbb{N}_{\geq 2}$ beliebig gewählt und es gelte die Induktionshypothese $A(n)$. Zum Beweis von $A(n+1)$ sei $x \in \mathbb{N}_{\geq 1}$ beliebig vorgegeben. Aus

$$1 + (n+1)x = 1 + nx + x < (1+x)^n + x \leq (1+x)^n + x(1+x)^n = (1+x)(1+x)^n$$

folgt $1 + (n+1)x < (1+x)^{n+1}$. In der Rechnung wird die Induktionshypothese $A(n)$ im zweiten Schritt verwendet. Die Gültigkeit von $x \leq x(1+x)^n$ im dritten Schritt folgt aus $x > 0$.

Lösungsvorschlag Aufgabe 4.6.8

Wir beweisen durch vollständige Induktion, dass $\forall n \in \mathbb{N}_{\geq 1} : A(n)$ gilt, wobei die Aussage $A(n)$ festgelegt ist als $\forall a, b \in \mathbb{N} : a^n + b^n \leq (a+b)^n$.

Induktionsbeginn: Zum Beweis von $A(1)$ seien $a, b \in \mathbb{N}$ beliebig vorgegeben. Dann gilt:

$$a^1 + b^1 = a + b = (a+b)^1 \leq (a+b)^1$$

Induktionsschluss: Es sei $n \in \mathbb{N}_{\geq 1}$ beliebig gewählt und es gelte die Induktionshypothese $A(n)$. Zum Beweis von $A(n+1)$ seien $a, b \in \mathbb{N}$ beliebig vorgegeben. Dann gilt:

$$a^{n+1} + b^{n+1} \leq aa^n + ab^n + ba^n + bb^n = (a+b)(a^n + b^n) \leq (a+b)(a+b)^n = (a+b)^{n+1}$$

Die Induktionshypothese $A(n)$ wird dabei im dritten Schritt verwendet.

Wenn a und b reelle Zahlen sein dürfen, dann kann (a) falsch werden, weil $0 \leq ab^n + ba^n$ nicht gelten muss. Dies ist etwa für $a = 1$ und $b = -\frac{1}{2}$ der Fall. Hier gilt $a^2 + b^2 > (a+b)^2$.

Lösungsvorschlag Aufgabe 4.6.9

(a) Wir beweisen durch Listeninduktion, dass $\forall s \in M^* : A(s)$ gilt, wobei die Aussage $A(s)$ festgelegt ist als $rev(rev(s)) = s$.

Induktionsbeginn: Unter Verwendung der ersten Gleichung von rev folgt $A(())$ aus

$$rev(rev(())) = rev(()) = ().$$

Induktionsschluss: Es sei $s \in M^*$ beliebig gewählt und es gelte die Induktionshypothese $A(s)$. Weiterhin sei $a \in M$ beliebig vorgegeben. Dann beweisen wir $A(a : s)$ wie folgt:

$$
\begin{aligned}
rev(rev(a : s)) &= rev(rev(s) \,\&\, (a)) && \text{zweite Gleichung von } rev \\
&= a : rev(rev(s)) && \text{Hilfsaussage} \\
&= a : s && \text{Induktionshypothese } A(s)
\end{aligned}
$$

Ebenfalls durch Listeninduktion bewiesen werden kann die Hilfsaussage $\forall t \in M^* : B(t)$, wobei die Aussage $B(t)$ festgelegt ist als $\forall b \in M; rev(t \,\&\, (b)) = b : rev(t)$.

Induktionsbeginn: Es ist $B(())$ wahr, denn für alle $b \in M$ gilt

$$rev((b)) = rev(b : ()) = rev(()) \,\&\, (b) = () \,\&\, (b) = (b)$$

aufgrund der Gleichungen von rev und daraus folgt mit der ersten Gleichung von rev, dass

$$rev(() \,\&\, (b)) = rev((b)) = (b) = b : () = b : rev(()).$$

Induktionsschluss: Es sei $t \in M^*$ beliebig gewählt und es gelte die Induktionshypothese $B(t)$. Weiterhin seien $a, b \in M$ beliebig vorgegeben. Die folgende Rechnung zeigt $B(a : t)$:

$$
\begin{aligned}
rev((a : t) \,\&\, (b)) &= rev(a : (t \,\&\, (b))) && \text{Definition Konkatenation} \\
&= rev(t \,\&\, (b)) \,\&\, (a) && \text{zweite Gleichung } rev \\
&= (b : rev(t)) \,\&\, (a) && \text{Induktionshypothese } B(t) \\
&= b : (rev(t) \,\&\, (a)) && \text{Definition Konkatenation} \\
&= b : rev(a : t) && \text{zweite Gleichung } rev
\end{aligned}
$$

(b) Hier verwenden wir Listeninduktion, um $\forall\, s \in M^* : A(s)$ zu beweisen, wobei die Aussage $A(s)$ festgelegt ist als $|\mathrm{rev}(s)| = |s|$.

Induktionsbeginn: Der folgende Beweis von $A(())$ benutzt die erste Gleichung von rev:

$$|\mathrm{rev}(())| = |()|$$

Induktionsschluss: Es sei $s \in M^*$ beliebig gewählt und es gelte die Induktionshypothese $A(s)$. Weiterhin sei $a \in M$ beliebig vorgegeben. Dann folgt $A(a : s)$ aus

$$|\mathrm{rev}(a : s)| = |\mathrm{rev}(s) \,\&\, (a)| = |\mathrm{rev}(s)| + |(a)| = |s| + 1 = |a : s|,$$

wobei die zweite Gleichung von rev verwendet wird, dann die Eigenschaft der Konkatenation von Aufgabe 4.6.10, dann $|(a)| = 1$ und am Ende die Definition der Längenoperation.

Lösungsvorschlag Aufgabe 4.6.10

Wir beweisen durch Listeninduktion, dass $\forall\, s \in M^* : A(s)$ gilt, wobei die Aussage $A(s)$ festgelegt ist als $\forall\, t \in M^* : |s \,\&\, t| = |s| + |t|$.

Induktionsbeginn: Zum Beweis von $A(())$ sei $t \in M^*$ beliebig vorgegeben. Mittels der Definition der Konkatenation und der Längenoperation folgt die Behauptung aus

$$|() \,\&\, t| = |t| = 0 + |t| = |()| + |t|.$$

Induktionsschluss: Es sei $s \in M^*$ beliebig gewählt und es gelte die Induktionshypothese $A(s)$. Weiterhin sei $a \in M$ beliebig vorgegeben. Zum Beweis von $A(a : s)$ sei noch $t \in M^*$ beliebig vorgegeben. Dann gilt:

$$|(a : s) \,\&\, t| = |a : (s \,\&\, t)| = 1 + |s \,\&\, t| = 1 + |s| + |t| = |a : s| + |t|$$

In dieser Rechnung wird zuerst die Definition der Konkatenation verwendet, dann die Definition der Längenoperation, dann die Induktionshypothese $A(s)$ und dann noch einmal die Definition der Längenoperation.

Lösungsvorschlag Aufgabe 4.6.11

Wir beweisen durch vollständige Induktion, dass $\forall\, n \in \mathbb{N} : A(n)$ gilt, wobei die Aussage $A(n)$ festgelegt ist als $\forall\, s, t \in M^* : |s| = n \Rightarrow |s \,\&\, t| = |s| + |t|$.

Induktionsbeginn: Zum Beweis von $A(0)$ seien $s, t \in M^*$ beliebig vorgegeben und es gelte $|s| = 0$. Aus dieser Gleichung folgt $s = ()$ und nun können wir wie im Lösungsvorschlag von Aufgabe 4.6.10 vorgehen:

$$|s \,\&\, t| = |() \,\&\, t| = |t| = 0 + |t| = |()| + |t| = |s| + |t|$$

Induktionsschluss: Es sei $n \in \mathbb{N}$ beliebig gewählt und es gelte die Induktionshypothese $A(n)$. Zum Beweis von $A(n+1)$ seien $s, t \in M^*$ beliebig vorgegeben und es gelte $|s| = n+1$. Nun ist s nicht leer. Mit der Definition der Längenoperation erhalten wir $n + 1 = |s| = $

$1 + |rest(s)|$, also $n = |rest(s)|$. Die Induktionshypothese $A(n)$ impliziert $|rest(s) \,\&\, t| = |rest(s)| + |t|$. Mit $k := kopf(s)$ und $r := rest(s)$ folgt die Behauptung nun aus

$$|s \,\&\, t| = |(k : r) \,\&\, t| = |k : (r \,\&\, t)| = 1 + |r \,\&\, t| = 1 + |r| + |t| = |s| + |t|,$$

wobei die Definition der Konkatenation im zweiten Schritt und die der Längenoperation im dritten und fünften Schritt verwendet werden, sowie $|r \,\&\, t| = |r| + |t|$ im vierten Schritt.

Lösungsvorschlag Aufgabe 4.6.12

(1) Wir beweisen durch Bauminduktion, dass $\forall b \in \mathcal{B}(M) : A(b)$ gilt, wobei die Aussage $A(b)$ festgelegt ist als $f(f(b)) = b$.

Induktionsbeginn: Mit Hilfe der ersten Gleichung von f folgt $A(\diamond)$ aus

$$f(f(\diamond)) = f(\diamond) = \diamond.$$

Induktionsschluss: Es seien $b_1, b_2 \in \mathcal{B}(M)$ beliebig gewählt und es gelte die Induktionshypothese $A(b_1) \wedge A(b_2)$. Weiterhin sei $a \in M$ beliebig vorgegeben. Die folgende Rechnung beweist dann $A(baum(b_1, a, b_2))$;

$$
\begin{aligned}
f(f(baum(b_1, a, b_2))) &= f(baum(f(b_2), a, f(b_1))) && \text{zweite Gleichung } f \\
&= baum(f(f(b_1)), a, f(f(b_2))) && \text{zweite Gleichung } f \\
&= baum(b_1, a, b_2), && \text{Induktionsh. } A(b_1), A(b_2)
\end{aligned}
$$

(2) Umgangssprachlich wird durch den Aufruf $f(b)$ der Baum b gespiegelt.

Lösungsvorschlag Aufgabe 6.5.1

(1) Es sei $a \in M$ beliebig gewählt. Mit der linearen Liste $s := a : () \in M^+$ gilt dann $kopf(s) = kopf(a : ()) = a$. Also ist die Funktion $kopf$ surjektiv. Zum Beweis der Surjektivität der Funktion $rest$ sei $s \in M^*$ beliebig vorgegeben. Wegen $M \neq \emptyset$ gibt es ein $a \in M$ und für die lineare Liste $t := a : s \in M^+$ gilt die zu zeigende Gleichung $rest(t) = rest(a : s) = s$.

(2) Es ist $kopf$ nicht injektiv. Für alle $a \in M$ gelten $kopf(a : ()) = kopf(a : a : ())$ und $a : () \neq a : a : ()$. Besitzt die Menge M mindestens zwei Elemente, so ist auch $rest$ nicht injektiv. Für alle $a, b \in M$ mit $a \neq b$ gelten $rest(a : ()) = rest(b : ())$ und $a : () \neq b : ()$. Hingegen ist $rest$ im Fall $|M| = 1$ injektiv.

Lösungsvorschlag Aufgabe 6.5.2

(1) Es ist g injektiv, denn für alle $x, y \in \mathbb{R}$ gilt wegen der Injektivität von f, dass

$$g(x) = g(y) \iff 2 + 3\,f(x) = 2 + 3\,f(y) \implies f(x) = f(y) \implies x = y.$$

(2) Zum Beweis der Surjektivität von g sei $y \in \mathbb{R}$ beliebig gewählt. Wir definieren $x := f^{-1}(\frac{y-2}{3})$ und erhalten (f^{-1} ist eine Rechtsinverse zu f)

$$g(x) = 2 + 3\,f(f^{-1}(\frac{y-2}{3})) = 2 + 3 \cdot \frac{y-2}{3} = 2 + y - 2 = y.$$

Aus dieser Gleichung ergibt sich sofort $g^{-1}(y) = f^{-1}(\frac{y-2}{3})$ als Definition der Umkehrfunktion $g^{-1} : \mathbb{R} \to \mathbb{R}$.

Lösungsvorschlag Aufgabe 6.5.3

(1) Es seien $m, n \in \mathbb{N}$ beliebig vorgegeben. Zum Beweis von „$\Longrightarrow$" gelte $m \leq n$. Dann ist $f(m) \subseteq f(n)$ wahr, denn für alle Objekte a gilt

$$a \in f(m) \iff a \in \mathbb{N} \wedge a \leq m \implies a \in \mathbb{N} \wedge a \leq n \iff a \in f(n).$$

Zum Beweis von „$\Longleftarrow$" gelte $f(m) \subseteq f(n)$. Dann gilt $m \leq n$ wegen

$$m \leq m \implies m \in f(m) \implies m \in f(n) \iff m \leq n.$$

(2) Es seien $m, n \in \mathbb{N}$ beliebig vorgegeben. Dann gilt:

$$
\begin{aligned}
f(m) = f(n) &\iff f(m) \subseteq f(n) \wedge f(n) \subseteq f(m) && \text{Def. Mengengleichheit} \\
&\iff m \leq n \wedge n \leq m && \text{wegen (1)} \\
&\iff m = n
\end{aligned}
$$

(3) Die Funktion f kann nicht surjektiv sein. Wegen $n \in f(n)$ gilt $f(n) \neq \emptyset$ für alle $n \in \mathbb{N}$. Also existiert kein $n \in \mathbb{N}$ mit $f(n) = \emptyset$.

Lösungsvorschlag Aufgabe 6.5.4

(1) Wir beweisen durch vollständige Induktion, dass $\forall\, m \in \mathbb{N} : A(m)$ gilt, wobei die Aussage $A(m)$ festgelegt ist als $\forall\, n \in \mathbb{N} : f^m \circ f^n = f^{m+n}$.

Induktionsbeginn: Zum Beweis von $A(0)$ rechnen wir für alle $n \in \mathbb{N}$ wie folgt, wobei wir die Definition von f^0 und eine Eigenschaft identischer Funktionen verwenden:

$$f^0 \circ f^n = id_M \circ f^n = f^n = f^{0+n}$$

Induktionsschluss: Es sei $m \in \mathbb{N}$ beliebig gewählt und es gelte die Induktionshypothese $A(m)$. Zum Beweis von $A(m+1)$ sei $n \in \mathbb{N}$ beliebig vorgegeben. Dann gilt:

$$f^{m+1} \circ f^n = (f \circ f^m) \circ f^n = f \circ (f^m \circ f^n) = f \circ f^{m+n} = f^{m+n+1} = f^{m+1+n}$$

Wir verwenden hier zuerst die Definition der Potenzen von f, dann die Assoziativität der Funktionskomposition, dann die Induktionshypothese $A(m)$ und im vierten Schritt nochmals die Definition der Potenzen von f.

(2) Wir beweisen durch vollständige Induktion, dass $\forall\, n \in \mathbb{N} : A(n)$ gilt, wobei die Aussage $A(n)$ festgelegt ist als $f \circ f^n = f^n \circ f$.

Induktionsbeginn: Die Eigenschaft $A(0)$ zeigen wir wie folgt, wobei wir die Definition von f^0 und zwei Eigenschaften identischer Funktionen verwenden:

$$f \circ f^0 = f \circ id_M = f = id_M \circ f = f^0 \circ f$$

Induktionsschluss: Es sei $n \in \mathbb{N}$ beliebig gewählt und es gelte die Induktionshypothese $A(n)$. Die folgende Rechnung zeigt dann $A(n+1)$:

$$f \circ f^{n+1} = f \circ (f \circ f^n) = f \circ (f^n \circ f) = (f \circ f^n) \circ f = f^{n+1} \circ f$$

Wir verwenden zuerst die Definition der Potenzen von f, dann die Induktionshypothese $A(m)$, dann die Assoziativität der Funktionskomposition und im letzten Schritt nochmals die Definition der Potenzen von f.

(3) Gibt es ein $n \in \mathbb{N} \setminus \{0\}$ mit $f^n = id_M$, so gilt unter Verwendung der Definition der Potenzen von f im dritten Schritt und von (2) im vierten Schritt, dass

$$id_M = f^n = f^{n-1+1} = f \circ f^{n-1} = f^{n-1} \circ f.$$

Folglich ist f^{n-1} sowohl Rechts- als auch Linksinverse von f und somit ist f bijektiv mit Umkehrfunktion $f^{-1} = f^{n-1}$.

(4) Für die Funktion $rev : M^* \to M^*$ von Aufgabe 3.5.9 gilt $rev^2 = id_{M^*}$. Auch für die Funktion $f : \mathcal{B}(M) \to \mathcal{B}(M)$ von Aufgabe 4.6.12 gilt $f^2 = id_{\mathcal{B}(M)}$. Schließlich gilt noch $g^2 = id_{M^2}$, wenn man $g : M^2 \to M^2$ festlegt durch $g(x,y) = (y,x)$.

Lösungsvorschlag Aufgabe 6.5.5

Beweis von „$\Longrightarrow$": Es gelte das Auswahlaxiom. Weiterhin sei M eine beliebige nichtleere Menge. Dann ist $\mathcal{P}(M) \setminus \{\emptyset\}$ eine Menge von nichtleeren Mengen. Nach dem Auswahlaxiom gibt es eine Funktion $\alpha : \mathcal{P}(M) \setminus \{\emptyset\} \to \bigcup(\mathcal{P}(M) \setminus \{\emptyset\})$ mit $\alpha(X) \in X$ für alle $X \in \mathcal{P}(M) \setminus \{\emptyset\}$. Wegen $\bigcup(\mathcal{P}(M) \setminus \{\emptyset\}) = M$ hat α auch das für f geforderte Ziel M.

Beweis von „$\Longleftarrow$": Es gelte die in der Aufgabe formulierte Aussage. Zum Beweis des Auswahlaxioms sei $\mathcal{M}$ irgendeine Menge von nichtleeren Mengen. Wir definieren $M := \bigcup \mathcal{M}$. Weil $X \subseteq \bigcup \mathcal{M}$ für alle $X \in \mathcal{M}$ gilt, ist M nichtleer. Nach der Voraussetzung gibt es also eine Funktion $f : \mathcal{P}(M) \setminus \{\emptyset\} \to M$ mit $f(X) \in X$ für alle $X \in \mathcal{P}(M) \setminus \{\emptyset\}$. Weiterhin gilt $\mathcal{M} \subseteq \mathcal{P}(M) \setminus \{\emptyset\}$, denn für alle $X \in \mathcal{M}$ gelten $X \neq \emptyset$ und $X \subseteq \bigcup \mathcal{M} = M$. Somit erfüllt die Funktion $\alpha : \mathcal{M} \to \bigcup \mathcal{M}$ mit der Definition $\alpha(X) = f(X)$ die im Auswahlaxiom geforderte Eigenschaft $X \in \alpha(X)$ für alle $X \in \mathcal{M}$.

Lösungsvorschlag Aufgabe 6.5.6

Wir definieren die folgende Funktion:

$$f : M \to N \qquad f(x) = 3x + 1$$

Diese Definition ist korrekt (d.h. f ist überall definiert), da für alle $x \in \mathbb{R}$ aus $1 \leq x \leq 2$ folgt $4 \leq 3x+1 \leq 7$. In Kapitel 6 wurde gezeigt, dass f bijektiv ist und die Umkehrfunktion $f^{-1} : \mathbb{R} \to \mathbb{R}$ gegeben ist durch $f^{-1}(x) = \frac{x-1}{3}$.

Lösungsvorschlag Aufgabe 6.5.7

(1) Beweis von „$\Longrightarrow$": Es gelte $|M| = |N|$. Im Fall $|M| = |N| = 0$ können wir f als leere Relation $\emptyset \subseteq M \times N$ wählen, denn diese ist wegen $M = N = \emptyset$ eine bijektive Funktion. Wenn hingegen $|M| = |N| > 0$ gilt, so besitzen die Mengen die expliziten Darstellungen $M = \{a_1, \ldots, a_n\}$ und $N = \{b_1, \ldots, b_n\}$ mit $n \in \mathbb{N}_{>0}$ und Objekten $a_1, \ldots, a_n, b_1, \ldots, b_n$. Offensichtlich ist dann die Funktion $f : M \to N$ mit $f(a_i) = b_i$ für alle $i \in \{1, \ldots, n\}$ bijektiv.

Beweis von „$\Longleftarrow$": Es sei $f : M \to N$ bijektiv. Gilt $N = \emptyset$, so ist f die leere Relation $\emptyset \subseteq M \times \emptyset$. Damit diese total ist, muss $M = \emptyset$ gelten, was $|M| = 0 = |N|$ zeigt. Im Fall $N \neq \emptyset$ nehmen wir an, dass $N = \{b_1, \ldots, b_n\}$ mit $n \in \mathbb{N}_{>0}$ und

Objekten $b_1, \ldots, b_n$ gilt. Dann folgt die zu zeigende Gleichung $|M| = |N|$ aus der nachstehenden Rechnung:

$$|M| = |f^{-1}(N)| \qquad\qquad M = f^{-1}(N) \text{ da } f(x) \in N \text{ für alle } x \in M$$

$$= |f^{-1}(\bigcup_{i=1}^{n} \{b_i\})| \qquad\qquad \text{angenommene Darstellung } N$$

$$= |\bigcup_{i=1}^{n} f^{-1}(\{b_i\})| \qquad \text{Bildung Urbildmenge distribuiert über Vereinigung}$$

$$= \sum_{i=1}^{n} |f^{-1}(\{b_i\})| \qquad \text{Kardinalitätsformel, Mengen } f^{-1}(\{b_i\}) \text{ paarw. disj.}$$

$$= \sum_{i=1}^{n} 1 \qquad\qquad\qquad\qquad\qquad\qquad \text{weil } f \text{ bijektiv}$$

(2) Dies kann man sehr ähnlich zu (1) zeigen. Beim Beweis von „$\Longleftarrow$" wird der letzte Schritt zu $\sum_{i=1}^{n} |f^{-1}(\{b_i\})| \leq \sum_{i=1}^{n} 1$, weil Urbildmengen einelementiger Mengen bei injektiven Funktionen höchstens ein Element enthalten.

(3) Beweis von „$\Longrightarrow$": Es gelte $|M| < |N|$. Wegen (2) gibt es dann eine injektive Funktion $f : M \to N$. Es kann keine bijektive Funktion $g : M \to N$ geben, denn deren Existenz würde zusammen mit (1) zum Widerspruch $|M| = |N|$ führen.

Beweis von „$\Longleftarrow$": Es gebe eine injektive Funktion $f : M \to N$, aber keine bijektive Funktion $g : M \to N$. Die Existenz von f und (2) zeigen dann $|M| \leq |N|$. Es gilt auch $|M| \neq |N|$, denn aus $|M| = |N|$ würde mit (1) die Existenz einer bijektiven Funktion $g : M \to N$ folgen, was der Annahme widerspricht.

Lösungsvorschlag Aufgabe 6.5.8

(1) Die Funktion $f : M \times N \to N \times M$, definiert durch $f(x, y) = (y, x)$, ist offensichtlich bijektiv. Dies zeigt $|M \times N| = |N \times M|$.

(2) Die Funktion $f : M \times N \times P \to M \times (N \times P)$, definiert durch $f(x, y, z) = (x, (y, z))$, ist offensichtlich bijektiv und dies gilt auch für $g : M \times N \times P \to (M \times N) \times P$, definiert durch $g(x, y, z) = ((x, y), z)$. Dies zeigt $|M \times N \times P| = |M \times (N \times P)|$ und $|M \times N \times P| = |(M \times N) \times P|$, woraus auch $|M \times (N \times P)| = |(M \times N) \times P|$ folgt.

(3) Wegen $|M| = |P|$ gibt es eine bijektive Funktion $f : M \to P$ und wegen $|N| = |Q|$ gibt es eine bijektive Funktion $g : N \to Q$. Wir betrachten die folgenden Funktionen:

$$h_1 : M \times N \to P \times Q \qquad h_1(x, y) = (f(x), g(y))$$
$$h_2 : P \times Q \to M \times N \qquad h_2(u, v) = (f^{-1}(u), g^{-1}(v))$$

Dann ist h_1 bijektiv mit Umkehrfunktion h_2, denn es gilt

$$h_2(h_1(x, y)) = h_2(f(x), g(y)) = (f^{-1}(f(x)), g^{-1}(g(y))) = (x, y)$$

für alle $(x, y) \in M \times N$ und auch

$$h_1(h_2(u, v)) = h_1(f^{-1}(u), g^{-1}(v)) = (f(f^{-1}(u)), g(g^{-1}(v))) = (u, v)$$

für alle $(u, v) \in P \times Q$. Dies zeigt $|M \times N| = |P \times Q|$.

Lösungsvorschlag Aufgabe 6.5.9

(1) Punkt (2) folgt aus der Tatsache, dass die Umkehrfunktion $f^{-1} : N \to M$ einer bijektiven Funktion $f : M \to N$ bijektiv ist, und Punkt (3) folgt aus der Tatsache, dass die Komposition $g \circ f : M \to P$ einer bijektiven Funktion $f : M \to N$ mit einer injektiven Funktion $g : N \to P$ injektiv ist. Die Eigenschaften $|M| = |M|$ und $|M| \leq |M|$ von Punkt (4) werden durch die bijektive identische Funktion $id_M : M \to M$ gezeigt. Die Eigenschaft $\neg(|M| < |M|)$ zeigen wir durch Widerspruch. Angenommen, es gilt $\neg(|M| < |M|)$ nicht. Dann gilt $|M| < |M|$ und daraus folgt, dass es keine bijektive Funktion $f : M \to M$ gibt. Das ist ein Widerspruch, denn die Funktion id_M ist bijektiv.

(2) Es seien beliebige Mengen M, N und P mit den Eigenschaften $|M| \leq |N|$ und $|N| < |P|$ vorgegeben. Die zweite Eigenschaft impliziert $|N| \leq |P|$ und mit $|M| \leq |N|$ folgt daraus $|M| \leq |P|$. Es ist noch $\neg(|M| = |P|)$ zu beweisen. Wir führen einen Beweis durch Widerspruch und nehmen an, dass $\neg(|M| = |P|)$ nicht gilt. Dann gilt $|M| = |P|$ und folglich gibt es eine bijektive Funktion $f : P \to M$. Wegen $|M| \leq |N|$ existiert auch eine injektive Funktion $g : M \to N$ und es ist die Funktionskomposition $g \circ f : P \to N$ injektiv, was $|P| \leq |N|$ zeigt, also $|P| = |N|$, indem auf $|P| \leq |N|$ und $|N| \leq |P|$ der Satz von Schröder und Bernstein angewendet wird. Die Aussage $|P| = |N|$ widerspricht aber $|N| < |P|$. Auf die gleiche Weise kann man zeigen, dass aus $|M| < |N|$ und $|N| \leq |P|$ folgt $|M| < |P|$.

(3) Es seien wiederum beliebige Mengen M, N und P vorgegeben. Aus $|M| = |N|$ und $|N| < |P|$ folgen dann $|M| \leq |N|$ und $|N| < |P|$ und (2) zeigt $|M| < |P|$. In analoger Weise zeigt man die zweite Behauptung.

Lösungsvorschlag Aufgabe 6.5.10

(1) Wir beweisen durch vollständige Induktion, dass $\forall n \in \mathbb{N}_{\geq 1} : A(n)$ gilt, wobei die Aussage $A(n)$ festgelegt ist als $f(n) \leq 1 + \frac{n}{2}$.

Induktionsbeginn: Die Aussage $A(1)$ folgt aus

$$f(1) = \sum_{i=1}^{1} \frac{1}{i} = 1 \leq \frac{3}{2} = 1 + \frac{1}{2}.$$

Induktionsschluss: Es sei $n \in \mathbb{N}_{\geq 1}$ beliebig gewählt und es gelte die Induktionshypothese $A(n)$. Die folgende Rechnung zeigt dann $A(n+1)$:

$$f(n+1) = \sum_{i=1}^{n+1} \frac{1}{i} = \left(\sum_{i=1}^{n} \frac{1}{i}\right) + \frac{1}{n+1} \leq 1 + \frac{n}{2} + \frac{1}{n+1} \leq 1 + \frac{n}{2} + \frac{1}{2} = 1 + \frac{n+1}{2}$$

Hier wird im dritten Schritt die Induktionshypothese $A(n)$ verwendet und die Abschätzung $\frac{1}{n+1} \leq \frac{1}{2}$ des vierten Schritts folgt aus $2 \leq n + 1$.

(2) Es sei $n \in \mathbb{N}$ eine beliebige natürliche Zahl. Dann ist $n \geq 2$ äquivalent zu $1 + \frac{n}{2} \leq n$. Also gilt für alle $n \in \mathbb{N}_{\geq 2}$ wegen (1), dass $f(n) \leq 1 + \frac{n}{2} \leq n$, also $f(n) \leq cn$, wenn man c als 1 wählt. Dies zeigt $f \in \mathcal{O}(n)$ nach der Definition von $\mathcal{O}$.

Lösungsvorschlag Aufgabe 6.5.11

(1) Es seien $x, y \in \mathbb{N}$ mit $x \leq y$ beliebig vorgegeben. Dass f und g monoton sind folgt dann aus $f(x) = 2x + 2 \leq 2y + 2 = f(y)$ und $g(x) = x^2 \leq y^2 = g(y)$.

(2) Tabellarische Darstellung:

n	0	1	2	3	4	5
$f(n)$	2	4	6	8	10	12
$g(n)$	0	1	4	9	16	25

(3) Die kleinste Zahl $n \in \mathbb{N}$ mit $f(n) < g(n)$ ist $n = 3$.

(4) Es gilt $n_0 = 3$. Es sei $k \in \mathbb{N}$ beliebig vorgegeben. Für $k = 0$ ist $f(n_0 + k) < g(n_0 + k)$ äquivalent zu $f(3) = 8 < 9 = g(3)$ und für $k = 1$ ist $f(n_0 + k) < g(n_0 + k)$ äquivalent zu $f(4) = 10 < 16 = g(4)$. Nun sei $k \geq 2$. Dann gilt

$$f(n_0 + k) = 2n_0 + 2k + 2 \leq n_0^2 + 2n_0 k + k^2 = (n_0 + k)^2 = g(n_0 + k)$$

aufgrund von $2n_0 = 6 \leq 9 = n_0^2$, $2k \leq 2n_0 k$ und weil $k \geq 2$ impliziert $2 \leq k^2$.

Lösungsvorschlag Aufgabe 6.5.12

Für (1) erhalten wir $m = 0$, für (2) $m = 4$, für (3) $m = 10$, für (4) $m = 16$, und für (5) $m = 23$. Bei (5) gelten $22^5 = 5\,153\,632 \geq 4\,194\,304 = 2^{22}$ und $23^5 = 6\,436\,343 \leq 8\,388\,608 = 2^{23}$.

Lösungsvorschlag Aufgabe 6.5.13

Es seien $k, p \in \mathbb{N} \setminus \{0\}$ mit $k \leq p$ beliebig vorgegeben. Dann gibt es ein $r \in \mathbb{N}$ mit $p = k + r$. Somit gilt für alle $n \in \mathbb{N}_{\geq 1}$, dass $n^r \geq 1$, was

$$potenz_k(n) = n^k \leq n^k n^r = n^{k+r} = n^p = potenz_p(n)$$

impliziert. Dadurch ist $potenz_k \in \mathcal{O}(potenz_p)$ bewiesen.

Lösungsvorschlag Aufgabe 6.5.14

Für alle $x \in \mathbb{N}_{\geq 1}$ gilt

$$f(x) = 4x^3 + 3x^2 + 2x + 1 \leq 4x^3 + 3x^3 + 2x^3 + x^3 = 10x^3,$$

also $f(x) \leq 10\,potenz_3(x)$. Dies zeigt, dass $f \in \mathcal{O}(potenz_3)$ gilt.

Lösungsvorschlag Aufgabe 6.5.15

(1) Aufbauend auf $fib(0) = 1$ und $fib(1) = 1$ berechnen wir:

$fib(2) = 1 + 1 = 2$	$fib(3) = 1 + 2 = 3$	$fib(4) = 2 + 3 = 5$
$fib(5) = 3 + 5 = 8$	$fib(6) = 5 + 8 = 13$	$fib(7) = 8 + 13 = 21$
$fib(8) = 13 + 21 = 34$	$fib(9) = 21 + 34 = 55$	$fib(10) = 34 + 55 = 89$

(2) Wir beweisen durch vollständige Induktion, dass $\forall\, n \in \mathbb{N} : A(n)$ gilt, wobei die Aussage $A(n)$ festgelegt ist als $2^n \leq \mathit{fib}(2n) \leq \mathit{fib}(2n+1)$.

Induktionsbeginn: Die Aussage $A(0)$ gilt wegen der folgenden Rechnung, welche $\mathit{fib}(0) = 1$ und $\mathit{fib}(1) = 1$ benutzt:

$$2^0 = 1 = \mathit{fib}(2 \cdot 0) = \mathit{fib}(2 \cdot 0 + 1)$$

Induktionsschluss: Es sei $n \in \mathbb{N}$ beliebig gewählt und es gelte die Induktionshypothese $A(n)$. Um $A(n+1)$ zu beweisen, berechnen wir

$$
\begin{aligned}
2^{n+1} &= 2^n + 2^n \\
&\leq \mathit{fib}(2n) + \mathit{fib}(2n) && \text{Induktionshypothese } A(n) \\
&\leq \mathit{fib}(2n) + \mathit{fib}(2n+1) && \text{Induktionshypothese } A(n) \\
&= \mathit{fib}(2n+2) && \text{rekursive Definition } \mathit{fib} \\
&\leq \mathit{fib}(2n+1) + \mathit{fib}(2n+2) && \\
&= \mathit{fib}(2n+3) && \text{rekursive Definition } \mathit{fib} \\
&= \mathit{fib}(2(n+1)+1) &&
\end{aligned}
$$

und verwenden zusätzlich noch $\mathit{fib}(2n+2) = \mathit{fib}(2(n+1))$.

(3) Es gelten $\mathit{fib}(0) = 1 \leq 1 = 2^0$ und $\mathit{fib}(1) = 1 \leq 2 = 2^1$. Wir beweisen noch durch vollständige Induktion, dass $\forall\, n \in \mathbb{N}_{\geq 2} : A(n)$ gilt, wobei die Aussage $A(n)$ festgelegt ist als $\mathit{fib}(n) \leq 2^n$.

Induktionsbeginn: $A(2)$ gilt wegen $\mathit{fib}(2) = 2 \leq 4 = 2^2$.

Induktionsschluss: Es sei $n \in \mathbb{N}_{\geq 2}$ beliebig gewählt und es gelte die Induktionshypothese $A(n)$. Dann gilt auch $A(n+1)$ aufgrund der folgenden Rechnung:

$$
\begin{aligned}
\mathit{fib}(n+1) &= \mathit{fib}(n) + \mathit{fib}(n-1) && \text{rekursive Definition } \mathit{fib} \\
&\leq \mathit{fib}(n) + \mathit{fib}(n-1) + \mathit{fib}(n-2) && \\
&= \mathit{fib}(n) + \mathit{fib}(n) && \text{rekursive Definition } \mathit{fib} \\
&\leq 2^n + 2^n && \text{Induktionshypothese } A(n) \\
&= 2^{n+1} &&
\end{aligned}
$$

Lösungsvorschlag Aufgabe 6.5.16

(1) Es seien $n, a, b \in \mathbb{N}$ beliebig vorgegeben. Dann zeigt

$$F(0, a, b) = a\,\mathit{fib}(0) + b\,\mathit{fib}(0+1) = a \cdot 1 + b \cdot 1 = a + b$$

die erste Gleichung und

$$
\begin{aligned}
F(n+1, a, b) &= a\,\mathit{fib}(n+1) + b\,\mathit{fib}(n+2) && \text{Definition } F \\
&= a\,\mathit{fib}(n+1) + b(\mathit{fib}(n+1) + \mathit{fib}(n)) && \text{rekursive Definition } \mathit{fib} \\
&= b\,\mathit{fib}(n) + (a+b)\,\mathit{fib}(n+1) && \\
&= F(n, b, a+b) && \text{Definition } F
\end{aligned}
$$

die zweite Gleichung.

(2) Der Wert $fib(n)$ wird mittels $F(n, 1, 0)$ bestimmt. Im Vergleich zu einer Berechnung von $fib(n)$ unter Verwendung der rekursiven Definition von fib liegt der Vorteil darin, dass jeder Aufruf von F höchstens einen weiteren Aufruf von F nach sich zieht. Die Berechnung wird dadurch wesentlich effizienter.

Lösungsvorschlag Aufgabe 6.5.17

(1) Es seien n und x zwei Programmvariablen des Typs nat. Wir starten die Programmentwicklung mit der Beweisskizze

$$\{\textbf{wahr}\} \ \ldots \ \{x = fib(n)\},$$

welche nur aus der Vorbedingung **wahr** und der Nachbedingung $x = fib(n)$ besteht. Im ersten Schritt führen wir zwei weitere Programmvariablen k und y des Typs nat ein und betrachten die folgende gültige logische Implikation:

$$x = fib(k) \wedge y = fib(k + 1) \wedge n = k \implies x = fib(n)$$

Wenn wir den Teil $x = fib(k) \wedge y = fib(k + 1)$ der linken Seite als Schleifeninvariante $A(k, x, y)$ verwenden und $n = k$ als Negation der Schleifenbedingung $n \neq k$, so ist die Beweisverpflichtung $A(k, x, y) \wedge \neg(n \neq k) \implies x = fib(n)$ erfüllt. Dies führt zur folgenden verfeinerten Beweisskizze, bei der nur noch die Initialisierung der Programmvariablen k, x und y und der Schleifenrumpf fehlen:

> $\{\textbf{wahr}\}$
> $\ldots$
> $\{x = fib(k) \wedge y = fib(k + 1)\}$
> **while** $n \neq k$ **do**
> $\quad \ldots$
> **end**
> $\{x = fib(n)\}$

Um eine Initialisierung von k, x und y zu erhalten, welche die Schleifeninvariante etabliert, verwenden wir $fib(0) = 1$ und $fib(1) = 1$. Diese Gleichungen zeigen die Gültigkeit der Beweisverpflichtung **wahr** $\implies A(0, 1, 1)$, also, dass $k, x, y := 0, 1, 1$ eine korrekte Initialisierung ist. Es bleibt noch die Aufgabe, einen Schleifenrumpf zu entwickeln, so dass dessen Ausführung die Gültigkeit der Schleifeninvariante $A(k, x, y)$ unter der Schleifenbedingung $n \neq k$ erhält. Es seien also $n \neq k$ und $A(k, x, y)$ wahr. Im Hinblick auf die Terminierungsbedingung $n = k$ ist es sinnvoll, k zu $k + 1$ abzuändern. Damit haben wir Ausdrücke $E_1(x, y)$ und $E_2(x, y)$ so zu finden, dass $E_1(x, y) = fib(k + 1)$ und $E_2(x, y) = fib(k + 2)$ wahr werden. Wegen $A(k, x, y)$ bekommen wir $E_1(x, y)$ aus diesem Ansatz durch die folgende Rechnung:

$$E_1(x, y) = fib(k + 1) = y$$

Die nachfolgende Berechnung von $E_2(x, y)$ aus dem Ansatz verwendet zusätzlich zu $A(k, x, y)$ noch die rekursive Definition von fib:

$$E_2(x, y) = fib(k + 2) = fib(k) + fib(k + 1) = x + y$$

Folglich gilt die Beweisverpflichtung $A(k, x, y) \wedge n \neq k \Longrightarrow A(k+1, y, x+y)$, welche zeigt, dass $k, x, y := k+1, y, x+y$ ein korrekter Schleifenrumpf ist. Wir erhalten

$$
\begin{aligned}
&\{\textbf{wahr}\} \\
&k, x, y := 0, 1, 1; \\
&\{x = fib(k) \wedge y = fib(k+1)\} \\
&\textbf{while } n \neq k \textbf{ do} \\
&\quad k, x, y := k+1, y, x+y \\
&\textbf{end} \\
&\{x = fib(n)\}
\end{aligned}
$$

als vollständige Beweisskizze. Ihr Programm ist per Konstruktion partiell korrekt bezüglich der Vorbedingung **wahr** und der Nachbedingung $x = fib(n)$. Da die Schleife n-mal durchlaufen wird, besitzt es offensichtlich eine lineare Laufzeit in n.

(2) In dem Programm von (1) kommen nur Additionen und ein Test auf Ungleichheit als Operationen vor. Diese sind für alle natürlichen Zahlen definiert. Somit können bei der Ausführung keine Fehler erster Art auftreten. Auch ein Fehler zweiter Art ist nicht möglich, da die Schleife offensichtlich terminiert. Ein formaler Beweis verwendet $n - k$ als Terminierungsausdruck T. Es ist aber dazu noch $T \geq 0$ zu verifizieren, was durch die Hinzunahme von $k \leq n$ zur Schleifeninvariante einfach möglich ist.

Lösungsvorschlag Aufgabe 7.5.1

(1) R ist nicht reflexiv, denn $\emptyset \, R \, \emptyset$ gilt nicht.

(2) R ist symmetrisch, weil für alle $X, Y \in \mathcal{P}(\mathbb{N})$ gilt

$$
X \, R \, Y \iff \exists x \in \mathbb{N} : x \in X \wedge x \in Y \iff \exists x \in \mathbb{N} : x \in Y \wedge x \in X \iff Y \, R \, X.
$$

(3) R ist nicht antisymmetrisch, da zwar $\{1, 2\} \, R \, \{2, 3\}$ und $\{2, 3\} \, R \, \{1, 2\}$ gelten, aber auch $\{1, 2\} \neq \{2, 3\}$.

(4) R ist nicht transitiv, da zwar $\{1, 2\} \, R \, \{2, 3\}$ und $\{2, 3\} \, R \, \{3, 4\}$ gelten, $\{1, 2\} \, R \, \{3, 4\}$ aber nicht gilt.

Lösungsvorschlag Aufgabe 7.5.2

(1) $R \cap S$ ist reflexiv: Weil R und S reflexiv sind, gilt für alle $x \in M$

$$
x \, (R \cap S) \, y \iff x \, R \, y \wedge x \, S \, y \iff \textbf{wahr}.
$$

$R \cap S$ ist symmetrisch: Weil R und S symmetrisch sind, gilt für alle $x, y \in M$

$$
x \, (R \cap S) \, y \iff x \, R \, y \wedge x \, S \, y \iff y \, R \, x \wedge y \, S \, x \iff y \, (R \cap S) \, x.
$$

$R \cap S$ ist transitiv: Weil R und S transitiv sind, gilt für alle $x, y, z \in M$

$$
\begin{aligned}
x \, (R \cap S) \, y \wedge y \, (R \cap S) \, z &\iff x \, R \, y \wedge x \, S \, y \wedge y \, R \, z \wedge y \, S \, z \\
&\Longrightarrow x \, R \, z \wedge x \, S \, z \\
&\iff x \, (R \cap S) \, z.
\end{aligned}
$$

(2) Wir betrachten auf der Menge $M := \{1, 2, 3\}$ die folgenden Äquivalenzrelationen:

$$R := \mathbf{I}_M \cup \{(1,2),(2,1)\} \qquad S := \mathbf{I}_M \cup \{(2,3),(3,2)\}$$

Dann gilt $R \cup S = \mathbf{I}_M \cup \{(1,2),(2,3),(3,2),(2,1)\}$. Diese Relation ist zwar reflexiv und symmetrisch, aber nicht transitiv.

Lösungsvorschlag Aufgabe 7.5.3

(1) Die durch die Partition $\mathcal{M} := \{\,\{a\},\{b,c\},\{d\}\,\}$ der Menge $M := \{a,b,c,d\}$ beschriebene Äquivalenzrelation $\equiv$ hat die folgende explizite Darstellung:

$$\equiv \; = \; \{(a,a),(b,b),(b,c),(c,b),(c,c),(d,d)\}$$

(2) Aus (1) ergibt sich die folgende Kreuzchentabelle für die Äquivalenzrelation $\equiv$:

	a	b	c	d
a	x			
b		x	x	
c		x	x	
d				x

Lösungsvorschlag Aufgabe 7.5.4

Nachfolgend ist das Ordnungsdiagramm der geordneten Menge $(M, |)$ angegeben, wobei die Elemente der Teilmenge $X := \{2, 4, 6, 8\}$ von M fett und umkreist dargestellt sind:

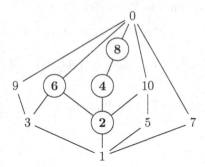

Mit Hilfe dieser Zeichnung bekommen wir:

(1) Die maximalen Elemente der Menge X sind 6 und 8 und das einzige minimale Element von X ist 2.

(2) Die einzige obere Schranke der Menge X ist 0 und die unteren Schranken von X sind 1 und 2.

(3) Es besitzt die Menge X kein größtes Element. Jedoch besitzt X ein kleinstes Element, nämlich 2.

(4) Die kleinste obere Schranke der Menge X ist 0 und die größte untere Schranke von X ist 2.

Lösungsvorschlag Aufgabe 7.5.5

Beweis von „$\Longrightarrow$" von (a): Es sei $x = y$. Dann gilt $\forall z \in M : z \leq x \Leftrightarrow z \leq y$ wegen der folgenden Rechnung:

$$\forall z \in M : z \leq x \Leftrightarrow z \leq y \iff \forall z \in M : z \leq x \Leftrightarrow z \leq x \qquad \text{da } x = y$$
$$\iff \forall z \in M : \textbf{wahr}$$
$$\iff \textbf{wahr}$$

Beweis von „$\Longleftarrow$" von (a): Es gelte $\forall z \in M : z \leq x \Leftrightarrow z \leq y$. Durch eine Spezialisierung von z zu x folgt $x \leq x \Leftrightarrow x \leq y$ und eine Spezialisierung von z zu y bringt $y \leq x \Leftrightarrow y \leq y$. Mit Hilfe der Reflexivität und Antisymmetrie von $\leq$ erhalten wir nun $x = y$ wie folgt:

$$(x \leq x \Leftrightarrow x \leq y) \wedge (y \leq x \Leftrightarrow y \leq y) \iff x \leq y \wedge y \leq x \implies x = y$$

Die Entsprechung von (a), wenn man die linke Seite zu $x \leq y$ abändert, ist

$$\text{(b)} \quad x \leq y \iff \forall z \in M : z \leq x \Rightarrow z \leq y.$$

Beweis von „$\Longrightarrow$" von (b): Es gelte $x \leq y$. Um $\forall z \in M : z \leq x \Rightarrow z \leq y$ zu zeigen, sei ein $z \in M$ beliebig vorgegeben. Gilt $z \leq x$, so folgt aufgrund von $x \leq y$ und der Transitivität von $\leq$ daraus $z \leq y$.

Beweis von „$\Longleftarrow$" von (b): Es gelte $\forall z \in M : z \leq x \Rightarrow z \leq y$. Eine Spezialisierung von z zu x zeigt, dass $x \leq x \Rightarrow x \leq y$ wahr ist. Analog zu oben liefert nun die Reflexivität von $\leq$ die linke Seite $x \leq y$ von (b).

Lösungsvorschlag Aufgabe 7.5.6

Wir betrachten die Menge von Mengen $\mathcal{M} :- \{\mathbb{N}_{\geq n} \mid n \in \mathbb{N}\}$, wobei für alle $n \in \mathbb{N}$ definiert ist $\mathbb{N}_{\geq n} := \{x \in \mathbb{N} \mid x \geq n\}$. Weil $\mathbb{N}_{\geq n} \subseteq \mathbb{N}$ für alle $n \in \mathbb{N}$ gilt und etwa auch $\mathbb{N} = \mathbb{N}_{\geq 0} \in \mathcal{M}$, ist $\mathcal{M}$ eine nichtleere Teilmenge von $\mathcal{P}(\mathbb{N})$. Weiterhin gilt $\mathbb{N}_{\geq n+1} \subset \mathbb{N}_{\geq n}$ für alle $n \in \mathbb{N}$. Somit besitzt $\mathcal{M}$ in der geordneten Menge $(\mathcal{P}(\mathbb{N}), \subseteq)$ kein minimales Element. Nach Definition ist also $(\mathcal{P}(\mathbb{N}), \subseteq)$ nicht Noethersch geordnet.

Lösungsvorschlag Aufgabe 7.5.7

Wegen $|M| \leq |\mathbb{N}|$ gibt es eine injektive Funktion $f : M \to \mathbb{N}$. Wir definieren auf M eine Relation $\sqsubseteq$ durch $x \sqsubseteq y$ genau dann, wenn $f(x) \leq f(y)$, für alle $x, y \in M$. Sie ist reflexiv, weil für alle $x \in M$ aufgrund der Reflexivität von $\leq$ gilt

$$x \sqsubseteq x \iff f(x) \leq f(x) \iff \textbf{wahr},$$

antisymmetrisch, weil aufgrund der Antisymmetrie von $\leq$ und der Injektivität von f für alle $x, y \in M$ gilt

$$x \sqsubseteq y \wedge y \sqsubseteq x \iff f(x) \leq f(y) \wedge f(y) \leq f(x) \implies f(x) = f(y) \implies x = y,$$

und transitiv, weil aufgrund der Transitivität von $\leq$ für alle $x, y, z \in M$ gilt

$$x \sqsubseteq y \wedge y \sqsubseteq z \iff f(x) \leq f(y) \wedge f(y) \leq f(z) \implies f(x) \leq f(z) \iff x \sqsubseteq z.$$

Also ist $\sqsubseteq$ eine Ordnungsrelation. Nun sei N eine beliebige nichtleere Teilmenge von M. Dann ist $f(N)$ eine nichtleere Teilmenge von $\mathbb{N}$ und besitzt folglich ein kleinstes Element n. Aufgrund von $n \in f(N)$ existiert ein $x \in N$ mit $f(x) = n$. Um zu zeigen, dass x das kleinste Element von N in der geordneten Menge $(M, \sqsubseteq)$ ist, sei $y \in N$ beliebig vorgegeben. Dann gilt $f(y) \in f(N)$ und folglich $n \leq f(y)$. Dies bringt $f(x) = n \leq f(y)$, was per Definition von $\sqsubseteq$ äquivalent zu $x \sqsubseteq y$ ist.

Lösungsvorschlag Aufgabe 7.5.8

(1) Beweis der Reflexivität von $\sqsubseteq$: Es sei $(x, y) \in \mathbb{N} \times \mathbb{N}$ beliebig vorgegeben. Aufgrund der Reflexivität von $\leq$ gilt dann:

$$(x, y) \sqsubseteq (x, y) \iff x \leq x \wedge y \leq y \iff \mathbf{wahr} \wedge \mathbf{wahr} \iff \mathbf{wahr}.$$

Beweis der Antisymmetrie von $\sqsubseteq$: Es seien $(x, y) \in \mathbb{N} \times \mathbb{N}$ und $(m, n) \in \mathbb{N} \times \mathbb{N}$ beliebig vorgegeben. Weil $\leq$ antisymmetrisch ist, gilt dann:

$$
\begin{aligned}
(x, y) \sqsubseteq (m, n) \wedge (m, n) \sqsubseteq (x, y) &\iff x \leq m \wedge y \leq n \wedge m \leq x \wedge n \leq y \\
&\implies x = m \wedge y = n \\
&\iff (x, y) = (m, n)
\end{aligned}
$$

Beweis der Transitivität von $\sqsubseteq$: Es seien $(x, y) \in \mathbb{N} \times \mathbb{N}$, $(m, n) \in \mathbb{N} \times \mathbb{N}$ und $(u, v) \in \mathbb{N} \times \mathbb{N}$ beliebig vorgegeben. Weil $\leq$ transitiv ist, gilt dann:

$$
\begin{aligned}
(x, y) \sqsubseteq (m, n) \wedge (m, n) \sqsubseteq (u, v) &\iff x \leq m \wedge y \leq n \wedge m \leq u \wedge n \leq v \\
&\implies x \leq u \wedge y \leq v \\
&\iff (x, y) \leq (u, v)
\end{aligned}
$$

Also ist $\sqsubseteq$ eine Ordnungsrelation. Zum Beweis, dass $(\mathbb{N} \times \mathbb{N}, \sqsubseteq)$ eine Noethersch geordnete Menge ist, sei X eine beliebige nichtleere Teilmenge von $\mathbb{N} \times \mathbb{N}$. Wir betrachten die folgende nichtleere Teilmenge von $\mathbb{N}$:

$$A := \{x \in \mathbb{N} \mid \exists y \in \mathbb{N} : (x, y) \in X\}$$

Weil $(\mathbb{N}, \leq)$ eine Noethersch geordnete Menge ist, besitzt A ein minimales Element a in $(\mathbb{N}, \leq)$. Wir betrachten nun eine weitere nichtleere Teilmenge von $\mathbb{N}$, nämlich:

$$B := \{y \in \mathbb{N} \mid (a, y) \in X\}$$

Auch B besitzt ein minimales Element b in $(\mathbb{N}, \leq)$ und $b \in B$ impliziert $(a, b) \in X$. Zum Beweis, dass (a, b) sogar ein minimales Element von X bezüglich $(\mathbb{N} \times \mathbb{N}, \sqsubseteq)$ ist, sei $(x, y) \in X$ mit $(x, y) \sqsubseteq (a, b)$ beliebig vorgegeben. Dann gelten $x \leq a$ und $y \leq b$. Weiterhin gilt $x \in A$ und folglich $x = a$, denn a ist minimal in A. Aus $x = a$ folgt aber $y \in B$, also $y = b$, denn b ist minimal in B. Insgesamt gilt also $(x, y) = (a, b)$ wie erforderlich.

(2) Wir beweisen durch Noethersche Induktion, dass $\forall (m, n) \in \mathbb{N} \times \mathbb{N} : A(m, n)$ gilt, wobei die Aussage $A(m, n)$ festgelegt ist als $f(m, n) = |m - n|$ und $(\mathbb{N} \times \mathbb{N}, \sqsubseteq)$ als

Noethersch geordnete Menge verwendet wird[23].

Induktionsbeginn: Das einzige minimale Element von $\mathbb{N} \times \mathbb{N}$ in $(\mathbb{N} \times \mathbb{N}, \sqsubseteq)$ ist offensichtlich $(0,0)$ und $A(0,0)$ gilt aufgrund der ersten Gleichung von f, da

$$f(0,0) = 0 = |0 - 0|.$$

Induktionsschluss: Es sei $(m,n) \in \mathbb{N} \times \mathbb{N}$ beliebig gewählt, so dass dieses Paar nicht minimal in $\mathbb{N} \times \mathbb{N}$ hinsichtlich $(\mathbb{N} \times \mathbb{N}, \sqsubseteq)$ ist und die Induktionshypothese gilt, also $A(x,y)$ für alle $(x,y) \in \mathbb{N} \times \mathbb{N}$ mit $(x,y) \sqsubset (m,n)$. Wegen $(m,n) \neq (0,0)$ unterscheiden wir drei Fälle. Es gelte $m \neq 0$ und $n = 0$. Unter Verwendung der zweiten Gleichung von f folgt aus

$$f(m,n) = m = |m - 0| = |m - n|$$

dann $A(m,n)$ in diesem Fall. Nun gelte $m = 0$ und $n \neq 0$. Hier folgt $A(m,n)$ aus

$$f(m,n) = n = |-n| = |0 - n| = |m - n|,$$

wobei die erste Gleichung von f benutzt wird. Schließlich gelte noch $m \neq 0$ und $n \neq 0$. In diesem Fall bekommen wir mittels der dritten Gleichung von f, der Eigenschaft $(m-1, n-1) \sqsubset (m,n)$ und der Induktionshypothese $A(m-1, n-1)$, dass

$$f(m,n) = f(m-1, n-1) = |(m-1) - (n-1)| = |m - 1 - n + 1| = |m - n|$$

gilt, also ebenfalls $A(m,n)$.

Lösungsvorschlag Aufgabe 7.5.9

Wir verwenden f als Relation $f \subseteq M \times M$ und betrachten den gerichteten Graphen $g = (M, f)$ und seine Knotengrade $d_g^+(x)$ und $d_q^-(x)$. Da f eine Funktion ist, gilt $d_g^+(x) = 1$ für alle Knoten $x \in M$ und die Gradformel impliziert

$$\sum_{x \in M} d_g^-(x) = \sum_{x \in M} d_g^+(x) = \sum_{x \in M} 1 = |M|.$$

Um die behaupteten logischen Äquivalenzen zu zeigen, beweisen wir zuerst, dass f injektiv genau dann ist, wenn f bijektiv ist. Beweis von „$\Longrightarrow$": Es sei f injektiv. Dann gilt $d_g^-(x) \leq 1$ für alle $x \in M$ und mit $\sum_{x \in M} d_g^-(x) = |M|$ folgt $d_g^-(x) = 1$ für alle $x \in M$. Letzteres besagt, dass f bijektiv ist. Die Richtung „$\Longleftarrow$" folgt direkt aus der Definition von bijektiv.

Es bleibt noch zu zeigen, dass f surjektiv genau dann ist, wenn f bijektiv ist. Beweis von „$\Longrightarrow$": Es sei f surjektiv. Dann gilt $d_g^-(x) \geq 1$ für alle $x \in M$ und mit $\sum_{x \in M} d_g^-(x) = |M|$ folgt nun ebenfalls $d_g^-(x) = 1$ für alle $x \in M$, also, dass f bijektiv ist. Die Richtung „$\Longleftarrow$" folgt wiederum direkt aus der Definition von bijektiv.

---

[23]Streng genommen ist $\forall (m,n) \in \mathbb{N} \times \mathbb{N} : A(m,n)$ keine prädikatenlogische Formel, da in Formeln nur über Variablen quantifiziert werden darf. Da bei Beweisen in der Umgangssprache diese Beschränkung außer Acht gelassen wird, haben wir uns der Einfachheit halber für die Quantifizierung über Paare entschieden. Eine Formulierung des bei der Induktion verwendeten Prädikats in der Sprache der Prädikatenlogik ist etwa $\forall u \in \mathbb{N} \times \mathbb{N} : A(\pi_1(u), \pi_2(u))$, wobei die Funktion $\pi_1 : \mathbb{N} \times \mathbb{N} \to \mathbb{N}$ die erste Komponente des Paars u liefert und die Funktion $\pi_2 : \mathbb{N} \times \mathbb{N} \to \mathbb{N}$ die zweite Komponente.

Lösungsvorschlag Aufgabe 7.5.10

(1) Die folgenden vier Zeichnungen der gerichteten Graphen g_0 bis g_3 entsprechen genau den Ordnungsdiagrammen der geordneten Mengen $\mathcal{P}(M_0, \subseteq)$ bis $\mathcal{P}(M_3, \subseteq)$.

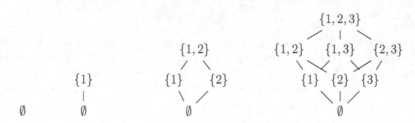

(2) In g_0 ist $(\emptyset)$ der einzige Weg von $\emptyset$ nach $\emptyset = M_0$. Auch in g_1 gibt es genau einen Weg von $\emptyset$ nach $\{1\} = M_1$; dieser ist $(\emptyset, M_1)$. In g_2 gibt es genau zwei Wege von $\emptyset$ nach $\{1, 2\} = M_2$, nämlich $(\emptyset, \{1\}, M_2)$ und $(\emptyset, \{2\}, M_2)$. Schließlich gibt es in g_3 genau sechs Wege von $\emptyset$ nach $\{1, 2, 3\} = M_3$. Diese sind $(\emptyset, \{1\}, \{1, 2\}, M_3)$, $(\emptyset, \{1\}, \{1, 3\}, M_3)$, $(\emptyset, \{2\}, \{1, 2\}, M_3)$, $(\emptyset, \{2\}, \{2, 3\}, M_3)$, $(\emptyset, \{3\}, \{1, 3\}, M_3)$ und $(\emptyset, \{3\}, \{2, 3\}, M_3)$.

Lösungsvorschlag Aufgabe 7.5.11

(1) Es sei ein beliebiger gerichteter Graph $g = (V, P)$ vorgegeben. Dann ist die Menge $\{X \in \mathcal{P}(P) \mid X^* = P^*\}$ nichtleer, denn $P \in \mathcal{P}(P)$ und $P^* = P^*$ zeigen, dass sie die Pfeilrelation P enthält. Weil die Knotenmenge V von g endlich ist, ist auch P endlich und folglich auch $\mathcal{P}(P)$. Somit ist $(\mathcal{P}(P), \subseteq)$ eine Noethersch geordnete Menge. Also besitzt in ihr die nichtleere Teilmenge $\{X \in \mathcal{P}(P) \mid X^* = P^*\}$ von $\mathcal{P}(P)$ ein minimales Element Q. Per Definition ist dann der gerichtete Graph $h = (V, Q)$ eine transitive Reduktion von g,

(2) Wir betrachten den gerichteten Graphen $g = (V, V \times V)$, mit $V := \{1, 2, 3\}$, und die folgenden Relationen auf V:

$$Q_1 := \{(1, 2), (2, 3), (3, 1)\} \qquad Q_2 := \{(1, 2), (2, 1), (1, 3), (3, 1)\}$$

Wie man leicht nachprüft, sind dadurch zwei transitive Reduktionen $h_1 = (V, Q_1)$ und $h_2 = (V, Q_2)$ von g gegeben, deren Pfeilrelationen verschiedene Kardinalitäten besitzen.

Lösungsvorschlag Aufgabe 8.5.1

(1) Es werden $\binom{21}{2} = \frac{21 \cdot 20}{2} = 210$ Hände gedrückt. Dies ist die Anzahl der Kanten eines ungerichteten Graphen mit 21 Knoten, bei dem je zwei verschiedene Knoten durch eine Kante verbunden sind.

(2) Auf genau $5! = 120$ Arten können sich 5 Personen auf 5 Stühle setzen, denn jede Art entspricht genau einer bijektiven Funktion von der Menge der 5 Personen nach der Menge der 5 Stühle.

(3) Es gibt genau $25^2 + 25^2 + 25^2 = 1875$ Wörter der Länge 3 über den 26 lateinischen Kleinbuchstaben, in denen der Buchstabe a genau einmal vorkommt. Wenn man jedes solche Wort als Tripel auffasst, so ist $\{a\} \times M \times M \cup M \times \{a\} \times M \cup M \times M \times \{a\}$ die Menge dieser Wörter, mit $M := \{b, c, \ldots, z\}$ und $|M| = 25$.

Lösungsvorschlag Aufgabe 8.5.2

(1) Formal kann man die Notation $|s|_x$ über den Aufbau der linearen Listen wie folgt definieren: Für alle $s \in M^*$ und $a, x \in M$ gilt:

$$|()|_x = 0 \qquad |a : s|_x = \begin{cases} 1 + |s|_x & \text{falls } a = x \\ |s|_x & \text{falls } a \neq x \end{cases}$$

(2) Es seien $n, k \in \mathbb{N}$ beliebig vorgegeben. Wir betrachten die folgende Funktion:

$$f : \{s \in \{0,1\}^n \mid |s|_1 = k\} \to \mathcal{P}_k(n) \qquad f(s) = \{i \in \mathbb{N} \mid s_i = 1\}$$

Wie man einfach nachrechnen kann, ist f bijektiv Daraus folgt:

$$|\{s \in \{0,1\}^n \mid |s|_1 = k\}| = |\mathcal{P}_k(n)| = \binom{n}{k}$$

Lösungsvorschlag Aufgabe 8.5.3

Wir beweisen durch vollständige Induktion, dass $\forall n \in \mathbb{N} : A(n)$ gilt, wobei die Aussage $A(n)$ festgelegt ist als $\forall k \in \mathbb{N}_{\leq n} : \sum_{i=0}^{n} \binom{i}{k} = \binom{n+1}{k+1}$.

Induktionsbeginn: Zum Beweis von $A(0)$ sei $k \in \mathbb{N}_{\leq 0}$ beliebig vorgegeben. Dann gilt:

$$\sum_{i=0}^{0} \binom{i}{k} = \sum_{i=0}^{0} \binom{i}{0} = \binom{0}{0} = 1 = \binom{1}{1} = \binom{0+1}{k+1}.$$

Induktionsschluss: Es sei $n \in \mathbb{N}$ beliebig gewählt und es gelte die Induktionshypothese $A(n)$. Zum Beweis von $A(n+1)$ sei $k \in \mathbb{N}_{\leq n+1}$ beliebig vorgegeben. Wir unterscheiden zwei Fälle. Zuerst sei $k \leq n$. Dann gilt

$$\sum_{i=0}^{n+1} \binom{i}{k} = \binom{n+1}{k} + \sum_{i=0}^{n} \binom{i}{k} = \binom{n+1}{k} + \binom{n+1}{k+1} = \binom{n+2}{k+1},$$

wobei im zweiten Schritt die Induktionshypothese $A(n)$ verwendet wird und im dritten Schritt der Satz von Pascal. Es verbleibt noch der Fall $k = n + 1$. Hier gilt

$$\sum_{i=0}^{n+1} \binom{i}{k} = \sum_{i=0}^{n+1} \binom{i}{n+1} = \binom{n+1}{n+1} + \sum_{i=0}^{n} \binom{i}{n+1} = \binom{n+1}{n+1} = \binom{n+2}{n+2} = \binom{n+2}{k+1}$$

aufgrund von $\binom{p}{q} = 0$ für alle $p, q \in \mathbb{N}$ mit $p < q$ und $\binom{m}{m} = 1$ für alle $m \in \mathbb{N}$.

Die eben bewiesene Gleichung besagt für das Pascalsche Dreieck das Folgende: Wenn man die Zahlen längs der schrägen Spalte zu k von oben bis zur Zeile zn n aufsummiert, dann bekommt man als Resultat diejenige Zahl, die man im Dreieck schräg rechts direkt unterhalb des letzten Summanden findet.

Lösungsvorschlag Aufgabe 8.5.4

Jede Möglichkeit, die Spielfigur vom Feld $(1,1)$ links unten zum Feld (m,m) rechts oben zu bewegen, besteht aus genau $2(m-1)$ Schritten. Davon sind $m-1$ Schritte horizontal nach rechts und $m-1$ Schritte vertikal nach oben. Sie kann also genau durch eine lineare Liste $s \in \{0,1\}^{2(m-1)}$ beschrieben werden, mit $s_i = 1$ genau dann, wenn der i-te Schritt horizontal nach rechts führt, und $s_i = 0$ genau dann, wenn der i-te Schritt vertikal nach oben führt. Damit ergibt sich die Anzahl A der Möglichkeiten als

$$A = |\{s \in \{0,1\}^{2(m-1)} \mid |s|_1 = m-1\}| = \binom{2(m-1)}{m-1},$$

indem die in Aufgabe 8.5.2 (2) bewiesene Gleichung verwendet wird.

Lösungsvorschlag Aufgabe 8.5.5

Wir setzen das in Aufgabe 8.5.4 angegebene Schachbrett mit den m^2 Feldern $(1,1)$ bis (m,m) von links unten bis rechts oben voraus.

(1) Die maximale Anzahl von Läufern, die man auf dem Schachbrett so platzieren kann, dass sie sich gegenseitig nicht bedrohen, ist $2m-2$. Solch eine Platzierung ist etwa dadurch gegeben, dass m Läufer auf die Felder $(1,1)$ bis $(1,m)$ platziert werden und $m-2$ Läufer auf die Felder $(m,2)$ bis $(m, m-1)$.

Wir beweisen nun durch Widerspruch, dass eine Platzierung von mehr als $2m-2$ von sich gegenseitig nicht bedrohenden Läufern nicht möglich ist. Angenommen, es seien k sich gegenseitig nicht bedrohende Läufer auf dem Schachbrett platziert und es gelte $k > 2m-2$. Weil auf jeder $45°$-Diagonale höchstens ein Läufer stehen kann und das Schachbrett $2m-1$ $45°$-Diagonalen besitzt, gilt $k \le 2m-1$, also $k = 2m-1$. Folglich steht auf jeder $45°$-Diagonale genau ein Läufer, was heißt, dass die zwei gegenüberliegenden Eckfelder $(m,1)$ und $(1,m)$ mit Läufern besetzt sind. Diese bedrohen sich aber, im Widerspruch zur Annahme.

(2) Wir zeigen zuerst, dass bei einer gegebenen Platzierung von $2m-2$ Läufern, die sich gegenseitig nicht bedrohen, alle Läufer auf einem Randfeld stehen. Dazu ordnen wir jedem Feld (i,j) des Schachbretts eine Zahl $a(i,j)$ wie folgt zu:

$$a(i,j) = \begin{cases} 1 & \text{falls auf } (i,j) \text{ ein Läufer steht} \\ k & \text{falls } (i,j) \text{ leer ist, aber von } k \text{ Läufern bedroht wird} \end{cases}$$

Weil die Läuferanzahl maximal ist und sich die Läufer gegenseitig nicht bedrohen, gilt $1 \le a(i,j) \le 2$ für alle Felder (i,j). Es gelten weiterhin $a(i,j) = 1$ für die $2m-2$ Felder (i,j), auf denen ein Läufer steht, $a(i,j) = 1$ für die 4 Eckfelder (i,j) und, dass mindestens zwei der 4 Eckfelder leer sind. Folglich gibt es mindestens $2m$ Felder (i,j) mit $a(i,j) = 1$. Mit $A := \sum_{i=1}^{m} \sum_{j=1}^{m} a(i,j)$ gilt also

$$A \le 2m + 2(m^2 - 2m) = 2m^2 - 2m = (2m-2)m,$$

denn $2m$ Feldern ist 1 als a-Wert zugewiesen und $m^2 - 2m$ Feldern ist 1 oder 2 als a-Wert zugewiesen.

Es bezeichne nun r die Zahl der Läufer, welche auf einem Randfeld stehen, und $n := 2m - 2 - r$ die Zahl der Läufer, welche auf einem Nichtrandfeld stehen. Ein Läufer auf einem Randfeld bedroht genau $m - 1$ Felder und ein Läufer auf einem Nichtrandfeld bedroht mindestens $m + 1$ Felder. Daraus folgt:

$$A \geq r + r(m-1) + n + n(m+1) \qquad \text{siehe oben}$$
$$= rm + nm + 2n$$
$$= (r+n)m + 2n$$
$$= (2m-2)m + 2n \qquad \text{da } r + n = 2m - 2$$

Mit $A \leq (2m-2)m$ folgt daraus $A = A + 2n$, also $n = 0$, was den Beweis beendet.

Jede Platzierung derjenigen Läufer, die auf der ersten Zeile stehen, legt nun fest, wo die restlichen Läufer auf dem Rand stehen. Steht ein Läufer auf dem Feld $(1, k)$, so müssen die bedrohten Felder $(k, 1)$ und $(m-k+1, m)$ leer sein und es darf (aufgrund der Maximalzahl von Läufern) das Feld $(m, m-k+1)$ nicht leer sein.

Auf jedem Feld der ersten Zeile kann ein Läufer stehen, oder es kann leer sein. Es gibt somit genau 2^m Möglichkeiten, Läufer auf der ersten Zeile zu platzieren. Folglich gibt es auch genau 2^m Möglichkeiten, $2m - 2$ sich nicht gegenseitig bedrohende Läufer auf dem gesamten Schachbrett zu platzieren.

Lösungsvorschlag Aufgabe 8.5.6

Ist V eine endliche Menge, so gibt es genau so viele gerichtete Graphen $g = (V, P)$ wie es Relationen auf P gibt, also $2^{|V| \cdot |V|}$. Es gibt $\binom{|V|}{2}$ zweielementige Teilmengen von V. Die Kantenmenge K eines jeden ungerichteten Graphen $g = (V, K)$ ist eine Teilmenge der Menge aller zweielementigen Teilmengen von V. Folglich gibt es $2^{\binom{|V|}{2}} = 2^{\frac{|V|(|V|-1)}{2}}$ ungerichtete Graphen $g = (V, K)$.

Lösungsvorschlag Aufgabe 8.5.7

Wir definieren die Menge von Mengen $\mathcal{K} := \{\{x,y\} \mid x, y \in V \wedge x \neq y\}$ und die Menge von Relationen $\mathcal{R} := \{R \in \mathcal{P}(V \times V) \mid R \text{ symmetrisch und irreflexiv}\}$. Die Behauptung gilt, wenn $|\mathcal{K}| = |\mathcal{R}|$ gezeigt ist. Dazu betrachten wir die Funktion

$$f : \mathcal{K} \to \mathcal{R} \qquad f(K) = \{(x,y) \mid x, y \in V \wedge \{x,y\} \in K\}$$

und die Funktion

$$g : \mathcal{R} \to \mathcal{K} \qquad g(R) = \{\{x,y\} \mid x, y \in V \wedge x\,R\,y\}.$$

Es sind f und g in der Tat Funktionen, da $f(K)$ für alle $K \in \mathcal{K}$ symmetrisch und irreflexiv ist und $g(R)$ für alle $R \in \mathcal{R}$ nur aus zweielementigen Mengen besteht. Im Folgenden zeigen wir, dass g eine Links- und eine Rechtsinverse von f ist, womit beide Funktionen als bijektiv nachgewiesen sind. Zum Beweis dass g eine Linksinverse von f ist, sei $K \in \mathcal{K}$ beliebig angenommen. Dann gilt

$$g(f(K)) = \{\{x,y\} \mid x, y \in V \wedge x\,f(K)\,y\} = \{\{x,y\} \mid x, y \in V \wedge \{x,y\} \in K\} = K$$

aufgrund der Definition von f und g. Um zu zeigen, dass g auch eine Rechtsinverse von f ist, sei nun $R \in \mathcal{R}$ beliebig angenommen. Dann liefert die Definition von f und g hier

$$f(g(R)) = \{(x,y) \mid x,y \in V \wedge \{x,y\} \in g(R)\} = \{(x,y) \mid x,y \in V \wedge x\,R\,y\} = R.$$

Lösungsvorschlag Aufgabe 8.5.8

(1) Es unterscheiden sich $s,t \in \{0,1\}^n$ in genau einer Komponente, wenn die folgende Formel wahr ist:

$$\exists i \in \{1,\dots,n\} : s_i \neq t_i \wedge \forall j \in \{1,\dots,n\} : i \neq j \Rightarrow s_j = t_j$$

(2) Die folgenden drei Zeichnungen stellen die Hyperwürfel Q_1, Q_2 und Q_3 dar, wobei für lineare Listen eine abkürzende Schreibweise verwendet wird, um die Lesbarkeit zu verbessern:

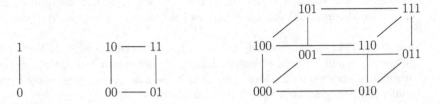

Alle Knoten der Hyperwürfel Q_n, $1 \leq n \leq 3$, haben den Knotengrad n. In Q_1 ist $\{0\}$ die Nachbarnmenge von 1 und $\{1\}$ die Nachbarnmenge von 0, wobei wir wieder die abkürzende Schreibweise für lineare Listen verwenden. In Q_2 ist $\{01,10\}$ die Nachbarnmenge von 00 und auch von 11 und 10 und 01 haben beide die Nachbarnmenge $\{00,11\}$. Die Nachbarnmengen von Q_3 kann man ebenfalls einfach der Zeichnung entnehmen.

Lösungsvorschlag Aufgabe 8.5.9

Es sei $Q_n = (V_n, K_n)$ ein beliebiger Hyperwürfel. Aus $V_n = \{0,1\}^n$ folgt dann

$$|V_n| = |\{0,1\}^n| = |\{0,1\}|^n = 2^n.$$

Zu zwei Knoten $s,t \in V_n$ gilt $\{s,t\} \in K_n$ genau dann, wenn s und t sich in genau einer Komponente unterscheiden. Dies impliziert $d_{Q_n}(s) = n$ für alle $s \in V_n$, woraus

$$n2^n = n\,|V_n| = \sum_{s\in V_n} n = \sum_{s\in V_n} d_{Q_n}(s) = 2\,|K_n|$$

mit Hilfe der Gradformel folgt, also $|K_n| = \frac{n2^n}{2} = n2^{n-1}$.

Lösungsvorschlag Aufgabe 8.5.10

(1) Wenn die Menge C einelementig ist, dann gilt für alle $x,y \in C$ immer $x = y$, also auch $x = y$ oder $\{x,y\} \in K$. Damit ist C eine Clique.

(2) Ist der ungerichtete Graph g ein Baum, so ist genau jede Kante eine Clique mit zwei Knoten. Also gibt es $|V| - 1$ solche Cliquen.

Lösungsvorschlag Aufgabe 8.5.11

Da der Baum $g = (V, K)$ zusammenhängend ist, gilt $d_g(x) \geq 1$ für alle $x \in V$. Wir führen einen Beweis durch Widerspruch. Angenommen, es gibt höchstens einen Knoten mit Knotengrad 1. Wir unterscheiden zwei Fälle. Gibt es gar keinen Knoten mit Knotengrad 1, so folgt mit Hilfe der Gradformel und $|K| = |V| - 1$, dass

$$2|K| = \sum_{x \in V} d_g(x) \geq \sum_{x \in V} 2 = 2|V| = 2(|K| + 1) = 2|K| + 2,$$

was ein Widerspruch ist. Im zweitem Fall sei $a \in V$ der einzige Knoten mit Knotengrad 1. Auch hier führen die Gradformel und $|K| = |V| - 1$ zu einem Widerspruch, da

$$2|K| = \sum_{x \in V} d_g(x) \geq 1 + \sum_{x \in V \setminus \{a\}} 2 = 1 + 2(|V| - 1) = 1 + 2|K|.$$

Lösungsvorschlag Aufgabe 8.5.12

(1) Die ungerichteten Graphen g_1 und g_2 sind isomorph. Hingegen ist der ungerichtete Graph g_3 weder zu g_1 noch zu g_2 isomorph.

(2) Ein ungerichteter Graph ist genau dann planar, wenn er isomorph zu einer planaren linealischen Graphzeichnung ist.

(3) Es sei V eine beliebige endliche und nichtleere Menge. Die Relation „sind isomorph" ist reflexiv. Zum Beweis sei ein beliebiger ungerichteter Graph $g = (V, K)$ vorgegeben. Dann ist $id_V : V \to V$ bijektiv und für alle $x, y \in V$ gilt:

$$\{x, y\} \in K \iff \{id_V(x), id_V(y)\} \in K$$

Die Relation ist auch symmetrisch. Zum Beweis seien $g_1 = (V_1, K_1)$ und $g_2 = (V_2, K_2)$ beliebige ungerichtete Graphen. Wenn g_1 und g_2 isomorph sind, dann gibt es eine bijektive Funktion $\Phi : V_1 \to V_2$, so dass $\{x, y\} \in K_1$ und $\{\Phi(x), \Phi(y)\} \in K_2$ für alle $x, y \in V_1$ äquivalent sind. Es sind dann auch g_2 und g_1 isomorph, denn $\Phi^{-1} : V_2 \to V_1$ ist ebenfalls eine bijektive Funktion und für alle $u, v \in V_2$ gilt:

$$\{u, v\} \in K_2 \iff \{\Phi(\Phi^{-1}(u)), \Phi(\Phi^{-1}(v))\} \in K_2 \iff \{\Phi^{-1}(u), \Phi^{-1}(v)\} \in K_1$$

Die Relation ist auch transitiv. Zum Beweis seien $g_1 = (V_1, K_1)$, $g_2 = (V_2, K_2)$ und $g_3 = (V_3, K_3)$ beliebige ungerichtete Graphen. Weiterhin seien g_1 und g_2 isomorph vermöge der bijektiven Funktion $\Phi : V_1 \to V_2$ und g_2 und g_3 seien isomorph vermöge der bijektiven Funktion $\Psi : V_2 \to V_3$. Dann sind auch g_1 und g_3 isomorph, denn $\Psi \circ \Phi : V_1 \to V_3$ ist bijektiv und für alle $x, y \in V_1$ gilt:

$$\begin{aligned} \{x, y\} \in K_1 &\iff \{\Phi(x), \Phi(y)\} \in K_2 && \text{da } g_1 \text{ und } g_2 \text{ isomorph} \\ &\iff \{\Psi(\Phi(x)), \Psi(\Phi(y))\} \in K_3 && \text{da } g_2 \text{ und } g_3 \text{ isomorph} \\ &\iff \{(\Psi \circ \Phi)(x), (\Psi \circ \Phi)(y)\} \in K_3 \end{aligned}$$

Also ist „sind isomorph" eine Äquivalenzrelation. auf der Menge aller ungerichteten Graphen mit V als Knotenmenge.

Lösungsvorschlag Aufgabe 9.9.1

Die möglichen Ergebnisse der Ziehung der Lottozahlen mit der Superzahl werden durch den folgenden Ergebnisraum modelliert:

$$\Omega := \{(Z, s) \mid Z \in \mathcal{P}_6(49) \land s \in \{1, \ldots, 49\} \setminus Z\}$$

Es gilt $|\Omega| = 43 \cdot \binom{49}{6}$, denn zu jeder der $\binom{49}{6}$ Mengen Z aus $\mathcal{P}_6(49)$ gibt es genau $49 - 6$ Elemente s aus $\{1, \ldots, 49\} \setminus Z$ mit $(Z, s) \in \Omega$.

Lösungsvorschlag Aufgabe 9.9.2

Beweis von „$\Longrightarrow$": Es sei $W : \mathcal{P}(\Omega) \to [0, 1]$ eine Wahrscheinlichkeitsverteilung. Wir definieren die folgende Funktion:

$$w : \Omega \to [0, 1] \qquad w(e) = W(\{e\})$$

Diese Definition und die Gesetze von Wahrscheinlichkeitsverteilungen implizieren

$$\sum_{e \in A} w(e) = \sum_{e \in A} W(\{e\}) = W(\bigcup_{e \in A} \{e\}) = W(A)$$

für alle $A \in \mathcal{P}(\Omega)$, sowie $\sum_{e \in \Omega} w(e) = W(\Omega) = 1$. Damit sind für w beide Eigenschaften gezeigt. Gelten beide Eigenschaften auch für die Funktion $w' : \Omega \to [0, 1]$, so gilt

$$w(a) = W(\{a\}) = \sum_{e \in \{a\}} w'(e) = w'(a)$$

für alle $a \in \Omega$, da $\{a\} \in \mathcal{P}(\Omega)$, was $w = w'$ impliziert.

Beweis von „$\Longleftarrow$": Es sei $w : \Omega \to [0, 1]$ eine existierende Funktion mit $\sum_{e \in \Omega} w(e) = 1$ und $W(A) = \sum_{e \in A} w(e)$ für alle $A \in \mathcal{P}(\Omega)$. Dann gilt $W(\Omega) = \sum_{e \in \Omega} w(e) = 1$. Auch gilt für alle $A, B \in \mathcal{P}(\Omega)$ mit $A \cap B = \emptyset$ die folgende Eigenschaft, womit der Beweis erbracht ist:

$$W(A \cup B) = \sum_{e \in A \cup B} w(e) = (\sum_{e \in A} w(e)) + (\sum_{e \in B} w(e)) = W(A) + W(B)$$

Lösungsvorschlag Aufgabe 9.9.3

(1) Mit $\Omega := \{a, b\}$ und der Funktion $w : \Omega \to [0, 1]$ mit $w(a) = 0$ und $w(b) = 1$ wird nach Aufgabe 9.9.2 eine Wahrscheinlichkeitsfunktion $W : \mathcal{P}(\Omega) \to [0, 1]$ mit $0 = w(a) = W(\{a\})$ induziert. Mit $A := \{a\}$ gelten also $A \neq \emptyset$ und $W(A) = 0$.

(2) Hier wählt man W wie in (1) und definiert $A := \{b\}$.

Lösungsvorschlag Aufgabe 9.9.4

Wir definieren den Ergebnisraum Ω als Menge aller Relationen auf M, also durch $\Omega := \mathcal{P}(M \times M)$, und das Zufallsereignis $E \in \mathcal{P}(\Omega)$ als Menge aller Funktionen von M nach M, also durch $E := M^M$. Die Auswahl einer zufälligen Relation auf M führt zu einer Gleichverteilung $W : \mathcal{P}(\Omega) \to [0, 1]$. Dies bringt

$$W(E) = \frac{|E|}{|\Omega|} = \frac{n^n}{2^{n^2}} = \frac{(2^{\log_2(n)})^n}{2^{n^2}} = \frac{2^{n \log_2(n)}}{2^{n^2}} = 2^{n \log_2(n) - n^2} = 2^{n(\log_2(n) - n)}$$

unter Verwendung der Formel von Lagrange und Gesetzen des Logarithmus und von Potenzen. Daraus folgt

$$W(E) = 2^{4(log_2(4)-4)} = 2^{4(2-4)} = 2^{-8} = \frac{1}{256} = 0.0039$$

als konkrete Wahrscheinlichkeit im Fall $n = 4$.

Lösungsvorschlag Aufgabe 9.9.5

Zu $i \in \{1, 2, 3\}$ sei A_i das Zufallsereignis, dass die entnommene Kugel aus der i-ten Urne stammt. Damit bildet $\{A_1, A_2, A_3\}$ eine Partition des Ergebnisraums (den wir hier unterdrücken). Weiterhin sei R das Zufallsereignis, dass die entnommene Kugel rot ist. Damit gelten nach der Formel von Lagrange die folgenden a-priori Wahrscheinlichkeiten, denn es gibt insgesamt 300 Kugeln, in jeder Urne befinden sich 100 Kugeln und das Entnehmen einer zufälligen Kugel ist gleichverteilt:

$$W(A_1) = W(A_2) = W(A_3) = \frac{100}{300} = \frac{1}{3}$$

Aufgrund der Gleichverteilung, der 20 roten Kugeln in der ersten Urne und der insgesamt 300 Kugeln berechnen wir

$$W(R \mid A_1) = \frac{W(R \cap A_1)}{W(A_1)} = \frac{20/300}{1/3} = \frac{2}{30} \cdot \frac{3}{1} = \frac{6}{30}$$

und auf die gleiche Weise erhalten wir

$$W(R \mid A_2) = \frac{W(R \cap A_2)}{W(A_2)} = \frac{50/300}{1/3} = \frac{5}{30} \cdot \frac{3}{1} = \frac{15}{30}$$

wegen der Gleichverteilung und der 50 roten Kugeln in der zweiten Urne und

$$W(R \mid A_3) = \frac{W(R \cap A_3)}{W(A_3)} = \frac{60/300}{1/3} = \frac{6}{30} \cdot \frac{3}{1} = \frac{18}{30}$$

wegen der Gleichverteilung und der 60 roten Kugeln in der dritten Urne. Der Satz von der totalen Wahrscheinlichkeit bringt:

$$\begin{aligned} W(R) &= W(R \mid A_1) \cdot W(A_1) + W(R \mid A_2) \cdot W(A_2) + W(R \mid A_3) \cdot W(A_3) \\ &= \frac{2}{30} + \frac{5}{30} + \frac{6}{30} \\ &= \frac{13}{30} \end{aligned}$$

Dies kann man auch mit Hilfe der Formel von Lagrange zeigen, denn genau 130 der insgesamt 300 Kugeln sind rot. Nun wenden wir den Satz von Bayes an und erhalten die folgende a posteriori Wahrscheinlichkeit:

$$W(A_1 \mid R) = \frac{W(R \mid A_1) \cdot W(A_1)}{W(R)} = \frac{(6/30) \cdot (1/3)}{13/30} = \frac{2}{30} \cdot \frac{30}{13} = \frac{2}{13} = 0.1538$$

Die Wahrscheinlichkeit, dass die zufällig entnommene rote Kugel aus der ersten Urne stammt, ist also 15.38 Prozent.

Lösungsvorschlag Aufgabe 9.9.6

Wir berechnen zuerst

$$f_X(r) = W(X = r) = W(\{e \in \Omega \mid X(e) = r\}) = W(\Omega) = 1,$$

wobei wir die Definition von f_X, von $X = r$ und von X verwenden, sowie das Gesetz $W(\Omega) = 1$. Die Definition des Erwartungswerts, $f_X(r) = 1$ und $X(\Omega) = \{r\}$ liefern

$$E(X) = \sum_{x \in X(\Omega)} x \cdot f_X(x) = r \cdot f_X(r) = r \cdot 1 = r$$

als Erwartungswert und, startend mit der alternativen Darstellung der Varianz, auch

$$\mathrm{Var}(X) = \sum_{x \in X(\Omega)} (x - E(X))^2 f_X(x) = (r - E(X))^2 f_X(r) = (r - r)^2 \cdot 1 = 0.$$

Die letzte Gleichung liefert $S(X) = \sqrt{0} = 0$ als Standardabweichung.

Lösungsvorschlag Aufgabe 9.9.7

Der Erwartungswert $E(Produkt) = 12.25$ ergibt sich aus der folgenden Rechnung:

$$
\begin{aligned}
E(Produkt) &= \sum_{e \in \Omega} Produkt(e) \cdot W(\{e\}) && \text{alternative Darstellung } E(X) \\
&= \sum_{x=1}^{6} \sum_{y=1}^{6} xy \cdot W(\{(x,y)\}) && \text{Definition } \Omega \text{ und } Produkt \\
&= \sum_{x=1}^{6} \sum_{y=1}^{6} \frac{xy}{36} && W \text{ Gleichverteilung} \\
&= \sum_{x=1}^{6} \frac{x}{36} \sum_{y=1}^{6} y \\
&= \sum_{x=1}^{6} \frac{21x}{36} \\
&= \frac{21}{36} \sum_{x=1}^{6} x \\
&= \frac{21 \cdot 21}{36}
\end{aligned}
$$

Lösungsvorschlag Aufgabe 9.9.8

(1) Es sei $e \in \Omega$ beliebig gewählt. Dann gilt:

$$
\begin{aligned}
(X + r)^2(e) &= (X + r)(X + r)(e) && \text{Definition Quadrat} \\
&= (X + r)(e) \cdot (X + r)(e) && \text{Definition Produkt} \\
&= (X(e) + r)(X(e) + r) && \text{Definition Summe} \\
&= X(e) \cdot X(e) + r^2 + 2r \cdot X(e) \\
&= XX(e) + r^2 + (2r)X(e) && \text{Definition Produkt} \\
&= X^2(e) + r^2 + (2r)X(e) && \text{Definition Quadrat} \\
&= (X^2 + r^2)(e) + (2r)X(e) && \text{Definition Summe} \\
&= ((X^2 + r^2) + (2r)X)(e) && \text{Definition Summe}
\end{aligned}
$$

Dies zeigt $(X + r)^2 = (X^2 + r^2) + (2r)X$. Analog folgt die zweite Gleichung.

(2) Wir beweisen wiederum nur die erste Gleichung, denn auch hier kann die zweite Gleichung analog gezeigt werden.. Es sei $e \in \Omega$ beliebig gewählt. Dann gilt:

$$
\begin{aligned}
(rX + rs)(e) &= rX(e) + rs && \text{Definition Summe} \\
&= r \cdot X(e) + rs && \text{Definition Produkt} \\
&= r \cdot (X(e) + s) && \\
&= r \cdot (X + s)(e) && \text{Definition Summe} \\
&= (r(X + s))(e) && \text{Definition Produkt}
\end{aligned}
$$

Dies zeigt $rX + rs = r(X + s)$.

(3) Es sei $e \in \Omega$ beliebig gewählt. Dann gilt:

$$
\begin{aligned}
(rX)^2(e) &= (rX)(rX)(e) && \text{Definition Quadrat} \\
&= (rX)(e) \cdot (rX)(e) && \text{Definition Produkt} \\
&= r \cdot X(e) \cdot r \cdot X(e) && \text{Definition Produkt} \\
&= r^2 \cdot X(e) \cdot X(e) && \\
&= r^2 \cdot XX(e) && \text{Definition Produkt} \\
&= r^2 \cdot X^2(e) && \text{Definition Quadrat} \\
&= (r^2 X^2)(e) && \text{Definition Produkt}
\end{aligned}
$$

Dies zeigt $(rX)^2 = r^2 X^2$.

Lösungsvorschlag Aufgabe 9.9.9

Wir starten wie folgt:

$$
\begin{aligned}
\mathrm{Var}(X) &= E((X - E(X))^2) && \text{Definition Varianz} \\
&= \sum_{x \in (X - E(X))(\Omega)} x^2 f_{X-E(X)}(x) && \text{Quadrat Erwartungswert} \\
&= \sum_{x \in (X - E(X))(\Omega)} x^2 W(X - E(X) = x) && \text{Definition } f_{X-E(X)} \\
&= \sum_{x \in X(\Omega)} (x - E(X))^2 W(X - E(X) = x - E(X)) && \text{Indextransformation}
\end{aligned}
$$

Für alle $x \in X(\Omega)$ gilt nun

$$
\begin{aligned}
(X - E(X) = x - E(X)) &= \{ e \in \Omega \mid (X - E(X))(e) = x - E(X) \} \\
&= \{ e \in \Omega \mid X(e) - E(X) = x - E(X) \} \\
&= \{ e \in \Omega \mid X(e) = x \} \\
&= (X = x),
\end{aligned}
$$

wobei die Definition von $X - E(X) = x - E(X)$, die der Differenz von Zufallsvariablen und die von $X = x$ verwendet werden. Durch eine Kombination der beiden Rechnungen folgt mit Hilfe der Definition von f_X das Resultat durch

$$
\mathrm{Var}(X) = \sum_{x \in X(\Omega)} (x - E(X))^2 W(X = x) = \sum_{x \in X(\Omega)} (x - E(X))^2 f_X(x).
$$

Lösungsvorschlag Aufgabe 9.9.10

Aufgrund der Definition des Erwartungswerts und der Voraussetzung an X gilt

$$E(X) = \sum_{x \in X(\Omega)} x \cdot f_X(x) > 0,$$

denn für alle $x \in X(\Omega)$ gilt $x > 0$ und es gibt, wegen $\sum_{x \in X(\Omega)} f_X(x) = 1$, mindestens ein $x \in X(\Omega)$ mit $f_X(x) > 0$. Zusammen mit $r > 0$ bringt dies $r \cdot E(X) > 0$. Ersetzt man in der Markovschen Ungleichung r durch $r \cdot E(X)$, so entsteht

$$W(X \geq r \cdot E(X)) \leq \frac{E(X)}{r \cdot E(X)},$$

woraus sofort die Behauptung folgt.

Lösungsvorschlag Aufgabe 9.9.11

Wir betrahten $\Omega := \{K, W\}$. Wenn wir das Elementarereignis W („Wappen liegt oben") als Erfolg definieren, so handelt es sich um das n-malige Durchführen eines Bernoulli-Experiments mit Erfolgswahrscheinlichkeit $p = \frac{1}{2}$. Es sei $X : \Omega \to \mathbb{R}$ die binomial-verteilte Zufallsvariable bei n Versuchen mit Erfolgswahrscheinlichkeit $p = \frac{1}{2}$, welche die Anzahl der Erfolge zählt. Die gesuchte Wahrscheinlichkeit ergibt sich dann als $f_X(\frac{n}{2})$, d.h. als

$$f_X\left(\frac{n}{2}\right) = \binom{n}{\frac{n}{2}} \left(\frac{1}{2}\right)^{\frac{n}{2}} \left(1 - \frac{1}{2}\right)^{\frac{n}{2}} = \frac{n!}{(\frac{n}{2}!)^2} \cdot \frac{1}{2^{\frac{n}{2}}} \cdot \frac{1}{2^{\frac{n}{2}}} = \frac{n!}{2^n (\frac{n}{2}!)^2}.$$

Im speziellen Fall $n = 10$ erhalten wir

$$f_X(5) = \frac{1}{2^{10}} \cdot \frac{6 \cdot 7 \cdot 8 \cdot 9 \cdot 10}{1 \cdot 2 \cdot 3 \cdot 4 \cdot 5} = \frac{252}{1024} = 0.24609.$$

Lösungsvorschlag Aufgabe 9.9.12

Wir definieren das Elementarereignis „die entnommene Kugel ist rot" als Erfolg. Damit wird der gesamte Vorgang zum 10-maligen Durchführen eines Bernoulli-Experiments mit Erfolgswahrscheinlichkeit $p = \frac{40}{100} = 0.4$. Es sei $X : \Omega \to \mathbb{R}$ die binomial-verteilte Zufallsvariable bei 10 Versuchen mit Erfolgswahrscheinlichkeit $p = 0.4$, welche die Anzahl der Erfolge zählt. Die gesuchte Wahrscheinlichkeit ergibt sich dann als $f_X(5)$, d.h. als

$$f_X(5) = \binom{10}{5} \cdot 0.4^5 \cdot (1 - 0.4)^5 = 252 \cdot 0.010240 \cdot 0.077760 = 0.200658.$$

Lösungsvorschlag Aufgabe 9.9.13

Da die 10 zufällig entnommen Kugeln nicht wieder in die Urne zurück gelegt werden, ist die Zufallsvariable $X : \Omega \to \mathbb{R}$, deren Wert $f_X(5)$ die gesuchte Wahrscheinlichkeit ergibt, nun hypergeometrisch-verteilt mit Parametern $k = 100$ (Anzahl der Kugeln) und $r = 20$ (Anzahl der roten Kugeln) und Stichprobengröße $s = 10$. Dies bringt:

$$f_X(5) = \frac{\binom{20}{5} \cdot \binom{80}{5}}{\binom{100}{10}} = \frac{15\,504 \cdot 24\,040\,016}{17\,310\,309\,456\,440} = 0.021531.$$

Lösungsvorschlag Aufgabe 9.9.14

Wir definieren wieder das Elementarereignis „die entnommene Kugel ist rot" als Erfolg. Damit wird nach der Wahrscheinlichkeit gefragt, dass ein Bernoulli-Experiments mit Erfolgswahrscheinlichkeit $p = \frac{40}{100} = 0.4$ nach genau 5 Durchführungen erstmals „Erfolg" liefert. Es sei $X : \Omega \to \mathbb{R}$ die geometrisch-verteilte Zufallsvariable mit Erfolgswahrscheinlichkeit $p = 0.4$, welche die gesuchte Wahrscheinlichkeit mittels $f_X(5)$ liefert. Dann gilt:

$$f_X(5) = 0.4 \cdot (1 - 0.4)^4 = 0.4 \cdot 0.1296 = 0.05184.$$

Lösungsvorschlag Aufgabe 9.9.15

Da die Reihe $\sum_{i=0}^{\infty} f_i$ konvergiert, existiert ein $a \in \mathbb{R}$, so dass die Folge der n-ten Partialsummen $(\sum_{i=0}^{n} f_i)_{n\in\mathbb{N}}$ gegen a konvergiert. Wir definieren die reelle Folge $(g_i)_{i\in\mathbb{N}}$ durch $g_i := f_{k+1+i}$ für alle $i \in \mathbb{N}$. Nachfolgend zeigen wir, dass die Folge der n-ten Partialsummen $(\sum_{i=0}^{n} g_i)_{n\in\mathbb{N}}$ gegen $a - \sum_{i=0}^{k} f_i$ konvergiert. Daraus folgt dann

$$\sum_{i=0}^{\infty} f_{k+1+i} = \sum_{i=0}^{\infty} g_i = a - \sum_{i=0}^{k} f_i = \sum_{i=0}^{\infty} f_i - \sum_{i=0}^{k} f_i$$

und dies impliziert unmittelbar die Behauptung.

Zum Beweis, dass die reelle Folge $(\sum_{i=0}^{n} g_i)_{n\in\mathbb{N}}$ gegen $a - \sum_{i=0}^{k} f_i$ konvergiert, sei ein $\varepsilon \in \mathbb{R}$ mit $\varepsilon > 0$ beliebig vorgegeben. Weil $(\sum_{i=0}^{n} f_i)_{n\in\mathbb{N}}$ gegen a konvergiert, gibt es ein $m \in \mathbb{N}$, so dass $|\sum_{i=0}^{n} f_i - a| < \varepsilon$ für alle $n \in \mathbb{N}$ mit $n \geq m$ gilt. Mit diesem m folgt für alle $n \in \mathbb{N}$ mit $n \geq m$ auch:

$$
\begin{aligned}
\left| \sum_{i=0}^{n} g_i - \left(a - \sum_{i=0}^{k} f_i\right) \right| &= \left| \sum_{i=0}^{k} f_i + \sum_{i=0}^{n} g_i - a \right| \\
&= \left| \sum_{i=0}^{k} f_i + \sum_{i=0}^{n} f_{k+1+i} - a \right| && \text{Definition } (g_i)_{i\in\mathbb{N}} \\
&= \left| \sum_{i=0}^{k+1+n} f_i - a \right| \\
&< \varepsilon && \lim_{n\to\infty} \sum_{i=0}^{n} f_i = a, k + 1 + n \geq n \geq m
\end{aligned}
$$

Dies zeigt, dass $(\sum_{i=0}^{n} g_i)_{n\in\mathbb{N}}$ gegen $a - \sum_{i=0}^{k} f_i$ konvergiert.

Lösungsvorschlag Aufgabe 11.7.1

In $(\mathbb{R}, -)$ ist die Subtraktion weder assoziativ noch kommutativ. Im Fall $(M^M, \circ)$ ist die Funktionskomposition assoziativ und nicht kommutativ. Definiert man $* : \mathbb{R} \times \mathbb{R} \to \mathbb{R}$ mittels $x * y = |x - y|$, so ist in $(\mathbb{R}, *)$ diese Operation kommutativ und nicht assoziativ.

Lösungsvorschlag Aufgabe 11.7.2

Drei Verbände sind $(\mathbb{B}, \vee, \wedge)$, $(\mathcal{P}(M), \cup, \cap)$ (mit M als beliebige Menge) und $(\mathbb{N}, max, min)$.

Lösungsvorschlag Aufgabe 11.7.3

Im Verband $(\mathcal{P}(M), \cup, \cap)$ (mit M als beliebige Menge) gelten für alle $X, Y, Z \in \mathcal{P}(M)$. die Distributivgesetze $X \cap (Y \cup Z) = (X \cap Y) \cup (X \cap Z)$ und $X \cup (Y \cap Z) = (X \cup Y) \cap (X \cup Z)$. Es ist $(\mathcal{P}(M), \cup, \cap)$ ein distributiver Verband. Die algebraische Struktur $(\mathbb{B}, \vee, \wedge)$ ist auch ein distributiver Verband.

Lösungsvorschlag Aufgabe 11.7.4

Es seien $x, y \in V$ beliebig vorgegeben.

(1) Mit Hilfe der Verbandsaxiome folgt $x \sqcup x = x$ aus der Rechnung

$$x \sqcup x = x \sqcup (x \sqcap (x \sqcup x)) = x \sqcup ((x \sqcup x) \sqcap x) = x$$

und die Gleichung $x \sqcap x = x$ kann man durch das Vertauschen der Operationen $\sqcup$ und $\sqcap$ zeigen.

(2) Beweis von „$\Longrightarrow$": Es gelte $x \sqcup y = y$. Dann folgt daraus mit Hilfe der Verbandsaxiome (zweiter und dritter Schritt), dass

$$x \sqcap y = x \sqcap (x \sqcup y) = x \sqcap (y \sqcup x) = x.$$

Die Richtung „$\Longleftarrow$" kann man auf die gleiche Weise zeigen.

(3) Beweis von „$\Longrightarrow$": Es gelte $x \sqcup y = x \sqcap y$. Dann folgt $x = y$ aus

$$
\begin{aligned}
x &= x \sqcap (x \sqcup y) && \text{Verbandsaxiome} \\
&= x \sqcap (x \sqcap y) && \text{Voraussetzung} \\
&= x \sqcap y && \text{Verbandsaxiom und (1)} \\
&= y \sqcap (x \sqcap y) && \text{Verbandsaxiome und (1)} \\
&= y \sqcap (x \sqcup y) && \text{Voraussetzung} \\
&= y && \text{Verbandsaxiome}
\end{aligned}
$$

Die Richtung „$\Longleftarrow$" gilt trivialerweise.

Lösungsvorschlag Aufgabe 11.7.5

Wir beweisen zuerst das erste Verbandsaxiom, die Kommutativität der Verbandsoperation $\sqcup$. Dazu seien $x, y \in M$ beliebig vorgegeben. Im Fall $x = y$ gilt dann

$$x \sqcup y = x = y = y \sqcup x$$

und im Fall $x \neq y$ erhalten wir die gewünschte Gleichheit durch

$$x \sqcup y = \bigsqcup\{x, y\} = \bigsqcup\{y, x\} = y \sqcup x.$$

Das zweite Verbandsaxiom, die Kommutativität von $\sqcap$, kann man auf die gleiche Art beweisen.

Um das dritte Verbandsaxiom, die Assoziativität von $\sqcup$, zu beweisen, nehmen wir beliebige Elemente $x, y, z \in M$ an und unterscheiden eine Reihe von Fällen. Diese ergeben sich aus der Tatsache, dass in einer expliziten Darstellung einer Menge kein Objekt mehrfach vorkommen darf. Zuerst seien alle drei Elemente als gleich angenommen. Dies impliziert

$$x \sqcup (y \sqcup z) = x \sqcup y = x = x \sqcup z = (x \sqcup y) \sqcup z.$$

Nun seien genau zwei der drei Elemente als gleich vorausgesetzt. Wir betrachten nachfolgend nur den Fall, dass $x \neq y$ und $y = z$ gelten, da man die verbleibenden zwei Fälle vollkommen analog behandeln kann. Gilt $y = \bigsqcup\{x, y\}$, so bekommen wir

$$x \sqcup (y \sqcup z) = x \sqcup y = \bigsqcup\{x, y\} = (\bigsqcup\{x, y\}) \sqcup y = (x \sqcup y) \sqcup z.$$

Im Fall $y \neq \bigsqcup\{x, y\}$ gilt $y \sqsubset \bigsqcup\{x, y\}$, was $\bigsqcup\{x, y\} = \bigsqcup\{\bigsqcup\{x, y\}, y\}$ bringt, denn $\bigsqcup\{x, y\}$ ist das größte Element der Menge $\{\bigsqcup\{x, y\}, y\}$, also auch ihr Supremum. Mit Hilfe dieser Gleichung folgt

$$x \sqcup (y \sqcup z) = x \sqcup y = \bigsqcup\{x, y\} = \bigsqcup\{\bigsqcup\{x, y\}, y\} = (\bigsqcup\{x, y\}) \sqcup y = (x \sqcup y) \sqcup z.$$

Es verbleibt noch der Fall, dass die drei Elemente paarweise verschieden sind. Wir bereiten diesen Beweis durch die folgenden zwei Eigenschaften vor:

(1) Gilt $x \neq \bigsqcup\{y, z\}$, so ist $\bigsqcup\{x, \bigsqcup\{y, z\}\}$ das Supremum der Menge $\{x, y, z\}$.

(2) Gilt $\bigsqcup\{x, y\} \neq z$, so ist $\bigsqcup\{\bigsqcup\{x, y\}, z\}$ das Supremum der Menge $\{x, y, z\}$.

Beweis von (1): Da $\bigsqcup\{x, \bigsqcup\{y, z\}\}$ eine obere Schranke der Menge $\{x, \bigsqcup\{y, z\}\}$ ist, folgt $x \sqsubseteq \bigsqcup\{x, \bigsqcup\{y, z\}\}$. Es gilt auch $y \sqsubseteq \bigsqcup\{y, z\} \sqsubseteq \bigsqcup\{x, \bigsqcup\{y, z\}\}$, denn $\bigsqcup\{y, z\}$ ist eine obere Schranke von $\{y, z\}$ und $\bigsqcup\{x, \bigsqcup\{y, z\}\}$ ist eine obere Schranke von $\{x, \bigsqcup\{y, z\}\}$. Schließlich folgt $z \sqsubseteq \bigsqcup\{y, z\} \sqsubseteq \bigsqcup\{x, \bigsqcup\{y, z\}\}$ aufgrund der gleichen Eigenschaften. Damit ist $\bigsqcup\{x, \bigsqcup\{y, z\}\}$ eine obere Schranke der Menge $\{x, y, z\}$.

Um zu zeigen, dass das Element $\bigsqcup\{x, \bigsqcup\{y, z\}\}$ die kleinste obere Schranke von $\{x, y, z\}$ ist, sei $s \in M$ eine beliebige weitere obere Schranke dieser Menge. Dann ist s auch eine obere Schranke von $\{y, z\}$, woraus $\bigsqcup\{y, z\} \sqsubseteq s$ folgt. Wegen $x \sqsubseteq s$ ist also s eine obere Schranke von $\{x, \bigsqcup\{y, z\}\}$ und folglich gilt für die kleinste obere Schranke $\bigsqcup\{x, \bigsqcup\{y, z\}\}$ von $\{x, \bigsqcup\{y, z\}\}$ die Eigenschaft $\bigsqcup\{x, \bigsqcup\{y, z\}\} \sqsubseteq s$.

Der nachfolgende Beweis von (2) verwendet Eigenschaft (1):

$$\bigsqcup\{\bigsqcup\{x, y\}, z\} = \bigsqcup\{z, \bigsqcup\{x, y\}\} = \bigsqcup\{z, x, y\} = \bigsqcup\{x, y, z\}$$

Nun führen wir den eigentlichen Beweis des Falls und betrachten dazu vier Unterfälle. Zuerst seien $x = \bigsqcup\{y, z\}$ und $\bigsqcup\{x, y\} = z$ wahr. Dann gilt

$$x \sqcup (y \sqcup z) = x \sqcup \bigsqcup\{y, z\} = \bigsqcup\{y, z\} = z = (\bigsqcup\{x, y\}) \sqcup z = (x \sqcup y) \sqcup z,$$

denn aus $\bigsqcup\{x, y\} = z$ folgt $y \sqsubseteq z$ und dies impliziert $\bigsqcup\{y, z\} = z$, denn z ist das größte Element von $\{y, z\}$, also auch das Supremum dieser Menge. Im zweiten Unterfall nehmen wir $x = \bigsqcup\{y, z\}$ und $\bigsqcup\{x, y\} \neq z$ an. Wegen der ersten Voraussetzung erhalten wir

$$x \sqcup (y \sqcup z) = x \sqcup \bigsqcup\{y, z\} = x$$

und wegen der zweiten Voraussetzung und Eigenschaft (2) erhalten wir

$$(x \sqcup y) \sqcup z = (\textstyle\bigsqcup\{x,y\}) \sqcup z = \textstyle\bigsqcup\{\textstyle\bigsqcup\{x,y\}, z\} = \textstyle\bigsqcup\{x,y,z\}.$$

Die erste Voraussetzung $x = \bigsqcup\{y,z\}$ impliziert $y \sqsubseteq x$ und $z \sqsubseteq x$. Somit ist x das größte Element der Menge $\{x,y,z\}$, was $x = \bigsqcup\{x,y,z\}$ impliziert. Durch diese Gleichung und die obigen zwei Rechnungen ist der Beweis des Unterfalls erbracht. Den Unterfall, in dem $x \neq \bigsqcup\{y,z\}$ und $\bigsqcup\{x,y\} = z$ gelten, kann man analog mit Hilfe von (1) beweisen. Der folgende Beweis des letzten Unterfalls mit den Annahmen $x \neq \bigsqcup\{y,z\}$ und $\bigsqcup\{x,y\} \neq z$ verwendet sowohl (1) als auch (2):

$$x \sqcup (y \sqcup z) = \textstyle\bigsqcup\{x, \textstyle\bigsqcup\{y,z\}\} = \textstyle\bigsqcup\{x,y,z\} = \textstyle\bigsqcup\{\textstyle\bigsqcup\{x,y\}, z\} = (x \sqcup y) \sqcup z$$

Das vierte Verbandsaxiom, die Assoziativität von $\sqcap$, kann man in einer analogen Weise verifizieren, indem man zuerst die (1) und (2) entsprechenden Eigenschaften für das Infimum beweist.

Zum Beweis des ersten Gesetzes der dritten Gruppe der Verbandsaxiome[24] seien $x, y \in M$ beliebig vorgegeben. Gilt $x = \bigsqcap\{y,x\}$, so erhalten wir

$$x \sqcup (y \sqcap x) = x \sqcup \textstyle\bigsqcap\{y,x\} = x.$$

Im verbleibenden Fall $x \cancel{\sqcap} \{y,x\}$ folgt

$$x \sqcup (y \sqcap x) = x \sqcup \textstyle\bigsqcap\{y,x\}\} = \textstyle\bigsqcup\{x, \textstyle\bigsqcap\{y,x\}\} = x,$$

weil $\bigsqcap\{y,x\} \sqsubseteq x$ und $\bigsqcup\{x,z\} = z$ für alle $z \in M$ mit $z \sqsubseteq x$ gilt. Das zweite Axiom der dritten Gruppe kann analog bewiesen werden.

Lösungsvorschlag Aufgabe 11.7.6

(1) Das Paar $(V, \sqsubseteq)$ ist eine geordnete Menge. Die Relation $\sqsubseteq$ ist reflexiv, da für alle $x \in V$ aufgrund von Aufgabe 11.7.4 (1) gilt:

$$x \sqsubseteq x \iff x \sqcap x = x \iff x = x \iff \textbf{wahr}$$

Die Relation $\sqsubseteq$ ist auch antisymmetrisch, da für alle $x, y \in V$ wegen der Kommutativität von $\sqcap$ gilt

$$x \sqsubseteq y \wedge y \sqsubseteq x \iff x \sqcap y = x \wedge y \sqcap x = y \implies x = y.$$

Die Relation $\sqsubseteq$ ist schließlich auch noch transitiv, da für alle $x, y, z \in V$ gilt

$$x \sqsubseteq y \wedge y \sqsubseteq z \iff x \sqcap y = x \wedge y \sqcap z = y \implies x \sqcap z = x \sqcap y \sqcap z = x \sqcap y = x,$$

denn die Operation $\sqcap$ ist assoziativ (was durch die fehlenden Klammern angezeigt wird). Die Gleichung $x \sqcap z = x$ besagt per Definition, dass $x \sqsubseteq z$ gilt.

---

[24]Die letzten beiden Axiome eines Verbands werden auch Absorptionsgesetze genannt.

(2) Es seien $x, y \in V$ beliebige verschiedene Elemente. Wir beweisen zuerst, dass $x \sqcup y$ eine obere Schranke der Menge $\{x, y\}$ ist. Aus den Verbandsaxiomen folgt

$$x \sqsubseteq x \sqcup y \iff x \sqcap (x \sqcup y) = x \iff x = x \iff \textbf{wahr}$$

und $y \sqsubseteq x \sqcup y$ kann man vollkommen analog zeigen. Zum Beweis, dass $x \sqcup y$ die kleinste obere Schranke der Menge $\{x, y\}$ ist, sei $s \in V$ eine weitere obere Schranke dieser Menge. Dann gelten $x \sqsubseteq s$ und $y \sqsubseteq s$, also $x \sqcap s = x$ und $y \sqcap s = y$, also $x \sqcup s = s$ und $y \sqcup s = s$ aufgrund von Aufgabe 11.7.4 (2). In Kombination mit der Assoziativität von $\sqcup$ folgt daraus $(x \sqcup y) \sqcup s = x \sqcup s = s$, also, wiederum aufgrund von Aufgabe 11.7.4 (2), dass $(x \sqcup y) \sqcap s = x \sqcup y$. Die eben bewiesene Gleichung besagt per Definition, dass $x \sqcup y \sqsubseteq s$.

In einer analogen Weise kann man zeigen, dass $x \sqcap y$ die größte untere Schranke der Menge $\{x, y\}$ ist.

(3) Wir beweisen durch vollständige Induktion, dass $\forall n \in \mathbb{N}_{\geq 1} : A(n)$ gilt, wobei die Aussage $A(n)$ festgelegt ist als $\forall X \in \mathcal{P}(V) : |X| = n \Rightarrow \bigsqcup X$ existiert.

Induktionsbeginn: Zum Beweis von $A(1)$ sei X eine beliebige (endliche) Teilmenge von V mit $|X| = 1$. Dann gibt es ein $a \in V$ mit $X = \{a\}$. Daraus folgt $\bigsqcup X = a$, denn das Element a ist sogar das größte Element von X bezüglich der geordneten Menge $(V, \sqsubseteq)$.

Induktionsschluss: Es sei $n \in \mathbb{N}_{\geq 1}$ beliebig gewählt und es gelte die Induktionshypothese $A(n)$. Zum Beweis von $A(n+1)$ sei X eine beliebige (endliche) Teilmenge von V mit $|X| = n + 1$. Folglich hat X die Form $X = Y \cup \{a\}$, mit $a \in V$ und einer endlichen Menge $Y \in \mathcal{P}(V)$ mit $|Y| = n$. Aus der Induktionshypothese $A(n)$ folgt, dass das Supremum $\bigsqcup Y$ von Y existiert. Gilt $a = \bigsqcup Y$, so gilt (wie man leicht zeigt) auch $a = \bigsqcup X$. Im Fall $a \neq \bigsqcup Y$ wenden wir (2) an und erhalten, dass $a \sqcup (\bigsqcup Y)$ das Supremum der Menge $\{a, \bigsqcup Y\}$ ist. Es bleibt also noch zu zeigen, dass $\bigsqcup \{a, \bigsqcup Y\}$ das Supremum der Menge $Y \cup \{a\}$ ist, um die Existenz des Supremums $\bigsqcup X$ nachzuweisen.

Da $\bigsqcup \{a, \bigsqcup Y\}$ eine obere Schranke von $\{a, \bigsqcup Y\}$ ist, folgt $a \sqsubseteq \bigsqcup \{a, \bigsqcup Y\}$, und da $\bigsqcup Y$ eine obere Schranke von Y ist, folgt weiterhin $y \sqsubseteq \bigsqcup Y \sqsubseteq \bigsqcup \{a, \bigsqcup Y\}$ für alle $y \in Y$. Damit ist $\bigsqcup \{a, \bigsqcup Y\}$ als obere Schranke von $Y \cup \{a\}$ nachgewiesen. Nun sei $s \in V$ eine weitere obere Schranke dieser Menge. Dann gilt $a \sqsubseteq s$ und $y \sqsubseteq s$ für alle $y \in Y$. Letzteres impliziert $\bigsqcup Y \sqsubseteq s$ und mit $a \sqsubseteq s$ erhalten wir, dass s eine obere Schranke von $\{a, \bigsqcup Y\}$ ist. Für die kleinste obere Schranke $\bigsqcup \{a, \bigsqcup Y\}$ dieser Menge gilt also $\bigsqcup \{a, \bigsqcup Y\} \sqsubseteq s$, was zeigt, dass $\bigsqcup \{a, \bigsqcup Y\}$ die kleinste obere Schranke von $Y \cup \{a\}$ ist.

In der gleichen Weise kann gezeigt werden, dass in $(V, \sqsubseteq)$ jede endliche und nichtleere Teilmenge X von V auch ein Infimum $\bigsqcap X$ besitzt.

(4) Wir betrachten den Verband $(\mathbb{N}, max, min)$. Bei ihm entspricht die Ordnungsrelation

$\sqsubseteq$ der gewöhnlichen Ordnung, da für alle $x, y \in \mathbb{N}$ gilt:

$$x \sqsubseteq y \iff min(x, y) = x \iff x \leq y$$

Die durch den Verband $(\mathbb{N}, max, min)$ induzierte geordnete Menge entspricht also genau der geordneten Menge der natürlichen Zahlen mit der üblichen Ordnung.

In der geordneten Menge $(\mathbb{N}, \leq)$ besitzt die Menge $\mathbb{N}$ kein Supremum, denn die Menge der oberen Schranken von $\mathbb{N}$ ist leer, und die Menge $\emptyset$ besitzt kein Infimum. Letzteres zeigen wir durch einen Widerspruchsbeweis. Angenommen, das Infimum $\bigsqcap \emptyset$ existiert. Dann gilt für alle $n \in \mathbb{N}$:

$$
\begin{aligned}
n = \bigsqcap \emptyset &\iff (\forall x \in \emptyset : n \leq x) \wedge \\
&\quad (\forall s \in \mathbb{N} : (\forall x \in \emptyset : s \leq x) \Rightarrow s \leq n) \\
&\iff \textbf{wahr} \wedge \\
&\quad (\forall s \in \mathbb{N} : \textbf{wahr} \Rightarrow s \leq n) \\
&\iff \forall s \in \mathbb{N} : s \leq n \\
&\iff n \text{ ist das größte Element von } \mathbb{N}
\end{aligned}
$$

Nehmen wir $\bigsqcap \emptyset$ als n, so folgt aus der letzten Aussage dieser Rechnung, dass $\bigsqcap \emptyset$ in der geordneten Menge $(\mathbb{N}, \leq)$ das größte Element von $\mathbb{N}$ ist. Das ist ein Widerspruch, denn so ein Element existiert nicht.

Lösungsvorschlag Aufgabe 11.7.7

Es seien $(V_1, \sqcup_1, \sqcap_1)$ und $(V_2, \sqcup_2, \sqcap_2)$ zwei Verbände. Dann heißt eine Funktion $\Phi : V_1 \to V_2$ ein Verbandshomomorphismus, falls für alle $x, y \in V$ die folgenden zwei Gleichungen gelten:

$$\Phi(x \sqcup_1 y) = \Phi(x) \sqcup_2 \Phi(y) \qquad \Phi(x \sqcap_1 y) = \Phi(x) \sqcap_2 \Phi(y)$$

Injektive (surjektive, bijektive) Verbandshomomorphismen sind Verbandsmonomorphismen (Verbandsepimorphismen, Verbandsisomorphismen).

Lösungsvorschlag Aufgabe 11.7.8

Es sei $(V, \sqcup, \sqcap)$ ein Verband. Eine nichtleere Teilmenge U von V heißt ein Unterverband, falls für alle $x, y \in U$ sowohl $x \sqcup y \in U$ als auch $x \sqcap y \in U$ gilt.

Es seien $(V_1, \sqcup_1, \sqcap_1)$ und $(V_2, \sqcup_2, \sqcap_2)$ zwei Verbände. Den Produktverband $(V_1 \times V_2, \sqcup, \sqcap)$ erhält man durch die zwei Operationen $\sqcup, \sqcap : (V_1 \times V_2)^2 \to V_1 \times V_2$ mit den folgenden Definitionen:

$$(x, y) \sqcup (u, v) = (x \sqcup_1 u, y \sqcup_2 v) \qquad (x, y) \sqcap (u, v) = (x \sqcap_1 u, y \sqcap_2 v)$$

Es sei $(V_1, \sqcup_1, \sqcap_1)$ ein Verband. Eine Äquivalenzrelation $\equiv$ auf V_1 heißt eine Verbandskongruenz, falls für alle $x, y, u, v \in V_1$ aus $x \equiv u$ und $y \equiv v$ sowohl $x \sqcup_1 y \equiv u \sqcup_1 v$ als auch $x \sqcap_1 y \equiv u \sqcap_1 v$ folgt. Ist $\equiv \subseteq V_1 \times V_1$ eine Verbandskongruenz, so erhält man den Quotientenverband $(V_1/\!\equiv, \sqcup, \sqcap)$, indem man die Operationen $\sqcup, \sqcap : V_1/\!\equiv \times V_1/\!\equiv \to V_1/\!\equiv$ wie folgt definiert:

$$[x]_\equiv \sqcup [y]_\equiv = [x \sqcup_1 y]_\equiv \qquad [x]_\equiv \sqcap [y]_\equiv = [x \sqcap_1 y]_\equiv$$

Lösungsvorschlag Aufgabe 11.7.9

Ein Ring (mit Einselement) in der traditionellen Auffassung ist eine algebraische Struktur $(R, +, \cdot)$ des Typs $(2, 2)$, so dass die folgenden Eigenschaften gelten:

(1) $(R, +)$ ist eine Gruppe der traditionellen Auffassung.

(2) Für alle $x, y \in R$ gilt $x + y = y + x$.

(3) Für alle $x, y, z \in R$ gilt $x \cdot (y \cdot z) = (x \cdot y) \cdot z$.

(4) Es gibt $1 \in R$, so dass für alle $x \in R$ gelten $1 \cdot x = x$ und $x \cdot 1 = x$.

(5) Für alle $x, y, z \in R$ gelten $x \cdot (y + z) = x \cdot y + x \cdot z$ und $(y + z) \cdot x = y \cdot x + z \cdot x$.

Da Gruppen in der traditionellen Auffassung nicht gleichungsdefinierbar sind, folgt aus Forderung (1), dass auch Ringe in der traditionellen Auffassung nicht gleichungsdefinierbar sind.

Lösungsvorschlag Aufgabe 11.7.10

(1) Es sei $(G, 1, \cdot, \ ^{-1})$ eine kommutative Gruppe und $U \subseteq G$ sei eine Untergruppe. Für alle $x \in G$ und $y \in U$ gilt dann

$$xyx^{-1} = xx^{-1}y = 1 \cdot y \in U$$

aufgrund der Kommutativität. Folglich ist die Untergruppe U auch ein Normalteiler der Gruppe $(G, 1, \cdot, \ ^{-1})$.

(2) Es sei U ein Normalteiler von $(G, 1, \cdot, \ ^{-1})$ und es seien $x, y, u, v \in G$ mit $x \equiv u$ und $y \equiv v$. Also gelten $xu^{-1} \in U$ und $yv^{-1} \in U$. Folglich gibt es $a, b \in U$ mit $xu^{-1} = a$ und $yv^{-1} = b$. Dies bringt

$$(xy)(uv)^{-1} = xyv^{-1}u^{-1} = xbu^{-1} = xbx^{-1}xu^{-1} = xbx^{-1}a.$$

Weil $b \in U$ und U ein Normalteiler ist, gilt $xbx^{-1} \in U$. Folglich existiert ein $c \in U$ mit $xbx^{-1} = c$. Dies bringt $(xy)(uv)^{-1} = ca \in U$, da $c \in U$ und $a \in U$ gelten und U eine Untergruppe ist. Dies zeigt $xy \equiv uv$.

Lösungsvorschlag Aufgabe 11.7.11

Sind $g_1 = (V_1, P_1)$ und $g_2 = (V_2, P_2)$ gerichtete Graphen, so heißt $\Phi : V_1 \to V_2$ ein Isomorphismus von g_1 nach g_2, falls Φ bijektiv ist und die folgende Eigenschaft gilt:

$$\forall x, y \in V_1 : x \, P_1 \, y \Leftrightarrow \Phi(x) \, P_2 \, \Phi(y)$$

Sind $(M_1, \sqsubseteq_1)$ und $(M_2, \sqsubseteq_2)$ geordnete Mengen, so heißt $\Phi : M_1 \to M_2$ ein Isomorphismus von $(M_1, \sqsubseteq_1)$ nach $(M_2, \sqsubseteq_2)$, falls Φ bijektiv ist und die folgende Eigenschaft gilt:

$$\forall x, y \in M_1 : x \sqsubseteq_1 y \Leftrightarrow \Phi(x) \sqsubseteq_2 \Phi(y)$$

Sind $(M, R_1, \ldots, R_n)$ und $(N, S_1, \ldots, S_n)$ relationale Strukturen, wobei die Relationen R_i und S_i für alle $i \in \{1, \ldots, n\}$ die gleiche Stelligkeit s_i besitzen, so heißt $\Phi : M \to N$ ein Isomorphismus von $(M, R_1, \ldots, R_n)$ nach $(N, S_1, \ldots, S_n)$, falls Φ bijektiv ist und für alle $i \in \{1, \ldots, n\}$ die folgende Eigenschaft gilt:

$$\forall x_1, \ldots x_{s_i} \in M : (x_1, \ldots, x_{s_i}) \in R_i \Leftrightarrow (\Phi(x_1), \ldots, \Phi(x_{s_i})) \in S_i$$

Lösungsvorschlag Aufgabe 11.7.12

Ist $(K, 0, 1, +, \cdot, -, \sqsubseteq)$ ein angeordneter Körper, so gilt entweder $0 \sqsubseteq 1$ oder $1 \sqsubseteq 0$, denn $(K, \sqsubseteq)$ ist eine linear geordnete Menge. Für das Weitere nehmen wir ohne Beschränkung der Allgemeinhet an, dass $1 \sqsubseteq 0$ gilt. Daraus folgt dann $1 + 1 \sqsubseteq 0 + 1 = 1$. Es gilt auch $1 + 1 \neq 1$, denn $1 + 1 = 1$ würde den Widerspruch $1 = 1 + 1 - 1 = 1 - 1 = 0$ implizieren. Aus $1 + 1 \sqsubset 1$ folgt mit den gleichen Argumenten $1 + 1 + 1 \sqsubset 1 + 1$ und durch eine vollständige Induktion schließlich, dass $(f_n)_{n \in \mathbb{N}}$ eine echt absteigende unendliche Kette bildet, wenn das n-te Folgenglied f_n als Summe von $n + 1$ Einsen definiert ist. Weil $\{f_n \mid n \in \mathbb{N}\}$ eine unendliche Teilmenge von K ist, muss K unendlich sein.

Lösungsvorschlag Aufgabe 11.7.13

(1) Es sei $\mathcal{R}$ eine Teilmenge der Menge $\mathcal{RT}_X$ von Relationen. Dann ist die Relation $\bigcap \mathcal{R}$ reflexiv, denn für alle $x \in X$ gilt

$$x \left(\bigcap \mathcal{R} \right) x \iff \forall R \in \mathcal{R} : x R x \iff \forall R \in \mathcal{R} : \textbf{wahr} \iff \textbf{wahr}$$

aufgrund der Definition von $\bigcap \mathcal{R}$ und weil alle Relationen aus der Menge $\mathcal{R}$ reflexiv sind. Es ist die Relation $\bigcap \mathcal{R}$ auch transitiv. Zum Beweis seien $x, y, z \in X$ beliebig vorgegeben. Dann gilt:

$$
\begin{aligned}
x \left(\bigcap \mathcal{R} \right) y \wedge y \left(\bigcap \mathcal{R} \right) z &\iff (\forall R \in \mathcal{R} : x R y) \wedge (\forall R \in \mathcal{R} : y R z) && \text{Def. } \bigcap \mathcal{R} \\
&\iff \forall R \in \mathcal{R} : (x R y \wedge y R z) && \text{Regel d. Logik} \\
&\implies \forall R \in \mathcal{R} : x R z && \text{alle } R \text{ trans.} \\
&\iff x \left(\bigcap \mathcal{R} \right) z && \text{Def. } \bigcap \mathcal{R}
\end{aligned}
$$

Insgesamt ist $(X \times X, \mathcal{RT}_X)$ also ein Hüllensystem.

(2) Wir beweisen zuerst $R^* \in \{S \in \mathcal{RT}_X \mid R \subseteq S\}$. Die Eigenschaft $R \subseteq R^*$ gilt trivialerweise. Aufgrund von $\mathbf{I} \subseteq R^*$ ist R^* reflexiv. Es ist R^* auch transitiv. Zum Beweis seien $x, y, z \in X$ beliebig vorgegeben. Dann gilt:

$$
\begin{aligned}
x R^* y \wedge y R^* z &\iff x \left(\bigcup_{m \in \mathbb{N}} R^m \right) y \wedge y \left(\bigcup_{n \in \mathbb{N}} R^n \right) z && \text{Def. } R^* \\
&\iff (\exists m \in \mathbb{N} : x R^m y) \wedge (\exists n \in \mathbb{N} : y R^n z) && \text{Def. Vereinigung} \\
&\iff \exists m, n \in \mathbb{N} : (x R^m y \wedge y R^n z) && \\
&\implies \exists m, n \in \mathbb{N} : x (R^m R^m) z && \text{Def. Komposition} \\
&\iff \exists m, n \in \mathbb{N} : x R^{m+n} z && \text{Eigenschaft Pot.} \\
&\implies \exists k \in \mathbb{N} : x R^k z && \text{setze } k := m + n \\
&\iff x \left(\bigcup_{k \in \mathbb{N}} R^k \right) z && \text{Def. Vereinigung} \\
&\iff x R^* z && \text{Def. } R^*
\end{aligned}
$$

Um zu zeigen, dass R^* das kleinste Element von $\{S \in \mathcal{RT}_X \mid R \subseteq S\}$ in der geordneten Menge $(\mathcal{P}(X \times X), \subseteq)$ ist, sei Q ein beliebiges Element von $\{S \in \mathcal{RT}_X \mid R \subseteq S\}$. Wir zeigen zuerst durch eine vollständige Induktion, dass $R^n \subseteq Q$ für alle $n \in \mathbb{N}$ gilt.

Induktionsbeginn: Die Eigenschaft $R^0 \subseteq Q$ folgt aus $R^0 = \mathbf{I}$ und der Reflexivität von Q, welche äquivalent zu $\mathbf{I} \subseteq Q$ ist.

Induktionsschluss: Es sei $n \in \mathbb{N}$ beliebig gewählt und es gelte die Induktionshypothese $R^n \subseteq Q$. Die Transitivität von Q ist äquivalent zu $QQ \subseteq Q$ und weil die Komposition von Relationen monoton in beiden Argumenten ist, bekommen wir mit Hilfe der Induktionshypothese und $R \subseteq Q$, dass

$$R^{n+1} = RR^n \subseteq RQ \subseteq QQ \subseteq Q.$$

Somit ist Q eine obere Schranke der Menge $\{R^n \mid n \in \mathbb{N}\}$ in der geordneten Menge $(\mathcal{P}(X \times X), \subseteq)$ und daraus folgt $R^* = \bigcup\{R^n \mid n \in \mathbb{N}\} \subseteq Q$, was den Beweis beendet.

Lösungsvorschlag Aufgabe 11.7.14

Es ist $(M, \mathcal{E}_M)$ kein Hüllensystem. Wenn wir die Leere-Durchschnitte-Konvention anwenden, dann gilt für die Teilmenge $\emptyset$ von $\mathcal{E}_M$ die Gleichung $\bigcap \emptyset = M$. Es gilt aber auch $M \notin \mathcal{E}_M$, denn die Menge M ist nach Voraussetzung nicht endlich.

Lösungsvorschlag Aufgabe 11.7.15

Beweis des ersten Axioms eines metrischen Raums für die durch $d(x,y) = |x-y|$ definierte Funktion d. Es seien $x, y \in \mathbb{R}$ beliebig vorgegeben. Dann gilt:

$$d(x,y) = 0 \iff |x-y| = 0 \iff x = y.$$

Beweis des zweiten Axioms für d. Wiederum seien $x, y \in \mathbb{R}$ beliebig vorgegeben. Dann gilt:

$$d(x,y) = |x-y| = |-(x-y)| = |y-x| = d(y,x)$$

Zum Beweis des dritten Axioms erwähnen wir zuerst, dass für alle $x, y \in \mathbb{R}$ gilt

$$(*) \quad |x+y| \leq |x| + |y|.$$

Diese Eigenschaft des Absolutbetrags wird auch Dreiecksungleichung genannt.

Nachfolgend beweisen wir nun mit Hilfe der Dreiecksungleichung das dritte Axiom für die Funktion d. Es seien dazu $x, y, z \in \mathbb{R}$ beliebig vorgegeben. Dann gilt

$$d(x,y) = |x-y| = |(x-z) + (z-y)| \leq |x-z| + |z-y| = d(x,z) + d(z,y),$$

wobei im dritten Schritt die Abschätzung $(*)$ verwendet wird.

Lösungsvorschlag Aufgabe 12.6.1

In der algebraischen Struktur $(\mathbb{Z}, 0, nachf)$ gilt etwa $nachf(-1) = 0$ und damit ist das erste Axiom für Peano-Strukturen nicht gültig. Auch das letzte Axiom für Peano-Strukturen ist nicht gültig. Dazu wählen wir die Teilmenge $\mathbb{N}$ von $\mathbb{Z}$. Es gelten dann $0 \in \mathbb{N}$ und $nachf(\mathbb{N}) \subseteq \mathbb{N}$, aber $\mathbb{N} = \mathbb{Z}$ gilt nicht.

Lösungsvorschlag Aufgabe 12.6.2

(1) Umgangssprachlich ordnet der Isomorphismus zwischen den beiden Peano-Strukturen $(\mathbb{N}, 0, nachf)$ und $(\{|\}^*, (), nf)$ jeder natürlichen Zahl n eine lineare Liste von n Strichen zu.

(2) Formal kann der in (1) umgangssprachlich angegebene Isomorphismus als eine Funktion $\Phi : \mathbb{N} \to \{|\}^*$ wie folgt induktiv definiert werden:

$$\Phi(0) = () \qquad \forall\, n \in \mathbb{N} : \Phi(nachf(n)) = |\,:\Phi(n)$$

Lösungsvorschlag Aufgabe 12.6.3

Ein erstes Beispiel ist $(\{a\}^*, (), nf)$, wobei das Symbol „$|$" von Aufgabe 12.6.2 durch das Symbol „a" ersetzt wird. Der Isomorphismus zwischen $(\mathbb{N}, 0, nachf)$ und $(\{a\}^*, (), nf)$ ergibt sich sofort durch eine offensichtliche Anpassung der Funktion Φ von Punkt (2) des Lösungsvorschlags zu Aufgabe 12.6.2. Weitere Beispiele ergeben sich aus anderen Symbolen in der gleichen Weise. Ein etwas anders geartetes Beispiel ist die Peano-Struktur $(\mathbb{Z} \setminus \mathbb{N}, -1, vorg)$ der negativen ganzen Zahlen mit der folgenden Funktion:

$$vorg : \mathbb{Z} \setminus \mathbb{N} \to \mathbb{Z} \setminus \mathbb{N} \qquad vorg(x) = x - 1$$

Der Isomorphismus $\Phi : \mathbb{N} \to \mathbb{Z} \setminus \mathbb{N}$ ist für alle $n \in \mathbb{N}$ durch $\Phi(n) = -n - 1$ definiert. Die Verallgemeinerung dieses Beispiels auf $(\mathbb{Z}_{\leq n}, n, vorg)$, wobei $n \in \mathbb{Z}$ irgendwie vorgegeben ist, ist offensichtlich.

Lösungsvorschlag Aufgabe 12.6.4

Wir betrachten zu einer gegebenen Peano-Struktur (N, a, nf) die folgende Menge:

$$X := \{x \in N \mid nf(x) \neq x\}$$

Aus dem ersten Axiom für Peano-Strukturen folgt $nf(a) \neq a$, also $a \in X$. Es gilt auch $nf(X) \subseteq X$. Zum Beweis dieser Inklusion sei irgendein $u \in nf(X)$ gewählt. Dann gibt es ein $x \in X$ mit $u = nf(x)$. Wir zeigen nun $nf(u) \neq u$, also $u \in X$, durch Widerspruch. Angenommen, es gelte $nf(u) = u$. Dann folgt daraus $nf(u) = u = nf(x)$, also $u = x$, denn nf ist nach dem zweiten Axiom für Peano-Strukturen injektiv. Mittels $x = u = nf(x)$ bekommen wir einen Widerspruch zu $x \in X$.

Aus $a \in X$ und $nf(X) \subseteq X$ folgt schließlich $X = N$ aufgrund des dritten Axioms für Peano-Strukturen, was $nf(x) \neq x$ für alle $x \in N$ bringt.

Lösungsvorschlag Aufgabe 12.6.5

Wir beweisen die Gültigkeit der Formel $\forall n \in N_2 : \Phi(\Psi(n)) = n$ durch das Prinzip der Induktion für Peano-Strukturen, angewendet auf die Peano-Struktur (N_2, a_2, nf_2).

Induktionsbeginn: Nach den Definitionen der Funktionen Φ und Ψ gilt:

$$\Phi(\Psi(a_2)) = \Phi(a_1) = a_2$$

Induktionsschluss: Es sei $n \in N_2$ beliebig gewählt und es gelte die Induktionhypothese $\Phi(\Psi(n)) = n$. Dann folgt daraus

$$\Phi(\Psi(\mathrm{nf}_2(n))) = \Phi(\mathrm{nf}_1(\Psi(n))) = \mathrm{nf}_2(\Phi(\Psi(n))) = \mathrm{nf}_2(n),$$

indem die Definitionen der Funktionen Φ und Ψ und die Induktionhypothese verwendet werden.

Lösungsvorschlag Aufgabe 12.6.6

Das Rechts-Distributivgesetz folgt unmittelbar aus dem Links-Distributivgesetz und der Kommutativität der Multiplikation. Sind $x, y, z \in \mathbb{N}$ beliebig gewählt, so gilt nämlich:

$$
\begin{aligned}
(x + y)z &= z(x + y) && \text{Kommutativität Multiplikation} \\
&= zx + zy && \text{Links-Distributivgesetz} \\
&= xz + yz && \text{Kommutativität Multiplikation}
\end{aligned}
$$

Lösungsvorschlag Aufgabe 12.6.7

Beweis der Inklusion „$\subseteq$": Es sei $x \in \mathbb{N}$ beliebig gewählt. Gilt $x \leq n$, so gibt es aufgrund der Definition der Standard-Ordnung ein $z \in \mathbb{N}$ mit $x + z = n$. Mit Hilfe der Kommutativität und der Definition der Addition folgt daraus

$$x + \mathrm{nf}(z) = \mathrm{nf}(z) + x = \mathrm{nf}(z + x) = \mathrm{nf}(x + z) = \mathrm{nf}(n),$$

also, wiederum aufgrund der Definition der Standard-Ordnung, $x \leq \mathrm{nf}(n)$. Gilt hingegen $x = \mathrm{nf}(n)$, so folgt $x \leq \mathrm{nf}(n)$ aus der Reflexivität der Standard-Ordnung.

Beweis der Inklusion „$\supseteq$": Es sei $x \in \mathbb{N}$ beliebig gewählt und es gelte $x \leq \mathrm{nf}(n)$. Im Fall $x = \mathrm{nf}(n)$ folgt $x \in \{\mathrm{nf}(n)\}$. Nun gelte $x \neq \mathrm{nf}(n)$, also $x < \mathrm{nf}(n)$. Wir zeigen $x \leq n$ durch Widerspruch. Angenommen, es gelte $x \leq n$ nicht. Weil die Standard-Ordnung linear ist, folgt daraus $n < x$. Dies impliziert $n \leq x$ und die Monotonie der Funktion nf zeigt $\mathrm{nf}(n) \leq \mathrm{nf}(x)$, woraus $x < \mathrm{nf}(n) \leq \mathrm{nf}(x)$ folgt. Da zwischen x und $\mathrm{nf}(x)$ kein Element liegt, erhalten wir $\mathrm{nf}(n) = \mathrm{nf}(x)$, woraus $n = x$ wegen der Injektivität der Funktion nf folgt. Dies ist ein Widerspruch zu $n < x$.

Lösungsvorschlag Aufgabe 12.6.8

Wir verwenden Induktion und beweisen $\forall\, k \in \mathbb{N} : A(k)$, wobei die Aussage $A(k)$ festgelegt ist als $\forall\, m, n \in \mathbb{N} : k + m \leq k + n \Rightarrow m \leq n$.

Induktionsbeginn: Zum Beweis von $A(0)$ seien $m, n \in \mathbb{N}$ beliebig vorgegeben. Gilt $0 + m \leq 0 + n$, so gilt auch $m \leq n$ nach der Definition der Addition.

Induktionsschluss: Es sei $k \in \mathbb{N}$ beliebig gewählt und es gelte die Induktionhypothese $A(k)$. Zum Beweis von $A(\mathrm{nf}(k))$ seien $m, n \in \mathbb{N}$ beliebig vorgegeben. Dann gilt

$$
\begin{aligned}
\mathrm{nf}(k) + m \leq \mathrm{nf}(k) + n &\iff \mathrm{nf}(k + m) \leq \mathrm{nf}(k + n) && \text{Definition Addition} \\
&\implies k + m \leq k + n && \text{Eigenschaft von } \leq \\
&\implies m \leq n && \text{Induktionshypothese } A(k)
\end{aligned}
$$

und dies zeigt, dass $A(nf(k))$ wahr ist.

Lösungsvorschlag Aufgabe 12.6.9

(1) Die eindeutige Existenz der Funktion $f : N \to \mathcal{P}(N)$ ist durch den Rekursionssatz von Dedekind gegeben.

(2) In der speziellen Peano-Struktur $(\mathbb{N}, 0, nachf)$ der intuitiven natürlichen Zahlen ordnet die Funktion $f : \mathbb{N} \to \mathcal{P}(\mathbb{N})$ jedem $n \in \mathbb{N}$ die Menge $\{x \in \mathbb{N} \mid x \leq n\}$ zu.

(3) Wir beweisen zur Vorbereitung der Lösung der Aufgabe durch Induktion für die Peano-Struktur $(\mathbb{N}, 0, nf)$ die folgende Aussage (welche durch (2) motiviert ist):

$$\forall n \in \mathbb{N} : f(n) = \{x \in \mathbb{N} \mid x \leq n\}$$

Induktionsbeginn: Da a das kleinste Element der Menge $\mathbb{N}$ in der geordneten Menge $(\mathbb{N}, \leq)$ ist, gilt

$$f(a) = \{a\} = \{x \in \mathbb{N} \mid x \leq a\}.$$

Induktionsschluss: Es sei $n \in \mathbb{N}$ beliebig gewählt und es gelte die Induktionshypothese $f(n) = \{x \in \mathbb{N} \mid x \leq n\}$. Dann folgt:

$$f(nf(n)) = f(n) \cup \{nf(n)\} = \{x \in \mathbb{N} \mid x \leq n\} \cup \{nf(n)\} = \{x \in \mathbb{N} \mid x \leq nf(n)\}$$

In dieser Rechnung wird zuerst die Definition von f verwendet, dann die Induktionshypothese und am Ende die in Aufgabe 12.6.7 bewiesene Gleichung.

Die Darstellung $f(n) = \{x \in \mathbb{N} \mid x \leq n\}$ erlaubt es nun, die geforderte Aussage zu beweisen. Dazu seien $m, n \in \mathbb{N}$ beliebig vorgegeben.

Beweis der Richtung „$\Longrightarrow$": Es gelte $m \leq n$. Ist x ein beliebiges Objekt mit $x \in f(m)$, so gelten $x \in \mathbb{N}$ und $x \leq m$. Wegen der Transitivität der Standard-Ordnung folgen daraus $x \in \mathbb{N}$ und $x \leq n$, was äquivalent zu $x \in f(n)$ ist.

Beweis der Richtung „$\Longleftarrow$": Es gelte $f(m) \subseteq f(n)$. Dann folgt $m \leq n$ aus

$$m \leq m \implies m \in f(m) \implies m \in f(n) \implies m \leq n.$$

(4) Es ist f eine injektive Funktion, denn für alle $m, n \in \mathbb{N}$ kann mit Hilfe von (3) und der Antisymmetrie der Standard-Ordnung die folgende logische Äquivalenz bewiesen werden:

$$f(m) = f(n) \iff f(m) \subseteq f(n) \wedge f(n) \subseteq f(m) \iff m \leq n \wedge n \leq m \iff m = n$$

(5) Durch Induktion kann sehr einfach $f(n) \neq \emptyset$ für alle $n \in \mathbb{N}$ bewiesen werden. Damit ist f nicht surjektiv, denn es existiert kein $n \in \mathbb{N}$ mit $f(n) = \emptyset$. Folglich ist f auch nicht bijektiv.

Dass $f(n) \neq \emptyset$ für alle $n \in \mathbb{N}$ gilt, kann auch mit Hilfe der Reflexivität der Standard-Ordnung und der Darstellung $f(n) == \{x \in \mathbb{N} \mid x \leq n\}$ gezeigt werden, denn beides zusammen impliziert $n \in f(n)$ für alle $n \in \mathbb{N}$.

Lösungsvorschlag Aufgabe 12.6.10

(1) Wir beweisen zuerst, dass die Operation $\oplus$ kommutativ ist. Aufgrund der definierenden Gleichungen von $\oplus$ sind drei Fälle zu betrachten. Es seien $x, y \in \mathbb{N}$ beliebig vorgegeben. Die erste Gleichung von $\oplus$ zeigt dann

$$x \oplus y = x + y = y + x = y \oplus x.$$

Es seien $u, v \in \mathbb{N}_{>0}$ beliebig vorgegeben. Die zweite Gleichung von $\oplus$ zeigt dann

$$(\mathsf{n}, u) \oplus (\mathsf{n}, v) = (\mathsf{n}, u + v) = (\mathsf{n}, v + u) = (\mathsf{n}, v) \oplus (\mathsf{n}, u).$$

Es seien $u \in \mathbb{N}_{>0}$ und $y \in \mathbb{N}$ beliebig vorgegeben. Die vierte Gleichung von $\oplus$ zeigt dann

$$(\mathsf{n}, u) \oplus y = y \oplus (\mathsf{n}, u).$$

Nun beweisen wir, dass 0 ein Linksneutrales Element bezüglich der Operation $\oplus$ ist (wegen der Kommutativität impliziert dies auch die Rechtsneutralität von 0 bezüglich $\oplus$). Wir haben zwei Fälle zu betrachten. Es sei ein beliebiges $x \in \mathbb{N}$ gegeben. Dann zeigt die erste Gleichung von $\oplus$, dass

$$0 \oplus x = 0 + x = x.$$

Es sei $v \in \mathbb{N}_{>0}$ beliebig vorgegeben. Dann zeigen die Kommutativität und die dritte Gleichung von $\oplus$, dass

$$0 \oplus (\mathsf{n}, v) = (\mathsf{n}, v) \oplus 0 = \left\{ \begin{array}{ll} 0 - v & \text{falls } v \leq 0 \\ (\mathsf{n}, v - 0) & \text{falls } 0 < v \end{array} \right\} = (\mathsf{n}, v).$$

Es bleibt noch die Assoziativität der Operation $\oplus$ zu zeigen. Wegen der drei verknüpften Elemente haben wir acht Fälle zu untersuchen. Fall 1: Es seien $x, y, z \in \mathbb{N}$ beliebig vorgegeben. Dann gilt:

$$
\begin{aligned}
(x \oplus y) \oplus z &= (x + y) \oplus z && \text{erste Gleichung von } \oplus \\
&= (x + y) + z && \text{erste Gleichung von } \oplus \\
&= x + (y + z) && \\
&= x + (y \oplus z) && \text{erste Gleichung von } \oplus \\
&= x \oplus (y \oplus z) && \text{erste Gleichung von } \oplus
\end{aligned}
$$

Fall 2: Es seien $x, y \in \mathbb{N}$ und $v \in \mathbb{N}_{>0}$ beliebig vorgegeben. Dann erhalten wir:

$$
\begin{aligned}
(x \oplus y) \oplus (\mathsf{n}, v) &= (\mathsf{n}, v) \oplus (x \oplus y) && \text{Kommutativität } \oplus \\
&= (\mathsf{n}, v) \oplus (x + y) && \text{erste Gleichung } \oplus \\
&= \left\{ \begin{array}{ll} (x + y) - v & \text{falls } v \leq x + y \\ (\mathsf{n}, v - (x + y)) & \text{falls } x + y < v \end{array} \right. && \text{dritte Gleichung } \oplus \\
&= \left\{ \begin{array}{ll} (y - v) + x & \text{falls } v - y \leq x \\ (\mathsf{n}, (v - y) - x) & \text{falls } x < v - y \end{array} \right. &&
\end{aligned}
$$

485

Es gelten auch die folgenden Gleichheiten:

$$x \oplus (y \oplus (\mathsf{n}, v)) = ((\mathsf{n}, v) \oplus y) \oplus x \qquad\qquad\text{Kommut. } \oplus$$

$$= \begin{cases} (y - v) \oplus x & \text{falls } v \leq y \\ (\mathsf{n}, v - y) \oplus x & \text{falls } y < v \end{cases} \qquad\qquad\text{dritte Gl. } \oplus$$

$$= \begin{cases} (y - v) + x & \text{falls } v \leq y \\ x - (v - y) & \text{falls } y < v, v - y \leq x \\ (\mathsf{n}, (v - y) - x) & \text{falls } y < v, x < v - y \end{cases} \quad\text{erste, dritte Gl. } \oplus$$

Die jeweils letzten Fallunterscheidungsausdrücke dieser zwei Rechnungen liefern immer die gleichen Werte, denn im Fall $v \leq y$ gilt auch $v - y \leq x$ und beide liefern $(y - v) + x$, im Fall $y < v$ und $v - y \leq x$ liefern beide wegen $(y - v) + x = x - v + y = x - (v - y)$ das Gleiche und im Fall $y < v$ und $x < v - y$ liefern beide $(\mathsf{n}, (v - y) - x)$. Also gilt in diesem Fall

$$(x \oplus y) \oplus (\mathsf{n}, v) = x \oplus (y \oplus (\mathsf{n}, v)).$$

Fall 3: Es seien $x \in \mathbb{N}$ und $u, v \in \mathbb{N}_{>0}$ beliebig vorgegeben. Dann können wir wie folgt rechnen:

$$(x \oplus (\mathsf{n}, u)) \oplus (\mathsf{n}, v) = (\mathsf{n}, v) \oplus ((\mathsf{n}, u) \oplus x) \qquad\qquad\text{Komm. } \oplus$$

$$= (\mathsf{n}, v) \oplus \begin{cases} x - u & \text{falls } u \leq x \\ (\mathsf{n}, u - x) & \text{falls } x < u \end{cases} \qquad\qquad\text{dritte Gl. } \oplus$$

$$= \begin{cases} (\mathsf{n}, v) \oplus (x - u) & \text{falls } u \leq x \\ (\mathsf{n}, v) \oplus (\mathsf{n}, u - x) & \text{falls } x < u \end{cases}$$

$$= \begin{cases} (\mathsf{n}, v) \oplus (x - u) & \text{falls } u \leq x \\ (\mathsf{n}, v + (u - x)) & \text{falls } x < u \end{cases} \qquad\qquad\text{zweite Gl. } \oplus$$

$$= \begin{cases} (x - u) - v & \text{falls } u \leq x, v \leq x - u \\ (\mathsf{n}, v - (x - u)) & \text{falls } u \leq x, x - u < v \\ (\mathsf{n}, v + (u - x)) & \text{falls } x < u \end{cases} \qquad\text{dritte Gl. } \oplus$$

Weiterhin erhalten wir: •

$$x \oplus ((\mathsf{n}, u) \oplus (\mathsf{n}, v)) = x \oplus (\mathsf{n}, u + v) \qquad\qquad\text{zweite Gleichung } \oplus$$

$$= (\mathsf{n}, u + v) \oplus x \qquad\qquad\text{Kommutativität } \oplus$$

$$= \begin{cases} x - (u + v) & \text{falls } u + v \leq x \\ (\mathsf{n}, (u + v) - x) & \text{falls } x < u + v \end{cases} \qquad\text{dritte Gleichung } \oplus$$

$$= \begin{cases} (x - u) - v & \text{falls } v \leq x - u \\ (\mathsf{n}, v + (u - x)) & \text{falls } x - u < v \end{cases}$$

Dass die beiden Fallunterscheidungsausdrücke am Ende dieser zwei Rechnungen immer die gleichen Werte liefern, zeigen wir analog zu oben. Gilt $x < u$, dann gilt auch $x - u < v$ und beide liefern $(\mathsf{n}, v + (u - x))$, gelten $u \leq x$ und $v \leq x - u$, so liefern sie $(x - u) - v$ und gelten $u \leq x$ und $x - u < v$, so liefern beide wegen $v - (x - u) = v + (u - x)$ das Gleiche. Folglich gilt in diesem Fall

$$(x \oplus (\mathsf{n}, u)) \oplus (\mathsf{n}, v) = x \oplus ((\mathsf{n}, u) \oplus (\mathsf{n}, v)).$$

Fall 4: Es seien $u, v, w \in \mathbb{N}_{>0}$ beliebig vorgegeben. Dann gilt:

$$
\begin{aligned}
((\mathsf{n}, u) \oplus (\mathsf{n}, v)) \oplus (\mathsf{n}, w) &= (\mathsf{n}, u + v) \oplus (\mathsf{n}, w) && \text{zweite Gleichung } \oplus \\
&= (\mathsf{n}, (u + v) + w) && \text{zweite Gleichung } \oplus \\
&= (\mathsf{n}, u + (v + w)) && \\
&= (\mathsf{n}, u) \oplus (\mathsf{n}, v + w) && \text{zweite Gleichung } \oplus \\
&= (\mathsf{n}, u) \oplus ((\mathsf{n}, v) \oplus (\mathsf{n}, w)) && \text{zweite Gleichung } \oplus
\end{aligned}
$$

Fall 5: Es seien $x, y \in \mathbb{N}$ und $v \in \mathbb{N}_{>0}$ beliebig vorgegeben. Dann gilt:

$$
\begin{aligned}
(x \oplus (\mathsf{n}, v)) \oplus y &= y \oplus (x \oplus (\mathsf{n}, v)) && \text{Kommutativität } \oplus \\
&= (y \oplus x) \oplus (\mathsf{n}, v) && \text{Gleichung zweiter Fall} \\
&= (x \oplus y) \oplus (\mathsf{n}, v) && \text{Kommutativität } \oplus \\
&= x \oplus (y \oplus (\mathsf{n}, v)) && \text{Gleichung zweiter Fall}
\end{aligned}
$$

Fall 6: Es seien $x, y \in \mathbb{N}$ und $v \in \mathbb{N}_{>0}$ beliebig vorgegeben. Analog zum letzten Fall kann man dann die folgende Gleichung zeigen:

$$
((\mathsf{n}, v) \oplus x) \oplus y = (\mathsf{n}, v) \oplus (x \oplus y)
$$

Fall 7: Es seien $x \in \mathbb{N}$ und $u, v \in \mathbb{N}_{>0}$ beliebig vorgegeben. Dann gilt:

$$
\begin{aligned}
((\mathsf{n}, u) \oplus (\mathsf{n}, v)) \oplus x &= x \oplus ((\mathsf{n}, v) \oplus (\mathsf{n}, u)) && \text{Kommutativität } \oplus \\
&= (x \oplus (\mathsf{n}, v)) \oplus (\mathsf{n}, u) && \text{Gleichung dritter Fall} \\
&= (\mathsf{n}, u) \oplus ((\mathsf{n}, v) \oplus x) && \text{Kommutativität } \oplus
\end{aligned}
$$

Fall 8: Es seien $x \in \mathbb{N}$ und $u, v \in \mathbb{N}_{>0}$ beliebig vorgegeben. Wiederum analog zum letzten Fall kann man dann die folgende Gleichung zeigen:

$$
((\mathsf{n}, u) \oplus x) \oplus (\mathsf{n}, v) = (\mathsf{n}, u) \oplus (x \oplus (\mathsf{n}, v))
$$

(2) Für $u \in \mathbb{N}_{>0}$ modelliert das Paar (n, u) die ganze Zahl $-u$. Damit ist die Multiplikation $\odot$ auf der Menge $\mathbb{Z}$ so festzulegen, dass die „üblichen" Rechenregeln gelten. Das führt zu den folgenden vier Fällen für alle $x, y \in \mathbb{N}$ und $u, v \in \mathbb{N}_{>0}$:

$$
\begin{aligned}
x \odot y &= x \cdot y \\
(\mathsf{n}, u) \odot (\mathsf{n}, v) &= u \cdot v \\
(\mathsf{n}, u) \odot y &= \begin{cases} 0 & \text{falls } y = 0 \\ (\mathsf{n}, u \cdot y) & \text{falls } y \neq 0 \end{cases} \\
x \odot (\mathsf{n}, v) &= (\mathsf{n}, v) \odot x
\end{aligned}
$$

Auch die folgenden zwei Fälle für die Negation $\ominus$ für alle $x \in \mathbb{N}$ und $u \in \mathbb{N}_{>0}$ ergeben sich aus den üblichen Rechenregeln·

$$
\ominus x = \begin{cases} 0 & \text{falls } x = 0 \\ (\mathsf{n}, x) & \text{falls } x \neq 0 \end{cases} \qquad \ominus (\mathsf{n}, u) = u
$$

Dass die Operation $\odot$ assoziativ und kommutativ ist, 1 als links- und rechtsneutrales Element besitzt, $\ominus$ die Bildung des linksinversen Elements bezüglich $\oplus$ beschreibt und die Distributivgesetze gelten, kann wiederum durch eine Reihe von Fallunterscheidungen gezeigt werden. Wir demonstrieren dies nur für die Bildung des linksinversen Elements und betrachten dazu drei Fälle. Im Fall der Null gilt

$$0 \oplus (\ominus 0) = 0 \oplus 0 = 0 + 0 = 0,$$

indem wir die erste Gleichung von $\ominus$ und von $\oplus$ verwenden. Nun sei $x \in \mathbb{N}$ mit $x \neq 0$ beliebig vorgegeben. Dann gilt:

$$x \oplus (\ominus x) = x \oplus (\mathsf{n}, x) = (\mathsf{n}, x) \oplus x = \left\{ \begin{array}{ll} x - x & \text{falls } x \leq x \\ (\mathsf{n}, x - x) & \text{falls } x < x \end{array} \right\} = 0$$

Diese Rechnung verwendet die erste Gleichung von $\ominus$, dann die Kommutativität von $\oplus$ und dann die dritte Gleichung von $\oplus$. Schließlich sei $u \in \mathbb{N}_{>0}$ beliebig vorgegeben. In diesem Fall folgt

$$(\mathsf{n}, u) \oplus (\ominus (\mathsf{n}, u)) = (\mathsf{n}, u) \oplus u = \left\{ \begin{array}{ll} u - u & \text{falls } u \leq u \\ (\mathsf{n}, u - u) & \text{falls } u < u \end{array} \right\} = 0$$

aus der zweiten Gleichung von $\ominus$ und der dritten Gleichung von $\oplus$.

14 Anhang: Einige Literaturhinweise

Aufgrund des einführenden Charakters werden alle in dem Lehrbuch vorgestellten mathematischen Gebiete nur auf relativ elementarem Niveau behandelt. Nachfolgend geben wir zu den einzelnen Kapiteln noch einige Literaturhinweise an, in denen der behandelte Stoff teilweise beträchtlich vertieft wird und auch viele weitere Beispiele zu finden sind. Wir beschränken uns dabei auf (in der Regel) Lehrbücher neueren Datums und vermeiden Hinweise auf Originalartikel aus Zeitschriften oder Konferenzbänden. Es ist jedoch auch reizvoll und sogar für einen Anfänger manchmal hilfreich, einen Blick in Originalarbeiten zu werfen. Viele davon sind mittlerweile im Internet publiziert.

Die mengentheoretischen Grundlagen werden, mehr oder minder ausführlich und in der Regel dem naiven Ansatz folgend, in allen einführenden Mathematikbüchern behandelt. Dabei ist es nicht wesentlich, ob es sich etwa um eine Analysis-Einführung handelt oder eine Einführung in die lineare Algebra oder die diskrete Mathematik. Ein Buch, das sich nur der naiven Mengenlehre als einzigem Thema widmet, ist das nachfolgend unter (1) aufgeführte. Das nachfolgende Buch (2) stellt hingegen eine Einführung in die axiomatische Mengenlehre dar. Es beginnt mit einem sehr interessanten Kapitel über die historische Entwicklung der Mengenlehre, das auch deutlich aufzeigt, wie sehr insbesondere anfangs unter den Mathematikern um die Cantorschen Ideen gerungen wurde,

    (1) P. Halmos, Naive Mengenlehre (5. Auflage), Vandenboeck und Ruprecht, 1994.

    (2) A. Oberschelp, Allgemeine Mengenlehre, BI-Wissenschaftsverlag, 1994.

Ähnlich wie die Mengenlehre wird auch die Logik normalerweise in allen einführenden Mathematikbüchern naiv und mehr oder minder ausführlich behandelt. Die folgenden zwei Bücher stellen hingegen umfassende Einführungen in die formale mathematische Logik dar, indem etwa zwischen Syntax und Semantik und Gültigkeit und Beweisbarkeit genau unterschieden wird.

    (3) H.-D. Ebbinghaus, J. Flum und W. Thomas, Einführung in die mathematische Logik, Spektrum Akademischer Verlag, 1996.

    (4) W. Rautenberg, Einführung in die mathematische Logik (3. Auflage), Vieweg+Teubner, 2008.

Auch der Stoff von Abschnitt 3.1 ist Standard in vielen einführenden Mathematikbüchern und wird in der Regel ähnlich präsentiert wie in dem vorliegenden Lehrbuch. Die darauf aufbauende Behandlung von Datenstrukturen der Informatik geschieht hingegen normalerweise nur in Informatikbüchern und dort teils auch nicht in der gewohnten mathematischen Notation, sondern in Programmiersprachen-Notation. Unsere Darstellung orientiert sich an der Vorgehensweise, wie sie typisch für das funktionale Programmieren ist. Das nachfolgende Buch stellt eine Einführung in diese Art der Programmierung anhand von vier funktionalen Programmiersprachen dar, darunter auch das von uns in Abschnitt 3.2 erwähnte Haskell.

    (5) P. Pepper, Funktionale Programmierung in Opal, ML, Haskell und Gofer (2. Auflage), Springer Verlag, 2003.

© Springer Fachmedien Wiesbaden GmbH, ein Teil von Springer Nature 2021
R. Berghammer, *Mathematik für die Informatik*,
https://doi.org/10.1007/978-3-658-33304-1

Lineare Listen werden, wie in Abschnitt 3.2 erwähnt wurde, im Kontext der formalen Sprchen auch als Wörter bezeichnet. Sie sind ein unentbehrliches Hilfsmittel in vielen Teilen der theoretischen Informatik, also dem Teilgebiet der Informatik, dem auch die formalen Sprchen zugeordnet werden. Eine sehr umfangreiche Einführung in wichtige Gebiete der theoretischen Informatik, in dem Wörter immer wieder eine zentrale Rolle spielen, ist etwa das nachfolgende Buch (6). Als wesentlich knappere Einführung in die theoretische Informatik sei noch das Buch (7) genannt.

(6) J.E. Hopcroft, R. Motwani und J.D. Ullman, Einführung in die Automatentheorie, Formale Sprachen und Komplexitätstheorie, Pearson Studium, 2002.

(7) K. Wagner, Einführung in die Theoretische Informatik, Springer Verlag, 1994.

Was ein mathematischer Beweis im Sinne eines formalen Kalküls ist, wird in der formalen mathematischen Logik definiert. Damit kann man auch die Grenzen dessen aufzeigen, was beweisbar ist. Beweise im täglichen mathematischen Leben werden hingegen wie in dem vorliegenden Lehrbuch geführt. Der Stil ist dabei jedoch nicht einheitlich. Manche Autoren bevorzugen den umgangssprachlichen Stil, also den unseres ersten Kapitels, andere ziehen es hingegen vor, soweit wie möglich mit logischen Symbolen und Ketten von logischen Umformungen, Gleichungsketten $E_1 = E_2 = E_3 = \ldots$ und Ketten von Ordnungsbeziehungen $E_1 \sqsubseteq E_2 \sqsubseteq E_3 \sqsubseteq \ldots$ zu arbeiten. Insbesondere von einer Gruppe von Informatikern, die sich mit der formalen Entwicklung von korrekten Programmen aus mathematischen Problem-Spezifikationen beschäftigen, wird der letztgenannte Stil bevorzugt. In der englischen Literatur spricht man dann von „calculational program development". Das nachfolgende Lehrbuch enthält viele Beispiele zu dieser Vorgehensweise, wobei ein imperativer Programmierstil und die in Kapitel 5 vorgestellten Techniken verwendet werden.

(8) R. Backhouse, Program Construction, Wiley, 2003.

Es gibt mittlerweile auch einige Bücher, die Mathematik und das mathematische Denken und Beweisen unter sehr allgemeinen Gesichtspunkten betrachten. Als Beispiele hierzu seien die nachfolgend unter (9) und (10) aufgeführten Bücher genannt. Einen Spezialfall stellt das Buch (11) dar. Es geht auf eine Idee des ungarischen Mathematikers Paul Erdös (1913-1996) zurück. Dieser sprach von einem Buch, genannt „The Book", in dem Gott die schönsten und perfektesten aller mathematischen Beweise sammeln würde. Das Buch (11) enthält eine Folge von Beweisen aus verschiedenen mathematischen Bereichen, von denen die Autoren annehmen, dass sie in Gottes Buch aufgenommen würden.

(9) A. Beutelspacher, Das ist o.B.d.A. trivial (5. Auflage), Vieweg Verlag, 1999.

(10) G. Polya, Schule des Denkens. Vom Lösen mathematischer Probleme, Francke Verlag, 1980.

(11) M. Aigner und G.M. Ziegler, Proofs from THE BOOK (3. Auflage), Springer Verlag, 1994.

Das Buch (8) von R. Backhouse enthält, wie schon oben erwähnt wurde, viele Beispiele für die Konstruktion von imperativen Programmen aus gegebenen Problemspezifikationen mittels mathematischer Methoden. Es kann deshalb auch als vertiefende Literatur zu Kapitel 5 empfohlen werden.

Die in Abschnitt 6.1 eingeführten Klassen von Funktionen kommen praktisch in allen einführenden Mathematikbüchern vor und werden dort mehr oder weniger vertieft behandelt. Wesentlich ausführlicher wird der Stoff von Abschnitt 6.2 in Büchern über Mengenlehre behandelt, so auch in den oben angegebenen Büchern (1) und (2). Das Wachstum von speziellen Funktionen im Hinblick auf den Aufwand von Algorithmen, den sie abschätzen, wird intensiv in Büchern über Algorithmik und Komplexitätstheorie behandelt. Ein Standardtext zur Algorithmik ist das folgende Buch (12). Nachfolgend haben wir noch ein weiteres Buch (13) angegeben, welches sich insbesondere mit der Lösung von sehr schweren Problemen durch spezielle Techniken beschäftigt.

(12) T.H. Cormen, C.E. Leiserson, R.L. Rivest und C. Stein, Introduction to Algorithms (3. Auflage), MIT Press, 2009.

(13) J. Hromcovic, Algorithms for Hard Problems, Springer Verlag, 2001.

In eigentlich allen einführenden Mathematikbüchern werden auch Relationen ziemlich am Anfang relativ knapp eingeführt. Äquivalenzrelationen werden dann insbesondere in Büchern zur Algebra und zur Zahlentheorie vertieft, In beiden Bereichen spielt etwa die Modulo-Relation $\equiv_m$ samt ihrer Verallgemeinerungen eine herausragende Rolle. In der Informatik sind in vielen Teilbereichen Ordnungsrelationen wesentlich wichtiger als Äquivalenzrelationen. Geordnete Mengen und wichtige Teilklassen, insbesondere Verbände, werden in den folgenden zwei Büchern (14) und (15) ausführlich behandelt.

(14) B.A. Davey und H.A. Priestley, Introduction to Lattices and Orders (2. Auflage), Cambridge University Press, 2002.

(15) R. Berghammer, Ordnungen, Verbände und Relationen mit Anwendungen (2. Auflage), Springer Vieweg Verlag, 2012.

Bezüglich weiterer Einzelheiten zu den gerichteten Graphen verweisen wir auf das folgende Buch (16) als vertiefende Literatur. Viele Teile der Graphentheorie überschneiden sich mit der diskreten Mathematik. Eine Einführung in dieses Gebiet stellt das nachfolgende Buch (17) dar.

(16) R. Diestel, Graphentheorie (4. Auflage), Springer Verlag, 2010.

(17) M. Aigner, Diskrete Mathematik, Vieweg Studium, 1993.

Auch in Büchern zum Thema Algorithmik, wie den oben unter (12) und (13) genannten, sind Graphen sehr populär, da viele der dort behandelten Algorithmen graphentheoretische Probleme lösen.

Schon im 19. Jahrhundert wurde (u.a. von A. de Morgan und E. Schröder) versucht, Relationen algebraisch zu behandeln, also nicht mittels der objektbehafteten Beziehungen $x\,R\,y$, sondern nur unter Verwendung der auf ihnen definierten Operationen (wie Komposition, Transposition, Vereinigung und Durchschnitt) und der drei speziellen Relationen Allrelation, leere Relation und identische Relation. Tarski führte, auf diese Arbeiten aufbauend, den Begriff einer (axiomatischen) Relationenalgebra ein. Dieser algebraische Ansatz hat sich als sehr vorteilhaft für viele Gebiete sowohl der Mathematik als auch der Informatik erwiesen. Die wesentlichen Grundlagen der Relationenalgebra und eine Fülle von Anwendungen findet man beispielsweise im zweiten Teil des schon genannten Buchs (15) und auch in dem nachfolgend angegebenen Buch.

(18) G. Schmidt, Relational Mathematics, Cambridge University Press, 2011.

Hinsichtlich weiterführender Literatur zur Kombinatorik sei auf das folgende Buch verwiesen, sowie auf das schon erwähnte Buch (17) zur diskreten Mathematik. Wie bei der Graphentheorie überschneiden sich nämlich auch Teile der Kombinatorik mit der diskreten Mathematik.

(19) M. Aigner, Kombinatorik I. Grundlagen und Zähltheorie, Springer Verlag, 1975.

Kombinatorik und Graphentheorie werden auch in der folgenden Einführung in die diskrete Mathematik ausführlicher als in dem vorliegenden Lehrbuch behandelt.

(20) A. Steger, Diskrete Strukturen 1: Kombinatorik, Graphentheorie (2. Auflage), Springer Verlag, 2007.

In den oben angegebenen Büchern (16) und (20) werden nicht nur gerichtete Graphen behandelt, sondern auch ungerichtete. Auch für diese Art von Graphen bietet insbesondere das Buch (16) eine Fülle weiterer Informationen und Resultate an. In Büchern zur diskreten Mathematik und zur Kombinatorik werden auch oft ungerichtete Graphen betreffende Fragestellungen diskutiert. Eine Behandlung von Graphen mittels relationaler Methoden findet man in (15) und (18).

Weil die diskrete Wahrscheinlichkeitstheorie in der Algorithmik seit langer Zeit eine immer größere Rolle spielt, findet man in vielen Büchern zu diesem Thema eine knappe Zusammenstellung ihrer wesentlichen Grundlagen, so beispielsweise in dem unter (13) genannten Buch. Sehr viel ausführlicher und in Verbindung mit Statistik (statistische Modellbildung, Theorie des Schätzen und Testens) wird die Wahrscheinlichkeitstheorie beispielsweise in den folgenden zwei Büchern dargestellt.

(21) M. Greiner und G. Tinhofer, Stochastik für Informatiker, Carl Hanser Verlag, 1996.

(22) M. Precht, R. Kraft und M. Bachmaier, Angewandte Statistik 1 (6. Auflage), Oldenburg Verlag, 1999.

Leserinnen und Leser, welche an einem allgemeinen Zugang zur Wahrscheinlichkeitstheorie interessiert sind, welcher auf die mathematische Maß- und Integrationstheorie aufbaut und insbesondere Integrale statt endlicher Summationen und Reihen verwendet, seien die folgenden zwei Lehrbücher sehr empfohlen:

(23) A. Irle, Wahrscheinlichkeitstheorie und Statistik, Springer Vieweg Verlag, 2010.

(24) N. Kusolitsch, Maß- und Wahrscheinlichkeitstheorie (2. Auflage), Springer Vieweg Verlag, 2014.

Wer die Themen von Kapitel 10 vertiefen will, der sollte in der Literatur zur Programm-verifikation und zum Entwurf und der Analyse von effizienten Algorithmen und Daten-strukturen nachschlagen, also beispielsweise in den schon als (8), (12) und (13) erwähn-ten Büchern. In (15) wird Programmverifikation und -konstruktion mit Relationenalgebra kombiniert, um imperative Programme zu erhalten, welche Probleme auf solchen mathe-matischen Objekten und Strukturen lösen, die sich gut mittels Relationen modellieren lassen. In (12) und (13) werden auch Approximationsalgorithmen behandelt. Das folgende Buch ist nur diesem Thema gewidmet.

(25) R. Wanka, Approximationsalgorithmen: Eine Einführung, Teubner, 2006.

Hinsichtlich weiterführender Literatur zu Kapitel 11 sind viele der nunmehr klassischen Algebra-Bücher geeignet. Nachfolgend geben wir jeweils ein solches Buch in Deutsch und Englisch an.

(26) C. Karpfinger und K. Meyberg, Algebra: Gruppen – Ringe – Körper, Spektrum Akademischer Verlag, 2010.

(27) S. Lang, Algebra, Springer Verlag, 2002.

Falls sich Leserinnen oder Leser für Details hinsichtlich der universellen Algebra interes-sieren, so kann das folgende klassische Werk immer noch empfohlen werden.

(28) G. Grätzer, Universal Algebra, Van Nostrant, 1968.

Auch in Büchern über Verbandstheorie, Boolesche Algebra (einem wichtigen Teilgebiet der Verbandstheorie) und Modelltheorie (einem wichtigen Teilgebiet der Logik) findet man oft Bezüge zur und Resultate aus der universellen Algebra, ebenso in Informatik-Büchern zu den sogenannten Algebraischen Spezifikationen.

Als weiterführende Literatur zur formalen Definition der natürlichen Zahlen kann auch das folgende Buch empfohlen weiden.

(29) H.-D. Ebbinghaus et al., Zahlen (3. Auflage), Springer Verlag, 1992.

Dieses Buch bringt nicht nur weitere Einzelheiten zur formalen Definition der natürlichen Zahlen, sondern zeigt auch, wie man, darauf aufbauend, die ganzen, rationalen, reellen und komplexen Zahlen formal einführen kann. Erstmals wurde dieser Aufbau der Zahlen-bereiche mittels einer rein axiomatischen Methode (also ohne ein die natürlichen Zahlen definierendes mengentheoretisches Modell wie bei Dedekind) konsequent in dem folgenden Buch durchgeführt.

(30) E. Landau, Grundlagen der Analysis, Akademische Verlagsgesellschaft, 1030.

Dieses Buch wird auch heutzutage noch oft wegen seiner beiden prägnant geschriebenen und sehr lesenswerten Vorworte „Vorwort für den Lernenden" und „Vorwort für den Ken-ner" zitiert. Beeindruckend an diesem „Klassiker" der Mathematikliteratur sind auch der knappe und schnörkellose Schreibstil und die äußerst präzisen Beweise. Schließlich sei als Literatur zu Kapitel 12 auch noch das folgende Buch genannt, in dem die oben erwähnte Kette $\mathbb{N} \subseteq \mathbb{Z} \subseteq \mathbb{O} \subseteq \mathbb{R} \subseteq \mathbb{C}$ von Zahlenbereichen ebenfalls formal konstruiert wird:

(31) R. Strehl, Zahlbereiche (2. Auflage, Studienbücher Mathematik, Herder Verlag, 1972.

Dieses Buch wendet sich hauptsächlich an Studierende des Lehramts Mathematik an höheren Schulen und beschreibt deshalb die entsprechenden Konstruktionen insbesondere unter pädagogischen und didaktischen Gesichtspunkten.

Wir haben im Laufe es vorliegenden Buchs an manchen Stellen angemerkt, dass man Einzelheiten in Lehrbüchern zur Analysis finden kann. Zum Schluß dieses Anhangs wollen wir deswegen auch noch ein zweibändiges einführendes Werk zur Analysis angeben, welches sich seit den 1980er Jahren zu einem echten Klassiker dieses Gebiets mit zahlreichen Neuauflagen entwickelt hat.

(32) H. Heuser, Lehrbuch der Analysis, Teil 1 (17. Auflage), Springer Vieweg Verlag, 2009.

(33) H. Heuser, Lehrbuch der Analysis, Teil 2 (14. Auflage), Springer Vieweg Verlag, 2008.

Index

© Springer Fachmedien Wiesbaden GmbH, ein Teil von Springer Nature 2021
R. Berghammer, *Mathematik für die Informatik*,
https://doi.org/10.1007/978-3-658-33304-1

Printed in the United States
By Bookmasters